U0238063

中国工程院重点咨询研究项目

中国西北"水三线"空间格局与区域协调发展战略研究

邓铭江 等 著

中国水利水电出版社
www.waterpub.com.cn
·北京·

内 容 提 要

西北"水三线"是制约我国西北地区高质量发展和拓展国土发展空间的桎梏，是我国西北干旱半干旱地区自然地理—经济地理—人文地理的特征分异线，同时也是西北水土资源优化配置的制导线、边疆长治久安—社会稳定的国家安全线、东西方文化与边疆民族文化交流发展的文化融生线，是实施西部大开发战略的主战场。

本书以"一带一路"、陆海统筹、区域协调、乡村振兴、"双循环"新发展格局等国家发展战略为"顶层"设计依据，围绕新时代推进西部大开发形成新格局的总体要求和"南水北调—中华水网—河湖战略"的总体布局，谋划西北水资源空间优化配置方略、构建西北生态经济枢纽区可行性方案、探索西北生态经济发展途径和调控模式。

全书共分5篇19章，站在国际政治地理和国家空间地理的广域视角，跳出水利看水利，跳出西北看西北，赋予"水三线"特殊的空间定位，提出水利经济＋现代经济的中国经济发展模式、生态经济＋开放型经济的西北大开发发展模式、国家战略布局＋区域协调联动的一体化发展模式、生态经济枢纽区＋新欧亚大陆桥的"深陆"通道建设模式等许多创新思想。

该书的出版可为各级政府部门及相关行业部门提供决策依据，为各大院校师生及科研院所研究人员提供参考依据。

图书在版编目（ＣＩＰ）数据

中国西北"水三线"空间格局与区域协调发展战略研
究 / 邓铭江等著. -- 北京：中国水利水电出版社，
2023.2
　　ISBN 978-7-5226-0700-9

Ⅰ．①中… Ⅱ．①邓… Ⅲ．①国土规划—研究—西北地区②区域经济发展—协调发展—研究—西北地区 Ⅳ．
①F129.94②F127.4

中国国家版本馆CIP数据核字(2023)第020133号

策划编辑：殷海军　李　莉

责任编辑：殷海军　邹　昱　丁　琪

审图号：GS京（2022）1469号

书　　名		**中国西北"水三线"空间格局与区域协调发展战略研究** ZHONGGUO XIBEI "SHUISANXIAN" KONGJIAN GEJU YU QUYU XIETIAO FAZHAN ZHANLÜE YANJIU
作　　者		邓铭江　等 著
出版发行		中国水利水电出版社 （北京市海淀区玉渊潭南路1号D座　100038） 网址：www.waterpub.com.cn E-mail：sales@mwr.gov.cn 电话：（010）68545888（营销中心）
经　　售		北京科水图书销售有限公司 电话：（010）68545874、63202643 全国各地新华书店和相关出版物销售网点
排　　版		中国水利水电出版社微机排版中心
印　　刷		涿州市星河印刷有限公司
规　　格		184mm×260mm　16开本　41.25印张　1028千字　4插页
版　　次		2023年2月第1版　2023年2月第1次印刷
印　　数		0001—3000册
定　　价		**280.00元**

邓铭江（1960—　），湖南省耒阳人。新疆维吾尔自治区科学技术协会主席。西安理工大学省部共建西北旱区生态水利重点实验室名誉主任，旱区生态水利研究院院长。新疆农业大学名誉校长，终身教授。黄河勘测规划设计研究院有限公司首席专家。长期从事干旱区水资源研究与水利工程建设管理工作，建立了干旱区水循环调控理论与工程技术体系，解决了沙漠长距离调水工程中的重大技术难题，创建了横坎儿井地下水库新技术，开展了大尺度生态调度研究与创新实践，长期致力于西北跨界河流研究与开发建设，是干旱区水利与水资源研究的学术带头人。

获得国家科技进步二等奖 4 项、新疆科技进步特等奖、何梁何利科学与技术创新奖等 6 项主要奖励成果，出版专著 8 部，发表论文 130 余篇。2017 年当选中国工程院院士。

中国工程院始终围绕国家重大需求和重大战略，聚焦工程科技领域具有前瞻性、先导性和探索性的研究方向，为了发挥"战略咨询"和"国家智库"作用，2020 年立项开展了"西北'水三线'空间格局与区域协调发展战略"重点课题研究。首次提出了西北"水三线"地理空间概念，并使其成为国土空间均衡发展、区域经济协调发展的重要理论基础，是一项多学科交叉融合的综合战略性研究成果，在干旱区水资源学、地理经济学、生态经济学等研究领域具有里程碑意义。

何华武（1955.08— ），四川省资阳人，铁道工程专家，中国工程院院士，中国工程院党组成员、副院长。长期从事铁路工程、运输技术工作和铁路科技研究与应用，是中国高铁技术主创人和主要实施推广人之一。

科技改变未来，工程造福人类。前瞻性的重大战略性工程更是能够提纲挈领，塑造发展和竞争新格局。历史上不乏伟大工程改变国家和民族发展的案例。建设社会主义现代化强国，实现中华民族伟大复兴和永续发展，需要更多的科学家从擅长的专业技术领域出发，融合多学科研究，立足"四个面向"，从历史的纵深、前瞻的眼光和技术、社会的多维视角谋划工程科技问题，以支撑国土安全和国家经济社会高质量发展。邓铭江院士提出的西北"水三线"战略构想，为构建"国家水网"，拓展国土空间发展格局，建设美丽中国提供了崭新的战略思维。

马洪琪（1942.10— ），上海人，水利水电工程专家，中国工程院院士、华能澜沧江水电股份有限公司高级顾问。主持和参加了多座大型水电工程建设，是我国水利水电地下工程及坝工建设领域技术带头人。

我国西北地区水资源短缺，生态环境脆弱，水安全问题是区域经济社会发展和生态文明建设的首要制约因素。邓铭江院士扎根西北四十余年，结合河西走廊及新疆"三山夹两盆"的地理特征，提出了我国西北地区水网总体格局，为促进西北地区社会经济协调发展做出了突出贡献。

近年来，邓铭江院士总结了世界和我国跨流域调水工程的成功经验，从战略高度深入研判西北地区高质量发展对水资源安全保障的新需求，提出了南水北调西线—西延工程的方案，为破解西北"水三线"对我国国土空间均衡发展的瓶颈制约、加快构建国家水网工程提供了全新的工程思想。

王浩（1953.08— ），北京人，水文学及水资源学专家，中国工程院院士，流域水循环模拟与调控国家重点实验室主任，中国水利水电科学研究院水资源所名誉所长。长期从事水文水资源研究，提出了"自然—人工"二元水循环理论。

水资源是基础性的自然资源和战略性的经济资源，是生态与环境的控制性要素。我国西北地区经济社会发展潜力巨大，但受到水资源短缺和生态环境脆弱的双重制约。创新水资源调配范式，是推动区域协调发展、维护国家生态安全、拓展"一带一路"视域下国土发展新格局的关键抓手。

邓铭江院士从国家水安全的战略视角，在对西北地区经济社会发展、文明进步和水资源时空演变系统研判的基础上，创新性地提出了西北"水三线"空间格局及水资源梯度配置方略，可为国家及西北地区水网工程的谋篇布局提供原创性的理论支撑。该理论是全新工程学术思想的样板，是事关新时期西北地区发展的大战略和大思维。

张建云（1957.08— ），江苏省沛县人，水文水资源专家，中国工程院院士、英国皇家工程院外籍院士、南京水利科学研究院教授、博士生导师。长期从事水文水资源、防汛抗旱、气候变化影响、水利信息化等方面研究。在水文学和洪水预报领域是国际上有重要影响的水利工程师之一。

水是全球气候变化最直接和最重要的影响因素，尤其在西北地区水安全问题更是关乎国家粮食安全、能源安全、生态安全、国土安全的命脉。

邓铭江院士针对我国西北干旱半干旱地区由东向西 400mm、200mm、50～100mm 的降水梯度分布，以及水资源空间分布特征，提出了西北"水三线"的地理空间概念，揭示了主要地理要素和水资源的空间分异特征，分析了我国内陆河流域水资源过度开发对生态环境的影响，研判了未来气候变化情景下西北地区的水安全情势。相信本书的出版，对国家水网工程的实施、我国水资源空间配置和管理的优化，均具有重要的战略和科学指导意义。

周绪红（1956.09— ），湖南省南县人，重庆大学教授，著名结构工程专家，中国工程院院士，日本工程院外籍院士，英国皇家结构工程师学会会士。长期从事钢结构、钢—混凝土组合结构等方向的教学与科研工作。

西北地区是我国"丝绸之路经济带"建设的核心区，是国家水安全与生态安全保障的关键区域；同时也是多元文化、跨境民族的交流融合区，具有政治、文化、资源等多方面区位优势。该书是一部涉及西北地区资源、经济、环境、文化等领域的综合性论著，作者从边疆事业发展的高度和区域发展格局，创新性地提出了聚合生态屏障、经济支撑、交融传承、陆海统筹四大功能于一体的西北"水三线"战略构想，革新了西北地区经济与生态环境协调发展的模式，将为构筑"一带一路"沿线交流对话平台、推动中华文明与黄河文化、河西走廊与丝路文化、欧亚大陆与西域文化的传承与交融提供重大支撑，从而对西部高质量发展和国家战略布局产生深远的影响。

作者邓铭江院士几十年扎根边疆，奉献西北，该书是他对西部区域发展的思考和研究工作的总结，从一个侧面体现了作者的家国情怀和责任担当。

周绪红

王光谦（1962.04— ），河南省南阳人，水力学与河流动力学专家，中国科学院院士，清华大学副校长、国家自然科学基金工材部主任、民盟第十二届中央委员会副主席、全国政协第十三届常委。我国推动黄河治理、保护和高质量发展的领军人物。

当今世界正经历百年未有之大变局。在陆海统筹"一带一路"倡议引领下，西北地区必将形成大开发、大开放、大保护、大安全的新格局与新态势。

邓铭江院士深入研判了国家水安全与西北地区国土空间优化的战略需求，从发展生态经济型边疆、构建国家西北水网的战略高度，创新性地提出了我国西北"水三线"、西北地区生态经济枢纽区建设的战略构想，与国家的重大战略、重大需求、重大工程融为一体，为促进新时期西北边疆高质量发展，以及治疆、稳疆、润疆、兴疆提供了新视域、新模式与新路径。

需要指出的是，长期以来邓铭江院士扎根祖国边疆科技与工程一线，为国家尤其是西北地区的水安全做出了卓越贡献。近年来，又进一步通过多学科交叉融合，提出了全新的战略构想，为我们树立了榜样。

王光谦

聂建国（1958.08—　），湖南省衡阳人，结构工程专家，中国工程院院士、日本工程院外籍院士。中国土木工程学会副理事长。清华大学土木工程系教授，清华大学未来城镇与基础设施研究院院长，清华大学学术委员会主任。长期从事钢—混凝土组合结构的研究与推广应用工作。

"善学者尽其理，善行者究其难。"邓铭江院士作为战略科学家和工程科学家的杰出代表，长期扎根于我国西北，致力于破解区域高质量发展中的重大难题，是将论文写在祖国1/6国土面积上、将科技成果融入西北地区开发建设艰苦事业中、充满家国情怀的实干家，为西北地区的水安全保障做出了卓越贡献。

近年来，邓铭江院士紧密结合加快构建国家水网工程、西北地区高质量发展等重大战略，破解了西部地区水资源—经济社会—生态环境协调发展的多项科学难题和水利工程建设中的多项技术难题，科学划定了西北"水三线"，创新性地提出了构建"西部水网"的工程思想和行动方案，可为国家江河治理及水网工程建设提供科技支撑。

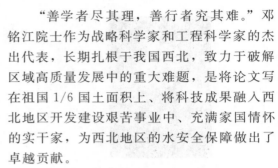

张建民（1960.03—　），陕西省商洛人，岩土工程专家，中国工程院院士、清华大学教授、海洋工程学院院长。长期从事土动力学及岩土工程抗震理论与工程应用研究。

遵循自然和社会经济规律，优化国土空间开发模式，是推动科学发展、加快转变经济发展方式的重大举措。邓铭江院士对我国西北地区水文水资源、自然地理、社会经济特征进行了系统研判，构建了生态经济理论体系和调控模式，创新性地提出了西北"水三线"的战略构想及生态经济枢纽区建设的理论设想。

西北"水三线"系统融合了胡焕庸线的学术精髓和现代地理经济学、生态经济学的学术思想，拓展了国土空间发展理论依据和行为范式，是我国西北地区国土空间开发思路和模式的重大创新，必将成为我国国土空间开发的重要地理分界线，对我国水资源梯度配置和区域协调发展具有重大的指导作用。

中国西北"水三线"空间格局与区域协调发展战略研究

项目组及编委会成员

总 负 责 人:邓铭江

依托单位及个人:

西安理工大学

李占斌　李　鹏　时　鹏　于坤霞　王子天　陶汪海

冯朝红　张家欣　杨殊桐　徐明珠　孟永霞　张　凯

许垚涛　贾　路　陈怡婷　王　睿　陈婧林

黄河勘测规划设计研究院有限公司

张金良　张会言　杨立彬　武　见　罗秋实　王　卿

杨国宪　严登明　明广辉　刘柏君

协作单位及个人:

新疆寒旱区水资源与生态水利工程研究中心(院士专家工作站)

周海鹰　许　佳　徐　燕　苗立遂　张凌凯　王映红

陕西师范大学

曹小曙　黄晓燕　张　甜　康喆文　杨晴青　董云云

张　苗　李　元　陈　秦　陈之婷　宫玉茹　付泽辉

袁思梦　单冬辉　王东华　任　青　涂叶绿　李　禹

吕敏娟　姚玲玲　李　寒

西安科技大学

党小虎　隋博洋　李　霖　高思文　田嘉欣　毕　玮

中国水利水电科学研究院

严登华　赵　勇　龙爱华　邓晓雅　刘　静　张　继

张　沛　张丽丽

中国科学院西北生态环境资源研究院

尹振良　丁永建　李忠勤　沈永平　朱　猛　张举涛

中国科学院地理科学与资源研究所

方创琳　鲍　超

新疆财经大学

任群罗　闫国疆

国家发展与水利经济（自序）

一、政治经济学：协调发展是国家的责任

政治经济学的核心就是把经济发展视为政治事务和国家的责任。西方政治经济学发展的过程是政治与经济分离的过程，使得政府不能有效干预经济活动。在中国，经济发展从来就被定义为政府责任的内在部分。政府以推动经济发展为己任的政治经济哲学思维从古至今没有发生根本改变，并且在社会层面拥有高度的认同。这正是东西方差异所在。

在中国，发展经济从来就是国家治理的一个有效手段。中国尽管向西方学习市场经济，但没有完全放弃作为有效推动经济发展手段的国有企业及国有资产和市场经济的有效管控，没有像苏联和东欧国家那样，通过简单的政治手段——民主化和激进的经济手段——私有化，来幻想解决"国家与发展"的问题。

事实证明，中国的政治经济体制和国家资本—国有企业—民营企业"三层"经济结构体系，具有能够预防大的经济危机、能够建设大规模的基础设施、能够大规模地有效消除绝对贫困、能够大范围驱动区域协调发展等作用。政府通过调控"三层"资本运营，维持政府和市场之间的平衡，控制关系国民经济命脉的支柱领域，履行政府经济管理的责任，并有效调动民间资本积极互动，形成有合作、有竞争的"社会主义市场经济"。改革开放40多年来，中国从"贫穷社会主义"提升为世界上第二大经济体，已经促成了7亿多人口脱离绝对贫困，这个社会奇迹远比经济奇迹更为重要。这也正是中国文明的政治经济观念及其这一观念所演化出来的政治经济体制所结出的硕果。

当前，国家提出"一带一路"倡议和陆海统筹发展，目标是引领中国经济参与和广泛融入全球经济，构筑人类命运共同体；实施城乡统筹发展和乡村振兴战略，目标是有效治理日益严重的"城市病"和"乡村病"，实现国土空间优化均衡发展；促进西部大开发形成新格局，目标是建立发达地区与欠发达地区联动机制，实现区域经济社会协调发展……这既是中国发展面临的难题，也是国家的责任。

作为发展中的大国经济，中国经济一方面要防止"拉美化"，警惕出现收入差距持续扩大、社会不稳定，直至陷入中等收入陷阱的危险。另一方面也要警惕潜在的"欧洲化"危险，由于欧元区发展不平衡，劳动生产率和人均收入差异大，于是相对发达的西欧国家不断增加其贸易盈余，而边缘的南欧国家则不断累积贸易赤字，因此才引发欧债危机并触及欧元区的深层次矛盾，严重阻碍了一体化进程。

党中央、国务院从全局出发，根据中国经济发展的实际，审时度势，顺应中国特色社会主义进入新时代、区域协调发展进入新阶段的新要求，2018年颁布了《关于建立更加有效的区域协调发展新机制的意见》，2020年颁布了《关于新时代推进西部大开发形成新格局的指导意见》，建立了发达地区与欠发达地区区域联动机制，先富带后富，促进发达地区和欠发达地区共同发展。这其中蕴含着极其深刻的战略思想和政治远见，也充分体现了"区域协调发展"的国家责任。

二、政治地理学：空间发展是国家安全的保障

政治地理学是人文地理学的一个重要分支，同时又是一门介于政治学和地理学之间的边缘学科，主要研究人类社会的政治活动及其过程与地理空间之间的相互关系。用荷兰地理学家范根堡的话来说"政治地理学就是国家地理学，并且为国际关系提供地理上的解释"。简言之，政治地理学就是对国家这个有机体所作的空间研究。政治地理学所研究的空间政治现象分三个尺度，分别是国家的内部区域或地方的政治格局与关系、国家的政治地理特点、国家之间的政治格局与相互关系。而地缘政治学则是其特征的规律性阐述与理论概括。《中国大百科全书》定义指出地缘政治学是政治地理学的一部分，地缘政治学诞生于政治地理学的母体之中，地缘政治学更加关注地理环境对国家空间格局发展的影响。

政治地理和地缘政治学说与理论的出现和发展，只有不过130多年的时间，但对国际关系、国际形势及国际问题产生了巨大影响。特别是拉采尔的"国家有机体"和"生存空间"理论、马汉的海权论、麦金德的"心脏地带"与陆权论、斯皮克曼的"边缘地带"学说、布热津斯基的欧亚大陆地缘论"大棋局"战略、基辛格的"均势"战略思想等，对政治地理与地缘政治学理论进行了不断的发展与完善。这些理论之间既有继承与发展，也有相互补充与融合，共同构成了"一带一路"倡议、欧亚大陆经济走廊建设、西北"水三线"空间格局纵深拓展的重要理论基础。

中国作为发展中的大国，其政治地位、经济力量在世界上的影响日益增大。如果仅有对世界政治地理的一般认识是远远不够的，应当系统学习其战略思维、深刻领悟其思想精髓、灵活应用其理论方法，在未来全球变化格局中谋篇布局，行稳致远，并在实践中不断创新发展，创立具有中国特色的政治地理学和地缘政治学理论体系。

"一带一路"倡议属于政治地理学和空间地理经济学的研究范畴，是中国敞开胸怀拥抱世界的两只臂膀——"21世纪海上丝绸之路"从海上联通世界，"新丝绸之路经济带"从陆上拥抱世界。陆海统筹发展是"一带一路"倡议的显著特征，是从我国国情出发，协调陆海关系，促进陆海一体化发展，构建大陆文明与海洋文明相容并济的全球命运共同体。2019年国家发展改革委出台了《西部陆海新通道总体规划》，提出通过依托"一带一路"倡议，既要激发陆上的活力，连片推进，联动发展，又要释放海上的潜力，联湾共舞、合作共赢。

当前，在"一带一路"倡议下，中国西部陆海新通道建设，成为打造对外开放新局面的关键点。西北"水三线"地区涵盖河西走廊和新疆，位于欧亚大陆"边缘地带"，是连接南亚和中亚、通向欧亚大陆中心的经济和文化走廊，对于保障国家安全、发挥地缘优势具有重要的战略地位。以"丝路文化"为纽带，重构文化交流对话的平台，充分尊重文明的多样性和共同认同的文化基础，以文化交流推动经贸往来和政治互信，促进西部传统文化产业转型升级，已成为当前中国解决区域发展平衡，维护国家安全的重要命题。

三、中国水利经济：水利发展是国家的职能

 水利是人类经济社会发展不可或缺的重要基础支撑，具有中华民族特色的"水利"，在中国已经有4000多年的发展历史，从大禹治水，到秦国修建的都江堰、郑国渠、灵渠三大水利工程，再到隋朝凿通的京杭大运河，无不凝聚着古代先贤为顺应自然、改变环境所付出的努力和智慧，为国家发展和民族进步发挥了至关重要的作用。水利的兴废与国家的盛衰有着十分密切的关系，自古就有"善为国者必先治水"之说。兴水利、除水害，事关人类生存、经济发展、社会进步，历来是治国安邦的大事。

 西方经济学界普遍认为：历史上中国的经济就是王朝集权统治下的"水利经济"，是中国经济社会的根源。这种观点主要来源于我国经济学家冀朝鼎先生的"基本经济区"理论。1936年，冀先生在哥伦比亚大学完成了博士论文《中国历史上的基本经济区与水利事业的发展》，这篇论文后来被称为中国经济史领域的经典著作。论文中他对我国古代水利事业发展过程进行了详细的阐释：在漫长的历史时期中，中国的经济结构最初是由千百万个村落所组成的，这些村落一般都是为了行政管理与军事行动上的需要而编制形成的，具有高度的组织性和自给自足能力。由这些村落形成的地区被定义为"基本经济区"，也被看作是历代王朝统一与分裂的经济基础。

 他认为，发展水利事业或者说建设水利工程，在中国，实质上是国家的一种职能，其主要目的在于增加农业产量、为漕运创造便利条件。各个朝代都把水利当作重要的政治手段和有力的武器，把对基本经济区的控制看成是获得成功的一种条件。只要控制了经济繁荣、交通便利的"基本经济区"，即可征服乃至统一全中国，并列举了历史上的四大"基本经济区"加以佐证：

 （1）黄河流域是早期中国文明最重要的发祥地，治黄、引黄和农田灌溉等水利工程，为"持久农业"发展奠定了基础，使黄河中下游成为中国最早的基本经济区。

 （2）秦朝的郑国渠与关中和汉朝的兴起有着密切的逻辑关系。秦朝灭亡之后，汉朝的创始人刘邦，全靠对关中的控制，才得以最终战胜强有力的对手——楚国项羽。

 （3）以都江堰为中心的灌溉系统，为川蜀和长江上游基本经济区的繁荣奠定了坚实的基础。三国时期，成都平原成为了蜀汉立国之地，与魏国和吴国相持近五十年之久。

 （4）大运河在中国历史上发挥了极其重要的作用，在唐、宋、元、明、清各个朝代，它已然成了连接北方政治权力所在地与南方新基本经济区的生命线。

 "水利经济"是中国政府经济责任的表现之一。我们应当"跳出水利看水利"，更加充分认识水利在中国经济社会发展和中华民族历史繁衍中的极端重要性。当前，在创新驱动现代经济喷涌发展的时代，三峡水利工程建设、南水北调工程规划实施，以及长江大保护、黄河流域生态保护和高质量发展战略、"国家水网"建设战略思想的提出，就是支撑国家发展面向未来的"大水利经济"，也现实性地印证了"水利经济"是中国最传统、最基本的经济模式。

四、空间经济学：区域协调发展机遇与困境

长期以来，由于区域经济的非均衡性，空间布局与协调成为普遍关注的问题。空间经济学以地理空间的经济系统动态演化为重点，以经济利益最大化为导向，研究经济活动和物品的空间配置模式，主要回答"在哪里生产？在哪里保护？销往哪里？"等问题，是实现由不平衡到更高级发展阶段平衡的必要手段。

实施区域协调发展战略，不仅是我国全面建成小康社会进而实现全体人民共同富裕的内在需求，也是践行新发展理念的必然要求，已成为我国建设现代化经济体系的重要举措。其意义在于发挥发达地区在全国经济发展中的带动作用，为增强国家经济总体实力、带动欠发达区域发展创造更好的条件，有效协调区域之间的经济利益关系，处理好全局利益与局部利益、近期利益与远期利益，最终达到缩小区域经济发展差距，实现均衡全面发展和共同富裕的全局目标。

从经济学视角来看，国内外诸多理论均对区域协调发展的实现路径进行了探讨，其中具有较大影响的包括法国经济学家弗朗索瓦·佩鲁的增长极理论、法国地理学家琼·戈特曼的城市群理论、英国社会活动家埃比尼泽·霍华德的田园城市理论、中国经济学家冀朝鼎的基本经济区与水利经济学理论、著名地理学家陆大道院士的中国海岸地带轴和长江沿岸轴"T"字型点—轴系统理论等。当前，以区位论和新经济地理学为代表的空间经济学，已成为新的研究热点，也为"丝绸之路经济带"空间经济发展开辟了新路径。

然而，西部大开发二十年，西部却始终被定义为"边缘地区"，远离国家经济和贸易中心，未建立自主性的经济地理空间，资源、产业和技术的调度多来自国内不同区域的跨区补偿或援助，产生了"城市间的离散性和地理空间上的不经济性"等一系列问题。这说明过度依赖外部输入无法改变西部地区的经济地理空间，反而固化了西部地区在国家社会一体化发展中的边缘位置。在新一轮西部大开发中，"一带一路"倡议拓展了西部地区发展的经济地理空间，有效推进了西部地区的"去边缘化"过程，使其从国家经济社会格局的"边缘位置"变成"中心枢纽"成为可能。

从社会发展现代化的整体视角审视，许多历史上的边缘地区都经历过"去边缘化"的过程而成为社会经济发展的中心区，如福建、深圳、广州等地和美国的西部。尽管"去边缘化"路径有所不同，但"以地理形态促进社会经济发展，社会经济发展反过来重塑地理形态"的内在逻辑却是成立的，经济地理空间的转型势必为西部地区开发提供新的发展契机。

"一带一路"是一个全球化的概念，应将西部地区放在亚洲乃至国际视野中考察，为我们重新思考西部地区的发展模式、探索西部地区的"去边缘化"提供崭新视域。作为边界向外拓展的"一带一路"，将会使广大西部地区由原先的"内陆腹地"变成现在的"开放前沿"。正如"历史上和平、稳定时期的丝绸之路所经过的各地是最为活跃的区域，更是经济、社会发展的黄金地带"一样，建立西部地区融合经济、生态、文化、社会发展为一体的"生态经济枢纽区"的开发模式，并在此基础上做好其他制度或政策的配套扶助，培育西部地区内生发展所需要的软硬环境，提高西部地区广大人民群众自觉投入西部大开发的热情，在"陆海统筹""双循环"新发展格局中实现区域均衡发展是可以预期的。

五、国家水网建设：西北水资源梯度配置方略

目前，世界上许多国家开始注重国家水网及地区水网的规划和建设。水网是由天然的江河湖泊和人工的引水供水连通工程组成，自然河湖水系是水网空间布局的基础，蓄引提调连通工程则构成了水流时空再调节的人工渠系网络，自然水系和人工渠系共同组成空间水网格局，从而提升水资源时空配置和水安全保障能力。

国家水网包括国家骨干水网、流域调控水网、区域配置水网等三级水网结构，在功能上具有"四水统筹"（水资源、水环境、水生态、水灾害）作用，在布局上应与国土空间规划及重大产业布局、重要经济区、重点生态修复区、能源基地、粮食主产区、城市群等供水保障对象高度耦合，在水资源承载能力范围内，平衡供需矛盾，进而实现"空间均衡"的水资源配置目标。

世界上许多国家把调水战略和加强水资源空间管理作为优化区域水资源配置、提高用水效率的重要举措。据统计，全球年调水规模超过 5000 亿 m³ 的国家，已经有超过 40 个修建了 350 项跨流域调水工程。20 世纪初以来，美国先后兴建的中央河谷工程、加利福尼亚州水道工程、科罗拉多引水渠等重大调水工程，将大量的水资源长距离调至西部地区，为区域经济社会繁荣发展、生态环境保护等发挥了巨大作用；以色列 1953 年开工建设北水南调工程，形成了全国统一调配的供水系统，为实现其"建国大业"提供了重要的水资源保障。卡拉库姆运河位于土库曼斯坦南部，是世界上最大的灌溉及通航运河之一，已成为土库曼人的"乐园"；利比亚大人工河工程于 1984 年启动，该项目分东线和西线工程，东线工程用长达 1900km 的双线输水管将南部沙漠城市的地下水送到北部沿海地区；西线工程将水送到首都及其附近地区，开创了沙漠地区远距离大规模调水的先河。

21 世纪初，我国先后建成了南水北调东线与中线工程以及一大批地方性引调水工程。截至 2015 年，我国调水规模已经位居全球第二位（仅次于加拿大），调水总量高达 1000 亿 m³（包括建成、在建和规划项目），总距离超过 16000km，覆盖超过 17 个省（自治区、直辖市）的 60 多个城市。截至 2020 年年底，我国已建、在建大型调水工程的调水规模为 1397 亿 m³。已经建成的南水北调东线、中线和规划中的西线工程，贯通长江、淮河、黄河、海河四大流域，初步形成了"四横三纵"的国家骨干水网框架以及水资源南北调配、东西互济的配置格局。与此同时，许多流域和区域也规划修建了大量的调水工程，如大伙房引水工程、辽西北引水工程、滇中引水工程、引黄入晋、引汉济渭等。在西北地区，我国也已规划和建设了多项调水工程，如北疆供水工程、引大入秦、引大济湟、引洮工程、引哈济党、引黄济宁等。这些重要的引调水工程均已成为支撑区域和城市经济社会与生态发展的生命线。但西北现有的调水工程往往是将水资源从相对短缺的地区转移到更加短缺的地区，无法从根本上改变区域水资源短缺现状。面对未来西北地区用水需求的持续增加，有必要考虑更大规模的水资源配置工程。

目前，国家正在规划建设的南水北调西线工程，从大渡河、雅砻江、金沙江调水，入黄河上游刘家峡水库。如果在此方案的基础上，将调水水源进一步西延至澜沧江、怒江、雅鲁藏布江，增加调水量；将供水范围进一步西延至河西走廊和新疆，扩大供水范围。以

水资源梯度配置为引导，跨越胡焕庸线，促进我国东西部地区间的均衡发展；跨越阳关线，促进河西走廊的社会经济发展；跨越奇策线，增强新疆水资源及环境的承载能力，繁荣丝路经济文化，巩固边疆安全与生态安全。如此，必将为西北地区经济社会稳定发展、生态文明建设提供基础支撑，促进国土资源、人口分布、产业经济的空间优化布局、协调发展，为"一带一路"高质量发展提供水资源保障。

合理利用西北地区水资源与适度跨流域调水是解决水资源短缺和提高民生福祉的有效途径之一。为突破西北地区水资源与生态环境"瓶颈"制约，应充分发挥青藏高原亚洲"水塔"的作用，根据西北"水三线"地区地形地貌和自然地理条件，通过南水北调西线——西延工程，推动"高原之水"依势向西北旱区梯度配置，打造中国"西北水网"。

西北"水三线"与"丝绸之路经济带"核心区建设高度重合，构建基于南水北调西线——西延工程的"西北水网"，已然成为了"国家水网"的重要组成部分，对于推动西北地区经济社会发展和人口规模集聚，提升城镇化发展水平，形成由"关中平原城市群——兰西城市群——河西走廊酒嘉玉城市群——天山北坡城市群"构成的串珠式城市群，缩小东西部发展差距，完整构建"黄河流域——内陆河流域——中亚——欧洲"互联互通、协同发展的经济、文化战略通道，具有十分重大的意义。

中国工程院院士

2022 年 2 月

前　言

　　西北地区地域广袤，民族众多，是我国重要的战略高地、资源富地和生态屏障，在"一带一路"建设中具有区位、政治、资源、文化等多方面的优势。随着社会经济的不断发展，西北地区水资源开发利用面临着水—土失衡、水—矿失衡、水—沙失调、水—生失调、水—盐失调等突出问题，缺水和生态环境脆弱日益成为西北地区可持续发展的"短板"。如何缓解与协调西北地区所面临的严峻水资源压力和生态环境胁迫情势，关乎中国西北屏障繁荣久安的战略利益，关乎实现"两个一百年"奋斗目标和中华民族伟大复兴的重任。

　　西部大开发战略已经实施20多年，虽然取得了历史性成就，但是仍存在"五个依然"，即：地区发展不平衡不充分问题依然突出，巩固脱贫攻坚任务依然艰巨，与东部地区发展差距依然较大，维护民族团结、社会稳定、国家安全任务依然繁重，在实现社会主义现代化国家新征程中依然是短板和薄弱环节。为此，党中央、国务院颁布了《关于新时代推进西部大开发形成新格局的指导意见》，继续实施西部大开发战略，促进区域协调发展。为了发挥"战略咨询"和"国家智库"的作用，中国工程院2020年立项开展"西北'水三线'空间格局与区域协调发展战略"重点课题研究（2020-XZ-14）。

　　2018年，中国工程院邓铭江院士在《地理学报》发表《中国西北"水三线"空间格局与水资源配置方略》一文，首次提出了由胡焕庸线、阳关线、奇策线构成的西北"水三线"地理空间概念。该区域面积345万km²，涵盖黄河流域片区、内陆干旱区和半干旱草原区，涉及陕西、甘肃、内蒙古、青海、宁夏、新疆六省（自治区），占国土面积的36%，但水资源仅占5.7%。区间年降雨量依次为400mm、200mm、50～100mm，是我国半干旱、干旱与极度干旱区的梯度分界线，并依次横跨中华文明与黄河文化、河西走廊与丝路文化、欧亚大陆与西域文化三大文化地理空间。

　　西北"水三线"是制约我国西北地区高质量发展和拓展国土发展空间的桎梏，是我国西北干旱半干旱地区自然地理—经济地理—人文地理的特征分异线，同时也是西北水土资源优化配置的制导线、边疆长治久安—社会稳定的国家安全线、东西方文化与边疆民族文化交流发展的文化融生线，是实施西部大开发战略的主战场。

　　战略咨询的核心思想是依托国家南水北调西线—西延工程，以水资源梯度配置为先导，跨越胡焕庸线，拓展国土发展空间，促进我国东西部地区均衡发展；跨越阳关线，振兴河西生态经济走廊；跨越奇策线，增强新疆水资源及环境承载能力，优化社会经济发展布局，缓解绿洲人口资源环境压力，促进经济社会稳定发展和民族文化融合发展，为"一带一路"高质量建设提供水资源保障。

　　课题组以"一带一路"、陆海统筹、区域协调、乡村振兴、"双循环"新发展格局等国家发展战略为"顶层"设计依据，围绕新时代推进西部大开发形成新格局的总体要求和"南水北调—中华水网—河湖战略"的总体布局，谋划西北水资源空间优化配置方略、构建西北生态经济枢纽区可行性方案、探索西北生态经济发展途径和调控模式。课题研究过程中组织多所高等院校、科研院所和勘测设计院的专家学者们，赴黄河和长江上游以及河西走廊、吐哈盆地、塔里木盆地进行实地考察，深入开展跨区域、跨学科的系统研究。经过三年多的努力，最终得以形成以此书为代表性的研究成果。

全书共分5篇19章，站在国际政治地理和国家空间地理的广域视角，跳出水利看水利，跳出西北看西北，赋予"水三线"特殊的空间定位，提出水利经济＋现代经济的中国经济发展模式、生态经济＋开放型经济的西北大开发发展模式、国家战略布局＋区域协调联动的一体化发展模式、生态经济枢纽区＋新欧亚大陆桥的"深陆"通道建设模式等许多创新思想。

研究认为，"国家水网"建设就是拓展国家发展空间、面向未来的"大水利经济"。依托南水北调西线—西延工程，跨越"水三线"，构建"西北水网"和"疆域水网"，并将其纳入国家水网的重要组成部分，聚焦"水三线"人—地—环空间分异特征，聚合生态屏障、经济支撑、交融传承、陆海统筹四大功能，构建兰西、河西、天山北坡、环塔里木盆地四大生态经济枢纽区，推动西北地区社会经济和生态文明高质量发展，使其成为国家战略性发展区域和全球性的生态文明与经济社会发展协调统一、人与自然和谐相处的先行示范区。

本研究得到了王光谦、康绍忠、倪晋仁、杨志峰、王复明、陈湘生、许唯临、唐洪武、冯起等院士的帮助指导，在野外考察期间得到了青海省水利厅、甘肃省水利厅、新疆维吾尔自治区水利厅及地方相关政府部门的大力协助，在此表示诚挚的谢意！

最后感谢项目依托单位和承担单位领导和专家的支持！感谢课题组成员的辛勤付出！特别鸣谢武汉大学夏军院士团队，北京师范大学王国强教授团队以及华北水利水电大学韩宇平教授、黄会平副教授等对本项目的支持。

本书系水利跨学科研究的一次系统性尝试，不当之处在所难免，诚请斧正，以利改进。

作者

2022 年 5 月

目　　录

第2篇　西北地区协调发展的地理—生态—经济学理论基础

第 3 篇　西北内陆河流域水资源利用与水循环调控

第1章　绪　　论

1.1　西部历史沿革与战略认知

1.1.1　相关名词解释

（1）西部地区。我国根据不同区域社会经济发展状况，将全国划分为四大经济区，即东部地区、东北地区、中部地区和西部地区。西部地区包括重庆、四川、陕西、云南、贵州、广西、甘肃、青海、宁夏、西藏、新疆、内蒙古（乌兰察布、呼和浩特、包头、鄂尔多斯、锡林郭勒、阿拉善盟）等12个省（自治区、直辖市）。总面积约678万 km²，占全国总面积的70.6%。2019年西部地区总人口37572万人，占全国总人口的27.2%；GDP总量为20.5万亿元，占全国的20.2%。西部地区一般又划分为西北和西南两大区域。西南地区毗邻不丹、巴基斯坦、尼泊尔、印度、老挝、缅甸等国家；西北地区与蒙古、俄罗斯、塔吉克斯坦、哈萨克斯坦、吉尔吉斯斯坦、巴基斯坦、阿富汗、印度等国家接壤，陆地边境线约占全国陆地边境线的91%。海岸线1595km，约占全国海岸线的1/11。

（2）西北地区。我国根据不同自然地理特征，将国土空间划分为七大地理分区，即华中、华北、华东、华南、西北、西南、东北。西北地区包括陕西、甘肃、青海、宁夏、新疆等省（自治区）以及内蒙古自治区的西部（包括阿拉善盟、巴彦淖尔、乌海、鄂尔多斯等）。总面积约353万 km²，占全国总面积的36.7%。2019年西北地区GDP总量约为6.1万亿元，占全国的6.4%，人口约占全国总人口的7.3%。西北地区是我国少数民族主要聚居地区之一，少数民族人口约占全国少数民族总人口的1/3，主要有回族、维吾尔族、哈萨克族、藏族、东乡族、锡伯族、蒙古族和俄罗斯族等。

（3）西北内陆区。《中国海洋统计年鉴》将沿海地区定义为有海岸线的地区，内陆区是相对于沿海地区而言，距离海岸线纵深超过500km的地区。韩渊丰等主编的《中国区域地理》根据河流是否注入海洋，将河流分为内流河和外流河，内流河所在区域称之为内流区。西北内陆区包括新疆、宁夏、青海、甘肃以及内蒙古等省（自治区），总面积约占全国面积的41%。该地区的地貌特点是山脉与盆地相间，区内分布着阿尔泰山、天山、喀喇昆仑山、昆仑山、祁连山等一系列大致东西走向的高大山脉。西北内陆区地表径流主要来源于这些山脉的冰川融水和少量的降水，因此其稳定性较差且径流量普遍较小，除了大兴安岭—阴山—贺兰山一线东南的河流属太平洋水系、额尔齐斯河属北冰洋水系以外，其他河流均属内流河。

（4）西北干旱半干旱地区。我国根据降水量与蒸发量的对比，划分了 4 种干湿地区类型：湿润地区、半湿润地区、半干旱地区和干旱地区。800mm 等降水量线为湿润区与半湿润区的界线，400mm 等降水量线为半湿润区与半干旱区的界线，200mm 等降水量线为半干旱区与干旱区的界线。西北干旱半干旱地区是指大兴安岭以西，青藏高原和黄土高原以北的内陆地区，因距海较远，受夏季风影响较小，海洋湿润气流被山岭阻隔，难以深入，气候干燥。2004 年中国工程院在《西北地区水资源配置生态环境建设和可持续发展战略研究》中指出此范围包括新疆、青海、甘肃、宁夏、陕西和内蒙古等 6 省（自治区）中的黄河流域内、内陆干旱区和半干旱草原区，该地区北边和西边以国境线为界，东边以大兴安岭为界，南边以昆仑山、巴颜喀拉山、秦岭为界，东西长 3800km，南北宽 2100km，面积 345 万 km²，占全国国土总面积近 36%（图 1-1）。其中：山地和丘陵占 64%，平原及山间盆地占 36%；沙漠面积 93 万 km²，荒漠化土地面积 218.3 万 km²，占全国荒漠化土地面积的 81.6%，占区域总面积的 63.3%；森林面积 11.57 万 km²，覆盖度仅为 3.3%。自然环境呈现出山原起伏、荒漠广布、干旱缺水、生态脆弱、环境退化等自然地理特征[1]。

（5）西北"水三线"空间格局。西北"水三线"地区是以西北内陆干旱半干旱区为研究区域，即胡焕庸线、阳关线和奇策线，是从地形地貌、水文气象、生态景观和社会经济的梯度分布及空间分异特征，提出的自然地理与人文地理空间格局。其目的是围绕国家水网建设，推进南水北调西线—西延工程建设，实现水资源向西优化梯度配置，巩固国家西部生态安全屏障，实现区域社会经济协调发展，加快"丝绸之路"经济带核心区建设，打造陆海统筹"深陆"大通道。1935 年胡焕庸先生首次提出，中国人口地理分布沿"爱辉—腾冲"一线（即被后世称道的胡焕庸线）呈现"东南半壁 36% 的土地供养了全国 96% 的人口，西北半壁 64% 的土地仅供养 4% 的人口"这一人口分布规律[2-3]，被誉为中国的"九成线"。阳关线是沿胡焕庸线向西到敦煌市作一条大致平行线，是中国极度干旱区与干旱区的地理分界线[2]。奇策线是以北疆的奇台县和南疆的策勒县为两点连线，将新疆划分为面积大致相等的东南半壁和西北半壁，而西北半壁的水资源、人口、GDP、灌溉面积等均约占新疆的 90%，以新疆"九成线"著称[2]。

1.1.2　西部的综合概念

西部是一个集地理、政治、经济、军事、文化和安全等多维于一体的综合概念，对于中华民族的发展和繁荣影响巨大。随着新时代的到来，西部特别是西北的未来发展问题，对于国家的全面、协调、可持续发展具有重大意义。

（1）地理概念。在中华民族广袤的疆域范围内，从古至今就有东部和西部的区分。先秦时期，人们把潼关以西称作关西或西部，即今陕西、甘肃、宁夏、四川、重庆、贵州、内蒙古等部分地区❶。汉唐时期，由于多数王朝政权以黄河中游的关中地区作为国土中心，随着疆域西拓，西部推至玉门关以外的"西域"，天山南北西域诸城邦国家和中亚、南亚部分地区。元代蒙古帝国更是通过西征建立藩属国，将中国的西部拓展至西亚与中东欧地区。

---

❶　李乾元. 西进战略 [M]. 北京：人民出版社，2010.

宋、明王朝时代，随着经济重心的南移和政治中心的改变，不再把关中地区当作国家的中心，而是作为我国的西部地区，至于关中以西的地区，则更是西部的"西部"❶。在《西域图志》中，清代将山海关以内、长城以南的汉族地区称为"内地"，东起敦煌以西、西至巴尔喀什湖及葱岭的地理范围称为"西域"。

20 世纪 50 年代开始，为适应新形势的发展需要，我国在省区地方行政之上设立了华北、东北、西北、华东、中南、西南六大一级行政区（后又增加了华中地区）。尤其是西北、西南被认为是"西部"的传统观念得到了强化[3]。

2000 年《国务院西部地区开发领导小组第一次会议纪要》正式确认了西部大开发的范围："按西南、西北 10 个省（自治区、直辖市）加上内蒙古、广西界定，包括重庆、四川、贵州、云南、西藏、新疆、陕西、甘肃、青海、宁夏、内蒙古、广西"，形成了今天 12 个省（自治区、直辖市）的中国西部区域概念。

（2）政治概念。一方面，在漫长的历史进程中，秦、汉、唐等王朝统治者相继定都长安，并以此作为政治中心，对全国实施高度集权统治，形成了以西部为中心的政治体系；另一方面，千百年来，西部地区相继建立了一系列邦国性质的地方政权或酋长性质的土司政权，如西夏、吐谷浑、大理、"西域三十六国"等[3]。历代统治者因地制宜、因俗而治，针对不同民族实施不同程度的自治管理（羁縻制度）❷，促进了西部地区的繁荣和稳定。

（3）经济概念。西部地区地形地貌变化差异较大，集中在这一地区的各族人民根据特殊的自然条件，采取不同的生活方式，形成了多种经济形态复合存在和发展的经济体。

西部地区战略资源丰富，许多有色金属和稀有金属储量都位居全国前列，煤、石油、天然气、稀土等资源储量巨大，是我国重要的能源基地和矿产资源的产地。随着社会生产力的提高，特别是在明清以来手工业的加速发展，使得这些资源的开发利用加快，形成秦银、滇南石玉、滇铜、滇锡、黔铅、川盐的东运工程。近现代以来，西北地区的经济结构以资源型工业和传统农业为主。工业结构以煤炭开采、石油开采和有色金属冶炼为主。随着工业化的进程，西部地区逐渐形成了以电力、石化、冶金、航空航天、电子信息等为基础的工业体系和以旅游、运输、商贸等为基础的服务体系。

农业结构以绿洲灌溉农业和畜牧业为主。由于天然降水少，农作物生长所需水分主要来自地表水和地下水灌溉。内蒙古河套平原、宁夏平原，自古以来，被誉为"塞外江南"。甘肃河西走廊和新疆"荒漠绿洲，灌溉农业"聚集了 90% 的人口和 GDP，是我国重要的粮棉瓜果基地，吐鲁番葡萄、哈密瓜、新疆长绒棉都闻名国内外。西北地区草场广布，草质优良，是全国重要的畜牧业基地，西藏、内蒙古、青海、新疆为我国四大牧区，特别是西北内陆干旱区的草原畜牧业主要集中在贺兰山以东降水量 350mm 以上的内蒙古高原和天山、阿尔泰山、祁连山等山区草原。

（4）军事概念。我国国土幅员辽阔，陆疆、海疆兼备，与 24 个国家相接。其中，西部地区与蒙古、俄罗斯、哈萨克斯坦、吉尔吉斯斯坦、塔吉克斯坦、阿富汗、巴基斯

❷　方铁 . 论羁縻治策向土官土司制度的演变 [J]. 中国边疆史地研究，2011，21（2）：68 - 80，149.

坦、印度、尼泊尔、不丹、缅甸、老挝、越南等 13 个国家接壤，边界线漫长。东、西、南、北边疆经济、社会与人文历史具有较大差异，安全环境、安全态势各有特点，对当代中国国家安全影响的程度也各不相同。从历史与现实看，作为一个陆权大国，陆疆是中国安全之本。其中，以西部陆疆最为重要，是影响当代中国安全的重要因素，在国家整体安全及未来发展中有着非常重要的战略地位和军事安全价值。按照当代中国国家安全战略区的习惯划分，西部军事安全范围包括西北、西南两个战略区域。其中，西北战略区域以新疆地区为主，与 8 个国家毗邻，对 21 世纪中国的经济发展和国防建设具有重大意义。

从地形地貌和三阶地分布的地势上看，中国的山川形态，皆起于西部，构成了我国国家安全的战略纵深。青藏高原、帕米尔高原是世界屋脊，可以俯瞰南亚、中亚。新疆是亚欧大陆的腹心，天山山脉和阿尔泰山贯通中亚，是最接近世界地缘政治的心脏地带。由此向西，可以直通中亚、西亚和欧洲。西部地区地域广阔，资源富集，各种资源的组合匹配条件好，开发前景极为广阔。我国东部沿海地区是目前国家的经济战略重心，一旦发生战争，国民经济体系极易遭受破坏。因此，辽阔的青藏高原、黄土高原将成为中原大地、东部沿海地区可靠的战略依托。随着以军事安全为核心的国家综合安全问题日益突出，西部的军事战略地位愈加重要。

（5）文化概念。 20 世纪 80 年代初费孝通先生从民族学研究的视角首先提出"西北民族走廊"这一学术概念[4]。所谓"民族走廊"，顾名思义是指在一定的历史时期若干民族（或族群）沿着一定的地理环境频繁迁徙往来和活动的一个带状地带或通道。西部地区由于独特的历史背景和社会生活，在漫长的历史文化积淀和演变过程中，形成了别具一格的西部文化。这些地域特色的文化既衬托了原始文化、游牧文化、农耕文化对西部的决定性影响，又清晰地反映出波斯文化、印度文化、蒙古文化、地中海文化和中国中原文化在西部地区不同程度的组合和交融。尤其是河西走廊和新疆，是华夏文明与印度文明、波斯文明、希腊文明的交汇地带[4]。

西部是我国少数民族分布最集中的地区，几千年来，各民族在生产和生活过程中，逐渐形成了富有西部特色的民族文化，同时还是宗教文化信仰的集中地，世界三大宗教中的佛教和伊斯兰教都集中在这里。这种多样性的文化形态与各个民族的生活方式、习俗、宗教、艺术以及悠久历史紧密相连，是一种广义的文化集合体。文化资源丰富、文化类型多样、文化特色明显，被誉为"中国人的精神家园"[5]。从地理上看，包括了"大西北"和"大西南"两个地理单元[6-7]。

正确面对当前西部文化发展过程中的困境，重新审视西部文化发展在推进社会主义文化强国建设、全面建成小康社会、实现中华民族伟大复兴中的战略意义，成为摆在我们面前的一项紧迫任务。通过深入研究西部各少数民族融合发展的历史，传承各民族丰富的文化传统，寻求各民族共同的文化基因，增强各民族之间的文化认同和文化互信，为各民族团结融合构建重要的精神纽带；通过深入挖掘以丝绸之路为代表的中西文化交流历史，重新构建文化交流对话平台，充分尊重文明的多样性和相互认同的文化基础，以文化交流推动中国文化走出去，以文化交流推动经贸往来和政治互信，增进友谊，这将为我国当前文化走出去的现实问题寻求到有效的解决路径。

西部文化发展的诸多问题很大程度上是思想观念偏差造成的，树立正确的文化发展观，对于西部文化的崛起，推进西部现代化进程至关重要。随着丝绸之路经济带、内陆沿边开放的一系列重大国家战略的提出，西部崛起成为当前中国解决区域发展平衡，维护国家安全，调整经济结构的重要命题。在这样的背景下，西部文化发展战略要充分认识自身人文资源丰厚和经济社会发展水平滞后的现实，全面融合于国家文化发展战略的大局中，突破传统的"小文化"思维，避免过分保守的为保护而保护、急功近利的文化开发的错误倾向，走出一条立足西部实际，着眼民族文化复兴大业的科学的文化发展道路。

（6）安全概念。西部占我国领土面积的 70.6％，存在诸多不安全、不稳定的因素。从内部环境来看，西部大多是少数民族集居地，并和邻国在宗教、民族、种族等方面有着较为密切的联系，是外部反华势力利用宗教问题等借口进行分裂活动的重要地区。当前，西部大开发也面临诸多现实问题，突出表现在由于历史与现实原因造成的现阶段东、西部在经济社会发展方面的显著差距。目前在复杂多变的国际形势下，这种差距的消极后果已经在政治上有所显露并呈发展之势，严重影响着国家经济的平衡发展。

从外部环境来看，影响西部安全的主要因素是历史遗留问题和地缘政治利益。我国西部边疆地缘政治环境非常复杂和独特，特别是"9·11事件"以来，形势日益险峻，美国借"反恐"使美军得以进驻中亚，使西部陆疆方向安全态势发生剧变，西部安全在新时期国家安全斗争全局中的战略地位正在逐步上升。

1.1.3 西部大开发战略认知

清末著名政治家、军事家左宗棠说过，中国山川形胜皆起自西北，弃西部即弃中国。西部安定就等于中国安定了一半。中国民主革命的先行者孙中山也说过：若为革命之国，则建都武汉，此乃内陆中心，一呼百应；若为建设之国，则定都西安，这是中国的中心；将来要做一个亚洲之国，则应建都伊犁。

但是不少国人一直缺乏对西北的战略认知，认为西部偏远落后，环境恶劣，底子太差，开发西部是不现实的，还认为一个国家有发达地区就有不发达地区，东西部分异化很正常。这是极其错误和短视的看法。

我国选择西部大开发，也是从古代历史上汲取的经验。汉唐时期，陆地和海上丝绸之路是同时打通的。以西部关中地区为龙头，向西打通河西走廊，连接欧洲及欧亚大陆，中西交流和贸易空前繁荣才有了汉唐盛世。

西部地区是我国的战略高地、资源富地、文化重地和安全要地，也是实现中华民族伟大复兴的支撑之地，是挺进世界心脏的战略前沿基地。不能单靠东部沿海，必须打通欧亚大陆桥，变闭塞的西部为内陆开放前沿，通过"一带一路"高质量发展，实现陆海统筹，真正融入欧亚乃至全球经济共同体，这才是我国崛起的必由之路。"上合组织"的成立标志着中俄互信建立，共同主导中亚事务，为西部大开发和丝绸之路经济带建设创造了良好的外部环境。

历史警示我们，无论是着眼长远还是立足当前，都要做好顶层设计，制定一个"开发西部，向'深陆'发展"的战略规划。

西部大开发，必须要有大战略做支撑，结合西部地区的特点，按照国家丝绸之路经济带核心区建设的规划要求和西部大开发的总体要求，应全面实施以下五大战略[8]。

（1）国家水网与西部调水大战略。西北开发建设的首要问题在于水。历朝历代囿于时代和科技的局限，无力跨流域调大水，最终改变不了西北之面貌，开发不了西北之富源，发挥不了西北之优势。许多学者专家出于对中国战略发展的重视和对西部大开发的关心，提出了各种调水设想，并由此引发社会的广泛热议和质疑。主要代表性方案有中国科学院陈传友的藏水北调、青海99课题组西线调水99方案、张世禧的西藏大隧道、郭开的朔天运河、李国安的雅水北调长隧洞方案、林一山的西部远景调水设想、王博永的"大西线"等[2,9]。近年来，国内部分专家团队在吸收不同方案合理成分的基础上，已从较多方面进行了修正，比如：考虑调水区社会经济、生态环境等因素后，最大年调水量降至400亿～600亿 m^3，引水高程控制在海拔 2500.00～3500.00m，供水范围基本确定为西北干旱、半干旱区和黄河流域，筑坝高度、隧洞尺度、工程规模等都相应减小，工程难度明显降低，加之现代工程科技和重大设备的创新突破，其可行性显著提高。最为典型的是近期被热议的"红旗河"方案❸和"南水北调西线江河连通工程"方案❹。特别是习近平总书记提出将构建国家水网、建设重大引调水工程作为"十四五"规划的重要任务，将进一步加快南水北调西线工程的建设。

（2）城市群和城乡一体化建设大战略。西部地区多个省份都存在省会城市快速发展，但是辐射带动性不强的现象。西部大开发要发挥城市群的引领作用，推进新农村建设，促进城乡发展一体化，重点提升户籍人口城镇化率，同时要注意西部自然条件与经济社会发展状况的特征，不断优化城市群结构，大力推进美丽宜居乡村建设。西部地区现在已经初步形成了城市群体系，成渝城市群、关中平原城市群是两大主要城市群，还包括北部湾、兰州—西宁、呼包鄂榆、宁夏沿黄、黔中、滇中、天山北坡等正在发展中的城市群。《关于新时代推进西部大开发形成新格局的指导意见》中提出要推动城市群高质量发展和大中小城市网络化建设，鼓励重庆、成都、西安等加快建设国际门户枢纽城市，突出中心城市和城市群的核心引擎作用，加快西部地区资源要素流动，推动西部区域和城市发展进入新阶段，改变东部过重西部过轻的局面。

（3）交通大战略。交通是经济发展的动脉。青藏高原、新疆都是国家资源富集之地，没有便利快捷的交通，这些富集的资源得不到开发利用。西部大开发，要重点推进交通建设。根据国家规划，国内修筑陇海兰新线、临哈铁路、兰新高铁、格库铁路、新藏铁路等进疆路线，以及青藏铁路、川藏铁路、滇藏铁路、甘藏铁路等进藏路线，进一步完善中国西部铁路网，改善西北地区的交通环境，畅通青藏高原、新疆等西部地区与东部地区的联系，推动线路周围区域的互联互通与经济社会发展。对外兴建中亚高铁网、中巴铁路，使新疆与中亚的哈萨克斯坦、乌兹别克斯坦等国连接起来，并最终可能与欧洲铁路网连接，形成国际大通道，既促进了西部地区的经济发展，又方便了资源的运输。

（4）文化大战略。新疆地处亚洲之心，处于亚洲地缘枢纽。新疆往西就是中亚、西

---

❸　赵勇，等．"红旗河"西部调水工程为脱贫攻坚、一带一路服务［N］．新华社，2018－02－14.
❹　张金良，马新忠，景来红，等．南水北调西线工程方案优化［J］．南水北调与水利科技（中英文），2020，18（5）：109－114.

亚、东欧—伊斯兰教的腹心地带。西北新疆、宁夏、青海等省（自治区）是中国穆斯林的集中之地，新疆是中国伊斯兰教化最早的地区之一。伊斯兰教在唐朝时期就传入中国，唐末五代两宋时期，伊斯兰教成为新疆一些地方民族政权的宗教，元朝时期形成了一个信仰伊斯兰教的民族——回族，此后穆斯林在西北声势日壮。伊斯兰教传入中国后，经过了中华传统优秀文化的改造，新中国成立后，经过了社会主义文化改造，成为与我国社会、社会主义制度相适应的宗教文化。新时代还要继续严密防范和坚决打击各种渗透颠覆破坏活动、民族分裂活动和宗教极端活动，要加强国家安全教育，彻底消除不正确的国家、民族、宗教和历史文化观念。

（5）国土整治和生态屏障建设大战略。 西部地区主要占据了我国地势的一级、二级阶梯，地貌格局独特。南侧的喜马拉雅山脉及青藏高原，为我国地势的第一级阶梯，影响着我国西部的气候和东亚大气的环流。北侧塔里木盆地、准噶尔盆地、祁连山和河西走廊，为我国地势的第二级阶梯。西北地区的沙漠化和盐碱化，黄土高原、西南地区的土壤侵蚀，青藏高原的草场退化，西南地区的滑坡、泥石流等是当前面临的重要生态环境问题。其中，青海作为"三江源"自然保护区，须担负起保护"中华水塔"的重大责任，应坚持保护优先，自然恢复和人工恢复相结合，加强自然保护区建设和退牧还草、退耕还林还草、"三北"防护林建设；甘肃是黄河流域重要的水源涵养区和补给区，应重视黄河上游生态修复、水土保持和污染防治，实施祁连山生态保护与建设综合治理工程；秦岭是我国南北气候的分界线和重要的生态安全屏障，又承载着南水北调中线水源地保护的使命，应全面加强生态保护措施，整治好危害秦岭生态安全屏障的突出问题；新疆内陆干旱区和内蒙古半干旱草原区是我国沙尘暴的主要策源地，荒漠化对西北生态安全屏障构成严重威胁，应坚持"以水定地"的原则，保护荒漠生态和山区草原生态，合理利用自然资源，避免盲目无序地过度开发利用。通过对区域生态地理系统的科学认知，使我们认识到西北地区自然条件对区域可持续发展有着有利的一面，但在相当大的区域范围内，恶劣的自然条件也严重制约了社会经济的发展。因此，也使我们认识到西部大开发的艰巨性和长期性。

1.2 研究的背景意义

1.2.1 研究背景

水是维护干旱地区生态系统的命脉，改善生态系统，搞好生态建设，是西部地区开发建设必须研究和解决的重大课题。实施西部大开发战略，加快西部发展，逐步缩小各地区之间的发展差距，实现区域经济高质量发展，最终达到各地区经济普遍繁荣和全体人民共同富裕，既是社会主义本质特征的要求，也是国民经济持续协调发展的内在需要。

西北地区地域广阔，资源丰富，民族众多，在我国的经济建设、社会稳定和国防安全方面都具有重要的战略地位，由于其特殊的自然地理条件，又是我国极其重要的生态屏障。中央确定"西部大开发"战略并明确西北地区的开发要和生态环境建设相协调，在中央和地方的共同努力下，20多年来取得了举世瞩目的成绩。但同时仍然存在"五个依然"：地区发展不平衡不充分问题依然突出，巩固脱贫攻坚任务依然艰巨，与东部地区发展差距依然较大，维护民族团结、社会稳定、国家安全任务依然繁重，在实现社会主义现代化国家新征程中依然是短板和薄弱环节。

党的十九大报告明确指出要实施区域协调发展战略，并强调要"加大力度支持革命老区、民族地区、边疆地区、贫困地区加快发展，强化举措推进西部大开发形成新格局"。2020 年 5 月党中央、国务院颁布了《关于新时代推进西部大开发形成新格局的指导意见》，明确指出：新时代要继续做好西部大开发，要围绕抓重点、补短板、强弱项，更加注重抓好大保护，从中华民族长远利益思考，把生态环境保护放到重要位置，坚持走生态优先、绿色发展的新路子。要更加注重抓好大开发，发挥"一带一路"倡议的引领带动作用，加快建设内外通道和区域性枢纽，完善基础设施网络，提高对外开放和外向型经济发展水平。要更加注重推动高质量发展，贯彻落实新发展理念，深化供给侧结构性改革，促进西部地区经济社会发展与人口、资源、环境相协调。

为了发挥"战略咨询"和"国家智库"的作用，2020 年中国工程院批准开展"西北'水三线'空间格局与区域协调发展战略"重点课题研究。课题组聚焦国家"一带一路"倡议、西部大开发及乡村振兴战略、小康社会建设和实现中华民族伟大复兴等国家建设目标，紧密围绕西北"水三线"地理—生态—经济空间分布格局、推动西部大开发形成新格局的总体目标、国家重大水利基础设施与区域水资源配置方略、西北生态经济枢纽区建设等主要方面进行了系统研究，提出富有建设性的意见和建议。通过加快实施南水北调西线—西延工程，构建"国家大水网"与西北"水三线"水网框架体系，跨越胡焕庸线、阳关线和奇策线，实施水资源空间梯度优化配置，为西北生态经济枢纽区建设，支撑区域协调发展、生态文明建设、维护边疆和谐稳定与长治久安、加快西部大开发形成新格局等提供重要的水安全保障，进一步提升西北干旱半干旱地区资源环境承载能力，使"努力实现不同类型地区互补发展、东西双向开放协同并进、民族边疆地区繁荣安全稳固、人与自然和谐共生"的总体目标得以尽早实现。

1.2.2　重大需求

水是西北地区社会经济发展的命脉，有水就有绿洲，无水皆为荒漠。如何破解水资源匮乏和生态环境脆弱两大瓶颈的制约，生态环境保护与生态屏障建设应如何具体掌握，生态环境建设与经济建设的用水矛盾应如何解决，以及西北地区的有限水资源能否支持社会经济的可持续发展等问题，仍存在着各种不同的看法和做法。从水资源和生态环境承载能力来看，西北地区经济发展用水已经远超用水总量"红线"，水资源过度开发利用导致了一系列的生态环境问题。水资源甚至难以维持现有的经济"存量"，更加无法支撑未来的经济"增量"，以灌溉农业为主的经济结构无法得到有效改变，难以形成具有聚集效应的城市经济规模。区域经济越发展，对水资源和生态环境的压力就越大，不解决好西北地区生态环境保护和区域社会经济发展的矛盾，西部大开发的预期目标就难以实现。基于此，新一轮的西部大开发需重点解决以下三个重大科学问题以及相应的科技需求。

1. 西北内陆河流域水资源过度开发利用和未来气候变化影响下的水安全问题

在干旱缺水、水资源总量严重不足的条件约束下，水安全应着重解决以下关键技术问题：

（1）内陆河流域水循环调控及其关键阈值。根据"山区—绿洲—荒漠"水循环特征和"汇流形成—开发利用—生态保护"的水功能定位，绿洲经济与荒漠生态系统"竞争性"用水关系，合理调控河道内用水与河道外引水、生态用水与经济用水以及水资源"供、用、耗、排"的平衡关系，并确定适宜的调控阈值，节水优先，高效利用水资源，是内陆河流域可持续发展首先应解决的科学问题。

（2）灌溉农业发展规模与"虚拟水"循环调控。西北地区大规模的水土开发，不仅引发了水土流失、土壤盐碱化、土地生产力退化等环境问题，而且大量挤占生态用水，导致河道断流、地下水位大幅下降。同时，大宗农产品以"虚拟水"形式转移到中东部地区，如新疆生产了全国85%以上的棉花，并为全国供应大量的优质果品。这种以牺牲生态环境为代价的"虚拟水经济"如何维系，是西部可持续发展面临的重大抉择。

（3）气候变化影响下水安全问题及其应对措施。许多研究成果表明，未来气候变化将会进一步加剧西北地区的水安全风险。系统研究气候变化对流域水循环过程、生态系统变化和自然灾害风险的影响机理，揭示变化环境下水资源对气候变化和人类活动的响应机理，研究提出灾害风险防范的理论方法和应对气候变化的管理性、工程性、自适应性的对策措施，是西部大开发必须面对的重大挑战。

（4）区域水平衡与跨流域调水。基于我国人口、经济发展和水土资源空间分布格局，剖析水资源利用与保护中存在的突出问题，研究变化环境下的水循环要素和水平衡关系，提出改善西北地区水平衡状态、提高水土资源适配性的综合对策。以促进区域生态经济协调发展为目标，系统评价西北地区主要城市群、粮食主产地、重点能源基地和生态脆弱区的水安全风险状况，为建设南水北调西线—西延工程提供科学的决策依据。

2. 生态环境退化和支撑未来经济社会发展的资源环境承载力问题

西部地区既是我国主要江河的发源地，也是沙尘天气的主要策源地，更是我国重要的生态安全屏障。西部大开发应重点关注以下重大环境问题以及相应的科技需求：

（1）在气候变化影响下进一步巩固国家生态安全保障体系。"青藏高原生态屏障""黄土高原—川滇生态屏障"和"北方防沙带"是国家"两屏三带"生态安全保障体系的重要组成部分。西部地区主要以山地、高原和盆地为主，生态环境脆弱，荒漠广布，既分布有雪域高原和"三江源"自然保护区，又分布有广袤的戈壁、沙漠，为我国地势第一、第二大阶梯所在地，在强劲西风环流作用下，对我国生态环境安全形成巨大威胁。在现有水资源条件和变化环境下，推进西部地区生态建设和高质量发展，既是重要的科技需求，也是国家重大战略的重要支撑。

（2）草原畜牧业发展与草原退化防治。西部山区草原和荒漠草原既是传统的畜牧业生产基地，也是我国中东部地区的生态屏障，在调节气候、涵养水源和防止沙尘暴等方面发挥着极其重要的作用。由于长期的过度开垦、乱砍滥伐和过度放牧等原因，草原沙化、草地退化现象十分严重。国家陆续实施了"退牧还草""天然草原保护""京津风沙源治理"等多项重大生态工程，有效缓解了草原生态退化问题。但是山区草原、荒漠草地的保护，与牧民致富、现代畜牧业发展之间的矛盾依然突出。因此，需继续探索更为科学的生态保护模式和更加有效的生态补偿机制。

（3）土壤盐碱化防治与"山水林田湖草沙"系统治理。在年均降水量小于400mm的干旱半干旱地区，无论是自然营造的"原生"或称为"残余"的盐渍化土壤，还是因灌溉不当、灌排失调而产生的"次生盐碱化土壤"，都需要建立科学的农田灌排体系。20世纪50年代西北地区大规模农田开发，由于"重灌轻排"造成30%以上的耕地次生盐碱化；90年代以后，开始大规模推广滴灌节水技术，造成目前"无水可排"的农田积盐状况。节水灌溉和排水治碱是干旱区灌溉农业两大永恒主题，现代高效节能灌溉系统的优化设计和高效节水条件下的水盐调控，是当前急需解决的两大科学问题。而"山水林田湖草沙"系统治理则对绿洲生态环境建设提出了更高的要求，也是构建现代灌区的重要措施。

3. "一带一路"倡议下西部大开发经济地理和政治地理空间定位问题

"一带一路"倡议拓展了西部地区发展的经济地理空间，如何使其从国家经济社会格局的"边缘位置"变成"中心枢纽"，是备受关注的热点问题，也是新一轮西部大开发需研究解决的重大问题。

(1) 创立中国特色的政治地理学和经济地理学理论体系。"一带一路"倡议属于政治地理学和空间地理经济学的研究范畴。自拉采尔的国家有机体及"生存空间"理论开始，马汉的海权论、麦金德的陆权论、斯皮克曼边缘地带理论、布热津斯基"大棋局"理论、基辛格的均势理论等现代地缘政治学家对政治地理与地缘政治学理论进行了不断地发展与完善。这些理论之间既有继承与发展，也有相互补充与融合，共同构成了"一带一路"倡议、欧亚大陆经济走廊建设、西北"水三线"空间格局纵深拓展的重要理论基础。特别是在国际经济和区域经济等研究领域，以区位论和新经济地理学为代表的空间经济学，成为新的研究热点，也为丝绸之路经济带核心区建设、西部地区空间经济和区域发展开辟了新路径。

(2) 探索建设和发展开放型经济的新模式。西部受限于地理位置，海运成本高且远离要素丰富的东中部地区，难以吸引外资和产业技术转移，且基础设施落后、生态脆弱、产业结构单一、政策创新乏力、人才流失严重，导致西部经济开放程度显著落后于东中部地区。西部地区迫切需要打造"有为"的服务型政府，构建"联动、联通、市场耦合"的开放型经济新体制，即：实现国内区域合作联动、国外通道设施联通、国际与国内市场耦合的新发展格局。随着"丝绸之路经济带"向欧亚大陆的纵深推进，西部地区将会打破以封闭或半封闭形态存在的行政区划的空间限制，提升在国内乃至全球一体化进程中的经济地理位置，建立包括跨越国界的"中国—中亚—西亚"的复合型、多元化跨区合作模式。

(3) 探索构建自主型经济体及其实现路径。许多专家人士认为，西部地区经济体量弱小、技术装备落后、创新驱动能力不足，难以形成较大规模的自主型经济体。但是，在新的形势下，以"一带一路"倡议和"双循环"新发展格局为引领，依托国家南水北调西线—西延供水工程，进一步扩大西北地区国土资源开发利用空间，结合西北地区的自然环境特点和区位功能定位，建立融合生态屏障功能、经济支撑功能、文化融生功能、深陆通道功能"四位"一体的生态经济枢纽区，进一步把生态、民族民俗、边境风光等优势提升为新经济、新业态，打造区域重要支柱产业。在开放型经济新体制拉动下，再加上西部大开发给予的政策创新等优惠条件，建立较大规模自主型、联合型经济体的主客观条件均已具备。通过区域合作，共建特色园区，发展高附加值的飞地经济等措施，打造新的西部经济增长极。

1.2.3 研究目的

（1）研究我国干旱半干旱地区及西北"水三线"地理—人口—经济空间分异特征，探索西部地区经济与环境协调发展的创新模式。 生态环境保护和可持续发展是西部大开发的前提条件，西部地区与东部地区人口分布—经济发展的悬殊差异是国家"空间均衡，协调发展"面临的突出问题。我国西北干旱半干旱地区占国土总面积近36%，水资源仅占全国的5.7%。以水资源为主控要素的"水三线"划分格局，在地理空间、地形地貌、气候特点、生态系统、植被类型、经济发展、产业结构、人口分布、民族构成等方面均体现出显著的分异特征。西北地区水资源匮乏、生态环境恶化，并日益成为制约经济发展与人们生活质量改善的重要因素。如何正确处理经济发展与环境保护之间的关系以实现可持续发展是摆在我们面前的一项重大课题。因此，本研究的目的在于系统认知"水三线"空间地理特征，探索西北地区经济与环境之间协调发展的创新模式。

（2）研究影响区域可持续发展的重大水资源及水安全问题，探索西北"水三线"空间格局及水资源梯度配置方略。 西北干旱半干旱地区几乎所有的内陆河流都处于过度开发利用状态，农业用水占比高达86%～95%，维持棉花、特色林果等大宗农产品流出的"虚拟水"经济，消耗了近30%～40%的水资源，再加上未来全球气候变化，冰川消融加速，河川径流量衰减，将会对西北地区水安全构成严重威胁。本研究在南水北调西线优化方案（下移）基础上，进一步研究提出"西延"供水方案。水源工程"西延"，即将调水水源从规划的金沙江叶巴滩水库、雅砻江两河口水库、大渡河双江口水库，继续西延至雅鲁藏布江、怒江、澜沧江等；供水工程"西延"，即跨越胡焕庸线、阳关线和奇策线向西梯度配置，为"国家水网"建设提供决策支撑。

（3）研究水利经济与现代经济融合协调发展问题，探索开放型经济及生态经济枢纽区建设的可行性。 "灌溉农业，绿洲经济"是西北传统水利经济的典型特征，与"城市群，区块链"为"增长极，发展轴，网络化"的现代经济发展模式，形成鲜明对比。本研究提出，依托西北内陆河流域和南水北调西线—西延供水工程，在传统水利经济基础上，拓展国土利用空间，发展绿洲生态经济产业；依托丝绸之路经济带核心区建设，在现代经济的发展过程中，拓展西部经济地理空间，建立"联动、联通、市场耦合"的开放型经济；并通过重要生态功能区保护和重要经济通道区建设，构建融合经济、生态、文化和社会发展为一体的"生态经济枢纽区"，强化自主经济体规模和自主发展能力，推动"一带一路"通道区向"深陆"发展，探索一种新的地理经济开发模式。

1.2.4 研究意义

（1）对探索西部地区水资源—经济社会—生态环境协调发展的创新模式，推动国家水网及南水北调西线—西延工程建设具有重要的支撑作用。 "水资源—生态环境—社会经济"是一个多维度的复合系统，西部大开发不是片面追求保护和建设优美的生态环境，忽视流域经济社会发展，而是要树立耦合协调的发展理念，积极探索"绿水青山"转化为"金山银山"的创新路径，发展生态经济和旅游产业，建立生态补偿机制，防止走入"生态陷阱"。要打破干旱区弱水资源承载力、高生态胁迫压力、低经济发展能力的桎梏，对"三生空间"优化布局和"三生用水"合理配置进行双向优化，围绕生态文明建设需求，基于区域水平衡关系及水循环要素演化规律，剖析水资源利用与保护中存在的突出问题，提出适应水土资源条件的国土空间开发利用和生态保护修复措施与模式。生态建设本身就是一项涵盖基础设施建设、农业产业化、生态能源开发、生物资源开发、生态旅游开发、生态社区与聚落建设、防灾减灾工程和林草恢复工程等在内的投资领域，完全可以形成新的生产力和新的经济增长点。也就是说，将生态建设作为一项综合的新兴产业、创汇产业和财政产业，真正把生态建设的经济利益落到实处，挖掘生态建设带动社会经济发展的作用和潜力。

研究认为：西北地区生态环境脆弱，少数民族聚居，经济社会发展滞后，水资源短缺是最重要的制约因素。目前，西北内陆河流域水资源严重超载，土地荒漠化尤为严重，当地水资源已无法支撑社会经济可持续发展和高质量发展。特别是受全球气候与人类活动影响，气温持续升高、蒸散发加剧、冰川消融加速，一些以冰川融雪补给为主的河流，其径流量将会发生显著衰减，因此未来西北内陆地区水安全存在巨大隐患。我国"南方水多，北方干旱""西南缺土、西北缺水"，为了破解地理空间、基本国情产生的资源配置、区域发展不均衡问题，拓展国土生存与发展空间，早在 20 世纪 50 年代初，我国就组织开展了大规模的西部调水研究，提出了"四横三纵"国家骨干"水网"总体框架格局。其中，南水北调西线—西延工程是我国"四横三纵"水资源配置格局的重要组成部分，可将长江干流，雅砻江、大渡河支流，黄河流域及引黄地区、河西走廊和新疆等广大地区串联起来，实现江河互联互通，构建有机联系的大水网，解决我国北方特别是西北地区的缺水问题，并通过"调水改土与城乡统筹""占补平衡与飞地经济"和"碳中和与生态补偿"等开发联动模式和干预性政策扶持，推动西北"增长极"的培育和发展，对实现国土空间均衡发展具有重大的现实和历史意义。

（2）对拓展"一带一路"视域下西部经济地理与政治地理空间格局，进一步明确西北地区空间开放发展的新方位具有指导意义。 经济地理空间包括区域经济发展的区位条件、区域产业结构、区域生活及区域基础设施等多个方面，是西部开发目标得以实现的基础条件，其他开发政策的落实也需与所处经济地理空间相匹配。"一带一路"倡议实际上是从全局、全球的视域对国家经济地理与政治地理空间的调整与改变，是对西部地区全面发展的物理边界、经济位置与综合影响力的重新定义，但这种政策转向对西部大开发的实践价值尚未得到充分认识。为此，本研究从西部大开发的传统路径入手，总结西部大开发取得的既有成就，并查找仍然存在的"五个依然"和"多元失衡"问题及其原委，在此基础上探讨"一带一路"倡议给西部地区带来的经济地理和政治地理空间的转型升维，以及新阶段的西部大开发政策设置与运作的重新定位，在不改变既有经济地理空间的同时融入国家一体的现代化进程中，这对于新一轮西部大开发的顺利展开有重要的理论价值。

研究认为：以前西部地区开发，多停留在点状、块状的发展模式，多以行政区划为单元进行扶贫援助、扶助开发。新时期继续实施西部大开发战略，必须以"一带一路"倡议为引领，打破以封闭或半封闭形态存在的行政区划的空间限制，提升西部地区在国内乃至全球一体化进程中的经济地理位置，建立包括跨越国界的"中国—中亚—西亚"的复合型、多元化跨区合作模式[10]。其中：①拓展西部空间格局，促进区域协同发展，将西部大开发的可利用空间拓宽至国内东中部，并延伸出中亚、东盟等地，使得原本处于国家边缘的西部省份成为对外开放的口岸，如新疆就被定位为丝绸之路经济带核心区；②在加大内循环的同时，扩大外需市场空间，加快形成"双循环"新格局，以资本输出带动产能输出，为产业转移和过剩产能化解提供了更为宽广的战略迂回空间；③拓展经贸合作，与沿线国家和地区建立多领域、深层次和全方位的合作关系，消除投资和贸易壁垒，建立双向投资合作，拓展互补型投资领域，参与沿线国家基础设施建设和产业投资；④战略资源的引入渠道要摆脱对中东、澳大利亚等海路资源的依存度，构建新的陆路资源进入通道。

（3）对激发新一轮西部大开发的创新驱动力和持久性"新动源"，建设"多功能聚合"的西北生态经济枢纽区具有指导意义。 西部大开发 20 年，西部却始终被定义为"边缘地区"，远离国家经济和贸易中心，未建立自主性的经济地理空间，资源、产业和技术的调度多来自国内不同区域的跨区补偿或援助，产生了"城市间的离散性和地理空间上的不经济性"等一系列问题。这说明过度依赖外部扶贫无法改变西部地区的经济地理空间，反而固化了西部地区在国家社会一体化发展中的边缘位置。在新一轮西部大开发中，"一带一路"倡议拓展了西部地区发展的经济地理空间，有效推进了西部地区的"去边缘化"过程，使其从国家经济社会格局的"边缘位置"变成"中心枢纽"成为可能。从社会发展现代化的整体视角审视，许多历史上的边缘区都经历过"去边缘化"的过程而成为社会经济发展的中心区，如我国的福建、深圳、广州等地以及美国的西部等。尽管"去边缘化"路径有所不同，但"以地理形态促进社会经济发展，社会经济发展反过来重塑地理形态"的内在逻辑却是成立的[11]，经济地理空间的转型势必为西部地区开发提供新的发展契机。

研究认为："一带一路"是一个全球化的概念，应将西部地区放在亚洲乃至国际视野中考察，为我们重新思考西部地区发展模式和探索西部地区的"去边缘化"提供崭新视域[12-13]。作为边界向外拓展的丝绸之路经济带，将会使广大西部地区由原先的"内陆腹地"变成现在的"开放前沿"[14]。西部地区覆盖范围广，省份众多，经济、社会、文化与族群地域差异较大，不同地理区位、资源与产业优势和公众意识都有各自的特点，市场化程度和实现途径也有不同，唯有集合不同西部地区的人文经济与地理属性，发挥地区内部人们的主动性，新一轮的西部大开发才可获得持久性的创新驱动。西部地区应谋求更为合理、科学与可行的"去边缘化"路径，正如"历史上和平、稳定时期的丝绸之路所经过的各地，是最为活跃的区域，更是经济、社会发展的黄金地带"一样[15]。建立西部地区融合经济、生态、文化、社会发展为一体的"生态经济枢纽区"的开发模式，并在此基础上做好其他制度或政策的配套扶助，培育西部地区内生发展所需要的软硬环境，提高西部地区广大人民群众自觉投入西部大开发的热情，在陆海统筹、"双循环"等新发展格局中消除区域失衡并实现区域均衡发展是可以预期的。

1.3 框架体系及主要成果

1.3.1 框架体系

针对我国空间地理分布格局和地势地貌特征，研究人员从地形地貌、水文气象、生态景观与社会经济多维视域，面向水资源优化配置、生态环境保护与社会经济发展，提出西北"水三线"的划分格局，即胡焕庸线、阳关线和奇策线。"水三线"是西北水资源合理开发利用的优化配置线、西北生态文明与环境保护的特征分区线、"一带一路"建设的战略制导线和边疆长治久安、社会稳定的国家安全线。

本书围绕西北"水三线"空间格局与区域协调发展战略布局、地理—生态—经济学理论支撑与水安全—水资源保障、生态经济体系构建的关键路径与调控模式、国家重大需求与生态经济枢纽区多功能聚合为研究主线，主要汇集了以下研究内容和成果（图 1-2）：

（1）西北"水三线"空间格局及地理要素分异特征。本部分通过对我国西北干旱半干旱地区的地形地貌、水文气象、生态环境、人文地理等方面的系统总结，创新性地提出了西北"水三线"的空间格局；并对区域水资源进行综合评价；对其开发利用、生态环境保护存在的问题进行了阐述，分析了内陆干旱区农业节水潜力；基于地理学透视，阐述西北"水三线"的特征、内涵及功能定位，全面解析了西北"水三线"地理要素分异特征，明确了西北"水三线"地理—生态—经济发展的空间定位。

（2）西北地区协调发展的地理—生态—经济学理论基础。本部分以政治地理学/地缘政治学理论、区域协调发展的经济学理论、生态经济学与可持续发展理论、发展经济学与空间经济学理论为支撑，强调其对"一带一路"高质量发展、构建欧亚大陆经济走廊、提升西北"水三线"战略定位的重要影响，提出西部开放型经济发展新模式，明确指出可持续发展理论与可持续性思维是指导西北地区社会—生态—经济协调发展的根本纲领，探讨在发展经济学视角下，通过荒漠化治理与调水改土实现西北地区水土资源合理配置的可行性，为提升西北地区经济实力、建设具有示范引领作用的经济枢纽区提供理论依据。

（3）西北内陆河流域水资源利用与水循环调控。本部分总结干旱区内陆河流域水资源过度开发利用的经验教训，系统分析西北"水三线"地区的气候、冰川及径流变化特征，以水资源分布与区域优化配置、气候变化影响下未来水安全应对措施、内陆河流域水循环调控模式、"三元"水循环调控与管理为技术支撑，阐述内陆河流域水循环特征及调控机理，并提出了"三七调控，五五分账"的水量调控模式和"自然—社会—贸易"三元水循环调控模式。倡导实施虚拟水与实体水平衡战略，依托南水北调西线—西延工程和国家大水网建设，实现水资源优化配置和水循环空间调控，解决西北内陆干旱区水资源短缺问题，保障区域水安全。

（4）西北"水三线"水资源梯度配置与西北水网构建。本部分以国内外跨流域调水工程经验启示、国家水网与西北水网建设构想、南水北调西线—西延工程方案、水资源保障与国家水安全战略为主要研究内容，借鉴各国成功调水经验，提出南水北调西线—西延江河连通工程与西北水网建设构想，即："西线西延—两源补给—四区连通"的西北水网总体布局。建议将西线—西延工程列入《南水北调工程总体规划》，将西北水网纳入"国家大水网"规划，统筹内陆河流域水资源合理配置与生态修复，为开拓国土空间发展新格局提供水资源保障。

（5）西北"水三线"生态经济体系架构与生态经济枢纽区建设。本部分总结提出往复控制型、置线定居型、开发建设型、生态经济型西北边疆地区发展的历史沿革，基于冀朝鼎先生的"基本经济区"理论和新时代生态文明建设的要求，创造性地提出聚合生态功能

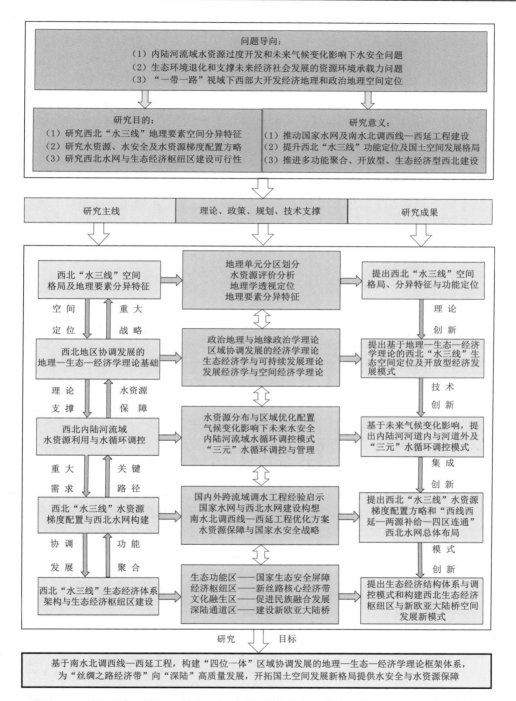

图1-2 西北"水三线"空间格局与区域协调发展战略研究总体思路及架构体系框图

区——生态屏障、经济枢纽区——经济支撑、文化融生区——交融传承、深陆通道区——陆海统筹等四大功能为一体的"四大"生态经济枢纽区建设的新构想,即:构建兰西生态经济枢纽区及"一轴四峡五源"水资源保障格局、河西生态经济枢纽区及"一横三纵"水资源保障格局、天山北坡生态经济枢纽区及"两源一干多支"水资源配置格局，环塔里木盆地绿洲生态经济枢纽区及"九源一干一环"水资源保障格局。并以水资源空间调配为支撑条件，提出了干旱区生态经济架构体系，即：以地理—生态—经济学为理论基础，以重要山系、干旱半干旱草原、人工绿洲、荒漠生态系统为重点保护目标，以生态功能提升、生态足迹管控（土地足迹、水足迹和碳足迹等）、能值能效调控、承载能力调节为调控路径，构建适宜西北地区协调发展的现代水利经济与生态经济、调水改土与城乡统筹、占补平衡与飞地经济、碳中和与生态补偿"四大"调控模式，促进西北生态经济枢纽区建设与国家重大发展战略形成优势互补、良性互动、辐射带动的新局面。

本研究旨在推进南水北调西线—西延工程规划建设，以水资源梯度配置为先导，构建"四位一体"区域协调发展的生态经济学理论框架体系，为"丝绸之路经济带"向"深陆"高质量发展，开拓国土空间发展新格局提供水资源保障，以期跨越胡焕庸线拓展国土发展空间，跨越阳关线振兴河西生态经济走廊，跨越奇策线增强新疆水资源及环境承载能力，繁荣丝路文化，保障国土安全。

1.3.2 主要成果

本研究以西北"水三线"地区为研究对象，通过前期资料收集，结合实地调查研究，以"四大"国家发展战略为驱动引领，以"四大"经济学为理论基础，以"四大"水资源配置与水循环调控为支撑条件，以"四大"功能融合为一体的生态经济枢纽区为发展载体，研究提出西北"水三线"空间格局及地理分异特征、"四位一体"区域协调发展理论框架体系及生态枢纽区建设模式、以"水三线"为梯度制导线的水资源配置方略、水利经济和现代经济融合发展的新理念、生态经济枢纽区和生态经济架构体系创建与调控新模式。研究的总体思路如图1-2所示。

1. 研究提出西北"水三线"空间格局及地理要素分异特征

（1）地理空间格局与区域单元划分。 从地形地貌、水文气象、生态景观、历史文化、人口经济等多视角，面向西北地区水资源优化配置、生态环境安全和区域社会经济协调发展等重大需求，科学划定西北"水三线"空间格局，以胡焕庸线、阳关线、奇策线为特征线，建立了我国西北干旱半干旱区独特的自然地理、人文地理、经济地理空间单元表征指标系统，并结合西北地区水资源一级和二级分区，参考市级行政边界，又将西北"水三线"划分为奇策线西北、奇策线西南、奇策线东北、奇策线东南、河西内陆河流域、柴达木盆地、半干旱草原区、黄河流域片区等八个单元分区。

（2）人地环境特征与区域经济状况。 系统分析研究了"三线八区"的自然地理、人文地理、水文气象、土地资源、水资源、植被覆盖、社会经济等分布情况，全面对比分析了我国东、中、西"三大经济带"，南、北方"两大区域"，东部、中部、东北、西部"四大板块"以及西部地区西南、西北的人口经济发展状况和演变趋势。研究认为我国区域经济发展不平衡问题，仍将长期表现为东西部差距继续拉大，并且在西部地区中西南与西北地区的差距也将迅速拉大，而西北"水三线"是制约我国空间均衡、区域协调发展和人口—经济—产业聚集的"掣肘"线，水资源是制约西北地区可持续发展与生态环境保护的根本条件。

（3）胡焕庸线地理空间分异特征。根据胡焕庸先生当时的分析：东侧人口 4.4 亿人约占全国总人口的 96%，西侧人口 1800 万人约占全国总人口的 4%，呈现多寡的悬殊差异；东南部，全国近四成的土地，承养着 96% 的人口。反之，西北部，全国六成以上的土地上，只有 4% 的人口。胡焕庸线不仅是中国人口分布的分界线，也是自然资源要素格局分布的分界线，还是生态环境承载力差异的分界线，更是生产力配置差异的分界线[16]。2018 年统计研究发现，80 年过去以后我国整体的社会经济发展水平在空间结构上的特征，总体上与胡焕庸线的分布格局保持基本一致。东部地区 94% 的人口，生产了 94% 的 GDP；而西部地区以近 60% 的面积，却承养了不到 6% 的人口、产出了不足 6% 的 GDP。

（4）阳关线地理空间分异特征。我国西北干旱半干旱地区国土面积 345.59 万 km²，以阳关线为中轴，将西北"水三线"地区一分为二，东侧面积 179.03 万 km²，占比 51.8%；西侧（新疆）面积 166.56 万 km²，占比 48.2%。以阳关线为中轴的附近地区年均降水量 60～200mm，是西北"水三线"地区降水量的"鞍底"。同时，阳关线及其附近也是我国人口密度最稀疏、GDP 普遍偏低的区域。阳关线东侧人口 8171.4 万人，占西北"水三线"人口总数的 77.3%，西侧人口 2401.6 万人，占比 22.7%。阳关线东侧 GDP 47571.6 亿元，占比 78.3%；西侧 GDP 13176.4 亿元，占比 21.7%。因此，阳关线也称西北"水三线"国土面积的均分线和人口、经济空间分布的"八成"线。

（5）奇策线地理空间分异特征。新疆国土面积 166.56 万 km²，以奇策线为界，其西侧面积占比 59%，东侧面积占比 41%。根据户籍人口统计，奇策线西侧人口达到 2158.1 万人，占新疆总人口的 89.9%；东侧人口 243.5 万人，占新疆总人口的 10.1%；西侧人口密度是东侧的 5 倍。同时，奇策线西侧 GDP 11301.7 亿元，占比 85.8%；东侧 GDP 1874.7 亿元，占比 14.2%。因此，奇策线是新疆地理、人口、经济空间分布的"九成"分异特征线。

（6）西北"水三线"人文地理特征。从人文地理空间看，西北"水三线"由东向西依次横跨中华文明与黄河文化、河西走廊与丝路文化、欧亚大陆与西域文化等三大文化地理空间。立足中国西北地区干旱缺水，土地荒漠化加剧，区域发展不协调、不充分、不平衡等现实问题，实施南水北调西线—西延工程，以水资源梯度配置为先导，突破水资源对国土空间发展的制约，支撑西北地区经济社会稳定发展、生态文明建设，优化资源配置、人口分布、产业经济空间布局，以"一带一路"倡议为引领，构建向西开放的文化—旅游—产业—物流—安全大通道，其战略意义十分重大。

（7）西北"水三线"战略定位。西北"水三线"是西北水资源开发利用的优化配置线，生态文明与环境保护的特征分区线，国家"一带一路"倡议的战略制导线，边疆长治久安、社会稳定的国家安全线，东西方文化交流与发展的融生线。对于拓展我国战略发展纵深，构建国土空间均衡发展新格局具有十分重要的战略意义。

2. 研究提出"四位一体"区域协调发展理论框架体系及生态枢纽区建设模式

本研究立足国家"一带一路"倡议和区域协调发展战略，结合西北"水三线"空间格局及人口—经济—生态分异特征，从国家与全球的视野和历史与逻辑的脉络出发，提出了"四位一体"的西北"水三线"空间均衡、区域协调发展的理论框架和生态经济枢纽区建设模式（图 1-3）。

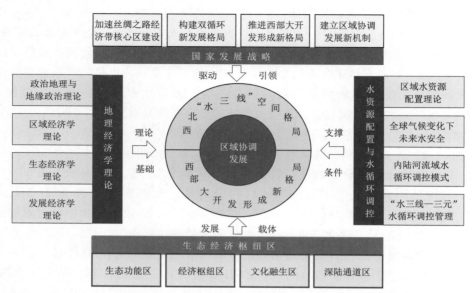

图1-3 西北"水三线—四位一体"区域协调发展理论框架与建设模式框图

(1) 以"四大"国家发展战略为驱动引领的开放型经济发展模式。聚合"四大"国家发展战略。以"一带一路"倡议为引领，构建全方位开放格局的前沿地带，实现中华民族从"深海"到"深陆"，向欧亚大陆纵深发展的伟大跨越；依托国家构建"双循环"新发展格局，有效发挥西部地区的纽带作用和内需潜力，联通国内和国际市场，更好利用两个市场、两种资源，实现更加强劲的可持续发展；依托国家区域协调发展战略，建立区域战略统筹机制，推动国家重大区域战略融合发展，统筹发达地区和欠发达地区发展，促进区域协调发展向更高水平和更高质量迈进；依托新时代国家继续实施西部大开发战略，以新发展理念为引领，加快形成西部现代化产业体系、城市化发展、基础设施建设、公众福利水平、优势资源开发利用和对外开放的新格局。

拓展开放型经济发展模式。与东南沿海海运为主导的开放型经济相比，西部内陆的区位特征则面临多重制约。开放型经济的规模、竞争力、贡献率及其所依托的营商环境仍有较大的提升潜力，这也是影响西部大开发取得更大成效的一个重要因素。"欲外开，先内联"，建设西部开放型经济发展模式，必须与国内区域统筹发展战略融合推进，以开放创新为牵引，依次推进内外联动化、设施联通化和贸易投资市场化。在推动高水平开放型经济发展过程中，更要注重联动化、联通化、市场化相耦合，多元策略相耦合，使开放型经济逐步实现由商品和要素流动型，向规则制度型转变的高水平发展。确保高水平开放型经济发展中有明确的区域联动方向、设施联通走向和市场化导向，促使一系列政策目标成为西部地区自生发展的内在需求。

(2) 以"四大"经济学为理论基础的生态经济发展模式。依托"四大"经济学理论。西北地区的协调发展与诸多重要地理经济学理论具有密切的逻辑关系。其中，政治地理与地缘政治学理论为提升西北地区地缘战略地位，构建欧亚大陆经济走廊，保障国家安全，发挥地缘优势提供了重要的理论基础；区域经济学理论为西北地区丝绸之路经济带核心区及具有规模示范作用的生态经济枢纽区建设，带动西部长足发展，缓解东西部发展不平衡提供了理论依据；生态经济学理论可为西北地区形成国土空间生态安全屏障，总体增强我国西北地区生态承载能力，有效提升区域生态安全水平提供坚实的理论基础；发展经济学理论和空间经济学（经济区位论）以资源要素空间配置和发挥区位优势为目标，为构建"内循环＋双循环"的新发展格局，增强西北地区水资源要素禀赋条件，促进"调水改土""飞地经济""碳中和"的顺利实施，提供了重要的理论基础。

创新生态经济型发展模式。纵观历史，西北的军事、政治、经济、文化等各种事业发展与屯田水利、灌溉农业的发展密不可分，灌溉绿洲、丝绸之路、西北疆界形成点、线、面相互制约的地缘景观格局，与边疆的地缘形态变化有着密切的联系。自汉代起，河西走廊在国家安全中发挥着连通西域、稳定西北边疆和巩固中原的独特功能，与"大一统"国家的安全息息相关。2000 多年前，汉、唐屯田的本质是保障丝绸之路，构筑"控制型边疆"。清朝前中期，为了巩固边界控制的合法性，开始大规模兴建水利灌溉工程，促成"往复控制型边疆"向"置线定居型边疆"转变。新中国成立后，经过 70 多年的发展，全面转入"开发建设型边疆"的新时期，人口、灌溉面积均增加了 6 倍多。当前，我国已进入"两个一百年"建设的新时代，特别是十八大生态文明社会建设目标的提出，西北地区开始转入"生态经济型边疆"建设的新时代，实现"强边"与"富边"的统一，走协调发展之路，确保疆域可持续发展。

（3）以"四大"水资源配置与水循环调控为支撑条件的水利经济模式。聚焦"四大"水资源配置与水循环调控模式。西北内陆河流域绿洲社会经济用水大量挤占生态环境用水的问题十分突出，已对区域生态安全构成严重威胁，中亚的咸海危机，以及塔里木河、黑河和石羊河流域水资源过度开发利用给我们带来了深刻的教训与启示，同时也为我国水资源空间配置提供了明确导向。国家水网与水资源配置是基于我国自然地理地带性规律和地域分异性规律提出的，南方水多，北方水少，东南洪涝，西北干旱，规划建设的国家南水北调西线—西延工程，必将为西北地区高质量发展提供重要支撑；全球气候变化下的水文气象学理论及研究表明，河川径流将随气温升高发生时空变化，根据冰川水热平衡原理，未来降水—融雪型河流的径流量将会呈现严重的衰减趋势，对西北地区水安全发出了强烈警示；内陆河流域水循环调控理论明确提出，"山区径流形成—绿洲开发利用—荒漠生态保护"是一个完整的水循环过程，河道内与河道外引水"三七调控"、人工绿洲与荒漠绿洲耗水"五五分账"是内陆河水资源合理配置和水循环调控最基本的模式；基于"自然—社会—贸易"的"三元"水循环调控理论分析认为，目前西北干旱区内陆河流域每年通过棉花、特色林果等大宗农产品，向域外流出的虚拟水达 283.8 亿 m^3，占水足迹总量的 37.5％，生态足迹已超过生态承载力的 2.2 倍，生态环境严重超载。

全面提升西北地区水利经济发展水平。我国经济学家冀朝鼎先生 1936 年提出了"基本经济区"理论，由此西方经济学界普遍认为：历史上中国的经济就是王朝集权统治下的"水利经济"。西北地区地域辽阔，光热和土地资源丰富，由于干旱缺水形成了生态脆弱和土地荒漠化的地理特征。我国正在加快推进以"南水北调东、中、西线"为骨干的国家水网工程建设，新疆的北疆供水工程和艾比湖生态工程，为天山北坡经济带提供了水安全保障；"引大济湟"和"引黄济宁"工程，为兰西城市群提供了水源保障；"引洮""引大入秦""景泰扬黄"和规划立项的"引哈济党"、白龙江引水工程，为甘肃社会经济可持续发展提供了有力支撑；"滇中引水"工程将改变云南省全境供水状况，解决制约滇中地区发展最大的瓶颈；"引汉济渭"为关中地区社会经济提供了重要的水源保障；南水北调西线—西延工程将会对黄河流域、河西走廊、吐哈盆地和塔里木盆地的稳定发展产生不可估量的影响。这些影响国土空间均衡协调发展的重大引调水工程，客观地诠释了当代"水利经济"的现实意义。

(4) 以"四大"功能融合为一体的生态经济枢纽区建设模式。融合"四大"功能为一体的生态经济枢纽区。对于西北"水三线"地区而言，在现有核心城市组团的基础上，天山北坡城市群、兰西城市群、河西走廊、环塔里木盆地等具有成为西部经济强区和绿洲生态屏障功能区的潜力，是继国家七个增长极后，极具潜力的生态经济枢纽区，也是对丝绸之路经济带核心区建设的深化。"生态经济枢纽区"在全国经济发展中的重要地位和区域划分功能，主要由其地缘政治、国家发展战略以及区域发展布局的重要性而决定，是西北"水三线"地区发展、生态建设、产业布局的关键区域，该枢纽区以发展水利经济为基础，以重点城市群建设为核心，以周边小城市形成的城市圈为依托，在空间上形成以"点—轴—区"为层级特征的网络化空间格局。即：极点带动，轴带支撑，融合生态功能区、经济枢纽区、文化融生区、深陆通道区"四大功能"于一体的关键枢纽。同时，生态经济枢纽区建设，也是一种实现经济发展与环境保护、物质文明与精神文明、自然生态与人类生态高度统一和可持续发展的创新型经济模式。

生态经济枢纽区建设实现的途径。构建融合"四大"功能的生态经济枢纽区，体现了西北"水三线"地区未来生态环境保护与社会经济发展的总体布局。根据生态功能区的功能定位，西北地区是我国"两屏三带"重要的生态安全屏障，应重点从国家生态安全保障、生态服务能力提升、生态基础设施建设和生态产品价值实现等四个方面强化生态功能；根据经济枢纽区功能定位，应以"四大"国家发展战略为依托，从优化城市群与城镇体系布局、优化产业结构与国内区域统筹联动发展、建设"丝绸之路"互联互通的基础设施与推动开放型经济高质量发展、发展生态经济与推进生态产业等四个方面壮大经济规模；根据文化融生区功能定位，应重点从深入开展文化润疆工程、加强文化交流与减少文化冲突、依托文化遗产开发推动文化产业发展等三方面推进融合共生；在深陆通道区陆海统筹的功能定位下，应重点从有效推动陆海统筹、提升边疆枢纽地缘战略价值、加强"中巴经济走廊"建设等三方面推进内外联动化、设施联通化和贸易投资市场化。

3. 研究提出以"水三线"为梯度制导线的水资源配置方略

(1) 研究干旱区内陆河流域水资源配置与水循环模式。系统总结干旱区内陆河流域水资源过度开发利用的经验教训。深入分析了咸海危机对恶化居民生存环境、严重制约中亚地区社会经济的可持续发展，恶化国家间的关系、严重威胁中亚地区稳定，恶化流域生态环境、严重威胁中亚地区自然生态系统安全等所造成的严重后果。并深入剖析了我国塔里木河、黑河、石羊河流域水资源过度开发利用造成的严重生态环境影响，以及我国在本世纪初投入巨资实施的流域综合治理和生态修复工程及其取得的主要成效，为干旱区内陆河流域的水资源利用、生态环境保护、社会经济可持续发展指明了方向。

研究提出"三七调控，五五分账"的内陆河水循环调控模式。针对"山区—人工绿洲—荒漠绿洲"完整的水循环过程，以及经济社会与生态系统竞争性用水矛盾，研究提出内陆河流域水资源配置河道内与河道外引水"三七调控"、经济与生态耗水"五五分账"的临界阈值调控模式。其中包括：严格控制人工侧枝水循环通量，从河口的最大引水量不能超过该断面地表径流量的70%，应保留30%的河川径流量，维护流域自然水循环；引入人工绿洲的水，由于利用效率和循环、转化机理等客观原因，其中30%的水量直接或间接转化为人工生态系统耗水，因此基本确保了50%的自然和人工生态系统耗水。这一水资源合理配置、调控管理模式，符合西北干旱区的实际情况和未来可持续发展对水资源调控的基本要求，也已成为一种被普遍认同的治水思想。

（2）预测分析可持续发展与生态安全屏障建设对水资源的需求。 研判气候变化影响下的未来水资源与生态环境安全情势。利用研究区的182个气象站点资料及29个典型站点的水文资料，系统分析了未来气候、冰川及径流变化特征。研究表明：西北"水三线"地区1960—2019年平均气温增幅为0.33℃/10年，高于全国0.24℃/10年的同期变化水平。降水量总体呈微弱增加趋势（3.22mm/10年），但由此带来的作物蒸散发量远超降水量，这将导致区域干旱化进一步加剧。随着气候变暖，冰川退缩加速，短期内可使河川径流增加，但长期看（2050年后）冰川面积的持续减少势必造成冰川融水及河川径流减少，届时用水安全将难以保证，迫切需要新增水源以缓解当地的用水矛盾。

研究提出西北"水三线"各空间单元需耗水及水资源配置方案。根据适宜度与可控性原则，提出人类经济活动对生态影响最小化、对生态系统结构和功能不造成损害（虽有损害，但短期内可以及时修复）、不影响生态系统的长期稳定性的"生态中性"经济发展调控模式。系统分析各内陆河流域水资源开发利用存在的主要问题，研究提出河道内、河道外生态需水及各流域的水资源配置与水循环调控方案。研究指出，历史造成的水资源过度开发利用、现实面临的严重资源性缺水、未来气候变化影响对水安全造成的巨大威胁，是西北内陆河流域可持续发展必须面对的重大问题。

（3）提出高质量发展与生态安全屏障保护的水资源供需方案。 总结国内外跨流域调水工程的成功经验。跨流域调水工程已成为国际上解决区域水资源分布不均、发展社会经济及改善生态环境的重要手段。特别是美国的西部调水工程成功地推动了其西部地区经济社会的可持续发展，又如以色列的建国大业也离不开北水南调工程，不仅把大片不毛之地的荒漠变为绿洲，同时也扩大了以色列国家民族的生存空间。我国水资源分布极其不均，南方水多，北方水少，跨流域调水工程建设是必然手段，目前南水北调东线及中线工程已建成，为水资源空间配置及北方地区的生态环境保护、社会经济发挥了重大作用，为"四横三纵"的国家骨干水网建设奠定了基础。

研究提出依托南水北调西线—西延工程的西北水网建设方案。南水北调西线—西延江河联通工程是在《南水北调西线一期工程项目建议书》进一步优化的基础上提出的。该方案分析研究了长江上游金沙江、雅砻江、大渡河和西南跨界河流雅鲁藏布江、怒江、澜沧江的水资源状况及可调水量，提出了西延工程布局的具体方案：一是水源工程西延，由长江上游诸河西延至西南跨界诸河；二是供水范围西延，由黄河西延至河西走廊、新疆吐哈盆地和塔里木盆地。并且提出了兰西生态经济枢纽区"一轴四峡五源"、河西走廊生态经济枢纽区"一横三纵"、环塔里木盆地生态经济枢纽区"九源一干一环、两屏两带"、天山北坡生态经济枢纽区"两源一干多支"的流域和区域的水资源配置格局，形成"一横联通四区"的西部大水网格局。研究指出，西北"水三线"是西北水资源合理开发利用的梯度配置线，是突破胡焕庸线与高质量建设"一带一路"的战略制导线。

4. 研究提出水利经济和现代经济融合发展的新理念

(1) 分析了水资源对西北及国家发展战略的重大影响。研究了我国南北方及西北地区水资源空间分布特点，以及水资源与能源开发对国家能源安全、粮食安全、生态保护与生态安全、国家政治安全的影响，同时也对南水北调西线—西延工程的可行性进行了分析。研究指出，加快实施南水北调西线—西延工程及骨干水网建设，对于促进西北稳定发展与政治安全具有重要的战略意义与历史意义。

(2) 提出了水利经济和现代经济融合发展的新理念。水利是人类经济社会发展不可或缺的重要基础支撑。西方经济学界普遍认为：历史上中国的经济就是王朝集权统治下的水利经济。水利工程在人类文明历史进程中一直发挥着至关重要的作用。从远古时期的逐水而居，到以水利灌溉起决定因素的农业文明发展，到以水电应用为标志之一的工业文明，再到今天以人与自然和谐相处为核心理念的生态文明，人类都在探索建造各种水利工程来科学调度水资源以适应自身发展的需求，推动人类社会不断进步。我国历史上"基本经济区"都是以重点水利工程的建设为依托，如黄河的引黄灌区、秦朝的郑国渠、川蜀的都江堰、隋唐的大运河等。当前我国实施的国家水网工程以及各流域、地方实施的跨流域调水和重点水利工程都是发展水利经济的重要手段。

我国现代经济的发展模式是以"创新、协调、绿色、开放、共享"新发展理念为引领，借鉴现代生态经济学、循环经济学、点—轴系统理论、产业聚集、可持续发展、城市群增长极理论等在世界发达国家的成功应用，形成符合我国特色的国家发展战略。即以"一带一路"倡议为引领，以京津冀协同发展、长三角一体化、粤港澳大湾区、长江经济带、黄河流域生态保护和高质量发展的重大国家战略为支撑，陆海统筹，区域协调。

毋庸置疑，这些重要的国家发展战略都是以河流的生态环境保护与水资源时空的合理配置作为支撑条件，水利经济的发展一方面是为水资源利用所形成的产业提供水资源保障，并产生生态水利经济效益；另一方面通过跨流域调水，改善区域的水资源环境条件，为人口和产业聚集以及资源开发提供水资源保障，并进一步拓展国土发展空间，如美国的西部调水及西部经济发展和以色列的北水南调及建国大业的实现就是很好的例证，由此可见，美国和以色列走的就是水利经济与现代经济相融合的道路。因此研究认为，中国的经济发展模式走的也是以水利经济与现代经济相融合的道路。研究提出通过建设南水北调西线—西延这一重大的水资源配置工程，跨越胡焕庸线，促进中国东西部地区间适度均衡发展；跨越阳关线，促进河西走廊社会经济发展；跨越奇策线，增强新疆水资源及环境承载能力，建设和谐美丽、长治久安的西北边疆，形成以西北"水三线"建设为架构的水资源梯度配置格局，支撑西北地区经济社会稳定发展、生态文明建设，促进国土资源、人口分布、产业经济的空间均衡、优化布局、协调发展，使传统水利经济和现代经济融合发展。

参 考 文 献

［1］ 石玉林，任阵海，雷志栋，等. 西北地区土地荒漠化与水土资源利用研究［M］. 北京：科学出版社，2004.

［2］ 邓铭江. 中国西北"水三线"空间格局与水资源配置方略［J］. 地理学报，2018，73（7）：
1189 - 1203.

［3］ 李乾元. 西进战略［M］. 北京：人民出版社，2010.

［4］ 秦永章. 费孝通与西北民族走廊［J］. 青海民族研究，2011，22（3）：1 - 6.

［5］ 肖怀德. 关于西部文化发展观的思考［J］. 西北师大学报（社会科学版），2015，52（2）：
122 - 127.

［6］ 李宏斌，王启明. 刍议西部文化的现状及其创新之路［J］. 延安大学学报（社会科学版），
2002（4）：99 - 103.

［7］ 张天德，张宏彦. 关于中国西部军事安全问题的若干思考［J］. 陕西师范大学学报（哲学社会科学
版），2009，38（S1）：24 - 27.

［8］ 萧光畔：以"丝绸之路"为契机，打造中国西进大战略［EB/OL］.［2020 - 04 - 13］. https：//
weibo. com/ttarticle/p/show? id＝2309404493361040982084

［9］ 张红武. 西藏之水开发利用问题的探讨［J］. 水利规划与设计，2011（1）：1 - 4.

［10］ 丁嵩，孙斌栋. 区域政策重塑了经济地理吗？——空间中性与空间干预的视角［J］. 经济社会体制
比较，2015（6）：56 - 67.

［11］ 冯建勇. "一带一路"的中国边疆研究新视角［J］. 新疆师范大学学报（哲学社会科学版），2016，
7（1）：34 - 41.

［12］ 孙睿. 经济学家："一带一路"是西部发力的重要"抓手"［EB/OL］.［2016 - 06 - 22］. http：//
news. xinhuanet. com/fortune/2016 - 06/22/c _129083012. htm.

［13］ 周真刚. 从"支援边缘"到"自生中心"——"一带一路"视域下西部大开发的经济地理空间［J］.
广西民族研究，2017（4）：166 - 173.

［14］ 厉以宁，林毅夫，郑永年，等. 读懂"一带一路"［M］. 北京：中信出版社，2015.

［15］ 冯建勇. 海国绵延通万里：海上丝绸之路的历史脉络与现实观照［N］. 人民日报，2014 - 08 - 03.

［16］ 黄贤金，金雨泽，徐国良，等. 胡焕庸亚线构想与长江经济带人口承载格局［J］. 长江流域资源与
环境，2017，26（12）：1937 - 1944.

第1篇

西北"水三线"空间格局及地理要素分异特征

导读

1. **评价分析**：以"三线八区"为特征线及地理单元，深入研究各分区的地理特征，系统评价水资源的形成、转化及可利用状况，深入剖析水资源开发利用与生态保护存在的问题和面临的挑战，综合评价了西北"水三线"农业节水潜力。

2. **地学透视**：从自然地理、人文地理、经济地理等多维视域，从国家站位和全球视角，提出西北"水三线"是"一带一路"建设的核心区，东西方文化交流与发展的融合区；是我国实现陆海统筹，走向"深陆"的战略走廊；是维护国土安全、民族融合和对外开放的重要地带。

3. **分异特征**：阐述了西北"水三线"区域特性和空间分异特征。综合分析了我国区域经济发展趋势，并从人口分布、经济发展、产业结构等方面总结了"三线八区"的主要地理要素分异特征。

4. **空间定位**：从政治地理学意义、生态经济学意义、国土空间均衡发展等视角阐述了西北"水三线"的内涵定义，明确提出了西北"水三线"的空间定位。

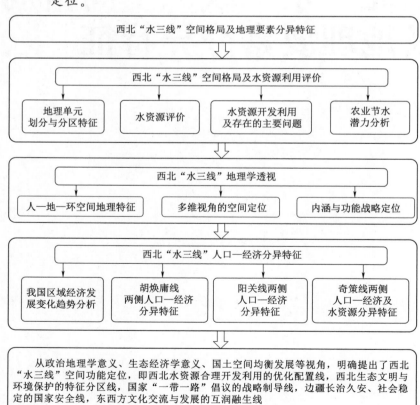

第2章 西北"水三线"空间格局及水资源利用评价

2.1 西北"水三线"划分与分区特征

2.1.1 西北干旱半干旱地区自然环境格局

1. 自然概况

本研究的西北地区系指新疆、青海、甘肃、宁夏、陕西和内蒙古6省（自治区）范围内的黄河流域片区、内陆干旱区和半干旱草原区[1]（图2-1）。

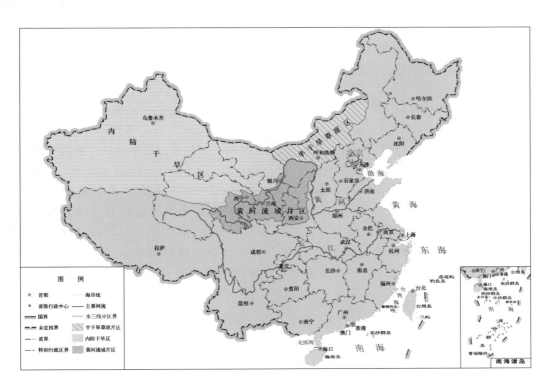

图2-1 我国西北干旱半干旱区分区划分示意图

（1）地形地貌。研究区地形地貌复杂，包括山地、高原、盆地和走廊，其特点是山高、盆地大，高差悬殊。自然环境呈现出山原起伏、荒漠广布、干旱缺水、生态脆弱、环境退化等自然地理特征[2]。整体上看山地、高原、沙漠、盆地相间分布，从西部帕米尔高原伸向本地区的主要山系有天山、喀喇昆仑山和昆仑山等。上述诸山脉将本地区西部切割成三个大地貌单元，即准噶尔盆地、塔里木盆地和羌塘高原。昆仑山余脉阿尔金山、祁连山又将本区分为河西走廊和柴达木盆地两区；再向东部延伸，以长城为界，东北部即为内蒙古高原，东南部即为被山系环绕的黄土高原。

（2）土壤植被。在纬度、海陆位置和地形等因素影响下，我国的气候条件，从西北向东南由干到湿，自北向南由冷到热的水热分布规律，决定着我国土壤发育明显受季风气候影响，局部有水平地带性和垂直地带性规律，加之土壤发育古老，因此土壤类型复杂多样。整个西北地区的土壤大部分含有盐碱和石灰，有机质含量少。按照西北"水三线"划分，西北地区的植被景观类型大致可分为三大区域：胡焕庸线对应的森林草原景观；阳关线对应的荒漠戈壁景观；奇策线对应的沙漠草原景观[3]。

（3）气候特征。西北诸河大部分地区深居欧亚大陆腹地，气候主要受蒙古高压和大陆气团控制，为典型大陆性气候。地中海东来之水汽受阻于帕米尔高原后锐气大减；沿横断山脉峡谷北上的印度洋暖湿气流被东西走向的一系列平行高山阻挡，难以到达本区；从太平洋来的东南季风和暖流越过大兴安岭和阴山的机会较少，因此内陆河大部分地区干燥少雨，多风沙。平原沙漠区夏季酷暑，高山区冬季严寒，日内温差变化极大，蒸发强烈。羌塘高原气候复杂多变，寒冷干燥，冬季漫长，春、夏、秋三季不分[4]。

各分区气温差异性很大，整个地区年平均气温的总趋势是高山低于盆地，北部低于南部。平原沙漠地区年平均气温 4～8℃，羌塘高原和高山区年平均气温均在 0℃ 以下。平原区最低月平均气温在 −17～−10℃ 之间，出现在每年的 1 月或 12 月；最高月平均气温在 10～27℃ 之间，出现在每年的 7 月。日气温较差在 11.3～15℃ 之间，年内日平均气温较差在 20～40℃ 之间。

西北地区无霜期变化较大，高山区短，一般为 85～135 天，平原地区一般为 120～160天。大部分地区日照强烈，蒸发量大，日照时数在 2550～3600h。塔里木盆地、准噶尔盆地、柴达木盆地及河西走廊辐射热量在 $130～150kcal/cm^2$。水面年蒸发量多数地区在 800～2850mm 之间，其分布规律与年降水相反，蒸发量大的地区降水量小，蒸发量小的地区降水量大。区内年降水量大部分地区在 50～600mm 之间，部分沙漠戈壁地区甚至在 10mm 以下，伊犁河流域高达 600mm，额尔齐斯河流域高达 1000mm。蒸发量的高值区分布于塔里木盆地、柴达木盆地中心及河西走廊北部中蒙边界附近。降水量的高值区分布在天山西部、祁连山东段。降水和径流年内分配极不均匀，70%～80% 集中于夏季，20%～30% 集中于冬春季。

（4）河流水系。西北诸河水系，由于地理位置、地形、水源补给条件不同，在水系发育、分布方面存在着很大差异。新疆、甘肃等内陆河地区海拔较高，气候干燥，在天山、昆仑山、祁连山等高山冰雪融水和雨水的补给下，发育了一些比较长的内陆河，如塔里木河、伊犁河和黑河等。在三大盆地的四周分布着向中央汇集的短小河流。内蒙古内陆区地形平缓，河流短而稀少。西北诸河共有大小河流 600 余条，其中大部分在新疆，500 余条。据统计，年径流量大于 1.0 亿 m^3 的河流有 90 余条，其中接近或大于 10

亿 m³ 的河流有 15 条，即伊犁河、额尔齐斯河、乌伦古河、玛纳斯河、开都河、渭干河、阿克苏河、盖孜河、克孜河、叶尔羌河、和田河、石羊河、黑河、疏勒河和那棱郭勒河等。其中除河西的石羊河、黑河、疏勒河和青海的那棱郭勒河外，其余 11 条均在新疆境内。

（5）湖泊。西北地区地域广阔，人烟稀少，湖泊相对较多，大多分布在封闭半封闭的内陆盆地中，入湖水系少而短，补给湖泊的水量不多，往往形成一个小流域。在干旱气候的影响下，湖水易于浓缩，多以咸水湖和盐湖为主，也有少量的淡水湖。据统计，西北诸河在 10km² 以上的湖泊有 420 个，其中西藏 240 个、青海 78 个、新疆 57 个、内蒙古 41个、甘肃 3 个、河北 1 个。西北诸河 20 世纪 50 年代的湖泊总面积为 52584.3km²，2000年年底湖泊总面积为 49450.3km²，其中：新疆 50 年代为 9031.9km²，2000 年年底为6688.9km²。西北诸河湖泊约占全国湖泊总面积的 25.4%，储水量约占全国湖泊储水量的 30%[5]。

（6）冰川。冰川是西北干旱地区水资源的主要组成部分，是相对稳定的河川径流的主要补给源，哺育着山麓绿洲。第二次冰川编目数据表明，中国西部目前有冰川 48571 条，总面积 51766.08km²，估算冰川储量为 4494km³。西北诸河的冰川主要分布在新疆、青海、甘肃三省（自治区），其中新疆冰川冰储量为全国最多，达 2155.82（±116.60）km³，占全国总储量的 47.97%[6]。在西部各流域中，塔里木河流域是冰川面积最大的流域，占全国冰川总面积的 34%。

（7）土地矿产资源。西北地域辽阔，土地资源数量大，具有较大的开发潜力，其中新疆占全国的 30% 左右。地多是西北干旱地区的一大优势，可利用的草场面积约占全国的一半，主要集中分布在新疆和青海。西北矿产资源丰富，成矿条件良好，已探明储量的 90多种矿产资源中，有 22 种矿产的储量超过全国储量的 1/2，如镍、铂、铍、锂、钾盐、镁盐、化工用石灰岩、云母、石棉、长石、蛭石等。从资源远景分析，煤、石油、天然气、铜、铅、锌、金、银、玉石等矿产均有广阔的开发前景。有色金属和盐类资源有比较突出的优势，这些矿产往往是国家急需的大宗矿产，恰又富集在西北"水三线"地区。已探明储量中镍占全国的 75%、铜占全国的 27%、铅锌占全国的 17%、钾盐占全国的 95%、镁盐占全国的 99%，主要集中分布在甘肃、青海和新疆，这对于工业经济的空间组织是极其有利的。石油天然气资源丰富，油气资源主要分布在塔里木盆地、准噶尔盆地、吐鲁番—哈密盆地、柴达木盆地和河西走廊，其中塔里木盆地是我国最大的含油气沉积盆地。

2. 区域环境分布格局

该地区北部和西部以国境线为界，东以大兴安岭为界，南以昆仑山、巴颜喀拉山、秦岭为界，面积 345 万 km²，占全国国土总面积近 36%，其中：山地和丘陵占 64%，平原及山间盆地占 36%。根据自然地理和河流水系分布特征，可将西北"水三线"地区进一步划分为黄河流域片区、内陆干旱区和半干旱草原区。

（1）黄河流域片区。该区处于半干旱和半湿润区，总面积约 63 万 km²，年降水量200~800mm，区内除阴山山脉、秦岭山脉和青藏高原的黄河河源区外，绝大部分是黄土高原。按地形地貌分为长城沿线风沙区、黄土丘陵沟壑区、黄土高原沟壑区、黄土阶地和河谷平原，以及土石山区。由于地形陡峻，沟壑阶地发育，厚层黄土分布的塬上没有稳定的大面积森林生长，因而成为黄河泥沙的策源地。

（2）内陆干旱区。该区处于贺兰山以西的干旱和极干旱区，总面积约 253 万 km²，除海拔很高的山区外，大部分地区年降水量在 200mm 以下，个别地方在 10mm 以下。区内除新疆北部的额尔齐斯河为外流河外，其他均属内陆河流域，包括准噶尔盆地、塔里木盆地、吐鲁番盆地、柴达木盆地、青海湖盆地、河西走廊、阿拉善高原等内陆河独立流域单元。这些单元各为高山环抱，除青海湖外，其他盆地的中央都分布着广大的沙漠。连系高山和沙漠的一些内陆河流，以高山的降水与冰川积雪融水为主要水源，傍河形成的生态景观依次为：人工绿洲、天然绿洲、半荒漠和沙漠戈壁。我国著名的大沙漠都分布在本区域：准噶尔盆地的古尔班通古特沙漠，塔里木盆地的塔克拉玛干沙漠，连接塔里木盆地与河西走廊的库姆塔格沙漠，河西走廊北部的巴丹吉林沙漠、腾格里沙漠以及黄河西岸的乌兰布和沙漠等。

（3）半干旱草原区。该区位于内蒙古自治区境内，是以广袤草原为特点的内陆河流域，总面积约 29 万 km²。绝大部分处于半干旱地区，区内由于没有高大的山脉，多年平均年降水量 200～400mm，由西向东递增，由于四周没有像贺兰山以西内陆河流域那样的高山，不能形成常年有水的河流，只有一些分散的、季节性的溪流，其地表景观依据天然降水量，由西向东依次形成荒漠草原、草原、草甸草原和湿地，以及浑善达克沙地。

2.1.2　西北"水三线"空间地理划分

我国的地形地貌复杂多样，地势西高东低，呈"三阶梯"状地貌总轮廓分布。第一阶梯为西南部的青藏高原、柴达木盆地，平均海拔在 4000.00m 以上；第二阶梯为大兴安岭—太行山—巫山—雪峰山一线以西，包括内蒙古高原、黄土高原、准噶尔盆地和塔里木盆地等，海拔在 1000.00～2000.00m 之间，主要为高原和盆地；第三阶梯包括东北平原、华北平原、长江中下游平原和东南丘陵等，海拔在 500.00m 以下，主要为丘陵和平原。随着海拔的变化，其生态景观、人文地理、社会经济和水文气象等，也呈显著的垂直分带、分区特征。绝大多数河流分布在气候较为湿润和多雨的东部与南部地区，西北地区则河流稀少，因此降雨产流、流域水系和水资源分区等也依"水三线"呈现多寡的悬殊差异。

（1）胡焕庸线。1935 年，中国现代人文地理学和自然地理学的奠基人胡焕庸先生首次提出，中国人口地理分布沿"爱辉—腾冲"一线（即被后世称道的胡焕庸线）呈现"东南半壁 36％的土地供养了全国 96％的人口，西北半壁 64％的土地仅供养 4％的人口"这一人口分布规律[7]，国内外研究表明胡焕庸线依然还是中国社会经济、生态景观、气象降水等方面的天然分界线，近百年来甚至 2000 多年来该分界线两侧的各种状况几乎没有发生大的变化[8]。最为神奇的是，这条线既是 400mm 等降水量的分界线，几乎也是中国第二阶地与第三阶地的分界线。

（2）阳关线。沿胡焕庸线向西到敦煌市作一条大致平行线，即形成本文所称的阳关线，这是中国极度干旱区与干旱区的地理分界线、万里长城终点线、古丝绸之路南北分界线,位于河西走廊最西端。阳关由西汉置关,因在玉门关之南,故而得名,是中国古代陆路对外交通咽喉之地,是丝绸之路南路必经的关隘,阳关、玉门关、嘉峪关呈掎角之势,同为当时对西域交通的门户,也是过去人们通常所说的"关内与关外""口内与口外"和塞外、西域的分界线。

(3) 奇策线。新疆国土面积占全国陆地面积的 1/6,若以北疆的奇台县和南疆的策勒县为两点连线,简称为奇策线,可将新疆划分为面积大致相等的东南半壁和西北半壁,而西北半壁的水资源、人口、GDP、灌溉面积等均约占新疆的 90%,这种悬殊的分异特征,因此也被称为新疆的"九成线"。另外,新疆区域内南、中、北依次排列着昆仑山、天山和阿尔泰山,均呈东西走向,历史上习惯以天山为中轴线,将新疆划分为南疆和北疆,南疆倚重农耕,北疆善习游牧,民族文化、经济发展和水资源禀赋条件存在明显差异,如果再以奇策线划分,新疆水资源空间分布的巨大差异和经济社会发展的巨大差距将更为显著。

基于以上分析,以地形地貌、人文地理、水文气象和水资源分布等为地域综合特征的胡焕庸线、阳关线和奇策线,共同构成了西北"水三线"空间格局(图 2-2)。在结合西北地区水资源二级分区和三级分区的基础上,参考市级行政边界,又将西北"水三线"划分为奇策线西北、奇策线西南、奇策线东北、奇策线东南、河西内陆河流域、柴达木盆地、半干旱草原区、黄河流域片区等 8 个片区,参见图 2-2 和表 2-1。

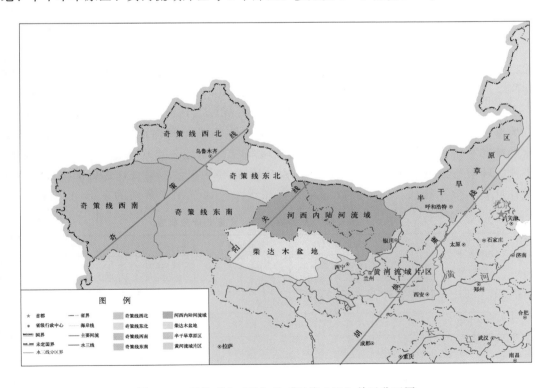

图 2-2 西北"水三线"及"三线八区"单元分区图

表 2 - 1　　　　　　西北"水三线"及"三线八区"单元分区统计表

"水三线"划分	片区单元划分	面积/万 km²	市 级 行 政 单 元
奇策线以西	奇策线西北	39.25	乌鲁木齐市,克拉玛依市,昌吉回族自治州,塔城地区,阿勒泰地区,博尔塔拉蒙古自治州,石河子市,伊犁哈萨克自治州
	奇策线西南	59.24	阿克苏地区,克孜勒苏柯尔克孜自治州,喀什地区,和田地区
奇策线—阳关线	奇策线东北	20.97	吐鲁番市,哈密市
	奇策线东南	47.10	巴音郭楞蒙古自治州
小计(新疆)		166.56	新疆维吾尔自治区
阳关线—胡焕庸线	河西内陆河流域	54.81	嘉峪关市,金昌市,武威市,张掖市,酒泉市,阿拉善盟
	柴达木盆地	29.04	海北藏族自治州,海西蒙古族藏族自治州
	半干旱草原区	36.77	呼和浩特市,包头市,锡林郭勒盟,乌兰察布市,巴彦淖尔市
	黄河流域片区	58.41	兰州市,白银市,天水市,平凉市,庆阳市,定西市,临夏回族自治州,甘南藏族自治州,鄂尔多斯市,乌海市,银川市,石嘴山市,吴忠市,固原市,中卫市,西宁市,海东市,黄南藏族自治州,海南藏族自治州,果洛藏族自治州,西安市,铜川市,宝鸡市,咸阳市,渭南市,延安市,榆林市
小　　计		179.03	宁夏,陕西北部,甘肃北部,青海北部,内蒙古西部
合　　计		345.59	西北干旱半干旱地区

2.1.3　西北"水三线"单元分区特征

为全面解析西北"水三线"的分区特征,可通过对相应片区自然环境要素与社会经济要素的统计分析,摸清其自然本底与社会发展特征,并突出水资源要素在西北"水三线"各个片区约束作用的空间差异。各个单元分区的社会经济类指标与自然环境类指标的统计情况详见表 2 - 2。

表 2 - 2　　　　　西北"水三线"及各单元分区要素统计分析表

单元分区特征指标		奇策线以西		奇策线以东		阳关线—胡焕庸线			
		奇策线西北	奇策线西南	奇策线东北	奇策线东南	河西内陆河区	柴达木盆地	半干旱草原区	黄河流域片区
自然环境类	面积/万 km²	39.2	59.2	21.0	47.1	54.8	29.0	36.8	58.4
	高程/m	1256.80	2477.40	1140.10	2214.50	1719.90	3553.60	1216.10	2249.80
	NDVI	0.4	0.1	0.1	0.1	0.1	0.2	0.4	0.5
	NPP/(gC/m²)	152.5	129.3	96.8	115.3	160.7	136.3	157.0	209.7
	地表水资源量/亿 m³	368.7	293.6	16.6	112.3	51.5	117.9	18.1	386.5
	地下水资源不重复量/亿 m³	20.6	14.5	4.0	3.8	10.9	9.6	45.1	59.3

★ 首

◎ 省

┈┈ 国

━┅ 天

─‥ 省

续表

| 单元分区
特征指标 | | 奇策线以西 | | 奇策线以东 | | 阳关线—胡焕庸线 | | | |
		奇策线 西北	奇策线 西南	奇策线 东北	奇策线 东南	河西内陆 河区	柴达木 盆地	半干旱草 原区	黄河流域 片区
自然 环境 类	水资源总量/亿 m³	389.3	308.1	20.6	116.1	62.4	127.5	63.2	445.8
	降水量/mm	281.8	150.8	60.3	95.4	93.9	180.3	238.8	406.0
	年均气温/℃	6.9	11.3	10.1	9.9	8.7	3.5	5.2	6.6
社会经济类	GDP/亿元	8949.7	2352.0	847.2	1027.5	2321.0	708.8	8246.8	36295
	第一产业增加值/%	12.7	26.6	10.7	15.1	13.8	7.8	7.5	6.8
	第二产业增加值/%	38.6	30.3	56.6	54.5	39.6	63.0	36.5	46.2
	第三产业增加值/%	48.7	43.1	32.8	30.4	46.6	29.2	56.0	47.0
	总人口/万人	1123.0	1035.1	119.3	124.2	513.4	70.1	1085.6	6502.3
	城镇人口/万人	597.2	276.3	50.1	70.6	285.6	48.7	734.9	3410.7
	城镇化率/%	62.4	31.8	41.9	56.9	57.9	59.8	73.6	46.0

注　1. 水量以市（地、州）为单元统计。

　　2. 柴达木盆地水资源包括海西州和海北州。

　　3. 河西内陆河区水资源量包括嘉峪关市、金昌市、武威市、张掖市、酒泉市、阿拉善盟。

2.2　水　资　源　评　价

2.2.1　水资源分区

水资源的形成、转化与耗散、开发利用与排泄等受自然地理条件、经济社会状况以及水资源特点和水利工程等因素的制约。为了更好地满足水资源综合规划和水资源日常管理的实际需要，根据流域管理与行政区管理相结合的水资源管理方式，水资源评价采用流域分区与行政分区相结合的评价分区。区域水资源分区如图 2-3 所示。

(1) 流域分区。流域分区主要是以水资源的自然形态为主要因素来划分的，考虑河流径流情势、水资源分布特点、自然地理条件的相似性和流域的完整性。本次水资源评价的流域分区，参考全国第三次水资源综合规划确定的水资源分区，共涉及 64 个水资源三级区。

(2) 行政分区。行政分区主要是根据水资源的行政区管理需要进行划分，划分地级行政区域的界限完全按照国家行政区划来确定，共计 55 个地级行政区。

(3) 基本计算单元。本次评价以水资源三级区套地级行政区作为基本计算单元，共计 190 个；汇总单元为"三线八区"。

2.2.2　降水

由于西北"水三线"高海拔地区缺乏长期的气象观测资料，所以本次选用中国气象数据网提供的中国地面降水日值 0.5°×0.5°格点数据集（V2.0），该数据集由 2474 个国家级台站插值得到，并广泛应用于水文水资源分析，能够很好地表示中国西北"水三线"的气象空间特征[9]。研究区范围内共计 1399 个虚拟气象站点，站点降水资料系列长度均大于56 年，共 78344 站年，平均站网密度约为 2740.2km²/站。虚拟气象站点的空间分布情况如图 2-4 所示。对虚拟气象站点进行偏差校正，运用 Surfer 和 ArcGIS 软件绘制西北"水三线"多年平均降水量等值线图（图 2-5）。

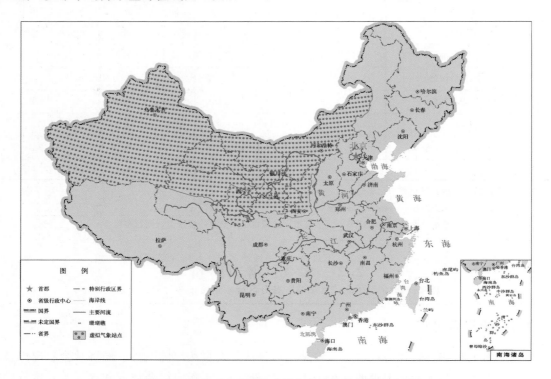

图 2-4　西北"水三线"虚拟气象站点的空间分布图

（1）西北"水三线"位于青藏高原北部的西风带，是全球同纬度最干旱的地区之一。降水主要受地形及地理位置的影响，分布十分不均，具有山地多于平原，垂直地带性显著，降水量大的地区递增率大，降水量小的地区递增率也小的特点。从图 2-5 可以看出，凡是环状闭合形降水量等值线，高值区必是高山，低值区必为盆地。以西北"水三线"为界，胡焕庸线对应的等降水量线为 400mm，是半干旱和半湿润地区分界线；阳关线是中国极度干旱区与干旱区的地理分界线，对应的等值线为 100～200mm；奇策线对应的等值线为 50～100mm，凸显了新疆东西水资源空间分布的巨大差异。

（2）1956—2016 年，西北"水三线"地区多年平均降水量为 198.6mm，仅占全国平均年降水量的 31.1%。降水量年际变化不大，C_v 值仅为 0.12。但个别降水量少的地区，降水量年际变化较大，如新疆奇策线西南地区、奇策线东南地区的 $C_v \geqslant 0.3$（表 2-3）。

（3）从降水量分布来看，西北"水三线"地区降水分布不均，以阳关线为中心，降水量向东西两侧扩张。1956—2016 年，奇策线以西多年平均降水量为 203.0mm；奇策线以

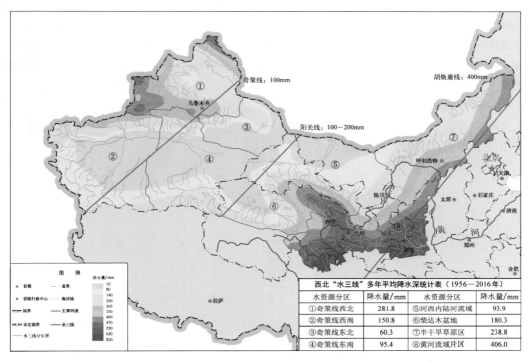

图 2-5 1956—2016 年西北"水三线"多年平均降水量等值线图

表 2-3 **1956—2016 年西北"水三线"各分区降水量特征值计算分析表**

水资源分区		年降水量 /mm	C_v	C_s/C_v	不同频率年降水量/mm			
					$p=20\%$	$p=50\%$	$p=75\%$	$p=95\%$
水三线	奇策线以西	203.0	0.23	5.0	237.5	194.3	168.7	144.1
	奇策线以东	84.6	0.28	2.0	103.6	82.4	67.7	49.8
	阳关线以东	239.5	0.11	2.0	261.4	238.6	221.3	197.9
	合计	198.6	0.12	4.0	217.9	196.7	181.6	162.9
八区	奇策线西北	281.8	0.19	2.0	325.7	278.5	244.1	199.9
	奇策线西南	150.8	0.36	4.0	188.8	138.2	110.9	88.2
	奇策线东北	60.3	0.22	2.0	71.1	59.4	50.9	40.3
	奇策线东南	95.4	0.32	2.0	119.7	92.2	73.5	51.3
	小计（新疆）	154.6	0.22	5.0	179.9	148.5	129.6	111.0
	河西内陆河流域	93.9	0.17	2.0	107.1	93.0	82.7	69.3
	柴达木盆地	180.3	0.18	4.0	205.9	176.4	156.8	134.3
	半干旱草原区	238.8	0.18	2.0	274.0	236.2	208.6	172.8
	黄河流域片区	406.0	0.12	4.0	445.5	402.1	371.4	333.1
	小计	239.5	0.11	2.0	261.4	238.6	221.3	197.9
	合计	198.6	0.12	4.0	217.9	196.7	181.6	162.9

东多年平均降水量最小，不到 90mm；阳关线以东地区多年平均降水量为 239.5mm。其中，黄河流域片区多年平均降水量在 400mm 以上；阳关线以东的河西内陆河流域、柴达木盆地和半干旱草原区的多年平均降水量在 90～250mm 之间；新疆奇策线西北区域降水最为丰富，多年平均降水量达 281.8mm，而奇策线东北区域为大片荒漠，多年平均降水量仅有 60.3mm。西北 "水三线" 地区不同频率年降水量详见表 2-3。

（4）从行政分区来看，陕西北部多年平均降水量最大，为 518.1mm；其次为宁夏、青海北部、甘肃北部、内蒙古西部和新疆。新疆多年平均降水量为 154.6mm，为西北多年平均降水量最低的行政区（图 2-6）。

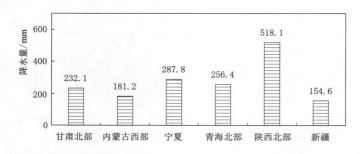

图 2-6　西北 "水三线" 区域内各省（自治区）多年平均降水量柱状图

2.2.3　地表水资源量

地表水资源量是指河流、湖泊、冰川等地表水体中由当地降水形成的、可以逐年更新的动态水量。1956—2016 年多年平均地表水资源量为 1365.3 亿 m³，折合年径流深 39.5mm（表 2-4）。由于区域内山丘起伏、地形较为破碎，导致地表水资源地区分布也有较大差异。

表 2-4　　1956—2016 年西北 "水三线" 各分区不同频率地表水资源量统计表

水资源分区		年径流深/mm	年径流量/亿 m³	统计参数		不同频率地表水资源量/亿 m³			
				C_v	C_s/C_v	$p=20\%$	$p=50\%$	$p=75\%$	$p=95\%$
三线	奇策线以西	67.3	662.4	0.12	4.0	726.7	656.0	605.9	543.3
	奇策线以东	18.9	128.9	0.18	7.0	145.7	124.2	111.9	100.6
	阳关线以东	32.1	574.0	0.18	5.0	653.4	558.7	498.6	434.2
	合计	39.5	1365.3	0.10	4.0	1476.7	1356.2	1268.9	1157.2
八区	奇策线西北	94.1	368.8	0.16	4.5	415.2	361.7	326.1	285.2
	奇策线西南	49.6	293.6	0.14	2.0	327.5	291.7	265.0	229.4
	奇策线东北	7.9	16.6	0.24	3.0	19.7	16.1	13.7	11.0
	奇策线东南	23.8	112.3	0.19	7.0	127.6	107.7	96.6	86.8
	小计（新疆）	47.5	791.3	0.13	5.0	873.0	780.2	717.2	643.1

水资源分区		年径流深/mm	年径流量/亿 m³	统计参数		不同频率地表水资源量/亿 m³			
				C_v	C_s/C_v	$p=20\%$	$p=50\%$	$p=75\%$	$p=95\%$
八区	河西内陆河流域	9.4	51.5	0.12	5.0	56.5	50.9	47.1	42.5
	柴达木盆地	40.6	117.9	0.20	5.0	135.7	114.0	100.6	86.8
	半干旱草原区	4.9	18.1	0.34	3.0	22.7	17.1	13.6	10.0
	黄河流域片区	66.2	386.5	0.22	4.0	452.1	374.2	324.5	270.9
	小计	32.1	574.0	0.18	5.0	653.4	558.7	498.6	434.2
	合计	39.5	1365.3	0.10	4.0	1476.7	1356.2	1268.9	1157.2

（1）从流域分区来看，地表水资源量主要集中在奇策线西北、奇策线西南和黄河流域，分别占西北"水三线"地区地表水资源量的 27.0%、21.5% 和 28.3%。从行政分区来看，主要分布于新疆和青海北部两地，分别占总量的 58.0% 和 21.9%（图 2-7）。

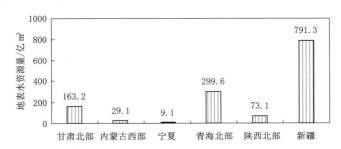

图 2-7　西北"水三线"地区各省（自治区）多年平均地表水资源量分布图

（2）地表水资源主要受降水年际变化和分布影响，同时还受到径流的补给类型、河流大小以及岩性、地貌、土壤、植被等流域下垫面条件的影响。西北诸河地表径流主要由降雨形成，部分径流来源于冰川融雪补给，大部分径流产生于山区，盆地及高原地面径流很少。高山地区冰雪资源丰富，也是天然蓄水库，对河流有重要的调节补给作用。

（3）变差系数 C_v 值的大小反映了地表水资源的年际变化特征。通常，C_v 值越大，表明该地区地表水资源的年际变化越大，C_v 值小则相反。从表 2-4 可知，西北"水三线"地区变差系数 C_v 为 0.10～0.34，年际变化幅度较小。

2.2.4　地下水资源量

地下水资源量是指与当地降水和地表水体有直接水力联系、参与水循环且可以逐年更新的动态水量，即浅层地下水资源量。扣除地下水和地表水资源重复量，西北"水三线"地区 1956—2016 年多年平均地下水资源与地表水资源不重复量为 167.8 亿 m³（表 2-5）。

（1）西北地区高大山脉由于构造运动褶皱而成，在褶皱系的诸凹陷中，沉积着很厚的中、新生代地层，其表层为第四纪松散碎屑沉积，有利于地下水的积蓄。同时，西北地区降水多集中在山区，年降水量可达到 300mm 以上，一般蕴藏着丰富的地下水[10]。

（2）从地下水补给来源分析，在阳关线以东区域以降水直接补给为主，在西部内陆盆地则以地表水补给为主[11]。

表 2 - 5　　　西北"水三线"各分区多年平均地下水资源与地表水资源
不重复量计算分析表　　　　　　　　　单位：亿 m³

水资源分区		山　丘　区		平　原　区		地下水资源与地表水资源不重复量
		地下水资源量	河川基流量	降水入渗补给量	降补形成的河道排泄量	
三线	奇策线以西	215.3	188.3	10.6	2.4	35.2
	奇策线以东	56.0	49.2	1.0	0.0	7.8
	阳关线以东	257.9	214.1	88.6	7.6	124.8
	合计	529.2	451.6	100.2	10.0	167.8
八区	奇策线西北	126.5	111.8	8.2	2.3	20.6
	奇策线西南	88.8	76.5	2.4	0.1	14.6
	奇策线东北	8.5	4.8	0.3	0.0	4.0
	奇策线东南	47.5	44.4	0.7	0.0	3.8
	小计（新疆）	271.3	237.5	11.6	2.4	43.0
	河西内陆河流域	23.4	18.4	6.0	0.2	10.8
	柴达木盆地	58.2	51.2	2.6	0.0	9.6
	半干旱草原区	20.8	4.8	29.2	0.1	45.1
	黄河流域片区	155.5	139.7	50.8	7.3	59.3
	小计	257.9	214.1	88.6	7.6	124.8
	合计	529.2	451.6	100.2	10.0	167.8

（3）从流域分区来看，地下水资源不重复量集中分布在阳关线以东区域，如半干旱草原区降水量大多以地下水的形式储存，地下水资源不重复量为 45.1 亿 m³，占比高达 26.9%；阳关线以西地区降水量稀少，地表水和地下水转换频繁，水资源重复量大，地下水不重复量为 0～20.6 亿 m³；从行政分区来看，内蒙古西部地下水不重复量最大，为 68.3 亿 m³；其次为新疆、陕西北部、青海北部、甘肃北部和宁夏（图 2-8）。

2.2.5　水资源总量

水资源总量为当地降水形成的地表和地下产水量，即地表径流量与降水入渗补给地下水量之和。根据水量平衡公式，水资源总量由两部分组成，第一部分为河川径流量，即地表水资源量；第二部分为降水入渗补给地下水而未通过河川基流排泄的水量，即地下水资源量中与地表水资源量计算之间的不重复量[12]。

水资源总量的计算公式为

$$W = R_s + P_r = R + P_r - R_g$$

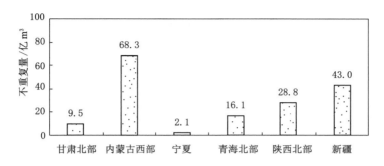

图 2-8　西北"水三线"地区各省（自治区）地下水资源与地表水资源不重复量分布图

式中：W 为水资源总量；R_s 为地表径流量（即河川径流量与河川基流量之差值）；P_r 为降水入渗补给量（山丘区用地下水总排泄量代替）；R 为河川径流量（即地表水资源量）；R_g 为河川基流量（山丘区为河川基流量、平原区为降水入渗补给形成的河道排泄量）。

（1）表 2-6 中，1956—2016 年西北"水三线"地区多年平均自产水资源总量为 1533.1 亿 m³，占全国水资源总量的 5.7%。其中，地表水资源量 1365.3 亿 m³，地下水资源与地表水资源不重复量 167.8 亿 m³，分别占水资源总量的 89.1%、10.9%。奇策线以西地区自产水资源总量为 697.6 亿 m³；奇策线以东区域自产水资源总量最小，仅 136.7 亿 m³；阳关线以东区域自产水资源总量为 698.8 亿 m³。从行政分区结果分析，新疆、青海北部、甘肃北部自产水资源量位于前三，分别为 834.3 亿 m³、315.7 亿 m³、172.7 亿 m³（图 2-9 和图 2-10）。

表 2-6　　　　　西北"水三线"各分区多年平均水资源总量计算分析表

	水资源分区	多年平均降水量/mm	地表水资源量/亿 m³	地下水资源不重复量/亿 m³	水资源总量/亿 m³	入境水量/亿 m³	人均水资源量/(m³/人)	产水系数	产水模数/(万 m³/km²)
三线	奇策线以西	203.0	662.4	35.2	697.6	—	3821.1	0.35	7.08
	奇策线以东	84.6	128.9	7.8	136.7	0.0	5616.0	0.24	2.01
	阳关线以东	239.5	574.0	124.8	698.8	0.0	777.9	0.16	3.90
	合计	198.6	1365.3	167.8	1533.1	—	1387.1	0.22	4.44
八区	奇策线西北	281.8	368.8	20.6	389.4	—	4065.3	0.35	9.92
	奇策线西南	150.7	293.6	14.6	308.2	—	3551.5	0.35	5.20
	奇策线东北	60.3	16.6	4.0	20.6	0.0	1728.3	0.16	0.98
	奇策线东南	95.4	112.3	3.8	116.1	0.0	9350.4	0.26	2.46
	小计（新疆）	154.6	791.3	43.0	834.3	—	4032.4	0.32	5.01
	河西内陆河流域	93.9	51.5	10.8	62.3	0.0	1265.3	0.12	1.14

续表

水资源分区		多年平均降水量/mm	地表水资源量/亿 m³	地下水资源不重复量/亿 m³	水资源总量/亿 m³	入境水量/亿 m³	人均水资源量/(m³/人)	产水系数	产水模数/(万 m³/km²)
八区	柴达木盆地	180.3	117.9	9.6	127.5	0.0	15663.0	0.24	4.39
	半干旱草原区	238.8	18.1	45.1	63.2	0.0	632.1	0.07	1.72
	黄河流域片区	406.0	386.5	59.3	445.8	0.0	601.6	0.19	7.63
	小计	239.5	574.0	124.8	698.8	0.0	777.9	0.16	3.90
合计		198.6	1365.3	167.8	1533.1	—	1387.1	0.22	4.44

注 1. 水量以市（地、州）为单元统计。

　　2. 柴达木盆地水资源包括海西州和海北州。

　　3. 河西走廊水资源量包括嘉峪关市、金昌市、武威市、张掖市、酒泉市、阿拉善盟。

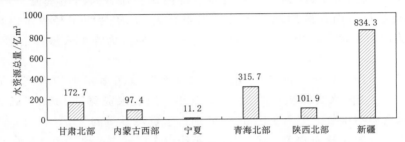

图 2-9　1956—2016 年西北"水三线"地区各省（自治区）多年平均水资源总量分布图

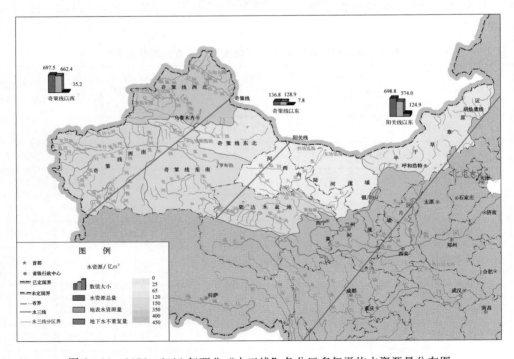

图 2-10　1956—2016 年西北"水三线"各分区多年平均水资源量分布图

（2）受降水量和冰川分布的影响，西北"水三线"地区产水系数由西北向东南递减，产水模数由中间向两边、由东北向西南增加。整体来看，研究区产水系数为 0.22，产水模数为 4.44 万 m^3/km^2，远低于全国平均值（2018 年全国单位面积产水量为 29.0 万 m^3/km^2）。

（3）各分区产流特点也存在明显差异。奇策线以西地区年降水量小，但由于冰川和积雪融化对河川径流补给条件较好，产水系数为 0.35，产水模数为 7.08 万 m^3/km^2，占据首位；位于荒漠—盆地的奇策线以东地区降水量少，蒸发大，产水系数仅为 0.24，产水模数 2.01 万 m^3/km^2。阳关线以东区域年均降水量占全地区的 60% 以上，但产水系数仅有 0.16，产水模数为 3.90 万 m^3/km^2。

2.2.6 水资源可利用量

水资源可利用量是指在近期下垫面条件下和可预见的时期内，统筹考虑生活、生产和生态环境用水，通过技术可行的措施，在当地现状下垫面条件下的水资源总量中可供经济社会取用的最大水量为

地表水资源可利用量＝地表水资源量＋入境水量－出境水量－生态需水量

水资源可利用量＝地表水资源可利用量＋地下水资源可开采量－重复计算量

1. 生态需水量

（1）干旱区内陆河流域。干旱区内陆河流域（除半干旱草原区、黄河流域以外的其他区域）生态系统主要为绿洲生态[13]，生态用水对象按植被和湿地分为两大类，天然植被含有林地、灌木林、疏林地、高覆盖度草地（覆盖度大于 50%）和中覆盖度草地（覆盖度为 20%～50%）五个类型；根据天然植被面积、湿地面积和生态需水定额，确定天然生态耗水总量。

根据王浩、陈敏建等学者的研究成果[14-15]，干旱区内陆河流域天然绿洲的生态需水总量按照其生理定额进行计算和评估，将植被和水面的总生态需水量扣除有效降水补充的部分即为径流性生态需水。通过对西北干旱区各类植被蒸发蒸腾量的试验测定，并对径流性生态需水占比进行分析研究，计算得到了生态需水定额，见表 2－7。根据 2018 年中国土地利用数据（精度为 30m）统计结果，干旱区内陆河流域天然绿洲面积为 8.17 万 km^2，见表 2－8。

表 2－7　西北"水三线"干旱区内陆河流域生态需水定额计算分析表（径流补给）　单位：mm

流域分区		有林地	灌木林	疏林地	高覆盖度草地	中覆盖度草地	湖泊	滩地	沼泽地
新疆	奇策线西北	376	226	171	356	76	1000	825	825
	奇策线西南	474	293	234	483	142	1150	1074	1074
	奇策线东北	504	304	234	544	149	1200	1200	1200
	奇策线东南	474	293	234	483	142	1150	1074	1074
河西内陆河流域	石羊河	326	216	171	316	74	900	743	743
	黑河	450	280	220	460	125	1100	978	978
	疏勒河	505	305	235	460	145	1200	1145	1145
	河西荒漠区	390	274	196	419	120	1200	1076	1076
柴达木盆地		510	310	240	550	150	1200	1152	1152

表 2-8　　2018 年西北"水三线"干旱区内陆河流域平原天然绿洲面积统计分析表　　单位：km²

流域分区		有林地	灌木林	疏林地	高覆盖度草地	中覆盖度草地	湖泊	滩地	沼泽地	小计
新疆	奇策线西北	684.0	459.9	426.6	5928.3	14131.8	2527.2	318.6	549.0	25025.4
	奇策线西南	1025.0	2970.6	3032.0	4534.2	12957.7	244.2	1527.5	1022.9	27314.1
	奇策线东北	11.2	35.4	7.2	646.1	3617.8	79.2	7.9	0.0	4404.8
	奇策线东南	85.8	754.8	236.6	1874.7	3169.0	1080.8	299.0	583.5	8084.2
	小计	1806.0	4220.7	3702.4	12983.3	33876.3	3931.4	2153.0	2155.4	64828.5
河西内陆河流域	石羊河	337.3	192.4	605.6	482.0	1634.1	0.0	46.6	84.6	3382.6
	黑河	146.1	201.8	149.4	684.1	967.0	2.7	373.1	20.0	2544.6
	疏勒河	11.9	262.1	138.7	183.9	591.3	20.2	255.8	385.2	1849.1
	河西荒漠区	134.6	770.9	16.4	169.3	584.0	64.9	71.1	244.0	2055.2
小计		629.9	1427.2	910.1	1519.3	3776.4	87.8	746.6	734.2	9831.5
柴达木盆地		107.4	826.1	273.2	596.2	1871.6	2036.5	257.1	1050.3	7018.4
合计		2543.3	6474.0	4885.7	15098.8	39524.3	6055.7	3156.7	3939.9	81678.4

采用面积定额法，即天然绿洲面积和生态需水定额，可计算得到干旱区内陆河流域年生态需水总量为 292.4 亿 m³。其中，新疆、河西内陆河流域和柴达木盆地天然绿洲的年生态需水总量为 208.5 亿 m³、34.4 亿 m³、49.4 亿 m³，见表 2-9。

表 2-9　　西北"水三线"干旱区内陆河流域天然绿洲生态需水量计算分析表　　单位：亿 m³

流域分区		有林地	灌木林	疏林地	高覆盖度草地	中覆盖度草地	湖泊	滩地	沼泽地	小计
新疆	奇策线西北	2.6	1.0	0.7	21.1	10.7	25.3	2.6	4.5	68.5
	奇策线西南	4.9	8.7	7.1	21.9	18.4	2.8	16.4	11.0	91.2
	奇策线东北	0.1	0.1	0.0	3.5	5.4	1.0	0.1	0.0	10.1
	奇策线东南	0.4	2.2	0.6	9.1	4.5	12.4	3.2	6.3	38.7
	小计	8.0	12.0	8.4	55.6	39.0	41.5	22.3	21.8	208.5
河西内陆河流域	石羊河	1.1	0.4	1.0	1.5	1.2	0.0	0.3	0.6	6.1
	黑河	0.7	0.4	0.3	3.1	1.2		3.6	0.2	9.7
	疏勒河	0.1	0.8	0.3	0.8	0.9		2.9	4.4	10.4
	河西荒漠区	0.5	2.1	0.0	0.7	0.7		0.8	2.6	8.2
	小计	2.4	3.9	1.6	6.1	4.0	1.0	7.6	7.8	34.4
柴达木盆地		0.5	2.6	0.7	3.3	2.8	24.4	3.0	12.1	49.4
合计		10.9	18.5	10.7	65.0	45.8	66.9	32.9	41.7	292.4

（2）半干旱草原区。根据土地利用数据统计分析结果，半干旱草原区的天然草地和林地集中分布在河套平原区，本研究采用面积定额法，仅计算河套平原的生态需水量。半干旱草原区天然绿洲面积为 19661km²，其中，高覆盖度草地、中覆盖度草地面积最多，分别为 5085km²、9676km²，符合以典型草原、荒漠草原为主的自然植被特征。

分析草地降水量和有效利用率研究成果，典型草原、荒漠草原区有效降水量占降水总量的 70%[16-18]，河套平原区多年平均降水量为 188mm[19]，即有效降水量为 132mm。根据荣浩、张明明等对半干旱草原区天然林草地生态需水量的研究成果（表 2-10）[20-21]，参考相近地区河西内陆区蒸发量指标，扣除有效降水补给量（132mm），确定各植被类型的径流性生态耗水量，见表 2-11。河套平原东部为乌梁素海，是典型农业灌区退水型湖泊，多年平均降水量为 240mm，蒸发量为 1505mm，湿地径流性生态需水定额为 1265mm[22]。

表 2-10 西北"水三线"半干旱草原区天然绿洲生态需水量计算分析表

半干旱草原区	有林地	灌木林	疏林地	高覆盖度草地	中覆盖度草地	湖泊补水量	沼泽地	小计
天然绿洲面积/km²	1878	2038	454	5085	9676	—	530	19661
生态需水定额/mm	345	202	150	338	98	—	1265	—
天然绿洲生态需水/亿 m³	6.5	4.1	0.7	17.2	9.5	3.0	6.7	47.7

表 2-11 西北"水三线"半干旱区不同草地盖度的生态耗水量统计表 单位：mm

项 目	草 地 盖 度/%				
	10～20	20～30	30～40	40～50	50～60
草甸草原		150	200～300	250～300	350～400
典型草原	100～150	150～200	200～300	300～350	
荒漠草原	100～150	150～200	200～250		
草原化荒漠	100～150	150～200			
荒漠类草原	50～100				

近年来，为改善乌梁素海生态环境，由黄河经红圪卜排水站向乌梁素海进行生态补水。根据内蒙古自治区水利水电勘察设计院编制的《乌梁素海水生态修复保护规划》，通过水盐平衡计算，每年维持现状盐分平衡的最低生态补水量为 3.0 亿 m³[23]，本研究选取乌梁素海生态补水量为 3.0 亿 m³，综合天然绿洲生态需水情况，半干旱草原区生态需水总量为 47.7 亿 m³（表 2-10）。

（3）黄河流域片区。生态用水的核心问题是维持河道一定程度的径流量，同时治理黄土高原水土流失问题[24]。

依据《黄河流域水资源综合规划报告》，流域多年平均径流量 543.8 亿 m³，利津断面应下泄水量 220 亿 m³，考虑"丰增枯减"水量平衡原则，下泄占比应维持在 40%。西北"水三线"地区主要包含黄河中上游地区，以龙门水文站和华县水文站为生态断面，根据 2018 年《黄河流域水资源公报》径流数据，龙门站和华县站下泄水量应为 165.9 亿 m³。

据统计，西北"水三线"地区黄土高原目前已有各项水土保持措施达到最佳用水状态时，生态用水总量为 30 亿～50 亿 m³[25]，本研究选择防治水土流失生态用水量为 50 亿 m³，综合确定西北"水三线"地区的黄河流域片区生态需水量为 215.9 亿 m³。

综合以上计算分析，西北"水三线"地区天然生态总需水量为 556.0 亿 m³，占水资源总量的 36.3%（表 2-13）。其中，奇策线以西生态需水量 159.7 亿 m³，占当地水资源总量的 22.9%，奇策线以东生态需水量 48.9 亿 m³，主要集中在塔河下游及车尔臣河尾间，占当地水资源总量的 35.8%；阳关线以东生态需水量最大为 347.4 亿 m³，占当地水资源总量的 49.7%。8 个单元分区中，黄河流域片区生态需水量最大，为 215.9 亿 m³；奇策线东北片区最小，为 10.2 亿 m³。

2. 地下水可开采量

地下水资源可开采量是指在保护生态环境和地下水资源可持续利用的前提下，通过经济合理、技术可行的措施，在近期下垫面条件下可从含水层中获取的最大水量。根据第三次水资源调查评价初步成果、《西北诸河水资源综合规划报告》和《西北诸河水资源承载能力报告》，西北"水三线"地区多年平均平原区地下水资源总量为 512.9 亿 m³，地下水资源可开采量为 268.5 亿 m³，主要分布于奇策线以西及阳关线以东地区（表 2-12）。

表 2-12　　　　西北"水三线"地区地下水资源可开采量统计分析表　　　　单位：亿 m³

水资源分区		地下水天然补给量	平原区地下水转化补给量	平原区地下水资源总量	地下水可开采系数	地下水资源可开采量
三线	奇策线以西	35.2	205.4	240.6	—	107.3
	奇策线以东	7.8	33.4	41.2	—	20.0
	阳关线以东	124.8	106.3	231.2	—	141.2
	合计	167.8	345.1	512.9	—	268.5
八区	奇策线西北	20.6	82.8	103.4	0.40	41.4
	奇策线西南	14.6	122.6	137.2	0.48	65.9
	奇策线东北	4.0	7.9	11.9	0.72	8.6
	奇策线东南	3.8	25.5	29.3	0.39	11.4
	小计（新疆）	43.0	238.8	281.8	—	127.3
	河西内陆河流域	10.8	36.4	47.2	0.59	27.8
	柴达木盆地	9.6	29.9	39.5	0.50	19.8
	半干旱草原区	45.1	5.7	50.8	0.59	30.0
	黄河流域片区	59.3	34.3	93.6	0.68	63.6
	小计	124.8	106.3	231.1	—	141.2
	合计	167.8	345.1	512.9	—	268.5

3. 水资源可利用总量

在考虑出、入国境水量和生态环境用水的情况下，西北"水三线"地区水资源可利用量为 844.9 亿 m³，占水资源总量的 55.1%。其中，奇策线以西可利用量为 405.6 亿 m³，占当地人类活动区域水资源量的 58.1%；奇策线以东可利用量为 87.8 亿 m³，占 64.2%；阳关线以东可利用量为 351.4 亿 m³，占 50.3%。8 个单元片区中，奇策线西南区可利用水量占当地水资源总量的 92.2% 以上，主要原因是该地区入境水量多，而出境水量较少。西北"水三线"地区水资源可利用量统计分析见表 2-13。

表 2 - 13　　　　　　西北"水三线"地区水资源可利用量统计分析表　　　　单位：亿 m³

水资源分区		地表水资源量	入境水量	出境水量	生态需水量	地下水资源不重复量	水资源可利用量
三线	奇策线以西	662.4	—	—	159.7	35.2	405.6
	奇策线以东	128.9	0.0	0.0	48.9	7.8	87.8
	阳关线以东	574.0	0.0	0.0	347.4	124.9	351.4
	合计	1365.3	—	—	556.0	167.8	844.9
八区	奇策线西北	368.7	—	—	68.5	20.6	121.4
	奇策线西南	293.6	—	—	91.2	14.5	284.2
	奇策线东北	16.6	0.0	0.0	10.2	4.0	10.4
	奇策线东南	112.3	0.0	0.0	38.7	3.8	77.4
	小计（新疆）	791.3			208.6	43.0	493.4
	河西内陆河流域	51.5	0.0	0.0	34.4	10.9	27.9
	柴达木盆地	117.9	0.0	0.0	49.4	9.6	78.1
	半干旱草原区	18.1	0.0	0.0	47.7	45.1	63.2
	黄河流域片区	386.5	0.0	0.0	215.9	59.3	182.2
	小计	574.0	0.0	0.0	347.4	124.9	351.4
	合计	1365.3	—	—	556.0	167.8	844.9

注　1. 水量以市（地、州）为单元统计。

2. 柴达木盆地水资源包括海西州和海北州。

3. 河西走廊水资源量包括嘉峪关市、金昌市、武威市、张掖市、酒泉市、阿拉善盟。

4. 黄河水资源可利用量应减去河套平原生态需水量 47.7 亿 m³。

5. 水资源可利用量计算中计入入境水量，扣除出境水量。

2.3　水资源开发利用和生态环境保护存在的主要问题

70 多年来的西部建设、20 多年来的西部大开发，虽然取得了举世瞩目的成绩，但干旱缺水、生态环境退化以及由此造成的西北地区发展不协调、不充分、不平衡的问题，依然没有得到根本解决。从国家发展战略和国土安全视角看，地域广袤的西北地区对我国粮食、土地、能源、矿产等方面都有重要的作用，是国家发展的命脉。新时代推进西部大开发形成新格局、"一带一路"实现高质量发展，如果不能突破水资源和生态环境的瓶颈，其发展目标和发展质量将会受到极大的影响。

2.3.1　西北地区水资源基本特征

（1）降水量低。西北"水三线"地区年降水量只有 198.6mm，显著低于全国平均水平（643mm）。其中，黄河流域片区多年平均降水量 406.0mm，为西北地区最高；奇策线东北多年平均降水量 60.3mm，为西北地区最低（表 2 - 3）。从全国各省（自治区、直辖市）多年平均降水量对比来看（图 2 - 11），西北各省（自治区）也是我国降水量最少的区域。

（2）产水模数最低。产水模数通常用于表征某个流域的单位面积的产水能力，产水模

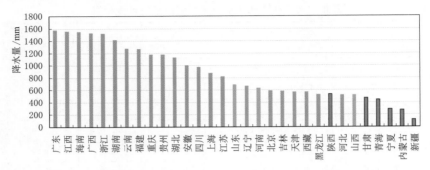

图 2-11　全国各省（自治区、直辖市）多年平均降水量分布图［红色为西北六省（自治区）］

数越大则产水能力越强。在全国各省（自治区、直辖市）中，西北各省（自治区）的产水模数普遍低于全国平均值。根据《全国水资源公报》统计，2016 年全国水资源总量占降水总量的 47.3%，平均单位面积产水量为 34.3 万 m³/km²，而西北各省（自治区）的产水模数基本位于全国各省（自治区、直辖市）的最后，产水模数极低（图 2-12）。

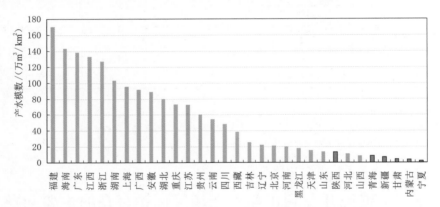

图 2-12　全国各省（自治区、直辖市）产水模数分布图［红色为西北六省（自治区）］

（3）水资源总量少。中国西北"水三线"地区多年平均地表水资源量为 1365.3 亿 m³，地下水资源与地表水资源不重复量为 167.8 亿 m³，水资源多年平均总量为 1533.1 亿 m³，占全国水资源总量的 5.7%。其中，黄河流域片区为 445.8 亿 m³，半干旱草原区为 63.2 亿 m³，柴达木盆地为 127.5 亿 m³，河西内陆河流域片区为 62.3 亿 m³，新疆片区为 834.3 亿 m³，见表 2-6。而整个西北地区水资源总量占比不到全国的 10%，单位面积水资源量仅为全国平均水平的 15.3%，是全国最缺水的区域。

（4）干旱指数最高。国际上通常利用蒸发能力与降水量的比值表示一个区域的干旱指数，当干旱指数小于 2.0 时，则认为该地区相对湿润；当干旱指数介于 2.0~3.0 之间，则认为该地区是半干旱区向干旱区的过渡带；而当干旱指数大于 3.0 时，则认为该地区为典型的干旱地区。根据测算（图 2-13），西北"水三线"地区涉及的 6 个省（自治区）中，甘肃、青海属于半干旱区向干旱区的过渡地带；宁夏、内蒙古、新疆的干旱指数均已超过 3.0，是典型的干旱区。需要说明的是，虽然陕西省整体的干旱指数并不高，但由于省内不同地区降水差异较大，属于长江流域的陕南较为湿润，属于西北地区的陕北则较为干旱。

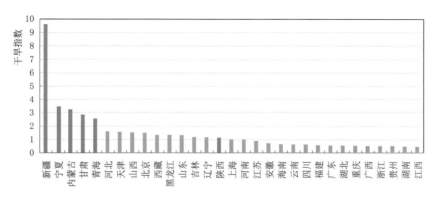

图 2-13　全国各省（自治区、直辖市）干旱等级分布图〔红色为西北六省（自治区）〕

（5）人均水资源量低。 人均水资源量常被作为一个国家或地区水资源供需紧张程度的指标。一般认为，如果一个地区的人均水资源量小于 $1000m^3$，则意味着这个地区已经达到重度缺水标准；而如果一个地区的人均水资源量小于 $500m^3$，则意味着该地区水资源极度匮乏，其经济发展、社会稳定和人民健康将会受到水资源短缺的影响。西北地区由于地广人稀，各省人均水资源量差异明显。2016 年，我国人均水资源量为 $2055m^3$。西北地区新疆和青海人均水资源量超过 $4000m^3$，而甘肃、内蒙古、陕西和宁夏人均水资源量最少（图 2-14）。其中，甘肃和内蒙古达到重度缺水标准，陕西已远低于国际公认的人均 $500m^3$ 的"极度缺水标准"，宁夏人均水资源量仅 $161.5m^3$。

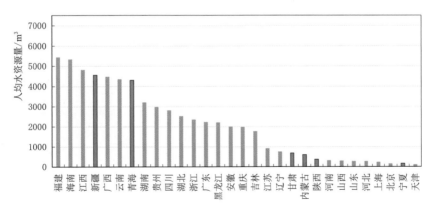

图 2-14　全国各省（自治区、直辖市）人均水资源量分布图〔红色为西北六省（自治区）〕

（6）近年来气候暖湿化难以改变水资源短缺格局。 近几十年来，我国经历了一个暖湿化为主要特征的气候变化过程，其中西北干旱区、青藏高原区和中温带湿润半湿润区最为显著[26]。1960—2019 年，西北干旱地区平均温度上升速率为 $0.33℃/10$ 年，升温速度远高于全球的升温水平，也显著高于我国平均水平；近 60 年间，西北干旱区降水量呈显著增加的趋势，增加速度为 $3.22mm/10$ 年。此外，西北地区降水集中度呈现下降趋势，潜在蒸散量和湿润指数呈上升趋势。然而，从区域水资源量的角度看，这种暖湿化趋势所带来的改善微乎其微。一是西北地区的降水深普遍为 150～250mm，0.32mm/年的增长趋势不会改变其降雨量特征；二是由于西北地区干旱严重，潜在蒸散量是降水量的 5 倍以上，河道和水面蒸发强烈，因此西北干旱区暖湿化所带来的水资源增加难以改变该区域的干旱特征；三是降水集中度的降低可能造成湿润地区更加湿润，干旱地区更加干旱[27]；四是西北地区的东部降雨量并未呈现出增加趋势。

2.3.2　水资源开发利用及其特点

（1）用水量大但效率较低。 西北地区人均年用水量为 1277.19m³（黄河流域片区为 614.43m³，河西内陆河流域片区为 1675.67m³），是全国平均年用水量的 2.96 倍（表 2-14）。从用水效率分析，受客观（干旱区）和主观因素的综合影响，西北地区农田灌溉定额为 476.59m³/亩，是全国平均值的 1.31 倍；万元 GDP 用水量为 224.43m³/万元，是全国平均用水量的 3.36 倍；单位水 GDP 产出量仅为 44.6 元/m³，为全国平均产出量的 30%，河西内陆河流域片区为 24.2 元/m³，奇策线西南更低只有 8.8 元/m³（表 2-14）。

表 2-14　　　　　　　　　2018 年西北"水三线"地区用水效率指标分析表

地　　区		人均年用水量/m³	农田灌溉定额/(m³/亩)	万元 GDP 用水量/(m³/万元)	万元工业增加值用水量/(m³/万元)	单位水 GDP 产出量/(元/m³)	单位工业用水增加值产出量/(元/m³)
全国		432.00	365.00	66.80	41.30	149.7	242.1
西北		1277.19	476.59	224.43	38.40	44.6	260.4
阳关线以西（新疆）	奇策线西北	2129.36	422.41	255.82	37.44	39.1	267.1
	奇策线西南	2489.13	696.57	1130.95	69.86	8.8	143.1
	奇策线东北	1930.82	543.71	271.84	39.12	36.8	255.6
	奇策线东南	4165.30	543.72	451.00	29.10	22.2	343.6
阳关线以东	河西内陆河流域	1675.67	392.50	412.40	40.18	24.2	248.9
	柴达木盆地	1418.14	512.00	199.81	28.50	50.0	350.9
	半干旱草原区	732.01	279.00	98.02	17.36	102.0	576.0
	黄河流域片区	614.43	378.51	113.48	28.59	88.1	349.8
西北/全国		2.96	1.31	3.36	0.93	0.30	1.08

（2）农业用水量大，用水结构不合理。 从供水结构来看（表 2-15），2018 年西北"水三线"地区总供水量达到 928.98 亿 m³，其中：地表水 716.04 亿 m³，占 77.1%；地下水 201.61 亿 m³，占 21.7%；中水 11.33 亿 m³，占 1.2%。从用水结构来看，2018 年西北"水三线"地区全部用水量中，农业用水 771.06 亿 m³，占 83.0%；工业用水 51.17 亿 m³，占 5.5%；生活用水 35.81 亿 m³，占 3.9%。农业用水量过大，用水结构不合理。从用水情况的发展趋势来看，西北地区近 20 年来对生态建设的重视程度逐年增加，但受限于发展水平和发展模式，农业仍然是西北最主要的产业。以西北诸河片区为例（图 2-15），1997 年以来，生活用水量增加 1 倍多，工业增长 20%，农业增长 18.6%。生态用水从无到有，2018 年达 45.6 亿 m³，占比 6.2%。

表 2-15　　2018 年西北"水三线"水资源利用情况统计表

地　　区		供水量/亿 m³				用水量/亿 m³					
		地表水	地下水	中水	小计	农业	工业	城镇公共	生活	生态	小计
阳关线以西（新疆）	奇策线西北	159.10	46.31	0.99	206.40	174.46	7.59	1.23	6.64	16.48	206.40
	奇策线西南	234.17	31.70	0.14	266.01	255.73	3.03	0.27	4.60	2.38	266.01
	奇策线东北	10.70	12.19	0.15	23.04	19.61	1.45	0.05	0.68	1.25	23.04
	奇策线东南	41.90	11.11	0.33	53.34	41.06	1.37	0.15	0.76	10.00	53.34
	小计	445.87	101.31	1.61	548.79	490.86	13.44	1.70	12.68	30.11	548.79
阳关线以东	河西内陆河流域	60.68	22.43	1.56	84.67	65.30	3.70	0.84	1.36	13.47	84.67
	柴达木盆地	9.39	1.89	0.12	11.40	9.00	1.26	0.19	0.27	0.68	11.40
	半干旱草原区	56.35	25.20	2.15	83.70	67.70	6.94	1.18	3.87	4.01	83.70
	黄河流域片区	143.75	50.78	5.89	200.42	138.20	25.83	9.04	17.63	9.72	200.42
	小计	270.17	100.30	9.72	380.19	280.20	37.73	11.25	23.13	27.88	380.19
合　　计		716.04	201.61	11.33	928.98	771.06	51.17	12.95	35.81	57.99	928.98

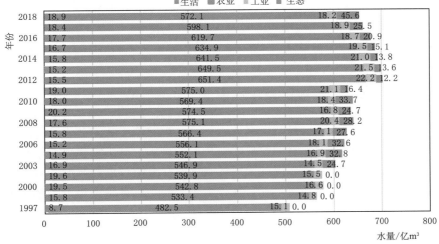

图 2-15　西北诸河片区各业用水量变化趋势图

（3）供水量增长较慢，且以地下水为主。为了便于与全国供水情况比较，以西北"水三线"地区的供水情况为例，说明西北"水三线"地区供水来源方面的特点。表 2-16 中，2001—2018 年供水情况变化具有以下特点：①西北"水三线"地区年均供水量从 873.0 亿 m³增长到 928.98 亿 m³，供水量增长 6.45%，年平均增长率 0.38%，受资源性缺水制约，与全国相比（全国年平均增长率 0.47%），增长较为缓慢；②从供水水源组成来看，西北"水三线"地区由于地表水资源匮乏，地表水供水量略有减少，而地下水供水量处于持续增长态势，地下水资源保护压力较大。相比之下，全国地表水供水量呈现持续增长趋势，增长率约 11.3%，地下水供水量自 2010 年后逐渐递减，已经实现了地下水的总体调控。

（4）水资源开发利用率高，承载力严重超载。据统计，近年来全国水资源的开发利用率（供水量与水资源总量的比值）为 22.6%，西北地区为 59.8%，其中黄河流域片区为 62.6%，内陆河流域为 56.3%，远高于全国平均水平，尤其是石羊河流域、黑河流域、塔里木河流域、准噶尔盆地内流区水资源开发利用率分别高达 154%、112%、94%、92%。我国西北地区水资源承载力严重超载，用水安全存在巨大隐患。

表 2-16　　　　　　2001—2018 年全国及西北诸河片区供水量变化对比分析表

片区	年份	地表水供水量 /亿 m³	地下水供水量 /亿 m³	其他水源 /亿 m³	总供水量 /亿 m³	年增长率 /%
全国	2001	4448.0	1096.7	22.3	5567.0	—
	2005	4574.0	1036.5	22.5	5633.0	0.30
	2010	4883.8	1108.0	30.1	6022.0	1.38
	2015	4969.5	1069.2	64.5	6103.2	0.27
	2018	4952.7	976.4	86.4	6015.5	−0.48
西北 "水三线" 地区	2001	722.8	148.0	2.2	873.0	—
	2005	738.4	158.6	3.5	900.5	0.80
	2010	729.6	194.4	2.5	926.5	0.58
	2015	735.1	223.8	6.3	965.2	0.83
	2018	716.04	201.6	11.33	928.98	−1.26

注　西北 "水三线" 地区 2018 年数据与表 2-15 中的数据保持一致。

2.3.3　水资源过度开发造成的突出问题

水资源是西北内陆河地区最具战略意义的资源，是经济、社会与生态环境协调发展的最基本的载体，但区域内长期固有的粗放式经济发展模式，对水资源可持续利用有深远的影响。随着经济社会的发展，西北内陆河地区水资源一方面过度开发利用，另一方面又浪费严重；生态环境水量被大量挤占，人—水—生态之间矛盾日益突出，尤其是在西北 "水三线" 中的奇策线以西的地区。

西北地区水资源开发利用中存在的主要问题集中表现为 "二失衡、三失调"：水—土资源失衡、水—矿资源失衡、水—生关系失调、水—沙关系失调和水—盐关系失调。

（1）水—土资源失衡。一方面，水土资源匹配失衡，西北干旱区地多、光热资源丰富但水少；另一方面，水土资源开发过度，随着人口增加，水土平衡、供需平衡矛盾日益突出。全区荒漠面积约占 47%，其中以塔里木河为例，荒漠占比达 91%，是全国荒漠化及沙化面积最大、分布最广、危害最严重的地区，环境承载力低，经济发展滞后。西北地区 733 万 hm² 的可利用荒地资源❶，增加水资源可以将耕地资源开发利用的潜力转化为现实的经济和发展优势。但现实情况是，西北地区水土资源匹配极不平衡，经济优势转换效率低，而水资源难以支撑土地资源的大规模开发，两者严重失衡。

---

❶　数据来源于新疆、宁夏、陕西、甘肃、青海、内蒙古等西北六省（自治区）土地利用总体规划（2006—2020）。

（2）水—矿资源失衡。西北地区是中国矿产资源的战略储备基地和开发利用基地，著名的克拉玛依油田、神府—东胜煤田、白云鄂博超大型矿床等在中国国民经济建设中具有重要地位，新疆和青海柴达木盆地众多盐湖是中国已探明的最大钾盐产地，钾盐占全国储量的97％，罗布泊已建成目前中国最大的钾盐基地。近年来，新疆塔里木地区与玛纳斯区域的石油、天然气勘探与开发取得了突破性进展，是"西气东输"的主要"气"源地。这些自然资源的开发利用，均需要消耗大量的水资源。

（3）水—生关系失调。绿洲化和荒漠化是西北地区两种并存且呈相反方向的环境演变趋势，而水生态和水环境恶化首当其冲。在人类经济社会发展与生态环境保护的同时，既要肯定生态环境对经济社会发展的作用，又要充分认识到经济社会发展对生态环境的影响，尽可能解决好当前与长远、局部和全局、片面与全面发展之间的矛盾，克服"重经济增长轻社会全面进步、忽视生态建设和环境保护"的短视行为，缓解人—水—生态之间的关系。①水资源过度开发，挤占生态用水，导致河道断流，湿地湖泊萎缩干涸，荒漠绿洲衰败；②城镇工业废水处理达标率低，40％以上的废水直接排入河道或地下水体，草原和农田面源污染以及高矿化度的农田排水，造成生态环境质量持续下降，河流水体污染加剧，水环境污染事件增多；③地下水超采十分普遍，已从浅层地下水过渡到对深层地下水的掠夺性开采，地下水位持续下降，引发土地沙化、天然植被衰退、湖泊湿地萎缩等。

（4）水—沙关系失调。黄河流域"水少、沙多、水沙关系不协调"是其面临的尖锐矛盾。河道外约667万 hm^2 的农田灌溉得不到有效保障，河道内生态环境用水被大量挤占，导致河床淤积，二级悬河加剧，水环境恶化，防洪、防凌形势严峻等一系列问题。1999年实施水量统一调度以来，在严格限制上中游用水的情况下，虽然没有出现断流，但生态基流较小，远没有达到功能性不断流的要求。近30年来由于气候因素和流域下垫面条件的变化，黄河天然来水呈递减趋势，水环境压力越来越大，下游滩区淤积游荡并呈溯源递进趋势[28]。

（5）水—盐平衡失调。西北内陆干旱区诸多河流85％以上的地表水被引入灌区，各种以水流为载体的物质如盐分、化肥、农药残余等污染物，不断在土壤中累积，加之长期"重灌轻排"，灌区地下水位上升，更加剧了潜水蒸发和地表土壤积盐，导致约1/3灌区土壤次生盐渍化。水是盐渍化形成的动力，要将土壤中盐分"洗出"并保持脱盐状态，灌排比例应达到 2∶1～4∶1，这是干旱区农业用水的重要组成部分[29]。目前从流域—灌区—农田—土壤剖面尺度，普遍处于恶性循环的积盐过程。在干旱区，灌溉与排水、供需平衡与水盐平衡，两者之间任何一方的失衡都将影响农业可持续发展。

2.3.4　水资源对西北地区生态保护与生态安全的影响

1. 西北地区生态安全的功能定位

西北地区是我国生态屏障建设的重要组成部分。中国生态安全战略的总体格局为"两屏三带"（图 2-16），即以"青藏高原生态屏障""黄土高原—川滇生态屏障""东北森林带""北方防沙带""南方丘陵山地带"和大江大河重要水系为骨架，以其他国家重点生态功能区为重要支撑，由点状分布的国家禁止开发区域共同组成。"北方防沙带"及"黄土高原—川滇生态屏障"均位于西北地区，是我国"两屏三带"生态安全战略格局中的重要组成部分。同时，西北地区的生态建设也是西部大开发、"一带一路"、黄河生态经济带等国家重大战略的重要支撑。

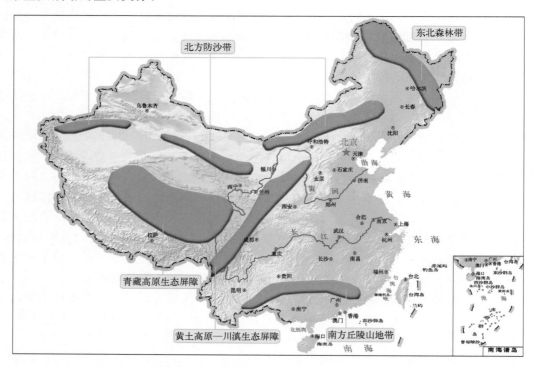

图 2-16　中国生态安全战略的总体格局——"两屏三带"布置图 ❷

　　西北地区是丝绸之路经济带的重要节点，也是我国实施"一带一路"倡议和"走出去"战略的重要承接区，是联系中亚、西亚、欧洲的重要依托。丝绸之路经济带拥有丰富的光热、矿产、能源和土地资源，是我国能源的战略储备基地，也是连接欧洲经济圈的重要通道，具有重要的战略地位。但是，干旱少雨、蒸发强烈、温度变化剧烈的气候条件，决定了丝绸之路经济带是我国生态环境最为严酷和脆弱的地区。随着全球变化与人类活动范围和强度的不断加剧，区域生态环境的压力日趋加重，生态恶化的潜在威胁日益加重，已对区域生态安全和社会经济发展造成危害，直接威胁着国家生态安全和社会经济发展。因此，如何既有效地可持续开发利用该区各类资源又不破坏其生态环境，已经成为当前丝绸之路经济带建设面临的重要问题。

　　西北地区处于我国北方敏感的生态脆弱带，是我国土地沙化和水土流失最严重的地区之一。该区域干旱缺水，林草植被覆盖率低，灾害严重，土壤瘠薄，是我国主要的风沙策源区，也是人类活动和风沙灾害对生态系统稳定影响最为强烈的区域。过去几十年里，国家在该区域开展了大量资源环境保护和建设工作，取得了举世瞩目的成就，如先后启动了"三北防护林工程""退耕还林还草工程"和"内陆河流域生态建设和水资源保护工程"等

　　❷　国家院关于印发全国主体功能区规划的通知［EB/OL］.［2010-12-21］. http：//www.gov.cn/xxgk/pub/govpublic/mrlm/201106/t20110608_63894.html.

一系列工程。然而，黑河下游的额济纳绿洲危机、塔里木河下游生态环境恶化、民勤绿洲有可能成为第二个罗布泊等现实，仍然警示我们：丝绸之路经济带生态环境依然面临"局部改善，整体恶化"的严峻态势。恢复草原植被，改善西部干旱草原生态环境是我国生态建设的重要内容，也是当前迫在眉睫的重大战略任务。堵住阿拉善盟缺口、堵住哈密—吐鲁番缺口、加厚祁连山防护带，共同构成了我国北方生态保护带建设的主要任务。

2. 西北地区生态环境问题的主要表现

(1) 生态环境脆弱，水土流失严重。 造成水土流失的首要原因是植被覆盖率和覆盖质量的急剧下滑。据统计[30]，西北大部分地区森林和草原植被覆盖率呈逐年下降的趋势，青海和新疆的森林覆盖率下降到仅剩 2.59% 和 1.68%，甘肃下降到 4.33%；宁夏草地退化率为97.3%，陕西为 58.5%，甘肃为 45.1%；位于西北地区的青海、宁夏、甘肃三省（自治区）水土流失面积分别为 4.65 万 km²、1 万 km² 和 13.44 万 km²。另外，世界上水土流失最严重的黄土高原大部分也位于西北五省境内，据统计，水土流失面积高达 45 万 km²。

(2) 土地荒漠化严重，生态环境持续恶化。 我国沙漠戈壁主要集中在西北地区，沙漠化非常严重。据调查，甘肃荒漠化土地总面积达 19.34 万 km²，占全省总面积的 45.4%；新疆沙化面积达 79.59 万 km²，占全区总面积的 47.7%；青海沙化面积达 12.52 万 km²，占全省总面积的 17.4%。

(3) 土地荒漠化导致沙尘暴加剧。 从自然规律的角度看，沙尘暴是不可能被消灭的。人类不合理的经济活动破坏了一些地方的地表覆盖，也助长或促进了沙尘暴的发生和发展，加重了对人类的危害。我国沙尘暴多发源于内蒙古中、西部地区、河西走廊和农牧交错带中大面积的开垦地，西北地区诸盆地中的沙漠、植被贫瘠的高原等也都是沙尘暴的主要策源地。因此，要立足于全面保护沙尘暴策源地的生态环境，大力防止人为造成的土地荒漠化，不能寄希望于一些局部应急措施。

3. 西北地区土地荒漠化加剧的主要原因

西北地区生态环境的主要危机综合表现为土地荒漠化。我国可能发生荒漠化的地理范围是指年降水量与潜在蒸散量之比在 0.05～0.65 的干旱、半干旱区，总面积约为 337 万km²，占国土总面积的 35.1%。其中本研究区的荒漠化土地面积约 218.3 万 km²。土地荒漠化的深层原因包括以下方面：

(1) 水资源匮乏。 降水稀少，蒸发强烈，干旱缺水是西北地区生态环境建设中最突出的问题，西北地区大多数的生态问题都是由于缺水引起的。西北"水三线"地区土地面积约占全国的 36%，水资源总量仅占全国的 5.7%，水资源短缺十分突出。地多水少，且水土资源分布极不平衡，特别是一些连片贫困地区，人畜饮水都存在困难。干旱缺水与植被退化是相互作用的，一方面干旱影响植物生长，另一方面植物生长不好又不利于水源涵养，反过来又加重植被退化、加重荒漠化。水资源的短缺与干旱使人们越来越清醒地认识到，水资源作为不可替代的资源，严重制约着西北地区的生态维持和经济社会可持续发展。

(2) 水资源利用不合理。 在内陆干旱区，由于河流上中游用水过多，造成下游河湖干涸，荒漠扩大。新疆的罗布泊、台特马湖、玛纳斯湖、艾比湖，河西走廊石羊河下游的青土湖，黑河下游的东、西居延海以及疏勒河下游的哈拉诺尔等湖泊都先后干涸或萎缩，造成天然绿洲和向荒漠过渡的植被衰败以至死亡。在沙漠边缘地区，由于超采地下水，植被枯萎，造成土地沙化。如新疆古尔班通古特沙漠边缘、甘肃腾格里沙漠边缘，井深由原来的 100m 左右增加至目前的 100～500m，最深达到 620m，地下水位大幅度下降，不但造成植被衰亡，而且使大片土地沙化。在大中型灌区，由于灌排失调，地下水位上升，耕作层盐分累积，造成灌区内 1/3 以上的土壤次生盐碱化。

（3）土地资源利用不合理。在草原牧区，通过实施退牧还草、高标准人工饲草料地、草原生态监测体系、草原灾害防治等生态建设项目，天然草场整体恶化的趋势已得到有效遏制，局部生态开始好转，但是草地生态系统退化总体趋势尚未得到根本遏制，有约 34%以上的草地还处于严重退化中。在农牧交错区，由于将原来以牧为主的农牧交错区，变为农区和以农为主的农牧交错区，滥垦、滥牧、滥樵、滥采，造成土地大面积退化甚至沙化。在农区，由于不合理的种植结构和耕作制度，造成一些地方的土地退化甚至沙化。在黄土高原地区，水土流失经多年治理成效显著，入黄泥沙明显减少，但边治理、边破坏，土壤侵蚀总面积仍有所增加。

（4）生产方式和发展水平落后。人口增加过快，而生产方式落后，造成对以水、土、林、草为主要形式的自然资源的过度利用乃至破坏。在长期的历史进程中，西北地区虽然生产方式落后，但因人口不多，对自然资源开发利用程度有限。进入 20 世纪以来，人口从世纪初的大约 1400 万人增至世纪中期的 3000 多万人，至 21 世纪初已超过 1 亿人。在相对落后的生产方式下，为了供养不断增长的人口，不得不过度开发利用自然资源，维持生计和发展，从而造成生态环境的严重破坏。在水资源制约人类发展的条件下，如果生产力的发展能提高水的利用率，人类就可以继续发展，以色列就是一个例证。西北地区的问题在于，在人口增加和经济规模增长的过程中，生产力水平没有相应提高，生产方式仍限于传统、粗放的外延型，特别是没有抓住水资源这个制约因素，相应地提高用水效率[31]。反之，只要认真解决这个问题，人与自然和谐共存的发展目标在西北地区是现实可行的。

2.4　内陆干旱区农业节水潜力分析

2.4.1　节水灌溉与排水控盐技术科学认知

1. 农业节水及排水技术发展沿革

节水灌溉和排水控盐是干旱区灌溉农业两大永恒主题，现代高效节能灌溉系统的优化设计和高效节水条件下的水盐调控，是当前急需解决的两大科学问题。西北内陆干旱区诸多河流 80%以上的地表水被引入灌区，各种以水流为载体的物质如盐分、化肥、农药残余等污染物，不断在土壤中累积，导致约 1/3 耕地次生盐渍化，要将土壤中盐分"洗出"并保持脱盐状态，灌排比例应达到 4∶1，这是干旱区农业用水的重要组成部分[32]。目前从流域—灌区—农田—土壤剖面尺度，普遍处于恶性循环的积盐进程，在干旱区，灌溉与排水、供需平衡与水盐平衡，两者之间任何一方的失衡都将影响灌溉农业可持续发展。大面积高效节水滴灌技术，彻底改变了农田水盐运移特征。传统的"大灌大排"水盐调控模式已难以为继，需要建立新的农业灌排技术保障体系，高效节水与盐碱地改良有机融合，充分发挥水利、化学、农业、生物等技术优势，构建旱区盐碱地综合改良技术模式和体系，不断提升土地质量和生产能力，进而提高水分生产效率，实现农业高效节水和土地质量同步提升的目标。

(1) 农业节水技术发展沿革。西北地区农业节水灌溉技术始于 20 世纪 50 年代，其发展主要经历了以下阶段：

第一阶段为渠道防渗时期，20 世纪 50—80 年代初期是节水灌溉技术发展起步阶段，主要研究实践各种渠道防渗技术，农业节水灌溉主要采取将"大田漫灌"改造为"畦沟灌"等措施，干、支、斗、农四级渠道采用浆砌石、混凝土、复合土工膜等材料进行衬砌防渗，这一时期低压管道输水灌溉技术发展较快，并开始从国外引进小型节水灌溉设备和技术进行示范性应用。

第二阶段为喷微灌探索时期，20 世纪 80—90 年代中期是我国节水灌溉行业快速发展期，国家开始加大力度推广节水灌溉技术，探索以喷灌、微灌技术（滴灌、微喷灌、地下渗灌）为主的节水灌溉形式，并通过建立示范区、政策扶持、资金扶持等手段支持和推进节水灌溉行业的发展，国内节水灌溉产品企业如雨后春笋般涌现，形成了一定的规模。

第三阶段为膜下滴灌时期，从 20 世纪 90 年代中期开始（1996—2016 年），膜下滴灌技术广泛推广应用，滴灌规模快速扩张。滴灌设备材料也由最初的简单引进，到自主研发，直到形成完整的节水灌溉设备材料生产研发体系。

第四阶段为提质增效时期，21 世纪初进入新时代（2017 年以后），农业节水发展由规模化转变为标准化，更追求水资源利用的高效化，将提质增效作为综合发展目标，在节水的同时实现"增产、增效、增收"的目标。节水灌溉朝着自压化、智能化进一步发展。

(2) 农田排水技术发展沿革。西北地区排水控盐技术长期滞后于节水灌溉技术的发展，这种不同步、不协调的现象，导致了"重灌轻排"次生盐渍化普遍发生，造成水资源与土地资源双重性低效利用。随着灌溉技术的发展，农田排水技术相继经历了四个发展阶段。

第一阶段为大灌无排时期，20 世纪 60 年代以前，灌溉方式为大水漫灌，没有科学系统的排水洗盐意识，主要利用自然冲沟排盐和灌区洼地干排盐。

第二阶段为大灌大排时期，20 世纪 60—90 年代，排水洗盐意识逐渐加强，规划布置灌区排水系统，建设干、支、斗三级排水渠，主要采用明渠排水和竖井灌排结合方式，并开始引进暗管排水技术。

第三阶段为滴灌无排时期，进入 21 世纪（2000—2016 年），由于喷滴灌技术大规模推广应用，造成农田"无水可排"的积盐状态，灌区大量的排水沟渠被废弃，长期滴灌造成的地下水位升高和土壤盐碱化问题十分突出。

第四阶段为综合调控时期，21 世纪初进入新时代（2017 年以后），建设高效节水条件下水盐调控理论和灌排一体化管网设施，合理调控灌区、田块、剖面水盐空间运移分布，综合利用生物、物理、化学盐碱地改良等技术，支撑现代灌区、高标准农田、现代农业可持续发展。

2. 节水灌溉与排水控盐技术

(1) 把被挤占的生态用水作为农业节水潜力的评价依据。人类开发利用水资源，必然改变水资源的时空分布，从而使生态环境发生相应变化。灌溉农业的迅猛发展，把大量的水截流在位于上游的人工绿洲内，一方面造成"渠库结构"组成的人工水系不断膨胀，另一方面造成"河湖结构"组成的天然水系急剧萎缩。在干旱区内陆河流域，人工绿洲建立和发展与荒漠化扩大和发展，呈现两种相反方向的环境演变模式，绿洲化和荒漠化是两大并存的环境变化趋势。科学把控，合理协调人工绿洲与自然绿洲两大竞争性用水户的矛盾，是旱区可持续发展的重大命题。

长期以来，一些地区和部门从自身利益出发，不顾生态用水被大量挤占的现实情况，将既有的用水量作为本部门的使用权，并在此基础上评价农业节水的潜力。这样产生的直接后果是，错误地认为现状用水量还比较充裕，从而淡化了节水意识，掩盖了高效节水和生态保护的急迫性。在人与自然和谐共存、人水和谐的科学发展观指导下，生态水权问题已提上了议事日程。如果在退化生态用水的前提下，客观评价农业节水潜力，现有的水资源条件早已无法支撑过于庞大的灌溉农业规模。因此，充分考虑生态环境用水，科学规划农业节水发展，对于指导流域生态环境保护和高质量发展意义重大。

（2）只考虑作物灌溉用水，不考虑土壤洗盐用水。在封闭的干旱区内陆河流域"盐随水来、盐随水去、水去盐留"，水资源分布决定了盐分的分布。地表灌溉水分蒸发，而盐分积累于地表。在地下水位较高的灌区，潜水蒸发也会将盐分残留于作物耕作层至地下水位之间的土层中，加剧土壤盐渍化。节水灌溉的目的在于通过应用先进节水技术，提高农业用水效率。水盐调控的目的在于减缓土壤积盐过程，结合作物灌溉，排泄或抑制耕作层盐分，提高作物品质和产量。因此，土壤洗盐用水是灌溉农业用水的重要组成部分，节水灌溉和排水控盐两者缺一不可。

在评价农业节水潜力时，通常错误地将作物生理需水量作为节水灌溉的最低限，因此而过高地估算了农业节水潜力。本研究提出了综合灌排定额的新概念，其中膜下滴灌土壤剖面水分及盐分运移示意图如图 2-17 所示，具体计算公式为

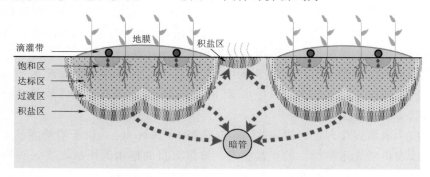

图 2-17　膜下滴灌土壤剖面水分及盐分运移示意图

$$W_{灌排} = W_{生育期} + W_{非生育期} \tag{2-1}$$

$$W_{生育期} = W_{作物} + W_{过渡} + W_{积盐区} \tag{2-2}$$

$$W_{非生育期} = W_{淋洗} / n \tag{2-3}$$

式中：$W_{灌排}$ 为灌排定额；$W_{生育期}$ 为作物生育期内的灌排需水量；$W_{非生育期}$ 为非生育期年均洗盐用水量；$W_{作物}$ 为作物生理需水量；$W_{过渡}$ 为过渡区排盐需水量；$W_{积盐区}$ 为积盐区排盐需

水量；$W_{淋洗}$为非生育期单次洗盐用水量；n为淋洗周期。

$$W_{灌排} = \alpha W_{生育期} \tag{2-4}$$

$$\alpha = (W_{非生育期} + W_{生育期}) / (W_{作物} \eta) \tag{2-5}$$

式中：α为作物非生育期盐分调控用水量与作物生理需水量之比；η为西北"水三线"地区平均灌溉水利用系数，$\eta = 0.54$；$W_{作物}$为西北"水三线"地区平均作物生理需水量。

以棉花膜下滴灌为例，作物生育期灌溉用水量应包含过渡区和积盐区的盐分调控用水，约需用15%的灌溉定额进行压盐，将根系内的盐分驱赶到过渡区和积盐区，使达标区土壤含盐量小于3%。即当$W_{过度} = 5\% W_{作物}$、$W_{积盐} = 10\% W_{作物}$时，则有$W_{生育期} \approx 1.15W_{作物}$；通常非生育期的盐分淋洗单次用水$W_{淋洗} \approx 200\text{m}^3/$亩，若洗盐周期为4年，则$W_{非生育期} \approx 50\text{m}^3/$亩，相当于$0.25W_{作物}$。因此，综合灌排定额$W_{灌排} \approx 1.40W_{作物}$，见式（2-4）和式（2-5）。由此可知，为了维持区域水盐平衡，需要大量的水进行盐分平衡调控，因此在计算节水潜力时，应将灌排定额$W_{灌排}$作为节水潜力的计算依据。

(3) 农业高效节水适宜度与边际效益问题。灌区农业节水强度和规模适宜性问题是当前干旱区内陆河流域面临的一个重大课题。发展农业高效节水灌溉的目的在于通过应用先进节水技术，提高农业用水效率，缓解水资源供需矛盾，使有限的水资源发挥其最大的社会、经济、生态效益。在干旱地区，地表水渗漏补给减少、地下水位过低等将会改变原来的平衡状态，植物生长受到水分胁迫而生长不良，易发生荒漠化。阮本清等人选择宁夏青铜峡引黄灌区为研究对象，采用地下水埋深作为控制土壤盐渍化和荒漠化的评价指标，分析了生态脆弱地区的适宜节水规模，认为节水的程度并不是越大越好，而应根据各方面的信息综合确定合适的方案[33]。

事实上，对于干旱区内陆河流域灌区，农业高效节水发展规模受到多种因素的影响，与当地水资源供需情况、气候特征、土壤特性、生态环境以及社会经济发展状况密切相关，同时还与农业种植结构、产业用水结构、节水效益、受益主体和利益补偿机制等密切关联。特别是高效节水灌溉农业的投入产出边际效益问题，应当引起广泛思考和深入研究，同时积极探索政府投入为主体，公益性与市场化相结合的发展模式，不断完善灌排保障系统，稳步推进高标准农田节水建设。

3. 农业节水的发展趋势

(1) 节水技术。通过建设山区调蓄水库、骨干引水和输水工程以及联合地表水与地下水调度运用等工程手段，实现水资源在区域和流域内的合理配置与高效利用，为农业节水的整体推进提供有利条件；发展以渠道防渗为主的输水工程，加强灌区工程配套，在适宜地区积极推广管道输水技术；以土地平整为基础措施，不断改进常规地面灌溉节水技术，积极推广各种先进的田间高效节水技术；对工程节水、农艺节水、生理节水和灌溉技术进行优化集成，大幅度提高灌溉水的利用率和利用效率，充分发挥节水农业技术的综合效益。以产量、水分利用效率和经济效益三者高水平的有效统一为目标，实行最优化灌溉，把有限的水量在作物间及作物生育期内进行最优分配，以获得较高的产值和水分利用效率。

(2) 节水管理。以总量控制、定额管理为手段，强化用水许可制度，建立各级政府用水总量控制目标责任制，完善水权交易市场，使节水成为全社会的自觉行动。以政策为导向，建立节水利益补偿、效益驱动的效益性节水机制。政府通过政策引导、资金补助、技术指导和监督管理等多种形式，调动灌区和用水户的节水积极性。积极探索节水灌溉工程的管理新模式，改变节水工程"重建设、轻管理"的现状，研究建立适应现代农业的灌区管理体系，使灌区和农民从节水中取得经济效益。建立政府主导的多元化、多层次、多渠道的农业节水投资机制，制定投入政策，建立稳定的投入渠道。

（3）高效节水规模优化布局。根据当地水资源总量、农业水资源分配数量，以及农业种植结构和耗水特征、生态需水量，确定农业水资源缺水程度与节水灌溉技术；结合当地社会、经济、技术条件，优化种植结构，分析农业节水潜力可实现程度。从近期、中长期社会经济、技术发展状况出发，以实现社会经济、生态环境综合效益最大化为目标，确定农业高效节水发展规模适宜度。集约整合土地资源，积极探索企业＋农户的生产经营模式。农业高效节水发展应该综合考虑各方面的因素和可能实现的程度，特别需要结合当地实际情况，合理确定可能实现的发展规模，才能实现社会经济、生态环境综合效益最大的目标。

2.4.2　农业节水灌溉发展现状

1. 西北"水三线"地区农业灌溉用水效率分析

2018 年全国农田灌溉水有效利用系数为 0.554，这意味着每使用 $1m^3$ 水资源，仅 $0.554m^3$ 被农作物吸收利用，与发达国家 $0.7\sim0.8$ 的利用系数相比差距明显。2018 年西北"水三线"地区渠系防渗比例为 74%，平均渠系水利用系数为 0.65，平均田间水利用系数为 0.86，平均灌溉水利用系数为 0.54，平均灌溉定额为 $476.59m^3/$亩（表 2-17）。从统计结果来看西北"水三线"地区灌溉定额均高于全国平均 $380m^3/$亩的水平，尤其是奇策线西南地区为 $696.57m^3/$亩，远高于西北"水三线"其他地区以及全国平均水平[34-35]。

表 2-17　　　　　　　西北"水三线"地区农业用水效率与灌溉定额统计表

分　区		灌溉面积 /万亩	渠系水利用 系数	田间水利用 系数	灌溉水 利用系数	灌排定额 /(m³/亩)	灌溉用水量 /亿 m³
三线	奇策线以西	7912.12	0.65	0.87	0.54	543.71	430.19
	奇策线以东	1259.13	0.65	0.88	0.53	481.84	60.67
	阳关线以东	6929.57	0.64	0.85	0.50	404.21	280.10
八区	奇策线西北	4130.11	0.67	0.87	0.56	422.41	174.46
	奇策线东北	360.67	0.66	0.88	0.56	543.71	19.61
	奇策线西南	3671.27	0.64	0.86	0.52	696.57	255.73
	奇策线东南	755.17	0.65	0.88	0.50	543.72	41.06
	河西内陆河流域	1663.69	0.64	0.84	0.54	392.5	65.30
	柴达木盆地	175.78	0.63	0.86	0.53	512.00	9.00
	半干旱草原区	4953.41	0.64	0.85	0.53	279.00	138.20
	黄河流域片区	1788.59	0.65	0.85	0.54	378.51	67.70
合　计		16177.43	0.65	0.86	0.54	476.59	771.0

注　统计数据来源于各行政分区发布的水资源公报及相关参考文献；新疆地区数据包括建设兵团。

2. 西北地区高效节水灌溉技术发展现状

2018 年西北"水三线"地区耕地面积为 39036 万亩，其中有效灌溉面积为 15499.70

万亩，占耕地面积的 39.71％。高效节水灌溉面积为 8227.09 万亩，占总灌溉面积的 50.86％；其中微灌面积为 6545.27 万亩，占总灌溉面积的 40.46％；西北地区高效节水灌溉面积中有 79.09％为微灌，且其中 78.25％的微灌面积分布在新疆。由此可见新疆的节水强度、规模和投入都是十分巨大的，研究区灌溉面积及高效节水灌溉技术发展见表 2-18。由于自然条件、灌区规模和资金投入的差异，河西内陆河流域及半干旱草原区的高效节水面积仅为 37.80％和 27.69％，显著低于新疆地区 55.84％的发展水平[36-41]。

表 2-18　　2018 年西北"水三线"地区灌溉面积及高效节水灌溉技术发展统计表　　　　%

分　区		低压管灌面积占比	喷灌面积占比	微灌面积占比	高效节水灌溉面积占比
三线	奇策线以西	0.89	0.45	56.06	57.40
	奇策线以东	6.22	0.69	54.47	61.39
	阳关线以东	13.95	7.53	20.55	42.03
八区	奇策线西北	0.50	0.74	73.79	75.02
	奇策线东北	14.98	2.00	30.50	47.48
	奇策线西南	1.36	0.14	37.81	39.31
	奇策线东南	3.22	0.20	76.26	79.68
	河西内陆河流域	11.39	8.68	17.74	37.80
	柴达木盆地	15.27	13.76	28.25	57.28
	半干旱草原区	10.47	2.65	14.57	27.69
	黄河流域片区	12.96	12.42	19.97	45.35
合　　计		6.90	3.50	40.46	50.86

注　统计数据来源于各行政分区 2019 年统计年鉴；新疆地区数据包括生产建设兵团。

2.4.3　农业灌溉节水潜力分析

西北"水三线"地区灌溉水利用效率低，农业灌溉用水浪费严重，进一步加剧了水资源短缺的供需矛盾。同时，低效率的农业灌溉现状也说明农业领域具有较大的节水潜力。因此，正确估算农业灌溉的节水潜力，不仅对于制定农业节水政策、开发节水技术、实施先进节水管理都具有重要的指导意义，而且对未来水资源的可持续利用和社会经济的可持续发展有重大的现实性和迫切性。

1. 输水系统节水潜力分析

西北"水三线"地区现状渠系水利用系数为 0.65，若进一步加强渠道防渗措施，同时发展管道输水技术，将渠系水利用系数提高到 0.69，则可减少输水系统损失水量 31.93 亿 m^3，占总灌溉用水量的 4.14％。其中，奇策线以西（新疆西部）节水潜力最高，为 16.28 亿 m^3；其次为阳关线以东地区，节水潜力为 13.42 亿 m^3。西北"水三线"地区田间和输水系统节水潜力分析计算见表 2-19。

表 2 - 19　　　　　西北"水三线"地区田间和输水系统节水潜力分析计算表

分区		输水系统节水潜力/亿 m³	田间节水潜力					
			优化灌排定额节水潜力				提高田间水利用效率节水潜力/亿 m³	田间节水潜力合计/亿 m³
			1.40$W_{作物}$/(m³/亩)	1.35$W_{作物}$/(m³/亩)	盐碱地占比/%	节水潜力/亿 m³		
三线	奇策线以西	16.28	543.71	516.52	24	5.16	15.46	20.95
	奇策线以东	2.43	481.84	457.75	36	1.09	1.21	2.52
	阳关线以东	13.42	404.21	384.00	7	0.98	14.58	15.63
八区	奇策线西北	3.49	422.41	401.29	16	1.40	5.23	6.63
	奇策线东北	0.59	543.71	516.52	18	0.18	0.39	0.57
	奇策线西南	12.79	596.57	566.74	32	4.09	10.23	14.32
	奇策线东南	1.64	543.72	516.53	55	1.13	0.82	1.95
	河西内陆河流域	3.26	392.50	372.88	9	0.29	3.92	4.21
	柴达木盆地	0.54	512.00	486.40	3	0.01	0.36	0.37
	半干旱草原区	6.91	279.00	265.05	7	0.48	6.91	7.39
	黄河流域片区	2.71	378.51	359.58	8	0.27	3.39	3.66
合　　计		31.93	476.59	452.76	17	7.23	31.25	39.10

2. 田间节水潜力分析

西北"水三线"地区现状灌排定额约为 1.40$W_{作物}$，若通过改进田间排水控盐技术，将灌排定额降低至 1.35$W_{作物}$，同时大力发展膜下滴灌等高效节水灌溉技术，减少作物棵间无效蒸发量，将田间水利用系数提高到 0.9，则田间节水潜力为 39.10 亿 m³，占总灌溉用水量的 4.14%，田间节水潜力主要集中在奇策线以西和阳关线以东地区，分别为 20.95 亿 m³ 和 15.63 亿 m³。

3. 平原水库节水潜力分析

内陆河流域水资源调控的长期目标是通过建设山区水库逐步替代或废弃部分平原水库，提高水循环调控能力，实现流域内水资源合理配置和高效利用。西北"水三线"地区现有平原水库 377 座，总库容 80.83 亿 m³。对现有平原水库进行除险加固和节水改造，减少水面蒸发和库底渗漏损失，提高水库的供水能力。若将现有平原水库的 30% 逐步用山区水库替代，约可减少 20% 的库容损失，则节水潜力为 16.16 亿 m³，西北"水三线"地区平原水库节水潜力计算见表 2 - 20。

表 2 - 20　　　　西北"水三线"地区平原水库节水潜力计算分析表

分　区		平原水库数/座	平原水库库容/亿 m³	平原水库节水潜力/亿 m³
三线	奇策线以西	310	64.61	12.92
	奇策线以东	47	4.95	0.99
	阳关线以东	20	11.27	2.25

分　区		平原水库数/座	平原水库库容/亿 m³	平原水库节水潜力/亿 m³
八区	奇策线西北	293	35.75	7.15
	奇策线东北	38	2.48	0.50
	奇策线西南	17	28.86	5.77
	奇策线东南	9	2.47	0.49
	河西内陆河流域	20	11.27	2.25
	柴达木盆地	—	—	—
	半干旱草原区	—	—	—
	黄河流域片区	—	—	—
合　计		377	80.83	16.16

4. 综合节水潜力分析

根据前文计算，得到西北"水三线"地区农业灌溉综合节水潜力为 87.19 亿 m³，占总灌溉水量的 11.03%，西北"水三线"地区农业灌溉综合节水潜力见表 2-21。

表 2-21　　　　　西北"水三线"地区农业灌溉综合节水潜力统计分析表　　　　单位：亿 m³

分　区		输水系统节水潜力	田间灌排节水潜力	平原水库节水潜力	综合节水潜力
三线	奇策线以西	16.28	20.95	12.92	50.15
	奇策线以东	2.23	2.52	0.99	5.74
	阳关线以东	13.42	15.63	2.25	31.30
八区	奇策线西北	3.49	6.63	7.15	17.27
	奇策线东北	0.59	0.57	0.50	1.66
	奇策线西南	12.79	14.32	5.77	32.88
	奇策线东南	1.64	1.95	0.49	4.08
	河西内陆河流域	3.26	4.21	2.25	9.72
	柴达木盆地	0.54	0.37	0.00	0.91
	半干旱草原区	6.91	7.39	0.00	14.30
	黄河流域片区	2.71	3.66	0.00	6.37
合　计		31.93	39.10	16.16	87.19

参　考　文　献

［1］ 钱正英，沈国舫，潘家铮. 西北地区水资源配置生态环境建设和可持续发展战略研究 ［M］. 北京：科学出版社，2004.

［2］ 石玉林，任阵海，雷志栋，等. 西北地区土地荒漠化与水土资源利用研究 ［M］. 北京：科学出版社，2004.

［3］ 邓铭江. 中国西北"水三线"空间格局与水资源配置方略 ［J］. 地理学报，2018，73（7）：1189-1203.

［4］ 王浩，陈敏建，秦大庸. 西北地区水资源合理配置和承载能力研究 ［M］. 郑州：黄河水利出版社，2003.

［5］ 黄河水利委员会. 西北诸河水资源及其开发利用调查评价简要报告 ［R］. 2005.

［6］ 刘时银, 姚晓军, 郭万钦, 等. 基于第二次冰川编目的中国冰川现状 ［J］. 地理学报, 2015, 70 (1): 3 - 16.

［7］ 胡焕庸. 论中国人口之分布——附统计表与密度图 ［J］. 地理学报, 1935 (2): 33 - 74.

［8］ 吴静, 王铮. 2000 年来中国人口地理演变的 Agent 模拟分析 ［J］. 地理学报, 2008, 63 (2): 185 - 194.

［9］ 赵煜飞, 朱江. 近 50 年中国降水格点日值数据集精度及评估 ［J］. 高原气象, 2015, 34 (1): 50 - 58.

［10］ 方鸿慈. 西北地区水文地质单元的划分 ［J］. 河北地质学院学报, 1989 (1): 1 - 7, 3.

［11］ 荆继红, 孙继朝, 韩双平, 等. 西北地区地下水资源分布及开发利用状况 ［J］. 南水北调与水利科技, 2007 (5): 54 - 56, 63.

［12］ 水利部黄河水利委员会. 西北诸河水资源综合规划报告 ［R］. 2008.

［13］ 陈敏建, 王浩. 中国分区域生态需水研究 ［J］. 中国水利, 2007 (9): 31 - 37.

［14］ 陈敏建, 王浩, 王芳, 等. 内陆河干旱区生态需水分析 ［J］. 生态学报, 2004 (10): 2136 - 2142.

［15］ 陈敏建, 王浩, 王芳. 内陆干旱区水分驱动的生态演变机理 ［J］. 生态学报, 2004 (10): 2108 - 2114.

［16］ 陈玉民, 郭国双, 王广兴, 等. 中国主要作物需水量与灌溉 ［M］. 北京: 中国水利水电出版社, 1995.

［17］ 梁瑞驹, 王芳, 杨小柳, 等. 中国西北地区的生态需水 ［J］∥中国水利学会. 中国水利学会 2000 学术年会论文集 ［M］. 北京: 中国三峡出版社, 2000.

［18］ 王芳, 梁瑞驹, 杨小柳, 等. 中国西北地区生态需水研究 (1) ——干旱半干旱地区生态需水理论分析 ［J］. 自然资源学报, 2002, 17 (1): 1 - 8.

［19］ 张皓月, 刘文波, 张绪教, 等. 河套平原地下水中砷的空间变异特征及影响因素分析 ［J］. 地质科技通报, 2021, 40 (1): 192 - 199, 208.

［20］ 荣浩. 干旱、半干旱牧区草地生态需水与生产潜力研究 ［J］. 水土保持科技情报, 2004 (5): 16 - 18.

［21］ 张明明. 2000—2015 年中国干旱半干旱区蒸散发时空变化及其影响因素分析 ［D］. 西安: 长安大学, 2019.

［22］ 李建茹, 李兴, 李卫平, 等. 基于 AQUATOX 模型的乌梁素海富营养化模拟及控制研究 ［J］. 生态环境学报, 2020, 29 (6): 1215 - 1224.

［23］ 张文鸽, 毕彦杰, 何宏谋, 等. 面向山—水—林—田—湖—草各系统均衡的河套地区水资源合理配置研究 ［J］. 应用基础与工程科学学报, 2020, 28 (3): 703 - 716.

［24］ 陈敏建, 王浩. 中国分区域生态需水研究 ［J］. 中国水利, 2007 (9): 31 - 37.

［25］ 牛志明. 生态用水理论及其在水土保持生态环境建设中的现实意义 ［J］. 科技导报, 2001 (7): 8 - 11.

［26］ 赵东升, 高璇, 吴绍洪, 等. 基于自然分区的 1960—2018 年中国气候变化特征 ［J］. 地球科学进展, 2020, 35 (7): 750 - 760.

［27］ Dore M. Climate change and changes in global precipitation patterns: What do we know ［J］. Environment International, 2005, 31 (8): 1167 - 1181.

［28］ 张玫, 杨慧娟, 陈红莉. 跨流域向黄河调水的必要性与方案 ［J］. 人民黄河, 2013, 35 (10): 88 - 90.

［29］ 陈曦. 中国干旱区土地利用与土地覆被变化 ［M］. 北京: 科学出版社, 2008.

［30］ 刘海霞, 马立志. 西北地区生态环境问题及其治理路径 ［J］. 实事求是, 2016 (4): 50 - 54.

［31］ 李琳, 刘一良. 西部贫困地区可持续发展的障碍与对策研究 ［J］. 西安财经学院学报, 2003, 16 (2): 23 - 27.

［32］ 梁书民. 中国宜农荒地旱灾风险综合评价与开发战略研究 ［J］. 干旱区资源与环境，2011，25 （1）：115 - 120.

［33］ 阮本清，韩宇平，蒋任飞，等. 生态脆弱地区适宜节水强度研究 ［J］. 水利学报，2008，39 （7）：809 - 814.

［34］ 阿依努尔·米吉提. 新疆灌区灌溉水利用系数变化分析 ［J］. 陕西水利，2019 （1）：70 - 72，77.

［35］ 冯小燕. 甘肃省灌区水利普查成果及农业用水分析研究 ［J］. 甘肃水利水电技术，2012，48 （4）：6 - 8.

［36］ 内蒙古自治区统计局. 内蒙古统计年鉴 2019 ［M］. 北京：中国统计出版社，2019.

［37］ 国家统计局甘肃调查总队. 甘肃调查年鉴 2019 ［M］. 北京：中国统计出版社，2019.

［38］ 宁夏回族自治区统计局，国家统计局宁夏调查总队. 宁夏统计年鉴 2019 ［M］. 北京：中国统计出版社，2019.

［39］ 新疆维吾尔自治区统计局. 新疆统计年鉴 2019 ［M］. 北京：中国统计出版社，2019.

［40］ 陕西统计局. 陕西统计年鉴 2019 ［M］. 北京：中国统计出版社，2019.

［41］ 青海统计局. 青海统计年鉴 2019 ［M］. 北京：中国统计出版社，2019.

第3章 西北"水三线"地理学透视

3.1 西北"水三线"人地环境特征

3.1.1 自然生态空间特征

1. 地形地貌

(1)地形地貌特征。研究区所辖范围包含了我国第一阶梯、第二阶梯的北部,青藏高原与塔里木盆地交界处以昆仑山脉、阿尔金山脉、祁连山脉为边界,显示出强烈的海拔与地形差异。全域海拔跨度极大,呈现由东部向西部梯度递增的趋势,奇策线以西平均海拔最高,奇策线—阳关线中间区平均海拔次之,阳关线以东平均海拔最低。最低点位于新疆吐鲁番盆地,最高处可达 8174.00m,且海拔在空间呈现由东部向西部梯度递增的趋势(图 3-1)。根据 ArcGIS 软件计算的坡度指标成果❶,西北"水三线"坡度变化范围在 0°~47.6°之间,坡度高值区主要位于我国第一阶梯与第二阶梯交界处、西部国界处,以及新疆北部的天山山脉、阿尔泰山脉等。

(2)单元分区地貌类型。奇策线西北片区北接阿尔泰山脉,南接天山山脉,中部为准格尔盆地;奇策线西南片区北接天山山脉,南连昆仑山脉,中部为塔里木盆地;奇策线东北片区西接天山山脉,南连祁连山脉;奇策线西南片区主要地貌类型为塔里木盆地和柴达木盆地;河西内陆河流域片区北部为内蒙古高原,南部为祁连山山脉;半干旱草原区的主要地貌类型为内蒙古高原;黄河流域片区西北部接祁连山脉,主要地貌类型为黄土高原;柴达木盆地片区主要地貌类型为柴达木盆地(图 3-2)。

2. 土地覆被

根据中国土地利用/土地覆盖遥感监测数据库的资料来源❶,西北地区的土地利用类型根据土地资源及其利用属性,分为耕地、林地、草地、湿地、建设用地、未利用地、水域。基于 ArcGIS 平台及 2018 年的遥感数据,可分区计算统计西北"水三线"六类土地利用方式及其空间格局(图 3-3 和表 3-1)。

---

❶ 中国科学院资源环境科学与数据中心:http://www.resdc.cn/.

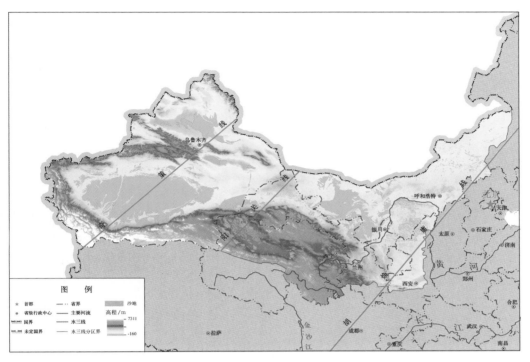

图 3-1 西北"水三线"地面高程空间分布图

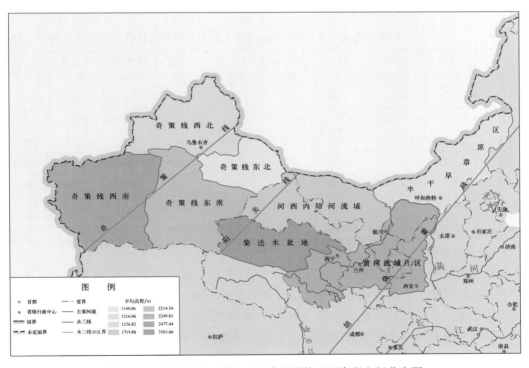

图 3-2 西北"水三线"八大分区平均地面高程空间分布图

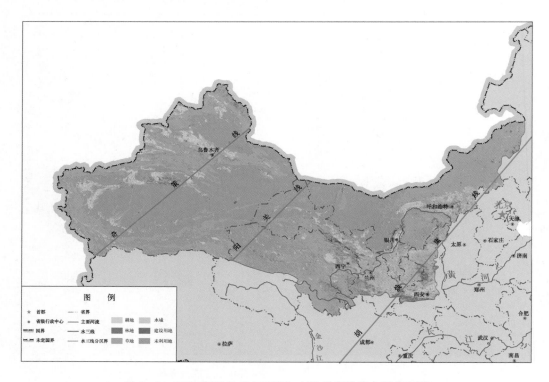

图 3-3　2018 年西北"水三线"土地利用类型空间分布图

表 3-1　　　　　　　2018 年西北"水三线"八大分区土地利用面积统计表　　　　　单位：km²

分区 地类	干旱 半干旱草原	河西 内陆河	黄河 流域片区	柴达木 盆地	奇策线 西北	奇策线 东北	奇策线 东南	奇策线 西南	合计
耕地	39701	16488	108356	1883	44551	3085	7742	34868	256674
林地	9608	8962	58990	8244	14094	563	4385	8638	113484
草地	254596	75378	310341	103737	172323	38459	116220	153978	1225032
水域	4988	3296	11075	9123	6829	303	9095	18508	63217
建设用地	7260	2258	13768	536	4671	993	986	1970	32142
未利用地	47757	379904	46977	163483	147403	163554	332800	342857	1624735
合计	363910	486286	549207	287006	389871	206957	471228	560819	3315284

注　数据来源于 2018 年遥感解译。

　　研究区的土地利用格局基本保持稳定，耕地主要分布于宁夏、甘肃东部、内蒙古南部、奇策线西北部。林地主要分布于甘肃、青海交界的祁连山地区。内蒙古中部地区分布有广阔的草地。此外，胡焕庸线至阳关线，土地利用类型由草地、耕地过渡至未利用土地。而阳关线与奇策线之间主要为未利用土地，草地呈带状分布，耕地仅零星出现。奇策线与阳关线之间，未利用土地占据了较大区域，耕地、草地、林地与水域呈现交错分布的格局。

3. 植被覆盖

(1) NDVI 空间分布特征。为更加直观地反映植被覆盖特征，将 NDVI 分为 7 个等级，即：极低覆盖（$0<NDVI\leqslant0.1$）、低覆盖（$0.1<NDVI\leqslant0.25$）、较低覆盖（$0.25<NDVI\leqslant0.4$）、中覆盖（$0.4<NDVI\leqslant0.55$）、高覆盖（$0.55<NDVI\leqslant0.7$）、较高覆盖（$0.7<NDVI\leqslant0.85$）和极高覆盖（$NDVI>0.85$）。2018 年西北"水三线"NDVI 平均值为 0.2，低于全国平均值 0.4（图 3-4）。

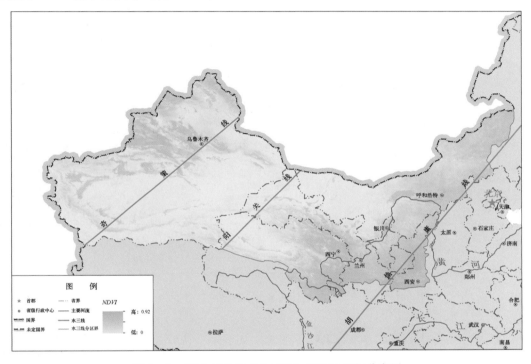

图 3-4　2018 年西北"水三线"NDVI 空间分布图

　　西北"水三线"总体处于低植被覆盖水平，八个单元分区中，仅黄河流域片区达到高植被覆盖等级，半干旱草原区达到中植被覆盖等级，奇策线西北片区达到较低植被覆盖等级，其他 5 个片区均为低或极低植被覆盖区（图 3-5）。

　　(2) 植被覆盖度指标特征。西北"水三线"全域植被覆盖度均值为 31.4%，植被覆盖情况总体欠佳。从八个单元分区来看，黄河流域片区植被覆盖度均值最高，为 67%；其次为半干旱草原区、奇策线西北区，分别为 53%、42%；其他 5 个片区的植被覆盖度均低于30%，其中奇策线东南片区植被覆盖度仅为 11%，为全域最低（图 3-6 和图 3-7）。

　　(3) 固碳能力 NPP 空间分布特征。植被光合固碳能力 NPP 与 NDVI、植被覆盖度、水资源分布、耕地分布等高度相关。研究区植被固碳能力总体偏低，地均固碳能力为$715.7gC/m^2$。高值区集中于奇策线以西和阳关线以东，奇策线—阳关线中间区最弱。从片区分布来看，黄河流域片区、半干旱草原区、奇策线西北区表现出较高的植被固碳能力。海拔较高、坡度较大的区域植被生长欠佳，固碳能力低。而半干旱草原区、黄河流域片区等水资源较为丰富的区域，植被覆盖度较高，固碳能力则更强（图 3-8 和图 3-9）。

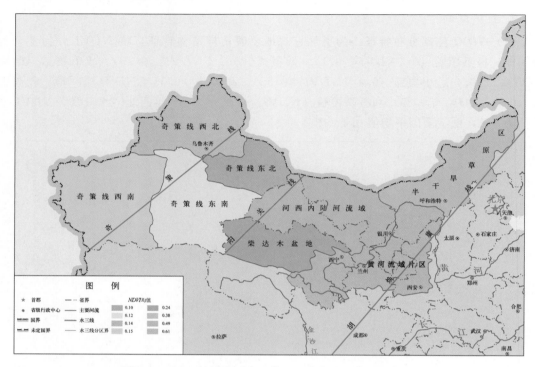

图 3-5　2018 年西北"水三线"八大分区 NDVI 分布图

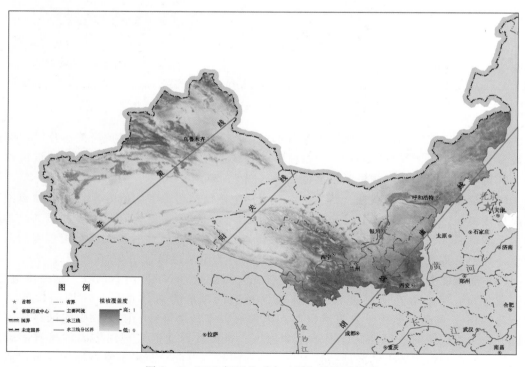

图 3-6　2018 年西北"水三线"植被覆盖度

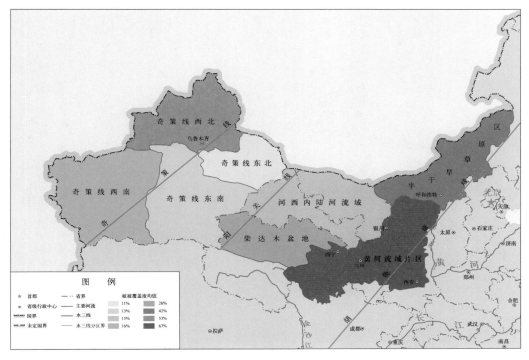

图 3-7 2018 年西北"水三线"八大分区植被覆盖度

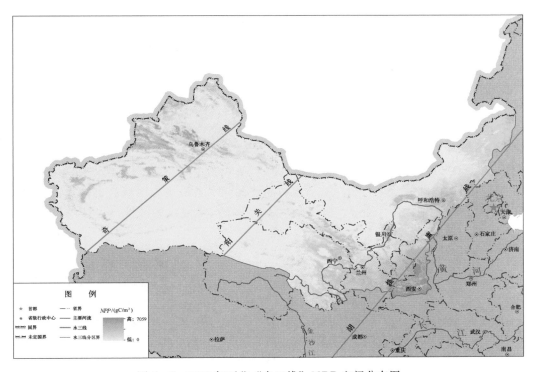

图 3-8 2018 年西北"水三线"NPP 空间分布图

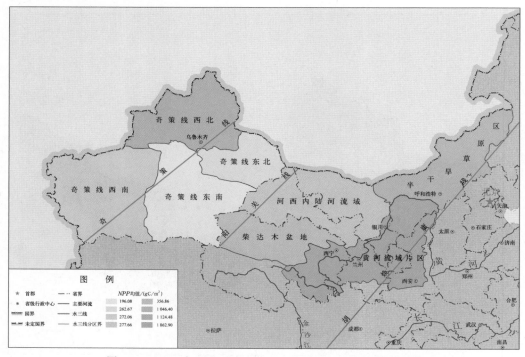

图 3 - 9 　2018 年西北"水三线"八大分区 NPP 均值分布图

4. 降水

2018 年,西北"水三线"降水量占全国降水量的 12.4%。研究区总降水高值区一片分布于奇策线以西的新疆北部地区,另一片分布于沿胡焕庸线地区,与我国 400mm 等降水量线空间重合,降水量呈现东部多于西部、南部多于北部的趋势。八个单元分区降水量黄河流域片区最高,而奇策线东北、奇策线东南、奇策线西南片区降水量最少,2018 年平均降水量分别为 89.49mm、82.60mm、84.41mm(图 3 - 10、图 3 - 11)。

降水分布呈现明显的条带状分布特征,高值区分布在两端,即西端分布于奇策线西北区,东端分布于沿胡焕庸线一带,与我国 400mm 等降水量线空间重合。在全球气候变化影响下,近 20 年降水量普遍有所增加,但以阳关线为中轴的两侧地区,即奇策线东北、东南片区,河西内陆河流域,柴达木盆地,始终为降水量最小的区域。也就是说,阳关线是西北"水三线"地区降水量的"鞍底",是中国降水量最少的区域,这也许是对"春风不度玉门关"最好的科学解释。

5. 气温

2018 年,西北"水三线"年平均气温为 5.1℃,比全国年平均气温 10.1℃ 低 5.0℃。年平均气温变幅接近 50℃,气温高值区集中于新疆塔里木盆地、吐鲁番盆地等,气温可达 15℃以上;低温区主要位于青海海北州、果洛州等地(图 3 - 12)。其中八个单元分区中,黄河流域片区、河西内陆河流域、奇策线东北、奇策线西南片区,年平均气温较高(图 3 - 13)。

综合比较西北"水三线"及八个单元分区自然生态特征(表 3 - 2),可以发现其在地形地貌、土地覆被、植被覆盖、降水、气温等方面均存在显著差异。总的来看,黄河流域

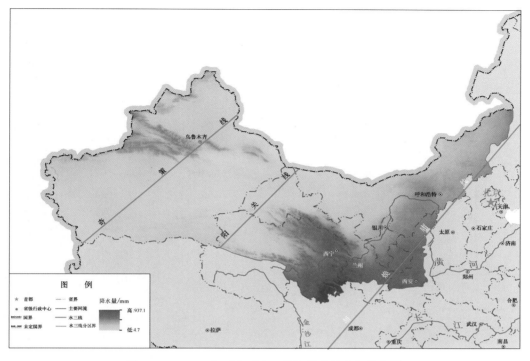

图 3-10 2018 年西北"水三线"降水量空间分布图

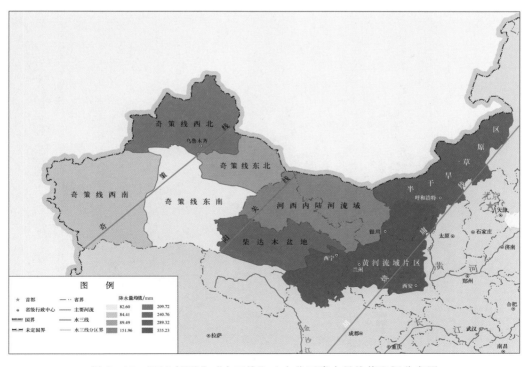

图 3-11 2018 年西北"水三线"八大分区降水量均值空间分布图

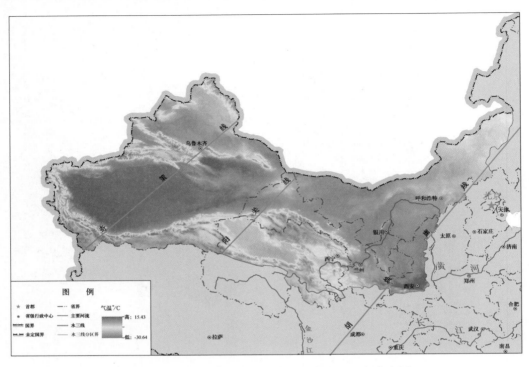

图 3-12 2018 年西北"水三线"平均气温空间分布图

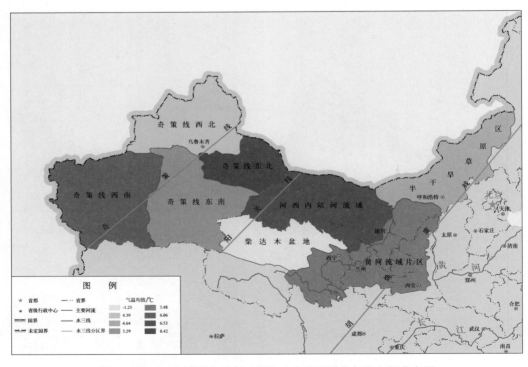

图 3-13 2018 年西北"水三线"八大分区平均气温空间分布图

表 3-2　　　　　　　2018 年西北"水三线"自然生态要素统计分析表

分　区		NDVI		NPP/(gC/m²)		降水量/mm	
		均值	距平	均值	距平	均值	距平
阳关线以东	半干旱草原区	0.5	0.2	1124.5	408.8	289.3	71.5
	河西内陆河区	0.1	−0.2	277.7	−438.0	152.0	−65.8
	黄河流域片区	0.6	0.3	1862.9	1147.2	535.2	317.4
	柴达木盆地	0.2	−0.1	356.9	−358.8	209.7	−8.1
阳关线以西（新疆）	奇策线西北	0.4	0.1	1046.4	330.7	240.8	23.0
	奇策线东北	0.1	−0.2	262.7	−453.0	89.5	−128.3
	奇策线东南	0.1	−0.2	196.1	−519.6	82.6	−135.2
	奇策线西南	0.1	−0.2	272.1	−443.6	84.4	−133.4
西北"水三线"均值		0.3	0	715.7	0	217.8	0

分　区		气温/℃		高程/m		植被覆盖度/%	
		均值	距平	均值	距平	均值	距平
阳关线以东	半干旱草原区	4.6	−0.5	1216.10	−803.8	53	21.6
	河西内陆河流域	6.5	1.4	1719.90	−300.0	15	−16.4
	黄河流域片区	5.5	0.4	2249.80	229.9	67	35.6
	柴达木盆地	−1.3	−6.4	3563.70	1543.8	26	−5.4
阳关线以西（新疆）	奇策线西北	4.4	−0.7	1256.80	−763.1	42	−10.6
	奇策线东北	8.4	3.3	1140.10	−879.8	11	−20.4
	奇策线东南	5.3	0.2	2214.50	194.6	13	−18.4
	奇策线西南	6.1	1.0	2477.40	457.4	16	−15.4
西北"水三线"均值		5.1	0	2019.90	0	31.4	0

片区、半干旱草原区和奇策线西北区域是植被和降水资源相对较高区域，奇策线东北、东南及西南片区植被和降水量较低，奇策线东北片区的平均气温较高。

3.1.2　社会经济空间特征

西北"水三线"及其八个单元分区社会经济空间特征主要从人口分布、经济发展、产业结构等方面进行分析。

1. 人口分布

（1）2018 年西北"水三线"地区总人口为 10573 万人，占全国总人口的 7.6%。西北"水三线"人口规模空间差异度最高的地区位于阳关线东西两侧。八个分区中，黄河流域片区的年末总人口占比最大，为 61.5%；其次为奇策线西北，占比为 10.6%；常住人口最少的片区为柴达木盆地，占比仅有 0.7%（图 3-14、图 3-15 和表 3-3）。

（2）西北"水三线"地区国土面积 345.59 万 km²，以阳关线为界，东侧面积 179.03 万 km²，占比 51.8%；西侧（新疆）面积 166.56 万 km²，占比 48.2%，东西两侧面积基本相当。而阳关线东侧人口 9036.5 万人，占比为 78.7%；西侧人口 2451.98 万人，占比仅为

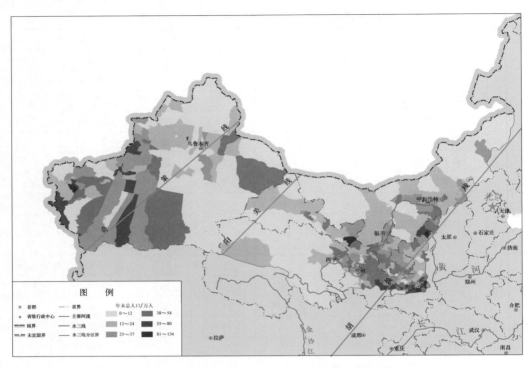

图 3-14　2018 年西北"水三线"地区人口规模空间分布图

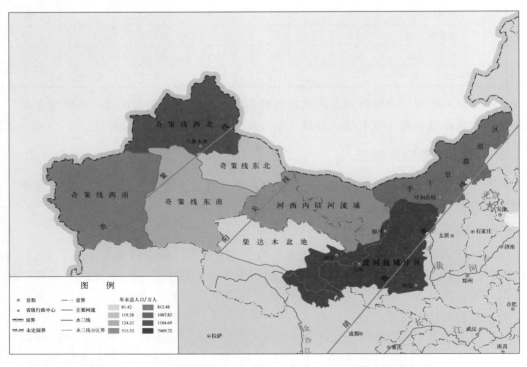

图 3-15　2018 年西北"水三线"八大分区人口规模空间分布图

22.7%。因此，阳关线是西北"水三线"地区的"国土均分线""人口八成线"。

（3）新疆国土面积 166.56 万 km²，以奇策线为界，西侧面积 98.48 万 km²，占比 59%；东侧面积 68.07 万 km²，占比 41%。而奇策线西侧人口 2158.1 万人，占比为 89.9%，东侧人口 243.5 万人，占比仅为 10.1%。因此，奇策线是新疆地区的"人口九成线"。

2. 经济发展

（1）2018 年西北"水三线"地区 GDP 为 60748 亿元，占全国 GDP 总量（900309 亿元）的 6.7%，且始终呈现胡焕庸线沿线的 GDP 最高，奇策线—阳关线中间区的 GDP 普遍偏低的特征（图 3-16 和表 3-3）。

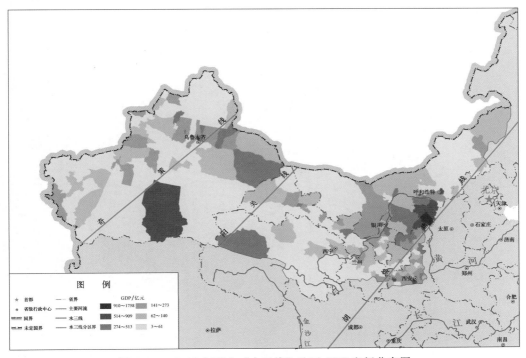

图 3-16　2018 年西北"水三线"地区 GDP 空间分布图

表 3-3　　　　　　　西北"水三线"地区社会经济要素统计分析表

分　区	人口		GDP		第一产业		第二产业		第三产业	
	总量/万人	占比/%	总值/亿元	占比/%	总值/亿元	占比/%	总值/亿元	占比/%	总值/亿元	占比/%
半干旱草原	1085.6	10.3	8246.8	13.6	618	11.3	3007.7	11.4	4621	15.9
河西内陆河	513.4	4.9	2321.0	3.8	320	5.9	919.6	3.5	1081.6	3.8
黄河流域片区	6502.3	61.5	36295	59.7	2477.3	45.2	16754.8	63.6	17064.9	58.9
柴达木盆地	70.1	0.6	708.8	1.2	55.8	1.0	447.3	1.7	205.7	0.7
奇策线西北	1123	10.6	8949.7	14.7	1135.3	20.7	3456.5	13.1	4358	15.1
奇策线东北	119.3	1.1	847.2	1.4	90.1	1.7	479.4	1.8	277.7	1.0
奇策线东南	124.2	1.2	1027.5	1.7	155.3	2.8	560.1	2.2	312.1	1.1
奇策线西南	1035.1	9.8	2352	3.9	624.9	11.4	713.2	2.7	1013.9	3.5
合计	10573	100.0	60748	100.0	5476.7	100.0	26338.6	100.0	28934.9	100.0

（2）以阳关线为界，东侧 GDP 为 47571.6 亿元，占西北"水三线"地区 GDP 的 78.3%；西侧 GDP 为 13176.4 亿元，占比 21.7%。

（3）新疆以奇策线为界，西侧 GDP 为 11301.7 亿元，占比 85.8%；东侧 GDP 为 1874.7 亿元，占比 14.2%。因此，奇策线是新疆地区经济总量的"九成线"。

（4）在八个分区中，位于西北"水三线"中部片区的 GDP 较小，西北和东南 GDP 占比较大。其中黄河流域片区 GDP 占比最大，为 59.7%；其次为奇策线西北地区，占比为 14.7%；GDP 总量最小的片区为柴达木盆地，占比仅为 1.2%（图 3-17 和表 3-3）。

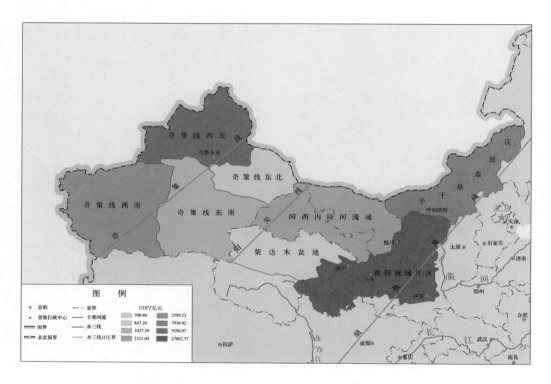

图 3-17 2018 年西北"水三线"八大分区 GDP 空间分布图

3. 产业结构

（1）通过对西北"水三线"地区的产业结构特征进行分析，2018 年西北"水三线"第一产业增加值为 5476.7 亿元，占全国第一产业增加值的 8.5%；第二产业增加值为 26338.6 亿元，占全国第二产业增加值的 7.2%；第三产业增加值为 28934.9 亿元，占全国第三产业增加值的 6.2%（图 3-18、图 3-20 和图 3-22）。

（2）西北"水三线"八个单元分区中各产业增加值的分布大致相同。黄河流域片区占比较大，其中第一、第二、第三产业增加值占西北"水三线"地区增加值的 45.2%、63.6%、58.9%；柴达木盆地片区占比较小，其中第一、第二、第三产业增加值占西北"水三线"地区增加值的 1.0%、1.7%、0.7%（图 3-19、图 3-21、图 3-23）。

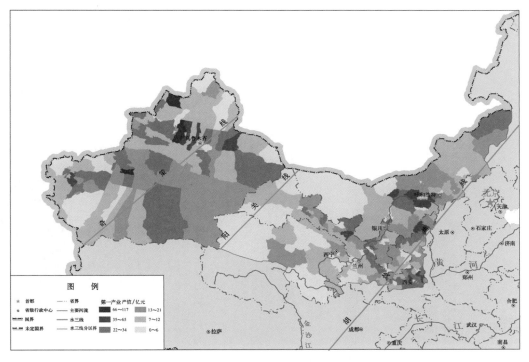

图 3-18 2018 年西北"水三线"第一产业增加值空间分布图

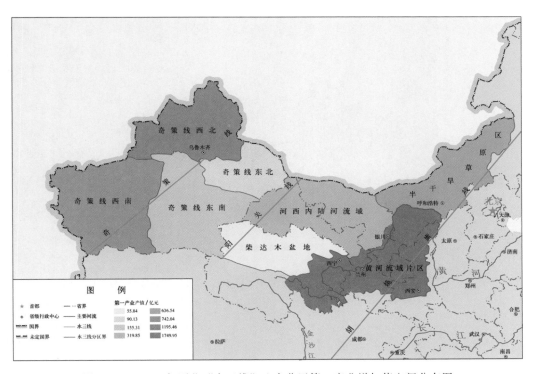

图 3-19 2018 年西北"水三线"八大分区第一产业增加值空间分布图

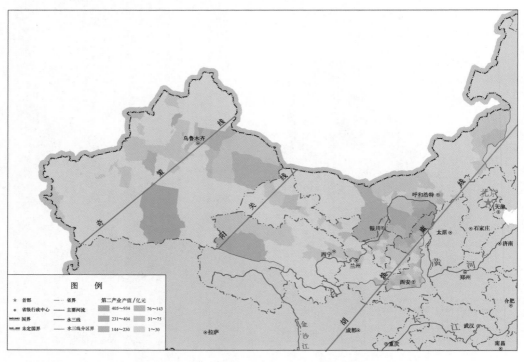

图 3 - 20　2018 年西北"水三线"第二产业增加值空间分布图

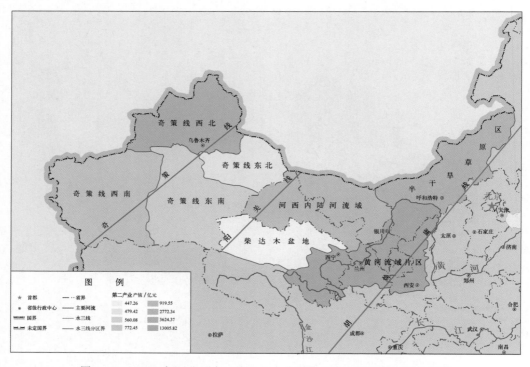

图 3 - 21　2018 年西北"水三线"八大分区第二产业增加值空间分布图

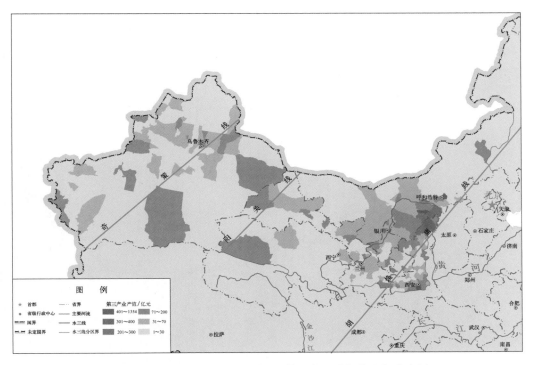

图 3-22　2018 年西北"水三线"第三产业增加值空间分布图

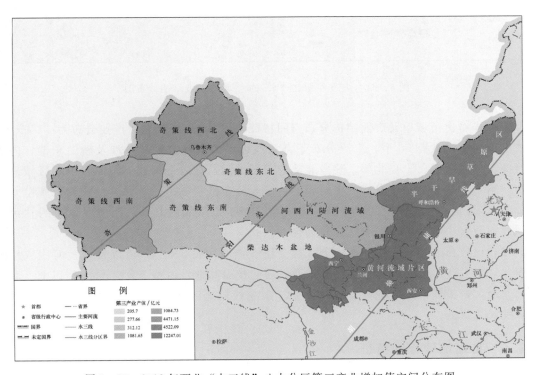

图 3-23　2018 年西北"水三线"八大分区第三产业增加值空间分布图

（3）2018年西北"水三线"市域尺度三大产业的结构特征，总体呈"三二一"分布形式，但仍有近50％的市域单元呈"二三一"模式（图3-24）。新疆、甘肃两省（自治区）第一产业专业化程度高，陕西省第二产业专业化程度具有绝对优势，是第二产业空间转移的主要力量。

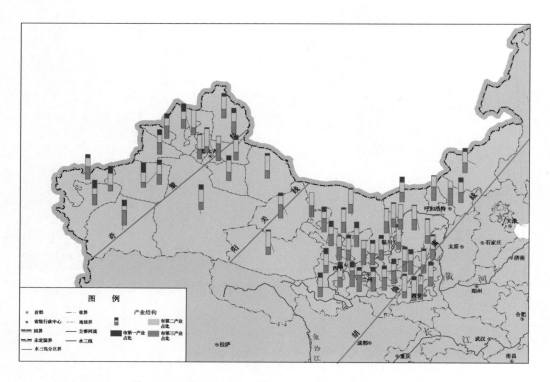

图3-24 2018年西北"水三线"地区产业结构分布图

进一步对比市域单元产业结构分布空间特征（图3-24）可知，产业分布为"二三一"形式的市域单元共有28个，广泛分布于奇策线以西的大部分区域，涉及新疆东部、内蒙古西部、青海北部、宁夏北部、陕西北部的市域单元，且以奇策线—阳关线中间区域最为集中，第二产业为其城市发展的主要职能。产业分布呈"三二一"梯度形式的市域单元共计25个，且具有显著的空间聚集特征，主要分布于奇策线西北部、阳关线以东的甘肃省全域及内蒙古中部地区，产业结构较为合理。

综合比较西北"水三线"八大分区社会经济特征（表3-3），可以发现黄河流域片区是西北"水三线"地区人口、经济和产业发展的集聚高地，占整个片区的50％以上。而柴达木盆地，奇策线以东区域则是整个西北"水三线"地区社会经济发展的洼地，人口少、经济发展总量低。

3.1.3 文化地理空间特征

在经济国际化、信息化等因素的作用下，近年来我国东西部经济发展差距进一步扩大，涉及城市化、文化、教育、医疗卫生等社会发展诸多方面。中西部地区总体上还处于工业化的初期阶段，而东部沿海地区的发展水平高于全国平均水平，已处于工业化中期向后期过渡的时期。

从地理区位上看，东部特别是东南沿海地区，处于太平洋的西岸，毗邻日本、东南亚，与美国、加拿大、澳大利亚、新西兰隔海相望。历史上，它是最早接触西方工业文明的地区，也是民族工业的发源地，这里的人民具有较强的市场意识。而地处内陆腹地的西部地区，作为传统的农业社会，自给自足的生产方式铸就了封闭的"内陆意识"，其制度创新相对滞后，文化教育水平不高，地区经济有待进一步融入世界。

由于独特的历史背景和社会生活，西部民族文化具有鲜明的地域性、民族性、多元性等特征，这种多样性的文化形态与各个民族的生活方式、观念、习俗、宗教、艺术以及悠久历史、生存环境紧密相联，形成了别具一格的西部文化。从地域和文化个性上看，西北"水三线"地区可进一步细化为八大文化圈，即以黄河流域为中心的黄土高原文化圈、西北地区的伊斯兰文化圈、北方草原文化圈、以天山南北为核心的西域文化圈、敦煌文化圈、西夏文化圈、丝绸之路文化圈和以青藏高原为主体的藏文化圈。

从人文地理空间看，西北"水三线"地区由东向西依次横跨中华文明与黄河文化、河西走廊与丝路文化、欧亚大陆与西域文化等三大文化地理空间。

（1）中华文明与黄河文化。黄河流域是中国早期文化形态的主要诞生地，经历了秦文化、三晋文化、齐鲁文化等多元并立和多元一体的文化融合发展，形成了黄河流域完整的文化体系。在唐宋以前，黄河流域一直是中国政治、经济和文化中心，并以其先进的农业经济为基础，用自身深厚的历史文化内涵和先进的"丝绸文明"，对西域各少数民族产生巨大的感召力和同化力。处于胡焕庸线中段两侧的黄河中游地区，历来都是兵家必争之地和南北文化碰触、交融之地，在历经了千年的王朝更替和社会发展过程中，黄河文化作为一种主体文化不断吸收融合北方游牧文化，并向江淮流域和珠江流域持续进行文化输出，最终形成了以黄河文化为核心的、多元一体的文化体系——中华文明。

中华文明的历史表明，黄河流域在中华民族形成过程中发挥着关键的凝聚作用，黄河文化是中华文明最重要的直根系。黄河文化与周边国家及地区的交流交融，为构建人类命运共同体提供了历史范本。黄河文化蕴含的"天人合一"自然伦理观，可为我国新时代生态文明建设提供历史经验与理论支撑。黄河文化蕴含的"同根同源"的民族心理和"大一统"的主流意识，是增强民族认同感、维系我国国家统一和民族团结的精神文化支柱。黄河文化的包容开放性，能够为新时代中国全方位开放发展和构建人类命运共同体提供可资借鉴的历史基础和实践基础。黄河文化蕴含的精神内涵具有重要的时代价值，对中华民族的伟大复兴具有重要意义。

（2）河西走廊与丝路文化。河西走廊是古丝绸之路的枢纽路段，连接着亚非欧三大洲的贸易与文化交流。著名学者季羡林先生曾这样评价："世界上历史悠久、地域广阔、自成体系、影响深远的文化体系只有四个：中国、印度、希腊、伊斯兰，再没有第五个。而这四个文化体系汇流的地方只有一个，就是中国的河西走廊敦煌和新疆地区，再没有第二个了❷。"

河西走廊曾是佛教东传的要道、丝路西去的咽喉；这里汉时即设四郡，戍兵屯田，是汉朝经略西北的军事重镇，后来又因诸多山脉的天然阻隔，成为中原名士躲避北方战火的栖息场所；这里的历史文化源远流长，名胜古迹灿若星河。公元前121年，汉武帝派骠骑将军霍去病出陇右击匈奴，使整个河西纳入西汉版图。公元前138年，西汉时期的张骞出使西域，凿开了连接中国与中亚、西南亚和印度北部的陆上交通的通道，这是中国与外部世界交流史上的一件意义重大的事件。公元前60年，汉朝中央政府建立西域都护府，开始统一行使对天山南北各地的军政管辖，此后历代中央政府基本维持着对于西域各地的军政管理，政治上的统一管理与因俗施治的治边政策，不仅维护了西域的社会稳定，保障了"丝绸之路"的畅通发展，还有效地推动了该地区的经济开发和社会进步，这些都为西域多民族文化的发展和进步奠定了坚实的基础。随着中国进入唐代，一举控制西域各国，并设立安西四镇作为中国政府控制西域的机构，新修了玉门关，再度开放沿途各关隘，并打通了天山北路的丝路分线，将西线打通至中亚。这样一来丝绸之路的东段再度开放，新的商路支线被不断开辟，令这条商路再度迎来了繁荣。

(3) 欧亚大陆与西域文化。这里所指的"西域"，系查考清人撰写的《西域图志》，其地理所指大致为今天的新疆（包括巴尔喀什湖以东以南的广大地区），范围同汉代西域疆域。①从地理地貌特点来看，西域地区广袤辽阔，深居亚欧大陆腹地，境内由北至南依次分布的天山、阿尔泰山和昆仑山山脉，形成南部的塔里木、北部准噶尔两大封闭盆地，即通称的所谓"三山夹两盆"。横亘在中部的天山山脉将新疆分割为地理特征和经济生活遽然相异的南疆、北疆两部分。北疆年降水比南疆丰富得多，而南疆冬季比北疆暖和得多；②从自然环境和生产生活方式来看，天山北麓亘古至今都是草原游牧民族游弋活动的大舞台，主要生产生活方式以游牧经济为主，以此为基础，产生了浓郁的草原游牧文化❸。而南麓各地则是农耕民族活动的地区，其生产生活方式自古就具有绿洲经济的特征，在此基础上产生了别具特色的绿洲农耕文化；③从地缘政治学角度分析，西域的地理区位特点也对其多民族文化的形成和发展起到了十分重要的影响作用。西域位处欧亚大陆腹地，周邻受到中华文明、希腊—罗马文明、阿拉伯文明、印度文明的强烈辐射影响，政治上的利益诉求和经济上的互通有无，以及文化上的相互交流，极大地提升了西域地区在东西方交流过程中的地缘战略地位，贯通东西方的"丝绸之路"就是一个有力的证明[1]。

西域地区处于佛教文化、印度文化、希腊文化、波斯文化和中国文化等多种文化、多种宗教并存的交汇地带，西域各族却不断地克服极为不利的地理环境障碍，以空前的创造力和辛勤劳动追求着自身与环境的共同和谐发展，创造了与西域的自然环境相适宜的独特物质文明和精神文明成果[1-2]。

---

❷　季羡林. 敦煌学、吐鲁番学在中国文化史上的地位和作用 [R]. 1986.

❸　田卫疆. 西域的地理环境及多民族文化特色 [J]. 文史知识，2004 (5)：4 - 10.

3.2 西北"水三线"地理学透视

3.2.1 西北稳定发展的地理与历史之忧

在中国发展的历史版图上，有两条难以逾越的红线，一条是著名的胡焕庸线，另一条就是万里长城。在当代经济社会发展中又面临两个难以破解的难题，一个是屯垦戍边、稳定边疆、发展西北经济，另一个就是保护西北地区十分脆弱的生态环境。而问题的焦点则主要聚焦在西北"水三线"地区水资源条件、生态环境保护、人居环境改善、产业结构布局、人口经济发展、民族结构优化和重大基础设施建设等核心问题上。

(1) 胡焕庸线之困。中国著名地理学家胡焕庸，1935 年将地图上东北角的黑河和西南角的腾冲两点连接成线，直观而又清晰地揭示了中国人口历史分布规律，即：自宋代以来的千年历史中，东南半壁 36％的土地供养了全国 96％的人口；西北半壁 64％的土地仅供养 4％的人口。最新的国家版图和统计显示[3]：胡焕庸线东南侧 43％的国土面积，集聚了全国 94％的人口和 96％的 GDP，压倒性地显示出高密度的经济、社会功能；而西北侧地广人稀，受生态胁迫，其发展经济、集聚人口的功能较弱。如何跨越胡焕庸线转移东南半壁人口到西北地区，亟须从水战略层面提出破解良方。

(2) 长城万里之限。历史学家黄仁宇在《中国大历史》中，将长城揭示为一条气候学上的等雨量线，基本与中国年降雨量 400mm 的等值线重合，是中国半干旱区与半湿润区的分界线。因为降雨量的不同，长城以北是游牧地区，长城以南是农耕地区，长城关内与关外的人口分布和经济发展存在明显差异。"春风不度玉门关"揭示了东南部季风气候无法影响西北干旱区的客观规律。无论是长城，还是胡焕庸线、阳关线，都是气象水文及气候差异造成的，并进一步演化为集政治、军事、经济、地理和生态因素于一体的区域分界线。

(3) 塞防固边之忧。为了巩固西北塞防，中国自古以来就有屯垦戍边的历史传统。最早可以追溯到秦汉时期，汉武帝时就曾派 60 万名将士在内蒙古河套地区屯垦戍边，并在河西走廊设置了酒泉、武威、张掖、敦煌四郡，揭开了河西地区农业开发的序幕。半个多世纪以来，新疆、青海、甘肃境内的内陆河流域都成为了屯垦戍边的重要目的地，大规模的水土开发导致几乎所有的内陆河流都处于水资源过度开发利用状态，人工绿洲在不断扩大的同时，荒漠绿洲也遭受了巨大破坏，荒漠化和水土流失日趋严重。

(4) 生态安全之患。1999 年开始，国家不断投入巨资实施西部大开发战略，但受"绿洲经济，灌溉农业"单一经济结构的影响，开发就是开荒的农耕思想极为普遍。20 多年来，一方面是东西部差距缩小的效果并不明显，另一方面是西北地区生态环境遭受严重损害。目前，中国西北地区的人口压力已经日甚一日，继续扩大规模强化屯垦戍边已无资源环境条件，在大力推进"新型城镇化""维稳成边"的新背景和现有水资源条件下，对西北边疆地区的人口容量和水土资源开发的适宜规模，要始终保持清醒的认识，不能不顾地理条件、资源禀赋与环境承载能力，而空谈人口经济与稳定发展。

2018 年邓铭江在地理学报发表了题为《中国西北 "水三线" 空间格局与水资源配置方略》一文[4]，基于我国西北干旱、半干旱区的水资源时空分布与生态环境特征，以及我国目前经济社会发展面临的诸多困境，首次提出 "水三线" 的地理概念，其核心思想是：水资源是制约西北地区可持续发展与生态环境保护的根本条件，通过国家实施南水北调西线工程和西延供水工程，形成以西北 "水三线" 建设为构架的水资源梯度配置格局，突破胡焕庸线，促进我国东西部地区间均衡发展；突破阳关线，促进河西走廊社会经济发展；突破奇策线，增强新疆水资源及环境承载能力、优化社会经济发展布局、构建环塔里木盆地生态经济圈，缓解绿洲人口资源环境压力，促进民族交融平衡发展；支撑西北地区经济社会稳定发展、生态文明建设，促进国土资源、人口分布、产业经济的空间均衡、优化布局、协调发展，为 "一带一路" 高质量建设提供水资源保障。

3.2.2　国土空间区域特性及地理分界特征

（1）西北 "水三线" 是胡焕庸线在西侧半壁地理单元特性的具体化表征。横亘东西的秦岭山脉，再加上七大水系之一的淮河，天然形成了中国中东部的南北地理分界线（带），即所谓的 "一河一脉划南北"。秦岭主体位于陕西南部，东西绵延 1300km，向西延伸至甘青边界，与昆仑山相接。向东则囊括河南的伏牛山脉、嵩山山脉等。更有学者将秦岭继续向西延伸与昆仑山脉相接，使得南北分界线贯穿整个中国，而我国南北分界线正是长江水系与黄河水系的分水岭。而昆仑山又将我国西部横切分为西南和西北两大地理单元，同时也是我国地形地貌第一阶地与第二阶地的南北分界线。西北 "水三线" 研究的地理范围，北和西以国境线为界，东以大兴安岭为界（胡焕庸线），南以昆仑山、秦岭为界，包括新疆、宁夏全部和青海、甘肃、陕西和内蒙古四省区西北范围内的黄河流域片区、内陆干旱区和半干旱草原区[5]，是在胡焕庸线地理学研究的基础上，对我国西北地区国土空间区域特性的进一步研究和深度剖析（表 3-4）。

表 3-4　　　　　　　　西北 "水三线" 地区的基本地理属性对比分析表

界限名称	经过流域	经过地区	对应的等降水量线/mm	对应的地貌分界线	对应的植被分界线	对应的人文地理分界线	对应的文化地理分界线
胡焕庸线	黄河、长江流域	陕西北部内蒙古北部甘肃东部东北北部	400	半干旱和半湿润地区分界线地势第二、三级阶梯分界线	森林草原景观	重要的人口地理界线	中华文明与黄河文化
阳关线	内陆河流域	甘肃西部青海西部	100～200	极度干旱区和干旱地区	荒漠戈壁景观	古丝绸之路南北线分界地区	河西走廊与丝路文化
奇策线	塔里木河流域，准噶尔盆地内流区	新疆南北疆	<100	极度干旱区和干旱地区	沙漠草原景观	新疆人口、经济与水资源分界线	欧亚大陆与西域文化

（2）西北 "水三线" 是我国干旱、半干旱区的地理分界线。西北 "水三线" 地区占国土总面积近 36%，水资源占全国 5.7%。从多年平均降水的分布来看，胡焕庸线基本

与中国年降雨量 400mm 的等值线重合，是中国半干旱区与半湿润区的分界线。根据《2018 年中国水资源公报》，2018 年全国平均年降水量 682.5mm，西南地区（包含云南、贵州、四川、西藏及重庆）平均降水量为 1147.9mm，而西北地区（包含陕西、甘肃、青海、宁夏、新疆）平均降水量仅为 203.9mm，西南地区为西北地区降雨量的 5.6倍。但西南诸河区地表水资源量、地下水资源量均远超西北诸河区水资源量，西南诸河区水资源总量 5986.5 亿 m^3，约为西北诸河区（1495.3 亿 m^3）的 4.0 倍。阳关线以东多年平均降水量为 239.5mm，而阳关线以西的西域—新疆年均降水小于 100mm，是中国极度干旱区与干旱区的地理分界线，"春风不度玉门关""西出阳关无故人"这两首著名的古诗词，均指这一地理标志线。

（3）西北"水三线"是重要的自然和生态环境分界线。 西北"水三线"不仅是中国人口东西分布的分界线，也是中国自然地理格局重要的分界线。①从全国高程和温度分布来看，胡焕庸线的西侧主要是高寒低温地区，东侧相对平缓且年均气温较高（东北地区除外）。②从多年平均降水的分布来看，奇策线、阳关线、胡焕庸线区间的年降雨量依次为 100mm 以下、100～200mm、400mm，是我国干旱地区与极度干旱区、半干旱区、半湿润区的梯度分界线，也被视为中国的生态环境和生态景观的分界线，自然环境呈现出山原起伏、荒漠广布、干旱缺水、生态脆弱和环境退化等自然地理特征。③从三大阶梯和地形分布来看，胡焕庸线与中国第二阶地与第三阶地的东西分界线，在东北向即上半段有着高度的重合，而昆仑山脉则是我国第一阶地与第二阶地的南北分界线，将西部横切为西南和西北两部分。因此西北"水三线"所在的地理范围，占据了第二阶地北方大部分区域。④从地形看，域内山盆相间，山塬起伏，荒漠广布，全国五大沙漠均分布在域内。⑤从全国的生态安全战略格局看，西北"水三线"大部分地区生态环境相对脆弱，是我国北方敏感的生态脆弱带，是土地沙化和水土流失最严重的地区，其中"北方防沙带"和"黄土高原生态屏障带"，则是我国"两屏三带"生态安全战略格局中的重要组成部分。

（4）阳关线是西北"水三线"国土面积与水资源的"均分线"、人口与经济分布的"二八线"。 ①西北"水三线"地区国土面积 345.59 万 km^2，以阳关线为界，东侧面积 179.03 万 km^2，占比 51.8%；西侧（新疆）面积 166.56 万 km^2，占比 48.2%，东西两侧面积基本相当。②西北"水三线"地区水资源总量 1533.1 亿 m^3，以阳关线为界，东侧水资源总量 698.8 亿 m^3，占比 45.6%；西侧（新疆）水资源量 834.3 亿 m^3，占比 54.4%，东西两侧水资源总量相差不大。③阳关线东侧人口 8171.4 万人，占比为 77.3%；西侧人口 2401.6 万人，占比仅为 22.7%。④阳关线东侧 GDP 为 47571.6 亿元，占比 78.3%；西侧（新疆）GDP 为 13176.4 亿元，占比 21.7%。在历史上阳关线不仅是地理分界线，也是中国历朝历代具有标志性的政治、军事、文化分界线，其通过河西走廊贯通古丝绸之路，连接着亚非欧三大洲的贸易与文化交流。通过政治上的统一管理与因俗施治的治边政策，维护了西域地区的社会稳定，保障了"丝绸之路"的畅通发展，有效推动了西域多民族文化发展、经济开发和社会进步。

（5）奇策线是新疆人口、经济、水资源时空分布的"九成"线。 新疆国土面积 166.56万 km^2，占全国陆地面积 1/6。通常以天山为中轴线，将疆域划分为南疆和北疆，其中东疆的吐鲁番、哈密市由于处在东天山的山间盆地——吐哈盆地，因此从地理学上也被纳入南疆。新疆水资源空间分布相差悬殊，以天山为界，南北疆面积分别占 73％ 和 27％，但两区域内的地表水资源量基本相当，单位面积径流深北疆是南疆的 2.6 倍[4,6]。以奇策线为界❹，新疆东西半壁面积基本相等，东侧面积占比 41％，西侧面积占比 59％。同时西侧水资源量（含入境）为 798.8 亿 m³，占全疆 85.4％；巴州虽位于奇策线东侧，但区内 70.8 亿 m³ 水量发源于西侧，若将这部分水量划归于西侧，则奇策线以西总水量占全疆 92.9％。同时，西侧人口 2158.1 万人占比为 89.9％，西侧 GDP 为 11301.7 亿元占比 85.8％。因此奇策线是新疆地区水资源、人口、经济的"九成线"，而且从已探明的石油、天然气、煤炭资源量看，西侧半壁占比也高达 70％～90％。这些显著的分异特征表明，深入研究西北"水三线"地区的自然地理、政治地理、人文地理和经济地理对实现强国战略具有极其重要的意义。

3.2.3　基于全球视野的地理学透视

（1）西北"水三线"地区是"一带一路"建设的核心区，东西方文化交流与发展的融合区。从世界地理的视角来看，西北"水三线"地区作为中蒙俄经济走廊、新亚欧大陆桥经济走廊、中国—中亚—西亚经济走廊的必经之地，是服务"一带一路"建设和中国新一轮西部大开发的重要部署，具有极为重要的政治地理区位。同时，西北"水三线"作为丝绸之路上的关键节点，是国家海防与塞防的安全屏障，也是维护中国与西域交流安全的要塞地区。

"一带一路"贯穿亚欧非大陆，一侧是活跃的东亚经济圈，另一侧是发达的欧洲经济圈，而西北"水三线"地区位于中间内陆腹地，特殊的地理区位，使其具备成为沟通沿线各个国家、壮大沿线经济走廊的条件与潜质，重点建设西北"水三线"，可有效推动沿线的战略合作纵深，将强化与国际大通道的对接，有效带动国内和周边国家的交流合作和经济发展，形成全方位对外开放的国土空间格局。因此，将"水三线"地区打造为对外开放新局面的关键区域，可为"一带一路"地区提供更广阔的发展腹地，对拓展全球及区域发展新空间具有重大战略意义。

在宏观战略布局与地理空间位置视角下，西北"水三线"地区是推动"双循环"进程的枢纽，将西北"水三线"地区从内陆腹地变成开放前沿，为我国西部地区深度融入全球产业链、供应链、价值链提供了契机。通过跨越"水三线"实施水资源空间调配，为西北地区经济发展提供资源支撑，可以有效带动区域产业发展与经济增长，推动西北"水三线"在国内经济大循环与国内国际经济双循环中发挥重要作用。

横亘欧亚大陆的丝绸之路是东西方文化交流的桥梁，世界文明的摇篮，多民族融合的人文区域，西北"水三线"作为丝绸之路的核心区域，其承担着促进东西方文化交流的重要任务。随着时代更替，中外文化大致遵循丝绸之路的路线进行传播，物质文化、艺术文化、宗教文化交相辉映。作为东西方文化交流与融合的前沿，西北"水三线"涉及文化多元，是中华文明、伊斯兰文明、印度文明、西方文明和东正教文明密切交流的核心片区。

---

❹ 新疆维吾尔自治区水文总站. 新疆河流总径流量调查统计汇编［R］. 1984.

要跨越"水三线"对文化交流的诸多制约，跨越胡焕庸线弘扬黄河文化，跨越阳关线发展西域文化，跨越奇策线传承丝路文化，促进东西方文化交流与发展。

（2）西北"水三线"地区是我国实现陆海统筹，走向"深陆"的战略走廊。党的十九大报告明确提出将区域、城乡、陆海等不同类型、不同功能的区域纳入国家战略层面统筹规划、整体部署，推动区域互动、城乡联动、陆海统筹。陆海统筹要从国家战略上推动内陆发展与沿海发展、向西开放与向海开放统筹。对于我国而言，陆海统筹需在国土空间开发轴向突出"横轴"、强调南北轴向发展的同时，更加关注东西轴向开发。西北"水三线"地区位居我国东西发展轴的西端，对于实现陆海统筹有不可忽视的重要作用，建设西北"水三线"可有效统筹协调海陆资源开发、产业布局、生态保护，推动陆海统筹东西轴线成为全面深化改革和对外开放的重要轴带。同时，建设西北"水三线"地区有助于实现我国从"深海"到"深陆"的跨越，打通丝绸之路经济带"深陆"通道，进而促进海陆两大系统优势互补、良性互动。

河西走廊是中国内地通往新疆或者是中亚的主要通道，具有重要的军事战略与政治地位，对中国的重要性不言而喻。从整个大陆的位置看，河西走廊是连通中国与欧洲的主要连接站点。如果没有将河西走廊纳入管辖中，中原王朝跟西域的交往就会受到阻扼，反之则是兴盛的贸易往来，陆上丝绸之路也是由此而生，中亚的很多食品也是通过这条路传到中国的。河西走廊作为古丝绸之路走廊、综合性工业走廊和生态脆弱走廊。新中国成立以后，兰新线、312 国道相继建成贯穿其间，建设成为了一条拥有 5 个国家级商品粮基地生产县的"粮食走廊""制种走廊"和"酒文化走廊"，也发展成为集有色冶金、钢铁、石油、电力、核工业等大中型企业为主体的工业基地和航空航天基地，筑成了西北地区综合性工业走廊，形成了由 5 个地级市组成的串珠状城镇体系。但由于生态环境极端脆弱加上人类活动的影响，众所周知的"石羊河生态危机""黑河下游断流""月牙泉干涸""祁连山生态破坏"等新闻报道也真实地反映出"饥渴多病"的河西走廊是一条产业亟待升级换代、生态环境急需修复保护的"脆弱走廊"。

河西走廊位于西北"水三线"地区的核心地带，建设好西北"水三线"需要跨越阳关线将河西走廊建成具有国家战略意义的绿色生态经济走廊。河西走廊是一条事关国家和地区生态及经济安全、具有战略意义的生态经济走廊和旅游走廊，建设好这条生态经济走廊，需要实施跨流域调水——藏水西出玉门关，跨越阳关入新疆，覆盖河西走廊全境及漠北高原，辐射走廊内的中心城市，并为向新疆哈密、吐鲁番输水提供条件，带动受水区沿线经济繁荣发展，推进走廊内生态经济综合开发的战略转变，即：由"古丝绸之路走廊"转变为"新欧亚大陆桥走廊"，由开发移民走廊转变为生态移民走廊，由粮食走廊转变为畜牧走廊、制种走廊和草业走廊，由单一工矿走廊转变为综合型生态工业走廊，由串珠状城镇走廊转变为生态城市走廊，由生态脆弱走廊转变为"生态重建走廊"，由战争要道走廊转变为战略要冲走廊，由"饥渴多病的生存经济走廊"转变为"健康宜居的生态经济走廊"[7]。

陆上丝绸之路起源于西汉，以西安为起点，经甘肃、新疆，到中亚、西亚，是连接地中海各国的陆上通道。路上丝绸之路绵延万里，其东段几乎涵盖了整个中国西北地区，其与中外关系、东西方文化交流密不可分。西北"水三线"地区是东西方文化交流与贸易往来的主要区域，是古代"丝绸之路"的核心地区。2015 年 3 月国家发展改革委、外交部、商务部联合发布了《推动共建丝绸之路经济带和 21 世纪海上丝绸之路的愿景与行动》，为新时代丝绸之路经济带的建设提供了明确方向。作为"丝绸之路经济带"的核心区域，西北"水三线"具有支撑国家由内到外、由近及远、陆海联通、生态文明、民心相通、设施连通和政策沟通的战略地位。

新疆地处亚欧大陆腹地，邻近中亚、南亚、西亚国家，是中国西向开放及陆上"丝绸之路"的主要出口，是我国对外开放的重要门户，是亚欧大陆通道的重要枢纽。2014 年 5 月，习近平总书记在第二次中央新疆工作座谈会上明确提出，要把新疆建设成为丝绸之路经济带核心区。西北"水三线"地区包含新疆全域，一方面，建设西北"水三线"离不开新疆的全面发展。做好新疆工作，将其建设为西部经济强区、全国可持续发展的重要支点、西北地区的重要开放门户、国家的关键生态屏障，可有效推动西北"水三线"社会经济发展，促成西北地区城市群与城镇发展体系不断完善，进而形成全方位的对外开放格局。另一方面，西北"水三线"建设也可推动新疆进一步实现跨越式发展，促进其成为新时代西部大开发的战略区域、内陆开放与延边开放的高地。

（3）西北"水三线"地区位于我国西部边疆，与八国接壤，是维护国土安全、民族融合的重要地带。2020 年中共中央国务院印发的《关于新时代推进西部大开发形成新格局的指导意见》标志着西部大开发战略进入了新阶段，西北"水三线"地域广阔，占全国国土总面积近 36%，建设西北"水三线"是推动新时代西部大开发新格局形成的核心，对于解决东西部区域不平衡发展的矛盾具有实质推动作用。

黄河流域生态保护和高质量发展已经成为国家战略，黄河流域作为西北"水三线"重点发展片区之一，实现黄河流域的高质量发展，是建设和发展好西北"水三线"的重要途径。同时，西北"水三线"区域协调发展与黄河流域生态保护与高质量发展目标一致，均是在保护生态环境的基础上实现社会经济高质量发展，实现水资源集约节约利用，保护与弘扬传统文化，进而全面促进我国区域协调。因此，西北"水三线"地区建设与黄河流域生态保护与高质量发展可实现协同促进，互利共赢，形成以黄河流域高质量发展带动西北"水三线"生态—经济协同发展的良性格局。

促进区域协调发展，必须要考虑国家安全因素，增强边疆地区发展能力，使之有一定的人口和经济支撑，以促进民族团结和边疆稳定。西北"水三线"地区是我国"丝绸之路经济带"发展战略的核心区，具有区位、政治、资源、文化等多方面优势。但西北"水三线"地区的周边国家众多，与蒙古、俄罗斯、哈萨克斯坦、吉尔吉斯斯坦、塔吉克斯坦、阿富汗、巴基斯坦、印度等国家接壤。复杂的民族、宗教问题与欠发达的经济问题相互交织，使其成为亚欧大陆上一块不安宁之地。同时，中国西北边境地区的社会安全形势不够稳定，其中一个重要原因是经济相对落后，民生问题难以改善。因势利导地建设好"水三线"地区，能够有效促进民族融合和经济发展，有效维护民族团结和社会稳定，有效建立国家安全战略纵深并稳定大后方。

新疆位于中国西北"水三线"边陲，陆地边境线约 5600km，周边与蒙古、俄罗斯、哈萨克斯坦、吉尔吉斯斯坦、塔吉克斯坦、巴基斯坦、阿富汗、印度等 8 国接壤，存在着多个跨界民族，状况各不相同，民族关系复杂。新疆的稳定和长治久安对于保障西北"水三线"边疆稳定与国家安全具有重要意义，这个问题在左宗棠时期就提出来了。在西北危乱、阿古柏侵占新疆、俄国觊觎新疆之际，左宗棠极力主张收复新疆，提出："是故重新疆者所以保蒙古，保蒙古者所以卫京师，西北臂指相连，形势完整，自无隙可乘❺。著名历史学家朱希祖指出："西域一地，在吾国常人视之，以为边疆，无足轻重；而以亚洲全局观之，实为中枢。吾国新疆为西域最要区域，吾国得之，足以保障中原❻。从麦金德世界岛的理论来看，新疆在世界岛的"心脏地带"，一个在祖国怀抱中的新疆有利于国家安全。

3.3 西北"水三线"内涵解读

3.3.1 政治地理学意义

（1）政治地理与地缘政治学理论为保障国家安全，发挥地缘优势，为西北"水三线"划分提供了重要的理论基础。拉采尔指出国家有机体需要一定的"生存空间"，欧亚大陆则是重要的全球战略要地。马汉的海权论以全球视角将欧亚大陆作为全球的中心地区，冲突的关键地带在亚洲北纬 $30°\sim40°$ 之间的地区；麦金德的心脏地带理论中指出，欧亚大陆是地球上最大的陆块，称之为"世界岛"、地球的"枢纽地带"或"心脏地带"；斯皮克曼的边缘地带理论中指出世界上最具权力潜质的场所是欧亚大陆边缘地区，因为这里集中了世界上绝大部分的人口和资源；布热津斯基的"大棋局"理论中指出欧亚大陆为全球战略的关键地区，整个欧亚大陆好像一个巨大的、形状不规则的大棋盘；基辛格的均势理论指出欧亚大陆是世界均势构成的重要力量。以上政治地理学理论均强调了亚欧大陆在地缘政治学之中的重要位置，从空间区位来看，西北"水三线"地区正处于亚欧大陆的核心区域，是连通我国与亚欧大陆其他国家的必经之地；而丝绸之路经济带自东向西穿越西北"水三线"地区，政治地理学理论为深入认识西北"水三线"划分的地缘意义与政治价值提供了重要视角。

（2）推动"一带一路"向纵深发展，打通丝绸之路经济带"深陆"通道。"一带一路"是中国敞开胸怀，拥抱世界的两只臂膀。"丝绸之路经济带"是从陆上拥抱世界；"21 世纪海上丝绸之路"从海上联通世界。陆海统筹，是指从陆海兼备的我国国情出发，协调陆海关系，促进陆海一体化发展，构建大陆文明与海洋文明相容并济的可持续发展格局。既要激发陆上的活力，连片推进，联动发展，又要释放海上的潜力，联湾共舞、合作共赢。2019 年 8 月国家发展改革委印发《西部陆海新通道总体规划》，提出通过依托"一带一路"倡议构建北接丝绸之路经济带、南连 21 世纪海上丝绸之路，协同长江经济带新区域发展格局全面贯通西部区域。因此，建设我国西部的陆海新通道，已成为打造对外开放新局面的关键点。

（3）新疆是丝绸之路经济带核心区，做好新疆工作事关全国大局。新疆是向西开放与中亚、南亚、西亚等国家交流合作的战略前沿基地，在构建开放型经济新格局、推动国际通道建设中具有重要的战略价值。在 2020 年 9 月第三次中央新疆工作座谈会上，明确强

❺ ［清］左宗棠.《左宗棠全集》第 6 册：遵旨统筹全局折［M］. 上海：上海书店，1986：702.

❻ 朱希祖《序言》. 载曾问吾：《中国经营西域史》［M］. 北京：商务印书馆，1936：1.

调：当前和今后一个时期，做好新疆工作，要完整准确贯彻新时代党的治疆方略，牢牢扭住新疆工作总目标，依法治疆、团结稳疆、文化润疆、富民兴疆、长期建疆，以推进治理体系和治理能力现代化为保障，多谋长远之策，多行固本之举，努力建设团结和谐、繁荣富裕、文明进步、安居乐业、生态良好的新时代中国特色社会主义新疆。全党都要站在战略和全局高度来认识新疆工作的重要性，多算大账，少算小账，特别要多算政治账、战略账，少算经济账、眼前账，加大对口援疆工作力度，完善对口援疆工作机制，共同努力，实现新疆社会稳定和长治久安。

(4) 西北"水三线"位于欧亚大陆腹地，对于发挥独特的区位优势，向西开放的重要窗口作用，维护边疆安全具有重要意义。深化与中亚、南亚、西亚等国家交流合作，形成丝绸之路经济带上重要的交通枢纽、商贸物流和文化科教中心，打造丝绸之路经济带核心区。发挥陕西、甘肃综合经济文化和宁夏、青海民族人文优势，打造西安内陆型改革开放新高地，加快兰州、西宁开发开放，推进宁夏内陆开放型经济试验区建设，形成面向中亚、南亚、西亚国家的通道、商贸物流枢纽、重要产业和人文交流基地。发挥内蒙古联通俄蒙的区位优势，完善黑龙江对俄铁路通道和区域铁路网，以及黑龙江、吉林、辽宁与俄远东地区陆海联运合作，推进构建北京—莫斯科欧亚高速运输走廊，建设向北开放的重要窗口。依托丝绸之路经济带，推动西北"水三线"与周边国家的互联互通，将陕西、甘肃、宁夏、青海、新疆、内蒙古等省（自治区）建设为面向中亚、南亚、西亚国家的通道、商贸物流枢纽、重要产业和人文交流基地，可以盘活西部地区经济资源，激发西部地区发展活力。作为"一带一路"倡议的重要组成部分，与西北"水三线"东西呼应，彼此兼顾，既便于与东部地区的衔接，东连关中平原城市群，又能够西连天山北坡城市群，外扩与中亚地区相连，使中部地区与西部地区、中亚贯通联动，互为照应，为全面改善我国西部经济发展环境，维护边疆安全提供关键支撑。

3.3.2 生态经济学意义

1. 推动"一带一路"高质量发展

西北"水三线"被六大经济走廊紧密围绕，对支持"一带一路"主体框架构建具有重要作用。六大经济走廊包括新亚欧大陆桥、中蒙俄、中国—中亚—西亚、中国—中南半岛、中巴和孟中印缅六大国际经济合作走廊。其中，新亚欧大陆桥经济走廊由中国东部沿海向西延伸，经中国西北地区和中亚、俄罗斯抵达中东欧。中蒙俄经济走廊立足于"丝绸之路经济带"同"欧亚经济联盟"、蒙古国"草原之路"倡议对接。中国—中亚—西亚经济走廊由中国西北地区出境，向西经中亚至波斯湾、阿拉伯半岛和地中海沿岸，辐射中亚、西亚和北非有关国家。中国—中南半岛经济走廊以中国西南为起点，连接中国和中南半岛各国，是中国与东盟扩大合作领域、提升合作层次的重要载体。中巴经济走廊是共建"一带一路"的旗舰项目，中巴两国政府高度重视，积极开展远景规划的联合编制工作。孟中印缅经济走廊连接东亚、南亚、东南亚三大区域，沟通太平洋、印度洋两大海域。

生态建设是"一带一路"高质量发展的重要环节。2017 年 4 月，环境保护部、外交部、发展改革委、商务部联合发布了《关于推进绿色"一带一路"建设的指导意见》指出，共同建设绿色丝绸之路。2017 年 5 月，中华人民共和国环境保护部发布《"一带一路"

生态环境保护合作规划》指出，生态环保合作是共同建设绿色丝绸之路的根本要求，是实现区域经济绿色转型的重要途径，也是落实 2030 年可持续发展议程的重要举措。西北"水三线"地处欧亚大陆腹地，其在中央的生态战略布局中具有举足轻重的地位，承担重要的生态功能，对于保障国家生态环境安全、促进"一带一路"绿色发展具有生态屏障的职责。

西北"水三线"地区建设可有效推动丝绸之路经济带实现经济发展与生态保护双赢，提升生态系统与经济系统这一有机整体的综合效益，促进生态经济系统的良性循环。在《推动共建丝绸之路经济带和 21 世纪海上丝绸之路的愿景与行动》的指导下，探索经济效益与生态效益并重的合作模式已经成为符合沿线国家共同利益诉求的努力方向，可为沿线国家提供巨大的绿色发展空间，切实维护发展中国家的共同利益，能够为沿线国家提供实实在在的投资机遇和合作红利。推动西北"水三线"地区建设可促进"一带一路"生态系统与经济系统形成有机的统一整体，从物质、能量和价值量的循环、转化和增值效率等方面促进生态经济良性循环，协调人类社会经济活动和自然生态之间的相互关系，进而寻求生态系统和经济系统相互适应与协调发展的途径。

2. 构建完整的内需体系

(1) 形成内需外需兼容互补，国内国际双循环相互促进的新格局。我国东西部发展不平衡的问题长期存在，促进西北地区经济增长是缩小东西部发展差距、维护国内经济大循环、助推国内国际经济双循环的重要环节。西北"水三线"地区应在建立健全自身经济体系的同时协调国际、国内两个市场的互动关系，以供给侧结构性改革为主线，以就业扩大和居民收入的持续提高为基础，更好发挥政府在扩大内需、维护市场中的作用。补短板、强弱项、激活力，打通支撑科技强国的全流程创新链条，以新基建加快数字经济产业化，传统产业数字化。以新需求消纳产能促进供需平衡，多措并举刺激消费、促进就业、提高保障，加快形成纺锤形收入分配格局，培育区域发展新增长极和动力源，形成优势互补，高质量发展的新格局。深化关键性基础性体制改革，激活社会投资活力，加快构建高标准市场体系。发挥中国超大规模市场优势，加快构建合作创新网络，稳步降低关税水平，适度增加进口，提升我国在世界经济舞台上的话语权。抓住机遇加快自由贸易协定谈判，积极参与国际经贸规则谈判和制定，以建设自由贸易区自贸港为依托，拓展开放的高度、深度和广度。以西北"水三线"建设为依托，借力国际国内经济双循环背景，通过大力推进绿色新基建、构建绿色生产体系、积极促进绿色消费等途径，可为推动双循环背景下的生态经济协同建设提供抓手。

(2) 培育区域经济新增长极，形成国内经济大循环。我国经济具有四大特点：一是潜力足；二是韧性强；三是回旋空间大；四是政策工具多。这些基本特点会长期持续下去，不会因受外界干扰而发生改变。近几年，在供给侧结构性改革的持续深化和推进下，一些行业的产能过剩问题得到了显著的改善，我国经济大循环的水平和质量也有了显著提升。然而，当前我国的城市群与区域经济增长极大多位于东中部地区，西北地区城市发展网络与战略布局仍不完善。依托西北"水三线"重要城市群与核心城市的带动作用，发挥西北地区产业优势，是培育区域发展新增长极和动力源的重要途径。西北地区应不拘泥于自身资源禀赋，利用创新科技寻找新的发展契机，继而形成与中东部地区优势互补的区域经济布局，实现经济的高质量发展，为促进国内经济大循环提供重要支撑。

(3) 打开西部地区发展空间，挖掘西北发展潜力。改革开放以来的我国社会经济高速发展带来了巨大的环境代价，存量经济圈内的环境承载力和资源配置再失衡等问题均成为了巨大挑战，迫切要求拓展西部增量空间。中国长期以来 94% 的人口集聚在胡焕庸线以东，占国土面积一半的西部地区仅生活了约 6% 的人口[3]，这种发展不平衡的空间格局是挑战也是机遇，急需寻求突破、挖掘潜力。同时，我国现有经济圈发展空间格局逐步固化及饱和化，需要寻找新的发展空间。西北地区国土面积广阔，矿产资源储备丰富，也是耕地开发的后备区。拓展西北地区增量空间，需要构建西北"水三线"地区的国家生态安全屏障，加强生态基础设施建设，促进生态产业化与产业生态化，用严格的环境监管和环境准入推动产业转型升级，促进高质量发展。形成绿色经济结构，同时需强化新老基建，加大传统基础设施的绿色化改造力度，强化基建投入向生态环境基础设施倾斜，加强绿色基础设施的经济支撑功能，将西北"水三线"地区的资源禀赋和区位优势转变为经济发展竞争力，弥补"水三线"地区跨越地理区位的短板，使其成为我国经济开放发展的新高地。

3. 形成西部大开发新格局

《关于新时代推进西部大开发形成新格局的指导意见》指出：要强化举措抓重点、补短板、强弱项，形成大保护、大开放、高质量发展的新格局，推动经济发展质量变革、效率变革、动力变革，促进西部地区经济发展与人口、资源、环境相协调，实现更高质量、更有效率、更加公平、更可持续发展，确保西部地区生态环境、营商环境、开放环境、创新环境明显改善，与全国一道全面建成小康社会；到 2035 年，西部地区基本实现社会主义现代化，基本公共服务、基础设施通达程度、人民生活水平与东部地区大体相当，努力实现不同类型地区互补发展、东西双向开放协同并进、民族边疆地区繁荣安全稳固、人与自然和谐共生。

黄河流域在我国经济社会高质量发展、社会可持续发展、生态安全与环境保护方面具有举足轻重的地位，是我国重要的生态屏障。黄河流域生态保护与高质量发展战略既为西北内陆省区向西开放描绘了发展路线，又为中部、西部省份经济崛起创造了有利的外部环境，更为"一带一路"倡议的纵深发展提供了有力保障。以黄河流域高质量发展为依托，重点发挥西北"水三线"地区的生态屏障功能与经济枢纽功能，可有力助推形成西部大开发新格局。

3.3.3　国土空间均衡发展

1. 拓展我国经济发展空间的需要

(1) 我国空间结构严重失衡，造成区域差距过大。我国经济社会发展空间失衡，东部地区人口和产业过密分布。以胡焕庸线为界，我国 94% 的人口居住在东南部 43% 的土地上，而西北部 57% 的土地上仅仅居住了 6% 的人口。根据 2018 年全国各省区的土地、人口和生产总值数据，发现我国 2/3 的人口和 3/4 的生产总值集中在仅占我国 1/5 的土地上。共有 4 个直辖市和中东部 13 个省。从人口密度来说，新疆承载人口 14.9 人/km²，仅相当于全国的 10.2%，不足江苏省的 2%，西北"水三线"地区人口密度为 32.6 人/km²，也远低于全国平均水平。从经济密度来说，新疆生产总值 7327 元/km²，仅相当于全国的 7.6%，相当于江苏省的 0.8%。

(2) 人地关系紧张，经济社会发展可利用的土地资源短缺。据统计数据❼，我国拥有平原面积 115 万 km²，不到国土面积的 12%，其中 7 个主要平原面积仅有 95 万 km²。总人口位居世界第一，可耕地面积却位居世界第四，低于印度、美国和俄罗斯；水资源总量位居世界第五，低于巴西、俄罗斯、加拿大和美国。人均耕地面积仅 1.3 亩/人，在世界有数据可查的 100 万人口以上的 155 个经济体中位居第 116 位，相当于世界平均水平的 44.7% 和高收入经济体的 27.3%；人均水资源量 2062m³/人，位居第 92 位，仅相当于世界平均水平的 1/3，不足高收入经济体的 1/4。我国的总人口比发达国家还多，而耕地面积只及他们的 30%，人均占有量只相当于他们的 27%。城镇人均土地面积仅 578m²，在世界有数据可查的 100 万人口以上的 129 个经济体中位居第 88 位。

(3) 西北"水三线"地区土地和光热资源丰富。新疆和河西走廊土地、光热、矿产等自然资源丰富，温度、海拔适宜，平地面积超过 100 万 km²（未计入我国平原面积），超过我国七大平原面积总和。仅就耕地潜力看，据中国科学院新疆生态与地理研究所田长彦 2011 年主持完成的中国科学院知识创新工程重大项目课题"新疆后备耕地的潜力评价与开发模式"成果报告，新疆宜耕土地总面积为 3.73 亿亩，其中现有耕地为 1.04 亿亩，后备耕地为 2.69 亿亩，后备耕地相当于全国现有耕地 20.19 亿亩的 13.3%，可开发利用的建设用地更多。理论上，只要有水资源，新疆的平地面积均可以成为建设用地。大量优质土地仅仅因为资源性缺水大量闲置；而新疆东南部的青藏高原又有巨量水资源闲置，有开发的自然条件。新疆闲置土地与青藏高原闲置水资源的合理开发，能够为我国提供广阔的发展空间，缓解我国可利用土地资源短缺的局面。

2. 对西北地区增长极的培育具有重要意义

(1) 我国东西部经济发展差距愈发显著。长期以来，我国经济具有总量高速增长与东西部区域不平衡并存的发展特征。党的十九大报告指出"新时代我国社会主要矛盾是人民日益增长的美好生活需要和不平衡不充分的发展之间的矛盾"，不平衡、不充分已成为制约我国经济发展的最大"瓶颈"，而技术进步的区域差异又进一步加剧了区域经济不平衡发展的结构特征。改革开放以后，我国区域间生产力结构不平衡的特征初步显现，而自 1992 年起的大规模技术引进以来，技术和资本进一步集中于生产力水平基础相对较高的东部地区。在该种背景下，寻求西北"水三线"地区的经济发展途径，技术引进与本土技术发展是区域经济增长的主导力量，尽管历史时期我国从国家和地区层面都曾出台过一系列帮助西部地区实现经济赶超的政策措施，但在引进为主的技术进步方式和总量优先的发展战略条件下，间接政策倾斜与直接投资刺激最多只能对区域发展不平衡的结构性问题进行暂时缓解。对于此，需要从技术创新资源配置等方面入手，大力支持西北"水三线"的技术进步向技术自主创新进行转化，同时运用宏观经济和产业政策加速这一进程，从而逐步缓解并不断缩小国家区域不平衡发展差距。

(2) 促进区域协调发展。国家实施区域协调发展战略，确立京津冀协同发展、长江经

---

❼ The World Bank. World Development Indicators [EB/OL]. [2020-12-16]. http://wdi. worldbank.org/table.

济带发展、粤港澳大湾区建设、长三角一体化发展、黄河流域生态保护和高质量发展等重大战略，推动区域协调发展取得一系列历史性成就。立足发挥各地区比较优势和缩小区域发展差距，围绕努力实现基本公共服务均等化、基础设施通达程度比较均衡、人民基本生活保障水平大体相当的目标，深化改革开放，坚决破除地区之间利益藩篱和政策壁垒，加快形成统筹有力、竞争有序、绿色协调、共享共赢的区域协调发展新机制，促进区域协调发展。

新时代实施区域协调发展战略，深入推进区域协调发展，是贯彻落实新发展理念的必然要求，是实现高质量发展的应有之义，是紧扣我国社会主要矛盾变化解决发展不平衡不充分问题的重要举措。在我国区域协调发展的宏观布局中，西北"水三线"是促进区域协调发展的核心片区与重点对象，是推动新时代区域协调发展战略顺利实施的关键枢纽。为发挥西北地区在区域协调发展中的决定性作用，需将西北"水三线"与我国区域协调发展与空间整体战略布局紧密结合，使其与黄河流域生态保护和高质量发展空间联动，与长江流域经济带建设南北互动，切实提高新型城镇化质量，完善促进区域协调发展的保障机制。

（3）统筹发达地区和欠发达地区发展。"让一部分地区先富裕起来，然后带动其他地区共同富裕"是中国在改革开放之初对全国区域经济发展所做出的重大战略安排，其体现了统筹发达地区与欠发达地区的发展目标。当前，受制于自然资源、历史沿袭与政策导向等诸多问题影响，我国西北地区与中部、尤其是东部沿海的经济发展之间仍然存在巨大的鸿沟，西北"水三线"仍是我国的欠发达地区。为缩小发达与欠发达地区发展差距，需要建立发达地区与欠发达地区区域联动机制，先富带后富，促进发达地区和欠发达地区共同发展。具体而言，需推动东部沿海等发达地区改革创新、新旧动能转换和区域一体化发展，从而支持西部条件较好地区加快发展；鼓励西北地区的国家级新区、自由贸易试验区、国家级开发区等各类平台大胆创新，在推动区域高质量发展方面发挥引领作用；针对西北地区建立健全长效普惠性的扶持机制和精准有效的差别化支持机制，加快补齐基础设施、公共服务、生态环境、产业发展等短板，打赢精准脱贫攻坚战，确保民族地区、边疆地区、贫困地区与全国同步实现全面建成小康社会；健全国土空间用途管制制度，引导西北"水三线"资源枯竭地区、产业衰退地区、生态严重退化地区积极探索特色转型发展之路，推动形成绿色发展方式和生活方式；以承接产业转移示范区、跨省合作园区等为平台，支持发达地区与欠发达地区共建产业合作基地和资源深加工基地。

3. 我国现有的国土空间发展规划对西北地区考虑不足

（1）没有做出具体的规划安排。城市群是国家大开发的战略重点区和率先发展区，经济发展格局中最具活力和潜力的核心地区。当前我国依托于城市群的经济活动主要集聚在东部沿海发达地区，尤其是长三角、珠三角和京津冀等城市群，区域经济增长极偏集于沿海地区的格局仍未改变。当前，国家城市空间网络布局对西北地区的规划安排需要完善，西部地区城市群的数量及发展质量需要更多的关注。西北"水三线"城市群的发展不仅影响着我国西部大开发战略实施的大局，更重要的是肩负着缩小东西部经济社会发展差距、全面建设小康社会、维护民族团结和国防安全的历史重任。而西北"水三线"的划分，将为西部地区城市群的发展带来重大机遇。在国家层面，需构建更为完善的、对西北地区具有政策倾向性的城市空间发展布局,在全国范围内形成多极支撑、轴带衔接、极区互动、充满活力的区域经济发展总体格局,从而促进全国区域经济走向相对平衡、协调发展的新阶段。

(2) 没有形成具体的协调联动机制。当前,我国国土空间规划尚未形成促进西北地区与外部区域开放型经济的协调联动机制,以先富带动后富是我国缩小区域发展差距的重要举措之一,但大部分手段都是以扶贫或是以劳动力就地就近转移致富的形式存在。我国西北"水三线"地区与外部区域尚未形成利益共同体,西部地区的开放经济仍未很好地建立起来。良好的开放经济具有三个标志,即经济联动、基础设施连通、国内国外市场耦合。目前,在经济联动方面,虽然各地积极响应中央对口扶贫的要求,但其形式仍以资金帮扶下的基础设施建设、产业扶贫等为主,被帮扶地区多没有形成自主型的经济体,没有达到授人以鱼亦以渔的效果。在基础设施连通方面,国家为实现连通西北各区域、连通西北与外部地区建设了多条跨境铁路,如中欧班列、中巴铁路等,但目前尚未很好地发挥作用,对西北"水三线"地区建设的支撑与带动作用仍需加强。在国内国外市场耦合方面,当前国土空间发展规划尚未对两个市场的联动形成很好的支撑作用,国内国外市场仍然没有真正的耦合起来,西北"水三线"与中部、东部地区的市场互动也需要协调联动机制的支撑。

3.3.4 西北"水三线"内涵与定位

西北"水三线"的基本内涵是:立足中国西北地区干旱缺水,土地荒漠化加剧,区域发展不协调、不充分、不平衡等现实问题,实施西线调水工程,以水资源梯度配置为先导,跨越胡焕庸线、阳关线和奇策线对国土空间发展的资源环境瓶颈束缚,构建西北水资源配置的空间战略格局,支撑西北地区经济社会稳定发展、生态文明建设,促进国土资源、人口分布、产业经济的空间均衡、优化布局、协调发展,为丝绸之路经济带建设提供水资源保障。

(1) 西北水资源合理开发利用的优化配置线。合理利用西北地区水资源与适度跨流域调水是解决水资源短缺和提高民生福祉的有效途径之一,为促进西北地区水资源合理开发利用,应充分发挥青藏高原区亚洲"水塔"的作用。同时需根据西北"水三线"地区水资源分布的空间特征,遵循西北"水三线"的水文气象、地形地貌、自然梯度规律,建设南水北调西线—西延重大基础工程,推动青藏高原水资源充足区依势向西北干旱地区配置水资源,合理构建中国西北水资源战略配置格局。

(2) 西北生态文明与环境保护的特征分区线。为缓解新时代背景下西北地区生态文明发展不平衡、不充分的矛盾,逐步推进西北地区成为我国生态文明建设的坚实屏障,应严格遵循西北"水三线"区域的自然本底与建设需求,准确识别当前西北地区生态环境脆弱、生态承载力较低、地理位置关键的重点区域,按照宜林则林、宜草则草、宜牧则牧、宜农则农的原则,对西北地区生态环境保护的重点地区、重点流域和重点方向进行环境保护与生态修复,全力推进西北地区生态文明建设。

(3) 国家"一带一路"倡议的战略制导线。西北"水三线"与丝绸之路经济带核心区建设高度重合,以西北"水三线"为空间构架,大力发展高效绿洲生态经济,推动西北地区经济社会发展和人口适度集聚,提升城镇化发展水平,形成由"关中平原—兰西—河西走廊酒嘉玉—天山北坡"构成的串珠式城市群，缩小东西部发展差距，为西北地区脱贫攻坚与全面建成小康社会提供水资源保障，完整构建中国"黄河流域—内陆河流域—中亚—欧洲"互联互通、协同发展的战略制导线。

（4）边疆长治久安、社会稳定的国家安全线。西北地区作为少数民族集聚地，是中国经济增长活力、人民物质文化生活水平均相对较低的地区。为全方位保障国家安全、优化社会发展布局、改造民族结构，需因势利导地建设好西北"水三线"，从水安全角度确保国家实现西北稳定繁荣、边疆长治久安、经略东南发展的战略利益。重点跨越奇策线建设和谐美丽、长治久安的西北边疆，为西北多民族地区的交融平衡发展提供平台和空间，为维护民族团结和社会稳定奠定坚实基础，为国家安全建立战略纵深与稳定大后方。

（5）东西方文化交流与发展的互润融生线。西北"水三线"地区是东西方文化的密切交汇区，为促进文化沟通与融合，需高度重视我国西北地区的深厚文化底蕴，立足"水三线"与我国关键文化地理分界线的空间格局特征，跨越"水三线"对中国文化交流的诸多制约。基于胡焕庸线弘扬黄河文化，基于阳关线传承西域文化，基于奇策线创新丝路文化。打造东西方文化交流纽带的核心片区，积极促进东西方文化的空间交流，在文化互润的基础上实现交融生长。

总体而言，西北"水三线"因其关键的地理位置与战略定位，其具备推动"一带一路"向纵深发展、助推"内循环"与"双循环"、促进东西方交流、保障国家安全、维护边疆稳定、培育西部新增长极的关键作用。立足西北"水三线"的丰富内涵，应紧密围绕"水三线"进行水资源空间优化配置，跨越胡焕庸线建设西线调水工程，跨越阳关线振兴河西走廊和漠北高原，跨越奇策线建设和谐美丽新疆，将西北"水三线"建设为丝绸之路经济带建设与"内循环＋双循环"的核心枢纽、建设为促进我国生态文明的关键屏障、建设为推动东西方交流的活力节点、建设为维护国家安全与民族团结的坚实保障。

参 考 文 献

[1]　田卫疆. 西域的地理环境及多民族文化特色 [J]. 文史知识，2004（5）：4-10.

[2]　李正元，廖肇羽. 新疆多元民族文化特征分析 [J]. 兰州大学学报（社会科学版），2011，39（1）：60-67.

[3]　李佳洺，陆大道，徐成东，等. 胡焕庸线两侧人口的空间分异性及其变化 [J]. 地理学报，2017，72（1）：148-160.

[4]　邓铭江. 中国西北"水三线"空间格局与水资源配置方略 [J]. 地理学报，2018，73（7）：1189-1203.

[5]　钱正英，沈国舫，潘家铮. 西北地区水资源配置生态环境建设和可持续发展战略研究 [M]. 北京：科学出版社，2004.

[6]　邓铭江. 新疆水资源问题研究与思考 [J]. 第四纪研究，2010，30（1）：107-114.

[7]　方创琳. 中国西部生态经济走廊 [M]. 北京：商务印书馆，2007.

第4章 西北"水三线"人口—经济分异特征

4.1 我国区域经济发展变化趋势分析

4.1.1 东、中、西部经济发展趋势分析

1986 年由全国人大六届四次会议通过的"七五"计划,将我国区域按照三大经济地带划分法分为东、中、西三部分(图 4-1)。东部是指最早实行沿海开放政策并且经济发展水平较高的省市,包括北京、天津、河北、辽宁、上海、江苏、浙江、福建、山东、广东、海南 11 个省(直辖市)级行政区;中部包括山西、吉林、黑龙江、安徽、江西、河南、湖北、湖南 8 个省级行政区;西部则是指经济欠发达地区,包括内蒙古、广西、重庆、四川、贵州、云南、陕西、西藏、甘肃、青海、宁夏、新疆 12 个省(自治区、直辖市)级行政区[1]。

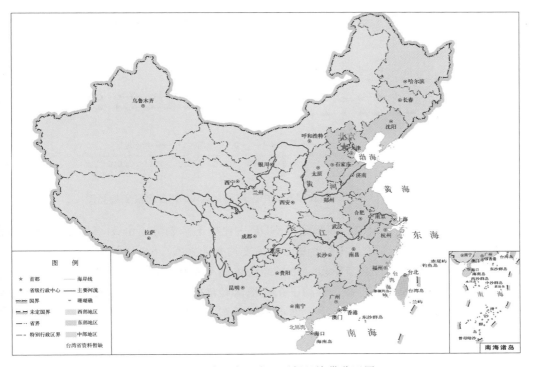

图 4-1 我国东、中、西部经济带分区图

1. 经济总量发展变化趋势

图 4-2 中，2000—2018 年我国东、中、西部地区国内生产总值（GDP）差距逐年扩大。2000 年东、中、西部地区 GDP 总量分别为 5.7 万亿元、2.4 万亿元和 1.7 万亿元。2018 年东、中、西部地区 GDP 总量分别为 50.6 万亿元、22.4 万亿元和 18.4 万亿元，差额不断扩大。

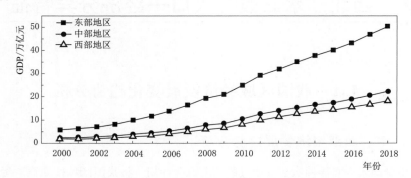

图 4-2　2000—2018 年我国东、中、西部地区 GDP 总量演变趋势图

2. GDP 分区占比演变趋势

（1）图 4-3 中，1999—2018 年我国东、中、西部地区 GDP 占比波动不大，分别保持在 55.3%～59.5%、23.2%～24.6%、17.1%～20.2% 的区间内。

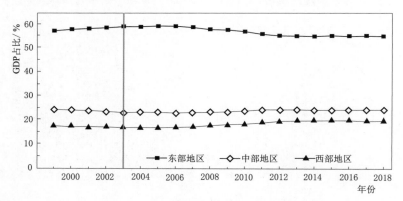

图 4-3　1999—2018 年我国东、中、西部地区 GDP 占比演变趋势图

（2）1999—2003 年我国中、西部地区 GDP 占比呈下降趋势，由 24.6% 和 17.9% 下降到 23.4% 和 17.2%。东部地区 GDP 占比小幅度增加，由 57.5% 增加到 59.5%。这一时期正处于我国市场经济建设起步阶段，市场经济体制率先在东部地区生根开花，人才、资金等要素进一步向东部地区转移，带动了东部地区经济的高速发展。与此同时，由于要素流出以及体制机制改革的滞后性，中、西部地区及东北地区发展活力不足，造成三大地带间的发展差距迅速扩大[2]。

（3）2004—2018 年我国东部地区 GDP 占比呈现波动下降趋势，由 59.2% 下降到 55.4%。中、西部地区 GDP 占比呈现缓慢回升趋势，分别由 23.4% 和 17.2% 上升至

24.5％和20.1％。这一时期开始注重区域协调发展，国家对中、西部地区的政策以发挥地区比较优势、加大地区开放力度为主，有效发挥了西部地区的资源优势、中部地区的区位优势，促进了中、西部地区的快速发展。

3. GDP 年均增长率演变趋势

1999—2018 年我国中、西部地区 GDP 年均增长率有所提升。2003 年之前，东部地区的 GDP 年均增长率一直高于中、西部经济地区。自 2004 年开始，中、西部地区的经济年均增长率超过东部地区（表 4-1）。

表 4-1　　　　**1999—2018 年我国东、中、西部地区 GDP 年均增长率对比分析表**　　　　　%

地　　区	1999—2003 年		2004—2018 年	
	年均增长率	与东部差距	年均增长率	与东部差距
东部地区	13.0	—	12.3	—
中部地区	10.7	−2.3	13.2	0.9
西部地区	10.9	−2.1	14.1	1.8

注　本表数据来源于国家统计局各省历年年鉴，不包括香港、澳门和台湾。

4. 地区人均 GDP 演变趋势

近 20 年来，我国东、中、西部地区人均 GDP 均已成倍增长，但人均经济发展水平的差距却在急剧扩大。人均 GDP 从 2000 年的 1.2 万元/人、0.6 万元/人和 0.5 万元/人，分别上升至 2018 年的 8.7 万元/人、5.1 万元/人和 4.9 万元/人。且东、西部地区差距大于东、中部地区差距（图 4-4）。

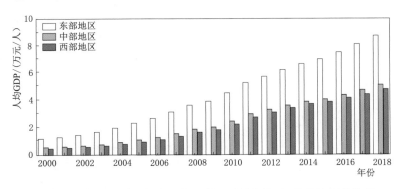

图 4-4　2000—2018 年我国东、中、西部人均 GDP 的演变趋势图

上述结果表明，我国东、中、西部地区经济发展不平衡出现了新现象，虽然 2003 年以后国家开始注重协调发展，促进了中、西部地区经济快速发展，但我国东部地区同中、西部地区在经济发展上的差距依旧存在。且东、中部地区差距对经济协调发展的影响远小于东、西部地区差距，我国区域经济发展不平衡仍将长期表现为东、西部地区经济差距问题。

4.1.2　南、北方经济发展变化趋势分析

根据农业原因（秦岭—淮河以北主要种植小麦作物，而以南则以水稻为主，且作物熟制也有很大的差别）、河流原因（淮河是我国从北向南数的最后一条会结冰的主要河流）、

气候原因（秦岭—淮河是我国 800mm 等降水线的界限，同时又是我国亚热带和温带季风气候的分界线）、地形原因（秦岭—淮河以北以平原为主）将我国内陆分成南、北两部分（图 4 - 5）[3]。南方地区包括江苏、浙江、上海、安徽、湖北、湖南、江西、四川、重庆、贵州、云南、广西、福建、广东、海南、西藏 16 个省（自治区、直辖市）级行政区，北方地区包括黑龙江、吉林、辽宁、河北、北京、天津、内蒙古、新疆、甘肃、宁夏、山西、陕西、青海、山东、河南 15 个省（自治区、直辖市）级行政区。

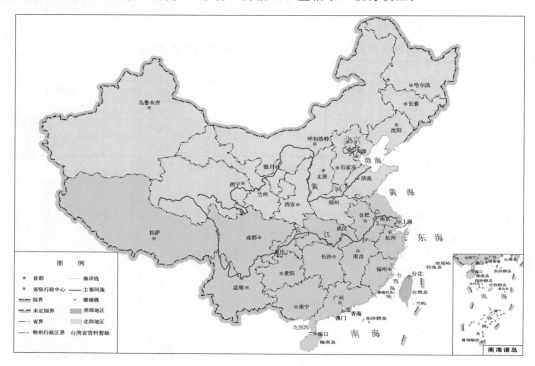

图 4 - 5　我国南、北方地区分区图

1. 经济总量发展变化趋势

图 4 - 6 中，我国南、北方地区 GDP 总量的差距逐年扩大。2000 年，南、北方地区 GDP 总量分别为 5.7 万亿元和 4.1 万亿元，差额仅为 1.6 万亿元。到 2018 年，南、北方地区 GDP 总量分别为 56.3 万亿元、35.2 万亿元，相应差额扩大到 21.1 万亿元，为 2000 年的 13 倍。

2. GDP 分区占比演变趋势

（1）图 4 - 7 中，1999—2018 年我国南、北方地区 GDP 占比基本保持在 56.8%～61.5%、38.5%～43.2% 之间。

（2）1999—2012 年南、北方地区差距保持了稳中微降的态势，南方地区 GDP 占比小幅度下降，由 58.5% 下降到 57.1%；北方地区 GDP 占比小幅度增加，由 41.5% 上升至 42.9%。

（3）从 2013 年开始，南、北方地区 GDP 占比的差距出现了急剧扩大态势。2016 年南方地区 GDP 占比首次超过 60%，达 60.3%；2018 年达到 61.5%。

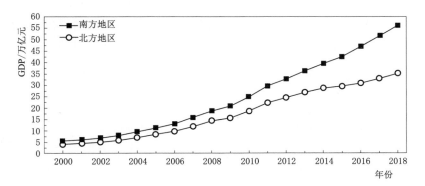

图 4-6 2000—2018 年我国南、北方地区 GDP 总量演变趋势图

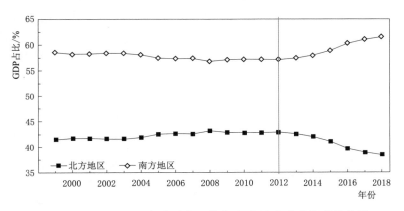

图 4-7 1999—2018 年我国南、北方地区 GDP 占比演变趋势图

3. 人均 GDP 演变趋势

(1) 图 4-8 中，2000—2018 年南、北方地区人均 GDP 均大幅增长，从 2000 年的 0.8 万元/人分别上升至 2018 年的 6.9 万元/人和 6.0 万元/人。

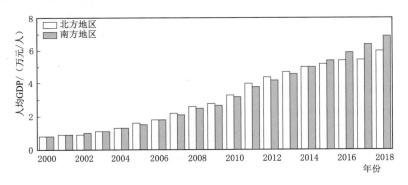

图 4-8 2000—2018 年我国南、北方地区人均 GDP 演变趋势图

(2) 2004 年北方地区人均 GDP 首次超过南方地区，并一直保持到 2013 年。2014 年南方反超北方，2018 年南、北方地区人均 GDP 之比达到改革开放以来的最高值 1.15。

总之，我国南、北方地区差距较为明显，且呈现不断扩大的趋势。资本存量增长缓慢是北方经济增速放缓的最主要原因，体制机制改革滞后等因素明显制约北方经济增长。如何统筹考虑南、北方地区特点，转变北方地区发展方式，是促进南北经济社会协调发展的关键所在[4]。

4.1.3　"四大板块"经济发展变化趋势分析

2005 年国务院发展研究中心发布《地区协调发展的战略和政策》报告指出，我国所沿袭的东、中、西区域划分方法已经不合时宜。为此，"十一五"提出了新划分办法，将我国内地划分为东部、中部、东北、西部"四大板块"，代表区域发展战略从非均衡发展向协调发展的转变。

图 4-9 反映了我国"四大板块"分区情况。东部地区包括北京、天津、河北、上海、江苏、浙江、福建、山东、广东、海南 10 个省（直辖市）；中部地区包括湖北、河南、湖南、安徽、江西、山西 6 个省；西部地区包括广西、重庆、四川、贵州、云南、西藏、陕西、甘肃、宁夏、内蒙古、青海、新疆 12 个省（自治区、直辖市）；东北地区包括辽宁、吉林和黑龙江 3 个省。

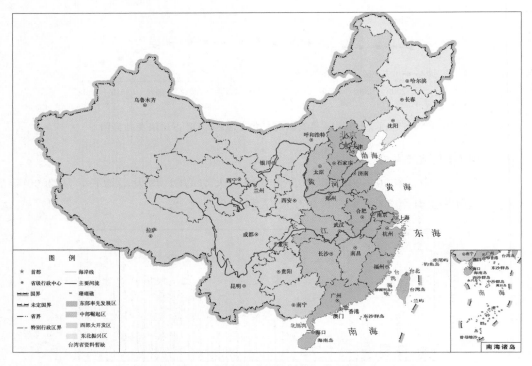

图 4-9　我国"四大板块"分区图

1. GDP 总量演变趋势

（1）如图 4-10 所示，东部地区 GDP 总量远远高于其他三个区域，中部地区与西部地区的 GDP 总量相当。东部地区 GDP 2018 年比 1999 年实际增长 10.3 倍，中部增长

11.2 倍，东北增长 6.5 倍，西部增长 11.6 倍。

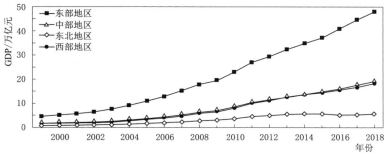

图 4-10　1999—2018 年我国"四大板块"地区经济总量的变化趋势图

（2）从 GDP 所占比重来看，1999 年东部、中部、东北和西部地区占比分别为 52.8％、19.5％、9.9％ 和 17.9％。2018 年占比分别为 52.6％、21.1％、6.2％ 和 20.1％。东北地区占比下降明显，中部和西部地区有所上升。

2. 人均 GDP 演变趋势

（1）图 4-11 中，东部地区人均 GDP 远高于全国平均水平，与其他地区差距也有逐年拉大的趋势。东北地区人均 GDP 虽略高于中部和西部，但其从 2015 年开始呈现急剧下降的趋势。西部地区经济总量与中部地区差距不大，但是西部地区人均 GDP 最低。

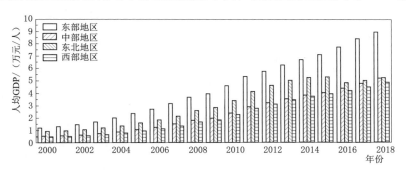

图 4-11　2000—2018 年我国"四大板块"地区人均 GDP 变化趋势图

（2）2000—2018 年"四大板块"地区人均 GDP 均大幅增长，东部、中部、东北和西部地区 2018 年比 2000 年分别增长了 7.6 倍、9.7 倍、5.7 倍和 10 倍。

3. 产业结构演变趋势

（1）表 4-2 中，全国第一产业产值的平均占比由 1996 年的 20.1％降至 2018 年的 7.1％，第三产业的产值占比增长迅猛，逐渐替代第一产业成为创造国民财富的主要产业。

（2）1996 年东部地区第一、第二、第三产业占比分别为 15.1％、48.7％和 36.2％，经过 23 年的工业化推进，2018 年三产结构分别调整为 4.6％、40.8％和 54.6％，第一产业占比显著下降，第二、第三产业创造了约 95.4％的产值。这一时期东部地区正处于工业化中后期，产业结构升级成果显著，产业结构基本合理。

（3）"四大板块"产业结构差异明显。中部、西部和东北地区的产业结构升级速度较为缓慢，结构水平基本持续低于全国平均水平。尤其是西部和东北地区的第一产业在 2018 年的产值占比仍高达 11.1％和 10.9％，产业结构升级仍需大范围地提高。

表 4 - 2　　　　1996—2018 年我国"四大板块"地区产业结构变化统计分析表　　　　　　%

地　区	年　份					
	1996	2001	2006	2011	2016	2018
东部地区	15.1∶48.7∶36.2	10.4∶47.2∶42.4	7.0∶51.5∶41.5	6.2∶48.9∶44.9	5.3∶42.3∶52.4	4.6∶40.8∶54.6
中部地区	27.9∶39.7∶32.4	20.2∶41.1∶38.7	14.7∶48.7∶36.6	12.3∶53.5∶34.2	10.4∶45.4∶44.2	8.4∶44.0∶47.6
西部地区	26.7∶39.4∶33.9	20.2∶38.8∶41.0	15.6∶45.3∶39.1	12.7∶50.9∶36.4	11.9∶42.9∶45.2	11.1∶40.5∶48.4
东北地区	18.8∶48.7∶32.5	13.2∶48.0∶38.8	11.9∶49.8∶38.3	10.8∶52.3∶36.9	12.1∶38.2∶49.7	10.9∶36.0∶53.1
全国	20.1∶45.2∶34.7	14.2∶44.7∶41.1	10.4∶49.7∶39.9	9.1∶50.5∶40.4	8.2∶42.8∶49.0	7.1∶41.1∶51.8

注　数据来源于国家统计局各省历年年鉴，不包括香港、澳门和台湾。

北方第二产业产值特别是工业增速较低，主要归因于北方特殊的产业结构。东北和华北地区开办了大量钢铁、煤炭等重工业，近年来这些产业产能严重过剩，成为拖累区域经济增长的主要行业。因此，加快东北地区第二产业的发展对于我国区域经济协调发展至关重要。

4. 人口城镇化演变趋势

（1）表 4 - 3 中，2000—2018 年东、中、西部和东北地区城镇化率分别增加了 22.1％、25.9％、24.2％和 10.6％。从城镇化率年均增长率来看，中部地区（3.5％）＞西部地区（3.4％）＞东部地区（2.2％）＞东北地区（1.0％）。中部上升幅度最大，东北地区增量和增速均为最低。

表 4 - 3　　　　　　我国"四大板块"人口城镇化率变化统计分析表　　　　　　%

地　区	年　份					年均增长率
	2000	2005	2010	2015	2018	
西部地区	28.7	34.6	39.6	48.7	52.9	3.4
东部地区	45.7	52.4	57.1	64.8	67.8	2.2
中部地区	29.7	36.5	42.3	51.2	55.6	3.5
东北地区	52.1	55.1	56.9	61.4	62.7	1.0
全国平均	39.0	44.6	48.9	56.5	59.5	1.2

注　数据来源于国家统计局各省历年年鉴，不包括香港、澳门和台湾。

（2）2018 年东部、中部、西部、东北地区的城镇化水平分别为 67.8％、55.6％、52.9％和 62.7％。总的来说，东部地区人口城镇化水平最高，其余地区呈阶梯分布。中、西部地区人口城市化率略低于全国平均水平（59.5％）。

结合"四大板块"地区人均 GDP 数据和城市化数据发现，东部地区、西部地区和东北地区的人均 GDP 随着人口城镇化率的提高而增加较快，而中部地区则呈现出稳步增长的趋势。城镇化发展可以促进产业集聚，从而推动经济健康发展，两者相互促进，相互制约。目前，我国人口城镇化严重滞后于经济发展，人口城镇化与经济发展之间呈现非协调发展状况，从而制约经济发展，特别是在西部地区尤为显著[5]。

改革开放以来，我国区域的经济实力有较大提高和发展，但从政府资金投入、所有制结构、产业结构、劳动力、自然地理条件、资源利用等角度来看，我国区域经济发展依旧存在差距。我国区域经济发展不平衡仍将长期表现为东西部差距问题，为了促进我国区域经济协调发展，缩小东西部地区发展差距，重中之重就是加快西部地区的经济发展，继续加大力度实施西部大开发战略。

4.1.4　西南、西北地区经济发展分异特征

西部地区经过 20 年的开发建设，其内部的经济结构也发生了较大的变化，主要呈现出西北和西南的分异特征。本研究将西部地区划分为西南和西北两部分（图 4-12）。西南地区包括重庆、四川、贵州、云南、西藏、广西 6 个省（自治区、直辖市）级行政区。西北地区包括陕西、甘肃、青海、宁夏、新疆和内蒙古 6 个省（自治区）。

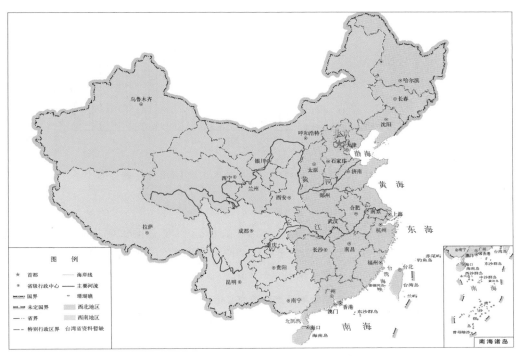

图 4-12　我国西部及西南与西北地区分区图

1. GDP 总量分异特征

（1）图 4-13 中，1999—2018 年西南与西北地区 GDP 占比基本维持在 6∶4，即西南地区占 57.8%～64.6%，西北地区占 35.4%～42.2%。

（2）1999—2010 年西南与西北地区的经济稳中有升且差距不大。而 2011 年以后，西南地区表现出强劲的增长势头，与西北地区的经济差距呈现出明显扩大趋势。具体而言，两地的 GDP 差额从 2000 年的 4639.9 亿元增加到 2018 年的 46851.9 亿元，扩大了 10.1 倍。

2. 人均 GDP 分异特征

2000—2018 年西北地区的人均 GDP 虽然一直高于西南地区，但西南地区人均 GDP 持续稳定增长，2015 年之后两地区差距逐渐减小（图 4-14）。

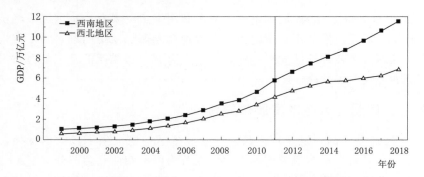

图 4 - 13 1999—2018 年西南、西北地区 GDP 总量变化趋势图

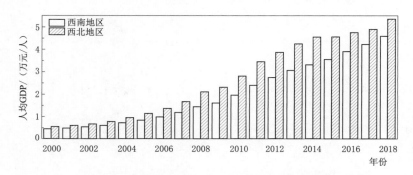

图 4 - 14 2000—2018 年西南、西北地区人均 GDP 变化趋势图

3. 产业结构分异特征

（1）表 4 - 4 中，西南、西北地区第一、第二、第三产业总值大幅度增加，其中西南地区 2018 年第一、第二、第三产业总值分别比 2000 年增长了 5.4 倍、10.4 倍和 14.7 倍，西北地区也分别增长了 5.6 倍、11.5 倍和 14.1 倍。

表 4 - 4   西南与西北地区产业结构变化统计分析表

地 区		2000 年			2018 年		
		第一产业	第二产业	第三产业	第一产业	第二产业	第三产业
西南地区	产业总值/亿元	2529.5	4349.1	3867.1	13633.1	45080.6	56845.3
	占比/%	23.5	40.5	36.0	11.8	39.0	49.2
西北地区	产业总值/亿元	1195.9	2575.2	2305.7	6756.9	29584.4	32401.8
	占比/%	19.7	42.4	37.9	9.8	43.1	47.1

（2）西南、西北地区的产业结构分别由 2000 年的 23.5：40.5：36.0 和 19.7：42.4：37.9 调整为 2018 年的 11.8：39.0：49.2 和 9.8：43.1：47.1。西南地区产业结构调整力度明显大于西北地区。

4. 城镇化水平分异特征

2000—2018 年西南、西北地区的城市化水平同步提升，两者之间的差距逐步缩小。由于西北地区的工业化水平相对高于西南地区，其城市化水平也一直略高于西南地区。因此，2000 年西北地区的城市化水平比西南地区高出 6.7 个百分点，2005 年、2010 年、2015 年和 2018 年分别高出 5.4、4.7、4.3、3.7 个百分点（表 4-5）。

表 4-5 西南与西北地区城镇化统计分析表

地区	指标	年份				
		2000	2005	2010	2015	2018
西南地区	城镇化人口数/万人	6403	7924	9086	11636	12995
	人口总数/万人	24184	24130	23921	24613	25143
	城镇化占比/%	26.5	32.8	38.0	47.3	51.7
西北地区	城镇化人口数/万人	3805	4499	5181	6462	7092
	人口总数/万人	11451	11787	12148	12520	12813
	城镇化占比/%	33.2	38.2	42.7	51.6	55.4

5. 城市发展及分布特征

从西部地区城市圈及其发展阶段来看（表 4-6），西北地区的城市圈数量少，主要处于发育期和萌芽期，核心城市能级偏低，圈内中小城市产业结构单一、生产规模较小。而西南地区城市圈多处于成长期，正在成为西南地区人口、资金、信息等各类要素和产业集聚的高地，使得西南地区近年来的增长动力明显强于西北地区，有力地促进了西南地区的发展。

表 4-6 西南与西北地区城市圈及其发展阶段对比分析表

地区	萌芽期	发育期	成长期	成熟期
西南地区	南宁城市圈	昆明城市圈	成都城市圈、重庆城市圈	无
西北地区		西安城市圈、乌鲁木齐城市圈		无

通过对比分析西南与西北地区都市群的分布情况（表 4-7），可以得出以下结果：

（1）西部地区共有 5 个国家级城市群，其中西南 2 个，西北 3 个。虽然西南地区国家级城市群数量少于西北地区，但西南地区城市群建设起步较早，特别是成渝城市群和北部湾城市群已经产生了明显的增长极效应，对西南地区的经济增长产生了较强的带动作用。

（2）西部地区 6 个国家级新区中，西南地区占 2/3，且重庆两江新区、贵州贵安新区的增长极效应凸显，通过产业和人口集聚为西南地区的经济发展提供了强劲动力。

（3）西南地区还拥有成都和重庆两个国家级中心城市，高新技术和经济开发区数量达到 408 个，远多于西北地区。

表 4-7 西部地区都市群及开发区数量统计表

地区	国家级城市群及批复时间	国家级新区及批复时间	国家中心城市	开发区数量/个
西北地区	关中平原城市群（2018 年）、呼包鄂榆城市群（2018 年）、兰西城市群（2018 年）	甘肃兰州新区（2012 年 8 月）、陕西西咸新区（2014 年 1 月）	西安	321
西南地区	成渝城市群（2016 年 4 月）、北部湾城市群（2017 年 1 月）	重庆两江新区（2010 年 6 月）、贵州贵安新区（2014 年 1 月）、四川天府新区（2014 年 10 月）、云南滇中新区（2015 年 9 月）	成都、重庆	408

因此，为了促进我国区域经济协调发展，缩小东西部地区发展差距，其关键就是加快西部地区的经济发展，其中西北地区的经济发展则是重中之重。没有西北地区的发展，就没有西部地区的发展，没有西部地区的小康，就没有全国的小康。而西北地区受自然环境和地理位置的局限，存在影响其经济加速发展的诸多不利因素，如西北地区经济规模小、总体经济实力弱、经济结构不合理、教育基础弱，培养人才的环境较差，人才的相对短缺和人口文化素质较低、科技开发及应用能力落后，经济发展的科技动力不足、国外市场的开拓和利用国外资源的能力弱、自然地理条件的制约，交通运输基础设施落后，通信基础设施及设备落后、生态环境脆弱，干旱缺水、荒漠广布、风沙较多，这些都限制了西北地区经济发展的速度。

尽管西北地区存在上述诸多发展制约因素，但丰富的自然资源是西北地区一笔巨大的财富。西北地区主要优势资源为森林资源、草地资源、石油天然气资源和矿产资源等。主要能源和矿产资源中，探明储量占全国 50% 以上的有锂、镍、铂族金属、汞、钒钛、钾盐等，占 40% 以上的有铜、铅、锌、铬、天然气、煤等。而且资源空间组合比较理想，特别是丰富的能源与丰富的有色金属、稀有金属，化工资源的结合，使西北地区具有得天独厚的工业发展条件。因此，如何平衡好西北地区人口—经济—资源之间的关系，对促进西北地区的发展是至关重要的。

4.2　胡焕庸线两侧人口—经济分异特征

4.2.1　人口分布及分异特征

在表 4-8、图 4-15 和图 4-16 中，胡焕庸线两侧人口时空演变趋势呈现以下特征：

表 4-8　　　　　1953—2018 年胡焕庸线两侧人口分布状况统计分析表

年份	东南侧			西北侧			两侧人口比值
	人口/亿人	占比/%	密度/(人/km²)	人口/亿人	占比/%	密度/(人/km²)	
1953	5.7	94.9	130.6	0.3	5.1	5.7	18.4
1964	6.7	94.8	157.1	0.4	5.2	7.1	18.0
1982	9.5	94.1	224.5	0.6	5.9	11.6	16.3
1990	10.6	93.9	250.8	0.7	6.1	13.2	16.1
2000	11.7	93.5	271.7	0.8	6.5	15.4	15.4
2010	12.5	93.5	286.8	0.8	6.5	16.4	14.9
2015	12.8	93.4	294.7	0.9	6.6	17.0	14.1
2018	13.0	93.3	299.4	0.9	6.7	18.2	14.0

注　数据来源于国家统计局各省历年年鉴，西安和渭南归属为胡焕庸线东南侧，不包括香港、澳门和台湾。

（1）1953—2018 年，东南侧人口占比从 94.9% 下降到 93.3%，西北侧则从 5.1% 上升到 6.7%，虽然占比略有变化，但两侧人口分布总体格局变化不大。

（2）两侧的人口密度都在不断增长，东南侧由 130.6 人/km² 增至 299.4 人/km²，西北侧由 5.7 人/km² 增至 18.2 人/km²，东南侧明显高于西北侧，且差距有不断拉大的趋势。

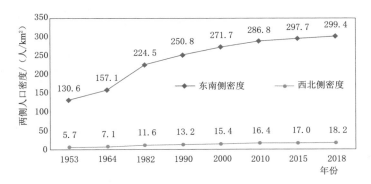

图 4-15　1953—2018 年胡焕庸线两侧人口密度变化图

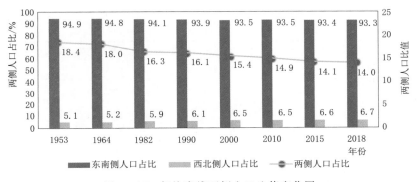

图 4-16　胡焕庸线两侧人口比值变化图

（3）从人口机械增长率看[6]，全国 1990 年省际流入人口 90.8％集中在东南侧，2010 年上升为 94.7％。改革开放以后"孔雀东南飞"成为人口流动的一种潮流，因此东南侧的产业人口呈聚集性增加，机械增长对东南侧人口份额增长的提升有限。

（4）从人口自然增长率来看，1953—1964 年、1964—1982 年及 2010—2018 年，西北侧年均人口自然增长率的平均值分别为 27.0‰、22.5‰ 和 8.0‰，同期东南侧分别为 20.3‰、18.8‰ 和 4.9‰，西北侧高于东南侧。另外，新中国成立至改革开放前的屯垦戍边、"三线建设""上山下乡"等政策也导致了西部人口的增加。

4.2.2　经济发展及分异特征

胡焕庸线不仅是中国人口分布的特征分异线，也是自然资源要素格局分布的特征分异线和生态环境承载力差异的分异线，更是生产力配置差异的分异线[7]。统计研究发现，我国整体的社会经济发展水平在空间结构上的特征，总体上与胡焕庸线的分布格局基本保持一致。东部地区 94％的人口，生产了 94％的 GDP；而西部地区以近 60％的面积，却承养了约 6％的人口、产出了不足 6％的 GDP。我国的区域经济发展存在着巨大的不平衡[8]。

（1）从表 4-9 和图 4-17 可以看出，胡焕庸线两侧的国内生产总值（GDP）同样差距悬殊，东南侧 GDP 始终占总量的 94％以上，与东南侧人口占比保持着高度一致性。

（2）图 4-18 所示为胡焕庸线两侧的人均 GDP 都呈不断增长态势，尤其是进入 21 世纪以来，增速明显加快，两侧的人均 GDP 增长差异愈加悬殊。因此胡焕庸线不仅是我国人口分布特征的分界线，也是经济社会发展程度的重要分水岭。

表 4 - 9　　　　　　　1953—2018 年胡焕庸线两侧经济发展状况统计分析表

年份	东　南　侧			西　北　侧		
	GDP 总量/亿元	占比/%	人均 GDP/元	GDP 总量/亿元	占比/%	人均 GDP/元
1953	691.0	94.1	122.3	43.0	5.9	141.0
1964	1223.6	93.4	178.8	86.4	6.6	228.2
1982	5059.0	94.7	518.1	283.0	5.3	460.5
1990	17512.0	94.7	1604.9	986.0	5.3	1402.7
2000	94060.5	95.3	7953.8	4633.0	4.7	5645.4
2010	412264.2	94.3	33093.7	24777.0	7.3	28472.0
2015	682466.0	94.4	53302.3	40302.0	5.6	44527.5
2018	868925.1	94.9	66655.8	45782.4	5.1	49262.4

注　数据来源于 2018 年国家统计局各省历年年鉴，西安和渭南归属为胡焕庸线东南侧，不包括香港、澳门和台湾。

图 4 - 17　胡焕庸线两侧 GDP 占比及比值变化趋势图

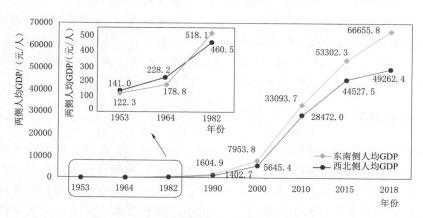

图 4 - 18　胡焕庸线两侧人均 GDP 变化趋势图

根据以上分析可知，胡焕庸线东南侧以占全国 43.8% 的国土面积，集聚了全国近 94% 的人口和 GDP，压倒性地显示出高密度的人口、经济和社会功能。胡焕庸线西北侧地广人稀，面积占比 56.2%，人口和产出的 GDP 均不足全国的 6%，受生态脆弱性影响，其发展经济、集聚人口的功能较弱，总体以生态恢复和保护为主体功能[9]。总体而言，自然环境、经济发展水平和社会历史条件的不同是造成我国人口经济分布失衡的三大原因。

4.2.3　胡焕庸线怎么破——中国世纪之问

1. 世纪之问

2012年9月7日，中共中央政治局常委、国务院副总理李克强同志在省部级领导干部推进城镇化建设研讨班学员座谈会上的讲话指出，20世纪30年代，我国有一位地理学家胡焕庸，他画了一条线，一直被国内外人口学者和地理学者所引用，称为"胡焕庸线"。这条线从黑龙江的黑河到云南的腾冲，大致是条45度的倾斜线。当时，这条线东南方占36％的国土居住着全国96％的人口，所以他断定这条线的东南方是最适合人居住的。这些年也确实是东南方发展得快，人口聚集得多，但中国有960万 km^2 的陆地面积，有56个民族，如果都在这条线东南方发展，不利于全面推进现代化建设，也不利于保障国家安全。城镇化布局既要遵循经济规律，也要考虑国家安全。我国东中西部地区城镇化发展很不平衡，呈明显的东高西低特征，长三角、珠三角、环渤海三个相对成熟的城市群都分布在东部地区，而中西部地区城市发育明显不足，这导致了人口长距离大规模流动、资源大跨度调运，极大增加了经济社会运行和发展的成本。如何在中西部一些发展条件较好的地区，加快培育新的城市群、形成新的增长极，值得认真谋划和推进。

2014年11月27日，李克强总理在国家博物馆参观人居科学研究展时，指着中国地图上的"胡焕庸线"发出了"胡焕庸线怎么破"之问：我们是多民族、广疆域的国家，我们要研究如何打破这个规律，统筹规划、协调发展，让中西部老百姓在家门口也能分享现代化。

李克强总理对胡焕庸线的关注，使其迅速成为学术界[10-13]、社会媒体和政府部门高度关注的一个热词。相关领域的知名专家和学者就此问题开展学术讨论，从不同角度诠释其科学价值与现实意义，阐述了不同观点，提出了不同看法。

2. 学术讨论

(1) 一部分学者认为胡焕庸线不可突破。首先胡焕庸线不仅仅只是一条人口分布界线，更多的是在这条线的背后有着多条自然地理界线的刚性约束，这些自然地理界线是自古至今人类活动无法逾越的刚性约束界限[14]。由于这种自然结构和自然规律无法改变，西北高寒缺氧、干旱缺水，使得人口、城市与经济发展空间格局只能顺应自然规律；我国的城市发展空间格局不可能有实质性突破，限制了西北地区无法发展大城市和特大城市[14]。其次通过对省际人口迁移规模分布、迁移强度分布、人口迁移流分布的考察，发现我国改革开放以来的省际人口迁移分布具有稳定性。胡焕庸线历时80年，特别是改革开放以来持续频繁的人口迁移仍未能改变中国人口分布的基本格局，从而有学者认为只要我国第一自然地理要素不变化，人口分布及胡焕庸线就会保持高度稳定。因此得出：人口迁移分布不可能改变胡焕庸线，且线两侧人口数量仍相对稳定在94：6的结论[15-16]。

(2) 一部分学者主张胡焕庸线可以突破。80年来胡焕庸线总体稳定，但也呈现出向西北半壁微移的新态势。"一带一路"建设、西部大开发、技术进步和产业转型升级等国家战略的实施，将有利于提升西北半壁的人口与经济集聚能力[17]。而突破胡焕庸线的目的就是要打破东、西部发展不均衡。因此，如何使西部能快速、绿色发展，这是破解胡焕庸线应主要思考的问题[18]。然而在当今国内外发展新理念与科技进步驱动发展的大背景下，利用全球资源与市场缓解西部水资源短缺问题，节水措施以及水处理与调水技术得以发展[10]，快速交通解决西部行路难问题，"互联网＋"改变了西部的生产与生活方式及消费模式，新丝绸之路经济带建设和国家相关宏观政策等，都为破解胡焕庸线提供了重要的基础支撑[18-19]。

上述研究从不同角度对"胡焕庸线能否突破"进行研究，进一步加深了对胡焕庸线的理解，推动了"国土空间，均衡发展"这一重大战略问题的深入研究。关于"胡焕庸线能否突破"不单单在于这条线的移动与否，而是在于线两侧的发展状况，新型城镇化给东南半壁和西北半壁的均衡发展提供了契机，应抓住新型城镇化的契机，促进东中西部均衡发展。"胡焕庸线能否突破"的问题仍需继续研究，其所具有的重要科学价值和现实意义，将作为我国新型城镇化战略实施和区域协调发展实践的依据之一。

3. 西北"水三线"制导方略

制导技术是指按照一定规律控制武器飞行方向、姿态、高度和速度，引导战斗部队准确攻击目标的军用技术。在此寓意为破解胡焕庸线战略思想与战术方法。

水是西北干旱区发展的生命线。干旱缺水、生态环境退化是西北地区发展不协调、不充分、不平衡的根本原因。因此，未来在现代区域发展体系建设过程中，如何破解胡焕庸线的约束，急需从水战略层面提出良方。在遵循胡焕庸线客观规律的基础之上，通过合理的人口、城镇和产业结构布局等，可以在西侧地区实现更高水平和质量的城镇化，促进西侧地区经济发展。但是，自宋代以来的两千多年历史中，东侧压倒性地显示出高密度的经济、社会功能；而西侧地广人稀，受脆弱的生态影响，其发展经济、集聚人口的功能较弱。如何在人口没有大规模转移的前提下，提升胡焕庸线西侧城镇化水平与质量，促进西侧地区经济发展，必须从西北"水三线"找到突破口。

水是制约西北地区可持续发展与生态环境保护的根本条件。西北"水三线"以我国重要的人口地理分布界线——胡焕庸线为依托，作为东南富水和西北缺水的第一条线，以河西走廊水文气象与人文地理特征分界的阳关线为第二条线，以新疆水资源—人口—社会经济特征分界的奇策线为第三条线，首次提出中国西北"水三线"划分的空间格局。同时指出，"水三线"是西北水资源合理开发利用的优化配置线，是突破胡焕庸线与高质量建设"一带一路"的战略制导线。

西北"水三线"是实施西部大开发战略的空间地理概念，其核心思想是：通过国家实施南水北调西线工程和西延供水工程，形成以西北"水三线"建设为构架的水资源梯度配置格局，跨越胡焕庸线，促进我国东西部地区间均衡发展；跨越阳关线，促进河西走廊社会经济发展；跨越奇策线，增强新疆水资源及环境承载能力、优化社会经济发展布局、构建环塔里木盆地生态经济圈，缓解绿洲人口资源环境压力，促进民族交融平衡发展。支撑西北地区经济社会稳定发展、生态文明建设，促进国土资源、人口分布、产业经济的空间均衡、优化布局、协调发展，为"一带一路"高质量建设提供水资源保障。

无论是自然客观存在抑或社会经济发展形成的西北"水三线"，很长一段时间以来都是一个客观事实。无论从西北水资源合理配置、经济社会发展的角度，还是从生态环境保护与边疆长治久安的视角，跨越西北"水三线"，突破水资源与生态环境的瓶颈制约都具有十分重要的战略意义。

李克强总理之问是"有解的"，这里的"有解"，并不是真正意义上的打破胡焕庸线，而是回答总理真正关心的问题，以水资源梯度配置为先导，突破"水三线"对国土空间发展的桎梏，激活西北半壁发展潜力，实现西侧地区经济更好更快发展，拓展国土资源开发利用的战略纵深，在国土空间均衡发展中做出更大贡献。在当今国内外发展新理念与科技进步驱动发展的大背景下，促进西北半壁的发展具备了以下可依靠的条件：

(1)"十四五"规划提出的重大引调水工程及国家大水网建设，将为胡焕庸线的突破提供重要的水资源保障，从根本上解决西北水资源短缺和地区发展不平衡问题[20]，改善人居、扩大绿洲、发展三产、促进消费与就业，形成以西北"水三线"建设为构架的水资源梯度配置方略，支撑西北地区经济社会稳定发展、生态文明建设，保障国家安全，进一步建设强大美丽的中国[21]。

(2)"一带一路"倡议，欧亚大陆桥的贯通，上海合作组织合作平台的建立，国家西部大开发、新丝绸之路经济带政策的实施，为西北地区食物贸易提供了战略机遇，也为食物虚拟水工程奠定了坚实的基础[22]。因此，西北地区在保证粮食安全的前提下，转换经营方式，通过贸易出口特色农产品来促进区域经济发展，并且适度进口高耗水的大宗农畜产品，实施"虚拟水"的转移，实施"虚拟水"战略。

(3)胡焕庸线西北半壁光热与风力资源充足，河西走廊玉门油田是中国石油产业的摇篮，充分利用西部丰富的绿色能源，调整能源消费结构、发展绿色经济是西部未来发展的科学选择[23]。西部可以选择耗水少、耗电大、技术高的新型产业实现经济快速发展。同时，可以开发利用西北丰富的土地资源，发展高标准、高品质生态农业。

(4)西北边界与八个国家毗邻，在构建开放型经济新格局、推动国际通道建设中，具有重要前沿基地的战略价值。通过丝绸之路经济带核心区建设，紧紧抓住开放型走廊经济建设的重大发展机遇，在"双循环"新发展格局中，发挥后发优势和区位优势，发掘、培养和壮大新的增长极（点）、增长带（线），构建融合经济、生态、文化、社会发展为一体的"生态经济枢纽区"，强化自主经济体规模和自主发展能力，推动丝绸之路经济带通道区向"深陆"发展。

4.3 阳关线两侧人口—经济分异特征

阳关线自古就是我国重要的自然地理和人文地理分界线，"羌笛何须怨杨柳，春风不度玉门关""劝君更尽一杯酒，西出阳关无故人"这两首差不多同时代的著名诗，均指向现今这个年均降水不足100mm的地理区域。

我国西北干旱半干旱地区国土面积345.59万km²，以阳关线为中轴，将西北"水三线"地区一分为二，东侧面积179.03万km²，占比51.8%；西侧（新疆）面积166.56万km²，占比48.2%。西侧为广袤的西域大地，而东侧只有通过狭长的河西走廊，才能进入中原大地，地理位置十分重要。新中国成立后，经过70多年的开发建设，阳关线两侧的民族文化事业、产业发展布局、人口经济格局等也发生了巨大的变化。

4.3.1　人口分布及分异特征

1. 人口发展分布

人口数量分布图能直观地展示一个区域的人口规模。这里采用自然断裂法为划分方法[1]，将西北"水三线"地区 2018 年人口数量分为超小（小于 80 万人）、小（80 万～160 万人）、中等（160 万～240 万人）、大（240 万～320 万人）、超大（超过 320 万人）5 个等级。

由图 4 - 19 和表 4 - 10 可以看到：2018 年阳关线人口总数为 8171.4 万人[2]，占西北"水三线"地区总人口的 77.3%。其中黄河流域片区人口最多，占比为 61.5%；半干旱草原区人口次之，占比为 10.3%；河西内陆河流域和柴达木盆地人口占比分别为 4.9% 和 0.7%。阳关线的兰州市、天水市、西安市、宝鸡市、咸阳市、渭南市以及榆林市人口均在 320 万人以上，西安市人口最多，为 922.82 万人；果洛藏族自治州人口最少，为 20.38 万人。

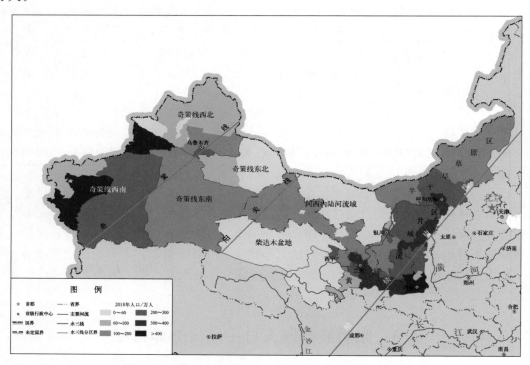

图 4 - 19　2018 年西北"水三线"地区人口数量分布图

2. 人口密度分布

运用等间隔分类法将人口密度分为 5 个等级：人口密度大于 130 人/km²、人口密度 90～130 人/km²、人口密度 50～90 人/km²、人口密度 10～50 人/km²、人口密度小于 10 人/km²，以反映西北"水三线"地区人口集聚现象和空间分布特征。从表 4 - 11 和图 4 - 20

---

[1]　解韬，汪睁铮. 珠三角城市群劳动年龄流动人口空间分布特征分析 [J]. 广东经济，2020 (8)：20 - 27.
[2]　与胡焕庸线统计口径一致，未包括西安、渭南人口。

表 4-10   2000—2018 年西北"水三线"地区人口分布统计分析表

分区		2000 年		2005 年		2010 年		2015 年		2018 年	
		人口总数/万人	占比/%	人口总数/万人	占比/%	人口总数/万人	占比/%	人口总数/万人	占比/%	人口总数/万人	占比/%
阳关线以东	半干旱草原区	976.9	11	990.2	10.4	1036.8	10.4	1072	10.4	1085.6	10.3
	黄河流域片区	5436	61.2	5833.5	61.3	6070.8	60.7	6227.8	60.3	6502.3	61.5
	河西内陆河	493.1	5.5	500.2	5.3	503.8	5.0	511	4.9	513.4	4.9
	柴达木盆地	38.9	0.4	63.4	0.7	67.4	0.7	69.9	0.7	70.1	0.7
	小计	6944.9	78.1	7387.3	77.7	7678.8	76.8	7880.7	76.3	8171.4	77.3
阳关线以西（新疆）	奇策线东北	104.8	1.2	112.4	1.2	121.6	1.2	126.9	1.2	119.3	1.1
	奇策线东南	103.8	1.2	117.1	1.2	136.6	1.4	139.4	1.3	124.2	1.2
	奇策线西北	981.7	11	1066.5	11.2	1153.1	11.5	1186.2	11.5	1123	10.6
	奇策线西南	751.7	8.5	826	8.7	912.2	9.1	995	9.6	1035.1	9.8
	小计	1942	21.9	2122	22.3	2323.5	23.2	2447.5	23.6	2401.6	22.7

中可以看出：阳关线及其附近是我国人口密度最稀疏的区域。2018 年阳关线地区的人口密度为 45.6 人/km²，较 2000 年 38.8 人/km² 增长了 6.8 人/km²。其中，黄河流域片区人口密度最大，从 2000 年 93.1 人/km² 增加到 2018 年的 111.3 人/km²；河西内陆河流域和柴达木盆地人口密度最低。

表 4-11   2000—2018 年西北"水三线"地区人口密度统计分析表   单位：人/km²

分区		年份				
		2000	2005	2010	2015	2018
阳关线以东	半干旱草原区	26.6	26.9	28.2	29.2	29.5
	黄河流域片区	93.1	99.9	103.9	106.6	111.3
	河西内陆河流域	9.0	9.1	9.2	9.3	9.4
	柴达木盆地	1.3	2.2	2.3	2.4	2.4
	平均	38.8	41.3	42.9	44.0	45.6
阳关线以西（新疆）	奇策线东北	5.0	5.4	5.8	6.1	5.7
	奇策线东南	2.2	2.5	2.9	3.0	2.6
	奇策线西北	25.0	27.2	29.4	30.2	28.6
	奇策线西南	12.7	13.9	15.4	16.8	17.5
	平均	11.7	12.7	14.0	14.7	14.4
西北"水三线"地区均值		25.7	27.5	28.9	29.9	30.6

4.3.2   经济发展格局分布特征

1. GDP 分布特征

从表 4-12 中可以看出：2018 年阳关线地区的 GDP 为 47571.6 亿元，与 2000 年的 3763.0 亿元相比增长了 43808.6 亿元。从各分区生产总值占比的变化情况来看，2018 年

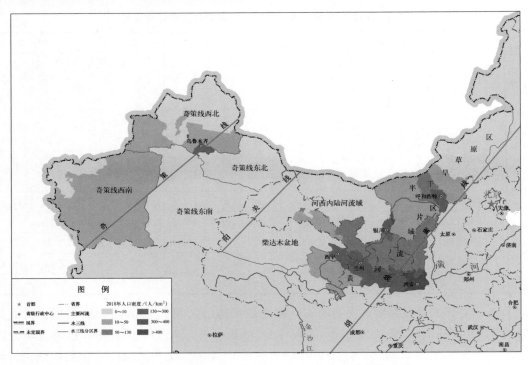

图 4-20　西北"水三线"地区 2018 年人口密度分布图

黄河流域占比为 59.7%，与 2000 年相比增长了 5.9%，而河西内陆河流域、柴达木盆地占比分别下降了 1.6%、0.1%。虽然各分区 GDP 呈逐年增长的趋势，但是河西内陆河流域与柴达木盆地经济发展速度相对较为缓慢。

表 4-12　　　　2000—2018 年西北"水三线"各分区生产总值统计分析表

分　区		2000 年		2005 年		2010 年		2015 年		2018 年	
		GDP 总量/亿元	占比/%	GDP 总量/亿元	占比/%	GDP 总量/亿元	占比/%	GDP 总量/亿元	占比/%	GDP 总量/亿元	占比/%
阳关线以东	半干旱草原区	679.5	13.3	2208.8	18.3	6089.5	19.7	9613.8	18.3	8246.8	13.6
	黄河流域片区	2744.0	53.8	6270.1	51.9	16782.1	54.2	29320.4	55.7	36295.0	59.7
	河西内陆河区	275.4	5.4	660.4	5.5	1547.2	5.0	2071.6	3.9	2321.0	3.8
	柴达木盆地	64.1	1.3	154.7	1.3	420.0	1.4	534.7	1.0	708.8	1.2
	小计	3763.0	73.8	9294.0	77.0	24838.8	80.3	41540.5	78.9	47571.6	78.3
阳关线以西（新疆）	奇策线东北	93.7	1.8	188.3	1.6	350.2	1.1	632.2	1.2	847.2	1.4
	奇策线东南	134.9	2.6	325.7	2.7	640.1	2.1	1039.0	2.0	1027.5	1.7
	奇策线西北	900.8	17.7	1886.6	15.6	4236.1	13.7	7443.7	14.2	8949.7	14.7
	奇策线西南	204.1	4.0	372.7	3.1	898.5	2.9	1924.4	3.7	2352.0	3.9
	小计	1333.5	26.1	2773.3	23.0	6124.9	19.8	11039.3	21.1	13176.4	21.7

2. 人均生产总值

从表 4-13 中可以看出：2018 年阳关线以东人均生产总值为 58218 元/人，与 2000 年相比增长了 52800 元/人，其中：半干旱草原区为 75967 元/人，增长了 69011 元/人；黄河流域片区为 55819 元/人，增长了 50771 元/人；河西内陆河流域为 45209 元/人，增长了 39625 元/人；柴达木盆地为 101185 元/人，增长了 84715 元/人。

表 4-13　　　　2000—2018 年西北"水三线"地区人均生产总值统计分析表　　　单位：元/人

分　区		年　份				
		2000	2005	2010	2015	2018
阳关线以东	半干旱草原区	6956	22307	58733	89680	75967
	黄河流域片区	5048	10748	27644	47080	55819
	河西内陆河区	5584	13205	30709	40545	45209
	柴达木盆地	16470	24396	62320	76489	101185
	平均	5418	12581	32347	52712	58218
阳关线以西（新疆）	奇策线东北	8940	16754	28802	49831	71026
	奇策线东南	12998	27815	46862	74544	82723
	奇策线西北	9175	17690	36737	62755	79694
	奇策线西南	2715	4512	9850	19340	22723
	平均	6866	13069	26361	45106	54866
西北"水三线"地区平均		5735	12690	30957	50910	57457

3. 产业结构分布特征

从表 4-14 中可以看出：

(1) 阳关线地区的产业结构以第二、第三产业为主，第三产业产值最大，第二产业产值次之，分别为 22973.2 亿元和 21129.4 亿元。其中黄河流域片区、半干旱草原区、河西内陆河流域皆是第三产业占比最高，只有柴达木盆地片区是第二产业占比高于第一、第三产业。

(2) 2018 年西北"水三线"地区第一产业生产总值为 5476.7 亿元，较 2000 年增长了 4540.5 亿元；第二产业生产总值为 26338.6 亿元，较 2000 年增长了 24073.6 亿元；第三产业生产总值为 28934.9 亿元，较 2000 年增长了 27039.2 亿元。

(3) 黄河流域片区各产业生产总值最大，半干旱草原区次之，河西内陆河流域与柴达木盆地片区各产业生产总值最小。

表 4-14　　　　2018 年西北"水三线"各分区三次产业统计分析表

分　区		第一产业		第二产业		第三产业	
		生产总值/亿元	占比/%	生产总值/亿元	占比/%	生产总值/亿元	占比/%
阳关线以东	半干旱草原区	618.0	7.5	3007.7	36.5	4621.0	56
	黄河流域片区	2477.3	6.8	16754.8	46.2	17064.9	47
	河西内陆河流域	320.0	13.8	919.6	39.6	1081.6	46.6
	柴达木盆地	55.8	7.9	447.3	63.1	205.7	29
	小计	3471.1	7.3	21129.4	44.4	22973.2	48.3

续表

分　区		第一产业		第二产业		第三产业	
		生产总值/亿元	占比/%	生产总值/亿元	占比/%	生产总值/亿元	占比/%
阳关线以西（新疆）	奇策线东北	90.1	10.6	479.4	56.6	277.7	32.8
	奇策线东南	155.3	15.1	560.1	54.5	312.1	30.4
	奇策线西北	1135.3	12.7	3456.5	38.6	4358	48.7
	奇策线西南	624.9	26.6	713.2	30.3	1013.9	43.1
	小计	2005.6	15.2	5209.2	39.5	5961.7	45.3
合　计		5476.7	9.0	26338.6	43.4	28934.9	47.6

4.3.3　灌溉面积及发展变化分异特征

1. 灌溉面积时空分布变化

根据遥感解译结果（表 4-15）❸，2018 年西北"水三线"地区总灌溉面积 39153.1 万亩，其中阳关线以西 13751.3 万亩，占 35.1%；阳关线以东 25401.8 万亩，占 64.9%。八个分区中，黄河流域片区灌溉面积最大，为 16624.4 万亩；柴达木盆地由于海拔较高，人类活动较少，其灌溉面积最少，为 281.1 万亩。

表 4-15　　　　1980—2018 年阳关线两侧各分区灌溉面积发展变化统计分析表　　　　单位：万亩

分　区		年　份				
		1980	1990	2000	2010	2018
阳关线以西（新疆）	奇策线西北	4530.3	4540.6	4600.8	6225.1	6679.7
	奇策线西南	3140.4	3140.4	3450.7	4616.8	5420.1
	奇策线东北	306.0	304.3	314.2	468.4	459.8
	奇策线东南	578.9	578.0	619.2	994.4	1191.7
	小计	8555.6	8563.3	8984.9	12304.7	13751.3
阳关线以东	河西内陆河区	2082.6	2089.9	2148.3	2453.1	2495.3
	柴达木盆地	226.7	232.2	253.3	278.5	281.1
	半干旱草原区	5766.4	5790.9	5893.2	6139.2	6001.0
	黄河流域片区	17192.5	17246.0	17616.2	17056.2	16624.4
	小计	25268.2	25359	25911	25927	25401.8
合　计		33823.8	33922.3	34895.9	38231.7	39153.1

2. 灌溉面积发展变化趋势

西北"水三线"地区灌溉面积整体呈显著的增加趋势，1980 年以来，灌溉面积经历

❸ 徐新良，刘纪远，张树文，等. 中国多时期土地利用土地覆被遥感监测数据集（CNLUCC）[EB/OL]. 中国科学院资源环境科学数据中心数据注册与出版系统（http：//www.resdc.cn/DOI），2018.

了 1980—1995 年缓慢增长、1995—2005 年快速增长、2005—2010 年高速增长、2010 年以后增速放缓四个阶段，38 年共增加了 5195.7 万亩，平均增速 136.7 万亩/年（表 4 - 16）。从分区情况看，奇策线西侧增加 4429.1 万亩，占总增量的 83.1%；奇策线—阳关线之间增加 766.6 万亩，占 14.4%；阳关线以东增加 133.7 万亩，占 2.5%。其中，奇策线以西增量最大，而柴达木盆地和奇策线东北片区由于水资源短缺，人类活动较少，增长较为缓慢，而黄河流域片区自 2000 年以后呈负增长趋势，共减少灌溉面积 568.1 万亩（表 4 - 15）。

3. 各省（自治区）灌溉面积发展变化

各省（自治区）灌溉面积增加值依次为新疆 5195.7 万亩、内蒙古 238.4 万亩、宁夏 217.6 万亩、青海 106.5 万亩，甘肃、陕西与这些省份不同，其灌溉面积呈负增长，38 年间分别减少 35.0 万亩与 393.8 万亩；从增速来看，新疆 1980—2018 年间平均增速 136.7 万亩/年，略低于全国年均增速 142 万亩/年；内蒙古、宁夏、青海增速分别为 6.3 万亩/年、5.7 万亩/年与 2.8 万亩/年；陕西 1990 年、甘肃 2010 年开始出现负增长，减少灌溉面积 10.4 万亩/年、0.9 万亩/年，详见表 4 - 16。1980—2018 年西北"水三线"地区各省（自治区）灌溉面积发展变化趋势如图 4 - 21 所示。

表 4 - 16　　1980—2018 年西北"水三线"地区各省（自治区）灌溉面积统计分析表　　单位：万亩

年　份	阳关线以西	阳关线以东					合　计
	新疆	甘肃	青海	宁夏	内蒙古	陕西	
1980	8555.6	8630.6	1142.4	2457.0	6528.3	6509.8	33823.7
1990	8563.3	8655.3	1162.5	2474.7	6562.9	6503.6	33922.3
1995	8559.9	8568.2	1190.5	2631.0	6635.4	6521.3	34106.3
2000	8984.9	8748.5	1194.7	2815.8	6643.4	6508.5	34895.8
2005	10083.5	8800.9	1190.3	2698.9	6587.2	6405.8	35766.6
2010	12304.7	8740.7	1245.6	2738.3	6974.0	6228.5	38231.8
2015	13165.4	8717.6	1238.6	2749.4	6929.8	6214.7	39015.5
2018	13751.3	8595.6	1248.9	2674.6	6766.7	6116	39153.1
增加面积	5195.7	−35.0	106.5	217.6	238.4	−393.8	5329.4
年均增速	136.7	−0.9	2.8	5.7	6.3	−10.4	140.2

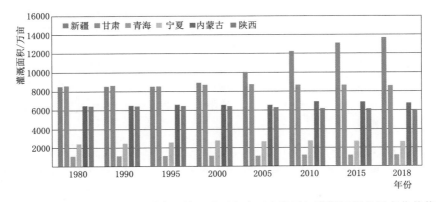

图 4 - 21　1980—2018 年西北"水三线"地区各省（自治区）灌溉面积发展变化趋势图

4.4　奇策线两侧人口—经济及水资源分异特征

奇策线以新疆北疆的奇台县和南疆的策勒县两点的连线为分界线，将新疆划分为面积大致相等的东南半壁和西北半壁，奇策线以西包含乌鲁木齐市、克拉玛依市、昌吉回族自治州、塔城地区、阿勒泰地区、博尔塔拉蒙古自治州、石河子市、伊犁哈萨克自治州、阿克苏地区、克孜勒苏柯尔克孜自治州、喀什地区以及和田地区等，奇策线以东包含吐鲁番市、哈密市、巴音郭楞蒙古自治州等。

4.4.1　人口分布及民族结构分异特征

1. 人口发展及分布特征

(1) 人口发展。2018 年奇策线两侧（新疆）常住人口为 2401.6 万人，占西北 "水三线" 地区总人口的 22.7%。按照户籍人口统计，1949—2018 年，新疆总人口从 433.34 万人增长至 2283.46 万人，净增长 1850.12 万人，年均增长 19.7‰。

(2) 人口分布。2018 年奇策线西侧人口达到 2158.1 万人，占新疆总人口的 89.9%；奇策线东侧人口为 243.5 万人，占新疆总人口的 10.1%（表 4-17）。因此可以将奇策线定义为新疆人口地理空间分布的 "九成" 分异特征线。

表 4-17　　奇策线（新疆）各分区人口数量及分布情况统计分析表

分　区		2000 年		2005 年		2010 年		2015 年		2018 年	
		人口数量/万人	占比/%	人口数量/万人	占比/%	人口数量/万人	占比/%	人口数量/万人	占比/%	人口数量/万人	占比/%
西侧	奇策线西北	981.7	50.6	1066.5	50.3	1153.1	49.6	1186.2	48.5	1123.0	46.8
	奇策线西南	751.7	38.7	826	38.9	912.2	39.3	995	40.7	1035.1	43.1
东侧	奇策线东北	104.8	5.4	112.4	5.3	121.6	5.2	126.9	5.2	119.3	5.0
	奇策线东南	103.8	5.3	117.1	5.5	136.6	5.9	139.4	5.7	124.2	5.1
小计		1942.0	100.0	2122.0	100.0	2323.5	100.0	2447.5	100.0	2401.6	100.0
"水三线" 占比		21.9%		22.3%		23.2%		23.6%		22.7%	

(3) 人口密度。2018 年奇策线两侧（新疆）人口密度为 14.4 人/km²，仅为我国人口密度的 1/10。其中西侧人口密度为 21.9 人/km²，东侧人口密度为 3.6 人/km²，西侧人口密度是东侧的 5 倍。西北、西南、东北、东南四个单元分区的人口密度分别为 28.6 人/km²、17.5 人/km²、5.7 人/km²、2.6 人/km²，其中奇策线西北片区的人口密度最大，东南片区人口密度最小，相差 11 倍（表 4-18）。

2. 人口结构分析

(1) 民族人口增速分析。新疆维吾尔族、汉族、哈萨克族、回族、柯尔克孜族、蒙古族等六族人口，占全疆总人口的 98% 以上。从 1990 年开始，奇策线两侧人口增速降缓，2015—2018 年少数民族人口呈现明显的增长趋势。

表 4-18　　　　　　　奇策线（新疆）各分区人口密度统计表　　　　　　单位：人/km²

分　区		面积/万 km²	年　份				
			2000	2005	2010	2015	2018
西侧	奇策线西北	39.25	25.0	27.2	29.4	30.2	28.6
	奇策线西南	59.24	12.7	13.9	15.4	16.8	17.5
东侧	奇策线东北	20.97	5.0	5.4	5.8	6.1	5.7
	奇策线东南	47.10	2.2	2.5	2.9	3.0	2.6
平　均		166.55	11.7	12.7	14.0	14.7	14.4

（2）民族结构分布特征。新疆汉族人口和少数民族人口比例为 34.4∶65.6，该比例在奇策线西侧为 32.8∶67.2，东侧为 48.2∶51.8。其中，西北、西南、东北、东南四个单元分区的比例分别为 58.0∶42.0、10.1∶89.9、39.7∶60.3、54.6∶45.4。

（3）城乡人口结构分化。表 4-19 中，2018 年新疆城乡人口比例为 41.8∶58.2，奇策线西侧为 32.8∶68.2，东侧为 47.4∶52.6。其中，西北、西南、东北、东南四个单元分区，城乡人口比例分别为 57.6∶42.4、25.9∶74.1、41.9∶58.1、55.2∶44.8。显而易见，城镇化发展水平整体不高，但东侧高于西侧，北疆高于南疆，特别是奇策线西南片所辖的南疆四地州城镇化率最低，也是新疆贫困乡镇的集中分布区。

（4）人口年龄结构分异。在表 4-19 中，与汉族人口老龄化日趋严重不同的是南疆四地州少数民族人口结构较为年轻。2018 年奇策线西南片区南疆四地州 17 岁以下未成年人口皆在总人口的 30% 以上，其中和田地区高达 39.4%，是石河子市（12.8%）的 3.1 倍、克拉玛依市（16.63%）的 2.4 倍、乌鲁木齐市（18.53%）的 2.1 倍。对比 34 岁（含）以下人口，和田、喀什分别是石河子市的 2.0 倍和 1.97 倍、克拉玛依市的 1.81 倍和 1.76 倍、乌鲁木齐市的 1.71 倍。与之形成鲜明对比的则是 60 岁以上的人口比例，和田地区为 6.78%，乌鲁木齐市、克拉玛依市皆为其 2.6 倍、石河子市则是其 3.2 倍（21.43%）。

表 4-19　　　　奇策线（新疆）城乡及年龄结构人口分布统计分析表

分　区			城乡人口结构		人口年龄结构			
			城镇人口	乡村人口	0～17 岁	18～34 岁	35～59 岁	60 岁以上
西侧	奇策线西北	人口/万人	557.63	409.85	202.28	223.69	396.45	145.06
		占比/%	57.6	42.40	20.90	23.10	41.00	15.00
	奇策线西南	人口/万人	2763.05	792.34	376.26	303.19	303.68	85.51
		占比/%	25.90	74.10	35.20	28.40	28.40	8.00
东侧	奇策线东北	人口/万人	50.01	69.27	27.97	28.14	46.81	16.36
		占比/%	41.90	58.10	23.45	23.60	39.30	13.70
	奇策线东南	人口/万人	70.60	57.42	29.69	31.02	51.24	16.30
		占比/%	55.20	44.80	23.00	24.20	40.00	12.73
人口总计/万人			954.58	1328.88	636.00	586.04	798.18	263.23
占比/%			41.8	58.2	27.8	25.7	35.0	11.5

4.4.2 经济总量及产业结构分异特征

1. GDP 分布特征

（1）表 4-20 中，2018 年奇策线两侧 GDP 为 13176.4 亿元，与 2000 年相比增长了近 10 倍。西北、西南、东北、东南四个分区分别占 67.9%、17.9%、6.4%、7.8%。其中，奇策线西侧占比达 85.8%，东侧仅占 14.2%。因此，奇策线是新疆经济发展的分异特征线。

表 4-20　　　　　　　2000—2018 年奇策线（新疆）各分区生产总值统计分析表

分　区		2000 年		2005 年		2010 年		2015 年		2018 年	
		GDP 总量 /亿元	占比 /%	GDP 总量 /亿元	占比 /%	GDP 总量 /亿元	占比 /%	GDP 总量 /亿元	占比 /%	GDP 总量 /亿元	占比 /%
西侧	奇策线西北	900.8	67.6	1886.6	68.0	4236.1	69.2	7443.7	67.4	8949.7	67.9
	奇策线西南	204.1	15.3	372.7	13.4	898.5	14.7	1924.4	17.5	2352	17.9
东侧	奇策线东北	93.7	7.0	188.3	6.8	350.2	5.7	632.2	5.7	847.2	6.4
	奇策线东南	134.9	10.1	325.7	11.7	640.1	10.4	1039	9.4	1027.5	7.8
合　计		1333.5	100	2773.3	100	6124.9	100	11039.3	100	13176.4	100

（2）表 4-21 中，2018 年奇策线各分区人均生产总值为 54866 元/人，与 2000 年相比增长了近 8 倍。奇策线西南片区所在的南疆四地州最低，仅为 22723 元/人。

表 4-21　　　　　2000—2018 年奇策线（新疆）各分区人均生产总值统计分析表　　　　单位：元/人

分　区		年　份				
		2000	2005	2010	2015	2018
西侧	奇策线西北	9175	17690	36737	62755	79694
	奇策线西南	2715	4512	9850	19340	22723
东侧	奇策线东北	8940	16754	28802	49831	71026
	奇策线东南	12998	27815	46862	74544	82723
平　均		6866	13069	26361	45106	54866

2. 产业布局的现状与特点

表 4-22 中，奇策线地区各产业生产总值均呈增加趋势，但各产业占比变化有所不同。奇策线地区第一产业占比从 2000 年的 23.8% 下降到 2018 年的 15.2%，第二产业占比从 2000 年的 40.7% 下降到 39.5%，但是第三产业占比从 2000 年的 35.5% 增加到 2018 年的 45.2%。

表 4-22　　　　　　　2000—2018 年奇策线（新疆）各分区三次产业统计表

年份	分　区	第一产业		第二产业		第三产业	
		总量/亿元	占比/%	总量/亿元	占比/%	总量/亿元	占比/%
2000	奇策线东北	14.1	15.1	51.8	55.3	27.8	29.6
	奇策线东南	23.6	17.5	83.7	62.0	27.6	20.4
	奇策线西北	178.0	19.8	370.2	41.1	352.6	39.1

年份	分区	第一产业		第二产业		第三产业	
		总量/亿元	占比/%	总量/亿元	占比/%	总量/亿元	占比/%
2000	奇策线西南	102.3	50.1	36.7	18.0	65.1	31.9
	小计	318.0	23.8	542.4	40.7	473.1	35.5
2010	奇策线东北	48.4	13.8	191.1	54.6	110.6	31.6
	奇策线东南	108.2	16.9	413.2	64.5	118.8	18.6
	奇策线西北	659.0	15.6	2066.7	48.8	1510.5	35.7
	奇策线西南	333.9	37.2	214.0	23.8	350.6	39.0
	小计	1149.5	18.8	2885	47.1	2090.5	34.1
2018	奇策线东北	90.1	10.6	479.4	56.6	277.7	32.8
	奇策线东南	155.3	15.1	560.1	54.5	312.1	30.4
	奇策线西北	1135.3	12.7	3456.5	38.6	4358	48.7
	奇策线西南	624.9	26.6	713.2	30.3	1013.9	43.1
	小计	2005.6	15.2	5209.2	39.5	5961.7	45.2

4.4.3 灌溉面积及发展变化分异特征

（1）根据遥感解译结果❸（表4-23），奇策线两侧的灌溉面积2000年以前缓慢增长，2000年以后快速增长，2018年达到13751.3万亩。38年间增加了5195.7万亩，年增速136.7万亩。其中西北、西南、东北、东南片区较1980年分别增加了2149.4万亩、2279.7万亩、153.8万亩、612.8万亩。

表4-23 　　　　　奇策线（新疆）各分区灌溉面积发展变化统计表　　　　单位：万亩

分区		年份				
		1980	1990	2000	2010	2018
西侧	奇策线西北	4530.3	4540.6	4600.8	6225.1	6679.7
	奇策线西南	3140.4	3140.4	3450.7	4616.8	5420.1
东侧	奇策线东北	306.0	304.3	314.2	468.4	459.8
	奇策线东南	578.9	578.0	619.2	994.4	1191.7
合　计		8555.6	8563.3	8984.9	12304.7	13751.3

（2）2018年奇策线西侧灌溉面积12099.8万亩，占新疆总灌溉面积的88%；东侧灌溉面积1651.5万亩，占12%。与1980年相比西侧增加4429.1万亩，占85.2%，年增速116.6万亩；东侧增加766.6万亩，占14.8%，年增速20.2万亩。因此，可以将奇策线定义为新疆灌溉农业的"九成"分界线。

4.4.4 水资源空间分布及分异特征

考虑跨界河流入境水量，新疆总水量为935.5亿 m³。水资源空间分布十分悬殊，西北半壁多，东南半壁少，其中奇策线西北侧为418.9亿 m³，占44.8%；奇策线东北片区的吐鲁番市、哈密市，总水量仅占 2.2%，降水量只有 60.3mm，水资源极度匮乏。

巴州地区虽位于奇策线东南，但开—孔河 49.2 亿 m³ 水量的产水区位于奇策线以西，另外区内产自于天山中段的 9.6 亿 m³ 流入天山北坡诸小河，产自阿拉沟水系的 1.5 亿 m³ 流入吐鲁番盆地，另有 10.5 亿 m³ 流入伊犁河，总计 70.8 亿 m³ 水资源量均发源于巴州地区奇策线以西。若按照河流水系的产水区位置分布，可将这部分水量划归于奇策线以西，则奇策线以西总水量为 869.3 亿 m³，占全疆的 92.9%（表 4-24）。因此，奇策线是新疆水资源空间分布的"九成"分异特征线。

表 4-24 1956—2016 年奇策线（新疆）各分区水资源总量统计分析表（基于产水区）

分 区		降水量 /mm	地表水资源量 /亿 m³	地下水资源 不重复量 /亿 m³	总水量 /亿 m³	占比 /%	产水模数 /(万 m³/km²)
西侧	奇策线西北	329.3	437.8	22.3	489.5	52.3	11.7
	奇策线西南	150.8	293.6	14.5	379.8	40.6	5.2
	小计	221.9	731.4	36.8	869.3	92.9	7.8
东侧	奇策线东北	60.3	16.6	4.0	20.6	2.2	1.0
	奇策线东南	56.0	43.2	2.1	45.4	4.9	1.0
	小计	57.3	59.8	6.1	66.0	7.1	1.0
合 计		154.6	791.3	43.0	935.5	100.0	5.0

注 本表考虑产流区位置，将巴州境内伊犁河、天山中段诸河、吐鲁番盆地和开—孔河水资源量归于奇策线以西。总水量中含入境水量。

参 考 文 献

［1］ 赵仁. 中国东西部区域经济差异研究［J］. 四川职业技术学院学报，2011，21（4）：30-31.

［2］ 牛树海，杨梦瑶. 中国区域经济差距的变迁及政策调整建议［J］. 区域经济评论，2020（2）：37-43.

［3］ 张存刚，王传智. 中国南北区域经济发展差异问题分析及建议［J］. 兰州文理学院学报（社会科学版），2019，35（6）：57-65.

［4］ 盛来运，郑鑫，周平，等. 我国经济发展南北差距扩大的原因分析［J］. 管理世界，2018，34（9）：16-24.

［5］ 蒋枫. 从四大经济板块的比较看中国区域经济协调发展思路［J］. 新疆农垦经济，2007（10）：36-41.

［6］ 戚伟，刘盛和. 中国城市流动人口位序规模分布研究［J］. 地理研究，2015，34（10）：1981-1993.

［7］ 黄贤金，金雨泽，徐国良，等. 胡焕庸亚线构想与长江经济带人口承载格局［J］. 长江流域资源与环境，2017，26（12）：1937-1944.

［8］ 马理，黎妮，马欣怡. 破解胡焕庸线魔咒实现共同富裕［J］. 财政研究，2018（9）：48-64.

［9］ 尹文耀，尹星星，颜卉. 从六十五年发展看胡焕庸线［J］. 中国人口科学，2016（1）：25-40，126.

［10］ 陈明星，李扬，龚颖华，等. 胡焕庸线两侧的人口分布与城镇化格局趋势：尝试回答李克强总理之问［J］. 地理学报，2016，71（2）：179-193.

［11］ 丁金宏，何书金. 中国人口地理格局与城市化未来：纪念胡焕庸线发现 80 周年学术研讨会在上海

举行［J］. 地理学报，2015，70（12）：1856.

［12］ 马海涛. 突破胡焕庸线：新型城镇化助推国土空间利用质量的均衡［J］. 科学，2015，67（3）：39-42.

［13］ 戚伟，刘盛和，赵美风."胡焕庸线"的稳定性及其两侧人口集疏模式差异［J］. 地理学报，2015，70（4）：551-566.

［14］ 方创琳. 中国城市群形成发育的新格局及新趋向［J］. 地理科学，2011，31（9）：1025-1034.

［15］ 吴炳方，曾红伟，陈曦. 基于空间认知的"丝绸之路经济带"耕地利用模式［J］. 中国科学院院刊，2016，31（5）：542-549.

［16］ 王桂新，潘泽瀚. 中国人口迁移分布的顽健性与胡焕庸线［J］. 中国人口科学，2016（1）：2-13，126.

［17］ 张永岳，宋艳姣，张传勇. 新型城镇化与"胡焕庸线"的突破可能性［J］. 华东师范大学学报（哲学社会科学版），2015，47（2）：101-112，171.

［18］ 郭华东，王心源，吴炳方，等. 基于空间信息认知人口密度分界线——"胡焕庸线"［J］. 中国科学院院刊，2016，31（12）：1385-1394.

［19］ 陆大道，王铮，封志明，等. 关于"胡焕庸线能否突破"的学术争鸣［J］. 地理研究，2016，35（5）：805-824.

［20］ 邓铭江. 南疆未来发展的思考——塔里木河流域水问题与水战略研究［J］. 干旱区地理，2016，39（1）：1-11.

［21］ 邓铭江. 中国西北"水三线"空间格局与水资源配置方略［J］. 地理学报，2018，73（7）：1189-1203.

［22］ 王玉宝，刘显，史利洁，等. 西北地区水资源与食物安全可持续发展研究［J］. 中国工程科学，2019，21（5）：38-44.

［23］ 王思博，陈彦博. 能源产业投资依赖性与西部地区经济增长关系研究——基于空间面板杜宾模型的实证分析［J］. 生态经济（中文版），2018，34（3）：72-75.

第2篇

西北地区协调发展的地理—生态—经济学理论基础

导读

1. **规划依据**：从西部大开发到区域协调发展新机制、构建"内循环＋双循环"发展新格局，再到推进西部大开发形成新格局等一系列国家战略，都是支撑西部地区协调发展的"顶层设计"，全面确立西北"水三线"在全球空间格局与国家发展格局中的"大开放、大循环、大安全、大保护、大融合"的战略定位。

2. **应用指导**：以政治地理学与地缘政治学为指导，构建欧亚大陆经济走廊，保障国家安全；以区域经济学为指导，构建丝绸之路核心枢纽区，协调区域发展；以生态经济学为指导，构建国土空间生态安全屏障，发展绿色低碳经济，建设生态文明社会；以发展经济学为指导，构建"双循环"发展格局，调节资源禀赋要素。

3. **发展目标**：基于西北"水三线"地理—生态—经济学理论体系，促进地区协调发展，拓展国土发展空间，推进西部大开发形成新格局。

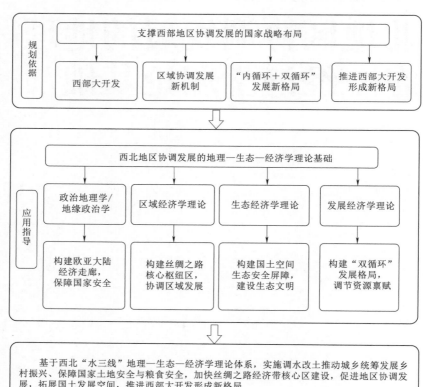

第5章 西部地区协调发展的国家战略布局

5.1 西部大开发的提出与总体要求

5.1.1 国家主要领导人关于西部大开发的重要论述

1. 邓小平"两个大局"的战略发展思想

20世纪80年代，我国改革开放之初，邓小平同志明确提出了"两个大局"的伟大构想：一个大局，就是东部沿海地区加快对外开放，使之较快地先发展起来，中西部地区要顾全这个大局。另一个大局，就是当发展到一定时期，比如本世纪末全国达到小康水平时，就要拿出更多的力量帮助中西部地区加快发展，东部沿海地区也要服从这个大局❶。

1978年邓小平同志在十一届三中全会前指出："在西北、西南和其他一些地区，那里的生产和群众生活还很困难，国家应当从各方面给予帮助，特别要从物质上给予有力的支持❷。"在谈到先发展地区如何带动后发展地区最终达到共同富裕时，他指出先进地区帮助落后地区是一个义务，认为"解决的办法之一，就是先富起来的地区多交点利税，支持贫困地区的发展❸"。他强调利用东部沿海地区的优势来带动中西部地区的发展，认为"沿海如何帮助内地，这是一个大问题❷"。

之后几年，他不仅提出东部和西部要建立经济协作区，通过经济协作与联合的方式，帮助中西部地区的发展；还提出了对口支援、包省发展、技术转让的思想，东西部各省区通过建立互助关系，对口帮扶，技术转让，来带动中西部地区的开发和发展。

2. 胡耀邦经济开拓重点转移的思想

20世纪80年代初，胡耀邦多次深入西藏、青海、甘肃、贵州、云南等西北、西南地区考察，他强调：从眼前来看，这些地区经济不发达，与沿海和中部地区相比有较大的差距，但是这些地区幅员辽阔，自然资源极其丰富，发展起来拥有巨大的优势。他从国家长远发展和繁荣富强的战略高度分析后认为，我国国民经济的战略部署要在20世纪末实现翻两番的基础上，进一步实现未来20年、50年的宏伟计划，势必要将我国经济开拓的重

---

❶ 抓住历史机遇 加快西部开发 [EB/OL]. [2000-03-18]. https://www.gmw.cn/01gmrb/2000-03/18/GB/03％5E18363％5E0％5EGMA2-108.htm

❷ 邓小平. 邓小平文选（第二卷）[M]. 北京：人民出版社，1994.

❸ 邓小平. 邓小平文选（第三卷）[M]. 北京：人民出版社，2001.

点转移到西部来。西部地区将是 21 世纪把我国建设成社会主义强国的巨大基地。中央对于将 20 世纪末我国经济开拓的重点转向西部，取得了广泛的共识。胡耀邦还在中央书记处的会议上提出，在制订"七五"计划时，对西部地区要"适当照顾，稍微优先一下[1]。"

1984 年初，胡耀邦与贵州省、云南省、四川省以及重庆市的领导座谈商讨，促成"三省四方（即云、贵、川三省加重庆市）经济协调会议"，以加强相互合作，共同努力。后来，广西壮族自治区也参加进来，"三省四方"变成了"四省五方"。1986 年和 1990 年，西藏自治区和成都市也先后加入，"四省区五方经济协调会"也相继更名为"五省区六方经济协调会""五省区七方经济协调会"，以此探索出一条搞活和开发落后地区经济的新路子，使西南地区的各族人民尽快地富裕起来[2-3]。

3. 江泽民西部大开发的战略思想

1999 年 3 月以来，江泽民同志多次在有关会议上提出了实施西部大开发的问题，他指出：实施西部地区大开发是全国发展的一个大战略、大思路。对此，全党全国上下要提高和统一认识，同时要精心研究、统筹规划，科学地提出大开发的政策、方法、实施步骤和组织形式等❹。

江泽民在西北五省区国有企业改革和发展座谈会上指出："现在我们正处于世纪之交，应该向全党和全国人民明确指出，必须不失时机地加快中西部地区的发展，特别是抓紧研究西部地区大开发❺。"他还提出了加快西部地区开发的总原则，即"把加快西部地区经济社会发展同保持社会政治稳定、加强民族团结结合起来，把西部地区发展同实现全国第三步发展战略目标结合起来，在国家财力稳定增长的前提下，通过转移支付，逐步加大对西部地区的支持力度；在充分调动西部地区自身积极性的基础上，通过政策引导，吸引国内外资金、技术、人才等投入西部开发，有目标、分阶段地推进西部地区人口、资源、环境与经济社会协调发展❺"。

1999 年 9 月党的十五届四中全会通过《中共中央关于国有企业改革和发展若干重大问题的决定》，决定实施西部大开发战略。国家成立了国务院西部地区开发领导小组，研究加快西部地区发展的基本思路和战略任务，部署实施西部大开发的重点工作。2000 年年初，国家西部地区开发会议召开，标志着西部大开发战略的正式启动和实施[4-5]。

4. 胡锦涛西部大开发的科学发展观

胡锦涛在宁夏考察工作时强调："党中央关于实施西部大开发战略的重大决策是非常正确的，采取的一系列政策措施是卓有成效的。西部大开发第一个 10 年取得了良好开局、打下了坚实基础，第二个 10 年将成为承前启后、深入推进的关键时期。中央将把深入实施西部大开发战略作为具有全局意义的重大方针、作为'十二五'时期经济社会发展的重大任务，进一步完善扶持政策，进一步加大资金投入，进一步体现项目倾斜，以更大的决心、更强的力度、更有效的举措，推动西部地区经济社会又好又快发展，为我国发展开拓新的广阔空间❻。"

---

❹　林家彬. 实施西部大开发战略的若干政策思考［J］. 中国科技月报，2000（3）：30 – 34.
❺　江泽民. 江泽民文选（第二卷）［M］. 北京：人民出版社，2006.
❻　塞上春来展新图——记胡锦涛书记在宁夏考察工作［N］. 攀枝花日报，2010 – 03 – 24.

在新疆工作座谈会上强调指出："做好新形势下新疆工作，是提高新疆各族群众生活水平，实现全面建设小康社会目标的必然要求，是深入实施西部大开发战略、培育新的经济增长点、拓展我国经济发展空间的战略选择，是我国实施互利共赢开放战略、发展全方位对外开放格局的重要部署，是加强民族团结、维护祖国统一、确保边疆长治久安的迫切要求。全党全国必须充分认识做好新疆工作对党和国家工作全局的重大意义，深刻理解邓小平同志'两个大局'战略思想和中央西部大开发战略决策的重大意义❼，切实做好新形势下新疆工作，把新疆经济社会发展搞上去，把新疆长治久安工作搞扎实，推进新疆跨越式发展和长治久安，不断开创新疆工作新局面。"

在西部大开发工作会议上强调指出：深入实施西部大开发战略是实现全面建设小康社会宏伟目标的重要任务。今后 10 年是全面建设小康社会的关键时期，也是深入推进西部大开发承前启后的关键时期❻。西部地区综合经济实力要上一个大台阶，基础设施更加完善，现代产业体系基本形成，建成国家重要的能源基地、资源深加工基地、装备制造业基地和战略性新兴产业基地；人民生活水平和质量上一个大台阶，基本公共服务能力与东部地区差距明显缩小；生态环境保护上一个大台阶，生态环境恶化趋势得到遏制[6]。奋力将西部大开发推向深入，努力建设经济繁荣、社会进步、生活安定、民族团结、山川秀美的西部地区。

5. 习近平西部大开发取得新格局的战略思想

习近平总书记每年两会期间在参加边疆省（自治区）代表团审议以及赴内蒙古、甘肃、新疆、云南等边疆地区考察工作时，都会在尊重边疆统一性的前提下，强调各边疆省区的特殊优势。一是区位优势：边疆省（自治区）靠近边界，与周边国家相邻，是沿边开放的桥头堡，是沟通联系东北亚、中亚、南亚、东南亚的前沿地区。二是能源资源优势：能源资源是一个国家赖以生存与发展的重要物质基础，边疆地区是我国能源资源的富集区，自然和生态资源十分丰富。三是生态优势：边疆地区是国家生态安全的屏障，良好的生态环境是边疆地区的重要优势[7]。

习近平总书记在第二次新疆座谈会上强调：以邓小平理论、"三个代表"重要思想、科学发展观为指导，坚决贯彻党中央关于新疆工作的大政方针，围绕社会稳定和长治久安这个总目标，以推进新疆治理体系和治理能力现代化为引领，以经济发展和民生改善为基础，以促进民族团结、遏制宗教极端思想蔓延等为重点，坚持依法治疆、团结稳疆、长期建疆，努力建设团结和谐、繁荣富裕、文明进步、安居乐业的社会主义新疆。还指出：对南疆发展，要从国家层面进行顶层设计，实行特殊政策，打破常规，特事特办❽。

在第十二届全国代表大会第五次会议新疆代表团参加审议时强调："新疆是我国西北重要安全屏障，战略地位特殊、面临的问题特殊、做好新疆工作意义重大❾。"还指出：要

---

❼ 中共中央国务院召开新疆工作座谈会 [N]. 中国文化报，2010 - 05 - 21（01）.

❽ 习近平主持第二次中央新疆工作座谈会 [N]. 人民日报，2014 - 05 - 30（01）.

❾ 习近平参加十二届全国人大五次会议新疆代表团审议时强调：围绕社会稳定和长治久安总目标努力建设中国特色社会主义新疆 [N]. 新疆日报，2017 - 09 - 27.

贯彻新发展理念，坚持以提高发展质量和效益为中心，以推进供给侧结构性改革为主线，培育壮大特色优势产业，加强基础设施建设，加强生态环境保护，严禁"三高"项目进新疆，加大污染防治和防沙治沙力度，努力建设天蓝地绿水清的美丽新疆。

在第三次新疆座谈会上强调指出："当前和今后一个时期，做好新疆工作，要完整准确贯彻新时代党的治疆方略，牢牢扭住新疆工作总目标，依法治疆、团结稳疆、文化润疆、富民兴疆、长期建疆，以推进治理体系和治理能力现代化为保障，多谋长远之策，多行固本之举，努力建设团结和谐、繁荣富裕、文明进步、安居乐业、生态良好的新时代中国特色社会主义新疆❿。"

在考察宁夏时强调：要把保障黄河长治久安作为重中之重，实施河道和滩区综合治理工程，统筹推进两岸堤防、河道控导、滩区治理，推进水资源节约集约利用，统筹推进生态保护修复和环境治理，努力建设黄河流域生态保护和高质量发展先行区⓫。

在考察甘肃时指出：要聚焦补齐全面建成小康社会短板，推进供给侧结构性改革，加快构建覆盖城乡、功能完备、支撑有力的基础设施体系，加快改造传统产业，培育新兴产业，加大改革攻坚力度，加快构建开放新格局，积极发展高附加值特色农业，统筹旅游资源保护和开发，不断夯实高质量发展基础⓫。

还强调：要加强生态环境保护，正确处理开发和保护的关系，加快发展生态产业，构筑国家西部生态安全屏障。

在考察青海时指出："青海最大的价值在生态、最大的责任在生态、最大的潜力也在生态，必须把生态文明建设放在突出位置来抓⓬。"青海必须担负起保护三江源、保护"中华水塔"的重大责任。要坚持保护优先，坚持自然恢复和人工恢复相结合，从实际出发，全面落实主体功能区规划要求，使保障国家生态安全的主体功能全面得到加强。要统筹推进生态工程、节能减排、环境整治、美丽城乡建设，加强自然保护区建设，搞好三江源国家公园体制试点，加强环青海湖地区生态保护，加强沙漠化防治、高寒草原建设，加强退牧还草、退耕还林还草、三北防护林建设，加强节能减排和环境综合治理，确保"一江清水向东流"。

5.1.2　西部大开发提出的背景

1. 基于"两个大局"的战略思想

西部大开发是中央第三代领导集体，按照邓小平同志提出的"两个大局"思想，开创建设有中国特色社会主义事业新局面的重要战略部署。西部大开发是面向 21 世纪的一项大战略、大政策。实施西部大开发战略，加快西部发展，逐步缩小各地区之间的发展差距，实现区域经济协调发展，最终达到各地区经济普遍繁荣和全体人民共同富裕，既是社

---

❿　习近平在第三次中央新疆工作座谈会上强调，坚持依法治疆团结稳疆文化润疆富民兴疆长期建疆，努力建设新时代中国特色社会主义新疆 [N]. 新疆日报，2020 - 09 - 27.

⓫　习近平：团结一心开创富民兴陇新局面 [EB/OL]. [2019 - 08 - 22]. https：//baijiahao. baidu. com/s? id＝1642565239035856638＆wfr＝spider＆for＝pc.

⓬　习近平在青海考察时强调：尊重自然顺应自然保护自然坚决筑牢国家生态安全屏障 [N]. 人民日报，2016 - 08 - 25.

会主义本质特征的要求，亦是国民经济持续协调发展的内在需要。

2. 新世纪启动西部大开发取得新进展

西部大开发战略具有重要的全局意义。1999 年 6 月，江泽民总书记在西北五省区国有企业改革发展座谈会上强调，要"抓住世纪之交历史机遇，加快西部地区开发步伐❺。"根据党中央和国务院的部署，2000 年 3 月国务院成立西部地区开发领导小组办公室，并以做好西部开发的总体规划、制定促进西部开发的政策措施、加快西部地区基础设施建设、加强西部地区生态环境保护和建设为重点任务，开启这一关系到民族团结、社会稳定和边防巩固，关系到东西部协调发展和最终实现共同富裕，面向 21 世纪的大战略。经过 20 年的努力，西部地区经济社会发展取得重大历史性成就，为决胜全面建成小康社会奠定了比较坚实的基础，也扩展了国家发展的战略回旋空间。

3. 新时代推进西部大开发形成新格局

2020 年 5 月党中央、国务院从全局出发，根据中国经济发展的实际，审时度势，顺应中国特色社会主义进入新时代、区域协调发展进入新阶段的新要求，统筹国内国际两个大局，颁布了《关于新时代推进西部大开发形成新格局的指导意见》（以下简称指导意见）❸。指导意见指出：新时代继续做好西部大开发工作，对于增强防范化解各类风险能力，促进区域协调发展，决胜全面建成小康社会，开启全面建设社会主义现代化国家新征程，具有重要现实意义和深远历史意义。面对新冠疫情影响下的国内国际形势，继续把加快西部地区的发展作为一项重大的战略任务，摆到更加突出的位置，对国家经济布局指向和区域经济政策做出调整，这其中蕴含着极其深刻的战略思想和政治远见。因此，当前实施西部大开发战略不是要不要继续的问题，而是已经成为刻不容缓的重大现实问题。

5.1.3 西部大开发的目标任务与总体要求

1. 新世纪西部大开发目标任务与总体要求

到 21 世纪中叶全国基本实现现代化时，从根本上改变西部地区相对落后的面貌，努力建成一个山川秀美、经济繁荣、社会进步、民族团结、人民富裕的新西部。21 世纪头10 年，力争使西部地区基础设施和生态环境建设取得突破性进展，特色经济和优势产业有较大发展，重点地带开发步伐明显加快，确保西部开发有一个良好的开局。提出了"50年三阶段"的总体要求：①2001—2010 年奠定基础阶段，重点是调整结构，搞好基础设施、生态环境、科技教育等基础建设，建立和完善市场体制，培育特色产业增长点，使西部地区投资环境初步改善，生态和环境恶化得到初步遏制，经济运行步入良性循环，增长速度达到全国平均增长水平；②2011—2030 年加速发展阶段，巩固提高基础，培育特色产业，实施经济产业化、市场化、生态化和专业区域布局的全面升级，实现经济增长的跃进；③2031—2050 年全面推进现代化阶段，在一部分率先发展地区增强实力，融入国内国际现代化经济体系自我发展的基础上，着力加快边远山区、落后农牧区开发，普遍提高

---

❸ 中共中央国务院关于新时代推进西部大开发形成新格局的指导意见［EB/OL］.［2020－05－17］. http://www.gov.cn/zhengce/2020－05/17/content_5512456.htm.

西部人民的生产、生活水平，全面缩小差距[8]。

2. 新时代推进西部大开发形成新格局和实现高质量发展的总体要求

以习近平新时代中国特色社会主义思想为指导，统筹推进"五位一体"总体布局，协调推进"四个全面"战略布局，落实总体国家安全观，坚持稳中求进工作总基调，坚持新发展理念，坚持推动高质量发展，坚持以供给侧结构性改革为主线，深化市场化改革、扩大高水平开放，坚定不移推动重大改革举措落实，防范化解推进改革中的重大风险挑战。强化举措抓重点、补短板、强弱项，形成大保护、大开放、高质量发展的新格局，推动经济发展质量变革、效率变革、动力变革，促进西部地区经济发展与人口、资源、环境相协调，实现更高质量、更有效率、更加公平、更可持续的发展。

5.1.4　取得的成就与存在的差距

近 20 年来，西部大开发在中央和地方的共同努力下，经济社会发展、人民生活水平、基础设施、生态环境建设、文化教育等方面取得了重大成就。在这期间，多项重点工程建成投运，如：青藏铁路、南水北调、西气东输、北煤南运、西油南输、西电东送、西棉东调、南菜北运、民航机场以及正在建设的川藏铁路等，还有一大批中央支持地方重点项目[9]。但与东部地区相比，在经济总量、全社会固定资产投资、财政收入、企业经营绩效、对外贸易、居民收入水平等方面仍然存在较大差距。

1. 西部大开发取得的主要成就

（1）以加快发展为第一要务，国家不断加大支持力度，西部地区经济社会发展不断加快。近 20 年来，西部地区 GDP 总量增加了 187908 亿元，达到 205185 亿元，占全国比重的 20.7%[14]。从西部各省市经济发展来看，2018 年四川省地区生产总值高达 40678 亿元，在西部各省市中大幅领先；2018 年陕西省的 GDP 总量超过 20000 亿元，年均 GDP 增加率为 16.3%，增幅及增速明显高于西部其他省市[9-10]。

从产业结构方面来看，西部地区第一产业占比呈现逐年下降趋势，由 2000 年的 21.4% 下降到 2019 年的 10.9%[15]；第三产业发展持续壮大，服务业占比进一步提升，2019 年超过第二产业达到 51.1%，产业升级步伐明显加快[16]。

（2）以基础设施、生态环境建设为突破口，西部地区发展的基础性问题开始得到解决。基础设施建设既是补短板的需要，也是加快西部地区经济发展的重要手段。在西部大开发的过程中，国家对水利、能源、交通等基础设施进行了建设，还完成了青藏铁路、西气东输、西电东送等大型工程。其中西气东输工程提前一年全线贯通并投入商业运营，西电东送工程新增向广东送电 1000 万 kW 的任务提前完成，青藏铁路提前一年全线铺通。西部地区铁路运营里程从 2000 年的 2.2 万 km 增加到 2017 年的 5 万 km 以上[16]，以铁路和

---

❶　高云虹，张彦淑，杨明婕. 西部大开发 20 年：西北地区与西南地区的对比 [J]. 区域经济评论，2020 (5)：36-51.

❶　宋周莺，刘卫东. 西部地区产业结构优化路径分析 [J]. 中国人口·资源与环境，2013，23 (10)：31-37.

❶　任保平，岳利萍，郭晗. 西部大开发 20 年：中国西部地区繁荣发展道路 [M]. 北京：社会科学文献出版社，2019.

公路为代表的交通基础设施建设步伐明显加快。

通过防风固沙、防治水土流失、提高水源涵养能力、恢复林草植被、保护生物多样性等一系列生态保护措施，稳步实现以塔里木河流域、黑河流域、内蒙古草原、疏勒河流域及天山北麓等地区的生态修复和草原荒漠化防治，以陕西北部及中部、宁夏南部、甘肃东中部及青海东部为主的黄土高原综合治理，以青海三江源、西藏东北部、祁连山及四川西部等为主的三江水源涵养区综合治理，以四川南部、贵州、重庆东部、云南东中部等为主的西南石漠化防治区综合治理，以武陵山、秦巴山、四川西南部、云南西北部等为主的森林生态功能区综合治理❶。

(3) 坚持以人为本的指导思想，西部地区人民生活水平不断提高。实施西部大开发以来，西部各省居民消费水平不断提高，内蒙古、广西、云南、新疆等 9 个省（自治区）居民人均消费水平年均增长幅度超过 10%，其中 2017 年新疆居民人均消费水平提升到 16736 元，是 2000 年的 6.3 倍。就业保证率大幅提高，医疗卫生服务保障水平也大幅提升，集中连片特困地区的贫困问题得到明显改善。

(4) 以改革开放为动力，西部经济社会发展活力不断提高。西部大开发以来，国家把深化改革、扩大开放作为西部大开发的强大动力和重大任务，积极推动国有企业改革，大力发展混合所有制经济。西部各级地方政府积极鼓励、支持、引导个体私营等非公有制经济发展，大力完善市场体系，不断改善投资环境，进一步拓宽东西合作和对外开放领域。

经过 70 多年来的大规模建设，西北地区已初步形成以兰州为中心的黄河上游能源化工基地，以河西走廊为中心的有色金属基地，以西安为中心的高科技综合工业基地，以乌鲁木齐为中心的天山北坡经济开发带，以库尔勒为中心的石油化工基地，以格尔木为中心的盐化工基地，构成了以资源基础加工为主的工业体系。农业方面，通过大力发展灌溉事业，形成了北疆、南疆、东疆、河西走廊、宁蒙河套、关中盆地等大片人工绿洲，有力推动了当地生产的发展。西部地区已经形成西北草原荒漠化防治区、天山南北麓地区、河西走廊等 13 个绿色发展引领区，这些地区主要是重点生态功能区和农产品主产区，但在空间布局上还缺乏绿色发展产业引领区、绿色发展技术示范区等，未来要通过技术创新推动这些示范区的建设，培育绿色发展增长极，并发挥辐射效应，持续扩展西部地区绿色发展的空间布局[9-11]。

2. 东西部地区差距比较

(1) 经济总量差距。2000 年，东部、中部、西部地区 GDP 总量分别为 52743 亿元、18900 亿元和 17276 亿元。2019 年，东部、中部、西部地区 GDP 总量分别为 511161 亿元、218737 亿元和 205185 亿元，东部和西部相差额度扩大，分别是 2000 年的 9.7 倍和 11.9 倍❶。尽管西部地区的经济规模不断扩大，但东西部 GDP 差额却逐年增大[10]。

(2) 全社会固定资产投资差距。2000 年西部地区全社会固定资产投资为 5421.3 亿元，同期东部地区为 17330.3 亿元，东西差额为 11909 亿元。2017 年西部地区全社会固定资产投资增长到 169715 亿元，同期东部地区达到 268911 亿元，东西差额进一步扩大到 99196 亿元❶。整体来看，西部大开发实施以来，西部地区整体投资水平得到显著提升，但相对于东部地区的差距在不断加大，不过这种扩大的幅度明显降低❶。

（3）财政收入差距。2000 年西部地区地方财政收入为 1029.7 亿元，同期东部地区为 3322.5 亿元，东西差额为 2292.8 亿元。2017 年西部地区地方财政收入增加到 17787.3 亿元，同期东部地区达到 52495.3 亿元，东西差额进一步增大到 34708 亿元。近 10 年来，东西部地区的差额增大了近 3 倍❶。

（4）对外贸易差距。2000 年西部地区的进出口额分别为 59.8 亿美元和 77.2 亿美元，东西差额分别为 1465.4 亿美元和 1694.3 亿美元。2017 年西部地区的进出口额分别增长到 7894.9 亿美元和 10051 亿美元，东西差额分别高达 101214.6 亿美元和 116660.4 亿美元。由此可见，西部地区的进出口额提升幅度较大，近 20 年间翻了近百倍，对外贸易整体水平得到了显著的提升。不过相较于东部，西部地区对外贸易差距仍十分明显，东西差额巨大，且这种差距呈逐年扩大的趋势❶。

（5）居民收入水平差距。2000 年以来，西部地区城、乡居民人均可支配收入均不断增加，分别从 2000 年的 5572.84 元、1633.43 元增加到 2019 年的 35742.97 元、12817.13 元，20 年间分别净增 30170.13 元、11183.7 元。东西差额则分别由 2000 年的 2004.4 元、1907.1 元增加到 2017 年的 12266.3 元、7990.2 元。由此可见，实施西部大开发战略以来，东西部居民收入差距逐年增大，但整体涨幅却不明显❶。

5.2　区域发展总体布局与西部大开发

2005 年国务院发展研究中心发布《地区协调发展的战略和政策》报告指出，中国所沿袭的东、中、西区域划分方法已经不合时宜。为此，"十一五"提出了新划分办法，将中国内地划分为东部、中部、东北、西部"四大板块"，代表区域发展战略从非均衡发展向协调发展的转变，并不断完善形成以下总体格局。

（1）"四大板块"协调联动，优势互补、交错互融。强化举措推进西部大开发形成新格局、深化改革加快东北等老工业基地振兴、发挥优势推动中部地区崛起、创新引领实现东部地区优化发展。

（2）五大国家战略创新引领，联南接北、承东启西。以推进京津冀协同发展、粤港澳大湾区建设、长三角一体化发展、长江经济带发展、黄河流域生态保护和高质量发展等重大战略为驱动引领，促进区域间相互融通补充。

（3）以"一带一路"倡议为驱动引领，形成"陆海统筹"和"双循环"发展新格局。助推沿海、内陆、沿边地区协同开放，以国际经济合作走廊为主骨架，加强重大基础设施互联互通，构建统筹国内国际、协调国内"四大板块"区域发展新格局。加速形成以国内大循环为主体，国内国际双循环相互促进的新发展格局。

（4）新时代推进西部大开发形成新格局。中共中央、国务院 2018 年颁布了《关于建立更加有效的促进区域协调发展新机制的意见》。2020 年 5 月颁布了《关于新时代推进西部大开发形成新格局的指导意见》，要求继续做好西部大开发工作，并且进一步明确了推

---

❶　杨锦英，郑欢，方行明 . 中国东西部发展差异的理论分析与经验验证［J］. 经济学动态，2012（8）：63－69.

进西北地区高质量发展的国家定位。

进入新发展阶段，贯彻新发展理念，构建新发展格局，对于西部经济发展来说，是一个重要机遇，是缩小我国东西部差距和南北差距的一个途径。西北地区面积占全国的1/3，是支撑我国社会经济可持续发展的重要基地。该地区土地资源丰富，光热条件较好，有发展农林牧业的潜力，在粮食、肉类等农牧产品的生产方面能够起到战略后备作用。矿产资源种类多、储量大，在全国具有举足轻重的地位。但西部地区处在生态脆弱地带，气候干旱，降雨量偏少，蒸发量较大，特殊的地理位置及气候条件决定了西北地区水资源短缺、生态环境脆弱的状况。且随着我国社会经济的快速发展，西北地区在涉及民生的农业、工业、生活、生态等方面也衍生出了诸多问题。在经济开发中遇到的水资源利用与生态保护的矛盾较之东部要复杂、严峻得多。地区性经济差异十分明显，国土空间发展暴露出的不均衡、不协调、不安全问题进一步显现。

因此，应将西部大开发放到国家区域协调发展的总体布局中、放到陆海统筹推进"一带一路"高质量建设空间格局中统筹安排。以国家发展战略为引领，以创建区域协调发展新机制为突破口，以构建"双循环"新格局为契机，以推动西部大开发形成新格局为目标，这是西部未来发展的空间定位、战略指导和科学路径（图5-1）。

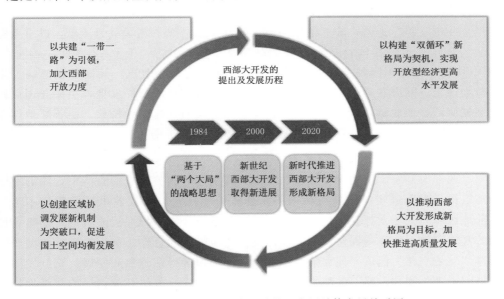

图5-1 西部大开发与国家区域协调发展总体布局关系图

5.2.1 共建"一带一路"加大西部开放力度

1. "一带一路"倡议的时代背景

"一带一路"是"丝绸之路经济带"和"21世纪海上丝绸之路"的简称，不仅是对古丝绸之路的继承和发展，也是对"和平合作、开放包容、互学互鉴、互利共赢"丝路精神的复兴。

在当前全球经济面临严峻挑战的大背景下，加强区域合作是推动世界经济振兴发展的重要动力。2013年国家主席习近平提出建设"新丝绸之路经济带"和"21世纪海上丝绸之路"的合作倡议，同时，还创新地提出了陆海统筹的理念，赋予了古丝绸之路新的内涵和生命⑱。依靠中国与有关国家既有的双多边机制，借助既有的、行之有效的区域合作平台，积极发展与沿线国家的经济合作伙伴关系，共同打造政治互信、经济融合、文化包容的利益共同体、命运共同体和责任共同体。

在国家"稳定西北，以利经略东南"的谋篇布局中，"一带一路，陆海统筹"将"海防"与"塞防"这两个易于失衡的重要节点牢牢地连接在一起，不仅要利用海洋的平台，还要利用陆地国际的大通道，实现中华民族从"深海"到"深陆"——欧亚大陆纵深的伟大跨越，统筹区域发展与国家安全"两个"大格局，这才是实现中华民族伟大复兴的宏伟战略。

"一带一路"贯穿亚欧非大陆，涵盖了欧洲、中亚、南亚、东南亚、西亚、东北非等65 个相关的国家，一头是活跃的东亚经济圈，一头是发达的欧洲经济圈，中间广大腹地国家经济发展潜力巨大。覆盖总人口约 44 亿人，经济总量达 21 万亿美元，分别约占全球总量中的 63％和 29％[12]。丝绸之路经济带有三条重点线路，即：中国经中亚、俄罗斯至欧洲（波罗的海）；中国经中亚、西亚至波斯湾、地中海；中国至东南亚、南亚、印度洋。21 世纪海上丝绸之路重点方向是从中国沿海港口过南海到印度洋，延伸至欧洲；从中国沿海港口过南海到南太平洋。

根据"一带一路"走向，陆上依托国际大通道，以沿线中心城市为支撑，以重点经贸产业园区为合作平台，共同打造新亚欧大陆桥、中国—蒙古—俄罗斯、中国—中亚—西亚、中国-中南半岛等国际经济合作走廊；海上以重点港口为节点，共同建设通畅安全高效的运输大通道。陆海联动发展，推动了陆地经济与海洋经济协同发展，引领各国更好地融入全球供应链、产业链、价值链，为"一带一路"文明交流架设桥梁，引领陆地国家和海洋国家广泛开展人文交流，为陆海文明相融相通开辟新路径[13]。

2. 加大西部开放力度的主要措施

在国家西部大开发、沿边开发开放、发展民族地区等相关政策的支持下，西部地区的社会经济取得了显著进步，但是与我国中东部省份相比，对外开放水平仍明显不足。因此，西部地区应当充分发挥区位优势，凸显其通道价值，牢牢把握战略机遇，实行更加积极主动的开放政策，加强与周边国家和我国其他省份的互动合作，全面提升开放型经济水平。通过"一带一路"倡议，使大陆腹地和中西部的地区得到开放和发展，充分发挥西部地区连接"一带"和"一路"的纽带作用，成为国家构建全方位开放格局的前沿地带，也成为中国与众多邻国以及欧亚国家互联互通的门户和纽带[14]。

（1）强化开放大通道建设。积极发展多式联运，加快铁路、公路与港口、园区连接线建设，强化沿江铁路通道运输能力和港口集疏运体系建设，包括：依托长江黄金水道，构建陆海联运、空铁联运、中欧班列等有机结合的联运服务模式和物流大通道；支持在西部地区建设无水港；优化中欧班列组织运营模式，加强中欧班列枢纽节点建设。进一步完善口岸、跨境运输和信息通道等开放基础设施，加快建设开放物流网络和跨境邮递体系，包括：加快中国—东盟信息港建设；通过"一带一路"沿线的交通、信息、油气管道等互联

---

⑱ 张远鹏，张莉. 陆海统筹推进"一带一路"建设探索［J］. 太平洋学报，2019，27（2）：63－70.

互通的大通道建设；继续改善西部欠发达地区交通、物流等基础设施；打破制约其长期发展的桎梏；刺激投资贸易等经济活动，进一步增强经济活跃度。

（2）构建内陆多层次开放平台。提高西安、银川、西宁、乌鲁木齐、兰州、呼和浩特等省会（首府）城市面向毗邻国家的次区域合作支撑能力。支持西部地区自由贸易试验区在投资贸易领域依法依规开展先行先试，探索建设适应高水平开放的行政管理体制。加快内陆开放型经济试验区建设，研究在内陆地区增设国家一类口岸。整合规范现有各级各类基地、园区，加快开发区转型升级。引进发展优质医疗、教育、金融、物流等服务。办好各类国家级博览会，提升西部地区影响力。

（3）加快沿边地区开放发展。完善沿边重点开发开放试验区、边境经济合作区、跨境经济合作区布局，支持在跨境金融、跨境旅游、通关执法合作、人员出入境管理等方面开展创新。扎实推进边境旅游试验区、跨境旅游合作区、农业对外开放合作试验区等建设。统筹利用外经贸发展专项资金，以支持沿边地区外经贸发展。完善边民互市贸易管理制度，深入推进兴边富民行动。

（4）发展高水平开放型经济。落实好外商投资准入前国民待遇加负面清单管理制度，有序开放制造业，逐步放宽服务业准入，提高采矿业开放水平。支持西部地区按程序申请设立海关特殊监管区域，支持区域内企业开展委内加工业务。加强农业开放合作。推动西部优势产业企业积极参与国际产能合作。支持建设一批优势明显的外贸转型升级基地。建立东中西部开放平台对接机制，共建项目孵化、人才培养、市场拓展等服务平台，在西部地区打造若干产业转移示范区。

（5）拓展区际互动合作。积极对接京津冀协同发展、长江经济带发展、粤港澳大湾区建设等重大战略，进一步加强区域经济合作。支持青海、甘肃等省份加快建设长江上游生态屏障，探索协同推进生态优先、绿色发展新路径。推动东西部自由贸易试验区交流合作，加强协同开放。支持跨区域共建产业园区，鼓励探索"飞地经济"等模式。推动兰州—西宁、呼包鄂榆、宁夏沿黄、天山北坡等城市群互动发展，支持南疆地区开放发展。支持陕甘宁、川陕等革命老区建立健全协同开放发展机制，加快推进重点区域一体化进程。

5.2.2　创建区域协调发展新机制促进国土空间均衡发展

实施区域协调发展战略是新时代国家重大战略之一，是贯彻新发展理念、建设现代化经济体系的重要组成部分。近年来，各地区各部门围绕促进区域协调发展与正确处理政府和市场关系，在建立健全区域合作机制、区域互助机制、区际利益补偿机制等方面进行积极探索并取得一定成效。同时要看到，我国区域发展差距依然较大，区域分化现象日益凸显，无序开发与恶性竞争仍然存在，区域发展不平衡不充分问题依然比较突出，区域发展机制还不完善，难以适应新时代实施区域协调发展战略需要。为全面落实区域协调发展战略的各项任务，促进区域协调发展向更高水平和更高质量迈进，中共中央国务院 2018 年颁布了《关于建立更加有效的区域协调发展新机制的意见》[19]。

---

[19]　中共中央国务院关于建立更加有效的区域协调发展新机制的意见［EB/OL］．［2018－11－18］．http：//www.gov.cn/zhengce/2018－11/29/content_5344537.htm.

1. 区域协调发展的总体要求

（1）坚持新发展理念。 紧扣我国社会主要矛盾变化，按照高质量发展要求，立足发挥各地区比较优势和缩小区域发展差距，围绕努力实现基本公共服务均等化、基础设施通达程度比较均衡、人民基本生活保障水平大体相当的目标，深化改革开放，坚决破除地区之间利益藩篱和政策壁垒，增强区域发展的协同性、联动性、整体性。加快形成统筹有力、竞争有序、绿色协调、共享共赢的区域协调发展新机制，促进区域协调发展。

（2）建立与全面建成小康社会相适应的区域协调发展新机制。 在建立区域战略统筹机制、基本公共服务均等化机制、区域政策调控机制、区域发展保障机制等方面取得突破，在完善市场一体化发展机制、深化区域合作机制、优化区域互助机制、健全区际利益补偿机制等方面取得新进展，区域协调发展新机制在有效遏制区域分化、规范区域开发秩序、推动区域一体化发展中发挥积极作用。

（3）建立与基本实现现代化相适应的区域协调发展新机制。 实现区域政策与财政、货币等政策有效协调配合，区域协调发展新机制在显著缩小区域发展差距和实现基本公共服务均等化、基础设施通达程度比较均衡、人民基本生活保障水平大体相当中发挥重要作用，为建设现代化经济体系和满足人民日益增长的美好生活需要提供重要支撑。

（4）建立与全面建成社会主义现代化强国相适应的区域协调发展新机制。 区域协调发展新机制在完善区域治理体系、提升区域治理能力、实现全体人民共同富裕等方面更加有效，为把我国建成社会主义现代化强国提供有力的保障。

2. 建立区域战略统筹机制

（1）推动国家重大区域战略融合发展。 以"一带一路"倡议、京津冀协同发展、长江经济带发展、粤港澳大湾区建设等重大战略为引领，以西部、东北、中部、东部四大板块为基础，促进区域间相互融通补充。以"一带一路"建设助推沿海、内陆、沿边地区协同开放，以国际经济合作走廊为主骨架加强重大基础设施互联互通，构建统筹国内国际、协调国内东中西和南北方的区域发展新格局。建立以中心城市引领城市群发展、城市群带动区域发展新模式，推动区域板块之间融合互动发展。

（2）统筹发达地区和欠发达地区发展。 推动东部沿海等发达地区改革创新、新旧动能转换和区域一体化发展，支持中西部条件较好地区加快发展，鼓励国家级新区、自由贸易试验区、国家级开发区等各类平台大胆创新，在推动区域高质量发展方面发挥引领作用。坚持"输血"和"造血"相结合，推动欠发达地区加快发展。建立健全长效普惠性的扶持机制和精准有效的差别化支持机制，加快补齐基础设施、公共服务、生态环境、产业发展等短板，打赢精准脱贫攻坚战，确保革命老区、民族地区、边疆地区、贫困地区与全国同步实现全面建成小康社会。健全国土空间用途管制制度，引导资源枯竭地区、产业衰退地区、生态严重退化地区积极探索特色转型发展之路，推动形成绿色发展方式和生活方式。以承接产业转移示范区、跨省合作园区等为平台，支持发达地区与欠发达地区共建产业合作基地和资源深加工基地。建立发达地区与欠发达地区区域联动机制，先富带后富，促进发达地区和欠发达地区共同发展。

3. 优化区域互助机制

（1）深入实施东西部扶贫协作。 加大东西部扶贫协作力度，推动形成专项扶贫、行业扶贫、社会扶贫等多种力量多种举措有机结合互为支撑的"三位一体"大扶贫格局。强化以企业合作为载体的扶贫协作，组织企业到贫困地区投资兴业、发展产业、带动就业。完善劳务输出精准对接机制，实现贫困人口跨省稳定就业。推动人才、资金、技术向贫困地区和边境地区流动，深化实施携手奔小康行动。积极引导社会力量广泛参与深度贫困地区脱贫攻坚，帮助深度贫困群众解决生产生活困难。

（2）深入开展对口支援。 深化全方位、精准对口支援，推动新疆、西藏和青海、四川、云南、甘肃四省涉藏州县经济社会持续健康发展，促进民族交往交流交融，筑牢社会稳定和长治久安基础。强化规划引领，切实维护规划的严肃性，进一步完善和规范对口支援规划的编制实施和评估调整机制。加强资金和项目管理，科学开展绩效综合考核评价，推动对口支援向更深层次、更高质量、更可持续方向发展。

（3）创新开展对口协作（合作）。 面向经济转型升级困难地区，组织开展对口协作（合作），构建政府、企业和相关研究机构等社会力量广泛参与的对口协作（合作）体系。深入开展南水北调中线工程水源区对口协作，推动水源区绿色发展。继续开展对口支援三峡库区，支持库区提升基本公共服务供给能力，加快库区移民安稳致富，促进库区社会和谐稳定。

4. 健全区际利益补偿机制

（1）完善多元化横向生态补偿机制。 贯彻绿水青山就是金山银山的重要理念和山水林田湖草是生命共同体的系统思想，按照区际公平、权责对等、试点先行、分步推进的原则，不断完善横向生态补偿机制。鼓励生态受益地区与生态保护地区、流域下游与流域上游通过资金补偿、对口协作、产业转移、人才培训、共建园区等方式建立横向补偿关系。支持在具备重要饮用水功能及生态服务价值、受益主体明确、上下游补偿意愿强烈的跨省流域开展省际横向生态补偿。

（2）建立粮食主产区与主销区之间利益补偿机制。 研究制定粮食主产区与主销区开展产销合作的具体办法，鼓励粮食主销区通过在主产区建设加工园区、建立优质商品粮基地和建立产销区储备合作机制以及提供资金、人才、技术服务支持等方式开展产销协作。加大对粮食主产区的支持力度，促进主产区提高粮食综合生产能力，充分调动主产区地方政府抓粮食生产和农民种粮的积极性，共同维护国家粮食安全。

（3）健全资源输出地与输入地之间利益补偿机制。 围绕煤炭、石油、天然气、水能、风能、太阳能以及其他矿产等重要资源，坚持市场导向和政府调控相结合，加快完善有利于资源集约节约利用和可持续发展的资源价格形成机制，确保资源价格能够涵盖开采成本以及生态修复和环境治理等成本。鼓励资源输入地通过共建园区、产业合作、飞地经济等形式支持输出地发展接续产业和替代产业，加快建立支持资源型地区经济转型长效机制。

5. 促进区域协调发展的主要措施

（1）形成全国统一开放、竞争有序的商品和要素市场。 要实施全国统一的市场准入负面清单制度，消除歧视性、隐蔽性的区域市场壁垒，打破行政性垄断，坚决破除地方保护主义。打破阻碍劳动力流动的不合理壁垒，促进人力资源优化配置。要健全市场一体化发展机制，深化区域合作机制，加强区域间基础设施、环保、产业等方面的合作[15]。

（2）改革土地管理制度。要加快改革土地管理制度，建设用地资源向中心城市和重点城市群倾斜。在国土空间规划、农村土地确权颁证基本完成的前提下，城乡建设用地供应指标使用应更多由省级政府统筹负责。要加大"调水改土"的力度，保障国家粮食安全，使西部地区有更大的发展空间。

（3）全面建立生态补偿制度。要健全区际利益补偿机制，形成受益者付费、保护者得到合理补偿的良性局面。要健全纵向生态补偿机制，加大对森林、草原、湿地和重点生态功能区的转移支付力度。要建立健全市场化、多元化生态补偿机制，开展生态产品价值实现机制试点。

（4）完善财政转移支付制度。要完善财政体制，合理确定中央支出占整个支出的比重。要对重点生态功能区、农产品主产区、困难地区提供有效转移支付。大力发展西部地区农牧业、特色林果业等农副产品，促进区域经济发展。

5.2.3　推动西部大开发形成新格局加快推进高质量发展

总结 70 多年的发展历程，将西部大开发可划分为四个阶段[16-17]：1949—1978 年为 1.0 版，主要是通过工业化奠定西部地区的工业化基础；1978—1999 年为 2.0 版，核心主要任务是改革开放；1999—2020 年为 3.0 版，主要目标在于缩小东西部差距，改善贫穷落后状况，加强基础设施、重大工程和生态环境建设；2020 年以《指导意见》为发端的西部大开发进入 4.0 版，主要从西部地区高质量发展和现代化发展的角度绘就新时代西部图景，打造西部大开发升级版❷⓪。

形成新时代西部大开发新格局，要围绕抓重点、补短板、强弱项，从中华民族长远利益考虑，把生态环境保护放到重要位置，坚持走生态优先、绿色发展的新路子。对内要培育新动能，构建西部地区现代化的经济体系。对外要实施高水平的开放，推动西部地区开放开发向更大范围、更高水平、更深层次、更多领域发展❸。

1. 贯彻新发展理念，推动高质量发展

（1）推动形成现代化产业体系。充分发挥西部地区比较优势，推动具备条件的产业集群化发展，在培育新动能和传统动能改造升级上迈出更大步伐，促进信息技术在传统产业广泛应用并与之深度融合，构建富有竞争力的现代化产业体系。推动农村第一、第二、第三产业深度融合，加快推进高标准农田、现代化生态牧场、粮食生产功能区和棉油糖等重要农产品生产保护区建设，支持发展生态集约高效、用地规范的设施农业。积极推动"互联网＋"等新业态发展。支持西部地区发挥生态、民族民俗、边境风光等优势，深化旅游资源开发与开放，提升旅游服务水平。依托风景名胜区、边境旅游试验区等，大力发展旅游休闲、健康养生等服务业，打造区域重要支柱产业。

（2）优化能源供需结构。优化煤炭生产与消费结构，推动煤炭清洁生产与智能高效开采，积极推进煤炭分级分质梯级利用，稳步开展煤制油、煤制气、煤制烯烃等升级示范。建设一批石油天然气生产基地，加快煤层气等勘探开发利用。加强可再生能源开发利用，开展黄河梯级电站大型储能项目研究，培育一批清洁能源基地，继续加大西电东送等跨省

---

❷⓪　任保平．时隔 20 年，中央为何再次布局西部大开发［J］．人民论坛，2020（17）：40－43．

区重点输电通道建设，提升清洁电力输送能力。加强电网调峰能力建设，有效解决弃风弃光弃水问题。积极推进配电网改造行动和农网改造升级，提高偏远地区供电能力。加快北煤南运通道和大型煤炭储备基地建设，继续加强油气支线、终端管网建设。构建多层次天然气储备体系，在符合条件的地区加快建立地下储气库。

（3）大力促进城乡融合发展。 在巩固脱贫攻坚成果的基础上推进乡村振兴战略，做好新时代"三农"工作。培养新型农民，优化农业从业者结构。以建设美丽宜居村庄为目标，加强农村人居环境和综合服务设施建设。在加强保护基础上盘活农村历史文化资源，形成具有地域和民族特色的乡村文化产业和品牌。加大对西部地区资源枯竭等特殊类型地区振兴发展的支持力度。有序推进农业转移人口分类进城落户。统筹城乡市政公用设施建设，促进城镇公共基础设施向周边农村地区延伸。

（4）强化基础设施规划建设。 提高基础设施通达度、通畅性和均等化水平，推动绿色集约发展[18]。加强横贯东西、纵贯南北的运输通道建设，拓展区域开发轴线。强化资源能源开发地干线通道规划建设。加快川藏铁路等重大工程规划建设。加强综合客运枢纽、货运枢纽建设，提高物流运行效率。加强航空口岸和枢纽建设，扩大枢纽机场航权，积极发展通用航空。进一步提高农村、边远地区信息网络覆盖水平。合理规划建设一批重点水源工程、江河湖泊骨干治理工程和大型灌区工程，加强大中型灌区续建配套与现代化改造、中小河流治理和病险水库除险加固、抗旱水源工程建设和山洪灾害防治。推进城乡供水一体化和人口分散区域重点小型标准化供水设施建设，加强饮用水水源地规范化建设。

（5）切实维护国家安全和社会稳定。 统筹发展与安全两件大事，更好发挥西部地区国家安全屏障作用。巩固和发展平等团结互助和谐的社会主义民族关系，促进各民族共同团结奋斗和共同繁荣发展。深入推进立体化社会治安防控，构建坚实可靠的社会安全体系。

2. 加大美丽西部建设力度，筑牢国家生态安全屏障

（1）深入实施重点生态保护工程。 坚定贯彻绿水青山就是金山银山理念，坚持在开发中保护、在保护中开发，按照全国主体功能区规划要求，保障好长江、黄河上游生态安全，保护好冰川、湿地等生态资源。进一步加大水土保持、天然林保护、退耕还林还草、退牧还草、重点防护林体系建设等重点生态工程实施力度，开展国土绿化行动，稳步推进自然保护地体系建设和湿地保护修复，展现大美西部新面貌，加快推进国家公园体系建设。

（2）稳步开展重点区域综合治理。 大力推进青海三江源生态保护和建设、祁连山生态保护与综合治理、岩溶地区石漠化综合治理、京津风沙源治理等。以汾渭平原、成渝地区、乌鲁木齐及周边地区为重点，加强区域大气污染联防联控，提高重污染天气应对能力。开展西部地区土壤污染状况详查，积极推进受污染耕地分类管理和安全利用，有序推进治理修复。

（3）加快推进西部地区绿色发展。 实施国家节水行动以及能源消耗总量和强度双控制度，全面推动重点领域节能减排。大力发展循环经济，推进资源循环利用基地建设和园区循环化改造，鼓励探索低碳转型路径。全面推进河长制、湖长制，推进绿色小水电改造；加快西南地区城镇污水管网建设和改造，加强入河排污口管理；强化西北地区城中村、老旧城区和城乡结合部污水截流、收集、纳管工作，加强跨境生态环境保护合作。

3. 新格局背景下未来西部经济发展的方向

(1) 以新发展理念为新的引领，加快形成西部现代化产业体系的新格局。将"创新、协调、绿色、开放、共享"贯穿全过程，通过构建现代化产业体系形成西部地区产业经济结构转型的新格局。在发展特色农牧业、发展新型工业、发展现代服务业（物流、商贸、金融、旅游、文化创意产业、教育培训）、培育战略性新兴产业（新能源、节能环保、新材料、生物产业）等方面，培育具有区域特色的战略性新兴产业，提高产业整体创新能力和发展层次，更好地满足社会生产和人民生活需要。

(2) 以高质量发展为新的目标，加快形成新时代西部城市化发展新格局。切实维护统筹高质量发展与国家安全、社会稳定两件大事，更好发挥西部地区国家安全屏障作用。形成西部大开发新格局要加强城市之间的联系和互动，以发挥城市的辐射和扩散效应。在加强重点城市新区的建设、培育中小城市和特色鲜明的小城镇、统筹城乡发展等方面，因地制宜，不断优化城镇化布局，拓展发展空间，形成层次分明、结构合理、互动并进的城镇化发展格局，以工带农、以城带乡的方针，推动城乡经济社会融合发展。

(3) 以美丽西部建设为新的主题，加快形成新时代西部基础设施建设的新格局。将美丽西部、修复和治理生态上升至筑牢"国家生态屏障"层面，贯彻绿水青山就是金山银山理念，在开发中保护、在保护中开发，促进西部地区经济发展与人口、资源、环境协调发展。在交通运输体系建设、江河治理和民生水利建设、西气东输和西电东送等重点工程建设方面，加大投资建设的力度，提高资源的运送效率和供给能力，完善基础设施建设，以保证资源的流动和信息的畅通。

(4) 以加大西部开放力度为新的引擎，加快形成西部地区优势资源开发利用的新格局。把握"一带一路"新机遇，加大西部开放力度，夯实中国内陆腹地开发开放的基石，培育中国向西向南的开放前沿[19]。在天然林资源保护、水土流失防治、沙漠化综合治理、湿地保护等方面；在重点流域污染治理、重金属污染综合防治、重点区域大气污染防治、良好湖泊生态环境保护等方面；在重要矿区勘查和著名风景区开发与保护等方面，继续推进生态优先、绿色发展新路径，将资源优势转化为经济优势。

(5) 以深化重点领域改革为新的突破口，加快形成西部地区对外开放的新格局。西部地区的经济发展长期以来受制于落后的经济体制，新时代要通过改革完善制度环境，以完善社会主义市场经济体制为突破口，充分发挥市场机制的作用，提高要素资源配置效率。在完善区域合作的法律法规体系、打破行政垄断和地区封锁、促进企业开展跨境贸易和投资的人民币结算业务、推动重点口岸和沿边城市加快开发开放等方面，搭建合作机制和平台，形成优化营商环境长效机制，促进西部地区实施高水平的开放。

5.2.4　构建"双循环"新格局实现开放型经济更高水平发展

"一带一路"倡议和"双循环"新发展格局对于西部经济发展来说，是一个重要机遇，是缩小我国东西部差距和南北差距的一个途径。可充分发挥我国超大规模市场优势和内需潜力，加快构建完整的内需体系，着力打通生产、分配、流通、消费各个环节，逐步形成以国内大循环为主体、国内国际双循环相互促进的新发展格局，可进一步打通西部地区经济运行的"血脉"，推动西部地区资源、技术、人才、资金等要素实现良性流动，并赋予西部各省份更多对外开放的新使命[20]。

1. 西部开放型经济的提出

在以海运为主导的开放型经济发展阶段，西部开放型经济表现出规模与竞争力相对不足、对区域经济发展贡献较低、营商环境有待优化等特征事实。在以国内大循环为主体、国内国际双循环相互促进的新发展格局下，西部开放型经济能够规避竞争力较弱、内外联动性不足等传统劣势，面临着新的增长点和发展机遇。瞄准建设服务业开放高地、向西开放门户、进口吸收转化聚集区、技术—制度融合创新试验区等潜在定位，西部地区可通过推动对外开放与区域统筹发展相联动、多层次高质量开放大通道建设、市场主体与开放管理体制协调优化，以开放创新为牵引促进联动化、联通化、市场化相耦合，使开放型经济逐步实现由商品和要素流动型向规则制度型转变的高水平发展。

自2000年"西部大开发"战略正式实施以来，我国西部地区生产总值规模、人民生活水平及各项经济社会指标取得了长足进步，部分地方逐渐突破地理区位限制，充分发挥比较优势，实现了开放型经济的快速发展。然而，西部开放型经济发展整体上仍处于偏低阶段，不仅表现为规模和竞争力相对不足、对区域经济发展贡献较低、营商环境有待优化等突出问题，而且内外联动性明显落后于东中部地区，国外需求牵引国内供给质量提升、国外供给激发国内市场需求扩大的效能还有待增进。新时代推进西部大开发形成新格局要求"以共建'一带一路'为引领，加大西部开放力度"，把西部开放摆在了西部大开发战略体系的突出位置。当前，推动形成以国内大循环为主体、国内国际双循环相互促进的新发展格局给我国开放型经济发展提出了新要求，也为西部开放型经济发展提供了新思路，促使西部地区摆脱对传统开放经验的路径依赖，通过融合推进联动化、联通化、市场化，进入高水平开放型经济发展轨道。

2. 西部开放型经济在新发展格局下的定位

按照以国内大循环为主体、国内国际双循环相互促进新发展格局的要求，无论东中部还是西部地区，开放型经济都必须适应内外部形势变化。围绕各自的内部循环、与国内市场的关系、与国际市场的关系都将面临质的改变。随着国内大循环和双循环相互促进格局的形成和完善，西部开放型经济将塑造出四个新定位，进而带动西部大开发形成新格局❷。

（1）服务业开放高地。服务业不像制造业对区域供应链的要求那么苛刻，其更依赖下游市场需求，无论是传统服务业，还是生产性服务业，都更倾向于"邻近市场"而发生空间集聚。随着西部地区城镇化进程推进、人均收入水平提高、市场主体规模扩大，服务业及其开放发展将获得广阔的市场空间。因此，在开放领域向服务贸易及服务业投资拓展的进程中，西部地区供应链布局分散化、要素优势特定化的劣势能够得到规避，与东部地区同等地借助服务业开放推动服务业商业模式创新和数字应用创新。

（2）向西开放门户。过去由于缺乏高联通的贸易通道和基础设施，丝绸之路经济带沿线国家处于较松散的经贸联系状态。目前沿线国家基础设施联通已取得较大进展，共建"一带一路"专项贷款、丝路基金及各类开发性投资基金日益发挥出重要作用，以数字应

---

❷ 任保平. "十四五"时期构建基于双循环新发展格局的政治经济学逻辑［J］. 长安大学学报（社会科学版），2021，23（1）：2-7.

用为基础的信息高速路建设也正在快速推进。西部地区开展陆路贸易、相关投资及人员往来的便利度大幅提高。这将有力地推动西部地区经贸合作对象的多元化，避免市场集中度过高、专用性投资过多，进而体现出对非传统市场巨大的制度优势。

（3）进口吸收转化聚集区。优质进口能够带来产品种类效应、竞争效应和资源再配置效应，但前提是进口品进入国内循环体系参与分工生产。在东部产业和技术发展的增长速率逐渐减缓的背景下，西部产业在价值链上的相对滞后特征可转化为后发优势，接替东中部地区完成进口品技术属性吸收转化的循环链条，再产出更下游的优质中间品，进而进入国内大循环。例如，近些年西部加工贸易的增幅及占全部贸易方式份额表现较好，进一步促使装备制造等行业迅速发展。

（4）技术—制度融合创新试验区。尽管数字经济兴起使空间距离不再是区域间联系的主要制约因素，但西部地区地广人稀、区域基尼系数高的特征，决定了其先行开放地区发挥辐射带动效应时难免发生一定的效率损耗，这在特定条件下反而可以成为政策试验的良机。在新发展格局下，如何落实准入前国民待遇、实现内外相济的高水平供需平衡、协调强化战略科技力量与推动开放创新关系、维护产业链安全，并实现多维目标的有机统一，西部先行地区将在综合改革与融合创新试验上表现出天然优势②。

3. 西部开放型经济发展策略：联动化、联通化、市场化耦合

西部地区的区位特征及历史因素导致其在开放型经济的规模、竞争力等方面的表现相对不足。通过致力于建设服务业开放高地、向西开放门户、进口吸收转化聚集区、融合创新试验区，西部开放型经济未来将由商品和要素流动型逐步向规则制度型转变，实现高水平持续发展。为支撑新的发展定位、抓住新的发展机遇，西部地区应重视联动化、联通化、市场化相耦合的发展策略[21]。

（1）联动化，对外开放与区域统筹发展联动推进。西部地区空间范围大、人口密度低，集聚效应和规模优势相对较弱，不少地区发展对特有的资源禀赋尤其是不可再生自然资源的依存度过高，西部经济对区域间优势互补、联动发展的诉求比东中部更强烈，在推动更高层次对外开放背景下，加强西部地区内部之间协同开放、与东中部互动合作的战略意义就更为突出。"欲外开，先内联"，在以京津冀协同发展、长江经济带发展、粤港澳大湾区建设、长三角一体化发展、黄河流域生态保护和高质量发展五大国家战略格局基础上，须加大西部开放与国内区域统筹发展战略的融合推进。在国内国际双循环格局下，积极引入东中部投资主体共建跨区域产业园区，探索吸收进口、投资技术溢出的"飞地经济"模式。

（2）联通化，高质量开放大通道建设。建设高质量互联互通的基础设施，既是加强各国经济联系的基础，也是国内区域经济开放度提升的必要条件。西部地区过去开放型经济发展相对滞后，很大程度上是受制于铁路、公路、空运、管道、通信及城乡基础设施的不足，建设密度、规格、质量、功能和效率都有待提高。在"一带一路"倡议及交通设施联通的刚性需求下，快速推进跨国交通基础设施建设是当务之急。在此背景下，西部要发展高水平开放型经济、建设跨国联通的基础设施、构筑高质量的开放大通道。特别是要着重弥补多数西部地区非临海的劣势，完善陆路、内河运输与海运的衔接，积极发展多式联

---

② 吴文仙. 西部大开发 2.0 版的战略与机遇［J］. 实践（党的教育版），2020（7）：29 – 30.

运，加快铁路、公路与港口、园区连接线建设，探索陆海联运、空铁联运、中欧班列、中巴铁路、长江水道等有机结合的联运服务，构建国内国际物流大通道。

（3）市场化，市场主体与开放管理体制协调优化。 西部高水平开放型经济发展的微观动力，来自新产业形态和商业模式的普及应用、创新赶超及向开放领域的延伸。产业形态和商业模式的革新，可以带来生产要素配置效率的提升，而西部地区市场化程度的不足，导致生产要素配置和技术研发投入上均存在不合理现象。西部地区要借助新产业形态和商业模式应用，大幅提升资源整合能力、自主创新能力和外源技术吸收能力，加速弥补市场环境发育程度上的短板。一方面，要优先放宽农业、服务业和采矿业的开放合作限制，加快国有经济的布局优化、结构调整和战略重组，支持民营资本参与公共性质较强的项目投资；另一方面，建设适应高水平开放的行政管理体制，加大为跨境电子商务、高级别博览会、国际产能与装备制造合作、国内国外产业转移示范区建设等开放型经济领域提供优质服务，推动区内产业转型升级。

（4）以开放创新为牵引的联动化、联通化、市场化相耦合。 在推动高水平开放型经济发展过程中，西部地区要依次推进内外联动化、设施联通化和贸易投资市场化，并注重多元策略相耦合，抓住坚持开放创新的关键点，开创价值链、创新链在国内与国外积累循环的新局面。以国内大循环为主体，在国内国际双循环相互促进的新发展格局要求下，提升供给体系对国内需求的适配性，形成需求牵引供给、供给创造需求的更高水平动态平衡。对外经济活动不仅要获取外部市场、引进外商投资或转移非优势产业，还要借助外部市场和外部供给，推动国内供给体系质量提升，确保高水平开放型经济发展中有明确的区域联动方向、设施联通走向和市场化导向，促使一系列政策目标成为西部地区自身发展的内在需求。

5.3 西部地区协调发展面临的机遇和挑战

5.3.1 "一带一路"与"双循环"新格局背景下的发展机遇

1. 新格局背景下的区域经济协调发展

"双循环"新发展格局的提出也是我国为适应外部环境变化、统筹国内经济社会发展所做出的重要战略判断和采取承上启下的应对策略，是我国为确保全面建成小康社会和实现高质量发展的行动举措[22]。构建"双循环"格局是要在国际环境发生剧变的条件下保障我们的经济安全，主动拓展经济发展空间。从国际循环上看，西部大开发促进面向欧亚大陆桥的开放，促进中国与"一带一路"沿线国家之间的经济循环。从国内循环上看，需要促进区域协调发展，推动形成更有效的区域协调战略，打造区域产业集群，加强区域之间联通性，畅通区域间循环。

在西部打造新的产业基地，促进不同区域间经济内循环也具有重要战略意义。传统国际贸易理论认为随着要素成本上升，可以把部分制造业转移到国外，以更好发挥各自比较优势，实现产业垂直分工。但是从经济安全角度却并非如此，在继续鼓励企业走出去的同时，要避免重蹈一些国家出现的制造业空心化覆辙，尤其是要避免我们全产业链优势被削弱，加强自主创新补足产业链短板，利用我们战略腾挪空间大的特点，鼓励产业往中西部梯度转移，以保障本国企业生存空间，确保产业链、供应链安全。

"双循环"格局下扩大国内市场与提高对外开放水平的发展机遇。加快构建以国内大循环为主体、国内国际双循环相互促进的新发展格局，不仅是增进人民福祉的主动选择、对外部发展环境变化的应对，也是实现我国经济高质量发展的可行路径[23]。"双循环"格局也是对中国未来一段时期国家发展战略的全方位要求。具体而言，以国内大循环为主体，需要将扩大内需作为战略基点，发挥好国内超大规模市场的综合优势，进一步全面深化改革，尽快疏通影响国内大循环的堵点，凸显国内大循环的主体作用；同时，还需要通过更高水平的对外开放，加快形成良性持续的国内国际双循环。在"双循环"的新格局之下，我国东部地区的经济增长主要由中西部地区市场作为引擎，反之亦然，东部和中西部之间通过发展区际分工和区际贸易可以相互提供市场。对发展中大国来说，开发中西部作为内部经济循环的引擎之一是发展国内多样化分工并推动国内经济一体化在空间上纵深发展的根本途径，以及更高水平的对外开放，这些为西北"水三线"产业优势发挥，社会经济发展提供了良好的发展机遇。

2. 新格局背景下的"十四五"发展规划

2020年习近平总书记在召开的经济社会领域专家座谈会上指出："推动形成以国内大循环为主体、国内国际双循环相互促进的新发展格局，是根据我国发展阶段、环境、条件变化提出来的，是重塑我国国际合作和竞争新优势的战略抉择。"在党的十九届五中全会上再次强调："为了能在'十四五'时期实现高质量发展，必须着力构建'双循环'新发展格局，在实践中逐步提升新发展格局的能力和水平，从而维护经济社会行稳致远[24]。"

针对国际贸易大打折扣、国内需求严重不足的现实情况，在"十四五"时期促进国内大循环显得尤为紧要，必须想方设法提升内需，从经济活动的生产、分配、交换和消费四个领域实现国内循环，努力使企业寻找到销路，从而加速我国经济的恢复[23]。在国内国际的新形势下，要充分运用好国内国际两个市场、两种资源，以更好地拓宽经济发展空间、促进多边经贸、推进经济全球化。我国立足国内大循环，积极构建国内国际双循环相互促进新发展格局，有利于国内国际两大循环资源共享、优势互补、相互促进，有利于国内国际两大市场防范和化解供应链、产业链中断风险，能够为国内国际经济健康稳定发展保驾护航[24]。

"十四五"时期是我国经济社会发展中一个重要的里程碑，是我国实现"强国梦"的第一个五年[23]。西部大开发要牢牢抓住这个机遇，以"十四五"规划为指导，加快重大基础设施建设，促进西部地区高质量发展。

（1）推动区域协调发展。推动西部大开发形成新格局，支持民族地区加快发展，加强边疆地区建设，推进兴边富民、稳边固边。坚持陆海统筹，发展海洋经济，建设"深陆"走廊。健全区域战略统筹、市场一体化发展、区域合作互助、区际利益补偿等机制，更好

㉓　中华人民共和国国民经济和社会发展第十四个五年规划和 2035 年远景目标纲要［EB/OL］．［2021 - 03 - 12］．http：//www.gov.cn/xinwen/2021 - 03/13/content_ 5592681.htm.

㉔　中国共产党第十九届中央委员会第五次全体会议公报［EB/OL］．［2020 - 10 - 29］．http：//www.gov.cn/xin-wen/2020 - 10/29/content_5555877.htm.

促进发达地区和欠发达地区、东中西部和东北地区共同发展。完善转移支付制度，加大对欠发达地区财力支持，逐步实现基本公共服务均等化。

（2）统筹推进基础设施建设。构建系统完备、高效实用、智能绿色、安全可靠的现代化基础设施体系。加快建设交通强国，完善综合运输大通道、综合交通枢纽和物流网络，加快城市群和都市圈轨道交通网络化，提高农村和边境地区交通通达深度。推进能源革命，完善能源产供储销体系，加强国内油气勘探开发，加快油气储备设施建设，加快全国干线油气管道建设，建设智慧能源系统，优化电力生产和输送通道布局，提升新能源消纳和存储能力，提升向边远地区输配电能力。加强水利基础设施建设，提升水资源优化配置和水旱灾害防御能力。

（3）加快补齐基础设施领域短板，扩大战略性新兴产业投资。推进新型基础设施、新型城镇化、交通水利等重大工程建设，支持有利于城乡区域协调发展的重大项目建设。实施川藏铁路、西部陆海新通道、国家水网、雅鲁藏布江下游水电开发等重大工程，推进重大科研设施、重大生态系统保护修复、重大引调水、防洪减灾、送电输气、沿边沿江沿海交通等一批强基础、增功能、利长远的重大项目建设。

（4）认真贯彻落实治水新思路，充分发挥南水北调工程效益，建设国家水网。通过南水北调构建的"四横三纵"国家水网主骨架，即东、中、西三条调水线路与长江、黄河、淮河、海河四大江河相互联结，在国家战略和宏观层面，大尺度、全方位地进行跨流域、跨区域的水资源优化配置和调度，改变我国水资源"南多北少"的空间分布格局，为经济社会发展和生态文明建设提供有力的水资源支撑和保障。

南水北调东、中、西三条调水线路所涉及的区域，既有经济社会高度发达、但资源环境严重透支的东部地区，又有经济社会快速发展、城镇化不断推进的中部地区，也有跨越式发展势头强劲、但生态相对脆弱的西部地区。在西部大开发的引领下，西部地区借助雄厚的资源优势和独特的区位优势，加快构建现代产业体系，建立和完善重要的能源基地、资源深加工基地、装备制造业基地和战略新兴产业基地[25]。但是，水资源短缺已经成为了这些地区可持续发展的重要瓶颈。

根据国务院批复的《南水北调总体规划》，西线工程的实施主要解决我国西北地区缺水问题，基本满足黄河上中游青海、宁夏、甘肃、内蒙古等6省（自治区）和邻近地区未来50年的用水需求，促进黄河的治理开发，必要时向黄河下游供水，缓解黄河下游断流等生态和环境问题。这对沿黄经济的跨越式发展将是重要的支撑，也为中国丝绸之路经济带战略的实施提供有力保障。同时对增加耕地资源，保障我国粮食安全也具有重大作用。因此，要加快南水北调西线—西延工程，构建真正意义上的"国家水网"。

5.3.2 新格局背景下西北经济发展的主要措施

"一带一路"倡议和"双循环"新发展格局对于西部经济发展来说，是一个重要机遇，是缩小我国东西部差距及南北差距的一个途径。可以进一步打通西部地区经济运行的"血

㉕ 张野：构建中华民族"四横三纵"大水网 [EB/OL]. [2015 – 10 – 16]. http://dangjian.people.com.cn/n/2015/0915/c117092 – 27588551.html.

脉",推动西部地区资源、技术、人才、资金等要素实现良性流动,并赋予西部各省份更多对外开放的新使命[20]。

西部地区要坚持协调发展,推动科技创新。西部地区城乡基础设施建设整体滞后于东部沿海发达地区,需要不断完善本地区各种相关基础设施建设,主要包括交通运输设施建设、信息化设施建设及物流配送设施建设。以中央财政转移支付、项目投资基金、绿色债券等为引导,积极探索多元化的投融资合作开发模式,引入发达地区的资本和技术,从而落实"双循环",这不仅对于缓解西部地区的地方政府财政压力和改善其城乡生产生活条件和环境具有现实意义,也为东部发达地区的技术创新和资本高效利用提供了广阔的发展平台[22]。

西部地区要加强对外开放,拓展区际互动合作。西部地区要充分发挥自身的地理位置优势,不断加大辐射范围,使不同地区及国家实现有效联通,形成多元化经济发展格局,构建内陆多层次开放平台[25]。

内蒙古自治区定位的重心应放在向北开放、联通蒙俄之上,发挥内蒙古联通俄蒙的区位优势,支持内蒙古深度参与中蒙俄经济走廊建设;完善黑龙江对俄铁路通道和区域铁路网,以及黑龙江、吉林、辽宁与俄远东地区陆海联运合作,推进构建北京—莫斯科欧亚高速运输走廊,建设向北开放的重要窗口。

陕西省应加快建设丝绸之路经济带桥头堡,打造丝绸之路新起点,构筑内陆改革开放的高地。重在建设关天经济区、西咸新区、陕北能源基地。建好关天经济区、西咸新区,与重庆、成都形成"品"字形结构,构建西北西南大金三角。陕北继续大力发展能源基地,借助"呼包银榆"经济区的建设,融入黄河上游大城市群。陕南地接鄂、川、渝要加强交通建设,畅通大西北与长江经济带之间的联系。

甘肃省应着力构建兰州新区、敦煌国际旅游文化名城和"中国丝绸之路博览会"三大战略平台,重点推进道路互联互通、经贸技术交流、产业对接合作、经济新增长极、人文交流合作、战略平台建设六大工程,把甘肃建设成为"丝绸之路经济带"黄金段。重在建设兰州、兰州新区、兰白都市经济圈,充分发挥兰州的中心带动作用。兰州是万里黄河第一城,是大西北的交通枢纽,兰州—兰州新区—白银是黄河上游城市群的核心段、黄金段,建好这一段走廊足以带动全省。

宁夏回族自治区应打造"丝绸之路经济带的战略支点",充分发挥宁夏伊斯兰文化的特点和优势,通过建设中阿空中丝绸之路、建设中阿互联网经济试验区、构筑中阿博览会战略平台、建设中阿金融合作试验区,打造中阿合作的桥头堡,着力打造丝绸之路的战略支点。宁夏虽小,但是优势明显,银川平原富庶平坦,除了固原外,全省 10 个城市沿黄河一字排开,中卫是西北第二交通枢纽。应加强黄河经济区的建设,将中卫建成自治区第二大城市。将来大柳树水利枢纽建成,沟通黄河航运与海新运河航运,则宁夏战略地位更为重要,中国又将增加一条交通大动脉。

青海省应充分发挥资源优势、地缘优势,努力打造"丝绸之路经济带战略通道"。青海地大物博、资源富集。重在建设湟水谷地、柴达木盆地。湟水谷地一带,西宁东扩、海东建市,联结兰州,建设兰西经济区,将兰州—西宁一线真正建设成城市群。柴达木盆地是聚宝盆,实施通新运河工程,将通天河水西调入柴达木盆地、南疆塔里木盆地,修筑川青铁路、青新铁路，将格尔木建设成为青海第二大城市，甚至成为国家计划单列市，成为青藏高原最重要的工业重镇，成为东联川渝、西接新疆、北通西兰、南镇西藏的战略枢纽，使格尔木成为青藏高原现代文明的中心。同时加强柴达木盆地土地资源的开发，使之成为青藏高原最大的现代农业基地。

新疆维吾尔自治区定位重心应放在向西开放上，深化与中亚、南亚、西亚等国家交流合作。要着力抓好交通等基础设施互联互通，推进贸易便利化，争取国家从战略层面推动同丝绸之路沿线国家的自由贸易区建设，形成丝绸之路经济带上重要的交通枢纽、商贸物流和文化科教中心，打造丝绸之路经济带核心区。发挥新疆在构建开放型经济新格局、推动国际通道建设中重要作用，进一步凸显新疆作为战略前沿基地的战略价值。

5.3.3 对新发展阶段机遇与挑战的认识

1. 以辩证思维看待新发展阶段的新机遇新挑战

(1) 增长极效应与辐射带动功能相结合，促进区域协调发展。我国区域经济发展分化态势明显。一是长三角、珠三角、粤港澳等地区已初步走上高质量发展轨道，一些北方省份增长放缓，全国经济重心进一步南移，如 2018 年北方地区经济总量（占全国的比重为 38.5%）较 2012 年下降了 4.3%，各板块内部也出现明显分化，有的省份内部也有分化现象；二是发展动力极化现象日益突出，经济和人口向大城市及城市群集聚的趋势比较明显，如北京、上海、广州、深圳等特大城市发展优势不断增强，杭州、南京、武汉、郑州、成都、西安等大城市发展势头较好，形成推动高质量发展的区域增长极；三是部分区域发展面临较大困难，东北地区、西北地区发展相对滞后，如东北地区 2012—2018 年经济总量占全国的比重从 8.7% 下降到 6.2%，一些城市特别是资源枯竭型城市、传统工矿区城市发展活力不足。自 2011 年以后，西南地区表现出强劲增长势头，与西北地区的经济差距呈现出明显扩大趋势。同时，西北地区人才流失的现象也十分严重。

当前，世界进入动荡变革期，国内发展环境也经历着深刻变化。我国已进入高质量发展阶段，社会主要矛盾已经转化为人民日益增长的美好生活需要和不平衡不充分的发展之间的矛盾，人均国内生产总值达到 1 万美元，城镇化率超过 60%，中等收入群体超过 4 亿人，人民对美好生活的要求不断提高。我国物质基础雄厚，人力资源丰厚，市场空间广阔，发展韧性强大，社会大局稳定，继续发展具有多方面优势和条件。同时，我国发展不平衡不充分问题仍然突出，创新能力不适应高质量发展要求，农业基础还不稳固，城乡区域发展和收入分配差距较大，生态环保任重道远，民生保障存在短板，社会治理还有弱项。

要辩证认识和把握国内外大势，统筹中华民族伟大复兴战略全局和世界百年未有之大变局，深刻认识我国社会主要矛盾发展变化带来的新特征新要求，在以京津冀协同发展、长江经济带发展、粤港澳大湾区建设、长三角一体化发展、黄河流域生态保护和高质量发展五大国家战略格局基础上，加大西部开放与国内区域统筹发展战略的融合推进。为支撑新的发展定位、抓住新的发展机遇，西部地区应重视联动化、联通化、市场化相耦合的发展策略，努力实现更高质量、更有效率、更加公平、更可持续、更为安全的发展❷。

（2）畅通内循环与向"一带一路"沿线国家开放拓展相结合，构建新发展格局。 以国内大循环为主体，国内国际双循环相互促进的新发展格局，是以我国发展阶段、环境、条件变化为依据，重塑我国国际合作和竞争新优势的战略抉择。新发展格局绝不是封闭的国内循环，而是开放的国内国际双循环[26]。当前要紧紧扭住扩大内需这个战略基点，使生产、分配、流通、消费更多依托国内市场，畅通内循环，提升供给体系对国内需求的适配性，形成需求牵引供给、供给创造需求的更高水平动态平衡❷。

随着全球疫情发展的长期性和不确定性加剧，国际产业链、供应链分散化趋势日益明显，金融市场大幅度动荡，国际投资贸易严重萎缩，多边主义受到冲击，经济全球化规则面临重构[26-27]。在此背景下，习近平总书记指出，通过落实"一带一路"倡议，推进沿线互联互通，加强经贸领域的深度合作，本质上是通过提高有效供给来催生新的需求，实现世界经济再平衡。我国在提升向东开放的同时，以"一带一路"倡议为契机，推进与沿线国家的全面合作，加快向西开放，推动内陆沿边地区和重要区域中心城市成为开放前沿，构建国内国际双循环的新发展格局。

（3）以科技创新催生新发展动能，实现高质量发展。 由于特定的历史背景、地理条件、人口环境和经济状况等因素的影响，西部地区科技发展水平和创新能力长期以来落后于发达地区。相较于东部地区，西部地区创新意识不强、创新氛围不浓、创新文化缺失、体制机制滞后已成为制约科技创新的瓶颈问题。面对创新资源短缺的现实，西部地区必须把营造创新生态作为西部地区科技创新的重要举措，必须把开放创新作为西部地区创新驱动发展的必由之路，必须依靠创新驱动的内涵型增长大力提升自主创新能力、突破关键核心技术。须以体制改革激发创新动力，以人才引培增强创新实力，以载体建设构筑创新优势，以优化环境积蓄创新动能❷。

建立以需求为导向的创新组织模式，促进创新需求与科技供给紧密衔接，深化科技体制改革。建立覆盖人才发展不同阶段的梯次资助体系，完善人才支持政策。依托我国超大规模市场和完备产业体系，加速科技成果向现实生产力转化，提升产业链水平，维护产业链安全。发挥企业在技术创新中的主体作用，使企业成为创新要素集成、科技成果转化的生力军，打造科技、教育、产业、金融紧密融合的创新体系。大力培养和引进国际一流人才和科研团队，打造一批留得住、用得上、关心热爱西部各项事业发展的人才队伍，鼓励长期坚持和大胆探索，为西部大开发夯实科技创新基础。

2. 西北地区资源环境条件面临的挑战

经过 20 年的西部大开发的努力，西部地区的经济社会发展虽然取得了重大历史性成就，但是社会经济发展仍然存在许多问题。特别是制约社会经济可持续发展的水资源与生态环境"两大瓶颈"问题没有得到根本解决，以至于影响西部大开发难以取得突破性进展。

---

❷　习近平谈治国理政：第二卷 [M]. 北京：外文出版社，2017.
❷　习近平. 在企业家座谈会上的讲话 [N]. 人民日报，2020 - 07 - 22（02）.
❷　习近平. 在经济社会领域专家座谈会上的讲话 [N]. 人民日报，2020 - 08 - 25（02）.

(1) 水资源短缺。西部地区地形条件复杂，水资源时空分布不均匀，且存在大片的荒漠无人区。西部地区水资源总量占全国 45.9%，而 83% 集中在西南部[14]。西南地区水资源相对丰富，但也常出现季节性干旱缺水现象，再加上山地丘陵的地形特征，水资源开发程度低；西北地区干旱少雨，水资源总量占比不到全国的 10%，水资源供需矛盾突出。仅新疆、青海两省区约占西北水资源总量的 70%。再加上人类活动对水资源的不合理开发利用，造成部分河流湖泊萎缩干涸，冰川后退等问题。整个西部地区，资源型缺水与工程性缺水并存，生态环境脆弱，水资源是西部地区可持续发展的重要制约因素。

(2) 生态环境脆弱。从整体来看，西部地区具有较丰富的自然资源，但面临着生态危机，主要为：土地资源退化严重，生物资源不断破坏和衰减等[28]。特殊的地理和气候条件，加之人类活动不断增加，致使西北地区生态环境极度脆弱。西部地区是我国水土流失的主要区域，水土流失面积占全国的 62.5%，其中宁夏、重庆、陕西的水土流失面积均超过本省市土地总面积的一半[29]。西部地区植被稀少，景观单一，缺少生态屏障；水土流失、荒漠化、土壤盐渍及酸化等土质退化现象以及草原退化、生物多样性减少等现象严重；水资源贫乏、水生态失调、河流断流、湖泊干涸普遍加重。西部大开发 20 年以来，通过实施了一系列生态环境建设工程，在一定程度上缓解了西部地区生态环境的进一步恶化，但生态环境保护形势依然严峻。

(3) 城市化水平低。在西部大开发进程中，西北城市建设取得了较大成就，但仍远远落后于东部沿海发达地区的城市，也落后于全国平均水平 6.8 个百分点。国家统计局公布的数据显示，2018 年我国城镇化率为 59.58%，比上年末提高 1.06 个百分点。与东部相比，中西部省份城镇化率水平相对较低。例如 2018 年末宁夏、山西、陕西、青海、四川等地的城镇化率低于 60%；云南、甘肃、贵州、西藏低于 50%[30]。城市现代化水平低也直接导致西部地区对资本、技术等生产要素的吸引力普遍偏弱，缺乏经济发展活力，制约着城市化进程和城市可持续发展。

(4) 产业结构不合理。西部地区主要经济基础是农业，自 1999 年西部大开发战略提出以来，基础设施建设和特色资源开发的进程不断加快，西部地区农业比重出现降低趋势，产业结构也随之发生了变化。第一产业占 GDP 的比重下降了 17.29 个百分点，而非农产业占比则呈快速上升的趋势，西部地区产业结构不断呈现"二三一"型的发展态势[31]。但是与全国相比，西部地区第一产业比重较全国平均水平高 2.7 个百分点，第二产业比全国平均水平高 4.3 个百分点，第三产业比全国平均水平低 7 个百分点[16]。西部城市化水平和第三产业发展已经滞后于工业化水平，对工业化的进一步发展形成制约。

(5) 区域民族融合不充分。一直以来，西部安全隐患仍然存在。复杂的民族、宗教问题与欠发达的经济问题交织在一起，使得西北地区与中亚地区共同构成当前及今后一段时间内亚欧大陆上一块不安宁的地方。因此，要进一步通过西部大开发，振兴少数民族聚集区各项事业，促进西部民族地区的经济协调均衡发展，加强少数民族地区文化发展和对国家及民族的文化认同。

(6) 人才缺乏。由于自然环境和社会经济态势的影响，西部地区大部分人才纷纷奔向经济发达地区，人才流失现象较严重，"外地人才不愿去、本地人才留不住"的问题十分突出，严重影响了当地经济社会发展。而且中西部地区的很多高校毕业生都没有留在本地发展，而是选择前往东部地区的大城市发展。因此，如何将人才引进来、留得住，国家应出台相应西部大开发优秀人才的优惠政策，在政治待遇、福利待遇、工作环境待遇等方面向西部地区倾斜。同时，西部地区自身也应该积极创造条件，出台切实有效的人才支持政策，鼓励各类人才扎根，才能加大对人才的吸引力。

5.4　西北"水三线"协调发展的地理—生态—经济学理论体系

5.4.1　西北"水三线"地理—生态—经济学理论基础

在新的时代背景之下，我国西北"水三线"空间合理布局与区域协调发展，亟需以政治地理学与地缘政治、区域经济学、生态经济学、发展经济学等理论及诸多学术思想为指导，结合区域发展需求、国土空间定位和特殊的自然、社会、经济、政治背景，在实践中创立具有西北"水三线"特色的区域协调发展地理—生态—经济学理论体系。

由图5-2可知，西北"水三线"协调发展与诸多重要地理经济学理论具有严密的逻辑关系。结合图5-1国家区域发展的总体布局与西部大开发的空间定位，可形成由国家区域发展战略为驱动引领、水资源梯度优化配置为支撑保障、学术思想丰富理论基础、理论基础支撑开发模式、开发模式实现发展目标的西北"水三线"区域协调发展地理—生态—经济学理论体系。

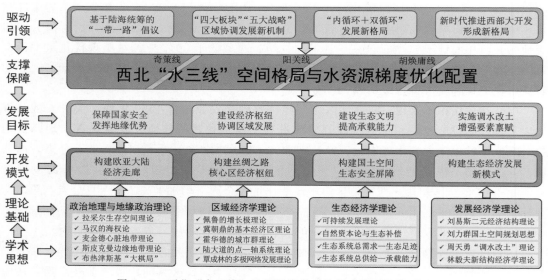

图5-2　西北"水三线"地理经济学理论基础及逻辑关系图

该理论体系的总体思路是：按照客观规律调整完善区域经济体系，发挥文化特色与地缘优势，促进以水资源为首的各类要素合理流动和高效聚集，加快构建高质量发展的社会经济动力系统，在保证对生态脆弱地区进行生态保护与综合修复的基础上，增强具有标杆作用的生态—经济枢纽片区的经济与人口承载能力和生态承载力、粮食供给能力、社会稳定能力，保障生态安全、粮食安全、边疆安全，最终形成优势互补、高质量发展的地理—

生态—经济协调发展布局。可成为支撑我国西北"水三线"实现区域协调与可持续发展的重要理论框架与行动指南。

5.4.2　基于政治地理学和经济地理学理论拓展国土发展空间

1. 以政治地理学理论为指导，构建欧亚大陆经济走廊，保障国家安全

政治地理与地缘政治学理论为构建欧亚大陆经济走廊，保障国家安全并发挥地缘优势提供了重要的理论基础，为支持我国西北"水三线"提升地缘战略地位、保障国土安全提供了关键的科学依据。

在诸多政治地理学/地缘政治学理论中，拉采尔的生存空间理论指出国家有机体的生存和运行依赖于它所在环境，如生物一样，需要一定的"生存空间"，世界性强国必须占有足够数量的土地，尤其是战略要地，欧亚大陆就是重要的全球战略要地之一❷。阿尔弗雷德·塞耶·马汉的全球视角是以亚欧大陆为中心的，其"海权论"认为大国对具有重要地缘战略意义的航道的控制至关重要❸。哈尔福德·麦金德心脏地带理论把欧亚非三大洲合起来看作茫茫世界海洋中的一个大岛，称之为"世界岛"，把欧亚大陆的中部看作是世界岛的心脏地带❸。斯皮克曼边缘地带理论指出，谁统一或整合了欧亚大陆东西两端的边缘地带，谁就掌握了世界最有潜质的地区❸。布热津斯基"大棋局"理论将欧亚大陆比喻为争夺世界领导权的"棋盘"，可以决定世界的稳定与繁荣❸。基辛格的均势理论指出在多极世界中寻求一种世界各主要大国之间的一种均势，建立起一种体现美国政策，以合法性和权力为基础的世界秩序，其中欧亚大陆是世界均势构成的重要力量❸。

在地缘政治学的视角下，我国西北"水三线"地区正处于欧亚大陆南部的边缘地带，居于极为关键的地理战略位置，是促进东西方交流、加强"一带一路"建设、推动"双循环"进程、打通"一带一路"及"深陆"通道的关键枢纽区域。

2. 以区域经济理论为指导，构建丝绸之路核心枢纽区，协调区域发展

区域经济学理论为将西北"水三线"地区打造成为丝绸之路经济带核心区与生态经济枢纽区提供了关键理论依据，为提升我国西北地区自主发展能力、建设具有示范作用的经济枢纽区、缓解东西部发展不平衡提供了理论保障。

区域经济学理论主要涉及冀朝鼎的基本经济区理论、弗朗索瓦·佩鲁的增长极理论、陆大道的点—轴系统理论、埃比尼泽·霍华德的城市群理论、覃成林的多极网络增长理论等。其中，佩鲁的增长极理论强调可以通过对特定地理中心的刺激，促进其极化效应，以推动不发达地区通过不平衡到平衡的发展，实现经济整体进步❸。埃比尼泽·霍华德的田

---

❷　Friedrich Ratzel. Politische Geographie [M]. München, Leipzig, Oldenbourg, 1897.

❸　阿尔弗雷德·塞耶·马汉. 海权论：海权对历史的影响 [M]. 冬初阳，译. 长春：时代文艺出版社，2014.

❸　Halford J., Mackinder. The Geographical Pivot of History [M]. The Geographical Journal, 1904.

❸　尼古拉斯·斯皮克曼. 和平地理学 [M]. 俞海杰，译. 上海：上海人民出版社，2016.

❸　兹比格纽·布热津斯基. 大棋局：美国的首要地位及其地缘战略 [M]. 中国国际问题研究所，译. 上海：上海人民出版社，2007.

❸　亨利·基辛格. 核武器与对外政策 [M]. 北京编译社，译. 上海：世界知识出版社，1959.

❸　弗朗索瓦·佩鲁. 新发展观 [M]. 张宁，丰子义，译. 北京：华夏出版社，1987.

园城市理论强调城市规划、城乡协调发展的重要性，并提出"有机疏散理论"把由单中心城市的区域结构，过渡到多中心城市的区域结构，以缓解由于城市过分集中所产生的弊病❸。陆大道的点—轴中心枢纽理论强调海岸地带轴和长江沿岸轴形成的"T"形组成了我国两个一级开发轴线，已成为我国生产力布局的基本战略❸。冀朝鼎的基本经济区与水利经济学理论创造性地提出了"基本经济区"的概念，该理论强调只要控制了经济繁荣、交通便利的"基本经济区"，即可征服乃至统一全中国❸。覃成林的多极网络增长理论提出了需在国家层面构建多极网络空间发展格局，在形成多极支撑、轴带衔接、网络关联、极区互动、充满活力的区域经济发展新格局，促进全国区域经济走向相对平衡、协调发展的新阶段❸。

对于我国西北"水三线"而言，增长极理论为缓解我国东西部不均衡发展、提升我国西北地区经济实力提供了思路，即通过重点建设西北"水三线"新兴增长极，不断刺激我国西北地区经济复苏，使其发挥以点带轴、以轴带面的效应；埃比尼泽·霍华德的田园城市理论则对建设人地协调、生态—经济协调发展的城市、城市群提供了理论依托；陆大道的点—轴中心枢纽理论与增长极理论相辅相成，进一步明确了建设"极点带动—轴带支撑—枢纽片区—网络空间"层级结构对我国西北城市及城市群发展的关键作用；冀朝鼎的基本经济区与水利经济学理论则强调了"基本经济区"对于全域的引领调控作用，为我国西北生态经济枢纽区建设提供了思路；覃成林的多极网络空间发展格局为构建西北"由点串轴、由轴带面"的城市群与经济发展格局提供了参考思路。

3. 以生态经济学理论为指导，构建国土空间生态安全屏障，建设生态文明

生态经济学理论主要包括可持续发展理论、生态经济学原理、由生态承载力与生态足迹等组成的生态经济协同发展理论与方法，可为西北"水三线"解决社会、经济和环境三个维度的发展问题提供解决路径。为提高生态承载能力，提升生态服务价值，加强生态安全保障，将西北"水三线"打造成为我国乃至全球的生态文明先行区、生态安全屏障区、生态保护示范区提供坚实的理论基础。

生态经济学原理将经济系统与生态系统统一起来，要求从整体上看待生态经济问题，反对用孤立的、片面的观点去看自然生态与社会经济的相互关系。实现生态经济协同发展，其本质是实现人类社会系统与自然生态系统之间的健康互动、协调发展，这是生态经济学的基本原理。此外，生态经济学围绕着人类经济活动与自然生态之间相互发展的关系这个主题，研究系统整体的有机体运动和发展规律，旨在实现经济生态化、生态经济化和生态系统与经济系统之间的协调发展并使生态经济效益最大化。

对于西北"水三线"而言，生态经济学可以有效指导其通过挖掘资源储备价值、提升生态产品价值，实现区域生态产业化经营，进而促进生态—经济良性循环。当前社会发展

---

❸　埃比尼泽·霍华德. 明日的田园城市 ［M］. 金经元，译. 北京：商务印书馆，2000.

❸　陆大道. 论区域的最佳结构与最佳发展——提出"点—轴系统"和"T"形结构以来的回顾与再分析［J］. 地理学报，2001（2）：127－135.

❸　冀朝鼎. 中国历史上的基本经济区与水利事业的发展［M］. 朱诗鳌，译. 北京：中国社会科学出版社，1981.

❸　覃成林，贾善铭，杨霞，等. 多极网络空间发展格局：引领中国区域经济2020［M］. 北京：中国社会科学出版社，2016.

与生态环境之间的问题都存在于社会—经济—自然复合生态系统中，无论是水资源空间调配问题，或是生态环境与社会经济之间如何平衡的问题，均是一个整体性的、综合性的问题，也是一个追求综合最有效益的多维决策过程。在建设生态文明，维护国土空间生态屏障的背景下，应将高效利用有限自然资源、缓解干旱缺水问题、土地荒漠化治理、提升生态系统的承载力与恢复力作为优先目标。

生态经济协同发展的研究方法主要包括生态承载能力、生态足迹等，两者分别从生态系统的供给与需求视角出发，可以量化生态环境对于人类活动的负荷能力，判别社会经济活动对生态系统的干扰是否超过其承载阈值[40]。此外，通过生态系统总需求与总供给的调控原理，可以对西北"水三线"人类活动已经超过或者即将超过生态承载阈值区域的"供给—需求"关系进行科学调节。通过以上方法，可以有效识别西北"水三线"生态脆弱区域，准确刻画生态系统总需求—总供给之间的平衡或失衡关系，为有效维护国土空间生态安全、大力提升新时代生态文明水平提供战略决策依据。

4. 以发展经济学理论为指导，构建"双循环"发展格局，调节资源禀赋要素

发展经济学理论为构建"内循环＋双循环"的新发展格局，增强干旱区水资源要素禀赋，促进调水改土，加强生态修复和荒漠化治理提供了重要的理论基础，为促进我国南水北调西线—西延工程跨越西北"水三线"，构建国家大水网，实现水土资源空间优化配置提供了重要的理论支撑。

在诸多发展经济学理论中，宏观经济学主要研究一个国家的资源是否被充分利用、货币和储蓄的购买力是否变动、生产物品的能力是否增长这三大经济问题[41]。西北地区水资源总量短缺，开发利用程度高，用水效率低且用水结构不合理，单位水产出低于全国平均水平。林毅夫在新结构经济学理论中提出资源禀赋因素的概念，认为有效加强对水资源及土地生产要素的重视程度，对于劳动力、资本等要素的构成起着积极的促进作用[42]。因此，实现我国西北"水三线"地区水资源的空间合理分配，充分发挥水资源要素在该地区的作用，有利于带动要素禀赋发挥出资源优势，是应用好新结构经济学的重要体现。

荒漠化治理与国家发展理论，强调开发利用西北荒漠化土地已成为扩展我国生存空间的必然选择。西北地区干旱缺水，气候恶劣，山原起伏，荒漠广布，生态脆弱，环境退化，其大规模开发必须从外流域调水。借助节水和跨流域调水等手段，实现水资源合理优化配置，通过治理荒漠化，可以不断提高当地生态质量，缩小东西部差距，促进荒漠化地区发展。同时，还可以有效促进当地技术和生产力发展，有利于发挥资源优势[43]。

"调水改土"与区域经济新增长极理论，强调通过调节水资源配置，改造未利用土地，扩大发展空间的方式[44]。我国西北内陆干旱区后备资源众多，但水资源成为了生态环境与社会经济发展的最显著约束，调水改土理论的本质是强调区域要素合理调控，指导水资源跨区域空间优化配置，打造自然资源新高地，扩大社会经济发展空间，进一步缓解人口就

❹ 许涤新. 生态经济学探索 [M]. 上海：上海人民出版社，1985：235.

❶ 翔高教育经济学教学研究中心. 宏观经济学（曼昆版）[M]. 卢远瞩，译. 北京：中国人民大学出版社，2011.

❷ 林毅夫. 新结构经济学的理论基础和发展方向 [J]. 经济评论，2017 (3)：4-16.

❸ 刘力群，卢琦. 开发西北沙区 拓展生存空间 [J]. 中国人口·资源与环境，2002 (3)：105-109.

❹ 周天勇. 论调水改土对国民经济城乡要素模块间梗阻的疏通 [J]. 区域经济评论，2019 (3)：8-17，2.

业问题，有利于农村劳动力、土地、资金、技术等要素的合理匹配，最终实现对社会经济的有效促进。

产业经济学与产业结构调整理论指出，产业结构的变动，主要受人均国民收入变动的影响，且同一产业空间聚集有利于生产要素聚集，这些要素包括劳动力、资金、能源、运输以及其他专业化资源等。配第—克拉克理论为优化合理配置就业人口的转移提供了重要的导向作用[45]；杜能的农业区位论以及韦伯的工业区位论，为现阶段农业及工业区位的合理布局提供了重要的理论依据，促进了现代化农业和工业的发展[46]；马歇尔的产业聚集理论对经济和产业发展具有重要的宏观调控作用[47]。

以上发展经济学理论对于西北"水三线"发展和建设具有重要指导作用，可有效促进区域资源要素配置、经济发展和产业结构合理布局，有利于促进资源开发和产业集聚，支撑西北地区快速融入国内大循环，为我国开放型经济发展增添动力，指导西北地区在调水改土的基础上发展产业，从而促进生态保护和资源开发利用的良性循环。

5.4.3　基于调水改土保障国家耕地安全与粮食安全

1. 国家耕地及粮食安全面临的问题

近年我国农业结构不断优化，粮食连年丰收，为稳定经济社会发展大局提供了坚实支撑。但是与此同时，我国耕地总量少，质量总体不高，后备资源不足，部分地区也出现了耕地"非粮化"倾向，需要严守耕地保护红线，维护国家粮食安全。具体而言，当前我国耕地及粮食安全面临粮食自给率低、优质耕地紧缺、占补平衡压力大、耕地"非粮化"与"非农化"倾向严重、粮食供求品种结构矛盾突出、粮食生产缺乏价格竞争力等多方面问题。

我国耕地面临南方耕地持续减少、东北耕地已无开发潜力、西北耕地具有占补平衡潜力但水资源匮乏、优质宜耕地正在减少等现实困境。第二次全国土地调查数据显示我国耕地面积为 20.3 亿亩，但其中有相当数量耕地正受到中、重度污染，大多不宜耕种，还有一定数量的耕地因开矿塌陷造成地表土层破坏、因地下水超采，已影响正常耕种。因此，当前适宜稳定利用的耕地仍为 18 亿亩多[48]，我国人均耕地少、耕地质量总体不高、耕地后备资源不足的基本国情仍然没有改变。同时，虽然近十几年来我国基本实现了建设占用耕地的占补平衡，但占近补远、占优补劣、占水补旱的问题仍然普遍。2013 年以来我国城镇用地面积增加明显加快，而城镇用地占用的大多是优质耕地，上海、天津、海南、北京等地可供开垦的未利用地接近枯竭，江苏、安徽、浙江、贵州等省可开垦耕地也很有限，建设占用耕地的补充难度很大，耕地后备资源严重不足。综合考虑现有耕地数量、质量和人口增长、发展用地需求等因素，耕地保护形势仍十分严峻。同时，随着城市化进程的持续、快速推进，我国必将面临着城郊优质耕地转化为城镇用地、农村耕地破碎化的威胁，

---

[45]　威廉·配第. 政治算术 [M]. 马妍，译. 北京：中国社会科学出版社，2010.

[46]　约翰·海因里希·冯·杜能. 孤立国同农业和国民经济的关系 [M]. 吴衡康，译. 北京：商务印书馆，1986.

[47]　阿尔弗雷德·马歇尔. 经济学原理 [M]. 朱志泰，等译. 北京：商务印书馆，1964.

[48]　全国土地调查显示我国耕地 20 亿亩，宜耕地 18 亿亩 [N]. 新民晚报，2013 - 12 - 30.

严防死守 18 亿亩耕地红线的压力仍然很大。

同时，近年来我国耕地"非农化"行为依然存在，部分地区出现耕地"非粮化"倾向，对国家粮食安全造成了威胁。党中央、国务院已经出台了一系列严格耕地保护的政策措施，但一些地方仍然存在违规占用耕地开展非农建设的行为。与此同时，部分地区也出现耕地"非粮化"倾向，一些地方把农业结构调整简单理解为压减粮食生产，一些经营主体违规在永久基本农田上种树挖塘，一些工商资本大规模流转耕地改种非粮作物等。为防止耕地"非农化"与"非粮化"现象继续蔓延，2020 年 9 月，国务院办公厅发布《关于坚决制止耕地"非农化"行为的通知》（国办发〔2020〕24 号），此后，国务院办公厅于 2020 年 11 月再次发布《关于防止耕地"非粮化"，稳定粮食生产的意见》（国办发〔2020〕44 号）。

在粮食安全方面，我国当前口粮生产尚不存在突出问题，但饲料粮则存在严重缺口，粮食自给率已超过警戒水平，农业生产水平及现有农业资源并不能完全满足国民自身消费需求。近年来，我国粮食产量稳步上升，已取得了人均粮食连续 12 年保持在 400kg 以上安全水平的伟大成就，但即便如此，我国粮食仍不能完全自给。大豆、玉米、高粱等均需要进口，且植物油、糖、猪肉、牛肉等附属品也表现出了对进口产品的极大依赖。尤其是大豆进口在近几年问题突出，2019 年我国进口大豆达到 9000 万 t，如果这些大豆均由国内生产，则需占用 6200 万 hm² 播种面积[49]，而大豆的实际播种面积不足 1000 万 hm²，扩大大豆的种植面积必将严重挤压其他粮食作物播种面积。陈锡文经测算指出，当前我国的进口农副产品在境外约消耗 10 亿亩农作物播种面积，而国内一年的农作物播种面积约为 24 亿～25 亿亩，因此我国农业资源的自有率只占 70% 左右[50]。中国作为一个人口大国，不能把宝都押在境外，要减少对进口粮食的依赖。根据"中国人的饭碗任何时候都要牢牢端在自己手上"的基本要求，必须慎重应对我国粮食安全对国际市场依赖越来越大的隐患，尤其在近年国际格局和国际秩序发生急剧变化的背景下，更应该深谋远虑、未雨绸缪，为确保我国的粮食安全作好周密安排。由此可见，当前保障粮食安全和重要农产品供给仍然存在诸多挑战。

此外，我国农业发展所面临的深层问题也不容忽视，粮食供求的品种结构存在突出矛盾，缺乏价格竞争力也是我国粮食生产的软肋[51]。一方面，我国粮食供求的品种结构矛盾突出，国内粮食供给的品种结构明显不适应国内市场的需求。随着国民收入水平的提高与膳食结构的改变，国家对大豆消费的需求快速增加，导致我国已从 20 世纪 90 年代中期起成为了大豆净进口国，小麦、玉米、高粱的进口量也呈现逐年增加的趋势，我国粮食目前仍存在总量不足、结构矛盾突出的问题。另一方面，我国粮食生产缺乏价格竞争力，我国粮食价格持续大幅度高于国际市场的现象始于 2012 年年底，目前，我国小麦、大米、玉米、大豆等主要粮食品种的国内市场价格约比国际市场高出 30%～50%。此外，我国农业发展还面临着资源和生态环境的压力、农产品质量和食品安全的挑战、农业效率和农民增收的矛盾等现实问题。

---

❹　贾绍凤. 优化黄河上游水土资源配置为国家粮食安全作贡献 [J]. 中国水利，2020（21）：29-31.

❺　陈锡文. 乡村振兴不是简单地加快乡村发展 [J]. 记者观察，2021（22）：32-35.

❺❶　陈锡文. 落实发展新理念　破解农业新难题 [J]. 农业经济问题，2016，37（3）：4-10.

2. 调水改土对保障粮食安全与耕地安全的作用

当前我国正处于全面建设小康社会的决胜阶段,国土空间开发利用与保护面临重大机遇与严峻挑战。对于我国西北地区而言,水土资源约束不断加剧,国土空间开发格局亟须优化,国土开发质量也有待提升。同时,粮食安全是国家安全的重要基础,是关乎国运民生和社会稳定的头等大事,土地是粮食生产的基础,加强土地资源的保护与利用,是扎实推进"藏粮于地"战略的必然要求。西北地区作为我国粮食生产的战略后备区和畜牧业生产主产区,当地拥有丰富的农业后备资源,是我国传统农业的重要起源地之一,但受气候条件与水资源限制,西北地区粮食生产能力总体偏低,粮食安全水平亟须提升。

周天勇认为,调水改土是中国未来 30 年发展战略的关键棋子和布局[32]。所谓调水改土,是指调整水资源的区域间配置,扩大可利用土地,在新的可利用土地上扩大建设新城镇,发展新产业,形成新市场,吸纳剩余劳动力,带动新一轮消费需求。在这一过程中,可以形成促进经济中长期增长的新要素模块和新动能,可以扩大国内投资和消费需求,延长工业化时间,动态平衡生产过剩,最终使国民经济获得中长期的中高速增长。在保障国家土地安全与粮食安全的视角下,"调水改土"的实施将为西北"水三线"提供一条"水资源配置调控→可利用土地面积扩大→土地利用率提升→自然资源高地形成→农业规模化经营→粮食增产与粮食安全"的良性循环途径。

"调水改土"理论可为我国西北地区资源要素的合理调控提供科学依据,可有效指导西北水资源跨区域空间梯度配置,在南水北调西线—西延调水工程的基础上,有效改造我国土地利用方式,打造西北地区自然资源新高地,扩大农业发展空间,通过资源空间聚集影响区域人口聚集,提高农业劳动生产率,有效保障区域粮食安全。我国西北"水三线"地区面积广阔,占国土总面积近 36%,但水资源量仅占全国的 5.7%,属于资源性缺水严重地区,水资源成为生态环境与社会经济发展的最显著约束。从调水工程来看,我国仍属于调水弱国之列,年均实际调水量不超过 500 亿 m³/年❷。因此,加快建设南水北调西线调水工程,实施"调水改土"方略,是一项重要且现实可期的国策。

西北地区拥有丰富的土地资源和得天独厚的光热资源,具有成为新的国家粮食生产基地的潜力。当前,有限的国土面积与不断扩大的人民物质生活需求对国家土地合理开发利用提出了新目标、高要求,而我国西北地区水资源与土地资源空间配置失调,严重制约了区域经济发展水平,直接导致了地广人稀的地理特征,土地资源的科学规划和合理开发利用已成为提升西部乃至国家耕地安全的核心问题。

5.4.4 基于调水改土推动城乡统筹发展与乡村振兴

1. 国家城乡统筹发展与乡村振兴面临的问题

统筹城乡发展是以人为本的新型城镇化的重要内容,也是全面建成小康社会的重要保障。当前,城乡发展仍面临诸多问题,如半城镇化问题严重,农村地域空心化加剧,城乡

---

❷ 周天勇. 把中国建设成一个调水改土强国 [EB/OL]. [2020 - 08 - 03]. https://baijiahao.baidu.com/s? id = 16739618821604915328&wfr= spider&for=pc.

土地资源配置矛盾凸显，区域城乡发展持续拉大，城乡环境问题日益突出[53]，农村人居环境改善面临较大短板，城乡融合存在显著的区域差异等等。乡村振兴战略是新时期我国"三农"工作的总抓手，是"新农村建设""美丽乡村建设"等一系列战略和政策的深化。然而，目前我国的乡村振兴路径谋划不足，地区功能定位、主导产业配置、发展模式趋同等问题突出，乡村振兴规划普遍存在简单照搬照抄上位规划和其他地区规划的现象，乡村振兴示范创建的市场生存能力与示范带动能力较弱，可推广性较差。

我国城镇化率虚高、城镇化质量偏低，集中表现在空间和人口的半城镇化。随着我国城镇化进入加速发展阶段，城镇建设过分依托农村劳动力与土地资源开发，出现了要地不要人、囤地不开发的现象。半城镇化现象集中表现为城乡空间的半城镇化与人口的半城镇化，空间的半城镇化主要在快速城镇化进程中出现，由于产业发展和城镇功能协同配套不够，导致一些新建产业园区功能单一、基础服务设施配置不足；一些新城、新区建设追求土地财政而轻视产业发展，出现了"空城""睡城""鬼城"，人口的半城镇化主要发生于农村劳动力向城市流动的过程中，农民工在子女教育、医疗卫生、社会救助等方面未能真正享受城市居民待遇，农民难以完全融入城市，造成人口的半城镇化现象。

我国农村地域空心化加剧，农村土地空废化、农村社会主体老弱化、基础设施与公共服务空心化、农村水土环境严重污损化问题并存。农村地域空心化主要发生于农村农业生产要素的高速非农化过程之中，随着农村劳动力大量涌入城市，农村"人走屋空"现象普遍，而农村宅基地普遍建新不拆旧，由此导致原有宅基地空废加剧。随着大量农村青壮年劳动力转移进城，农村人口老龄化速度加快，农村养老特别是留守老人的养老矛盾突出，农村人口减少与老弱化成为农村空心化的主要表现形式。在该过程中，随着农村人口流失与宅基地空废，农村基础设施与公共服务难以配套，尤其是农村地区中小学校的大规模撤并现象加快了基础设施空心化。

城乡土地资源在经济发展、粮食安全、生态保护等多用途配置的矛盾已经凸显。城市区域内人口密度极高，人口与资源问题已严重制约了我国城市的现代化进程，人口膨胀与土地及水资源、人口膨胀与就业岗位、人口膨胀与城市基础设施之间均存在显著矛盾。此外，我国有大量城市分布于优质耕地连片区范围内，建设用地占用耕地导致耕地面积持续减少，经济增长与粮食生产用地矛盾加剧。为缓解耕地占用问题，虽然已经实施了耕地占补平衡、城乡建设用地增减挂钩等土地制度，但实施过程中存在占优补劣、重数量轻质量和忽视农民利益的问题，耕地"非粮化"与"非农化"问题普遍存在。

经济增长粗放、资源开发过度导致城乡环境问题日益突出。快速城市化使得城市发展遭遇资源紧缺与环境恶化瓶颈，城市资源环境承载力不断降低，有些城市甚至面临着环境危机。城乡生态环境问题主要体现在大气、水资源、土地等的严重污染，对于城市而言，以雾霾为代表的大气污染事件频发，严重影响空气质量、大气能见度和公众身体健康。同时，土壤污染问题在城市与乡村普遍存在，尤其是重工业基地的污染尤为突出，随着大城市部分污染型工业向农村转移，农村的土壤污染压力也随之升高。此外，农村还存在生活污水与生活垃圾排放、养殖业废弃物排放、化肥农药使用及电子废物排放等问题。

❸ 刘彦随，严镔，王艳飞. 新时期中国城乡发展的主要问题与转型对策［J］. 经济地理，2016，36（7）：1-8.

乡村振兴不是简单的加快乡村发展，而是必须充分地发挥好乡村独有的功能，该种功能是城市所不具备的，而又是国家现代化进程中不可或缺的。乡村振兴最主要的功能体现在三个方面：第一，必须确保粮食和重要农产品的供给，随着城镇化进程的推进，乡村所承担的保障粮食和重要农产品供给的职能将会越来越重要；第二，乡村承担着为整个国家提供生态屏障和生态产品的功能，占国土面积97％的乡村是实现国家生态安全的基础；第三，传承国家、民族、地域优秀的传统文化，与城市文化的多元、融合相比，国家与民族历史传统、优秀文化顺利传承的责任主要在乡村地区❺⓪。

我国乡村振兴在实现路径、规划途径、示范创建等方面仍存在明显短板。在乡村振兴路径方面，我国乡村振兴路径谋划不足，地区功能定位、主导产业配置、发展模式趋同等问题突出。当前，我国乡村农业旅游化趋势严重，乡村旅游、休闲农业、农旅结合成为普遍趋势，这种不顾自身条件和需求有限的盲目跟风式发展方式存在较大的市场风险。在乡村振兴规划方面，2018年中共中央、国务院印发《乡村振兴战略规划（2018—2022年）》，目前部分省市县编制了乡村振兴规划，普遍存在简单照搬照抄上位规划和其他地区规划，或停留在粗线条的发展意向描述，真正能在乡村落地实施的可操作建设规划供给严重不足。在乡村振兴示范方面，目前各地乡村振兴热情高涨，积极参加乡村振兴示范创建，争做乡村振兴样板。但是各地乡村振兴示范区"锦上添花"式布局创建做法比较普遍，很多典型样板是靠财政补贴性投入"堆"出来的，市场生存能力和示范带动功能弱，可推广性差。

西北地区是促进我国城乡关系融合发展的攻坚地区。推进城乡一体化是我国的重要战略目标，西北地区经济发展总体滞后且各个省区之间差异巨大，贫困人口多，"三农"问题严重，存在生态环境脆弱、城市化水平低、城乡发展不平衡等尖锐的社会经济问题。虽然西部大开发战略的实施为西北地区的发展提供了前所未有的历史机遇，但农村发展滞后的现状尚未根本改变。因此，促进西北地区城乡一体化发展成为推动我国城乡统筹迫切需要解决的重大问题。

2. 调水改土对推动城乡统筹发展与乡村振兴的作用

我国发展最大的不平衡是城乡发展不平衡，最大的不充分是农村发展不充分。当前，我国面临正确处理城乡关系的新的历史关口，十九大报告强调"农业农村农民问题是关系国计民生的根本性问题，必须始终把解决好"三农"问题作为全党工作重中之重"，而乡村振兴战略正是破解我国"三农"问题的金钥匙，为农业农村现代化建设指明了方向❺④。全面推进乡村振兴，需重点提升粮食等重要农产品供给保障水平，大力发展乡村产业，实施乡村建设行动，加强和改进乡村治理。从十六大提出"统筹城乡经济社会"，到十八大提出"推动城乡发展一体化"，体现了我国经济社会发展战略的进一步深化。实现城乡统筹发展一要统筹城乡规划建设；二要统筹城乡产业发展；三要统筹城乡管理制度；四要统筹城乡收入分配。

实施调水改土可通过改变城乡土地利用方式，将未利用土地改造并投入城乡建设，有效统筹城乡规划建设❺④。近年来，土地的利用效率问题已经成为影响农村和城市建设、与

经济发展建设息息相关的重要方面，国家对于土地合理开发与土地整理工作的重视程度大幅提高。土地开发整理活动的主要目标在于提高土地利用效率、推动城乡一体化进程，最终实现经济、社会、生态等多方面的可持续发展，新时期的土地开发整理工作对缩小城乡差距、统筹城乡发展、促进社会经济发展、保护耕地起着关键性的作用。在"调水改土"理论的指导下，可以调节水资源的地区分配以支援我国西北地区，进而改造未利用土地，或者转用干旱草原为耕地及建设用地，吸收农村过剩人口和劳动力，逐步形成资金和产业聚集，使人口、土地、劳动力、资金、产业等在我国西北地区形成新的组合。在此基础上，农村地区不仅形成了新的经济增长点，也一定程度地实现了对城市地区过剩资金与产业的疏散，使城市中资金与产能的淤积程度下降，增加了城市创业机会与新的市场需求环境。由此，西北地区城乡之间可形成人口、劳动力、土地、资金的双向流动，可促进城乡建设、产业、收入的统筹发展。

实施调水改土可扩大农村可利用土地面积，提升农产品供给保障水平，为农村人口提供更多就业机会，促进乡村产业发展，是惠及农民与农村、实现乡村振兴的有效途径。近年来，随着城镇化的持续推进，大量农村人口到城市发展，导致不少村庄出现"空心化"现象，既不利于农村长远发展，也与乡村振兴的目标相悖。我国农村的老龄化程度远高于城市，而劳动力向我国东部地区的聚集又进一步加剧了中西部欠发达地区农村人口的老龄化。实施调水改土并不是改良土地，而是改变土地的利用方式，扩大农村的可利用土地范围就可以促进人口、劳动力与资本的聚集。"调水改土"理论可以优化城乡人口结构，增加乡村就业机会，促进资本向农村流动，从而为缓解农村空心化、老龄化等问题提供新的解决途径，有效助力乡村振兴。总体而言，中国尤其是西北地区应当将调水与改土结合起来，将增加土地和土地市场化配置改革结合起来，将土地生产资料变成可交易的资产。从而实现为拉动投资找项目，为建设用地找新的可利用土地，为扩大就业找机会，为稳定经济增长寻找新的土地要素投入。

参 考 文 献

[1] 郑义. 胡耀邦和西部大开发 [J]. 党史博览，2010 (4)：4-9.

[2] 俞荣新. 胡耀邦与大西南的开发建设 [J]. 红岩春秋，2013 (4)：4-7.

[3] 江泽民在中南西南十省区经济工作座谈会上强调要不失时机地推动改革开放促进经济持续快速健康发展 [N]. 人民日报，1993-10-04.

[4] 江泽民. 全党全社会进一步动员起来夺取八七扶贫攻坚决战阶段的胜利——在中央扶贫开发工作会议上的讲话 [N]. 人民日报，1999-06-09.

[5] 江泽民. 江泽民就进一步加快中西部地区发展发表重要讲话指出抓住世纪之交历史机遇加快西部地区开发步伐 [N]. 人民日报，1999-06-19.

[6] 胡锦涛在西部大开发工作会议上的讲话（新闻稿）[N]. 新华社，2010-07-15.

[7] 罗静，冯建勇. 新时代中国边疆治理的新思路新实践 [J]. 北京工业大学学报（社会科学版），2018，18 (3)：79-88.

[8] 王雪纯，邵彩红. 关于西部大开发发展战略的国内研究综述 [J]. 时代经贸，2011 (20)：10-11.

[9] 任保平，岳利萍，郭晗. 西部大开发 20 年：中国西部地区繁荣发展道路 [M]. 北京：社会科学文献出版社，2019.

[10] 白永秀，何昊. 西部大开发 20 年：历史回顾、实施成效与发展对策 [J]. 人文杂志，2019 (11)：

52 - 62.

[11] 郭晓兵，高志刚. 新疆丝绸之路经济带核心区建设探析 [J]. 新疆财经大学学报，2014 (2)：21 - 27.

[12] 刘波. "一带一路"战略背景下广西外贸的机遇、挑战及对策 [J]. 桂海论丛，2015，31 (4)：61 - 66.

[13] 陆海联动助推"一带一路"走深走实——外国政要热议"一带一路"陆海联动发展 [EB/OL]. [2019 - 06 - 04]. http：//www. gov. cn/xinwen/2019－06/04/content＿5397387. htm.

[14] 孙桂里. "一带一路"背景下边疆民族地区开放型经济发展研究 [D]. 呼和浩特：内蒙古财经大学，2016.

[15] 陈秀山，杨艳. 区域协调发展：回顾与展望 [J]. 西南民族大学学报 (人文社科版)，2010，31 (1)：70 - 74.

[16] 任保平. 新时代西部大开发新格局 [J]. 西部大开发，2020 (1)：94 - 97.

[17] 芮卫东，解航. 发展特色经济 推动常州西部县域振兴 [J]. 唯实，2013 (8)：59 - 61.

[18] 王文法. 加快基础设施建设，推动公交健康发展 [J]. 人民公交，2014 (8)：38 - 39.

[19] 朱玉福. 西部大开发 10 周年：成就、经验及对策 [J]. 贵州民族研究，2010，31 (3)：12 - 19.

[20] 李宁. 深入推进西部大开发 助力"双循环"新发展格局 [N]. 中国经济网，2020 - 10 - 06.

[21] 孙早，谢慧莹，刘航. 国内国际双循环新格局下的西部高水平开放型经济发展 [J]. 西安交通大学学报 (社会科学版)，2021，41 (1)：1 - 7.

[22] 周宾. "双循环"新发展格局背景下的西部机遇 [J]. 新西部，2020 (Z5)：4 - 5.

[23] 郝志强. "十四五"时期构建"双循环"新发展格局的实践选择——基于党的十九届五中全会精神的解读 [J]. 社会科学动态，2020 (12)：51 - 57.

[24] 刘鹤. 加快构建以国内大循环为主体、国内国际双循环相互促进的新发展格局 [N]. 人民日报，2020 - 11 - 25 (6).

[25] 李嘉. "一带一路"对西部经济发展产生的影响及对策 [N]. 环球市场信息导报，2017 - 06 - 15 (7).

[26] 李猛. 新时期构建国内国际双循环相互促进新发展格局的战略意义、主要问题和政策建议 [J]. 当代经济管理，2021，43 (1)：16 - 25.

[27] 田洪昌. 中国经济发展的风险分析与模拟计算 [J]. 河北大学学报 (哲学社会科学版)，2020，45 (4)：99 - 109.

[28] 张坤. 欠发达地区环境与经济协调发展机制研究 [M]. 北京：中国环境科学出版社，1999.

[29] 陈少林. 西部大开发的水利需求及发展战略研究 [D]. 青岛：中国海洋大学，2011.

[30] 张学良. 中国区域经济增长新格局与区域协调发展 [J]. 科学发展，2012 (7)：64 - 78.

[31] 任保平，张倩. 西部大开发 20 年西部地区经济发展的成就、经验与转型 [J]. 陕西师范大学学报 (哲学社会科学版)，2019，48 (4)：46 - 62.

[32] 周天勇. 论调水改土对国民经济城乡要素模块间梗阻的疏通 [J]. 区域经济评论，2019，39 (3)：8 - 17，2.

第6章 基于政治地理学的全球空间格局与国家战略

6.1 政治地理与地缘政治学内涵与进展

6.1.1 内涵与定义

1. 政治地理学的内涵与定义

政治地理学是人文地理学的一个重要分支，同时又是一门介于政治学和地理学之间的边缘学科，主要关注人类社会的政治活动及其过程与地理空间之间的相互关系，研究内容包括国家的政治地理位置、领土、领海、政区变动及疆界问题等，重点分析国家的形成、发展，地理条件对国家制度与政策的影响，并预测其发展变化的趋势。用荷兰地理学家范根堡（Van Valkenbury）的话来说"政治地理学就是国家地理学，并且为国际关系提供地理上的解释"，德国地理学家卡尔·豪斯浩弗（Korl Haushofer）认为"政治地理学系研究政治有机体的空间及其结构的学问"。简言之，政治地理学就是对国家这个有机体所作的空间研究。由于"地缘政治"经常成为一些外交家"全球战略"的代名词，从而使其成为地理学中一个重要的学科和一个热门话题。这说明，政治地理学是与现实有着紧密联系的科学，也因此受到世界所有国家、集团与各种大型组织的关注。

2. 政治地理学研究的空间尺度及其与地缘政治学的区别与联系

政治地理学所研究的空间政治现象分三个尺度，分别是国家的内部区域或地方的政治格局与关系、国家的政治地理特点、国家之间的政治格局与相互关系。而地缘政治学则是政治地理学特征的规律性阐述与理论概括。《中国大百科全书》指出地缘政治学是政治地理学的一部分，地缘政治学诞生于政治地理学的母体之中❶，地缘政治学更加关注地理环境对国家空间格局发展的影响。此外，地缘政治学虽然是根据客观实际进行理论概括，但由于思想观点、哲学思维、阶级立场、国家和民族利益的不同，地缘政治学的论说亦受其影响。因此，各家论说既是客观的，又是主观的；甚至，有的走上了为本国侵略扩张服务的邪路。

作为政治学和地理学的交叉学科，政治地理学和地缘政治学的研究都从"人类政治和地理环境的关系"入手。政治地理学与地缘政治学具有诸多联系：第一，在学科发展角度，政治地理学是地缘政治学缘起和发展的前身，政治地理学提供了地缘政治学直接的理论渊源；第二，

---

❶ 《中国大百科全书》总编委会. 中国大百科全书［M］. 北京：中国大百科全书出版社，1987.

在研究对象角度，政治地理学和地缘政治学都把国家当作地理的有机体或一种空间现象来认识；第三，在研究方法角度，两者都以地理学的研究方法为基础，从空间角度来研究人类社会政治现象和政治过程产生和发展的原因和结果❷。我国学者在翻译英国学者杰弗里·帕克（Geoffrey Parker）著的《二十世纪西方地理政治思想》一书中，为区别这两个字的不同含义，将 Geopolitik 译为地缘政治学，把 Geopolitics 译为地理政治学。其实，这两个字从渊源上讲，前者是来自德语，后者是前者英语译词，是同义的，但所含之意不同。

政治地理学与地缘政治学也存在一定的区别：第一，在学科分类角度，政治地理学从属于地理学，而地缘政治学从属于政治学，前者是对政治现象的地理学研究，后者则是借助地理学的研究方法的政治学研究；第二，在研究目的角度，两者的差异主要反映在地理学应在多大程度上直接参与政治事务中，政治地理学更倾向于知识贡献的纯科学，而地缘政治学则是服务于国家政策的应用科学；第三，在研究方法角度，在政治地理学中国家更多地被视为一个静态事务，主要运用分析、分类与比较等方法，地理学的研究方法则是地缘政治研究的重要方法，但不是唯一方法，其同时将政治学、历史学、社会学、经济学等学科的研究方法与地理学方法进行结合。

6.1.2　研究进展及对当今世界的影响

1. 政治地理学/地缘政治学的研究进展

政治地理学的思想十分悠久，其思想萌芽可以追溯到古希腊哲学家柏拉图（Plato）和亚里士多德（Aristotle）。政治地理学的发展经历了三个阶段：从 19 世纪末到 1914 年是政治地理学的第一阶段（初创阶段），19 世纪末期达尔文进化论的思想对社会科学产生了很大影响，1897 年德国地理学者弗里德里希·拉采尔《政治地理学》（*Geopolitics*）一书的出版，被学术界普遍认为是政治地理学作为一门独立学科诞生的标志；第二次世界大战期间为政治地理学发展的第二个阶段，这一时期政治地理学的内容、定义更加明确，并出版了《地球与国家》《政治地理学原理》两本比较系统的政治地理学教科书；二战后为政治地理学发展的第三阶段，该阶段政治地理学在研究倾向和范围上发生了许多变化，研究尺度形成了国际尺度、国家尺度和亚国家尺度三级视角，研究方法突破了单一的经验式研究路线，将经验式推理和科学实证结合了起来，研究主题更加人文化，研究目的也更具学术化倾向❷。

地缘政治学的发展分为四个时期❸：第一时期为产生与发展期，首创"地缘政治学"一词并把地缘政治学作为一门学科提出来的学者是瑞典政治科学家鲁道夫·契伦（Rudolf Kjellén），他吸收了拉采尔的"国家有机体"和"生存空间"理论，并进一步发挥，建立了用地理环境来说明政治现象与事件的地缘政治学。19 世纪末，美国海军上将马汉在分析英国称霸世界的原因后提出"海权论"，开创了地缘战略研究的先导。20 世纪 40 年代初美国学者斯皮克曼修改了"心脏地带"理论，提出"边缘地带"学说。第二时期为衰落期，第一次世界大战后，德国学者豪斯浩弗创立了德国地缘政治学派，该理论对德国的抢地盘行为进行了美化和合理化，许多政治学家对之表现出了极大的反感，地缘政治学在战

❷　王恩涌，王正毅，楼耀亮，等. 政治地理学——时空中的政治格局［M］. 北京：高等教育出版社，1998.

❸　冯淑兰. 政治地理学与地缘政治学的关系辨析［J］. 前沿，2013（20）：33-36.

后 20 年间几乎没有新的发展。第三时期为复兴期，20 世纪 60 年代开始的一系列国际政治、军事和经济环境的变化，为新形势下地缘政治学的复苏准备了必要条件，基辛格对地缘政治学的复苏做出了巨大贡献。第四时期为新发展期，冷战结束后，多极化趋势日益呈现，领土、民族、宗教冲突层出不穷，其促使地缘政治学朝着多元、经济、文化的方向发展，地缘经济、地缘文化等新概念应运而生，这一时期最具代表性的观点是布热津斯基的"大棋局战略"和亨廷顿的"文明冲突论"。

2. 政治地理与地缘政治学对当今世界的影响

尽管政治地理与地缘政治学的发展仅有百年的历史，但其对世界政治、经济格局的影响是巨大的，在全球化的背景下，政治地理与地缘政治学也从边境与领土空间、全球化与地缘文化经济、资源冲突与生态政治等方面对当今世界产生了影响。面对中国崛起、海外贸易激增、周边矛盾冲突不断，为了实现国家和平崛起，中国的未来发展需要相应的地缘理论指导，需要基于已有地缘政治理论发展适合我国国情的新理论❹。

当前，全球政治地理与地缘政治学的发展与研究呈现出了多种新趋势❺：第一，更加关注全球问题和从全人类视角研究问题，传统的主权国家概念受到严重挑战；第二，从对土地、能源矿产和海上战略通道等实体资源争夺，向信息权、碳排放权等相对虚拟的资源转变；第三，重视新的能源类型和新的地域空间对地缘政治格局的影响；第四，通过对传统地缘政治学的批判，在研究内容上向所谓的"低政治"问题拓展，地缘政治与地缘经济、地缘文化等交叉和融合成为趋势；第五，地缘政治学研究方法和手段更加多元；第六，中国实力的快速增长成为改变世界地缘政治格局的重要力量，也为地缘政治研究带来机遇。对于我国而言，未来地缘政治学的重点方向应包括❻：地缘环境解析理论与方法、地缘结构与未来全球地缘环境变化、共建"一带一路"的区域响应与中国面临的地缘环境、和平崛起的中国国家地缘战略和地缘环境大数据集成与服务平台建设。

6.1.3 研究政治地理学的现实意义

政治地理学的基本观点是全球或地区政治格局的形成和发展受地理条件的影响甚至制约。它根据地理要素和政治格局的地域形式，分析和预测世界地区范围内的战略形势和有关国家的政治行为，是西方国家制定国家政治、军事战略和对外政策的一种理论依据。地缘政治学产生于 19 世纪末，1897 年德国地理学家拉采尔在其《政治地理学》一书中，提出"国家有机体学说"，并发表了"生存空间论"一文，认为国家就像有机体一样有兴盛、衰亡的过程，国家的兴盛需要有广阔的空间。地缘政治学从其产生到现在形成主要的理论有：1890 年美国海军理论家马汉，在其《海权历史的影响》一书中提出的"制海权"理论，他认为，谁能控制海洋，谁就能成为世界强国；而控制海洋的关键在于对世界重要海道和海峡的控制。1914 年英国地理学家哈尔福德·麦金德提出的"大陆心脏说"，认为谁

---

❹ 胡志丁，骆华松，葛岳静. 经典地缘政治理论研究视角及其对发展中国新地缘政治理论的启示 [J]. 热带地理，2014，34（2）：184－190.

❺ 王礼茂，牟初夫，陆大道. 地缘政治演变驱动力变化与地缘政治学研究新趋势 [J]. 地理研究，2016，35（1）：3－13.

❻ 胡志丁，陆大道，杜德斌，等. 未来十年中国地缘政治学重点研究方向 [J]. 地理研究，2017，36（2）：205－214.

控制东欧，谁就能统治亚欧大陆心脏，谁控制亚欧大陆地带，谁就能统治世界岛，从而主宰世界，被称之为"陆权派"，代表作是《历史的地理枢纽》。20世纪40年代，美国国际关系学者斯皮克曼又提出了"边缘地带说"，成为"陆权论"的又一派理论；50年代，美国战略学家亚历山大·塞维尔斯基（Alexander Sevezsky）根据北极地区处于两个超级大国之间的特殊地理位置和空军日益重要的作用，提出了"制空权"的理论；70年代和80年代，美国地理学家索尔·伯纳德·科恩（Saul Betnard Cahen）提出了地缘政治战略区模型。

政治地理学作为一门学科，研究其内涵和现阶段的发展状况具有十分重要的意义。研究政治地理学可以帮助人们更深刻地理解各个国家的内外政策。任何国家在制定内外政策时，虽不以地理要素作为主要依据，但各国内外政策的制定必须考虑地理因素的影响。如国内民族的区域分布，资源的不平衡及重新配置，中心区和边远地区的政策不同，对外贸易与投资、外交政策、双边关系等政策。除此之外，政治地理学的深入研究和发展，对于维护世界和平，防止侵略战争具有重要的意义。到目前为止，仍然有一些国家以地缘政治理论为借口和依据，在海上或空中争夺霸权，制定自己的战略。另外，研究政治地理学有助于各国和各地区之间人民的相互交流和理解。从世界政治这一角度来说，任何政治现象都是在特定的地理区域内产生的，不熟悉地理区域特征，就很难理解区域内的政治现象。从地理区域这一角度看，特定的地区和国家有其特定的政治文化传统。如果我们不了解中东地区是石油储量最大的地区，就很难了解西方各国在这一地区的政治竞争。同样，如果不了解南极地区的自然资源状况和战略位置，当然就很难理解英国、阿根廷等国为何对南极洲提出领土要求。研究政治地理学有助于增进各国各地区之间的理解，减少政治摩擦。

政治地理和地缘政治学说及理论的出现和发展只有130多年，但对国际关系、国际形势及国际问题产生了巨大影响。我国作为发展中的大国，其政治地位、经济力量在世界上的影响日益增大。作为一个大国，仅有对世界的政治地理意识是远远不够的，应当认真学习、深刻领悟其学术精髓，系统运用其理论方法，长远谋划，积极推进我国"四大板块""五大战略支撑"和"一带一路"高质量建设的国家发展战略，助力我们在"深海"和"深陆"发展中行稳致远。

6.2　政治地理和地缘政治学与全球战略格局

6.2.1　拉采尔的"国家有机体"和"生存空间"论

弗里德里希·拉采尔（Friedrich Ratzel，1844—1904）在1897年出版的《政治地理学》一书中，首次对政治地理学作了系统的研究，接受了达尔文"物竞天择，适者生存"的生物进化理论，应用生物的类比方法来研究政治地理问题，把国家比作有生命的有机体，从而形成其著名的"国家有机体"学说，被誉为"政治地理学之父"。

1. 主要学术思想

拉采尔认为：①社会机体类似于生物有机体，人类社会的变化过程也如生物进化过程一样，有着同样的发展、演变规律，生物进化的规律也就是社会历史永恒的自然规律；②从世界情况来看，民族发展需要"大空间"以及有效利用大空间的能力，但是在大空间中，有利的大空间与区位的不利条件之间存在矛盾，而且人口的数量、质量以及资源条件方面的差别都影响对大空间的利用；③国家有机体的生存和运行依赖于它所在的环境，如生物一样，需要一定的"生存空间"。因此，"国家有机体"和"生存空间"理论是相互联系的，是一个事物的两面，健全的空间有机体——国家通过其领土扩张而增强力量是必然的。

虽然拉采尔坚持了科学的严谨，强调自己的见解仅仅基于生物学的类比，只是考虑人类和周围环境两个方面的关系[1]，也没有完全接受自然淘汰的观念，对时局只是一个观察者，并没有做任何推断，可是自己的学说却为他人利用[2]，作为进行侵略扩张的借口，对世界格局产生了深远影响❷❼。

2. 主要研究内容

"国家有机体"和"生存空间"论的主要内容包括：

（1）国家是一个有空间性的有机体，这个有机体是人民和土地的统一，具有生长、斗争、扩张和衰亡的生命周期，空间是重要的政治力量，国家必然要为保卫和扩大生存空间而斗争。

（2）斗争是国家生存的根本特征，国家为了生存和强大必然要扩展其领土，世界性强国必须占有足够数量的土地，尤其是战略要地。世界强权力量的瓦解和替代过程是历史的重要组成部分，反映在政治地图上就是不同尺度的国家相互组合，国家的衰落就是由于对空间观念淡薄所致。国家演变的历史就是为政治领域而斗争的历史。

（3）国家空间增长遵循七条法则：①国家空间随人口的膨胀而增长，人口增长是国家扩张领土一个强有力的因素；②国家领土应随其他方面，诸如商业和交通的发展而扩张；③国家通过并入较小的领土单元而增长；④边界是国家的边缘器官，是国家实力的显示器；⑤国家在扩张领土过程中往往寻求最富有政治价值的土地；⑥一国领土扩张的动力来自其他更发达的国家；⑦领土扩张的趋势是在转换过程中发展和增长的❽。

6.2.2 马汉的海权论

阿尔弗雷德·塞耶·马汉（M. T. Mahan，1840—1914），美国的海军军官、历史学家，两度担任海军学院院长，1902年被推选为美国历史协会会长。1890年出版的《海权对历史的影响1660—1783》，集中体现了他著名的海权思想。

1. 主要学术思想

马汉分析了世界海运与海军历史，尤其是英国势力在全球的扩展，得出了"成为世界强国的先决条件就是控制海权"的结论，特别是控制具有战略意义的狭窄航道，对于大国的地位至关重要，提出国家的海上势力取决于六个因素[3]：①地理位置，包括近海程度、保持海外战略基地、控制重要贸易通道；②海岸特征，自然港湾条件，进出的便捷程度；③海岸线长度和防御的可能性；④人口规模，民族素质；⑤国家对海上贸易的态度；⑥政府政策❾。

❼ 李旭旦. 论K·李特尔、F·拉采尔和H·J·麦金德［J］. 南京师大学报（自然科学版），1985（1）：1-3.

❽ 侯璐璐，刘云刚. 政治地理学中生存空间概念的演变［J］. 地理科学进展，2019，38（5）：637-647.

❾ 吴征宇. 海权的影响及其限度——阿尔弗雷德·塞耶·马汉的海权思想［J］. 国际政治研究，2008，29（2）：97-107.

马汉海权战略思想的核心是[4]：海上力量对一个国家的发展、繁荣和安全至关紧要。任何一个国家或联盟，如果充分控制公海，就能控制世界的贸易和财富，从而控制全世界。物质财富是国家强大、幸福的基础，而为了积累财富，一个国家就必须生产和在世界各地进行贸易。由于地球表面的大陆被海洋所包围，并且海洋运输比陆地运输廉价便捷，因而海洋是自然赐予的伟大公路。富有进取性的国家必须依靠海洋来获得海外的原料、市场和基地。因此，一个国家要想成为世界强国，必须能在海洋上自由行动，并在必要时阻止海上自由贸易竞争。为此须有一支在国内外拥有作战基地，并为庞大商船队做辅助保障的、装备精良而训练有素的海军。马汉同时还强调海洋军事安全的价值，认为海洋可保护国家免于在本土交战。

2. 形成的学术影响

海权论是建立在英帝国兴起与其成为海军强国的时代，对日后世界各国政府的政策影响甚大。在 1890 年以前，德国、日本和美国的海军力量尚未兴起，英国的海上力量称霸海洋，已覆盖到北大西洋和英吉利海峡，把世界的主要海路变成了它的国内交通线，除巴拿马运河以外，所有主要航道、狭窄海域或咽喉要道，如多佛尔、直布罗陀、马耳他、亚历山大、好望角、马六甲海峡、苏伊士运河和圣劳伦斯河的入海口等都由英国实际控制。我国西北"水三线"与全球陆海空间格局，如图 6-1 所示。海权论以全球视角将欧亚大陆作为全球的中心地区，认为通过巴拿马运河、苏伊士运河航道能到达的地区是世界权力的关键所在，大国对具有重要地缘战略意义的航道的控制至关重要，而冲突的关键地带在亚洲北纬 30°～40°之间的地区。

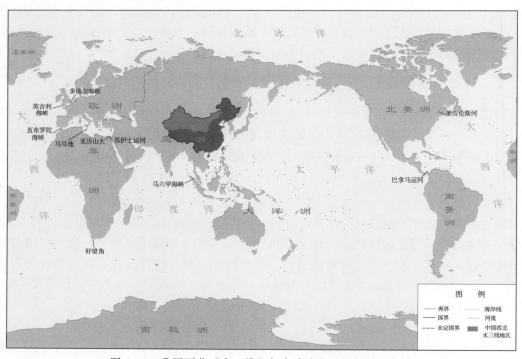

图 6-1　我国西北"水三线"与全球陆海空间格局分布图

马汉提出海权论旨在从地缘战略角度，说服美国政府发展海上力量，他认为美国在战略上居于中央的地理位置，面对两大洋，远离欧亚大陆，拥有安全的工业基础并足以威胁欧亚海岸，具备了发展海上力量的地理条件。美国总统罗斯福十分赞赏马汉的海权战略理论，聘请他任总统海军顾问。马汉使美国致力于开凿巴拿马运河，开拓夏威夷等海外殖民地，建立了远洋海军，使美国开始突破"孤立主义"政策，成为跨越新旧大陆的世界强国。马汉海权地理战略理论的提出，虽然过去了 131 年，但其对历史的影响是极其深远的。美国控制中美洲的"巨棒政策"以及冷战结束后美国在亚太地区的部署都以海权论为基础。

　　基于马汉的海权理论和海军战略，我国应当认识到海洋国土是中华民族未来的发展空间和根基所在。立足于一面临海、三面环山的地理位置，我国东部面向大洋港口，西部、东北无出海口，需要通过其他国家的海上要道进入世界海洋。当前，中国陆缘局势处于主动和有利的地位，而海缘战略却面临着诸多挑战与困境。从海疆地理态势的角度来看（图 6-2），我国被西太平洋的岛链包围，这些岛链可能成为外国侵略的跳板，附近的海峡和水道可能成为切断供应的咽喉。因此，需将马汉"海权论"思想中的"权力"色彩和"强权扩张"思想转变为"权利"观念和"国权伸张"意识，进一步打破地域条件的限制，从而使我国海权获得更进一步的发展与跨越。

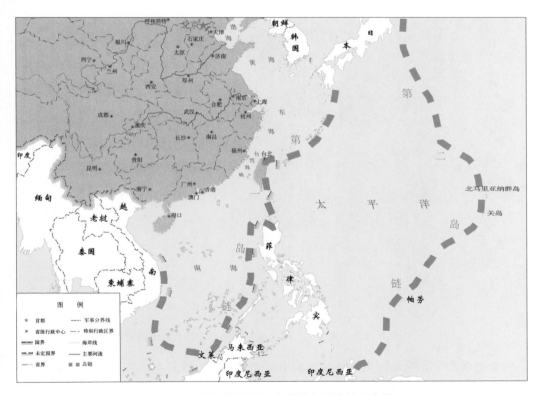

图 6-2　我国海疆地理态势及空间格局示意图

6.2.3　麦金德的陆权论及心脏地带理论

　　哈尔福德·麦金德（Halford John Mackinder，1861—1947），英国杰出的地理学家和

著名的大战略思想家，是 20 世纪西方地理政治学思想最重要的先驱者和理论阐述者之一。作为一名战略思想家，麦金德对现代战略思想的首要贡献，就在于创立并提出了著名的"心脏地带理论"（Heartland Theory），主要论著有《历史的地理枢纽》（1904 年）、《民主的理想与现实》（1919 年）等。

1. 主要学术思想

麦金德把地理学思想应用于政治之中，率先从全球角度来考虑世界政治地理的结构，对世界上大陆与水域分布的政治意义提出了独到的见解，首创"心脏地带"说。在麦金德看来，世界的政治力量可分为陆上力量和海上力量。陆上力量最强的是欧亚大陆，欧亚大陆北部为北冰洋所围绕，其他三面为水域包围，就像一个巨大的天然要塞，是地球上最大的陆块，他称之为"世界岛"、地球的"枢纽地带"或"心脏地带"。最早占据这个"心脏地带"的是游牧民族（图 6-3）。世界海上力量的中心主要是欧亚大陆边缘地带诸国，包括美国、英国、日本、澳大利亚和拥有撒哈拉沙漠的非洲[⑩]。

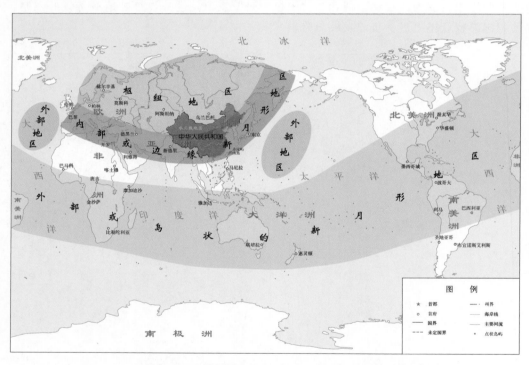

图 6-3　麦金德的"世界岛"中心枢纽—内部边缘—外围地带结构图

麦金德认为，无论是历史上还是现实中，世界政治力量的对比主要体现在陆上力量与海上力量的对峙，海权与陆权国家的斗争中。比如 13 世纪兴起的蒙古人，他们向西直达东欧，并在俄南草原建立金帐汗国；向西南，经伊朗、伊拉克直到叙利亚，建立伊勒汗国；向南入主我国中原，建立元朝。当时，欧亚大陆大片地区，俄国、波斯、印度和中国不是在蒙

---

⑩　哈尔福德·麦金德. 历史的地理枢纽［M］. 林尔蔚，陈江，译. 西安：陕西人民出版社，2013.

古王朝统治下，就是其属国。而且现实世界中仍然如此，处于心脏地带的陆上强国俄国，如果再向边缘地区扩张，并利用其巨大的大陆资源来发展舰队，建立世界帝国仍然是可能的。在形式上，陆上力量主要出现了由欧洲、亚洲、非洲大陆连成一体的"世界岛"。在内容上，陆上世界将出现两个"心脏地带"，一个是亚洲的多山地区，另一个是东欧。

由此，麦金德提出了格言式的口号：谁统治东欧，谁就能主宰心脏地带；谁统治心脏地带，谁就能主宰世界岛；谁统治世界岛，谁就能主宰全世界。

2. 主要学术影响

在学术上，麦金德的主要贡献在于，他是以全球战略观念，在时空结合的大背景下，进行分析世界形势的第一人，是把地理政治学变成国际政策与全球战略重要辅佐的开创者。他的陆权可以迂回海权，甚至战胜海权的观点，在今天看来已不是什么奇特之论，但在海权全盛时期却曾使西方大国的政治家和战略家们不能不为之一震。他提出的两个主要战略观点至今仍发挥着重要的影响。一是把世界当作一个整体；二是认为俄罗斯的扩张与收缩对世界有极重要作用。有人认为，20 世纪的两次世界大战及随后开始的美苏冷战，在某种意义上正是西方国家为防止麦金德的预言转变为现实而发生的。本质上讲[5]，麦金德的"心脏地带理论"很大程度上可以看成是英国古典的"均势理论"在那个时代的一种特殊表现形式，他反映的也正是英国作为一个海洋国家对大陆强国崛起特有的担心，而这种担心使麦金德居安思危、始终念念不忘寻找一种平衡方法，因此，才成就了其陆权论和"心脏地带"的理论学说。

6.2.4 斯皮克曼的边缘地带理论

尼古拉斯·斯皮克曼（Nicholas Spykman，1893—1943），耶鲁大学教授，美国著名地缘政治学家。最具影响的著作是《美国在世界政治中的战略》（1942 年）、《和平地理学》（1944 年）。《和平地理学》一书是他 1943 年病故以后，他的同事们根据其生前的著作与讲演稿整理的。虽然当时麦金德的心脏地带理论十分流行、影响很大，但斯皮克曼却提出与心脏地带理论相反的理论，即边缘地区学说，同样地引起学术界和人们的兴趣与注意。

1. 主要学术思想

一战结束后的美国，在地理学界从关心纯自然方面转向关心人文方面，即关心人和自然的相互影响；在政治学界，随着战后国际政治势力的重新分布，政治学家从国家利益出发，开始关注地缘政治，其中最有影响的是斯皮克曼的地缘政治观点，即对欧亚大陆未来形势做出预测分析后认为：假如中国和印度达到高度工业化，俄国在中亚地区的位置的重要性将减少，因此俄国的力量仍将存在于乌拉尔山以西的欧洲，而非中部西伯利亚区域。因此，斯皮克曼对麦金德的"心脏地带理论"做了重大修正，即认为欧亚大陆的边缘地区，较所谓的心脏地带更为重要。这些边缘地区居于海洋边缘与心脏地带之间，包括欧洲（俄国除外）、小亚细亚、伊拉克、阿富汗、印度、西南亚、中国、朝鲜半岛以及东西伯利亚地区，这一边缘地区是陆权和海权之间的广大缓冲地区。因此，得出"欲控制世界的命运，必须控制欧亚大陆；欲控制欧亚大陆，必须控制边缘地区"的重要结论❶。

---

❶ 尼古拉斯·斯皮克曼. 和平地理学［M］. 刘愈之，译. 上海：上海人民出版社，2016.

斯皮克曼认为，世界上最具权力潜质的场所是欧亚大陆边缘地区，因为这里集中了世界上绝大部分的人口和资源。与麦克德所揭示的那种单一的海权与陆权两者间的对抗不同，贯穿于世界历史的国际权势变动模式应该有两种：一是海权与陆权的对抗；二是海洋国家及其边缘地区盟友与"心脏地带"的大陆国家一起联合起来，同位于边缘地区的某个强国进行的对抗。事实上，两次世界大战大都是海洋国家及其盟友同"心脏地带"的大陆国家联合起来，一起为防止边缘地区的德国独霸欧洲大陆而进行的战争。这一理论实际上向我们表明：位于欧亚大陆边缘地区国家的任何形式的扩张企图，不仅将受到海洋国家的遏制，而且也将受到其他边缘地区国家及心脏地带国家的围堵，即任何边缘地区强国的崛起，必须且只能以和平的方式来进行。作为一名战略思想家，斯皮克曼提出的"边缘地带理论"，与麦金德提出的"心脏地带理论"一起，代表了 20 世纪西方地理战略思想的最高成就。

2. "边缘地区"理论与美国策略

基于两次世界大战都发生于"边缘地区"，而且都是通过海权与陆权国家联合击败"边缘地区"国家的现实，加上"边缘地区"在经济、人口等方面的力量都超过"心脏地带"，于是斯皮克曼对麦金德"心脏地带"地缘政治的战略地位进行了修正。在第二次世界大战中，为了避免德日在边缘地区建立强国，美国、英国还必须与俄国联盟，通过三者联盟，从而建立欧亚大陆力量的均势。针对世界形势分析与估计，要防止边缘地区强权大国的出现及其所产生的威胁，美国应当采取的对策是：加强并主要依靠自己力量，建立一个共同承担义务的国际合作组织，继续强化美英同盟，并与欧亚大陆边缘地区的国家合作，广泛参与欧亚大陆边缘地区安全事务，为维持地区实力平衡，建立必要的军事基地。斯皮克曼这些观点符合当时战争发展的现实，其所提出的政策亦适合美国走出孤立主义，要在世界事务中建立其主导地位的战略计划，因此对美国的外交政策产生了重要的影响[7]。美国长期以来和英国结盟，就是这种思想在外交上的反映。

6.2.5　布热津斯基的欧亚大陆地缘战略论

兹比格纽·布热津斯基（Zbigniew Brzezinski，1928—2017），波兰犹太裔美国人，美国前总统卡特的国家安全顾问，美国著名地缘战略理论家。他在国际政治研究领域著述颇丰，先后出版十几部著作[8]，其中《运筹帷幄：指导美苏争夺的地缘战略思想》（1986年）、《大失控与大混乱：21 世纪前夕的全球混乱》（1993 年）和《大棋局：美国的首要地位及其地缘战略》（1997 年）是他研究地缘外交思想的代表作，引起各方人士的广泛注意。1997 年布热津斯基写了《大棋局》，但世界似乎并未朝着他的大棋局发展。

1. 主要战略思想

布热津斯基的全球战略构想将欧亚大陆看作关键地区，整个欧亚大陆好像一个巨大的、形状不规则的大棋盘，为"棋赛"提供了舞台。从地图上观察，欧亚大陆是全球面积最大的大陆和地缘政治中轴。他把欧亚大陆国家分为两类：地缘战略棋手国家，地缘政治枢纽国家，即参与方和棋区。参与方包括法国、德国（欧盟话事人）、俄罗斯（苏联继承者）、中国（强力的新兴势力）和印度（新兴势力）等五个地缘战略国家。棋区国包括乌克兰、阿塞拜疆（苏联地缘重地和插入俄罗斯传统势力范围的接口）、韩国（保持东亚大陆存在美国话事权的接口)、土耳其(三洲地缘接口)、伊朗(不确定因素)等五个地缘政治支轴国家。

布热津斯基将欧亚大陆"世界岛"的主要地缘利益归结为"三条战线"[⑫]，他认为："美苏争夺虽然是全球性的，但有一个中心重点，这就是欧亚大陆。这一大陆块在双方争夺中是地缘战略的焦点，是地缘政治的争夺目标。争夺欧亚大陆的斗争是一场全面的斗争，在三条主要战略战线上展开：远西战线、远东战线和西南战线"。第一条是远西战线，在地缘政治上至关紧要，它是工业最先进的地区，控制着大西洋的重要出海口；第二条是远东战线，其地缘政治的意义在于控制着通往太平洋的主要出海口；第三条是西南战线，即西南亚，是重要的产油区。

2. 美国的应对策略

布热津斯基认为，欧亚大陆的力量加在一起远远超过美国。但对美国来说，幸运的是欧亚大陆太大，无法在政治上成为一个整体。那么美国想要插手地缘政治，需要做到两点：保持话语权的存在；保持欧亚大陆多元化。

所谓的"多元化"，实际上就是既不能让欧亚大陆上出现一个真正意义的"强者"，也不能出现一个"反美共同体"。因此，美国首先需要建立一个在欧亚大陆上的合作框架作为缓和机制(以经济合作为主)，同时培养伙伴关系(这里主要是培养与中国的伙伴关系)。但是，培养与中国的伙伴关系意味着两点：一是保持和中国长期的经济合作；二是尽力压缩中国的战略空间，对中国是"重合作，轻打击"，对俄罗斯是"重打击，轻合作"，但是焦点永远在前者。这是一个纵横交错分而治之的思路。首先防止对方"合纵"，主要在于防止形成三个同盟，即中国、俄罗斯与伊朗的同盟，中国、日本、韩国三角同盟和大欧洲联盟等。为此，美国必须制定一项全面的、完整的和长期的欧亚大陆地缘战略，旨在促进欧亚大陆地缘政治的多元化。布热津斯基列出欧亚大陆地缘战略国家和地缘政治支轴国家各五个，对他们在欧亚大陆的地位、发展前景、政策走向以及同美国的利害关系一一做出分析判断，并就美国对他们的政策提出建议，从地缘位置上看，一旦控制住了欧亚大陆就几乎控制了非洲，使西半球和大洋洲成为欧亚大陆的周边地带。

布热津斯基认为，美国作为不同于过去所有帝国的一种新型霸权，就是要在法国、德国、俄罗斯、中国、印度五个地缘战略国家和乌克兰、阿塞拜疆、韩国、土耳其、伊朗这五个地缘政治支轴国家之间纵横捭阖，以在欧亚大棋局中保持主动，实现领导。美国的欧亚地缘战略目标：一是要防止出现一个能够主导欧洲或亚洲从而向美国提出挑战的大国；二是要防止欧亚主要国家相互间形成排斥美国的联合；三是要使欧亚的力量均衡，有利于保持美国政治仲裁者的地位。

3. 欧亚大陆地缘政治平衡协调机制

布热津斯基分析认为，中亚地区作为能源中心对世界具有深远的影响。里海附近存在大量的油气资源，也是全球陆地油气资源中开发较少的地区。然而不幸的是该地区也是全球地缘政治比较破碎的地区。自苏联解体后，该地区政治趋于裂解，政治分歧和民族对抗

---

⑫ 兹比格纽·布热津斯基. 大棋局：美国的首要地位及其地缘战略 [M]. 中国国际问题研究所，译. 上海：上海人民出版社，2007.

日趋加剧。在这个夹缝中，还存在着极端势力蔓延的可能，如泛突厥主义、泛伊斯兰主义，这些极端势力在这片裂解的地方找到了生存的空间，有越演越烈的趋势。这样的一片土壤，需要有大国守护以防止极端势力占据主导地位。不幸的是，作为地区大国的土耳其和伊朗本身就"各怀鬼胎"。土耳其妄图以泛突厥主义向中亚进军，扩大在中亚突厥同胞中的话语权；通过其突厥民族的领导力，打造一个中亚走廊帝国或者集团，借此发挥全球影响力。

布热津斯基的地缘政治战略思想，首先是构建一个有序的地区平衡和可协调机制。这个机制首先强调有序，即政治上不能过于分裂，保持对话和接触，进而建立可协调的和平机制，防止对抗和猜忌，遏制地区的极端势力，防止成为动乱策源地。其次在于保持平衡，即不可以出现不受控制的大国，遏制地区强国的野心，避免造成局部乃至全球的大国对抗。最后，可以通过对话机制解决利益的分歧，从而把大家的目标限定在合理的、多方可接受的范围，防止战略模糊造成的冲突。"平衡协调机制"和有序的地缘政治才是和平的保证，但这个机制的食物链顶端是美国，是以美国利益作为本位思想的国家主义。布热津斯基在《大棋局》一书中写到：美国作为世界唯一的超级大国，在全世界占有军事优势，是世界经济增长的主要推动力，在尖端科技领域地位领先，"美国文化"具有吸引力。不过美国不仅是第一个唯一的超级大国，也是最后一个超级大国。布热津斯基预计到 2015 年左右，美国将失去世界霸权地位。在此之前，为了未雨绸缪，需要早作准备，建立符合美国利益的国际秩序。为此，美国必须防止另一个超级大国的兴起，和任何一种威胁美国霸权地位的反美联盟的出现。

布热津斯基十分重视欧亚大陆的地缘战略，并以欧亚大陆关系"纵横家"的身份，影响着美国的地缘战略政策。由于苏联的解体，美国成为唯一一个真正的全球性大国，因此需要主动去建立一个框架，这个框架包括地缘局势、区域经济中心和共同体捆绑，某种意义上就是，站在美国国家主义角度去论证，冷战后如何形成有效的、对美国有利的"战略空间"。

6.2.6　基辛格的"均势"战略思想

历史上不同时期的均势理论有其特定的特点。早在 20 世纪 50 年代，一些西方现实主义国际关系理论家，就对均势进行过大量研究。他们认为 19 世纪以来的全球均势呈现四种类型[9]：欧洲均势（自 1815 年维也纳会议到第一次世界大战前的欧洲"和平世纪"）；过渡性均势（指两次世界大战间，它带有全球性特点）；两极均势（自战后至 20 世纪 60 年代中叶、美苏冷战）；全球多极均势（60 年代中期以后）。到 60 年代，由于国际关系的新变化，主要是"两极一多元"结构的形成，吸引更多的西方学者投入对核时代均势理论的研究。这一时期主要的代表人物是美国的斯坦利·霍夫曼（Stanley Hoffmann）教授[10]，他在对均势进行系统地研究后认为：历史上的均势多为"简单均势"。而当代的均势是一种"复合均势"[11]，其特点是：美国、苏联、中国、日本、西欧共同组成"五角均势体系"，均势在全球展开，均势表现为核竞争和核对峙，即"核恐怖均衡"。到 70 年代，美国已将均势理论运用于美国的外交决策之中。这一时期，以亨利·艾尔弗雷德·基辛格（Henry Alfred Kissinger）为代表的一批学者，将均势理论的研究推向一个全新的阶段。

1. 主要学术思想及特点

(1) 继承并发展现实主义理论。肯尼思·华尔兹（Kenneth Waltz）认为"如果有什么特别的国际政治理论，就是均势理论"，从理论来源来看，基辛格"均势"国际战略思想是对以摩根索为代表的古典现实主义关于均势理论的继承与发展。从其均势战略实施结果来看，打破了建构主义与新现实主义互不相容的对立局面，丰富和完善了华尔兹的新现实主义理论，对于美国军事国际战略思想的构建发挥了重要作用，也突破了美国外交孤立局面。

(2) 深受欧洲古典哲学思想的影响[12]。基辛格曾经说过："如果说历史有任何教育意义的话，那么其教育意义就在于：没有平衡就没有和平，没有节制就没有公正。"基辛格将历史和哲学作为自己外交政策研究的出发点和基础[13]，基辛格说："我从研究二十年的历史中形成了一种哲学，并带着这种哲学担任公职❸。"他分别对奥斯瓦尔德·斯宾格勒（Oswald Spengler）、阿诺德·约瑟夫·汤比因（Arnold Joseph Toynbee）、伊曼努尔·康德（Jmmanuel Kant）等历史人物进行深入研读，总结并形成了自己的哲学理念，认为和平是人类社会的最终目标，主张采用和平而非武力方式解决世界问题，其研究的根本目的也是为了反映并服务于现实政策❹。

2. 主要研究内容

(1) 追求多极世界中大国均势。基辛格"均势"国际战略思想的首要目标就是在多极世界中寻求一种世界各主要大国之间的一种均势，通过这种均势的构建，从而建立起一种体现美国政策，以合法性和权力为基础的世界秩序思想。为此，基辛格从三个方面进行论述，即对美国政策进行重新思考、对均势思想进行系统论述、对世界秩序进行重新界定。

(2) 追求国家利益战略大势。基辛格以建立多极世界中大国均势世界秩序为目标，将国家政策、多极均势和世界秩序连接起来，这体现了美国在现实主义和理想主义之间摇摆，也是基辛格现实主义思想的中庸之处。从根本上来讲，基辛格对于均势和世界秩序的追逐实际上是为了实现美国的国家利益，基辛格"均势"国际战略需要通过保障国家利益来实现，基辛格对于国家利益的维护主要体现在三个方面：①倡导军事威慑稳定；②注重多元国家利益；③均势保障国家利益。

6.3 政治地理与地缘政治学及国家战略格局

6.3.1 "一带一路"倡议与陆海统筹发展的政治地理与地缘政治学意义

1. 区域协调与国土空间均衡发展

随着一系列区域发展战略的深入实施，近年来我国区域经济格局得到了一定优化，区域相对差距整体上呈缩小趋势，区域专业化分工和产业集聚程度不断提高，要素空间配置效率有所提升。但受资源禀赋、发展阶段和体制机制等因素制约，区域协调发展还面临着

---

❸ 龚洪烈. 基辛格的国际秩序观［J］. 南京大学学报（哲学·人文科学·社会科学），2002（2）：69-76.

❹ 王福春. 基辛格的外交思想述评［J］. 国际政治研究，2001（3）：93-100.

一些突出问题。存在区域发展不平衡、发展质量差异较大，区域产业同构化现象严重，人口和经济集聚与资源环境承载力不匹配，区域协同发展机制尚不健全等现实挑战。同时，国家现有城市网络空间发展格局对西北地区重视不足，西北半壁全面发展缺乏战略支撑。可见，原有的区域协调发展战略与国土空间开发战略多着眼于国内的协调，自 2013 年提出"一带一路"倡议与十九大报告提出"坚持陆海统筹"之后，区域协调发展战略与国土空间开发战略具有了国际视野。

促进互联互通和优化国内、国际不同区域协调发展是"一带一路"的题中之意，"一带一路"是跨国界的区域协调发展战略，不仅需要统一国内大市场，更需要建立沿线沿路通道化、枢纽化国际物流网络与一体化市场，以便密切国家之间的经济联系。"一带一路"作为新时期我国协调内外、统筹陆海、兼顾东西的重大战略部署，不仅将有助于改善我国发展的外部环境，也将对优化区域发展格局、促进区域协调发展起到重要的推动作用，将为新常态下经济平稳健康发展注入新的活力。

2019 年，《关于建立国土空间规划体系并监督实施的若干意见》提出，要形成以国土空间规划为基础，以统一用途管制为手段的国土空间开发保护制度，编制国土空间规划要"多规合一"，同时"坚持陆海统筹、区域协调、城乡融合，优化国土空间结构和布局"。在国土空间规划语境下，陆海统筹的本质是将陆地和海洋看成一个整体，并综合考虑其内部各子系统或要素的相互联系、相互作用、相互冲突及相互补充等复杂关系，以陆海系统功能达到理想状态为目标，对各类空间开发保护行为进行综合调控的过程，是陆海两大空间地理单元上各类开发与保护活动的整体部署。就中国国土空间规划改革需求而言，推进陆海统一的国土空间用途管制、实现规划有机融合，具有重要意义和现实挑战[15]。

促进区域协调发展与实现国土空间均衡发展是响应"一带一路"倡议与陆海统筹发展战略的基础，有助于统筹发达地区和欠发达地区，可大力促进全局与局地均衡发展。我国西北"水三线"地区是促进区域协调发展的核心片区与重点对象，总体提升西北全域的社会经济发展水平、大力发展西北"水三线"地区的生态经济枢纽片区，可对西北欠发达地区的总体发展起到以点带面的引领作用，将为实现国土空间均衡发展与区域协调起到有效推动作用。

2. "一带一路"愿景与行动

2015 年，国家发展改革委、外交部、商务部联合发布了《推动共建丝绸之路经济带和 21 世纪海上丝绸之路的愿景与行动》，"一带一路"建设方案正式出台。"一带一路"贯穿亚欧非大陆，一头是活跃的东亚经济圈，一头是发达的欧洲经济圈，中间广大腹地国家经济发展潜力巨大，顺应了世界多极化、经济全球化、文化多样化、社会信息化的潮流，有利于促进沿线各国经济繁荣与区域经济合作，加强不同文明交流互鉴，促进世界和平发展，是一项造福世界各国人民的伟大事业。

"一带一路"倡议对于国家战略格局的形成与促进沿线国家共同发展、实现共同繁荣具有重大的政治地理学意义。第一，共建"一带一路"是中国倡议，也是中国与沿线国家的共同愿望，既是对古代丝绸之路的传承又是对当代中国地缘政治关系的重塑；第

---

❶ 李修颉，林坚，楚建群，等. 国土空间规划的陆海统筹方法探析 [J]. 中国土地科学，2020，34 (5)：60-68.

二，"一带一路"倡议是我国在新的历史条件下实行全方位对外开放的重大举措，推行互利共赢的重要平台，大力推进"一带一路"国际合作，无疑将为振兴世界经济增添新动力，为全球化发展走深走实做出新贡献；第三，"一带一路"国际合作是中国倡导的方案，也是全球公共产品，功在当代、利在千秋。不仅是经济合作，而且是完善全球发展模式和全球治理、推进经济全球化健康发展的重要途径，有力地推动了沿线各国政治互信、经济互融、人文互通；第四，共建"一带一路"为完善全球治理体系变革做出了新贡献，对推动构建人类命运共同体意义深远，将有力推动构建人类命运共同体事业不断向前发展；第五，"一带一路"抓住了人类命运共同体的生存关切焦点，把准了人类命运共同体的和谐共生脉络，描绘了人类命运共同体的治理模式愿景，提供了人类命运共同体的包容发展平台。

自"一带一路"倡议提出以来，我国积极推动"一带一路"建设，加强与沿线国家的沟通磋商，推动与沿线国家的务实合作。国家领导人多次出访"一带一路"沿线国家，就双边关系和地区发展问题多次与有关国家元首和政府首脑进行会晤，就共建"一带一路"达成广泛共识。并在此基础上不断完善政策措施，推动亚洲基础设施投资银行筹建，发起设立丝路基金，推进投资贸易便利化。同时，我国先后与"一带一路"沿线多个国家签署了合作文件与双边协议，为发展中国家加强基础设施建设、更好地实现互联互通、提高自主发展能力提供了有效支撑。我国大力推动项目建设，推进了与沿线国家基础设施互联互通、经贸合作与金融合作、人文交流与生态保护等领域的一批重点合作项目。

西北"水三线"与"一带一路"倡议建设的核心区高度重合，同时其也被"六大经济走廊"紧密围绕，对支撑"一带一路"主体框架构建具有重要作用。依托"一带一路"倡议，推动西北地区与周边国家的互联互通，可以盘活西部地区经济资源，激发西部地区发展活力。此外，西北"水三线"也是响应国家"一带一路"倡议的战略制导线与文化融生线，在"一带一路"背景下，西北地区东连关中平原城市群，既便于与东部地区的衔接，又能够西联天山北坡城市群，外扩与中亚地区相连，使中部地区与西部地区、中亚贯通联动。作为东西方文化交流纽带的核心片区，西北地区的文化发展与文化产业建设可以促进东西文化交融生长，减少文化冲突，为维护我国边疆安全提供关键支撑。

3. 陆海统筹发展与西部大开发

十九大报告提出"实施区域协调发展战略""坚持陆海统筹，加快建设海洋强国"。2019年8月《西部陆海新通道总体规划》印发，其成为了深化陆海双向开放、推进西部大开发形成新格局的重要举措。陆海统筹从我国陆海兼备的国情出发，以协调陆海关系、促进陆海一体化发展、构建大陆文明与海洋文明相容并济的可持续发展格局为目标，其也是"一带一路"倡议的显著特征。《西部陆海新通道总体规划》提出通过依托"一带一路"倡议构建北接丝绸之路经济带、南连21世纪海上丝绸之路，协同长江经济带新区域发展格局全面贯通西部区域。因此，建设我国西部的陆海新通道，成为打造对外开放新局面的关键点。

西部陆海新通道总体空间布局由主通道、重要枢纽、核心覆盖区、辐射延伸带组成❶。主通道包含三条通路：重庆经贵阳、南宁至北部湾出海口（北部湾港、洋浦港）；自重庆

---

❶ 国家发展和改革委员会. 国家发展改革委关于印发《西部陆海新通道总体规划》的通知［Z］. 2019.

经怀化、柳州至北部湾出海口；自成都经泸州（宜宾）、百色至北部湾出海口等。重要枢纽的建设重点包括充分发挥重庆位于"一带一路"和长江经济带交汇点的区位优势，建设通道物流和运营组织中心；发挥成都国家重要商贸物流中心作用，增强对通道发展的引领带动作用；建设广西北部湾国际门户港，发挥海南洋浦的区域国际集装箱枢纽港作用，提升通道出海口功能。核心覆盖区建设需围绕主通道完善西南地区综合交通运输网络，密切贵阳、南宁、昆明、遵义、柳州等西南地区重要节点城市和物流枢纽与主通道的联系。辐射延伸带建设需强化主通道与西北地区综合运输通道的衔接，连通兰州、西宁、乌鲁木齐、西安、银川等西北重要城市；注重发挥西南地区传统出海口湛江港的作用，加强通道与长江经济带的衔接。

西部陆海新通道建设以推进西部大开发形成新格局的战略通道、连接"一带"和"一路"的陆海联动通道、支撑西部地区参与国际经济合作的陆海贸易通道、促进交通物流经济深度融合的综合运输通道为战略定位，其也表征了西部陆海新通道的丰富内涵。西部陆海新通道的建设需紧密围绕加快运输通道建设、加强物流设施建设、提升通道运行与物流效率、促进通道与区域经济融合发展、加强通道对外开放及国际合作等途径进行。在加快运输通道建设方面，需重点提高干线运输能力，同时加强港口分工协作能力；在加强物流设施建设方面，需大力优化物流枢纽布局，完善物流设施及装备，提升物流信息化水平；在提升通道运行与物流效率方面，需在加强物流运输组织、推动通关便利化的基础上，提升多式联运的效率与质量，积极发展特色物流；在促进通道与区域经济融合发展方面，需在发展通道经济、培育枢纽经济的基础上优化营商环境；在加强通道对外开放及国际合作方面，需在用好开放合作平台的基础上发挥中新互联互通项目示范效应。

西部陆海新通道位于我国西部地区腹地，其与中欧国际班列的西部通道空间连通，实现了对我国西北地区的贯通。西部陆海新通道也与"一带一路""六大经济走廊"之一的新亚欧大陆桥经济走廊进行了有效连通，新亚欧大陆桥经济走廊由我国东部沿海向西延伸，经西北地区和中亚、俄罗斯抵达中东欧。依托西部陆海新通道总体规划建设，实现与新亚欧大陆桥经济走廊的有效互动，可为西北"水三线"地区实现经济发展、拓宽陆海贸易通道、加强对外开放合作、优化路网设施建设等提供新的发展机遇，也为推动我国实现从"深海"到"深陆"跨越，构建陆海统筹的国家安全大格局提供契机，为将西北地区建设成为"深陆"融合经济体提供切实保障。

6.3.2　构建欧亚大陆经济走廊的政治地理与地缘政治学理论基础

政治地理与地缘政治学理论为构建欧亚大陆经济走廊，保障国家安全并发挥地缘优势提供了重要的理论基础。拉采尔的生存空间理论指出国家有机体的生存和运行依赖于它所在环境，如生物一样，需要一定的"生存空间"，欧亚大陆则是重要的全球战略要地。

自拉采尔的生存空间理论开始，麦金德、马汉、斯皮克曼、布热津斯基、基辛格等现代地缘政治学家对政治地理与地缘政治学理论进行了不断的发展与完善。这些理论之间既有继承与发展，也有相互补充与融合，共同构成了基于陆海统筹的"一带一路"倡议、构建欧亚大陆经济走廊、拓展西北"水三线"空间发展格局的重要理论基础（图 6-4）。

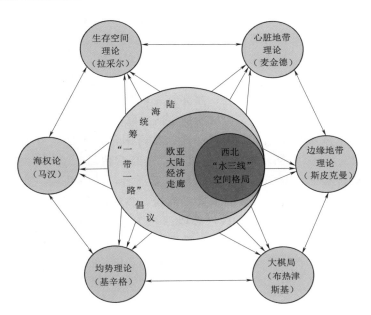

图 6 - 4 构建欧亚大陆经济走廊的政治地理
与地缘政治学理论基础架构图

6.3.3 西北"水三线"空间格局及战略定位

1. 海防与塞防——国家安全屏障

海防战略是古代中国海洋战略的表现形式，19 世纪 60 年代，随着洋务运动的开展，"师夷长技"的思想得到广泛的认同。代表人物曾国藩提出"师夷智以造炮制船"，左宗棠主张"整理水师，仿造轮船，以夺彼族之所恃"，李鸿章更建议"以求洋法、习洋器为自立张本"，提出了"守定不动"和"挪移泛应"的海防思想，主张"自守口岸"，以"守疆土，保和局"。1874 年和 1885 年两次海防大筹议后所确立的"海防"与"塞防"并重，组建海军的思想则标志着近代中国海防思想的形成。

以维护国家安全为主要目标、以近海防卫为重点的海防战略仍然是新中国成立以来中国海洋战略的主要形式。新中国成立后，中国人民海军先后建立海军水面舰艇部队、海军潜艇部队、海军航空兵、海军岸防部队和海军陆战队五大兵种体系，建立了北海、东海和南海舰队，但各方面还处于比较落后的状态，装备和人员都极为匮乏[17]。改革开放以来，在海洋强国的战略背景下，我国的海权战略逐步形成。中国正由传统的以农耕经济为基础的陆权国家向现代海洋国家转变，逐步进入依赖海洋通道的外向型经济形态。

1874 年，当清朝政府面临收复"塞防"与强固"海防"的两难抉择时，左宗棠提出了"东侧海防，西侧塞防，二者兼重，保蒙古，卫京师"的著名的"塞防论"，并以年过花甲之躯毅然决然地"抬棺出征"，收复失地，稳定新疆，铸就了中华民族的千古伟业。

---

[17] 张辉. 从国家安全看东海及南海问题 [J]. 国防，2017 (2)：78-81.

左宗棠从国家统一的视角指出新疆的重要性，他在《遵旨统筹全局折》中指出："是故重新疆者所以保蒙古，保蒙古者所以卫京师，西北臂指相连，形势完整，自无隙可乘。若新疆不固，则蒙部不保。匪特陕、甘、山西各边时虞侵轶，防不胜防，即直北关山，亦将无晏眠之日。而况今之与昔，事势攸殊。俄人拓境日广，由西而东万余里，与我北境相连，仅中段有蒙部为之遮阂。徙薪宜远，曲突宜先，尤不可不豫为绸缪也"❽。

因地缘政治位势的关联性，中国西域的稳定既关联中原，又关联中亚乃至欧洲。民国时期的著名历史学家朱希祖指出："西域一地，在吾国常人视之，以为边疆，无足轻重；而以亚洲全局观之，实为中枢。蒙古统一亚洲，先经营西域，迨二区在握，而后西征弗庭，前后左右，鞭笞裕如，其明证也。故欲统一亚洲者，蒙古西域，首为兵事必争之地，欧亚强国，苟欲争霸亚洲，此二处必为最要之战场；然蒙古不过为甲乙二国最初决定胜负之区，而欲控制全亚，与其他各国用兵，必以西域为最要地矣。吾国新疆为西域最要区域，吾国得之，足以保障中原，控制蒙古；俄国得之，可以东取中国，南略印度；英国得之，可以囊括中亚细亚，纵断西伯利亚，故在昔英俄二国，已各视此为禁脔。"❾

由此可见，我国西北"水三线"作为丝绸之路上的关键节点，是国家安全的重要屏障，也是维护中国与欧亚交流的要塞地区。

2. 深海与深陆——国家战略纵深

当今，在国家"稳定西北，以利经略东南"的谋篇布局中，"一带一路"倡议从此将"海防"与"塞防"这两个易于失衡的重要节点牢不可破地链接在一起，实现中华民族从"深海"到欧亚大陆纵深的伟大跨越，有力促进了海陆统筹发展与国家安全大格局的形成。

为更好地发挥我国西部地区维护国家安全的屏障作用，需关注统筹发展与国家安全两件大事。2016 年我国"十三五"规划纲要指出："加强深海、深地、深空、深蓝等领域的战略高技术部署"。同年 8 月国务院印发《"十三五"国家科技创新规划》，指出需"围绕构筑国家先发优势，加强兼顾当前和长远的重大战略布局，强调需建立保障国家安全和战略利益的技术体系，大力发展深海、深地、深空、深蓝四大领域的战略高技术"。从政治地理学视角来看，"深陆"发展即可有效推动"一带一路"向纵深发展，西北"水三线"生态经济枢纽区建设正是打通"一带一路"沿线"深陆通道"的关键契机。

党的十九大提出"2050 年建成世界科技创新强国"的战略目标，实现并非易事，需要大批有识之士与专业人才为之奋斗，更需要继承和发扬老一辈科学家忠于理想、矢志不渝、济世报国的家国情怀。沧海横流，方显英雄本色。一代人有一代人的担当，一代人有一代人的长征。老一辈科学家所建立的功业，无法企及，但又不可辜负，唯有奋力前行。在此背景之下，更需抓住国家科技创新规划的有利时机，以我国西北地区为突破口，打开我国"深陆"发展的科技通道，为推动陆海统筹发展、促进我国成为科技创新强国助力。

3. 稳定与发展——国家战略定位

我国西北"水三线"位于欧亚大陆的边缘地带，对外，其是我国向深陆发展、建设欧亚大陆桥的重要走廊；对内，其是陆海联通、实现"一带一路"建设的重要生态经济枢纽

---

❽　［清］左宗棠. 遵旨统筹全局折，左宗棠全集　第 6 册［M］. 上海：上海书店，1986.
❾　曾问吾. 中国经营西域史［M］. 上海：商务印书馆，1936.

区。从战略位置上看，周边与八个国家接壤，是少数民族聚居地；从政治地理看，是中西方交流连通的中枢地带，也是维护国家安全的关键屏障。

（1）陆海联通，发展深陆，促进区域稳定协调发展。西北"水三线"位于欧亚大陆腹地，也是边疆长治久安、社会稳定的国家安全线。新疆位于中国西北边陲，陆地边境线超过 5600km，存在着多个跨界民族，民族关系错综复杂，是边境交界区和国防的前沿地带，也是中外政治、文化、商贸交流互动的空间和途经之地。在世界地缘政治格局发生深刻调整的新形势下，区域发展不平衡、非传统安全威胁和大国地缘战略博弈等因素，制约着边疆的安全、稳定与发展。通过建设南水北调西线西延工程，跨越胡焕庸线、阳关线、奇策线，增强西北内陆干旱区水资源及环境承载能力，形成深陆通道区，发挥陆海统筹功能，建设和谐美丽、长治久安的西北边疆，具有十分重要的战略意义。

（2）打造国际经济合作走廊，推动"一带一路"高质量发展。西北"水三线"地缘优势突出，与"一带一路"国际大通道的对接，形成全方位对外开放的国土空间格局。西北"水三线"连同新亚欧大陆桥、中蒙俄旅游合作走廊、中国—中南半岛国际旅游合作走廊及孟中印缅等旅游走廊，将为"一带一路"地区提供更广阔的旅游发展腹地，可以有效带动国内和周边国家的交流合作和经济发展。此外，西北"水三线"地域广阔，占全国国土总面积的 35.9%，在我国东西部经济发展差距进一步扩大的时代背景下，西北"水三线"建设对于解决东西部区域发展不平衡的矛盾，促进西部大开发与黄河流域高质量发展具有重要的现实意义。

（3）构建全方位开放的国际合作平台，促进文化交流与民族融合发展。西北"水三线"周边与八个国家接壤，涉及民族文化复杂多元。依据塞缪尔·亨廷顿曾在《文明的冲突与世界秩序的重建》中对世界文化形态的分类，世界文明可分为七大或八大文明[20]，西北"水三线"就涉及其中五种，是与中华文明、伊斯兰文明、印度文明、西方文明、东正教文明等密切交流的核心片区。西北"水三线"建设带来的不仅是西北地区经济实力提升，也将带来文化实力的总体提升。随着西北"水三线"的不断建设，尤其是设施联通的进步，能够有效促进公路、铁路、机场、电信等基础设施的建设，在此基础上促进东西方产业合作。中国西北边境地区的社会安全形势不够稳定，其中一个重要原因是经济相对落后，民生问题难以改善，极端主义思想泛滥。西北"水三线"建设能够有效促进民族融合和经济发展，增加居民收入，改善民生，提升文化交流程度，有利于维护边境地区的稳定，为消除民族分裂势力与宗教极端势力创造了条件，是现阶段维护和发展好各民族融合和边疆地区稳定的重要战略目标。

参 考 文 献

[1] 李旭旦. 论 K·李特尔、F·拉采尔和 H·J·麦金德 [J]. 南京师大学报（自然科学版），1985 (1)：1-3.

[2] 王恩涌. 政治地理学 [M]. 北京：高等教育出版社，1998.

[3] 阿尔弗雷德·塞耶·马汉. 海权论：海权对历史的影响 [M]. 冬初阳，译. 长春：时代文艺出版社，2014.

---

[20] 塞缪尔·亨廷顿. 文明的冲突与世界秩序的重建 [M]. 侯井天，译. 北京：新华出版社，2013.

［4］ 吴征宇. 海权的影响及其限度——阿尔弗雷德·塞耶·马汉的海权思想 ［J］. 国际政治研究，2008，29（2）：97-107.

［5］ 员璐. 浅析麦金德的枢纽地区学说 ［J］. 国际关系学院学报，2010（3）：17-22.

［6］ 尼古拉斯·斯皮克曼. 和平地理学 ［M］. 俞海杰，译. 上海：上海人民出版社，2016.

［7］ 刘中民. 地缘政治理论中的海权问题（一）——从马汉的海权论到斯皮克曼的边缘地带理论 ［J］. 海洋世界，2008（5）：76-80.

［8］ 兹比格纽·布热津斯基. 大棋局：美国的首要地位及其地缘战略 ［M］. 上海：上海人民出版社，2007.

［9］ 亨利·基辛格. 核武器与对外政策 ［M］. 北京编译社，译. 北京：世界知识出版社，1959.

［10］ 亨利·基辛格. 世界秩序 ［M］. 北京：中信出版社，2015.

［11］ 朱听昌，李尧. 论基辛格的均势理论及其在外交实践中的运用 ［J］. 国际政治研究，2005（1）：41-52.

［12］ 龚洪烈. 基辛格的国际秩序观 ［J］. 南京大学学报（哲学·人文科学·社会科学），2002，39（2）：69-76.

［13］ 王福春. 基辛格的外交思想述评 ［J］. 国际政治研究，2001（3）：93-100.

第 7 章　区域协调发展的经济学理论

7.1　基于区域协调发展的经济学理论

1. 内涵定义

对于我国而言，区域协调发展不仅是全面建成小康社会进而实现全体人民共同富裕的内在需求，也是践行新发展理念的必然要求，实施区域协调发展战略已成为当前我国建设现代化经济体系的重要举措。区域经济协调发展的意义在于加强欠发达区域的综合经济实力，为其发展提供可靠支撑，发挥发达地区在全国经济发展中的带动作用，为增强国家经济总体实力、带动欠发达区域发展创造更好的条件。促进区域经济协调发展可有效协调各个地区之间的经济利益关系，处理好我国社会经济发展中的全局利益与局部利益、近期利益与远期利益，保证社会经济持续、稳定发展。

基于区域协调发展的经济学理论是以实现区域协调发展、指导区域经济协同增长为目标的经济学理论体系，与片面强调区域自身发展的传统经济学理论不同，它强调不同区域之间要推动实现全要素充分流动，在经济、社会、生态等多方面做到协调发展，最终达到消除区域间经济发展差距、实现全国经济均衡全面发展、人民生活幸福水平趋同、共同富裕的全局目标。

2. 主要理论

从经济学视角来看，国内外诸多理论均对区域协调发展的实现途径进行了探讨，其中具有较大影响的包括法国经济学家弗朗索瓦·佩鲁（Francois Perroux）的增长极理论、英国社会活动家埃比尼泽·霍华德（Ebenezer Howard）的田园城市理论和法国地理学家琼·戈特曼（Jean Gottmann）的城市群理论、中国经济学家冀朝鼎的基本经济区与水利经济学理论等。此外，还包括德国农业经济学家约翰·海因里希·冯·杜能（Johann Heinrich Von Thünen）的农业区位论、德国经济学家马克斯·韦伯（Max Weber）的工业区位论、德国城市地理学家瓦尔特·克里斯塔勒（Walter Chrislatter）的中心地理论、芬兰规划学家伊利尔·沙里宁（Eliel Saavinen）的"聚集—扩散"理论、国内经济学家黄有光提出的综观经济学等。以上理论从经济学视角出发，对区域发展过程中的人口流动、经济效益、劳动力安置、城镇体系形成等过程进行分析，从而解读市场经济增长与人口空间聚集对区域协调发展的复杂作用。

为实现生态—经济协调、推动区域均衡发展，我国西北"水三线"需紧密依托以上区域协调发展的经济学理论，以佩鲁的增长极理论与戈特曼的城市群理论指导西北"水三线"典型枢纽区建设，以霍华德的田园城市理论指导西北"水三线"合理配置城镇网络结构、以冀朝鼎的基本经济区与水利经济学理论指导西北"水三线"的水资源合理空间配置，从提升全局经济发展水平的视角实现以水资源为依托的区域经济增长目标，更好地实现区域间统筹协调、全面发展。

7.1.1　佩鲁的增长极理论

法国经济学家弗朗索瓦·佩鲁（Francois Perroux）在 1950 年发表的《经济空间：理论与应用》一文中首次提出增长极（growth pole）概念。20 世纪 40 年代末至 50 年代初，西方经济学家围绕平衡增长与非平衡增长进行了激烈争论。增长极理论以不平衡发展理论为指导，是区域经济学或中观经济学中的基本理论之一。增长极理论就是通过对特定地理中心的刺激，促进其极化效应，以推动不发达地区通过不平衡到平衡的发展，实现经济整体进步的理论体系❶。这一理论经过近几十年的演变，得到了逐步完善和发展，已成为经济学家关注的热点，且在不断的发展中日趋完善。如今该理论已成为西方发展经济学中关于制定区域经济发展政策的一个重要理论依据。

1. 主要理论思想

佩鲁认为[1]：增长并非出现在所有地方，在经济增长的过程中，由于某些主导部门或有创新能力的企业或行业在一些地区的集聚，形成一种资本与技术高度集中的"极核"，具有规模经济效益，自身增长迅速并能对邻近地区产生强大辐射作用的"增长极"，然后通过不同渠道向外扩散，并对整个经济产生影响，并指出：①技术进步和创新是经济增长的源泉，当主导产业或有创新能力的地区产值增长，对其他产业或地区产生极强的连锁效应和推动效应，从而带动和辐射其他产业或地区的增长时，这种产业或地区就形成了增长极；②"经济空间"是增长极的重要基础，经济空间不同于地理空间，因为具有活动单元的经济空间，可以创造自己的决策和操作空间，建立具有推进效应的机制，并推动整个经济多维的发展；③由于某些"推进型产业"（也即主导产业）或有创新能力的企业在一些地区或城市的集聚和优先发展，形成了具有类似"磁场极"作用的多功能经济活动中心，即增长极。增长极不仅促进自身的发展，而且通过经济联系建立起非竞争性联合体，通过后向、前向极化效应和扩散效应带动区域的发展，产生"城市化趋向"，通过其集聚和扩散作用进一步推动了其他地区的发展，从而形成了经济区域和经济网络。因此，增长极既是一个支配性的经济元素，又是一个具有强大推动效应的企业。

2. 增长极理论的作用机制

将"增长极"理论应用到区域经济发展的实践之中时，一般有两种常见的模式[2]：第一种是从地理空间或者经济空间上选择一小核心区域作为"增长极"，通过发挥核心区域对周边区域的辐射作用，带动其他地区的发展；第二种是对推进型产业进行投资，保证其绝对的支配地位，然后通过产业间向前、向后的扩散反应，从而促进区域经济发展❷。前者所指的就是城市增长极，后者是产业增长极。无论是城市增长极或是产业增长极，其对周围落后地区的推动作用及

---

❶ 李仁贵. 区域经济发展中的增长极理论与政策研究 [J]. 经济研究，1988（9）：63-70.
❷ 颜鹏飞，邵秋芬. 经济增长极理论研究 [J]. 财经理论与实践，2001（2）：2-6.

经济影响，都主要反映在通过极化效应和扩散效应形成的力场经济空间上。

极化效应是指经济快速扩张的地区由于有较好的创新能力和技术进步，因此会将人口、资本等生产要素从其他地区吸引进来，从而能够加快自身发展；扩散效应是指由于经济扩张中心获得了快速的增长，基础设施等硬件条件随之改善，其周边落后地区因此也能从经济中心地区获得相应的技术支持、资本资助和人才支援等，从而刺激本地区的发展，使得落后区域的经济发展逐步赶上中心地区。极化效应的作用结果会使生产进一步向条件好的高梯度地区集中；扩散效应会促使生产向其周围的低梯度地区扩散。

增长极产生和发展过程中极化效应始终与扩散效应相伴而行，只是在不同的发展阶段不同的效应占据主导地位，才发生扩散与极化的交替。通常而言，极化效应是增长极产生的标志，其作用的结果是扩大增长极与腹地区域之间的差异；而扩散效应作用的结果是大范围带动区域经济增长，缩小区域发展的差距，促进区域均衡协调发展。

在增长极形成的最初阶段，极化作用将占主导地位，扩散效应只具有较小的影响范围和力度，极的生长与系统整体的相关系数较小[3]；而随着增长极规模和实力的扩大，扩散效应逐渐加强，极的增长与系统的整体增长的相关关系也逐渐加强，此时极的增长系统转向均衡化发展，完成不均衡到均衡的过渡。

3. 主要学术影响

增长极理论的核心思想是关于在空间领域对经济发展不平衡这一事实的经验归纳和总结。一个国家要实现平衡发展只是一种理想，在现实中是不可能的，经济增长通常是从一个或数个"增长中心"逐渐向其他部门或地区传导。因此，应选择特定的地理空间作为增长极，以带动经济发展。目前为止，增长极理论的应用在一些国家和地区已经取得了成功，如：美国西部开发中增长中心的培育、硅谷高科技地区的崛起，犹他州经济快速发展的实践都说明了欠发达地区完全有可能以较高的起点，实现产业的后发优势。

自20世纪50年代佩鲁提出增长极理论以来，无论对发达国家还是对发展中国家的经济发展战略与发展政策，都发挥了明显的指导作用。截至目前，世界各国对增长极理论的应用不外乎是三种类型：一是主导产业或主导产业群战略；二是中心城市或区域增长极战略；三是试图把一、二两类统一起来的综合发展极战略。其中以第二类在发展中国家和地区的应用最为突出，其代表性的成果主要有拉丁美洲的"次级增长中心"，即小城市建设和非洲的农村增长中心建设的实践[4]。具体实施中主要想解决落后地区的现代化战略、与自然资源开发相关的城市化问题以及首位城市过度膨胀的问题❸等三个最主要的问题。

我国西部地区经济落后，与东部地区相差悬殊，完全可以应用增长极理论，并借鉴发达国家和发展中国家已取得的成功经验，在西部地区打造增长极，促进和带动西部地区的经济发展。例如：为把某种能够持续产生增长的工业放在西部某一地区，将会在这一地区产生集聚效应，这一工业会成为这一地区的增长极，通过对周边地区的辐射作用，带动整个区域的经济发展。这是一个非常有意义的课题，特别是当前正面临国家"推进西部大开发形成新格局"的现实需求，增长极理论对于西部地区经济发展，具有重要的指导意义。不管是增长极，还是发展极，在经济发展过程中，"极"的作用是客观存在的，因此，认

---

❸ 李仁贵，章文光. 法国增长极战略实践及其启示［J］. 发展研究，2012（7）：11-13.

识"极"的作用，科学地运用"极"的影响力和弥散力，对于区域经济发展可能出现的突变都将具有不可否认的理论意义和实践指导意义。

7.1.2 霍华德的田园城市理论和戈特曼的城市群理论

从埃比尼泽·霍华德（Ebenezer Howard）[5]的田园城市理论到具有划时代历史意义的琼·戈特曼（Jean Gottmann）[6]的大都市带（megalopolis）概念的提出，城市群研究受到学者们的重视。目前，联合国人类聚落中心将城市聚集区（urban agglomeration）用作衡量城市规模的标准，是指一群密集、连续的城镇所形成的人口居住区。按照《城市规划基本术语标准》（GB/T 50280—98）的定义，城市群（agglomeration）是一定地域内城市分布较为密集的地区❹。随着我国城市化进程的加快，城市群的研究越来越引起人们的关注。

1. 田园城市理论

1898 年英国社会活动家霍华德出版了题为《明天：通往真正改革的平和之路》的论著[7]，针对当时工业革命以后大城市所面临的拥挤、卫生等问题，提出关于城市规划、区域发展的设想，后被称作"田园城市"（garden city）理论。其主要包括以下内容：

（1）疏散过分拥挤的城市人口，使居民返回乡村，可以解决城市的多种社会问题。

（2）建设新型城市，要遵循有助于城市的发展、美化和方便的原则，即建设一种兼具城市和乡村优点的、城乡交融的群体组合型城市，称为"田园城市"。

（3）改革土地制度，使地价的增值归开发者集体所有。田园城市理论明确表达了城市需要规划的思想。霍华德对城市规模、布局结构、人口密度、绿带等城市规划问题，提出一系列独创性的见解，是一个比较完整的城市规划思想体系，并最早提出城乡协调发展，城市与区域实行群体组合发展的先驱性模式。

20 世纪初以来，田园城市理论对世界许多国家的城市规划有重大的启蒙作用。以及后来出现的一些城市规划理论[8]，如"城郊居住区"即所谓的"卧城"和"卫星城"的理论、城市发展及其布局结构的"有机疏散理论"等，其目的都是为了缓解由于城市过分集中所产生的弊病。由此，逐渐把由单中心城市的区域结构，过渡到多中心城市的区域结构，并在各城市之间建设快速的交通设施，使得区域中的各个城市联系形成城市群。

2. 城市群理论

法国地理学家戈特曼于 20 世纪 50 年代初就开始观察研究美国东北部大西洋沿岸地区城市形态与结构的变化，在 1957 年发表的著名论著《大都市带：东北海岸的城市化》中首次提出"大都市带"的概念，他借用古希腊人理想中建立的"巨大的城市"——megalopolis 一词，来表示美国东北海岸地区城市化发展历史进程中特定的空间现象，并认为对世界其他地区具有导向性和示范意义❺，并提出应具备的五个基本条件：①区域内有比较密集的城市；②有相当多的大城市形成各自的都市区，核心城市与都市区外围地区有密切的社会经济联系；③由联系方便的交通走廊把核心城市连接起来，各都市区之间没有间

---

❹ GB/T 50280—98 城市规划基本术语标准 [S]. 北京：中国标准出版社，1998.

❺ Gottman J. Megalopolis or the urbanization of the northeastern seaboard [J] . Economic Geography，1957，33（3）：189 - 200.

隔，且联系密切；④必须达到相当大的总规模，人口在 2500 万人以上；⑤属于国家的核心区域，具有国际交通枢纽的作用。戈特曼所指的特大城市（megalopolis）就是一些在地理位置上比较接近且有着较为密切联系的众多城市组成的区域。

大都市带理论，在科技革命和市场经济机制的推动下，使美国的社会生产力获得了前所未有的发展。美国的城市化进程也有了巨大进展，城市空间形态和结构也发生了很大变化，特别是美国东北部以纽约为中心的大西洋沿岸一带的城市最早反映出这种变化趋势。此后，大都市带作为崭新的城镇群体理念在世界范围内掀起研究热潮。

3. 城市群经济整合概念

城市群经济整合是指在城市群经济发展中，为提高产业的集约化程度、扩大经营规模，达到有效配置经济资源和城市群内优势互补，增强经济竞争力，对其经济的组织结构、产业组织、发展模式、经济资源利用等进行战略性重组和调整的过程。区域发展历程表明，城市群逐渐成长为区域经济增长极，但经济不整合，引起的资源浪费和区域间的恶性竞争，不但造成了资源要素的低效配置，而且将限制城市群整体优势的发挥，滞缓了其成长为新的区域经济增长极，这一问题引起了各方的关注[9]。当前，各级政府热衷于进行城市群规划，而学术界则从经济全球化、区域经济发展、区域分工与合作、城市群内部的产业集聚与扩散、城市群内部的企业扩张和网络化组织的促进作用等不同方面，进行城市群整合问题研究❻。

城市群是区域城市化进程中的地域形态类型，在区域经济发展中做出了重要贡献[10]。如美国大纽约区、五大湖区、大洛杉矶区三大城市群对美国 GDP 的贡献率为 66％～67％❼。牛文元指出未来城市发展将向城市经济群和城市经济带延伸[11]，因此我国必须坚持发展组团式城市群，使它成为国家新一轮财富聚集的战略平台❽。2020 年占我国国土面积 3％的长三角城市群、珠三角城市群、京津唐城市群占国家 GDP 总量[12]的 40.6％，形成具有全球意义的三大组团式城市群和国家财富积聚的战略载体❾。可见，城市化在区域经济增长中具有关键性作用，而城市群已成为区域经济发展的驱动器。随着经济发展与城市化水平的提高，城市群的形成与扩张是城市化发展的趋势，在城市化进程中发挥着重要作用；在我国经济发展水平和城市化水平较高的地区，城市群的发展和完善是推进城市化发展的主要途径[13]。城市群对区域城市化进程的推进有两个主要途径[14]：一是通过整体辐射带动作用，促进外围区域的城市化进程；二是通过内部不同等级核心城市的辐射带动作用，加速内部的城乡一体化进程，提高区域城市化水平❿。

7.1.3 冀朝鼎的基本经济区与水利经济学理论

冀朝鼎（1903—1963），20 世纪 20 年代获哥伦比亚大学经济学博士学位。1936 年出版的《中国历史上的基本经济区》，被称为中国经济史领域的经典著作，他创造性地提出了"基本经

---

❻ 刘靖，张岩. 国外城市群整合研究进展与实践经验 [J]. 世界地理研究，2015，24（3）：83－90，175.

❼ 刘友金，王玮. 世界典型城市群发展经验及对我国的启示 [J]. 湖南科技大学学报（社会科学版），2009，12（1）：84－88.

❽ 王丽，邓羽，牛文元. 城市群的界定与识别研究 [J]. 地理学报，2013，68（8）：1059－1070.

❾ 李佳洺，张文忠，孙铁山，等. 中国城市群集聚特征与经济绩效 [J]. 地理学报，2014，69（4）：474－484.

❿ 黄金川. 基于辐射扩散测度的中国城市群发育格局识别 [J]. 经济地理，2016，36（11）：199－206.

济区"的概念[15]，指出：只要控制了经济繁荣、交通便利的"基本经济区"，即可征服乃至统一全中国。全书以此概念出发，重新梳理中国历史，描绘了两千年来中国经济格局变迁的内在逻辑和发展变化，研究了中国的水利与经济区划的地理基础，探索了中国历史上基本经济区的转移等方面的问题，做出了自唐朝以后"中国古代经济重心南移"这一主要结论❶。

1. 主要学术思想

冀朝鼎认为：在漫长的历史时期中，我国的经济结构，最初是由千百万个不同发展程度的村落所组成，这些村落一般都是为了行政管理与军事行动上的需要而编制成的一种较大的组织形式，具有高度的组织性和自给自足能力。在这种情况下，国家的统一与中央集权问题，就只能看成是控制这样一种经济区的问题：其农业生产条件与运输设施，对于提供贡纳谷物来说，要远远胜过其他地区，任何一个集团，只要控制了这一地区，它就有可能征服与统一全中国。因此，这样一种地区被定义为"基本经济区"，也被看作是历代王朝统一与分裂的经济基础，是我国立国的经济基础。

基本经济区不是简单的一个省份、一个地理区域，比如长江下游三角洲，甚至不是一个空间单元，比如华北平原，而是一个更大的生产区域。冀朝鼎将中国本土按照五个历史时期，划分了四个基本经济区（图7-1）。

图7-1 中国历史上各个时期基本经济区位置图❶

2. 基本经济区与水利事业的发展

事实上，冀朝鼎的博士论文题目就是《中国历史上的基本经济区与水利事业的发展》。他

---

❶ 冀朝鼎. 中国历史上的基本经济区 [M]. 朱诗鳌，译. 北京：商务印书馆，2016.

认为在我国发展水利事业或者说建设水利工程，实质上是国家的一种职能，其主要目的在于为增加农业产量和漕运创造便利条件，同时与政治有着密切的联系。各个朝代都把水利当作社会与政治斗争中的重要政治手段和有力的武器，但对基本经济区的控制，只能看成是在物质上取得了一种优越性，只能看成是获得了一种成功的条件。并列举以下历史事件加以佐证：

（1）黄河流域是早期中国文明最重要的发祥地，治黄、引黄、淤灌、沟洫、农田灌溉等水利工程，为"持久农业"发展奠定了基础，使黄河中下游成为中国最早的基本经济区。

（2）秦与郑国渠、关中与汉朝的兴起有着密切的逻辑关系。若干世纪以来，郑国渠为陕西中部地区的灌溉系统打下了基础，使其成为我国的基本经济区。事实证明，经过秦国的经营管理，郑国渠成了征服其他国家的一种强有力的武器。秦朝灭亡之后，汉朝的创始者刘邦，全靠他对关中的控制，才得以最终战胜其强有力的对手楚国的项羽。

（3）以都江堰为中心的灌溉系统，为川蜀和长江上游基本经济区的繁荣打下了重要基础。秦朝官吏李冰父子的实绩被我国史学家看成是不朽的成就。在三国时期，成都平原又成了蜀汉的基地，使之能同魏国与吴国相持近50年之久。

（4）大运河的开凿，始于东晋时期水道的开发，最初是为了军事目的，而后的隋唐大运河在我国历史上发挥了极其重大的作用，在唐、宋、元、明、清各个朝代，它成了连接北方政治权力所在地与南方新基本经济区之间的生命线。

7.2 中国区域经济发展理论

7.2.1 陆大道的点轴中心枢纽理论

"点—轴"系统理论是我国著名学者陆大道先生1984年最早提出的，"点"指各级居民点和中心城市，"轴"指由交通、通信干线和能源、水源通道连接起来的基础设施；"轴"对附近区域有很强的经济吸引力和凝聚力。轴线上集中的社会经济设施通过产品、信息、技术、人员、金融等，对附近区域有扩散作用。扩散的物质要素和非物质要素作用于附近区域，与区域生产力要素相结合，形成新的生产力，从而推动社会经济的发展。

（1）"点—轴"系统理论的科学基础。点—轴系统理论的主要学理渊源可归纳为两方面：一是克里斯塔勒的中心地理论[16]。德国经济地理学家瓦尔特·克里斯塔勒在1933年出版的《德国南部的中心地》一书中论述了中心地理论的逻辑结构和理论框架，将空间集聚和空间扩散规律的思想有机地嵌入进点轴系统理论之中，因此点轴系统理论是建立在中心地理论基础上的[17]。二是松巴特的生长轴理论。该理论认为随着重要交通经济带的建立，连接各主要中心城市的交通干线周围将形成有利的区位，聚集经济将发挥作用，生产成本随之下降❶，生长轴理论是点轴系统理论的脉络——"轴"的理论雏形。

（2）"点—轴"系统理论的基本内容。1984年我国著名地理学家陆大道院士首次提出点—轴系统理论[18]，对我国工业布局应选择点—轴渐进式开发战略进行了阐述，提出海岸地带轴和长江沿岸轴呈"T"形，组成我国两个一级开发轴线（图7-2）。陆大道认为

---

❶ 陈明蔚．基于生长轴理论的交通经济带建设的思考［J］．赤峰学院学报（自然科学版），2011，27（9）：43-44．

凡是成功开发和发展的地区和国家，在空间布局上客观上都基本符合"点—轴"模式[19]，这样可以有效集中国力和资源，将我国最有利的沿海岸和沿长江"T"形发展起来⑬。"点—轴"开发模式是增长极理论的延伸，经济中心总是集中在少数条件较好的区位，成斑点状分布。随着经济发展，经济中心逐渐增加，点与点之间由于生产要素交换需要交通线路以及动力供应线、水源供应线等，相互连接起来即形成轴线。这种轴线首先是为增长极服务的，但轴线一旦形成，对人口、产业也具有吸引力，并促进新增长点的形成。因此，"点—轴"开发模式可以理解为从发达区域的经济中心沿交通线路向不发达区域的纵深推移。

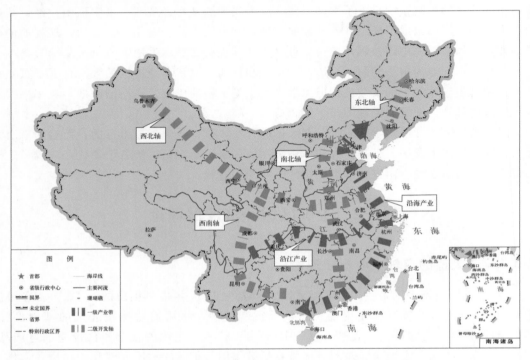

图 7-2 中国国土开发与经济布局"T"形空间构架图⑭

（3）学术影响和实践应用。为了建立适应于我国社会主义现代化建设的区域理论，从而为区域发展、国土开发、城乡建设和规划提供方法，充分发挥地理学的区位论和区域空间结构体系的服务性，陆大道院士提出并不断完善"点—轴"系统理论⑮，该理论在国土开发和生产力布局、区域发展规划以及旅游开发中被广泛应用。对于全国来说，"T"形的"点—轴"是东中西连接和由东向西的转移通道，是促进我国区域均衡发展的重要途径。这一理论充分认识到了经济节点地区的特殊性⑯，指出了人文地理学在经济区划和区域开发中的重要作用，提高了人文地理学在我国的学科地位。

---

⑬　陆大道．论区域的最佳结构与最佳发展——提出"点—轴系统"和"T"形结构以来的回顾与再分析 [J]．地理学报，2001（2）：127–135.

⑭　陆大道．我国区域开发的宏观战略 [J]．地理学报，1987（2）：97–105.

⑮　陆大道．中国区域发展的新因素与新格局 [J]．地理研究，2003（3）：261–271.

⑯　陆大道．2000 年我国工业生产力布局总图的科学基础 [J]．地理科学，1986（2）：110–118.

(4)"点—轴"系统理论的新发展。2020年中国工程院院士王浩提出了我国未来"双T"形发展格局的构想[17]。该"双T"形发展格局基于我国西部调水线路应运而生，西部调水工程的实施将打破制约西部发展的水资源瓶颈，极大释放胡焕庸线以西国土资源的潜力，成为中国未来经济发展的新引擎。届时，我国经济发展格局也会发生明显改善，在"沿海一圈、沿江一线"发展格局的基础上，未来沿西部调水经济带和沿黄河经济带可共同构成我国面向陆路经济的又一个"T"形经济发展构架，其与陆大道院士提出的"T"形格局互为补充，共同构成我国新时期"双T"形发展格局，该格局将有力促进东西部、南北方均衡发展。

7.2.2 覃成林的多极网络增长理论

在我国实施"一带一路"倡议、京津冀协同发展、长江经济带发展等三大战略建设和打造大规模高速铁路网络、信息网络等基础设施网络的背景下[20]，覃成林出版了《多极网络空间发展格局：引领中国区域经济2020》[18]一书，提出在国家层面构建多极网络空间发展格局的战略构想，在全国范围内形成多极支撑、轴带衔接、网络关联、极区互动、充满活力的区域经济发展新格局，促进全国区域经济走向相对平衡、协调发展的新阶段（图7-3）。

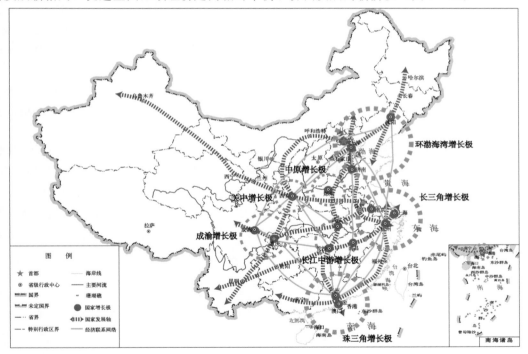

图7-3 我国多极网络空间发展格局示意图[19]

[17] 王浩. 依靠人民服务人民关于我国西部调水的思考[EB/OL]. [2020-03-16]. http://www.ce.cn/cysc/stwm/gd/202003/16/t20200316_34498832.shtml.

[18] 覃成林，贾善铭，杨霞，等. 多极网络空间发展格局：引领中国区域经济2020[M]. 北京：中国社会科学出版社，2016.

[19] 黄征学，覃成林，李正图，等. "十四五"时期的区域发展[J]. 区域经济评论，2019(6)：1-12，165.

全国经济活动主要集聚在东部沿海发达地区，尤其是长三角、珠三角和京津地区，区域经济增长极偏集于沿海地区的格局从未改变。为了实现中华民族伟大复兴的宏伟目标和"两个一百年"奋斗目标，需要创新区域经济发展战略，构建有利于全面建成小康社会和建设现代化强国的区域经济发展新格局。就国家层面区域协调发展而言，多极网络空间发展格局是一个符合现代区域经济发展的新趋势、具有更优的区域协调发展功效的空间组织方式❶

多极网络空间发展格局主要以七大国家增长极和八大国家发展轴，以及三大经济联系网络为主。

(1) 七大国家增长极。七大国家增长极分别是珠三角增长极、长三角增长极、环渤海湾增长极、长江中游增长极、成渝增长极、中原增长极、关中增长极。

(2) 八大国家发展轴。八大国家发展轴可分为横向发展轴即长江发展轴、陇海—兰新发展轴、东南沿海发展轴、沪昆发展轴；纵向发展轴即京沪发展轴、京广发展轴、京津—沈哈发展轴、京津—包昆发展轴。八大国家发展轴横贯东西、纵贯南北，经纬交织，把七大国家增长极紧密地连接在一起，共同形成全国区域经济联系网络的主体架构，从根本上塑造了全国区域经济新的空间格局。

(3) 三大经济联系网络。一是快速交通网络，包括高速铁路网络、航空网络、高速公路网络；二是集高速铁路、航空和高速公路为一体的综合快速交通枢纽，形成综合快速交通网络的运营中心；三是信息网络，包括覆盖全国的高速宽带、4G 网络、5G 网络、IPv6 网络等网络基础设施。

七大国家增长极是多极网络空间格局的动力源，八大国家发展轴把七个国家增长极连接在一起，共同构造多极网络空间格局的主体框架。经济联系网络的功能在于，连接国家增长极和国家发展轴，以及大经济区域，使之成为一个联系紧密的有机整体。一方面，经济联系网络依托国家增长极和国家发展轴进行生长。换而言之，国家增长极和国家发展轴的发展衍生出经济联系网络，并推动经济联系网络不断地发育；另一方面，经济联系网络又通过连接广大的经济区域，为国家增长极和国家发展轴输入要素和经济活动，编织市场区，促进其发展。规划和建设多极网络空间发展格局的战略意义不仅仅在区域经济，而且，对于在区域层面培育全国经济发展的新动力，拓展全国经济发展的新空间，推动全国经济转型和升级等将发挥出不可替代的巨大作用。

7.2.3　方创琳的"5＋9＋6"城市群格局

在城市群与城镇化发展的主题下，国内学者方创琳提出了以城市群为主体，重点推动我国形成"5＋9＋6"的城市群空间结构新格局（由 5 个国家级城市群、9 个区域性城市群和 6 个地区性城市群组成），在此基础上，进一步提出以城市群为依托，重点推动形成"以轴串群、以群托轴"的国家城镇化新格局❷

5 个国家级城市群包括长江三角洲城市群、珠江三角洲城市群、京津冀城市群、长江中游城市群和成渝城市群；9 个区域性城市群包括哈长城市群、山东半岛城市群、辽中南城市群、海峡西岸城市群、关中城市群、中原城市群、江淮城市群、广西北部湾城市群和

---

❷　方创琳. 中国城市群研究取得的重要进展与未来发展方向［J］. 地理学报，2014，69（8）：1130－1144.

天山北坡城市群；6个地区性城市群包括呼包鄂榆城市群、晋中城市群、宁夏沿黄城市群、兰西城市群、滇中城市群和黔中城市群。

5大发展主轴包括沿海城镇化主轴、沿江城镇化主轴、陆桥城镇化主轴、京哈京广城镇化主轴和包昆城镇化主轴。5条新型城镇化主轴线串联20个城市群，形成国家新型城镇化宏观格局（图7-4）；此"以轴串群、以群托轴"的轴群式国家城镇化发展新格局，为国家"十三五"规划纲要编制决策提供了重要的支撑依据。

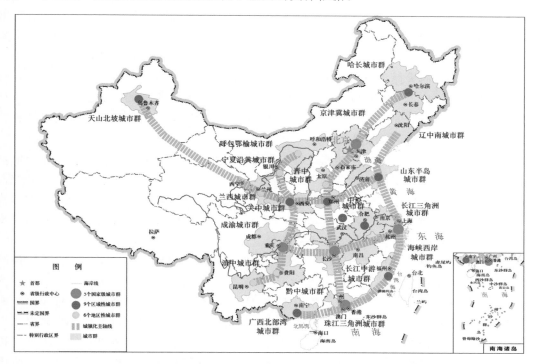

图7-4 我国"以轴串群、以群托轴"的城镇化发展空间新格局示意图[20]

7.3 中国区域协调发展与空间整体战略布局

7.3.1 中国地理单元与区域发展战略

改革开放以来，针对不同地区的实际情况，我国逐步形成了以"四大板块"为地理单元、各有侧重的区域发展战略，即西部开发、东北振兴、中部崛起、东部率先的区域发展总体战略。具体而言，该战略包括创新引领率先实现东部地区优化发展，发挥优势推动中部地区崛起，强化举措推进西部大开发形成新格局，深化改革加快东北老工业基地振兴。

近年来，我国在推动"四大板块"协调发展的基础上，又启动了五个重大国家战略，即通过京津冀协同发展、长三角一体化发展、粤港澳大湾区建设，打造引领高质量发展的重要动力源；通过长江经济带发展、黄河流域生态保护和高质量发展，探索协同推进生态优先和绿色发展的新路子。由此形成"四大板块""五大国家战略区"的中国区域协调发展战略体系，新的区域发展战略格局基本形成。其中，"四大板块"是基础，从国家战略层面对全国区域协调发展进行统筹安排和总体部署；"五大国家战略区"是支撑和桥梁，从全球和国家治理的角度，聚焦国际国内合作和区域协同发展，致力于增强发展的内外联动性，形成区域发展新格局；"一带一路"倡仪是引领，是我国新形势下对外开放的一个大战略，为泛亚和亚欧区域合作注入了新的活力，将形成东西双向互动、沿海一线与亚欧大陆桥协同发展的大格局。

从以往的单独区域支撑发展，到现在的区块与经济带连接的共同支撑，这意味着我国的区域经济发展战略逐步走向整体性和全局性，我国区域发展空间结构的优化正在逐步实现。这种战略组合，有利于补齐经济发展的短板、增强区域发展的均衡性，有利于加快区域一体化、促进国内大循环和国内国际双循环，有利于实现区域全面协调可持续发展，同时还将产生叠加效应、协同效应和融合效应，并耦合产生源源不断的发展新动力，从而全面构建我国区域经济空间均衡、高质量发展新格局。区域发展格局的变化，是我国区域发展战略持续向纵深推进的体现[21]：

（1）区域发展新战略更为精准地适应了我国发展不平衡不充分的现状，更为充分地发挥区域比较优势，更为系统地构建起"点—线—面—网"多位一体的区域协调布局体系。新战略将显著重塑经济地理，引领我国区域经济版图向区域联动、轴带引领、多极支撑的新格局转变，加强经济联系、推动要素流动，为促进区域协调发展注入新动力，推动区域经济发展进一步朝着高质量均衡发展方向迈进。

（2）区域发展新战略将继续以梯度发展的"四大板块"地理单元为基础，但更加强调针对发展水平差距明显的不同地区实施全覆盖。"四大板块"战略多年来在解决空间经济增长问题和优化配置资源等方面，发挥了重大的效用。在未来应更加强调每一具体经济地理单元的发展水平差异性和特点，强调其在总体战略中的区域发展定位，如京津冀强调打破各自为政格局，协同建立新的区域经济增长点，打造以首都为核心的世界级城市群，长三角强调都市圈经济与城市群经济的融合发展，构筑起内联外畅、协作互补的区域一体化网络空间格局。

（3）区域发展新战略及其格局与"四大板块"战略相比，涉及地域空间范围更广、合作内容更全。从地域上看，新战略格局均是跨省级行政区乃至连接国内外的空间安排；从内容上看，新战略格局中每个空间单元均强调基础设施互联互通，通过改革创新打破地区封锁和利益藩篱，着力处理好板块之间、省际之间和中间地带如何实现全覆盖发展的问题。

7.3.2　区域协调发展与空间整体战略布局

2019 年，随着黄河流域生态保护和高质量发展上升为国家战略，我国在区域发展上形成了以京津冀协同发展、长江经济带发展、粤港澳大湾区建设、长三角一体化发展、黄河流域生态保护和高质量发展五大重大国家战略为引领的区域协调发展新格局。这五大国

❷　张杰. 推动形成区域协调发展新格局［EB/OL］.［2020-04-23］. http：//ex.cssn.cn/gd/gd_rwxn/gd_mzgz_1698/202004/t20200423_5117692.shtml.

家战略涵盖了我国 24 个省（自治区、直辖市）和中国香港、澳门特别行政区，国土面积 477 万 km²，占全国的 49.6%，2018 年末常住人口 110689 万人，占全国的 79.3%，地区生产总值占全国的 90% 以上。

战略一：京津冀协同发展。2015 年，中央推动实施京津冀协同发展战略，成立了京津冀协同发展领导小组和专家咨询委员会，编制规划和制定政策。京津冀地区 21.6 万 km²，人口超过 1 亿人，是我国经济最具活力、开放程度最高、创新能力最强、吸纳人口最多的区域之一。北京作为国家首都，是我国的政治中心、文化中心、国际交往中心、科技创新中心，也是最重要的国家中心城市之一，在国家区域发展战略中的地位举足轻重。天津是我国 4 个直辖市之一，也是国家中心城市。当前，以雄安新区、城市副中心建设为抓手的京津冀协同发展战略正势如破竹般推进。

战略二：长江经济带发展。长江经济带横跨我国东中西三大区域，覆盖上海、重庆以及江苏、浙江、安徽、江西、湖北、湖南、四川、云南、贵州等 11 个省（直辖市），面积约 205 万 km²，占全国的 21%，人口和经济总量均超过全国的 40%。2016 年 9 月《长江经济带发展规划纲要》正式印发以来，在保护生态的前提下推动长江经济带发展，通过加快推进供给侧结构性改革，更好地发挥长江黄金水道综合效益，着力建设沿江绿色生态廊道，以构建高质量综合立体交通走廊，优化沿江城镇和产业布局，推动长江上中下游协调发展为重点，长江经济带正朝着实现更高质量、更有效率、更加公平、更可持续的发展方向迈进。

战略三：粤港澳大湾区建设。从全球视角看，世界上有 4 个最主要的大湾区经济带，粤港澳大湾区是其中之一。粤港澳大湾区由香港、澳门两个特别行政区和广东省广州、深圳、珠海等九个珠三角城市组成，总面积 5.6 万 km²，2018 年末总人口已达 7000 万人，是我国开放程度最高、经济活力最强的区域之一。推进粤港澳大湾区建设，是新时代推动形成全面开放新格局的新举措，也是推动"一国两制"事业发展的新实践。自 2019 年 2 月中共中央、国务院印发《粤港澳大湾区发展规划纲要》以来，粤港澳大湾区按照建成充满活力的世界级城市群、国际科技创新中心、"一带一路"建设的重要支撑、内地与港澳深度合作示范区的定位要求，发展态势良好。尤其是中央赋予深圳建设"中国特色社会主义先行示范区"的时代使命，彰显了粤港澳地区在国家战略中的重要地位。

战略四：长三角一体化发展。2018 年，长江三角洲区域一体化发展上升为国家战略。该发展战略包括上海市、江苏省、浙江省、安徽省全域（面积 35.8 万 km²），常住人口 2.3 亿人，经济总量约占全国 1/4，全员劳动生产率位居全国前列，而且年研发经费支出和有效发明专利数均占全国 1/3 左右，上海、南京、杭州、合肥等城市的研发强度均超过 3%，是我国区域经济发展无可置疑的"火车头"。

战略五：黄河流域生态保护和高质量发展。黄河流域从西到东横跨青藏高原、内蒙古高原、黄土高原和黄淮海平原四个地貌单元，流经青海、四川、甘肃、宁夏、内蒙古、陕西、山西、河南、山东等 9 个省（自治区）。2019 年 9 月，习近平总书记在郑州主持召开黄河流域生态保护和高质量发展座谈会并发表重要讲话，指出保护黄河是事关中华民族伟大复兴和永续发展的千秋大计，强调要共同抓好大保护、协同推进大治理，发出了"让黄河成为造福人民的幸福河"的伟大号召，黄河流域生态保护和高质量发展上升为重大国家战略。

　　由中国区域协调发展与空间整体战略布局图（图 7-5）可知，以上五大战略地区覆盖了我国国土中部与东部的绝大部分区域，也为促进东北亚地区与环中国南海地区的交流发展打造了国际合作平台，形成跨国经贸网络带来了多重机遇。

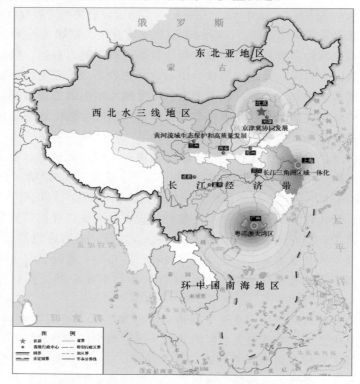

图 7-5　中国区域协调发展与空间整体战略布局图

　　东北亚地区涉及中国（黑龙江、吉林、辽宁、内蒙古）、日本、韩国、朝鲜、蒙古以及俄罗斯远东地区，面积 1900 多万 km^2。在世界向多极化发展的过程中，东北亚地区正在经历着二战以来的转折性变化。进入 21 世纪以来，在多边层面上，亚太经合组织在推动区域贸易投资自由化和便利化、开展经济技术合作方面不断取得成果。在双边层面上，全面战略协作伙伴关系、战略合作伙伴关系、建设性伙伴关系、睦邻友好伙伴关系、战略互惠关系等多种双边关系处于不断升级之中，双边合作越来越深入。

　　环中国南海地区涉及中国、新加坡、泰国、印度尼西亚、马来西亚、越南、柬埔寨、菲律宾、文莱等，面积 350 多万 km^2。南海是我国古代海上丝绸之路的必经之地和关键枢纽，南海周边国家和地区是我国的重要贸易对象。数个世纪以来，南海周边国家和地区以南海作为纽带发展经贸联系，环我国南海区域经济增长对于该地区的未来发展有着重要作用。20 世纪 80 年代亚洲四小龙崛起、90 年代末东南亚金融危机以及 21 世纪中国—东盟自由贸易区建设等重大变化的出现，该地区再次成为世界关注的焦点。改革开放四十年来，我国在稳步实现民族复兴的过程中，也逐渐成长为世界性的大国。在新的国际形势与背景下，我国需要与周边国家进一步加强互利合作，并通过互利合作实现共同发展和繁荣。近年来，在地区双边、多边经济合作机制以及贸易协议的保障下，尤其在我国与东盟共建"21世纪海上丝绸之路"倡议的促进下，环中国南海地区经济发展迅速，贸易结构渐趋优化。

7.3.3 区域协调发展格局的提出过程

自"西部大开发"战略于1999年实施以来，针对不同区域的实际情况，结合独特的地理结构单元和区域发展战略，我国逐渐形成了东部率先、中部崛起、西部开发和东北振兴的中国"四大板块"区域发展总体战略，中国区域经济规划的整体性布局已趋于全面，已经步入区域深化改革的阶段。中国"四大板块"经济区的合理划分，为区域制定相应的发展战略提供了重要的理论依据。李克强总理在2015年度《政府工作报告》中提出统筹实施"四大板块"的区域发展战略，站在国家战略层面上，对区域经济协调发展进行统筹部署。

党的十八大以来，我国区域经济发展到了一个关键时期，区域政策的地位日益提升，区域协调发展战略不断完善与深化，区域协调发展的新格局加快形成。京津冀、粤港澳大湾区、长三角等地区发展已呈现出许多新特点，规模经济效应开始显现，基础设施密度和网络化程度全面提升，迫切需要推动这些地区成为引领高质量发展的重要动力源❷。自2019年以来，我国强调用规则、规制等制度性建设推进区域协调发展进程，更加强调发挥京津冀协同发展、粤港澳大湾区建设、长三角一体化等重大战略的引领作用和"四大板块"的支撑作用，更加强调区域治理能力和治理体系的现代化。

2019年2月《粤港澳大湾区发展规划纲要》的出台，标志着粤港澳大湾区建设进入政策制定和协调推进实施并重的阶段❸。2019年8月《西部陆海新通道总体规划》出台，使其成为了深化陆海双向开放、推进西部大开发形成新格局的重要举措。同年9月，习近平总书记在河南主持召开黄河流域生态保护和高质量发展座谈会时指出，黄河流域生态保护和高质量发展，同京津冀协同发展、长江经济带发展、粤港澳大湾区建设、长三角一体化发展一样是重大国家战略，是对十八大以来我国区域协调发展战略的补充与完善。2019年12月《长江三角洲区域一体化发展规划纲要》发布，未来长三角将成为全国发展强劲活跃增长极、全国高质量发展样板区、率先基本实现现代化引领区、区域一体化发展示范区和新时代改革开放新高地。截至目前，在五大重大国家战略的引领下，我国已逐步构建起多层次、多领域、全方位、因地制宜、与时俱进的区域协调战略体系，区域发展战略持续向纵深推进，区域经济发展格局正在渐次铺开，国家区域发展的战略布局呈现新的特点，正在经历从重视各大板块发展逐步走向实现区域整体发展的关键过渡，我国区域协调发展的空间整体战略布局愈发完善。

参 考 文 献

[1] 曾坤生.佩鲁增长极理论及其发展研究[J].广西社会科学，1994(2)：16-20，15.
[2] 颜鹏飞，邵秋芬.经济增长极理论研究[J].财经理论与实践，2001(2)：2-6.
[3] 徐溯，郁俊莉.经济社会发展中的区域增长极效应研究——以深圳特区为例[J].中国地质大学学

❷ 中央经济工作会议在北京举行习近平李克强作重要讲话[N].新华社.2021-12-10.
❸ 中共中央国务院印发《粤港澳大湾区发展规划纲要》[N].新华社.2019-02-18.

报（社会科学版），2013，13（3）：109－114.

[4] 李仁贵，章文光. 法国增长极战略实践及其启示 [J]. 发展研究，2012（7）：11－13.

[5] 齐思莅，姚朋. 霍华德田园城市理论的粗析与初探 [J]. 农业科技与信息，2008（21）：72－75.

[6] 史育龙，周一星. 戈特曼关于大都市带的学术思想评价 [J]. 经济地理，1996（3）：32－36.

[7] 埃比尼泽·霍华德. 明日——通往真正改革的平和之路 [M]. 包志禹，卢健松，译. 北京：中国建筑工业出版社，2020.

[8] 何刚. 近代视角下的田园城市理论研究 [J]. 城市规划学刊，2006（2）：71－74.

[9] 刘靖，张岩. 国外城市群整合研究进展与实践经验 [J]. 世界地理研究，2015，24（3）：83－90，175.

[10] 刘友金，王玮. 世界典型城市群发展经验及对我国的启示 [J]. 湖南科技大学学报（社会科学版），2009，12（1）：84－88.

[11] 王丽，邓羽，牛文元. 城市群的界定与识别研究 [J]. 地理学报，2013，68（8）：1059－1070.

[12] 李佳洺，张文忠，孙铁山，等. 中国城市群集聚特征与经济绩效 [J]. 地理学报，2014，69（4）：474－484.

[13] 方创琳. 中国城市群研究取得的重要进展与未来发展方向 [J]. 地理学报，2014，69（8）：1130－1144.

[14] 黄金川. 基于辐射扩散测度的中国城市群发育格局识别 [J]. 经济地理，2016，36（11）：199－206.

[15] 冀朝鼎. 中国历史上的基本经济区 [M]. 朱诗鳌，译. 北京：商务印书馆，2014.

[16] 沃尔特·克里斯塔勒. 德国南部的中心地原理 [M]. 常正文，王兴中，译. 北京：商务印书馆，2010.

[17] 安虎森. 增长极理论评述 [J]. 南开经济研究，1997（1）：31－37.

[18] 陆大道. 关于"点—轴"空间结构系统的形成机理分析 [J]. 地理科学，2002（1）：1－6.

[19] 陆大道. 论区域的最佳结构与最佳发展——提出"点—轴系统"和"T"型结构以来的回顾与再分析 [J]. 地理学报，2001（2）：127－135.

[20] 陆大道. 中国区域发展的新因素与新格局 [J]. 地理研究，2003（3）：261－271.

第8章 可持续发展与生态经济理论

8.1 可持续发展理论

8.1.1 可持续发展内涵与特征

1. 可持续发展思想的形成

可持续发展理论的形成经历了相当长的历史过程，20 世纪 50—60 年代，人们在经济增长、城市化、人口、资源等所形成的环境压力下，对"增长＝发展"的模式产生怀疑。1962 年，美国生物学家蕾切尔·卡逊（Rachel Carson）出版了一部环境科普著作《寂静的春天》❶，作者描绘了一幅由于农药污染所导致的可怕景象，惊呼人们将会失去"春光明媚的春天"，在世界范围内引发了人类关于发展观念上的争论。环境问题从此由一个边缘问题逐渐走向全球政治、经济议程的中心。在这之后，随着公害问题的加剧和能源危机的出现，人们逐渐认识到把经济、社会和环境割裂开来谋求发展，只能给地球和人类社会带来毁灭性的灾难[1]。

1972 年，两位著名美国学者芭芭拉·沃德（Barbara Ward）和勒内·杜博斯（Rene Dubos）的著作《只有一个地球——对一个小小行星的关怀和维护》问世❷，把人类对生存与环境的认识提高到一个新境界——可持续发展的境界。同年，罗马俱乐部发表了有名的研究报告《增长的极限》❸，明确提出"持续增长"和"合理的持久的均衡发展"的概念。"可持续发展"一词在国际文件中最早出现于 1980 年由国际自然保护同盟制订的《世界自然保护大纲》，其概念最初源于生态学，指的是对于资源的一种管理战略[2]。其后被广泛应用于经济学和社会学范畴，加入了一些新的内涵，是一个涉及经济、社会、文化、技术和自然环境的综合的动态的概念。

1987 年，以挪威前首相布伦特兰夫人（Gro Harlem Brundtland）为主席的联合国世界与环境发展委员会发表了一份报告《我们共同的未来》，正式提出可持续发展概念并给

---

❶ Rachel Carson. Silent Spring [M]. Boston：Houghton Mifflin Company，1962.

❷ 芭芭拉·沃德，勒内·杜博斯. 只有一个地球——对一个小小行星的关怀和维护 [M].《国外公害丛书》编委会，译. 长春：吉林人民出版社，1997.

❸ 丹尼斯·米都斯，等. 增长的极限 [M]. 李宝恒，译. 长春：吉林人民出版社，1997.

出了定义：“可持续发展是指既满足当代人的需要，又不损害后代人满足自身需要能力的发展”❹。1991 年，由世界自然保护同盟（IUCN）、联合国环境规划署（UNEP）和世界野生生物基金会（WWF）共同发表了《保护地球——可持续生存战略》（*Caring for the Earth：A Strategy for Sustainable Living*），提出的可持续发展定义为：“在生存于不超出维持生态系统涵容能力的情况下，提高人类的生活质量”❺。

在可持续发展思想形成的历程中，最具意义的是 1992 年 6 月在巴西里约热内卢举行的联合国环境与发展大会。在这次大会上，来自世界 178 个国家和地区的领导人通过了《21 世纪议程》《气候变化框架公约》等一系列文件，明确把发展与环境密切联系在一起，使可持续发展走出了理论上探索的阶段，提出了可持续发展的战略，并将之付诸为全球的行动❻。

2. 可持续发展的内涵

（1）共同发展。地球是一个复杂的巨系统，每个国家或地区都是这个巨系统不可分割的子系统。系统的最根本特征是整体性，只要一个系统发生变化，都会直接或间接影响到其他系统。因此，可持续发展追求的是整体发展和协调发展，即共同发展。

（2）协调发展。协调发展包括经济、社会、环境三大系统的整体协调，也包括世界、国家和地区三个空间层面的协调，还包括一个国家或地区经济与人口、资源、环境、社会以及内部各个阶层的协调，持续发展源于协调发展。

（3）公平发展。可持续发展思想的公平发展包含两个维度：一是时间维度的公平，当代人的发展不能以损害后代人的发展能力为代价；二是空间维度的公平，一个国家或地区的发展不能以损害其他国家或地区的发展能力为代价。

（4）高效发展。可持续发展的效率不同于经济学的效率，可持续发展的效率既包括经济意义上的效率，也包含着自然资源和环境损益的成分。因此，可持续发展思想的高效发展是指经济、社会、资源、环境、人口等协调下的高效率发展。

（5）多维发展。可持续发展包含了多样性、多模式的多维度选择内涵。在可持续发展这个全球性目标的约束和制导下，各国与各地区在实施可持续发展战略时，应该从国情或区情出发，走符合本国或本地区实际的、多样性的、多模式的可持续发展道路。

3. 可持续发展的基本特征

可持续发展理论的基本特征可以简单地归纳为经济可持续发展（基础）、生态可持续发展（条件）和社会可持续发展（目的），主要表现在：可持续发展鼓励经济增长；可持续发展的标志是资源的永续利用和良好的生态环境；可持续发展的目标是谋求社会的全面进步。

（1）可持续发展并不否定经济增长。目前发展中国家正经受贫困和生态恶化的双重压

---

❹　Hanway D G . Our common future—from one earth to one world ［J］. Jonrnal of Soil and Water Conservation，1990，45（5）：510.

❺　世界自然保护同盟，联合国环境规划署（UNEP），世界野生生物基金会合 . 保护地球——可持续生存战略［M］. 北京：中国环境科学出版社，1991.

❻　张志强，孙成权，程国栋，等 . 可持续发展研究：进展与趋向［J］. 地球科学进展，1999（6）：589 - 595.

力，贫困导致生态恶化，生态恶化更加剧了贫困。目前，急需解决的问题是研究经济发展中存在的扭曲和误区，并站在保护环境，特别是保护全部资本存量的立场上去纠正，使传统的经济增长模式逐步向可持续发展模式过渡。

（2）可持续发展以自然资源为基础，同环境承载能力相协调。可持续发展追求人与自然的和谐。可持续性可以通过适当的经济手段、技术措施和政府干预得以实现，目的是减少自然资源的消耗速度，使之低于再生速度。如果经济决策中能够将环境影响全面、系统地考虑进去，可持续发展是可以实现的。"一流的环境政策就是一流的经济政策"的主张正在被越来越多的国家所接受，这是可持续发展区别于传统发展的一个重要标志。

（3）可持续发展以提高生活质量为目标，同社会进步相适应❼。单纯追求产值的增长不能体现发展的内涵。学术界多年来关于"增长"和"发展"的辩论已达成共识。"经济发展"比"经济增长"的概念更广泛、意义更深远。

（4）可持续发展承认自然环境的价值。这种价值不仅体现在环境对经济系统的支撑和服务上，也体现在环境对生命系统的支持上，应当把生产中环境资源的投入计入生产成本和产品价格之中，逐步修改和完善国民经济核算体系，即"绿色GDP"。

（5）可持续发展是培育新的经济增长点的有利因素。通常情况认为，贯彻可持续发展要治理污染、保护环境、限制乱采滥伐和浪费资源，对经济发展是一种制约和限制。而实际上，贯彻可持续发展所限制的是那些质量差、效益低的产业。在对这些产业作某些限制的同时，恰恰为那些质优、效高，具有合理、持续、健康发展条件的绿色、环保、保健、节能产业等提供了发展的良机，培育了大批新的经济增长点。

4. 可持续发展的主要内容

可持续发展涉及可持续经济、可持续生态和可持续社会三方面的协调统一，要求人类在发展中注重经济效率、关注生态和谐和追求社会公平，最终达到全面发展。这表明，可持续发展虽然缘起于环境保护问题，但作为一个指导人类走向21世纪的发展理论，它已经超越了单纯的环境保护。它将环境问题与发展问题有机地结合起来，已经成为一个有关社会经济发展的全面性战略。

（1）经济可持续发展。经济发展是国家实力和社会财富的基础，可持续发展鼓励经济增长而不是以环境保护为名取消经济增长，但可持续发展不仅重视经济增长的数量，更追求经济发展的质量。可持续发展要求改变传统的以"高投入、高消耗、高污染"为特征的生产模式和消费模式，实施清洁生产和文明消费，以提高经济活动中的效益、节约资源和减少废物。从某种角度来说，集约型的经济增长方式就是可持续发展在经济方面的体现。

（2）生态可持续发展。可持续发展要求经济建设和社会发展要与自然承载能力相协调。发展的同时必须保护和改善地球生态环境，保证以可持续的方式使用自然资源和环境成本，使人类的发展控制在地球承载能力之内。因此，可持续发展强调了发展是有限制的，没有限制就没有发展的持续。生态可持续发展同样强调环境保护，但不同于以往将环境保护与社会发展对立的做法，可持续发展要求通过转变发展模式，从人类发展的源头解决环境问题。

❼ 张麦花. 中国的环境问题与可持续发展［J］. 理论探索，1999（2）：54-55.

（3）社会可持续发展。可持续发展强调社会公平是环境保护得以实现的机制和目标，其指出世界各国的发展阶段、具体目标可以不同，但发展的本质应包括改善人类生活质量，提高人类健康水平，维持人类平等、自由、教育、人权和免受暴力的社会环境。这说明，在人类可持续发展系统中，经济可持续是基础，生态可持续是条件，社会可持续才是目的。人类应该共同追求以人为本的自然—经济—社会复合系统的持续、稳定、健康发展。

8.1.2　生态经济学原理与意义

1. 生态经济学概念与内涵

生态经济学以生态学原理为基础，经济学理论为指导，以人类经济活动为中心，围绕着人类经济活动与自然生态之间相互关系这个主题，以生态系统和经济系统相互作用所形成的生态经济系统为对象，研究生态经济系统运动发展的规律和机理机制，旨在实现产业生态化、生态产业化和各子系统之间的协调发展并使生态经济效益最大化。经济系统和生态系统的联系以物质循环、能量流动、信息传递和价值增值为纽带，把两个系统耦合成为生态经济有机整体，这一有机整体的运动发展正是生态经济系统运动发展的表现。因此，生态经济学是研究社会物质资料生产和再生产运动过程中经济系统与生态系统之间物质循环、能量流动、信息传递、价值转移与增值以及四者内在联系的一般规律及其应用的科学。

生态经济学理论认为，人类及其活动与自然和物理环境是一个复杂的相互作用系统（耦合系统），在社会经济驱动一个国家或地区的发展中，人类影响与环境有关的生产要素的能力日益增加，产生了很多生态经济问题。人类社会传统上将生物物理与自然环境看成一个资源的容器，可以无限地支撑人类活动。而生态经济系统理论体系认为，人类活动产生的压力直接影响人类福祉和生态福祉，而后者是人类福祉的支持系统，生态环境如果不计成本就不能无限支持长期高强度的人类活动。一旦某个技术水平上的生态承载力被突破，就会破坏生态平衡，产生负的外部效应。因此，生态经济耦合系统包含了很多相互作用与相互约束的可观察组分，生态环境不仅仅是一个资源容器，同时也可能制约人类活动，这种制约机制经由生态系统影响经济系统的资源供给实现。

2. 生态经济学研究内容

（1）生态经济学的基本范畴。生态经济学包括本学科特有的范畴，如生态经济运行机制、系统调控管理等，还包括一些与相邻学科共有的范畴，如经济系统、生态系统、环境、资源、人口、技术等。在这个范畴体系中，生态经济耦合系统、生态经济平衡和生态经济效益是三个最基本的范畴。

（2）生态经济学的一般原理。生态经济学包括生态经济系统由不可持续状态向可持续状态过渡过程以及维持系统可持续状态所具备的物质流、能量流、信息流、人流和价值流的运行条件、运行秩序以及运行规则，其中包括农村、城乡、城市生态经济系统的结构、功能和运行状态的研究，以及由不可持续状态向可持续状态转变及维持可持续状态所需的各种条件[2]。

（3）生态经济学的实践应用。从区域或行业（如农业）的生态经济问题及其发展的规律性入手，提出解决某个区域或行业生态经济问题的途径，研究发展生态农业的必要性和可行性，探索生态经济调控手段，指导实现经济、社会、资源和环境各领域全面协调发展的法律、法规、政策和管理措施的制订。

3. 生态经济学的意义

（1）为可持续发展提供理论指导。传统经济学片面地强调经济增长，忽视了经济增长中的生态问题。生态经济学主张从生态与经济的结合视角研究和树立产业生态化的产值观、自然资源资产价值观和可持续发展战略观，认为现代经济社会是一个生态经济有机整体，社会再生产是包括物质再生产、人口再生产和生态再生产的生态经济再生产，是一个产业生态化和生态产业化的互动过程。人类需求不仅仅是物质、文化的需求，而且包括对优美舒适的生态环境和生态产品的需求。生态经济学包含的重要战略观点，为制定全面正确的社会经济可发展战略提供理论指导，对于国民经济建设方针及政策的确定、国土空间优化利用以及生态修复、编制国家经济发展规划和国民经济管理等都有重要意义。

（2）为构建良性循环、协调发展的生态经济体系提供科学依据。经济社会发展战略应该是经济—社会—生态同步协调、高质量发展战略，在目标选择上注重不断改善生态条件和提高环境质量。生态经济学的重要任务之一，就是通过对生态经济系统的结构和功能机制的研究，揭示生态经济运动规律，为构建良性循环和协调发展的区域生态经济体系提供科学依据。近几年来，人们在应用生态经济学原理建设高质量的生态经济系统方面进行了很多有益的尝试，如上海、大连等城市进行的生态建设试点，取得了很好的效果。

（3）对当前经济发展的现实指导意义。我国人口众多、资源相对不足、生态基础脆弱的现实国情，决定了在建设有中国特色社会主义现代化的事业中，必须而且也只能实施生态保护和高质量发展战略。西北地区资源环境系统表现为土地和光热资源多，降水和森林资源少；社会经济系统表现为人口和人均收入少，少数民族和农牧业比重大。因此，需要坚持以生态经济学理论为指导，秉持"绿水青山就是金山银山"的理念，协调人—地关系、人—水关系、人—沙和人—矿关系，转变发展方式，实现绿色协调发展。生态系统是人类社会生存的基础，如何更好地协调人类社会经济系统与生态系统之间的关系，实现经济可持续发展，是人类社会的迫切需要。为应对经济发展所面临的生态与环境问题，部分自然科学家和经济学家开展了跨学科的探索，产生了一门新兴学科——生态经济学。

8.1.3 生态经济协同发展理论

1. 基础理论

（1）经济学理论。生态经济学强调生态系统对经济活动的约束性以及生态系统与经济系统之间的协调关系，与传统经济学最大的区别在于：①生态经济学将经济系统看作生态经济耦合系统的一个子系统和有机组成部分，而非存在于生态系统之外并且可以无限索取生态系统资源的一个独立系统；②区域经济学和发展经济学总体上仍然属于传统经济学的范畴，区域经济学强调地理空间组织、区位模式、土地利用和空间差异，而发展经济学的核心是经济发展，相对于经济增长，经济发展更强调包括质量与数量在内的经济高质量发展，而不仅是数量的增长。因此，将生态经济学、区域经济学、发展经济学和地缘地理学有机结合对落实西北地区生态保护和高质量发展战略具有重要的指导意义。

（2）生态学理论。根据生态系统的可持续性要求，人类经济社会发展要遵循生态学三个原理：①高效原理，即能源的高效利用和废弃物的循环再生产；②和谐原理，即系统中各个组成部分之间的和睦共生，协同进化；③自我调节原理，即协同演化着眼于其内部各组织的自我调节功能的完善和持续性，而非外部的控制或结构的单纯增长。

（3）承载力理论。地球系统的资源与环境，由于自组织与自我恢复能力存在一个阈值，在特定技术水平和发展阶段下对于人类活动规模的承载能力是有限的。社会经济活动对于地球系统的影响必须控制在这个限度之内，否则就会影响或危及人类的持续生存与发展。

（4）人地系统理论。人地系统理论是可持续发展的理论基础。人类社会是地球系统的一个组成部分，是生物圈的重要组成，是地球系统的主要子系统。它是由地球系统所产生的，同时又与地球系统的各个子系统之间存在相互联系、相互制约、相互影响的密切关系。地球系统是人类赖以生存与发展的物质基础和必要条件，而人类活动又直接或间接影响地球系统的状态❽。

2. 应用目标

（1）学科研究对象。生态经济学是一门揭示自然和社会之间内在本质联系及其运动规律的边缘学科，是研究社会物质资料生产和再生产运动过程中经济系统与生态系统之间物质循环、能量流动、信息传递、价值转移和增值以及四者内在联系的一般规律及其应用的科学，主要阐明经济社会发展和生态系统之间相互联系影响、相互制约的规律性❾。

（2）应用目标。研究生态经济学的目的在于协调人类社会经济活动和自然生态之间的相互关系，寻求生态系统和经济系统相互适应与协调发展的途径。从物质、能量和价值量的循环、转化和增值效率上分析就是生态经济良性循环，目标是重新优化生态经济系统结构、增强生态经济功能；重新组合生态、经济、技术和社会要素，达到新的生态经济平衡状态。

（3）经济持续发展的需求。自从有了人类经济活动，就有了生态经济系统。人类的社会需求转变将对资源的现实开发利用和生态环境产生巨大的压力，同时人类生产生活中产生的大量废弃物和有毒有害物质等又破坏了环境。要消除人类经济活动与自然环境的矛盾，只能把人口、需求、生产、资源、技术、生态环境六大要素作为有机的生态经济系统，使之成为协调的整体。

3. 学科特点

（1）整体性。生态经济系统的整体性，是指生态系统和经济系统的有机统一，包括：①生态经济学把经济系统与其环境一体化研究；②生态经济学把系统内的各子系统一体化研究；③生态经济学把系统的各个组成部分作为一个整体进行研究。

❽　李龙熙. 对可持续发展理论的诠释与解析［J］. 行政与法（吉林省行政学院学报），2005（1）：3-7.

❾　陈德昌. 生态经济学［M］. 上海：上海科学技术文献出版社，2003.

（2）综合性。生态经济学的研究对象本身就是综合的。生态经济系统是一个多层次、多序列的综合结构体系，涉及人、社会和自然之间相互联系、相互作用的各个方面，因此它必然是一门综合性很强的学科。

（3）战略性。生态经济学所研究的经济、技术、社会和生态问题，都具有战略性特征。如人口和资源，经济发展和生态环境，技术进步与人口、资源、环境之间的关系短期内无法看出后果。若一旦达到质变的程度，就会对整个社会和人类产生无可挽回的影响。

8.2　生态经济协同发展理论与方法

8.2.1　经济系统与生态系统的关系

1. 人类经济系统是生态系统的子系统

生态经济学主张将经济当成是生态系统的子系统（图 8-1），认定人类的经济必须在不背离自然规律的情况下才成立。生态经济学家与现代主流经济学家的根本分歧在于，前者认定经济系统是生态系统的一个子系统，而后者则与之相反。著名生态经济学家赫尔曼·E·戴利（Hermon E. Daly）指出："可持续发展观念的力量在于，在人类经济活动与自然界的关系上，它既反映又能唤起我们视野的潜在改变——生态系统是有限的、无增长、物质封闭的系统。人类经济产出的速率，必须符合生态系统再生与吸收的速率，如此才可能达到所谓的可持续"。戴利在 1992 年编制《世界发展报告》时明确表述："经济只是环境下的子系统，经济活动不管是投入的资源取得，或产出的废物丢弃，都有赖于自然环境"。他认为

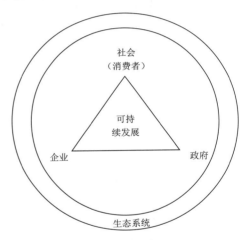

图 8-1　生态经济学家的经济
与生态观释义图

"除非对经济有子系统的前分析视野❿，否则整个可持续发展的理念将不具任何意义了；而子系统的观念就是要关照高层系统，也就是子系统运作不能超越上层系统的限制与承载量❶。"

著名生态经济思想家莱斯特·布朗（Lester Brown）指出：经济学家把环境看作经济

---

❿　前分析视野——"preanalytic vision"，是经济学家约瑟夫·熊彼得（Joseph Schumpeter）提出的概念。熊彼得认为，每一个经济分析都需要一级前分析视野的假设。这个视野是界定我们的分析对象，使之能够得出无可非议的结论的基础。

❶　赫尔曼·E·戴利. 超越增长：可持续发展的经济学［M］. 诸大建，胡圣，等译. 上海：上海译文出版社，2001.

的一个子系统。把经济视为地球生态的子系统，以环境中心论取代经济中心论，这是一场如同哥白尼提出"日心说"的思想革命。生态经济是一种能够维系环境永续不衰的经济，它要求经济政策的形成，要以生态原理建立的框架为基础[3]，承认经济不是世界中心，生态经济为经济的可持续发展和人类状况的改善创造了条件。

2. 自然资本论

将作为财富源泉的自然资源视为自然资本具有重要意义[4]。戴利认为：资本在传统意义上被定义为人造的"生产资料"，在考虑到自然的作用后，资本的一个更有用的定义是"能为未来产生有用商品和服务流的存量"⓫。1995 年知名教授皮尔斯（Pearce）和阿特金森（Atkinson）提出更广泛的资本概念——国家资本存量，包括物质资本、人力资本和自然资本，任何国家的国家资本存量总量不可以随时间下降，否则无可持续性⓬。

美国学者保罗·霍肯（Paul Hawken）等 1999 年出版的《自然资本论：关于下一次工业革命》被誉为极有可能成为斯密《国富论》之后引导下一次工业革命的经典⓭，其将自然看作一种资本，这是生态经济领域的一种开拓性思维。一个健康的经济系统必须要有四种类型的资本才能正常运转：以劳动和智力、文化和组织形式出现的人力资本；由现金、投资和货币手段构成的金融资本；包括基础设施、机器、工具和工厂在内的人造资本；由资源、生命系统和生态系统构成的自然资本⓭。《自然资本论》认为自 18 世纪中叶开始的工业革命，以前所未有的速度破坏自然，在人造资本得到巨大集聚和积累的同时，自然资本损失的速度按人类得到的物质福利同比例地增长⓮。

当前，人类的生存环境正面临着巨大的威胁，重视自然资源并把它们的价值计算到国民经济产值中去，是全面提高资源的生产率的有效途径。该过程需遵循四大基本原则：①减少对自然资源的消耗，提高自然资源的利用率；②效法自然，仿效生物与生态系统来设计生产流程；③增加人力资本，倡导服务经济，如主张消费者通过租赁商品得到服务；④向自然资源再投资。通过税收等政策的调整，加强对自然资源消耗少与多的奖惩，力求有所回报，以保持自然生态平衡⓯。

3. 生态系统服务及其价值范式

生态系统和自然资源为我们提供了生存的基础，生态系统服务是人类福祉的基础。关于生态系统服务和人类福祉关系的权威解读是"千年生态系统评估（MA）"报告。《生态系统与人类福祉：评估框架》指出："生态系统服务是指人类从生态系统中获得的效益，包括生态系统对人类可以产生直接影响的供给功能、调节功能和文化功能，以及对维持生态系统的其他功能具有重要作用的支持功能。生态系统服务的变化通过影响人类的安全、维持高质量生活的基本物质需求、健康，以及社会文化关系等而对人类福利

⓬　陶在朴. 生态包袱与生态足迹：可持续发展的重量及面积观念 [M]. 北京：经济科学出版社，2003.

⓭　徐刚. 受克林顿欣赏的新著——读《自然资本论》[J]. 环球市场，2004（8）：24.

⓮　Paul Hawken，Amory B. Lovins，L. Hunter Lovins. Paul Hawken，Amory B. Lovins，and L. Hunter Lovins. Natural Capitalism：Creating the Next Industrial Revolution [M]. Published by Little，Brown，1999.

⓯　《自然资本论》作者阐释新一轮工业革命 [EB/OL]. [2003 - 09 - 22]. https：//www. cas. cn/xw/kjsm/gjdt/200309/t20030922 _ 1008088. shtml.

产生深远的影响。同时，人类福祉的以上组成要素又与人类的自由权与选择权之间相互影响❶。"表8-1列出了MA关于生态系统服务与人类福祉的组成要素的类型。

表8-1　　　　　　　　生态系统服务与人类福祉的组成要素一览表

生态系统服务	人类福祉的组成要素
1. 支持功能 该功能是生态系统提供其他服务功能的基础，包括： • 土壤形成； • 养分循环； • 初级生产。 2. 供给功能 从生态系统获得的产品，包括： • 粮食； • 洁净水； • 燃料； • 纤维； • 生物化学物质； • 基因资源。 3. 调节功能 从生态系统过程的调节作用而获得的效益，包括： • 调节气候； • 控制疾病； • 调节水分； • 净化水源。 4. 文化功能 从生态系统获得的非物质效用与收益，包括： • 精神与宗教方面； • 娱乐与生态旅游； • 美学方面； • 激励功能； • 教育功能； • 故土情； • 文化继承	1. 安全 • 在洁净、安全的环境中生存的能力； • 消除应对生态冲击与生态压力的脆弱性能力。 2. 维持高质量生活的基本物质需求 • 为挣得收入和维持生计而获取资源的能力。 3. 健康 • 摄取足够营养的能力； • 避免遭受可预防疾病侵袭的能力； • 获得足够洁净饮用水的能力； • 获得清洁空气的能力； • 获得保暖或纳凉所需能源的能力。 4. 良好的社会关系 • 感受与生态系统有关的美学与娱乐价值的机会； • 感受与生态系统有关的文化与精神价值的机会； • 观测、研究和认识生态系统的机会。 5. 自由权与选择权 • 能够获得个人认为有价值的生活机会

注　图表改自"千年生态系统评估（MA）"报告。

以人类为中心的功利价值范式，是建立在人类的愿望得以满足的原则基础之上的。生态系统服务对人类社会具有价值，主要是因为人类从对生态系统的利用中，直接或间接地获得了一定的效益，即使用价值。生态系统服务还具有另一部分当前尚没有被人类使用的价值，即非使用价值。非功利价值范式认为事物具有内在价值，即事物本身及其内涵所具有的价值，它与对人是否具有效益无关。在功利范式框架下，目前已经发展了许多量化生态系统服务价值的方法体系，其中对供给服务价值的量化方法尤为完善，近期对调节服务等进行量化的能力也逐步提高❶。如：①直接使用价值主要指生态系统产品所产生的价值，包括食物、医药、纤维及其他工农业生产原料，景观娱乐等带来的价值；②间接使用

❶ Millennium Ecosystem Assessment. Ecosystems and Human Well-being：A Framework for Assessment：Summary（Chinese）[R]. Island Press，Washington DC，2003.

价值主要指无法商品化的生态系统服务，如土壤形成、养分循环、初级生产、调节气候、调节水分和净化水源等；③作为存在价值的非使用价值，则是人类现在未认识到、但为将来能够直接利用与间接利用，而保留其存在的价值。

4. 生态经济与可持续发展观

生态经济是可持续科学发展观的基础成分[5]。被誉为"中国环保之父"的曲格平对《我们共同的未来》进行了解读，他认为可持续发展包括三项基本原则：①公平性原则，包括时间上的公平和空间上的公平；②持续性原则，可持续发展的核心是发展，但这种发展不能超越环境与资源的承载能力；③共同性原则，世界各国可持续发展的目标、政策和实施过程不可能一样，但都应认识到地球的整体性和相互依存性。

可持续发展的目标包括：①消除贫困和实现适度的经济增长；②控制人口和开发人力资源；③合理开发和利用自然资源，尽量延长资源的可供给年限，不断开辟新的能源和其他资源；④保护环境和维护生态平衡；⑤满足就业和生活的基本需求，建立公平的分配原则；⑥推动技术进步和对于危险的有效控制❼。

2003 年联合国、欧洲委员会、国际货币基金组织、经济合作与发展组织和世界银行共同发布了《环境经济综合核算 2003》，其将可持续发展观归结为三支柱论、生态论和自然资本论三股思潮❽。生态论强调经济社会系统是生态系统或环境的子系统，自然资本论强调自然生态系统在财富创造和人类福祉源泉中的作用。可持续发展观的三支柱论包括经济可持续性、生态可持续性、社会可持续性[6]。

5. 社会—经济—自然复合生态系统

1984 年马世骏从系统学视角提出了社会—经济—自然复合生态系统概念。他认为：自然社会与人类社会存在互为因果的制约与互补关系（图 8-2）❾，稳定的经济发展需要持续的自然资源供给、良好的工作环境和不断的技术更新。复合生态系统的研究是一个多维决策过程，其目标集是由三个亚系统的指标结合衡量的，即：①自然系统是否合理；②经济系统是否有利；③社会系统是否有效考虑各种社会职能机构的社会效益。

三个亚系统构成复合生态系统，在生态经济学原则的指导下，以科学技术水平和经营管理水平为基础，根据自然资源、环境质量和人口生活水平，确定社会、经济、生态三个亚系统目标，统筹安排农业、工业、能源和住房等建设项目及其进度（图 8-3）❾。最终以复合系统的综合效益最高、导致危机的风险最小、存活进化的机会最大为最优解。约束条件集受所研究的地区及时间范围内具体的社会、经济、自然条件及规划者的具体目标所约束，它可以是物质的（如人口、资金、能量、资源等），亦可以是信息的（如政策、科技、文教、满意程度等），但须通过一定的数量化方法转换成标准值。

---

❼　曲格平. 从斯德哥尔摩到约翰内斯堡的发展道路：2002 年 11 月 14 日在香港城市大学的演讲 [J] // 曲格平. 关注中国生态安全 [C]. 北京：中国环境科学出版社，2004.

❽　联合国，等. 环境经济综合核算 2003 [M]. 丁言强，王艳，等译. 北京：中国经济出版社，2005.

❾　马世骏，王如松. 社会—经济—自然复合生态系统 [J]. 生态学报，1984，4（1）：1-9.

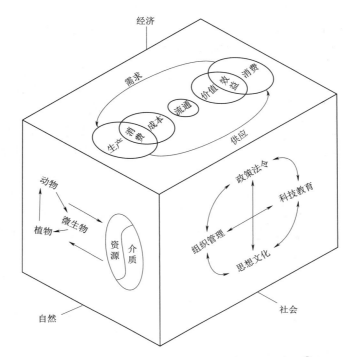

图 8-2 社会—经济—自然复合生态系统示意图❿

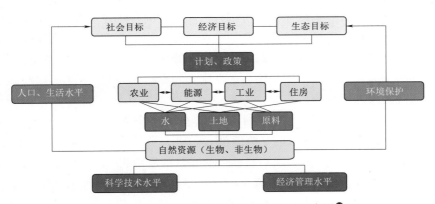

图 8-3 系统目标与有关因素相互关系示意图❿

8.2.2 生态系统总需求—总供给分析

1. "生态足迹"概念与分析方法

加拿大生态经济学家威廉·雷斯（William Rees）1990 年首次提出生态足迹（Ecological Footprint，EF）思想[7]，1992 年发表"生态足迹与适宜的承载力"一文，首次提出"生态足迹"的概念，马希斯·魏克内格尔（Mathis Wachernagel）在 1996 年对其方法和模型又加以完善。生态足迹分析法为核算某地区、国家和全球自然资本利用状况提供了简明框架，该方法通过测定现今人类为了维持自身生存对自然的消耗量，与自然资本的生态承载力相比较，来评估人类对生态系统的影响，可以在地区、国家和全球尺度上比较人类对自然的消费量与自然资本的承载量[8]。

雷斯认为人类的生存依赖于自然，并无时无刻不在地消费/使用自然系统提供的产品和服务，因此每个人都在对地球生态系统产生影响，并烙下"生态足迹"（图 8-4）[20]。任何已知人口的生态足迹是生产这些人口所消费的所有资源和吸纳这些人口所产生的所有废弃物所需要的生物生产总面积（包括陆地和水域）。生态足迹的定量计算基于以下两个假定：①人类可以确定自身消费的绝大多数资源及其所产生的废弃物的数量；②这些资源和废弃物流能转换成相应的生物生产面积，如化石燃料用地、可耕地、林地、草场、建筑面积和水域等。由此，魏克内格尔给出了更为简明的定义：生态足迹是按现行技术，能够无限期地支持给定人口物质生活标准所必需的土地和水域面积[21]。

图 8-4　"生态足迹"概念释义图

2. 生态系统总需求指标——生态足迹

人类社会经济系统的运行与生态系统或自然环境、自然资源密切地结合在一起。经济系统内部有自己的供给和需求，但这种供给依赖于它从自然环境中输入能量和物质，生产和满足需求的消费活动又产生废弃物输出给自然环境，同自然环境发生着能量和物质的交换。经济系统的运行从人类社会的角度看是经济活动，从生态系统的角度看是一种特殊的能量转换和物质循环。经济系统是生态系统的一个特殊子系统，这种特殊性表现在经济系统的运行对整个生态系统的结构和功能会产生巨大的影响。因此，可用"生态足迹"作为人类对生态系统需求的定量分析指标。

魏克内格尔在《生命行星报告 2004》中计算分析了世界主要类型国家的生态足迹指数（表 8-2），定量测量人类对自然资源的消费。将人类的生态足迹 EF 与自然系统的人均生态承载力 EC 比较，可了解人类对自然生态系统的利用程度[22]。从表 8-2 所列举的 20 个国家可以看出，世界总体处于超负荷状态。其中，巴西、澳大利亚和加拿大是低负荷，原因是国土面积广大，生态承载力高；阿富汗和索马里为较低负荷，主要缘于贫困。而造成超负荷的原因有：一是人口数量过大；二是人均生态足迹过大。要消除超负荷状态的最佳路径是减少人均生态足迹，同时提高生态承载力。

⑳　WWF. Living Planet Report 2012：Biodiversity，Biocapacity and better Choices［R］. Gland，Switerland. 2012.

㉑　Mathis Wackernagel，Larry Onisto，Alejandro Callejas Linares，et al. Ecological Footprints of Nations：How much nature do they use？How much nature do they have？［R］. Commissioned by the earth council for the Rio+5 Forum. 1997：30.

㉒　WWF，UNEP-WCMC，Global Footprint Network. Living Planet Report 2004［R］. WWF—World Wide Fund For Nature，Gland Switzerland，2004.

表 8-2 　　　　　　　　　　世界主要类型国家的生态足迹指数一览表[22]

国家或地区	人均生态足迹 EF /hm²	人均生态承载力 EC /hm²	生态足迹指数	国家或地区	人均生态足迹 EF /hm²	人均生态承载力 EC /hm²	生态足迹指数
世界	2.2	1.8	1.2	德国	4.8	1.9	2.5
高收入国家	6.4	3.3	1.9	俄罗斯	4.4	6.9	0.6
中等收入国家	1.9	2	0.9	日本	4.3	0.8	5.4
低收入国家	0.8	0.7	1.1	韩国	3.4	0.6	5.7
阿联酋	9.9	1	9.9	巴西	2.2	10.2	0.2
美国	9.5	4.9	1.9	约旦	1.9	0.2	9.5
科威特	9.5	0.3	31.7	中国	1.5	0.8	1.9
澳大利亚	7.7	19.2	0.4	印度	0.8	0.4	2.0
加拿大	6.4	14.4	0.4	孟加拉国	0.6	0.3	2.0
法国	5.8	3.1	1.9	海地	0.5	0.3	1.7
英国	5.4	1.5	3.6	索马里	0.4	1.1	0.4
以色列	5.3	0.4	13.3	阿富汗	0.3	1.1	0.3

注　0～0.5 为低负荷；0.5～0.8 为中等负荷；0.8～1 为高负荷；大于 1 为超负荷。

3. 生态系统的供给指标——生态承载力

生态承载力（Ecological Capacity，EC）即地球上具有生态生产力的土地和海洋。由于不同国家或地区的资源禀赋不同，不仅单位面积土地的生态生产能力差异很大，而且单位面积同类生物的生态生产力也不同。因此，不同国家和地区同类生物生产的实际面积不能直接对比，需要使用"产量因子"进行标准化，产量因子是某类土地平均生产力与世界同类土地的平均生产力的比率。用生态承载力 EC 与生态足迹 EF 进行对比：若 $EC>EF$，则为生态盈余，表明该区域人类活动对自然生态系统的压力在区域生态承载力的范围之内，区域发展模式可持续；若 $EC<EF$，则为生态赤字，表明该区域的生态足迹超过了区域生态系统的承受能力，发展模式不可持续。

1997 年魏克内格尔对世界 52 个国家和地区的生态足迹计算结果表明：全球人均生态足迹为 2.8hm²，而人均生态承载力仅为 2.1hm²，全球人均生态赤字 0.7hm²，人类的生态足迹已超过了全球生态承载力的 35%；35 个国家和地区存在生态赤字，只有 17 个国家和地区的人均生态足迹不大于全球人均生态承载力；中国的人均生态足迹为 1.5hm²，而其人均生态承载力仅为 0.8hm²，人均生态赤字为 0.4hm²[9]。此后，魏克内格尔等人不断改进生态足迹估算结果，其中被世界广泛引用的是 2002 年发表在美国国家科学院学报（PNAS）上的研究报告。该报告认为：人类对大自然的总体需求，在 1980 年以后第一次超过了地球生物圈的可再生能力；在 1961 年时，人类社会的负荷相当于地球生物圈承载力的 70%[10]；在 1999 年时，全球人均需求即生态足迹为 2.3hm²，而生态承载力为 1.9hm²，人均生态赤字为 0.4hm²，人类对生态的需求已超出了地球供给能力的 20%。

在《生命行星报告 2004》中生态足迹研究显示：1961—2001 年，人类的"生态足迹"增长近 1.6 倍；世界生态足迹占地球生态承载力的比重从 49％增长到 121％。当今世界人均生态足迹为 2.2hm^2；实际上地球生态承载力是人均 1.8hm^2，人均生态赤字达 0.4hm^2，人类对地球生态系统的占用超过了地球生物圈可更新能力的至少 20％以上。全球 148 个国家和地区中，只有 58 个不存在生态赤字。中国人均生态足迹虽仅为 1.5hm^2，但人均生态赤字高于全球的平均水平[22]。

据刘宇辉等人的计算[11]，新疆 2001 年人均生态足迹为 2.6hm^2，实际生态承载力为 1.5hm^2，与全国同年人均生态足迹 1.5hm^2，生态承载力 1.0hm^2 相比，生态赤字水平远远高于全国[23]。新疆大学徐长春、熊黑钢等人计算，1991—2000 年新疆人均生态足迹从 2.2hm^2 增至 3.1hm^2，人均生态承载力从 1.4hm^2 增至 1.6hm^2，人均生态赤字从 0.8hm^2 增至 1.4hm^2，生态承载力提高主要是由于绿洲内部生态状况改善[12]。

高收入国家人均消耗太多的资源，而后进国家的经济增长又都以发达国家特别是美国为榜样，这是地球供给所难以为继的。生态经济学家赫尔曼·戴利曾有一个简单的算法：美国目前大约消耗了全球开采的不可再生资源的 1/3，若全世界人均消耗量向美国看齐，世界不可再生资源的需求量大约会是目前供给量的 7 倍[①]。据《生命行星报告 2004》数据，美国人口仅占全球的 4.7％，总生态足迹占有量却高达全球的 20.3％，如世界人均消耗量与美国一致，世界生态系统服务需求量会是目前的 4.3 倍，相当于全球生态系统供给量的 5.3 倍，也就是说，人类需要 5 个以上的地球。

8.2.3　生态系统总需求—总供给的调控原理、路径、目标

1. 调控原理

（1）总需求调节——降低总需求。生态系统总供给即生态承载力不变，降低生态系统总需求，生态系统承载出现冗余，人类社会生存的自然限制状况大大改善，进入到更有利状态。

（2）总供给调节——提高总供给。生态系统总需求即生态足迹不变，提高生态系统总供给，供需达到相对均衡状态，超载状态消除；继续提高生态系统总供给，生态系统承载出现冗余，人类社会生存的自然限制状况改善，进入到更有利的状态。

（3）总需求与总供给的配合调节。主要选择路径是降低总需求，同时提高总供给。生态系统总需求与总供给可以更快达到相对均衡状态和生态系统承载冗余状态。

2. 调控目标——建设可持续发展的生态经济

以增进人类社会的幸福为目的，以规模控制（将人类经济活动规模限制在生态系统的服务能力之内，并争取生态系统对人类社会有一定的承载冗余）、消费控制（消除资源配置的扭曲，价格应该反映生态系统功能和服务的真实成本，从而限制对自然资本的损害，提高资源生产力）、公平分配（在不损害劳动者效率的前提下限制收入差距的过分扩大）为指导思想，以减少生态足迹、提高生态承载力为关键路径，建设一个可持续发展的生态经济。

---

[23]　刘宇辉.中国省级区域经济生产的资源需求——基于生态足迹模型的分析 [J].经济地理，2006（S1）：293 - 297.

3. 减少生态系统总需求——减少生态足迹

（1）控制人口。 世界人口增长速度虽然减缓，但仍在快速增长，并在可以预计的未来不见停止。表 8-3 列出了世界和中国人口的预测数。预计到 2030 年世界人口将突破年 81 亿人，我国将在 2030 年到达 14.6 亿人的峰值。要减少生态足迹，第一个路径就是减少人口。

表 8-3   世界和中国的人口及预测分析表[24]

年份	世界/万人	中国/万人	年份	世界/万人	中国/万人
2000	607058	128247	2030	813014	145986
2005	645362	132992	2035	837818	145769
2010	683028	137290	2040	859359	144869
2015	719725	141070	2045	877439	143103
2020	754022	143819	2050	891872	140519
2025	785145	145414			

在严重生态超载的地区，通过"生态移民"减少人口是必需的。我国 1982 年开始的"三西建设工程"，就是从甘肃定西和河西走廊、宁夏西海固等生存条件恶劣地区迁移部分人口，到河西地区、河套和沿黄两岸水、土、光、热资源丰富地区开发荒地。自 1996 年起，广西、广东、湖北、陕西、吉林、山西等省（自治区）也已分别实施移民扶贫计划。在我国四大牧区（内蒙古、西藏、新疆、青海）内实施的大范围的围封、休牧、轮牧、禁牧，采取"游牧定居""生态移民"措施，已使草原生态恶化的势头得到有效的遏制。2004 年国务院批准《青海三江源自然保护区生态保护和建设总体规划》，实施"三江源"地区退牧还草与生态移民工程[25]，最大限度地减少人类在生态脆弱区的生产活动，使生态脆弱区休养生息。全国需生态移民人口规模至少在 500 万～600 万人，而已搬迁的人口约为 100 万～120 万人，未来计划实施 400 万～480 万人的生态移民[26]。

（2）提高产品或服务生产的资源效率。 人类的经济活动的本质就是从生态系统中索取低熵资源，排放高熵废物，这是导致生态与环境危机的直接驱动力。改变这种局面的路径就是：在保持产品或服务功能的前提下，减少索取、减少排放、提高利用效率，从而减少生态足迹。生态农业和循环经济的思路，对于走出生态超载的恶性循环具有重大意义。

（3）大力开发清洁能源减少碳排放。 开发太阳能、风能、生物能等自然能，开发氢能源，减少化石能源消耗。这既能减少 CO_2、SO_2 等有害气体的排放，是解决大气污染的必由之路，也是克服能源危机的必由之路。2005 年，魏兹舍克在东京召开的世界可持续建筑会议上作了"生态效率前锋中的建筑技术"的主题发言，他指出：今后 50 年将是一个关键时期。发展中国家的资源的消耗将会与日俱增，如果人类不能在这 50 年内解决好可

㉔ 联合国粮农组织数据库. FAO Statistical Databases，Population［EB/OL］. ［2005-05-02］. http：// faostat. fao. org/.

㉕ 杨寿德，秦滑. 长江源头"退牧还草"与"生态移民"工程启动［EB/OL］. ［2004-08-18］. http：// www. swcc. org. cn/ztbd/rewr341/gongchenggaikuang/2004-08-18/61254. html.

㉖ 卢迈. 中国农村自愿移民的现状与前景［EB/OL］. ［2006-03-15］. http：//finance. people. com. cn/.

持续发展的问题，地球的资源将会趋于枯竭[27]。

(4) 谨慎开发使用有害环境的人工合成化学品。减少生态环境不能降解产品的废物排放，减少大量拆建过程中的建筑垃圾，禁止使用或减量使用对环境有害的化学品，在产品开发中以无毒材料代替有毒材料。

(5) 最大限度地使资源循环再生利用和实现废旧物资回收利用。生态系统循环是无废物的循环，利用循环再生思想使产品有利于材料再生利用，比如：产品容易拆卸组装；零部件避免使用多种不同的材料复合，并附有所用材料的标记，便于按材料的不同种类进行分离、再生；尽量选用可再生循环的材料等。

(6) 改变消费模式，实现理性消费。减少浪费性和奢侈性消费，提倡低碳消费、节约消费，以降低人类消费对生物生产空间的占用。美国政府最近的调查显示，超过 1/4 的食品成品没有被消费就变成废物了[28]。恩斯特·冯·魏茨泽克（Ernst Von Weizsäcker）在给施密特·布勒克（F. Schmidt – Bleek）《人类需要多大的世界》一书写的序言中说："只要我们告别了那种用了即扔的社会，而这样做甚至可以无损于我们的生活质量。当人们养成了使用耐久品的习惯，并将这些习惯传给下一代，能说这不是生活质量的提高吗？[29]"

(7) 追求科学的生态消费观。2002 年联合国环境规划署、联合国教科文组织共同发布了《青年交流：建立可持续的生活方式，发展负责任的消费行为指南》，提倡可持续的生态消费观，提出可持续消费有以下共同特征[28]：①满足人类需求；②优良的生活质量；③富人与穷人分享资源；④考虑子孙后代；⑤消费时考虑长远影响；⑥削减资源使、减少废物和污染的产生。

4. 提高生态系统总供给——保持、恢复和提高生态承载力

提高生态承载力只有提高单位面积的生物生产力这一条路径，即通过保护、保持、恢复及至提高生态系统及生物多样性来增加生物生产力和系统稳定性，以维护和提高生物生产力和生态系统服务。提高生态承载力，就是提高生态系统的供给、调节、支持和文化服务能力，也就是提高生态系统产品服务和公益服务的能力。通过提高全球生物生产力、改善资源管理、强化生态系统健康等措施，可以提高地球的生态承载力。

(1) 提高生态系统产品服务能力。提高生态系统产品服务的能力，并不意味着一定要提高生态系统产品产量。现代农业的高产量，主要依靠化肥和农药过度使用，实际上既损害了生态系统的承载力。提高生态系统产品服务能力，应该依循生态农业模式。比如发展生物固氮技术以减少氮肥施用；依靠生态系统食物链，培育害虫天敌，减少害虫等。

(2) 提高生态系统公益服务能力。维护和提高生态系统调节、支持和文化服务已经到了刻不容缓的地步，保护森林、湿地和生物多样性已成为世界性共识。中共八届六中全会指出"应当争取在若干年内，根据地方条件，把现有种农作物的耕地面积逐步缩减到 1/3 左右，而以其余的一部分土地实行轮休，种牧草、肥田草，另一部分土地植树造林，挖湖

　　[27]　Ernst Ulrich von Weizsäcker. Buildings Technology in the Vanguard of Eco – efficiency，Keynote Speech at The 2005 World Sustainable Building Conference in Tokyo［R］. 2005.

　　[28]　联合国教科文组织联合国环境规划署. 青年交流：建立可持续的生活方式，发展负责任的消费行为指南［R］. 2002 年版，2005 年中文版：15.

　　[29]　Friedrich Schmidt – Bleek. 人类需要多大的世界［M］. 北京：清华大学出版社，2003.

蓄水，在平地、山上和水面，都可以大种其万紫千红的观赏植物，实行大地园林化[30]。"大地园林化是要在全国范围内根据全面规划，在一切必要和可能的城乡土地上，因地制宜地植树造林、栽花种草，并结合其他措施，大力而有步骤地改造荒山、荒地，治理沙漠、戈壁，从而减免天灾、调节气候、美化环境、提高居住质量、维持生态平衡。大地园林化反映出广大人民群众对祖国锦绣河山生态环境建设和全面绿化、美化以及生态建设宏伟目标的向往[31]。在全国人民基本实现小康的情况下再进一步强化大地园林化，具有其重大的现实意义和历史意义。

5. 提高生态承载力的基本途径——投资自然资本

（1）投资自然资本是提高生态承载力的基本途径。农业社会生产力水平低且长期停滞不前的主要原因在于人造资本的缺乏，工业社会人造资本的发明和积累是社会生产力提高的关键因素。但目前，人类社会遭遇的是生态系统结构和功能的退化，因此投资自然资本，恢复和提高其功能，是提高生态承载力的基本途径。

投资自然资本，在短期使自然资本的生产力最大化，长期通过投资增加自然资本的供给，这是赫尔曼·戴利提出的新思想[11]。如果要素是互补物，那么供给最短缺的将是限制性要素。赫尔曼·戴利说，假如我们承认自然资本和人造资本都是互补性的而不是替代性的，就得问：哪一个是限制性要素——也就是说，哪一个供应最紧缺？他提出：世界是从一个人造资本是限制性要素的时代，进入到剩余自然资本是限制性要素的时代。捕鱼生产目前是受剩余鱼量的限制而不是渔船数量的限制；木材生产是受剩余森林面积的限制，而不是受锯木厂多少的限制；农产品的生产经济是受供水量的限制，而不是受拖拉机、收割或土地的限制。人类已经从一个相对充满自然资本而短缺人造资本的世界来到了一个相对充满人造资本而短缺自然资本的世界了（图 8 - 5）。

图 8 - 5　自然资本充满—临界—短缺发展阶段示意图

人造资本投资包括重置投资和净投资，前者保持资本存量不变，后者增加资本存量；自然资本投资也相似，包括保持自然资本生产力不变的维持性投资和提高自然资本生产力的净投资两类。不可再生资源只能减少，不能增加，因此，自然资本投资只能是用于维持和提高可再生资源的生产能力上，并使可再生资源生产能力的增加能弥补不可再生资源存

[30]　陈俊愉. 重提大地园林化和城市园林化——在《城市大园林论文集》出版座谈会上的发言 [J]. 中国园林，2002 (3)：8 - 11.
[31]　"文态"是陈俊愉院士提出的概念。他认为，生态指的是人和环境的关系，文态则是人文关系所创造的传统表达方式。重视生态环境是十分必要的，但应与文态建设相结合，要有丰富的文化内涵。

量的减少。

　　自然资本与人造资本一同提供人类的福祉，同时，自然资本构成了人造资本的基础。从社会角度来看，向自然资本投资同样能得到本金的增值和利息的增加。本金就是作为自然资本的生态系统，其表现就是承载力，利息可以生态系统每年所能提供给人类的各种产品和公益服务价值量来衡量。因此，自然资本投资也是"生产性投资"。保罗·霍肯等人在《自然资本论》提出，21 世纪以前人类几乎已经穷尽了金融、人力和人造资本的价值，21 世纪国家之间的竞争，关键取决于在自然资本基础上其他资本的拥有量，并且把自然资本作为其他资本保值与增值的基础，预言"对未来经济发展的限制因素是自然资本的可利用性和功能性，特别是不可取代的，目前还没有市场价值的生命—支持服务[13]"。他们指出向自然资本投资是"通过不断恢复和扩大自然资本存量的再投资，使生物圈能生产出更丰富的自然资源，推动生态系统服务，朝着使全球范围免遭巨大破坏的方向努力❸"。

　　(2) 投资自然资本的领域。投资自然资本的目的，既包括提高生态系统产品服务能力，又包括提高公益服务能力。城市应该设法扩大绿地和水域面积，建设生态城市。我国城市人口集中、产业发达、污染严重、无生命设施（高楼大厦、广场、道路等）过多导致热岛效应严重。各地出现城市病、工业病和现代病的人数渐多，市民身心健康受到很大影响。大地园林化和城市园林化都是综合性绿化网络系统工程，它们具备多种多样的功能。城市园林绿地近年虽有增加，但仍分布不均，绿量不足，人均公共绿地面积远低于国际先进水平。对于沙漠而言，沙漠景观产生的主要原因是缺水，而太阳能、光照、温度、土壤与矿物质等要素则是异常丰富的。因此通过对包括跨流域的水资源进行重新配置，解决沙漠地带的用水需要，建立植被景观，可大大提高沙漠地带的生态承载力。

8.3　西北"水三线"可持续发展调控技术路线图

8.3.1　社会—生态—水资源可持续循环关系

　　西北"水三线"水资源的空间合理配置与可持续开发利用、生态环境保护与生态屏障的建设、社会经济高质量发展三者之间的协调关系密不可分，而可持续发展与生态经济理论则为构建其可持续发展的调控技术路线提供了理论支撑与总体思路。

　　在可持续发展理论的指导下，须充分认识到自然资源与生态环境是可持续发展的立足之本，尤其对于西北内陆干旱半干旱区而言，解决水资源短缺、实现水资源的合理配置、推进水资源的高效利用是实现区域可持续发展的核心所在。具体而言，西北"水三线"的可持续发展应以社会—生态—水资源的共同发展、协调发展、公平发展、高效发展以及提高生活质量为目标，以实现经济可持续发展、生态可持续发展、社会可持续发展为主要内容，在此基础上寻找区域新的经济增长点，以社会经济发展支持区域自然资源保护与生态环境修复，培育生态产业、绿色产业、环保产业，最终实现经济建设、社会发展与水资源

---

　　❸ 保罗·霍肯，等. 自然资本论：关于下一次工业革命 [M]. 王乃粒，等译. 上海：上海科学普及出版社，2000：11 - 13.

开发利用、自然承载能力的相互协调。

在生态经济学原理的指导下，西北"水三线"地区实现可持续发展需围绕人类经济活动与自然生态之间相互发展关系的主题展开，以生态系统和经济系统相互作用所形成的生态经济有机整体为研究对象，始终关注制约西北"水三线"社会经济发展与生态环境优化的水资源要素的循环、流动过程，在阐明经济社会发展和生态系统、水资源之间相互联系影响、相互制约的规律性的基础上，寻求发展区域经济、保护生态环境、高效利用水资源的有效途径，为设计良性循环的生态经济系统、建设可持续发展的调控路线提供依据。

在生态经济协同发展理论的指导下，须充分认识到自然社会与人类社会存在互为因果的制约与互补关系，稳定的经济发展依赖于持续的自然资源供给、良好的工作环境和不断的技术创新。生态经济协同发展理论将社会、经济、生态三个子系统作为研究对象，考虑到水资源对可持续发展的决定作用，也将水资源作为重点研究对象之一，最终以复合系统的综合效益达到最高、风险最低作为是否可持续的评价标准。同时，生态足迹与生态承载力为评估是否达到复合系统的可持续性目标提供了简明易懂的定量化方法。对于西北"水三线"地区，这种基于"供应—需求"平衡视角的评估方法，可作为构建可持续发展调控技术路线的技术支撑。

西北"水三线"可持续发展依赖于社会经济系统、生态环境系统、水资源利用系统三者的可持续循环，该循环关系依循可持续性、公平性与协调性，在循环过程中，各系统之间形成相互"影响—反馈"的双向关系（图8-6）。具体而言，各个系统的可持续运行离不开对其内部关键要素的合理调控。对于社会经济系统而言，需以经济高质量发展、人口有序增长为目标，以社会经济系统高效管理为保障，以科技进步为社会经济发展助力，实现社会经济系统的可持续发展。对于生态环境系统，水资源、土地资源、气候变化、生物资源共同构成"水—土—气—生"生态环境基底，在保护这些自然资源的同时要特别重视对其的科学高效利用，并进行针对性的生态环境修复与污染治理，整体提升生态环境承载

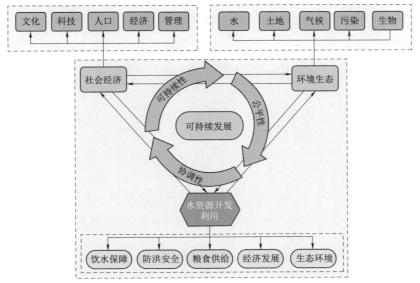

图8-6 西北"水三线"社会—生态—水资源可持续循环关系图

能力和生态系统恢复力。对于水资源利用系统而言，为保持该系统的可持续运行需要关注水资源是否能够满足居民饮水需求、防洪安全需求、粮食供给需求、生态用水需求、产业耗水需求等等。总体而言，为实现西北"水三线"地区社会—生态—水资源的可持续循环关系，需以水资源要素为串联各个系统的关键线索，在整体性思维下追求系统的综合效益，实现水资源合理开发利用支持下的社会经济与生态环境可持续交互。

8.3.2　人水可持续调控系统和调控技术路线

水资源是我国西北"水三线"地区可持续发展的生命线，水资源总量不足和地区分布不平衡是西北地区可持续发展的最大制约因素。因此，在构建西北"水三线"可持续发展的调控技术路线时，需以水资源为核心，以协调水资源与人类系统的关系、协调水资源与自然系统的关系为目标，以水资源与经济发展、生物多样性、气候变化、土地利用、环境保护、粮食安全、人口布局、政策管理、科技发展、文化价值等要素的两两互动关系为可持续发展调控的具体切入点，在可持续性、公平性、协调性的原则指导下，将水资源合理配置、高效利用与区域经济社会发展有机耦合起来，构建西北"水三线"人水可持续调控系统，为推进区域可持续发展和社会稳定助力。

在人水可持续调控系统中，水资源是系统可持续运转的核心要素，即体现西北"水三线"地区可持续发展是围绕水资源进行的，调控系统左侧与右侧分别为人类系统与自然系统，同时与水资源相互联系的各个人类系统要素、自然系统要素也以水资源为核心向外分布，并具有各自明确的关键关系、调控途径、调控目标（图 8-7）。

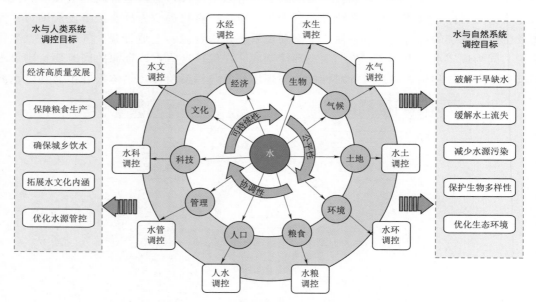

图 8-7　西北"水三线"可持续发展的调控技术路线图

在水资源与人类系统一侧，水资源与经济、文化、科技、管理、人口分别形成水资源经济效益调控途径、水资源文化价值调控途径、科技支撑下的水资源高效利用调控途径、政策管理下的水资源合理开发调控途径、人类活动合理用水调控途径等。由此，在水资源与人类系统的相互作用下，水与人类系统的调控目标包括实现经济高质量发展、保障粮食安全、确保城乡饮水数量与质量、进一步拓展水资源的丰富文化内涵、优化水资源管控政策等。

在水资源与自然系统一侧，水资源与生物、气候、土地、环境、粮食分别形成水资源与生物多样性联动调控途径、气候变化背景下的水资源演变调控途径、水土资源耦合匹配调控途径、水资源与环境综合治理调控途径、水资源支持下的粮食供需调控途径等。由此，在水资源与自然系统的相互作用下，水与自然系统的调控目标包括尽快破解西北地区干旱缺水困境、缓解干旱半干旱区水土流失现状、有效减少水源污染并提高治理效率、依托水资源保护提升区域生物多样性、实现西北地区生态环境的整体优化。

参 考 文 献

[1] Hanway D G. Our common future—from one earth to one world [J]. Journal of Soil and Water Conservation，1990，45（5）：510.

[2] 马传栋. 从生态经济学到可持续发展经济学——对可持续发展经济学几个基本理论的探索 [C]// 中国生态经济学会第五届会员代表大会暨全国生态建设研讨会论文集，2000：52－59.

[3] 莱斯特·R·布朗. 生态经济：有利于地球的经济构想 [M]. 林自新，译. 北京：东方出版社，2002：1－3.

[4] 陶在朴. 生态包袱与生态足迹：可持续发展的重量及面积观念 [M]. 北京：经济科学出版社，2003：126.

[5] 世界环境与发展委员会. 我们共同的未来 [M]. 北京：世界知识出版社，1989：19.

[6] 赵丽芬，江勇. 可持续发展战略学 [M]. 北京：高等教育出版社，2001：5－8.

[7] Rees. W. Ecological Footprints and Appropriated Carrying Capacity：What Urban Economics Leaves Out [J]. Environment and Urbanization，1992，4（2）：121－130.

[8] Wackernagel M，Rees W. Our ecological footprint：Reducing human impact on the earth [M]. Gabriola Island：New Society publishers，1996.

[9] Wackernagel M，Onisto L，Linares A C，et al. Ecological foot - prints of nations：How much nature do they use? How much nature do they have? [R]. Centre for Sustainability Studies，Universidad Anahuac de Xalapa，Mexico，1997.

[10] Mathis Wackernagel，Wackernagel M，Schulz N B，et al. Tracking the ecological overshoot of the human economy [J]. Proceedings of the National Academy of Sciences，2002，99（14）：9266－9271.

[11] 刘宇辉，彭希哲. 基于生态足迹模型的中国可持续性评估 [J]. 中国人口·资源与环境，2004，24（5）：60－65.

[12] 徐长春，熊黑钢，秦珊，等. 新疆近10年生态足迹及其分析 [J]. 新疆大学学报（自然科学版），2004，21（2）：181－185.

[13] 保罗·霍肯，等. 自然资本论：关于下一次工业革命 [M]. 王乃粒，等译. 上海：上海科学普及出版社，2000：11－13.

第9章 发展经济学与空间经济学

发展经济学为经济学下属二级学科，属于应用经济学范畴，其主要研究发展中国家的经济问题。新结构经济学在发展经济学的基础上形成，是新形势下经济学的发展方向，在学科体系中与其同级。空间经济学又称新经济地理学，包含区域经济学、城市经济学、交通运输经济学等分支，其中区域经济学是经济学与地理学的交叉学科。本章涉及的宏观经济学、产业经济学分别属于理论经济学与应用经济学范畴，同属二级学科，前者关注经济资源的利用问题，后者探讨经济发展中产业之间的关系结构、产业内的企业组织结构变化规律、经济发展中内在的各种均衡问题等[1]。

厘清经济学的学科体系有助于支撑西北"水三线"地区协调发展的地理—生态—经济学理论的提出，有助于深入理解各类经济学理论对于西北地区资源合理配置、社会经济发展、产业结构调整等的指导作用。

9.1 宏观经济学与发展经济学理论

9.1.1 宏观经济学理论

宏观经济学以整个国民经济活动为考察对象，其中心论题是对国民收入经济总量进行分析，探讨国民经济总量和一般价格水平等经济问题。主要研究一个国家的资源是否被充分利用、货币和储蓄的购买力是否变动、生产物品的能力是否增长这三大经济问题。宏观经济学是相对于微观经济学而言的，二者共同组成当代西方经济学理论。宏观经济理论的出现甚至比微观理论还早，可追溯到16世纪的重商主义思想，但它的真正兴起是20世纪30年代，当时资本主义世界经历了一场历史上最严重、持续时间最长的经济危机。传统的经济理论对此无法解释，也无能力为解决危机提供令人满意的理论指导和对策。1936年约翰·梅纳德·凯恩斯（John Maynard Keynes）在他的著作《就业、利息和货币通论》里反对传统理论，不认为市场机制能自发使经济达到充分就业的均衡状态，主张资本主义国家政府对经济进行干预[2]。该著作的问世引起了极大的轰动，在西方经济学界被誉为"凯恩斯革命"。

---

[1] 根据现行的国家学科分类标准文件《中华人民共和国学科分类与代码国家标准》（GB/T 13745—2009）与国家《授予博士、硕士学位和培养研究生的学科、专业目录》。

[2] 约翰·梅纳德·凯恩斯. 就业、利息和货币通论 [M]. 高鸿业，译. 北京：商务印书馆，2005.

政府职能与宏观经济学有着密切联系。经济发展是一个从非均衡到均衡的过渡，在过渡的进程中实现质和量的提高。市场机制在微观经济领域发挥着重要的作用，价格调节着生产和消费。特别是在完全竞争市场中，价格可以实现资源的优化配置。但完全竞争市场的前提条件是苛刻的，市场机制在微观经济领域有效，在宏观经济领域可能会失灵。在整个社会经济中，价格调节的作用相对有限，政府调节的作用就十分必要。客观上要求存在一个对整个国民经济进行干预、代表全民意志活动的集体，这个集体就是国家和政府。

9.1.2 发展经济学理论

发展经济学形成于20世纪40年代初至60年代初。亚当·斯密（Adam Smith）是首位对经济增长问题进行全面系统分析的经济学大师，他的理论涉及国民财富的性质、人口变动、资本积累、对外贸易、经济政策和经济增长前景等多方面[3]。1943年保罗·罗森斯坦·罗丹（Paul Rosenstein Rodan）发表的"东南欧工业化问题"和1947年曼库尔特·德尔鲍姆（Kurt Mandelbaum）的著作《落后地区的工业化》是发展经济学登上历史舞台的标志性文献。此后，威廉·阿瑟·刘易斯（William Arthur Lews）于1954年提出的二元结构模型是该阶段最有影响的理论之一[4]。

发展是当今世界的主题，经济发展也是世界各国共同追求的目标，在第二次世界大战后兴起进而形成的发展经济学是专门研究发展中国家经济增长和经济发展问题的学科。近年来，国内外经济学家提出的诸多发展战略在中国得到了有效的实施，促进了中国经济持续高速增长，其中刘易斯的二元经济结构理论对我国实现城乡融合发展具有重要启示。

1. 刘易斯的二元经济结构理论

1954年，发展经济学家刘易斯于《曼彻斯特学报》上发表了一篇题为《劳动无限供给下的经济发展》的著名论文，提出了二元经济模型。在该模型中，刘易斯把发展中国家经济划分为两个部门：一个是以传统方法进行生产的、劳动生产率极低的非资本主义部门；另一个是以现代方法进行生产的、劳动生产率和工资水平较高的资本主义部门。前者以现代农业部门为代表；后者以传统工业部门为代表。刘易斯认为，经济发展依赖现代工业部门的扩张，而现代工业部门扩张需要农业部门提供丰富廉价的劳动力，投资和资本积累是促进劳动力转移和工业化的主要推动因素。

这种经济结构的二元性是发展中国家普遍存在的共性，也是经济发展的出发点[5]。所谓经济发展就是要通过工业部门的扩张，吸收农业中的过剩劳动力，从消除工农业之间及其内部所存在的各种结构失衡。因此，这两个部门间劳动力转移就构成了经济发展的模式。具体而言，农业部门中存在着大量的"过剩劳动力"，这部分劳动力的边际生产率为零或负数，即其形式上在劳动，实际上处于"伪装失业"状态[6]。而在工业部门，劳动者已实现充分就业，其工资水平高于农村劳动力收入，使得农村过剩劳动力有流向城市工业

---

[3] 刘凯．发展经济学理论综述 [J]．商，2015（1）：252，246.

[4] 马颖．发展经济学60年的演进 [J]．国外社会科学，2001（4）：21-28.

[5] 胡铁成．发展经济学二元结构理论与我国城市化的困境 [J]．江海学刊，2003（2）：59-64，206.

[6] 张焕蕊，吕庆丰．简评刘易斯二元经济模型 [J]．当代经济，2008（2）：94-96.

部门的趋向。只要农业部门存在"伪装失业"，只要农业部门和工业部门的劳动力收入保持差距，农业部门的过剩劳动力就会对工业部门形成供给。

在发展经济学视角下，刘易斯的二元经济结构理论是结构主义发展经济学的代表思想。结构主义的逻辑起点是刚性结构特征，发展中国家的内部结构特点表现为发展中国家存在着部门、地理空间上的二元结构，外部结构的刚性特征则反映出发展中国家与发达国家的不平等关系。结构主义的核心就是结构转换，在不同的经济学家的研究中转换方式大不相同，但其落脚点最终都表现在国家政策上。刘易斯的二元经济结构理论具有十分重要的理论和现实意义，为落后国家实现工业化、解决城乡二元经济结构转型问题指出了一条可能的出路。

2. 二元经济结构理论与我国城乡融合发展

2019 年颁布的《关于建立健全城乡融合发展体制机制和政策体系的意见》明确了我国城乡融合发展的三步走战略，以刘易斯的二元经济结构理论为代表的发展经济学理论与区域发展特别是中国城乡融合发展紧密关联，明确该理论的现实意义及其局限性，可以为中国城乡融合发展提供更综合的政策参考。二元经济结构理论指出一国或地区经济发展的实质就是工业化的推进，而工业化主要是在城市里进行的，因此，工业化必然伴随着城市化进程。随着农村劳动力不断地向城市流动，到一定阶段城市劳动力需求增长的速度就会超过劳动力供给增长的速度，导致劳动力价格即工资持续上涨，称之为"刘易斯拐点"[7]。

在推进城乡融合发展中需要特别关注二元经济结构理论的适用性。一方面，该理论对于当今许多尚不能独立全面解决温饱问题的经济体，以及传统农业生产技术"不达标"的经济体并不适用；另一方面，在我国依靠城市接纳无限的剩余劳动力并不可行，而且大部分农村人口安土重迁，并不愿意远离土地。刘易斯模型中假设劳动力需求是无限制的，以及工资在城市工业岗位达到饱和之前是不变的，这与国家及市场的实际发展不符。因此，结合我国的现实国情进行分析，刘易斯二元经济结构理论对我国城乡融合发展有以下启示：

（1）要从农业部门、非现代工业部门、现代工业部门的角度出发，从资源配置改善角度出发，重点关注使工业化转型成为可能的初始条件[8]。就中国城乡融合发展而言，对于落后的农村地区首先要解决温饱问题，之后解决要素配置效率问题，促进要素流动到边际产出更高的生产部门，形成国内统一的可低成本流动的要素市场。

（2）要依靠城市剩余输入农村，为农村发展提供资本、技术、人才，扶持农村经济结构转型[9]。同时要加强农村产业结构优化，大力发展生态农业、旅游农业，形成集产业化、效益化、生态化于一体的特色产业，实现粮食作物安全。

（3）促进部分农村进行特色城镇化，鼓励农村剩余劳动力进入小城镇，既可以提高农村生活水平，又能进一步缓解城市化进程带来的问题。

---

[7]　许经勇. 刘易斯拐点与城乡二元结构并存引起的思考 [J]. 黄河科技学院学报，2021，23（3）：31 - 36.

[8]　金成武. 中国城乡融合发展与理论融合——兼谈当代发展经济学理论的批判借鉴 [J]. 经济研究，2019，54（8）：183 - 197.

[9]　王迪，李泽亚. 论城乡二元经济结构转型问题——基于刘易斯模型的简单分析 [J]. 财经界，2016（14）：34，37.

9.1.3 宏观经济学与发展经济学视角下的西部地区协调发展

宏观经济学认为在国民经济发展的过程中，市场和政府均有助于推动经济增长、收入公平分配。在西部地区经济发展中，政府和市场如同左右手一般，对推动经济发展发挥了重要作用。经济学家凯恩斯认为，宏观经济是对整体经济数据以及部分超脱现象、特定行为进行平衡和约束的一种重要举措。纵然市场本身对社会经济、产业经济具有一定的调节功能，但其并不能够从根本上解决包括群众事业、市场需求不足等问题。因此想要实现我国经济可持续发展，还需政府及相关部门充分发挥其职能，通过适当宏观干预产业经济，灵活采用刺激投机等经济政策，以满足我国不断增长的经济发展需求。

区域协调发展的概念最早就是源于发展经济学和区域经济学，在发展经济学的视角下，正是由于不同地区之间存在着自然状况、地理条件、社会历史文化、发展水平等方面的诸多差异，加之各地区选择不同的发展模式，从而必然造成区域经济发展不平衡。发展经济学认为，在经济落后地区不可能"内蕴式"地自发形成先进的现代生产力，而需要超越自然历史进程强行"嵌入"，以便利用"嵌入"的具有先进生产力的连锁扩散作用带动落后地区经济发展。此外，著名发展经济学家阿尔伯特·赫希曼（Albert Otto Hirschman）认为，要缩小区域发展差距不能仅靠市场机制，政府干预必不可少[⑩]。加快中西部地区工业化进程的基本途径是将市场机制和政府干预有机地结合起来，变"输血机制"为"造血机制"。

西部地区的协调发展有三个层次[⑪]，具体如下：

（1）第一个层次要培育西部地区产业集群，以产业结构调整和升级带动区域协调发展。西部地区要素禀赋和比较优势有较大差异，应因地制宜着力打造有竞争优势的特色产业集群，在不同区域错落发展，并通过龙头城市的扩散效应和关联效应带动周边区域共同发展，从而增强区域发展协调性。

（2）第二个层次要坚持"双轮"推进，扭转西部地区严重的城乡分割。西部地区在发展中不仅要依托中心城市及重点区域，同时要注重提升县域经济，在农业基础较好的区域，培育优势农业，加强农业服务体系建设，形成特色农业产业。在困难偏远地区加大投入，政府在"输血"的同时因地制宜的探索"造血"的机制和方式，通过多策并举促进城乡"双轮"推进。

（3）第三个层次要在西部地区发展中重视经济发展和社会发展"一条腿长、一条腿短"的矛盾。西部地区发展应循序渐进，重视经济社会协调发展，着力增强发展的整体性，而不是偏废一方，让社会"短板"成为持续发展的最大瓶颈，注重经济发展的提质增效、行稳致远。

在宏观经济学及发展经济学的视角下，西北"水三线"地区的建设能够促进西部地区经济的协调发展。西部地区深居内陆，极度缺水，水资源是限制其经济发展的重要因素之一。长期以来，西部地区和东南沿海的经济发展失衡，西部地区内部也存在着经济发展失

❿ 廖元和. 中国西部工业化进程的总体战略探讨［J］. 改革，2000（4）：95－105.
⓫ 岳利萍，任保平，郭晗，等. 西部蓝皮书：中国西部发展报告（2018）［M］. 北京：社会科学文献出版社，2018.

衡的现象。在国家西部大开发战略下，加快西部发展，实现区域经济协调已经成为国家全面发展的客观要求。通过政府宏观调控，西北"水三线"地区的建设可以解决西部地区水资源短缺、区域水资源失衡等问题，从而为区域内部、区域之间的经济协调发展注入新的活力。长远来看，西北"水三线"地区的建设对于西部地区经济的协调发展具有两方面重要影响：一方面，围绕西北"水三线"区域可以培育出一批特色工业，解决工业用水需求，进而通过特色工业带动周边区域共同发展；另一方面，西北"水三线"工程可以带动周边及偏远地区农业发展，扩大辐射范围，进而促进农村经济发展和城乡一体化发展。

9.2　新结构经济学与国家发展理论

9.2.1　新结构经济学理论

新结构经济学是关于经济结构及其变迁的一门经济学学科，其核心议题是从要素禀赋结构出发研究经济发展、经济转型及其过程中的经济运行。新结构经济学采用新古典经济学的分析方法来研究现代经济增长的本质及其决定因素，即用新古典的分析方法来研究在发展过程中经济结构及其演化过程和决定因素。

1. 主要理论观点

林毅夫在新结构经济学理论中指出，"禀赋"是对决策者在做决策时有影响、需要考虑的，但是禀赋是给定的、不可变的因素。可以称为禀赋的因素有生产要素（土地、劳动、资本）、基础设施、人力资本、知识、社会资本、地理位置、自然环境、上层建筑等[12]。新结构经济学给我们的启发是，传统经济学重视劳动、资本等生产要素对经济发展的作用，但忽视了土地这种极其重要的生产要素的作用，而实施调水改土恰恰可以增强土地资源禀赋。

新结构经济学的切入点是要素禀赋结构。该学科认为，一个经济体在每个时点上的产业和技术结构内生于该经济体在该时点给定的要素禀赋和结构，与产业、技术相适应的软硬基础设施也因此决定于该时点的要素禀赋结构。从生产面的供给侧来看，一个经济体每个时点的要素禀赋决定了该时点可支配的资本、劳动和自然资源总量，要素禀赋决定了这个经济体该时点的总预算。对于不同发展程度的国家，其资本、劳动和自然资源的丰富程度不同，因此要素的相对价格也就不同。但要素是可以变化的，随着时间推移，人口、资本都会发生变化，要素禀赋结构也随之改变。也就是说，一个经济体的要素禀赋及其结构在每一时间点上是给定的，并可随时间发生变化[1]。

2. 主要现实意义

近 20 年来，西部地区经济社会发展取得重大历史性成就，但发展不平衡、不充分问题依然突出。如果不能突破西北地区水资源和生态环境的瓶颈制约，当地发展将会受到极大影响，而西北"水三线"地区的建设能够有力支撑中国西北地区经济社会发展。林毅夫

---

⑫　林毅夫. 新结构经济学的理论基础和发展方向［J］. 社会科学文摘，2017（5）：53 - 56.

在新结构经济学理论中提出的"禀赋"因素，能够有效加强对土地这种生产要素的重视程度，同时对于劳动力、资本等要素的构成发挥促进作用，有利于西北"水三线"水资源合理分配，为今后西北"水三线"的建设和开发提供导向作用。

新结构经济学的微观基础是企业的自生能力。其定义是，一个处于开放自由竞争的市场环境且具有正常管理水平的企业，无需依靠政府或外部补助就可以预期获得一个社会可接受的正常利润水平的能力。在新结构经济学看来，某一时点的比较优势是由其要素禀赋结构决定的，遵循一国的比较优势来选择技术、发展产业，是实现快速发展、消除贫困和收入收敛的最好办法。具体而言，企业所投资的产业和使用的技术遵循一国比较优势时，要素生产成本最低；当经济中的软硬基础设施合适时，会形成交易成本更低、竞争力更强、资本积累积极性更高、产业升级和收入增长更快的态势。在此过程中，发展中国家可以利用后发优势，取得比发达国家更快速的技术创新和产业升级，进而促进经济发展。

现代经济增长是建立在劳动生产率水平不断提升的基础上的收入增长，包括提高生产率水平的技术创新和产业升级，以及降低交易费用的基础设施和制度环境完善。因此，研究现代经济增长，实际上就是研究带来收入水平和劳动力生产水平不断提高的结构变化是由什么因素决定和推动的。西北"水三线"地区自生能力的发展有利于当地水资源合理优化配置，运用好新结构经济学理论来提升自生能力是发展西北"水三线"地区建设的重要基础，自生能力的提升不仅是当地企业技术和生产力的发展，更有利于带动要素禀赋发挥出资源优势。

9.2.2 荒漠化治理与国家发展理论

国务院发展研究中心宏观经济专家刘力群长期研究我国宏观经济、国土空间规划、荒漠化防治等。他研究指出：我国是世界上受荒漠化危害最严重的国家之一，荒漠化面积大、分布广、程度重、扩展快、危害深，面对我国土地总量少、质量差、后备资源短缺的形势，实施调水改土，开发利用西北荒漠化土地，已成为扩展我国生存空间的必然选择，这对于缩小东西部差距、消除贫困、促进荒漠化地区以及整个中国经济的腾飞具有重要意义。

1. 主要理论观点

刘力群认为开发和治理荒漠化土地对我国工业化和城市化进程具有重大意义[2]。我国国土面积居世界第三位，但平原、盆地和沙漠、戈壁及塬面完整的高原等平地型土地仅占国土面积的 1/3，其中适宜人类劳作和生息的面积不到国土的 12%。美国国土面积 937 万 km²，但平原面积却占国土的 70%，适宜耕作的土地高达 90%；俄罗斯、加拿大平原面积更为广阔，即使是国土狭小的日本，其平原面积亦占国土的 24%，而这些国家的人口之和却与我国人口相当❸。近半个世纪以来，由于我国工业化和城镇化进程加快发展，对荒漠化地区的开发治理也相应加强。荒漠化地区居住人口超过 1.7 亿人，也是煤炭、石油、天然气的主要产地和储藏区。从今后二三十年我国工业化和城市化建设对土地和能源的需求

---

❸ 刘力群. 荒漠化治理：国土整治的难点与关键——兼论防治荒漠化公约在我国的执行 [J]. 战略与管理，1998（1）：85-90.

来看，占国土面积 1/3 的荒漠化地区将是主要的新开发区域。

美国等发达国家之所以主张"保护为主"的荒漠化土地整治策略，是因为发达国家的土地资源中暖湿平原多，且人口对土地的压力小、依赖程度小，故其对本国的荒漠化或沙化土地"无须开发"；而非洲撒哈拉以南多数发展中国家，由于经济发展缓慢、社会政局不稳定、国家财力拮据，对荒漠化地区已"无力开发"。由此可见，对荒漠化土地应以保护为主的认识是富国"无须开发"、穷国"无力开发"的国情使然。中国因暖湿平原少，人地矛盾尖锐，对荒漠化土地的开发需求远比发达国家强烈，而中国调水改土历史悠久，半个世纪来经济持续增长，对荒漠化土地的开发治理能力远比非洲国家强得多，处在"必须开发"和"有力开发"的"中庸"之道。

2. 主要现实意义

开发利用西北荒漠化土地是拓展我国生存空间的必由之路。中国今后为完成工业化和城市化，对耕地和非农业建设用地的需求至少还要再增加 100 万 km²，其中西北荒漠地区至少要承担 80 万 km²[14]。这是由于：①东南地区人满为患，既无荒地可垦，已有的耕地也不能再占用；②青藏高原高寒缺氧，不是人类居住和生产生活的理想地域；③西南地区的云贵川三省平地仅为 3%（又被非农业用地占去大半），耕地的 70% 是山坡地，坡度在 25°以上的应退耕地占 1/4。比较而言，西北的荒漠化土地虽然干旱，但因地面平坦人口稀少、交通等基础设施造价低廉和日照充分对农牧业有利，反而较西南山区更适于开发。何况西北荒漠又是中国主要的能源产区和储藏地，即使自然环境再恶劣也必须开发。否则，中国既不能持续发展，也无法实现现代化。

实施荒漠化治理对水土保持、防止水土流失具有直接的积极作用，可对西北"水三线"地区的环境改善提供有利条件，进而对区域经济发展提供支持。具体而言，通过荒漠化治理可以不断提高西北地区生态质量，缓解现存生态困境。一方面，进行荒漠化治理并恢复沙漠生态，可总体提升各类用地的生态系统服务价值，提高生态环境承载能力，为西北地区经济发展与人口聚集提供良好的自然本底条件；另一方面，通过技术创新和技术传播可提高西北荒漠化地区的资源利用效率，有效扩大可利用土地，提升生态系统碳汇能力，进而为"双碳"目标下的碳中和提供广阔的碳排放吸纳场所，有利于西北地区生态经济协同发展。除此之外，改善荒漠化环境可以有效促进西北地区技术和生产力的发展，有利于发挥出区域资源优势，并促进当地水资源合理优化配置。

国土改造要有长远规划，要开发西北地区荒漠化土地，就必须解决缺水问题[3]。中国从大禹治水形成国家起，就以兴修水利开发蛮荒的抗逆农业延续着中华文明，解决之道无外乎开源与节流，具体措施有：①节流，要搞好本地稀缺水资源的合理规划与利用，把耗水型的生产和生活模式改为节水型，由节水农业、节水工业、节水生活最终向节水型社会发展，同时要规划出 1/3 以上的水资源用于生态建设和景观用水；②调水，由于西北地区大气降水很少形成径流，主要靠雪山冰川融水补充，所以大规模开发还必须从外流域调水。中国已进行了 60 多年南水北调的规划和工程准备，目前东线和中线调水工程已完成，应当抓紧做好南水北调西线调水的规划和工程准备工作。依托南水北调西线及其西延供水

---

❶ 刘力群. 适用土地资源短缺对我国工业化和城市化进程的制约 [J]. 战略与管理，1997（6）：32-39.

工程，西北地区的能源开发、农田治理及荒漠化土地的大规模开发和综合治理是可以实现的⑮。

9.2.3 调水改土与区域经济新增长极

周天勇针对我国当前耕地资源匮乏、粮食安全问题凸显、城市与农村两大模块之间要素流动和循环严重梗阻等情况，提出了二元经济转型的淤积和梗阻"陷阱"理论。通过调水改土，即调节水资源分配，改造未利用土地，扩大发展空间，从而构建第三模块。通过疏通模块间人口和要素的流动和循环，增加就业、收入机会，使中国顺利进入高收入国家行列。

1. 主要理论观点

周天勇指出我国在还没有进入高收入国家的时候，发生了未富而先老化、未城市化而人口迁移放慢、未满足工业品消费需求而产能过剩的情况，陷入了经济增长速度放缓的困境[4]。城乡模块各自淤积和相互间流动循环梗阻，是城市化、工业化动力丧失的内在症结，是中国从中等收入国家迈向高收入国家进程中的一大陷阱⑯。一方面，城镇由于技术进步、智能化经济、资本集中集聚、生产过剩，对拟迁移和流动入城镇的人口和劳动力发生了排斥；另一方面，由于劳均土地资源少、劳动生产率低、农业收益微薄，农村非农业由于聚集和外部经济差，即便将土地交易市场化，城镇资金向农村的流动也会存在收益过低的阻碍。

周天勇同时指出，我国当前城市与农村两大模块之间要素流动和循环存在严重"梗阻"，需要在两者之间建立一个新的人口、劳动力、土地、资金等要素组合较为空白的第三模块。其作用在于：①调节水资源地区分配，改造未利用土地，或者转用干旱草原为耕地及建设用地，通过投入较高的边际劳动收益率和边际资本收益率，吸收农业模块中过剩的劳动力、资金要素和产业，使人口、土地、劳动力、资金、产业等形成逐步发育和扩大的全要素组合生产模块；②由于其吸收了一部分农村的存量劳动力向新模块迁移，原来农业模块中劳均耕地要素比得到改善，农业劳动生产率提高；③城镇模块存量中的资金和产能淤积、拥挤和过剩程度得到缓解，资金和产业向国外流动和转移的压力也大为下降。城镇有很大可能恢复吸收人口迁移和劳动力流动的能力[5]。由此，既构建了经济发展的新模块和空间，又使城乡和农业非农业之间的人口、劳动力、土地、资金恢复了双向流动（图9-1）。

第三模块在地理空间主要分布于中国北纬35°～45°之间，重点开发和扩大的发展空间为：华北的山东、河北，华中的河南，以及环渤海、黄泛区的盐碱地改造；内蒙古中东部适宜于耕种的干旱草原地改造提升为可耕种地，中西部沙漠地改造成为宜粮宜林地；改造晋北、陕北、宁夏、甘肃中和河西走廊干旱地和沙漠地为宜林地和宜耕地；新疆中南部，特别是塔里木、吐鲁番和准格尔三盆地，引水滴灌改造干旱土壤地、沙漠地，并扩大树林灌木等绿化覆盖率和水系湿地生态涵养面积。

---

⑮ 刘力群，卢琦. 开发西北沙区 拓展生存空间 [J]. 中国人口·资源与环境，2002 (3)：103 - 107.
⑯ 周天勇. 论调水改土对国民经济城乡要素模块间梗阻的疏通 [J]. 区域经济评论，2019 (3)：8 - 17，2.

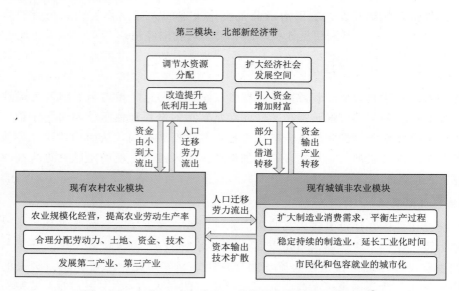

图 9-1 未来 10 余年中国三大模块经济结构设想框图 ❶

2. 主要现实意义

土地是财富之母，由表 9-1 可知，中国国土承载的人口密度比英国、德国、日本、韩国等国略低，但农业劳动力平均耕地面积却比其低得多。我国耕地面积仅 20.3 亿亩，人均耕地 1.5 亩，为世界平均水平的 1/4；农业劳动力人均耕地 9 亩左右，为日本的 1/3，韩国和中国台湾的 1/2，不到美国的 1/100 ❶。原因在于：由于户籍、公共服务、居住、土地等体制障碍，人口向城镇迁移过缓并在农村中淤积，劳动力在农业中的就业比率太高；一些待开发土地没有通过调节水资源分配改造成可供种植和建设的用地。同时，证明中国扩大经济社会发展空间的回旋余地还很大。周天勇分析了增加土地和土地资产化对稳定货币的作用，建议在新冠疫情过后，我国应加大调水改土投资开发力度，增加土地资产货币投放量，通过土地改革增加居民收入。

表 9-1　　　　2017 年中国土地面积、人口密度和地均产出国际对比分析表

国　　家	中国	美国	日本	印度	英国	德国	法国	俄罗斯	韩国
人口/亿人	13.9	3.2	1.3	13.0	0.7	0.8	0.7	1.5	0.5
面积/万 km²	963.0	937.0	37.8	320.0	24.5	35.7	54.7	1712.0	9.8
人口密度/(人/km²)	144.3	34.2	343.9	406.3	285.7	224.1	128.0	8.8	510.2
耕地面积/亿亩	20.32	25.0	—	23.0	—	—	—	—	—
农业劳均耕地/亩	9.0	1070.0	30.0	12.0	154.0	190.0	425.0		21.0
GDP/万亿美元	12.3	19.2	4.9	2.6	2.6	3.6	2.6	1.6	1.5
人均 GDP/美元	8848.9	60000.0	37692.3	2000.0	37142.9	45000.0	37142.9	10666.7	30000.0
地均产出/(万美元/km²)	127.7	204.9	1296.3	81.3	1061.2	1008.4	475.3	9.3	1530.6

注 数据来源为中国国家统计局和世界银行网站。

从全球经济形势看：美国、日本、韩国以及欧洲的土地市场化程度很高，基本实现了价值化，用土地增值的经济刺激政策没有空间；印度的国土利用率已经很高，也没有改造

国土面积再增加货币发行基础资产的空间；加拿大、澳大利亚、俄罗斯因为劳动力数量少而土地多，没有改造扩大可利用土地资产的必要。从我国经济形势看，中国劳动力相对较多，装备资本相对过剩，土地要素又相对较少，非常有必要通过调水改土的方法来增加土地要素供给，补齐国民经济要素组合劣势这一短板❶。唯有中国，既可以通过建立统一的城乡土地市场、推进土地要素市场化配置改革，恢复土地的资产属性；也可以调节水资源分配，改造未利用土地，从而释放农民有支付能力巨大的工业品消费需求，寻求一个未来中偏高的经济增长速度，成为世界经济复苏的领军者❶。

国际上人口和国土面积大国中，印度、美国和前苏联都进行了大规模的调水，中国在调水规模及人均调水量上与其差距都很大。从表 9-2 可以看出，2017 年人均调水量美国 94m³，印度 103m³，加拿大 3757m³，而中国只有 24m³。美国、印度、加拿大、澳大利亚、埃及、以色列等水资源分布不平衡和沙漠面积较大的国家，已实施了大规模的调水改土、国土开发和扩大发展空间战略，我国在调水改土和扩大发展空间方面程度较低。

表 9-2   中国和其他主要国家的调水量对比分析表

国家	人口/万人	国土面积/万 km²	劳均耕地/亩	总调水量/亿 m³	人均调水量/m³
中国	138639.6	956.3	9.7	337.0	24
美国	32571.9	983.2	1070.0	300.0	94
加拿大	3670.8	998.5	—	1390.0	3757
印度	133918.0	328.7	8.3	1386.0	103

我国有近 40 亿亩未利用土地，其中荒草地、盐碱地、沙地、裸土地等 35.2 亿亩左右。有学者估计，除现有的耕地之外，中国耕地后备资源总量约 5.3 亿亩，大多地处生态脆弱地区，其中干旱、半干旱地区占 61.3%❶。我国水资源总量居世界第六位，人均占有量 2240m³，约为世界人均的 1/4，在世界银行连续统计的 153 个国家中居第 88 位。而且地区分布不均，水土资源不相匹配。长江流域及其以南地区国土面积只占全国的 36.5%，其水资源量占全国的 81%；淮河流域及其以北地区的国土面积占全国的 63.5%，其水资源量仅占全国水资源总量的 19%。目前，中国有 16 个省（自治区、直辖市）人均水资源量低于 1000m³（不包括过境水），为严重缺水地区；有 6 个省（自治区）人均水资源量低于 500m³，为极度缺水地区。

周天勇研究指出，新时代水利现代化的任务是：增加中国北部经济带水资源供给，开发、利用北部地区广阔的土地资源，提高劳均耕地水平，保证粮食安全，改善北部和西北的生态环境，增加居民、企业和国家的土地及相关不动产财富和资产，改变耕地和建设用地资源紧张的约束局面。通过调水改土和扩大发展空间，推进人口迁移、增加就业、提高收入、延长工业化。

---

❶ 周天勇. 宏观调控需借力于土地改革和调水扩土的独有优势 [EB/OL]. [2020-03-23]. http://finance.sina.com.cn/zl/china/2020-03-23/zl-iimxxsth1140738.shtml.

❶ 周天勇. 调水改土与国民经济持续发展 [J]. 经济研究参考，2019（4）：5-12.

❶ 国家统计局. 波澜壮阔四十载民族复兴展新篇——改革开放 40 年经济社会发展成就系列报告之一 [EB/OL]. [2018-08-27]. http://www.stats.gov.cn/ztjc/ztfx/ggkf40n/201808/t20180827_1619235.html.

中国作为一个人均 GDP 为 1 万美元左右，特别是居民收入只占 GDP 的 43.7%，还不富裕的发展中国家，如没有重大改革和发展举措，未来 15 年可能很难进入高收入国家行列和富裕社会[20]。在供给侧如不重视土地要素的配置改善和投入，在需求侧如不调整"收入—消费"流量，在产业上如不重视做强制造业，未来国民经济会陷入长时期的低速增长之中。因此，亟须将调水与改土结合起来，将增加土地和土地市场化配置改革结合起来，将土地生产资料变成可交易的资产。为拉动投资找项目，为扩大债务和投放货币找土地资产，为粮食安全找耕地，为建设用地找新的可利用土地，为扩大就业找机会，为稳定经济增长寻找新的土地要素投入。这为我国西部调水工作提供了经济学理论依据。

由此可知，调水改土在西北"水三线"地区起着不可替代的作用：①可以有效调节西北"水三线"的水资源分配，改造土地利用方式，提升土地利用效率，扩大经济社会发展空间，并进一步影响区域劳动力的流动与聚集，整体优化西北地区空间经济格局；②可以有效促进当地农业的规模化经营，提高农业劳动生产率，进而有利于农村中劳动力、土地、资金、技术等要素合理匹配；③有利于扩大城镇制造业的消费需求，平衡生产过剩，稳定持续的制造业，进而促进城市化和新经济的发展，有助于西北地区形成新的城市增长极。

9.3　产业经济学和空间经济学与区域协调发展

9.3.1　产业经济学与产业结构调整

1. 配第-克拉克的产业结构理论

英国经济学家威廉·配第（William Petty）和约翰·克拉克（John Bata Clark）先后发现[21]：随着全社会人均国民收入水平的提高，就业人口首先向第二产业转移；当人均国民收入水平有了进一步提高时，就业人口便大量向第三产业转移[6]。这种由人均收入变化引起的现象称为配第—克拉克定律。早在 17 世纪，配第第一次发现了世界各国的国民收入水平的差异及其形成的不同经济发展阶段，其关键在于产业结构的差异。配第进一步指出，工业比农业、服务业比工业的附加值更高。后来，克拉克重新发现并研究了产业结构的演进趋势，得出了产业结构演进的规律性结论。西蒙·史密斯·库兹涅茨（Simon Smith Kuznets）在继承配第和克拉克等人研究成果的基础上，依据人均国内生产总值份额基准，考察了总产值变动和就业人口结构变动的规律，揭示了产业结构变动的总方向，进一步证明了配第—克拉克定律[7]。该规律即产业结构的变动受人均国民收入变动的影响，被称为库兹涅茨人均收入影响论。

2. 欧洲的产业布局与产业区位理论

产业布局理论形成于 19 世纪初至 20 世纪中叶。1926 年，法国经济学家杜能提出了著名的孤立国同农业圈层理论[8]。他认为：在农业布局上，并不是哪个地方适合种什么就种

[20]　周天勇. 如无重大举措，经济增长系统动力可能会越来越弱 [EB/OL]. [2020 - 06 - 28]. http：//finance. sina. com. cn/zl/china/2020 - 06 - 28/zl - iirczymk9296354. shtml？cre＝zl&r＝user&pos＝2_1.

[21]　威廉·配第. 政治算术 [M]. 马妍，译. 北京：中国社会科学出版社，2010.

什么，起决定作用的是级差地租❷，为此，他设计了孤立国六层农业圈。尽管杜能的理论忽视了农业生产的自然条件，也没有研究其他产业的布局，但他的农业区位理论给西方许多工业区位理论的研究者以深刻的启发，杜能也因首次研究区位问题，被誉为产业布局学的鼻祖。

阿尔弗雷德·韦伯（Alfred Weber）认为运输费用对工业布局起决定作用，工业的最优区位通常应选择运费最低点上❸。韦伯还考虑了劳动费、运费对工业布局的影响：一方面，相对劳动费在生产成本中占很大比重的工业，运费的最低点不一定是生产成本最低点。当存在一个劳动费最低点时，它同样会对工业区位产生影响。另一方面，聚集力是企业规模扩大和工厂在一地集中所带来的规模经济效益和企业外部经济效益的增长[9]。

奥古斯特·勒施（August Lostch）对产业聚集与城市的形成及城市化之间的关系进行了研究。他指出，大规模的个别企业的区位有时会形成城市[10]，其是一种综合生产几方面财富的大规模企业的区位聚集❹，这几方面的财富也可分别形成与之相关的几个产业区位。他认为，城市化是产业区位聚集的必不可少的要素，城市化的原因在于非农业区位的点状聚集。并且，他将这种区位聚集分为自由聚集和受场所约束的聚集等两种形式：①自由聚集是指在任何场合都能发生的聚集，如围绕大规模个别企业、同类企业、不同类型企业、纯消费者的聚集等；②约束性聚集是指受场所约束的情况，受历史上的人口密度、地形、财富等空间差异的影响。

埃德加·M·胡佛（Edgar Malone Hoover）在探讨聚集经济时，将聚集经济分为三类：即内部规模经济；对企业是外部的，但对产业部门而言是内部经济的地方化经济；对企业和产业部门都是外部的，但因为产业聚集在某一个城市而产生的城市化经济。对于城市化经济，他认为群体以外的其他类型的产品供给或活动可能增进聚集优势，如公共投入的可供性在群体经济中则很可能成为一种密切联系活动的混合体，而不是一种活动的单位群。

在第三次产业革命与世界经济格局变化的影响下，产业布局理论形成了各种不同流派，具体如下：

（1）成本学派理论。核心是以生产成本最低为准则来确定产业的最优区位，代表人物是阿尔弗雷德·韦伯、埃德加·M·胡佛。胡佛提出运输成本由线路运营费用和站场费用两部分构成❺。若企业用一种原料生产一种产品在一个市场出售，在原料与市场之间有直达运输，则企业布局在交通线的起点最佳；如果无直达运输线，则港口或其他转运点是最小运输成本区位[11]。

（2）市场学派理论。该理论认为成本最低并不是全意味着利润最大化，市场因素对产品价格影响越来越重要，是产业布局必须充分考虑市场因素，需尽量将企业布局在利润最大区位。

❷ 约翰·海因里希·冯·杜能. 孤立国同农业和国民经济的关系 [M]. 吴衡康，译. 北京：商务印书馆，1986.
❸ 阿尔弗雷德·韦伯. 工业区位论 [M]. 李刚剑，等译. 北京：商务印书馆，2010.
❹ 奥古斯特·勒施. 经济空间秩序 [M]. 王守礼，译. 北京：商务印书馆，2010.
❺ 埃德加·M·胡佛，弗兰克·杰莱塔尼. 区域经济学导论 [M]. 郭万清，等译. 上海：上海远东出版社，1992.

（3）成本—市场学派理论。该理论认为运输方便的区域经济能够吸引到大量的资本和劳动力，并能成为重要市场，因此可专门生产面向市场、规模经济优势明显和难以运输的产品。

（4）产品生命周期理论。该理论认为处于创新期的产业属于技术密集型产业，一般趋向于科研信息与市场信息集中、配套设施齐全、销售渠道畅通的发达城市。

3. 马歇尔的产业聚集理论

1890 年阿尔弗雷德·马歇尔在其《经济学原理》一书中，首次提出了产业聚集及内部聚集和空间外部经济的概念，并阐述了存在外部经济与规模经济条件下产业聚集产生的经济动因[12]。他指出，内部经济是指有赖于从事工业的个别企业的资源、组织和经营效率的经济，外部经济则是有赖于这类工业产业的一般发达的经济⑳。他提出了三个导致产业聚集的原因：一是聚集能够促进专业化投入和服务的发展；二是企业聚集于一个能够提供特定产业技能的劳动力市场，从而确保工人较低的失业概率，并降低劳动力短缺概率；三是产业聚集能够产生溢出效应，企业从技术、信息等的溢出中获益。

马歇尔进一步指出，同一产业越多的企业聚集于一个空间，就越有利于企业所需生产要素的聚集，这些要素包括劳动力、资金、能源、运输以及其他专业化资源等。而空间内生产要素供给越多，就越容易降低整个产业的平均生产成本，而且随着投入品专业化的加深，生产将更加有效率，该空间企业也将更具有竞争力。因此，马歇尔相应提出了工业区的概念和工业区理论。马歇尔认为经济聚集的根源在于生产过程中企业、机构和基础设施在某一空间内的联系能够带来规模经济和范围经济，并带来一般劳动力市场发展和专业化技能集中，进而促进区域供应者和消费者之间增加相互作用、共享基础设施以及其他区域外部性。但是，马歇尔强调因为更大的劳动力"蓄水池"，非贸易投入的可得性和知识外溢带来的外部性会使得一个产业聚集于某地，而其分析只适合于一个产业，无法解释不同产业的聚集。

与传统的产业聚集理论将重点放在产业内部的关联与合作之上不同，迈克尔·波特（Michael E. Poter，1990）从企业竞争优势的获得角度对产业聚集现象进行了详细的研究[13]，并提出了新的理论分析基础㉗。他提出了产业群的概念，还利用"钻石"模型对产业聚集及产业群进行了分析。近年来，新经济地理学学派从全新的角度来研究聚集经济和产业聚集现象。新经济地理学以垄断竞争分析框架为基础，借助收益递增思想建立了描述产业聚集的"中心—外围"模型㉘。该模型基本假定为：一个国家具有两种产品（农产品和制造品）[14]。农产品是同质的，其生产是规模报酬不变的，生产要素是不可移动的土地，农产品的分布很大程度上由土地分布情况决定；制造品包括许多有差异的产品，其生产具有规模经济和收益递增的特征，每种制造品的生产将只在为数不多的地区进行，从而实现了产业的聚集。

㉖ 阿尔弗雷德·马歇尔. 经济学原理 [M]. 朱志泰，译. 北京：商务印书馆，1964.

㉗ Porter M E. New global strategies for competitive advantage [J]. Planning Review，1990，18（3）：4 - 14.

㉘ Krugman P. Increasing returns and economic geography [J]. Journal of political economy，1991，99（3）：483 - 499.

9.3.2 空间经济学与区域协调发展

1. 核心—边缘理论

核心—边缘理论是空间经济学诸多模型的基础，其将研究生产要素全球流动下国际专业分工的贸易理论与研究经济活动区位理论的经济地理理论融合，空间经济学由此在世界范围内受到了广泛瞩目。借鉴国际贸易理论，保罗·克鲁格曼（Paul R. Krugman，1991）把空间概念引入迪克希特·斯蒂格利茨的垄断竞争一般均衡分析框架中，完成了空间经济学的开山之作，即核心—边缘模型（CP模型）❷。该理论具有以下内涵：任何企业都趋向于选择较大的市场区作为其生产区位，市场规模取决于人口规模和收入水平，而人口规模和收入水平又取决于提供就业机会的规模。核心—边缘理论考虑的是两种要素（农民和工人的劳动）、两个部门（农业和现代工业）和两个地区（比如界定为南部和北部地区）。

核心—边缘理论的三种基本效应是市场接近效应、生活成本效应、市场竞争效应。市场接近效应是指垄断型企业选择市场规模较大的区位进行生产并向规模较小的市场出售其产品的行为；生活成本效应是指企业对当地居民生活成本的影响，在企业比较集中的地区，支付的运输成本较少，消费者支付的生活成本较低，实际收入水平较高；市场竞争效应是指不完全竞争性企业趋向于选择竞争者较少的区位。前两种效应促使企业的空间聚集，而第三种效应促使企业的分散，前两种效应组成了聚集力，而第三种效应成为了分散力。核心—边缘理论具有两大突出特征[15]：第一，内生的非对称现象的发生是突发性的。当处于对称均衡且贸易自由度很小时，贸易自由度的提高不会影响产业的区位。但贸易自由度达到某一临界值后，自由度稍微增加就会发生突发性聚集，此时的稳定状态即所有产业集中在某一区域。第二，区位黏性。这种情况发生在贸易自由度大于持续点的贸易自由度时。这种特性的重要性在于，当这种情况存在时，历史事件、人们的预期或某种区域政策起主要作用。

2. 城市系统理论

在传统经济学中城市总是被事先假定的，但实际上，城市作为被农业腹地包围的制造业集聚地，其本身就是集聚力"循环累积因果关系"的结果。从19世纪70年代中期，空间经济学家就开始建立城市系统理论。总体来说，城市系统理论主要受到四种范式的影响❸：一是传统的城市经济学；二是产业组织理论；三是内生经济增长理论；四是空间经济学。为了分析各种城市系统问题，亨德森（1974）最早提出了城市系统理论❸。其解释了经济活动在城市中的聚集现象，对现代城市经济学中的城市系统问题进行研究。藤田（Masahisa Fujita）和克鲁格曼（Krugman）等人在CP模型的基础上，构建了城市空间模型，假设只有农业用地是不可流动要素，是城市离心力的源泉，农产品和制造业产品交易都存在运输成本。其利用市场潜能函数解释了城市为什么能够存在，新城市的形成过

---

❷ Fujita M，Krugman P R，Venables A J. The spatial economy：cities，regions，and international trade ［M］. MIT Press，1999.

❸ 安虎森. 空间经济学原理 ［M］. 北京：经济科学出版社，2005.

❸ Henderson，J V. The size and types of cites ［J］. The American Economic Review，1974，64（4）：640-656.

程及其区位，从而建立了空间经济学的城市系统理论。

建立城市系统理论的第二条主线是把地方公共产品理论应用在城市研究中。威尔森（1987）提出了一个理论，该理论中有两种可贸易的私人产品，这种产品的生产是以不变报酬为特征的，投入品为土地和劳动力，不存在定域化经济。在这个模型中，自给自足经济条件下的最优城市规模是城市劳动力的倒 U 型函数。这种函数说明，公共物品的人均成本随城市人口的增加而下降，每个人的边际产出和工资水平也随之下降。

克鲁格曼（1991）的城市空间系统理论为理解城市层级体系的演化提供了另一个方向。该理论指出产业具有迪克希特—斯蒂格利茨的垄断竞争和产品差异化特征。首先，交易成本为正，且遵循冰山交易技术；其次，在自由进入和退出的条件下，企业的自我组织是城市形成的核心机制。该理论通常假设一个特定的均质空间，城市没有土地市场，因此城市是没有空间维度的一个点。同时，该理论最重要的是农业部门的劳动者是不能流动的，但在城市形成和城市区位中起着重要作用。

3. 国际贸易理论

国际贸易理论主要讨论国际专业化与贸易、产业集聚、可贸易的中间产品和贸易自由化趋势对一国内部经济地理的影响。在现实生活中由于国界、语言以及文化等方面的壁垒和差异，生产要素的流动会受到种种限制，"国界"是不可避免的影响因素。之所以有国际贸易理论存在，就是因为有国界的存在[32]。国际贸易的传统理论考虑的是国际间专业化分工与贸易所得，将空间经济理论应用到国际贸易传统问题，更强调了外部经济在贸易中的作用。鉴于世界经济的一体化趋势，虽然从总体上看，贸易自由化会使一个国家的工业在空间上显得更加分散，但是对某些工业而言，贸易自由化却可能带来空间集聚。一般认为，国际贸易所得来自于消费者所得和生产者所得，但贸易可以导致内部经济地理的重新组织，它既在总体上促使制造业活动变得更加分散，同时又促使某些产业发生集聚[33]。

克鲁格曼、维纳布尔斯、藤田等提出了上下游部门间的成本联系的概念，利用不同国家产业间的直接投入产出联系，建立了一个具有核心—边缘结构的 CPVL 模型，又称为中间产品模型[34]。CPVL 模型不存在劳动力的区际流动，因此，其中不存在需求关联和成本关联的"循环累积因果关系"。迪克西特—斯蒂格利茨—克鲁格曼贸易模型（DSK 模型）对区域经济系统的要素流动进行了进一步探讨。该模型基于两部门（农业部门和制造业部门）两区域的视角，界定了本地市场放大效应、价格指数效应和市场拥挤效应的涵义。模型指出，某一区域劳动者数量的增加会提高对该地区制造业部门产品的需求，制造业产品需求的扩张又会引入更多的厂商选择该地区作为生产区位。这种较大区域的市场规模稍微增加，就会导致该区域制造部门的份额以更大的比例增加的现象为本地市场放大效应[16]。

㉜　马骥. 空间经济学理论体系及其新发展 [J]. 生产力研究，2009（11）：7 - 8，62.

㉝　梁琦. 空间经济学：过去、现在与未来——兼评《空间经济学：城市、区域与国际贸易》[J]. 经济学（季刊），2005（3）：1067 - 1086.

㉞　Masahisa Fujita, Paul Krugman, Anthony J. Venables. Venables. The Spatial Economy [M]. The MIT Press, 1999.

9.3.3 产业经济学和空间经济学视角下的西部地区协调发展

产业经济学理论的提出和应用是社会经济进步的体现，对于西北"水三线"的发展和建设具有重要的指导作用。西北地区的地理位置和经济环境使得该地区的市场需求程度相较于我国其他地区并不具有优势，通过灵活运用产业经济学理论模型，加强政府的各项政策和宏观把控，可以有效地优化西北地区产业布局。其中，配第—克拉克理论为优化合理配置就业人口的转移提供了重要的导向作用，可以指导西北"水三线"地区经济发展和产业结构的合理布局和分配。杜能的农业区位论以及韦伯的工业区位论为现阶段农业及工业区位的合理布局提供了重要的理论依据，其可促进区域现代农业化和工业化的发展，对于西北"水三线"地区形成合理的产业配置提供了理论支撑，也为发挥西北地区产业比较优势，增强产业竞争优势，发掘新的产业区位具有指导作用。马歇尔的产业聚集理论对经济和产业的发展起到宏观调控作用，该理论有利于指导西北"水三线"地区的优势资源和产业集聚，鼓励区内外贸易和投资，增强产业结构的开放性，促进水资源合理调配和区域特色产业发展。

在空间经济学视角下，核心—边缘理论对于我国经济发展与区域协调发展具有重要的现实意义。改革开放以来，我国的经济一直保持着高速增长，但东、中、西部发展不平衡的困境始终存在，贫富差距与城乡发展差距逐渐拉大。核心—边缘理论指出，一个空间系统发展的动力是核心区产生大量的革新，这些革新从核心向外扩散，影响边缘区的经济活动、社会文化结构、权利组织和聚落类型。因此，连续不断地革新，通过成功的结构转换而作用于整个空间系统，可以促进国家与区域经济全面、均衡发展。核心—边缘理论指出资源向哪里集聚，哪里就是中心；只要市场和政府这两只手发挥作用，就会指引经济资源集聚的方向❸。针对我国发展不平衡和城市发展阶段性的特点，可以利用核心—边缘理论解释多个区域从孤立发展转变为互相联系、不平衡发展，以及从不平衡发展转化为平衡发展的原因。开展基于核心—边缘理论的应用研究，可以为西北"水三线"地区科学制定区域经济发展战略和产业政策提供理论依据，为我国西北地区的边缘化问题寻找出路。

城市系统理论的现实意义在于指导西北"水三线"地区建立合理的城市层级体系。空间经济学研究集聚的均衡性和稳定性，城市规模越大，集聚的生产要素就越多、生产要素的优质度就越高，中心的吸引力及其对外围的辐射力就越大。区域经济发展的空间组织路径是城市—城市群—以城市群带动的区域板块，城市始终扮演着重要角色。有合理的城市层级结构，城市群就会协调发展，进而构筑整个区域板块的协调发展。因此，空间经济学可以从指导区域协调发展的视角协助西北"水三线"地区构建合理的城市层级体系。在合理的城市层级体系中，要实施区域协调发展战略，要充分发挥中心城市的引领作用，同时要积极拓展西北地区的经济地理空间，通过发挥各地区比较优势来缩小区域发展差距，从而带动我国西北"水三线"地区社会经济的全面发展。

改革开放 40 年以来，我国对外贸易和吸收外商直接投资持续高速增长，但是，我国对外开放空间布局还不均衡，并导致区域经济发展的较大差异，西北"水三线"地区在全

---

❸ 王如玉，梁琦．从空间经济学看区域协调发展战略 [N]．中国社会科学报，2019 - 01 - 11 (5).

国及全球的经济地理地位亟须提升。随着"一带一路"建设的深入推进，我国对外开放步入新的发展机遇期，而西北"水三线"地区位于"一带一路"中间的内陆腹地，在国际贸易中具有不可忽视的战略地位。当前，国际贸易合作还处于一个比较复杂的国际环境之中，世界经济下行风险增大，保护主义威胁全球贸易稳定增长。基于国际贸易理论不断优化贸易内容和现代化企业管理思想，充分发挥国际贸易与国际直接投资理论的作用，可以为更好地开展国际贸易活动提供支持与基础，从而促使我国经济在国际贸易交流中实现更好发展。

国际贸易理论还可以为促进西北"水三线"地区与"一带一路"国际大通道顺利对接、沟通"一带一路"经济走廊、带动国内及周边国家的交流合作提供理论指导。同时，国际贸易理论可从实践层面深化对于我国对外开放空间布局的发展阶段、特征及趋势的认识，从理论层面厘清对外开放空间布局演变的内在规律，从而更好地把握中国对外开放空间布局演变的主要影响因素及原因，为我国对外开放空间布局优化提供研究借鉴，为构建促进区域经济协同发展的对外开放空间布局提供基础。

参 考 文 献

［1］　林毅夫. 新结构经济学的理论基础和发展方向［J］. 社会科学文摘，2017（5）：53-56.

［2］　刘力群. 荒漠化治理：国土整治的难点与关键——兼论防治荒漠化公约在我国的执行［J］. 战略与管理，1998（1）：85-90.

［3］　刘力群，卢琦. 开发西北沙区　拓展生存空间［J］. 中国人口·资源与环境，2002（3）：105-109.

［4］　周天勇. 论调水改土对国民经济城乡要素模块间梗阻的疏通［J］. 区域经济评论，2019（3）：8-17，2.

［5］　周天勇. 调水改土与国民经济持续发展［J］. 经济研究参考，2019（4）：5-12.

［6］　威廉·配第. 政治算术［M］. 马妍，译. 北京：中国社会科学出版社，2010，18.

［7］　吴志强，李德华. 城市规划原理［M］. 4版. 北京：中国建筑工业出版社，2010.

［8］　约翰·海因里希·冯·杜能. 孤立国同农业和国民经济的关系［M］. 吴衡康，译. 北京：商务印书馆，1986.

［9］　阿尔弗雷德·韦伯. 工业区位论［M］. 李刚剑，等译. 北京：商务印书馆，2010.

［10］　奥古斯特·勒施. 经济空间秩序［M］. 王守礼，译. 北京：商务印书馆，2010.

［11］　埃德加·M·胡佛，弗兰克·杰莱塔尼. 区域经济学导论［M］. 郭万清，等译. 上海：上海远东出版社，1992.

［12］　阿尔弗雷德·马歇尔. 经济学原理［M］. 朱志泰，等译. 北京：商务印书馆，1964.

［13］　Porter M E. New global strategies for competitive advantage［J］. Planning Review，1990，18（3）：4-14.

［14］　Krugman P. Increasing returns and economic geography［J］. Journal of political economy，1991，99（3）：483-499.

［15］　安虎森. 空间经济学原理［M］. 北京：经济科学出版社，2005.

［16］　皮埃尔-菲利普·库姆斯，蒂里·迈耶，雅克-弗朗索瓦·蒂斯. 经济地理学：区域和国家一体化［M］. 安虎森，等译. 北京：中国人民大学出版社，2011.

第3篇

西北内陆河流域水资源利用与水循环调控

导 读

1 **案例启示**：总结世界上具有代表性的干旱区内陆河流域——咸海以及国内的塔里木河、黑河、石羊河流域，社会经济可持续发展面临的水资源短缺、生态环境恶化等问题，以及水资源过度开发利用应汲取的经验教训与启示。系统阐述了我国在干旱区内陆河流域实施生态修复采取的对策措施和取得的成效。

2 **预测分析**：系统分析了西北"水三线"气候、冰川及径流变化特征，研判了未来气候变化情景下水安全情势和面临的挑战。

3 **研究结论**：基于内陆河流域水循环特征及调控机理，提出了"三七调控，五五分账"的"引""耗"水调控管理模式和自然—社会—贸易"三元"水循环过程调控管理措施，指出依托南水北调西线—西延工程，构建西北水网，是保障内陆河流域水安全的重大战略举措。

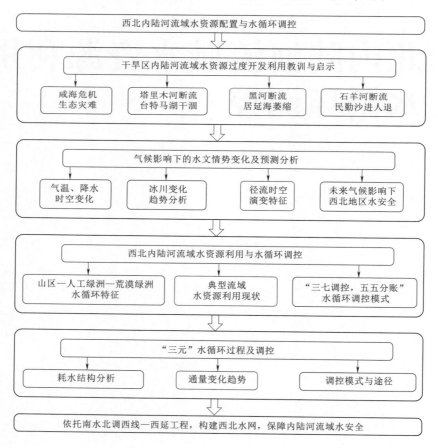

第10章 干旱区内陆河流域水资源过度开发利用教训与启示

10.1 咸海危机与教训启示

10.1.1 流域概况

1. 背景情况

咸海是中亚最大的两条内陆河——阿姆河和锡尔河的尾闾湖,是亚洲仅次于里海的第二大内陆咸水湖。咸海流域涉及哈萨克斯坦、吉尔吉斯斯坦、塔吉克斯坦、土库曼斯坦、乌兹别克斯坦、阿富汗、伊朗等七个国家。根据水资源和水文地质特点,可将流域分为径流形成和径流耗散两个区,塔吉克斯坦、吉尔吉斯斯坦和阿富汗为阿姆河和锡尔河的径流形成区,哈萨克斯坦、乌兹别克斯坦和土库曼斯坦则为阿姆河和锡尔河的径流耗散区(图10-1)。

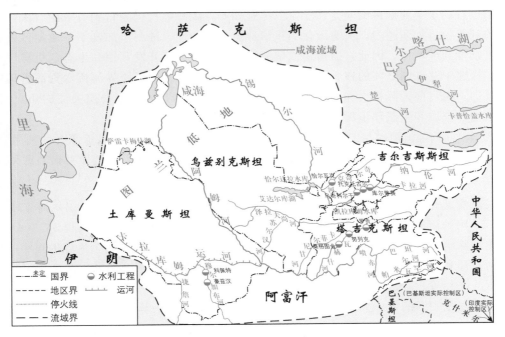

图 10-1 咸海流域示意图

241

长期以来，该区域由于重经济发展，轻环境保护；重各自国家利益，轻流域统筹协调；国家间的协调机制缺乏权威性，且执行不力；水资源开发利用不合理，利用效率低；造成以水为主导因素的咸海流域生态环境持续恶化，入湖水量锐减，湖面急剧萎缩，造成南北湖区分离，干枯的湖底形成大面积的盐土沙漠，含有多种化合物的盐尘风沙不断吞食着周围的大片耕地和牧场，污染着空气和水源。从而导致植被破坏，气候条件恶化，疾病流行，当地居民的生命健康受到威胁。咸海问题已由生态问题转化成生态和社会危机。一些学者认为：咸海危机是另一座切尔诺贝利核电站的缓慢爆炸，就现状和后果而言，咸海危机要比切尔诺贝利核泄漏事故给人类社会带来的灾害大得多。因此，咸海问题不仅受到中亚各国的高度重视，而且也引起了国际社会越来越多的关注。

咸海生态危机完全是一个由人类自导并日益严重的水资源—生态—环境与社会危机，是中亚社会发展进程中，水资源供需矛盾和生态环境问题表现最为突出的区域，已严重妨碍了经济发展和社会稳定，甚至严重影响到中亚国家间的关系。在解决咸海问题上，中亚各国都表现出了极度忧虑和希望合作解决共同问题的诚意。从 1992 年开始，哈萨克斯坦、塔吉克斯坦、乌兹别克斯坦、土库曼斯坦、吉尔吉斯斯坦五国签订了一系列多边和双边合作协议，于 1993 年成立了咸海委员会（ICAS），并建立了拯救咸海国际基金会（IFAS）。为了协调解决水资源利用和分配问题，还成立了隶属于该基金会的国家间水资源协调委员会（ICWC）。此外，许多发达国家和国际组织也多方介入，大力援助，积极斡旋。如瑞士、美国等国家积极引入水资源一体化管理理念，援建了一批水资源一体化管理示范试验项目；许多国家和国际组织也纷纷出资，改革流域现行水管理体制，推行先进的管理理念，开展水利技术合作，实施旨在提高水资源利用效率的水利基础设施建设项目。

世界各种战略力量进入中亚，无疑有助于从多边层面上解决中亚水危机问题，在某种程度上也有利于中亚地区的安全和稳定。尽管如此，咸海危机仍未得到有效的解决，中亚各国的利益纷争越演越烈，大有激化为军事冲突的可能性，进一步加剧了中亚地区安全形势的复杂性和严峻性。因此，摸清造成咸海流域水资源过度开发利用和生态危机深层次的原因，探究中亚五国之间的核心利益冲突的焦点问题，总结中亚跨界河流水资源管理中的经验教训，是目前国际社会和一些关注中亚问题的政治家、外交家普遍关注的焦点问题，同时也是水资源和生态环境保护专家广泛研究的课题。

我国西北内陆河流域与咸海流域有着极其相似的水文气候条件和水资源开发利用模式，总结咸海危机及其经验教训，对指导我国西北干旱区水资源开发利用具有重要借鉴意义。

2. 社会经济概况

咸海流域位于亚洲内陆干旱地区，流域总面积 155.4 万 km^2。其中，锡尔河流域 53.1 万 km^2，阿姆河流域 102.3 万 km^2。咸海原水面面积 6.6 万 km^2（水位高程 53.30m）。中亚五国中除哈萨克斯坦外，其他四国 95% 以上的领土都在咸海流域内，流域的很小一部分位于阿富汗和伊朗境内。哈萨克斯坦和乌兹别克斯坦是咸海的湖滨国家，两个国家的海岸线长度几乎相等。

阿姆河是中亚的第一大内陆河，长 1437km（从支流源头算起为 2540km），发源于海拔 5000.00～6000.00m 的帕米尔—阿拉雅山系。中亚第二大内陆河——锡尔河全长 2212km（从支流源头算起为 3019km）。进入咸海的年平均水量，1937—1960 年，锡尔河为 132 亿 m³，阿姆河为 386 亿 m³[1-2]；1991—2010 年，锡尔河为 36 亿 m³，阿姆河为 258 亿 m³。2010 年咸海流域总人口 5005 万人，灌溉面积 8100×10³hm²，总用水量 1060 亿 m³，其中农业灌溉用水占 92.5%（表 10-1）。

表 10-1　　　　　　　　　1960—2010 年咸海流域社会经济主要指标一览表

指　标	年　份						
	1960	1970	1980	1990	2000	2004	2010
人口/(×10⁶ 人)	14.6	20.3	26.8	33.6	41.8	43.8	50.05
灌溉面积/(×10³hm²)	4510	5150	6920	7250	7896	8120	8100
人均灌溉面积/hm²	0.31	0.25	0.26	0.22	0.19	0.19	0.16
总取水量/(亿 m³/年)	606.6	946	1207	1181	1050	1020	1060
灌溉用水/(亿 m³/年)	562	868	1068	1064	947	930	980
每公顷耗水量/(m³/hm²)	12450	16860	15430	14000	11850	11450	12099
人均耗水量/(m³/人)	4270	4730	4500	3460	2530	2120	2130

注　1. 1960—2004 年数据来自参考文献 [1]、[2]。
　　2. 2010 年数据来自 http://twap-rivers.org/indicators/。
　　3. 2010 年灌溉面积数据来自参考文献 [3]。

3. 水资源评价

（1）**地表水资源**。咸海流域水资源主要由天山、帕米尔高原的冰雪和降雨径流形成，地表水资源总量为 1165.83 亿 m³，其中：25.1% 的径流产于吉尔吉斯斯坦，43.4% 的径流产于塔吉克斯坦，9.6%、2.1% 和 1.2% 的径流分别产于乌兹别克斯坦、哈萨克斯坦和土库曼斯坦，余下的 18.6% 的径流产自阿富汗和伊朗[1-2]；阿姆河流域主要支流有喷赤河、瓦赫什河、卡菲尔尼甘河、苏尔汉河等，多年平均径流量约为 793.8 亿 m³；锡尔河流域主要支流有纳伦河、奇尔奇克河、卡拉河、费尔干纳河等，多年平均径流量约为 372.03 亿 m³。咸海流域是中亚地区最大的跨界水体；阿姆河涉及塔吉克斯坦、吉尔吉斯斯坦、乌兹别克斯坦、土库曼斯坦、阿富汗、伊朗等 6 个国家；锡尔河涉及哈萨克斯坦、塔吉克斯坦、吉尔吉斯斯坦、乌兹别克斯坦等 4 个国家[4-6]（表 10-2）。

表 10-2　　　　　　　咸海流域径流量国家间分布及水文地理特征一览表

国　家	锡尔河		阿姆河		咸海流域		占流域面积比重/%	占国土面积比重/%	占流域人口比重/%	占全国人口比重/%
	径流量/亿 m³	占比/%	径流量/亿 m³	占比/%	径流量/亿 m³	占比/%				
哈萨克斯坦	24.26	6.5			24.26	2.1	21	13	5	15
吉尔吉斯斯坦	276.05	74.2	16.04	2.0	292.09	25.1	8	72	5	52
塔吉克斯坦	10.05	2.7	495.78	62.5	505.83	43.4	8	100	13	100
土库曼斯坦			15.49	1.9	15.49	1.2	21	77	9	99
乌兹别克斯坦	61.67	16.6	50.56	6.4	112.23	9.6	25	98	50	99
阿富汗、伊朗			215.93	27.2	215.93	18.6	15/2	17/2	17/0	33/0
合　计	372.03	100	793.80	100	1165.83	100	100		100	

（2）地下水资源。据有关国际机构评估[1]，咸海流域地下水资源量 434.86 亿 m³，地下水可开采量为 169.38 亿 m³。目前，实际的地下水开采量为 110.37 亿 m³（表 10-3）。

表 10-3　　　　　　　　　咸海流域的地下水储备和利用统计分析表　　　　　　　　　单位：亿 m³

国　家	储量	可利用	实际利用	用　途					
				饮用水	工业	灌溉	垂直排水	抽水试验	其他
哈萨克斯坦	18.46	12.70	2.93	2.00	0.81	0.00	0.00	0.00	0.12
吉尔吉斯斯坦	15.95	6.32	2.44	0.43	0.56	1.45	0.00		0.00
塔吉克斯坦	187.00	60.20	22.94	4.85	2.00	4.28	0.18		0.60
土库曼斯坦	33.60	12.20	4.57	2.10	0.36	1.50	0.60	0.01	1.12
乌兹别克斯坦	184.55	77.90	77.49	33.69	7.15	21.56	13.49	1.20	0.40
合计	434.86	169.38	110.37	43.07	10.88	40.45	14.09	1.21	0.67

注　表中数据与参考文献 [1] 中的数据保持一致。

（3）水资源总量。流域水资源总量为地表水资源量与地表水资源不重复的地下水资源量之和。从各相关机构的评价成果可以看出[2-5]，地下水绝大部分系由地表水的转换形成，可开采量应为与地表水资源不重复的地下水资源量 169.38 亿 m³。因此，咸海流域水资源总量约为 1335.21 亿 m³。

10.1.2　水资源开发利用及存在的主要问题

1. 灌溉农业迅猛发展，灌溉用水量大幅增加

咸海流域的灌溉农业历史悠久，当地有利的气候条件和丰富的土地资源，使地处阿姆河、锡尔河中下游地区非常适合发展灌溉农业。20 世纪 50—60 年代，苏联按照"劳动分工"大力调整区域经济，把全苏联划分为 18 个基本经济区，其中乌兹别克斯坦、吉尔吉斯斯坦、塔吉克斯坦、土库曼斯坦四国为中亚经济区，主要发展以棉花为主的农业种植业；哈萨克斯坦为一个单独经济区，主要发展以水稻和小麦为主的农业种植业和畜牧业。从 1950 年开始，苏联便在咸海流域进行大规模农业垦荒，将原来传统的游牧业转变为粮食、棉花、蔬菜等种植农业。为保证粮食和棉花产业长期稳定发展，一大批大型灌区水利工程先后建成，农业用水保证率大大提高，咸海流域成为苏联重要的农产品基地[6]。

咸海流域 10 个主要大型灌区主要集中分布在乌兹别克斯坦、哈萨克斯坦和土库曼斯坦。1940 年，中亚五国咸海流域灌溉面积为 384.6 万 hm²，到 1960 年即达 451 万 hm²；此后的 1960—1980 年间是咸海流域灌溉面积增长速度最快的 20 年，总灌溉面积达到 692 万 hm²；1980 年后灌溉面积继续增加，但增长速度逐渐减缓。苏联解体后，哈萨克斯坦因人口减少和更关注工业经济发展，实际耕种的灌溉面积有较大幅度的下降，吉尔吉斯斯坦则因为国力微弱、适宜发展农业灌溉的土地条件有限，灌溉面积和取水量均呈现下降趋势。乌兹别克斯坦、土库曼斯坦和塔吉克斯坦，在工业基础较薄弱又想保持经济不大滑坡的情况下，继续强化农业经济，加大农业灌溉面积的扩张，其中以乌兹别克斯坦最为突出（图 10-2 和表 10-4）。

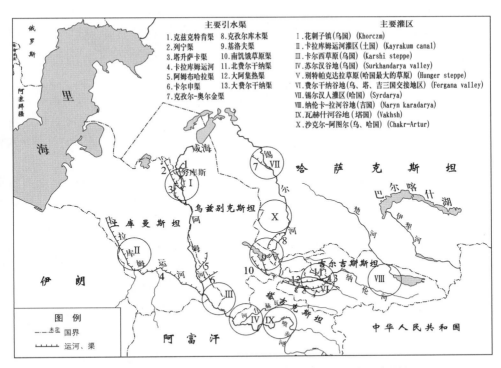

图 10-2　咸海流域主要灌区、引水灌溉工程分布示意图

表 10-4　　　　　　　　中亚五国咸海流域取水量变化分析表　　　　　　单位：亿 m³

取水量	年　份							
	1940	1960	1970	1975	1980	1990	1994	1999
哈萨克斯坦	78.0	97.5	128.5	122.1	142.0	119.0	109.0	88.0
吉尔吉斯斯坦	48.0	52.1	58.0	61.0	61.0	52.0	51.0	41.0
塔吉克斯坦	73.0	108.8	144.0	141.0	155.0	133.0	143.0	145.0
土库曼斯坦	62.0	80.7	172.2	228.4	260.0	244.0	238.0	191.0
乌兹别克斯坦	262.0	307.8	532.0	463.0	583.0	633.0	586.0	624.0
合计	523.0	646.9	1034.7	1015.5	1201.0	1181.0	1127.0	1089.0

2. 大规模兴建水利水电工程，激化上下游发电与灌溉用水矛盾

阿姆河、锡尔河及其支流上共建设了 100 多座大中型水库，总蓄水量超过 740 亿 m³[7-10]。大型水库多是具有灌溉、发电、防洪等综合利用功能的水利枢纽。最著名的有：位于吉尔吉斯斯坦境内纳伦河上的托克托古尔水库，库容 195 亿 m³，装机容量 1200MW。位于塔吉克斯坦境内瓦赫什河上的努列克水库，坝高 300m，库容 105 亿 m³，装机容量 2700MW；罗贡水库，坝高 335m，库容 133 亿 m³，装机容量 3600MW[10]。中亚各国独立后，又建设了一批大型水库电站，天然径流基本上被完全调控。

水力发电占整个中亚地区用电量的 27.3%，各个国家对水电的依赖程度不同。例如，塔吉克斯坦 98%、吉尔吉斯斯坦 91% 的电力来自水电，而土库曼斯坦只占 1%[9]。目前吉尔吉斯斯坦、塔吉克斯坦两国都制定了大规模开发水能资源的计划,拟彻底解决电力缺口问题,并可在夏季向邻国出口剩余电量[10]。这无疑将进一步加剧上游以发电为主、下游以农业灌溉为主的国家间用水矛盾和利益冲突。

3. 水资源过度开发利用,农业用水效率低下

中亚地区灌溉农业发展历史十分悠久,农业是主要的用水部门,其引用水量占总取水量的 90% 左右。1990 年苏联解体前,流域灌溉面积 725 万 hm²,社会经济总取水量迅速提高到 1181 亿 m³,其中灌溉用水量 1064 亿 m³。2010 年取水量 1060 亿 m³[3],占水资源总量的 79%(表 10-1 和表 10-4)。

虽然苏联解体后咸海流域中亚五国总用水量呈现下降趋势,但水资源过度开发利用的局面并没有得到实质性改观。2000 年土库曼斯坦宣布花 10 年左右的时间,利用卡拉库姆沙漠西北部的洼地建造一个名为“黄金世纪湖”的巨型人工湖,洼地面积 3500～4000km²。尽管土库曼斯坦称该湖用于收集灌溉排水而不取用阿姆河水,但实际上仅仅收集灌溉排水并不足以维持该湖的耗水量,因为建造这样一个巨型人工湖,每年仅蒸发、渗漏损失的水量就高达 100 亿 m³。山地国家吉尔吉斯斯坦和塔吉克斯坦,1970 年后用水量和灌溉面积变化不大,但独立后两国为保障其粮食自给,一直在积极争取扩大灌溉面积。因此,咸海流域农业用水短期内大幅度减少不太现实,而继续增加的可能性则很大。

在作物结构上,咸海流域以粮食(小麦、玉米和水稻)、油料和棉花这三类作物为主,是重要的棉花和水稻基地。苏联 90% 的棉花、40% 的水稻、33% 的水果、25% 的蔬菜均由咸海流域提供[6]。目前,中亚五国依然是世界重要的棉花产区之一,棉花是乌兹别克斯坦、土库曼斯坦、塔吉克斯坦三国农业的支柱产业,占大田作物面积的 1/4 以上[11]。

长期以来,大量的灌溉引水工程老化失修,灌溉设施陈旧落后,输水效率低下,大水漫灌现象比较普遍,加之农民用水又是免费的,因此浪费水的现象非常严重,亩均灌溉用水达 763～1029m³ 以上[12]。在土库曼斯坦,每年约有 150 亿 m³ 的水从阿姆河引入卡拉库姆大运河,但由于沿途蒸发渗漏损失严重,造成大量水资源浪费,引水总量中仅有 1/3 真正用于生产[13]。特别是一些涉及多个国家的跨境渠道,因破损严重而一时又难以达成一致意见,水资源浪费日益加剧[7]。低下的农业用水效率,使得农业用水效益不高,农作物单位产量耗水量过大。

4. 湖面急剧萎缩,水质不断恶化

(1)咸海水位和面积变化。在 20 世纪中叶前,咸海湖水位长期维持在 51.00～53.00m,湖面面积 6.6 万 km²,水体体积为 10000 亿 m³。根据水量平衡计算,每年咸海的蒸发量达 600 亿 m³[14]。自 20 世纪 60 年代开始,随着流域内工农业迅猛发展与人口快速增长,流域用水量急剧增加,使流入咸海的地表径流量剧减。1961—1970 年间,咸海的水平线以每年 20cm 的速度下降;而在 1970 年,下降速度达到 50～60cm/年;到 1980年,下降速度进一步提高到 80～90cm/年(图 10-3)。1987 年咸海被分成南、北两部分(即南咸海和北咸海)。其后,曾使用人工渠道将两个湖重新连接,但终因继续萎缩而在 1999 年再度分开。2003 年,南咸海又分割为东、西两边。2003 年 10 月,哈萨克斯坦

耗资 2.6 亿美元实施北咸海拯救计划，建造一个人工堤坝将南北两湖完全分离，并于 2005 年竣工。此工程将北咸海的面积由 2003 年的 2550km² 增加到 2008 年的 3300km²，北咸海水深度也从原来的 30m 增加到 42m。目前咸海仍在继续萎缩，遥感照片显示南咸海东边部分已经干涸，湖滨暴露出大量盐沙，面临彻底干涸的危险（图 10-4）。

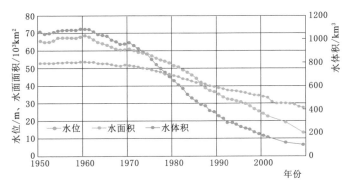

图 10-3　1950—2009 年咸海水文特征变化趋势图

（注：数据来源于 http://www.cawater-info.net/）

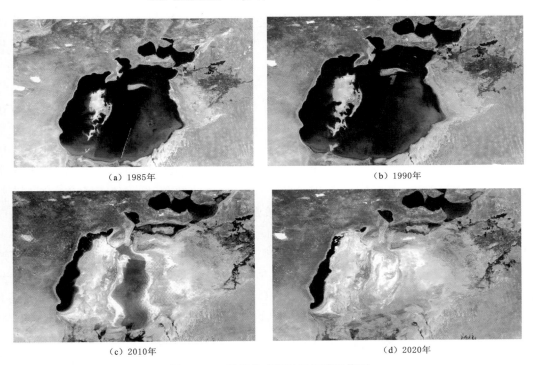

（a）1985年　　　　　　　　　　　　　　（b）1990年

（c）2010年　　　　　　　　　　　　　　（d）2020年

图 10-4　萎缩的咸海卫星遥感影像图

（2）咸海水质变化。1970 年以前咸海水质的矿化度稳定在 10g/L 左右，但 1970 年后，随着入湖水量的减少和农田排水的增加，咸海水体中的矿化度逐步提高，到 2000 年咸海水质矿化度达到 60g/L，比 1970 年前提高了 5 倍多（图 10-5）。同时，随着入咸海径流的减少直至断流，流入咸海的盐量呈下降趋势，但盐量仍保持在 27 亿 t 以上，表明干涸的湖床析出了大量的盐分，成为中亚"盐尘暴"的主要来源——盐漠。

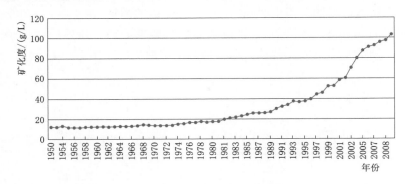

图 10-5　咸海水质矿化度变化趋势图

(注：数据来源于 https://www.britannica.com/)

20 世纪 60—70 年代，阿姆河和锡尔河全河段水质矿化度均不超过 1g/L，但由于水资源过度利用，不仅使流入咸海的径流量锐减，河道断流，同时带有有毒农药残留物的灌溉排水和洗盐水被大量排入河道，造成水质年均矿化度逐年增加，其中锡尔河 1991—1999 年间，卡扎林斯克水文断面的年均矿化度达到 1.6～1.9g/L；阿姆河 1991—1995 年间，萨曼拜水文断面的年均矿化度达到 1.0g/L。河水的严重污染，导致下游沿岸城镇供水的水质日益恶化。

5. 水资源分配不合理，利益得不到协调，是造成利益冲突的根本原因

在阿姆河流域，塔吉克斯坦径流量占 62.5%，乌兹别克斯坦、土库曼斯坦两国仅占 6.4% 和 1.9%；在分水比例上，塔吉克斯坦仅为 13.6%，乌兹别克斯坦、土库曼斯坦两国却均为 43%。在锡尔河流域，吉尔吉斯斯坦径流量占 74.2%，哈萨克斯坦仅占 6.5%，乌兹别克斯坦占 16.6%；在分水比例上，吉尔吉斯斯坦仅为 1%，哈萨克斯坦、乌兹别克斯坦两国却为 38.1% 和 51.7%（表 10-2、表 10-5）。基于《阿拉木图协议》的各国分水比例基本沿用了苏联的水资源分配体制，也就是说，产水量多的用水少，产水量少的用水多。苏联时期，出于全国和地区整体发展规划和经济布局的考虑，在"劳动分工"的原则下，位于中亚河流上游地区的加盟共和国重点建设各类水利调节设施，为下游提供供水和用电保证，下游地区的加盟共和国重点发展灌溉农业和工业，并向上游地区提供能源、工业品与农产品，从而达到整个地区的平衡发展。苏联解体后，水利设施和水资源分配体制被保留下来，但是上下游国家之间补偿措施却常常得不到落实，因此，矛盾也随即升级成为国家间的利益冲突。

表 10-5　　　　　　　　　基于《阿拉木图协议》的各国分水比例一览表[15]　　　　　　　　　%

国　　家	锡尔河分水比例	阿姆河分水比例	国　　家	锡尔河分水比例	阿姆河分水比例
哈萨克斯坦	38.1	0	土库曼斯坦	0	43.0
吉尔吉斯斯坦	1.0	0.4	乌兹别克斯坦	51.7	43.0
塔吉克斯坦	9.2	13.6	合计	100.0	100.0

注　此协议基本沿用了苏联的分水方案。

10.1.3 咸海危机及造成的严重后果

1. 水资源过度开发利用效应——咸海危机

咸海曾经是世界第四大内陆湖,受苏联时期大力促进中亚咸海流域农牧业基地建设影响,一大批运河、灌渠、水库陆续建成,水资源被大量、持续地截留用于灌溉、发电,导致河流径流量减少、河流长度缩短,入湖水量减少,湖泊大面积干涸。流域灌溉面积不断扩大,农业用水约占流域地表水资源总量的90%,再加上工业和城镇生活用水量增加和大型水库的拦蓄调节,使阿姆河80%以上、锡尔河90%以上的入咸海水量被拦截分流。锡尔河、阿姆河原有的三角洲洪水泛滥过程停止,三角洲河网逐渐消失,95%的沼泽、湿地退化成盐漠。引发了全球闻名的"咸海危机",进一步演化成一场社会危机。

(1) 干涸湖底形成盐漠,严重影响周边地区的气候和环境条件。咸海在漫长的历史演变过程中积累了大量的盐分,湖泊萎缩,盐床裸露,盐尘在风力作用下向四周扩散,导致了一个新的盐风暴源地的形成和发展,致使沙暴、盐尘暴和扬尘天气增加。据估算,咸海完全干涸后,析出的总盐量将达100亿t[8],引发的盐尘暴、沙暴甚至由湖底被吹到了天山和帕米尔高原的冰川上,加速了冰川的消融,对邻接地区(约250km范围)的气候和环境将产生较大影响,同时也使咸海周边近200万hm²耕地和20%的牧场减产[12]。

(2) 土壤污染严重,水质恶化,严重影响流域农业生产和居民健康。据2003年统计,咸海地区化肥用量已达480~600kg/hm²,农药34kg/hm²,其中乌兹别克斯坦灌溉地的农药平均用量更是高达41.6kg/hm²,是苏联农药平均用量的7倍[13];30%~60%的灌溉地被污染,污染物浓度通常超过极限允许浓度的20~40倍,盐碱地面积已达到总灌溉面积的56%,其中乌兹别克斯坦中度和重度盐碱化土地占灌溉面积的比例为60%,费尔干纳盆地中部竟高达80%[16-19]。每年土壤"洗盐"、采矿、冶金、化工、纺织、皮革等行业形成的大量回归水(280亿~335亿m³),在基本没有净化处理的情形下排放,使得流域地表水和地下水受到严重污染,进而对居民健康造成严重影响,肠胃病、呼吸道疾病和癌症的发病率大增。就整个咸海流域而言,婴儿死亡率是苏联及欧洲地区的5倍,成人和胎儿死亡率也急剧升高[20-22]。

(3) 水质恶化及对居民健康的影响。根据全球国际水域评估(GIWA)专家评估[7],咸海流域环境污染主要是水污染,灌溉、工业城镇各类排水是主要污染源(农田排水占95%)。1990—1999年排入河道和湖区的回归水量为280亿~335亿m³,其中135亿~155亿m³来自锡尔河,160亿~190亿m³来自阿姆河。矿化度:春季和夏季为2~3g/L;秋季和冬季为5~12g/L。地表水和地下水污染日益严重,是造成居民健康状况恶化的直接原因之一。全流域污染和严重污染的水质占8%,有25%的水处于污染的边界状态,44%的供水水质属于中度污染,达标或轻度污染的只有23%。处于下游的乌兹别克斯坦、土库曼斯坦两国水体污染最为严重,在乌兹别克斯坦的阿姆河流域,有70%的水对健康有害,10%的水对健康有严重威胁。目前下游水质污染问题虽未引起较大的争端,但最后必然成为流域合作的重大问题。

(4) 生物物种和数量减少,严重威胁中亚地区自然生态系统。随着咸海的日益干涸,大部分干枯的湖底沦为寸草不生的盐碱地,湖水含盐浓度由1951年的9.7g/L上升至

2009 年的 102g/L。阿姆河和锡尔河两河入湖三角洲地带的湖岸林、芦苇及草地明显退化，当地气候的干旱性越加突出，植被生长期缩短，生产力剧减。沙生植物群落比例增大，代替了部分河岸湖岸林。在阿姆河三角洲，1970—1999 年，胡杨林面积从 30 万 hm^2 缩减到 3 万 $hm^{2[16]}$。1960—2000 年，阿姆河三角洲内动物有六种或亚种消失，20 多种变得稀少，鸟类有 30 种消失[7]。地带性湖岸林、芦苇及草地明显退化，植被大面积枯死；鱼类及野生动物的数量急剧减少，栖息环境严重恶化，生物多样性遭到严重破坏。

2. 咸海危机造成的严重后果

咸海危机不仅严重影响当地居民的生活和健康水平，而且对社会经济、国家安全、地区稳定构成严重的威胁或破坏。具体表现如下：

(1) 恶化居民生存环境，严重制约中亚地区社会经济的可持续发展。 咸海水量减少而引发的沙尘暴将近 1 亿 t 的盐尘带到附近地区，吞没了近 200 万 hm^2 耕地和 20％的牧场。咸海地区已有草场的牧草产量从以前的每公顷 1000～5000kg 减少到 50～200kg[19]。水质污染严重，各种疾病的发病率急剧升高[20]。咸海流域是以灌溉农业为主的欠发达地区，农产品是关乎中亚各国政治经济命脉的重要商品，水稻和小麦是中亚地区粮食安全的重要保障，而棉花出口是外汇收入的重要来源。一方面，在水资源短缺和水质变差的情况下，必然导致粮棉产量的大幅度下降；另一方面，拯救咸海危机必然会大幅度削减农业用水，使传统的农业生产受到影响，而且农业节水也需要增加巨额的投资，从而导致该地区人民生活水平的下降，同样也成为制约工业发展的现实和潜在阻碍。

(2) 恶化国家间的关系，严重威胁中亚地区稳定。 因中亚水资源有限，使水成为越来越重要的战略资源，而对资源主权的维护和控制历来是引起国际争端和冲突的根源。中亚各国自独立以来，为了增加财政收入，一直对水资源进行掠夺性开发，使原来水利设施利用制度中的行业间矛盾升级为国家间的矛盾。加之缺乏科学治理和开发水资源的理念，使得各国在水资源利用上一直是你争我夺，冲突不断，甚至愈演愈烈。即使是在水资源较为丰富的吉尔吉斯斯坦、塔吉克斯坦两国之间，也存在着地区性冲突，如在 2008 年春，塔吉克斯坦、吉尔吉斯斯坦两国边界居民又因争夺水源发生冲突。有专家断言："某些贫水国家，如哈萨克斯坦、乌兹别克斯坦和土库曼斯坦，其国际河流或湖泊将成为战争的'导火线'。"[21-23]

(3) 跨境水资源问题已经成为某些国家的政治工具。 世界各种战略力量进入中亚，无疑有助于从多边层面上解决中亚水危机问题，为协商解决中亚水资源利用问题提供了更多的对话渠道，搭建综合性多边安全合作平台，也为解决中亚地区的环境危机和水危机提供了急需的资金援助，这在某种程度上有利于中亚地区的安全和稳定。但是，从根本上讲，西方各国挤入中亚都是要把中亚作为欧亚大棋盘上一枚有利于谋取自身战略利益的棋子，归根到底是要为其自身利益服务的。事实证明，美国等西方大国借机进入中亚后，采取分化瓦解、各个击破的策略，已挑起了哈萨克斯坦与乌兹别克斯坦两个中亚大国争夺地区主导权的较量，并促使中亚各国在更多领域的利益争夺，这将进一步激化地区内部的矛盾和冲突，消解中亚的"地区抗御力"和民族凝聚力，提升军事冲突的可能性，甚至可能在中亚形成四分五裂的严重局面，使中亚地区的安全形势更加复杂和严峻[21]。

10.1.4 拯救咸海危机的对策措施

咸海危机实质是一场人类自导、日益严重的水资源—生态—环境与社会危机，咸海水资源枯竭、生态环境恶化已严重威胁到流域 5005 万居民的正常工作、生活和生命健康。破解咸海危机的关键是水，"开源节流减污"仍是核心法则之一。另外，从导致咸海危机日益严重的社会原因看，加强中亚国家间的合作是关键。

1. 开源——跨流域调水

关于"引西伯利亚河水拯救咸海"的设想苏联早在 20 世纪 50 年代就投入了大批研究机构和设计部门进行研究设计，其中心思想是在不影响鄂毕河本身和北冰洋诸海状况的前提条件下，把鄂毕河多余的径流南调。计划在额尔齐斯河和托博尔河交汇处的托博尔斯克，修建水利枢纽造成回水，使托博尔河倒流；运河在土尔盖谷地向南延伸；穿越土尔盖分水岭时，通过五级提水，把河水提升 84m 后南引，后注入锡尔河下游，引水工程全长 2300km。第一期工程引水 250 亿 m^3，第二期在鄂毕河口修建水利枢纽，引水 600 亿 m^3。不少人把希望寄托在这项规模宏伟的工程上，认为，将西伯利亚河水南调到咸海，才是"改善当今咸海悲惨命运的主要条件"。其实，这项巨大的调水工程，主要是为了进一步开发哈萨克斯坦和中亚地区的灌溉农田，规划补给咸海流域 98 亿 m^3 水仅是其中目的之一。由于该工程对调水区和过水区生态环境影响较大，遭到许多学者反对，加上耗资巨大，1986 年苏联政府停止了有关的全部设计工作[24]。

与此同时，苏联还研究了引里海水入咸海、引印度河水入阿姆河等调水方案。但终因跨界河流关系复杂、工程投资巨大、环境影响等原因而束之高阁。因此，在复杂的国际和中亚政治经济形势下，依靠调水来解决或缓解咸海危机的希望在短期内仍是很渺茫的。

2. 节流——流域综合治理措施

在意识到咸海问题的严重性而又力不从心、一些国际组织和西方大国的技术援助也只是杯水车薪的情况下，中亚国家必须正视现实，精诚合作，强化管理，立足本流域资源环境条件，制定切实可行的综合治理措施，节流减污，努力遏制咸海危机进一步扩大和恶化。

（1）面向未来，真诚合作，强化管理，建立水—能源市场机制。1993 年中亚五国成立国家间水资源协调委员会（ICWC），并建立了拯救咸海国际基金会（IFAS），虽然开展了一系列卓有成效的合作，不断推进流域水资源一体化管理的进程，但仍旧存在诸多难以协调的矛盾。目前 IFAS 的许多决定都是建议性的，没有约束力，上下游国家的利益冲突依旧严重，事实上中亚各国领导人虽然在口头均强调要加强合作，但在行动上却担心和拒绝合作，近期内能看到的只有 1996 年开始的"水—能源资源合作"，此后未发现相关的协议或实质性的进展情况信息。"水—能源"是中亚地区一体化的基础，因此，流域内各个国家必须共同努力，在遵守国际法准则、互相理解的基础上，制定公正、合理的"水—能源"政策和高效的协调机制。2004 年 10 月，在世界银行参与下，通过了建立"水—能源"集团的构想。目前，乌兹别克斯坦、哈萨克斯坦、吉尔吉斯斯坦、塔吉克斯坦四国政府正在成立国际化的"水—能源"财团，建立国际市场化的运行机制，由财团实现国家间燃料、电力、水资源的交换。同时，必须彻底改变目前计划配水的局面，按市场经济建立起水价运行体系，充分体现水资源的商品性和稀缺性。

（2）调整产业结构和经济发展模式，采取严格的节水措施，控制经济用水总量。流域总引用水量长期超过其承载力是咸海危机产生的根源。长期以来，咸海流域农业用水占社会经济总用水量的 90% 以上，只有通过农业节水并适当减少灌溉面积，才能有效控制社会经济总用水量。中亚各国矿产、能源资源丰富，苏联时期又有一定的工业基础。因此，控制人口过快增长，加快工业化、城镇化建设，转变经济增长方式，调整产业结构，提高水资源的利用效率和效益，是解决咸海危机，保障流域经济社会可持续发展的根本途径。在农业用水方面，大面积采用喷灌、滴灌和膜下灌溉等高效节水技术，改良盐碱地及低产田，压减高耗水作物的种植面积，提高水资源的利用效率和效益。在工业用水方面，建立严格的节约用水制度，推广水资源重复使用和循环使用的经验。据初步测算，咸海地区农业用水减少 12%，即可增加约 100 亿 m³ 的生态和工业用水。

（3）科学确定生态修复目标及生态用水量，建立国家间用水总量控制管理体系。恢复咸海原来的状态已不可能，"将咸海水位稳定在一个可持续发展的范围"一直是普遍关注的焦点问题。1986 年前苏联政府曾做出决策：保证 2010 年咸海及沿岸地区的河水补给量达到 150 亿 m³，同时采取工程措施，进行排水再利用，建立集中供水和其他工程。也有人提出：修复咸海生态环境入湖水量最少应达到 300 亿 ～ 400 亿 m³[25]。通过初步测算，认为维持入湖水量 300 亿 m³（含回归水）基本切合实际。锡尔河、阿姆河流域排入河流的回归水达 76.1 亿 m³，若采取必要的工程措施将目前仍排入自然洼地的 93.3 亿 m³ 回归水汇入咸海，再加上采取各种综合措施（如：农业节水、增加地下水开发、减少农业用水总量等），可使湖面面积稳定在 2.5 万 ～ 3 万 km²。为了确保咸海生态用水，必须限定流域各国用水总量，建立各重点水利工程、各主要水文控制断面的生态需水调度管理目标。

（4）加大地下水开发力度，合理调控地下水位，提高水资源利用效率。咸海流域地下水尚有一定的开发潜力，适度增加地下水开采量，一是可有效调控地下水位，减少一部分潜水无效蒸发，提高水资源利用效率；二是有利于盐碱地防治与改良；三是可转换出一部分地表水，用于修复流域生态环境。从咸海流域地下水的径流补给情况分析，全流域每年增加 50 亿 ～ 60 亿 m³ 的地下水开采量是可行的，如果再结合地面高效节水灌溉技术的应用，届时可转换出地表水约 100 亿 m³/年。

（5）节制农药化肥使用量，减少入海盐分，改良土地质量。长期单一的种植结构耗尽了土壤肥力，中亚五国尤其是河流中下游的乌兹别克斯坦、土库曼斯坦、哈萨克斯坦为保证持续生产，逐年增加化肥和农药的使用量，长期过量使用各种农药化肥严重损害了咸海流域的土地质量。同时，大水漫灌与大引大排的农业用水方式，将大量的有毒农药残留物排入河流，污染河流水质，并最终导致咸海湖水含盐量、矿化度逐年升高，河流下游三角洲与咸海水生生态遭到毁灭性破坏。因此，今后应严格控制农药化肥使用量，改良土地质量，减少入海污染物。

3. 管理——国家间水资源统一管理

（1）调整产业结构和经济发展模式，控制经济用水总量，实现国家间水资源配额管理，保证生态环境用水，是解决咸海危机的根本措施。苏联在流域水资源配置中完全没有考虑生态环境用水，受产业结构的制约，农业用水占总用水量的 90% 以上。只有通过农业节水并适当减少灌溉面积，才能有效控制社会经济总用水量，调整产业结构，提高水资源的利用效率和效益，才能加快制定流域生态环境保护目标及其合理的用水结构，实现流域水资源可利用量在国家间的配额管理，如若不然，"公地悲剧"仍将续演。但制订一个各国都认同的生态环境保护方案是一项很复杂的工作，这其中涉及国家间的切身利益。有人提出：修复咸海生态环境入湖水量最少应达到 300 亿～400 亿 m^3[25]；也有人认为："咸海的干涸所带来的好处远远大于继续保留它""咸海荒漠化的人为因素是不可逆转的"，将西伯利亚调水方案（北水南调）作为"改变当今咸海悲惨命运的主要条件"[26]。

（2）改造现有灌溉设施，推广现代化的灌溉节水技术，提高水资源利用效率，是解决咸海危机最现实的有效途径。中亚各国现有灌溉系统陈旧失调，设施老化失修，蒸发渗漏损失严重，灌溉效率低下，技术水平落后。各方面的学者都认为：流域节水潜力很大，可作为缓解咸海危机的主要措施。一是通过调整农业用地和作物种植结构减少农业用水，放弃一部分盐碱地和低产田的灌溉，逐步压减一些高耗水作物的种植面积；二是通过对现有灌溉系统实施节水改造，加强配套设施建设，提高渠系水利用系数和灌溉保证率；三是改进现有灌水方法，大力发展高效节水灌溉技术，降低灌溉定额。2010 年与 1990 年对比，虽然全流域灌溉面积由 725 万 km^2 增加到 810 万 km^2，但灌溉用水量却由 1064 亿 m^3 减少到 980 亿 m^3，这说明近十几年来，流域一体化管理行动及农业节水还是卓有成效的。但是咸海流域内的灌区及其输水干渠都是超大规模的，建设规模化、高标准的农业节水系统，投资巨大，任重道远（表 10-1）。

（3）加强国家间合作和流域水资源统一管理，强化国家间水资源协调委员会（ICWC）和基金会（IFAS）的协调、执行能力，是解决咸海危机的前提条件。水资源在经济社会发展与生态环境保护之间的界定、水资源可利用量在国家间的合理分配、流域控制性水利工程的效益分摊、水资源与能源交换协定等的顺利执行，是咸海流域水冲突的 4 大焦点问题。化解矛盾、解决危机的前提只有精诚合作，达成 4 个共识，包括：人类享有生存与共同发展权益的跨界水体公共属性；流域生态环境保护的公益属性；水资源与能源资源的产地属性；水资源及供水的商品属性。在此基础上，进一步加强 IFAS 和 ICWC 的权利，包括对水资源分配的控制权力，积极引入市场机制，组建水—能源财团，协调解决国家间水资源利用与能源补偿问题。

4. 合作——多边协定与国际援助

（1）机构建设与重要协议。面对严峻的安全形势，中亚各国都表现出了极度忧虑和希望合作解决共同问题的诚意。自 1992 年以来，签订了一系列的重要协议[27-28]，1993 年成立了中亚国家间水资源协调委员会（ICWC）和咸海委员会（ICAS），建立了拯救咸海国际基金会（IFAS）。会议商定每个国家每年拿出国民生产总值的 1%作为基金的本金，每年就咸海问题举行一次首脑会议。

苏联时期，中亚各国实行上下游国家之间的损失补偿制度，即上游通过其境内的水利设施为下游提供灌溉用水，而下游为上游提供能源作为补偿。苏联解体后，该制度不再由统一而强有力的中央政府来执行。吉尔吉斯斯坦、塔吉克斯坦两国占有源头之便，控制着下游国家的用水。由于这两个国家其他资源贫乏，于是就把水当作战略物资，要么以保护水资源为由要求免除债务，要么凭借对跨界水流的控制权对邻国施加政治、经济压力，加重了水资源问题的解决难度。由于吉尔吉斯斯坦、塔吉克斯坦两国用电总量的 90%以上来自水力发电，而为确保枯水期和冬季发电，必须将大量的水存储于各大水库中，这就与下游乌兹别克斯坦、土库曼斯坦、哈萨克斯坦三国的农业灌溉用水产生了矛盾。最具代表性的是吉尔吉斯斯坦、乌兹别克斯坦、哈萨克斯坦三国关于托克托古尔水库冬季发电与春夏季灌溉冲突的问题。因此，中亚五国围绕"以灌溉为目的的水资源有效利用与电能、天然气、煤和石油产品的供应挂钩"，签订了一系列的电力生产与输送和能源损失补偿协定。

（2）国际化与国际援助。日益严重的环境危机和水资源危机迫使中亚国家寻求外部力量在政治、经济、安全方面的支持和援助，尽力将本地区的水问题纳入国际机制框架，试图以多边的形式解决水争端和水危机[21]。为此，世界银行、亚洲开发银行、欧洲联盟（TACIS）、联合国国际开发总署（USAID）、联合国教科文组织（UNESCO）、联合国儿童基金会（UNICEF）、联合国开发计划署（UNDP）、全球水伙伴组织（GWP）等国际组织，以及美国、英国、土耳其、德国、法国、日本、荷兰、芬兰、瑞典等国家政府，在技术援助、资金援助、地区立法、解决水争端等方面提供了大量帮助。

为了改善咸海流域生态环境和水资源状况，各国政府在与不同机构和项目合作时制定了各自的目标，可概括为11个方面，包括：改进综合水资源管理国家间合作；确定节水与提高水土生产力方向；介绍流域水资源管理原则；建立包括经济手段在内的分水法则；制定兼顾国家利益和区域利益的国家水资源利用政策；建设和改进输水基础设施；创建水质和水资源量监测共同机制；创建共同的信息系统和信息交换机制；加强包括培训计划在内的能力建设；确立与水生生态系统保护有关的环境要求；建立外援协调与进一步发展机制。

（3）跨界水体一体化管理行动与合作。随着《21世纪议程》及可持续发展战略在全球的推广实施，流域水资源一体化管理的理念，受到中亚国家的高度关注，在全球水伙伴组织（GWP）和联合国开发计划署（UNDP）以及西方国家的帮助下，自2001年以来，在中亚国家已实施了一系列的水资源一体化管理项目。联合国、世界环境组织、世界银行、欧盟等国际机构和一些国家多次召开以咸海为题的会议，研究讨论咸海的现状和未来。实际上，近十几年来，为了协调和解决咸海流域的水资源问题，多方参加的国际会议一直不断。例如，在国际组织的广泛撮合下，2002年10月，中亚各国政府首脑在杜尚别通过了《中亚国家元首关于2003—2010年就改善咸海流域生态和社会经济状况采取具体行动的决定》（《杜尚别宣言》），并委托IFAS执委会和ICWC与各国政府机构，研制各国改善咸海流域生态和社会经济状况的具体行动纲领。

（4）示范试验项目。盆地内大部分河流和渠道在三国（哈萨克斯坦、乌兹别克斯坦、土库曼斯坦）、州和区的边界交叉，农业、市政、工业和其他部门的用水管理分散，各行其是，用水矛盾突出，水事纠纷不断。通过项目的实施主要实现以下目的：①树立水资源一体化管理理念，并使其得到进一步推广；②建立广泛参与的用水者协会；③建立中亚跨国水利协调委员会培训中心分部，开展教学培训；④对三条示范试验渠道的管理机构进行改组，分别成立由用水者协会代表参加的渠道水利委员会，委员会下设渠道管理局，让公众代表参与水资源一体化管理的全过程；⑤以法规的形式确定了政府、水利机构和用水户在水资源利用、保护和开发等方面的作用和责任，并在法律上明确了水的社会、经济和生态价值，水权分配方案以及各部门之间的协调规则；⑥建立渠道水量计量系统，对供水过程进行实时管理和监控，使水资源分配做到公平、公正、透明，并减少供水损失[29]。

（5）《阿姆河和锡尔河下游水资源一体化管理》项目。示范试验区选定在哈萨克斯坦孜勒奥尔达州卡扎林斯克水利枢纽右岸总干渠灌溉系统、土库曼斯坦沙古兹州沙瓦特渠道灌溉系统以及乌兹别克斯坦花剌子模州"帕尔万一加扎瓦特"和卡拉卡尔帕克斯坦自治共和国库瓦内什贾尔马灌溉系统实施。2007 年由亚洲开发银行审查该项目，并为其实施提供资金支持[30]。通过项目实施对水资源管理法规、组织机构、管理体制和制度进行全面的改革，对水利基础设施、技术设备、水量计量设备进行改造和更新，推进水资源一体化管理。

10.2　塔里木河流域综合治理与下游生态输水

10.2.1　流域概况

1. 背景情况

塔里木河流域是环塔里木盆地九大水系 144 条河流的总称，也是环塔里木盆地诸多向心水系的总称，与塔里木河干流合称"九源一干"（图 10 - 6），流域面积 102.7 万 km^2（含国外面积 2.44 万 km^2）。塔里木河干流自肖夹克至台特马湖全长 1321km，历史上，阿克苏河、喀什噶尔河、叶尔羌河、和田河、开—孔河（开都河—孔雀河）、迪那河、渭干河、克里雅河和车尔臣河等流域内九大水系均有水量汇入干流[31-32]。

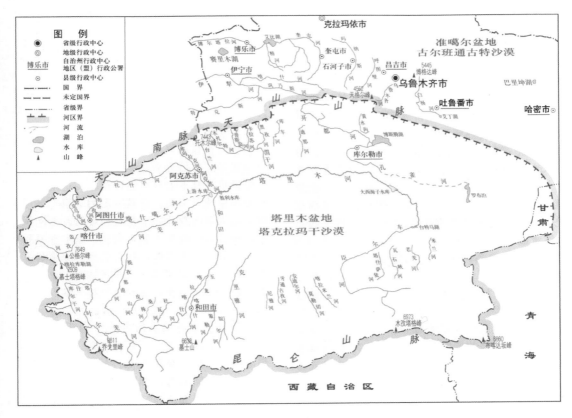

图 10 - 6　塔里木河流域地理位置及水系分布示意图

由于人类活动与气候变化等影响，20 世纪 40 年代以前，车尔臣河、克里雅河、迪那河相继与干流失去地表水联系，20 世纪 40 年代以后，喀什噶尔河、开—孔河、渭干河也逐渐脱离干流。目前与塔里木河干流有地表水联系的只有和田河、叶尔羌河和阿克苏河三条源流，开—孔河通过扬水站从博斯腾湖抽水，经库塔干渠输水，恢复向塔里木河下游灌区供水，形成"四源一干"格局，水资源总量为 221.6 亿 m³。

截至 20 世纪末，塔里木河流域经过 50 多年大规模的水土开发和人为活动的影响，水环境发生了巨大变化，各条源流用水急剧增加，致使进入干流的水量逐年递减。同时，由于干流长期以来疏于管理，上中游耗水量持续增加，到达下游河道的水量迅速递减（表 10-6）。特别是从 20 世纪 70 年代开始，下游大西海子拦河水库建成后，导致下游 357km 的河道断流近 30 年，地下水位下降至 9～13m，天然绿洲不断萎缩，绿色走廊濒临消失，下游两岸胡杨林由 50 年代的 81 万亩减少到 11 万亩，土地沙化扩大，尾闾台特马湖干涸[32]。

表 10-6 塔里木河干流不同时段上、中、下游来水及耗水情况统计分析表

时　　段	上游来水/亿 m³	中游来水/亿 m³	下游来水/亿 m³	干流上中游耗水量/亿 m³	干流上中游耗水率/%	干流下游耗水率/%
1957—1960 年	49.6	35.7	11.7	37.9	76.4	23.5
1961—1970 年	50.6	36.5	10.1	40.5	80.0	20.0
1971—1980 年	44.2	27.8	6.2	38.0	86.0	14.0
1981—1990 年	45.2	27.0	2.5	42.7	94.4	5.6
1991—2000 年	41.8	22.8	2.4	39.4	94.2	5.8
多年平均（1957—2000 年）	45.8	29.2	5.9	39.9	87.1	12.9

2. 社会经济概况

2018 年流域总人口 1392.0 万人，城镇化率为 28.7%；地区生产总值 3379.4 亿元，人均生产总值 2.9 万元，工业增加值 920.5 亿元。南疆作为传统农牧业区，农业在生产格局中占有重要地位，目前灌溉面积达 4503.4 万亩[33]（表 10-7）。产业结构目前仍然以农业生产与农副产品加工为主（不包括石油工业贡献）。第二产业生产总值为 1273.2 亿元，人均 1.1 万元；第三产业生产总值 1326.1 亿元，人均 1.14 万元。

表 10-7 2018 年塔里木河流域（南疆五地州）主要经济社会发展指标统计表

地州	人口/万人	生产总值/亿元	第一产业/亿元	第二产业/亿元	第三产业/亿元	工业增加值/亿元	灌溉面积/万亩		
							农田	林草	合计
巴州	124.2	1027.5	155.3	560.1	312.1	587.7	542.8	210.6	753.4
阿克苏	256.2	1027.5	259.4	388.2	379.9	219.7	1082.8	458.8	1541.6
克州	62.5	128.8	15.5	49.4	63.9	20.1	75.7	70.6	146.3
喀什	485.7	890.1	281.3	220.8	388.0	81.6	1167.6	372.9	1540.5
和田	463.4	305.5	68.6	54.7	182.2	11.4	276.8	244.8	521.6
合计	1392.0	3379.4	780.1	1273.2	1326.1	920.5	3145.7	1357.7	4503.4

注 数据来源于 2019 年新疆统计年鉴。

3. 水资源及开发利用

(1) 水资源。"九源一干"水资源总量为 339.2 亿 m³，其中：多年平均地表水资源量 322.8 亿 m³，地表水与地下水不重复计算量为 16.4 亿 m³；国外入境水量多年平均为 71.7 亿 m³，河川径流量为 394.5 亿 m³。"四源一干"水资源总量 221.5 亿 m³，其中：地表水资源 213.1 亿 m³，地表水与地下水不重复计算量 8.4 亿 m³；国外入境地表水量 65.1 亿 m³，河川径流量为 278.2 亿 m³。

(2) 水资源开发利用状况。2018 年流域供用水总量 319.3 亿 m³，其中：农业用水 296.8 亿 m³，占 93%；地表水供水量 276.1 亿 m³，占 86%；地下水供水量 42.8 亿 m³，占 13%；人均用水量 2599m³，是全国人均用水量的 6 倍左右。农业综合亩均灌溉水量 655.5m³/亩，工业增加值用水量 51.2m³/万元，高于全疆平均水平。GDP 用水量 944.9m³/万元，是全国平均水平的 14.1 倍。

(3) 天然生态用水。包括天然植被和湖泊湿地消耗水量。天然植被主要分布在环塔里木盆地的"九源一干"各河流沿岸、湖泊以及湿地周边，为典型的荒漠河岸林。生态总需水量约为 129.8 亿 m³，其中为了保证干流用水要求，阿克苏河、叶尔羌河、和田河和开—孔河等源流，多年平均下泄水量分别为 34.2 亿 m³、3.3 亿 m³、9.3 亿 m³ 和 4.5 亿 m³，并确保大西海子断面下泄 3.5 亿 m³ 生态水，水流至台特马湖[34]。

(4) 水资源可利用量及开发利用程度评价。"九源一干"地表水总径流量 394.5 亿 m³，扣除生态需水量后，可利用量为 264.7 亿 m³，地表水供水量 276.1 亿 m³，挤占河道内天然生态用水 11.4 亿 m³；现状地表水和地下水开发利用程度均已超过 90%，处于过度开发状态，焉耆盆地等局部区域出现地下水严重超采现象。2018 年全流域用水总量 319.3 亿 m³，根据确定的 2030 年用水总量红线指标 285 亿 m³，现状已超用 34.3 亿 m³。按照最严格水资源管理制度要求，在保障生态用水并满足城镇和工业发展用水的前提下，必须采取退地减水、高效节水等综合措施，减少农业用水量[34]。

10.2.2 存在问题与面临挑战

(1) 水资源过度开发利用，用水方式粗放，用水效率低下。据统计，2018 年流域灌溉面积 4503.6 万亩，与《新疆水资源平衡论证》确定的南疆 2030 年灌溉面积规模 3876 万亩相比，超出 627.6 万亩。农业综合亩均灌溉定额 655.5m³，农业用水占比高达 93%，超过全国平均水平 32%，远高于同为干旱区的以色列 58% 的水平。开发利用方式不合理，水资源利用效率低下，平原水库占到已建水库的 60%，水库蒸发渗漏损失量占水库年调节水量的 40%～50%[33]。

(2) 供需矛盾突出，农业开发用水大量挤占生态用水，威胁流域生态系统安全。水资源和环境承载力难以支撑土地资源的大规模开发的需求。据统计，流域 2018 年经济用水总量 319.3 亿 m³，水资源开发利用率为 86.4%，远超过国际上公认 40% 的警戒线，而随着人口增加和经济社会发展，用水需求还会增长，水将成为制约流域经济社会发展的"瓶颈"。2000—2017 年在源流天然来水连续偏丰水文情势下，干流来水仅达到多年平均水平。一旦遇到平水或枯水年景，生态用水更无保障。和田河下游、叶尔羌河下游、博斯腾湖及孔雀河下游、塔里木河干流乃至全流域的生态安全将会遭受严重威胁[32]。1957—

2001 年塔里木河干流下游恰拉断面的来水量持续减少，从 1972 年开始，大西海子水库以下就开始断流（图 10 - 7）。

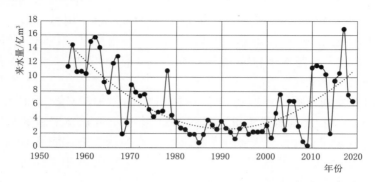

图 10 - 7　1957—2019 年塔里木河干流恰拉断面来水量变化趋势图

（3）气候变化影响下，水安全问题日益突出。塔里木河流域未来水资源预期不容乐观。受气候变化影响，2000—2017 年塔里木河流域连续进入丰水时段，天然来水比多年平均偏多 15%～20%。近几年观测表明气候变暖已造成雪线上升、冰川加速融化，按照水文过程的周期变化特性和冰川储量的预测演变，在连续丰水后流域极有可能进入连续枯水期，天然来水将持续减少，比如，阿克苏河 2018 年来水就比多年平均减少 16%。流域水资源供给不足无疑会进一步加重水危机，进而造成生态灾难。另外，阿克苏河上游来水的 58% 以上来自境外，一旦国外开发利用跨界河流上游水资源成为事实，将对流域社会经济与生态环境可持续发展构成重大威胁[34]。

（4）水环境污染防治未完全到位，可持续发展面临严峻考验。目前流域部分地区生活、工业污水直接排入河道，灌区面源污染水通过排渠排入河道等问题依然存在，造成河流水体污染，对地表水、地下水和水环境构成威胁。如博斯腾湖水质尚未达到Ⅲ类水质标准，主要是由于焉耆盆地大量污水排入博斯腾湖，并且人工芦苇围湖筑建的简易人工芦苇坝，不仅阻断了鱼类繁殖，破坏了生物多样性，还时常溃坝，造成人工芦苇区内的污水直接入湖，污染湖水，而且人工芦苇耗水量远远高于农作物耗水量。流域水生态发展态势，受水资源时空分布、全球气候变化、水土资源过度开发利用、河道断流、湖泊湿地萎缩与消失、水土流失加剧、地下水超采、水生生态系统退化、水利工程建设等多重因素的影响。工业和城镇化与污染控制问题能否有效解决，将成为可持续发展面临的严峻考验[31,34]。

（5）水资源综合管理缺乏统一的调度管理，体制尚不完善。目前部分河流以及山区控制性水库、河道引水工程未实施统一调度，没有实现真正意义上的统一管理；此外地表水和地下水没有做到"两水"统管，实现"三条红线"控制目标任务艰巨。流域管理与区域管理相结合的水资源统一管理体制尚不完善。区域之间、城乡之间、兵地之间、行业之间缺乏协调联系机制，沟通不畅。流域综合治理往往涉及多个部门、多个行业、多个层级，涉及上下游、左右岸和不同行政区域，利益交叉关系复杂，缺乏联合执法机制。水域岸线空间管控不到位，河湖水域岸线未划定，水域、岸线等水生态空间管控有待加强。在岸线开发利用和管理保护方面，还缺乏健全完善的管理体系，缺乏切实有效的控制措施。部分河道上游山区水能开发造成河段减水、脱水严重，生态基流得不到保障。同时，电站水库的调蓄与削峰也改变了河流的径流过程和时空分布，导致河道时常出现间歇性断流或水量突增，影响河道生态环境和农业灌溉。

10.2.3　综合治理与下游生态输水

1. 治理目标

如何恢复和重建塔里木河流域受损的生态系统是国内外有识之士和国内各级政府关注的焦点。2000年时任国务院总理朱镕基提出：要在5～10年内，使塔里木河流域生态环境建设取得突破性进展。国务院于2001年6月批复实施由水利部和新疆维吾尔自治区人民政府共同编制完成的《塔里木河流域近期综合治理规划报告》。该规划总投资107.4亿元，主要在灌区节水改造、平原水库改造、地下水开发利用、河道治理工程、博斯腾湖输水工程、下坂地水利枢纽、退耕封育保护、水资源调度管理等方面开展综合治理，在多年平均来水条件下，实现大西海子断面下泄水量3.5亿 m^3，保证水流到台特马湖，使干流上中游林草植被得到有效保护，达到下游生态环境得到初步改善的综合治理目标。

(1) 源流治理目标。 塔里木河流域综合治理的范围为"四源一干"。根据水资源供需平衡分析，1998年现状水平年干流平均来水量为38.7亿 m^3，与治理目标实现后要求达到的来水量51.0亿 m^3 相差12.3亿 m^3，所差水量须通过对源流区采取以节水为中心的综合治理措施来解决，以达到"源流节水，干流增水"目的，并且明确了各源流汇入干流的水量要求（图10-8）。

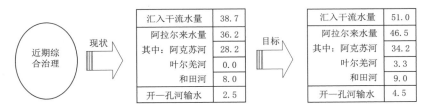

图10-8　塔里木河流域源流向干流输水近期综合治理目标示意图（单位：亿 m^3）

(2) 干流治理目标。 在源流治理的同时，干流通过"退耕还水"、灌区节水改造、河道治理等综合整治措施，满足工业生活用水及合理的生态需水，实现大西海子水库下泄3.5亿 m^3 生态水的治理目标（图10-9），在干流长度1321km范围内恢复和保护2936万亩天然植被。重点治理干流上、中游，疏通被风沙掩埋已久的下游河道，有效调控上、中、下游水量的分配比例，恢复大西海子水库以下河道通水，确保将水输至台特马湖[32]。

2. 水量调度目标

(1) 调度原则。 依据新疆维吾尔自治区人民政府批准实施的《塔里木河流域水量统一调度管理办法》❶ 及《塔河流域"四源一干"地表水水量分配方案》进行水量调度❷。重点确保源流汇入干流水量，合理调控干流河段耗水量。流域各地州及兵团各师年度用水量

---

❶　2002年6月新疆维吾尔自治区人民政府办公厅批准实施的《塔里木河流域水量统一调度管理办法》。

❷　2003年6月新疆维吾尔自治区人民政府办公厅批准实施的《塔河流域"四源一干"地表水水量分配方案》。

按照河段区间耗水量和断面下泄水量两项指标进行控制,并根据各源流的天然来水频率,实行"丰增枯减"的调度原则。

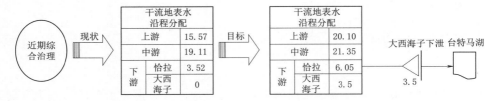

图 10-9　塔里木河干流综合治理目标示意图(单位:亿 m³)

(2) 调度目标。根据水文预报成果制订年度水量调度预案,初步确定不同的来水保证率条件下源流和干流的年度用水量,以及流域各地州及兵团各师的年度用水量,并按照控制断面,实行"年计划,月调节,旬调度"的调度方式,确保在来水频率 $P=50\%$ 的条件下,干流水量达到 51 亿 m³(表 10-8)。

表 10-8　　　塔里木河流域"四源一干"多年平均地表水水量分配方案一览表　　　单位:亿 m³

来水频率	阿克苏河			和田河			叶尔羌河			开—孔河供水量	塔河干流总水量
	河道来水	源流水量	干流水量	河道来水	源流水量	干流水量	河道来水	源流水量	干流水量		
25%	88.5	46.5	42.0	50.0	24.4	15.5	84.2	73.1	5.6	4.5	67.6
50%	80.6	46.4	34.2	42.7	24.2	9.3	72.8	64.5	3.3	4.5	51.0
75%	72.5	46.1	26.4	36.1	20.8	6.4	65.1	62.4	0.0	4.5	37.3
90%	66.8	41.6	25.2	31.0	20.7	2.0	58.5	58.5	0.0	4.5	31.7

(3) 源流区主要控制断面。塔里木拦河闸和巴吾托拉克闸、黑尼牙孜、肖塔、66 分水闸分别是阿克苏河、叶尔羌河、和田河、开—孔河进入塔里木河干流的水量控制断面。其中,阿克苏河来水断面为库玛力克河协合拉和托什干河沙里桂兰克水文站,泄水断面为阿克苏河塔里木拦河闸和巴吾托拉克退水闸;叶尔羌河来水断面为卡群和提孜那甫河玉孜门勒克水文站,泄水断面分别为 48 团渡口水文站、艾里克塔木和小海子水库泄洪闸;和田河来水断面为玉龙喀什河同古孜洛克和喀拉喀什河乌鲁瓦提水文站,泄水断面为玉龙喀什河渠首和喀拉喀什河渠首;开—孔河来水断面为开都河大山口水文站,泄水断面为孔雀河 66 分水闸。

(4) 干流区主要控制断面。上游控制断面为阿拉尔水文站,是上游三条源流水量汇集及塔里木河干流的主要控制断面;中游控制断面为英巴扎水文站;下游控制水断面为卡拉水文站及 66 分水闸,汇集干流中游和开—孔河两路来水。另外,大西海子水库泄洪闸也是控制下游生态输水的重要控制断面。

3. 主要措施

(1) 强化流域管理职能,构建水资源统一调度管理机制。2011 年将分属各地州管理的阿克苏河流域管理局、叶尔羌河流域管理局、和田河流域管理局、开—孔河流域管理局上收由塔里木河流域管理局直接管理。各地州在服从流域统一管理的基础上,重新组建区域管理分支机构,同时接受流域管理机构的业务指导。这种流域垂直管理并充分结合地方水行政管理的水资源统一管理模式，能较好地实现流域与区域相结合的管理实效。但流域内生产建设兵团四个农业师（46个团场）的水管机构和重要控制性工程，尚未纳入直接管理[31]。

（2）加大水法制建设力度，构建水资源管理的法律保障体系。在国家和自治区有关水法规的基础上，针对本流域的实际情况，制定出台了《塔里木河流域水量统一调度管理办法》《塔里木河流域"四源一干"地表水可供水量分配方案》《关于加强流域水量控制枢纽（闸）统一监测监督管理办法》《塔里木河流域水资源管理条例》；编制了《塔里木河干流上游灌区管理委员会章程》和《塔里木河下游灌区管理委员会章程》；组建了水政执法分队，强化水行政执法工作，维护流域内正常的水事秩序，依法严格执行取水许可证制度；依法对工程建设项目进行水资源论证和审查、对流域内重大水事活动和水工程建设进行预审，依法对流域内开征水费和水资源费，以经济杠杆促进节水，流域管理局的管理职能和权威性得到进一步加强[31]。

（3）对水源进行统一的调度，确保源流对干流生态补水。在塔里木河做好限额用水和对水资源进行统一的强化管理时，针对汛期源流来水偏丰的特点，按照生态用水和生产用水、干流和源流用水兼顾的原则，根据塔里木河流域的实际情况对水源进行统一的调度，确保源流可以对干流进行泄水，并对源流周围进行生态补水；及时下达生态用水的调度指令，对源流灌溉区的周边地区以及下游地区的生态补充水量进行调配。与此同时，还要协调好干流上游、中游和下游的用水矛盾，保证各用水单位可以按照计划指标进行生产生活用水分配，同时补给部分生态用水，对干流两岸的胡杨林生态植被进行供水。初步实现限额用水和对源流以及干流的生态保护，促进三者的和谐发展[35-36]。

（4）水利工程补短板增速提质。流域内阿尔塔什、奴尔、大石门等一批山区控制性工程建成投入试运行，大石峡、玉龙喀什等一批重要工程开工建设，民生、喀群、艾力西等骨干控制性枢纽除险加固工程相继完工，极大地完善了流域水利基础设施，提高了供水保证率，将为当地抵御洪旱灾害，实施脱贫攻坚、乡村振兴提供更为可靠的水利支撑。

（5）加大科技创新力度，为流域管理提供科技支撑。塔管局与清华大学、武汉大学、河海大学、中国水科院、中科院新疆生态与地理研究所等高等院校、科研院所建立了密切的科研合作关系，分别与黄委水科院、中科院新疆生态与地理研究所、河海大学合作成立了三个研究中心，与邓铭江院士专家工作站签署合作意向书，开展了国家重点科技攻关、水利部公益性行业专项、自治区重大科技专项等课题研究，取得了一批有较大影响力的科研成果，共有11项科研成果获得国家和省部级科技奖励，为塔河流域综合治理、管理保护提供技术支撑。

（6）加强流域信息化建设。实现了"四源一干"85％以上引水量的自动监测、流域内重要控制性枢纽闸门远程控制及水库的运行情况实时监测。利用卫星遥感和无人机技术对流域胡杨林保护区，特别是台特马湖、博斯腾湖等区域的生态输水成效及生态环境变化进行了及时、准确的监测和分析。初步实现了流域"四源一干"的水量调度、防汛预警、水政管理、水情监测、河道监测、遥感监测、工程建管等业务系统应用，有力地促进了流域从传统工程水利管理模式向现代资源水利管理模式的转变。

4. 综合治理成效

在新疆维吾尔自治区党委和政府领导下，经过 10 余年艰苦努力，通过源流灌区改造、节约用水、合理开发利用地下水、干流河道治理和输水堤及配套建筑物建设、退耕封育保护、加强水资源统一管理等综合措施，完成了投资 120.3 亿元的综合治理任务，增加了各源流汇入塔里木河的水量，保证了大西海子水库以下河道生态需水。目前，流域近期综合治理已经取得了阶段性成果，完成了《近期治理规划》拟定的 9 大类工程项目，年节水量为 27.2 亿 m³，实现了节水目标。有效缓解了流域生态严重退化的被动局面，促进了流域经济社会发展与生态保护"双赢"。随着水利基础设施逐步完善，灌区节水能力显著提高，干流河道输水能力和水量调控能力得到加强。

(1) 干流生态输水工程。建成下坂地水利枢纽工程、博湖东泵站工程和河流拦河枢纽 6 座、输水堤 708km、生态闸 61 座、灌区干支渠道防渗 7173km，新打水源地机电井 2044 眼，新建高效节水灌溉面积 44 万亩，改建平原水库 7 座。治理后，流域内源流的干支两级渠系防渗率由 37.4% 提高到 51.4%；灌区的渠系水利用系数由规划之初的 0.4 提高到 0.5，流域各地控制、配置水资源的能力有效提升。对上、中游近 30 个引水口进行监测控制，有效控制中游河道耗水量，使下游恰拉断面的来水量明显增加，为合理调控干流上、中、下游的水量分配和水权管理创造了条件。资料显示，在不同来水情况下，上、中、下游河道耗水比例基本控制在 50%：40%：10% 左右，逐步与 40%：40%：20% 的最终控制目标接近[37]。

(2) 下游生态输水取得的成效。截至 2019 年，大西海子水库泄洪闸向下游断流河道共完成 20 次生态输水，累计输水 81.6 亿 m³，平均下泄水量 4.3 亿 m³，其中 16 次将水送入下游台特马湖，结束了下游河道断流近 30 年的历史，超额完成了塔里木河近期综合治理中年均下泄 3.5 亿 m³ 的预期目标，下游河道两侧地下水位呈明显上升趋势，植被生态系统重新趋于活跃。2000—2019 年间大西海子—英苏段消耗水量 19.3 亿 m³，占 23.7%；英苏—阿拉干段（含老塔里木河）34.4 亿 m³，占 42.2%；阿拉干—依干不及麻段 12.1 亿 m³，占 14.9%；依干不及麻—台特马湖段 8.6 亿 m³，占 10.5%；台特马湖入湖 7.1 亿 m³，占 8.7%。从分析来看，大西海子—阿拉干段耗水量占 65.9%，是耗水量最大的河段（图 10-10）。

通过塔里木河综合治理，目前实现了塔河干流主要控制断面水量下泄，其中在 2001—2019 年干流阿拉尔断面平均来水接近 45.6 亿 m³ 的情况下，大西海子下泄水量达到近期综合治理规划提出的下泄 4.3 亿 m³ 的目标（表 10-9）。

表 10-9　　2001—2019 年塔里木河干流主要控制断面水量变化统计分析表

年份	阿拉尔	英巴扎（中游）		恰拉（下游）		大西海子下泄水量	
		水量/亿 m³	占来水/%	水量/亿 m³	占来水/%	水量/亿 m³	占来水/%
2001	45.2	20.6	45.5	1.4	3.1	2.3	5.0
2002	54.6	29.7	54.5	4.7	8.7	3.8	7.0
2003	44.7	24.3	54.4	7.6	16.9	3.3	7.4
2004	29.1	10.1	34.6	2.6	9.1	6.3	21.5
2005	56.6	25.2	44.6	6.6	11.7	1.0	1.8

年份	阿拉尔	英巴扎（中游）		恰拉（下游）		大西海子下泄水量	
		水量/亿 m³	占来水/%	水量/亿 m³	占来水/%	水量/亿 m³	占来水/%
2006	56.5	23.5	41.5	5.9	10.4	2.8	5.0
2007	31.3	9.9	31.7	3.2	10.2	2.0	6.3
2008	28.9	8.3	28.8	0.9	3.2	0.1	0.5
2009	13.9	1.8	13.0	0.3	2.4	0.1	0.8
2010	71.2	46.6	65.4	11.4	16.0	4.3	6.0
2011	52.3	36.8	70.3	11.7	22.3	8.2	15.6
2012	53.9	39.7	73.6	11.5	21.3	7.3	13.6
2013	51.5	36.5	70.9	10.4	20.3	4.9	9.5
2014	22.7	9.0	39.7	2.0	8.8	0.1	0.3
2015	50.9	32.6	63.9	9.5	18.7	4.6	9.1
2016	57.4	39.6	69.0	10.6	18.4	6.8	11.8
2017	67.4	59.5	88.2	16.9	25.0	12.2	18.0
2018	38.7	28.5	73.5	7.5	19.5	7.1	18.2
2019	38.9	27.0	69.5	6.6	17.0	4.6	11.9
平均	45.6	26.8	58.8	6.9	15.2	4.3	9.4

（3）生态修复取得的成效。 2016 年开始，自治区人民政府在全流域组织实施胡杨林保护区生态补水，有效缓解了流域生态严重退化的局面，下游沿河两侧地下水位明显回升，水质得到改善，天然植被得到很大程度的恢复。河道两侧处处都可以看到胡杨林枯木逢春、天然草本植物充满生机、禽鸟栖息的情景。截止到 2019 年，下游英苏、喀尔达依、阿拉干断面平均地下水埋深为 6.0m，相对于 2000 年抬升了 45.8%；台特马湖入湖水量4630 万 m³，湖水面积 346km²，远大于《塔里木河流域近期综合治理规划》提出的200km² 湖面修复目标；植物种类由输水前的 9 科 13 属 17 种，增加到输水后的 15 科 36属 46 种。

下游植被恢复和改善的面积达 2285km²，其中新增植被覆盖面积达 362km²；沙地面积减少 854km²。塔里木河干流沿河两岸 1km 范围内水质矿化度由输水前的 3～11g/L 降至目前的 1.5～2.6g/L。孔雀河中游平均矿化度由输水前 4.6g/L 下降到输水后平均2.4g/L。2013—2019 年喀尔达依断面地下水矿化度基本趋于稳定，并由输水初期的 3.2g/L 降到 1.4g/L，水质明显改善，淡化带的影响范围约 1km。植被盖度显著增加，表明下游生态退化的趋势已得到遏制，生态环境恢复的景象已在一定区域内显现[38]。塔里木河下游研究区示意图如图 10-10 所示。

生态输水后，胡杨郁闭度随水分条件好转而增加，且在近河道处尤为明显。郁闭度在离河道 50m 处最大，且比输水前增加了 380.8%，断面平均值增加了 186.8% ［图 10-11 （a）］。胡杨冠幅大幅度增加，相比生态输水前，冠幅在离河 50m 处增加了 511.2%，断面平均值增加了 216.9% ［图 10-11 （b）］。胡杨径向生长明显高于输水前 14 年 ［图 10-11 （c）］，平均增加了 62.8%。由于 2005—2008 年输水减少，2009 年和 2010 年径向生长量很小，表明输水后胡杨生长仍受到一定胁迫，生态环境依然脆弱。下游胡杨新增生物

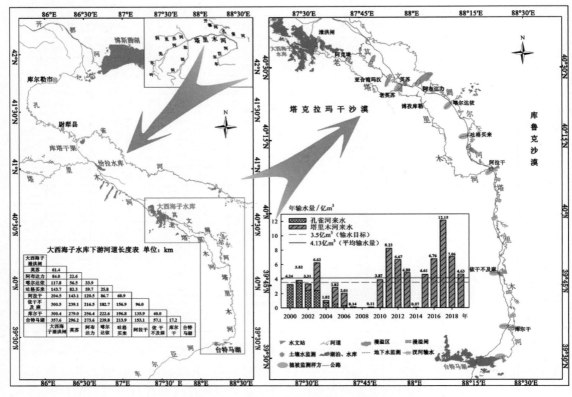

图 10-10　塔里木河下游研究区示意图

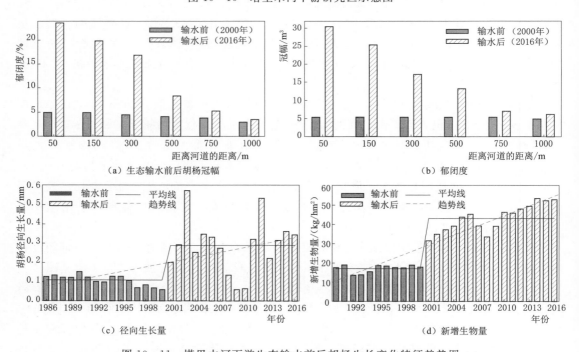

图 10-11　塔里木河下游生态输水前后胡杨生长变化特征趋势图

量增加了 154.4%，有效提升了荒漠河岸林生态系统服务功能［图 10 - 11 （d）］[38]。

伴随地下水位的抬升，土壤水分条件的好转，植被面积也不断扩大［图 10 - 12 （a）］。在应急生态输水时段（2000—2011 年），植被面积增加了 28.9%，平均值为 1033km²，比 2000—2019 年的平均值低 9.3%。在常态化生态输水时段（2012—2019 年），植被面积仅增加了 13.6%，但该时段比 2000—2019 年的平均值高 12.7%，并且在 2019 年达到 1341km²。2000—2019 年植被盖度增加 221.1%，其中 2012—2019 年增加了 31.3%［图 10 - 12 （b）］。以上表明下游生态退化的趋势已得到遏制，生态环境恢复的景象已在一定区域内显现。

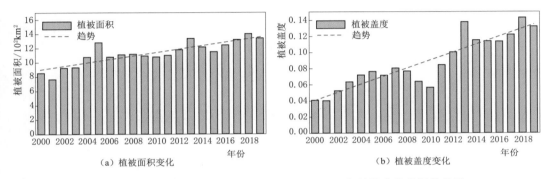

图 10 - 12　塔里木河下游生态输水后 2000—2019 年植被变化特征趋势图

（4）流域生态环境不断改善。自 2016 年开始连续 5 年在全流域组织实施向胡杨林保护区生态输水，截至 2020 年，累计输水量 101.5 亿 m³（含塔里木河下游生态输水），年均输水 20.3 亿 m³，2017—2020 年均淹灌胡杨林面积 285 万亩，年均淹灌影响面积 622 万亩。通过持续的生态输水，流域地下水得到有效补给，生态退化趋势有效遏制。

10.3　黑河流域综合治理与下游生态输水

10.3.1　流域概况

1. 背景情况

黑河是我国最大的跨省（自治区）内陆河，发源于祁连山中段，流经青海、甘肃、内蒙古三省（自治区），流域面积 14.3 万 km²，其中青海省 1.0 万 km²、甘肃省 6.2 万 km²、内蒙古 7.1 万 km²。黑河流域有大小支流 35 条，随着用水的不断增加，部分支流逐步与干流失去地表水力联系，形成东中西三个独立的子水系（图 10 - 13）。

黑河干流发源于祁连山北麓，干流全长 918km，出山口莺落峡以上为上游，河道长 303km，面积 1.0 万 km²，多年平均降水量 350mm，是流域的产流区；莺落峡至正义峡为中游，河道长 204km，面积 2.6 万 km²，多年平均降水量仅 140mm，年蒸发能力达 1410mm；正义峡以下为下游，河道长 411km，面积 8.04 万 km²，除河流沿岸和居延三角洲外，大部为沙漠戈壁，多年平均降水量仅 47mm，年蒸发能力高达 2250mm，干旱指数达 47.5，属极端干旱区，风沙危害十分严重；下游河道自狼心山断面以下分为东河和西河，分别通向其尾闾湖泊—东、西居延海，西居延海 20 世纪 50 年代的水面面积约 267km²，1961 年干枯，东居延海 1958 年水面面积 35.5km²，1992 年干枯。

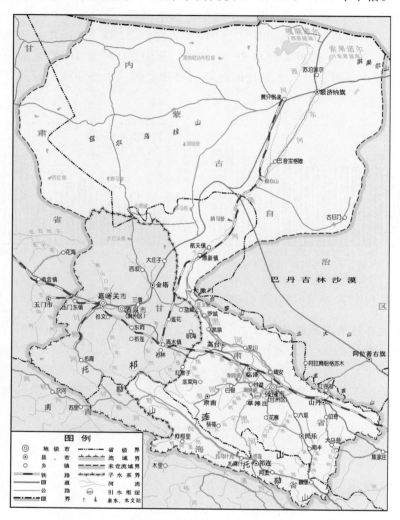

图 10-13　黑河流域水系分布示意图

2. 社会经济概况

黑河流域 2018 年人口 211.3 万人，其中农村人口 100.2 万人、城镇人口 111.1 万人，城镇化率为 50.1%。流域人口分布以中游最多。流域生产总值达 847.8 亿元，人均生产总值近 4 万元。农业总产值 153.8 亿元，工业总产值 228 亿元，服务业总值 466 亿元。三大产业比例为 18：27：55。

3. 水资源评价

（1）水资源。 黑河径流主要由祁连山区降水和冰雪融化补给，干流出山口莺落峡站多年平均径流量为 15.8 亿 m³，梨园河梨园堡站多年平均径流量为 2.4 亿 m³，其他沿山支流多年平均径流量为 6.6 亿 m^3，各出山口合计多年平均径流总量为 24.8 亿 m^3。中、西部子水系多年平均径流量为 14.1 亿 m^3。黑河流域地下水主要由河川径流补给，地下水资源与河川径流不重复量约为 3.3 亿 m^3，水资源总量为 42.2 亿 m^3[39]。

（2）水资源开发利用状况。全流域供用水总量 48.3 亿 m^3，其中农业用水 35.7 亿 m^3，占 74%；地表水供水量 37.2 亿 m^3，占 77%；地下水供水量 11.1 亿 m^3，占 23%；人均用水量 2286m^3，是全国人均用水量的 5.3 倍。农业综合亩均灌溉水量 462.3m^3/亩。工业增加值（当年价）用水量 101.8m^3，是全国平均水平的 2.5 倍。GDP（当年价）用水量 569.7m^3/万元，是全国平均水平的 8.5 倍。

10.3.2 存在问题与面临挑战

（1）灌溉农业迅猛发展，灌溉用水量大幅增加。黑河流域中下游地区极度干旱，生态环境脆弱，区域水资源难以满足当地经济社会发展和生态平衡的需要[40]。水资源开发主要集中在中游平原区和下游金塔灌区。20 世纪 50—90 年代尤其是 80 年代以来，随着黑河中游人口的增长和经济的发展，耕地面积大量增加，1990—2000 年、2000—2010 年和 2010—2018 年三个时间段的黑河中游耕地面积分别增加了 103 万亩、30 万亩和 125 万亩。耕地面积的增加导致用水量迅速增长，致使进入下游水量由 50 年代初的 11.6 亿 m^3 减少到 90 年代后期的 7.3 亿 m^3，再经下游上段用户利用，实际进入下游额济纳绿洲的水量仅 3 亿 m^3 左右。2000 年近期综合治理以来，进入下游的水量有所回升，多年平均进入下游额济纳绿洲水量 6.27 亿 m^3，较 20 世纪 90 年代增加了 2.74 亿 m^3。

（2）水资源过度开发利用，生态环境不断恶化。为了发展灌溉农业，历史时期特别是近现代以来，在中游平原区修建干、支渠 910 条，总长 4500km，年引用河、泉水量达 32.6 亿 m^3，地表水利用率达 80% 左右。截至 1995 年全流域已建成水库 98 座，总库容达到 4.57 亿 m^3，水资源开发利用率高达 114.6%，远超于国际上公认 40% 的警戒线，高强度的用水模式已严重威胁到流域的健康[41]。据统计，黑河下游断流时间由 20 世纪 50 年代的约 100 天延长至 90 年代后期的近 200 天，而且河道尾闾干涸长度也呈逐年增加之势；从 80 年代至 90 年代初，植被覆盖度大于 70% 的林地面积减少了 288 万亩，年均减少 21 万亩。胡杨林面积由 50 年代的 75 万亩减少到 90 年代末的 34 万亩；根据 60 年代初的航拍片和 80 年代的 TM 影像资料判读，下游额济纳旗植被覆盖率小于 10% 的戈壁、沙漠面积约增加了 462km^2，平均每年增加 23.1km^2。

（3）水资源缺乏统一调度和监督管理，造成突出的水事矛盾。中游干流地区农田灌溉毛定额平均达 1036m^3/亩，中、下游之间用水矛盾日趋尖锐。黑河流域水土资源极不协调，水事纠纷由来已久。早在明末清初中下游已出现用水矛盾，为协调甘肃内部的水事纠纷，清雍正四年（1726 年），驻甘巡抚年羹尧订立"均水制"（每年芒种前封闭上段各渠口 10 天，给下游高台及鼎新灌区放水），并藉强大的军事力量实施。从 20 世纪 60 年代初期开始，内蒙古自治区就提出黑河分水问题，但甘肃、内蒙古两省（自治区）之间的分水问题一直未能真正落实。甘肃省内部的用水矛盾也十分突出，每年 5—6 月为"卡脖子"旱期，中游地区县与县、乡与乡、村与村之间相互争水、抢水、破坏水利工程的水事纠纷和违法案件经常发生。

（4）缺乏高效的调度手段和法律手段。黑河干流缺乏骨干调蓄工程，水量统一调度任务只能完全依靠"全线闭口，集中下泄"的措施来完成。流域内三省（自治区）引用的地表水都来自黑河，且上、中、下游用水时间也几乎相同，因而存在严重的用水冲突；水量调度工作时间紧、调度路线漫长、工作人员有限，给调度带来很大的挑战。每年有 70 多天要进行全线闭口，与中游用水矛盾突出，实施过程中面临着巨大的压力。黑河中下游河道宽浅散乱，水量损失非常严重，在每年调水最关键的 7—9 月，"全线闭口、集中下泄"期间，中游 204km 河道输水损失率达 30%～40%，有的年份高达 50%，严重制约了调度任务的完成。黑河水量调度缺乏法律手段，对于发生的水量调度违规行为，缺乏相应的处罚依据和方式，督查效力弱化。同时由于缺乏经济手段的调节和制约，造成水资源配置和调度困难。2000 年以来在实施黑河干流水量统一调度过程中，也暴露出一些亟待解决的问题。

10.3.3　治理成效与下游生态输水

1. 治理目标

黑河流域生态系统恶化的问题是气候变化和不合理的人类活动长期积累的过程，要充分认识生态建设的紧迫性与长期性，采取综合措施，分阶段进行治理。

第一阶段：在 2003 年以前建立和完善黑河水资源统一管理和生态建设与环境保护体系，大力开展节约用水，调整经济结构和农业种植结构，合理安排生态用水，实现国务院批准的分水方案，即当莺落峡正常年份来水 15.8 亿 m³ 时，正义峡下泄水量达到 9.5 亿 m³，全流域生态用水达到 7.3 亿 m³，使生态环境系统不再恶化。

第二阶段：2004—2010 年，进一步加大节水力度和调整经济结构，建设山区水库以替代平原水库，建设正义峡水库和内蒙古输水干渠，强化管理，科学配置水资源，在保证正义峡下泄水量不变的情况下，使全流域生态用水量达到 9.9 亿 m³，逐渐增加进入下游三角洲地区和居延海的水量，同时加强上游天然林保护和中游防风固沙林建设，使生态系统恢复到 20 世纪 80 年代水平。

第三阶段：2010 年以后，进一步采取综合措施，通过跨流域调水，科学配置水资源，使生态系统得到合理恢复，实现人口、资源、环境与经济社会的协调发展。

2. 水量调度目标

（1）水量统一调度的基本依据。①"九二"分水方案。黑河水资源极度紧缺，中游地区经济社会用水和下游生态用水矛盾十分尖锐。1992 年，国家计委在"关于《黑河干流（含梨园河）水利规划》的批复"中，批准了在多年平均情况下的黑河干流（含梨园河）水量分配方案（简称"九二"分水方案），即近期当莺落峡多年平均川径流量 15.8 亿 m³ 时，正义峡下泄水量 9.5 亿 m³。②"九七"分水方案。为提高该分水方案的可操作性，1997年水利部以"92 分水方案"为基础，对不同来水情况下的水量进行了分配，提出了莺落峡—正义峡水量分配方案（简称"九七"分水方案），经国务院审批，由水利部转发甘肃省和内蒙古自治区人民政府执行。③《黑河流域近期治理规划》和《黑河干流水量调度管理办法》。2001 年 8 月，国务院在批复《黑河流域近期治理规划》（国函〔2001〕86 号）

时明确要求："当莺落峡多年平均来水 15.8 亿 m³ 时，正义峡下泄水量 9.5 亿 m³；并控制鼎新片引水量在 0.9 亿 m³ 以内，东风场区引水量在 0.6 亿 m³ 以内"。同时指出，"流域内各省（自治区）实行区域用水总量控制行政首长负责制，各级人民政府按照黄河水利委员会黑河流域管理局制定的年度分水计划，负责各自辖区的用配水管理"。2009 年 5 月，中华人民共和国水利部下发了《黑河干流水量调度管理办法》（水利部第 38 号令），明确指出，黑河干流水量调度按照年度水量调度方案、月水量调度方案和实时调度指令相结合的方式调度，实行年度断面水量控制和区域用水总量控制，逐月滚动修正。

（2）调度目标。①正义峡断面年度下泄指标：当莺落峡断面来水量为 15.8 亿 m³ 时，正义峡断面下泄水量 9.5 亿 m³；当莺落峡断面来水量偏离多年均值时，按照"九七"分水方案要求的指标下泄；②维持和改善黑河下游及尾闾生态系统，科学合理配置进入下游的水量，确保输水到东居延海；③对下游鼎新片和东风场区用水指标，以正义峡断面下泄水量为基础，按比例实行计划用水。

3. 主要措施

黑河生态水量统一调度实行流域统一管理与区域管理相结合的管理模式，黑河流域管理局负责组织取水许可制度的实施，编制水量分配方案和年度分水计划，检查监督流域水量分配计划的执行情况，协调处理流域内各省（自治区）、驻地部队之间的水事纠纷等；甘肃、内蒙古两省（自治区）和驻地部队依据水利部批准的年度分水方案和黑河流域管理局下达的各月调度方案，具体负责辖区分水、配水的组织实施，甘肃省主要负责完成正义峡下泄指标，内蒙古自治区主要负责下游配水用水，保证进入下游水量发挥最大的生态效益。为了保证生态水量调度方案的实施效果，采取的主要措施包括：

（1）抓住有利时机，实施"全线闭口、集中下泄"。适时采取"全线闭口、集中下泄"措施，是目前工程条件下黑河干流水量调度的主要措施，除此之外，实施了洪水调度、限制引水措施和利用上游电站蓄水应急向下游调水等措施。其中：洪水调度是在每年的 7—8 月水量调度中，利用上游洪水，适时向下游输水的调度措施。如 2007—2008 年，采用洪水调度措施，使正义峡断面增加泄水量 3135 万 m³；限制引水措施是在灌溉期，结合来水和中游用水情况，限制引水，增加下泄水量的调度措施。如 2007—2008 年，10 月 18 日采取限制引水措施，正义峡断面增加泄水量 1300 万 m³。黑河上游修建了大量的水电站，如龙首一级水电站总库容 1320 万 m³，龙首二级水电站总库容 8620 万 m³，当出现难以完成年度任务的特殊情况，利用上游电站蓄水增加向下游调水量。

（2）强化监督检查，保证调水秩序和效果。每年调水期间，黑河流域管理局派出督查组赴黑河中下游巡回检查，跟踪水头。地方政府也加大督查力度，除派水政监察人员外，还派出纪检、监察参与监督检查，分片包干，封口堵漏。2004 年起实施了分级负责、分级督查，流域机构督查和联合督查相结合的督查方式，保证了调水秩序和闭口效果。

（3）实行黑河水量调度行政首长责任制，为完成水量调度任务提供了有力保证。根据国务院关于《黑河流域近期治理规划》的批复意见，黑河水量调度实行行政首长负责制。在 2005 年的水量调度工作中，为切实把黑河水量调度责任制落到实处，在编制年度水量调度方案时，进一步明确、细化各级调度权限和责任，并首次通过水利部明确了黑河水量调度行政首长责任人，充分发挥沿河各级行政首长在水量调度中的决策、指挥和指导作用，对于保障水量调度政令畅通起到了一定的积极作用。

（4）实施全年水量调度。 从 2004 年调度年开始，加强了非关键调度期水量的调度工作，黑河流域管理局要求有关方面加强调度管理，按照"以供定需"的原则，控制灌溉用水量，实行计划用水和节约用水。并要求中游地区在春季灌溉用水高峰到来前，实施"全线闭口、集中下泄"措施，按照"均水"惯例，集中向下游调水。

4. 综合治理成效

（1）下游生态输水取得的成效。 自 2000 年起，国家开始对黑河干流实施水资源统一调度和管理。2002 年以来，黑河水已 7 次调水进入东居延海，1 次调水进入西居延海，创造了干旱地区人工调水奇迹。1999—2019 年莺落峡断面平均下泄水量达 19.0 亿 m³，大于 15.8 亿 m³ 的下泄水量目标。2002—2015 年东居延海水面面积平均达 31.1km²（图 10 - 14、图 10 - 15）。

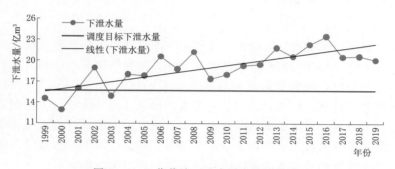

图 10 - 14　莺落峡下泄水量变化趋势图

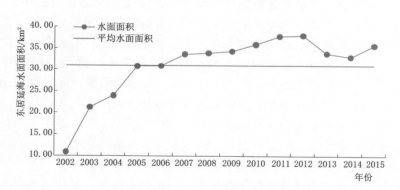

图 10 - 15　东居延海年平均水面面积变化趋势图

2002 年 7 月，经过调度的黑河水，首次到达河流尾闾—内蒙古自治区额济纳旗东居延海，总入湖水量 2350 万 m³，东居延海最大水域面积达到 23.7km²。此后，黑河水又连续 6 次进入东居延海。2004 年 9 月，黑河水进入干涸达 43 年之久的西居延海，累计入湖水量约 2723 万 m³。2005 年东居延海首次实现全年不干涸。据统计，1995—1999 年黑河下游额济纳绿洲狼心山断面平均断流天数为 250 天左右，实施统一调度后，断流天数逐年减少，近五年平均断流天数 82 天，较 20 世纪 90 年代减少近 170 天，2016—2017 年度断流天数仅为 12 天，一条完整的生命之河再次奔流在西北大地。2000—2018 年，正义峡断面累计下泄水量 215.3 亿 m^3，多年平均下泄水量较 20 世纪 90 年代增加了 3.6 亿 m^3；累计进入额济纳绿洲的水量为 119.1 亿 m^3，年下泄水量较 20 世纪 90 年代增加了 2.7 亿 m^3。

（2）生态修复取得的成效。 随着黑河水的调入，东居延海、西居延海周边地区地下水水位回升，植被明显恢复，因黑河多年断流造成的下游地区生态恶化趋势得到初步遏制。自 2005 年以来，黑河尾闾东居延海，实现了连续 15 年不干涸，水域面积常年保持在 40km² 左右。经监测，目前居延海湿地鸟类达 73 种，栖息候鸟数量有 3 万余只，最大种群雁类已达 3000 多只。东居延海周边各种植物生长旺盛，东居延海特有的已经濒临绝迹的大头鱼再次畅游湖区，罕见的白天鹅、野鸭、黄羊等野生动物也奇迹般的出现在东居延海。额济纳旗绿洲相关区域地下水水位均有不同程度的回升，平均回升近 1m，以草地、胡杨林和灌木林为主的绿洲面积至少增加了 200km²；森林覆盖率由统一调度前的 2.9% 提高至 4.3%，高覆被草地面积增加 178%，中覆被草地面积增加 10%；草场退化趋势也得到遏制，植被种类增多。额济纳旗境内黑河 19 条支流总长约 1105km 的河道也得到浸润，沿河两岸约 30 万亩濒临枯死的胡杨、柽柳得到了抢救性保护，胡杨林面积由 39 万亩增加到 44 万亩，部分枯死多年的胡杨、柽柳根部也吐出了幼苗。据中科院地理科学与资源研究所《额济纳旗地下水位埋深观测及动态分析》显示，黑河下游水位整体呈抬升趋势，额济纳绿洲生态环境持续恶化的趋势得到遏制，局部地区生态环境明显好转，额济纳绿洲由此走上生态良性演替之路。

黑河流域生态环境改善也有效减少了我国西北、华北地区沙尘暴发生几率，治理前 13 年（1987—1999 年）年均沙尘暴发生次数 5.9 次，治理后（2000—2017 年）18 年年均沙尘暴发生次数为 3.0 次，年均减少 2.8 次，"沙起额济纳"已逐渐成为往事。

10.4　石羊河流域综合治理与下游生态输水

10.4.1　流域概况

1. 背景情况

石羊河是甘肃省河西走廊内流水系的第三大河，古名谷水，流域总面积 4.16 万 km²。发源于祁连山脉东段冷龙岭北侧大雪山，全长 250km，全水系自东而西，主要支流有大景河、古浪河、黄羊河、金塔河、西营河、东大河、西大河及杂木河[42]。河系以雨水补给为主，兼有冰雪融水成分，年径流量 18.1 亿 m^3。上游祁连山区降水丰富，有 64.8km² 的冰川和残留林木，是水源补给地。中游流经走廊平地，形成武威和永昌等绿洲，灌溉农业发达。下游是民勤。全流域建成 100 万 m^3 以上水库 15 座，其中以大景峡、黄羊河、南营、西马湖、红崖山及金川峡等水库规模较大（图 10-16）。

2. 社会经济概况

流域 2018 年人口 217.5 万人，其中农村人口为 121.8 万人，城镇人口 95.7 万人，城镇化率为 44%，流域人口分布以中游最多。流域生产总值为 631.8 亿元，人均生产总值近 2.9 万元，其中第一产业生产总值 193.8 亿元，第二产业生产总值 189.3 亿元，第三产业

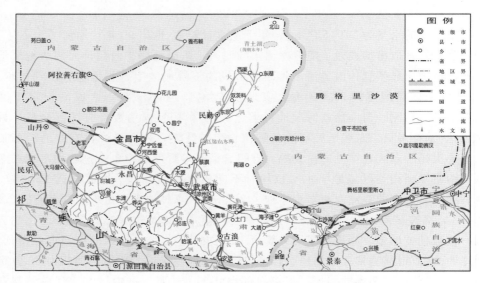

图 10-16　石羊河流域水系分布示意图

生产总值 248.7 亿元，三大产业比例为 31：30：39，产业结构相对合理。

3. 水资源评价

(1) 水资源。石羊河流域地表水资源主要产于祁连山区，山区径流由降雨及冰川融雪补给，1956—2016 年流域出山口年均地表水资源量为 18.1 亿 m³，平原区不产流。地下水资源量 7.96 亿 m³，其中地表地下水不重复量 2.47 亿 m³，水资源总量 20.57 亿 m³。

(2) 水资源开发利用状况。全流域供用水总量 22.4 亿 m³，其中：农业用水 19.5 亿 m³，占 87%；地表水供水量 14.8 亿 m³，占 66%；地下水供水量 7.4 亿 m³，占 33%（表 10-10）。

表 10-10　　　　　　　　　**2018 年石羊河流域供用水统计表**　　　　　　　　单位：亿 m³

分区	用 水 量						供 水 量			
	农业	工业	城镇公共用水	生活	生态	合计	地表水	地下水	中水	合计
石羊河	19.5	1.6	0.3	0.5	0.5	22.4	14.8	7.4	0.2	22.4

10.4.2　存在问题与面临挑战

(1) 生产用水严重挤占生态用水，生态环境尚未根本恢复。目前水资源开发利用程度已达到 108.7%，严重挤占生态用水，导致流域生态环境急剧恶化。新中国成立初期，青土湖水域面积仍有 70km²，1924 年以来再无较大洪水汇入，于 1959 年青土湖完全干涸。20 世纪 70 年代国家出版的 1：50000 的地形图上，已没有青土湖这一名称。青土湖区域水干风起，流沙肆虐形成了长达 13km 的风沙线，成为民勤绿洲北部最大的风沙口，中国第三大沙漠巴丹吉林沙漠和第四大沙漠腾格里沙漠，在这里成合围之势。2005 年石羊河干流蔡旗断面来水由 20 世纪 50 年代的 5.4 亿 m³ 下降到 0.6 亿 m³，地下水埋深由 20 世纪 70 年代 1～9m 增至 15～30m。2007 年国家实行石羊河流域重点治理，历经 10 年的治理，民勤盆地生态系统恶化状况得到明显缓解。2014 年青土湖地下水水位埋深小于 3m 区域呈南东—北西向范围分布，局部地方地下水埋深小于 1m，北部湖区形成了约 106km² 的旱区湿地（图 10-17）。

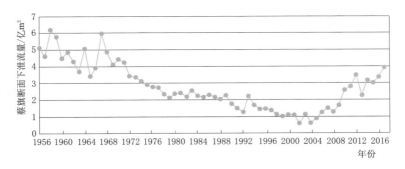

图 10-17　石羊河流域蔡旗断面不同年份下泄水量变化趋势图

（2）用水结构不合理，水资源利用效率偏低。在水资源如此紧缺的背景下，流域用水结构极不合理，2018 年国民经济各行业总用水量 22.4 亿 m³，其中：工业用水比例仅 7%，农田灌溉用水比例高达 87%，高耗水低效益大田作物仍是绝对主力。如民勤盆地农业单方水产值仅为 8.2 元，种植面积占比最大的小麦、玉米、油料、药材均不超过 3 元，而以色列农业单方水产值约为 53 元。

（3）区域生态系统修复的地下水基础尚未形成。1970 年以来，石羊河流域下游民勤盆地累计地下水开采量 144 亿 m³，持续超采 50 年，累计超采 32.5 亿 m³，地下水位下降 18.3m。按照当前的资源和补水条件，完全恢复需要上百年的时间。2010 年实施封井压采后，地下水位下降趋势得到缓解。

（4）中下游盆地水污染问题依然突出。金昌市城区及郊区土壤有重金属轻度污染的问题[43]；民勤各灌区大量引水但排水不畅，灌区内部土壤盐渍化问题严重；部分区域地表水水质改善任务艰巨，据生态环保部门 2018 年度监测，石羊河干流水环境现状扎子沟国考断面水质恶化为劣Ⅴ类，氨氮和总磷超标严重；部分县级以上集中式饮用水水源地还未完全达到国家规范化建设要求，保护区内存在居民住宅、公路穿越的问题，环境隐患突出。

（5）山区水源涵养林萎缩，水土流失严重。祁连山灌木林线的上移和灌木林的草原化、荒漠化，造成的结果是保水能力减弱，调节功能降低，水土流失面积增大，大量泥沙及漂砾随洪水而下，淤积河床、水库及渠道，全流域上游山区的十多座水库均有不同程度地淤积，有效库容减少 1/5～1/8。目前虽然实施了较多"山水林田湖草"生态修复项目，但生态修复项目实施效果缺少长期的动态监测；水源涵养区没进行过系统的水文地质调查及水资源总量和可利用水资源量的专项评价工作。

（6）水资源统一管理存在问题，区域生态治理与保护的长效机制尚未真正建立。尽管流域水资源管理制度正在逐步完善，但形成的水资源管理方式没有完全考虑到上下游兼顾、工农业兼顾、生产生活与生态兼顾的用水矛盾，建立的水资源管理信息系统不能完全适应新形势下的水资源管理需求[43]。《石羊河流域重点治理规划》属于特殊情境下的应急性、抢救性规划，它以节水工程建设和水资源配置管理为主要内容，以实现蔡旗断面下泄水量和民勤盆地地下水开采量为基本目标。机制建设主要针对总量控制与定额管理制度、水权制度改革、流域水资源统一调度体制的完善，区域生态综合治理保护和绿色发展机制并未建立。

10.4.3　治理成效与下游生态输水

1. 治理目标

石羊河流域的生态环境恶化问题，引起了党中央国务院、省委省政府以及地方各级党委政府的高度重视和社会各界的广泛关注。2006 年 3 月，石羊河流域重点治理应急项目启动。2007 年 12 月，国家发展改革委、水利部批复了《石羊河流域重点治理规划》。规划批复总投资 47.5 亿元，运用行政、法律、经济、工程和科技等综合手段，采取水权制度改革、水资源配置管理、结构调整、关井压田、生态移民、节水工程建设等治理措施，实现流域生态好转、经济发展、农民增收、社会和谐稳定的目标。2011 年 12 月，为巩固近期治理成果，加快治理步伐，尽早实现治理目标，国家发展改革委、水利部批复《石羊河流域重点治理调整实施方案》，将《石羊河流域重点治理规划》确定的后 10 年（2011—2020 年）任务集中到前 5 年实施（2011—2015 年），力争使远期治理目标提前至 2015 年实现，并对水资源配置工程等进行调整。

2010 年平水年份，民勤蔡旗断面下泄水量由现状的 1.0 亿 m^3 增加到 2.5 亿 m^3 以上，民勤盆地地下水开采量由现状的 5.2 亿 m^3 减少到 0.9 亿 m^3。2020 年平水年份蔡旗断面下泄水量由 2010 年的 2.5 亿 m^3 增加到 2.9 亿 m^3 以上，民勤盆地地下水开采量减少到 0.9 亿 m^3。实现民勤盆地地下水位持续回升，北部湖区预计将出现总面积约 70 km^2 的地下水埋深小于 3m 的浅埋区，形成一定范围的旱区湿地。

2. 水量调度目标

（1）水量调度有以下基本原则：

1）石羊河流域地表水量调度实行年度总量控制、关键调度期逐月调控及全年监督的调度方式。年度调度时段为 11 月 21 日至次年 11 月 20 日，其中 7 月 1 日至 11 月 20 日为关键调度期。

2）民勤县地表水量控制断面以蔡旗水文站断面计量，杂木河控制断面以杂木河水文站断面计量，其余河流地表水量控制断面均以上游山区水库出库断面计量。

3）蔡旗断面下泄水量指标应以蔡旗水文站实测径流数据为准。逐月下泄水量指标与当月蔡旗水文站实测水量的差值由杂木河与西营河按 1∶3～1∶4 的比例调水补足。

（2）调度目标。武威、金昌、张掖市控制断面地表毛引水量分别为 10.5 亿 m^3、4.4 亿 m^3、0.2 亿 m^3；武威、金昌市地下水允许开采量分别为 5.1 亿 m^3、2.4 亿 m^3。

3. 主要措施

（1）统一调度管理，提高用水效率。石羊河流域管理局负责统一管理和调配流域水资源。针对上游来水量、调水任务实际进展等情况，流域管理局会同武威市水务局及时协商调水工作，研究制定调水措施，通过科学调度、合理安排灌区用水等方式，保证调水工作的顺利实施。新建西营河向民勤调水专用输水渠和景电二期向民勤渠延伸段工程两项水资源配置保障工程，建成后分别将输水效率由河道输水的 42％、70％提高到 90％、96％以上。

（2）强化过程控制，规范用水程序。把取水许可审批作为水资源管理的前置关口，实行"用水总量、机井数量、地下水位"三控制，全面实施实名制配水制度，加强对配水人口的审核审定。在每年 4 月中旬前将水权细化分解到机井、作物和轮次，并确认轮次水量。各灌区统一实行全过程用水计划申请制度：用水户提出用水申请，经由相关协会核对并提出具体意见，交由镇水资办进行审核批复，通过水管单位确认进行刷卡充值后即可取水，加强水资源精细化管理和过程控制。

（3）严格执法监督，强化考核问责。全面贯彻落实最严格水资源管理制度考核工作方案，将目标任务分解落实到各县区，建立用水总量台账，每年实行政府责任考核，压实县区政府主体责任。坚守"关井压田"红线、分类配置特色林果业水权、严禁隐性压减耕地配水、禁止向改变用地性质地块配水、严格监管村社农林场用水、限制向高耗水作物配水。将各镇和相关部门水资源分配方案落实工作纳入政府目标管理责任评价指标体系，建立问责追责机制。

4. 综合治理成效

（1）重点治理工程。武威市、金昌市、白银市累计改建干支渠 1883.7km，完成渠灌、管灌、大田滴灌、温室滴灌等田间节水改造面积 295.5 万亩，安装地下水计量设施 1.8 万套，建成西营河至民勤蔡旗断面专用输水渠 50.3km，目前已连续 8 年超额完成地表水量调度任务，输水利用率由运行前河道输水的 42% 提高到专用渠道输水的 90% 以上。实施景电二期向民勤输水渠改建及民调渠延伸工程总长 20.9km，于 2012 年建成投入使用，运行后输水效率由过去的 0.7 提高到 0.96。流域内共压减农田灌溉配水面积 139 万亩，任务完成率达 103%。武威市按《石羊河流域重点治理规划》削减地下水开采量和压缩农业用水量的要求，关闭农业灌溉机井 3318 眼。对民勤湖区、祁连山水源涵养林区实施生态移民工程，完成移民 2.4 万人。截至 2015 年底，石羊河流域重点治理武威属区 122 个单项工程全面建成。《石羊河流域重点治理规划》确定的 2020 年蔡旗断面过水量、民勤盆地地下水开采量两大约束性目标和北部湖区出现旱区湿地的生态治理目标分别提前 8 年、6 年实现。

（2）下游生态输水取得的成效。自 2007 年起，国家开始对石羊河流域进行重点治理。2013 年 2 月习近平总书记视察甘肃作出"特别要实施好石羊河流域综合治理和防沙治沙及生态恢复项目，确保民勤不成为第二个罗布泊"的重要指示。自 2006 年重点治理应急项目实施以来，蔡旗断面总过水量已累计达到 31.9 亿 m³。2011 年以来连续 8 年超额完成调水任务，提前 8 年实现 2020 年蔡旗断面过水量 2.9 亿 m³ 的目标。2017 年蔡旗断面过水量 3.9 亿 m³，为 1972 年以来历史最高值。其中：西营河专用输水渠调水 1.4 亿 m³，景电二期民调工程调水 0.97 亿 m³。2012 年以来，民勤盆地地下水开采量均控制在《石羊河流域重点治理规划》2020 年 0.9 亿 m³ 目标内。干涸 51 年之久的青土湖形成了 3～25km² 的人工季节性水面。

（3）生态修复取得的成效。截至 2020 年，民勤盆地地下水开采量由 5.2 亿 m³ 减少到 0.9 亿 m³，灌区地下水明显回升，地下水位埋深 2.9m，较 2007 年累计回升 1.1m，民勤县 76 眼地下水位观测井数据显示，2011 年地下水采补达到动态平衡，民勤县地下水位累计回升 0.2m。青土湖芦苇等旱湿生植物逐年增加，连片封育面积达到 20 多万亩，植被覆盖度由 2007 年前的 5%～20% 提高到 40% 以上；民勤县夹河乡 2008 年关闭的 96 眼灌溉机井中有 7 眼成自流涌泉。据气象资料记载：1981—2010 年，民勤县区域性沙尘暴年平均为 17.9 次/年，2011—2014 年，民勤区域性沙尘暴年平均为 0.8 次/年，是有气象记录以来历史同期最少且沙尘暴范围小、时间短，民勤生态环境得到明显改善。2017 年以来，依托祁连山山水林田湖草工程青土湖修复治理项目，在该区域周边实施压沙造林 8.2 万亩。

参 考 文 献

[1] United Nations. Special Programme for the Economics of Central Asia Project Working Group on Energy and Water Resources. Strengthening cooperation for rational and efficient use of water and energy resources in Central Asia [M]. United Nations，2004.

[2] UNECE. Transboundary river，lake and groundwaters – first assessment [R]. 2007.

[3] Micklin P，Aladin N，Plotnikov I. The Aral Sea [M]. Berlin Heidelberg：Springer Verlag，2014：207.

[4] Greiber T，Smith M，Bergkamp G. Share：managing water across boundaries [M]. Gland：IUCN，2008.

[5] SCI，ICWC，GWP CACENA. Integrated Water Resources Management：Putting Good Theory into Real Practice. Central Asian Experience [R]. Tashkent：SIC ICWC，2009.

[6] GWP CACENA. IWRM Principles Implementation in the Countries of Central Asia and Caucasus [R]. Tashkent：GWP Secretariat – Central Asia and Caucasus/IWMI Office，2004.

[7] Severskiy I. V. Water – related Problems of Central Asia：Some Results of the （GIWA） International Water Assessment Program [J]. Ambio，2004，33 （1）：52 – 62.

[8] 阿·斯·克西，郑连生. 苏联中亚和哈萨克斯坦南部水资源 [J]. 海河水利，1984 （S2）：55 – 58.

[9] Zhang Ning. Water resource cooperation in the central Asia countries [J]. The market of Russia – central Asia and east Europe，2005，10：29 – 35.

[10] FAO. AQUASTAT Transboundary River Basin Overview – Aral Sea [R]. Food and Agriculture Organization of the United Nations （FAO）. Rome，2012.

[11] 杨恕，陈焘. 咸海——危机和前途 [J]. 兰州大学学报，1998 （1）：120 – 127.

[12] 田裕钊. 咸海干涸的因由及其他——苏联干旱区土地开发所引起的环境问题 [J]. 自然资源，1990 （5）：48 – 58.

[13] 邓铭江，龙爱华. 咸海流域水文水资源演变与咸海生态危机出路分析 [J]. 冰川冻土，2011，33 （6）：1363 – 1375.

[14] Kpshakbayev，N. K. and Sokolov，V. l. Water resources of the Arai Sea basin—formation，distribution，usage [R]. In：Water Resoures of Central Asia Tashkent. ICWC Press，2002：63 – 67.

[15] Bedford，D. P. International Water Management in the Aral Sea Basin [J]. Water International，1996 （21）：63 – 69.

[16] Izrael，Yu. A. and Rovenskiy，F. Survey of the State of the Natural Environment in the USSR [R]. Moscow. Hydrometeoizdat，1990：217.

[17] Glazovsky，N. E. The Aral Sea Basin：Environmental changes human driving forces societal and recognition of the Aral Sea Problem，Possible solutions and rescue seenarios，The Aral Sea Basin trajectory，Saving the Aral Sea [R]. In：Regions at Risk：ComParison of Threatened Environments. KasPerson，J. X.，Kasperson，E. and Tumer，B. L.（eds）. Tokyo，New York，Paris. The U. N. University. 1995：92 – 139.

[18] Bakhiev，A. B. Treshkin，S. E. Desertification Problems of the south Priaral region [J]. Problems

of Desert Development，2002：31 - 35.

[19] 吐尔逊·哈斯木，哈斯穆·阿皮孜. 咸海的变迁及其对周围环境的影响 [J]. 新疆大学学报（自然科学版），2002（4）：492 - 494.

[20] Ivanov Y. N. ，Chub V. E. ，Subbotina O. I. ，et al. Review of the scientific and environmental issues of the Aval Sea Basin [J] //Micklin P. P. ，Williams W. D. （eds）. The Aral Sea Basin. Berlin Heidelberg [M]. Springer Verlag，1996：9 - 21.

[21] 冯怀信. 水资源与中亚地区安全 [J]. 俄罗斯中亚东欧研究，2004（4）：63 - 69，96.

[22] 赵敏. 国际法视角下中亚跨境水资源国际合作问题探析 [J]. 新疆师范大学学报（哲学社会科学版），2009，30（2）：73 - 78.

[23] 杨小平. 中亚干旱区的荒漠化与土地利用 [J]. 第四纪研究，1998（2）：119 - 127.

[24] 毛汉英，裴新生，等. 苏联农业地理 [M]. 北京：商务印书馆，1984.

[25] 加帕尔·买合皮尔，А·А·图尔苏诺夫. 亚洲中部湖泊水生态学概论 [M]. 乌鲁木齐：新疆科技卫生出版社，1996.

[26] Бабаева А. Судъба Арала [N]. Туркменская искра. 1980.

[27] 杨恕，王婷婷. 中亚水资源争议及其对国家关系的影响 [J]. 兰州大学学报（社会科学版），2010，38（5）：52 - 59.

[28] 付颖昕. 中亚的跨境河流与国家关系 [D]. 兰州：兰州大学，2009.

[29] 杨立信. 费尔干纳盆地 IWRM 示范试验阶段结果 [J]. 水利水电快报，2009，30（3）：6 - 9.

[30] 杨立信. 中亚各国水资源一体化管理应用实践 [J]. 水利水电快报，2008，29（9）：15 - 18.

[31] 塔里木河流域管理局. 塔里木河流域综合治理和水资源管理工作汇报 [R]. 2019.

[32] 邓铭江. 中国塔里木河治水理论与实践 [M]. 北京：科学出版社，2009.

[33] 雷小牛，张志良，张爱民，等. 构建南疆水—生态—经济协调发展水利战略格局的基本思路 [J]. 水利发展研究，2020，20（7）：22 - 28.

[34] 邓铭江. 南疆未来发展的思考——塔里木河流域水问题与水战略研究 [J]. 干旱区地理，2016，39（1）：1 - 11.

[35] 陈亚宁，郝兴明，李卫红，等. 干旱区内陆河流域的生态安全与生态需水量研究——兼谈塔里木河生态需水量问题 [J]. 地球科学进展，2008（7）：732 - 738.

[36] 张小清. 基于水资源统一调度的塔里木河流域水量调度管理系统实践分析 [J]. 河南水利与南水北调，2014（5）：52 - 53.

[37] 新疆维吾尔自治区人民政府. 塔里木河流域近期综合治理规划报告 [R]. 2001.

[38] 邓铭江，黄强，畅建霞，等. 大尺度生态调度研究与实践 [J]. 水利学报，2020，51（7）：757 - 773.

[39] 张光辉，刘少玉，谢悦波，等. 西北内陆黑河流域水循环与地下水形成演化模式 [M]. 北京：地质出版社，2005.

[40] 程国栋，等. 黑河流域水—生态—经济系统综合管理研究 [M]. 北京：科学出版社，2009.

[41] 唐霞，张志强，王勤花，等. 黑河流域历史时期水资源开发利用研究 [J]. 干旱区资源与环境. 2015，29（7）：89 - 94.

[42] 李梓嫣. 石羊河流域生态流量分析及水资源优化配置研究 [D]. 西安：长安大学，2020.

[43] 尹政，丁宏伟，王春磊，等. 生态文明背景下的石羊河流域水资源及水环境研究方向 [J]. 甘肃地质，2020，29（Z1）：67 - 72.

第11章 气候影响下的水文情势变化及预测分析

11.1 气候变化特征分析

11.1.1 气温时空变化特征

根据研究区182个气象站点实测资料的研究分析，1960—2019年气温变化主要呈现如下变化特征。

(1) 年平均气温变化趋势。年平均气温变化趋势以上升为主，总体上升幅度为0.33℃/10年，高于全国（0.24℃/10年）同期变化水平。累积平均温度上升为1.98℃（表11-1、图11-1和图11-2）。

表11-1 1960—2019年西北"水三线"各分区气温变化分析表

分区名称		台站数	平均气温		最高气温		最低气温	
			均值/℃	变化/(℃/10年)	均值/℃	变化/(℃/10年)	均值/℃	变化/(℃/10年)
八区	奇策线西北	30	5.22	0.36＊＊	11.83	0.28＊＊	−0.45	0.50＊＊
	奇策线西南	20	9.85	0.25＊	16.91	0.18＊	3.57	0.35＊
	奇策线东北	3	5.72	0.41＊＊	12.98	0.27＊＊	−0.72	0.56＊＊
	奇策线东南	12	10.96	0.33＊＊	18.99	0.25＊＊	3.70	0.49＊＊
	小计（新疆）	65	7.94	0.34	15.18	0.25	1.53	0.48
	柴达木盆地	28	2.45	0.35＊＊	10.63	0.29＊＊	−4.22	0.47＊＊
	河西内陆河流域	19	7.53	0.31＊＊	15.14	0.25＊＊	0.90	0.38＊＊
	黄河流域片区	54	8.66	0.29＊＊	15.33	0.27＊＊	3.21	0.34＊＊
	半干旱草原区	16	3.30	0.41＊＊	10.37	0.31＊＊	−2.99	0.53＊＊
	小计	117	5.49	0.34	12.87	0.28	−0.78	0.43
奇策线以西	山区	10	4.40	0.31＊＊	10.89	0.25＊＊	−1.14	0.42＊＊
	平原	40	7.74	0.32＊＊	14.60	0.24＊	1.73	0.45＊＊

续表

分 区 名 称		台站数	平均气温		最高气温		最低气温	
			均值/℃	变化/(℃/10 年)	均值/℃	变化/(℃/10 年)	均值/℃	变化/(℃/10 年)
奇策线以东	山区	2	5.95	0.42＊＊	13.98	0.23＊	−1.62	0.65＊＊
	平原	13	10.52	0.33＊＊	18.37	0.26＊＊	3.50	0.48＊＊
阳关线以东	山区	42	3.79	0.32＊＊	11.39	0.28＊＊	−2.33	0.40＊＊
	平原	75	7.64	0.33＊＊	14.68	0.27＊＊	1.63	0.40＊＊
合计		182	6.78	0.33＊＊	13.95	0.26＊＊	0.68	0.42＊＊

注　＊表示显著性水平＜0.05，＊＊表示显著性水平＜0.01。

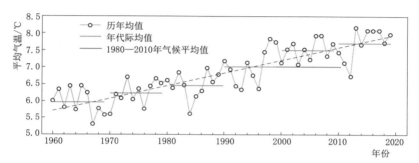

图 11-1　1960—2019 年西北"水三线"平均气温变化趋势图

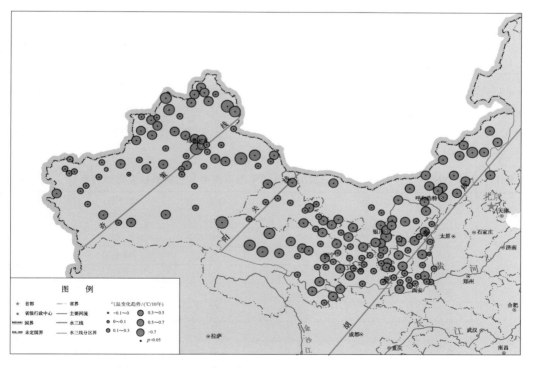

图 11-2　西北"水三线"平均气温长期趋势空间分布图

（2）**年平均气温空间分布**。年平均气温的最高均值在奇策线西南（9.85℃）和东南片区（10.96℃），即新疆的南疆地区，塔里木盆地所在地。年平均气温最低均值在阳关线以东的柴达木盆地片区（2.45℃）。

（3）**气温变化趋势空间分布**。研究区最高气温和最低气温分别升高 0.26℃/10 年和 0.42℃/10 年。奇策线区域最高气温、最低气温每 10 年分别上升 0.25℃ 和 0.48℃，最低气温上升速率是最高气温的 1.92 倍。阳关线—胡焕庸线区域最高气温、最低气温每 10 年分别上升 0.28℃ 和 0.43℃，最低气温上升速率是最高气温的 1.53 倍。

（4）**季节尺度变化趋势**。研究区日均温和日最低温在冬季增加最大，夏季增加最小；日最高温在春季增加最大，夏季增加最小；相对湿度在秋季降低最少，在春季降低最大（表 11-2）。

表 11-2　　　1960—2019 年西北"水三线"各分区不同季节气象参数变化分析表

分区名称	季节	日均温 /（℃/10 年）	日最高温 /（℃/10 年）	日最低温 /（℃/10 年）	降水量 /（mm/10 年）	相对湿度 /（%/10 年）
奇策线以西	春季	0.35	0.3	0.45	2.2	−0.49
	夏季	0.22	0.16	0.38	3.66	0.09
	秋季	0.33	0.26	0.45	2.34	0.12
	冬季	0.36	0.2	0.52	2.15	0.13
奇策线— 阳关线	春季	0.39	0.31	0.53	0.74	−0.31
	夏季	0.35	0.27	0.55	1.48	−0.08
	秋季	0.37	0.28	0.57	0.77	0.21
	冬季	0.4	0.19	0.61	0.27	0.3
阳关以东	春季	0.38	0.35	0.42	0.64	−0.92
	夏季	0.29	0.25	0.41	1.39	−0.45
	秋季	0.33	0.31	0.4	0.04	−0.28
	冬季	0.42	0.34	0.51	0.56	−0.31

（5）**空间尺度变化趋势**。所在山区和平原区日均温、日最高温、日最低温、降水量和相对湿度季节变化存在明显差异。平原区冬季日均温增加量明显大于山区。相对湿度春季降幅最大，且平原区的降幅（−0.87%/10 年）明显大于山区的降幅（−0.46%/10 年）（表11-3）。

表 11-3　　1960—2019 年西北"水三线"山区和平原不同季节气象参数变化分析表

地形	季节	日均温 /（℃/10 年）	日最高温 /（℃/10 年）	日最低温 /（℃/10 年）	降水量 /（mm/10 年）	相对湿度 /（%/10 年）
山区	春季	0.31	0.28	0.37	1.93	−0.46
	夏季	0.31	0.27	0.42	3.46	−0.14
	秋季	0.35	0.33	0.43	0.18	−0.01
	冬季	0.39	0.32	0.5	0.86	0.02
平原	春季	0.4	0.36	0.47	0.72	−0.87
	夏季	0.26	0.21	0.4	1.41	−0.33
	秋季	0.32	0.28	0.43	0.96	−0.18
	冬季	0.4	0.28	0.52	1.02	−0.2

11.1.2 降水时空变化特征

根据研究区 182 个气象站点实测资料的研究分析，1960—2019 年降水变化主要呈现如下变化特征。

(1) 降水量时空变化分析。呈增加趋势，增加幅度为 3.22mm/10 年，累积降水量上升为 19.32mm。研究区降水量变化空间分布不均，黄河流域片区和半干旱草原片区呈现不显著减少趋势，奇策线西北、奇策线西南、奇策线东北及柴达木盆地呈显著增加趋势（表 11-4、图 11-3 和图 11-4）。山区降水量增加量在各个季节均明显大于平原区；平原区相对湿度减少量在各个季节均明显高于山区（表 11-3）。

表 11-4　　　　　1960—2019 年西北"水三线"各分区降水量变化分析表

分区名称		台站数	降水量		相对湿度		风速	
			均值 /mm	变化 /(mm/10 年)	均值 /%	变化 /(%/10 年)	均值 /(m/s)	变化 /[m/(s·10 年)]
奇策线以西	奇策线西北	30	229.51	8.91*	59.15	−0.19	2.63	−0.16*
	奇策线西南	20	92.96	8.01*	49.45	0.18	1.87	−0.09
奇策线—阳关线	奇策线东北	3	115.35	7.31*	43.41	−0.27	3.31	−0.17**
	奇策线东南	12	37.65	1.73	41.38	0.08	2.40	−0.06
阳关线—胡焕庸线	柴达木盆地	28	324.31	8.09*	49.18	−0.20	2.34	−0.12
	河西内陆河流域	19	124.76	3.37	44.29	−0.28	2.98	−0.11
	黄河流域片区	54	438.47	−2.62	59.41	−0.49	2.33	−0.08
	半干旱草原区	16	262.19	−2.00	52.71	−0.66*	3.74	−0.21**
奇策线以西	山区	10	236.55	11.32*	50.72	0.36	2.38	−0.06
	平原	40	159.48	7.86	56.41	−0.14	2.31	−0.15*
奇策线—阳关线	山区	2	140.59	8.11*	48.47	−0.60*	2.39	−0.04
	平原	13	39.74	2.04	40.75	0.10	2.61	−0.09
阳关以东	山区	42	405.26	3.92	54.35	−0.20	2.39	−0.08
	平原	75	297.36	−0.63	53.16	−0.53	2.76	−0.13*
汇总	"水三线"	182	268.49	3.22	53.08	−0.27	2.54	−0.12

注　*表示显著性水平<0.05，**表示显著性水平<0.01。

(2) 降水量均值时空分析。在阳关线—胡焕庸线对应的黄河流域片区（438.47mm）和柴达木盆地（324.31mm）最大，在奇策线东南最小（37.65mm），且在新疆所在各片区和柴达木盆地呈显著增加趋势。近 60 年来阳关线—胡焕庸线区域中柴达木盆地年降水量增加 8.09mm/年，奇策线西北区域年降水量增加 8.91mm/年。降水年代际变化呈增加—减小—增加趋势。

(3) 季节尺度降水量变化趋势。四季降水量呈一致增加趋势，春季、夏季、秋季、冬季平均降水量分别增加 1.08mm/10 年、2.02mm/10 年、0.73mm/10 年和 0.97mm/10 年，增加速率夏季最大、秋季最小，夏季降水量在各分区增加均最明显（表 11-5）。

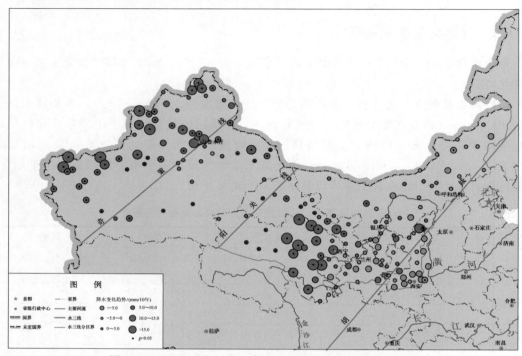

图 11-3　西北"水三线"降水量长期变化趋势空间分布图

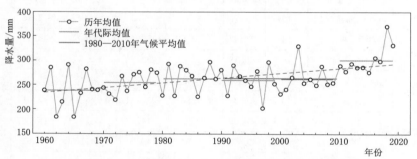

图 11-4　1960—2019 年西北"水三线"地区降水量变化趋势图

表 11-5　　　　　　1960—2019 年西北"水三线"不同季节气象参数变化分析表

季节	日均温 /(℃/10 年)	日最高温 /(℃/10 年)	日最低温 /(℃/10 年)	降水量 /(mm/10 年)	相对湿度 /(%/10 年)
春季	0.37	0.33	0.44	1.08	−0.75
夏季	0.28	0.23	0.41	2.02	−0.27
秋季	0.33	0.29	0.43	0.73	−0.13
冬季	0.4	0.29	0.52	0.97	−0.14

（4）相对湿度均值时空分析。相对湿度均值在奇策线西北（59.15%）和阳关线以东对应黄河流域片区（59.41%）最高，在奇策线东南（41.38%）最低，且变化趋势在各片区对应山区和平原区均不显著。夏季降水量在各分区增加均最明显，且奇策线以西对应区域增加最大；相对湿度在各分区季节变化不均一，尤其阳关以东各分区各季节均呈现

降低趋势，且春季下降最明显（表 11-4）。

总体来看，研究区冬春季增暖强度大于夏季，相对湿度在春季的降低趋势最显著（表 11-5）。

11.2 冰川分布变化特征

11.2.1 新疆冰川分布变化特征

1. 冰川分布区域气候变化特征

根据新疆冰川分布的区域特点，选取了天山山区、西昆仑山、阿尔泰山进行气候变化特征分析，天山山区又分为东天山、中天山、西天山区域（图 11-5）。近 60 年，新疆主要冰川分布山区总体呈平均气温和极端最高气温上升、$T \geqslant 0℃$ 的积温和降水增加的趋势。其中，各主要冰川分布区域气温和 $T \geqslant 0℃$ 的积温升高速率大致相当，各地略有差异；极端最高气温则变化趋势不一致；各区域降水天山山区增加速率最大，而天山山区的西天山增加速率最大，其次是中天山和东天山[1-2]（表 11-6）。

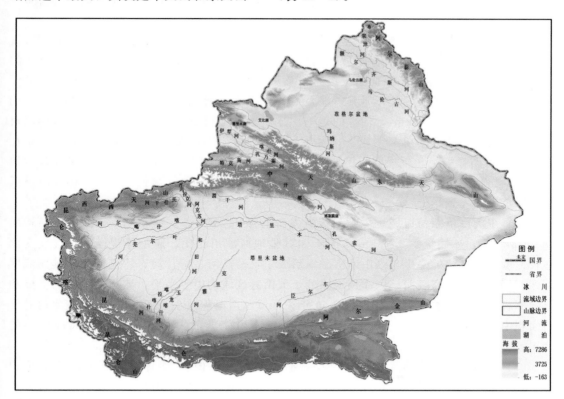

图 11-5 新疆主要冰川分布示意图

2. 天山地区冰川分布及面积变化

根据第二次中国冰川编目资料，中国境内天山地区目前有冰川 8017 条，面积 7275.3km²。

表 11 - 6　　　　　　　　　　　　**新疆主要冰川区域气候变化分析表**

分区	年平均气温上升幅度/(℃/10 年)	山区极端最高气温平均上升幅度/(℃/10 年)	四季气温平均上升幅度/(℃/10 年)	冰川消融期 $T \geqslant 0℃$ 的积温增加幅度/(℃/10 年)	山区降水平均增加幅度/(mm/10 年)	四季降水平均增加幅度/(mm/10 年)
东天山	0.13~0.61	0.07~0.38	0.13~0.28	25.2~130.9	5.6~21.9	1.9~3.4
中天山	0.20~0.42	-(0.01~0.13) 0.10~0.31	0.28~0.32	36.2~95.0	5.6~23.2	1.5~6.9
西天山	0.24~0.30	0.04~0.19	0.18~0.33	39.1~68.3	16.7~24.1	1.2~10.1
西昆仑山	0.32	0.12	0.19~0.42	68.1	6.1	
阿勒泰山	0.18~0.38	0.16~0.21	0.18~0.37	26.6~83.3	11.7~13.6	1.9~4.4

注　"—"为山区极端最高气温平均每十年下降，出现在昭苏、特克斯、新源、巴仑台，数据来源见参考文献 [2]。

李忠勤等[3-4]利用高分辨率遥感影像（SPOT - 5）与地形图对比等方法，系统研究了中国天山境内 1543 条冰川的变化特征，结果显示在过去 40 年间，冰川总面积缩小了 11.4%，平均每条冰川缩小 0.22km²，末端退缩速率为 5.25m/年。冰川在不同区域的缩减比率为 8.8%~34.2%，单条冰川的平均缩小量为 0.10~0.42km²，末端平均后退量为 3.5~7.0m/年。

(1) 西天山塔里木河流域。 塔里木河流域发育有冰川 2424 条，面积为 3806.3km²，冰储量约为 528.6km³。这些冰川以大型树枝状山谷冰川居多，其中，面积大于 20km² 的冰川有 21 条，占整个天山该面积等级冰川总数量的 56.7%，形成了包括阿克苏河、渭干河、开都河等在内的众多较大河流。过去 40 年，该流域冰川面积减小了 5%~20%，平均每条冰川减少量为 0.42km²，估算的年平均冰川融水径流量为 144.2 亿 m³，冰川融水对河流径流的平均补给率在 40% 以上，且与多年平均值相比，冰川融水对河流径流的贡献在 1990 年之后明显增大。气候变暖已导致该区域水资源增加 20% 以上，但近年来发现冰川消融减少比预期快，径流增加的趋势有所减缓，对气温的依赖性增强，表明许多在海拔低处的冰舌已消失殆尽。

(2) 中天山伊犁河流域。 伊犁河流域发育有冰川 2121 条，面积 1554.4km²（平均面积 0.73km²），冰储量 113.73km³，与天山其他地区冰川相比，属中等规模，对气候变化亦较为敏感。丰沛的降水与高山冰雪融水形成了巩乃斯河、喀什河、特克斯河及其支流库克苏河等河流。研究表明该区冰川退缩处于天山各区域的中等水平，冰川对径流的贡献和影响不容忽略。气候变暖背景下，近 50 年该区域冰川面积减小了 485km²，单条冰川的平均面积由 0.94km² 缩减至 0.72km²，有 331 条冰川完全消失，18 条冰川分离成较小的冰川。

(3) 中天山北麓诸河。 属准噶尔盆地水系，区内共发育冰川 3094 条，面积 1736.5km²，分布在博格达山北坡、天格尔山以及依连哈比尔尕山北坡，成为大小近百条河流的源头。这些河流是包括首府乌鲁木齐市和诸多北疆重镇在内的天山北坡经济带的主要水源。估算该区冰川融水径流量约为 16.9 亿 m³/年，占河川径流总量的 13.5%。天山北麓河流按其冰川的融水量可分两类：一类是以小于 1km² 的小冰川为主，个别冰川面积达到 2~5km²，冰川融水占径流量 6.5%~20% 的河流，包括博格达山北坡河流、乌鲁木齐河、头屯河、三屯河、塔西河、精河等；另一类系玛纳斯河、霍尔果斯河、安集海河等，流域中发育了许多 5km² 以上的大冰川，冰川融水占到径流量的 35%~53%。

（4）东天山吐鲁番—哈密盆地。吐鲁番—哈密盆地地处新疆东部极端干旱区，四周为低山荒漠戈壁，降水稀少，水资源供需矛盾突出。流域内共发育冰川 378 条，面积 178.1km²，冰储量 8.63km³。冰川以数量少、规模小为特点，其中 90.2% 的冰川面积不足 1.0km²，处在不断消亡的过程中。根据哈密水文局的观测资料，在近年气温升高、降水稍有增加的背景下，该地区无冰川融水补给的河流，如头道沟河等，出现了径流量减少的趋势，表明降水的增加未能补偿蒸发的加剧；对于冰川融水补给较少的河流，如故乡河等，径流量在 2000 年以前是增加的，之后出现了减少或增加减缓的趋势，而且径流的变幅加大，洪枯季节水量悬殊，枯水季节延长，这些很可能缘于冰川调节作用的减弱；对于冰川融水补给较大的河流，如榆树沟河等，径流量虽仍然维持着增加趋势，但增幅已开始减小。这些径流变化过程反映了该区冰川变化对不同阶段水文、水资源的影响，且以冰川水资源的减少为主要特征[3-4]。

3. 阿勒泰地区的冰川变化

根据第二次中国冰川编目，中国境内的阿尔泰山目前发育冰川 273 条，冰川面积为 178.8km²，单条冰川平均面积为 0.65km²。其中面积小于等于 2km² 的冰川共有 257 条，总面积 89.1km²，占总条数和总面积的 94.1% 和 49.8%；面积介于 2~10km² 的冰川共有 15 条，总面积 64.2km²，占总条数和总面积的 5.5% 和 35.9%；面积大于 10km² 的冰川仅有 1 条，即喀纳斯冰川（25.5km²）。

1960—2009 年，阿尔泰山冰川面积减少约 104.61km²，减少率为 36.9%，数目减少 116 条（29.8%）。其中，面积小于或等于 1km² 的冰川变化最为显著，减少了 87 条，面积减少 26.9km²；面积介于 1~2km² 与 2~5km² 的冰川在面积和数量方面都有所减少；面积大于 5km² 的冰川数量减少了 4 条，面积大于 10km² 的冰川数量减少了两条[3-4]。

阿尔泰山各流域冰川分布极不均匀，主要分布在布尔津河流域，其余各流域冰川分布很少。布尔津河属融雪和雨水混合补给性河流，以季节性积雪融水补给为主，夏季以降水为辅，其中冰川融水占总径流量比重约为 7.7%，因此，流域冰川的消失，会削弱冰川对径流的调节功能，但不会对径流总量造成太大影响。该区其他流域，如哈巴河、哈拉额尔齐斯河、喀依尔特河、科布多河等，冰川发育较少，单条冰川面积也小，到本世纪末大都消失殆尽。尽管冰川的消失不大可能会对径流量产生很大影响，但会使得冰川对径流的调节功能丧失，使得径流变差系数增大，洪枯水量悬殊，洪峰流量增大，枯水季延长。

阿勒泰地区所在的萨吾尔山目前共发育有冰川 14 条，面积为 10.13km²，其中面积大于 2km² 的只有一条，即木斯岛冰川。1959—2013 年，我国境内的萨吾尔山冰川面积由 17.69km² 减小为 10.13km²（42.7%），每条冰川年均减小 0.14km²。

4. 西昆仑山帕米尔高原（中国境内）的冰川变化

1963—2009 年东帕米尔高原的冰川面积由 2502.14km² 减少到 2000.39km²，冰川面积总共减少了 501.75km²，退缩比例达到了 20.05%。大冰川变化相对较小，大于 10km² 的冰川面积减少 11.3%，小于 10km² 的面积减少 27.8%。帕米尔地区 60% 的冰川面积为表碛所覆盖，且面积大于 40km² 的冰川，表碛覆盖和非表碛覆盖冰川末端均无明显变化。该地区共有 7 条前进冰川，平均前进 470m，最长为 884m，其中 6 条为表碛覆盖冰川，5 条分布在西坡，2 条在东坡[2,5-6]。

近 50 年来东帕米尔高原各流域内的冰川面积总体呈退缩趋势。其中喀拉湖流域和依格孜牙河流域的冰川面积减少率最大，但变化量最小；盖孜河流域冰川面积减少量最大，但变化率远低于喀拉湖流域和依格孜牙河流域，也低于东帕米尔地区的平均值（20.05%）。不同规模冰川的面积变化呈现不同，规模大于 5km² 的冰川面积退缩率最小，0.1～0.5km² 的冰川面积退缩最为严重。不同流域冰川变化呈现明显差异可能主要受冰川规模差异影响，喀拉湖流域和依格孜牙河流域冰川总体规模比较小，其中喀拉湖流域只发育 11 条冰川，依格孜牙河流域发育的 9 条冰川中有 6 条面积小于 0.5km²；而盖孜河流域大于 10km² 的冰川就有 31 条，分别占东帕米尔地区该等级冰川总数量和总面积的 66.0% 和 86.0%，以及该流域冰川总面积的 48.1%。而不同流域差异性冰川变化也间接说明大规模冰川表现了较好的稳定性。不同朝向的冰川面积变化差异性也明显，其中南坡的冰川退缩最为严重（33.2%），其次是东坡（26.6%）；西南坡向的冰川退缩率最小（10.4%）[2]。

11.2.2 祁连山冰川分布变化特征

1. 冰川分布区域气候变化特征

（1）冰川分布。祁连山脉位于青藏高原东北部，主要由多条西北—东南走向的平行山脉组成，东西横跨约 800km，南北纵贯约 300km（图 11-6）。

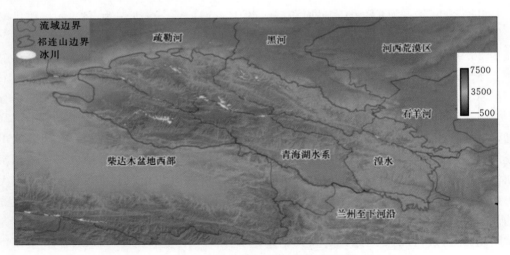

图 11-6 祁连山主要冰川分布示意图

根据中国第二次冰川编目结果，祁连山地区共有冰川 2684 条，总面积 1597.69km²。山体海拔 4000.00～5826.00m，由西南向东北降低。疏勒南山的岗则吾结峰（又称团结峰）是最高峰，海拔 5826.00m。由于祁连山区地形复杂，其气候要素的空间分布特征与海拔密切相关，垂直空间差异性明显。一般情况下，气温随海拔升高而线性递减，而降水随海拔升高呈近似线性增加趋势且在山脊线附近达到极值。因此高海拔地区往往气温较低而降水较多。

（2）气温变化。祁连山区气温变化主要分为三个区域：河西走廊区、祁连高山区和祁连东段区。河西走廊主要是沙漠和戈壁，气温变化较快、年际变化率较大；祁连高山地区由于地形较高，冷空气受地形阻挡不容易影响到山区，因而气温变化缓慢、冬季寒冷、夏季凉爽、年际变化不大；祁连山东段受暖湿气流影响，冬季干冷、夏季暖湿。

基于 1960—2017 年间的格点化观测数据集 CRU（Climatic Research Unit）中气温的线性趋势结果显示，无论是季节尺度还是年尺度，祁连山地区整体均呈现升温趋势，在年尺度上平均约为 0.16℃/10 年。对比季节温度变化趋势，其中冬季升温幅度最为明显，尤其在祁连山西部可达 0.4℃/10 年；其次升温较为明显的为夏季，整体在 0.15～0.25℃/10 年之间；而秋季是升温幅度最小的季节，祁连山大部分升温速率都在 0.05～0.15℃/10 年之间[7-9]。

（3）降水变化。基于祁连山地区 1960 年以来 7 个气象站点降水观测资料，1960—2016 年祁连山地区的降水日数与降水强度整体上表现为缓慢波动增长趋势，增长率分别为 0.03mm/年和 0.009mm/年。通过祁连山区的区域平均的年降水量变化序列分析（图 11-7），可以发现自 2000 年以后祁连山区降水量普遍增多，年降水量增加幅度在 14.6～18.4mm 之间。

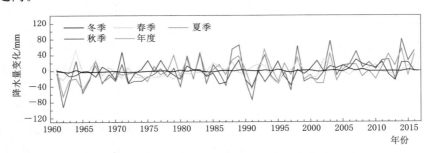

图 11-7　1960—2016 年祁连山区气象站点降水量时间变化图

2. 冰川面积变化特征

根据第一次冰川编目和 2015 年的冰川分布数据可知，祁连山的冰川面积萎缩了 20.50%±6.04%（396.89km² ±116.90km²）（表 11-7）。

表 11-7　　　　　　　　　祁连山各水系冰川资源分布统计表

流域名称	第一次冰川编目		第二次冰川编目		2015 年冰川编目	
	面积/km²	数量/条	面积/km²	数量/条	面积/km²	数量/条
大通河	40.97	108	20.82	68	18.91	71
石羊河	64.84	141	39.93	97	35.34	100
黑河	129.79	428	78.3	375	71.27	384
北大河	290.76	650	215.22	577	207.75	586
疏勒河	589.68	639	509.87	660	497.34	682
党河	232.66	308	203.73	318	198.02	325
布哈河—青海湖	14.71	21	10.28	24	9.44	24

续表

流域名称	第一次冰川编目		第二次冰川编目		2015 年冰川编目	
	面积/km²	数量/条	面积/km²	数量/条	面积/km²	数量/条
哈尔腾河	310.18	239	283.48	268	273.52	276
哈拉湖	89.27	106	78.75	108	76.83	108
鱼卡河-塔塔棱河	168.89	168	155.12	179	148.74	182
巴音郭勒河	4.42	16	2.19	10	2.11	10
合　计	1936.17	2824	1597.69	2684	1539.28	2748

(1) 冰川规模变化。从数量和面积变化来看，除了小于 0.1km² 的和 5～10km² 的冰川外，几乎所有规模的冰川总面积都呈下降趋势。规模小于 0.1km² 的冰川数量从 589 条增加到 1027 条，面积从 39.72km² 增加到 47.23km²；规模在 0.1～0.5km² 范围内的冰川数量从 1387 条减少到 1044 条，面积从 354.60km² 减少至 256.32km²。这些结果表明，面积小于 0.1km² 的冰川变化的原因可能是 0.1～0.5km² 规模冰川的分裂[7-9]。

(2) 冰川变化与冰川规模有关。1960—2015 年间小冰川的面积相对变化率高于大冰川。面积小于 0.1km² 的冰川萎缩最快（2.71%/年），但萎缩的面积占总萎缩面积的 5.20%。将近一半的面积萎缩来自 0.1～0.5km² 的冰川（39.07%），为 154.72km²[7-9]。

(3) 冰川面积变化特征。祁连山冰川面积随高程的变化呈现出正态分布特征，海拔 5500.00m 以上的冰川几乎没有变化，冰川面积减少的最大值出现在海拔 4700.00～4900.00m，占冰川面积总损失的 24.50%。此外，海拔 5100.00m 以下区域的冰川面积萎缩占总面积变化的 87.54%。随着海拔的降低，冰川面积变化百分比逐渐增加，这意味着与冰川的平衡线高度（ELA）在增加。最大萎缩率为海拔小于 4500.00m 的冰川，其原因可能是低海拔冰川没有充分积累，对气候变化的反应更快。海拔 5100.00m 以下的冰川在绝对冰川面积和相对冰川面积变化方面都占绝对主导地位[5-6,9]。

3. 冰川变化区域分异规律

根据 2015 年冰川编目，黑河流域（包括北大河）目前共有冰川 970 条，面积 279.02km²，分别占祁连山区冰川总条数和面积的 35.2% 和 18.1%；疏勒河流域共发育冰川 682 条，面积 497.34km²，是祁连山地区大冰川发育的集聚区，其中，面积大于 5km² 的冰川有 23 条；石羊河流域冰川资源较少，仅发育冰川 100 条，总面积 35.34km²，分别占祁连山区冰川总条数和面积的 3.6% 和 2.3%，单条冰川平均面积为 0.41km²[5-6]。

(1) 祁连山各流域冰川面积变化速率分析[9]。从各流域冰川面积变化相对速率看，尽管祁连山西部地区冰川面积变化远大于东部，但冰川面积变化相对速率自西向东呈现加速趋势。疏勒河流域冰川面积减少最多，1960—2010 年和 2010—2015 年间的冰川面积变化速率分别为 −15.94km²/10 年和 −25.04km²/10 年；其次是北大河流域和黑河流域。冰川面积年变化速率最低的流域为巴音郭勒河流域，仅为 −0.42km²/10 年，这可能是由于该流域冰川面积最小。

(2) 祁连山各流域冰川面积变化百分比分析[9]。大通河流域位于祁连山东中段南坡；冰川面积变化最快，为 −9.79%/10 年；其次是石羊河流域和黑河流域，相对变化速率分别为 −8.27%/10 年和 −8.20%/10 年。哈拉湖以西的 5 个流域冰川面积变化相对速率的绝对值均小于 2.85%/10 年。在过去五年中，石羊河流域的冰川变化最快，为－2.30%/10 年。

11.3 径流及水资源变化特征

11.3.1 新疆河川径流变化特征分析

1. 不同年代平均河川径流量分析

采用新疆境内主要河流代表站 1956—1986 年、1987—2016 年、2000—2016 年不同年代均值与 1956—2016 年长系列多年均值，进行距平分析，研究不同年代际河川径流量的丰枯变化特征规律（表 11-8）。

表 11-8 　　新疆典型河流代表站时段平均年径流量距平变化统计分析表

地理位置	河流	站名	多年平均径流量/亿 m³	距　平		
				1956—1986 年/%	1987—2016 年/%	2000—2016 年/%
阿尔泰山	布尔津河	群库勒	—	−5.8	5.8	6.9
	克兰河	阿勒泰	—	−4.0	7.8	6.4
	库依尔特斯河	富蕴	—	−2.4	8.3	9.9
	卡依尔特斯河	库威	—	−3.5	4.0	0.2
准噶尔西部山地	哈拉依灭勒河	哈拉依敏	—	−1.0	8.0	10.5
天山北坡	玛纳斯河	肯斯瓦特	12.72	−8.3	9.1	12.1
	奎屯河	将军庙	6.45	−2.0	3.3	2.5
	精河	精河山口	4.67	0.0	0.0	−1.1
	乌鲁木齐河	英雄桥	2.43	−4.2	4.4	−0.7
天山南坡	库马拉克河	协合拉	—	−4.3	6.8	4.8
	开都河	大山口	35.34	−6.8	7.0	11.0
	库车河	兰干	3.83	−10.5	20.9	19.1
	故乡河	白吉	0.52	−4.2	4.4	3.6
	阿拉沟	阿拉沟	1.33	−14.7	15.2	15.6
昆仑山及喀喇昆仑山北坡	叶尔羌河	卡群	67.21	−3.5	3.7	7.9
	叶尔羌河	库鲁克栏杆	52.18	−2.8	2.9	6.6
	喀拉喀什河	乌鲁瓦提	22.29	−1.9	2.0	9.1
	玉龙喀什河	同古孜洛克	23.09	−1.3	1.3	10.7
	克里雅河	克里雅	7.67	−7.0	7.3	22.5

（1）1956—1986 年各分区主要河流及选用的水文站均处于偏枯状态。天山南坡偏枯程度最为明显，其中最枯的为天山南坡东段阿拉沟，其距平为−14.7%，其次为天山南坡的库车河距平为−10.5%。

（2）1987—2016 年各分区主要河流及选用的水文站总体处于偏丰状态。天山南坡偏丰程度最为明显，如该区库车河距平达 20.9%，阿拉沟距平达 15.2%。

（3）2000—2016 年多数河流处于偏丰状态，只有极少数河流处于偏枯阶段。准噶尔西部山地、天山南坡、昆仑山及喀喇昆仑山北坡各河流均处于偏丰阶段。其中，准噶尔西部山地哈拉依灭勒河距平为 10.5%；天山南坡库车河距平达 19.1%，阿拉沟距平达 15.6%，开都河距平达 11.0%，故乡河距平为 3.6%；昆仑山及喀喇昆仑北坡距平为 6.6%～22.5%，最大为克里雅河；阿尔泰山系乌伦古河处于略偏枯阶段，卡依尔特斯河基本与多年均值相近，布尔津河、克兰河、库依尔特斯河处于偏丰阶段，其距平为 6.4%～9.9%；天山北坡玛纳斯河、奎屯河处于偏丰状态，距平分别为 12.1%、2.5%；精河、乌鲁木齐河接近多年均值，距平分别为 -1.1%、-0.7%。

2. 径流演变分析

新疆水资源系统脆弱，全球气候变暖在加大极端气候水文事件发生频率和强度的同时，加剧了新疆内陆河流域的水文波动和水资源的不确定性，主要表现为：径流出现"突变型"变化、汛期径流量增加、径流的丰枯变化剧烈[10]。以新疆各三级区典型河流为例，分析了出山口径流演变情况（表 11-9、图 11-8）。

表 11-9　　　　　　　　　　　新疆典型河流径流变化特征值计算分析表

地理位置	河流	站名	趋势	变化速率 /（亿 m³ /10 年）	Pettitt 检验			突变前后水量变化		
					突变 年份	P 值	是否 显著	突变前 /亿 m³	突变后 /亿 m³	相对变化 /%
阿尔泰山	布尔津河	群库勒	增加	0.96	1992	0.092	显著	—	—	14.7
	克兰河	阿勒泰	增加	0.13	1992	0.542	不显著	—	—	13.6
	库依尔特斯河	富蕴	增加	0.15	2009	0.464	显著	—	—	32.7
	卡依尔特斯河	库威	减少	-0.01	1983	0.918	不显著	—	—	8.5
准噶尔西部山地	哈拉依灭勒河	哈拉依敏	增加	0.01	1973	0.550	不显著	—	—	14.2
天山北坡	玛纳斯河	肯斯瓦特	增加	0.64	1955	0.003	显著	11.62	14.82	27.5
	奎屯河	将军庙	增加	0.09	1993	0.064	显著	6.25	6.78	8.6
	精河	精河山口	减少	-0.05	1964	1.028	不显著	5.00	4.61	-7.9
	乌鲁木齐河	英雄桥	增加	0.04	1986	0.318	显著	2.32	2.53	8.9
天山南坡	库马拉克河	协合拉	增加	1.49	1993	0.000	显著	—	—	16.2
	开都河	大山口	增加	0.99	1993	0.001	显著	32.92	39.35	19.6
	库车河	兰干	增加	0.24	1986	0.000	显著	3.27	4.42	35.2
	故乡河	白吉	增加	0.02	1970	0.175	显著	0.44	0.55	24.7
	阿拉沟	阿拉沟	增加	0.09	1988	0.002	显著	1.13	1.56	37.4
昆仑山及喀喇昆仑山北坡	叶尔羌河	卡群	增加	1.85	1993	0.053	显著	63.91	72.67	13.7
	叶尔羌河	库鲁克栏杆	增加	1.50	1993	0.162	显著	49.89	55.97	12.2
	喀拉喀什河	乌鲁瓦提	增加	0.52	2004	0.144	显著	21.52	25.46	18.3
	玉龙喀什河	同古孜洛克	增加	0.45	2000	0.284	显著	22.13	25.79	16.6
	克里雅河	克里雅	增加	0.43	1998	0.000	显著	6.97	9.33	33.9

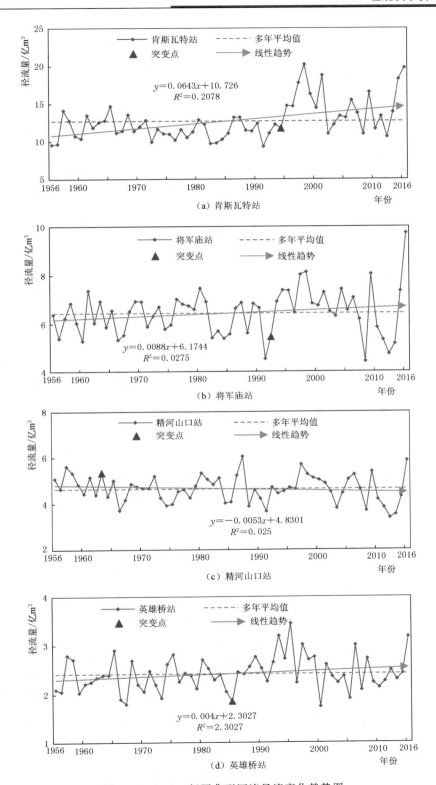

图 11-8（一） 新疆典型河流径流变化趋势图

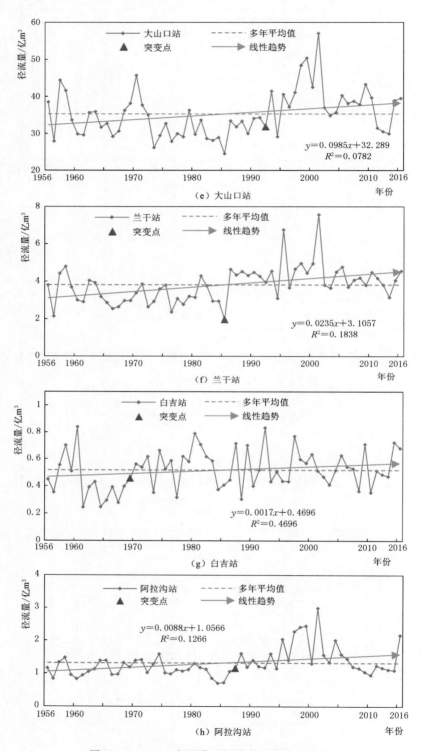

图 11-8（二）　新疆典型河流径流变化趋势图

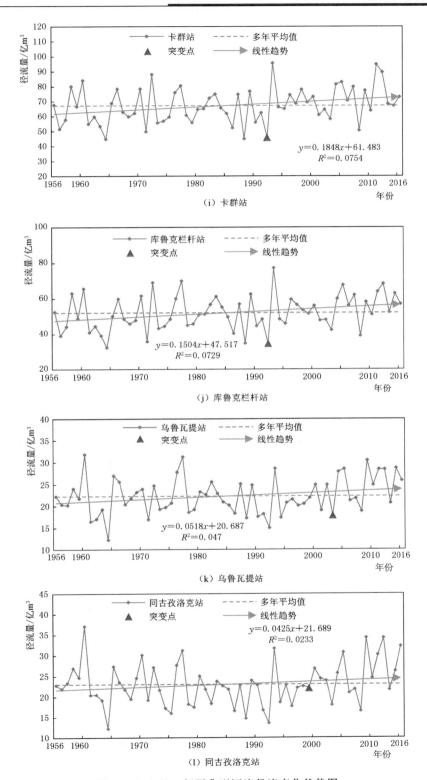

图 11-8（三）　新疆典型河流径流变化趋势图

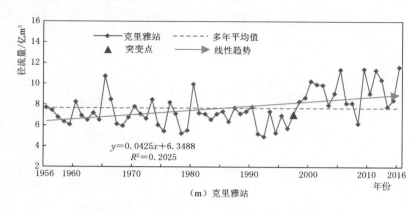

图 11-8（四）　新疆典型河流径流变化趋势图

新疆地区产流区主要在山区，受气候变暖导致冰雪快速消融和山区降水增加的影响，南疆地区昆仑山及喀喇昆仑山北坡各河流年径流量基本呈现上升趋势，突变年份位于 1990 年和 2000 年，相比降水突变年份存在滞后现象。

（1）北疆地区阿尔泰山系选用河流中布尔津河、克兰河、库依尔特斯河年径流量有增加趋势，于 1992 年发生增多突变，其中布尔津河增加速度增幅较大（0.96 亿 m³/10 年），卡依尔特斯河的库威站无明显趋势变化（−0.01 亿 m³/10 年）。

（2）准噶尔西部山地的哈拉依灭勒河年径流量无明显趋势变化（0.01 亿 m³/10 年）。

（3）由于天山北坡多为小冰川（面积小于 2km²），更易受到气候变化的影响，各河流较昆仑山系各河流更早发生增多突变，具体来看，玛纳斯河、乌鲁木齐河、奎屯河年径流量均呈上升趋势，其中玛纳斯河上升趋势最为明显，为 0.64 亿 m³/10 年，但艾比湖水系的天山北坡的精河径流量变化不明显，甚至呈现略微下降趋势（−0.05 亿 m³/10 年）。

（4）东疆地区、吐哈盆地的故乡河和阿拉沟年径流量也呈现微弱的上升趋势（0.02～0.09 亿 m³/10 年）。

（5）天山南坡冰川发育，本次选用河流中库马拉克河、开都河、库车河年径流量均呈增加趋势，其中库马拉克河、开都河上升最为明显，分别为 1.49 亿 m³/10 年，0.99 亿 m³/10 年。

（6）昆仑山及喀喇昆仑山北坡的叶尔羌河、喀拉喀什河、玉龙喀什河及克里雅河年径流量均呈增加趋势，其中叶尔羌河于 1993 年发生增多突变，上升最为明显，为 1.85 亿 m³/10 年。

11.3.2　河西内陆河流域和柴达木盆地河川径流变化分析

1. 不同年代河川径流量变化分析

采用河西内陆河流域、柴达木盆地各河流代表站 1956—1986 年、1987—2016 年、2000—2016 年不同年代均值与 1956—2016 年长系列多年均值，进行距平分析，研究不同年代际河川径流量的丰枯变化特征规律（表 11-10）。

表 11 - 10　河西内陆河流域、柴达木盆地典型河流代表站时段平均年径流量距平变化计算分析表

地理位置	河流	站名	多年平均径流量/亿 m³	距　平		
				1956—1986 年/%	1987—2016 年/%	2000—2016 年/%
河西内陆河流域	杂木河	杂木寺站	2.37	1.4	−1.5	1.2
	黑河	莺落峡站	16.42	−8.7	7.5	12.9
	昌马河	昌马堡站	9.91	−13.2	14.1	32.3
柴达木盆地	巴音河	德令哈站	0.17	−5.6	0.1	18.3

（1）1956—1986 年河西内陆河流域的黑河和昌马河、柴达木盆地的巴音河均处于偏枯状态，距平变化分别为−8.7%、−13.2%和−5.6%。

（2）1987—2016 年黑河和昌马河来水偏丰，杂木河来水略有减少，距平变化分别为7.5%、14.1%和−1.5%。

（3）2000—2016 年各河流均处于偏丰状态，昌马河、黑河、巴音河、杂木河距平变化分别达到32.3%、12.9%、18.3%、1.2%。

2. 径流过程演变分析

以河西内陆河流域和柴达木盆地的各三级区典型河流为例，分析出山口径流演变情况（表 11 - 11、图 11 - 9）。

表 11 - 11　河西内陆河流域、柴达木盆地典型河流径流变化特征值计算分析表

地理位置	站名	河流	趋势	变化速率/(亿 m³/10 年)	Pettitt 检验			突变前后水量变化		
					突变年份	P 值	是否显著	突变前/亿 m³	突变后/亿 m³	相对变化/%
河西内陆河流域	杂木寺站	杂木河	减少	−0.05	1961	0.767	不显著	3.03	2.28	−24.5
	莺落峡站	黑河	增加	1.09	1996	0.016	显著	15.37	18.36	19.5
	昌马堡站	昌马河	增加	2.60	1997	0.000	显著	8.48	12.77	50.5
柴达木盆地	德令哈站	巴音河	增加	0.17	2000	0.097	显著	3.30	4.43	34.5

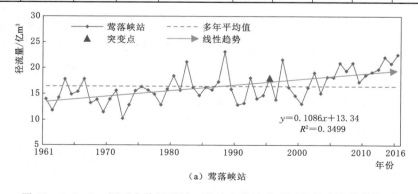

（a）莺落峡站

图 11 - 9（一）　河西内陆河流域、柴达木盆地典型河流径流变化趋势图

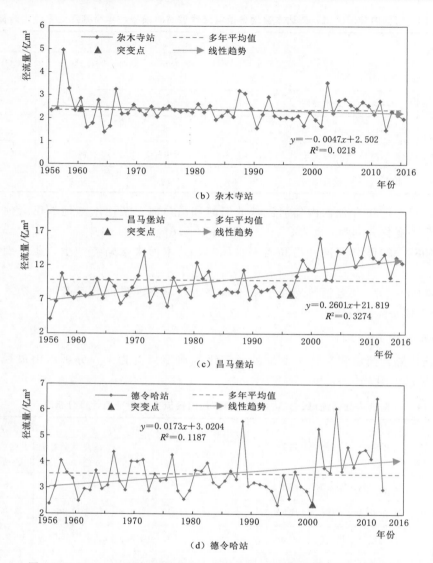

图 11-9（二）　河西内陆河流域、柴达木盆地典型河流径流变化趋势图

（1）河西内陆河流域的甘肃省昌马河、黑河年径流量呈上升趋势，其中：昌马河增幅最大（2.60 亿 m³/10 年）；杂木河年径流量呈略有减少趋势（−0.05 亿 m³/10 年）。

（2）柴达木盆地的巴音河年径流量呈增加趋势（0.17 亿 m³/10 年）。

11.3.3　黄河流域河川径流变化特征分析

1. 代表性站点径流演变特征分析

选择黄河干流唐乃亥、兰州、河口镇、龙门、三门峡（潼关）、花园口、利津等水文站 1956—2016 年天然逐月平均流量值，通过变化趋势分析法研究黄河主要控制断面径流变化特征[11]（表 11-12）。

表 11 - 12 黄河干流主要水文站河川天然径流量特征值计算分析表

断面	最大		最小		多年平均		C_v	C_s/C_v	不同频率年河川径流量/亿 m³			
	径流量/亿 m³	出现年份	径流量/亿 m³	出现年份	径流量/亿 m³	径流深/mm			$P=20\%$	$P=50\%$	$P=75\%$	$P=95\%$
唐乃亥	329.3	1989	106.9	2002	200.2	164.1	0.26	3.0	240.9	193.5	162.5	127.6
兰州	521.0	1967	210.7	2002	319.8	143.7	0.21	3.5	372.7	311.6	271.1	224.9
河口镇	494.3	1967	196.6	2002	303.2	82.4	0.22	3.5	355.0	294.9	255.3	210.6
龙门	550.0	1967	233.8	2000	337.4	67.8	0.20	4.0	390.4	328.4	288.0	243.2
三门峡（潼关）	716.0	1964	277.8	2000	435.4	63.2	0.21	4.0	507.5	422.2	367.5	307.8
花园口	878.9	1964	299.6	2002	484.2	66.3	0.23	4.0	568.9	467.7	403.7	335.4
利津	947.2	1964	246.2	2002	490.0	65.2	0.24	4.0	579.3	471.7	404.5	334.1

（1）1956—2016 年黄河流域河川径流量呈现出显著的下降趋势。空间上，从上游到下游，河川径流下降幅度越来越大，下降趋势越来越显著。时间上，黄河流域河川径流量的突变点位于 20 世纪 80 年代；20 世纪 50—60 年代属于丰水期，河川径流量较多年平均值偏高；随后在 70—90 年代受气候变化和人类活动等因素的影响，径流量持续下降；在 2000 年以后径流量减少趋势变缓并有所回升。这主要受近十几年来黄河流域降水开始回升，国家实行最严格的水资源管理制度，以及严格控制用水总量等因素的影响。

（2）黄河天然年径流量年际间变化大，1956—2016 年间，最大年值 947.2 亿 m³（1964年），最小年值 246.2 亿 m³（2002 年），最大最小比 3.8，年际变差系数 $C_v=0.24$。出现了 1969—1974 年连续枯水段（平均径流量 176.7 亿 m³）、1990—1998 年枯水段（平均径流量 170.0 亿 m³）和 1961—1968 年连续丰水段（平均径流量 232.2 亿 m³）（图 11 - 10）。

（3）通过分析发现，黄河代表性站点唐乃亥、兰州、河口镇、龙门、三门峡（潼关）、花园口、利津 1956—2016 年天然径流量均呈现减少特征，三门峡（潼关）、花园口、利津站径流量极值比较大，说明三门峡（潼关）、花园口、利津站天然径流年际变化幅度十分显著。利用 Mann - Kendall 突变检验分析可知，三门峡（潼关）、花园口、利津等站径流量 Z 值均通过了显著水平 0.01 检验，说明三门峡（潼关）、花园口、利津等站天然径流量呈现显著减少趋势，其中三门峡（潼关）站 1987 年是径流的突变年份，1987—2016 年径流量比 1956—1986 年减少了 68.6 亿 m³，说明黄河中游大力实施坝库工程、引水灌溉及梯田林草等水利工程措施对三门峡（潼关）站径流变化产生了巨大的影响（图 11 - 10、表 11 - 13）。

通过分析，黄河干流主要水文站 1987—2016 年天然河川径流量相比 1956—1986 年均明显减少，其中：花园口站减少最大，为 81.5 亿 m³；其次为利津站，为 81.3 亿 m³。各站 2000—2016 年天然河川径流量相比 1987—2016 年有所增加，只有唐乃亥站径流减少了 1.6 亿 m³（表 11 - 13）。

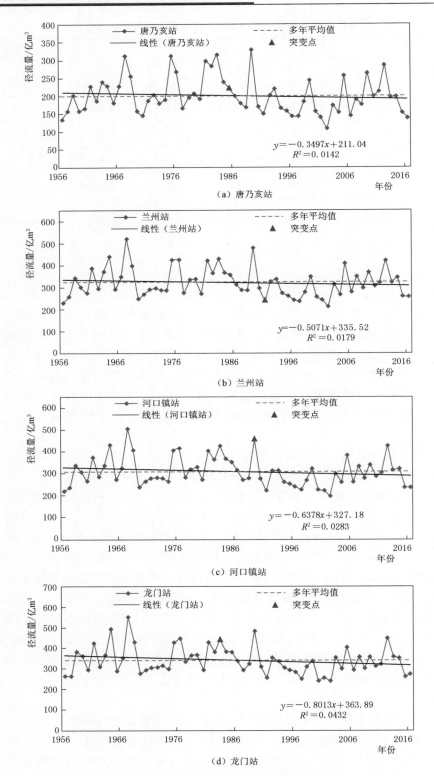

图 11-10（一）　黄河流域不同站点天然径流变化趋势图

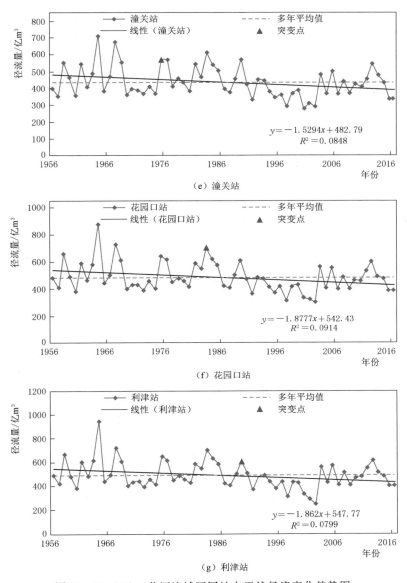

（e）潼关站

（f）花园口站

（g）利津站

图 11-10（二） 黄河流域不同站点天然径流变化趋势图

2. 上中下游径流演变分析

（1）径流变化趋势分析。根据 Mann - Kendall 突变检验分析，黄河上游（河口镇以上）、黄河中游（河口镇—花园口）、黄河下游（花园口—利津）1956—2016 年径流均呈现下降趋势，径流量减少率分别为 -19.87 亿 $m^3/10$ 年、-29.48 亿 $m^3/10$ 年、-14.29 亿 $m^3/10$ 年，其中中游径流下降趋势最为显著。

（2）水资源量演变分析。对比黄河流域 1956—2000 年和 2001—2016 年两阶段的水资源量变化（表 11-14），全流域降水量虽略有增加，但地表水减少 12.2%，水资源总量减少 10.4%（地下水基本不变）。其中：上游降水量增加 5%，地表水减少 7.9%，水资源总

表 11 - 13　　黄河干流主要水文站不同年代河川天然径流量特征值计算分析表　单位：亿 m³/年

站　　名	多年平均径流量	时　段		
		1956—1986 年	1987—2016 年	2000—2016 年
唐乃亥	200.2	213.9	186.1	184.5
兰州	319.8	336.1	303.0	306.6
河口镇	303.2	326.8	287.3	289.4
龙门	337.4	359.9	317.5	318.5
三门峡（潼关）	435.4	469.2	400.4	401.7
花园口	484.2	524.3	442.8	446.1
利津	490.0	530.0	448.7	451.7

量减少 7.2%；中游降水量增加 3.1%，地表水减少 21.0%，水资源总量减少 18.7%；下游降水量减少 4.7%，地表水和水资源总量变化不大。

表 11 - 14　　　　　　　黄河全流域水资源量演变情况计算分析表

分区	时段	降水量/mm	水资源量/亿 m³			
			地表水	地下水	地表水与地下水不重复量	水资源总量
全流域	1956—2000 年	454.0	607.2	375.9	39.8	647.0
	2001—2016 年	456.5	533.3	375.7	111.6	644.9
上游	1956—2000 年	372.0	359.3	182.5	24.8	384.1
	2001—2016 年	390.6	331.0	184.6	25.3	356.3
中游	1956—2000 年	523.0	225.5	169.3	72.1	297.6
	2001—2016 年	539.1	178.2	158.4	63.8	242.0
下游	1956—2000 年	671.0	22.4	24.1	15.5	37.9
	2001—2016 年	639.2	22.3	24.3	14.4	36.7

（3）花园口站近百年径流演变特征。从特征值分布来看，1956—1986 年径流量平均值最大，1999—2016 年径流量平均值最小，表明 1956—1986 年黄河来水相对较多。1999—2016 年径流量极差及变差系数最小，其次是 1987—2016 年，即近 30 年的黄河来水变化相对较为平缓（表 11 - 15）。

表 11 - 15　　　　　　花园口水文站不同时段径流特征值计算分析表

时　段	径流均值/亿 m³	极差/亿 m³	变差系数	偏态系数
1919—2016 年	532.5	681.3	0.25	0.51
1919—1955 年	537.2	530.1	0.24	0.10
1956—2016 年	529.6	681.7	0.27	0.71

续表

时 段	径流均值/亿 m³	极差/亿 m³	变差系数	偏态系数
1956—1986 年	606.1	525.2	0.23	0.49
1987—2016 年	450.6	373.0	0.20	0.20
1999—2016 年	437.7	341.0	0.20	−0.06

11.3.4 西北"水三线"地区水资源演变分析

西北"水三线"地区呈现出暖湿化现象，水资源总量呈现略微增加趋势，年均增长率为 0.94 亿 m³/年（图 11-11）。在 1960—1970 年径流年际波动较大，2000 年以后稳定上升趋势更加明显，丰枯变化趋势较弱，2001—2016 年较 1956—2000 年多年平均水资源总量增多 76.8 亿 m³。各分区水资源总量有增有减，其中阳关线以东水资源量减少了 23.0 亿 m³，奇策线以西增加了 71.0 亿 m³，奇策线以东增加了 28.8 亿 m³（表 11-16）。

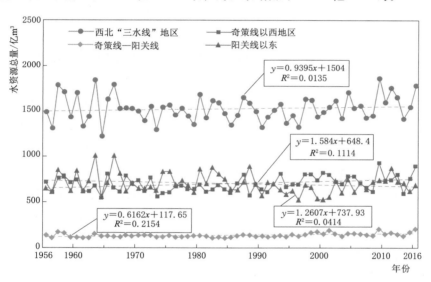

图 11-11 西北"水三线"地区水资源总量演变趋势图

表 11-16 2001—2016 年与 1956—2000 年相比西北"水三线"水资源变化对比分析表

水资源分区		变化量/亿 m³				变化率/%			
		降水量	地表水	地下水资源不重复量	水资源总量	降水量	地表水	地下水资源不重复量	水资源总量
三大区	奇策线以西	416.7	69.7	1.3	71.0	22.1	10.8	3.5	10.4
	奇策线以东	96.8	28.7	0.1	28.8	17.6	23.6	2.0	22.3
	阳关线以东	105.9	−21.4	−1.8	−23.2	2.5	−3.7	−1.4	−3.3
八小区	奇策线西北	143.4	30.1	0.8	30.9	13.4	8.3	3.7	8.1
	奇策线西南	273.3	39.6	0.5	40.1	33.3	14.0	3.3	13.5

续表

水资源分区		变化量/亿 m³				变化率/%			
		降水量	地表水	地下水资源不重复量	水资源总量	降水量	地表水	地下水资源不重复量	水资源总量
八小区	奇策线东北	9.9	1.6	0.0	1.6	8.0	9.7	0.9	7.9
	奇策线东南	86.9	27.1	0.1	27.2	20.4	25.8	3.2	25.0
	小计	513.5	98.4	1.4	99.8	21.1	12.9	3.3	12.3
	河西内陆河流域	26.0	3.4	0.7	4.1	5.1	6.7	7.0	6.8
	柴达木盆地	84.2	22.9	0.3	23.2	16.8	20.4	3.5	19.1
	半干旱草原区	−54.6	−6.7	−4.0	−10.7	−6.1	−33.6	−8.8	−16.2
	黄河流域片区	50.3	−41.0	1.2	−39.8	2.1	−10.3	2.1	−8.7
	小计	105.9	−21.4	−1.8	−23.2	2.5	−3.7	−1.4	−3.3
合　计		619.4	77.0	−0.4	76.6	9.2	5.7	−0.2	5.1

11.4　未来气候影响下的水资源变化预测分析

11.4.1　未来气候变化预测分析

基于全球气候变化模式 GCM，在 RCP2.6 情景下，输出结果分析，预计呈现如下变化特征：

(1) 年平均气温变化。与 2020 年气温对比，研究区 2020—2035 年气温均呈现增加趋势，增加幅度在 0~0.5℃（主要集中在新疆天山以南和河西走廊以南区域）和 0.5~1.0℃（主要集中在新疆天山以北和河西走廊以北区域）范围之内，其中阳关线以东半干旱草原区增温（0.6℃）最快。研究区 2020—2050 年气温呈现明显增加趋势，增加幅度在 1.0~1.5℃范围，奇策线西北增温（1.36℃）最大。

(2) 降水量变化。与 2020 年降水量对比，研究区 2020—2035 年降水量变化空间分布不均一，新疆天山以北呈现增加趋势，而天山以南呈现减小趋势，阳关线以东呈现增加趋势。研究区 2020—2050 年降水空间分布从东到西呈现明显的递减规律，新疆大部分区域呈现减小趋势，而阳关线以东区域呈现增加趋势，尤其黄河流域片区（29.97mm）和柴达木盆地（14.26mm）增加较为显著（表 11-17）。

表 11-17　　西北"水三线"各分区未来温度和降水预测变化分析表

"水三线"	分区	温度变化/℃		降水/mm	
		2020—2035 年	2020—2050 年	2020—2035 年	2020—2050 年
奇策线以西	奇策线西北	0.52	1.36	1.13	−2.51
	奇策线西南	0.49	1.27	0.13	−0.33
奇策线—阳关线	奇策线东北	0.53	1.27	0.19	−0.35
	奇策线东南	0.50	1.24	0.82	2.96

续表

"水三线"	分　区	温度变化/℃		降水/mm	
		2020—2035 年	2020—2050 年	2020—2035 年	2020—2050 年
阳关线以东	柴达木盆地	0.51	1.17	4.36	14.26
	河西内陆河流域	0.54	1.20	0.95	6.17
	黄河流域片区	0.51	1.17	0.95	29.97
	半干旱草原区	0.60	1.26	3.41	3.20
全区域		0.52	1.24	1.48	7.31

（3）山区和平原区气温变化。预测 2020—2035 年和 2020—2050 年气温均呈现增加趋势，且山区和平原区温度变化差异不明显（表 11－18）。

表 11－18　　　　西北"水三线"山区和平原区未来温度和降水预测变化分析表

"水三线"	地　形	温度变化/℃		降水/mm	
		2020—2035 年	2020—2050 年	2020—2035 年	2020—2050 年
奇策线以西	山区	0.51	1.31	0.84	−2.40
	平原	0.50	1.31	0.41	−0.48
奇策线— 阳关线	山区	0.52	1.28	2.30	6.63
	平原	0.50	1.22	−0.10	0.39
阳关线以东	山区	0.51	1.16	3.80	17.07
	平原	0.55	1.22	1.14	11.90
全区域		0.52	1.24	1.48	7.31

（4）山区和平原区降水变化。预测在 2020—2035 年，降水呈现略微增加趋势（除奇策线—阳关线对应的平原区外）；2020—2050 年降水在奇策线以西的山区和平原区呈现减少趋势，但其他区域对应的山区和平原区均呈现增加趋势，尤其阳关线以东山区和平原区降水增加最为明显。各分区山区降水增加高于平原区。

11.4.2　未来冰川变化预测分析

1. 参照冰川未来变化预估

通过 TGS 模型对冰川未来的变化进行预估，需要齐备的观测资料。目前在干旱区仅有 4 条冰川得到了研究结果[4,12-14]，具体介绍如下：

（1）乌源 1 号冰川。在 RCP4.5 排放情景下，冰川的面积、长度和体积均在 2090 年左右降为零，表示届时冰川消融殆尽（图 11－12）。

假定气候要素在 1998—2008 年平均状况的基础上不再发生变化，冰川未来将持续退缩，面积和体积到 2170 年达到稳定状态，长度却从 2163 年开始就几乎不再变化，之后 7 年当中，冰川的主要变化形式为减薄、变窄。达到平衡之后的冰川规模十分有限，长度约为 295m，面积和体积仅为 2006 年相应值的 6.3％和 1.3％。该研究结果说明，即便气候条件维持现状不再发生变化，冰川现存规模仍然不适应当前的气候状况，将继续退缩，直

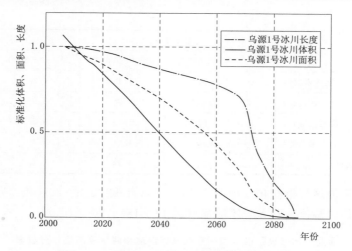

图 11-12　乌源 1 号冰川未来预测变化过程图

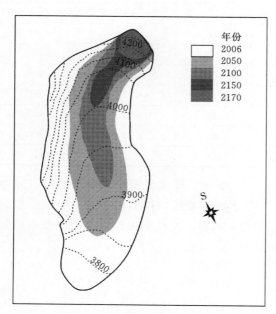

图 11-13　乌源 1 号冰川（东支）未来几何
形态预测变化过程图

至达到平衡，届时冰川较目前的规模小得多。这一结论适合大多数山地冰川（图 11-13）。

分析了 10 种不同气候情景下的冰川体积、面积、长度与径流的变化速率。其中冰川体积、面积与长度减小速率基本相同。在 RCP4.5、RCP6.0 和 RCP8.5 排放情景下，冰川径流将会稳定至 2050 年之后快速下降；而在急速升温的大西沟升温情景（DXG2）下，融水径流出现上升趋势，并在 2030 年出现拐点后迅速下降。

（2）托木尔青冰滩 72 号冰川。在 RCP4.5 情景下，对 72 号冰川标准化面积、体积和长度未来变化过程进行了预测，得到了以下结果：

1）该冰川在 2100 年仍然存在，各种形态参数中缩减幅度最大的是体积，其次是面积和长度，分别为现有量值的 25.8%、54% 和 60%。

2）面积、长度和体积都经历了由快速变化到相对稳定的过程。其中面积变化的拐点出现在 2052 年，体积变化的拐点出现在 2040 年。拐点之前，变化十分剧烈；之后，稳中呈下降趋势。冰川长度变化的拐点也出现在 2040 年左右，与体积变化相对应，而两条曲线也有一定相似性，但长度的变化最为迅速的只是在前十年。

3）冰川上部陡峭，积累少，冰川的体积主要集中于冰舌部分，冰舌整体位于 4300m 以下的消融区，消融强烈，在 2040 年之前，冰川的主要变化方式为"冰舌的退缩"，造成冰川体积、面积和长度的急剧减小。在 2040 年之后，冰舌下部消融殆尽，届时，冰川受顶部大量降雪补给，处于变化率较小，且不会轻易消失的状态。

4）72号冰川的研究结果很大程度上适用于整个托木尔峰地区。该地区冰川目前消融正盛，但是，随着冰舌消融殆尽，融水径流将比预期中以更快速度减少，最终处在一个较低的水平（图 11-14）。

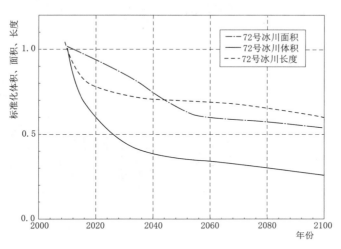

图 11-14　托木尔青冰滩 72 号冰川变化过程趋势图

（3）哈密庙尔沟冰帽。在 RCP4.5 情景下，庙尔沟冰帽将会发生如下变化过程：到 21 世纪末，冰川尽管变得很小，但仍有保留，面积、体积和长度分别为 2010 年的 16%、13% 和 35%。其中面积和体积的变化趋势十分相似，在 2060 年之前迅速减小，之后到 2080 年有所减缓，2080 年之后则更为缓慢，这期间体积的变化较面积要快。

在 RCP4.5 情景下，根据庙尔沟冰帽在 2040 年、2060 年、2080 年和 2100 年的几何形态，可以得到以下变化预估：①庙尔沟在西面存在一个宽尾末端，有较多的冰量分布，海拔比较低。气候变暖情况下，这部分冰体首先发生变化，形式为"减薄后退"，以减薄为主，由此造成面积、体积和长度的同步快速变化，其中面积和体积的变化更快一些；②到 2060 年，宽尾部分的冰体消融殆尽，冰舌上升，处在一个狭长地形，此时的变化转变成为"退缩减薄"形式，长度变化很大，面积和体积的变化减缓；③2080 年以后，形态变为一个较为规则的冰帽，此时的海拔已经达到 4200.00～4300.00m 的范围，三个参数变化明显减缓，其中面积和长度的同步变化造成更快的体积变化；④通常由于冰帽的顶部地形平坦，物质平衡不存在梯度变化，当零平衡线超过顶部高度时，整个冰帽处于消融的状态，并呈减薄为主的消融形式，而一旦冰量消融殆尽，其面积、体积和长度会同时迅速变为零，曲线呈现陡变（图 11-15）。

（4）祁连山十一冰川。分析预测了十一冰川西支长度、面积和体积在 RCP2.6、RCP4.5 和 RCP8.5 情景下的变化过程。可以得到以下变化特征：①在升温情景下冰川都将持续强烈消融，并在 2041—2043 年间消失；②不同升温情景对冰川变化影响的差异很小，主要表现为几种情景的升温速率在最初 30 年（2010—2046 年）间无甚差别，十分接近；③与长度、面积相比，体积的减小最为迅速，未来 6～8 年间将线性减小到原来量值的 1/2，之后萎缩速率逐渐减慢，直到冰川消失。面积与体积的情况类似，缩减速率在最

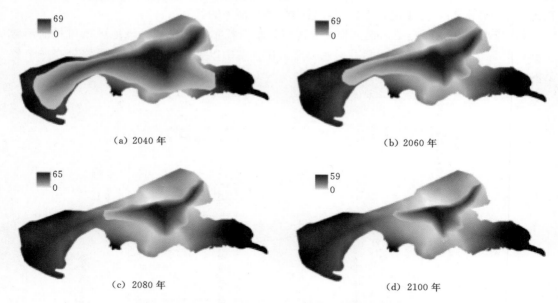

(a) 2040 年　　　　　　　　　　　　　(b) 2060 年

(c) 2080 年　　　　　　　　　　　　　(d) 2100 年

图 11-15　庙尔沟冰帽几何形态变化影像图（单位：m）

（图中黑色渐变轮廓是冰帽在 2005 年的形态；蓝色渐变图例表示厚度）

初 12～15 年间较低，而后增大。长度变化较为复杂，其速率经历了减缓、加快、再缓慢而后又加速等多个过程，反映了冰川变化的"退缩"与"减薄"两种形式之间的交替，这主要与冰川的冰量分布有关。东支末端厚度较大，最初的 10 年冰川主要以减薄为主，长度变化不大，而后随着厚度减小而迅速退缩。2024 年和 2035 年是变化的两个拐点。

2. 天山地区的冰川变化预估

在 RCP4.5 排放情景下，应用乌源 1 号冰川的动力学模式模拟预测结果，对中国境内天山现有冰川进行敏感性分析试验，结果显示本区共有 5870 条冰川很可能比 1 号冰川变化、消失的快，分别占冰川总条数和总面积的 73.2% 和 21.2%。这些消失的冰川，从数量和面积上看，主要集中在伊犁河、吐哈盆地以及准格尔盆地三个流域，其中塔里木河流域消失的数目最少，所占的面积比例也最小。

截至 2090 年前后，剩余的 2147 条冰川有 1/2 以上分布在塔里木河流域（56.6%），仅有 59 条残存于吐哈盆地的高山之巅，在准格尔流域剩余的冰川有 76% 集中在玛纳斯河流域，博格达北坡的冰川几乎消失殆尽，仅剩 11 条。伊犁河流域的剩余冰川主要存在于特克斯河上游（56.2%），库克苏河和喀什河也有极少量的冰川存在（表 11-19、图 11-16）。

表 11-19　　　　　天山地区消失冰川分布情况统计分析表（2090 年前）

流　域	总条数 /条	总面积 /km²	消失的条数 /条	消失的条数比例 /%	消失冰川的面积 /km²
伊犁河	2121	1554.4	1879	88.6	519.8
塔里木河	2424	3806.3	1208	49.8	325.5
准格尔盆地	3094	1736.5	2464	79.6	612.6

续表

流域	总条数/条	总面积/km²	消失的条数/条	消失的条数比例/%	消失冰川的面积/km²
吐哈盆地	378	178.1	319	84.4	84.5
合　计	8017	7275.3	5870	73.2	1542.4

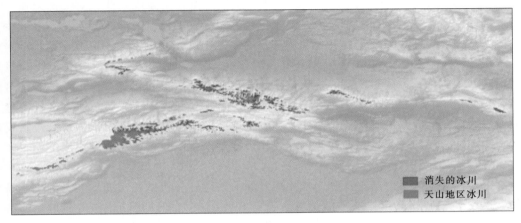

图 11-16   2090 年前天山地区消失冰川空间分布图

(1) 塔里木河流域。结合对乌源 1 号冰川和青冰滩 72 号冰川变化的模拟预测，推测塔里木河流域今后 70~80 年内，可能有 49.8% 的冰川会消失，这些冰川面积普遍较小，约占冰川总面积的 9%。但对于大量发育的复式山谷冰川而言，如果保持目前的升温速率，在未来 20~30 年冰川仍将会强烈消融，末端也会迅速后退，巨大的冰舌会逐渐消融殆尽，冰量急剧减少。到本世纪末，尽管仍有少量冰体在高海拔地区得以长期存在，但产生的融水将会十分有限。塔里木河流域冰川水资源对该区域水资源补给来说具有举足轻重的作用，托木尔峰地区的冰川比预期的消融速率要快，目前消融正盛，除非气温有大幅度升高，否则不会出现融水峰值。今后 30~50 年，如果继续保持升温，冰川融水径流仍会维持一定水平，但是，随着固态水资源量减少，融水径流量对气温变化的敏感性会逐步加大，在低温年份，枯水程度加剧。在此之后，由于大部分冰川固态资源消融殆尽，导致冰川径流锐减，最终处在一个较低的水平。一旦多数冰川消融殆尽，对该地区水资源开发利用将产生灾难性影响。因此，针对该区冰川特征，首先应该加强冰川和水资源变化的观测，以准确掌握未来冰川及其水资源变化过程，其次通过各种方式提高水资源变化调控和适应能力。

(2) 伊犁河流域。根据 RCP4.5 排放情景下乌源 1 号冰川的预测结果，对伊犁河流域冰川进行敏感性分析表明，在 2090 年前，流域可能有 88.6% 的冰川将消失。随着冰量的不断减少，冰川融水对河流的调节作用日趋减弱，径流变化率增大。因此对于冰川融水补给比例较少的河流（如巩乃斯河等），其未来水资源的变化主要取决于降水的变化。而对于特克斯河、库克苏河等冰川融水补给较大的河流，短期内由于冰川的强烈消融，径流量将持续增加，长期来看会减少。同时，随着气温升高，积雪消融期提前，造成春季径流增加。总之，未来冰川变化对伊犁河流域水量的影响有限，但对径流的调节作用会大大削弱。气候变化对积雪融水径流的影响和可能造成的后果应该给予特别关注。

（3）天山北麓诸河。利用 RCP4.5 排放情景下，应用乌源 1 号冰川的预测结果，进行的敏感性分析表明，天山北麓诸河流域中 80% 的冰川将于 2090 年之前消失殆尽，消失的冰川面积和储量分别占现有冰川面积和储量的 35% 和 18%，届时小于 2km² 的冰川趋于消失，大于 5km² 的冰川将仍处在强烈消融之中。综合分析，未来气候变化对天山北麓地区水资源的影响在不同流域的差别较大。对于以小冰川为主的河流，冰川融水会不断减少直至消失，从而丧失冰川对河流的补给和调节作用；对于以大冰川为主的河流，冰川融水径流仍将保持一定份额，如果气温持续升高，融水甚至有增加的可能，但随着冰川储量降低，消融面积减少，冰川融水最终会快速下降，形成径流减少的拐点。天山北坡经济带是新疆经济文化中心，在目前降水和冰川消融双重增加影响下，近 30 年来动态水资源量有明显增加，但总体缺水的状况不会改变，在不实施外部调水的情况下，该区社会经济发展与水资源短缺之间的矛盾始终存在，因此，积极应对水资源变化，高效利用水资源，实施"以水布局"战略至关重要。

（4）东疆盆地水系。基于乌源 1 号冰川预测的敏感性分析试验表明，在 RCP4.5 排放情景下，在未来 50～90 年内，东疆盆地水系中有大约 84% 的冰川趋于消失。但是那些大于 2km² 的冰川（如庙尔沟冰帽），由于海拔高，冰川温度低，变化缓慢，仍将稳定相当长的一段时间，这些冰川对于维系本区目前水系至关重要，亟待强化观测并深入研究其变化。处在吐鲁番盆地水系博格达峰地区的冰川，无论南坡还是北坡都处于快速退缩减少状态，对其下游的乌鲁木齐市和吐鲁番盆地水资源有重大影响。而处在哈密盆地水系庙尔沟地区的冰川，消融呈增强趋势，对水资源量及年内分配已经造成显著影响。总之，东疆盆地水系的冰川处在加速消融状态，水资源供给量处在不断减少之中，致使未来本区域水资源极端匮乏，供需矛盾日趋激烈。因此实施跨流域调水，合理分配特色农业和工业用水，是解决水资源短缺的最佳途径。

3. 阿勒泰地区的冰川变化预估

在 RCP4.5 情景下，根据乌源 1 号冰川预测结果，对中国境内阿尔泰山现有冰川进行敏感性分析表明，有 256 条冰川很可能比乌源 1 号冰川变化、消失得快，分别占阿尔泰山冰川现有条数和面积的 91.8% 和 44.2%。这些可能消失的冰川无论从数量还是面积上看，集中分布在布尔津河、哈巴河、额尔齐斯河和拉斯特河，其中布尔津河消失的冰川数目和面积最大。2090 年之后，剩余的 24 条冰川基本上分布在布尔津河，其他地区在高山之巅仅有零星分布的冰川。

这些可能消失的冰川具有面积较乌源 1 号冰川小，顶端海拔较乌源 1 号冰川低等特点（图 11-17）。事实上，由于阿尔泰山地区冰川海拔低，与天山冰川相比，对气候变化更为敏感，消失也更快，由此得出的到 2090 年阿尔泰山地区有 256 条冰川消失的结论很可能是消失冰川数量的下限，实际消失的冰川将会更多。

（1）拉斯特河。位于中国境内的萨吾尔山，到 2090 年该地区冰川仅剩下木斯岛冰川，近年来区内冰川消融加剧，河流径流波动增大，夏季洪灾频发，未来水资源形势会更加恶化，因此通过实施跨流域调水等工程措施，以保证生态生活用水十分必要。

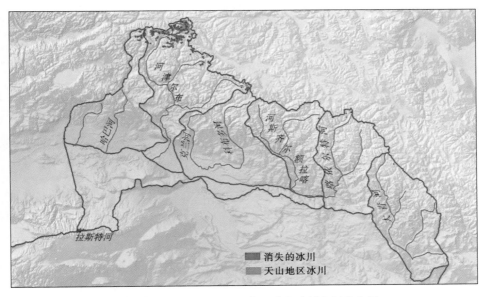

图 11-17　2090 年前阿尔泰山消失冰川空间分布图

(2) 布尔津河。布尔津河到 2090 年，数量上有 91.5% 的冰川会消失殆尽，消失的冰川多为小冰川，面积占目前面积的 40%。布尔津河属融雪和雨水混合补给性河流，以季节性积雪融水补给为主，夏季以降水为辅，其中冰川融水径流量仅占总径流量的 7.7%，因此，流域冰川的消失，会削弱冰川对径流的调节功能，但不会对径流总量造成太大影响。

(3) 其他河流。如哈巴河、哈拉额尔齐斯河、喀依尔特河、科布多河等，冰川发育较少，单条冰川面积也小，到本世纪末大都消失殆尽。随着气候变暖，积雪提前消融，春汛提前且水量增多，并易引发洪水。尽管冰川的消失不大可能会对径流量产生很大影响，但会使得冰川对径流的调节功能丧失，使得径流变差系数增大，洪枯水量悬殊，洪峰流量增大，枯水季延长。

4. 祁连山地区的冰川变化预估

在 RCP4.5 情景下，根据冰川动力学模式对十一冰川的模拟预测研究结果，对整个祁连山区冰川进行了敏感性分析，得到整个祁连山地区有 1838 条冰川可能比十一冰川变化、消失的更快，分别占祁连山冰川总条数和总面积的 68.5% 和 17.0%，主要分布在黑河、北大河、疏勒河、党河等流域。

至 2040 年前后，本区可能残存的 846 条冰川约有 87.6% 集中在祁连山西段的诸流域中，如疏勒河、哈尔腾河、塔塔棱河等。其余的冰川虽然可能零星散落于其他流域的高山顶部，但由于这些冰川面积小，海拔低，消融速度将比十一冰川更加迅速。对此，我们需要有清楚的认识和明确的应对措施[4,15]（图 11-18）。

(1) 黑河流域。根据十一冰川预测结果的敏感性试验分析，到 2040 年之前，黑河流域数量上将有 90.7% 的冰川消失殆尽，冰川面积也将消失 46.5% 以上，与此同时，北大河也有 75.4% 的冰川不复存在，面积损失率将在 65.8% 以上。届时，流域内冰川将基本丧失对水资源的补给和调节作用[12]。

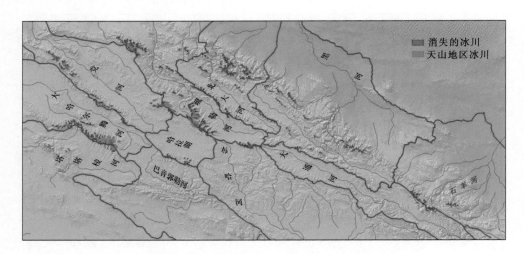

图 11 - 18　2040 年前祁连山消失冰川空间分布图

（2）疏勒河流域。在 RCP4.5 情景下，基于 BCC - CSM1.1（m）、CANESM2、GFDL - CM3、IPSL - CM - MR 四种大气环流模式，对冰川及其融水的未来变化进行了分析预测，结果表明，疏勒河上游冰川面积将以逐渐减缓的速度持续退缩（图 11 - 19）。疏勒河上游的冰川面积在 21 世纪 50 年代以 3.87km²/年的速率退缩至 168.3km²（约为 20 世纪 70 年代冰川面积的 34.96%），在 21 世纪 90 年代以 3.26km²/年的速率退缩至 53.84km²（约为 20 世纪 70 年代冰川面积的 11.18%）。到 21 世纪 50 年代，冰川面积很可能会退缩至约为 20 世纪 70 年代冰川面积的 36%，到 21 世纪 90 年代将退缩至不到 20 世纪 70 年代冰川面积的 20%[9]。根据预估结果，疏勒河流域冰川在 2040 年前很可能有 529 条趋于消失，由于流域内冰川融水补给较高（30% 以上），冰川的最终消失会对河流产生灾难性影响。

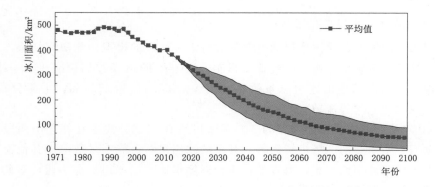

图 11 - 19　疏勒河上游冰川面积变化趋势预测图
［图中的实线表示 BCC - CSM1.1（m）、CANESM2、GFDL - CM3 和 IPSL - CM - MR
四种模式的平均值，阴影区域表示四种模式的一倍标准差］

(3) 石羊河流域。根据十一冰川预测结果的敏感性试验分析，2040 年前，石羊河流域 76.3% 的冰川都将消融殆尽，届时冰川所剩无几，彻底丧失对河水径流的补给和调节作用。石羊河是河西三大内流河流域中人口数量最多、用水矛盾最突出、水资源对经济社会发展制约性最强的区域。过去 50 年，流域内冰川的持续缩减，已经给河川径流造成显著负面影响，随着大部分冰川的消失，河流水量将进一步减少，将造成水资源和生态环境方面的改变，值得进一步深入研究。

11.4.3 未来气候影响下典型流域径流变化预测分析

选取塔里木河流域"四源流"、河西内陆河流域的疏勒河、黑河、石羊河和黄河为典型流域，对气候影响下未来径流变化进行了预测分析。

1. 塔里木河"四源流"

因塔里木河干流自身不产流，仅对"四源流"（阿克苏河、叶尔羌河、和田河、开—孔河）进行研究，根据夏军院士、陈杰教授团队完成的《气候变化对塔里木河流域水资源管理的影响与适应性对策报告》，在 RCP4.5 情景下，分析了气候变化对塔里木河"四源流"的径流影响，预测了塔里木河"四源流"未来水资源年际、年代际变化趋势[16]。

(1) 未来年均气温年代际变化。未来三个时段的年平均气温较历史基准时段均明显增加，涨幅为 1.8~3.0℃。"四源流"在 2021—2100 年平均气温均为上升趋势，2050 年之后增加幅度减缓（表 11-20、图 11-20）。

表 11-20　　　　塔里木河"四源流"年平均气温的年代际变化预测分析表　　　　　　单位：℃

流域	1961—1990 年	1991—2020 年		2021—2050 年		2051—2080 年		2081—2100 年	
	温度值	温度值	变化量	温度值	变化量	温度值	变化量	温度值	变化量
阿克苏	9.1	10.0	0.9	10.9	1.8	11.7	2.6	11.8	2.7
叶尔羌	9.1	9.9	0.8	11.0	1.9	11.8	2.7	12.0	2.9
和田河	12.4	13.2	0.8	14.2	1.8	15.1	2.7	15.3	2.9
开—孔河	8.5	9.5	1.0	10.5	2.0	11.3	2.8	11.5	3.0
干流	11.2	12.1	0.9	13.1	1.9	13.9	2.7	14.1	2.9

(2) 未来年降水年代际变化。未来三个时段的平均年降水均高于相应流域的历史基准期，增长幅度在 17.4%~66.3% 之间。各子流域在 2021—2100 年降水均具有增加的趋势，

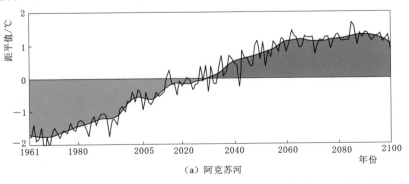

(a) 阿克苏河

图 11-20（一）　塔里木河"四源流"年平均气温的年代际变化趋势图

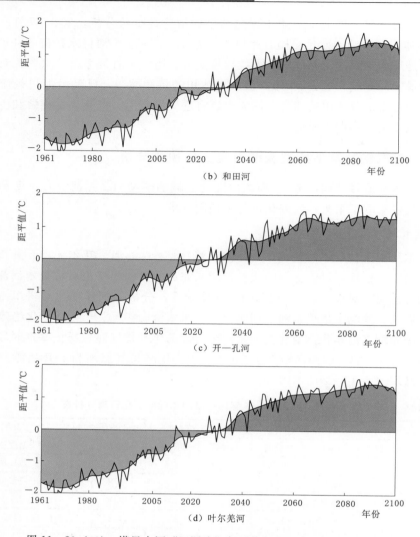

图 11 - 20（二）　塔里木河"四源流"年平均气温的年代际变化趋势图

其中叶尔羌河、和田河降水增加幅度较大。值得注意的是，在 2050 年前阿克苏河、开—孔河降水显著下降，甚至由距平正值转化成距平负值，体现了降水具有较大的年际变异性（图 11 - 21、表 11 - 21）。

（3）未来径流预估。 阿克苏河、叶尔羌河、和田河的未来径流呈现先增加后减小的趋势，这主要是由于阿克苏河、和田河和叶尔羌河的径流以冰雪融水补给为主，虽然各子流域降水在未来均有所增长，但在 3 条支流出现"峰值"之后，受到未来气温持续上升，冰雪存量减少的影响，未来径流出现了大幅减少的趋势。其中阿克苏河未来径流"峰值"出现的时间在 2041—2050 年之间；和田河的未来径流"峰值"出现的时间在 2061—2070 年之间，叶尔羌河的未来径流"峰值"出现的时间在 2041—2050 年之间；开—孔河属于冰川融水、雨雪混合、河川基流等补给为主的河流，未来径流波动增加，受降水的影响偏大，具有丰枯交替现象，但在本世纪总体偏丰，无明显"峰值"（图 11 - 22、表 11 - 22）。

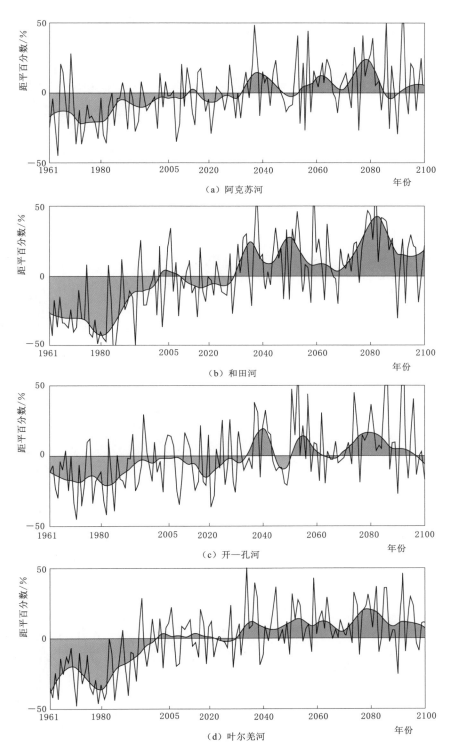

图 11-21　塔里木河"四源流"年降水年代际变化趋势图

表 11 - 21　　　　　　　　塔里木河"四源流"年降水的年代际变化预测分析表

流域	时　段								
	1961—1990 年	1991—2020 年		2021—2050 年		2051—2080 年		2081—2100 年	
	降水量/mm	降水量/mm	变化率/%	降水量/mm	变化率/%	降水量/mm	变化率/%	降水量/mm	变化率/%
阿克苏	114.6	127.1	10.9	136.2	18.8	145.5	27.0	145.7	27.1
叶尔羌	54.4	73.4	34.9	78.4	44.1	83.7	53.9	82.4	51.5
和田河	36.4	48.2	32.4	54.6	50.0	59.2	62.6	60.5	66.2
开—孔河	86.9	98.9	13.8	102.1	17.5	114.0	31.2	116.3	33.8
干流	45.6	54.8	20.2	57.9	27.0	62.2	36.4	65.9	44.5

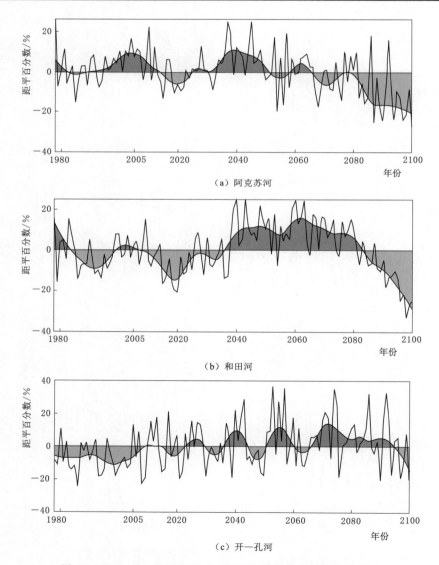

（a）阿克苏河

（b）和田河

（c）开—孔河

图 11 - 22（一）　塔里木河"四源流"径流年代际变化趋势图

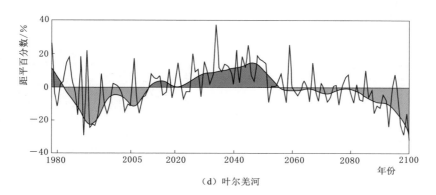

（d）叶尔羌河

图 11-22（二）　塔里木河"四源流"径流年代际变化趋势图

表 11-22　　　　　　　塔里木河"四源流"年径流变化预测分析表

时　段	阿克苏河		和田河		开—孔河		叶尔羌河	
	径流量/(m³/s)	变化率/%	径流量/(m³/s)	变化率/%	径流量/(m³/s)	变化率/%	径流量/(m³/s)	变化率/%
1978—1990 年	232.9		133.9		96.8		205.2	
1991—2000 年	238.8	2.5	127.4	−4.9	100.7	4.0	191.2	−6.8
2001—2010 年	251.9	8.2	134.4	0.4	98.6	1.9	188.2	−8.3
2011—2020 年	225.7	−3.1	120.8	−9.8	105.9	9.4	203.1	−1.0
2021—2030 年	230.4	−1.1	130.1	−2.8	102.8	6.2	209.1	1.9
2031—2040 年	244.9	5.2	135.6	1.2	103.2	6.6	221.1	7.8
2041—2050 年	247.9	6.4	149.9	11.9	102.0	5.4	226.7	10.5
2051—2060 年	231.2	−0.8	147.8	10.4	116.4	20.2	204.8	−0.2
2061—2070 年	229.0	−1.7	150.7	12.5	104.0	7.4	197.1	−3.9
2071—2080 年	226.3	−2.9	145.7	8.8	113.1	16.9	195.2	−4.9
2081—2090 年	210.2	−9.8	129.2	−3.5	107.4	11.0	186.4	−9.1
2091—2100 年	200.3	−14.0	107.8	−19.5	105.0	8.4	171.6	−16.4

2．疏勒河流域

根据沈永平教授团队《祁连山地区气候变化及其影响初步报告》，预估了 21 世纪 50 年代和 90 年代的疏勒河流域气候、河流径流以及冰川融水的变化。河流径流、冰川径流的变化是相对于 21 世纪前 10 年的对应径流，冰川面积变化则相对于 20 世纪 70 年代的冰川面积。在 RCP4.5 情景下，预估了未来气温、降水、径流的变化特征[9]。

（1）未来年均气温变化。 年平均气温在 21 世纪 50 年代为 −2.69℃，在 21 世纪 90 年代为 −1.79℃；相对于 21 世纪前 10 年，分别以 0.034℃/年和 0.025℃/年的速率上升 1.40℃和 2.30℃；年平均气温的标准差在 21 世纪 50 年代为 1.072℃，在 21 世纪 90 年代为 1.978℃（图 11-23）。

（2）未来年降水量变化。 21 世纪 50 年代的年降水预计为 336.17mm，21 世纪 90 年

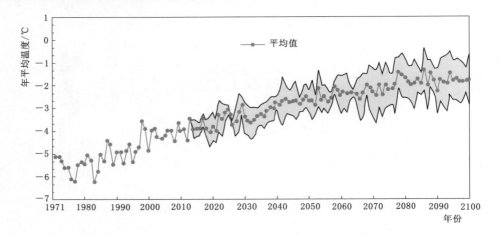

图 11-23　疏勒河上游年平均气温变化趋势图

[图中的红线表示 BCC-CSM1.1（m）、CANESM2、GFDL-CM3 和 IPSL-CM-MR
四种模式的平均值，阴影区域表示四种模式的一倍标准差]

代的年降水量预计为 326.14mm，比 21 世纪前 10 年的年降水量分别增加 20.43mm 和
10.40mm。结果表明：20 世纪 50 年代后，疏勒河上游的降水将减少。年降水量的标准差
在 21 世纪 50 年代为 91.1mm，在 21 世纪 90 年代为 48.7mm（图 11-24）。

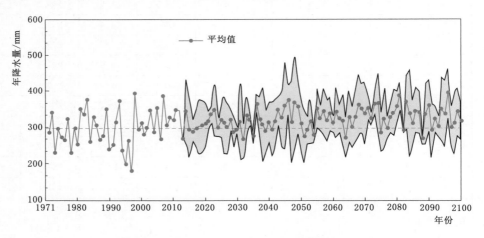

图 11-24　疏勒河上游年降水变化趋势图

[图中的红线表示 BCC-CSM1.1（m）、CANESM2、GFDL-CM3 和 IPSL-CM-MR 四种
模式的平均值，阴影区域表示四种模式的一倍标准差]

（3）未来径流变化。 未来径流的变化包括河流径流和冰川融水径流的变化，具体如下：

1）河流径流。预估 21 世纪 50 年代的年河流径流为 13.02 亿 m^3，21 世纪 90 年代的
年河流径流为 10.71 亿 m^3，与 21 世纪前 10 年的年河流径流相比，预计分别增加 2.58 亿
m^3 和 0.28 亿 m^3，增长速率分别为 0.63 亿 m^3/10 年和 0.03 亿 m^3/10 年。预估的 21 世纪
90 年代的河流径流小于 21 世纪 50 年代的预估径流，这表明疏勒河上游在 21 世纪 50 年代
后疏勒河流域的水资源管理将面临巨大挑战[9]（图 11-25）。

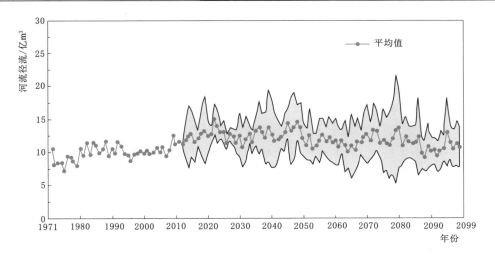

图 11-25 疏勒河上游河流径流变化趋势图

[图中的红线表示 BCC-CSM1.1（m）、CANESM2、GFDL-CM3 和 IPSL-CM-MR

四种模式的平均值，阴影区域表示四种模式的一倍标准差]

2）冰川融水径流。预估 21 世纪 50 年代的冰川融水径流将以 0.29 亿 m³/10 年的速率减少到 1.37 亿 m³（约占总径流的 10.55%），而 21 世纪 90 年代的冰川融水径流将以 0.24 亿 m³/10 年的速率减少到 0.38 亿 m³（约占总径流的 3.58%）[9]（图 11-26）。21 世纪 50 年代的冰川融水对河川径流的贡献很可能下降到约 10%，这一贡献率甚至达不到 1973—2013 年冰川融水贡献率的 1/2；而 21 世纪 90 年代的冰川融水对河流径流的贡献率将不足 5%，这个数值甚至小于 1973—2013 年冰川融水贡献率的 1/4。由此可见，冰川融水对河流径流的调节作用预计会减弱，这意味着河流径流的易变性将大大增加，进而导致疏勒河上游的水资源管理面临更大的挑战[9]。

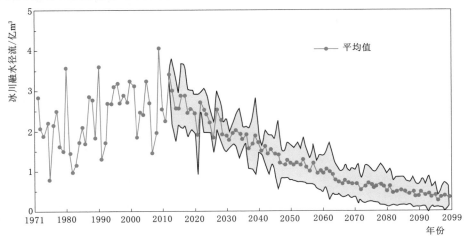

图 11-26 疏勒河上游冰川融水径流变化趋势图

[图中的红线表示 BCC-CSM1.1（m）、CANESM2、GFDL-CM3 和 IPSL-CM-MR 四种

模式的平均值，阴影区域表示四种模式的一倍标准差]

3. 黑河流域

在 RCP4.5 路径下，对黑河流域 2060 年前未来气温和降水变化进行分析；基于 1960—2015 年黑河流域径流资料[17]，利用 CnaESM2、CCSM4、CSIRO - Mk3.6.0、MPI - ESM - LR 等多种气候模式作为 SWAT 模型输入条件，预测了黑河流域上游 2021—2050 年、2051—2080 年的径流变化。

未来径流变化。黑河流域上游莺落峡站年径流量在未来时段呈现增加趋势，增加速率为 $1.9 \sim 3.1 m^3/(s \cdot 10$ 年$)$，未来年内径流量主要集中在 6—9 月（图 11 - 27）。

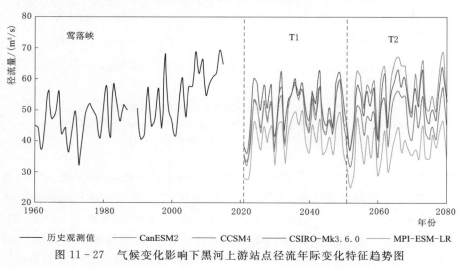

图 11 - 27　气候变化影响下黑河上游站点径流年际变化特征趋势图

4. 石羊河流域

在 A2、B2 两种情景下，对未来 2020 年和 2050 年两个时期的气温和降水进行了分析[18-20]，见表 11 - 23 和表 11 - 24。将未来情景下的气温与降水模拟结果作为 VIC 模型的气象驱动，运行模型得到未来 A2 和 B2 气候情景下石羊河流域上游地区的径流变化。

表 11 - 23　石羊河流域上游地区各气象站点未来气温、降水的变化量统计分析表

气象要素	时期	情景	古浪	山丹	马鞍岭	武威	永昌	门源
最低气温 /℃	2020 年	A2	1.5	−1.4	1.3	1.0	−2.3	−0.1
		B2	1.8	−1.5	1.4	1.1	−2.6	0.1
	2050 年	A2	3.5	−3.3	2.8	2.2	−5.2	1.1
		B2	3.0	−2.8	2.4	1.9	−4.6	0.8
最高气温 /℃	2020 年	A2	1.6	1.3	1.7	1.1	0.9	1.2
		B2	1.7	1.3	1.9	1.1	0.9	1.0
	2050 年	A2	3.3	2.7	3.8	2.3	1.8	3.0
		B2	2.9	2.3	3.2	2.0	1.6	2.7
年降水量 /%	2020 年	A2	−3.8	1.0	−10.8	−10.8	−3.5	−14.3
		B2	−3.9	2.5	−13.6	−13.9	−2.7	−16.4
	2050 年	A2	−6.8	−2.5	−23.0	−23.8	−9.0	−22.9
		B2	−5.5	0.0	−20.4	−22.4	−7.9	−21.4

表 11 - 24　　　石羊河流域上游径流与气温、降雨多年平均变化量统计分析表

情景	时期	最低气温/℃	最高气温/℃	降水量/%	径流量/%
A2	2020 年	0.0	1.3	-7.6	-2.8
	2050 年	0.1	2.8	-15.2	-13.2
B2	2020 年	0.1	1.3	-8.7	-1.4
	2050 年	0.1	2.5	-13.1	-8.3

(1) 未来气温变化。在 A2 情景下，2020 年和 2050 年石羊河流域多年平均最高气温分别比现状升高 1.3℃ 和 2.8℃，B2 情景下两个年代分别比现状升高 1.3℃ 和 2.5℃；多年平均最低气温的变化量较小，都只升高 0.1℃ 左右（表 11 - 24）；除山丹和永昌站的最低气温外，其余各站的最低和最高气温都高于现状年（表 11 - 23）。

(2) 未来降水量变化。在 A2 情景下多年平均降水量 2020 年和 2050 年分别比现状减少 7.6% 和 15.2%，B2 情景下两个年代分别减少 8.7% 和 13.1%。除 2020 年山丹站外，其余各站降水量都呈现减少趋势，以乌鞘岭、武威和门源站下降最为显著。

(3) 未来径流变化。径流的变化总体为减少，且与降水和气温一样在年代间存在差异。2020 年的径流减少量比 2050 年小得多，而且在 2050 年前后几年间出现了明显的连续枯水期，2050 年多年平均径流量在 A2 和 B2 情景下分别减少 13.2% 和 8.3%。说明未来气候变化会引起石羊河流域径流的明显减少[18]（图 11 - 28）。

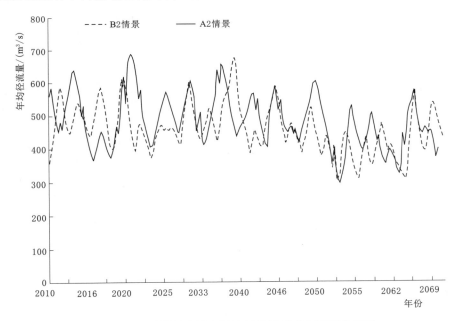

图 11 - 28　石羊河流域上游地区径流量变化预测趋势图

5. 黄河流域

根据 2012 年黄河水利委员会国科局编制的《气候变化与黄河流域水文水资源变化研究报告》，在 A2、B2 两种情景下，对黄河流域未来的气温和降水变化进行了分析，并将其输入水文模型，得到黄河流域 2050 年、2100 年的径流变化[11,21]。

（1）未来年均气温变化。 2050 年气温分别增加 1.6℃（A2）和 1.4℃（B2）（表 11 - 25），2100 年气温增加更加明显，且 A2 情景气温明显高于 B2。

表 11 - 25　　　　　　　黄河流域 2050 年气温季节变化特点统计分析表　　　　　单位：℃

时段	观测值（1961—2005 年）	A2 模拟值	A2 与观测值差值	B2 模拟值	B2 与观测值差值
春季	8.1	9.2	1.1	8.8	0.7
夏季	18.9	20.5	1.6	20.4	1.5
秋季	7.0	8.9	1.9	8.6	1.6
冬季	6.3	−4.4	−10.7	−4.4	−10.7
年均	7.0	8.4	1.4	8.3	1.3

（2）未来降水与径流变化。 在 A2 排放情景下，到 2050 年和 2100 年，花园口以上年降水量较历史均值分别增加 1.9％和 4.2％，而花园口年径流量分别为 533.0 亿 m³ 和 501.2 亿 m³，较历史均值减少 5.2％和 10.9％。预测结果说明，A2 排放情景下，黄河流域气温升高，蒸发增大，虽然降水略有增加，但径流量减少。在 B2 排放情景下，到 2050 年和 2100 年，年降水较历史均值分别减少 3.0％和 5.2％，而花园口年径流量分别为 520.1 亿 m³ 和 491.1 亿 m³，较历史均值减少 7.5％和 12.7％。预测结果说明，B2 排放情景下，流域气温升高，降水减少而蒸发加大，径流量也相应减少（表 11 - 26）。

表 11 - 26　　　　　　　不同气候情景下的黄河流域径流预测分析表

情景	区间	1956—2000 年历史均值		预测值							
				2050 年				2100 年			
		降水/mm	控制站径流量/亿 m³	降水/mm	变幅/％	控制站径流量/亿 m³	变幅/％	降水/mm	变幅/％	控制站径流量/亿 m³	变幅/％
A2	龙羊峡以上	540.3	210.4	474.3	−12.2	181.4	−13.8	485.6	−10.1	174.9	−16.9
	龙羊峡—兰州	435.8	338.1	407.3	−6.5	299.7	−11.3	409.5	−6.0	374.3	−18.9
	兰州—头道拐	288.4	340.6	312.6	8.4	307.4	−9.8	322.4	11.8	279.6	−17.9
	头道拐—龙门	449.9	391.5	460.5	2.4	375.5	−4.1	474.4	5.5	338.4	−13.6
	龙门—三门峡	535.3	503.7	581.0	8.5	471.8	−6.3	596.8	11.5	437.4	−13.2
	三门峡—花园口	668.8	562.3	738.5	10.4	533.0	−5.2	751.5	12.4	501.2	−10.9
	花园口以上	460.6	562.3	469.4	1.9	533.0	−5.2	479.2	4.2	501.2	−10.9
B2	龙羊峡以上	540.3	210.4	465.4	−13.9	178.2	−15.3	456.7	−15.5	172.1	−18.2
	龙羊峡—兰州	435.8	338.1	406.2	−6.8	297.5	−12.0	397.4	−8.8	274.0	−19.0
	兰州—头道拐	288.4	340.6	302.9	5.0	304.8	−10.5	312.6	8.4	278.9	−18.1
	头道拐—龙门	449.9	391.5	447.0	−0.6	371.7	−5.1	456.4	1.4	336.3	−14.1
	龙门—三门峡	535.3	503.7	544.7	1.8	466.4	−7.4	500.5	−6.5	435.8	−13.5
	三门峡—花园口	668.8	562.3	666.2	−0.4	520.1	−7.5	642.2	−4.0	491.1	−12.7
	花园口以上	460.6	562.3	447.0	−3.0	520.1	−7.5	436.5	−5.2	491.1	−12.7

参 考 文 献

［1］ 刘时银，丁永建，李晶，等. 中国西部冰川对近期气候变暖的响应［J］. 第四纪研究，2006，26（5）：762-771.

［2］ 新疆维吾尔自治区水利厅. 近60年来新疆冰川积雪及水资源对气候变化响应事实分析报告［R］. 2019.

［3］ 李忠勤，李开明，王林. 新疆冰川近期变化及其对水资源的影响研究［J］. 第四纪研究，2010，30（1）：96-106.

［4］ 李忠勤. 山地冰川物质平衡和动力过程模拟［M］. 北京：科学出版社，2019.

［5］ 沈永平，苏宏超，王国亚，等. 新疆冰川、积雪对气候变化的响应（Ⅰ）：水文效应［J］. 冰川冻土，2013，35（3）：513-527.

［6］ 沈永平，苏宏超，王国亚，等. 新疆冰川、积雪对气候变化的响应（Ⅱ）：灾害效应［J］. 冰川冻土，2013，35（6）：1355-1370.

［7］ 李新，勾晓华，王宁练，等. 祁连山综合科学考察研究报告［M］. 北京：科学出版社，2020.

［8］ 甘肃省林业调查规划院，青海省工程咨询中心. 祁连山生态环境保护和综合治理规划［R］. 2011.

［9］ 沈永平. 祁连山地区气候变化及其影响研究报告［R］. 兰州：中国科学院西部生态环境资源研究院，2021.

［10］ 陈亚宁，李稚，范煜婷，等. 西北干旱区气候变化对水文水资源影响研究进展［J］. 地理学报，2014，69（9）：1295-1304.

［11］ 黄河水利委员会国科局. 气候变化与黄河流域水文水资源变化研究［R］. 2012.

［12］ 高鑫，张世强，叶柏生，等. 河西内陆河流域冰川融水近期变化［J］. 水科学进展，2011，22（3）：344-350.

［13］ 李耀军，丁永建，上官冬辉，等. 1961—2016年全球变暖背景下冰川物质亏损加速度研究［J］. 中国科学：地球科学，2021，51（3）：453-464.

［14］ 丁永建，赵求东，吴锦奎，等. 中国冰冻圈水文未来变化及其对干旱区水安全的影响［J］. 冰川冻土，2020，42（1）：23-32.

［15］ 李忠勤，丁永建，效存德. 《冰冻圈变化及其影响研究》系列丛书［M］. 北京：科学出版社，2019.

［16］ 夏军，陈杰. 气候变化对塔里木河流域水资源管理的影响与适应性对策［R］. 武汉：武汉大学，2020.

［17］ 王杰. 气候变化条件下黑河上游径流模拟及预测［D］. 北京：中国地质大学，2019.

［18］ 郭静，王宁，粟晓玲. 气候变化下石羊河流域上游产流区的径流响应研究［J］. 西北农林科技大学学报（自然科学版），2016，44（12）：211-218.

［19］ Li Kailu，Chen Rensheng，Liu Guohua. Cryosphere Water Resources Simulation and Service Function Evaluation in the Shiyang River Basin of Northwest China［J］. Water，2021，13（2）：114.

［20］ Zhang S Q，Gao X，Zhang X W. Glacial runoff likely reached peak in the mountainous areas of the Shiyang River Basin，China［J］. Journal of Mountain Science，2015，12（2）：382-395.

［21］ 张镭，黄建平，梁捷宁，等. 气候变化对黄河流域的影响及应对措施［J］. 科技导报，2020，38（17）：42-51.

第12章 西北内陆河流域水资源利用与水循环调控

12.1 内陆河水循环过程与调控模式

12.1.1 内陆河流域水循环过程

在太阳辐射和地心引力等自然驱动力的作用下，陆地上不同形态的水通过水汽输送、凝结降水、植被截留、地表填洼、土壤入渗、地表径流、地下径流、蒸发蒸腾和湖泊蓄积等环节，不断地发生相态转换和周而复始运动的过程，称为自然水循环（或天然水循环）。西北内陆区高山环抱盆地的典型地形地貌特征，决定了其自然水循环方向由四周山区流向盆地中心区。高山区冰川积雪伴随着温暖季节消融形成地表径流，且高山区山脉高大，含水气流在山脉拦截和抬升作用下形成降水，形成西北内陆区自然水循环的主要产流区，该区域几乎形成了内陆干旱区90％以上的地表径流量；出山口后流进冲积扇，形成了水循环的径流消耗和强烈转化区；其余部分水流向下游流动，在扇缘溢出带和冲积平原区形成自然水循环的径流排泄、积蓄及蒸散区，径流通过直接蒸发或通过绿洲生态消耗；最终径流排入荒漠或湖泊并通过蒸发返回大气。

内陆河流域水循环过程可以概括为水汽输送、降水、冰川运动、径流、入渗和蒸发蒸腾六大过程。

1. 水汽输送

（1）水汽是降水形成的物质基础。水汽不仅在水文循环过程中扮演着重要的角色，而且在整个地球气候系统中也起着十分重要的作用。世界陆地降水的水汽大约35％来自海洋。西北干旱区深居内陆，远离海洋，其干旱少雨的重要原因之一是当地气柱中水汽过少，仅及同纬度华北区水汽的1/3～1/2。若无外来水汽的不断补充，这里将难有较强降水出现。水汽运动在空中是敞开的，即水汽输送和散失的路径是由定常的大气底层环流与风场作用。由它们携带着水汽、热量、盐粒、尘埃微粒和孢子花粉、昆虫幼体，甚至其他生物物质，由高空和盆地平原输送到山区，并参与空中的全球水循环。

（2）西北内陆河水汽来源。施雅风指出，西北地区的水汽输送不仅受到亚洲季风环流系统的影响，而且也受到高山盆地以及冰川积雪的影响[1]。王宝鉴等依据不同气候系统将西北地区划分为西风带、高原区与东亚季风3个气候影响区，发现该地区东亚季风区是水汽含量最丰富的区域，西风带亚区次之，高原亚区最少[2]。中国科学院西北生态环境资源研究院钱正安、蔡英、宋敏红等组成的团队经过近20年的研究发现[3]，西北干旱区降水的水汽来自台湾海峡及附近地区，此地才是西北干旱区夏秋季降水的主要水汽源地。

（3）西北内陆河水汽变化特征。西北内陆河流域水汽含量在 20 世纪 80 年代中期至 90 年代末呈现增多趋势，从 90 年代开始至 21 世纪初呈现减少趋势。西北地区水汽含量夏季最多，达 27.9mm，占年平均水汽含量的 46.6%；冬季最少，仅有 5.6mm，只占年平均水汽含量的 9.4%[4]。崔玉琴计算出 1981—1986 年西北内陆各边界上空的年平均水汽输入量与输出量分别为 44897 亿 m^3 和 43487 亿 m^3，基于此，考虑内陆河总蒸发量进入水汽循环的水量（4000 亿 m^3），得到西北地区水汽的净收入量为 5410 亿 m^3[5]。王凯等利用 EC-MWF 和 NCEP/NCAR 的 1979—2016 年逐月资料，发现西北地区水汽含量以塔里木盆地西部和天山山脉地区水汽含量较多，东部则主要集中在甘肃南部和陕西南部一带，水汽含量达 12～30mm。西北地区的中部水汽含量较少，主要在甘青新三省交界一带表现最为明显，水汽含量不足 10mm，水汽含量的分布呈现出"两边高中间低"的分布形式[6]。基于上述研究成果的梳理，根据西北地区年均降水分布特征与水汽年均收支情况，得到中国西北内陆河区水汽输送参与水循环的概念框图（图 12-1）。

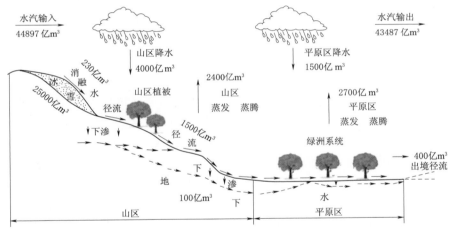

图 12-1 中国西北内陆河区水汽输送参与水循环的概念框图

2. 降水

输送入境的水汽与当地水汽在合适的条件下才能降水。由于受到地形和地理位置影响，高山降水明显多于平原，盆地周边多于盆地腹地，迎风坡多于背风坡。所以，高山区成为西北干旱区的"湿岛"，在高山地区形成多降水中心，成为河流的发源地和干旱区的水源地。尽管山地面积仅占区域面积的 1/3，但平均每年降落在山区的降水量估算有 4000 亿 m^3；而内陆盆地成为低降水极值中心，如在塔里木盆地的腹地塔克拉玛干沙漠和位于黑河下游的内蒙古额济纳旗，多年平均降水量不足 50mm，成为我国的"旱极"。尽管盆地腹地降水少，但由于面积较大，降水总量约有 1500 亿 m^3。

3. 冰川运动

降水每年降落在西北内陆河流域山区约为 230 亿 m^3，作为固体水库—冰川的补给量，储蓄在高山地区[7]。20 世纪 80 年代，西北内陆盆地周围共有冰川面积 27973.86km²，冰川储量有 28148.1 亿 m³，折合水量约 25000 亿 m³[8]。20 世纪 90 年代，冰川在高山并沿山谷作冰川运动；同时，受暖季太阳辐射、气温和降水的影响，冰川加速消融[7,9]。由于气候变暖的效应，相应引起冰川的减薄和退缩，近期已对面积较小的冰川产生较大影响，有的已经消失，同时对河源有较大冰川和较多冰川的河流，冰川融水量增加明显；而河源冰川面积减少、冰川储量减小或部分小冰川消失，使冰川融水调节河流水量的能力减弱，影响到河流水量的稳定[10]。

4. 径流

西北内陆河流域径流是干旱区气候变化的晴雨表，气候变暖、冰川退缩及冰雪融化的变化，对径流时空变化有着重要影响。河川径流是西北干旱区水资源的重要组成部分，占水资源总量的比例超过 85%[11]。西北内陆河流域山区的降水约有 25%～40% 可形成河水、泉水和湖水，并与冰雪融水径流汇合成为河流的补给源，同时还受山区河谷及沼泽的调节出流，成为人类直接开发利用的地表淡水资源[12]。地表径流主要发生在人口稀少的山区，山溪径流从河源到出山口沿程增加。据统计中国西北内陆区每年向平原地区输送的地表径流约 1500 亿 m³。流入平原的河水，非但得不到供给，而且受山前平原水文地质条件影响大量入渗，河水沿途还要供植物吸收和人类引用消耗，不断减少[13]。而西北内陆河流域平原地区的河水渗漏与降水入渗，还形成平原地区的地下径流。

5. 入渗

入渗是西北内陆水循环的重要组成部分。在西北内陆河流域的平原区，渗入地下的一部分地表水和降水，进入内陆盆地的地下水循环，并经历多次地表水和地下水转化[14]。在该流域的山区，大部分降水和坡面径流转化成土壤水，可直接满足植物生长，部分渗入地下，形成山坡壤中流，并汇流进入河谷和山间盆地，成为山区地下水；还有少量水可以进入基岩形成裂隙水，进入深层地下水循环[15]。大部分山区地下水沿山溪出流，作为河流径流的重要补给成分，构成河川径流的基流部分，随河水流出山口。在山前平原，山前的侧向径流包括河谷潜流和平原地区的降水入渗补给，形成平原地区不与地表水入渗重复计算的地下水资源，约计有 100 亿 m³[16]。在平原地区地下水，除侧向径流、河谷潜流和降水入渗外，还有河道、水库、渠道、湖泊、农田灌溉与排水入渗，形成由地表水转化而来的地下水补给，与上述山前侧向径流、河谷潜流和平原降水入渗补给的地下水，构成平原地区的地下水径流，作为在内陆盆地里受调节的宝贵地下水资源[17]。

6. 蒸发蒸腾

蒸发是内陆水循环中最重要的过程。通过水面、地下水和地表蒸发，可使大量的水分散失在开敞的大气水循环中。植物根系可从土壤中吸收水分，通过蒸腾汽化大量水分，每公顷林地或农田可蒸腾水量 20～50t/年[18]。这种蒸发蒸腾损失在西北内陆地区占到总降水量的 80% 以上，因此也是西北内陆生态系统中水循环积极的因素。西北内陆河流域的山区通过蒸发和林草植被蒸腾散失水量约占降水量的 60%，约有 2400 亿 m³，而平原蒸发蒸腾的水量达 2700 亿 m³[19]。

12.1.2 内陆河流域水循环特征及调控机理

1. 水循环特征

内陆水循环与外流河流入海洋的陆地大循环相比，除了形成一个个封闭的盆地水循环系统外，按照内陆河流域气候、地貌地质特点，有着不同于外流河流域的水循环规律：即在内陆盆地的周围中、高山区，成为内陆河流域或水系的水资源形成区。而在山前平原强烈地进行地表水与地下水转化[20]，经过河流的冲积平原、人工绿洲建设形成水循环的二元结构，最后汇注下游内陆河和尾闾湖，或潜行地下进入荒漠地区，维持着脆弱荒漠生态系统的微弱生命，使广阔的平原成为内陆河流域的径流性水资源散失区。而且，在封闭的内陆盆地里，以地表水系为脉络，接受稀少的降水补给，形成地下的径流、运行、排泄、消耗、开采利用等独特的封闭的地下水水文循环系统。最后，地下径流逐渐停滞，或储蓄于地下水盆地底部凹陷处，或通过地下水含水层与土壤水之间的水分交换，以地表生态耗水和植物蒸发蒸腾垂直散失于空中，并与内陆盆地生态维持着微妙的水热平衡。

(1) 山地水资源形成区。 在内陆河上游山区，虽然位于大陆腹地，但是由于海拔较高和地形切割，一方面受纵列的高山拦截大气环流或从海洋上远距离输送来的水汽，取得较多的水汽源，形成降水；另一方面由于气候寒冷，常年处于零度以下，水资源多呈固态降水，所以高山发育着冰川和永久积雪，每年春季开始积雪由低山向高山融化，形成季节积雪融水径流。需要指出的是内陆河上游山区既是山区径流形成区，也是水量消耗的重要区。控制山区径流的是降水、蒸发和地表径流的转化，从山区的降水—径流分析，降水除形成径流外，还要满足山地灌木、森林和草场植被生长的需水，这是靠天然植物的截留、溅落、入渗土壤、坡面径流、壤中流和土壤水维持的山地生态系统，其余的水量消耗于山区蒸发。

(2) 平原人工绿洲水资源利用消耗区。 径流流经出山口后，受山前倾斜地面和河流洪积冲积的卵砾石层影响，地表水随即大量入渗地下，经历地表水与地下水的转换。平原区也有降水，但仅有少量入渗补给地下水，一般降水不能形成地表径流。河流流入盆地途经冲洪积扇缘，流入冲积平原，通过建成的蓄水水库和引流渠道工程，将大部分河水引流入绿洲，用于人工灌溉绿洲建设，已成为内陆河流域改善自然、庇荫人类生存的乐园，实现了天然绿洲向人工绿洲的转变。田、渠、路、林和村庄林立，成为干旱地区夹杂在戈壁与沙漠荒原上的亮丽风景线。

(3) 平原荒漠绿洲水资源消耗散失区。 流进盆地的河流径流和地下水大部分支撑着人类活动最强烈的人工生态系统；在河流下游和人工绿洲的周边地区，属于地表径流和地下径流的排泄、积累和蒸发散失区，水资源支撑着天然绿洲、内陆湖泊水域和低湿滩地生态系统；在天然绿洲外围及下游广大的荒漠地区，属于水分严重稀缺的无流区，依靠着极为有限的降水和大气凝结水，支撑着脆弱的荒漠生态系统。

(4) 封闭盆地地下水系统。 在内陆河流域，由山区形成的水资源，以河川径流形式流出山口，随即进入平原地下水盆地，形成流域水资源的封闭盆地地下水系统。由于内陆盆地在气候、地质构造、水文地质及生态分布、水循环转化等方面具有相似性[20-22]，最终形成了具有鲜明特色的两类内陆盆地地下水系统，即为塔里木、准噶尔、柴达木等大型盆地的地下水系统和河西走廊等梯级盆地的地下水系统。

2. 水循环对生态演变的作用机制

西北"水三线"地区大多数河流沿程较短，出山口之前是径流的形成区，几乎形成了90%以上的地表径流量，出山口以下是径流的耗散区，也是西北"水三线"地区绿洲生态系统的主要形成区。由于蒸发强烈、降水稀少，该区域生态环境相对较为脆弱。西北"水三线"地区一直以来"有水为绿洲，无水为荒漠"，水循环过程决定了生态系统的圈层结构。对一个流域来说"山区—绿洲—荒漠"是完整的水循环过程，绿洲水循环强烈的人为作用与荒漠水循环自然衰竭变化是一个自上而下响应且敏感的单向过程（图 12-2）。

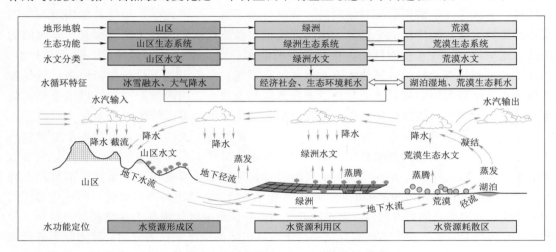

图 12-2　干旱区内陆河流域水循环转化示意图

（1）水循环的产流区。多以山地生态系统为主，产流区丰富的降水量决定了山地生态系统植被（草原和草甸植被）的等级和盖度相对较高，反过来山地生态系统的植被发育状况和下垫面性质又影响着水循环中水分的涵养和径流的调节，使更多的水分、养分、泥沙和无机盐类等向平原荒漠输送。山地生态系统是整个生态系统的根，支撑着平原绿洲生态系统的发展。因此，它是维持西北干旱区生态平衡的基础，但山地生态系统主要为地带性植被，所需水源以山前自然降雨为主，从水资源配置角度水源具有不可控性。

（2）水循环的径流消耗和强烈转化区。以人工绿洲生态系统为主，生态系统组成主要有人工水域（水库、灌排渠系）、农田生态系统、人工林草等，这也是社会侧支水循环的重要组成部分，该区域是在天然绿洲或者荒漠的基础上由人类改造而来，通过改变土壤、植被、水文、气候、地形特征和荒漠水热环境不相匹配的现象，使其更富有再生产性。对荒漠生态系统而言，人工绿洲生态系统的建立是一种优化，但对于天然生态系统而言人工绿洲生态系统抗风沙、盐碱和干旱能力差，所需水源主要通过控制径流和灌溉等措施获得，水源具有强可控性。因此，人工侧支水循环不合理的开发利用将导致生态失衡现象加剧。

（3）水循环的径流排泄、积蓄及蒸散区。以河谷低地乔灌草、天然水域和湿地组成的天然生态系统为主，该区域不依赖天然降水，伴河而生，随水分条件的变化而变化，主要依靠洪水和地下水维持生命，地下水埋深的高低决定了植被盖度的大小，植被等级和盖度沿河流两岸中心依次由高到低演变；反之，植被的结构和盖度又决定了水循环的排泄、积蓄和耗散能力。天然生态系统是处于人工生态系统和荒漠之间的过渡地带，自适性强（植被抗风沙、盐碱和干旱能力强），作为人工绿洲生态系统的重要生态屏障，阻挡了荒漠系统的风沙侵袭。

（4）水循环末端的少流或无水区。少量的降雨也被转化为无效蒸发，水资源条件不足以维持最低限度的植被生长需求，因此，该地区是以沙质、盐质、砾质和土质为主的地带性生态系统，占据了西北"水三线"地区大片面积，在自然水循环中该地区属于径流的消失区。

（5）人工绿洲与自然绿洲的竞争性用水特征。灌溉农业的迅猛发展，把大量的水截流在位于上游的人工绿洲内，一方面造成"渠库结构"组成的人工水系不断膨胀，另一方面造成"河湖结构"组成的天然水系急剧萎缩。人工绿洲建立和发展是通过：人工渠道代替天然河流—人工水库代替自然湖泊—人工耕作土壤代替自然土壤—人工栽培植被代替自然植被—人工生态代替自然生态，最后形成以人工水系为支撑，以栽培植物为主体，包括由农田、人工林、人工饲养畜禽和乡村聚落耦合在一起的人工绿洲生态系统。荒漠化扩大和发展是经由：地表径流减少、河流断流、湖泊干涸、地下水位下降、丧失河流健康生命—耕地次生盐碱化、过度放牧、樵采开垦—荒漠植被衰败枯死，土地荒漠化加剧—地面失去保护，风力蚀积加强，造成荒漠化扩大。由此可见，水资源是联系各生态系统之间的关键和限制性因子，人类开发利用水资源，必然改变水资源的时空分布，从而使生态环境发生相应变化。在干旱区内陆河流域，人工绿洲建立和发展与荒漠化扩大和发展，呈现两种相反方向的环境演变模式，绿洲化和荒漠化是两大并存的环境变化趋势。因此，科学把控，合理协调人工绿洲与自然绿洲两大竞争性用水户的矛盾，是旱区可持续发展的重大命题。

综上所述，水循环全过程对其伴生的各生态系统起到了相互依存和相互制约的纽带作用，水循环过程中水资源的空间分布、水资源量的大小和地下水位的高低变化都决定着生态系统结构的变化。

3. 水循环对生态演变的驱动影响

从水资源配置角度，水循环对生态系统的影响以社会水循环对生态演变的驱动为主，社会水循环的增强使河道外引水过度、地下水高强度开发利用（超采），导致人工绿洲生态和荒漠生态系统的扩大、天然绿洲生态系统的萎缩（河流流程缩短、湖泊干涸、湿地退化、植被枯萎），表现出以土壤次生盐渍化、沼泽化和荒漠化等为特征的生态失衡问题。可以说，社会水循环的增强对西北"水三线"地区生态失衡问题起到了决定性作用。

水循环对干旱区生态系统演变的驱动作用，主要体现在人类对水资源的开发利用使得社会水循环通量递增和自然水循环通量递减、水资源从天然绿洲消耗为主向人工绿洲消耗为主的递阶式演变，生态系统呈现出人工绿洲生态系统持续扩张和天然绿洲生态系统不断萎缩"此消彼长"式演变过程，并逐渐趋于准稳定状态。现代的水资源开发利用已形成了人工绿洲水循环二元结构[23-25]。在干旱地区，人类开发利用水资源建设人工绿洲，在河道上筑坝拦水、修建水库蓄水、在两岸开渠引水，以致形成当今中游地区的河道渠化，改变了水流与河道、积水湖泊的关系，同时改变了地表水与地下水的转化路径，也改变了原有的地下水所赋存环境。在流域内天然水循环的框架下，形成了取水—输水—用水—排水—回归等环节构成的地表水流侧支循环；在绿洲里人工开采地下水，采用引流泉水、打井提水，甚至回补或截引地下含水层，也构成地下水流的侧支循环（图 12-3）。

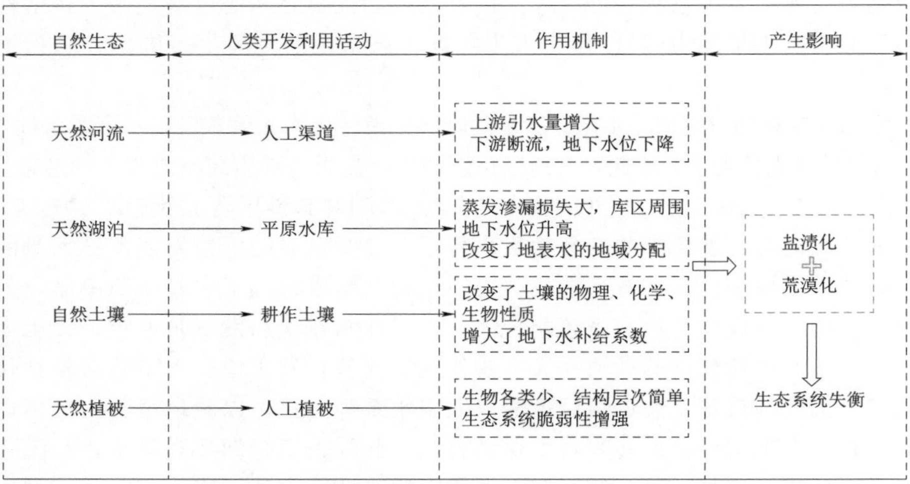

图 12-3　水循环对生态演变驱动作用关系框图

（1）人工渠道代替天然河道。人类通过修建引水枢纽和配套的干、支、斗、农渠系形成网状水系，使水资源的可控性增强，利用效益大大提升，但是由于渠系的蒸发渗漏损失增强使上游地下水位抬升，土壤产生盐渍化，下游河流断流，地下水位下降，植被衰败，土壤产生荒漠化现象。

（2）平原水库代替天然湖泊。"水三线"地区降水稀少，蒸发量大，平原水库的大量修建，改变了上下游径流的地域分布，致使上游农田大量引水，造成下游土壤盐渍化，河流下游尾闾断流干涸。如红崖山水库替代青土湖。

（3）耕作土壤代替自然土壤。大规模的水土资源开发（灌溉、排水、耕作、种植和施肥等过程）逐渐改变了自然土壤的物理、化学和生物性质，增强了土壤吸水能力和侵蚀力，易产生水土流失和荒漠化，且部分灌区的只灌不排模式增加了土壤中的盐分含量。

（4）人工植被代替天然植被。人工生态系统以灌溉为主要条件，使水资源、土地资源、气候、生物等自然条件重新分配，以利于人类发展，但人工绿洲生态系统相对天然生态系统而言，生物种类少，结构层次简单，系统自我调节能力差，受灌溉条件影响大，水多产生盐渍化，水少产生荒漠化现象严重。

（5）下游生态破坏。根据内陆河流域的陆地水循环特点，下游成为受中上游水资源开发影响的最严重地区。由于上中游拦截和大量耗水，使下游河道逐步成为季节性流水，乃至完全干枯断流；并使内陆河尾闾湖水量锐减，甚至干涸，这也就改变了流域内水量的区域再分配。同时因绿洲灌溉和土地开发打破原有土壤的盐分平衡，加上灌溉回归水的影响，使下游地区水质盐化、土壤盐碱化；由于减少了河道行水，干枯河床遭受风沙侵袭，造成风蚀积沙。与此同时，下游地区因受植被和蒸发耗水影响，失去水分平衡；或者人为维持植被和绿洲生存，迫使开采地下水；结果都使内陆河末端得不到上游来水补给，造成地下水位持续下降，使区域性植被衰亡，引起下游天然绿洲生态系统急剧退化。在全球变暖背景下，还助长了局地升温，增加了蒸发潜能，加剧干燥，使得水分消耗更快，致使内陆河下游水资源逐渐枯竭，并陷入恶性循环。这些过程上世纪末已经在黑河下游的额济纳绿洲至居延海、塔里木河下游绿色走廊至罗布泊、石羊河下游民勤绿洲至青土湖等地有所经历。在国际上，中亚地区的阿姆河下游至咸海地区也经历了类似过程，造成了重大的国际性生态危机。为此，中国在本世纪初，果断采取举措对黑河、塔里木河和石羊河等典型流域进行生态环境综合治理，以增加对下游生态输水，来挽救已濒临毁灭的下游生态系统，并逐步恢复受损的河流水系统和盆地地下水系统。

12.1.3 内陆河流域水循环调控模式

1. 内陆河流域水资源开发利用合理阈值

在干旱区，由水资源过度开发利用而引起的生态环境问题十分普遍，水危机和生态环境恶化引起的社会经济可持续发展问题，已成为全世界普遍关注的热点。对于一个内陆河流域，究竟经济社会系统能用多少水？给河流生态系统应该留多少水？既要保护生态环境，又能加速社会经济发展，走出贫困，摆脱水—生态—经济系统的恶性循环，是亟待解决的现实难题。

(1) 国际上水资源开发利用合理阈值研究。目前，国际上公认的流域地表水合理开发利用率为30%，并以40%作为警戒线，如果一个国家的水资源开发利用率超过40%，人类与自然的和谐关系就将会遭到破坏[26]。Tennant[27]在研究了美国西部19条河流后，得出以下结论：在50%来水频率下维持河道60%的流量，可为大多数水生生物在主要生长期提供优良至极好的栖息条件；而保持30%～50%的流量，可提供良好和一般的栖息条件；而在50%来水频率下保持河道流量为来水的10%（即90%为河道外耗水），是大多数水生生物在全年生存的最小径流量。

(2) 国内七大江河水资源开发利用合理阈值研究。王西琴等[28]研究认为：松花江、辽河、海河、黄河、淮河、长江、珠江七大河流，如果仅从量的角度考察，水资源开发利用率阈值应分别界于57%～89%之间，如果从水量与水质相结合的角度综合考察，七大河流的水资源开发利用率的阈值分别是34%、38%、45%、36%、38%、31%、32%。说明，目前我国水资源开发利用率的阈值主要受水质的约束。除松花江、长江、珠江等3条河流的水资源开发利用率在其阈值范围内之外，其他4条河流的开发利用率均超过了允许开发利用率。何海等[29]研究认为：太湖流域水资源开发利用率的阈值为53.1%。沈珍瑶[30]、李春晖等[31]研究认为：不考虑或考虑污染，黄河水资源开发利用率的阈值分别为51%和40%。

(3) 内陆干旱区水资源开发利用合理阈值研究。人工绿洲扩大的同时，伴随的是天然绿洲因水源减少而萎缩，甚至部分沙漠化，因此水资源开发利用合理阈值的确定尤为重要。一方面要防止无节制、掠夺性地开发利用，造成生态环境不可控、不可逆的毁灭性破坏；另一方面也要防止把生态平衡看成静止不变的，平衡是相对的，而发展变化是绝对的。在阈值范围内进行保护性开发，也是贫困地区经济社会发展之必需。钱正英等专家学者研究认为[32]："在西北内陆干旱区，生态环境和社会经济系统的耗水以各占50%为宜"、"按社会经济平均耗水率为用水量的70%折算，今后内陆河流的最高开发利用率应不超过70%"。这正是本研究提出水资源"三七调控，五五分账"模式的主要理论依据（图12-4）。

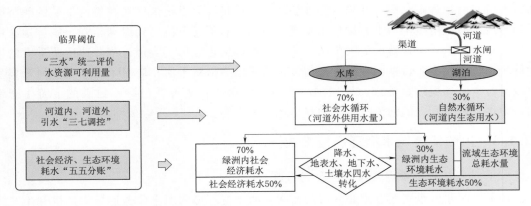

图 12-4　水资源"三七调控，五五分账"调控模式示意图

2. 西北内陆河流域水循环调控理论、内涵与原则

(1) "生态中性"的经济发展调控模式。 所谓"生态中性"就是遵循生态学规律和经济规律，在不影响生态系统稳定性的前提下保持较高的经济增长水平，以满足人民日益增长的对美好生活需要的经济体系。即：使人类经济活动的生态影响最小化，达到对生态系统的结构和功能不造成损害（或虽有损害，但短期内可以及时修复）而不影响生态系统的长期稳定性的程度[33]。具体要求如下：

1) 矿物资源开采的生态影响控制在可修复的水平。矿产资源的开采不可避免地减少资源总量，并造成局地生态破坏，要通过开采技术的改进和开采规模的控制，使矿物资源开采对生态的损害最小化；并通过矿物资源的循环利用，减少矿物资源总量的消耗；通过及时的生态修复，使局地生态系统能够恢复原有生态功能。

2) 生物资源利用控制在可再生的水平。对各种生物资源的利用要控制在该资源的"可持续收获曲线"以下，使各类生物资源的存量不减少，结构不发生大的改变，不损害生物多样性。

3) 废弃物排放控制在环境可吸收、可自净的水平。生产活动和消费活动产生的废弃物首先要得到最大化循环利用和安全处置，剩下的最终排放到环境空间的污染物和温室气体要控制在环境能够吸收、能够自净的范围之内。

"生态中性"经济增长的关键是生态经济效益最大化。一方面，通过产业生态化，提高资源环境的生态经济效率，以最小的资源消耗和环境污染创造最大的经济效益和最多的物质财富；另一方面，通过加大生态资本投入，增加生态资本存量，如植树造林、生态保护修复，扩大生态系统服务功能，开发生态产品，使生态产品和服务的供给创造自身的需求，创造经济价值。也就是通过生态产业化达到生态经济效益最大化，实现"绿水青山就是金山银山"。有学者指出："产业生态化和生态产业化，如同一枚硬币的两面，是生态经济体系不可或缺的两大部分。"

经济增长是解决就业、消除贫困和提高国家综合实力的不可或缺的重要手段，"零增长"在现实中是任何一个国家的政府和公众都难以接受的选项。我国西部地区扶贫攻坚和促进就业等任务十分艰巨，"发展不平衡不充分"的问题还将长期存在，"稳增长"也将是我国政府长期的政策目标，"零增长""低增长"不应该也不可能成为我国构建生态经济体系的目标。"生态中性"经济增长的经济体系，不回避经济增长问题，并且明确提出构建生态经济体系的落脚点就是保持一个较高水平的经济增长。但也不是放任经济增长，不是过去许多地方出现的不顾一切、不惜代价的"增长狂躁症"，是较高且适度水平的增长，并且施加了一个前提条件——"生态中性"。

（2）调控原则。适宜度原则：在一定水源条件下，上游人工绿洲扩大，下游天然绿洲则因水源减少必然收缩，这是不可避免的客观规律。因此，水资源开发利用程度应当"适度"。一方面要防止无节制地、掠夺性地开发利用水资源，造成生态恶化，破坏人类赖以生存与发展的空间和基地；另一方面要防止把生态平衡看成静止不变的，只强调保护，不主张对自然资源进行积极有效的开发利用。生态环境的适宜度，关键取决于生态因子的适宜度。在干旱区影响生态环境的关键因子是水，核心的问题是社会经济与生态环境的耗用水比例。可控性原则：在生态环境变化的必然性过程中，提高预见性，实现可控性，是流域未来科学管理的方向。适宜度是可控性的前提，只有科学合理地确定生态环境保护的目标，才能避免盲目性，实现可控性。

（3）水循环调控内涵。在保障生态环境基本用水需求的前提下，以农业高效节水为重点，调整用水结构，优化水资源配置，通过建设重大水资源调配控制性工程，构建水循环调控、水资源合理配置与高效利用的工程技术体系。应用行政与市场手段，强化需水管理和科学管理；"以水定地"，遵循水的循环规律，确定土地利用和生态保护格局；"以水定产"，根据水资源可利用量，确定土地开发规模和产业结构；"以水定城"，按照水资源承载能力确定城镇规模，按照水系统的空间结构确定城市布局，按照水循环特征确定城市建设模式。根据资源共享、高效经济、统筹协调和持续利用的原则，采取工程措施与非工程措施相结合的方法，防洪与抗旱、水量与水质、开源与节流、发电与灌溉统筹兼顾，实现水资源优化调度、合理调配、高效利用。

（4）三层级多目标调控理论。针对干旱区水循环特征及水资源的多维属性，以水问题为导向，基于水文水资源学、恢复生态学和系统工程学等基本理论，从跨流域调水与区域平衡发展、流域上中下游统筹与绿洲结构优化、水资源高效利用与绿洲生态环境保护等三个调控视角，遵循"节水优先，空间均衡，系统治理，两手发力"治水思想，建立科学的水循环调控模式，努力实现三大调控目标。即：提高区域水资源与生态环境承载力、在维护人工绿洲与天然绿洲合理结构条件下降低缺水量、提升经济社会用水效率与效益，最终实现经济与生态协调可持续发展（图12-5）。

在宏观层级，依托"国家水网"骨干工程建设，积极推进南水北调西线—西延工程，增加调水规模，扩大供水范围。同时，在已建和在建的新疆北疆供水工程、艾比湖生态工程，甘肃引洮一期、引哈济党、引大入秦，青海引大济湟，陕西引汉济渭等调水工程的基础上，近期加快推进引黄济宁工程、白龙江调水、引洮二期和新疆南疆调水工程等重大水资源配置工程建设，加快西北跨界河流开发、实施跨流域调水、提高水资源和环境承载能力，是区域水循环调控的关键举措，也是解决经济社会发展布局与水资源分布不协调矛盾的有效途径。

在中观层级，对大部分干旱区而言，单位面积耗水量人工绿洲是天然绿洲的3倍，即

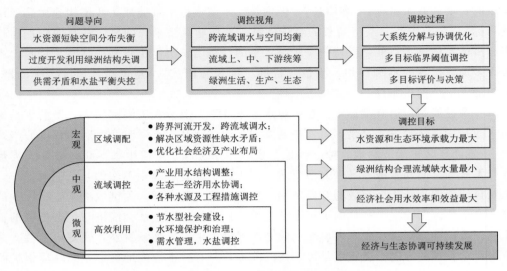

图 12-5　干旱区水循环调控理论与技术路线图

每开发 1 亩人工绿洲,将挤占 3 亩天然绿洲的生态用水。因此,保障生态用水、平衡绿洲结构,是流域水循环调控的关键环节,也是解决流域上、中、下游水资源合理调配和人工绿洲与荒漠绿洲协调发展问题的有效措施。

在微观层级,新疆农业用水不仅长期占经济社会用水的 94% 以上,且利用效率低下、灌排失调,造成 1/3 耕地盐碱化。因此,建设节水型社会尤其是大力发展高效节水农业,调控地下水位,平衡灌区水盐,优化用水结构,加强需水管理,是人工绿洲水循环调控的关键措施,也是解决用水效率和效益问题的有效手段。

3. 水循环通量"三七调控,五五分账"模式

干旱区内陆河流域地表水资源开发利用合理阈值的科学确定和严格调控,是水—生态—经济系统协调发展的重要保障。综合分析了国内外地表水资源允许开发利用率的合理阈值,并在中国工程院关于西北地区水资源配置、生态环境建设等大量研究成果的基础上,提出了"三七调控,五五分账"的水资源合理配置、调控管理模式[34],符合西北干旱区的实际情况和未来可持续发展的对水资源调控的基本要求,应当成为一种普遍认同的治水思想。

(1) 三七调控。三七调控包括两层含义:一是指内陆河流域地表水最高开发利用率应不超过 70%,即保留 30% 的河川径流量,维护流域自然水循环,供自然生态系统耗水;严格控制人工侧支水循环通量,从河口的最大引水量不能超过该断面地表径流量的 70%;二是指引入人工绿洲的水,由于利用效率和循环、转化机理等客观原因,其中 30% 的水量直接或间接转化为人工生态系统耗水,70% 直接消耗于社会经济系统,这也是维护人工绿洲生态系统的需要。两个层面的"三七调控"模式,基本确保了"五五分账"的水资源配置和实际消耗的框架格局。

(2) 五五分账。根据内陆河流域水资源的形成、转换、消耗规律及耗水平衡原理,生态环境和社会经济系统的耗水以各占 50% 为合理阈值。生态环境耗水包括两部分:一是河

流自然生态系统耗水；二是人工生态系统耗水。在人工生态系统中，由于灌区内部水资源利用效率低，在人工绿洲内形成大量的次生林草地和坑塘沼泽，主要包括林地、草地、河渠湖泊、水库坑塘、滩地沼泽、盐碱地等耗水。而人工绿洲内的各种防护林、绿化建设应包含在社会经济系统的耗水指标中。

（3）调控目标。 通过上述调控，将使干旱区自然资源得到合理开发利用，经济得到持续稳定增长，社会发展不断进步，生态环境实现良性循环，最终实现可持续发展的战略目标。

严格意义上"三七调控，五五分账"是一种宏观水资源配置和水循环调控模式，实践应用中应充分考虑各流域的实际情况，因地制宜，因河施策。对一些自然生态系统保护目标大、需水量多的河流，可视情况增加生态环境用水的比例，而对那些水量少、流程短、无尾闾湖泊、无重要环境保护目标的中小河流，也可酌情降低生态环境用水的比例。

12.2　塔里木河流域水资源过度开发利用与水循环调控

12.2.1　区域概况

1. 自然概况

（1）地理位置。 塔里木河流域位于新疆南部，是我国最大的内陆河，与吉尔吉斯斯坦、塔吉克斯坦、阿富汗、巴基斯坦、印度等国接壤，流域总面积 102.7 万 km^2，其中国内面积 100.23 万 km^2。流域行政区涉及南疆阿克苏地区、喀什地区、和田地区、克孜勒苏柯尔克孜州和巴音郭楞蒙古自治州等五地州，是新疆境内跨地州最多的流域。

（2）地形地貌。 流域内高山、盆地相间，形成极为复杂多样的地貌特征，可分为高原山区、山前平原和沙漠区三大地貌单元。其中山地占 47%，平原区占 20%，沙漠面积占 33%。流域地处天山地槽与塔里木地台之间的山前凹陷区，其地形地貌主要表现出塔里木盆地的环状地貌特征，地势西高东低、北高南低，平均海拔 1000.00m 左右。流域除东部较低外，其他各山系海拔均在 4000.00m 以上，天山西部、帕米尔高原、喀喇昆仑山和昆仑山有许多海拔在 6000.00m 以上的高峰。盆地和平原地势起伏和缓，盆地边缘绿洲海拔为 1200.00m，盆地中心海拔 900.00m 左右，最低处为罗布泊，海拔为 762.00m。高原山区是塔里木河源流的径流形成区，山前平原是水资源的主要利用与消耗区。

（3）河流水系。 塔里木河流域由阿克苏河、喀什噶尔河、叶尔羌河、和田河、开—孔河、迪那河、渭干—库车河、克里雅河和车尔臣河等九大水系的 144 条河流组成，其中阿克苏河、叶尔羌河、喀什噶尔河为国际跨界河流。本节在《塔里木河近期综合治理》确定的"四源一干"的基础上，将治理范围扩大到《塔里木河综合治理二期工程总体方案》的"六源一干"即阿克苏河、叶尔羌河、和田河、开—孔河、车尔臣河、渭干河及塔河干流。

（4）气候特征。 流域降水量总趋势是山区大于平原，北部大于南部，西部大于东部，降水量随高度的升高而增多。多年平均年降水深 111.1mm，其中源流山区为 200～

500mm，盆地边缘为 50～80mm，东南缘为 20～30mm，盆地中心约 10mm。流域蒸发量的变化趋势与降水量相反，随高程的上升逐渐减少，全流域水面蒸发量 1125～1600mm（折算为 E601 蒸发器），其中：低山区 700～1200mm，平原区 1600～2200mm。盆地周边平均气温 10.6～11.5℃；7 月最热，月平均气温 20～30℃；1 月最冷，月平均气温 -10～-20℃。历年极端最高气温 43.6℃，历年极端最低气温 -30.9℃。

2. 社会经济概况

（1）人口及分布。塔里木河流域是一个以维吾尔族为主体的多民族聚居区，有维吾尔、汉、回、柯尔克孜、塔吉克、哈萨克、乌兹别克、藏、壮、锡伯、蒙古、朝鲜、苗、达斡尔、东乡、塔塔尔、满和土家等 18 个民族。"六源一干"涉及南疆 5 地州的 34 个县（市）和兵团 4 个师 47 个团场。2018 年总人口 822.77 万人，其中城镇人口 260.18 万人，农村人口 562.59 万人，城镇化率 31.6%，远低于 2018 年新疆城镇化率 50.9%（表12-1）。

表 12-1　　　　2018 年塔里木河流域"六源一干"社会经济主要指标统计分析表

分　区		总人口/万人	城镇人口/万人	农村人口/万人	城镇化率/%	GDP/亿元	人均GDP/万元
流域分区	阿克苏河	160.37	58.85	101.52	36.7	653.3	4.07
	叶尔羌河	266.13	70.91	195.22	26.6	510.8	1.92
	和田河	177.48	37.08	140.40	20.9	234.7	1.32
	开—孔河	110.46	68.33	42.12	61.9	988.3	8.95
	车尔臣河	7.36	2.50	4.86	33.9	25.6	3.48
	渭干河	85.46	20.08	65.39	23.5	182.5	2.14
	塔里木河干流	15.51	2.43	13.08	15.7	59.7	3.85
行政分区	地方						
	阿克苏地区	211.29	67.44	143.85	31.9	523.4	2.48
	克州	4.93	1.54	3.40	31.2	10.3	2.10
	和田地区	171.11	35.08	136.03	20.5	209.6	1.23
	喀什地区	243.64	57.73	185.91	23.7	401.7	1.65
	巴州	109.45	62.64	46.81	57.2	915	8.36
	小计	740.42	224.43	516.00	30.3	2060.1	2.78
	兵团						
	第一师	37.21	10.10	27.11	27.1	308.6	8.29
	第二师	16.61	10.62	5.99	63.9	152.4	9.18
	第三师	22.16	13.03	9.12	58.8	108.8	4.91
	第十四师	6.37	2.00	4.37	31.4	25.1	3.93
	小计	82.35	35.75	46.59	43.4	594.8	7.22
合　计		822.77	260.18	562.59	31.6	2654.9	3.23

（2）经济社会现状。近 20 年来，流域社会经济保持了快速增长，流域地区生产总值由 1998 年约 306 亿元增长到 2018 年的 3643 亿元，翻了近 4 番。"六源一干"区域 2018 年国民生产总值 2654.9 亿元，占流域的 72.9%。其中，第一产业增加值 684 亿元；第二产业

增加值 1002.2 亿元（工业增加值 687.7 亿元，建筑业增加值 314.5 亿元）；第三产业增加值 968.7 亿元，分别占国民生产总值的 25.8%、37.7% 和 36.5%。2018 年"六源一干"人均 GDP 为 3.23 万元，是全疆人均 GDP 的 62.0%，全国人均 GDP 的 49.9%。

12.2.2 水资源开发利用及存在的主要问题

1. 水资源量

据《新疆水资源第三次调查评价》相关成果分析，"六源一干"区域地表水资源量 237.10 亿 m^3，地下水资源与地表水资源不重复量为 9.95 亿 m^3，"六源一干"区域水资源 总量为 305.26 亿 m^3（表 12-2）。

表 12-2　　1956—2016 年塔里木河流域"六源一干"水资源总量统计分析表　　单位：亿 m^3

流域分区	行政分区	地表水资源量	地下水资源量与地表水资源量不重复量	水资源总量
和田河	阿克苏地区	0.00	0.05	0.05
	和田地区	47.00	1.48	48.47
	小计	47.00	1.52	48.52
叶尔羌河	阿克苏地区	0.00	0.03	0.03
	克州	1.88	0.00	1.88
	喀什地区	69.88	0.83	70.70
	和田地区	2.16	0.00	2.16
	小计	73.92	0.85	77.83
阿克苏河	阿克苏地区	23.84	2.89	26.73
	克州	7.50	0.10	7.60
	小计	31.34	2.99	89.48
渭干河	阿克苏地区	33.52	2.10	35.62
开—孔河	巴州	42.06	1.28	43.34
车尔臣河	巴州	9.27	0.97	10.24
塔里木河干流	巴州	0.00	0.07	0.07
	阿克苏地区	0.00	0.16	0.16
	小计	0.00	0.23	0.23
合　　计		237.10	9.95	305.26

注　水资源总量中含入境水量。

2. 水资源开发利用现状

(1) 水利工程现状。区域已建各类水库 88 座（含兵团），总库容 56.22 亿 m^3；各类引水 渠首 203 座，渠道总长 4.66 万 km，防渗长度 2.40 万 km，防渗率 51.5%（表 12-3）。

(2) 灌溉面积调查统计。根据统计资料，2018 年"六源一干"区域总灌溉面积 3151 万亩。根据遥感解译成果，区域总灌溉面积 4725 万亩，比统计值增多 1574 万 亩（表 12-4）。

表 12-3　　　　　　　塔里木河流域"六源一干"水利工程一览表

流域分区	渠　首		水　库		其中：大型水库	
	数量/座	设计引水能力/(m³/s)	座数/座	总库容/万 m³	座数/座	总库容/万 m³
和田河	21	550.8	18	101767	1	34730
叶尔羌河	54	1559.5	34	222905	4	158500
阿克苏河	56	425.1	11	59364	3	40800
渭干河	26	236.5	5	82860	1	72520
开—孔河	20	264.4	10	41529	1	12500
车尔臣河	5	102.0	2	7236	0	0
塔里木河干流	21	219.5	8	46543	1	16100
合　计	203	3357.8	88	562204	11	335150

表 12-4　　　　塔里木河流域 2018 年"六源一干"灌溉面积统计分析表　　　　单位：万亩

流域分区	统　计　资　料			遥　感　解　译		
	地方	兵团	合计	地方	兵团	合计
和田河	285	16	301	360	19	379
叶尔羌河	727	174	901	1080	215	1295
阿克苏河	470	390	860	701	424	1125
渭干河	389	0	389	680	0	680
开—孔河	365	112	477	693	138	831
车尔臣河	37	0	37	64	0	64
塔里木河干流	146	40	186	301	50	351
合　计	2419	732	3151	3879	846	4725

(3) 统计供用水量。根据各地州及水资源公报数据统计，2018 年区域供用水量为 215.81 亿 m³，占南疆供用水总量（311.6 亿 m³）的 69.3%。其中：农业用水占比 95.0%（表 12-5）。

表 12-5　　　　　基于统计数据的"六源一干"供用水量统计分析表　　　　单位：亿 m³

流域分区	统 计 供 水 量				统 计 用 水 量				
	地表水	地下水	其他水源	供水总量	农业	工业	生活	生态补水	用水总量
和田河	23.50	2.92	0.12	26.54	24.63	0.10	0.92	0.89	26.54
叶尔羌河	49.20	11.66	0.00	60.86	58.97	0.19	1.30	0.39	60.85
阿克苏河	48.66	2.60	0.01	51.27	49.44	0.67	0.44	0.71	51.26
渭干河	29.00	2.23	0.00	31.23	30.49	0.56	0.18	0.00	31.23
开—孔河	20.57	8.20	0.24	29.01	25.01	0.89	0.76	2.36	29.02
车尔臣河	2.35	0.43	0.00	2.78	2.65	0.02	0.02	0.09	2.78
塔里木河干流	12.86	1.24	0.04	14.14	13.81	0.07	0.06	0.19	14.13
合　计	186.14	29.28	0.41	215.83	205.00	2.50	3.68	4.63	215.81

（4）基于水量平衡计算的供用水量分析。由于遥感解译的实际灌溉面积比统计灌溉面积大 1574 万亩，采用水量平衡法推算区域实际用水为 270.8 亿 m³，超过统计值 54.99 亿 m³，增幅 25.4%（表 12-6）。

表 12-6　　　　　　**基于水量平衡的"六源一干"供用水量计算分析表**　　　　单位：亿 m³

流域分区	实际供水计算值			实际用水计算值				
	地表水	地下水	供水总量	农业	工业	生活	生态补水	用水总量
和田河	26.3	2.5	28.8	26.9	0.1	0.9	0.9	28.8
叶尔羌河	58.0	18.6	76.6	74.7	0.2	1.3	0.4	76.6
阿克苏河	52.8	10.0	62.8	61.0	0.7	0.4	0.7	62.8
渭干河	31.8	6.0	37.8	37.1	0.6	0.2	0.0	37.9
开—孔河	24.3	17.5	41.8	37.8	0.9	0.4	0.0	41.9
车尔臣河	4.9	1.5	6.4	6.3	0.0	0.0	0.1	6.4
塔里木干流	14.4	2.0	16.4	16.0	0.1	0.1	0.2	16.4
合　计	212.5	58.1	270.6	259.6	2.6	3.7	4.7	270.8

（5）水资源开发利用水平与效率分析。根据统计资料，2018 年区域人均用水量为 2780.6m³，远大于全国平均水平（432m³/人）；农业亩均用水量 650.5m³/亩；城镇人均生活用水量为 195.1L/d，农村人均生活用水量为 73.7L/d；万元 GDP 用水量 819.6m³/万元；万元工业增加值用水量 34.4m³/万元，分别是全国同期水平的 12.3 倍、0.8 倍（表 12-7）。

表 12-7　　　　**2018 年塔里木河流域"六源一干"用水水平与用水效益统计分析表**

流域分区	城镇人均生活用水量/(L/d)	农村人均生活用水量/(L/d)	人均用水量/m³	人均 GDP/(元/人)	万元 GDP 用水量/(m³/万元)	万元工业增加值用水量/(m³/万元)	农业亩均用水量（统计）/(m³/亩)	农业亩均用水量（遥感）/(m³/亩)
和田河	269.3	99.6	1533.0	12569.4	1219.6	73.7	817.3	711.1
叶尔羌河	250.0	84.3	2478.4	19577.2	1266.0	37.7	654.3	576.9
阿克苏河	135.8	33.8	3518.9	43561.6	807.8	56.3	574.9	542.1
渭干河	76.8	43.8	3566.7	29835.0	1195.5	61.2	784.1	545.7
开—孔河	195.7	77.6	2717.5	88759.0	306.2	20.6	524.1	455.5
车尔臣河	256.7	128.1	8672.8	34645.3	2503.1	85.0	722.1	977.4
塔里木河干流	189.3	32.2	12518.4	71258.0	1756.2	30.8	742.8	455.7
合　计	195.1	73.7	2780.6	33926.3	819.6	34.4	650.5	550.0

注　农业综合亩均用水量（水量平衡）＝实际用水总量/解译灌溉面积。

但据遥感解译灌溉面积与推测的实际用水量测算，现状"六源一干"区域农业综合亩均用水量（水量平衡）为 550.0m³/亩，大于全国定额（365m³/亩），具有一定节水潜力；目前区域水资源开发利用率已达到 88.6%，已处于过度开发利用状态。

3. 存在的主要问题

（1）生态用水得不到有效保障，生态安全风险极大。由于干旱少雨、水资源匮乏，流域生态环境极为脆弱，遭到破坏后恢复难度大且过程缓慢。经过近期综合治理，下游生态环境恶化的趋势得到一定缓解，但全流域土地盐渍化、生态用水短缺、生态环境脆弱等问题依旧没有得到有效解决。近 20 年来，虽然流域整体降水偏丰，但由于"扩灌"问题十分严重，生态用水被大量挤占，天然植被遭到破坏，导致局部生态失稳，生态系统的完整性遭到损害，荒漠河岸林生态系统的功能严重下降。阿克苏河、和田河和开—孔河流域平原区土地覆被指数分别下降了 13.3%、3.8% 和 3.7%。

按《水量分配方案》"丰增枯减"的原则，近 10 年来，三源流进入干流水量分别偏少 5%、12%、24%，开—孔河基本没有为塔河干流输送生态水。在来水偏丰的情况下，天然植被仍然出现退化问题，源流进入干流水量、干流主要断面下泄水量仍然难以有效保障，若不及时采取进一步的治理措施，一旦流域进入枯水期，流域本已脆弱的生态状况更为堪忧，近期治理效果也将面临得而复失的巨大风险（表 12-8）。

表 12-8　　　　塔里木河"四源流"天然来水与向干流实际输水对比分析表　　　　单位：亿 m³

河流名称	下泄水量目标	时　段								
		2001—2019 年			2008—2019 年			2011—2019 年		
		天然来水	应下泄	实际下泄	天然来水	应下泄	实际下泄	天然来水	应下泄	实际下泄
阿克苏河	34.20	86.68	40.96	33.72	81.69	36.43	33.37	81.16	35.96	34.31
叶尔羌河	3.30	83.31	5.31	2.80	84.06	5.51	4.00	81.16	5.87	5.27
和田河	9.00	49.87	15.71	11.84	51.18	16.77	12.46	52.19	17.39	14.07
阿拉尔断面	46.50	219.86	61.99	48.37	216.93	58.71	49.83	214.47	59.22	53.65
开—孔河	4.50	43.24	4.50	2.79	40.36	4.50	2.07	37.06	4.50	2.03

（2）灌溉面积得不到有效控制，严重影响流域可持续发展。 流域灌溉面积的无序扩张主要来源于三个方面的原因，一是受新疆"一黑一白"战略的驱动影响，1995 年开始实施优势资源转化战略，形成以石油、煤炭等化石能源和棉花种植、棉纺织业为重点支撑的产业布局，一度造成大量无序开垦荒地；二是受西北大开发、扶贫攻坚战略的驱动影响，2000—2010 年新疆明确提出"稳疆兴疆，富民固边"策略，在国家的大力支持下，重点水利工程、农田高效节水、农村饮水安全等基础设施建设得到加强，在"开发就是开荒"惯性思维影响下，棉花和特色林果等种植业进一步发展；三是受全国"对口援疆"驱动影响，2010 年全国 19 个省市及重点"央企"开始实施援疆工作，农业"援疆"具有投资少、见效快的特点，因此开荒垦田、建设高标准农田节水示范区、发展生态农业科技示范园等成为最普遍、最直接的"援疆"项目和"脱贫"手段。

2001 年国家批准实施的《塔里木河近期治理规划》，明确指出不再扩大灌溉面积，但由于没有很好的处理社会经济发展和生态环境保护之间的关系，致使在项目实施过程中，灌溉面积由规划实施之初的 1883 万亩扩大到了 2018 年的 2975 万亩，增加了 1092 万亩。灌溉用水量同步增加，抵消了近期治理农业节水成果和近 16 年来丰水期新增水量，更进一步挤占流域生态用水，严重影响了《近期治理规划》的实施效果。2001—2016 年"四源流"来水量比多年平均增加近 28 亿 m³，按"丰增枯减"的原则，阿拉尔断面来水并未达到下泄水量要求。

（3）水资源过度开发利用得不到有效遏制，流域水安全隐患巨大。"六源一干"实际用水量为 270.6 亿 m³，水资源开发利用程度为 88.6%。比统计用水量多 54.77 亿 m³，超出 2030 年该区"红线"用水控制指标 58.9 亿 m³，节水取得的成效已被快速增长的灌溉农业吞噬。21 世纪以来，虽然来水偏丰，但水文水资源情势仍存在巨大隐患，在气候变化的影响下，冰川退缩趋势加剧。塔里木河流域主要依靠冰川和融雪补给，20 世纪 80 年代中后期以来流域气候出现变暖趋势，气候变暖加速了冰川的消融，未来冰川和积雪的"固体水库"调节减弱，近 20 年冰川和融雪的增加使得流域来水整体连续偏丰，但来水趋势具有极大的不确定性，进入偏平或偏枯周期变化的概率增加，同时经济社会用水持续扩大，流域未来经济社会发展和生态环境修复与保护赖以持续的水资源面临严重威胁。

（4）水资源节约集约利用水平不高，用水效率和效益较低。区域人均综合用水量 2780.6m³，是全国人均用水量的 6.4 倍；农业用水占总用水量的比重高达 95%，而工业和生活用水比重不足 4%。根据遥感解译和水量平衡数据，农业综合灌溉定额为 550.0m³/亩，是全国平均值的 1.5 倍；万元 GDP 用水量为 819.6m³/万元，是全国万元 GDP 用水量的 12.3 倍，用水效益低。

灌区已建成的各类引水渠首 203 座，大型灌区干支渠等骨干渠系衬砌率只有 64%，仍然有部分输水干渠和支渠为土渠；大中型灌区续建配套不完善，部分灌区用水效率不高，高效节水灌溉率约 32%。由于渠道输水距离长、渠系建筑物老化失修、临时引水口多、计量设施不完善、监测监控设施缺乏、智能化管理水平低、蒸发渗漏损失大等原因，灌溉水利用系数仅为 0.55 左右，现状节水水平与严重缺水的流域情势极不协调，水资源利用效率相对较低。同时，农业主要为传统农业，单方农业用水产出效益不高。

12.2.3 水资源配置与水循环调控

1. 水资源供需平衡分析

（1）水资源配置原则。落实"节水优先，空间均衡，系统治理，两手发力"的新时代治水思路，以流域综合规划和水资源统一调度为依托，按照最严格水资源管理制度与生态文明建设的要求，遵循用水总量控制、生态保护优先的原则，严格控制各主要断面下泄水量，保障生态环境适宜的保护与修复用水需求，构建"山水林田湖草"生命共同体，稳步推进流域水生态文明建设。

（2）"四水四定"合理配置社会经济需水。以水资源条件为刚性约束，按照"以水定城，以水定地，以水定人，以水定产"的原则，合理规划布局流域产业发展，科学预测各业需水量，遵循总量不超红线，优先保障工业及生活用水的配置原则，制定 2035 年"六源一干"水资源配置方案（表 12-9）。其中，农业、工业、生活需水量分别为 196.73 亿 m³、10.98 亿 m³、4.51 亿 m³。

（3）供需平衡分析。基于统计灌溉面积，2035 年"六源一干"区域总缺水量为 20.90 亿 m³，根据以水定地的发展原则，需退减耕地 303.48 万亩（表 12-10）。基于遥感解译灌溉面积，区域缺水量将达到 118.26 亿 m³，其中渭干河、叶尔羌河、开—孔河、阿克苏河均存在严重的缺水问题；若要按"三条红线"用水总量控制要求，需退减灌溉面积 1796.73 万亩（表 12-11）。

表 12 - 9　　2035 年"六源一干"多年平均状况下分行业水资源配置成果表　　　单位：亿 m³

河　流	地州	供　水				需　水			
		地表水	地下水	其他	合计	农业	工业	生活	合计
阿克苏河	阿克苏	46.49	3.92	0.25	50.66	46.43	3.46	0.77	50.66
	克州	1.79	0.02	0.01	1.82	1.76	0.04	0.02	1.82
车尔臣河	巴州	2.41	0.42	0.01	2.84	2.76	0.06	0.02	2.84
和田河	和田	22.07	3.76	0.25	26.08	24.60	0.55	0.93	26.08
开—孔河	巴州	22.76	8.34	0.31	31.41	28.22	2.43	0.76	31.41
塔里木河干流	阿克苏	4.06	0.00	0.00	4.06	4.03	0.02	0.01	4.06
	巴州	6.57	0.03	0.00	6.60	6.10	0.39	0.11	6.60
渭干河	阿克苏	24.80	3.21	0.36	28.37	25.37	2.53	0.47	28.37
叶尔羌河	喀什	50.50	9.53	0.35	60.38	57.46	1.51	1.41	60.38
合　　计		181.45	29.23	1.54	212.22	196.73	10.98	4.51	212.22

表 12 - 10　　2035 年"六源一干"社会经济水资源供需预测分析表（基于统计灌溉面积）

河　流	地州	农业需水/亿 m³	工业需水/亿 m³	生活需水/亿 m³	需水总量/亿 m³	供水总量/亿 m³	缺水量/亿 m³	需退减灌溉面积/万亩
阿克苏河	阿克苏	59.09	3.46	0.78	63.33	50.67	12.66	189.05
	克州	1.74	0.04	0.02	1.80	1.82	0.00	0.00
车尔臣河	巴州	2.80	0.06	0.02	2.88	2.84	0.04	0.43
和田河	和田	25.29	0.55	0.94	26.78	26.08	0.70	8.24
开—孔河	巴州	26.60	2.43	0.76	29.79	31.42	0.00	0.00
塔里木河干流	阿克苏	6.68	0.02	0.01	6.71	4.06	2.65	36.54
	巴州	6.86	0.39	0.10	7.35	6.60	0.75	10.49
渭干河	阿克苏	23.55	2.53	0.47	26.55	28.36	0.00	0.00
叶尔羌河	喀什	61.55	1.51	1.42	64.48	60.38	4.10	58.73
合　　计		214.16	10.99	4.52	229.67	212.23	20.90	303.48

表 12 - 11　　2035 年"六源一干"社会经济水资源供需预测分析表（基于遥感解译灌溉面积）

河　流	地州	农业需水/亿 m³	工业需水/亿 m³	生活需水/亿 m³	需水总量/亿 m³	供水总量/亿 m³	缺水量/亿 m³	需退减灌溉面积/万亩
阿克苏河	阿克苏	77.50	3.46	0.78	81.74	50.67	31.07	463.83
	克州	1.74	0.04	0.02	1.80	1.82	0.00	0.00
车尔臣河	巴州	4.90	0.06	0.02	4.98	2.84	2.14	29.40
和田河	和田	29.98	0.55	0.94	31.47	26.08	5.39	64.54
开—孔河	巴州	45.96	2.43	0.76	49.15	31.42	17.73	323.78
塔里木河干流	阿克苏	12.61	0.02	0.01	12.64	4.06	8.58	118.42
	巴州	12.90	0.39	0.10	13.39	6.60	6.79	93.75
渭干河	阿克苏	41.09	2.53	0.47	44.09	28.36	15.73	260.57
叶尔羌河	喀什	88.30	1.51	1.42	91.23	60.38	30.85	442.44
合　　计		314.98	10.99	4.52	330.49	212.23	118.26	1796.73

2. 调控目标

(1) 生态保护和修复目标。巩固近期综合治理成果，河湖生态水量得到有效保障，提高生态植被覆盖率，加强"六源一干"生态廊道建设，建立良好的水生态保护和修复体系，提升生态质量和生态系统的稳定性，保障"三源流"进入干流水量多年平均达到 46.5 亿 m^3，开—孔河向塔干输水 4.5 亿 m^3（表 12 – 12）。

表 12 – 12　　塔里木河流域生态廊道保护和修复目标及主要控制指标一览表

分项	指　　标
地下水位	依据地下水开采红线指标，严格管控地下水开采量 主要生态廊道沿河两岸地下水埋深保持在 2～6m
主要断面下泄水量	阿克苏河、叶尔羌河、和田河、孔雀河多年平均分别向干流输水 34.2 亿 m^3、3.3 亿 m^3、9.0 亿 m^3、4.5 亿 m^3 大西海子多年平均下泄水量达到 3.5 亿 m^3
湖泊水面/水位	博斯腾湖水质保持Ⅲ类，水位维持在 1045.00～1047.50m 台特马湖有水到达

(2) 水资源节约集约利用。确立流域水资源刚性约束指标，增强全社会节水意识，提高用水效率，保障供水网络体系基本健全，使水资源配置格局得到优化，分区、分级建立经济社会用水"红线"。2035 年"六源一干"总用水量不超过 212 亿 m^3，地下水开采量不超过 28.9 亿 m^3，灌溉水利用系数平均不低于 0.59。万元工业增加值用水量平均不超过 28m^3/万元。

(3) 防洪减灾。工程措施与非工程措施相结合，消除水利工程安全隐患，全面强化薄弱环节建设，保障现代化防洪减灾体系基本建成，应对洪水灾害风险能力进一步提高。重要城市河段防洪标准达到 30～50 年一遇，一般城镇河段达到 20～30 年一遇，其他河段达到 10 年一遇。

3. 主要断面水量调控

综合考虑流域生态需水空间分布特征、河道水资源沿程耗散特点及主要断面下泄水量目标，基于 75% 来水条件以上保证"三条红线"经济社会配水、生态供水"丰增、平保、枯减"的调度原则，以现状保护区生态需水保障为生态输水底线，根据不同来水条件下生态可调水量相机补给生态修复需水，确定各主要断面下泄水量。

以多年平均来水频率为例（表 12 – 13），塔里木河六源流来水总量为 291.45 亿 m^3，沿程社会经济引水总量为 180.38 亿 m^3，退水量 23.12 亿 m^3，生态环境配置水量 112.36 亿 m^3。

4. 调控措施

(1) 提高供水保障能力。充分挖掘塔里木河地表水、地下水、非常规水等当地水源供水潜力。以合理开源、适度引调水为主要措施，构建塔里木河水资源配置工程格局。依托"国家水网"骨干工程建设，积极推进南水北调西线—西延工程，从金沙江、雅砻江、大渡河等河流自流调水，该工程向塔里木河调水 30 亿 m^3，构建塔里木盆地大水网，解决塔里木河资源性缺水问题。

表 12－13　　　　"六源一干"多年平均来水主要控制断面水量控制指标一览表　　　　单位：亿 m³

流域	河　段	来水量	社会经济引水量	社会经济退水量	生态环境配置水量	河道水面蒸发损失量	下泄水量
		(1)	(2)	(3)	(4)	(5)	(6)
阿克苏河	协合拉—西大桥	52.08	4.10	0.72	1.06	0.33	47.31
	沙里桂兰克—西大桥	32.95	4.42	0.77	1.05	0.49	27.76
	西大桥—拦河闸	75.06	18.77	3.28	7.27	0.78	51.53
	拦河闸下游	51.53	18.63	3.26	1.84	0.12	34.20
	小计	85.03	45.92	8.03	11.22	1.72	34.20
和田河	喀河渠首—吐直鲁克	23.24	12.56	2.20	8.08	0.51	4.29
	玉河渠首—艾格利亚	23.92	9.96	1.74	3.78	0.83	11.09
	和田河下游	15.38	0.00	0.00	4.92	1.46	9.00
	小计	47.17	22.52	3.94	16.78	2.80	9.00
叶尔羌河	卡群＋江卡—艾力克塔木	72.26	44.16	7.73	12.27	3.06	20.50
	艾力克塔木—黑尼亚孜	20.50	5.79	1.01	10.14	1.12	4.46
	黑尼亚孜下游	4.46	0.00	0.00	0.87	0.29	3.30
	小计	72.26	49.95	8.74	23.28	4.47	3.30
开—孔河	大山口—他什店	40.52	11.08	0.00	10.08	0.41	18.95
	铁门关—66 分水闸	18.95	11.68	0.00	1.08	0.43	5.76
	66 分水闸—孔雀河下游	1.26	0.00	0.00	1.15	0.11	0.00
	小计	40.52	22.76	0.00	12.31	0.95	4.50
车尔臣河	车尔臣河	8.65	3.16	0.55	3.50	0.94	1.61
渭干河	渭干河上游	37.83	7.12	0.00	2.63	0.52	27.56
	渭干河下游	27.56	18.32	0.00	8.45	0.79	0.00
	小计	37.83	25.44	0.00	11.08	1.31	0.00
塔里木河干流	阿拉尔—新其满	46.50	1.78	0.31	6.58	1.62	36.84
	新其满—英巴扎	36.84	2.66	0.47	10.17	0.81	23.68
	英巴扎—乌斯满	23.68	0.71	0.12	8.63	0.42	14.04
	乌斯满—恰拉	14.04	3.31	0.58	6.22	1.03	4.05
	恰拉—大西海子	8.55	2.17	0.38	2.60	0.66	3.50
	小计	51.00	10.63	1.86	34.20	4.54	—
合　　计		291.45	180.38	23.12	112.36	16.73	

注　(6)＝(1)－(2)＋(3)－(4)－(5)。

(2) 推进水资源节约与集约利用。 大力推进农业、工业和城市节水，创新绿洲节水技术。进行大中型灌区现代化改造，通过优化灌区范围、优化工程布局、调整种植结构、创新灌溉模式、提高管理水平等，提升灌溉水利用效率和效益。

(3) 保障流域生态用水。 压减灌溉面积，退还生态用水。通过疏浚河道等降低输水损失，提高输水效率。在多年平均来水条件下，有效保障实现近期综合治理目标：塔里木河干流阿拉尔来水量达到 46.5 亿 m^3（其中生态水量不少于 35.7 亿 m^3），开—孔河向干流输水 4.025 亿 m^3（其中生态水量不少于 2.0 亿 m^3），大西海子断面下泄生态水量 3.5 亿 m^3，水流到达台特马湖。巩固塔河下游生态改善的近期治理成效，保障源流区和干流上中游生态用水，提升近期治理成果。

（4）提升流域生态系统质量和稳定性。压减地下水超采，使得干流主要控制断面河岸 5km 范围内地下水埋深不超过 4m，沿岸林草植被得到有效保护和恢复；源流生态敏感断面保持合理地下水位，生态环境稳定向好；按照三条红线严格取用水制度，使得博斯腾湖最低水位保持在合理水位区间。通过长效治理，保障流域生态功能持续发挥。

（5）提升水资源管控水平。开展源流区水库群联合调度，建立健全水量调度管理体制机制，更新换代信息化设备，增加管控手段的多样化，提高河渠引水口闸门在线监测率和控制性枢纽工程智能控制率。

12.3　河西走廊干旱内陆区水资源开发利用与水循环调控

12.3.1　区域概况

1. 自然概况

（1）地理位置。河西走廊是指位于甘肃祁连山与马鬃山（北山）之间的狭长地带，东西长约 1000km，因位于黄河以西而得名。自古以来便是中国内地通往西域的要道，丝路西去的咽喉，也是西北边防重地。河西走廊如今多指甘肃省 14 个地州市中的武威、金昌、张掖、嘉峪关、酒泉河西五市，以及内蒙古河西内陆区，面积共计 48 万 km^2。

（2）地形地貌。河西走廊基本呈现南高北低，西高东低。自南向北依次出现南山北麓坡积带、洪积带、洪积冲积带、冲积带和北山南麓坡积带。走廊地势平缓，海拔在 1500.00m 左右。沿河冲积平原形成武威、张掖、酒泉等大片绿洲，其余地区以风力作用和干燥剥蚀作用为主，戈壁和沙漠广泛分布，尤其以嘉峪关以西戈壁面积最大。河西走廊南部为海拔 4000.00m 以上的祁连山脉，由高山和谷地组成，西宽东窄。北侧为龙首山—合黎山—马鬃山，绝大多数山峰海拔在 2000.00～2500.00m，山地地形起伏。

（3）河流水系。河西走廊以大黄山、宽台山和黑山为界分为黑河、石羊河和疏勒河 3 大水系。黑河流域面积 14.3 万 km^2，干流全长约 928km。石羊河流域面积 4.16 万 km^2，干流全长 250km。疏勒河流域面积 13.94 万 km^2，干流全长 670km（图 12-6）。

（4）气候特征。河西走廊属大陆性温带干旱气候，降水从南向北、自东向西减少，从祁连山、乌鞘岭到北部的沙漠，降水量从 400～600mm 迅速衰减到 50mm 以下。冬季降水最少，夏季降水较丰，6—9 月降水量占到全年降水量的 2/3 以上。走廊多年平均蒸发量 2200mm，其中 5—8 月蒸发量最大，年平均气温在 0～9℃之间。全年日照可达 2550～3500h，光照资源丰富。

2. 社会经济概况

（1）人口及分布。2018 年河西走廊常住人口达到 481.8 万人，其中城镇人口 241.5 万

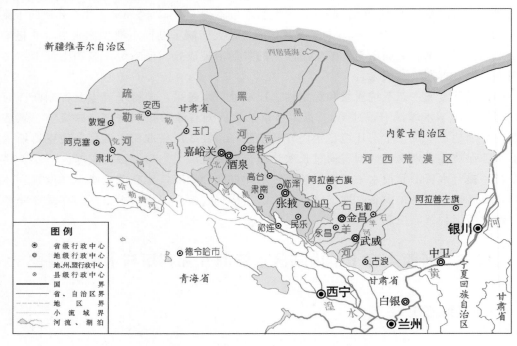

图 12-6　河西走廊经济区水系及行政区划图

人，城镇化率 50.1%。从水资源分区看，石羊河流域总人口 217.4 万人，城镇人口 95.7 万人，城镇化率 44.0%；黑河流域人口 211.3 万人，城镇人口 111.1 万人，城镇化率 52.6%；疏勒河流域总人口 53.1 万人，城镇人口 34.7 万人，城镇化率 65.4%（表 12-14）。

表 12-14　　　　　　　　2018 年河西走廊社会经济主要指标统计分析表

分区	总人口/万人	城镇人口/万人	农业人口/万人	城镇化率/%	GDP/亿元	人均 GDP/万元
黑河	211.3	111.1	100.2	52.6	847.8	4.0
石羊河	217.4	95.7	121.8	44.0	631.8	2.9
疏勒河	53.1	34.7	18.4	65.4	335	6.3
合计	481.8	241.5	240.4	50.1	1814.6	3.8

(2) 经济发展情况。2018 年河西走廊国内生产总值 1814.6 亿元，三产结构为 22∶31∶47；人均 GDP 为 3.8 万元，低于 2016 年全国平均水平 GDP（5.4 万元）。其中，疏勒河流域人均 GDP 最高，为 6.3 万元；石羊河流域人均 GDP 最低，为 2.9 万元。河西走廊光热资源充足，昼夜温差大，是重要的灌溉农业区。现状河西走廊耕地面积 1155.4 万亩，其中黑河流域耕地面积 554 万亩，占 48%；疏勒河流域耕地面积 130 万亩，占 11%；石羊河流域耕地面积 471 万亩，占 41%。

12.3.2　水资源开发利用情况及存在的主要问题

1. 水资源量

河西走廊 1956—2016 年多年平均地表水资源量 75.9 亿 m³，地下水资源量 37.3 亿 m³，地表水与地下水不重复量为 6.2 亿 m^3，以此计算多年平均水资源总量 82.1 亿 m^3。水资源空间分布不均，黑河流域水资源总量 42.1 亿 m^3，占 51%；疏勒河流域水资源总量 19.4 亿 m^3，占 24%；石羊河流域水资源总量 20.6 亿 m^3，占 25%（图 12-7）。

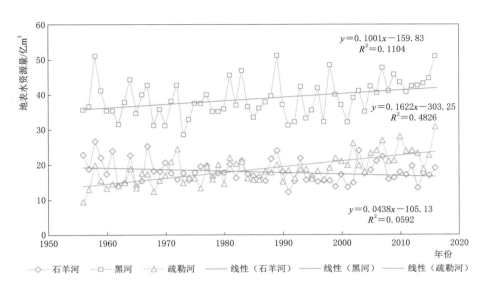

图 12-7　1956—2016 年河西内陆河地表水资源量变化趋势图

2. 水资源开发利用情况

（1）水利工程现状。黑河上游已建成水库主要包括小孤山、西流水和龙首一级 3 座水电站水库，调节能力均为日调节，设计开发的主要目标是发电。2016 年开工建设的黄藏寺水利枢纽，是国务院确定的 172 项节水供水重大水利工程之一，也是黑河流域重要的水资源配置工程、生态保护工程和扶贫开发工程，总投资 278209 万元，电站装机容量 4.9 万 kW。石羊河流域属于资源性缺水地区，为了弥补下游水资源不足问题，2012 年建成景电二期向民勤调水工程，从黄河调水。截至 2017 年 6 月，已累计向民勤输水 11.4 亿 m^3，对保障下游湖区工农业生产和生态修复起到重要作用。疏勒河流域重要的水利工程主要有双塔堡水库和党河水库，库容分别为 2.4 亿 m^3 和 2.93 亿 m^3，控制灌溉面积分别为 19 万亩和 32 万亩。

（2）现状供、用水量。现状河西走廊经济社会供水总量 85.9 亿 m^3，其中：地表水供水量 64.3 亿 m^3，占总供水量的 75%；地下水供水量 20.6 亿 m^3，占总供水量的 24%；非常规水供水量 1.0 亿 m^3，占总供水量的 1%。现状河西走廊总用水量 85.9 亿 m^3，其中：农业用水 61.5 亿 m^3，占总用水量的 71.6%；工业用水 4.4 亿 m^3，占总用水量的 5.1%；城乡生活用水 2.2 亿 m^3，占总用水量的 2.6%；人工生态与环境补水量 10.7 亿 m^3，占总用水量的 12.5%（表 12-15）。

（3）现状用水水平分析。河西走廊人均用水量 1780.2m^3，是全国水平的 4.12 倍；综合亩均灌溉定额 482.6m^3，是全国水平的 1.32 倍；工业增加值（当年价）用水量 97.5m^3/万元，是全国的 2.36 倍；GDP（当年价）用水量 472.7m^3/万元，是全国的 7 倍。总体看来，河西走廊用水水平与全国相比还有较大差距（表 12-16）。

表 12 - 15　　　　　　　　　　　　2018 年河西走廊供用水量统计分析表　　　　　　单位：亿 m³

分　区	供　水				用　水						
	地表水	地下水	其他水源	合计	生活	工业	农业	林牧渔	牲畜	生态	合计
黑河	37.2	10.4	0.7	48.3	1.1	1.8	30.8	4.5	0.4	9.8	48.3
石羊河	14.8	7.4	0.3	22.5	0.8	1.6	18.2	1.0	0.3	0.5	22.5
疏勒河	12.3	2.8	0.0	15.1	0.3	1.0	12.5	0.8	0.1	0.4	15.1
合　计	64.3	20.6	1.0	85.9	2.2	4.4	61.5	6.3	0.8	10.7	85.9

表 12 - 16　　　　　　　　　　　　2018 年河西走廊用水水平统计分析表

分　区	人均用水量 /(m³/人)	亩均灌溉定额 /m³	工业增加值（当年价）用水量 /(m³/万元)	GDP（当年价）用水量 /(m³/万元)
黑河	2287.4	486.7	102.0	570.1
石羊河	1031.5	413.7	92.0	355.0
疏勒河	2827.9	622.0	99.0	447.9
河西走廊平均	1780.2	482.6	97.5	472.7
全国水平	432.0	365.0	41.3	66.8

3. 水资源开发利用存在的问题

(1) 水资源总量短缺，开发利用程度高。从水资源总量分析，河西走廊多年平均降水量 118mm，径流深 25mm，水资源紧缺。河西走廊现状水资源的开发利用程度（供水量与水资源总量的比值）已超过 100%，其中黑河流域、石羊河流域当地水资源开发利用程度分别高达 115%、109%。

(2) 用水结构不合理，用水效益低。现状河西走廊经济社会用水 85.8 亿 m³，主要为农业用水，占总用水量的 71.6%，用水结构不合理。农业用水量大导致人均用水量高达 1780.2m³，现状万元 GDP 用水量 472.7m³/万元，是全国平均万元 GDP 用水量的 7 倍，黑河流域万元 GDP 用水量高达 570.1m³/万元，现状用水效益低。

(3) 生态用水被挤占，生态环境不断恶化。河西走廊水资源匮乏，地多水少，生态环境脆弱。由于盲目开垦，乱砍滥伐，超载过牧，经济发展用水挤占生态环境用水，导致植被退化和土地沙化，生态环境不断恶化。黑河下游狼心山断面断流时间愈来愈长，下游来水的减少，导致黑河尾闾的西、东居延海分别于 1961 年、1992 年干涸，近期治理后东居延海水面恢复；石羊河下游的青土湖也演变为沙漠，流沙厚 3~4m，严重威胁当地居民的生产条件，生态难民现象已经出现，目前主要依靠景电二期提调水，每年通过红崖山水库下泄 3000 万 m³ 生态水量维持其 26km² 湖泊湿地。

(4) 地下水超采严重。地下水大量超采，造成地下水位持续下降，形成大范围地下水降落漏斗，其中石羊河流域最为严重，区域性地下水位下降 10~20m，民勤县一些地方甚至达 30m 以上。地下水位的下降，进一步加剧了植被的退化和土地沙化的进程。

12.3.3 水资源配置与水循环调控

1. 需求预测

(1) 河道外社会经济需水预测。 按照我国生态文明建设的要求，优先满足河道外生态需水量。按照"节水优先"、建设节水型社会的要求，以可持续利用为目标，结合节水技术集成成果，分析基于节水技术与措施集成下的居民生活、工业、三产建筑业、农田灌溉等行业用水定额，在充分考虑节约用水的前提下，根据各地区的水资源开发利用条件和工程布局等众多因素，对河道外国民经济需水量进行预测。农田灌溉定额由基准年的507m³/亩下降到 2035 年的 460m³/亩，工业需水量按照每年 6％增加计算，预测 2035 年河西走廊需水量 84.82 亿 m³，其中居民生活需水量 1.86 亿 m³，工业需水量 10.24 亿 m³，三产建筑需水量 1.24 亿 m³，农业需水量 57.86 亿 m³，河道外生态需水量 9.53 亿 m³（表12－17）。

表 12－17　　　　　**2035 年河西走廊河道外社会经济需水预测分析表**　　　　单位：亿 m³

分 区	生活	工业	三产建筑业	农田灌溉	林牧需水	牲畜需水	河道外生态	需水合计
黑河	0.87	3.83	0.66	27.57	2.07	0.32	6.74	42.06
石羊河	0.78	3.96	0.38	19.00	0.72	0.25	1.96	27.05
疏勒河	0.21	2.45	0.20	11.29	0.65	0.08	0.83	15.71
合 计	1.86	10.24	1.24	57.86	3.44	0.65	9.53	84.82

(2) 河道内生态环境需水预测。 河道内生态环境需水量指维持河道一定功能所需水量。河西走廊主要为内陆河，其水资源量主要来源于上游山区，进入中下游以后，沿途消耗直至消失。内陆区生态环境用水量主要包括：①维持河流两岸生态植被所消耗的水量；②沿途蒸发渗漏损失；③维持尾闾湖泊所需要的水量。

石羊河道内生态环境需水量。综合六河水系、西大河水系、大靖河及其他水系生态环境需水量，石羊河流域生态环境需水量约为 6.47 亿 m³，占地表水资源量的 41％（表 12－18）。

表 12－18　　　　　**石羊河流域生态环境需水估算成果表**

水 系	地表水/亿 m³	生态环境需水量/亿 m³	生态环境需水百分比/％
六河水系	13.57	5.05	37
西大河水系	1.91	1.29	68
大靖河及其他水系	0.26	0.13	50
合 计	15.74	6.47	41

黑河河道内生态需水量。综合考虑东部水系、中西部水系，黑河流域天然生态环境需水量为 17.00 亿 m³，占地表水资源量的 49％（表 12－19）。

表 12－19　　　　　**黑河流域生态环境需水估算成果表**

水 系	地表水/亿 m³	生态环境需水量/亿 m³	生态环境需水百分比/％
东部水系	25.11	12.08	48
中西部水系	9.83	4.92	50
合 计	34.94	17.00	49

疏勒河河道内生态需水量。综合考虑干流、党河和其他小河生态环境需水，疏勒河流域天然生态环境需水量为 6.36 亿 m^3，占地表水资源量的 48%（表 12 - 20）。

表 12 - 20　　　　　　　　　　疏勒河流域生态环境需水估算成果表

水　系	地表水/亿 m^3	生态环境需水量/亿 m^3	生态环境需水百分比/%
干流	9.14	4.01	44
党河	3.52	1.76	50
其他小河	0.59	0.59	100
合　计	13.25	6.36	48

（3）新增后备耕地和生态移民水资源需求分析。 河西内陆干旱区可开垦土地资源丰富，扣除现有耕地、林地、水域湿地、建设用地、裸岩等面积，可作为后备耕地资源，用于农业制种基地扩大（畜牧、粮食、蔬菜制作基地）等，到 2035 年初步考虑新增 350 万亩后备耕地面积。为了减轻对源流区生态破坏，生态移民考虑将祁连山山区和甘肃其他贫困山区 20 万人搬迁到绿洲区，每人分配可开垦耕地 6 亩，共计 120 万亩。综上，新增后备耕地和生态移民共增加 470 万亩灌溉面积，2035 年灌溉水综合利用系数提高到 0.65，灌溉毛定额 460m^3/亩，灌溉需水量共计 21.99 亿 m^3。按照河西地区居民生活用水定额 140L/(人·d)，生态移民生活需水 0.11 亿 m^3，因此共计需水量 22.10 亿 m^3（表 12 - 21）。新开垦耕地要按照因地制宜，宜农则农，宜林则林，宜牧则牧的原则，扩大抗旱作物品种和高效经济作物种植面积，种植结构按照粮、经、草 32∶42∶26 的比例控制，并采用管灌、喷微灌等高效节水技术，提高灌溉水利用系数。

表 12 - 21　　　　　　　河西走廊新增后备耕地和生态移民水资源需求预测分析表

分　区	新增后备耕地面积/万亩	生态移民人口数量/万人	生态移民耕地面积/万亩	生态移民生活需水/亿 m^3	灌溉净定额/(m³/亩)	灌溉毛定额/(m³/亩)	灌溉水利用系数	灌溉需水量/亿 m^3	灌溉和生活需水量合计/亿 m^3
黑河	150	10	60	0.05	293	450	0.65	9.45	9.50
石羊河	100	5	30	0.03	289	445	0.65	5.78	5.80
疏勒河	100	5	30	0.03	338	520	0.65	6.76	6.80
合　计	350	20	120	0.11	299	460	0.65	21.99	22.10

2. 供需平衡分析

（1）河道外供需平衡分析。 2035 年不增加外调水情景下河西走廊总供水量 76.96 亿 m^3，供水量中地表水供水量 54.18 亿 m^3，地下水供水量 15.51 亿 m^3，非常规水供水量 5.27 亿 m^3。考虑 2035 年河道外用水需求，河西走廊缺水量 7.87 亿 m^3，缺水率 10%（表 12 - 22）。

（2）河道内生态需水供需平衡分析。 严格按照生态环境用（耗）水比例，河西内陆区河道内生态需水目标 30.30 亿 m^3，河道内现状生态水量 11.60 亿 m^3，河道内生态缺水量 18.84 亿 m^3（表 12 - 23）。

表 12-22 　　　　河西走廊 2035 年社会经济发展水资源供需平衡分析表 　　　　单位：亿 m³

分　区	需水量	供　水　量					缺水量
		地表水	地下水	非常规水	外调水	总供水量	
黑河	42.06	28.89	6.71	2.27	0.00	37.87	4.18
石羊河	27.06	14.74	6.95	1.31	2.00	25.00	2.06
疏勒河	15.71	10.55	1.85	1.69	0.00	14.09	1.63
合　计	84.83	54.18	15.51	5.27	2.00	76.96	7.87

表 12-23 　　　　　　河西内陆区河道内生态需水供需平衡分析表

分　区	生态环境用（耗）水比例 /%	河道内生态需水目标 /亿 m³	河道内现状生态水量 /亿 m³	河道内生态缺水量 /亿 m³
黑河	≥40	17.47	1.80	15.67
石羊河	≥40	6.47	3.30	3.17
疏勒河	≥50	6.36	6.50	0.00
合　计	—	30.30	11.60	18.84

（3）地下水压采水量分析。现状河西内陆河区地下水超采严重，导致该区域地下水位持续下降，天然生态退化、土地沙化等生态环境问题。结合当地地下水开发利用情况和地下水管控目标，河西内陆区需压采地下水 5.09 亿 m³（表 12-24）。

表 12-24 　　　　　　河西走廊地下水压采水量分析表 　　　　单位：亿 m³

分　区	地下水开采量目标	地下水供水量	地下水压采水量
黑河	6.71	10.40	3.69
石羊河	6.95	7.40	0.45
疏勒河	1.85	2.80	0.95
合　　计	15.51	20.60	5.09

结合考虑河道外经济社会和生态环境缺水量 7.87 亿 m³，河道内生态缺水量 18.84 亿 m³，地下水压采水量 5.09 亿 m³，并考虑新增耕地灌溉和生态移民用水需求 22.10 亿 m³，河西走廊缺水量共计 53.90 亿 m³。

3. 调控目标

充分协调好水资源、经济社会与生态环境的格局匹配，确立流域水资源刚性约束指标，增强社会节水意识，提高用水效率，水资源配置格局得到优化，河湖生态水量得到有效保障。水资源调控目标应确保河西走廊河湖畅通，地表水系稳定；采补平衡，地下水稳定；绿洲不萎缩，生态系统稳定；污染不超标，河流水质稳定。基于以上原则河西走廊水资源调控目标为生态环境用（耗）水比例大于等于 40%，地下水开采量控制在 15.51 亿 m³，河道内生态需水量控制在 30.30 亿 m³，万元工业增加值用水量较现状下降 10% 以上（表 12-25）。

表 12 - 25　　　　　　　　　　河西走廊水资源调控目标一览表

分　区	生态环境 用（耗）水比例/%	地下水开采量 /亿 m³	河道内生态需水量 /亿 m³	万元工业增加值用水量 较现状下降/%
黑河	≥40	6.71	17.47	15
石羊河	≥40	6.95	6.47	10
疏勒河	≥50	1.85	6.36	30
合　计	≥40	15.51	30.30	—

4. 调控措施

(1) 提高供水保障能力。 充分挖掘河西走廊地表水、地下水、非常规水等当地水源供水潜力。以合理开源、适度引调水为主要措施，构建河西走廊水资源配置工程格局。依托"国家水网"骨干工程建设，积极推进南水北调西线—西延工程，从金沙江、雅砻江、大渡河等河流自流调水，通过该工程向河西走廊调水 50 亿 m³，解决河西走廊资源性缺水问题。

(2) 合理开发地下水。 地下水开采遵循开发和保护相结合的原则：对石羊河流域严重超采区逐步退还深层地下水开采量和平原区浅层地下水超采量；在尚有地下水开采潜力的黑河、疏勒河等地区以可开采量为上限，适度增加地下水开采量；山丘区地下水开采量基本维持现状水平。

(3) 河流主要断面水量调控目标。 综合考虑流域生态需水空间分布特征、河道水资源沿程耗散特点及主要断面下泄水量目标，以生态需水保障为生态输水底线，根据不同来水条件下生态可调水量相机补给生态修复用水。

(4) 河西走廊生态保护。 对河西走廊实施生态保护和修复，严格落实取用水管控制度，加强生态跟踪监测，逐步退还被挤占的河道内生态用水和超采的地下水。明确重大调水工程控制断面、河西走廊三大河流尾闾湿地等重要生态敏感区的生态流量（水量）目标，强化流域水资源统一调度与管理，切实保障河流生态用水要求（表 12 - 26）。

表 12 - 26　　　　　河西走廊主要河流控制断面水量控制指标一览表　　　　　单位：亿 m³

分　区	水　系	下　泄　水　量
黑河	东部水系	12.08
	中西部水系	4.92
	合计	17.00
石羊河	六河系统	5.05
	西大河水系	1.29
	大靖河及其他	0.13
	合计	6.47
疏勒河	干流	4.01
	党河	1.76
	其他小河	0.59
	合计	6.36

12.4　柴达木盆地水资源开发利用与水循环调控

12.4.1　区域概况

1.自然概况

(1) 地理位置。柴达木盆地为青藏高原东北部边缘的一个巨大山间盆地，为我国四大盆地之一。盆地略呈三角形，向北西西—南东东方向延伸，西北、东北和南面分别被阿尔金山、祁连山和昆仑山所环绕，为一封闭的内陆盆地。柴达木盆地总面积 27.8 万 km²，盆地内归海南藏族自治州管辖面积为 167km²，果洛藏族自治州管辖面积为 0.51 万 km²，玉树藏族自治州管辖面积为 1.35 万 km²，甘肃省管辖面积为 1.89 万 km²，新疆维吾尔自治区管辖面积为 1.80 万 km²，柴达木盆地境内主体为海西蒙古族藏族自治州，面积为 22.19 万 km²，占柴达木盆地总面积的 79.94%（图 12-8）。

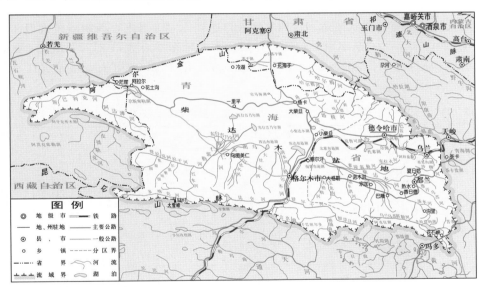

图 12-8　柴达木盆地水系及行政区划图（本研究范围不包括青海湖）

(2) 地形地貌。柴达木盆地是一构造陷落盆地。周围的阿尔金山、祁连山和昆仑山的褶皱或断块上升与盆底相对下陷，是形成盆地的决定性因素，也是形成盆地现代自然景观特征的重要条件。柴达木盆地地形在平面上呈现北西西—南东东走向；地貌复杂多样，垂直分异明显。盆地内部北侧连续分布着赛什腾山、绿梁山、锡铁山和沙克利山等小型山丘，将盆地北部分割成一连串小型山间盆地。从盆地四周边缘到盆地中心依次为高山、戈壁、固定半固定沙丘和风蚀丘陵、细土平原带、沼泽、盐沼、湖泊等地貌类型。盆地南部为山前洪积平原，有一条东西漫长的戈壁带，其上有大面积沙丘分布。盆地西部风力强劲，形成以剥蚀作用占优势的丘陵区，"雅丹"地形分布很广。盆地中部和南部为湖积冲积平原，多为盐湖和盐水沼泽。

（3）河流水系。柴达木盆地有大小河流 160 余条，常年有水的河流有 80 余条，其中集水面积 500km² 以上的中小型河流 40 余条，主要有那棱格勒河、格尔木河、香日德河、布哈河等，那棱格勒河为内陆河中最大的河流。多年平均径流量超过 1 亿 m³ 的外流河有通天河，内陆河有那棱格勒河、柴达木河、格尔木河、鱼卡河、哈尔腾河、巴音河、诺木洪河、塔塔棱河、察汗乌苏河、布哈河、疏勒河、党河等。

（4）气候特征。盆地气候在区域上分为干旱荒漠区和盆地四周高寒区。干旱荒漠区深居大陆腹地，海拔较低，四周高山环绕，降水稀少，气候干燥，太阳辐射强，气温较高，无霜期较短。盆地四周高寒区地势高峻、气候寒冷，海拔在 3500.00～6860.00m，年均气温在 0℃ 以下的时间长达 6 个月以上，空气干洁稀薄，日照时间较长，太阳辐射较强。整个盆地降水量稀少，多年平均降水量为 125.3mm，降水量自东南向西北递减，东南部降水多在 100～300mm，西北部降水量仅 25mm 左右。蒸发量的地区分布与降水量相反，即由东南向西北递增。盆地年日照时间普遍在 3100h 以上。盆地无霜期每年 70～120 天，山区没有绝对无霜期。盆地全年 8 级以上大风有 18～137 天，平均风速一般在 3～4m/s。

2. 社会经济概况

（1）人口及分布。现状柴达木盆地常住人口达到 52.33 万人，其中城镇人口 40.98 万人，城镇化率 78.30%。从水资源分区看，柴达木盆地东部总人口 21.27 万人，城镇人口 11.16 万人，城镇化率 52.50%；柴达木盆地西部总人口 31.06 万人，城镇人口 29.82 万人，城镇化率 96.00%（表 12-27）。

表 12-27　　　　　　　2018 年柴达木盆地社会经济主要指标统计分析表

分　区		总人口/万人	城镇人口/万人	农村人口/万人	城镇化率/%	GDP/万元	人均 GDP/万元
柴达木盆地东部	巴音河德令哈区	8.22	5.81	2.41	70.70	81.30	9.89
	都兰河希赛区	2.79	1.6	1.19	57.30	15.71	5.63
	柴达木河都兰区	10.26	3.75	6.51	36.50	42.51	4.14
	小计	21.27	11.16	10.11	52.50	139.52	6.56
柴达木盆地西部	茫崖冷湖区	5.48	5.45	0.03	99.50	68.56	12.50
	鱼卡河大小柴旦区	1.83	1.66	0.18	90.30	41.20	22.48
	那棱格勒河乌图美仁区	0.19	0.18	0.00	97.40	3.12	16.8
	格尔木区	23.56	22.53	1.03	95.60	362.76	15.4
	小计	31.06	29.82	1.24	96.00	475.64	15.31
合　计		52.33	40.98	11.35	78.30	615.16	11.76

（2）经济发展情况。柴达木盆地得天独厚的矿产资源和政策优势，形成了以石油天然气、电力、有色金属、盐化工和煤炭开采加工为主的工业体系。"十三五"期间柴达木循环经济区推进盐湖化工、油气化工、煤化工、金属冶金四大传统基础产业转型升级，培育打造新能源、新材料、新业态、特色生物、现代服务业五大新兴产业，基本建成国家循环

经济示范区、民族团结进步示范区、新能源产业示范基地。据统计，2018 年年底柴达木盆地区生产总值 615.16 亿元。其中第一产业增加值 28.86 亿元，占 GDP 的 4.7%；第二产业增加值 415.69 亿元，占 67.6%；第三产业增加值 170.62 亿元，占 27.7%。人均 GDP 为 11.76 万元/人。从三产比例看，柴达木盆地属于以工业为主导的经济格局。

12.4.2　水资源开发利用情况及存在的主要问题

1. 水资源量

根据各分区近期下垫面条件下的地表水资源量和地下水资源量评价相关成果，计算水资源四级区和行政区 1956—2016 年的水资源总量。1956—2016 年柴达木盆地多年平均水资源量 59.73 亿 m³，折合径流深 21.5mm，其中地表水资源量 53.54 亿 m³，不与地表水重复的地下水资源量 6.19 亿 m³。海西州行政区域内的柴达木盆地多年平均水资源量 44.27 亿 m³，折合径流深 20.0mm，占柴达木盆地水资源总量的 74.1%；海西州行政区域外的柴达木盆地多年平均水资源量 15.46 亿 m³，折合径流深 27.8mm，占柴达木盆地水资源总量的 25.9%。

2. 水资源开发利用情况

(1) 供水量。2018 年柴达木盆地各类水源工程总供水量为 9.81 亿 m³，其中地表水供水量 7.97 亿 m³，占总供水量的 81.3%；地下水供水量 1.72 亿 m³，全部为浅层地下水，占总供水量的 17.5%；再生水供水量 0.12 亿 m³，占总供水量的 1.2%（表 12-28）。

表 12-28　　　　　　　　　**柴达木盆地现状各类水源供水量统计分析表**　　　　　　单位：亿 m³

分　区			地表水	地下水	再生水	合计
水资源分区	柴达木盆地东部	巴音河德令哈区	1.73	0.52	0.01	2.26
		都兰河希赛区	0.63	0.01	0.00	0.64
		柴达木河都兰区	3.15	0.05	0.00	3.20
		小计	5.51	0.58	0.01	6.10
	柴达木盆地西部	茫崖冷湖区	0.00	0.21	0.00	0.21
		鱼卡河大小柴旦区	0.11	0.14	0.00	0.25
		那陵格勒河乌图美仁区	0.09	0.01	0.00	0.10
		格尔木区	2.26	0.78	0.11	3.15
		小计	2.46	1.14	0.11	3.71
合　计			7.97	1.72	0.12	9.81

(2) 用水量。2018 年各行业总用水量 98102 万 m³，其中：农业用水量 74660 万 m³，占总用水量的 76.1%，为第一用水大户；其次是工业用水量 13371 万 m³，占 13.6%；生态环境用水量 6861 万 m³，占 7.0%；居民生活用水量 2100 万 m³，占 2.1%；建筑业及第三产业用水 1110 万 m³，占 1.2%（表 12-29）。

表 12 - 29　　　　　柴达木盆地现状各行业用水量统计分析表　　　　　单位：万 m³

		分　区	居民生活	工业	建筑业及第三产业	农业	生态环境	总用水量
水资源分区	柴达木盆地东部	巴音河德令哈区	417	3354	350	12704	5814	22639
		都兰河希赛区	84	94	21	6200	7	6406
		柴达木河都兰区	275	195	51	31413	47	31981
		小计	776	3643	422	50317	5868	61026
	柴达木盆地西部	茫崖冷湖区	152	1538	51	276	130	2147
		鱼卡河大小柴旦区	67	1254	10	1147	25	2503
		那棱格勒河乌图美仁区	9	62	5	891	5	972
		格尔木区	1096	6874	622	22029	833	31454
		小计	1324	9728	688	24343	993	37076
	合　　计		2100	13371	1110	74660	6861	98102

（3）用水水平分析。结合各项用水指标对比分析来看，柴达木盆地人均用水量、万元GDP 用水量高于全国和青海省平均水平；城镇居民、农村居民、万元工业增加值用水指标高于青海省平均水平低于全国平均水平；农田灌溉、林果灌溉、草场灌溉定额高于青海省平均水平（表 12 - 30）。

表 12 - 30　　　　　　　2018 年柴达木盆地用水指标统计分析表

行政区	人均用水量/m³	万元 GDP用水量/m³	城镇居民用水指标/(L/d)	农村居民用水指标/(L/d)	万元工业增加值用水量/m³	农田灌溉定额/(m³/亩)	林果灌溉定额/(m³/亩)	草场灌溉定额/(m³/亩)
柴达木盆地	1798	155	122	67	37	701	799	377
青海省	432	91	102	64	33	483	519	250
全国	432	67	139	89	41	365		

（4）水资源开发利用程度分析。近 5 年柴达木盆地地表水平均供水量为 8.08 亿 m³，地表水资源量为 53.54 亿 m³，地表水开发利用率为 15.1%；近 5 年地下水供水量为 1.7 亿 m³，平原区地下水资源量 34.9 亿 m³，平原区浅层地下水资源开采率为 4.9%。

3. 存在的问题

柴达木盆地在我国经济发展和生态环境建设中的战略地位十分重要，近年来，随着经济社会的快速发展对水资源的需求增加，水资源供需矛盾愈加突出，水资源已成为区域发展的重要制约因素。

（1）水资源贫乏，分布不均，供需矛盾突出。柴达木盆地深居西北内陆的青藏高原，降水稀少，水资源短缺。柴达木盆地水资源总量 59.73 亿 m³，单位土面积水资源量仅 2.15 万 m³/km²，远低于全国单位国土面积水资源量 29.9 万 m³/km²，低于黄河流域单位国土面积水资源量 9.0 万 m³/km²，属水资源贫乏区。该地区目前具有灌溉调蓄作用的水库 15 座，其中只有黑石山一座中型水库。水库调节库容小，灌溉季节，上下游之间争水、抢水事件时有发生。在格尔木的德令哈地区，随着工业园区的建设，工农业争水矛盾已显现。

（2）**水资源区域分布与工农业生产布局不相匹配**。水资源丰富的那棱格勒乌图美仁区由于受生态和地理条件限制无法利用，而基础产业集中的东部德令哈、乌兰地区水资源相对缺乏。格尔木河、巴音河、察汗乌苏河、都兰河等河流现状开发利用程度较高，那棱格勒河、香日德河等水资源相对丰富的河流，由于缺乏调蓄工程不能形成有效供水。

（3）**工业生活对地下水依赖程度高，地表水具有开发利用潜力**。柴达木盆地现状工业生活主要依靠地下水，地下水占工业生活供水量的86%，工业生活对地下水依赖程度过高。然而地表水开发利用率仅为15.1%，具有较大的开发潜力，合理利用当地地表水资源对于支撑区域经济社会发展具有重要意义。

（4）**用水效率偏低，非常规水源利用不足**。柴达木盆地现状人均用水量1798m³，是全国平均水平的4.2倍，万元GDP用水量为155m³/万元，是全国平均水平的2.3倍，农田灌溉亩均用水量高达701m³，灌溉水利用系数仅为0.47，远低于全国平均水平，用水效率总体偏低。此外，2014年前该地区供水完全是常规水源，从2015年开始才有非常规水源利用，且利用量非常少。

（5）**生态环境脆弱，维持现状生态环境需水远超一般干旱区**。柴达木盆地总体上是非常脆弱的生态系统，自身的恢复能力比较差。维护其生态系统功能稳定主要有3个方面，一是以不发生沙化为目标，维护广袤的天然绿洲和干盐湖区；二是保护重点河段、重点淡水湖、咸水湖和重点盐湖，维护该区域的生物多样性；三是维护盐湖矿产资源开发所需的盐度，保障其可采性。因此，其河道内外的生态环境需水远超一般干旱区。

12.4.3　水资源配置与水循环调控

1. 需水预测

柴达木盆地需水主要分为两个部分：一是河道内生态需水；二是河道外社会经济需水。

（1）**河道内生态需水**。柴达木盆地总体上是非常脆弱的生态系统，其河道内生态环境用水量主要包括：①维持河道基本功能的生态基流，保护重点河段、重点淡水湖、咸水湖和重点盐湖，维护该区域的生物多样性；②维持河流两岸生态植被所消耗的水量；③维持尾闾湖泊所需要的水量。经测算，河道内生态需水量为38.26亿m³（表12-31）。

表12-31　　　　**2035年柴达木盆地河道内生态需水量预测分析表**　　　　单位：亿m³

四　级　区	绿洲区	盐化草甸	盐湖区	生态需水	生态需水占比
哈尔腾河苏干湖区	2.07	0.76	1.12	3.96	89%
尕斯库勒湖水系	1.18	0.52	1.35	3.05	82%
老茫崖湖水系	0.00	0.10	0.13	0.24	100%
大浪滩—风南干盐湖区	0.00	0.00	0.19	0.19	55%
察汗斯拉图—干盐湖区	0.00	0.00	0.14	0.14	100%
冷湖周边区	0.00	0.00	0.25	0.25	86%

续表

四　级　区	绿洲区	盐化草甸	盐湖区	生态需水	生态需水占比
鱼卡河马海区	0.58	0.00	0.28	0.86	62%
大柴旦湖水系	0.00	0.21	0.28	0.49	220%
小柴达旦湖水系	0.00	0.11	0.72	0.83	58%
巴音河德令哈区	0.11	1.27	1.63	3.01	62%
都兰湖水系	0.05	0.00	0.30	0.35	50%
柴凯湖—柯柯盐湖水系	0.03	0.00	0.13	0.16	30%
那棱格勒河—乌图美仁区	5.41	1.61	2.75	9.77	76%
格尔木区	2.78	1.10	2.73	6.61	67%
全集河协作湖水系	0.00	0.03	0.00	0.03	21%
霍布逊湖水系	2.81	2.08	3.44	8.33	56%
柴达木盆地合计	15.02	7.79	15.45	38.26	71%

（2）河道外社会经济需水。柴达木盆地社会经济需水主要包括生活、生产和生态三个部分。2035 年柴达木盆地预测人口 72.76 万人，城镇生活用水水平为 141L/（人·d）；工业按照年均 4% 进行增长；在农业上考虑优质高效的草业和现代畜牧业的规模增长以及以枸杞为主要林果种植，2035 年初步考虑新增 180 万亩耕地面积。预测 2035 年柴达木盆地需水量 264129 万 m³/年，其中：居民生活需水量 3259 万 m³/年，工业需水量 26046 万 m³/年，农业需水量 199344 万 m³/年，生态环境需水量 21736 万 m³/年（表 12-32）。

表 12-32　　　　　**2035 年柴达木盆地河道外生态及社会经济需水量预测分析表**　　　单位：万 m³/年

分　区			居民生活	工业	建筑及第三产业	农业	生态环境	总需水量
水资源分区	柴达木盆地东部	巴音河德令哈区	696	6533	3920	33030	7558	51738
		都兰河希赛区	105	183	252	16120	9	16669
		柴达木河都兰区	440	380	663	81674	61	83218
	柴达木盆地西部	茫崖冷湖区	243	2996	638	3717	169	7763
		鱼卡河大小柴旦区	114	2443	140	4588	33	7317
		那棱格勒河乌图美仁区	17	121	45	2940	7	3129
		格尔木区	1644	13390	8086	57275	13900	94295
合　　计			3259	26046	13744	199344	21736	264129

2. 供需平衡分析

根据预测 2035 年柴达木盆地需水量以及可供水量，柴达木盆地缺水 101694 万 m³，缺水率 38.5%（表 12-33）。

表 12-33　　　　　　柴达木盆地 2035 年水资源供需平衡预测分析表

分　区		需水量/万 m³	供　水　量/万 m³				缺水量/万 m³	缺水率/%
			当地地表水	地下水	非常规	合计		
柴达木盆地东部	巴音河德令哈区	51738	26233	2168	1423	29824	21914	42.4
	都兰河希赛区	16669	8920	352	200	9472	7197	43.2
	柴达木河都兰区	83218	49613	2726	149	52488	30730	36.9
柴达木盆地西部	茫崖冷湖区	7763	0	6918	100	7018	745	9.6
	鱼卡河大小柴旦区	7317	3018	2980	358	6356	961	13.1
	那棱格勒河乌图美仁区	3129	2303	172	34	2509	620	19.8
	格尔木区	94295	30956	15735	8077	54768	39527	41.9
合　计		264129	121043	31051	10341	162435	101694	38.5

3. 调控目标

充分考虑巴音河、青海湖、茶卡盐湖等重点河段、重点咸淡水湖和重点盐湖的生态环境保护，提出水资源调控目标。一是保持生态环境用水比例在 60% 以上，维持现状生态环境水平；二是适当提高地表水开发利用程度，减少地下水开采量。通过整体区域内地表水供水工程，将地表水开发利用率提高至 20% 以上；同时，适当降低地下水开采量，控制在 2 亿 m³ 以内；三是提高工业用水效率，以节水换取工业规模的增长，至 2035 年，万元工业增加值用水量较现状下降 20% 以上（表 12-34）。

表 12-34　　　　　　柴达木盆地水资源调控指标一览表

分　区	生态环境用水比例	地表水开发利用率	地下水开采量	万元工业增加值用水量较现状下降
柴达木盆地	≥60%	20%	2 亿 m³	20%

4. 调控措施

(1) 推进外调水工程，提高供水保障能力。柴达木盆地水资源贫乏，区域分布不均，解决其水资源安全问题需统筹考虑、近远结合、多措并举。近期柴达木盆地水资源利用的主要问题是格尔木河、巴音河等河流现状开发利用程度较高，资源性缺水严重，需通过工程措施开发利用那棱格勒河、香日德河等水资源相对丰富的河流对缺水地区进行调配，实现水资源的跨区域调配和补给，优化水资源配置，保障盆地的供水安全。远期经济发展和生态环境保护面临最大的制约是水资源总量不足，跨流域调水是解决其长远供水安全的唯一保障。因此，需在内部挖潜、高效利用的基础上，新建诺木洪、沙柳河、香日德、塔塔棱河、三岔河、鱼卡河、大格勒等一批水源工程及"引通济柴"调水工程，根本解决其资源性缺水和供水安全问题。

(2) 加强生态修复，维持生态环境用水。柴达木盆地生态保护目标应该点面结合，实现全方面生态修复。点上的保护以维护生物多样性为目标维持重点河段、重点咸淡水湖和重点盐湖生态用水；面上以不发生沙化为目标，维持广袤的绿洲植被带、低平原细土带和干盐湖区生态环境用水，其中，绿洲带是柴达木地区主要的人居环境，由于生态系统本身的脆弱性，加上新中国成立以来大规模土地开发和近年来城市工业的发展，该地区植被生态已经有所退化，因此以维护绿洲带天然绿洲植被的现状规模为基本要求。

（3）深入推进水资源节约集约利用。 深入推进水资源节约集约利用，切实提高水资源利用效率；优化配置利用多种水资源，提高水资源承载能力；依据水源条件，适度开发部分灌溉面积；出台再生水利用配套政策和管理办法，促进再生水利用。

12.5　吐哈盆地水循环调控

12.5.1　区域概况

1. 自然概况

（1）地理位置。 吐哈盆地位于新疆东部，主要涉及吐鲁番市（高昌区、鄯善县和托克逊县）和哈密市伊州区及兵团第十三师。呈东西向展布，南北分别与塔里木盆地、准噶尔盆地隔山相望，四面环山，北依博格达山、巴里坤山和哈尔里克山，南抵觉罗塔格山，西起喀拉乌成山，东至梧桐窝子泉附近，盆地东西长约 660km，南北宽约 60～100km，总面积约 5.35 万 km²，占新疆国土面积的 3.22%。

（2）地形地貌。 吐哈盆地四面环山，中部低凹，为典型的封闭式盆地。盆地的北部和西部是天山山脉，海拔在 3800.00～5000.00m，最高峰为北部的博格达峰，海拔 5445.00m；东南部偏低，海拔在 600.00～2500.00m，在盆地偏西部的艾丁湖为盆地的最低点，海拔为 −154.00m。盆地内有一座著名的火焰山，为旅游胜地。盆地内地貌由山区、沙漠、戈壁、绿洲组成，由于地处亚洲腹地、远离海洋、周边高山阻隔，水汽较少，是典型的干旱荒漠气候，自然环境较为恶劣，荒漠戈壁占盆地面积比重较大（图 12-9）。

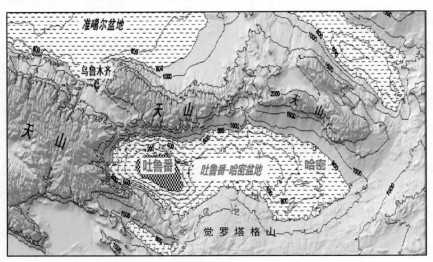

图 12-9　新疆吐哈盆地地貌及地理位置图

（3）河流水系。由于吐哈盆地独特的气象气候特征，盆地内河流水系不发育，在吐鲁番市区主要有 14 条河流，产水面积 13847km²，地表径流量为 10.16 亿 m³；哈密市伊州区常年流水的天然河沟 28 条，每条河流都为独立的水系，地表径流量为 4.23 亿 m³。吐哈盆地内河流基本特征：流域面积小、流程短、渗漏大、年径流量小、河槽调蓄能力差。

（4）气候特征。由于吐哈盆地特殊的地理位置，属典型的干旱荒漠气候，夏季炎热，冬季干冷。根据吐鲁番气象站监测资料，最高气温达 49.6℃，最低气温−25.3℃，多年平均气温年内分配极不均匀，多年平均月温差 42℃；由于气候干燥，降雨十分稀少，年平均降水量仅有15.7mm；根据哈密气象站监测资料，多年平均降水量为 37.8mm。干旱性的气候使得吐哈盆地的蒸发十分强烈，吐鲁番盆地水面蒸发 1800mm，哈密盆地水面蒸发 1417.9mm。

2. 社会经济概况

（1）人口及分布。截至 2018 年末，吐哈盆地人口达到 112.95 万人，其中城镇人口49.79 万人，农村人口 69.27 万人，城镇化率 44.08%，低于 2018 年新疆城镇化率50.9%，伊州区城镇化率较高，达到 54.59%（表 12−35）。

（2）社会经济现状。2018 年吐哈盆地国民生产总值 710.10 亿元，其中，第一产业增加值 75.63 亿元、第二产业增加值 385.32 亿元、第三产业增加值 249.16 亿元，分别占国民生产总值的 10.7%、54.3%和 35.0%。2018 年人均 GDP 为 6.29 万元（表 12−35）。

表 12−35 　　　　　　　　**2018 年吐哈盆地社会经济主要指标统计表**

分　区		总人口/万人	城镇人口/万人	农村人口/万人	城镇化率/%	GDP/亿元	人均 GDP/万元
吐鲁番市	高昌区	29.03	10.81	18.22	37.24	93.13	3.21
	鄯善县	22.34	7.09	15.03	31.74	133.36	5.97
	托克逊县	11.97	4.81	7.16	40.18	84.11	7.03
	小计	63.34	22.71	40.41	35.85	310.59	4.90
哈密市	伊州区（含第十三师）	49.61	27.08	28.86	54.59	399.51	8.05
合　计		112.95	49.79	69.27	44.08	710.10	6.29

注　数据来源于 2019 年新疆统计年鉴。

12.5.2　水资源开发利用情况及存在的主要问题

1. 水资源量

据《新疆水资源第三次调查评价》相关成果分析，1956—2016 年吐哈盆地地表水资源量 14.39 亿 m³，地下水资源与地表水资源不重复量为 3.19 亿 m³，水资源总量为 17.58亿 m³（表 12−36）。

2. 水资源开发利用情况

（1）水利工程建设情况。现状，吐鲁番市已修建各类水库 21 座（含兵团），总库容 21682万 m³；各类引水渠首 20 座，总设计引水能力 196m³/s。哈密市已修建各类水库 21 座（含兵团），总库容 7811 万 m³；各类引水渠首 18 座，总设计引水能力 63m³/s（表 12−37）。

表 12-36　　　　　　**1956—2016 年吐哈盆地水资源总量统计分析表**　　　　单位：亿 m³

名　称	地表水资源量	地下水资源量	其中不重复量	水资源总量
哈密盆地	4.23	2.80	1.10	5.33
吐鲁番盆地	10.16	6.69	2.09	12.25
合　计	14.39	9.49	3.19	17.58

表 12-37　　　　　　　　　　**吐哈盆地水利工程一览表**

行　政　分　区		渠　首		水　库		其中：中型水库	
		数量/座	设计引水能力/(m³/s)	座数/座	总库容/万 m³	座数/座	总库容/万 m³
吐鲁番市	高昌区	6	52	10	6158	2	4124
	鄯善县	5	88	8	5585	3	4592
	托克逊县	9	56	3	9939	2	9800
	小计	20	196	21	21682	7	18516
哈密市	伊州区	18	63	21	7811	3	4183
合　计		38	259	42	29493	10	22699

(2) 灌溉面积。2018 年吐哈盆地实际总灌溉面积 295.43 万亩，其中：耕地 185.98 万亩，林地 18.28 万亩，园地 79.40 万亩，牧草地 11.77 万亩（表 12-38）。

表 12-38　　　　　　**2018 年吐哈盆地灌溉面积统计分析表**　　　　单位：万亩

行政区名称		实际灌溉面积					2018 年新增高效节灌面积
		耕地	林地	园地	牧草地	小计	
吐鲁番市	高昌区	38.95	4.44	18.39	1.66	63.44	4.50
	鄯善县	23.44	4.06	28.49	1.97	57.96	3.50
	托克逊县	38.21	0.96	2.14	6.46	47.77	3.00
	221 团	3.23	0.26	0.60	0.00	4.09	—
	小计	103.83	9.72	49.62	10.09	173.26	11.00
哈密市	伊州区	52.60	5.51	19.04	1.51	78.66	2.10
	第十三师	29.55	3.05	10.74	0.17	43.51	1.70
	小计	82.15	8.56	29.78	1.68	122.17	3.80
合　计		185.98	18.28	79.40	11.77	295.43	14.80

(3) 供用水结构分析。吐哈盆地供用水量为 19.71 亿 m³，其中农业用水占绝对主体地位（占比 84.8%），用水特点与新疆农业大区及灌溉农业的定位及特点相符。从供水结构看，地表水源供水量 8.29 亿 m³，占供水总量的 42.1%；地下水源供水量 11.28 亿 m³，占比 57.2%（表 12-39）。

(4) 水资源开发利用水平与效率分析。吐哈盆地人均综合用水量为 1747m³，远大于全国平均水平（432m³/人）；农业综合亩均用水量 565.6m³/亩。城镇人均生活用水量为 219.2L/d，乡村人均生活用水量为 110.7L/d。万元 GDP 用水量 271.7m³/万元，万元工业增加值用水量为 39.0m³/万元，分别是全国同期水平的 4.1 倍、0.94 倍（表 12-40）。

表 12 - 39 　　　　　2018 年吐哈盆地供用水量统计分析表 　　　　　单位：亿 m³

行政分区		供　水　量				用　水　量				
		地表水	地下水	中水	供水总量	农业	工业	生活	生态	总用水量
吐鲁番市	高昌区	1.62	2.66	0.00	4.28	3.80	0.09	0.16	0.23	4.28
	鄯善县	1.45	2.50	0.03	3.97	3.51	0.14	0.12	0.20	3.97
	托克逊县	2.39	1.62	0.00	4.01	3.47	0.27	0.11	0.16	4.01
	221 团	0.34	0.02	0.00	0.36	0.29	0.00	0.00	0.06	0.36
	小计	5.80	6.80	0.03	12.62	11.06	0.50	0.40	0.66	12.62
哈密市	伊州区	1.33	3.12	0.11	4.56	3.48	0.41	0.20	0.47	4.56
	第十三师	1.16	1.36	0.01	2.53	2.17	0.17	0.11	0.07	2.53
	小计	2.49	4.48	0.12	7.08	5.64	0.59	0.31	0.54	7.08
合　计		8.29	11.28	0.15	19.71	16.71	1.09	0.71	1.20	19.71

注　数据来源于水资源公报。

表 12 - 40 　　　　　2018 年吐哈盆地主要用水指标统计分析表

行政分区	人均 GDP /万元	人均综合用水量 /m³	万元 GDP 用水量 /m³	万元工业增加值用水量 /m³	农业综合亩均用水量 /m³	人均生活用水量 /(L/日)	
						城镇	农村
吐鲁番市	4.90	1997	406.3	39.6	638.4	181.6	102.4
哈密市	8.05	1427	193.8	38.6	461.7	256.4	116.1
合　计	6.29	1747	271.7	39.0	565.6	219.2	110.7

3. 存在的问题

(1) 水资源过度开发利用，人工绿洲与天然绿洲结构严重失调。吐哈盆地水资源处于过度开发利用的状态，水资源开发利用率高达 112% 以上，其中吐鲁番盆地为 103%、哈密盆地为 133%，均远高于 22% 的全国平均水平，水资源已然呈现无源可开的局面。吐哈盆地由于水资源开发利用结构不合理，局部区域农田灌溉大量开采地下水，导致地下水位持续下降，局部区域形成范围较大的地下水降落漏斗，最终导致绿洲内部和边缘地带生态系统退化，吐鲁番盆地的坎儿井出水量锐减，吐鲁番市和鄯善县现状地下水超采较为严重。哈密盆地天山以南区域绿洲带地下水位持续下降，形势严峻。近年来，艾丁湖已逐渐干涸，湖区裸露盐碱化面积达 85km²。吐鲁番沙尘暴和干热风持续时间及危害程度呈现明显上升趋势，骆驼刺面积大幅退化、土地沙化面积逐年上升，托木尼亚坎儿孜、迪坎尔村、喀瓦坎儿井等一带沙漠即将与库木塔格沙漠连为一体。

(2) 水资源开发利用结构不合理，用水矛盾突出。吐哈盆地降水量相对稀少、蒸发强烈，生态环境脆弱。2018 年全市三次产业结构比为 10.7:54.3:35.1，农业用水量占盆地用水总量的 83.9%，工业用水量占盆地用水总量的 5.5%。且农业高效节水灌溉面积已达总灌溉面积的 80％以上，工程型节水空间不大，急需调整用水结构，以保障新型工业化、城镇化发展用水。

（3）水资源优化配置的格局尚未完全建立。吐哈盆地水资源在时空分布上极不均衡，区域内均为内陆河流，且大部分为季节性的小溪流，年径流量大部分小于 1 亿 m^3，河道来水主要集中在 6—10 月，占水资源总量的 70％以上。目前已建、在建有 42 座水库，其中中型水库 10 座，这对流域水资源利用的调节作用较为微弱。而吐哈盆地是石油、天然气、煤炭资源的富集区，修建水资源配置工程（调蓄工程、跨流域调水工程等）显得十分重要。

（4）水资源综合管理能力仍较薄弱。目前仍实行多部门分权管理，"多龙管水"问题较突出。这种体制上的弊病造成了水资源管理上的诸多问题，不利于水资源的优化配置、节约和保护。尚未开展水资源初始分配或水量分配工作，每个行政区域、用水户到底拥有多大的使用权不明晰，不但容易造成水资源的浪费、效率低和效益差，而且容易引起水事纠纷等。水价、水权、水市场等改革尚未全面推进，区域之间、城乡之间、兵地之间、行业之间供用水缺乏统筹调配，主要河流控制性工程的防洪、发电与供水之间矛盾较为突出，流域水资源监控预警系统尚未建立。地表水农业水价过低，农民自发节水的积极性不高，未按照农作物需水定额灌溉，节水管理缺乏强有力的限制性，总量控制措施指标难以实现。

12.5.3　水资源配置与水循环调控

1. 需水预测

（1）河道内生态需水分析。吐哈盆地生态环境极度脆弱，由于水资源匮乏，水资源开发利用程度高，经济社会发展挤占盆地生态环境用水，已经出现植被退化、湖泊萎缩干涸、土地沙化等现象。要实现吐哈盆地高质量发展、生态环境良好和可持续发展，预留适当的河道内生态水量十分必要且迫切。初步分析，吐哈盆地生态水量暂按地表径流量的 30％进行预留，预留水量为 4.32 亿 m^3，其中吐鲁番盆地 3.05 亿 m^3、哈密盆地 1.27 亿 m^3。此外，为维持艾丁湖自然生态基本功能，生态需水量包括维持湖泊水体需水、河口湿地需水、河流水面蒸发及盐生草甸需水量四个部分，需要补水 1.3 亿 m^3。因此，河道内生态需水以及艾丁湖生态需水共计 5.62 亿 m^3。

（2）河道外生态与社会经济需水分析。吐哈盆地拥有良好的光热资源，是我国重要的瓜果基地，基地的葡萄和哈密瓜享誉盛名。在现状年灌溉面积的基础上，将灌溉面积翻一番，新增灌溉面积按照粮食作物 20％、经济作物和果园各 35％和林地 10％考虑，2035 年吐哈盆地共计需水量 34.95 亿 m^3；目前吐哈盆地已形成多个自治区级园区和工业聚集区，工业需水增长率按 11％考虑，至 2035 年吐哈盆地工业增加值可达 2008 亿元，相应工业用水需求将达到 6.52 亿 m^3；根据吐哈盆地 2010—2018 年人口自然增长率情况，结合国民经济和社会发展规划，预测 2018—2035 年人口增长率为 15.0‰，至 2035 年吐哈盆地人口可达 145.3 万人，其中城镇人口 119.4 万人，城镇化率为 82％，相应生活用水需求为1.40 亿 m^3（表 12-41）。

表 12-41   **2035 年吐哈盆地河道外需水量统计分析表**   单位：亿 m^3

需水量	农业	工业	生活	生态环境	合计
吐鲁番盆地	22.20	2.63	0.80	0.32	25.95
哈密盆地	12.75	3.89	0.60	0.24	17.48
合　计	34.95	6.52	1.40	0.56	43.43

2. 供需平衡分析

吐哈盆地可利用水量按照最严格水资源管理确定，可利用水量为 16.80 亿 m^3，其中吐鲁番盆地 10.71 亿 m^3，哈密盆地 6.09 亿 m^3。供需分析结果表明，吐哈盆地经济社会发展缺水量为 32.26 亿 m^3，其中吐鲁番盆地缺水 19.59 亿 m^3，哈密盆地缺水 12.67 亿 m^3（表 12-42）。

表 12-42   **2035 年吐哈盆地供需平衡预测分析表**   单位：亿 m^3

名　称	需　水	可利用水量	缺水量
吐鲁番盆地	30.30	10.71	19.59
哈密盆地	18.75	6.09	12.67
合　计	49.05	16.80	32.26

3. 调控目标

充分考虑吐哈盆地主要河流的生态需水以及艾丁湖的生态保护，提出水资源调控目标。一是保持生态环境用水比例在 50% 以上，维持现状生态环境水平；二是降低地表水开发利用程度，减少地下水开采量，将地表水开发利用率降低至 80% 以下，适当降低地下水开采量，控制在 6 亿 m^3 以内；三是提高工业用水效率，以节水换取工业规模的增长，至 2035 年，万元工业增加值用水量较现状下降 20% 以上（表 12-43）。

表 12-43   **吐哈盆地水资源调控指标一览表**

分　区	生态环境用水比例	地表水开发利用率	地下水开采量	万元工业增加值用水量较现状下降
吐哈盆地	≥50%	≤80%	≤6 亿 m^3	20%

4. 调控措施

(1) 推进外调水工程建设，提高供水保障能力。吐哈盆地水资源贫乏，区域分布不均，解决其水资源安全问题需统筹考虑、近远结合、多措并举。目前，主要通过水资源的跨区域调配和补给，优化水资源配置，保障供水安全。远期，吐哈盆地经济发展和生态环境保护面临最大的制约是水资源总量不足，跨流域调水是解决其长远供水安全的唯一保障。因此，需要谋划南水北调西线—西延工程给吐哈盆地调水。

(2) 坚持绿色集约发展，提高水资源利用效率。当前吐哈盆地水资源已然呈现无源可开的局面，在外调水尚未通水的前提下，要按照建设资源节约型社会的要求，把提高空间利用效率作为国土空间开发的重要任务，引导人口相对集中分布、经济相对集中布局，走空间集约利用的发展道路，使绝大部分国土空间成为保障生态安全和农产品供给安全的空间。工业项目建设要按照发展循环经济和有利于污染集中治理的原则集中布局，交通建设要尽可能利用现有基础和既有交通走廊扩能改造，树立绿色发展理念，加快建设资源节约型、环境友好型社会，形成人与自然和谐发展的现代化建设新格局。

（3）合理调控自然绿洲和人工绿洲结构。 在人工绿洲水资源利用区，合理扩大城市绿地，适度建设水景观，优化农田林网结构，严格防控污染，有效调控水盐平衡，推进现代灌区建设；在自然绿洲水资源耗散区，确保生态用水，禁止开采地下水，建立禁牧禁樵区，根本扭转自然绿洲生态退化不良局面，提高区域水资源与生态环境承载力、维护人工绿洲与天然绿洲合理结构。

参 考 文 献

[1] 施雅风. 气候变化对西北华北水资源的影响 [M]. 济南：山东科学技术出版社，1995：15 - 34.

[2] 王宝鉴，黄玉霞，陶健红，等. 西北地区大气水汽的区域分布特征及其变化 [J]. 冰川冻土，2006，28（1）：15 - 21.

[3] 钱正安，蔡英，宋敏红，等. 中国西北旱区暴雨水汽输送研究进展 [J]. 高原气象，2018，37（3）：577 - 590.

[4] 张扬，李宝富，陈亚宁. 1970—2013 年西北干旱区空中水汽含量时空变化与降水量的关系 [J]. 自然资源学报，2018，33（6）：1043 - 1055.

[5] 崔玉琴. 西北内陆上空水汽输送及其源地 [J]. 水利学报，1994（9）：79 - 87，93.

[6] 王凯，孙美平，巩宁刚. 西北地区大气水汽含量时空分布及其输送研究 [J]. 干旱区地理，2018，41（2）：290 - 297.

[7] 张九天，何霄嘉，上官冬辉，等. 冰川加剧消融对我国西北干旱区的影响及其适应对策 [J]. 冰川冻土，2012，34（4）：848 - 854.

[8] 樊启顺，沙占江，曹广超，等. 气候变化对青海高原冰川资源的影响评价 [J]. 干旱区资源与环境，2005（5）：56 - 60.

[9] 徐丽萍，李鹏辉，李忠勤，等. 新疆山地冰川变化及影响研究进展 [J]. 水科学进展，2020，31（6）：946 - 959.

[10] 丁永建，赵永东，吴锦奎，等. 中国冰冻圈水文未来变化及其对干旱区水安全的影响 [J]. 冰川冻土，2020，42（1）：23 - 32.

[11] 陈亚宁，李稚，范煜婷，等. 西北干旱区气候变化对水文水资源影响研究进展 [J]. 地理学报，2014，69（9）：1295 - 1304.

[12] 秦甲，丁永建，叶柏生，等. 中国西北山地景观要素对河川径流的影响作用分析 [J]. 冰川冻土，2011，33（2）：397 - 404.

[13] 孟现勇，王浩，蔡思宇，等. 大气、陆面与水文耦合模式在中国西北典型流域径流模拟中的新应用 [J]. 水文，2017，37（6）：15 - 22，38.

[14] 鲁扬. 利用 GRACE 与 GLDAS 数据监测西北地区地下水时空变化 [D]. 西安：西安科技大学，2020.

[15] 王晓玮，邵景力，王卓然，等. 西北地区地下水水量-水位双控指标确定研究——以民勤盆地为例 [J]. 水文地质工程地质，2020，47（2）：17 - 24.

[16] Yang Jinling, Zhang Ganlin, Yang Fei, et al. Controlling effects of surface crusts on water infiltration in an arid desert area of Northwest China [J]. Journal of Soils and Sediments, 2016, 16 (10): 2408 - 2418.

[17] Chang Zongqiang, Ye Xiyan, Zhang Jinghui. Soil water infiltration of Subalpine Shrub Forest in Qilian Mountains, northwest of China [J]. Agronomy Journal, 2021, 113 (2): 829 - 839.

[18] 王蕊，张继权，曹永强，等. 基于SEBS模型估算辽西北地区蒸散发及时空特征 [J]. 水土保持研究，2017，24 (6)：382 - 387.

[19] 姜田亮，粟晓玲，郭盛明，等. 西北地区植被耗水量的时空变化规律及其对气象干旱的响应 [J]. 水利学报，2021，52 (2)：229 - 240.

[20] 聂振龙，张光辉，申建梅，等. 西北内陆盆地地下水功能特征及地下水可持续利用 [J]. 干旱区资源与环境，2012，26 (1)：63 - 66.

[21] 陈梦熊. 西北干旱区水资源与第四纪盆地系统 [J]. 第四纪研究，1997 (2)：2 - 9.

[22] 张宗枯，李烈荣. 中国地下水资源（综合卷、新疆卷、青海卷、甘肃卷、内蒙古卷、宁夏卷）[M]. 北京：中国地图出版社，2004.

[23] 范锡鹏. 河西走廊地下水与河水互相转化及水资源合理利用问题 [J]. 水文地质工程地质，1981 (4)：1 - 6.

[24] 曲焕林. 中国干旱半干旱地区地下水资源评价 [M]. 北京：科学出版社，1991.

[25] 王浩，陈敏建，秦大庸，等. 西北地区水资源合理配置和承载能力研究 [M]. 郑州：黄河水利出版社，2003.

[26] 鲍超，方创琳. 干旱区水资源开发利用对生态环境影响的研究与展望 [J]. 地理科学进展，2008，27 (3)：38 - 46.

[27] TENNANT D L. Instream flow regimens for fish，wildlife，recreation，and related environmental resources [J]. Fisheries，1976，1 (4)：6 - 10.

[28] 王西琴，张远. 中国七大河流水资源开发利用率阈值 [J]. 自然资源学报，2008，23 (3)：500 - 506.

[29] 何海，叶建春，陆桂华. 太湖流域水资源阈值探析 [J]. 长江流域资源与环境，2012，21 (9)：1080 - 1086.

[30] 沈珍瑶. 黄河流域水资源开发利用阈值的情景分析 [R]. 北京师范大学，2004.

[31] 李春晖，杨志峰，郑小康，等. 流域水资源开发阈值模型及其在黄河流域的应用 [J]. 地理科学进展，2008，27 (2)：39 - 46.

[32] 钱正英，沈国舫，潘家铮. 西北地区水资源配置生态环境建设和可持续发展战略研究（综合卷）[M]. 北京：科学出版社，2004.

[33] 陈洪波. 构建生态经济体系的理论认知与实践路径 [J]. 中国特色社会主义研究，2019 (4)：55 - 62.

[34] 邓铭江，石泉. 内陆干旱区水资源管理调控模式 [J]. 地球科学进展，2014，29 (9)：1046 - 1054.

[35] 李明，孙洪泉，苏志诚. 中国西北气候干湿变化研究进展 [J]. 地理研究，2021，40 (4)：1180 - 1194.

第13章 "三元"水循环过程及调控

随着我国社会经济的快速发展以及人口的增加，北方地区水资源匮乏的问题日益突出。按照工业、农业、生活三产水资源分配情况，全国农业种植业需水量占比维持在62%左右，但北方地区农业需水量占比却高达70%以上[1]。干旱区内陆河流域，近90%的水用于农田灌溉，深刻影响着当地三生系统（生产—生活—生态）的和谐发展状态[2]。北方地区根据不同的地理位置以及气候因素，因地制宜发展旱地雨养农业模式（如黄土高原地区）、绿洲农业模式（如北疆地区、塔里木河流域、河西走廊、河套灌区等）以及农牧结合型等多种农业种植模式。其中绿洲农业模式依赖地表水和地下水的灌溉农业，具有"非灌不植"的性质，例如新疆阿克苏地区灌溉用水占总用水量的93%以上[3]。而旱地农业（年均降水量250~600mm）通过开展集雨农业，提高天然降水的利用效率和作物生产力，充分接纳天然降水，使其基本可以满足一年一熟的作物需水量[4]，非灌溉耕地约占本区耕地的27%。而以往对于农业产业结构优化只考虑到蓝水资源[5-7]，未考虑到绿水资源的利用，具有较大开发潜力的绿水资源未被重视。

2003年，程国栋院士在中国生态经济学会论坛上首次将虚拟水战略引入国内，认为21世纪我国西北部面临最主要的问题就是水资源短缺[8]。虚拟水战略的引入能够极大地缓解我国西北部水资源、生态环境和粮食压力[9-10]。2002年，Hoekstra在虚拟水理论基础上提出了水足迹概念，将"看得见的水"（蓝水足迹）和"看不见的水"（绿水足迹）相结合，不仅体现出水资源消耗的数量，还能够评价水资源消耗类型，为可持续的水资源管理提供了一个新视角和新方法[11-13]。粮食生产水足迹计算，一方面其考虑到降水对农业生产的积极作用，将实体形态的灌溉水与虚拟形态的土壤水相结合，能够更加真实地体现农业生产对水资源的需求状况[14]；另一方面，由于田间用水计量设施尚未得到普遍推广，作物生产水量核算在实际中具有较大难度，水足迹为不同作物的耗水特征提供了较为统一的衡量指标。

13.1 内陆河"三元"水循环过程及分析计算

13.1.1 内陆河"三元"水循环过程

1. 基本概念

（1）蓝水和绿水。自然界的水资源从完整意义上来讲可划分为"蓝水"（blue water）和"绿水"（green water）两部分。蓝水是指储存在河流、湖泊以及含水层中的水，即地下径流和地表径流，约占降水的 35％[15-16]。目前水资源管理中供水、用水、排水等系列过程中的水资源主要指蓝水[17]。绿水概念是由 Falkenmark 等于 1993 年针对雨养农业和粮食安全问题而首次提出，是看不见的水[18-20]。包括绿水流和绿水储存 2 个部分，绿水流即实际蒸散发，包括土壤蒸发、植物蒸腾和截留蒸发等水分运动过程[18]；绿水储存则是指土壤水蓄变量[21-22]。全球耕地面积 83％的雨养农业和陆地自然生态系统主要靠绿水维持，是世界粮食生产最重要的水源，大约 80％的粮食生产用水依赖于绿水资源[23]。

（2）水足迹。水足迹指的是一个国家、一个地区或一个人，在一定时间内消费的所有产品和服务所需要的水资源数量[24]，形象地说，就是水在生产和消费过程中踏过的脚印。它不仅可以反映消费者或生产者的直接用水，还能反映其间接用水[25]。

（3）虚拟水。虚拟水（virtual water）概念由 Allan 于 1993 年提出[26]，指包含在世界粮食贸易中的水资源量，后来延伸到指隐含于水密集型产品中的水资源量。其实质是生产商品和服务所需要的水资源数量[27]。虚拟水不是真实意义上的水，而是以虚拟形式包含在产品中的看不见的水，因此也被称为外生水或内嵌水。外生水指的是通过进口使用了非本土的水，内嵌水则指的是产品生产的一系列过程中所隐含的水[28]。

随着人们对虚拟水研究的不断深入，出现了虚拟水贸易、虚拟水战略等一系列新的研究领域。程国栋院士于 2003 年将虚拟水及虚拟水战略的概念引入中国，并以我国西北五省（自治区）为例，计算了该区域农作物产品、动物产品的虚拟水，分析了虚拟水战略与该区域粮食安全、产业结构调整的关系，设定了不同战略下的节水量，进一步提出了实行虚拟水战略的对策建议[29]。

（4）贸易水。贸易水（trade water）是虚拟水伴随自身的载体（农产品、动物产品、工业产品等）在不同国家和地区之间实现贸易流通的水资源量，其实质是水资源伴随在经济社会发展中的流动过程。富水国家或地区可以通过出口水密集型产品来获得经济利益；而贫水国家或地区可以通过进口水密集产品来缓解本区域水资源压力，将节约的水资源用于机会成本更高的产业发展[30-31]。

2. 自然水循环过程

西北内陆河流域自然水循环有以下三条路径（图 13-1）：①河道内"蓝水"循环消耗。人工绿洲内的部分排水以回归水的形式重新进入河流自然水循环，最终消耗于河流的荒漠生态系统；②河道外"蓝水"循环消耗。山区径流形成出山口后的"供、用、耗、排"过程即为蓝水的社会循环，由河道外绿洲经济和绿洲生态净耗水两部分组成；③"绿水"循环消耗。在新疆北部降水较多的山区和山前地带，约 300 万亩的雨养农业和约占新疆畜产品总量 60％的草原生态畜牧业是以消耗绿水的形式参与社会水循环[32]。

3. 内陆河流域"二元"水循环过程

高强度人类活动从多个方面影响和改变着自然力驱动下的内陆河流域水循环，主要表现为水循环驱动力在以地形和势能为主基础上，增加了人工机械能，城乡供水、农业灌溉、远距离引调水等水利工程日趋庞大。循环结构在"大气—坡面—地下—河道"环节构成的"河湖结构"上，增加了以"取水—输水—用水—排水—回归"环节构成的"库渠结构"，形成"自然—社会"二元水循环模式（图 13-2）。

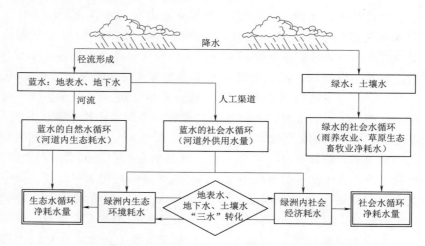

图 13-1 内陆河流域"蓝水"与"绿水"循环消耗路径框图

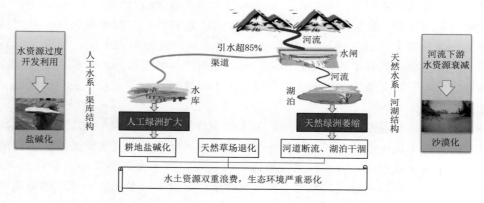

图 13-2 内陆河流域"自然—社会"二元水循环示意图

4. 内陆河流域"三元"水循环过程

西北"水三线"的"自然—社会（侧支）"二元水循环过程在市场经济的消费需求驱动下，各区生产者依据比较利益和比较优势，调整区域产品生产的类型与规模，将水作为生产投入要素之一参与区域社会生产，将水"嵌入"产品中，供给区域内以及区域外需求，在区外消费需求与贸易的驱动下形成了区域"自然—社会"二元水循环之外的第三循环—贸易水循环。在国家劳动生产地域分工布局及区域资源优势的综合影响下，流域外需求与流域内追求经济收益等共同引致的贸易水循环，已成为驱动西北内陆河流域水资源开发利用及水循环演变的主要驱动力。日益扩大的农产品贸易携带着大量虚拟水输出到内陆河流域外，使得西北内陆河流域在"自然—社会"二元水循环模式外，增加了又一显著的水循环过程——虚拟水循环，由此共同构成了现代环境下西北内陆河流域"自然—社会—贸易"三元水循环模式（图 13-3）。

从资源禀赋视角来看，在消费需求驱动下，虚拟水北水南调需求增加了北方缺水粮食主产区的用水压力，导致我国干旱地区水资源开发利用呈现与其水资源禀赋大相径庭的模

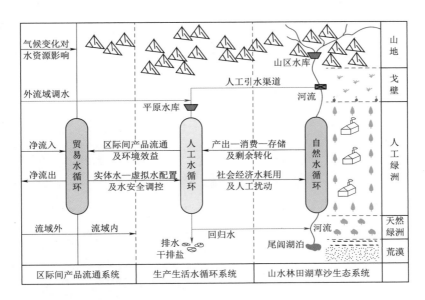

图 13-3 干旱区内陆河流域"三元"水循环系统框架图

式，即水资源短缺但长期大量输出各种高耗水的农产品[15]，同时也拉大了南北方地区间经济差距，威胁西部地区水安全。因此，对西北"水三线"水资源的科学管理应从农业的角度展开。

为此，本研究通过对经济社会系统发展历程中的作物"三元"水循环通量的核算与分析，探索其时空演变规律，探讨影响"三元"水循环可持续发展的调控手段，为下一步我国西北"水三线"乃至全国的水安全和粮食安全保障提供建议。

13.1.2 西北"三元"水循环通量计算

对比西北农林科技大学和中国水科院的研究成果[33-37]，本研究采用现有大尺度虚拟水流动计算体系，对西北"水三线"地区 2000—2018 年 11 种主要作物（稻谷、小麦、玉米、薯类、豆类、高粱、油料、蔬菜、水果、棉花和牧草）虚拟水生产和流动过程进行逐年量化，从流量和构成角度对虚拟水流动整体趋势及其特征值进行分析。

1. 作物产量和调运量

(1) 作物生产情况。2018 年研究区作物总产量为 15981.1 万 t，分区之间产量差异明显，作物产量超过 4000 万 t 的仅有黄河流域片区，为 7979.7 万 t。作物产量为 1000 万～4000 万 t 的有奇策线西北部、奇策线西南部、河西内陆河流域和半干旱草原区，分别为 3079.5 万 t、1755.5 万 t、1023.7 万 t 和 1340.3 万 t。其余地区作物产量小于 1000 万 t，其中柴达木盆地作物生产量最低，仅为 35.1 万 t（图 13-4）。奇策线东北部作物生产以水果为主，占比高达 74.4%。奇策线东南部和河西内陆河流域作物生产以蔬菜为主，占比分别为 66.8% 和 56.9%。棉花主要生长在奇策线两侧（图 13-5）。

(2) 作物调运情况。研究区有 3 个调入区，合计调入作物量为 303.0 万 t，其中黄河

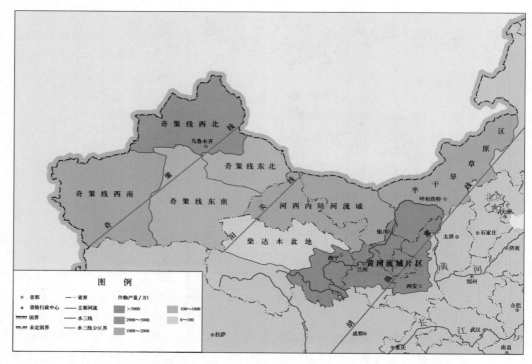

图 13-4 2018 年西北"水三线"地区农产品生产总量空间分布图

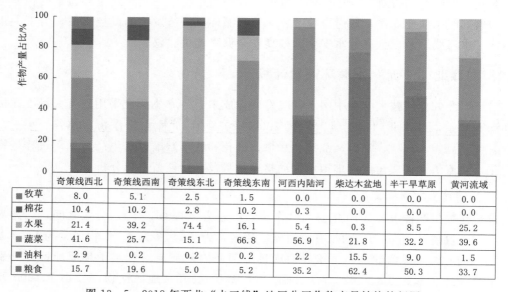

	奇策线西北	奇策线西南	奇策线东北	奇策线东南	河西内陆河	柴达木盆地	半干旱草原	黄河流域
■牧草	8.0	5.1	2.5	1.5	0.0	0.0	0.0	0.0
■棉花	10.4	10.2	2.8	10.2	0.3	0.0	0.0	0.0
■水果	21.4	39.2	74.4	16.1	5.4	0.3	8.5	25.2
■蔬菜	41.6	25.7	15.1	66.8	56.9	21.8	32.2	39.6
■油料	2.9	0.2	0.2	0.2	2.2	15.5	9.0	1.5
■粮食	15.7	19.6	5.0	5.2	35.2	62.4	50.3	33.7

图 13-5 2018 年西北"水三线"地区分区作物产量结构特征图

流域为主要调入区，占调入总量的 72.9%；有 5 个调出区，合计调出作物 2806.4 万 t，其中奇策线西北地区为主要调出区，占调出总量的 57.9%（图 13-6）。

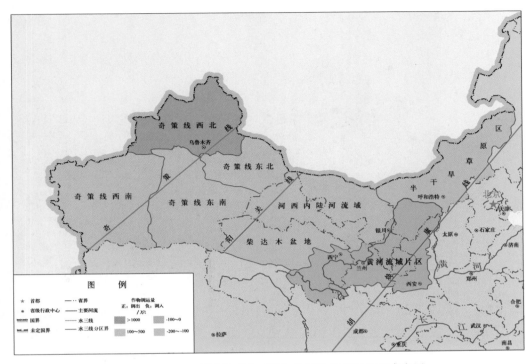

图 13-6　2018 年西北"水三线"地区作物调运空间分布图

2. 作物总生产虚拟水量

(1) 作物总生产虚拟水量分析。2018 年研究区作物总生产虚拟水量为 1600.8 亿 m³，其中蓝水占总虚拟水量的比例为 67.5%，绿水为 32.5%（表 13-1）。所有作物中粮食的虚拟水量最高，达到 869.1 亿 m³。水果和棉花的虚拟水量处于一个水平，分别为 239.3 亿 m³ 和 221.3 亿 m³。牧草因种植面积相对较小，虚拟水量也处于较低水平。

表 13-1　　　　　不同作物生产蓝、绿虚拟水以及总虚拟水量计算分析表

类　　型		粮食	油料	蔬菜	水果	棉花	牧草	总计
蓝虚拟水	总量/亿 m³	563.7	86.5	67.9	160.8	178.1	23.0	1080.0
	占比/%	64.9	62.5	65.4	67.2	80.5	79.6	67.5
绿虚拟水	总量/亿 m³	305.4	51.8	36.0	78.5	43.2	5.9	520.8
	占比/%	35.1	37.5	34.6	32.8	19.5	20.4	32.5
总虚拟水量/亿 m³		869.1	138.3	103.9	239.3	221.3	28.9	1600.8

(2) 作物总生产虚拟水量空间分布格局。从分布格局来看，黄河流域片区作物总生产虚拟水量最大，为 631.9 亿 m³，其次为奇策线西北部。作物总生产虚拟水量为 100 亿～300 亿 m³ 的有半干旱草原区和奇策线西南部；其余 4 个区总生产虚拟水量在 100 亿 m³ 以下，其中柴达木盆地最小，仅为 8.9 亿 m³（图 13-7）。

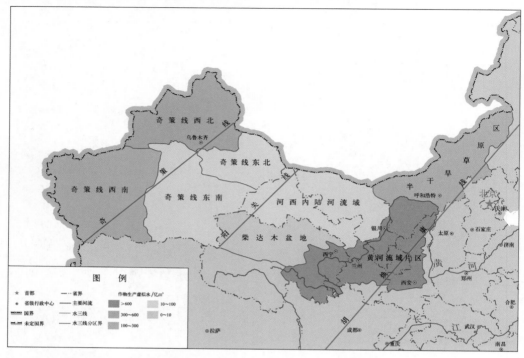

图 13-7 2018 年西北"水三线"地区作物生产虚拟水量空间分布图

奇策线东北部水果虚拟水量占当地总虚拟水量比例最大（55.9%）。奇策线东南部作物生产需水以棉花为主（45.6%）。河西内陆河流域、柴达木盆地、半干旱草原区和黄河流域以粮食耗水为主，粮食虚拟水量占当地的 64.4%～69.9%。奇策线西北部和西南部作物生产虚拟水主要以粮食和棉花为主（图 13-8）。

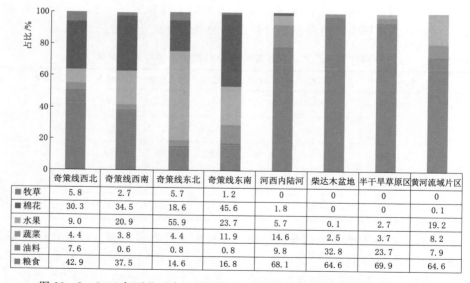

	奇策线西北	奇策线西南	奇策线东北	奇策线东南	河西内陆河	柴达木盆地	半干旱草原区	黄河流域片区
■ 牧草	5.8	2.7	5.7	1.2	0	0	0	0
■ 棉花	30.3	34.5	18.6	45.6	1.8	0	0	0.1
■ 水果	9.0	20.9	55.9	23.7	5.7	0.1	2.7	19.2
■ 蔬菜	4.4	3.8	4.4	11.9	14.6	2.5	3.7	8.2
■ 油料	7.6	0.6	0.8	0.8	9.8	32.8	23.7	7.9
■ 粮食	42.9	37.5	14.6	16.8	68.1	64.6	69.9	64.6

图 13-8 2018 年西北"水三线"各分区具体作物生产虚拟水量结构特征图

3. 作物单产虚拟水量

(1) 不同作物单产虚拟水量分析。2018 年研究区粮食、油料、蔬菜、水果、棉花和牧草的单产虚拟水量分别为 1.6m³/kg、3.9m³/kg、0.2m³/kg、0.7m³/kg、4.0m³/kg 和 0.9m³/kg。作物生长均以蓝水为主，不同作物之间的蓝水与绿水比例基本维持在 8：2（图 13 - 9）。

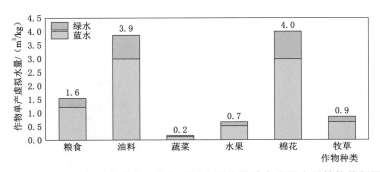

图 13 - 9 2018 年西北"水三线"地区主要作物单产虚拟水量结构特征图

(2) 不同地区之间不同作物单产虚拟水量差异较大。河西内陆河流域棉花单产虚拟水量最大（5.5m³/kg），奇策线西北部最小（3.3m³/kg）。粮食单产虚拟水量表现为：柴达木盆地＞奇策线东北部＞半干旱草原区＞河西内陆河流域＞黄河流域＞奇策线西南部＞奇策线东南部＞奇策线西北部。各分区油料单产虚拟水量在 3～5.6m³/kg 之间变化（图 13 - 10）。

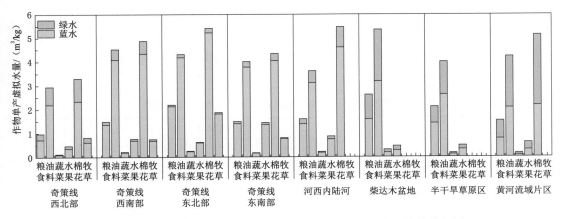

图 13 - 10 2018 年西北"水三线"分区作物单产虚拟水量结构特征图

(3) 除黄河流域片区外，其余地区均以灌溉水为主。奇策线西南部、奇策线东北部、奇策线东南部和河西内陆河流域蓝水比例较高，占比均大于 85%。

4. 虚拟水流动量

(1) 虚拟水流出区。2018 年研究区共有 6 个虚拟水流出区（图 13 - 11），合计流出量 334.3 亿 m³，2 个虚拟水流入区，合计流入量为 116.4 亿 m³。在虚拟水流出区中，奇策线西北部最大（152.8 亿 m³），奇策线东北部最小（3.9 亿 m³）。在流入区中，黄河流域片区最大（−114.3 亿 m³）。

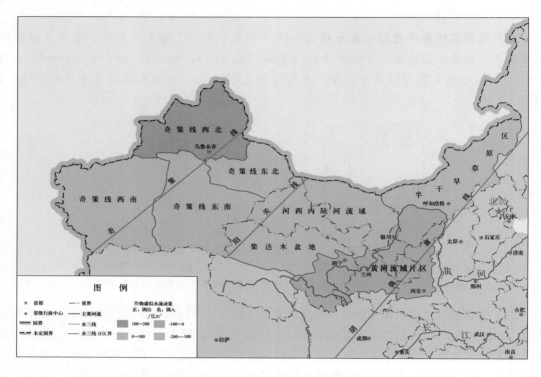

图 13-11 2018 年西北"水三线"地区作物虚拟水流动量空间分布图

(2) 虚拟水出口情况。 2018 年研究区作物虚拟水出口主要依靠棉花和水果,棉花和水果虚拟水流出量分别为 202.6 亿 m³ 和 118.6 亿 m³。作物虚拟水进口主要依靠粮食,净流入为 -148.0 亿 m³(表 13-2)。

表 13-2　　　　　　　2018 年西北"水三线"地区虚拟水流动量计算分析表　　　　　单位:亿 m³

"水三线"	分区	主要作物虚拟水流动量					总计
		粮食	油料	蔬菜	水果	棉花	
奇策线 (新疆)	奇策线西北	-2.6	19.2	9.4	22.7	104.1	152.8
	奇策线西南	-36.0	-8.5	-1.4	38.1	85.1	77.3
	奇策线东北	-9.1	-1.0	-0.4	10.7	3.7	3.9
	奇策线东南	-7.2	-0.8	4.7	8.3	22.2	27.2
	小计	-54.9	8.9	12.3	79.8	215.1	261.2
阳关线	河西内陆河流域	14.9	3.4	6.6	-2.6	0.3	22.6
	柴达木盆地	-2.7	1.9	-0.4	-0.8	-0.1	-2.1
	半干旱草原区	23.5	36.7	-2.1	-5.7	-1.9	50.5
	黄河流域片区	-128.8	-18.8	-3.3	47.9	-10.8	-114.3
	小计	-93.1	23.2	0.3	38.8	-12.5	-43.3
胡焕庸线西侧	合计	-148.0	32.1	12.6	118.6	202.6	217.9

（3）粮食虚拟水的进口主要集中于黄河流域片区和奇策线西南部。棉花虚拟水出口区主要集中于奇策线两侧四区。水果虚拟水出口区主要集于奇策线西北部、奇策线西南部、奇策线东北部、奇策线东南部和黄河流域片区。

13.2 西北"水三线"水循环通量变化趋势分析

水是区域经济发展中重要的基础性自然资源，虚拟水贸易为解决区域实体水资源的时空不平衡分布提供了新的思路。本节从时空尺度两个层面分析西北"水三线"虚拟水转化运移的基本特征，为更深一步地探讨西北"水三线"作物产业结构的调控措施奠定基础。

13.2.1 西北"水三线"水循环通量演变趋势

1. 作物总生产虚拟水量

（1）年际变化情况。西北"水三线"地区生产虚拟水量从 2000 年的 1248 亿 m³ 增加到 2018 年的 1600.8 亿 m³，2015—2018 年作物生产虚拟水量均有所下降，从 1700.1 亿 m³ 降低到 1600.8 亿 m³（图 13-12）。阳关线东侧、西侧分别从 996.0 亿 m³ 和 704.1 亿 m³ 下降到 928.3 亿 m³ 和 672.5 亿 m³。阳关线东侧的黄河流域片区作物生产虚拟水量最大，占区域生产虚拟水总量的 70% 左右。

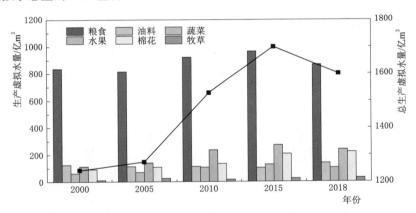

图 13-12 西北"水三线"不同年份作物生产虚拟水量演变趋势图

奇策线西侧地区总生产虚拟水量从 2000 年的 305.2 亿 m³ 增加到 2018 年的 601.8 亿 m³，其中奇策线西北部占 56.8%～60.7%，奇策线西南部占 39.3%～43.2%。奇策线东侧地区总生产虚拟水量从 2000 年的 26.8 亿 m³ 增加到 2018 年的 70.7 亿 m³，其中奇策线东北部占 30.5%～45.3%，奇策线西南地区占 54.7%～69.5%（图 13-13）。

（2）主要作物生产虚拟水情况。2000—2018 年作物生产总虚拟水量占比前三作物均为粮食、棉花和水果。其中粮食占比逐渐下降（由 67.4% 下降为 54.3%），棉花和水果占比上升（分别由 7.4% 和 9.1% 上升至 13.8% 和 15.0%）。

阳关线西侧地区作物生产虚拟水量占前三的作物为粮食、棉花和水果（图 13-14）。其中粮食占比由 2000 年的 46.5% 下降为 2018 年的 38.0%。棉花和水果占比分别由

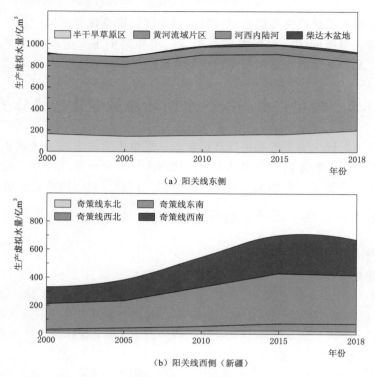

图 13-13 阳关线两侧不同年份作物生产虚拟水量变化趋势图

26.1%和7.4%上升至32.6%和16.0%。阳关线东侧地区作物生产总虚拟水量主要以粮食为主,比重由 2000 年的 75.0%下降至 2018 年的 66.1%。水果比重上升,由 9.7%上升至 14.2%。

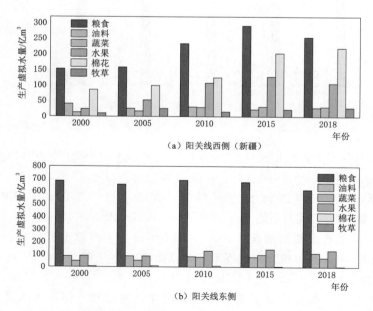

图 13-14 阳关线两侧不同年份具体作物生产虚拟水量结构趋势图

2000—2018年奇策线西侧和东侧地区作物生产总虚拟水量占比前三作物均为粮食、棉花和水果（图13-15）。其中：奇策线西侧粮食占比由2000年的47.2%降至2018年的40.6%，棉花和水果分别由2000年的26.0%和6.0%增至2018年的32.0%和14.0%；奇策线东侧粮食占比由2000年的38.6%下降为2018年的16.1%，减少了22.5%，棉花和水果占比分别由26.9%和22.9%增至37.3%和33.5%。

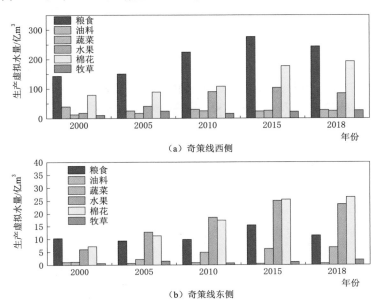

图13-15 奇策线两侧（新疆）不同年份作物生产虚拟水量结构特征图

2. 作物虚拟水流动量

（1）西北"水三线"地区为虚拟水出口区，输出量由2000年的85.6亿 m³ 增加到2018年的217.9亿 m³。半干旱草原区、河西内陆河流域、奇策线西南部、奇策线西北部、奇策线东南部和奇策线东北部为主要的流出区，其中奇策线西北部虚拟水输出量最大，且输出量持续增加（由2000年的98.7亿 m³ 增加到2018年的152.8亿 m³），占奇策线输出总量的49.7%～83.5%。黄河流域片区为主要的流入区，流入量由2000年的−79.6亿 m³ 增加到2018年的−114.3亿 m³。柴达木盆地自2005年起由流出区转变成流入区（表13-3）。

表13-3 西北"水三线"不同年份作物虚拟水流动量演变趋势分析表 单位：亿 m³

分区	分区	年　份				
		2000	2005	2010	2015	2018
阳关线以东	半干旱草原区	26.8	26.5	12.1	5.4	50.5
	黄河流域片区	−79.6	−90.1	−0.7	−100.8	−114.3
	河西内陆河流域	17.5	18.2	21.7	20.8	22.6
	柴达木盆地	2.7	−1.2	−1.3	−4.3	−2.1
	小计	−32.6	−46.6	31.8	−78.9	−43.3

续表

分区	分区	年 份				
		2000	2005	2010	2015	2018
阳关线以西 (新疆)	奇策线东北	0.4	0.1	4.0	5.6	3.9
	奇策线东南	2.8	7.6	18.6	26.7	27.2
	奇策线西北	98.7	81.2	129.4	130.2	152.8
	奇策线西南	16.3	19.9	77.4	99.5	77.3
	小计	118.2	108.8	229.4	262.0	261.2
合 计		85.6	62.2	261.2	183.1	218.0

(2) 西北"水三线"地区虚拟水流出主要依靠出口棉花和水果,输出水量逐年增长,棉花和水果分别从 2000 年的 75.9 亿 m³ 和 66.8 亿 m³ 上升至 2018 年的 202.6 亿 m³ 和 118.6 亿 m³。虚拟水流入主要依靠进口粮食,2018 年粮食输入水量达 148.1 亿 m³(图 13-16)。

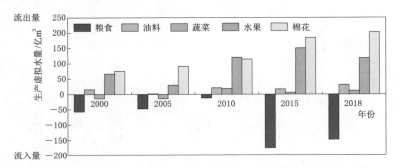

图 13-16 西北"水三线"不同年份作物虚拟水流动量演变趋势图

阳关线以西地区主要输出棉花和水果,输入粮食;阳关线以东地区主要输出水果,输入粮食(图 13-17)。

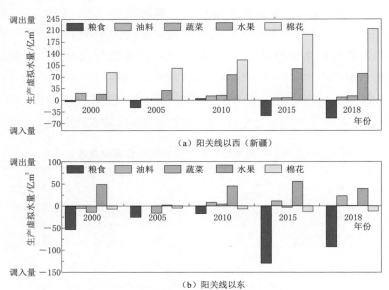

(a) 阳关线以西(新疆)

(b) 阳关线以东

图 13-17 阳关线两侧不同年份作物虚拟水流动趋势变化图

　　奇策线西侧虚拟水输出主要依靠出口棉花和水果,且输出量逐年增长,分别从 2000 年的 76.8 亿 m³ 和 12.8 亿 m³ 上升至 2018 年的 189.2 亿 m³ 和 60.8 亿 m³。奇策线东侧虚拟水输出主要也依靠出口棉花和水果,输出量分别由 2000 年的 6.7 亿 m³ 和 5.1 亿 m³ 上升至 2018 年的 25.9 亿 m³ 和 19.0 亿 m³ (图 13-18)。

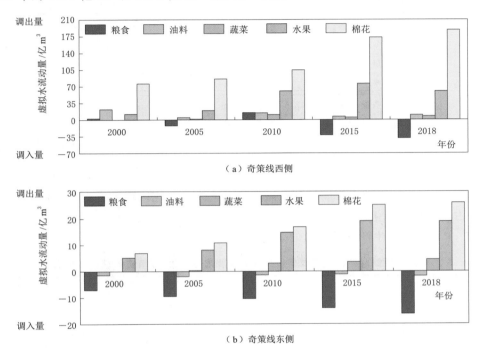

图 13-18　奇策线两侧(新疆)不同年份作物虚拟水流出流动趋势变化图

3. 虚拟水贸易格局

(1) 西北"水三线"地区的消费量占比由 2000 年的 93.1% 降至 2018 年的 86.4%,说明西北"水三线"虚拟水流出量在不断增加(图 13-19)。

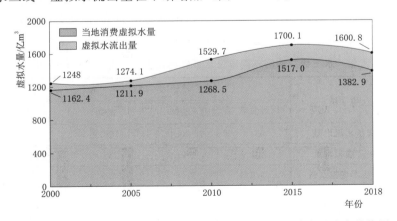

图 13-19　西北"水三线"不同年份作物虚拟水生产/消费量演变趋势图

阳关线以东地区需从外地调运大量的农产品满足本地需求。除 2010 年外，阳关线以东地区当地消费虚拟水量中 3.4%～7.3%来自区外。2000—2018 年阳关线以西地区随着产品调运量的增加，虚拟水输出量整体呈增加趋势（表 13-4）。

表 13-4　　　　阳关线两侧不同年份作物虚拟水生产/消费量统计分析表　　　单位：亿 m^3

分　区	虚　拟　水	年　份				
		2000	2005	2010	2015	2018
阳关线以东	生产量	916.0	889.4	982.3	996.0	928.3
	输出量	−32.6	−46.6	31.8	−78.9	−43.3
	当地消费量	948.6	936.0	950.5	1074.9	971.6
阳关线以西（新疆）	生产量	332.0	384.7	547.4	704.1	672.5
	输出量	118.2	108.7	229.4	262.0	261.2
	当地消费量	213.8	276.0	318.0	442.1	411.3

奇策线两侧作物生产主要满足外地需求。奇策线以东地区输出量由 3.2 亿 m^3 到 31.1 亿 m^3，占生产虚拟水量的 11.94% 到 43.99%；奇策线以西地区输出量由 115.0 亿 m^3 到 230.1 亿 m^3，占作物生产虚拟水量的 37.68% 到 38.24%（表 13-5）。

表 13-5　奇策线两侧（新疆）不同年份大宗农作物虚拟水生产/消费量统计分析表　单位：亿 m^3

分　区	虚　拟　水	年　份				
		2000	2005	2010	2015	2018
奇策线以东	生产量	26.8	37.9	52.3	74.1	70.7
	输出量	3.2	7.7	22.6	32.3	31.1
	当地消耗量	23.6	30.2	29.7	41.8	39.6
奇策线以西	生产量	305.2	346.8	495.1	630.0	601.8
	输出量	115.0	101.1	206.8	229.7	230.1
	当地消耗量	190.2	245.8	288.3	400.3	371.7

（2）2000—2018 年西北"水三线"地区水果和棉花虚拟水流出量分别占生产虚拟水量的 21.5%～59.1%和 82.9%～91.6%（表 13-6）。

表 13-6　　　西北"水三线"地区不同年份水果和棉花虚拟水流出量统计分析表　　　单位：亿 m^3

作物种类	指　标	年　份				
		2000	2005	2010	2015	2018
水果	虚拟水流出量	66.8	30.1	120.6	151.1	118.6
	生产虚拟水量	113.0	140.3	235.0	271.2	239.4
	占生产虚拟水量	59.1%	21.5%	51.3%	55.7%	49.5%
棉花	虚拟水流出量	75.9	91.9	114.4	185.3	202.6
	生产虚拟水量	91.6	108.2	133.3	206.5	221.2
	占生产虚拟水量	82.9%	84.9%	85.8%	89.7%	91.6%

　　阳关线以西地区水果虚拟水输出比（虚拟水/水足迹）维持在 52.6%～74.1%，棉花维持在 96.3%～98.1%，充分说明大量水果和棉花生产主要用于向外输出而非本地使用。伴随作物输出的虚拟水流出加剧了当地本就紧张的水资源压力（图 13-20）。

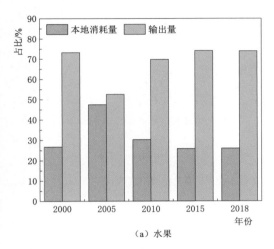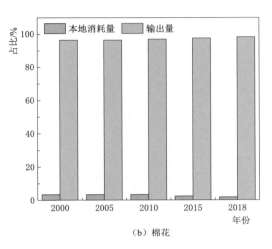

图 13-20　阳关线以西（新疆）不同年份水果和棉花虚拟水生产/消费量变化趋势图

　　奇策线以东地区和奇策线以西地区水果虚拟水输出比分别维持在 62.7%～83.5% 和 49.4%～73.5%，棉花维持在 93.4%～98.1% 和 96.4%～98.1%。在奇策线地区果业和棉业发展的同时，越来越多的水资源也转化为凝结在水果和棉花中被输送到区外，对极度缺水的奇策线地区农业可持续发展造成不利影响（图 13-21 和图 13-22）。

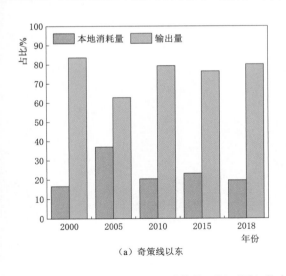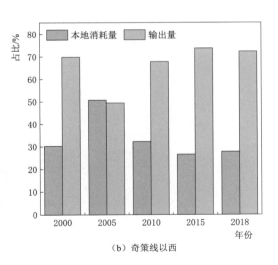

图 13-21　奇策线两侧不同年份水果虚拟水生产/消费量变化趋势图

　　综上，随着我国水果和棉花生产不断向北方转移和集中，内嵌于农作物的虚拟水呈现出由经济欠发达的西部向经济相对发达的东部、缺水的北方向丰水的南方输出的态势。

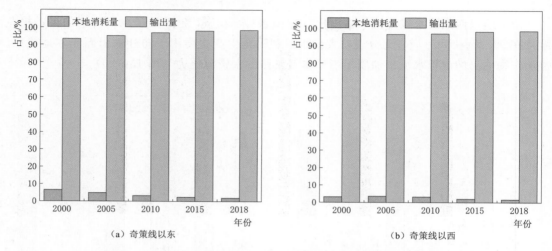

图 13-22 奇策线两侧不同年份棉花虚拟水生产/消费量变化趋势图

13.2.2 西北内陆河流域水循环通量变化趋势

西北内陆河流域（包括河西走廊和新疆内陆河流域）是南水北调西线—西延主要受水区，因此本小节重点研究西北内陆河流域水循环通量的变化趋势。

1. 作物总虚拟水生产量

（1）西北内陆干旱区生产虚拟水量从 2000 年的 397.8 亿 m^3 增加到 2018 年的 756.7 亿 m^3，其中河西内陆河区、奇策线西北部、奇策线西南部、奇策线东北部和奇策线西南地区分别占总生产虚拟水量的 10.2%～16.6%、2.7%～3.0%、3.7%～6.5%、43.5%～46.6% 和 30.1%～34.7%（图 13-23）。

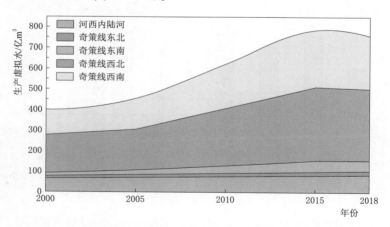

图 13-23 西北内陆干旱区不同年份作物生产虚拟水量变化趋势图

（2）2000—2018 年西北内陆干旱区作物生产总虚拟水量占比前三作物均为粮食、棉花和水果。三者多年虚拟水量占总虚拟水量的均值分别为 44.7%、24.4% 和 14.5%（图 13-24）。

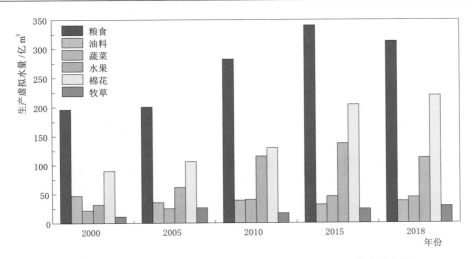

图 13-24 西北内陆干旱区不同年份作物生产虚拟水量结构特征图

2. 作物虚拟水流动量

（1）西北内陆干旱区为输出区，输出量由 2000 年的 135.7 亿 m³ 增加到 2018 年的 283.8 亿 m³。其中奇策线西北部输出量最多，占区域输出总量的 46.0%～72.7%。奇策线东北部输出量最少，仅占 0.1%～2.0%（表 13-7）。

表 13-7   西北内陆干旱区不同年份作物虚拟水流动量统计表   单位：亿 m³

分区名称	年　份				
	2000	2005	2010	2015	2018
河西内陆河流域	17.5	18.2	21.7	20.8	22.6
奇策线东北	0.4	0.1	4.0	5.6	3.9
奇策线东南	2.8	7.6	18.6	26.7	27.2
奇策线西北	98.7	81.2	129.4	130.2	152.8
奇策线西南	16.3	19.9	77.4	99.5	77.3
合计	135.7	127.0	251.1	282.8	283.8

（2）西北内陆干旱区虚拟水输出主要依靠出口棉花和水果，输出水量逐年增长，分别从 2000 年的 85.6 亿 m³ 和 20.6 亿 m³ 上升至 2018 年的 215.4 亿 m³ 和 77.2 亿 m³。西北内陆干旱区虚拟水输入主要依靠进口粮食，2018 年粮食输入水量达 40.0 亿 m³（图 13-25）。

3. 虚拟水贸易格局

2000 年、2005 年、2010 年、2015 年和 2018 年虚拟水输出量分别为 135.7 亿 m³、127.0 亿 m³、251.1 亿 m³、282.8 亿 m³ 和 283.8 亿 m³，区域外的消费量在不断增加表明西北地区高耗水作物的种植规模与产出，并非仅为满足流域自身范围内的消费需求，更多的是期望通过贸易获取更大效益（图 13-26 和表 13-7）。

西北内陆干旱地区水果虚拟水输出比维持在 43.0%～68.6%，棉花虚拟水输出比维持

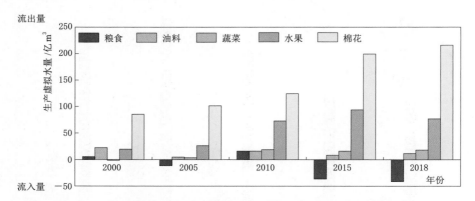

图 13-25 西北内陆干旱区不同年份作物虚拟水流出流入情况变化图

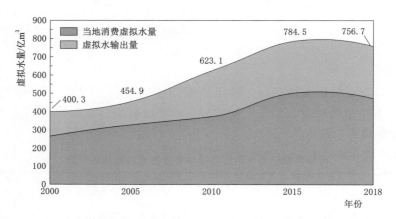

图 13-26 西北内陆河流域不同年份作物虚拟水生产/消费量演变趋势变化图

在 95.4%～97.6%。充分说明大量水果和棉花生产主要用于向外输出而非本地消费，伴随作物输出的虚拟水流动加剧了西北地区本就匮乏的水资源问题（图 13-27）。

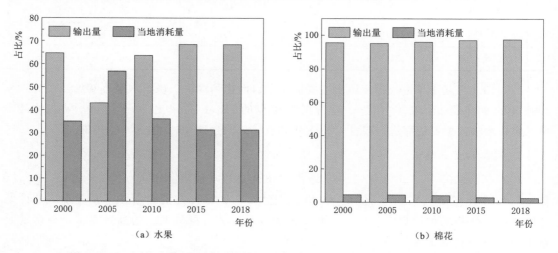

图 13-27 西北内陆河流域不同年份水果和棉花虚拟水生产/消费量趋势变化图

13.2.3 西北"水三线"作物耗水结构分析

相比我国沿海经济发达城市，西部地区经济发展相对落后缓慢，农业是其经济发展中的支柱产业，而水资源匮乏成为了限制其经济发展的关键性因素。因此在明晰作物虚拟水含量的基础上还需要了解作物的虚拟水价值，以提高水资源的利用价值，在实现经济发展的同时保障生态环境可持续发展。

1. 耗水性分析

在西北"水三线"地区作物单位生产虚拟水计算结果的基础上，将主要作物划分为高耗水、中耗水及低耗水作物，划分依据[38-40]及划分结果见表13-8。

表 13-8　　　　　　　西北"水三线"地区不同年份作物耗水类型划分表

分类	划分依据	年　　份				
		2000	2005	2010	2015	2018
高耗水	$WF>2$	粮食、油料、棉花	粮食、油料、棉花	粮食、油料、棉花	油料、棉花	油料、棉花
中耗水	$1<WF\leqslant2$	水果、牧草	水果、牧草	牧草	粮食、牧草	粮食
低耗水	$WF\leqslant1$	蔬菜	蔬菜	水果、蔬菜	蔬菜、水果	蔬菜、水果、牧草

注　WF 为作物单产虚拟水量。

（1）不同作物的耗水程度存在一定的差距。 不同年份粮食、油料和棉花都被划分到了中、高度耗水的一类中，水果、牧草、蔬菜属于中、低耗水的一类中。由于生产力的进步，粮食逐渐由高耗水型转为中耗水型，水果逐渐由中耗水型转为低耗水型。

（2）油料和棉花在各分区耗水性均较高，蔬菜在各分区耗水性均较低。 水果在柴达木盆地属于高耗水型作物。粮食在奇策线西北地区耗水型较低，在奇策线东北、柴达木盆地和半干旱草原区耗水型较高（表13-9）。

表 13-9　　　　西北"水三线"地区不同年份作物耗水类型区域分布情况统计表

分类	划分依据	地　　区					
		粮食	油料	蔬菜	水果	棉花	牧草
高耗水	$WF>2$	奇策线东北 柴达木盆地 半干旱草原区	奇策线西北 奇策线西南 奇策线东北 奇策线东南 河西内陆河流域 柴达木盆地 半干旱草原区 黄河流域片区	—	柴达木盆地	奇策线西北 奇策线西南 奇策线东北 奇策线东南 河西内陆河流域 黄河流域片区	—
中耗水	$1<WF\leqslant2$	奇策线西南 奇策线东南 河西内陆河流域 黄河流域片区	—	—	奇策线西南	—	奇策线东北

分类	划分依据	地 区					
		粮食	油料	蔬菜	水果	棉花	牧草
低耗水	$WF \leqslant 1$	奇策线西北	—	奇策线西北 奇策线西南 奇策线东北 奇策线东南 河西内陆河流域 柴达木盆地 半干旱草原区 黄河流域片区	奇策线西北 奇策线东南 奇策线东北 河西内陆河流域 半干旱草原区 黄河流域片区	—	奇策线西北 奇策线西南 奇策线东南

注 半干旱草原区和柴达木盆地区域统计年鉴中未给出棉花产量;半干旱草原区、柴达木盆地、河西内陆河流域和黄河流域片区中未给出牧草产量。

2. 价值分析

西北"水三线"地区蔬菜和水果的单位水价值较高,分别为 31.1 元/m³ 和 13.1 元/m³,因为同等价值下单位作物耗水量较少;粮食、棉花和油料的单位水价值相差不大,分别为 1.8 元/m³、1.7 元/m³ 和 1.5 元/m³(图 13-28)。水果和蔬菜属于高度单位水价值农作物,剩余的农作物中的粮食、油料和棉花皆为中度单位水价值农作物(表 13-10)。柴达木盆地粮食、油料蔬菜和水果相对其他区域而言,单位水价值均较低,其中水果因其单位作物耗水量较高而致使单位水价值较低,仅为 0.4 元/m³(表 13-11)。

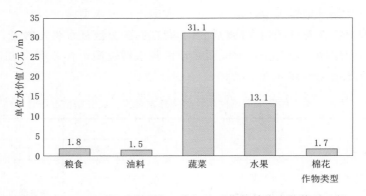

图 13-28 2018 年西北"水三线"地区作物单位水价值对比图

表 13-10 西北"水三线"地区大宗农产品单位水价值类型划分表

分 类	指 标	作物名称
高度单位水价值	$UWV > 3$ 元/m³	水果、蔬菜
中度单位水价值	1 元/m³ $< UWV \leqslant 3$ 元/m³	粮食、油料和棉花
低度单位水价值	$UWV \leqslant 1$ 元/m³	—

注 UWV 为单位水价值。

表 13-11　　　　2018 年西北"水三线"各分区作物单位水价值对比分析表　　　　单位：元/m³

地区	粮食	油料	蔬菜	水果	棉花
奇策线西北	3.4	1.8	50.8	18.4	2.2
奇策线西南	2.2	1.2	28.9	11.4	1.5
奇策线东北	1.5	1.2	25.3	14.1	1.3
奇策线东南	2.2	1.3	35.3	6.1	1.6
河西内陆河流域	2.1	1.5	29.1	10.2	1.3
柴达木盆地	0.9	1.0	20.9	0.4	0.0
半干旱草原区	1.6	1.3	35.4	17.9	0.0
黄河流域片区	2.2	1.5	37.2	14.5	1.4

奇策线西北地区相对于其余地区大宗农产品的单位水价值均最高，其中粮食、蔬菜和水果属于高度单位水价值农产品，价值分别为 3.4 元/m³、50.8 元/m³ 和 18.4 元/m³，油料和棉花属于中度单位水价值农产品。

13.3 "三元"水循环调控原理及途径

13.3.1 "三元"水循环调控原理

1. "三元"水循环调控原理

从资源、环境、经济、生态协调发展的角度考虑，水资源系统的平衡主要包括：实体水用水通量平衡（山、水、林、田、湖、草生态系统中自然水循环过程的平衡）、实体水—虚拟水耦合流动过程平衡（生产、生活水循环系统的社会水循环平衡，即实体水作为生产资料被消耗，并嵌入产品的循环过程中水量平衡）、虚拟水流动过程平衡（隐含在产品中的虚拟水通过区际间产品流通在不同区域之间流动，区域之间流入流出的平衡）。

在一个相对独立的生产周期内（一般指一年），实体水供给通量包括地表水、地下水、土壤水和再生循环水向农业、工业、生活、生态的供给量。在满足资源的可利用性以及环境生态容量可承受的前提下，实体水的供给量能满足经济社会各个行业的用水需求，才能保证实体水供给系统的安全性。

虚拟水流动通量主要体现在经济社会的生产、消费和贸易环节，消费拉力是促进虚拟水发生流动的主要驱动力。对区域来讲，实体水—虚拟水耦合流动过程发生在内部，实体水调入调出和虚拟水流动发生在区域之间，因此区域水量平衡需要实体水—虚拟水统筹调度，协同管理。

虚拟水战略指缺水的国家或地区可以通过贸易的方式从富水国家或地区购买水资源密集型农作物产品（粮食）来保证本地区水和粮食安全[8]。与其他产品贸易一样，国内农产品之间的贸易流通遵循市场经济规律。因各区域经济发展水平、区位条件、政策等因素影响，水资源的区域比较优势未被考虑，隐含在农产品中的虚拟水资源从我国水资源匮乏的北方大量流向水资源充沛的南方，存在"逆比较优势"现象。隐含在产品尤其是农产品中的虚拟水流动在重新分配全国水资源的过程中发挥着重要作用，对区域的社会循环模式产生了重要影响。

目前有两种调控途径解决缺水难题：

（1）从实体水角度出发进行跨区域调水，即把水资源从丰沛地区调到匮乏地区，以满足后者生产、生活、生态等用水需求。如美国加利福尼亚南部天气干旱，本不利于人类生存，但北水南调工程让这里成为全美农产品最丰富的地区，该工程在 1935 年开工，至今仍在发挥作用，且在不断改进和扩建[41]。我国的南水北调工程把长江流域丰盈的水资源抽调一部分送到华北和西北地区，从而改变中国南涝北旱和北方地区水资源的严重短缺局面[42-43]。

（2）实施虚拟水战略，如中东地区每年靠粮食补贴购买的虚拟水数量相当于整个尼罗河的年径流量。从维持区域水量平衡的角度来讲，水的流入、流出应保持均衡状态，若区域持续仅有水的输出而没有水源从外部进行补充，则会对流出区的水资源压力带来巨大的负面影响，因此国家层面的水资源调控应从实体水、虚拟水角度统筹考虑，调水工程设计应考虑虚拟水的流动状况。

2. 调水工程及虚拟水流动

南水北调是中国的一项战略性工程，主要解决我国北方尤其是黄淮海流域的水资源短缺问题，共有东线、中线和西线三条调水线路。通过三条调水线路将长江、黄河、淮河和海河四大江河联系起来，构成以"四横三纵"为主体的水网总体格局，以促进中国南北、东西之间的水资源合理配置。南水北调东线、中线一期主体工程建成通水以来，截止 2021 年 6 月底，已累计调水 400 多亿 m³，直接受益人口达 1.2 亿人，在经济社会发展和生态环境保护方面发挥了重要作用。

与实体水"南水北调"相对应的是，从 1990 年以来，中国农产品流动形成了"北粮南运"的局面，大量的虚拟水隐含在粮食中，从北方运送到南方，每年输送的水资源量从 90 亿 m³ 增长到 500 亿 m³ 以上[44]，2012 年，北方向南方调运粮食 7945 万 t，折合虚拟水量 826 亿 m³[45]。因此，在全球经济快速发展及社会经济活动对水资源开发利用影响日益加重的背景下，水资源的演变运移过程本质上是作为物质的实体水在水圈的连续性运动（实体水）与水作为生产资料在经济社会系统中的价值体现过程（虚拟水）交织在一起，共同影响区域水资源利用状况[46]。

西北内陆干旱地区处于水资源过度开发利用状态，水资源成为区域经济发展的最大刚性约束。在水资源极度匮乏的状况下，2000—2018 年，该区隐含在农产品中的虚拟水净输出量呈增长趋势，由 135.7 亿 m³ 上升到 283.8 亿 m³，进一步加剧了区域的水资源压力。其中 2018 年虽然通过粮食输入虚拟水量 40.0 亿 m³，但通过棉花、瓜果输出 292.6 亿 m³，蔬菜、油料等输出 31.2 亿 m³，净输出虚拟水量为 283.8 亿 m³（表 13-7 和图 13-25）。新疆地区 2018 年净输出虚拟水量 261.3 亿 m³，河西内陆河流域净输出虚拟水量 22.6 亿 m³。

13.3.2 "三元"水循环调控途径

1. 优化西北地区水资源配置，支撑国家粮食安全

(1) 粮食安全是总体国家安全观的重要基础。联合国粮食及农业组织（FAO）对国家粮食安全制定了三个标准：一是国家粮食自给率达到95%；二是人均粮食消费400kg为仅满足人们吃饱的基本需求，而国民"吃好"则需要800kg以上；三是储备粮最低达到本年度粮食消费的18%，否则粮食一旦减产或供应链断裂就会出现粮食安全问题。

(2) 我国粮食安全面临的挑战。2019年我国粮食（包括谷物和油料）年消费量在7亿t左右，粮食进口依赖率已达到15%，接近我国粮食自给率85%的警戒水平。仅以大豆为例，如果9000万t左右的进口大豆由国内生产，按照我国大豆平均单产1450kg/hm²（96.7kg/亩）估算，需要占用6200万hm²（9.3亿亩）的播种面积，相当于2019年全国总播种面积（16593万hm²，24.9亿亩）的1/3，而实际大豆播种面积不足1000万hm²（1.5亿亩），需要扩大大豆播种面积5000万hm²（7.5亿亩）以上，这势必严重挤压其他粮食作物的播种面积，对我国粮食安全造成重大冲击[47]。

我国进口粮食花费金额50832.1万美元，为近年来最大值。按2020年人民币平均汇率1美元兑换人民币6.9元计算，2020年进口粮食花费为3506.1亿元，中国为进口粮食每年花费巨大（图13-29和图13-30）。

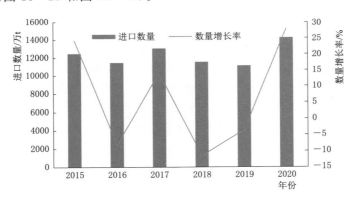

图13-29 2015—2020年粮食进口数量及数量增长率变化图

（数据来源为中商产业研究院数据库）

2020年3月下旬以来，新冠疫情使许多国家纷纷宣布禁止粮食出口，或限制、监视粮食和油料出口，国际粮食供应链面临断裂风险，这给我国粮食安全进一步敲响警钟。从当前看，新冠疫情诱发国际粮食供应链中断，中美贸易战已变成综合国力鏖战，"粮食战"可能成为美国遏制中国的又一手段。我国人均粮食刚过400kg的安全线，口粮自给率98%，隐性自给率仅70%，进口粮食相当于租用别国9亿亩农田。按照2013年公布的第二次全国土地调查数据，我国耕地面积为20.3亿亩，因此相当于我国需要30亿亩土地才能维持目前的粮食消费水平，粮食安全问题不容乐观，亟待把粮食总产提高30%，或者构建相当于10亿亩耕地进口粮的稳定供应链。

我国水资源分布特点为南多北少，但南方山区多、平原少、耕地面积少，南方（长江

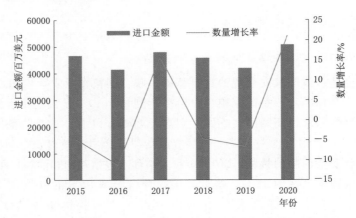

图 13-30　2015—2020 年粮食进口金额及数量增长率变化图
（数据来源为中商产业研究院数据库）

流域及其以南）用以生产粮食的耕地面积占全国 38%、人口占比 58%，人均耕地不足北方的一半，东南沿海人均耕地仅为东北、西北地区的 1/10。长江流域、珠江流域及沿海地区，人口密集，开发程度很高，可供开垦的土地已开发殆尽，且城市化进程还在持续推进，一部分耕地必将转化为城镇用地，产粮潜力消失殆尽。

（3）保障粮食安全的对策措施。西北是未来新增耕地的潜力地，绝大部分地区位于胡焕庸线的西北侧。该区域干旱缺水，地广人稀，土地资源异常丰富，有大片平坦肥沃的沙荒地，且光热条件好，只要有水源供给，就可以开发成优质耕地。

虽然西北内陆地区土地开发潜力大，但农产品种植需要消耗大量的水资源，如果不能解决农作物种植过程中的水源问题，那么通过开发西北地区土地来实现全国耕地占补平衡、保障粮食安全的设想也将成为空想。因此，水资源配置成为实现开发西北土地、保障国家粮食安全目标的必要条件，为西北内陆地区尤其是耕地开发潜力巨大的新疆配置更多的水资源是保障国家粮食安全的战略需要。

2. 实体水—虚拟水统筹管理、循环调控，保障西北干旱区水安全

（1）实体水—虚拟水循环调控理论。从水资源的特性来看，它既是具有天然属性的自然资源，同时又是具有效用属性的社会经济资源。因此，水资源的有效可持续利用与管理不仅要重视水作为自然物质本身的运动规律，也应考虑水资源在经济生产和社会消费过程中的价值流动特性[46]。在人民生活水平日益提高、消费日益多元化的条件下，区域之间产品贸易往来频繁，粮食、肉类、水果等农产品流动区域之间跨度大，北粮南运、西棉外运、西果外输规模进一步扩大，农业水资源消耗形成实体水—虚拟水嵌入转化、互为反馈、相互影响的耦合流动过程[47]。

（2）实施实体水—虚拟水循环调控措施，缓解水土资源空间错位压力，保障西北干旱地区水安全。进入 21 世纪，我国的粮食生产发展取得了瞩目成就，总产量不断提高。与此同时，粮食、棉花、瓜果等重点主产区不断北移，水土资源空间错位进一步加剧。从虚拟水的角度算，西北内陆地区 2018 年虽然通过粮食输入虚拟水量 40.0 亿 m^3，但通过棉花、瓜果输出 292.6 亿 m^3，蔬菜、油料等输出 31.2 亿 m^3，净输出虚拟水量为 283.8 亿 m^3，

农产品外调造成的虚拟水间接输出，给西北地区本地的地表水和地下水造成了较大的压力。目前，西北内陆地区主要有新疆的北疆供水工程和艾比湖生态工程等调水工程，内蒙古的引绰济辽调水工程，甘肃的引大入秦工程、引洮工程，青海的引黄济宁、引大济湟工程，但这些工程的水源都来源于西北内陆地区，没有外部水源调入。从维持区域水量平衡的角度来讲，虚拟水的持续流出进一步加剧了西北内陆干旱区的水资源压力。

国家统计局数据显示，2019年新疆棉花产量继续保持全国最高，为500.2万t，占全国总产量的84.9%，棉花总产、单产、种植面积、商品调拨量连续25年位居全国第一。新疆承担着为全国纺织业提供原材料的政治责任，同时西北地区的特色经济作物瓜果、枸杞、河西走廊的制种业（畜种、粮种、果种）繁衍基地等世界驰名，西北地区高品质的农产品对于满足人民对美好生活的向往具有重要的支持作用。黄河"几字湾"地区是我国北方重要的粮囤子、肉篮子、奶瓶子，对保障我国粮、肉、奶供给、"将饭碗牢牢端在中国人自己手里"发挥着重要的保障作用。这些产品的生产和输出离不开水资源的支持，水资源对保障西北地区棉花、瓜果生产甚至是全国的纺织业、瓜果业、肉蛋奶业的稳定等都起着决定性作用。因此统筹实体水—虚拟水循环调控，从水量平衡的角度对虚拟水流出的西北干旱区以实体水的形式给予补偿，有利于化解农业生产过程中的水资源供需矛盾，保障区域水安全。

3. 基于边疆稳定的西北地区虚拟水经济与区域协调发展战略

（1）西北地区在国家安全中的地位。长期以来，由于地理区位、自然资源环境、国家政策等各因素综合影响，西北地区经济发展一直滞后于东中部地区。党的十九届五中全会指出，要坚持实施区域协调发展战略，健全区域协调发展体制机制。西北内陆地区之一的新疆面积约166万 km^2，占国土面积的1/6，与周边8个国家接壤，边界线长达5600km，约占全国陆地边界的1/4，是我国边境线最长的省区，也是古代丝绸之路的重要通道。独特的地理位置、民族构成、宗教信仰，使新疆面临的稳定问题不同于我国其他沿边省区，在某种意义上可以说，新疆稳则全国稳，新疆治则国家治。

边疆稳定问题并不仅仅取决于宗教、地理位置等因素，与区域经济发展程度也存在密切关系。为配合中央1999年提出的西部大开发战略，2000年新疆自治区政府基于全区域资源分布特点，提出了非均衡发展战略。优先发展经济条件较好的天山北坡，该区域人均GDP、人均农民收入不断提高；而经济发展条件相对较差的南疆地区，特别是南疆四州和其他贫困县经济发展较为缓慢，新疆内部各区域之间的经济差异越来越大，呈现出较强的"马太效应"[48]。由于新疆地区特殊的地理位置和人文环境，区域经济差异不利于社会稳定和国家统一。整个西北地区多为边疆地区、革命老区，经济欠发达、少数民族聚集，是同蒙古、俄罗斯以及中亚国家、阿拉伯国家等交流合作的桥头堡，是脱贫攻坚的重要区域。同时西北地区若要真正实现长治久安，必须要成为一个"民族的熔炉"，这需要更多的主体民族——汉族等内地人口移居到西北内陆地区，与西北少数民族融合性发展。只有突破水资源的限制，这种前景才能成为可能。

（2）西北内陆干旱区经济协调发展对农业的依赖。为发展自身经济和摆脱贫困，西北内陆地区在工业化基础薄弱、远离国内主体市场的困境下，依靠土地资源丰富的优势而不断扩大耕地面积和灌溉规模，成为区域脱贫致富最直接有效的途径，因此灌溉面积长期处于持续增长状态，水资源开发利用量也相应不断增长。朱会义等[49]、张翔等[50]的研究表明，西北内陆河流域人口增长导致食物需求上升并非耕地扩张的主要原因，农业经营主体追求农产品（如棉花、瓜果等高耗水经济作物）规模效益，才是区域耕地扩张的主要原因。不断扩大具有较高经济效益的高耗水作物的种植规模与产出，显然并非仅为满足区域自身范围内的消费需求，更多的是期望通过扩大农产品产出与贸易量获取更大的规模效益。因此，为促进该区域经济协调发展，目前以农业为主体的区域经济发展模式导致的大量虚拟水消耗和输出需要更多外调实体水的支持。

（3）向西北干旱区调水，是维持经济—生态—社会协调发展的基础。西北内陆干旱区生态环境十分脆弱，经济发展相对缓慢，是我国西部大开发的主战场，虽然采取了退耕还林还草工程、高新技术节水、产业结构调整等一系列措施，但生产、生活、生态用水矛盾依然突出，区域生态用水被挤占现象严重，生态环境危机进一步加剧。新疆和田地区有史以来风沙危害为全国之最，河西地区额济纳河及下游居延海绿洲也经常受到特大沙尘暴的袭击，民勤地区由于水资源总量锐减，耕地面积逐年减少，过量开采地下水使地下水位下降，地面植被大量死亡，土地沙化、荒漠化加剧。西北干旱区在没有水资源补充的情况下，区域经济发展严重受阻、生态危机进一步加剧是必然趋势。

南水北调西线工程规划受水区范围是黄河上中游的青、陕、宁、蒙、晋六省区，基本没有将西北干旱区包括进去，青海柴达木盆地、新疆塔里木盆地、吐鲁番盆地、哈密盆地、天山北坡、河西走廊西部，这些面积几乎占西部干旱荒漠区的 2/3，而这些地区恰是生态环境最脆弱的地带，是中国后备土地资源和矿产资源开发的宝库。因此南水北调西线工程进一步西延，使南方水资源惠及西北内陆干旱区，对维持区域经济—生态—社会协调发展非常必要。

4. 西北内陆干旱区农业适水发展战略

（1）西北内陆地区农业发展的光热土资源。西北内陆地区是我国光热资源、土地资源非常丰富的地区之一，具有发展特色经济，形成新经济增长点的巨大潜力。新疆、甘肃等地光热土资源组合条件优越，光能资源丰富，新疆适宜于棉花等长日照植物的生长；日照时间长，可以种植多季作物；昼夜温差大，有利于甜菜和瓜果等经济作物的生长；河西走廊平原区光热资源丰富，年日照时长达 3000～4000h，不低于 10℃ 年积温为 2500～3000℃，无霜期 140～170 天。甘肃民勤借戈壁"光热土"资源种植人参果，目前已成为西北乃至国内设施栽培人参果的最大产区。整个河西走廊地区有宜农土地 1920 万亩，其中连片可垦荒地 467 万亩，宜农宜林土地 660 万亩，宜林土地 435 万亩，宜牧土地 19290 万亩。新疆有可垦荒地约 700 万 hm²（1.1 亿亩），其中宜农荒地 487 万 hm²（0.7 亿亩），占全国宜农荒地的 13.8%，扩大耕地有可靠的土地资源保障，且这些地区地广人稀，可以发展大规模的机械农业。这对于保障我国的粮食安全，守住 18 亿亩耕地底线具有十分重大的战略意义。

（2）西北地区适水发展战略。适水发展的概念是由水资源专家郑连生提出的，主要目的是为了探寻水资源短缺条件下区域经济可持续发展的道路[51]。指在水资源短缺约束下，依靠科技进步开发利用广义水资源、创新用水模式、提高水资源利用效率和效益，选择适宜的生产方式和生活方式，对水资源进行多层优化配置，实现社会、经济、生态的协调发展[51]。适水发展是建立在广义水资源的基础上，因此对水资源的利用不仅仅包括常规的蓝水资源（地表水和地下水），还包括绿水（降水和土壤水）、淡化的海水、再生水、外调水、虚拟水等一切可能被利用的水。对于西北内陆地区来讲，蓝水和绿水资源极度匮乏，无法利用海水淡化技术增加供水量，再生水使用范围很小，大量的虚拟水隐含在农产品中输出到其他地区，因此适水发展模式中唯一可以依赖的水资源仅为外调水。

2013 年我国领导人在出访中亚和东南亚国家期间提出共同建设"一带一路"，得到国际社会的广泛高度关注，为我国广大地区特别是中西部地区带来深度开发的重大机遇。西北干旱区的棉、油、糖、畜为西北干旱区农业的主导和支柱产业。西北经济必须充分利用干旱区独特的资源，发展特色农业，尤其是棉花、哈密瓜、葡萄、红花、西红柿等经济作物和草食畜牧业，形成有竞争力的品牌产品。但水资源成为区域农业发展的最大刚性约束条件，该区域经济适水发展模式应通过外调水，改造未利用土地，扩大发展空间，构建我国北部新经济带第三模块，为西北"水三线"调水工作提供理论依据。

参 考 文 献

［1］ 裴源生，李旭东，杨明智. 21 世纪以来我国灌溉面积构成及农业种植结构变化趋势［J］. 灌溉排水学报，2018，37（4）：1-8.

［2］ M KIFLE，TG Gebremicael，A Girmay，et al. Effect of surge flow and alternate irrigation on the irrigation efficiency and water productivity of onion in the semi-arid areas of North Ethiopia［J］. Agricultural Water Management，2017，187：69-76.

［3］ 霍金炜，杨德刚，张新焕. 基于农业节水的干旱区绿洲可持续发展研究——以渭干河流域为例［J］. 中国沙漠，2013，33（1）：295-301.

［4］ 邹宇锋，山立. 有限水资源条件下西北旱区农业发展途径［J］. 干旱地区农业研究，2014，32（2）：257-263.

［5］ 陈阜. 我国种植业结构调整面临的主要问题与挑战［J］. 民主与科学，2017（1）：15-18.

［6］ 李霆，康绍忠，粟晓玲. 农作物优化灌溉制度及水资源分配模型的研究进展［J］. 西北农林科技大学学报（自然科学版），2005，33（12）：148-152.

［7］ 张倩. 基于粒子群算法的大荔县农业水资源优化配置研究［D］. 西安：西安理工大学，2019.

［8］ 程国栋. 虚拟水：水资源与水安全研究的创新领域［J］. 科学新闻，2003（15）：13.

［9］ 徐中民，宋晓谕，程国栋. 虚拟水战略新论［J］. 冰川冻土，2013，35（2）：490-495.

［10］ 王红瑞，洪思扬，杨博. 虚拟水战略环境影响评价相关问题探讨［J］. 华北水利水电大学学报（自然科学版），2018，39（2）：12-15.

［11］ HOEKSTRA A Y. Vitrual water trade：a quantification of virtual water flows between nations in relation to international crop trade［J］. Watar Science & Technology，2002，49（11）：203-209.

［12］ 孙才志，陈丽新，刘玉玉. 中国农作物绿水占用指数估算及时空差异分析［J］. 水科学进展，2010，21（5）：637-643.

［13］ 程国栋，赵文智. 绿水及其研究进展［J］. 地球科学进展，2006，21（3）：221-227.

［14］ 盖力强，谢高地，李士美，等. 华北平原小麦、玉米作物生产水足迹的研究［J］. 资源科学，2010，32（11）：2066-2071.

［15］ 龙爱华，徐中民，张志强. 虚拟水理论方法与西北 4 省（区）虚拟水实证研究［J］. 地球科学进展，2004（4）：577-584.

［16］ 尉永平，张志强，等. 社会水文学理论、方法与应用［M］. 北京：科学出版社，2017.

［17］ 马育军，李小雁，徐霖，等. 虚拟水战略中的蓝水和绿水细分研究［J］. 科技导报，2010，

28（4）：47-54.

[18] SHIKLOMANOV I A. Appraisal and assessment of world water resources [J]. Water International, 2000，25（1）：11-32.

[19] Falkenmark M，Rockstrm J. The New Blue and Green Water Paradigm：Breaking New Ground for Water Resources Planning and Management [J]. Journal of Water Resources Planning and Management，2006，132（3）：129-132.

[20] 龙爱华，王浩，于福亮，等. 社会水循环理论基础探析Ⅱ：科学问题与学科前沿 [J]. 水利学报，2011，42（5）：505-513.

[21] Falkenmark M. Land-water linkages：A synopsis [C] // Land and Water Integration and River Basin Management：Proceedings of an FAO informal workshop. Food and Agriculture Organization of the United Nations，1995（1）：15-16.

[22] Ringersma J，Batjes N H，Dent D L. Green water：Definitions and data for assessment [R]. Wageningen：ISRIC-World Soil Information，2003.

[23] 李保国，黄峰. 1998—2007 年中国农业用水分析 [J]. 水科学进展，2010，21（4）：575-583.

[24] 孙世坤. 近 50 年来河套灌区作物生产水足迹时空演变过程研究 [D]. 咸阳：中国科学院研究生院（教育部水土保持与生态环境研究中心），2013.

[25] Hoekstra A Y，Chapagain A K，Aldaya M M，et al. The Water Footprint Assessment Manual：Setting the Global Standard [M]. London：Earthscon，2011.

[26] Allan J A. Fortunately there are substitutes for water otherwise our hydro political future would be impossible [C] // Priorities for Water Resources Allocation and Management. London：ODA，1993：13-26.

[27] Allan J A，Karshenas M. Managing environmental capital：The case of water in Isreal，Jordan，the west bank and gaza，1947 to 1995，in Allan J A，Court J H [M]. Water，Peace and the Middle East：Negotiating Resources in the Jordan Basin. London：I. B. Taurus Publishers，1996.

[28] Hoekstra A Y. Virtual water trade：An introduction [C] // Hoekstra A Y. Virtual Water Trade：Proceedings of the International Expert Meeting on Virtual Water Trade. Value of Water Research Report Series No. 12. IHE Delft，2003：13-23.

[29] 程国栋. 虚拟水——中国水资源安全战略的新思路 [J]. 中国科学院院刊，2003（4）：260-265.

[30] Wang Z，Zhang L，Ding X，et al. Virtual water flow pattern of grain trade and its benefits in China [J]. Journal of Cleaner Production，2019，223：445-455.

[31] 王浩，贾仰文. 变化中的流域"自然—社会"二元水循环理论与研究方法 [J]. 水利学报，2016，47（10）：1219-1226.

[32] 邓铭江，龙爱华，李江，等. 西北内陆河流域"自然—社会—贸易"三元水循环模式解析 [J]. 地理学报，2020，75（7）：1333-1345.

[33] 张家欣，邓铭江，李鹏，等. 虚拟水流视角下西北地区农业水资源安全格局与调控 [J]. 中国工程科学，2022，24（1）：131-140.

[34] 郑晓雪. 吉林省农作物生产水足迹变化及影响因素研究 [D]. 长春：东北师范大学，2019.

[35] 赵芮. 基于水足迹的宁夏中部干旱带扬黄灌区种植业结构优化 [D]. 银川：宁夏大学，2018.

[36] 金谦，桂东伟，高霄鹏，等. 新疆主要农作物生产水足迹研究 [J]. 干旱地区农业研究，2018，36（6）：243-249.

[37] 孙世坤，王玉宝，吴普特，等. 小麦生产水足迹区域差异及归因分析 [J]. 农业工程学报，2015，31（13）：142-148.

[38] 韩宇平，曲唱，贾冬冬. 河北省主要农作物水足迹与耗水结构分析 [J]. 灌溉排水学报，2019，38（10）：121-128.

[39] 陈鹏. 基于水足迹的天津市农业产业分析 [D]. 天津：天津理工大学，2011.

[40] 李素娟. 虚拟水与山东省农业产业结构优化 [D]. 泰安：山东农业大学，2007.

[41] 黄德林，胡志超，齐冉. 美国调水工程环境保护政策及其对我国的启示 [J]. 湖北社会科学，2011 (5)：57-60.

[42] 朱永楠，王庆明，任静，等. 南水北调受水区节水指标体系构建及应用 [J]. 南水北调与水利科技，2017，15 (6)：187-195.

[43] 赵勇，翟家齐. 京津冀水资源安全保障技术研发集成与示范应用 [J]. 中国环境管理，2017，9 (4)：113-114.

[44] 吴普特，赵西宁，操信春，等. 中国"农业北水南调虚拟工程"现状及思考 [J]. 农业工程学报，2010，26 (6)：1-6.

[45] 吴普特，王玉宝，赵西宁. 2015 中国粮食生产水足迹与区域虚拟水流动报告 [M]. 咸阳：西北农林科技大学出版社，2018.

[46] 吴普特，高学睿，赵西宁，等. 实体水—虚拟水"二维三元"耦合流动理论基本框架 [J]. 农业工程学报，2016，32 (12)：1-10.

[47] 贾绍凤. 优化黄河上游水土资源配置 为国家粮食安全作贡献 [J]. 中国水利，2020，21：29-31.

[48] 徐合雷. 基于边疆稳定的新疆区域经济协调发展研究 [D]. 石河子：石河子大学，2010.

[49] 朱会义，李义. 西北干旱区耕地扩张原因的实证分析 [J]. 地理科学进展，2011，30 (5)：615-620.

[50] 张翔，张青峰，田龙，等. 不同粮食消费模式下西北旱区大型灌区耕地压力分析 [J]. 干旱地区农业研究，2015，33 (1)：244-251.

[51] 郑连生. 适水发展与对策 [M]. 北京：中国水利水电出版社，2012.

第4篇

西北"水三线"水资源梯度配置与西北水网构建

导 读

1. **案例启示**：通过对国内外典型跨流域调水工程案例的分析，提出跨流域调水是调整区域水平衡、促进宏观经济优化布局的重要手段。

2. **国家水安全**：从总体国家安全观视角出发，总结水资源安全的概念和内涵，辨析水资源安全与总体国家安全的耦合关系，明确水安全在国家安全中的战略地位。

3. **规划构想**：围绕国家"南水北调—水网工程—江河战略"，针对西北地区自然地理特点、水资源禀赋条件和未来发展需求，提出了"西线西延—两源补给—四区连通"的西北水网建设构想，并使其融入"四横三纵"的国家水网主骨架中，完整构建更加系统、更加安全、更加可靠、更高质量的国家大水网。

4. **方案论证**：提出南水北调西线—西延江河连通工程建议方案以及一期、二期、远期工程的调水与供水线路，并对可调水量及生态移民影响进行了初步分析。借鉴国内外大型跨流域调水工程的成功经验，分析论证了工程建设的必要性、紧迫性与可行性。

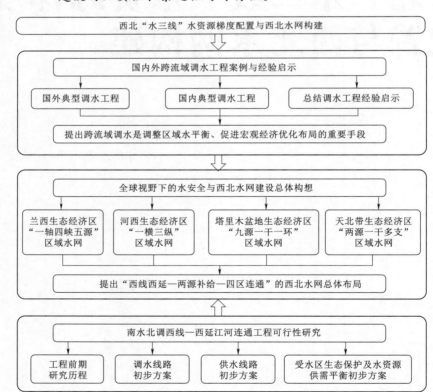

第 *14* 章　国内外跨流域调水工程案例与经验启示

14.1　国外典型调水工程

14.1.1　国外调水工程的历史及发展

国外最早的跨流域调水工程可追溯到公元前 2400 年前的古埃及。当时为了满足今埃塞俄比亚境内南部的灌溉和航运要求，国王默内尔下令兴建了世界上第一个跨流域调水工程，即从尼罗河引水至埃塞俄比亚高原南部进行灌溉，促进了埃及文明的发展与繁荣。

随着 18 世纪后期工业革命的到来，人类改造自然的能力大为提高，同时人口的快速增长，城市化建设的不断加快，对调水工程的建设也起到了极大的推动作用。至 19 世纪末，世界许多国家又先后兴建了一些大型跨流域调水工程，如美国加利福尼亚州水道工程及科罗拉多河引水工程等（表 14-1）。

表 14-1　　　　　　　　　　　国外主要调水工程一览表

国家	工程名称	输水线长/km	年输水量/亿 m^3	调水方式	调出区	调入区	调水目的
美国	中央河谷调水	983.0	53.0	提水	萨克拉门托河	圣华金流域	供水、灌溉、发电
	加利福尼亚州水道	1086.0	52.0	提水	费瑟河、萨克拉门托河、圣华金河	加利福尼亚州中部和南部	城市供水、防洪、灌溉
	全美灌溉系统	132.0	45.0	自流	科罗拉多河	加利福尼亚南部	供水、灌溉、发电
	科罗拉多-大汤普森	1125.0	3.8	自流	科罗拉多河	洛杉矶东坡	供水、灌溉、发电
土库曼斯坦	卡拉库姆运河	1400.0	130.0	自流	阿姆河	土库曼斯坦南部内陆河流域	工农业、城市用水
秘鲁	马赫斯调水	101.0	10.7	自流	科尔卡河、阿布里克河	阿雷基帕	灌溉
俄罗斯	莫斯科运河	128.0	21.0	提水	莫斯科河	莫斯科市	城市供水、发电
印度	萨尔达萨罗瓦	158.0	350.0	自流	纳尔默达河	古吉拉特邦和拉贾斯坦邦	灌溉、供水
澳大利亚	雪山调水	225.0	30.0	混合	雪山河	维多利亚州、新南威尔士州	灌溉、发电

国家	工程名称	输水线长/km	年输水量/亿 m³	调水方式	调出区	调入区	调水目的
以色列	北水南调	300.0	4.0	提水	加里利湖	内盖夫沙漠	供水、灌溉
埃及	西水东调	262.0	44.5	提水	尼罗河	阿里什干河谷	灌溉、供水
	新河谷	310.0	55.0	提水	纳赛尔湖	图什卡盆地	灌溉、供水
巴基斯坦	西水东调	589.0	148.0	自流	印度河、杰赫勒姆河、杰纳布河	拉维河流域、萨特莱杰河流域、比阿斯河流域	灌溉、发电
利比亚	大人工河	4500.0	25.0	自流	撒哈拉沙漠地下水	北部沿海地区	灌溉、供水
哈萨克斯坦	额尔齐斯—卡拉干达运河	458.0	22.3	提水	额尔齐斯河	秦巴罗格	灌溉
南非	莱索托高原调水	200.0	9.5	提水	森克河	瓦尔河供水区	工业调水

14.1.2　国外典型调水工程案例

1. 以色列调水工程

以色列位于亚洲西部，地处亚非欧三大洲结合处，西濒地中海，东邻约旦，北接黎巴嫩、叙利亚，南连埃及和红海亚喀巴湾。该国西北沿海有狭窄平原，中北部为丘陵裂谷，南部为沙漠，其中平原面积不足国土面积的 1/5，沙漠面积约占 2/3。气候属地中海亚热带气候，降水量时空分布差异显著，北方降水丰沛，南方降水稀少，导致水资源分布极不均衡。全国约 80% 的水资源分布在北部的山区、河谷和高原地区，仅 20% 的水资源分布在南方地区，支撑着全国近 2/3 的灌溉土地。南部地区严重的缺水问题阻碍了社会经济的发展，尤其是农业的发展，带来了巨大的困难。

北水南调工程的任务是把北方较为丰富的水资源输送到干旱缺水的中南部地区。工程于 1953 年正式开工建设，1964 年建成投入运行。它是以色列最大的水利工程，也是中南部地区供水的命脉，被称之为以色列国家输水工程。

北水南调工程的起始水源为以色列东北部的加里利湖，年平均调水量为 4 亿 m³。沿途设有两级泵站（第一级提升 250m，第二级提升 150m），再经两道倒虹吸（第一道跨越 150m 深凹槽，第二道槽深 50m），输水隧洞总长 9.3km，主干管管径 2.2～2.8m，明渠 33km，并经过几座水库的调节和沉沙以及加氯消毒工艺处理，达到饮用水标准后，继续通过管道南输，直达内盖夫沙漠。至 20 世纪 80 年代末，北水南调工程输水管线南北已延长约 300km，并吸纳全国主要地表水和地下水源，同时向外辐射出供水管道。该条输水干线与各地区的供水管网相连通，形成全国统一调配的供水系统。

北水南调工程的建设使以色列在距水源地 200km 以外的南部成功发展灌溉，带动了南部经济社会发展，改善了严酷的生态环境。同时把大片的荒漠变为绿洲，扩大了以色列的生存空间，被誉为以色列的"生命管道"。以色列在艰难的条件下成功地建设了调水工程，优化了水资源配置，解决了区域性缺水问题，促进了经济和社会发展，也丰富了开发利用和保护水资源的经验，为世人树立了调水工程建设的典范[1]。

2. 埃及调水工程

阿拉伯埃及共和国（简称埃及）地跨亚、非两洲，东临红海并与巴勒斯坦、以色列接壤，南与苏丹交界，西与利比亚为邻，北临地中海。埃及地势南高北低，南有最高峰凯瑟琳山，海拔 2637.00m；北部地势平坦，多为沙漠。埃及拥有约 2900km 海岸线，但全境约 96％的面积为沙漠，是典型的沙漠之国。

埃及素以干旱著称，降水量稀少，全境年均仅 10mm。北部濒临地中海，属于亚热带地中海气候，年降水量可达 150～200mm。往南降水量骤减，在距海岸仅 170km 左右的开罗地区，年降水量为 30mm。开罗以南广大地区基本为无雨区，而且蒸发强烈，纳赛尔湖年均蒸发 2500mm。世界最长的河流——尼罗河从南到北贯穿埃及，注入地中海，境内长度为 1350km，是埃及唯一的河流，也是唯一的地表水源，被称为埃及的"生命之河"，全国约 98％的水资源来自尼罗河。

埃及经济以农业为主，为增加粮食产量，最大限度地减少粮食进口，埃及迫切需要开发地势平坦、适于农耕的西奈地区，但制约西奈地区发展的关键因素是水，要开发西奈，只有跨大洲从尼罗河调水，别无他途。故西水东调工程于 20 世纪 90 年代开工建设，至 2000 年全部完工，工程从尼罗河三角洲地区起建萨拉姆渠，引尼罗河水东调，该渠到苏伊士运河段长约 87km，调水从苏伊士运河底部经隧洞立交穿过，继续东调 175km 直达阿里什河谷，连通运河西段。西水东调工程主干线全长 262km，年调水量为 44.5 亿 m³。西奈半岛北部开发工程基本是在沙漠地区建设，穿苏伊士运河工程两端又有水位控制。因此，为使工程顺畅输水，设有 9 处抽水泵站，其中在输水干线上设有 7 级泵站，逐级提水东调。在最后一段，即第四开发区到阿里什河谷的第五开发区，由于地形复杂，采用压力管道输水，水泵加压 75.5m，抽水流量 52.6m³/s。为预防干旱地区因灌溉产生土壤盐碱化问题，在灌溉工程建设的同时建设了排水系统，以控制开发区的地下水位。

埃及政府兴建西水东调水利工程，旨在通过对有限水资源的最大化利用，实现国民经济均衡和可持续发展。根据西水东调工程的规划资料，西奈半岛北部开发工程全部完工后，西水东调工程将横贯西奈半岛北部平原，苏伊士运河东西两岸将新增约 380 万亩耕地，有效缓解埃及粮食的短缺状况。同时，新建 45 座新村和住宅区，为 150 万人口提供生活用水，极大地促进西奈经济社会的全面发展与繁荣[2]。

3. 美国调水工程

美国水资源的特点可以概括为：东多西少，水资源分布不均，人均丰富。水资源总量为 29702 亿 m³，其中约 12500 亿 m³ 分布在人烟稀少的阿拉斯加州，本土 48 个州的水资源量仅为 17039 亿 m³。以西经 95°为界，可将美国本土大致划分成两个不同的区域：东部为湿润与半湿润区，年降水量为 800～2000mm；西部 17 个州为干旱和半干旱区，年降水量在 500mm 以下，西部内陆地区只有 250mm 左右，科罗拉多河下游地区不足 90mm，是全美水资源较为紧缺的地区，缺水问题严重制约着地方经济和社会的发展[3]。

为此，美国自 19 世纪开始先后兴建了一批调水工程，以解决缺水地区的用水问题。

如著名的中央河谷工程、加利福尼亚州水道工程、全美灌溉系统、科罗拉多—大汤普森工程等。这些调水工程多以灌溉和供水为主，兼顾发电和防洪。长距离调水工程的成功建设，使美国西南部大片荒漠变为绿洲和繁荣的经济高增长区，对美国经济宏观布局、生产要素和资源的合理配置都起到了重要作用，促进了美国经济的可持续发展。

(1) 中央河谷调水工程。加利福尼亚州位于美国西部太平洋沿岸，南北狭长 1000km，东西最宽处 500km，面积 40.9 万 km²。气候从北部亚热带型过渡到南部高山型，降水量北多南少，冬多夏少。北方有些地区年均降水量高达 2500mm，中央河谷北部的萨克拉门托年均降水量为 450mm，而加利福尼亚州南部年均降水量约为 250mm，有些地区只有 50mm，闻名于世的死亡谷甚至终年无雨。

加利福尼亚州年降水量和水资源在时空上分布极不均匀，大部分径流无法利用，使得加利福尼亚州南部地区成为水资源极度紧缺的地区。为解决中央河谷地区日趋严峻的用水、防洪及环境等问题，加利福尼亚州议会于 1933 年通过了《中央河谷法案》，批准兴建中央河谷工程。该工程于 1937 年 10 月开工建设并在 1940 年 10 月顺利建成，首次实现通水。中央河谷工程主要设施包括：20 座坝和水库，11 座水电站，800km 输水干道、管道、隧洞及其他相关措施；总装机容量为 163 万 kW，年调水量 53 亿 m³，是最早建成的单级提水扬程最大（1151m）的大型跨流域调水工程。工程通过在萨克拉门托河上游修建沙斯塔水库，蓄存和调节三角洲地区的萨克拉门托河下泄径流量，再经三角洲南部的特雷西（Tracy）将水流分为两支：一支经三角洲—门多塔（Mendota）渠道注入弗里恩特（Friant）水库，再通过弗里恩特—克恩（Kern）渠和马德拉（Modera）渠，分别输送至圣华金河谷南部和北部地区；另一支通过康特拉科斯塔（Contra Costa）渠，输送至旧金山湾地区。

中央河谷工程是联邦垦务局所承建的项目中最大的工程，犹如联邦垦务局皇冠上镶嵌的宝石。工程计划为长 805 km、宽 97~161km 的区域内共 35 个县供水[3]。中央河谷工程的建设保护了中央河谷地带免受洪水灾害的威胁，为中央河谷地区开垦大片干旱土地，提供充足的灌溉用水，大力促进农业的发展，有效缓和中央河谷地带以及加利福尼亚中部与南部地区的干旱缺水问题。同时，工程促进了中央河谷地区的经济增长和社会繁荣，使得南部圣华金河谷的几个县跻身于全国农业高产县的行列。

(2) 加利福尼亚州水道工程。第二次世界大战结束后，南加利福尼亚州地区人口急剧膨胀，经济发展速度加快，地方及联邦政府已建供水设施已经无法满足当前和未来用水的需求。在经过多年的论证和研究后，加利福尼亚州立法机构于 1951 年正式授权兴建加利福尼亚州水道工程，1957 年开始动工。

该工程从萨克拉门托河左岸支流费瑟河引水，经 7 级共 22 座大型提水泵站，总扬程达 2396m，总装机容量 136 万 kW，提水送至加州南部地区，输水距离总长 1086km，是目前调水扬程最高、输水距离最长的跨流域调水工程。工程建设分两期完成：第一期工程为主体工程，于 1973 年完工，包括 18 座水库、15 座泵站、5 座电站和 870km 水道；第二期工程主要包括北支渠二期工程、沿海支渠二期工程、东支渠扩建工程以及渠道电站的建设等工程。二期工程 2000 年全部竣工后，调水规模达到 52 亿 m³，其中 60% 的水供给加利福尼亚州南部地区[4]。

该工程的兴建对美国西部甚至整个美国经济都起到相当重要的推动作用，将区域内北涝南旱的水资源进行了优化再分配，有效地解决了水资源供需矛盾。每年给加州带来4000亿美元的经济效益，使加州成为美国经济最发达、人口最多、灌溉面积最大的州，为美国产业和人口向西部扩散迁移奠定了坚实基础，带来了西部的整体发展和繁荣。水是南加州地区发展的重要保障因素，洛杉矶成为美国第二大城市及周围地区的迅速发展均与此调水工程有很大关系[5]。

(3) 美国全美灌溉系统。全美渠灌区位于美国加利福尼亚州的南部和亚利桑那州中南部，南临墨西哥，由英佩瑞尔（Imperial）、考契拉（Coachella）和尤玛（Yuma）三个相对独立的灌区组成，并以全美灌渠为总干渠。灌区年平均气温23℃，年均降水量仅为80mm左右，灌区农作物以蔬菜、瓜果、花卉等经济作物以及小麦、玉米等粮食作物为主。为确保三个灌区的灌溉用水及南加利福尼亚州九座城市的生活用水，联邦垦务局兴建了世界上最大的灌区——全美灌溉系统，并取代原有的私营灌溉系统。

美国政府于1928年12月颁布《博尔德（Boulder）河谷工程法案》，批准修建全美灌溉系统。工程于1934年开工建设，1954年竣工。由英佩瑞尔引水坝、沉沙工程、132km长的全美灌溉干渠、198km长的考契拉灌溉干渠、356km长的尤玛灌溉干渠以及一些附属设施组成。通过英佩瑞尔引水坝从科罗拉多河引水，灌溉英佩瑞尔河谷、考契拉河谷及尤玛河谷分别约21.5万hm²、3.2万hm²及2.8万hm²肥沃的农田。全美灌溉干渠是全美渠灌区的总干渠，渠首位于英佩瑞尔水库右岸，设计流量为429m³/s，年均引水量约45亿m³。

通过修建调水工程，三个灌区的供水得到了保障，农作物的产量显著提高。这三个灌区具有肥沃的土壤和有利的气候条件，一直以盛产水果和蔬菜而著称。全美灌溉系统的修建为该区的农业生产带来了巨大的经济效益。由于英佩瑞尔坝的修建，形成了一个具有相对稳定水位的水库（英佩瑞尔水库），水库水位高出海拔约55m。野营、狩猎、野炊、游泳、划船以及一年四季捕鱼（鲈鱼、蟋鱼、大太阳鱼、刺盖太阳鱼等）都是库区备受青睐的活动项目，这些娱乐活动也为该区创造了丰富的旅游资源[6]。

(4) 美国科罗拉多—大汤普森工程。落基山脉以西的科罗拉多河上游水量丰富，但被高峻的分水岭所阻而不能东流，为解决科罗拉多州东部地区长期干旱缺水的问题，需要修建打通落基山脉的跨流域调水工程。故科罗拉多—大汤普森调水工程于1933年开工，到1959年全部建成，工程由100多个建筑物和1125km渠道组成，水电站总装机容量为18.4万kW。该工程通过对北美大陆分水岭西坡科罗拉多河的水进行储存和调控，每年从科罗拉多河流域收集3.8亿m³的水，调至落基山脉东坡，工程总投资1.7亿美元。

该工程在解决40万人口的用水问题的同时还为437万亩土地进行灌溉，农业灌溉效益显著，同时每年旅游观光人数达到几百万人，旅游效益超过500万美元[7]。

4. 秘鲁调水工程

秘鲁位于南美洲西部，北与厄瓜多尔和哥伦比亚接壤，东同巴西毗连，南与智利交界，东南与玻利维亚毗连，西濒太平洋。国土面积为128.5万km²。其西部太平洋沿岸沙漠区，属热带沙漠草原气候，年均气温12～32℃，年降水不足50mm，是世界上最干旱的地区之一。阿雷基帕位于西部太平洋沿岸沙漠区，该城市全年干燥，严重的水资源短缺问题是制约该地区经济发展的主要因素。

对于太平洋沿岸地带严重缺水制约经济发展的问题，秘鲁政府极为重视，采取立法和宏观规划措施，对水资源的开发利用和保护实施有效管理，以充分利用地表水和地下水资源，管好用好现有工程，提高用水效率。同时，由国家负责对水资源进行统筹规划，有计划地改善水资源配置，建设的重点是把东部丰富的水资源，调到西部干旱缺水的太平洋沿岸地区。其中，于 1971 年开工建设了马赫斯—西瓜斯调水工程用于发展农业灌溉，1985年全部完工，是迄今为止世界上已建的海拔最高的调水工程，工程艰巨宏伟，开创了高山地区调水之先河。

该工程在安第斯山区修建两座水库作为调水水源。一是在科尔卡河上修建孔多罗马水库，大坝高 100m，坝顶高程 4185.00m，库容 2.9 亿 m^3，用于调节科尔卡河径流；二是在亚马逊河水系上游的阿布里克河上修建安戈斯图拉水库，将两个水库的水汇入科尔卡河，通过 89km 隧洞和 12km 明渠，将水调入西瓜斯河。输水工程设计流量 34m^3/s，输水隧洞起始水位 3740.00m，终端水位 3369.00m，利用约 200m 落差修建两座水电站，装机容量为 65 万 kW，年发电量 22.6 亿 kW·h，为阿雷基帕省等地区供电，发电尾水进入西瓜斯河，用于发展灌溉农业[8]。

马赫斯—西瓜斯调水工程的建设是秘鲁发展经济的重大战略举措。为促进经济发展，解决制约经济发展的瓶颈，秘鲁政府在宏观经济规划中把马赫斯—西瓜斯调水工程置于战略高度予以考虑，为城市生活、工矿企业和农业发展提供了水资源保障，从而改善了太平洋沿岸缺水地区生产要素的组合条件，促进了经济社会发展和环境改善。

5. 印度萨尔达萨罗瓦调水工程

纳尔默达（Narmada）河亦称纳巴达（Narbada）河，发源于印度中央邦靠近贾巴尔普尔的迈格拉岭西北坡，河流向西流经萨特普拉山与温迪亚山之间的谷地，最后在布罗奇以西 50km 处注入阿拉伯海的坎贝湾。纳尔默达河全长 1310km，其中位于中央邦及其河谷地带的一段河长 1078km，沿马哈拉施特拉邦与中央邦以及古吉拉特邦的分界线的流程约 72km，入海口河段长 160km。该河流的流域面积约 9.9 万 km^2，河口多年平均流量 1332m^3/s，多年平均径流量 420.1 亿 m^3。与纳尔默达河流域相邻的古吉拉特邦和拉贾斯坦邦有大面积的半干旱和干旱地区。由于这两个邦内部分地区的雨季较短，且降水量分布极不均匀（中部地区年降水量为 1600～2500mm，北部和西部地区仅有 100～400mm），所以主要的常年性河流集中在中南部地区。

为了有效地解决古吉拉特邦和拉贾斯坦邦等缺水地区的农业灌溉用水问题，印度政府对纳尔默达河流域进行了规划，拟修建 31 座大型坝、135 座中型坝和近 3000 座小型坝（其中 10 座大型坝建于纳尔默达河干流上），并决定从纳尔默达河向两个邦的缺水地区实施调水。萨尔达萨罗瓦（Sardar Sarovar）调水工程是其中最著名的工程之一，于 1988年开工，该工程是一项地跨 4 个邦（中央邦、马哈拉施特拉邦、古吉拉特邦和拉贾斯坦邦）的大型调水工程，年设计调水量为 350 亿 m^3，其主体工程包括（建于纳尔默达河上距阿拉伯海约 180km 处）萨尔达萨罗瓦水电工程、1 条长 158km 总干渠、5 条大型支渠及数千公里长的配水系统。

该工程淹没土地与灌溉土地之比非常适中，其主要效益有：一是灌溉古吉拉特邦 3360

个村庄的 2700 万亩耕地，以及拉贾斯坦邦巴尔梅尔和乔罗完全干旱区 112.5 万亩耕地；二是为古吉拉特邦西北部的绍拉施特拉和卡奇等干旱地区的 8215 个村庄和 135 个城镇提供生活用水和工业用水；三是中央邦、古吉拉特邦、拉贾斯坦邦和马哈拉施特拉邦的受水量分别占纳尔默达河 350 亿 m^3 水量的 65.1%、32.3%、1.7% 和 0.9%；四是每年 50 亿 kW·h 的发电量供这 3 个邦使用；五是通过泵站系统可以灌溉马哈拉施特拉邦丘陵地区 5.6 万亩耕地。纳尔默达输水总干渠被喻为是古吉拉特邦的生命线。工程建成后，每年从纳尔默达河调大量的水到干渠和灌溉系统，有效地开发和利用了水资源，并且在环境保护、地下水补给等方面给予充分重视，在生态旅游业开发、渔业开发等方面也取得了较好的效益[9]。

6. 哈萨克斯坦调水工程

哈萨克斯坦地处中亚内陆，东部与中国毗连，南与乌兹别克斯坦、土库曼斯坦和吉尔吉斯斯坦接壤，西濒里海，北邻俄罗斯。地势多为平原和低地，荒漠和半荒漠土地占领土面积的 60%。哈萨克斯坦属严重干旱的大陆性气候，夏季炎热干燥，冬季寒冷少雪。哈萨克斯坦的降水量空间分布非常不均，荒漠地带的年降水量不足 100mm，北部地区为 300～400mm，山区可达 1000～2000mm。境内的主要河流有额尔齐斯河、锡尔河、乌拉尔河、乌巴河和伊犁河。

哈萨克斯坦中部地区的主要河流包括努拉河（含支流丘鲁拜努拉河、萨雷苏河、卡拉金吉尔河）和伊希姆河上游段，多年平均径流量仅有 401 万～648 万 m^3。根据用水部门统计数据，中部地区的年需水量为 30 亿 m^3，其中工业和城市居民生活需水量为 19 亿 m^3，农业灌溉需水量为 7 亿 m^3，水库蒸发和不能回收的渗流损失量为 4 亿 m^3。为解决中部地区水资源的严重短缺问题，先后在这些河流上修建了许多调节水库。但调蓄水量与当地工农业发展的需求仍存在较大差距，故需要从外流域向本地实施调水。

额尔齐斯—卡拉干达运河调水工程从额尔齐斯河流域向哈萨克斯坦中部地区供水，年供水量为 22.3 亿 m^3，约占哈萨克斯坦中部地区总用水量的 75%。渠首取水设施建于额尔齐斯河的支流别洛伊河上，运河途经埃基巴斯图兹市，止于卡拉干达市区，全长 458km。从额尔齐斯河至希迭尔特河和努拉河分水岭，沿程共建有以下工程设施：22 座提水泵站和 4 座汲送渗流水的提水泵站，总扬程 418m，是目前世界上梯级泵站级数最多的大流量、低扬程跨流域调水工程，最大提水高度 22m[10]。该工程调节的外部水源对该地区工农业的发展具有重要的作用，为当地经济发展带来巨大的效益。

7. 利比亚大人工河工程

利比亚位于非洲北部，东部与埃及交界，东南与苏丹为邻，南部同乍得和尼日尔毗连，西部与阿尔及利亚和突尼斯接壤，北部临地中海。其全境 95% 以上地区为沙漠和半沙漠。该国地表水资源极度贫乏，东南部和西南部沙漠地带的地下水资源却非常丰富，农业灌溉完全依靠开采地下水。随着人口及农业灌溉面积的不断增加，地下水位持续下降，已出现了明显的海水入侵现象。但更为严重的问题是约 80% 以上的降水量消耗于蒸发和渗流，能被植物吸收利用的部分不超过 20%。因此，为保证作物生长用水需求，利比亚先后建成了多座蓄水水库以提高水资源的利用率。

利比亚的大人工河工程从南部撒哈拉沙漠地区的 4 个地下水盆地开采深层地下水，通过管网输送到工业密集、人口稠密的北部沿海地区，并连成全国统一的地下供水管网。工程于 1983 年 11 月 6 日正式开工，1991 年 8 月 28 日竣工。规划总调水量为 25 亿 m^3，输水干线总长度约 4500km。其主要建设任务包括东线供水系统工程、西线供水系统工程、东西线连接工程及附属设施工程等。东线供水系统工程称为第一期工程，工程总投资为 36 亿美元，采用重力自流输水，日输水能力为 200 万 m^3。西线供水系统称为第二期工程，总投资 55.54 亿美元，将贾巴哈索纳东部井区和东北部井区开采的地下水，也采用重力自流输水的方式输送到首都的黎波里地区。

大人工河工程历时 20 年，建成后，将南部撒哈拉沙漠地区的地下水输送至黎波里、班加西、苏尔特等城市，惠及 650 万居民，可灌溉 232.5 万亩的土地，解决了利比亚人饮和工农业用水问题，为目前世界上规模最大的长距离管道输水工程，利比亚总统称之为"世界第八大奇迹"。到 21 世纪初，利比亚东北部沿海城市也实现了通水，实现了经济效益和社会效益的双丰收，它无论从规模上还是范围上均被称为当今世界的一个奇迹[11]。

8. 澳大利亚雪山调水工程

澳大利亚位于南半球的南太平洋与印度洋之间，东濒太平洋的珊瑚海和塔斯曼海，西、北、南三面临印度洋及其边缘海，由澳大利亚大陆、塔斯马尼亚等岛屿及海外领土组成。全国水资源量约 3430 亿 m^3，人均水资源量 18053 m^3，水资源相对丰富。澳大利亚大陆因受亚热带高气压及东信风的影响，中部和西部地区年均降水不足 250mm，沙漠和半沙漠占国土面积的 35%，是世界上人类居住最干燥的大陆。为解决内陆地区的干旱缺水问题，澳大利亚先后兴建了包括著名的雪山调水工程在内的一批调水工程，并提出了许多调水计划。

雪山调水工程于 1949 年开始建设，到 1974 年完工。其在斯诺伊河及其支流上修建水库，通过自流和抽水，经隧洞和明渠，使南流入海的斯诺伊河水西调至墨累河及北调至马兰比吉河支流蒂默特（Tumut）河，为下游的灌溉及城市供水，并利用两河在雪山地区不足 100km 范围内的 800m 落差，建梯级电站，达到调水与开发水电相结合的目的。雪山调水工程共建大小水库 16 座，总库容 85 亿 m^3，输水隧洞 145km，明渠 80km，水电站 7 座，泵站 1 座，规划年调水 30 亿 m^3，水电站装机容量为 375 万 kW。

该工程是从雪山河向墨累河水系调水的大型跨流域调水发电工程。半个世纪以来，工程在经济、社会和环境方面获得了显著的效益，是墨累达令流域内跨流域调水的最大来源，占本流域内总调水量的 93%。工程对削减洪峰、干旱时增加径流、控制盐度及环境需求等方面起到了主要的作用。通过雪山工程向墨累河和马兰比吉河输水，对维持流域内的水资源安全和保证水资源的持续供给发挥了重要的作用。同时对流域内的经济发展做出了重要贡献，在农业、旅游业、制造业、采矿业等行业创造了 254 亿美元的产值，占澳大利亚国民生产总值的 5%[12]。

9. 莱索托调水工程

莱索托王国是非洲南部的一个小国，四周被南非包围，是典型的国中之国。它是世界上平均海拔最高的国家，水资源丰富，年降水量 700～1000mm，素有"天上王国"之称。

早在 20 世纪 50 年代，就有人提出了从莱索托境内河流向南非调水的设想，并于 50 年代和 60 年代多次开展了调查和研究工作。但是南非与莱索托两国在水资源支付费用上存在分歧，该项工程计划迟迟未能得到实施。至 20 世纪 70 年代中期，南非政府已经明显地意识到国家核心工业区的瓦尔河供水区、豪登省（Gauten）和姆普马兰加省（Mpumalanga）等干旱地区将面临严重的水资源短缺问题。为了迅速缓解瓦尔河供水区的缺水问题，南非组织开展了许多调水计划方案的研究工作。研究结果表明，这些调水计划只能暂时缓解瓦尔河供水区缺水问题，实施莱索托高原调水工程才是解决瓦尔河供水区缺水问题的根本途径。

莱索托高原调水工程是非洲大陆规模最大的一项跨国引水工程。其任务是将流经莱索托的奥伦治河上游支流森克河近一半的水量，通过隧洞和渠道调往南非境内的瓦尔河流域，提高豪登地区的用水保障程度，同时使莱索托实现电力自给。工程兴建 6 座大坝、4 条大型隧洞和 3 座泵站，并开凿 4 条总长度约 200km 的隧洞，水电装机容量为 18 万 kW。工程于 1990 年开工，于 2020 年全部竣工，以 70m³/s 的流速向南非输送水量。

该工程的建设为南非和莱索托两国带来了巨大的经济效益。工程的建设极大地促进了自由州东部地区的经济活动，使豪登省约 200 万人用上了清洁的水源。水资源是南非经济腾飞和国家振兴的核心因素。如果没有充足的水资源供给，南非许多发展目标将无法实现，特别是瓦尔河供水区内的农村地区。根据南非与莱索托两国签订的协议，该工程至少 50％的工程设计和咨询工作由南非的公司来完成，因而为南非创造了大量的就业机会，莱索托是非洲乃至全世界最贫穷的国家之一，该项工程的实施不仅给莱索托带来了巨大的收益，而且使得该国大部分的人口从中受益，包括创造了良好的旅游前景，并增加了 7000 个新的就业机会，同时提供了大量的电力能源，使当地居民的生活质量得到极大改善[3]。

14.2 国内典型调水工程

14.2.1 国内调水工程的历史及发展

我国是世界上水资源总量较为丰富的国家之一，居世界第六位。全国 2020 年水资源总量为 31605.2 亿 m³，其中地表水资源量约 30407.0 亿 m³，地下水资源约 8553.5 亿 m³，地表水和地下水不重复计算量约 1198.2 亿 m³。虽然我国水资源总量丰富，但人均水资源量少且时空分布极其不均，总趋势为从东南沿海向西北内陆递减。当前我国的人均水资源占有量约为 2100m³，仅为世界人均水资源占有量的 28％，被列入 13 个贫水国家之一[13]。由于受技术和经济调节的限制，我国目前的河川年径流总量中（75％保证率）可用水量只有 7000 亿 m³ 左右，水资源开发利用程度明显低于其他国家。

春秋末期，吴国开凿的邢沟，自山阳至江都，贯通淮河与长江，于公元前 486 年开通；战国初期，魏国修筑鸿沟，将黄河与淮河连通，于公元前 360 年开通；西汉时期，修建漕渠，于公元前 129 年开通。早在春秋时代挖掘，经南北朝至元朝全线贯通的京杭大运河（全长 1873km），是世界调水工程中的瑰宝。在公元 605—610 年，隋朝征调 100 万民工，全面修成以洛阳为中心，北起涿郡（北京），南抵余杭（杭州），由永济渠（从涿郡至泌水入黄河处）、通济渠（由洛阳通到盱眙入淮河）、邗沟（修整扩大）和江南河（从江都至余杭）构成贯通了中国南北的大运河。后来，又经过历代多次整治，连接海河、黄河、淮河、长江和钱塘江五大河流。我国历史上的这些调水工程，反映出中华民族的辛劳才智，是举世闻名的伟大创造[14]。

新中国成立以后，我国跨流域调水工程得到更快的发展，特别是改革开放以来，为解决缺水城市和地区的水资源紧张状况，我国修建了多座大型跨流域调水工程，如江苏江水北调、天津引滦入津、广东东深供水、甘肃引大入秦、山西引黄入晋、辽宁引碧入连、青海引黄济宁、河北引黄入冀补淀、山东引黄济青等重要的调水工程（表 14-2）。为有效解决北部地区干旱缺水问题，改善缺水地区的工农业生产、生活供水条件及北方的生态环境，我国分别于 2002 年和 2003 年开始兴建南水北调东线工程和中线工程。这些调水工程的建设均为调入区提供了稳定可靠的水源，在推动区域经济发展、改善生态环境及促进社会安定等方面发挥了非常重要的作用，有力地支撑了我国社会和经济的快速发展。

表 14-2　　　　　　　　　　　　　　我国主要调水工程一览表

省份	工程名称	输水线长 /km	年输水量 /亿 m³	调水方式	调出区	调入区	调水目的
辽宁	引碧入连	67.8	3.3	自流	辽宁碧流河	大连	城市供水
	大伙房输水工程	320.0	17.8	混合	浑江	抚顺、沈阳、辽阳、鞍山、营口和盘锦	城市供水
江苏	江水北调	454.0	30.5	提水	江苏长江下游	苏北	工农业用水
吉林	引松供水	635.0	8.9	提水	丰满水库	长春市、四平市	工农业用水
河北	引黄入冀补淀	482.0	6.2	自流	黄河	河北	工农业用水
青海	引黄济宁	135.4	5.1	提水	黄河	湟水流域	城市、生态用水
	引大济湟	116.4	6.5	自流	大通河	湟水流域	城市供水
天津	引滦入津	234.0	10.0	混合	华北滦河	京津唐	城市供水
山西	引黄入晋	453.0	12.0	提水	黄河	太原、朔州、大同	城市供水
山东	引黄济青	275.0	5.5	提水	黄河	青岛	城市供水
甘肃	引大入秦	205.7	4.4	自流	甘肃大通河	秦王川	工农业用水
	引洮工程	651.7	5.5	自流	洮河	甘肃	工农业用水
内蒙古	引绰济辽	390.0	4.5	自流	绰尔河	西辽河流域	城市工业用水
云南	滇中引水	663.2	44.0	提水	金沙江	新坡背	城市供水
陕西	引汉济渭	288.2	15.0	提水	汉江	西安和关中地区	城市供水
	引红济石	19.8	2.6	自流	红岩河	关中地区	城市供水
河南安徽	引江济淮	723.0	20.6	提水	长江	安徽、河南	航运、城市供水
广东	东深供水	68.0	17.4	提水	东江	深圳、香港和东莞	城市供水

省份	工程名称	输水线长/km	年输水量/亿 m³	调水方式	调出区	调入区	调水目的
新疆	北疆供水工程	—	—	自流	—	克拉玛依市、乌鲁木齐市、昌吉州	城市供水
	艾比湖生态工程	—	—	自流	—	艾比湖	生态供水
南水北调工程	东线一期	1150.0	89.0	提水	江苏长江下游	山东半岛鲁北地区	生产生活用水
	东线二期	1785.0	106.0	提水		河北、天津	生产生活用水
	东线三期	240.0	148.0	提水		天津、胶东地区	生产生活用水
	中线一期	1241.0	95.0	自流	丹江口水库	北京、天津、河北、河南	生产生活用水
	西线一期	—	170.0	自流	四川长江上游支流、金沙江雅砻江、大渡河等长江水系	黄河上游青海、甘肃、宁夏、内蒙古、陕西、新疆等地	解决西北干旱区缺水

14.2.2　国内典型调水工程案例

1. 南水北调东线工程

南水北调东线工程是在江苏江水北调工程的基础上扩大规模和向北延伸,从长江下游扬州附近抽引长江水,利用京杭大运河及与其平行的河漕为输水干线和分干线,逐级提水北送,并连通作为调蓄水库的洪泽湖、骆马湖、南四湖、东平湖,在山东省位山附近通过隧洞穿过黄河后自流到天津(图 14-1)。东线工程拟在 2030 年之前分三期实施,其中一期工程于 2003 年 12 月开工建设,到 2013 年 11 月正式通水运行。工程从长江引水到山东半岛和鲁北地区,输水主干线全长 1150km;黄河以南共建 13 个梯级泵站,扩建、新建 51座泵站,总扬程 65m,引水流量为 500m³/s(多年平均抽江水量 89.0 亿 m³),有效缓解该地区最为紧迫的城市缺水问题,并为向天津市应急供水创造条件。正在规划的二期工程将增加向河北、天津供水,引水流量为 600m³/s(多年平均抽江水量 106 亿 m³),并在第一期工程的基础上扩建输水线路至河北省东南部和天津市。第三期工程继续扩大调水规模,引水流量为 800m³/s(多年平均抽江水量 148 亿 m³)。

东线一期工程可为苏、皖、鲁、冀、津五省市净增供水量 143.4 亿 m³,其中生活、工业及航运用水为 66.6 亿 m³,农业供水量为 76.8 亿 m³。工程实施后可基本解决天津市、河北省黑龙港以东地区、山东鲁北、鲁西南和胶东部分城市的水资源紧缺问题,并具备向北京市供水的条件。该工程可促进环渤海地带和黄淮海平原东部的经济发展,改善因缺水而恶化的生态环境。同时为京杭运河济宁至徐州段的全年通航保证了水源,使鲁西和苏北两个商品粮基地得到巩固和发展[15]。

2. 南水北调中线工程

南水北调中线一期工程于 2003 年 12 月正式启动,2014 年正式通水。工程从加高扩容

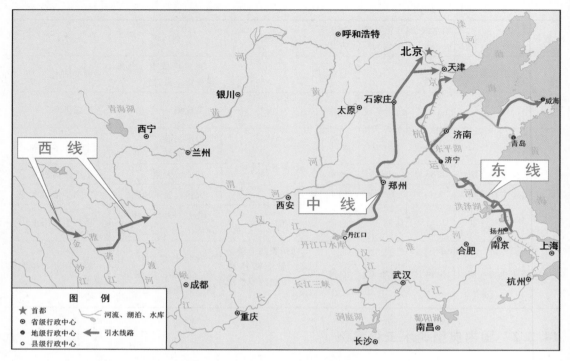

图 14-1　南水北调调水工程示意图

后的丹江口水库陶岔渠首闸引水（加高 14.6m），经唐白河流域西侧、伏牛山南越过长江流域与淮河流域的分水岭方城垭口后，经黄淮海平原西部边缘，在郑州以西孤柏嘴处穿过黄河，继续沿京广铁路西侧、太行山东面北上，自流到天津，经管道输送至北京。重点解决河南、河北、北京、天津 4 省市的水资源短缺问题，为沿线十几座大中城市提供生活和工农业用水。工程主干线长 1241km，规划分两期实施：一期（2010 年）年调水量为 95 亿 m³，二期（2030 年）年调水量为 130 亿～140 亿 m³（图 14-1）。

　　中线一期工程可缓解京、津、华北地区水资源危机，为北京、天津及河南、河北沿线城市生活、工业增加供水 64 亿 m³，增加农业用水 30 亿 m³，极大改善供水区生态环境和投资环境，推动我国中部地区的经济发展。工程还将带动绿化、生态农业和绿色农业的发展，改善当地的生态环境。此外，丹江口水库大坝的加高提高了汉江中下游防洪标准，保障了汉北平原及武汉市的安全[16]。

　　3. 引黄济宁工程

　　青海省水资源在人口稀少、地域辽阔的青南地区相对丰富，而在人口集中、经济相对发达的湟水流域水资源却十分匮乏，与经济发展格局极不匹配。西宁市所在的河湟地区作为黄河文化的重要发源地，昔日丰沛的湟水孕育造就了黄河文化中重要的河湟文化，河湟文化的延续和发展离不开水的丰润。近年来，随着兰西城市群发展规划落地实施，"一优两高"（一优是坚持生态保护优先，两高是推动高质量发展、创造高品质生活）战略加快推进，以及"大西宁"的规划构建，现有的水资源已无法满足未来用水需求。因此，无论是生态治理还是经济社会发展都迫切需要引进源头活水。而从水资源利用现状来看，只有通过从黄河调水才能实现。

引黄济宁工程涉及青海 50 多个乡镇和 400 多个行政村，工程包括引水工程和供水工程两部分，建设工期为 8 年，开发任务为保障城镇生活供水、工业供水、农业灌溉供水及改善生态环境。引水工程自黄河干流上游龙羊峡水库引水，经 74.1km 的隧洞（最大埋深 1350m）穿越拉脊山自流输入到湟水南岸。供水工程由供水干线（总长 135.4km）、6 条供水支线（总长 76.7km）、67 条灌溉供水支线（总长 1300km）及 19 座提水泵站组成。规划近期水平年 2030 年、远期水平年 2040 年调水量分别为 5.1 亿 m³ 和 8.4 亿 m³。

引黄济宁工程是支撑黄河流域生态保护和高质量发展及国家兰西城市群发展、保障西宁海东城市群供水安全的重大战略举措，是解决区域发展不平衡不充分问题、实施扶贫开发和改善民生的富民工程、生态工程，对保障西宁、海东城市群发展、巩固湟水南岸区域脱贫攻坚成果和筑牢青藏高原生态屏障具有重要作用。通过引黄济宁工程，使受水区湟水流域的生态环境得到改善，逐步向高质量发展，林草覆盖率明显增加，水土流失得到有效控制；农业生产条件可得到较大的改善，使农业资源潜力充分发挥；同时也为乡村振兴战略和向高效农业迈进打下了坚实的基础[17]。

4. 引大济湟工程

为了解决湟水流域水资源短缺问题，保障湟水流域的供水安全和环境安全，满足城市化、工业化对水资源的需求，青海省决定兴建引大济湟工程，从水资源总量相对较大、需水量相对较小的大通河引水穿越达坂山补给水资源紧缺的湟水河。引大济湟工程是青海省水利建设史上规模最大的综合性水利工程，也是优化水资源配置的关键性工程。

引大济湟工程于 1996 年开工，主要由"一总两库三干渠"组成，即调水总干渠、黑泉水库、石头峡水库、湟水北干渠一期、湟水北干渠二期和湟水西干渠组成，分三期建设。一期工程由黑泉水库和湟水北干渠扶贫灌溉一期工程组成（简称北干一期工程），2018 年北干一期工程试通水成功；二期工程由石头峡水库、调水总干渠和湟水北干渠二期组成（简称北干二期工程），到 2015 年年底，调水总干渠成功实现试通水；三期工程为湟水西干渠工程，于 2016 年 11 月正式开工。石头峡水库及调水总干渠建成后，近期实现年调水量 3.6 亿 m³，最终年调水量为 6.5 亿 m³，从根本上解决湟水流域的缺水问题[18]。

调水总干渠是引大济湟的"龙头"工程，由引水枢纽、引水隧洞、出口明渠三部分组成，全长 116.4km，通过 24.2km 的隧洞，自北向南穿越达坂山进入湟水上游的黑泉水库。北干一期工程由 49 座总长 91km 的隧洞、26 座总长 4.9km 的渡槽和 18.3km 长的明暗渠组成。北干二期工程的渠道总长 314km，各类建筑物 1079 座。湟水西干渠从黑泉水库引水至西纳川，经西纳川水库调节，通过跨湟水河倒虹吸调水至甘河工业园区，总长 435.1km。

引大济湟工程不仅是缓解湟水流域水资源严重短缺局面的跨流域调水工程，而且是事关湟水流域可持续发展大计的战略性调水工程，更是青海省有史以来建设规模最大、综合效益最广、受益群众最多、建设条件最复杂的水利工程。可以缓解湟水流域日趋严重的水资源供需矛盾，以保障湟水流域供水安全和环境安全，满足城镇化、工业化进程对水资源的需求，满足生态环境修复、保护和建设的要求，满足人口增长对粮食安全的要求，促进东部贫困地区脱贫致富进程，实现湟水流域水资源的合理配置和高效利用，以水资源的可持续利用保障社会经济的可持续发展[19]。

5. 引洮工程

引洮工程于 1958 年开工建设，是甘肃省水利建设史上最宏大的水利工程。该工程主要是解决以定西、会宁为代表的甘肃省中部地区工业用水、农村人畜饮水、生态环境用水问题，同时兼顾灌溉、发电、防洪等综合功能的大型跨流域调水工程。

工程由九甸峡水利枢纽及供水工程两部分组成，分两期建设。一期工程建设内容包括九甸峡水利枢纽及引洮供水一期工程，其中九甸峡水利枢纽水库总库容 9.4 亿 m³，水电站装机容量 30 万 kW；引洮供水一期工程的主体工程总干渠长 110.5km（包含 18 座总长 96.4km 的隧洞），3 条干渠总长 146.2km，20 条支渠总长 238.2km，2 条供水管线总长 47km，于 2014 年 12 月正式通水。二期工程主要建设内容包括 1 条总干渠（长 95km）、6 条干渠及 2 条分干渠（总长 300km）、18 条供水管（渠）线（总长 176km），于 2021 年 9 月正式通水。引洮供水工程年调水总量 5.5 亿 m³，一期工程年调水量 2.2 亿 m³，二期总调水量 3.3 亿 m³[20]。

该工程建成后将从根本上解决以定西市为代表的甘肃中部严重干旱缺水地区的水资源匮乏问题，夯实陇中地区经济社会发展基础，对改善生态环境和生活条件意义重大，也将为甘肃省加快推进扶贫攻坚行动及"丝绸之路经济带"甘肃黄金段建设提供重要的水资源支撑与保障，为与全国一道全面建成小康社会奠定坚实基础[21]。

6. 引汉济渭工程

陕西省水资源总量不足，时空分布不均，缺水是制约全省经济社会发展的"瓶颈"因素。尤其是关中和陕北地区，水资源紧缺已成为当前乃至今后一个时期经济社会发展和环境改善首当其冲的重大问题，引汉济渭工程是针对这一问题规划的具有战略性的水资源配置工程。从汉江流域通过输水管道调水入渭河关中地区，用以解决该地区水资源短缺的问题。

引汉济渭分两期建设，具体如下：

（1）一期为水源工程，于 2009 年正式开工建设，由"两库一洞"组成，即黄金峡水库、三河口水库和秦岭隧洞。其中，黄金峡水库供水采用坝前抽水的方式，经抽水泵站过三河口水库下游连接洞沿着秦岭隧洞输水，最终到达黄池沟配水中心，其总库容 2.3 亿 m³，设计扬程 117m，总装机容量为 129.5MW，多年平均发电量 3.6 亿 kW·h。当黄金峡水库的供水量达不到受水区的需求时，三河口水库补充调水，通过三河口水库坝后连接洞，经控制闸进入秦岭输水隧洞越岭段，总库容 7.1 亿 m³，设计总扬程 97.7m，泵站总装机功率约 27MW。秦岭隧洞工程全长 98.3km，包括黄三段和越岭段，其中黄三段全长 16.5km，设计流量 70m³/s，沿线共布设 4 条施工支洞，总长为 2621m。

（2）二期工程为配水工程，被列入国家 2020—2022 年加快推进的重大水利工程项目，主要建设内容包括黄池沟配水枢纽、南干线工程（100.4km）和北干线工程（89.5km）三部分。引汉济渭工程拟按"一次立项，分期配水"方案建设实施，2020 年、2025 年调水量分别达到 5 亿 m³、10 亿 m³，2030 年调水量达到最终调水规模 15 亿 m³[22]。

工程建成后，一是为关天经济区发展提供水源保障，使关中近 1000 万人喝上干净卫生的优质汉江水，支撑区域内约 500 万人的城市，同时还将归还被挤占的农业水，使失灌的 300 万～500 万亩耕地有水可灌；二是为生态建设和环境保护创造基础条件。通过替代超采的地下水、退还生态水和增加达标排放水量等方式，使渭河水量增加 7 亿～8 亿 m³，提高河流自净能力，遏制渭河流域生态环境恶化和地下水超采；三是结合城市中水利用直接或间接通过水量置换增加生态用水 2 亿 m³[23]。

7. 滇中引水工程

滇中地区是全国干旱最严重的地区之一，目前人均占有水资源量仅为 700m³ 左右，远低于人均水资源量 1700m³ 的缺水警戒线，特别是滇池流域人均占有水资源量仅为 166m³，处于极度缺水状况。其中，在 1950—2014 年，滇中发生严重干旱灾害的年份就有 20 余年，且干旱灾害持续时间越来越长、造成损失越来越重。水资源极度匮乏已成为滇中地区可持续发展的最大制约瓶颈，滇中人民对水资源的需求愈加迫切和强烈。

工程于 2017 年开工建设，由水源工程和输水总干渠工程组成（图 14-2）。水源工程自石鼓镇上游的金沙江右岸引水，通过隧洞和涵管输水至位于冲江河右岸竹园村上游的地下泵站，提水至香炉山隧洞进口。泵站最大提水净扬程为 219.2m，共安装 12 台水泵机组，总装机 492MW。输水工程自香炉山进口向南至大理，然后转向东，经楚雄至昆明，转向东南至玉溪、红河；总干渠总长 663.2km，划分为大理Ⅰ段、大理Ⅱ段、楚雄段、昆明段、玉溪段及红河段 6 段，由输水隧洞、暗涵、渡槽、倒虹吸等输水建筑物组成，建成后年平均输水量为 44.0 亿 m³，施工总工期 96 个月。

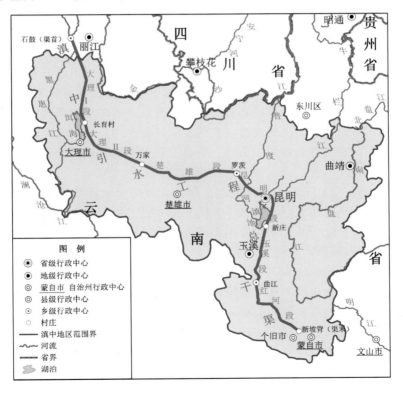

图 14-2 滇中引水工程示意图

工程建成后，可从水量相对充沛的金沙江干流引水至滇中地区，缓解滇中地区城镇生产生活用水矛盾，改善区内河道和湖泊生态及水环境状况，将有力促进云南经济社会可持续发展，为云南省建设民族团结进步示范区、生态文明建设排头兵、面向东南亚辐射中心提供稳定可靠的水资源保障，具有显著的经济、社会和生态效益[24]。

8. 引滦入津工程

引滦入津工程是将河北省境内的滦河水跨流域引入天津市的城市供水工程，是解决天津市工业、生活用水问题的跨流域调水工程，包括引滦枢纽工程（潘家口水利枢纽、大黑汀水利枢纽和枢纽分水闸）和引滦入津输水工程，于 1982 年 5 月开工，1983 年 9 月投入运行。

引滦工程总干渠的引水枢纽工程为引滦入津工程的起点，引水线路全长 234km，年输水量为 10 亿 m³。引水枢纽含入津、入唐 2 个水闸，引水流量分别为 60m³/s 和 80m³/s，分别向天津市和河北省唐山地区输水。引水隧洞及进出口工程总长 12.4km，整治河道长 108km，开挖输水明渠长 64km，修建倒虹吸 12 座，涵洞 5 座、水闸 7 座。

该工程彻底解决了水源污染问题，同时缓解了天津工业用水紧张局面，全面促进了天津市的经济发展。引滦入津前，水源奇缺使天津的工业生产处于严重停滞不前的状态，工程建成通水后，使各行各业产量和质量迅速恢复和提高[25]。

9. 引黄入晋工程

山西省人均水资源占有量为 466m³，相当于全国人均水平的 17％，世界人均水平的 4％。其中，太原、大同、朔州三个中心城市的缺水量最为严重。由于严重缺水，造成了重大的经济损失，极大地制约了当地经济发展。太原、大同、朔州三市是山西能源重化工的主要生产基地。目前，即使在大量超采地下水的情况下，这三市已具备生产能力的工矿企业仍有 50％因供水不足不得不采取限产措施，每年造成直接经济损失 55 亿元，间接经济损失 138 亿元。同样，由于严重缺水使山西脆弱的农业基础受到严重影响，城市人民生活用水也越来越困难。鉴于此，解决山西省的水危机势在必行。因此，万家寨引黄入晋工程成了山西人民生活和工业发展的生命线。引黄工程对山西的经济发展、政治稳定都有着重大的意义。

万家寨引黄入晋工程于 2002 年建成，是国内大型跨流域梯级调水工程，从黄河万家寨水利枢纽引水，分别解决太原、朔州、大同三个主要工业城市水资源紧缺问题。引水线路由总干线、南干线、北干线和联接段四大部分组成。年引水总量 12 亿 m³，其中向太原年供水 6.4 亿 m³，向朔州、大同年供水 5.6 亿 m³。输水线路全长 453km，其中隧洞总长 192km（南干线 7 号隧洞长达 43.5km，堪称"世界第一引水隧洞"）。

该工程从根本上解决山西水资源短缺问题，是实现山西省经济社会全面协调可持续发展的战略工程，是改善生态环境和提高人民群众生产生活水平的民生工程。在党中央、国务院和国家有关部委的关心支持下，经过历届省委、省政府和全省人民的不懈努力，南干线竣工，实现了向省城太原等地供水，为山西省经济社会发展作出了重要贡献，对缓解山西省北部地区用水紧张局面、改善生态环境和人民生活，具有十分重要的意义[26]。

10. 江水北调工程

在江苏大地，从"一城煤灰半城土"到"一城青山半城湖"的徐州，从河窄船小到船队逶迤的大运河，从"十年九灾"贫瘠地到名副其实"米粮仓"的淮北地区，这些转变都绕不开江水北调工程。江苏地处江淮沂沭泗下游，降雨时空分布不均，特别是淮北地区水资源紧缺，淮水可用却不可靠，成为制约整个苏北地区经济社会发展的重要因素。从 1957 年提出江水北调的规划构想，到 1961 年自主设计建设新中国第一座抽水站—江都站。

江水北调主要利用京杭大运河苏北段为输水干线，经洪泽湖、骆马湖调蓄，沿线建有江都、淮安、淮阴、泗阳、刘老涧、皂河、刘山、解台、沿湖 9 个梯级泵站，总抽水能力达 $1600\mathrm{m^3/s}$ 左右，总装机容量 17 万 kW。工程将长江水北送，经高水河、里运河、苏北灌溉总渠、二河、中运河和不牢河等，至南四湖—下级湖，输水干线全长 454km。据统计，江都抽水站主要由 4 座大型电力抽水站、12 座大中型水闸以及输变电工程组成，自 1961 年动工兴建，1969 年 9 月建成并投入运行使用，截至 2020 年 9 月底，工程累计送水量 1525 亿 $\mathrm{m^3}$，年均抽水 30.5 亿 $\mathrm{m^3}$。

南水北调东线工程是在江苏江水北调工程基础上形成的，是国家水资源空间配置四横（长江、淮河、黄河、海河）三纵（南水北调东线、中线、西线）宏大布局中最坚实、最饱满的"一纵"。经过几十年的运行实践，江水北调工程保障了江苏 7 市 50 县农业灌溉、城市供水、交通航运需求，有效解决了工农业生产、城乡生活、生态与环境用水问题，充分发挥了防洪、排涝、灌溉、航运等综合功能，工程受益范围达 6.3 万 $\mathrm{km^2}$，灌溉耕地 4500 多万亩，受益人口近 4000 万人[27]。

14.3　国内外跨流域调水工程经验与启示

14.3.1　成功经验

综合国内外跨流域调水工程的建设与管理，主要成功经验有以下几点：

（1）系统科学的规划布局。近现代调水工程都极为重视规划工作，无论是以色列调水工程、美国调水工程、埃及调水工程、澳大利亚调水工程等国外调水工程，还是我国的江苏江水北调、天津引滦入津、广东东深供水、甘肃引大入秦、山西引黄入晋、辽宁引碧入连等调水工程，都开展了长期的调水工程规划工作。重视调入区与调出区利害关系的研究，并充分利用协商机制，提出应对的措施，同时注意实测与调查资料的运用，结合科学的分析，做出令人信服的规划方案，使决策者可以权衡全局得失做出客观决策。

（2）政府权威的组织实施。跨流域调水工程的管理机构应具有高度的权威性，由政府赋予其相应的行政职权，甚至包括立法权。例如，美国在跨流域调水工程的建设上有很强的政府行为，几乎所有跨流域调水工程都由政府统一组织建设，并负责工程的运行管理。社会团体和个人可参与工程集资，但不允许私人直接建设和管理。即政府在跨流域调水工程的建设与管理上实行的是垄断性经营，以确保水资源的合理利用和优化配置。

（3）体系完善的法律保障。跨流域调水工程规划和管理均强调采用经济、行政、法律相结合的措施，尤其是突出法律的作用。世界上大多数国家都非常重视跨流域调水工程建设与管理的立法，无论是工程的组织建设、管理机构设置、职责划分、运行调度，还是水量控制与分配，及水事纠纷的处理等，都有相应的法律或具有法律效力的规范性文件作依据，且能在实践中严格执行，这就保障了跨流域调水工程建设与管理的正常实施。

（4）高度重视生态环境保护。各个国家跨流域调水工程规划和建设过程中，都非常重视生态环境保护的工作与研究。例如，当年苏联政府针对调水工程对环境的影响（包括有利的与不利的、直接的与间接的、短期的与长期的、暂时的与积累的、一次的或多次的影响），进行深入研究与反复论证，以期消除环境隐患。美国的跨流域调水工程从规划设计到运行管理的各个环节，都不惜投入大量的财力与人力，就调水工程对环境的影响进行广泛而深入的分析研究，制定各种行之有效的对策措施，预防和处理一些可能出现的不利影响，确保不产生重大生态环境问题。

（5）流域管理机构积极参与。许多国家都开展了程度不同的流域管理，建立流域管理机构，并从流域的角度出发，积极介入流域内的重大水事活动，特别是包括跨流域调水工程在内的控制性水资源开发治理工程。有的国家实行的是由流域机构从规划、设计、建设及管理全过程参与甚至负责制度。例如，西班牙的流域水文协会负责相关的流域调水工程的实施与管理；法国则是将调水工程纳入相应的具体流域范围内进行流域统一管理，以适应水资源流域管理的发展趋势，满足水资源综合管理的需要[28]。

14.3.2　存在问题

国际社会对跨流域大规模调水的运作，既有成功的经验，也存在以下问题：

（1）工程投资大、回收周期长。例如，北美水电联盟计划，需要 1000 多亿美元，工期长达 20 年，据估计完工后需 50 年方能收回投资。再比如，苏联时期的"北水南调"工程——欧洲部分的调水方案，仅建立主要水利枢纽和运河所需的投资就超过 25 亿卢布；亚洲部分的调水方案，至少需要 140 亿卢布；中亚和哈萨克地区为了开垦土地和利用水资源而进行的土壤改良工程，就要花费 170 亿卢布。"北水南调"工程建设周期长，仅第一阶段就需要 30～50 年，回收投资则需要更长时间[28]。

（2）生态与经济的负面影响管控复杂。跨流域调水工程不可避免地会在某些区域带来负面影响，比如：会产生淹没和移民问题、占用耕地造成农业受损问题、破坏野生动植物生长环境问题，处理不当甚至会严重破坏生态环境并影响地区的经济发展和社会稳定。跨流域调水会影响调出区河湖水量，当超过一定程度时，就会影响所在流域的正常用水与经济发展，如果调水范围内存在许多污染源，还存在污染源扩散的风险。同时，调水工程可能引发输水沿线及受水区土地大面积沼泽化及盐碱化，引发疟疾、脑炎、血吸虫病等传染性疾病，影响人群健康。特别需要加以重视的是，调水工程的距离越长、规模越大，对生态与经济乃至国家间关系的影响就越复杂化、综合化。

（3）组织协调管理难度大。跨流域调水关系到相邻地区工农业的发展，还涉及相关流域水资源重新分配和可能引起的社会生活条件及生态环境变化。因此，必须全面分析跨流域的水量平衡关系，综合协调地区间可能产生的矛盾和环境质量问题，这是一项极其复杂的系统工程，组织协调管理难度极大。例如美国由于现实的体制所限，各州的权力很大，一些跨州的调水规划由于州际利益难以协调而无法实施。所以，目前已建的调水工程多数是州内调水，这无疑会对水资源的合理利用和优化配置产生不利影响。

14.3.3 重要启示

（1）重大调水工程有利于优化国家经济布局及拓展国土开发空间。 从世界调水工程的成功案例来看，跨流域调水能有效增加当前水供给量，优化水供给区的社会经济分布结构，改造未利用国土，扩大经济活动空间，解决制约国民经济中长期增长的水资源硬约束和可利用国土面积约束问题。例如以色列，通过调水改善了水资源配置的不利状况，缓解了因水资源缺乏对南部地区发展的影响，也改善了严酷的生态环境条件，带动了南部地区经济社会的发展。同时把大片荒漠变为绿洲，扩大了以色列的生存空间，使"让沙漠开满鲜花"的口号变为现实，把原本贫瘠的荒野土地变成了沃野良田，并使四面受敌、战争不断的以色列发展壮大，成为中东农业最发达的国家。

美国的西部开发和建设之所以能取得巨大成功，与大规模兴建水利基础设施分不开。成功的水战略在美国西部的实施，推动了经济社会的可持续发展，使其成为"21世纪发展最快的地区之一"。作为一个以市场为主导的国家，美国在水利建设上有极大的政府色彩，且在政策、法规方面给予支持，极大地解决了由于水资源短缺引起的发展障碍，使全国尽量平衡发展，对整个美国经济宏观布局起到了重要推动作用[29]。如果没有长距离调水工程，美国西部经济发展将会受到极大的限制，东西部经济差距不仅不会缩小，还会越来越大，就不会有今天的洛杉矶、菲尼克斯和拉斯维加斯这批新兴城市的出现。

（2）重大调水工程需举国家之力推动实施。 实施重大跨流域调水工程，合理配置水资源，在得到利益的同时也伴随着重重困难，因此需要国家高度重视，由政府出面进行统一规划管理，有计划地改善水资源配置，同时，区域及流域重大调水工程应上升为国家重大战略工程，以确保调水工程的顺利实施。例如：我国南水北调工程是一项跨流域的宏伟工程，旨在缓解北方水危机，实现南北经济齐飞，总投资超过5000亿元，需要举国之力才能完成；作为发展中国家的秘鲁决定建设马赫斯—西瓜斯调水工程，也是史无前例的，充分表明了秘鲁政府在解决水资源短缺问题上的决心；以色列竭尽所能地改变水资源配置格局，使之在国际舞台上拥有举足轻重的地位。

我国南水北调东线和中线工程的建成，使我国北方初步形成南北贯通、东西互济的水网格局，京、津、豫、冀地区水资源严重短缺问题得到有效缓解，资源组合发展潜力得到巨大提升[30]。因此，无论是从优化水资源配置、支撑农业和粮食安全来看，还是从涵养生态环境、加快城镇化进程来看，都因其功在当代、利在千秋而具有重要的战略意义，对支撑我国经济社会均衡发展、高质量发展发挥巨大作用[31]。规划中的南水北调西线调水工程仍须发挥举国体制和举国之力，破解胡焕庸线对我国国土空间均衡发展的瓶颈，为新时期推动西部大开发形成新格局注入"新动源"[32]。

（3）切实加强生态环境保护。 跨流域调水工程改变了水资源的时空分布，也一定程度上改变了土地利用状况，这些变化对自然、生态和社会环境势必产生一定的不利影响。实施调水工程，应高度重视环境保护，需要对其环境影响进行系统科学的预测评估，并提出相应的环境保护对策措施，在开发中保护，在保护中开发，使其发挥更大的工程效益。美国西部大开发中重点实施蓄水、调水和水生态环境保护战略，是实现其水资源可持续利用和自然生态系统持续良性循环的基础和关键。

（4）建立完善的法律保障体系。从国内外大型调水工程实施来看，从规划、立项、融资、建设、运营管理、水量分配、水价机制以及生态保护、移民与补偿机制、水事纠纷和后期的工程管理方面，都有一套完善的法律保障体系，各个环节都经过了中央政府和地方政府或相关立法机构的批准。例如，美国调水工程的建设从立项、确定投资规模到项目施工管理，以及工程投资的偿还等都严格按照有关法规进行，为开发建设美国西部，缩小美国东西部经济和社会发展上的差距，美国国会在 1902 年通过《垦务法》，成立了垦务局，负责西部各州水资源开发任务，垦务局依据法案规定和合同，收取水费、电费和其他税费，用以偿还政府的投资。因此，我国需要加强跨流域调水工程的立法，通过立法明确水量分配原则、分配方式、分配机构以及其他相关问题，实现《中华人民共和国水法》《中华人民共和国环境保护法》《中华人民共和国水污染防治法》《中华人民共和国水土保持法》《中华人民共和国防洪法》之间的衔接。

（5）完善流域管理机构与职能。我国流域水资源管理体制的特点是多部门、多层次、多元化、条块分割的管理体制，由于流域水资源问题的复杂性以及管理体制的约束，流域水资源管理还存在诸多问题，尚不能完全满足重大跨流域调水工程管理的需求。水库防洪蓄水、水能开发利用、生态环境用水、城市供水、灌溉用水、城市防洪、水环境污染治理等管理相对比较孤立，缺乏权威、系统化的水管理机制，特别是在我国西部地区，需要积极实施以流域或区域为主的系统化水管理战略，通过立法进一步明确流域管理机构的职能，在相关机构设立执行机构，确保能够更好地运营调水工程。另外，我国调水工程和其他水利工程一样，存在"重建轻管"现象，具体表现为忽视水资源保护与节水管理，同时管理运行技术设施落后，结果导致大量水质污染和用水浪费。对此需要尽快完善流域管理职能，加强调水工程的有效管理。

（6）拓展调水工程的投融资渠道。由于跨流域调水工程一般都具有综合效益，但与其他基础设施和基础产业相比，社会效益和环境效益显著，经济效益相对较低。因此，需要充分发挥公共部门、私营部门和民间团体的协作，积极吸引各类资金，提高调水工程的资金供给。例如，美国利用金融证券市场筹集公众资金，有效地解决了水公用基础设施建设的资金来源问题，并促进了美国西部水利基础设施的超前发展。美国、澳大利亚等国家政府投入这类工程的建设资金主要有两个渠道：一是政府提供拨款和长期低息贷款，在具体实施中，政府对防洪、环境保护等公益性工程给予拨款投资，而对有经济收益的灌溉、供水和水力发电工程，政府给予 50 年的低息贷款，一般年利率约 3%～4%，建设期免还本息，灌溉工程只还本不付息；二是发行建设债券，这是长距离调水工程的主要集资方式之一，购买此类债券所得收入免交各种税费。我国虽然已开始通过发行国债来加大水利工程等基础设施建设力度，但如何在融资能力较差的西部大开发水战略实施中，扩大债券融资仍是需要研究的重要课题。

参 考 文 献

［1］　魏昌林. 以色列北水南调工程 ［J］. 世界农业，2001（10）：29－30.

［2］　魏昌林. 埃及西水东调工程 ［J］. 世界农业，2001（8）：26－28.

［3］　王光谦，欧阳琪，张远东，等. 世界调水工程 ［M］. 北京：科学出版社，2009.

［4］　袁少军，郭恺丽. 美国加利福尼亚州调水工程综述（下）［J］. 水利水电快报，2005（11）：14－

16，22.
[5] 欧阳琪，张远东. 加利福尼亚州水资源调配工程 [J]. 南水北调与水利科技，2006 (6)：1-12.
[6] 王志民，苏治中. 全美灌溉系统 [J]. 南水北调与水利科技，2006 (6)：27-30.
[7] 王小京. 美国大汤普森西水东调工程 [J]. 陕西水利，1996 (6)：42-43.
[8] 魏昌林. 秘鲁马赫斯—西瓜斯调水工程 [J]. 世界农业，2001 (7)：21-23.
[9] 李运辉，陈献耘，沈艳忱. 印度萨达尔萨罗瓦调水工程 [J]. 水利发展研究，2003 (5)：49-52.
[10] 杨立信. 哈萨克斯坦额尔齐斯——卡拉干达运河调水工程 [J]. 水利发展研究，2002 (6)：45-48.
[11] 张亚平，曹健. 利比亚大人工河工程简介 [J]. 给水排水，1999 (9)：59-61.
[12] 魏昌林. 澳大利亚雪山调水工程 [J]. 世界农业，2001 (11)：29-31.
[13] 李博. 移动抄表及城市需水量预测系统的设计与实现 [D]. 北京：北京交通大学，2018.
[14] 王家枢. 水资源与国家安全 [M]. 北京：地震出版社，2002.
[15] 刘辉. 南水北调东线工程回顾与展望 [J]. 治淮，2020 (12)：23-26.
[16] 何永煜，李文芳. 南水北调中线工程对汉江中下游防洪影响及对策分析 [J]. 水利发展研究，2015，15 (10)：54-59，63.
[17] 张小红. 试论引黄济宁工程与湟水流域生态环境问题的改善 [J]. 甘肃水利水电技术，2020，56 (8)：16-19.
[18] 孙凡. 引大济湟工程的效益转换分析及动态补偿机制研究 [D]. 西安：西安理工大学，2007.
[19] 马生录. 青海引大济湟调水总干渠引水隧洞全线贯通 [J]. 水利建设与管理，2015，35 (7)：59.
[20] 马千琼. 浅谈引洮工程对会宁地区设施农业的促进作用 [J]. 农业科技与信息，2020 (13)：64-65.
[21] 骆进仁. 引洮供水工程及其对区域可持续发展的影响 [M]. 北京：中国社会科学出版社，2012.
[22] 孙铁蕾，杨莉，王洁，等. 引汉济渭输配水干线工程总体布局方案研究 [J]. 水利规划与设计，2019 (8)：137-142.
[23] 引汉济渭工程对陕西发展的重要意义 [J]. 法治与社会，2012 (8)：78.
[24] 赵毅. 在建国家重点水利标志性工程之首——滇中引水工程 [J]. 隧道建设 (中英文)，2019，39 (3)：511-522.
[25] 李春丽，别君霞. 引滦入津供水工程建设与效益 [J]. 四川水利，2009，30 (5)：37-40.
[26] 郭裕怀. 引黄工程的历史记忆 (续篇) [J]. 党史文汇，2012 (4)：28-33.
[27] 张劲松. 江苏省江水北调工程实践 [J]. 中国水利，2020 (21)：41-42.
[28] 汪秀丽. 国外流域和地区著名的调水工程 [J]. 水利电力科技，2004，30 (1)：1-25.
[29] 才惠莲. 美国跨流域调水立法及其对我国的启示 [J]. 武汉理工大学学报 (社会科学版)，2009，22 (2)：66-70.
[30] 焦金波. 移民史视阈下南水北调精神的历史地位——兼论精神形态的生成标准、类型归属 [J]. 南阳师范学院学报，2019，18 (5)：1-6.
[31] 李庆中. 南水北调工程保障国家水安全的作用探析 [J]. 水利发展研究，2020，20 (9)：9-12.
[32] 王福生. 关于南水北调西线工程的思考和建议 [N]. 甘肃日报，2020-06-04 (8).

第 *15* 章 全球视野下的水安全与西北水网建设总体构想

15.1 全球视野下的水安全

15.1.1 国家安全与水资源

1. 总体国家安全观

(1) 总体国家安全观。国家安全是指国家政权、主权、统一和领土完整、人民福祉、经济社会可持续发展和国家其他重大利益相对处于没有危险和不受内外威胁的状态,以及保障持续安全状态的能力。国家安全是一个相对宽泛的概念,并随着一个国家自身发展阶段和所处的国际政治经济环境的变化而变化。新中国成立以来,不同发展时期所面临的国内外威胁不断变化,维护国家安全的主导思想也经历了从传统国家安全观向非传统国家安全观转变的过程。传统国家安全观以维护军事和政治安全为核心。非传统国家安全观除了重视传统国家安全观强调的政治、军事、领土、主权等传统安全问题外,还加强了对生态、环境、气候、能源等非传统安全问题的考虑[1-3]。进入 21 世纪以来,世界格局不断变换,全球治理体系和国际秩序加速变革,世界"百年未有之大变局"日益显现,全球政治、经济、军事、文化、资源、环境等领域充斥着越来越多的不稳定性和不确定性;随着国内改革进入深水区,各种深层次矛盾日益凸显,国家安全面临的内外部形势日趋复杂。为应对日趋变化的国内外形势,党的十九大明确提出了坚持总体国家安全观,强调"坚持以人民安全为宗旨,以政治安全为根本,以经济安全为基础,以军事、文化、社会安全为保障,以促进国际安全为依托,统筹外部安全和内部安全、国土安全和国民安全、传统安全和非传统安全、自身安全和共同安全"等要求[4]。

(2) 总体国家安全观的基本内涵。总体国家安全观是新时代保障国家安全的基本方略,包括系统性的"11 种安全",即构建集政治安全、国土安全、军事安全、经济安全、文化安全、社会安全、科技安全、信息安全、生态安全、资源安全、核安全于一体的国家安全体系。贯彻落实总体国家安全观,必须:既重视内部安全又重视外部安全,对内求发展、求变革、求稳定、建设平安中国,对外求和平、求合作、求共赢、建设和谐世界;既重视国土安全又重视国民安全,坚持以民为本、以人为本,坚持国家安全一切为了人民、一切依靠人民,真正夯实国家安全的群众基础;既重视传统安全又重视非传统安全;既重视发展问题又重视安全问题，发展是安全的基础，安全是发展的条件，富国才能强兵，强兵才能卫国；既重视自身安全又重视共同安全，打造命运共同体，推动各方朝着互利互惠、共同安全的目标相向而行❶。西北地区在我国经济建设、社会稳定和国防安全等方面具有重要的战略地位，从政治地理学的视角探索国家有机体的生存与发展空间，突破西北"水三线"对西部地区经济与环境协调发展的制约，促进"一带一路"高质量建设，体现了总体国家安全观的重要内涵[5]。

2. 水资源安全和水安全

(1) 水安全的概念。水安全一词最早出现在 2000 年于斯德哥尔摩举行的水讨论会上，联合国教科文组织（UNESCO）对于水安全的定义是：能够保障人类生存发展所需量与质的水资源，能够维系流域生态环境健康和可持续发展、确保人民生命财产免受水灾害（洪水、滑坡、干旱）威胁的能力[6]。水安全的概念比较广泛，它涉及人们熟知的供水安全、防洪安全、水质安全、水生态安全、跨界河流及国家安全等多个方面。同时水安全是一个动态的概念，具有空间地域性、全局性和可调控性三个特点，通过对水安全系统中各因素的调控与治理，可改变水安全的程度，尤其随着全球气候变化的影响越来越显著，原有的水安全问题会发生明显的变化，同时科学技术和社会发展水平变化也会使水安全保障程度不同。水安全也是一个全新的概念，属于非传统安全的范畴，变化环境下水安全问题已成为人类可持续发展面临的新重大挑战[7]。从环境变化与安全问题的本质联系来看，水安全问题涉及到资源、环境、生态、社会、政治、经济等多方面因素，水安全必须跨越传统的安全范畴，在综合安全的框架下进行研究（图 15-1）。

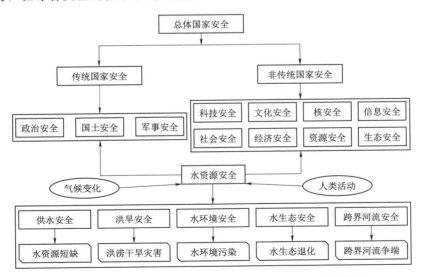

图 15-1　总体国家安全观视角下的水资源安全框架结构图

(2) 水资源安全的概念。水资源安全是水安全的一部分，指一定时空条件下人类于生

❶　习近平主持召开中央国家安全委员会第一次会议强调：坚持总体国家安全观 走中国特色国家安全道路［EB/OL］．［2014-04-15］．http：//www.gov.cn/xinwen/2014-04/15/content_2659641.htm.

421

存和发展中可以持续、稳定、及时、足量和经济地获取所需水资源的状态[8]。其含义可以与粮食安全、矿产资源安全、能源安全的含义进行类比。粮食安全指的是"以可承受的价格供给人们生活必须的食物"，类似的水资源安全也可以定义为"以可以承受的价格提供安全的供水"，但水资源安全实际上除了满足人类生活用水外，还要满足工业生产、生态环境需求等，涉及社会安全、经济安全和生态安全等几个方面。

地球上的淡水资源是有限的。20 世纪中期以来，由于在经济发展中忽视了水资源利用的可持续性而导致水资源安全问题日益突出的状况已引起各国政府的高度重视。高强度的水资源开发利用会导致流域或区域水资源供需严重失衡，尤其是在我国西北干旱区，如石羊河、黑河、玛纳斯河、奎屯河的开发利用率均达到 90%～150%。区域性水资源短缺不仅影响国民经济发展，还导致严重的地下水位下降、湿地萎缩、河流断流等生态环境问题。水资源短缺已成为制约我国西北干旱区经济社会发展和生态环境建设的最关键因素，是基本保障性自然资源和战略性经济资源。而当下，由于气候变化和人类活动而引起的水资源总量变化或水资源时空分布变化，都会使西北干旱区水资源开发利用过程中生态保护与经济发展的矛盾更加突出[9]。

（3）水资源安全的目标。水资源安全涉及社会安全、经济安全和生态安全三个方面的目标。水资源社会安全强调生活用水是一种基本的人权，必须保证人人都有获得安全的饮用水的权利。同时为了保证社会的可持续发展，经济用水和生态用水也是必须保证的。水资源经济安全强调水资源能够支持经济的发展，它有两个方面的含义：一是可以提供水量和水质的保障；二是供水价格要适中，不能因为水价过高而使当地的优势行业丧失市场竞争力。水资源生态安全指生态系统的最低需水应该得到保证，人类不能挤占过多生态用水从而导致生态系统崩溃[10]。

（4）水资源安全和水安全的关系。水资源安全、水灾害安全、水生态安全和水环境安全共同构成了水安全体系，它们相互联系、相互作用，形成了复杂、时变的水安全系统。在水安全问题研究中，水资源安全问题最为重要。水资源安全通常指水资源（量与质）供需矛盾产生的对社会经济发展、人类生存环境的危害问题[11]。

水资源安全主要从水资源的供给、可持续利用等方面考虑，重点考虑水资源满足人类生活、社会经济发展和生态环境保护的供给保障。水安全的概念更为宽泛，除了水资源的供给保障，还涉及洪涝灾害、水生态环境退化等，包括水灾害的可承受能力和水资源的可持续利用两方面。为了保障水资源安全，我们面临着满足基本需要、保证食物供应、保护生态系统、共享水资源、赋予水价值和合理管理水资源等多方面的挑战。如果一个区域的水资源供给能够满足其社会经济长远发展的合理要求，那么这个区域的水资源就是安全的，否则就是不安全的。国际上常用"人均水资源量"和"水资源开发利用程度"两个指标来反映人类对水及水生态的压力，但由于水资源安全是包含着丰富内涵的综合性概念，单用一两个水资源压力指标难以完整反映其内容，需要建立全面的水资源安全评价指标体系[10]。

（5）我国水资源安全问题。我国是水问题最为突出的发展中国家，目前水资源开发利用存在的主要问题可以形象地概括为"水多、水少、水脏和水浑"[12-14]。21 世纪以来，随着人口的增加和国民经济的快速发展，我国水资源安全保障的问题更加严峻。

1）水资源人均占有量低，且时空分布不均。 我国水资源总量为 2.8 万亿 m^3，居世界第 6 位，但人均水资源量仅为世界人均水平的 1/4。同时水资源时空分布极不均匀，南多北少，东多西少，与人口、耕地、矿产等资源分布及经济发展状况极不匹配。长江及其以南水系的流域面积占全国国土总面积的 36.5％，其水资源量却占全国的 81％；淮河及其以北面积占 63.5％，水资源量仅占 19％；西北内陆河地区面积占 35.3％，水资源量仅占 4.6％。受季风气候影响，我国降水量年内分配也极不均匀，大部分地区汛期 4 个月的降水量占全年总量的 70％左右，水资源中大约 2/3 是洪水径流量，难以利用。此外，大量生产生活用水挤占了生态环境用水，造成我国部分地区存在生态环境脆弱、水体污染频发等问题[15]。

2）跨界河流争端与风险加剧。 我国是世界上跨界河流最多的国家，跨界河流问题不仅关系到我国水安全、生态安全和能源安全，还关系到我国周边地缘关系、地缘合作和"一带一路"倡议的顺利实施，是新形势下我国不可避免、急需解决的重大问题❷。新形势下，我国跨流域河流水质管理与水资源配置面临新的挑战，西南、西北、东北国际河流开发过程中不仅存在水权分配、水环境污染、水生态脆弱、洪水灾害和"多龙治水"交织形成的复合型水问题，还有潜在的地缘安全问题，并在未来呈现加剧态势[7]。

3）全球气候变化下我国水资源情势更加严峻。 以全球变暖为背景的全球气候变化在某种程度上导致暴雨、风暴潮、大范围干旱等极端气候发生的频次和强度增加，我国洪涝灾害的强度呈上升趋势；区域性降水发生趋势性变化，我国六大江河径流量呈现减少的趋势，尤以海河、辽河减少最为显著；温度升高导致的海平面上升，使得沿海地区的防洪形势更加严峻，同时也影响到河口地区的生态环境，还影响到水工材料的热力特性及抗磨和耐久性等[16]。受气候变暖持续影响，未来西北内陆河流域气候呈"暖湿化"趋势[17]，西北干旱区冰冻圈水文过程将发生显著变化，RCP 情景温度升高 2℃。到 21 世纪末，西北干旱区冰川融水量将减少 34％～74％，会导致水源涵养能力下降、径流补给量减少、水资源的调节作用减弱、流域径流变化幅度增加、发生旱涝的风险增大、春汛提前等问题进而影响用水制度[18]。

3. **基于总体国家安全观的水资源安全**

坚持总体国家安全观，统筹传统安全和非传统安全，是新时代国家安全保障的基本方略。水资源作为重要的资源及生态和环境要素，是资源安全、生态安全和环境安全的重要基础，也事关国家经济安全、社会安全、政治安全等领域，是总体国家安全观的重要保障任务之一。因此，要以总体国家安全观的内涵为指引，分析水资源安全的概念和内涵。明晰水资源安全在国家安全中的战略地位，辨析水资源安全与总体国家安全的耦合关系，解析水资源安全保障总体国家安全的功能，并提出水资源安全调控的建议[19]。

（1）水资源安全的战略地位。 水资源是基础性自然资源，是社会经济发展的命脉，是一个国家综合国力的重要组成部分。地球上所有生物的生存和发展，都离不开水。世界四大文明古国最初都是以水为基础发展起来的，而一些古代文明的毁灭，比如北美洲霍霍卡姆文化的神秘消失、拉丁美洲玛雅文明的没落、中国楼兰国的消亡，都与水资源缺乏和

---

❷ 刘昌明，等. 我国跨境河流水安全问题的战略对策与建议［R］. 2015.

生态破坏密切相关[20]。

水资源也是一种战略性经济资源，水资源问题也像矿产资源和石油能源问题一样，涉及一个国家内部社会稳定和经济发展，是影响安邦的大事。当下水资源问题已经超越国界，发展成为区域性和国际性的政治问题。许多国家把水外交上升到国家战略层面，通过开展水在政治、经济、技术、政策等方面的对外交流与合作，既以水为手段服务外交目的，也利用外交手段实现水领域国家利益❸。印度外交部长贾斯万特·辛格曾指出："水和能源问题一样，已成为印度外交政策的关键问题"❹。因此，水资源不仅是粮食安全、经济安全的保障，而且也是国家安全的必要条件。中国与周边国家拥有 110 多条跨界河流，跨境水资源是连接中国和周边国家的生命载体，是中国在周边地区构建"命运共同体"的基础资源。制定统一水资源安全战略，推动与周边国家水资源合作管理和合理利用，是需要高度关注的问题。

（2）水资源安全与总体国家安全的耦合关系。为避免"就水论水"的"单一化"认识倾向，既要从总体国家安全观的全域视角来认识，也要从政治、经济、社会等相关领域的安全保障需求出发来认识水资源安全。虽然政治安全与水资源安全没有直接关联，但作为总体国家安全观中的根本，是水资源安全保障的指针。水资源安全是社会稳定的基础，尤其在跨境河流争端严重的中东、北非、中亚等地区，水资源的不安全已经威胁到国家政治安全❺。经济安全、资源安全、生态安全这三个重点领域与水资源直接关联，水资源的可持续供给、水生态环境的健康稳定直接影响到这三个重点领域的安全状态；社会安全、文化安全、国土安全与水资源也有联系，水事纠纷、水文化传承、水外交等方面如果处理不善，会影响这三个重点领域；此外，水资源安全在一定程度上会影响到军事安全、科技安全、核安全和信息安全。可以认为，政治安全是根本，决定了水资源安全的最高准则；经济安全、资源安全、生态安全是核心，决定了水资源安全的内涵要义；社会安全、文化安全、国土安全、军事安全、科技安全、核安全、信息安全是外延，决定了水资源安全的范畴边界[19]。

（3）水资源安全保障功能。首先，水资源是一种资源要素，作为经济社会存续发展的资源供给保障是水资源的基本功能之一；其次，水资源是一种生态要素，为各类涉水生态系统稳定健康提供支撑调节也是水资源的基本功能之一；同时，水资源是一种载体要素，作为各类物质输送迁移消纳的承载转化空间同样是水资源的基本功能之一。资源、生态、载体三大基本要素，是水资源安全与总体国家安全各领域耦合的媒介和纽带。一种理想的水资源安全状态是：水资源供给的数量和过程与经济社会发展的合理需求相吻合，水资源支撑调节的能力与生态系统稳定健康的需求相吻合，水资源的承载转化能力与各种负荷相吻合。这三种功能与对应的需求主体并非相互割裂，资源、生态、载体三大基本要素对应的供给保障、支撑调节、承载转化等基本功能，是经济社会、生态环境等各个需求主体都需要的，对应着总体国家安全观中各相关重点领域的需求主体。对于全国江河而言，要做

---

❸　王建平，金海，吴浓娣，等．深入开展水外交合作的思考与对策 [J]．中国水利，2017 (18)：62-64．

❹　夏朋，郝钊，金海，等．国外水外交模式及经验借鉴 [J]．水利发展研究，2017，17 (11)：21-24．

❺　渝北水利．[他山之石] 水资源短缺影响中东北非稳定 [EB/OL]．[2018-12-10]．https://www.sohu.com/a/280752750_466952．

到防洪保安全、优质水资源、健康水生态、宜居水环境，让河流成为造福人民的幸福河[21]。

（4）水资源安全动态调控。水循环的动态性和不确定性加上人类活动干扰，影响了水资源各种功能提供的数量、质量、位置和过程，即影响了供给侧；人类社会的发展和对安全预期的提升，影响了水资源各种功能需求的结构、目标和弹性，即影响了需求侧。随着气候变化和人类活动对水循环的作用越来越强烈，水文循环呈现非一致性特征。这种时空尺度上的错位，决定了理论状态的不可实现，相较于供需完全一致的情况，时空尺度上供给与需求的相对均衡，便成为水资源安全调控的主要手段。要实现这种相对均衡，从空间上看，要通过跨流域调水等水资源配置工程来实现水资源承载能力与负荷的空间均衡；从时间上看，要通过水库调节来实现年内年际经济社会发展需求与水资源安全中主导功能的均衡。在大尺度上实现时空均衡的同时，更要分别针对供给侧和需求侧进行调整，以更好地保障供给、控制需求，前者通过更为有效的水资源基础设施调配和管理方式来实现，后者通过更为绿色的用水行为来实现[22]。

特殊的自然地理、气候条件及人口众多的国情决定了我国是世界上治水任务最为繁重、治水难度最大的国家之一。我国水土资源空间不匹配，水资源时间尺度变化大，洪旱灾害频发，生态环境保护形势严峻。水已经成了我国严重短缺的资源，成了制约环境质量的主要因素，成了经济社会发展面临的严重安全问题。而我国又处于迈向建设社会主义现代化强国第二个百年目标的关键发展阶段，特殊的国情、水情和经济社会发展阶段，决定了我国在面临较为复杂严峻的水资源安全保障形势时，需要立足于总体国家安全观，采取更为系统综合的水资源安全应对策略[19]。"节水优先，空间均衡，系统治理，两手发力"新时期治水思路，就是通过水资源供给侧和需求侧的动态调控，利用工程和非工程措施，着力保障事关经济社会安全的防洪安全、供水安全，为保障国家总体安全提供更加坚实的支撑。

总体而言，水资源安全是通过合理调控人水关系，更好发挥水资源供给保障、支撑调节、承载转化等功能，实现经济社会用水高标准保障、水资源可持续利用、水生态环境优美健康、水事矛盾有效管控、水文化更好传承，以更好支撑国家总体安全的能力。

4. 水利经济在国家安全中的战略地位

（1）水利对中国社会发展的支撑作用。水利是我国独有的一个概念，是国民经济与社会发展的重要支撑和保障。中国社会的发展与水利发展和治水密切相关。水利的兴废与国家的盛衰存在十分密切的关系，自古就有"善为国者必先治水"之说。兴水利、除水害，事关人类生存、经济发展、社会进步，历来是治国安邦的大事。

西方经济学界普遍认为历史上中国的经济就是王朝集权统治下的水利经济，这种观点主要来源于我国经济学家冀朝鼎的"中国历史上的基本经济区"理论[23-24]。他认为，中国历史上重要的"基本经济区"都是以发展水利事业或者说建设水利工程来支撑的，是国家政治、经济的枢纽地带，把对基本经济区的控制看成是政权获得成功的条件之一。他指出，只要控制了经济繁荣、交通便利的"基本经济区"，即可征服乃至统一全中国，并列举了黄河流域、郑国渠、都江堰、大运河等案例加以佐证。

（2）水利经济与中国现代经济发展。水利经济是以水为载体，从事水资源开发、利用、保护、节约、管理和治理水患过程中产生的各种经济关系和经济活动的总和。当今抑或未来，"水利经济"依然是中国最传统、最基本的经济模式，水利经济＋现代经济是最具特色的中国经济发展模式。这种观点，来源于历史——冀朝鼎的"国家水利与基本经济区"理论；来源于现实——大型水利工程和跨流域调水工程建设，如三峡水利工程、南水北调、长江水电开发、黄河大型水利工程建设及调水调沙调度应用等；来源于未来——"四横三纵"国家骨干水网建设，以及与各流域或区域水网空间联通的"中华大水网"。

关于中国现代经济发展模式，十九大报告中明确提出其主要的特征为转变发展方式、优化经济结构、转换增长动力、完善产业体系等。总体布局为：以"一带一路"倡议为引领，以生态经济、循环经济、产业经济、区域经济、可持续发展等经济学理论为指导，全面贯彻"创新、协调、绿色、开放、共享"五大发展理念，围绕京津冀协同发展、粤港澳大湾区建设、长三角一体化发展、长江经济带发展、黄河流域生态保护和高质量发展等国家五大发展战略布局，全面建成与现代化强国相适应的区域协调发展新机制。

毫无疑问，水利经济和国家水网，将会与交通运输网、能源网和通信网并列，成为影响现代社会人类生活的四大基础设施网络。通过构建国家水网提高水资源供给的质量、效率和水平，增强水资源要素与其他经济要素的适配性，为增强供给体系的韧性提供有力支撑，为国家相关重大战略顺利实施提供有力保障。

15.1.2　世界水资源安全问题

（1）人类将为水资源而战。水是唯一没有替代品的稀缺资源，已经成为世界战略性资源。许多国家的领导人和国际机构的专家多次预言：20 世纪的许多战争是因争夺石油资源而起的，21 世纪水资源的争夺将成为引发战争的根源[25]。2021 年 11 月 15 日，美国总统拜登提出的基础设施法案将水利放在重要位置，指出水利会带来就业并关系到赖以为生的资源，围绕水进行投资将会增强美国的国力❻。美国在全球开启了一个新的国家财富开拓领域。2021 年 4 月 6 日，美国副总统哈里斯在芝加哥发表讲话："在过去，好几代人是为了石油而战，而在不久的将来，他们将会为水资源而战"。哈里斯释放了这样的信号：未来的十年或者更长的时间，各国将为水资源而大打出手，甚至不惜引发战争❼。

（2）水是稳定国际关系的重要因素。据统计，全球淡水资源约有一半存在于 310 条国际河流流域❽。世界上有 46％的人口生活在跨界河流的流域内，如尼罗河流经卢旺达、布隆迪、坦桑尼亚、肯尼亚、乌干达、扎伊尔、苏丹、埃塞俄比亚和埃及等 9 个国家；幼发

---

❻　美国总统拜登签署了美国半个世纪来最大规模基建法案［EB/OL］．［2021 - 11 - 16］．https：//baijiahao. baidu. com/s? id＝1716550645314979823&wfr＝spider&for＝pc.

❼　美国副总统哈里斯"过去很多年我们为石油而战，今后将会为水资源而战"［EB/OL］．［2021 - 04 - 09］．www. sohu. com/a/459793264 _ 121077473.

❽　外媒文章：我们该如何应对水危机？［EB/OL］．［2021 - 03 - 29］．https：//baijiahao. baidu. com/s? id＝1695564655557889243&wfr＝spider&for＝pc.

拉底河流经土耳其、叙利亚、伊拉克 3 个国家；澜沧江—湄公河流经中国、缅甸、老挝等 6 个国家。两个或多个的国家位于同一个流域以内，共享同一河流的水资源，常导致国与国之间的矛盾与冲突。跨界河流的特点使得流域内的水资源问题不单纯是科学与技术问题，更重要的是带有强烈的地区政治甚至军事问题。尤其是这些国家可能具有难解的敌对历史，如中东、南亚、中亚、美洲、北非等地区。跨界河流的水资源问题十分复杂，是当今国与国之间水资源矛盾与冲突的焦点。水一直是阿拉伯人和以色列人、印度人和孟加拉人、美国人和墨西哥人以及尼罗河沿岸国家之间政治紧张局势的主要原因。在全球环境变化背景下，随着人口增长，水资源安全保障问题越发严峻，各国解决跨界河流的水资源争端的能力将成为维持国际关系安全稳定的重要因素[26]。

（3）因水而引发冲突的热点地区。 世界各国对水资源争夺越演越烈，作为生命之源的水已经变成了引发冲突、危害世界和平的重要原因[27]。亚洲发展银行认为，全世界有 70 多个可能会因为水而引发冲突的热点地区，其中包括：

1）中东水问题错综复杂。 围绕水资源展开武力冲突最典型的案例在中东地区。中东地区战略位置重要，石油资源丰富但水资源短缺，常常被人们形容为"干旱的宝地"。虽然水很少被作为宣战的借口，但以色列同阿拉伯国家之间爆发的历次军事冲突，水都是重要的战略要素，有时则是直接因素[28]。中东地区从 1948 年以来的 70 多年中，始终动荡不安，冲突和战争不断。基本上，除了第一次、第五次中东战争，中间的三次战争都与争夺淡水资源有关。中东水问题不仅严重制约着该地区的经济发展和社会进步，而且同该地区错综复杂的民族矛盾、边界纠纷、领土争端和教派分歧等紧紧纠缠在一起，如同一枚随时被引爆的炸弹，时刻威胁着该地区的政治稳定，不断影响着该地区的外交和国际关系，使一触即发的中东局势火上浇油。因此，西方国家，尤其是北大西洋公约组织已将中东水问题作为重大军事战略问题来研究[29]。

2）北非尼罗河利益纷争。 除了中东地区，世界上水资源最紧张的地区要属北非，其中尼罗河的水争端最严重。尼罗河流经卢旺达、布隆迪、坦桑尼亚、肯尼亚、乌干达、扎伊尔、苏丹、埃塞俄比亚和埃及等 9 个国家，是非洲跨越国家最多的跨界河流。早在殖民时期，划分尼罗河水资源利用权益就成为欧洲殖民者划定边界及势力范围的重要内容之一。埃及独立后，英国代表苏丹等国与埃及在 1929 年达成《关于利用尼罗河水进行灌溉的换文》，给予埃及超越其他沿岸国的使用尼罗河水资源的特殊"优先权"。为了修建阿斯旺大坝，埃及于 1959 年被迫与苏丹签署了《关于充分利用尼罗河水的协定》。两国将尼罗河瓜分殆尽，引起了其他国家的强烈不满。20 世纪 80 年代以来，上游一些国家开始制定或实施尼罗河支流的开发利用计划。目前尼罗河流域合作以对话及技术交流为主，今后的发展路程还很漫长[30]。

3）美墨格兰德河水纠纷。 格兰德河是美国与墨西哥的界河，是两国的重要灌溉水源。20 世纪初两国便开始讨论分配该流域的水量，并于 1944 年达成分配奎得曼堡以下流域水量的条约。由于 20 世纪初墨西哥的经济开发重点区域集中在科罗拉多河下游，预测未来格兰德河下游流域经济社会开发程度不会高，在讨论该条约的过程中，没有充分考虑可利用水量变化等问题，因此导致后续实际应用中出现了水纠纷[31]。尤其是近 10 多年来的干旱造成格兰德河下游流域水量锐减，不能满足两国需求，使得纠纷更加严重，目前双方还没有达成一个在干旱期间最优利用水资源的双边紧急计划。如果美国在科罗拉多河采取报复手段可能会令两国水纠纷逐步升级。

　　4）南亚印孟恒河水的争夺。在亚洲，恒河对于达到 10 亿人口的印度来说是至关重要的，而地处恒河下游的孟加拉国对恒河的依赖程度一点也不亚于印度。为了改善加尔各答港口的航运状况，印度于 1951 年宣布建造法兰卡大坝，引起巴基斯坦（孟加拉国时属巴基斯坦，称东巴）的强烈抗议，但印度并未顾及其他国家的利益，于 1961 年开始兴建法拉卡水坝，把恒河之水引至胡格利河。1975 年，水坝建成后，导致恒河水流量减少，使孟加拉国农业生产受到很大损失。1977 年，印度和孟加拉两国就恒河旱季流量的分配达成了一项短期解决方案，分配给孟加拉国 63% 和印度 37% 的径流量，但协议并未得到很好的实行[32]。最近 10 多年，两国由于恒河水源之争而产生的矛盾日益加深。

　　5）东南亚澜沧江—湄公河。澜沧江—湄公河是东南亚最重要的河流，发源于中国青藏高原，流经中国、缅甸、老挝、泰国、柬埔寨、越南等 6 个国家。流域 6 国有不同的用水需求和目标，在澜沧江—湄公河跨界水资源开发利用竞争中形成博弈，流域各国间的竞争和合作日趋白热化。澜沧江—湄公河流域作为亚洲重要的跨界流域，其上游的水电开发与下游的农业生产之间的矛盾饱受争议，水量、水能和生态之间的联系错综复杂[32]。流域各国正通过对话与合作，寻找符合澜沧江—湄公河流域各国实际情况的、可接受的、最可行的跨界水资源利用方案[33]。

　　6）中亚跨界河流争端。中亚地处欧亚大陆腹地，包括哈萨克斯坦、吉尔吉斯斯坦、塔吉克斯坦、土库曼斯坦和乌兹别克斯坦五国，是一个水资源严重不足的地区。该地区以农业为主，对水资源依赖程度大。中亚五国之间的跨界河流，主要有咸海流域的阿姆河、锡尔河、楚河、塔拉斯河及其部分支流。位于上游的吉尔吉斯斯坦和塔吉克斯坦境内的水资源丰富，但由于地形原因耕地较少，且国力较弱；而位于下游的乌兹别克斯坦、哈萨克斯坦、土库曼斯坦境内产生的径流量少，但对跨界河流开发利用强度大，并拥有丰富的油气资源，国力较强。地区内跨界河流开发利用的利益平衡是影响中亚国家关系的重要因素[34-35]。中亚地区多年来存在着发电用水与灌溉用水的矛盾，水量短缺不仅对流域经济造成了严重后果，而且还引发了流域各国间的政治问题。

15.1.3　我国跨界河流水资源安全问题

　　（1）跨界河流分布及特征。我国共拥有跨界河流（湖泊）110 多条（个），主要分布于东北、西北和西南三大片区，涉及境外 18 个流域国家。东北跨界河流主要有黑龙江、额尔古纳河、乌苏里江、图们江、鸭绿江；西北主要跨界河流有额尔齐斯河—鄂毕河、伊犁河、额敏河、塔里木河；西南主要跨界河流是伊洛瓦底江、怒江—萨尔温江、澜沧江—湄公河、珠江、雅鲁藏布江—布拉马普特拉河、巴吉拉提河（恒河）、森格藏布河（印度河）、元江—红河。源于我国的跨界河流，出境径流分别流向太平洋、北冰洋和印度洋，使我国成为全球最重要的上游国。我国跨界河流出境水量多、入境和过境水量少，出境量多年平均径流总量高达 7674 亿 m³，约占全国多年平均径流总量的 28.3%，而入境水量仅约 170 亿 m³，不到全国多年平均径流总量的 1%。我国跨界河流径流量大，水质好，是我国量大质优的战略水资源储备，也是我国（西南和东北）水电能源基地建设的资源基础，对中亚、南亚和东南亚下游国家的可持续发展也至关重要[36]。

（2）开发利用和存在问题。 在东北地区，关于跨界河流的最大问题是水污染，比如2005 年发生的松花江污染以及俄罗斯境内采矿造成的污染。在西北地区，水资源较为缺乏，存在的主要问题是水资源的竞争利用[37-40]，如哈萨克斯坦等国已在该区域修建了一系列的水库，基本上控制了我国出境的水流，对跨界河流的开发利用程度远高于我国，但是近年来，随着我国西部大开发战略的实施，针对该区域制定了水资源开发规划，预计产生的水资源竞争关系令哈萨克斯坦等国变得紧张。在西南地区，我国位于多条跨界河流的上游，出现的问题也各种各样[41-44]，如澜沧江流域下游的国家对我国在澜沧江上进行的梯级开发感到担忧。事实上，除了澜沧江之外，我国对跨界河流的开发利用非常少，水资源利用量不超过 5%，而我国在澜沧江修建的水电站并未影响出境的水量，仅对出境水流量的时空分配产生一定影响[45]。

（3）跨界河流合作机制。 我国的国际河流地处边疆，远离经济中心，长期处于未开发状态。近年来随着我国及周边国家经济发展加速，国际河流水资源开发逐步加强，但也引发越来越多的跨界争议问题。虽然我国与周边国家已经建立了一些合作机制，但多集中于技术层面，并未形成有效的跨界水资源开发合作机制。因此，我国在东南亚、东亚和中亚等区域都面临着水资源合作机制建设的压力[46]。近年来，我国积极推进与周边国家在跨界河流水文报汛、防洪减灾、工程建设、联合考察和技术交流等方面的合作，截至目前，已与周边 12 个国家建立了各种形式的跨界河流合作机制。例如，我国积极推动与周边国家跨界河流联合水利工程建设，其中中哈跨界河流联合水利工程成为两国共建"一带一路"的重要举措。在双方共同努力下，2019 年，中哈苏木拜河联合引水工程改造竣工，工程投入使用后将进一步改善河沿岸两国人民的用水条件；中哈霍尔果斯河阿拉马力（楚库尔布拉克）联合泥石流拦阻坝正式开工，工程建成后将为中哈双方重要基础设施和沿岸人民生命财产安全提供保障❾。此外，澜湄水资源合作联合工作组的建立、《澜湄水资源合作五年行动计划（2018—2022）》的制定以及澜湄水资源合作中心的成立，为澜湄水资源合作搭建了沟通交流平台[33]。

15.2 国家水网总体构想

15.2.1 国家水网的基本认知

（1）国家水网的提出。 2015 年 1 月，习近平总书记在云南视察时要求着力推进路网、航空网、能源保障网、水网、互联网等基础设施网络建设，形成有效支撑云南发展、更好服务国家战略的综合基础设施体系，首次提出构建国家水网战略要求。2021 年 5 月 14 日，习近平总书记主持召开了推进南水北调后续工程高质量发展座谈会，强调指出："十四五"时期，要以全面提升水安全保障能力为目标，以优化水资源配置体系、完善流域防洪减灾

---

❾ 水利部与周边 12 个国家建立跨界河流合作机制 [EB/OL]. [2019 - 04 - 25]. http：//www.mwr.gov.cn/xw/mtzs/qtmt/201904/t20190426 _ 1132219.html.

体系为重点，统筹存量和增量，加强互联互通，加快构建国家水网主骨架和大动脉，加快形成"系统完备、安全可靠，集约高效、绿色智能，循环通畅、调控有序"的国家水网，为全面建设社会主义现代化国家提供有力的水安全保障。党的十九届五中全会审议通过的《中共中央关于制定国民经济和社会发展第十四个五年规划和二〇三五年远景目标的建议》中，明确提出实施国家水网等重大工程。

（2）国家水网的概念。基础设施建设是国民经济基础性、先导性、战略性、引领性产业，水网与交通运输网、能源网和通信网并列为影响现代社会人类生活的四大基础设施网络。水网是指以自然水系为基础，通过建设引调水工程、水系连通工程、供水渠系工程、控制性调蓄工程等水利工程及设施形成的具有水资源配置、防洪减灾等多种功能的网络系统。理论上，江河、湖泊、水库、渠道、运河都是水网的一部分，水通过水网流动到各个地方。为了让水能够按照人类社会的需求流动，需要建设输排水通道等加强水网各部分之间的联系，建设水库枢纽等来加强对水流的控制能力。发展至今，水网已经演变成了天然江河水系与各类水利设施有机结合而成的综合体，发挥着防洪、供水、发电、航运、生态环境等各类功能。国家水网由天然的江河湖泊和人工的引水供水连通工程组成，自然河湖水系形成了全国水网的空间布局基础，蓄引提调连通工程构成水流时空再调节的人工渠系网络，自然水系和人工渠系共同组成全国水网格局，通过水网及时将一方之"余"调剂给他地之"缺"，以提高水资源的调蓄能力[⑩]。

（3）国家水网的结构。国家水网物理结构有三要素，分别是纲、目、结。"纲"是指大江大河和重大引调水工程，是国家水网的主骨架和大动脉，例如我国现在"四横三纵"国家水网主骨架；"目"是指区域河湖水系连通工程和重要支流交互形成的网格；"结"是指主骨架和重要支流交叉形成的控制性的骨干枢纽，重大的节点工程，例如水库、泵站等蓄水、引水、提水工程等[⑪]。按照区域划分，国家水网包括国家骨干水网、流域调控水网、区域配置水网等三级水网结构。我国已规划实施的南水北调东线、中线和规划中的西线工程沟通了长江、淮河、黄河、海河四大流域，初步形成了"四横三纵"的国家水网主骨架以及水资源南北调配、东西互济配置格局[47]。

（4）国家水网的功能。水网工程的主要功能和作用体现在三个方面。一是调节洪水蓄泄关系。通过国家水网工程合理安排洪涝水出路以及网络化排水通道，蓄泄兼筹，提高流域区域洪涝水整体防控能力，降低洪水风险。二是调节水资源时空分布差异。通过构建网络化的水源调配和跨流域跨区域供水通道，使水源互为备用，提高水资源统筹调配能力和供水保证程度。三是调节河湖生态节律。通过水库等节点控制工程以及河湖生态保护修复工程，合理调节水流和水沙过程，改善河湖的水力联系与水动力条件，维持河湖生态流量，塑造良性水循环关系，保障生态安全。相较于传统水利基础设施建设，水网工程是从系统、全局的角度，将河湖水系、基础设施进行科学整合和互联成网，形成的网络化、协同化、智能化的水流网络体系。水网工程由于水流互联互通、联合调控、相互调剂，在统筹解决水安全问题、提高资源配置效率、降低洪涝灾害风险等方面具有较高的整体效益和

❿　刘璐. 对国家水网的认识［J］. 水利发展研究，2021，21（12）：22－25.
⓫　国新办举行水利支撑全面建成小康社会新闻发布会［EB/OL］.［2021－09－09］. http：//www. scio. gov. cn/xwfbh/xwbfbh/wqfbh/44687/46768/index. htm.

综合效益。

(5) 国家水网建设目标。国家水网建设的主要目标是水资源优化配置，提高区域和不同行业间的水资源调配能力、供水的保障率和输水效率，在功能上具有"四水统筹"（水资源、水环境、水生态、水灾害）作用。国家水网应在节水优先的前提下，以资源环境承载能力为约束，以保障经济社会合理用水需求和生态环境健康稳定为目标，建设多元供给、网络联通、调度自如、保障有力的全国水网体系。多元供给是源头，利用区域内水资源、跨区域流域调水及非常规水源建立多元化水资源供给体系；网络连通是布局，以自然河湖水系为基础、蓄引提调连通工程为框架，实现覆盖城乡、布局合理、生态良好、引排得当、循环通畅、蓄泄兼筹、丰枯调剂等目标；调度自如是过程，推进国家水网智能化控制和调度体系建设，进行多目标优化、全过程管理、全时段调度，使综合效益最大化；保障有力是目标，水网是保障性社会公共基础设施，构建国家水网，最终即提升水安全保障能力❿。

15.2.2 国家水网建设的必要性

70多年来，我国已基本建成了较为完善的江河防洪、城乡供水、农田灌溉等工程体系，水利工程规模和数量跃居世界前列，为经济社会持续健康发展提供了有力支撑和保障。随着我国开启全面建设社会主义现代化国家新征程，实现中华民族伟大复兴的宏伟目标，对发挥国家水网工程在提高洪涝灾害防御能力、保障高质量发展、维护河湖生态健康、降低水安全风险方面的整体效益，保障国家安全提出了更高要求。

(1) 我国自然地理和基本水情决定了国家水网建设的必要性。我国地势呈西高东低三级阶梯分布，河流总体自西向东流，受季风气候影响，雨带移动与大多数河流干流洪水汇流方向基本一致，易形成流域性大洪水。此外，季风气候导致水资源时空分布不均，总体呈现南多北少格局，且年内年际变幅较大。长江以北水系的流域面积占国土面积63.5%，但只拥有全国水资源量的19%；西北"水三线"地区面积占我国国土面积的36%，1956—2016年多年平均自产水资源总量为1533.1亿 m^3，仅占我国水资源总量的5.7%。

(2) 我国经济社会发展空间布局决定了国家水网建设的必要性。我国天然水资源与人口土地布局不相匹配，国家重要经济区、重点城市群、重点能源基地、粮食主产区多位于水资源较为紧缺的海河、黄河和西北内陆河流域，水资源承载力超载严重。尤其是黄河、淮河、海河、滦河流域，是我国经济建设的主要战略要地之一，现有人口占全国的34%，耕地面积占全国的38.5%，而水资源只有全国的7.5%，其中海河流域地区的人均水资源量与以干旱著称的以色列相当。特别是胡焕庸线西北侧近60%的国土面积，承载了全国约6%的人口，产出全国不足6%的GDP[48]。因此，支撑和保障国家高质量发展，亟须在大力节水的前提下，以水资源为刚性约束，优化完善水资源配置格局，促进生产力布局与水资源配置格局相适应。

(3) 构建我国保障生态安全格局需要完善国家水网。我国西北、华北、东北等大部分地区水资源开发利用过度，部分地区水生态承载力严重下降；南方重点经济区也存在水资源紧缺、水流动力条件不足等问题，导致水生态环境退化。同时许多河流泥沙含量高或输沙量级大，部分河湖泥沙淤积，加上人类不合理开发活动，违法侵占水域岸线空间，导致河湖水体流动不畅、水污染严重、水生态退化等诸多问题。因此，保障水生态健康，亟需增强河湖水系的连通性，改善河湖水动力条件，恢复河湖水文节律。特别在西北内陆河流域，持续 70 多年的大规模国土开发，人工绿洲侵占自然绿洲，使得几乎所有的河流均处于水资源过度开发利用状态，生态环境水量被大量挤占，生态环境破坏严重，人—水—生态之间矛盾日益突出，亟需外调水源来重构生态安全格局。

15.2.3　国家水网总体构想

2002 年，国务院正式批复《南水北调总体规划》，提出了"四横三纵"的国家水网框架，随着东、中线一期工程建成通水，我国已初步形成了国家水网主骨架以及水资源南北调配、东西互济的配置格局，但就差南水北调西线这一纵。与构建现代化、高质量的基础设施体系的要求相比，水利工程体系还存在体系不完善、系统性不强、标准不够、智能化水平不高等问题。与国家其他基础设施网络建设相比，水网建设任重道远。迫切需要建设更加系统、更加安全、更加可靠、更高质量的国家水网，更大范围地促进水资源与生产力布局相均衡，统筹解决水资源、水生态、水环境、水灾害问题，进一步增强水资源配置和洪水调控能力，保障国家水安全[12]。

1. 国家水网总体框架

按照"确有需要、生态安全、可以持续"的原则，加快构建系统完备、功能协同，集约高效、绿色智能，调控有序、安全可靠的国家水网，全面增强我国水资源统筹调配能力、供水保障能力、战略储备能力。立足流域整体和水资源空间均衡配置，实施重大引调水工程建设，推动南水北调东、中线后续工程建设，深化南水北调西线工程方案比选论证，建设一批跨流域跨区域骨干输水通道，加强大中小微水利设施的配套，逐步完善国家供水基础设施网络。全面提升国家水安全保障能力，实现水资源可持续利用，为保障经济社会高质量发展和生态文明建设提供基础支撑[13]。

根据我国江河水系格局和经济社会发展需求，初步提出国家水网主框架，即通过建设南水北调东线、中线、西线骨干输水通道，连通长江、淮河、黄河、海河四大水系，东西互济、互联互通，实现水资源南北调配，为国家重要经济区、城市群、粮食主产区和能源基地等提供水源保障。通过以流域为单元优化防洪减灾体系布局，构建由上中游骨干水库、干流河道堤防、蓄滞洪区组成的防洪工程体系，保障流域和区域防洪安全。通过加强水源涵养区保护修复，加大重点河湖保护和综合治理力度，推进水土流失综合治理和地下水超采治理，恢复水清岸绿的水生态体系。在此基础上，加快构建东北、西北、东南、西南等区域水网。加强国家骨干网、省市县水网之间协同融合，逐步形成国家水网"一张网"，从而为保障国家水安全提供支撑[12]。

国家水网构建应推进综合性水利枢纽和调蓄工程建设，加强战略储备水源和城市应急备用水源工程建设，保障重点区域供水安全；加强灌溉供水管网建设，改善灌区水源条

---

⑫　国家水网，如何构建 [N]. 学习时报，2021 - 08 - 09 (007).
⑬　李国英. 深入贯彻新发展理念 推进水资源集约安全利用——写在 2021 年世界水日和中国水周到来之际 [N]. 人民日报，2021 - 03 - 22 (010).

件，推进灌区续建配套与现代化改造；推进城市供水管网向农村延伸，促进农村供水工程与城市管网互联互通，推进农村水源保护和供水保障工程建设，实施小型农村供水工程标准化建设改造，畅通供水网络的"毛细血管"❸。

2. 南水北调工程是国家水网主骨架

习近平总书记 2021 年 5 月在河南省南阳市主持召开推进南水北调后续工程高质量发展座谈会上明确提出：南水北调工程事关战略全局、事关长远发展、事关人民福祉。进入新发展阶段、贯彻新发展理念、构建新发展格局，形成全国统一大市场和畅通的国内大循环，促进南北方协调发展，需要水资源的有力支撑。《南水北调工程总体规划》已颁布近20 年，这些年我国经济总量、产业结构、城镇化水平等显著提升。随着我国社会主要矛盾转化为人民日益增长的美好生活需要和不平衡不充分的发展之间的矛盾，京津冀协同发展、长江经济带发展、长三角一体化发展、黄河流域生态保护和高质量发展等区域重大战略相继实施，我国北方主要江河特别是黄河来沙量锐减、地下水超采等水生态环境问题动态演变。这些都对加强和优化水资源供给提出了新的要求。因此，要审时度势、科学布局，准确把握东线、中线、西线三条线路的各自特点，加强顶层设计，优化战略安排，统筹指导和推进后续工程建设。

3. 南水北调西线是构建国家水网主骨架的核心工程

南水北调三条线路均同黄河密切相关，要在科学判定黄河远期来沙和输沙需水的基础上，把工程调水同黄河水量分配调整结合起来，综合比选、统筹规划，真正实现南北调配、东西互济。目前，中东线一期工程已经生效，对于解决京津冀缺水以及华北平原生态环境问题发挥了重要作用，后期工程也在进行前期工作，近期有望实施，唯有西线一直处于规划论证阶段。西北地区缺水形势严峻，成为制约国家实施区域协调发展、"一带一路""西部大开发"等重大战略实施的重要因素。西线是构建国家水网主骨架和大动脉的核心工程，西线—西延工程更是构建"西北水网"的主体工程，是实施西部大开发，重构我国经济地理格局的基础保障性工程。因此加快实施南水北调西线—西延工程是十分必要和紧迫的。

15.3　西北水网建设总体构想

15.3.1　西北水网建设的战略意义

1. 西北水网的提出

(1) 实施国家重大战略的根本要求。 南水北调总体规划批复已经近 20 年了，在此期间，国家经济社会发展和水资源利用情势均发生了巨大变化。特别是党的十八大以来，确立了两个一百年奋斗目标，制定并颁布实施了《全国主体功能区规划》《能源发展战略行动计划（2014—2020 年）》《国家新型城镇化规划（2014—2020 年）》《推动共建丝绸之路经济带和21 世纪海上丝绸之路的愿景与行动》《西部大开发"十四五"规划》等一系列发展规划。同时，陆海统筹、城乡统筹与乡村振兴、生态文明建设、区域协调发展、新时代推进西部大开发形成新格局、黄河流域生态保护和高质量发展等一系列发展战略，均对黄河流域和西北地区提出了新的发展要求。如何破解黄河流域与西北地区水资源制约问题事关我国发展全局的战略博弈，也是影响我国全面建设现代化强国的重要因素之一。

（2）突破西北"水三线"制约的必要手段。 世界许多国家把调水战略和加强水资源空间管理作为优化区域水资源配置、提高用水效率的重要举措。跨流域调水已成为拓展国土空间发展的重要手段。西北"水三线"是实现区域协调发展和国土空间均衡发展的掣肘线，是对外打通"深陆"通道、构建新欧亚大陆桥、实现"双循环"发展新格局的一道壁垒。实施南水北调西线—西延工程，以水资源梯度配置为先导，跨越西北"水三线"，打造西北水网，为"丝绸之路经济带"向"深陆"高质量发展、开拓国土空间发展新格局提供水资源保障，有利于缩小东西部发展差距，形成"四大板块""五大战略"优势互补、合作联动、耦合协调的新发展机制。

（3）完整构建国家水网的重要组成部分。 国务院 2002 年批复的《南水北调总体规划》，西线调水方案只是将长江上游金沙江、雅砻江、大渡河的水调入黄河上游，只解决黄河上中游青海、宁夏、甘肃、内蒙古等 6 省（自治区）和邻近地区未来 50 年的用水需求。在"南水北调—国家水网—江河战略"的总体规划布局中，系统研究西北"水三线"的地理空间格局和地理要素空间分异特征，寻找跨越西北"水三线"及开疆拓土的利器，是国家政治地理学、生态经济学、区域经济学、发展经济学研究的核心内容。因此，将"西北水网"纳入"国家大水网"规划，扩大南水北调西线工程调水规模、供水范围，增加向河西走廊、吐哈盆地、塔里木盆地调水，使受水区范围尽可能覆盖更广区域，受益更多群众，支撑西北地区社会稳定、长治久安、经济发展和生态文明建设，全方位保障国土安全。

2. 构建西北水网的战略意义

（1）构建水安全保障体系。 西北"水三线"是制约我国西北地区高质量发展和拓展国土发展空间的瓶颈，同时也是西北水土资源优化配置的制导线。依托南水北调西线—西延工程，提高水安全和水资源保障能力，打破西北内陆干旱区弱水资源承载力、高生态胁迫压力、低经济发展能力的桎梏，坚持以生态经济学理论为指导，秉持"绿水青山就是金山银山"的理念，促进社会—经济—自然复合生态系统协调发展，在丝绸之路经济带核心区建设中，实现绿色、低碳、高质量发展。

1）从工程总体布局看，西线—西延江河连通工程方案，首先利用在建金沙江叶巴滩水库、雅砻江两河口水库、大渡河双江口水库，用三段隧洞连通成一体，然后经洮河入黄河上游刘家峡水库。该方案具有自流引水，可调水量多，生态环境、水库移民安置和民族宗教问题影响较小等优点。

2）从地理空间格局看，西线—西延江河连通工程方案，覆盖范围广，延伸空间大，以水资源梯度配置为先导，跨越西北"水三线"，拓展国土安全战略纵深，实施调水改土，发挥西北地区丰富的农业后备资源和得天独厚的光热资源，打造西北地区自然资源新高地和国家粮食生产基地，提升西北"水三线"地区生态—经济协同发展水平。

3）从气候变化影响看，近 60 年西北"水三线"地区平均升温 2℃，冰川面积缩小 18%。预测未来 50 年，天山将有 21%、祁连山将有 17 %的冰川面积消失，未来河川径流将呈显著减少趋势，区域水安全面临巨大挑战。

4）从贸易水循环调控看，新疆和河西走廊通过棉花、瓜果等农产品净流出虚拟水283.8亿 m³，占当年生产水足迹的 37.5%。借鉴国际成功经验，从国家统筹贸易水循环与区域经济发展的角度来讲，合理调控平衡实体水与虚拟水循环，有利于化解水资源供需矛盾，保障区域水安全和可持续发展。

5）从边疆治理的历史进程看，重大水利基础设施，特别是跨流域调水工程，对政治边界、文化边界、自然边界的影响十分巨大。中国、俄罗斯、美国三大"边疆国家"，都是以大规模水利基础设施建设为先导，开始边疆治理与建设的[49-51]。依托南水北调西线—西延工程和"国家大水网"建设，构建覆盖"西北水网"，对于促进生态经济型边疆高质量发展，探索治疆、稳疆、润疆、兴疆、建疆的新视域、新模式、新路径，提升西北边疆地区在全国乃至全球一体化进程中的经济地理位置，完整构建"中国内陆—中亚地区—欧洲大陆"互联互通、协同发展的"深陆"大通道，拓展国土发展空间，具有十分重大的综合效益。

因此，将西线—西延工程列入《南水北调工程总体规划》，以水资源梯度配置为先导，跨越西北"水三线"，拓展国土发展空间，打通"深陆"发展通道，是推进南水北调后续工程建设与高质量发展、构建"中华大水网"、推动西部大开发形成新格局的重大举措。

（2）重构我国经济地理格局。建设南水北调西线—西延调水工程，不仅能够带动边疆地区经济社会发展，消除民族矛盾的贫困根源，创造性地落实习近平总书记提出的"供给侧结构性改革"的战略方针，还能为东部地区的创新、发展与繁荣提供新的动力支撑，成为未来经济增长的引擎，重构我国经济地理格局。通过"西北水网"建设，跨越胡焕庸线阳关线和奇策线，实施水资源空间梯度配置，为西北生态经济枢纽区建设，支撑区域协调发展、生态文明建设、维护边疆和谐稳定和长治久安、加快形成西部大开发取得新格局等提供重要的水安全保障，进一步提升西北干旱半干旱地区资源环境承载能力，使"努力实现不同类型地区互补发展、东西双向开放协同并进、民族边疆地区繁荣安全稳固、人与自然和谐共生"的总体目标及早实现。

（3）支撑区域协调发展战略。实施区域协调发展战略是我国全面建成小康社会，实现全体人民共同富裕的内在需求，是践行新发展理念的必然要求，已成为我国建设现代化经济体系的重要举措。建立融合经济、生态、文化、社会发展为一体的"生态经济枢纽区"开发模式，培育西部地区内生发展所需要的软硬环境，在陆海统筹、双循环的新发展格局中实现区域均衡发展。西北地区土地资源丰富，光热条件适宜，矿产和能源资源富集，东连亚太经济圈，西邻欧洲经济圈，是丝绸之路经济带的关键区域，极具发展潜力。由于受到水资源严重短缺的制约，西北地区成为我国经济社会发展最不平衡、最不充分的区域，生存和发展空间面临严峻的挑战。尽管 20 世纪末拉开了西部大开发的序幕，但西北地区经济发展水平仍存在巨大的落差。水资源已经成为制约西北地区可持续发展的"牛鼻子"，直接关系着西北国土安全、社会稳定和长治久安。

（4）支撑国家西部大开发战略和"一带一路"倡议。西北"水三线"地区是我国"一带一路"建设的重要地理空间，然而严重匮乏的水资源、极其脆弱的荒漠生态环境，导致其成为"一带一路"发展布局的薄弱区。国家西部大开发战略和"一带一路"倡议赋予了西北地区发展的责任和要求，实施南水北调西线—西延调水工程，是支撑"一带一路"倡议，保障国家均衡、强劲、持续发展的关键，关系到国家"新时期推进西部大开发取得新格局"战略的实施成效，其可有效提高水资源保障能力，有利于打造"黄河流域—内陆河流域—中亚地区—欧亚大陆"生态经济走廊，为国家发展开拓更加广阔的战略空间，从而大大促进西北少数民族地区经济社会发展，提高居民生活水平，消除贫困，改善人居环境，解决我国东西部发展不平衡问题，更好地促进全国各民族的融合性发展，增强中华民族的凝聚力，消除不稳定因素，为国家长治久安奠定坚实基础。

（5）构建陆海统筹与双循环发展新格局。西北地区受限于地理位置，海运成本高且远离要素丰富的东中部地区，难以吸引外资和产业技术转移，导致经济开放程度显著滞后，西北"水三线"地区迫切需要构建"联动—联通—市场耦合"的开放型经济新体制。随着"丝绸之路经济带"向欧亚大陆的纵深推进，以生态经济枢纽区建设为契机，探索建设和发展开放型经济的新模式，实现国内区域经济合作联动、国外通道设施联通、国际国内市场耦合的新发展格局。打破以封闭或半封闭形态存在的行政区划的空间限制，提升西北"水三线"地区在国内乃至全球一体化进程中的经济地理位置，深度融入全球产业链、供应链、价值链，建立跨越国界的"中国—中亚—西亚"的复合型、多元化跨区合作，探索国家"深陆"通道地区地理经济开发新模式。

在世界地缘政治格局发生深刻调整的新形势下，区域发展不平衡、非传统安全威胁和大国地缘战略博弈制约着边疆安全。应积极贯彻陆海统筹理念，提升西北"水三线"地区在国家安全形势中的战略地位，将生态经济枢纽区建设为具有重大地缘战略价值的边疆枢纽，构建陆海统筹的国家安全大格局，以枢纽区建设保障国家长治久安。同时，西北"水三线"地区周边国家众多，存在多个跨界民族，具有文化多元性。因此，应依托生态经济枢纽区促进文化交流融生，寻求各民族共同的文化基因，增强各民族的文化认同和文化互信，为民族团结融合构建精神纽带。通过深入挖掘以丝绸之路为代表的中西文化交流历史，重新构建文化交流对话平台，充分尊重文明的多样性和相互认同的文化基础，以文化交流推动经贸往来和政治互信，为我国文化走出去的现实问题寻求有效路径。

15.3.2　西北水网与国家水网的关系

（1）"西北水网"是"国家水网"的重要组成部分。由南水北调东线、中线、西线三条调水通道，连通长江、淮河、黄河、海河四大水系的"四横三纵"国家水网主骨架基本形成，就差西线调水工程这一纵。新提出的"南水北调西线—西延江河连通工程"，将原西线方案下移 $255\sim395$ km，高程由 3500.00 m 降低至 2500.00 m。一期工程充分利用在建的金沙江叶巴滩水库、雅砻江干流两河口水库、大渡河双江口水库，打通三段隧洞连通"两江一河"，将水调入黄河上游刘家峡水库。远期将引水水源继续西延至澜沧江、怒江、雅鲁藏布江，连通"五江一河"，并将供水范围西延覆盖到河西走廊、吐哈盆地、塔里木盆地等更为广大的区域[52-53]。

从国家水网规划布局看，通过南水北调西线—西延工程，推动"高原之水"依势向西北旱区梯度配置，打造"西北水网"主骨架。同时，在兰西、河西、天山北坡、环塔里木盆地构建区域水网，使其成为"国家水网"的重要组成部分。这种"西延扩面"的规划思想，包括：水源工程西延，将水源从长江上游的金沙江、雅砻江、大渡河继续西延至雅鲁藏布江、怒江、澜沧江，实现"五江一河"连通；供水范围西延，将供水区西延至河西走廊、吐哈盆地和塔里木盆地，为兵团向南发展战略提供水资源支撑，与国家战略空间布局和战略发展前沿高度契合。

（2）不考虑西延的西线调水方案，不足以称为"国家大水网"。构建连通西北水网的国家大水网，为生态经济枢纽区建设、推进西部大开发形成新格局提供水资源保障，是关乎中华民族伟大复兴的重大布局。

1）从社会经济发展历程看，西北边疆经历了往复控制型、置线定居型、开发建设型的历史沿革，新时代应转入生态经济型边疆建设的新阶段。生态经济型边疆为西北地区形成社会经济聚集的关键枢纽区建设提供了依据，同时对水资源配置和生态环境保护也提出了更高要求。

2）从人—地—环匹配状况看，西北地区是我国民族文化多元、与欧亚大陆密接的战略纵深区。经济发展不平衡，文化交融不充分，并长期存在水—土资源失衡、水—矿资源失衡、水—生关系失调、水—沙关系失调和水—盐关系失调等"五失"问题。

3）从国土空间发展布局看，建设南水北调西线—西延工程，创建西北生态经济枢纽区，可提升西北地区在国内乃至全球一体化进程中的经济地理位置，体现国家空间发展意志，完整构建"黄河流域—内陆河流域—中亚地区—欧亚大陆"互联互通、协同发展的"深陆"大通道。

4）从国家水网规划布局看，依托南水北调西线—西延工程，打造兰西"一轴四峡五源"、河西"一横三纵"、天山北坡"两源一干多支"、环塔里木盆地"九源一干一环"的区域水网，形成"西线西延—两源补给—四区连通"的西北水网是切实可行的。

因此，将"西北水网"纳入"国家大水网"规划，统筹内陆河流域水资源合理配置与生态修复，为"丝绸之路经济带"向"深陆"高质量发展，开拓国土空间发展新格局提供水资源保障，有利于促进形成陆海统筹、合作联动、设施联通、市场耦合的新发展格局。

15.3.3　基于南水北调西线—西延工程的西北水网总体布局

针对西北内陆四大生态经济枢纽区建设，分别提出与之相对应的区域水资源配置格局，与流域水资源配置格局共同构成西北水网。根据水系分布和相关规划，兰西生态经济枢纽区应构建"一轴四峡五源"的水资源配置格局；河西走廊生态经济枢纽区应构建"一横三纵"的水资源配置格局；天山北坡生态经济枢纽区应构建"两源一干多支"的水资源配置格局；环塔里木盆地生态经济枢纽区应构建"九源一干一环"的水资源配置格局。在国家大水网建设框架下，以重大引调水工程和骨干输配水通道为"纲"、以区域河湖水系连通工程和供水渠道为"目"、以控制性调蓄工程为"结"，同步加强水网生态化建设，即可构成"西线西延—两源补给—四区连通"的西北水网，成为国家水网在西北地区的主骨架（图15-2）。

1. 兰西城市群水资源配置与区域水网布局

兰西城市群是胡焕庸线西侧唯一的跨省区城市群，是中国—中亚—西亚经济走廊的重要支撑，区域内各类矿产资源和能源资源富集，人口经济密度高于周边地区，是西北发展条件较好、发展潜力较大的地区。与此同时，兰西城市群紧邻祁连山生态保护区和青藏高原生态屏障，地处黄河上游，是重要水源涵养保护区，生态保护任务尤为艰巨。

兰西城市群区域水网建设，在已建引大济湟、引大入秦、引洮一期等调水工程的基础上，近期在加快推进引黄济宁、白龙江调水、引洮二期和黑山峡水利枢纽等重大水资源配置工程建设的同时，应尽快启动南水北调西线一期工程建设，中远期逐步加大西线调水规模，以河湖水系综合治理、水系连通工程、控制性工程建设、智能化升级为重点，完善流域和区域水资源配置工程布局，提升水资源调控和承载能力，最终形成"一轴四峡五源"的水资源配置及区域水网格局。如图 15 - 2 所示。其中："一轴"指以黄河干流为主轴，"四峡"指依托并发挥龙羊峡、刘家峡、黑山峡、九甸峡重大水利枢纽工程调蓄作用，"五源"指构建引大济湟、引大入秦、引洮工程、引黄济宁和白龙江引水等五大引调水水源工程。

2. 河西生态经济走廊水资源配置与区域水网布局

河西走廊是古代丝绸之路的必经之路，是中原文明与西域文明相连接的唯一纽带，维持河西生态经济走廊高质量发展的关键是水资源。新时代西部大开发和国家向西开放战略，应解决水资源短缺和生态环境保护问题，加快建设南水北调西线工程，并西延向河西走廊调水，增加区域水资源供给总量，方可利用资源潜力、发挥区位优势和释放空间潜能，极大改善生态环境，筑牢国家向西开放发展的坚实平台[14]。

河西生态经济走廊区域水网建设，近期以祁连山北麓诸河控制性工程为骨干，以建设引大入秦配套延伸工程、引哈济党等调水工程为补充，以输配水渠道和天然河湖为主要通道，保障重要城市、重要农产品生产基地的供水，保障敦煌西湖、月牙泉、黑河湿地、青土湖等尾闾湖泊生态用水。中远期依托南水北调西线—西延及河西走廊输水工程，最终形成"一横三纵"的水资源配置及区域水网格局。如图 15 - 2 所示。其中："一横"指的是南水北调西线—西延及河西走廊输水工程，"三纵"指的是石羊河、黑河和疏勒河。

3. 天山北坡经济带水资源配置与区域水网布局

天山北坡生态经济带是新疆生产力集中度较高，现代工业、农业、交通信息、教育科技等较为发达的区域，是国家丝绸之路经济带建设的核心区，对新疆经济社会发展具有重要的带动和辐射作用，而水资源短缺、生态环境恶化严重制约了社会经济的可持续发展。

天山北坡生态经济带区域水网建设，近期充分发挥北疆供水一期工程效益，加快建设北疆供水二期工程和艾比湖生态工程，打通精—博—奎—玛输水通道，增加区域水资源供给总量，提升资源环境承载能力；在玛河连通工程和西延供水工程的基础上，将逐条河流及供水工程和水库调蓄工程串联起来，构成天山北坡经济带东西连通的输水大通

---

❶　张勇民，张致殿．在新起点上加快河西走廊高质量发展［N］．甘肃日报，2020 - 12 - 16（010）．

道，保障艾比湖、玛纳斯湖、柴窝堡湖、艾力克湖等尾闾湖泊生态用水，充分利用本区域已建和新建山区水库的径流调蓄作用，提高诸河流域的防洪和供水保障能力。最终形成"两源一干多支"水资源配置及区域水网格局。如图 15-2 所示。其中："两源"指的是北疆两河水源；"一干"指的是以奎屯供水工程、博州供水工程、西延供水工程和玛河连通工程等组成的东西连通输水大通道；"多支"指的是天山北坡精河、奎屯河、玛纳斯河、呼图壁河、塔西河、头屯河、三屯河、乌鲁木齐河、白杨河等由南向北流的诸自然河流。目前，南北交汇，东西贯通，覆盖整个天北带中段和西段的"大水网"已基本形成[54]。

新疆东疆地区的哈密、吐鲁番市 2012 年也列入了天山北坡生态经济带区划范围，近期依托北疆供水工程，继续建设玛河连通工程；中远期依托南水北调西线—西延北线输水工程，将哈密和吐鲁番"两区"串联起来，为极度缺水的吐哈盆地提供强有力的水资源保障[54]。

4. 环塔里木盆地绿洲经济带水资源配置与区域水网布局

南疆发展与稳定绝不是一个短时期的问题，应当用百年的视野、千年的韬略来谋划。塔里木河流域位于西北干旱内陆盆地，生态环境脆弱，水资源供需矛盾十分突出。从长远看，要从根本上解决水资源紧缺，经济社会发展与生态环境保护用水矛盾，在宏观——区域尺度上，应当关注跨流域调水以及气候变化和跨界河流问题的研究，提升绿洲承载能力，为优化社会经济发展布局、改造民族结构、促进交融发展、改善生态环境、建设生态文明创造条件；在中观——流域尺度上，应当关注已建和在建控制性水利工程效益的发挥，合理调控用水结构，优化配置各种水源，改造老旧灌区，改良盐碱地，创建科学高效的现代灌排和水污染防控体系；在微观——水资源高效利用尺度上，应当关注用水管理和节水型社会建设体制机制的建立与完善，研究高效节水灌溉模式的适宜度及其与绿洲生态环境保护、水盐平衡调控的水循环联系。

纵观全域，基于南水北调西线—西延工程的环塔里木盆地绿洲经济带水资源配置与区域水网建设，是解决南疆发展与稳定问题的根本举措。

环塔里木盆地绿洲经济带区域水网建设，近期充分发挥乌鲁瓦提、下坂地、大石峡、阿尔塔什、大石门、卡拉贝利、玉龙喀什河枢纽等已建和在建重点水利工程的防洪、灌溉、发电和供水调控能力，加强流域水资源统一调度和管理，提高水资源保障能力[56]，同时加快推进南疆水资源配置工程，推进"新龟兹工程"建设。中远期依托南水北调西线—西延南线输水工程，增加塔里木盆地水资源供给总量，在合理开发、优化配置及高效利用的基础上，大幅提升流域水资源承载能力，推进"新楼兰"工程建设，与环塔里木盆地周围诸河水系共同构成"九源一干一环"的水资源配置及区域水网格局[57]。如图 15-2 所示。其中："九源"是指阿克苏河、叶尔羌河、和田河、开—孔河、渭干河、车尔臣河、喀什噶尔河、迪那河、克里雅河等流域九大水系；"一干"指塔里木河干流；"一环"是指在充分利用和保护盆地自然"向心水系"的基础上，依托南水北调西线—西延工程和南疆水资源配置工程，系统构建环塔里木盆地绿洲经济带区域水网建设，形成环塔里木盆地的"生命水链""环形水网"。

15.3.4 基于南水北调西线—西延工程的"疆域水网"

新疆地域辽阔，各流域和区域间自然条件与经济发展水平差异较大，资源性缺水的重点区域为天山北坡、东疆吐哈盆地和南疆塔里木盆地。解决新疆区域缺水问题，近期应以加快跨界河流开发，实施跨流域调水为要。从长远看，还寄望于国家实施南水北调西线——西延调水工程，构建西北水网，从根本上解决水资源区域分布不平衡与社会经济发展布局不协调的矛盾。基于"三山夹两盆"地貌及水资源分布特征，提出北疆"网式：两源一干多支"、南疆"环式：九源一干一环"、东疆"串式：一干两区"具有显著结构特征的"疆域水网"布局[5,54-56]。

参 考 文 献

［1］ 生态环境部. 贯彻总体国家安全观 开创生态环境领域国家安全工作新局面 ［J］. 环境保护，2020，48（9）：8-10.

［2］ 张海滨. 气候变化对中国国家安全的影响——从总体国家安全观的视角 ［J］. 国际政治研究，2015，36（4）：11-36，5.

［3］ 朱雄关. "一带一路"战略契机中的国家能源安全问题 ［J］. 云南社会科学，2015（2）：23-26.

［4］ 马占魁，孙存良. 坚持总体国家安全观 ［N］. 解放军报，2014-07-30.

［5］ 邓铭江. 中国西北"水三线"空间格局与水资源配置方略 ［J］. 地理学报，2018，73（7）：1189-1203.

［6］ United Nations Environment Program. Water Security and Ecosystem Services：The Critical Connection ［R］. UNEP，Nairobi，2009.

［7］ 夏军，石卫. 变化环境下中国水安全问题研究与展望 ［J］. 水利学报，2016，47（3）：292-301.

［8］ 张翔，夏军，贾绍凤. 水安全定义及其评价指数的应用 ［J］. 资源科学，2005，27（3）：145-149.

［9］ 陈亚宁，杨青，罗毅，等. 西北干旱区水资源问题研究思考 ［J］. 干旱区地理，2012，35（1）：1-9.

［10］ 贾绍凤，张军岩，张士锋. 区域水资源压力指数与水资源安全评价指标体系 ［J］. 地理科学进展，2002，21（6）：538-545.

［11］ 夏军，朱一中. 水资源安全的度量：水资源承载力的研究与挑战 ［J］. 自然资源学报，2002，17（3）：262-269.

［12］ 王浩，贾仰文. 变化中的流域"自然-社会"二元水循环理论与研究方法 ［J］. 水利学报，2016，47（10）：1219-1226.

［13］ 王浩，王建华. 中国水资源与可持续发展 ［J］. 中国科学院院刊，2012，27（3）：352-358，331.

［14］ 钱正英. 中国水资源战略研究中几个问题的认识 ［J］. 河海大学学报（自然科学版），2001，29（3）：1-7.

［15］ 汪恕诚. 我国水资源安全问题及对策 ［J］. 地理教学，2010（1）：4-7.

［16］ 张建云，王国庆，杨扬，等. 气候变化对中国水安全的影响研究 ［J］. 气候变化研究进展，2008，4（5）：290-295.

［17］ 黄强，孟二浩. 西北旱区水文水资源科技进展与发展趋势 ［J］. 水利与建筑工程学报，2019，17（3）：1-9.

［18］ 丁永建，赵求东，吴锦奎，等. 中国冰冻圈水文未来变化及其对干旱区水安全的影响 ［J］. 冰川冻土，2020，42（1）：23-32.

［19］ 赵钟楠，田英，李原园，等. 总体国家安全观视角下水资源安全保障策略与关键问题思考 ［J］. 中国水利，2020（9）：11-13，25.

［20］ 姜文来. 中国21世纪水资源安全对策研究 ［J］. 水科学进展，2001，12（1）：66-71.

［21］ 牛玉国，岳彩俊. 黄河流域生态文明建设实践 ［J］. 中国水利，2020（17）：22-24.

［22］ 王浩，游进军. 中国水资源配置30年 ［J］. 水利学报，2016，47（3）：265-271，282.

［23］ 冀朝鼎. 中国历史上的基本经济区 ［M］. 北京：商务印书馆，2016.

［24］ 冀朝鼎. 中国历史上的基本经济区与水利事业的发展 ［M］. 朱诗鳌，译. 北京：中国社会科学出

版社，1981.

[25] WCED. Sustainable Development And Water [J]. Water International, 1989, 14 (3): 151 - 152.

[26] WOLF A T. Criteria for equitable allocations: the heart of international water conflict [J]. Natural Resources Forum, 1999, 23 (1): 3 - 30.

[27] WOLF A T, YOFFE S B, MARK G. International waters: identifying basins at risk [J]. Water Policy, 2003, 5 (1): 29 - 60.

[28] 陈西庆. 跨国界河流、跨流域调水与我国南水北调的基本问题 [J]. 长江流域资源与环境，2000，9 (1): 93 - 98.

[29] 朱和海，邹兰芳. 中东水问题成因、合作与冲突 [J]. 世界地理研究，2008，17 (2): 7 - 13.

[30] 胡文俊，杨建基，黄河清. 尼罗河流域水资源开发利用与流域管理合作研究 [J]. 资源科学，2011，33 (10): 1830 - 1838.

[31] 陈海燕. 可利用水量变化影响国际河流分水的实例及其启示 [J]. 水利发展研究，2006，6 (7): 53 - 56.

[32] 于洋，韩宇，李栋楠，等. 澜沧江—湄公河流域跨境水量—水能—生态互馈关系模拟 [J]. 水利学报，2017，48 (6): 720 - 729.

[33] 水利部与周边 12 个国家建立跨界河流合作机制 [EB/OL]. [2019 - 04 - 25]. http://www. mwr. gov. cn/xw/mtzs/qtmt/201904/t20190426 _ 1132219. html.

[34] 付颖昕. 中亚的跨境河流与国家关系 [D]. 兰州：兰州大学，2009.

[35] B. 里伯特，左志安. 中亚地区跨境水资源管理的挑战与机遇 [J]. 水利水电快报，2013，34 (5): 1 - 3.

[36] 何大明，刘昌明，冯彦，等. 中国国际河流研究进展及展望 [J]. 地理学报，2014，69 (9): 1284 - 1294.

[37] 邓铭江. 哈萨克斯坦跨界河流国际合作问题 [J]. 干旱区地理，2012，35 (3): 365 - 376.

[38] 叶芳芳. 中哈跨界河流非航行利用法律问题研究 [D]. 南京：南京大学，2015.

[39] HO, SELINA. China's transboundary river policies towards Kazakhstan: issue - linkages and incentives for cooperation [J]. Water International, 2017, 42 (2): 142 - 162.

[40] 李湘权，邓铭江，龙爱华，等. 吉尔吉斯斯坦水资源及其开发利用 [J]. 地球科学进展，2010，25 (12): 1367 - 1375.

[41] 陈进，黄薇. 西南国际河流水资源状态及开发中的问题 [J]. 长江流域资源与环境，2004，13 (5): 444 - 447.

[42] 中印跨境河流专家级机制第十二次会议在印度召开 [EB/OL]. [2021 - 12 - 13]. https://www. fmprc. gov. cn/ce/cein/chn/sgxw/t1674078. htm.

[43] 印度为何如此渴望中国分享水文信息？雅鲁藏布江下游的无谓恐惧从未消退！[EB/OL]. [2018 - 03 - 29]. https://www. sohu. com/a/227510172 _ 651611.

[44] 何大明，冯彦. 国际河流跨境水资源合理利用与协调管理 [M]. 北京：科学出版社，2006.

[45] 外国媒体热炒中国水威胁 称中国用水牵制亚洲 [N]. 环球时报，2006 - 09 - 21.

[46] 胡兴球，刘璐瑶，张阳. 我国国际河流水资源合作开发机制研究 [J]. 中国水利，2018 (1): 31 - 34.

[47] 刘璐. 对国家水网的认识 [J]. 水利发展研究，2021，21 (12): 22 - 25.

[48] 陆大道，王铮，封志明，等. 关于"胡焕庸线能否突破"的学术争鸣 [J]. 地理研究，2016，35 (5): 805 - 824.

[49] 黄达远. 边疆，民族与国家：对拉铁摩尔"中国边疆观"的思考 [J]. 中国边疆史地研究，2011，21 (4): 33 - 41.

[50] 袁少军，郭恺丽，李玉珍. 美国加利福尼亚州调水工程综述 [J]. 水利水电快报，2005，26 (11): 14 - 16.

[51] 王志民，苏治中. 全美灌溉系统 [J]. 南水北调与水利科技，2006 (6): 27 - 30.

［52］　张金良，景来红，唐梅英，等. 南水北调西线工程调水方案研究［J］. 人民黄河，2021，43（9）：9－13.

［53］　张金良，马新忠，景来红，等. 南水北调西线工程方案优化［J］. 南水北调与水利科技（中英文），2020，18（5）：109－114.

［54］　邓铭江. 天山北坡经济带"三生空间"发展格局与智能水网体系建设［J］. 干旱区地理，2020，43（5）：1155－1168.

［55］　邓铭江. 三层级多目标水循环调控理论与工程技术体系［J］. 干旱区地理，2019，42（5）：961－975.

［56］　邓铭江. 南疆未来发展的思考——塔里木河流域水问题与水战略研究［J］. 干旱区地理，2016，39（1）：1－11.

第16章 南水北调西线—西延江河连通工程可行性研究

16.1 南水北调西线工程前期论证研究

16.1.1 前期论证研究历程

南水北调西线工程前期工作始于 1952 年，研究勘察的调水区范围为 115 万 km²，涉及雅鲁藏布江、怒江、澜沧江、通天河、金沙江、雅砻江、大渡河、岷江、涪江、白龙江等，勘察了海拔 2000.00～4400.00m 的相关干支流河段，并进行了多种调水工程方案的比选。由于不同时期，形势要求不同，方案研究的范围和侧重点也有所不同。按照研究时间和内容，前期论证工作大体可分为五个阶段（图 16-1）。

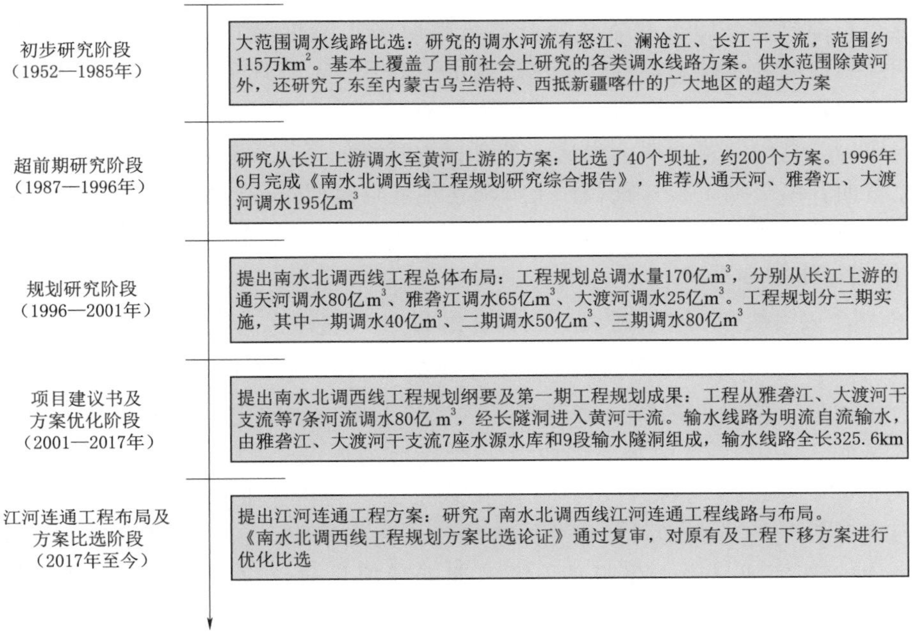

初步研究阶段 （1952—1985年）	大范围调水线路比选：研究的调水河流有怒江、澜沧江、长江干支流，范围约115万km²。基本上覆盖了目前社会上研究的各类调水线路方案。供水范围除黄河外，还研究了东至内蒙古乌兰浩特、西抵新疆喀什的广大地区的超大方案
超前期研究阶段 （1987—1996年）	研究从长江上游调水至黄河上游的方案：比选了40个坝址，约200个方案。1996年6月完成《南水北调西线工程规划研究综合报告》，推荐从通天河、雅砻江、大渡河调水195亿m³
规划研究阶段 （1996—2001年）	提出南水北调西线工程总体布局：工程规划总调水量170亿m³，分别从长江上游的通天河调水80亿m³、雅砻江调水65亿m³、大渡河调水25亿m³。工程规划分三期实施，其中一期调水40亿m³、二期调水50亿m³、三期调水80亿m³
项目建议书及 方案优化阶段 （2001—2017年）	提出南水北调西线工程规划纲要及第一期工程规划成果：工程从雅砻江、大渡河干支流等7条河流调水80亿m³，经长隧洞进入黄河干流。输水线路为明流自流输水，由雅砻江、大渡河干支流7座水源水库和9段输水隧洞组成，输水线路全长325.6km
江河连通工程布局及 方案比选阶段 （2017年至今）	提出江河连通工程方案：研究了南水北调西线江河连通工程线路与布局。《南水北调西线工程规划方案比选论证》通过复审，对原有及工程下移方案进行优化比选

图 16-1 南水北调西线工程前期论证研究历程图

1. 初步研究阶段（1952—1985 年）

（1）1952—1961 年大范围选线阶段。1952 年黄河水利委员会（简称黄委）组织查勘队，考察了从长江通天河调水到黄河源的线路，开创了中国南水北调研究之先河；1958—1961 年间，结合调水线路布置开展了大规模的基本资料调查，西北各省（自治区）提出 3456 亿 m^3 的缺水量，为尽可能多调水，调研了怒江、澜沧江、金沙江、通天河、雅砻江、大渡河、岷江、涪江、白龙江等水源工程；供水范围除黄河外，东至内蒙古乌兰浩特，西抵新疆喀什[1-2]。

（2）1978—1985 年初步优化调整阶段。受历史原因影响，西线工程研究在 1962—1977 年处于停滞状态。直到 1978 年，根据全国五届人大政府报告精神和水利部的部署，黄委又开启了西线调水的研究工作。1958—1961 年期间研究的方案规模大，工程技术难度大，经济上难以承受，工期跨度较久。因此，此次研究尽量降低坝高、缩短线路长度、减少工程规模。

2. 超前期研究阶段（1987—1996 年）

1987 年 7 月，国家计划委员会正式下达《关于开展南水北调西线工程超前期工作的通知》，决定开展从通天河、雅砻江、大渡河调水方案的超前期工作，研究论证调水工程的可能性和合理性。调水河段主要研究了通天河（包括金沙江）巴塘曲口以上河段、雅砻江甘孜以上河段、大渡河双江口以上河段。1996 年黄委完成了《南水北调西线工程规划研究综合报告》，并报水利部。通过大量方案的比选，提出通天河调水 100 亿 m^3、雅砻江调水 45 亿 m^3、大渡河调水 50 亿 m^3，三条河共调水 195 亿 m^3 的方案[1-2]。

3. 规划研究阶段（1996—2001 年）

根据水利部要求，1996 年下半年开始进行南水北调西线工程规划阶段的工作，要求在超前期规划研究的基础上，进一步比选调水工程方案，选择第一期工程，为西部大开发提供水资源保障。经过调水形式和调水线路比选论证，推荐三条河自流调水 170 亿 m^3 的总体工程布局。其中：第一期工程从雅砻江、大渡河等 5 条支流自流调水 40 亿 m^3，进入黄河支流贾曲；第二期工程从雅砻江干流阿达坝址自流调水 50 亿 m^3；第三期工程从通天河干流侧坊自流调水 80 亿 m^3。2001 年完成了《南水北调西线工程规划纲要及第一期工程规划》，已通过水利部审查。

4. 项目建议书及方案优化阶段（2001—2017 年）

2001 年下半年南水北调西线一期工程启动项目建议书工作，围绕调水工程方案，开展了大量地质、测绘、勘探、物探和科学试验工作，为深化、完善调水工程方案提供了坚实的基础。2002 年《南水北调西线工程规划纲要及第一期工程规划》成果纳入国家《南水北调工程总体规划》，由国务院正式批复，与南水北调东线、中线共同构成了我国"四横三纵"的南水北调工程总体格局及"南北调配、东西互济"的水资源配置网络。2008 年年底完成《南水北调西线第一期工程项目建议书》总报告、专题及附件等 86 份成果报告。2012—2013 年按照水利部要求，黄委组织完成第一期工程项目建议书的补充完善工作[1-2]，在国家发展和改革委的支持下，启动了《南水北调工程与黄河流域水资源配置的关系研究》课题。2014 年围绕西线调水必要性和调水影响等关键问题，开展黄河上中游地区节水潜力、新形势黄河流域水资源供需分析、调入水量配置方案细化、调水对水力发电影响分析、调水对生态环境影响、调水河流水资源利用影响 6 个专题的补充研究工作。2016 年《国家发展和改革委关于南水北调西线工程有关问题的报告》上报国务院，在反映相关省（自治区）、部委、专家等关于重大问题的意见或观点基础上，指出当前对西线工程的意见分歧主要集中在黄河流域节水供水潜力与工程建设必要性、生态环境影响、工程建设条件、工程经济性和水价承受能力、小江调水替代方案 5 个方面。

5. 江河连通工程布局及方案比选阶段（2017 年至今）

2017 年中国国际咨询公司与黄河勘测规划设计研究院有限公司（以下简称黄河设计院）组织联合专业团队，在已有南水北调西线前期的基础上，形成了《南水北调西线江河连通工程研究报告》。同年，黄河设计院完成《南水北调西线工程调水方案综述报告》。2018 年水利部下达《南水北调西线工程规划方案比选论证》任务书，对原有及工程下移方案进行优化比选。2019 年水利部水利水电规划设计总院对黄河设计院《南水北调西线工程调水线路方案论证报告》进行了论证。2019 年《南水北调西线若干重大问题研究及专题成果》通过水利部水利水电规划设计总院审查。2020 年《南水北调西线工程规划方案比选论证》通过水利部水利水电规划设计总院复审，这是 2008 年以来首次就南水北调西线工程规划方案提出明确意见，为工程加快推进奠定了重要基础。

16.1.2　原项目建议书工程布置方案

2001 年南水北调西线一期工程开展项目建议书工作，围绕调水工程方案研究，完成了大量地质、测绘、勘探、物探和科学试验工作，为深化、完善调水工程方案提供了坚实基础。

本阶段共增选 9 座坝址，加之规划阶段的 5 座坝址，共对 14 座坝址进行了比选分析，组合成几十个工程布局方案。结合现场查勘和方案比选，初选了上、中、下三个总体布局代表性方案。经比选论证，采用上线作为倾向性方案，即从雅砻江支流达曲阿安—泥曲仁达—杜柯河珠安达—玛柯河贡杰—阿柯河克柯的调水线路，调水量 40 亿 $m^{3[3]}$。

2005 年水利部下发"关于在南水北调西线工程项目建议书阶段开展一、二期水源结合方案论证工作的函"，要求在西线第一期工程项目建议书编制工作中，将西线工程规划的一期工程和二期工程水源合并补充论证。为此，将调水水源延伸至雅砻江干流，为减少移民和调水影响，经分析比选，将雅砻江调水坝址由阿达上移至热巴，玛柯河调水坝址贡杰上移至霍纳，增加色曲洛若坝址调水，形成雅砻江干流热巴—达曲阿安—泥曲仁达—杜柯河珠安达—玛柯河霍纳—阿柯河克柯的调水线路布局，线路长度 325.6km，总调水 80 亿 m^3。相比原规划方案减少移民 1.2 万人，避免班玛县城及 6 座重要寺院的淹没（图 16-2）。

综上所述，由于不同时期的形势要求不同，方案研究的范围和侧重点也有所不同，认识也有较大的差异。因此，方案研究工作的思路经历了从西部调水向西线调水的逐步转变过程，1978 年以前，研究的调水和受水区域涵盖了中国西部大部分地区和河流，称之为西部调水；1978 年之后，主要集中在通天河、雅砻江、大渡河调水，称之为西线调水。在研究思路的转变过程中，调水方案从调水水源、输水线路、工程组合形式和工程的技术

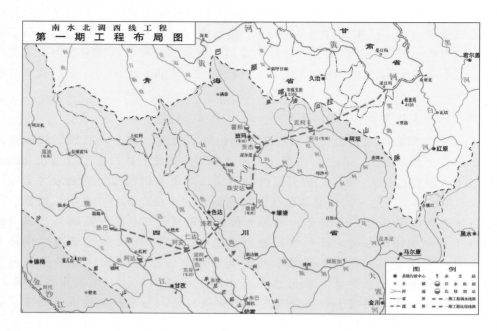

图 16-2 原南水北调西线一期工程总体布局图

条件等方面得到了丰富和发展。

然而，面对当前新理念、新规划、新战略和新发展格局的要求，原南水北调西线工程项目建议书的调水方案，明显存在以下主要问题：

(1) 生态影响问题。党的十九大将生态文明建设纳入"五位一体"的总体布局，要求坚持人与自然和谐共生，坚持生态优先，推进绿色发展，贯彻绿色生态、绿色生产、绿色生活理念，实现生态美丽、生产美化、生活美好。西线目前确定的各坝址调水比例在59.5%～69.2%之间（表16-1），平均调水比例达65.0%，调水比例偏高，对调水河流的生态影响一直受到诸多专家学者的质疑。

(2) 调水需求问题。新时代背景下，随着国家一系列发展战略的深入推进以及规划的调整，对黄河流域和西北地区提出了更高的要求，经济社会发展、生态环境改善、民族安定团结、城镇化进程加快，均对水安全提出了更高的要求和更严峻的挑战。特别是推进南水北调后续工程高质量发展和构建国家水网、实施国家河湖战略等，都对支撑国土空间均衡发展的水资源配置提出了更高要求。

(3) 调水方案优选问题。明显的气候变化与不断加剧的人类活动改变了水资源情势、生态优先的发展思路等，对优化西线工程调水方案提出了更高的要求，因此必须因地制宜地优化调水线路，系统规划供水覆盖范围，做好未来水资源需求预测，科学确定工程建设方案。

(4) 移民及库区淹没损失问题。原调水方案共计淹没影响 10 个乡 24 个行政村；淹没乡镇政府所在地 3 个；淹没影响寺庙 11 座，其中直接淹没寺庙 5 座。淹没损失大，社会影响也大。

表 16-1　　　　　　　　原南水北调西线一期工程综合指标一览表

一	水源水库	热巴	阿安	仁达	洛若	珠安达	霍那	克柯	合计
1	所在河流	雅砻江干流	达曲	泥曲	色曲	杜柯河	玛柯河	阿柯河	
2	坝址高程/m	3527.00	3604.00	3598.00	3747.00	3539.00	3544.00	3474.00	
3	坝址径流/亿 m³	60.7	10.0	11.7	4.2	14.8	10.9	6.9	119.2
4	年调水量/亿 m³	42.0	6.5	7.5	2.5	10.0	7.0	4.5	80.0
5	正常蓄水位/m	3707.0	3718.9	3702.7	3758.0	3634.2	3632.5	3559.2	
6	总库容/亿 m³	37.1	5.4	4.7		5.4	4.4	1.6	58.6
二	调水线路	雅砻江—达曲	达曲—泥曲	泥曲—色曲	色曲—杜柯河	杜柯河—玛柯河	玛柯河—阿柯河	阿柯河—贾曲	
1	线路全长/km	68.9	13.7	25.6	47.1	30.8	67.6	72.0	325.7
2	隧洞长度/km	68.0	13.7	25.3	47.1	30.1	66.7	70.6	321.5
3	跨沟建筑物长度/km	0.9	0.4	0.3		0.7	0.8	1.4	4.5
三	调水比例/%	69.2	65.0	64.1	59.5	67.6	64.2	65.2	65.0

16.2　南水北调西线—西延江河连通工程规划方案

16.2.1　工程优化方案总体布局

1. 江河连通工程优化方案总体布局

针对原有规划方案存在的问题，2020 年黄河设计院在通过水利部水规总院复审的《南水北调西线工程规划方案比选论证》的基础上，提出南水北调西线—西延江河连通工程总体布局。工程规划从雅鲁藏布江干支流、怒江、澜沧江、金沙江、雅砻江、大渡河等河流自流调水，受水区包括黄河流域及广大的引黄地区、河西走廊以及新疆吐哈盆地和塔里木盆地等地区。主体工程主要包括调出区的调水工程和受水区的输水工程两大部分。调水工程分布范围为西南诸河、长江至洮河，主要由引水水源工程、水源区调水线路工程、受水区供水线路工程组成[2]。

（1）水源区及江河连通工程优化布局。南水北调西线—西延江河连通工程水源区涉及西南六大江河水系。工程总体布局为：一期工程从长江上游的金沙江、雅砻江、大渡河调水，经洮河入黄河上游刘家峡水库，向黄河流域、河西走廊年调水量 170 亿 m³，并延伸至新疆吐哈盆地和塔里木盆地；二期工程水源区西延至澜沧江，年调水量增加到 240 亿 m³；远期工程水源区西延至雅鲁藏布江、怒江、澜沧江，继续扩大受水区范围，西延覆盖到吐哈盆地、塔里木盆地等新疆广大区域，年调水量为 450 亿 m³。

金沙江、雅砻江、大渡河等河流的引水水源工程分别采用已经开工建设的金沙江叶巴滩水库、雅砻江两河口水库、大渡河双江口水库等枢纽工程。雅鲁藏布江、怒江、澜沧江等河流引水坝址分别选择米林、加玉和卡得木坝址。

调水线路以隧洞为主要型式，全程自流引水。水源工程以雅鲁藏布江米林水库和怒江加玉水库为起点，分别调水入金沙江叶巴滩水库、雅砻江两河口水库、大渡河双江口水库，绕经岷江、涪江、白龙江，在甘肃省岷县入洮河，汇入黄河干流刘家峡水库（图16-3）。

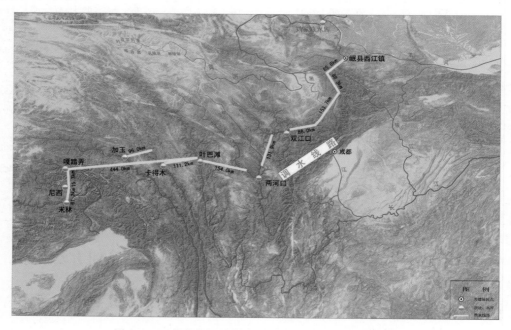

图16-3　南水北调西线江河连通工程水源工程布置图

（2）受水区供水范围及线路布置方案。受水区包括黄河流域、河西走廊、吐哈盆地和塔里木盆地等西北地区。输水线路全线自流，主要采用隧洞、管道与明渠相结合的输水型式。主体工程包括河西输水干线和吐哈—塔里木盆地输水线路两部分，线路总长3439km。河西输水干线线路全长1016km（图16-4），吐哈—塔里木盆地输水线路全长2423km（图16-5）。其中，北线吐哈盆地—博斯腾湖输水线路，全长1103km；南线塔里木盆地南缘输水线路，全长1320km。

2. 工程任务及调水需求分析

（1）河西生态经济区建设。走向新世纪的河西走廊，从发展前景与开发潜力看，是一条极具战略意义的生态经济走廊。在未来经济社会发展的历史进程中，面临着国家实施西部大开发战略、"一带一路"建设的历史性机遇；面临着西气东输、加快基础设施建设、大力调整产业结构、改善投资环境、提高经济运行质量的历史性机遇；面临着东部沿海地区产业转移和生产要素向西流动的历史性机遇。同时，又因自然条件的先天不足，未来经济社会发展不可避免地受到生态环境十分脆弱且正在恶化、水源短缺、工业化程度低下、人地关系矛盾突出、经济结构失调等一系列问题的制约。建设好河西生态经济走廊，需要实施跨流域调水，突破阳关线建设覆盖河西走廊全境及漠北高原的绿洲长廊和城市链，并为向新疆哈密、吐鲁番输水提供条件，带动受水区沿线经济繁荣发展，推进走廊内生态经

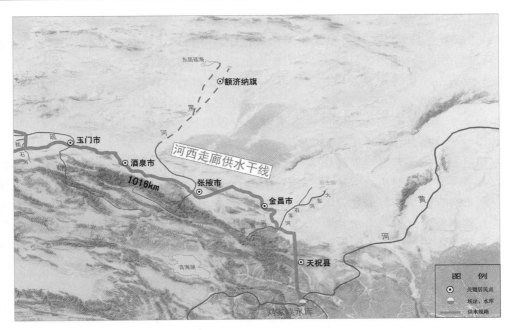

图 16-4　南水北调西线—西延河西走廊供水线路布置图

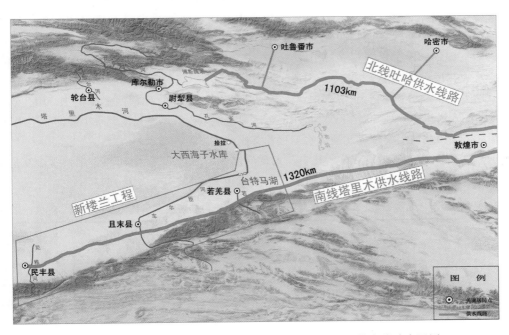

图 16-5　南水北调西线—西延吐哈盆地、塔里木盆地供水线路布置图

济综合开发的战略转变，包括：由"古丝绸之路走廊"转变为"新欧亚大陆桥走廊"；由开发移民走廊转变为生态移民走廊；由粮食走廊转变为畜牧走廊、制种走廊和草业走廊；由单一工矿走廊转变为综合型生态工业走廊；由串珠状城镇走廊转变为生态城市走廊；由生态脆弱走廊转变为"生态重建走廊"；由战争要道走廊转变为战略要冲走廊；由"饥渴

449

多病的生存经济走廊"转变为"健康宜居的生态经济走廊"[4]。

（2）"新楼兰工程"与环塔里木生态经济枢纽区建设对水资源的需求。 "新楼兰工程"最初的设想是由中科院张新时院士 2002 年提出的[5]，该设想的主要思路是立足当地水资源挖潜，建设一个中等规模的现代化城市。本研究提出的"新楼兰工程"的主要内涵是：依托于"藏水入疆"，以若羌为中心，包含铁干里克、且末、民丰等昆仑山北坡的广大区域，组建一个富含玉石文化、特色生态旅游的中等规模的城市；将喀什噶尔河、叶尔羌河、和田河等流域过于密集的人口，特别是山区贫困人口迁至"新楼兰"，并扩大地方和兵团在该区域的生产布局，促进民族交融发展；构筑南疆"项链式"水资源配置框架体系[6]，形成环塔里木盆地的生命水链，连同环形高等级公路、环形高等级铁路、环形输电线路、环形绿洲及城市群的建设，从而为南疆的稳定发展注入新的活力和强劲的原动力。

（3）调水需求分析。 南水北调西线—西延江河连通工程开发任务目标：一是向黄河流域供水，重点解决黄河上中游地区的生产、生活需求，支撑黄河流域生态保护和高质量发展；二是向河西走廊地区供水，构建河西城市群绿色长廊；三是向吐哈盆地、塔里木盆地供水，构建环塔里木盆地生命"水链"，支持兵团南进发展战略[7]。

根据本研究对西北内陆河流域未来缺水情况的预测分析，以及《黄河流域水资源供需专题研究》和黄河设计院编制的《西部调水方案初步研究》咨询报告，黄河流域重点考虑生态保护和高质量发展对水资源的需求，河西走廊和吐哈盆地重点考虑生态移民、新增后备耕地资源等对水资源的需求，塔里木盆地重点考虑兵团南进发展和塔里木河生态需水要求，提出南水北调西线—西延调水工程分三期实施，具体如下：

一期工程年调水 170 亿 m^3，其中：80 亿 m^3 入黄河流域，40 亿 m^3 供河西走廊，50 亿 m^3 供吐哈盆地和塔里木盆地。

二期工程年调水 240 亿 m^3，其中：入黄河流域 130 亿 m^3，向河西走廊供水 50 亿 m^3，从博斯腾湖汇入塔里木盆地 60 亿 m^3。此外，柴达木盆地主要依靠通天河调水工程即"引通济柴"工程调水，天山北坡主要依靠北疆供水工程和艾比湖生态工程调水。

远期工程年调水 450 亿 m^3，其中：入黄河流域 160 亿 m^3，向河西走廊供水 130 亿 m^3，吐哈盆地供水 80 亿 m^3，从博斯腾湖汇入塔里木盆地 80 亿 m^3（表 16-2）。

表 16-2　南水北调西线—西延工程向黄河流域及西北内陆河流域供需水量分析表　单位：亿 m^3

供水范围	黄河流域	河西走廊	吐哈盆地	塔里木盆地	总计
一期工程（计划至 2035 年）	80	40	30	20	170
二期工程（计划至 2050 年）	130	50	30	30	240
远期工程	160	130	80	80	450

3. 江河连通工程方案的优化特征

南水北调西线—西延江河连通工程将是有史以来最大的水利工程，也是我国巨型跨流域调水工程，调水规模巨大，工程范围涉及西南、西北和华北大部分地区，带来的经济效益、生态效益、社会效益巨大。此工程对于改善西部地区生态环境和生存条件，促进我国东西部地区间均衡发展，步入生态绿色空间均衡发展的新时代具有重要作用[7]。相比原南水北调西线项目建议书调水方案，具有以下优化特征：

（1）线路下移并西延。江河连通工程代表方案为叶巴滩—两河口—双江口—岷江—洮河自流方案。该方案从金沙江水电梯级电站叶巴滩坝下引水，连合雅砻江干流两河口、大渡河干流双江口调水，线路绕经岷江、白龙江入洮河，线路采用隧洞输水方式，全程自流。该方案调水断面分别为金沙江叶巴滩、雅砻江两河口、大渡河双江口，较原西线方案下移 255～395km，高程由 3500.00m 左右降低至 2500.00m 左右。同时，江河连通工程通过西延，能够实现国家水网与西部水网的有效连通，真正构建"系统完备、安全可靠，集约高效、绿色智能、循环通畅、调控有序"的国家水网，并满足我国西北地区不断增长的用水需求，推动我国水土资源在空间布局上的优化配置。

（2）在建工程有效利用。相比原西线方案，江河连通工程主要利用在建工程作为引水水源，如叶巴滩水电站已于 2017 年 6 月开工建设，两河口水电站主体已于 2014 年开工建设，双江口水电站主体已于 2015 年开工建设。优化方案将以在建的三座大型水库电站作为水源工程，从金沙江干流的叶巴滩水库、支流雅砻江的两河口水库、支流大渡河双江口水库调水，打通三段长隧洞，连通"两江一河"，经洮河入黄河上游刘家峡水库，向黄河流域、河西走廊、吐哈盆地和塔里木盆地供水。对在建工程的有效利用能够降低工程成本，减少水库移民、淹没损失和生态环境影响。

（3）水源区可调水量增加及调水比例降低。江河连通工程方案中水源区可调水量已由原西线方案的 80 亿 m³ 分别增加到一期的 170 亿 m³、二期的 240 亿 m³、远期的 450 亿 m³，可调水量得到极大的提升。同时，原西线方案确定的各坝址调水比例在 59.5%～69.2% 之间，平均调水比例达 65.0%，可调水量小且调水比例偏高。江河连通工程方案优选后的引水坝址处多年平均径流量较大，水量充沛，方案分期实施及后续水源条件较好，可将各坝址调水比例控制在 18%～39% 之间，平均调水比例降至 26%，减少了调水比例过高对水源区生态环境产生的影响。

（4）生态移民及库区淹没损失减少。原西线调水方案涉及淹没影响大，且移民搬迁选址比较复杂，历时较长，社会影响较大。江河连通工程方案为全程自流模式，并以隧洞的方式穿越线路涉及的生态环境敏感区，对陆生动物及自然保护区环境影响较小，基本能够维持调出区涵养水源的能力，保持生物多样性，维护区域森林、草地和湿地的生态功能。同时，引水坝址多采用在建水库，水库移民淹没影响及民族宗教问题较小。

16.2.2　调水与供水线路初步方案

1．引水水源工程

一期水源工程从金沙江叶巴滩水库、雅砻江两河口水库、大渡河双江口水库实施连通调水，即连通"两江一河"。二期和远期的水源工程将进一步西延至雅鲁藏布江米林坝址、怒江加玉坝址、澜沧江卡得木坝址。利用 6 段 14 条隧洞连通西南和长江上游诸河，即连通"五江一河"，实现江河连通跨流域调水[1]。调水河流引水枢纽工程主要指标见表 16-3。

（1）雅鲁藏布江水源工程。干流米林水库，开发任务以发电为主，兼顾下游生态环境用水。坝址控制流域面积 17.1 万 km²，多年平均径流量 417 亿 m³。初拟水库正常蓄水位 3084.00m，正常蓄水位以下总库容 141.7 亿 m³，调节库容 60.9 亿 m³，年发电量 273.9 亿 kW·h。

表 16-3　　　　　　　　　调水河流引水枢纽工程主要指标一览表

调水河流	雅鲁藏布江			怒江	澜沧江	金沙江	雅砻江	大渡河	合计
	干流	尼洋河	易贡藏布						
枢纽名称	米林	尼西	嘎踏弄	加玉	卡得木	叶巴滩	两河口	双江口	
坝址控制流域面积/万 km²	17.1	1.6	0.8	6.9	7.4	17.3	6.6	3.9	
坝址高程/m	2940.00	3045.00	3024.00	3139.00	3014.00	2677.00	2602.00	2268.00	
坝址多年平均径流量/亿 m³	417	154	89	227	210	260	207	161	1725
正常蓄水位/m	3084.00	3053.00	3110.00	3300.00	3229.00	2889.00	2865.00	2500.00	
总库容/亿 m³	141.7					11.9	107.8	29.0	

　　支流尼洋河尼西坝址，为现有规划梯级，坝址河床高程 3045.00m，坝址控制流域面积约 1.6 万 km²，多年平均径流量 154 亿 m³，初拟水库正常蓄水位 3053.00m。

　　支流易贡藏布嘎踏弄坝址，为现有规划梯级，坝址河床高程 3024.00m，坝址控制流域面积 0.83 万 km²，多年平均径流量 89 亿 m³，初拟水库正常蓄水位 3110.00m。

　　(2) 怒江水源工程。加玉坝址位于洛隆县境内，控制流域面积 6.9 万 km²，坝址多年平均径流量 227 亿 m³。拟采用坝式开发，正常蓄水位 3300.00m，利用落差 221m，装机容量 420MW。

　　(3) 澜沧江水源工程。卡得木坝址为澜沧江干流昌都以下河段开发方案的第一个梯级，坝址控制流域面积 7.4 万 km²，坝址处多年平均径流量 210 亿 m³。拟采用坝式开发，坝址距察雅县城约 20km，正常蓄水位 3229.00m，装机容量 1320MW。

　　(4) 金沙江水源工程。叶巴滩水电站为在建工程，位于金沙江上游河段四川与西藏界河上，系金沙江上游 13 个梯级水电站的第 7 级。坝址处多年平均径流量 260 亿 m³，正常蓄水位 2889.00m，死水位 2855.00m，坝高 240m。正常蓄水位以下总库容 11.9 亿 m³，调节库容 5.4 亿 m³，具有季调节性能。装机容量 1980MW，多年平均发电量 91 亿 kW·h。项目于 2016 年 11 月通过国家核准建设，2017 年 6 月正式开工建设。

　　(5) 雅砻江水源工程。两河口水电站为在建工程，位于四川省甘孜州雅江县境内的雅砻江干流上，为雅砻江中、下游的"龙头"水库。坝址控制流域面积 6.6 万 km²，占全流域的 48.3%，开发任务是以发电为主，并有蓄水蓄能、分担长江中下游防洪任务、改善长江航道枯水期航运条件的功能和作用。坝址处多年平均径流量 207 亿 m³，水库正常蓄水位 2865.00m，正常蓄水位以下库容 107.8 亿 m³，调节库容 65.6 亿 m³，具有多年调节能力。大坝最大坝高 295m，电站装机容量 300 万 kW，多年平均发电量 113.7 亿 kW·h。两河口水电站主体已于 2014 年开工建设。

　　(6) 大渡河水源工程。双江口水电站为 2015 年开工的在建工程，位于四川省阿坝州马尔康县、金川县境内的大渡河上源足木足河与绰斯甲河汇口以下约 2km。坝址控制流域面积 3.9 万 km²，占全流域的 51%左右，开发任务主要为发电，兼顾防洪。坝址处多年平均径流量 161 亿 m³，水库正常蓄水位 2500.00m，正常蓄水位以下库容 29 亿 m³，调节库容 19.2 亿 m³，具有年调节能力。大坝最大坝高 314m，电站装机容量 200 万 kW，多年平均年发电量约 79.3 亿 kW·h。

2. 水源区一期工程调水线路

(1) 金沙江叶巴滩—黄河支流洮河中寨镇线路。金沙江叶巴滩—黄河支流洮河中寨镇线路拟从叶巴滩水库引水，线路长 846.8km，采用单双洞组合布置，隧洞在白龙江根古乡之前段采用单洞，长度 765.7km，由白龙江根古乡入洮河段采用双洞，长度 81.1km，调水线路总长 927.9km，调水 70 亿 m³。该输水隧洞被雅砻江、大渡河、黑水河、毛尔盖河支沟、毛尔盖河、白水江、白龙江分为 8 段，隧洞总长 923.6km，最大埋深 2300m，平均埋深约 1180m，隧洞最长自然分段 219.1km。输水线路横跨雅砻江、大渡河、黑水河、毛尔盖河支沟、毛尔盖河、白水江、白龙江共 7 条河流和山沟，共需修建 7 座交叉建筑物。除雅砻江、大渡河和白龙江跨沟建筑物采用 3 座桥式倒虹吸外，其余跨沟建筑物均采用渡槽，跨沟建筑物总长 4.3km。

(2) 雅砻江两河口—黄河支流洮河中寨镇线路。线路拟从两河口水库引水，线路总长 618.5km，调水 60 亿 m³。输水隧洞被革什扎河、大渡河、黑水河、毛尔盖河支沟、毛尔盖河、白水江、白龙江分为 8 段。隧洞总长 614.2km，隧洞最大埋深 2200m，平均埋深约 1100m，最长洞段长 131.3km。结合调水流量和比降，采用单洞输水布置。输水线路沿线横跨革什扎河、大渡河、黑水河、毛尔盖河支沟、毛尔盖河、白水江、白龙江共 7 条河流，共需修建 7 座交叉建筑物，除大渡河、白龙江跨沟建筑物采用桥式倒虹吸外，其余跨沟建筑物均采用渡槽，总长 4.3km。

(3) 大渡河双江口—黄河支流洮河中寨镇线路。拟从双江口库区的大渡河支流足木足河引水，线路总长 413.5km，调水 40 亿 m³。输水隧洞被岷江支流黑水河、岷江支流毛尔盖河、白龙江支流白水江、白龙江干流分割为 5 段。隧洞总长 410.3km，隧洞平均埋深 1100m，最大埋深约 2200m。隧洞最长自然分段 131.3km，最短 27.6km，采用单洞布置。跨河交叉建筑物为 3 座渡槽和 1 座桥式倒虹吸，总长 3.2km。

第一段为大渡河双江口—岷江支流黑水河，线路长 88.0km。进口位于双江口库区足木足河瓦夏村，底板高程 2420.00m；出口位于黑水河泽盖乡，底板高程 2391.00m（图 16-6）。

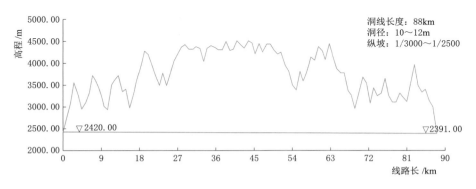

图 16-6 大渡河双江口—岷江支流黑水河引水线路纵断面图

第二段为岷江支流黑水河—岷江支流毛尔盖河，线路长 29.0km。进口位于黑水河泽盖乡，底板高程 2391.00m；出口位于毛尔盖河的米村，底板高程 2380.00m（图 16-7）。

第三段为岷江支流毛尔盖河—白龙江支流白水江，线路长 122.4km。进口位于毛尔盖河的米村，底板高程 2380.00m；出口位于白水江老塔藏，底板高程 2337.00m（图 16-8）。

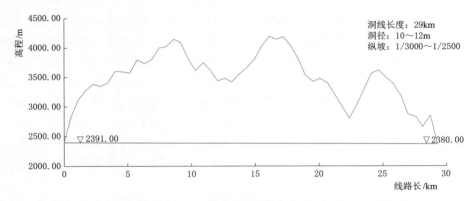

图 16-7　岷江支流黑水河—岷江支流毛尔盖河引水线路纵断面图

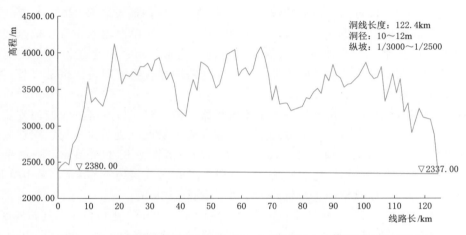

图 16-8　岷江支流毛尔盖河—白龙江支流白水江引水线路纵断面图

　　第四段为白龙江支流白水江—白龙江，线路长 88.3km。进口位于白水江老塔藏，底板高程 2337.00m；出口位于白龙江根古乡，底板高程 2307.00m（图 16-9）。

　　第五段为白龙江—洮河西江镇，线路长 85.8km。进口位于白龙江根古乡，底板高程 2307.00m；出口位于洮河西江镇，底板高程 2277.00m（图 16-10）。

　　一期工程总调水 170 亿 m³，其中：给黄河流域供水 80 亿 m³，河西走廊供水 40 亿 m³，塔里木盆地供水 50 亿 m³。三个水源调水线路平行布置，其中：在双江口至洮河段为 4 条输水线路并行，雅砻江至双江口段为 2 条并行，叶巴滩至雅砻江段为 1 条。输水线路总长为 1959.9km，其中：隧洞总长 1948.1km，跨沟建筑物总长 11.8km。隧洞段采用大直径 TBM 掘进，按照类比法对投资进行匡算，平均 2.5 亿元/km，共计投资 4900 亿元，平均综合造价 28.8 元/m³。

　　3. 水源区二期工程调水线路

　　二期调水工程水源区向西延伸至澜沧江卡得木坝址，进口位于卡得木库区的澜沧江

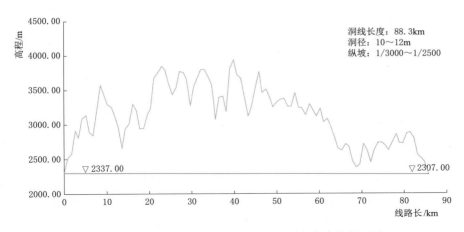

图 16-9　白龙江支流白水江—白龙江引水线路纵断面图

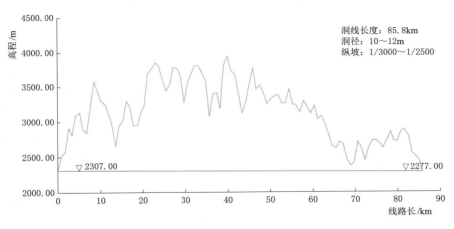

图 16-10　白龙江—洮河西江镇引水线路纵断面图

支流麦曲，底板高程 3200.00m，出口位于叶巴滩库区的金沙江支流多木曲，出口底板高程 3163.00m。调水线路总长 111.2km，增加调水 70 亿 m³，总调水 240 亿 m³（图 16-3）。

4. 水源区远期工程调水线路

(1) 雅鲁藏布江米林—金沙江叶巴滩段线路。线路拟从米林库区引水，经尼洋河尼西水库坝址下游、易贡藏布嘎踏弄水库坝址下游，至金沙江叶巴滩水库库区（图 16-3）。线路总长 580.8km，全为隧洞；引水隧洞底坡 1/4000，隧洞洞径 10～12m。线路分三段实施，具体如下：

第一段为雅鲁藏布江米林—尼洋河尼西，线路长 61.2km。进口位于米林库区雅鲁藏布江干流的米林村，底板高程 3020.00m；至尼洋河尼西水库坝址下游，尼洋河尼西处线路底板高程 3005.00m。

第二段为尼洋河尼西—易贡藏布嘎踏弄，线路长 75.3km。进口从尼洋河尼西水库坝址下游开始，底板高程 3005.00m；出口位于易贡藏布嘎踏弄坝址下游的拉弄沟沟口，底板高程 2986.00m。

第三段为易贡藏布嘎踏弄—金沙江叶巴滩，线路长 444.0km。进口位于易贡藏布嘎踏弄坝址下游的拉弄沟沟口，底板高程 2985.00m；出口位于叶巴滩库区的金沙江支流多木曲沟口的冬木达村，底板高程 2874.00m（低于叶巴滩水电站的正常蓄水位 2889.00m）。

（2）怒江加玉—金沙江叶巴滩线路。线路拟从加玉库区引水，经澜沧江卡得木电站库区，至金沙江叶巴滩水库上游，线路总长 207.2km，全部为隧洞，引水隧洞底坡 1/3000，隧洞洞径 10～11m。线路分两段实施：

第一段为怒江加玉—澜沧江卡得木，线路长 96km。进口位于加玉库区怒江支流若曲，底板高程 3270.00m；出口位于卡得木库区的澜沧江支流巴曲昌都市，出口底板高程 3238.00m。

第二段为澜沧江卡得木—金沙江叶巴滩，线路长 111.2km。进口位于卡得木库区的澜沧江支流麦曲，底板高程 3200.00m；出口位于叶巴滩库区的金沙江支流多木曲，出口底板高程 3163.00m。

5. 受水区供水线路

工程调水经洮河入黄河上游刘家峡水库，向黄河流域、河西走廊、吐哈盆地和塔里木盆地供水，其中黄河流域的用水由沿河各省市进行分配，不纳入本研究范围，工程供水线路仅对河西走廊、吐哈盆地和塔里木盆地供水线路进行分析。

（1）一期工程供水线路。

1）河西走廊供水线路总长 1016km。线路隧洞段 262.4km，管道段 750.4km，渡槽段 3.2km[1]；线路以隧洞与渡槽结合的方式，全程采用分段自流引水。线路分两段实施：第一段为黄河—河西走廊段线路，从黄河干流刘家峡水库引水，经湟水流域共和县花庄镇新庄村至古浪河下游武威市西界，线路总长 212.2km，其中隧洞 211.7km，隧洞比降 1/3000，渡槽 0.5km。第二段为河西走廊段线路，从武威市西界村沿祁连山北麓，经金昌市南部至张掖市查干敖包，穿龙首山至张掖市西屯村，经张掖市南部、酒泉市南部、嘉峪关市西北至嘉峪关市断山口村，穿过断山口河向西至玉门市疏勒河，经玉门市西南至瓜州县踏实河，线路总长 804.1km，其中隧洞 51.0km，隧洞比降 1/3000，管道 750.4km，渡槽 2.7km（图 16-4）。

2）北线吐哈盆地供水线路总长 1103km。北线供水线路拟从瓜州县踏实河至瓜州县北部，沿疏勒河右岸山脉，绕经罗布泊东北至吐哈盆地南缘，穿过库鲁克塔格山，最终投入博斯腾湖，通过孔雀河向塔里木河中、下游地区供水。沿途通过两条支线分别向吐鲁番市与哈密市供水。线路采用分段自流引水方式，以管道为主结合隧洞型式（图 16-5）。

（2）二期和远期工程供水线路。二期和远期供水可联合采用北线和南线分别向吐哈盆地和塔里木盆地供水，线路总长 2423km，其中：隧洞段 100km，管道段 2306km，渡槽段 17.0km。南线供水线路从瓜州县踏实河至敦煌市党河水库，经库姆塔格沙漠至若羌县若羌河，沿阿尔金山北缘、塔里木盆地南缘分别经且末县车尔臣河、民丰县尼雅河。供水线路以管道为主，采用分段自流引水方式，线路总长 1320km（图 16-5）。

16.2.3 可调水量及生态移民影响分析

1. 可调水量分析

南水北调西线—西延江河连通工程调水河流涉及雅鲁藏布江干支流、怒江、澜沧江、金沙江、雅砻江、大渡河六条河流，调水位置多年平均河川径流总量 1725 亿 m³。考虑到生态环境影响，调水量按低于断面径流量 40% 设计，初步拟定工程多年平均年调水总量 450 亿 m³。其中一期工程调水 170 亿 m³，调水水源涉及金沙江、雅砻江、大渡河三条河流，计划先期从上述三条河流借用水源，后期以其他河流水源进行补充。

二期工程调水 240 亿 m³，调水水源涉及金沙江、雅砻江、大渡河、澜沧江四条河流。计划先期从上述四条河流借用水源，后期以其他河流水源进行补充。

远期工程调水涉及雅鲁藏布江、怒江、澜沧江、金沙江、雅砻江、大渡河六条河流，即通过雅鲁藏布江、怒江、澜沧江等三条河流的水源对金沙江、雅砻江、大渡河水源予以补充，以此降低金沙江、雅砻江、大渡河等河流调水比例，最终使得调水比例降至 19%。

2. 调水量配置

综合分析调水工程任务和工程规模、水资源需求和可调入水量，按照由易到难、先通后畅、分期实施和"确有需要，可以持续"的原则，对调入水量提出了初步配置方案[8-12]（表 16-4）。

表 16-4 　南水北调西线—西延江河连通工程调水量初步配置方案一览表 　　单位：亿 m³

受水区	一期工程水量初步配置方案				二期工程水量初步配置方案			
	黄河	河西走廊	吐哈盆地和塔里木盆地	合计	黄河	河西走廊	吐哈盆地和塔里木盆地	合计
生活	35	15.5	11	61.5	49.6	15.5	11	76.1
工业	35.5	10	14.5	60	39.3	15	14.5	68.8
农业	0	10	14.5	24.5	6.8	15	19.5	41.3
生态	9.5	4.5	10	24	34.3	4.5	15	53.8
合计	80	40	50	170	130	50	60	240

远期工程可适当增加雅鲁藏布江、怒江、澜沧江等国际河流调水量，从根本上解决黄河及西北地区的缺水问题。按照需水程度，对调入水量进行配置，其中：黄河流域配置水量 160 亿 m³，河西走廊配置水量 130 亿 m³，吐哈盆地和塔里木盆地配置水量 160 亿 m³。

3. 调水线路涉及敏感区分析

调水线路在雅砻江至大渡河段不可避免穿越生态保护红线，工程所在区域生态环境敏感、保护对象众多，涉及自然保护区 10 个，其中国家自然保护区 2 个、省（自治区）级自然保护区 7 个、县级自然保护区 1 个。调水线路以深埋隧洞为主，以地下穿越的形式穿越相关敏感区，因此调水线路对生态环境敏感区影响较小。

4. 供水线路涉及敏感区分析

供水工程所在区域生态环境敏感、保护对象众多，以国家级、省级自然保护区为代表进行初步分析，涉及自然保护区 14 个，其中国家级自然保护区 6 个、省级自然保护区 8 个；涉及地质公园共 5 个，其中国家级地质公园 2 个、省级地质公园 3 个；涉及森林公园 7 个。供水线路均以地下穿越形式穿越相关敏感区，对敏感区影响较小。

5. 生态环境影响初步分析

（1）重要湿地影响。 线路水源水库依托在建的大渡河双江口、雅砻江两河口水电站，工程仅利用其调水，对湿地不产生影响。工程输水线路主要由深埋长隧洞及跨沟建筑物组成，初步分析，调水线路总体对湿地无明显不利影响。

（2）保护植物影响。 工程所在区域物种资源丰富，据不完全统计，区域内分布有保护植物 17 种，其中：国家重点保护植物 10 种，列入中国植物红皮书的保护植物 6 种，其他中国特有物种 1 种。根据已批复的《四川省大渡河双江口水电站环境影响报告书》，其淹没范围内岷江柏木及红豆杉主要采取移栽和异地补栽等措施弥补损失，西线规划工程方案可参考其补偿措施进行异地移栽和补栽，以减轻工程建设对岷江柏木及红豆杉的不利影响。

（3）保护动物影响。 据不完全统计，区域内有国家重点保护兽类 14 种，其中国家 I 级重点保护兽类 9 种、II 级重点保护兽类 5 种；国家重点保护鸟类 20 种，其中国家 I 级重点保护鸟类 9 种、II 级重点保护鸟类 11 种。输水线路穿越了大熊猫现存的其他栖息地，但工程的穿越形式以地下深埋隧洞穿越为主，工程运行期对其影响主要为施工支洞检修等人类活动影响，初步分析在严格线路布置后可将对大熊猫栖息地的影响降至可接受程度。同时，工程输水线路采用隧洞方式穿越白唇鹿现有栖息生境，基本不涉及白唇鹿核心栖息地[13-16]。

（4）移民问题影响分析。 南水北调西线—西延江河连通工程方案利用在建梯级电站作为调蓄水库，不涉及水库淹没移民占地及宗教设施、生态环境影响等问题。叶巴滩、两河口、双江口三座水源水库均为在建电站枢纽，无新增淹没移民占地及宗教设施问题，社会影响小，生态制约少。

参 考 文 献

［1］ 张金良，景来红，唐梅英，等. 南水北调西线工程调水方案研究［J］. 人民黄河，2021，43（9）：9-13.

［2］ 张金良，马新忠，景来红，等. 南水北调西线工程方案优化［J］. 南水北调与水利科技（中英文），2020，18（5）：109-114.

［3］ 王西琴，刘昌明，杨志峰. 西线调水工程对水量调出区的环境影响分析［J］. 地理科学进展，2001（2）：153-160.

［4］ 方创琳，步伟娜. 中国西部生态经济走廊综合开发的战略转变［J］. 干旱区地理，2004，27（4）：455-464.

［5］ 张新时. 走向新楼兰［J］. 科学之友，2007（3）：23.

［6］ 邓铭江. 南疆未来发展的思考——塔里木河流域水问题与水战略研究［J］. 干旱区地理，2016，39（1）：1-11.

［7］ 邓铭江. 中国西北"水三线"空间格局与水资源配置方略［J］. 地理学报，2018，73（7）：1189-1203.

［8］ 张金良，景来红，杨立彬，等. 西部调水方案初步研究［R］. 黄河勘测规划设计研究院有限公司，2019.

［9］ 王浩，栾清华，刘家宏.从黄河演变论南水北调西线工程建设必要性［N］.黄河报，2015－04－02（3）.

［10］ 尚文绣，彭少明，王煜，等.缺水流域用水竞争与协作关系——以黄河流域为例［J］.水科学进展，2020，31（6）：897－907.

［11］ 张金良，杨立彬，张永永，等.新形势下黄河流域水资源供需分析［R］.黄河勘测规划设计研究院有限公司，2020.

［12］ 张金良，王煜，景来红，等.黄河上中游灌区生态节水理念、模式与潜力评估［M］.武汉：长江出版社，2019.

［13］ 景来红.南水北调西线一期工程调水配置及作用研究［J］.人民黄河，2016，38（10）：122－125.

［14］ 曹鹏飞，陈梅，苏柳，等.南水北调西线一期工程对调水河流及生态环境的影响分析［J］.水利发展研究，2018，18（2）：15－18.

［15］ 李庆国，郭兵托，段高云，等.南水北调西线一期调水对黄河梯级发电作用分析［J］.水力发电，2020，46（2）：90－92.

［16］ 张金良，景来红，吴春华.南水北调西线工程生态环境影响研究［M］.武汉：长江出版社，2019.

第5篇

西北"水三线"生态经济体系架构与生态经济枢纽区建设

导 读

1 **框架体系**：总结生态经济发展的时代背景与战略意义，提出了西北地区生态经济体系概念框架。在这个体系框架内，分析了西北地区生态系统分布格局，评价了生态经济系统结构和功能。

2 **规划布局**：提出了融合"四大"功能于一体的西北"水三线"生态经济体系架构，即生态屏障功能、经济支撑功能、文化融生功能、深陆通道功能；创建"四大"生态经济枢纽区，即河西、兰西、天山北坡和环塔里木盆地生态经济枢纽区，形成极点带动、轴带支撑、枢纽片区为层级的"九极多点，一轴一环两带，四大枢纽区"的空间发展总体布局。

3 **研究结论**：围绕西北"水三线"生态经济枢纽区建设，提出了生态经济枢纽区建设及调控的"四种"模式，并进一步分析了枢纽区与国家战略布局的互动模式与实现途径。

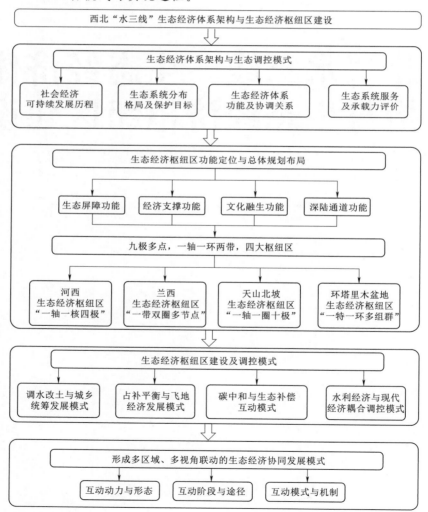

第 *17* 章 生态经济体系架构与生态调控模式

17.1 生态经济体系结构及生态功能调控

17.1.1 发展生态经济的时代背景

1. 世界生态经济学研究与发展

20 世纪 50—60 年代，日本、英国、美国发生几起震惊世界的严重公害事件，人们开始认识到把经济、社会和环境割裂开来谋求发展，只能给地球和人类社会带来毁灭性的灾难[1]。1962 年，美国生物学家蕾切尔·卡逊（Rachel Carson）出版了一部环境科普著作《寂静的春天》，标志着人类社会环境意识的觉醒❶。环境问题从此由一个边缘问题逐渐走向全球政治、经济议程的中心。

20 世纪 60 年代后期，美国经济学家肯尼斯·鲍尔丁（Kenneth Boulding）明确提出了"生态经济学"，发表了重要著作《一门科学——生态经济学》❷。此后，生态经济学和环境经济学一直交错递进，为可持续发展提供基础理论支撑。1979 年英国生态学家爱德华·哥尔德史密斯（Edward Goldsmith）更明确提出，需要形成一种新经济学即"生态经济学"❸，其后被广泛应用于经济学和社会学范畴，不断增添新的内涵，成为了涉及经济、社会、文化、技术和自然环境的综合学科。经历了较长时间的理论探索后，21 世纪以来生态经济学进入了较快的发展阶段。

（1）2010 年之前，这一阶段研究聚焦生态环境与经济发展的关系。一是环境库兹涅茨曲线假说（EKC）的提出，这一假说即环境质量与经济发展之间的关系表现为初期矛盾逐渐加剧、中期趋于稳定、后期逐步协调的三个明显阶段，呈倒"U"形曲线。但倒"U"形曲线假说受到了一些理论和实证的挑战[2]，比如土耳其等国的碳排放、能源消耗和经济增长之间的关系并不支持倒"U"形假设。二是生态足迹和生态赤字思想的发展。生态承载力揭示了人类可持续生存需求存在一个生态阈值，但高收入国家和地区的人均生态足迹超过了其生态承载力，造成生态赤字，这些国家和地区通过向外转移消费压力，抵消国（地区）内的生态赤字，这样就加剧了发展中国家的生态危机，这一研究成果警示全球

❶ Rachel Carson. Silent Spring [M]. Boston：Houghton Mifflin Company，1962.
❷ Kenneth Boulding. Economics and Ecology [M]. New York：National History Press，1966.
❸ 李欢欢. 爱德华·哥尔德史密斯 [J]. 世界环境，2015（5）：95.

社会应当关注生态赤字这个人类共同面临的生态经济挑战。

（2）2010 年之后，这一阶段研究聚焦如何改良和重建退化的生态系统，如何提高生态恢复力。一方面是通过环境政策、生态规划推进生态修复，激发社区参与，降低污染排放，保护生态资源可持续；另一方面开展生态服务补偿研究。当前的研究焦点从陆地生态系统服务补偿转向水生态系统服务补偿。有学者发现，美国西部水生态系统服务补偿项目对生态系统服务提升具有显著的积极效应。此外，民众对自然生态保护的态度也是达成生态恢复政策的重要因素。近年来生态环境对健康的影响，以及森林滥伐对生态系统的破坏等受到了学术界的重视。森林滥伐是当前全球关注的议题，尤其是南美各国的雨林开发计划造成森林滥伐，破坏了全球生物多样性和生态系统平衡，严重威胁原始森林对保护地球生态系统、减缓气候变化和维持人类健康所具有的重要功能[3]。有国外学者分析了在热带雨林中建设大型基础设施对生态系统健康造成的危害，发现当前减少热带雨林滥伐的政策收效甚微[4]。

2. 中国生态经济学研究与发展

改革开放伊始，我国经济学家就开始关注生态经济学这门新兴的经济学分支学科。1980 年由著名经济学家许涤新主持，中国社会科学院经济研究所和《经济研究》编辑部联合召开了我国首次生态经济问题座谈会，正式拉开了创建我国生态经济学的序幕。会后出版了第一部生态经济学论文集《论生态平衡》。1982 年许涤新倡议召开了"全国第一次生态经济科学讨论会"。1983 年中国社会科学院经济研究所生态经济研究组创办了《生态经济研究》（内刊）；1984 年世界上第一个生态经济学术团体——中国生态经济学会在北京成立。1985 年许涤新出版了《生态经济学探索》，倡议生态学与经济学结合❹。1987 年中国生态经济学会和云南省生态经济学会联合主办的《生态经济》在昆明正式创刊，这是世界上第一份公开发行的生态经济学术刊物。

中国生态经济研究起源于 20 世纪 80 年代初，起步虽晚，但发展迅速、成果颇丰。可以将中国生态经济研究发展历程划分为以下特征明显的阶段：

（1）以生态经济协调发展为核心的理论研究阶段。20 世纪 80 年代，在许涤新、马世骏等老一辈著名经济学家和生态学家的努力和影响下，我国的经济学界和自然科学界紧密合作，以揭示中国生态经济问题的严重性为切入点，以生态与经济协调发展为主线，创立了生态经济协调发展理论。20 世纪 90 年代以来，在生态经济学基础上又产生了可持续发展经济学、绿色经济学和循环经济学等多种学科，这些经济学科的侧重点有所不同，但本质上属于生态经济学科范畴[5]。

（2）以可持续发展为核心的理论与实践结合阶段。联合国 1992 年环境与发展大会上达成共识，将可持续发展作为全球共同战略，并通过了《21 世纪议程》等文件。我国作为负责任的大国，积极响应联合国倡议，于 1994 年率先发布了《中国 21 世纪议程——中国 21 世纪人口、环境与发展白皮书》❺，提出："走可持续发展之路，是中国在

---

❹　许涤新. 生态经济学探索 [M]. 上海：上海人民出版社，1985.
❺　本书编委会. 中国 21 世纪议程——中国 21 世纪人口、环境与发展白皮书 [M]. 北京：中国环境科学出版社，1994.

未来和下一世纪发展的自身需要和必然选择""只有将经济、社会的发展与资源、环境相协调，走可持续发展之路，才是中国发展的前途所在"。随着我国生态经济实践领域的不断拓展、实践内容的不断丰富，生态经济协调发展理论研究也逐步在深度与广度上有所拓展，并逐渐渗入到可持续发展实践领域，可持续发展经济理论是这一阶段的显著特点。

（3）生态文明建设规划布局阶段。进入 21 世纪，现代化依然是中国经济建设的基本任务，生态经济学界认为中国的现代化之路必须走生态化道路。科学发展观的提出是中国共产党重大战略思想的一次升华，党的十八大将"生态文明建设"提升到与政治、经济、文化、社会建设并列的战略高度，提出了中国特色社会主义事业"五位一体"的总体战略布局。党的十九大对生态文明建设进行了全面部署，提出"建设生态文明是中华民族永续发展的千年大计"。将长江经济带发展、黄河流域生态保护和高质量发展上升为国家战略，坚持生态优先、绿色发展，以水而定、量水而行，因地制宜，统筹谋划，共同抓好大保护，协同推进大治理，促进全流域高质量发展、改善人民群众生活，保护传承弘扬黄河文化，让黄河成为造福人民的幸福河。

3. 新时代生态经济理论在中国的实践

基于对中国所处发展阶段和生态经济困境的准确判断，十九大报告中明确提出：坚持人与自然和谐共生，必须践行"绿水青山就是金山银山"的理念，坚持节约资源和保护环境的基本国策，像对待生命一样对待生态环境，统筹"山水林田湖草沙"系统治理，实行最严格的生态环境保护制度，形成绿色发展方式和生活方式，坚定走生产发展、生活富裕、生态良好的文明发展道路，建设美丽中国，为人民创造良好生产生活环境，为全球生态安全作出贡献。这是中国生态经济理论和实践的重大突破。

"生态兴则文明兴，生态衰则文明衰"，这一论断揭示了生态与文明的内在关系，把生态保护的重要性提升到了关乎国家和民族命运的历史高度。历史上有许多文明古国，都是因为遭受生态破坏而导致文明衰落。人类只有遵循自然规律才能有效防止在开发利用自然上走弯路，人类对大自然的伤害最终会伤及人类自身，这是无法抗拒的规律。人类尊重自然、顺应自然、保护自然，自然则滋养人类、哺育人类、启迪人类。

"绿水青山就是金山银山"阐述了经济发展和生态环境保护的关系，揭示了保护生态环境就是保护生产力、改善生态环境就是发展生产力的道理，指明了实现发展和保护协同共生的新路径。绿水青山既是自然财富、生态财富，又是社会财富、经济财富；既是重要的发展理念，也是推进现代化建设的重大原则。保护生态环境就是保护自然价值和增值自然资本，就是保护经济社会发展潜力和后劲，使绿水青山持续发挥生态效益和经济社会效益。

"山水林田湖草沙"是一个生命共同体，将山、水、林、田、湖、草、沙与人一样视为生命共同体中不可或缺的要素，使人与生态要素构成紧密联系的"人—自然—社会"复合生态系统。同时，构成生态系统的每个元素又是一个相对独立的分系统，每个分系统互为存在和发展的条件并对整体发挥作用。从"山水林田湖生命共同体"到"山水林田湖草生命共同体"再到"山水林田湖草沙生命共同体"，不仅拓宽了生命共同体理念的内涵和外延，同时也验证了自然生态要素对于人类生存发展的重要意义。

　　"良好生态环境是最普惠的民生福祉"揭示了生态建设关系人民福祉，关乎民族未来。良好的生态环境是最公平的公共产品，是最普惠的民生福祉。小康全面不全面，生态环境是关键。

　　建立健全以生态价值观念为准则的生态文化体系，以产业生态化和生态产业化为主体的生态经济体系，以改善生态环境质量为核心的目标责任体系，以治理体系和治理能力现代化为保障的生态文明制度体系，以生态系统良性循环和环境风险有效防控为重点的生态安全体系，是生态文明体系的重要构成，也是实现西北地区生态经济可持续发展的根本途径。

17.1.2　生态经济型边疆建设的时代要求及现实问题

1. 西北边疆地区社会经济发展的历史沿革

　　纵观历史，西北边疆的军事、政治、经济、文化等各种事业发展与水利和灌溉农业的发展密不可分，灌溉绿洲、丝绸之路、西北疆界形成"点—线—面"相互制约的地缘景观格局与边疆的地缘形态变化有着密切的联系。伴生着西北边疆从往复控制型边疆，到置线定居型边疆的形成，从开发建设型边疆，到生态经济型边疆转变的整个历史进程（图 17-1）。

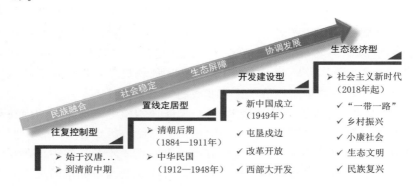

图 17-1　我国西北边疆地区社会经济发展历史沿革

　　历代中原王朝对西北边疆的开拓，具有地标意义的两个地方分别是阴山下的河套平原和河西走廊。这两个地方都是地处季风区与非季风区、外流区与内流区、干旱区与半干旱区的分界线，更是农耕文明与游牧文明的分界线❻。

　　两种文明最初的冲撞与交融就在阴山脚下展开，这里是中原农耕民族北方的屏障。"战国七雄"的赵国依据阴山地势，修筑了中国历史上最早的长城——从"代"到"高阙塞"的长城，以阻止北方游牧民族的进犯，赵国也因此成为战国时期的强国❻。

　　秦统一六国之后，强大的秦王朝继续向外扩张。"始皇帝使蒙恬将十万之众，北击胡，

---

　　❻　田澍，胡睿. 河西走廊：明朝成功管控西北边疆的锁钥 [J]. 中国边疆史地研究，2020，30（4）：15-27，213.［代：今张家口市蔚县一带。高阙塞：古地，战国属赵，乌拉山与狼山之间的缺口，在今内蒙古乌拉特后旗呼和温都尔镇（青山镇）向西的达巴图音苏木，夹在东侧的达巴图沟和西侧的查干沟台地的断崖上］

悉此河南地，因河为塞，筑四十四县城"。蒙恬的河套平原屯田，成为西北边疆历史上屯垦的发轫之作，屯垦戍边也成为留给此后王朝经略边疆的历史遗产[6]，而西汉、唐朝、清朝则是历史上屯垦发展的三个鼎盛时期，在往复控制型边疆建设中发挥了无法替代的历史作用。

(1) 往复控制型边疆。 西汉时期，以"移民实边"抵御外患，使屯田政策成为国家战略。公元前 127 年，汉武帝命令著名将领卫青和李息收复河套。大臣主父偃建议在河套筑城以屯田、养马，作为防御和继续进攻匈奴的基地。汉武帝接受这一建议，当年就设置了朔方郡和五原郡，安置了官吏卒 6 万人到当地进行屯田养兵，河套地区也因此成为位居关中平原西汉王朝的北方屏障。稳定了北方后，西汉王朝开拓的重点投向了河西走廊与西域。

伴随着"河西之战"的胜利，在河西设四郡，推行郡县制与渠田制，据史载参与河西屯田的人员盛时达 60 万人，自此成为富庶之地，"人烟扑地桑柘稠"[7]。河西开发实现了"隔断羌、胡"南北游牧区战略，打通了中原与西域、中亚、西亚农耕区的阻隔，为丝绸之路畅通奠定了基础。一方面，河西走廊连通蒙古草原和青藏高原；另一方面，河西走廊连通中原和西域，既是特殊的军事战略区域，又是多元文化交互融通的独特平台❻。自汉代起，河西走廊在国家安全中发挥着连通西域、稳定西北边疆和巩固中原的独特功能，与"大一统"国家的安全息息相关。

西域屯田始于汉武帝末年，主要有 11 个屯田点，屯垦 50 万亩，屯垦人数 2 万多人，屯田地域沿丝路呈线状分布。"开屯之要，首在水利"，汉朝政府一方面在西域扩大绿洲可耕垦土地面积，另一方面兴建了大量用于灌溉的水渠，设置专职的屯田校尉[8]。"负水担粮，迎送汉使"使得在西域驻防的军队有了可靠的后勤保障，并且减轻了当地各族人民的经济负担。

唐朝时期，不仅巩固了对河套平原的控制，而且越过阴山将蒙古高原纳入了政治版图，并承袭了西汉开创的以屯田控制西域的传统方式，是继两汉以后西域屯田的又一高潮时期。屯田分布在 9 个地区，共 5 万多人，呈带状分布，范围扩展到北疆和丝路南道[6]。各项管理制度完备，成效卓著，影响深远，为守卫边疆、稳定社会奠定了坚实的物质基础。

汉唐屯田的本质是构筑"控制型边疆"，维护西域稳定统一局面，巩固边界控制的合法化[6]。

(2) 置线定居型边疆。 西域屯垦始于西汉，兴于唐，在清代乾隆、嘉庆年间达到鼎盛。清朝后期，中俄开始在中亚边疆进行边界划勘，国界的形成促使"西域—新疆"从"控制型边疆"转变为"定居型边疆"，中俄开始了中亚边疆近代第一阶段的大规模开发。林则徐推动西北边疆屯田开发，左宗棠收复新疆并于 1884 年建省，提出了"治西北者，宜先水利"，主要开发了 26 个大型屯垦区，耕地达到 1100 万亩，参加屯垦的兵丁达 12.6 万人，屯垦范围由点到面，屯垦形式由军垦发展到多种屯垦并举，屯垦制度日趋完善，屯垦规模日渐扩大，形成"兵民并济""战守兼宜"的特点。

民国时期，屯田水利在西部边疆的军事、政治、文化、经济中扮演着重要角色。这一时期屯垦水利的发展主要体现在水利机构与奖惩制度的建立、坎儿井大规模的修复与建造、"军屯民租"屯垦模式的开展等三个方面。在苏联专家的帮助下，成立了"屯垦委员会"并制定了三期的"三年水利建设计划"，在抗战爆发、黄河花园口决堤和连续自然灾害的特殊年代，使得作为"前线"的边疆转变为兼具运输与生产功能，并能够吸收和安置来自核心区移民的"大后方"[9]，耕地增加到 1680 万亩[10]，将民屯事业发展到了一个新的水平，为人口繁衍、移民安置提供了条件[11]。

纵观历史，治边疆者，宜先水利。边疆各项事业的发展，无不以水利为基础，数千年从未改变。屯田水利、灌溉农业的发展，对促成"往复控制型边疆"向"置线定居型边疆"转变发挥了至关重要的作用。

（3）开发建设型边疆。新中国成立后，全面转入"开发建设型边疆"的新时期。特别是改革开放和西部大开发，国家"积极支持边境贸易和边境地区对外经济合作和发展"[12-13]，在沿边开发开放战略的推动下，边疆地区发展加快，从"内陆腹地"日益崛起为"开发开放前沿高地"，石油天然气等矿产资源开发、大型煤电煤化工基地建设、对外经贸合作规模扩大，极大地促进了工业化、城镇化以及农业现代化的发展。

1949—2018 年，新疆人口由 433 万人增加到 2401.6 万人，灌溉面积由 1680 万亩增加到 13751.3 万亩（遥感调查）。水利基础设施进一步改善，已建在建水库 703 座，总库容 285.5 亿 m^3；水闸 4579 座，引水能力 1617.4 亿 m^3；泵站 3258 座，干支斗灌溉渠道 18.8 万 km❼。经过近 70 年的发展，人口增加了 6 倍[14]，灌溉面积增加了 8 倍。

（4）生态经济型边疆。两千年的西北边疆史就是一部开发史。经过边疆各族人民一代代薪火相传地开拓与建设，西北已成为祖国稳定繁荣的边疆和各族群众安居乐业的美好家园。但过犹不及，环境负荷超载、资源开发过度、生态恶化问题日益突显。2012 年党的十八大提出"五位一体"的总体布局，并把生态文明建设写进了党章。进入新时代，要求我们必须走可持续发展之路，因地制宜，科学系统地探索生态经济发展模式，打破干旱脆弱区低水资源承载力、高生态胁迫压力、低经济发展能力的桎梏，坚持以生态经济学理论为指导，秉持"绿水青山就是金山银山"的理念，促进社会—经济—自然复合生态系统协调发展，在丝绸之路经济带核心区建设中，实现绿色、低碳、高质量发展。

两千多年来，以水土大开发为主的西北边疆建设，早已使干旱少雨的西北内陆干旱区的生态环境不堪重负，"开发就是开荒"已然成为各级地方政府的惯性思维，甚至成为当下 19 个省市及重点"央企"最普遍、最直接，投资少、见效快的"援疆"项目和"脱贫"手段。新时期推进西部大开发形成新格局，建设生态经济型边疆是必然选择，但必须突破资源性缺水和生态环境恶化的瓶颈制约。当前，可以依托国家实施"南水北调—国家水网—江河战略"的契机，加快推进南水北调西线—西延工程，以水资源梯度配置为先导，突破"水三线"拓展国土发展空间，克服资源性缺水对西北边疆发展的制约，用水激活和释放西北巨大的资源优势、区位优势和空间发展潜能，繁荣丝路文化，保障国土安全，提升西北地区在国内乃至全球一体化进程中的经济地理位置，支撑区域协调发展战略，体现

---

❼　2018 年我国较主要水利工程建成情况分析 江河堤防长度与农村水电站装机容量不断增长［EB/OL］.［2019-12-16］. http://free.chinabaogao.com/nengyuan/201912/12164E00H019.html.

国家空间发展意志，重构我国经济地理格局。

综上所述，"水利塑边"是边疆治理的重要措施，其对政治边界、文化边界、自然边界的影响是巨大的。中国、俄罗斯、美国三大"边疆国家"，都是以大规模水利基础设施建设为先导，开始边疆治理与建设的。无论是从往复控制型边疆到置线定居型边疆的形成，还是从开发建设型边疆到生态经济型边疆的转变，都与水利和灌溉农业的发展密不可分。因此，实施南水北调西线—西延工程，将西北水网纳入国家水网总体规划，实现生态经济型边疆高质量发展，是时代赋予我们的责任。

2. 西北生态经济高质量发展的若干重大问题

(1) 资源环境开发保护视角：资源约束趋紧，生态环境脆弱。西北边疆地处欧亚大陆腹地，降水稀少，蒸发强烈，荒漠广布，石油天然气、煤炭等矿产资源丰富。水资源短缺和生态环境脆弱是制约经济社会发展的两大瓶颈。水、耕地、矿产、森林和能源等五大资源要素中，水、土资源是人类生存的基础要素，在各类资源组合中，水、土两大资源配置严重失调，使西北边疆的生态地理处于极度劣势。持续 70 多年的大开发，造成生态脆弱性提高、生态恢复力下降、生物多样性降低等生态退化的现实问题，导致土地沙漠化加剧、土壤次生盐渍化日益蔓延，严重束缚经济社会可持续发展。生态环境保护与经济发展不相协调，在资源开发、经济发展中引起的生态破坏事件时有发生，在资源密集型产业为主导的区域，经济发展与有限生态资源之间的矛盾愈加突出[14-15]。

(2) 宏观经济战略布局视角：发展不协调、不充分和不平衡的矛盾仍然突出。如果说沿海地区经济发展已进入后工业化时代，那么西北边疆诸多区域目前仍处于工业化初期或重化工业阶段，绿洲灌溉农业依然是经济发展的主体，是我国经济发展水平、经济增长活力、创新驱动能力均相对较低的区域。在宏观战略布局与地理空间视角下，国家现有城市网络空间架构、区域发展战略布局、生态经济带建设格局中，对西北地区的重视程度仍然不足。我国"T"形沿海和沿江经济布局，以及京津冀协同发展、长江经济带发展、粤港澳大湾区建设、长三角一体化发展、黄河流域生态保护和高质量发展等五大国家战略布局，均覆盖国土中部与东部的绝大部分区域，而西北半壁的全面发展仍缺乏战略支撑，边疆地区的开放型经济仍缺乏有效推进[16-17]。

(3) 民族文化融合发展视角：交流不充分，不通畅和不和谐的问题仍然存在。西北边疆是我国"丝绸之路经济带"建设的核心区，具有区位、政治、资源、文化等多方面优势。西北边疆边境线超过 5600km，与周边 8 个国家接壤，是东西方经济、文化传播和交汇的地区，是举世闻名的古"丝绸之路"要冲，但依然存在民族文化融合不充分的问题❽。当前，可以依托"丝绸之路"经济带建设，以开放的胸怀、平等的视角，构建交流对话平台，加强各种文化形态沟通与交流，吸纳其他文化的优秀成分，不断促进多元文化大发展、大繁荣。

(4) 陆海统筹协调联动视角：对"一带一路"倡议背景下的"深陆"发展战略关注不

---

❽ 李新娥. 新疆多元文化刍议［C］// 文化现代化的战略思考——第七期中国现代化研究论坛论文集，2009：240-243.

足。受区域发展不平衡、非传统安全威胁和大国地缘战略博弈等因素影响，西北边疆地区的安全、稳定与发展也深陷困境。随着世界地缘政治格局的深刻变化，在国家"稳定西北，经略东南"的谋篇布局中，"一带一路"倡议将"深海"和"深陆"作为"拥抱全球"的两条大通道，构建国家安全、经济、贸易环球大格局，实现从"深海"到"深陆"的空间跨越。西北边疆位于欧亚大陆中部，最接近世界地缘政治的心脏地带，也是中外政治、文化、商贸交流互动的空间和途经之地，自古以来就是保障国家安全的重要屏障，拓展国家利益的战略支撑，具有极为重要的经济地理区位，具备沟通"一带一路"沿线国家、壮大"一带一路"经济走廊、推动"深陆"通道建设的条件与潜质[18-20]。

17.1.3　西北"水三线"生态经济架构体系

图 17-2 中，西北"水三线"生态经济架构体系由生态系统、经济系统、社会系统和管控系统为核心构成，以践行"绿水青山就是金山银山"及"五大"新发展理念为根本宗旨、以实现"产业生态化和生态产业化"为协调发展的基础要求，基于南水北调西线—西延工程和西北生态经济枢纽区建设，构建地理—生态—经济学理论、生态及其保护修复、生态系统结构功能调控路径、生态经济调控等"四大"支撑体系，创立具有西北"水三线"地理空间格局特色的生态经济体系。

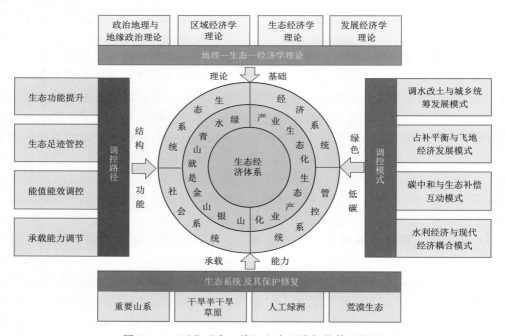

图 17-2　西北"水三线"生态经济架构体系框图

1. 地理—生态—经济学理论支撑体系

地理—生态—经济学理论体系由政治地理与地缘政治理论、区域经济学理论、生态经济学理论和发展经济学理论组成（图 17-2）。这四大理论相互补充、相互支撑、相互依存，生态经济学涵盖了生态学、承载力理论和可持续发展理论，是生态经济体系的核心理论，其中：生态学侧重于对生态系统要素、格局、过程、功能和服务的认识和理解，是另外三个理论的基础；生态经济学属于生态学和经济学交叉学科，是产业生态化的基本理论依据；承载力理论是在生态学理论指导下，强调经济社会发展规模的生态阈值，是生态经济学理论具体实践的结果；可持续发展理论是在生态学、生态经济学和承载力等理论的基础上，对发展与保护关系的系统化阐释，在强调资源利用、经济增长和社会发展的同时，更要注重代际之间发展关系的阐释。区域经济学强调地理空间组织、区位模式、土地利用和空间差异，与地缘地理和地缘政治理论体系相互补充。发展经济学的核心概念是经济发展，强调经济发展的质量与数量问题，因此，生态经济学、地缘地理学、区域经济学和发展经济学有机结合，对落实西北地区生态保护和高质量发展战略具有重要的指导意义。

2. 生态系统及其保护修复

生态系统是发展的基础。西北"水三线"生态系统主要包括重要山系、干旱半干旱草原、人工绿洲和荒漠生态系统四大类。重要山系是水源区和重要水源涵养地，是生命的源头；干旱半干旱草原是现代畜牧业发展的基础，具有重要的生产、调节、生命支持和文化功能，是西北地区的重要生态系统，也是生态经济体系的重要支撑；人工绿洲是西北内陆现代农业发展的核心，是西北内陆循环经济发展的重要一环，特别在干旱内陆河流域，人工绿洲承载了90%的人口及社会财富；荒漠生态系统的沙漠沙地同样是西北生态经济体系不可或缺的一个组分，沙漠沙地是西北内陆生态系统物质循环、能量流动和信息传递过程中的重要一环，也是未来清洁能源建设的重要资源和现代农业和畜牧业发展的核心保护区域，影响整个内陆地区的可持续发展。

生态系统的保护就是针对重要山系、干旱半干旱草原、人工绿洲和荒漠生态四大类生态系统，制定明确的目标，采取针对性的措施，保护与修复这些关键生态系统的结构与功能。重要山系生态系统重在保护森林生态系统及其生物多样性，以维持其水源涵养、保持土壤、减缓洪水、气候调节和固碳释氧等调节功能和森林产品的可持续供给等功能。干旱半干旱草原生态系统重在保护草原植被生物多样性和土壤，防止退化，提高草地生产力和载畜能力，同时维持草地生态系统的土壤保持和固碳释氧等调节功能。人工绿洲系统主要在于合理地配置水土资源，高效利用水资源，减少蒸发和渗漏损失，防止盐渍化，同时要做好防风固沙工作，减少风沙侵害。荒漠生态系统主要是防风固沙，减少流沙侵害，防止沙地退化；合理开发利用水资源，防止地下水位下降；大力开发荒漠生态系统丰富的光热资源，推动西北地区减排降碳，尽快实现碳达峰、碳中和。

3. 生态系统结构功能调控路径

基于西北"水三线"地区不同类型生态系统和景观特点以及自然气候条件，合理进行草地资源利用、人工绿洲经济建设、森林资源保护和荒漠化防治布局，优化生态空间格局和城乡统筹发展布局，促使"三生"空间功能良性循环，推动区域协调可持续发展是根本调控路径；合理利用自然资源、提升生态系统功能和服务水平是主要调控目标；科学管控生态足迹、提高和维持承载力、优化调整生态经济系统能值流结构、调水改土保障粮食和生态安全是基本调控手段；发展现代农业、低碳城市和城乡统筹，建立基于能源资源东输的生态补偿机制则是重要的调控措施。在区域尺度上进行跨流域调水，在潜在耕地适宜性评价基础上，进行水土资源优化配置和改良，再建一个西北粮仓。进行区域产业结构调整，优化能源结构，优化生态格局，城乡统筹建设绿色低碳城市，促进西北地区生态经济系统良性循环。鼓励绿色低碳消费、减少生态足迹、实施生态保护和修复工程，优化生态系统结构，提升生态系统功能，最终实现不同尺度的生态经济协调发展（图 17 - 3）。

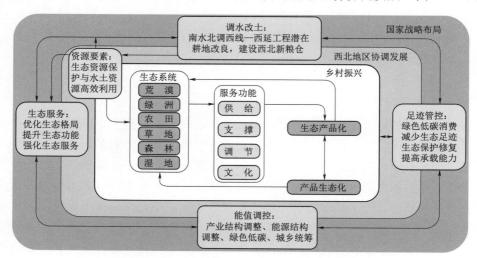

图 17 - 3　西北"水三线"生态系统结构功能调控路径图

（1）生态功能提升。生态系统的功能提升取决于生态系统结构的优化，需要进行科学的西北"水三线"生态功能区划，优化国土空间格局，分区分类进行"三生"空间布局。坚持"山水林田湖草沙"系统治理的理念，秉持自然修复为主、人工修复为辅的原则，实施国土空间生态修复工程，提升生态安全。加强重点生态保护区的保护力度，强化生态屏障功能。提高生态系统服务供给水平，加强农业生态系统建设，改善粮棉果产品生产能力。城乡统筹，优化生活空间布局，提升城乡生活空间的生态品质，打造契合山水、紧凑集约的城乡生活空间。提高水源涵养、固碳释氧、土壤保持、防风固沙和生物多样性等重要生态空间的生态调节和生命支持服务能力建设。

（2）生态足迹管控。优化粮棉油副食品消费结构，提倡理性消费，发展绿色有机农业，减少生态足迹。大力推行节水型农业、舍饲＋放牧型畜牧业、集流型山地果业，优化种植和养殖结构，减少农业虚拟水消耗。大力开发新型能源和清洁能源，减少化石能源使用，提高能源使用效率，降低碳排放。建立东西部补偿机制，积极发挥西部地区在国家"双碳"战略中的作用。

（3）能值能效调控。充分利用西北"水三线"地区丰富的光热资源，弥补水资源短缺的不足，高效利用水资源。开展水土流失治理和防风固沙工程，减少土壤侵蚀强度，降低不可更新资源开发使用量。增加农业系统内部的有机辅助能使用量和效率，优化工业辅助能结构，提升使用效率，减少使用量，增加系统产出效率，降低环境负载率，提升系统可持续性。

（4）承载能力调节。提高农业空间的质量，加强基本农田建设，调水改土实施节灌农业，增加生产力，提升耕地承载能力；优化西北"水三线"地区水资源空间配置，实施调水改土工程，增加农业系统生产力，确保国家粮食安全。改良草地草场，提升载畜量；加强新技术在果业生产中的应用，提高林果生产能力。依托南水北调西线—西延工程，大力推行节水灌溉，集约节约用水，增加水资源承载能力。

4. 生态经济绿色低碳调控模式

基于地理—生态—经济学理论，在生态系统结构和功能评价及保护目标识别基础上，充分考虑西北"水三线"地区自然环境与生态条件、社会经济发展情势以及国家发展战略需求，提出适宜区域协同发展的"四大"调控模式。

（1）调水改土和城乡统筹模式。实施南水北调西线—西延工程，建设和完善西北地区水网，改革土地利用制度，改良土地质量，开发利用西北荒漠化土地，扩大发展空间，增加可利用土地，夯实农业农村发展基础，提高粮食生产能力，保障国家粮食安全，是扩展我国生存发展空间的重要途径。以调水改土为契机协调城乡人口、资源、经济布局，坚持走低碳城市发展之路，调整城市产业结构，提升城市生态品质，进而推动西北"水三线"城乡统筹，避免走城乡二元化体制发展的老路，助力西北"水三线"生态经济协同发展，最终实现我国国土空间均衡发展。

（2）占补平衡与飞地经济模式。目前我国占补平衡与飞地经济紧密结合的开发模式已初步形成。以西北地区水资源调配工程为契机，充分利用西北地区地广人稀、待开发后备资源丰富的优势，为实施占补平衡、推进飞地经济开发模式提供充足、优质的土地资源、产业资源、发展环境。通过跨区域管理模式开发异地土地资源，探索资源互补、总体利益最优的开发模式，依靠占补平衡与飞地经济开发模式挖掘西北地区资源潜力，发挥耕地占补平衡潜力、拓展优质耕地，积极引入东部发达地区的经济、技术与人才优势，寻找区域生态经济新增长点，提升西北"水三线"生态经济协同发展水平。

（3）碳中和与生态补偿互动模式。随着碳中和目标的提出和落实，西北"水三线"广阔的国土空间成为了全国范围内最大的新增碳汇可能区域。在调水工程支撑下，西北"水三线"生态环境将有总体改善，植被覆盖率的总体提升可以直接增强土地碳汇能力。因此，大力开展生态修复，提升西北地区生态系统碳汇能力，有助于推动国家双碳目标实现。同时西北"水三线"是我国重要的生态屏障，恢复和保护西北"水三线"生态环境，能够惠及中东部地区。积极推动碳中和与生态补偿机制有机结合，探索建立碳生态补偿机制，发挥西北地区生态修复潜力巨大、能源资源丰富等优势，借助西北地区能源资源东输通道，加大对西北"水三线"地区的生态补偿力度，实现东中西部同步协调发展，有助于形成生态经济发展的新模式。

（4）现代水利经济与现代经济融合模式。水利经济作为国民基础性经济的重要组成部分，它是国家生产、人民生活的命脉所在。水资源作为一种同时具备生态属性和经济属性的自然资源，渗透到了生态经济系统的方方面面，作为西北"水三线"的主要制约因素，水资源的重要性不言而喻。长期实践证明，现代水利经济与现代经济融合模式中的生态农业和现代畜牧业是西北"水三线"产业发展的基础，也是未来国家粮食安全和生态安全的基石。因此，将水生态系统和社会经济系统有机结合起来，水利经济与现代经济融合发展，有助于实现乡村振兴和美丽乡村建设，构建我国现代化生态经济体系。

17.1.4　生态经济结构体系及功能协调关系

1. 生态经济结构体系与自然生态系统

生态经济体系由生态系统、经济系统、社会系统和管控系统组成，相互之间有着极为密切的功能协调关系。因此，以下重点论述自然生态系统以及生态经济体系中各子系统的结构功能关系。

西北"水三线"生态系统由山地生态系统、干旱半干旱草原生态系统、人工绿洲生态系统和荒漠生态系统构成。

（1）山地生态系统。山地是一个复杂的生态系统，山地多变的地形是形成环境异质性以及创造丰富的生物多样性的基础。这里有海拔不同引起的环境梯度的垂直变化，这种环境梯度的线性和非线性变化不仅使不同生态位的物种能够共存，也蕴藏着物种分化的基础。受地貌因素控制的水、热条件是形成自然景观最重要的物质和能量来源。水热条件的垂直变化又深刻制约着植被和土壤等的垂直分布，形成了山地生态系统复杂多样的景观类型。

盆地与山地总是密不可分的。准噶尔盆地位于天山和阿尔泰山之间，东到北塔山，西部包括准噶尔界山，盆地内发育了大量绿洲生态系统和我国第二大沙漠古尔班通古特沙漠。塔里木盆地位于天山和昆仑山两大山系之间，为高大山系所环抱的内陆盆地，仅东部有一缺口与河西走廊相通。塔里木盆地与周边的天山、昆仑山等山地构成了干旱区独特典型的山盆体系，盆地内是我国最大的沙漠塔克拉玛干沙漠。山地系统自然景观要素的特殊性，决定了其物质循环、能量流动和信息传递的过程和方式，也决定了山地系统的宏观生态景观格局，山地和盆地共同构成了新疆最典型的景观类型——山盆体系。

由于地形和地理位置的关系，新疆的山盆构造体系往往形成环状的景观格局，山盆体系周边都是高大的山脉，盆地的边缘则是发育宽度不大的绿洲，也是人类活动最为频繁和活跃的地区，从绿洲往里就是大片浩瀚的温带大陆沙漠。山地为盆地内的绿洲和荒漠系统提供了土壤成土的粒状物质，风化的岩石在地球重力、风力以及水力的搬运下被不断地运移到盆地内，从而形成盆地内土壤的成土母质，同时山地还是盆地径流的产流区，山地向盆地内部的绿洲和荒漠系统输送了大量的地表水和地下水，各种矿物质从山地运移到盆地内部，山盆物质循环是陆地表面物质循环的一部分。同时，山盆体系内的能量流动和信息传递使得山盆体系得以形成、维持和发展变化。

（2）干旱半干旱草原生态系统。根据区域位置划分，西北地区草原生态系统可分为北方干旱半干旱草原区、青藏高寒草原区、黄土高原草原区。草原生态系统脆弱，草地资源可利用率较低，长期以来以牧户为单元的干旱区牧业社会经济系统凌驾于草原生态系统之上，超越了其承载力，使得原本就脆弱的草原生态系统严重退化，承载力下降，抗灾能力减弱。青藏高寒草原区因草群低矮，不便割贮，生长期较短，可放牧时间不长。祁连山草场超载严重，大面积退化。黄土高原草原区多被农耕区所利用，牲畜可用地资源较少。宁夏、陕西、山西3省（自治区）的干旱半干旱地区由于人口密度最高，草地退化比例高达

90%；新疆、内蒙古、青海3省（自治区）干旱半干旱区的人口密度较高，草地退化比例为80%；而人口密度较低的西藏，草原平均退化比例为23%～77%。

（3）人工绿洲生态系统。绿洲是干旱半干旱地区特有的地理景观，呈"岛屿"状存在于荒漠之中或者被荒漠包围，绿洲以繁茂的旱生自然植被或者人工栽培植物为主体，形成了与周围环境成鲜明对比的隐域性植物群落，因而绿洲具有明显高于其周边环境的生物生产量。绿洲是干旱半干旱区人类各种活动的中心场所，受人类活动的影响最大，人类对于绿洲的干扰也最多。因此，人工绿洲生态系统具有区别于山地和荒漠生态系统的特征，其结构复杂，稳定性受自然和人为因素的共同制约。

人工绿洲生态系统虽然只是处在大片荒漠基质中的斑块体，但却是生态系统中最为活跃的子系统。绿洲与山地、草原和荒漠系统都存在着有机、无机和生命的共存与相互转化，但人工绿洲生态系统中物质流、能量流、信息流最频繁，关系最复杂，变化幅度也最快最大。并且山地生态系统与荒漠生态系统中的大量物质、能量都被人工绿洲生态系统所吸收转化，绿洲系统的发展演变直接影响到山地系统和平原荒漠系统的运行，有时甚至起着决定性的作用。绿洲系统与山地系统、荒漠系统有着相辅相成的密切联系，其中绿洲系统起着主导作用，原因在于人工绿洲生态系统中有人这个最积极最活跃的主宰因素。然而绿洲系统也必须依赖于山地系统和荒漠系统，要以山地系统为依托，以荒漠系统为屏障和后备基地。

在干旱半干旱区，内陆生态系统稳定性主要受控于水分因素。在平原地区人工绿洲、城镇绿洲、天然绿洲以及荒漠中的植被需要水分来维持，但都有其自身的生态系统特点和为人类服务的功能。而且，绿洲相对于荒漠而存在，并受到气候变化和自然界各种灾害的影响，人类活动对绿洲的改造也经受着这些自然过程的考验。人工绿洲的扩大、城镇绿洲的兴起和天然绿洲的减少，都在一个流域或盆地的生态系统单元内既相互联系，又互相制约，但当处在某一生产水平时，应该遵循其内在的水分限制规律。

西北内陆绿洲系统面临水资源短缺的困境。西北地区水系统脆弱、水资源稳定性低下，受气候波动的影响，特别是气温变化的影响，西北地区一些冰川和积雪融水补给大的河流，出现了冰川和积雪消融期提前、汛期消融量增加现象。但从长远来看，随着气温的进一步升高，这些受冰雪融水补给为主的河流，会由于冰川退缩和冰川储水量的减少，出现冰川消融拐点。届时，春季的水量将会减少，地表可用水资源量出现锐减，或因降水异常的影响而变率增大，进一步加剧水资源紧张，生态系统和经济系统争水的矛盾越来越突出。

（4）荒漠生态系统。荒漠生态系统相对绿洲和山地生态系统具有结构简单、稳定性差、生产力低的特点。荒漠生态系统的植被种类较少、物种的结构和功能都很简单、生物作用微弱，气候干燥、降水稀少、蒸发强烈、植被贫乏，同时地面温度变化很大、物理风化强烈、风力作用活跃、地表水极端缺乏，多盐碱土，植被生长条件差，宏观上表现为一片荒凉的景象。

新疆荒漠面积占土地面积的64.3%[⑨]，境内荒漠一般都属于温带荒漠，在干旱半干旱

---

❾ 引自《新疆荒漠化和沙漠化公报》（新疆林业厅，2011）.

区景观格局中处于景观基质的地位。塔克拉玛干沙漠位于新疆南部的塔里木盆地中心，面积 33.8 万 km²，约占全国沙漠面积的 47.4%，是我国最大的沙漠。古尔班通古特沙漠位于新疆北部准噶尔盆地中央，面积 4.9 万 km²，约占全国沙漠面积的 6.8%，是中国第二大沙漠。两个大沙漠在生态环境特征、植被特征和自然资源开发、环境保护及整治方面都存在着明显差异。塔克拉玛干沙漠具有明显的流动性，古尔班通古特沙漠以固定、半固定为特征。塔克拉玛干沙漠干燥度大、风大、沙粒细，绝大多数沙丘无植被覆盖，流动性沙漠面积 7.3 万 km²，约占该沙漠面积的 28%，是中国最大的流动性沙漠，仅次于阿拉伯半岛的鲁卜哈里沙漠，居世界第二位。古尔班通古特沙漠由于降水相对较多，植被发育较好，沙丘的稳定性程度较高，固定半固定沙丘的面积占整个沙漠面积的 97%，是我国面积最大的固定半固定沙漠。塔克拉玛干沙漠极端干旱，降水少，且为"夏雨型"，古尔班通古特沙漠相对湿润，降水较多，接近于"春雨型"。由于水热条件的不同，准噶尔盆地内的荒漠植被与塔里木盆地内的荒漠植被在植物种类和生物多样性方面都存在较大差异。塔克拉玛干沙漠中的植物有 80 种左右，位于天山之北的古尔班通古特沙漠，面积仅为前者的 1/7，但植物则有 180～200 种。

2. 生态经济体系子系统相互作用关系

水资源是西北"水三线"地区社会经济发展与生态环境保护的命脉，以水资源合理配置和高效利用为核心，建立起生态经济体系各组分之间相互及反馈作用关系。图 17-4 刻画了"水三线"地区生态经济体系中以"水"为核心的系统结构关系，生态、经济、社会和管控四个子系统相互作用相互影响，共同驱动了生态经济体系的有序运转。

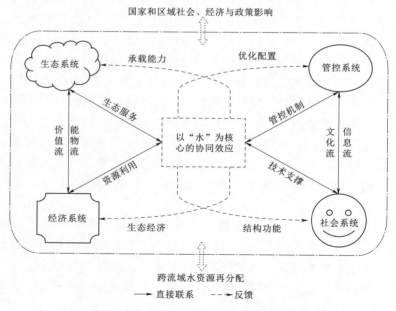

图 17-4　西北"水三线"生态经济体系各子系统耦合关系图

在复杂的"水三线"生态经济体系中，生态系统与经济系统、社会系统以及管控系统之间既相对独立，又相互依赖、相互制约、相互影响。生态系统是生态经济体系的基础和生命支撑,其资源禀赋决定了体系的承载能力。经济系统建立在生态系统基础之上,从生态系统汲取发展所需的能源、资源等物质基础,产生价值流,并将废弃物排入生态系统进行降解消纳。因此,产生了生态—经济系统之间的各种正负反馈效应。

社会系统和管控系统通过市场、法律、法规和文化等途径有效调控和管制人类对生态系统的利用方式和强度,保护修复生态系统,使其更加可持续地支撑经济和社会系统。这样就形成了一个"压力—影响—状态—响应—反馈"的相互作用机制环,保障区域生态经济协调发展。

3. 生态经济体系子系统功能关系调控

西北"水三线"生态经济体系是一个复杂体系,对体系外来说是区域系统和生物圈的重要组成部分,与区域内其他系统之间存在相互联系、相互制约、相互影响的密切关系。在体系内,经济活动(如绿洲农业、现代牧业、山地林业、城市发展、乡村振兴、飞地经济等)受到自然系统各圈层的约束和影响,自然资源(水土资源、生物资源、能矿资源等)是人类社会赖以生存和社会经济可持续发展的物质基础和必要条件,通过发展满足人类对物质产品和生态产品的需求、实现人类福祉;经济活动直接或间接给自然系统各圈层施加了压力,自然系统承受压力后进行各种响应和调整,同时产生了很多负效应,如土壤侵蚀、水资源过度利用、草地超载过牧、气候变化、生物多样性损失等。

社会系统利用已有的资本、技术、知识和信息储备以及政治、文化和宗教等手段,通过管控体系(如市场调节、法律调控、资源配置和空间管控等)调节经济系统对自然资源的利用,管控人类生态足迹,调节生态系统服务供给能力,提升自然生态承载能力,并通过特定模式(如生态农业、现代畜牧业、城乡统筹和飞地经济等)实现对生态经济体系的合理调控(图17-5)。

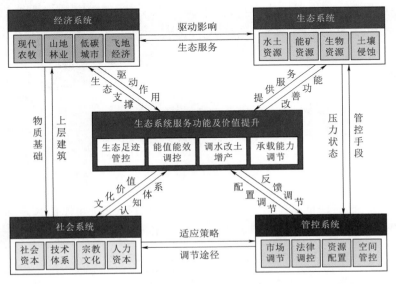

图 17-5 西北"水三线"生态经济体系—功能调控关系图

17.2 生态系统分布格局及生态保护重点区域

17.2.1 生态系统分布格局

1. 林草植被分布特征

基础数据源于中国科学院地理科学与资源研究所的中国 1：100 万植被类型空间数据 （http：//www.igsnrr.ac.cn）。西北"水三线"地区主要的植被类型有 11 类，分别为沼泽、高山植被、栽培植被、荒漠、草原、草丛、草甸、针叶林、阔叶林、灌木丛和其他植被类型，栽培植被主要在黄土高原，荒漠主要在河西走廊北部，草甸主要在青海省，灌木和草丛主要在内蒙古。植被类型从南到北、从东到西逐渐减少，高度逐渐降低，密度减小（图 17-6）。

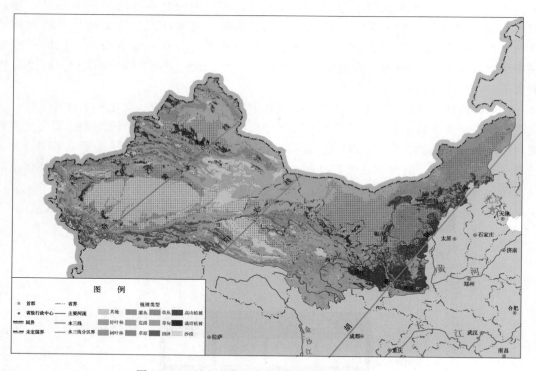

图 17-6 西北"水三线"地区的植被类型分布图

表 17-1 中，荒漠、草原、草甸、栽培植被、高山植被和其他植被是西北"水三线"主要植被类型，多处于演替初级阶段。大部分地区植被稀少，荒漠系面积占比大。

表 17-1 西北"水三线"地区植被类型面积统计分析表

植被类型	荒漠	针叶林	阔叶林	灌木丛	草原	草丛	草甸	沼泽	高山植被	栽培植被	其他植被
面积占比	34.9%	1.0%	1.4%	2.7%	19.8%	0.1%	11.8%	0.1%	4.2%	8.2%	15.8%

2. 沼泽湿地分布

图 17-7 中，西北"水三线"地区沼泽湿地总面积 76626.4km²，占全国沼泽湿地面积的 46%，主要分布在黄河流域片区、柴达木盆地以及奇策线东南、奇策线西南和奇策线西北。其中，黄河流域片区沼泽湿地面积最大（17649.6km²），柴达木盆地次之（15962.6km²），奇策线东北最少（1112.9km²）。

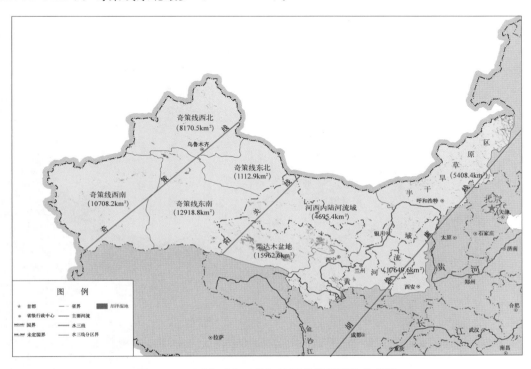

图 17-7　西北"水三线"地区的沼泽湿地分布图

3. 荒漠化土地分布与变化

（1）沙漠和沙漠化土地分布。西北"水三线"沙漠（沙地）总面积为 85.7 万 km²，其中固定、半固定、半流动和流动沙漠的面积分别为 39.0 万 km²、21.9 万 km²、15.5 万 km²、9.3 万 km²。戈壁面积为 30.2 万 km²，盐碱地面积为 8.9 万 km²（表 17-2、图 17-8）。

表 17-2　　　　　　西北"水三线"地区荒漠化土地面积统计分析表　　　　　　单位：万 km²

| 水三线 | 分区 | 沙漠（沙地）面积 | | | | | 戈壁面积 | 盐碱地面积 |
		固定	半固定	半流动	流动	合计		
阳关线至胡焕庸线	柴达木盆地	2.7	3.0	1.0	0.2	6.9	1.8	2.0
	河西内陆河流域	8.3	3.9	1.6	0.8	14.6	10.4	1.4
	黄河流域片区	2.3	1.4	2.6	1.6	7.9	0.2	0.3
	内蒙古半干旱草原片区	1.1	2.4	6.2	5.5	15.2	0.5	0.6
	小计	14.4	10.7	11.4	8.1	44.6	12.9	4.3

续表

水三线	分区	沙漠（沙地）面积					戈壁面积	盐碱地面积
		固定	半固定	半流动	流动	合计		
奇策线两侧（新疆）	奇策线西北和奇策线东北（天山以北）	2.7	2.7	1.7	0.4	7.5	7.0	1.3
	奇策线西南和奇策线东南（天山以南）	21.9	8.5	2.4	0.8	33.6	10.3	3.3
	小计	24.6	11.2	4.1	1.2	41.1	17.3	4.6
合　计		39.0	21.9	15.5	9.3	85.7	30.2	8.9

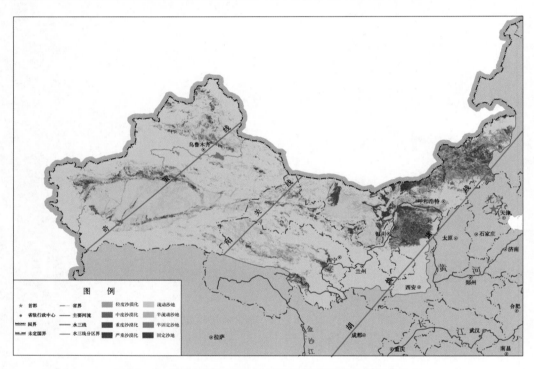

图 17 - 8　西北"水三线"地区的沙漠和沙漠化土地分布图

（2）土地沙漠化分布。西北"水三线"地区沙漠化土地总面积为 21.9 万 km²，其中轻度、中度、重度和严重沙漠化的面积分别为 6.6 万 km²、5.1 万 km²、5.0 万 km²、5.2 万 km²。通过分区统计发现，中度及以上沙漠化面积为 15.3 万 km²，分布大小依次为黄河流域（5.0 万 km²）、内蒙古半干旱草原片区（3.5 万 km²）、新疆（3.2 万 km²）、河西内陆河流域（2.5 万 km²）和柴达木盆地（1.1 万 km²）（表 17 - 3）。

表 17 - 3　　　　　　西北"水三线"地区沙漠化土地面积统计分析表　　　　　单位：万 km²

分区	沙漠化土地面积				
	轻度沙漠化	中度沙漠化	重度沙漠化	严重沙漠化	合计
奇策线西北和奇策线东北（天山以北）	0.2	0.4	0.3	0.3	1.2
奇策线西南和奇策线东南（天山以南）	0.5	0.5	0.7	1.0	2.7

分　区	沙　漠　化　土　地　面　积				
	轻度沙漠化	中度沙漠化	重度沙漠化	严重沙漠化	合计
柴达木盆地	0.3	0.4	0.4	0.3	1.4
河西内陆河流域	0.3	0.5	0.7	1.3	2.8
黄河流域片区	2.1	1.9	1.9	1.2	7.1
内蒙古半干旱草原片区	3.2	1.4	1.0	1.1	6.7
合　计	6.6	5.1	5.0	5.2	21.9

17.2.2　生态保护重点区域

1. 保护目标

西北"水三线"生态系统保护的总体目标是保护修复生态空间，筑牢生态安全屏障；合理布局农业空间，调水改土建立现代农业体系，夯实粮食安全基础；统筹城乡发展，提升城市生态品质，建设内陆型生态经济枢纽区，构筑城乡一体化体系。具体有以下目标：

(1) 优化生态空间，提升生态系统功能，保障区域生态安全。遏制土地沙化和荒漠化。西北"水三线"地区沙化土地面积占全国沙化土地总面积的94%，其中中度及以上面积占沙化土地面积的70%。土地沙化和荒漠化问题仍是西北地区的一个关键生态问题，遏制土地沙化和荒漠化仍是生态保护和高质量发展的一个重大目标。

控制水土流失。水利部发布的2019年全国水土流失动态监测结果显示，我国水土流失实现面积强度"双下降"、水蚀风蚀"双减少"，水土保持成效显著。但是，西部地区水土流失仍最为严重，占全国总水土流失面积的83.8%。黄土高原土壤侵蚀以及水沙不协调等问题依然突出，广大旱作农业区水土流失与缺水矛盾突出。新疆、甘肃和青海部分地区风蚀严峻，生态脆弱，亟待加强治理。

保护森林和草地生态系统，遏制植被退化。进行森林和草地的保护修复，减轻人为扰动，实行轮封轮牧，防止超载过牧和森林破坏。保护天然植被，防止进一步退化；对已有人工植被进行提质增效改造，提升生态系统功能。

(2) 合理布局农业空间，调水改土建立现代农业体系，保护好已有人工绿洲系统。科学客观评价生态用水需求，提高用水效率，适度控制绿洲规模，实施节水绿洲，重视建设灌排设施，防治次生盐碱化问题。充分发挥市场作用，形成水资源利用的市场机制。调水改土建设新绿洲，再建西北粮仓。西北地区适宜的潜在耕地资源1.46亿亩，需要增加水源供给渠道，适当时可以考虑实施跨流域调水工程进行补给，彻底解决西北地区水资源时空分布不均的问题，夯实粮食安全基础。因地制宜发展荒漠草原和山地畜牧业，种养结合，实施立体循环，构建西北地区现代农业体系。

(3) 统筹城乡发展，改善城市生态环境质量。根据西北地区的自然资源禀赋和生态环境特点，调整产业结构，发展低能耗、低水耗的产业，大力发展服务业，提高用水效率。发展清洁能源，控制大气污染，力争在2030年前实现碳达峰，2060年前实现碳中和。控制污水排放，减少产业灰水足迹，根据资源禀赋安排耗水产业布局，有效治理塔里木河、乌鲁木齐河、黑河、疏勒河流域污染问题。完善城市绿地和生态功能区，提高城市生态产品供给能力，改善市民生活品质。

2. 秦岭"中央水塔"重点保护区域

截至 2021 年，全面推进秦岭北麓生态环境保护工作，达到"三个确保"，实现"一个目标"。"三个确保"即到 2021 年，确保秦岭生态环境保护法规制度体系健全完善；确保破坏秦岭生态环境"五乱"等突出问题得到根本遏制；确保秦岭生态环境保护科技化、信息化监管基本实现。"一个目标"即实施积极的生态修复措施，恢复并增强秦岭的生态功能，实现秦岭"中央水塔"的水源涵养和生物多样性保护总体目标。

以秦岭森林生态系统修复和水源涵养为目标，采取封山育林、低效林改造、森林抚育、退耕还林还草等措施，加大秦岭北麓生态修复力度；对主要河流、湖泊、水库及饮用水源地上游、取水口及淤塞区域周边实施水源涵养林建设，加大水源地及荒山荒坡造林绿化工作力度。以河流生态恢复为目标，在维持河流自然形态的基础上，按照自然修复为主、人工修复为辅的思路，营造沿岸绿色生态廊道，逐步修复河流及沿岸生态。以秦岭生态保护区污染治理为目标，开展水污染治理、农村分散污水治理，加快农业面源污染治理等；统筹考虑秦岭周边区域环境提升，围绕国家公园建设目标，做到"大有协调、小有特色"，打造以自然景观为主的生态绿道。

3. 重要水源涵养区保护

(1) 甘南水源涵养区。 该区地处青藏高原东北缘，甘肃、青海、四川 3 省交界处，是黄河首曲，位于甘肃省甘南藏族自治州的西北部，面积为 9835km²。该区植被类型以草甸、灌丛为主，还有较大面积的湿地生态系统。这些生态系统类型具有重要的水源涵养功能和生物多样性保护功能，此外还有重要的土壤保持、沙化控制功能。

(2) 三江源水源涵养区。 该区位于青藏高原腹地的青海省南部，行政区涉及玉树、果洛、海南、黄南 4 个藏族自治州的 16 个县，面积为 250782km²。该区是长江、黄河、澜沧江的源区，具有重要的水源涵养功能，被誉为"中华水塔"。此外，该区还是我国最重要的生物多样性资源宝库和最重要的遗传基因库之一，有"高寒生物自然种质资源库"之称。

(3) 祁连山水源涵养区。 该区位于青海省与甘肃省交界处，是黑河、石羊河、疏勒河、大通河、党河、哈勒腾河等诸多河流的源区，行政区涉及甘肃省 9 个县（市）和青海省 6 个县，面积为 80014km²。该区植被类型主要有针叶林、灌丛及高山草甸和高山草原等。该区水源涵养极为重要，同时具有保护生物多样性和控制沙漠化功能，是西北内陆河流水系的重要水源地，是河西绿洲的重要生命线。要切实保护和改善黑河、疏勒河、石羊河、大通河等水源地，构建完善的防治体系，提升自然生态系统稳定性和生态功能[21]。

(4) 新疆诸山系。 天山全长约 2500km，是世界上最大的独立纬向山系，也是世界上距离海洋最远的山系和全球干旱地区最大的山系。天山呈东西走向，绵延中国境内 1700km，面积超过 57 万 km²，占新疆总面积约 1/3。中国境内的天山山脉把新疆大致分成两部分：南边是塔里木盆地，北边是准噶尔盆地。托木尔峰是天山山脉的最高峰，海拔 7443.80m。锡尔河、楚河和伊犁河都发源于天山。天山共有野生动植物 3000 余种，各类珍稀濒危动植物近 500 种，也是优良牧草的基因库，已发现的禾本科植物就达 55 种，豆科物种同样丰富。

昆仑山西起帕米尔高原，山脉全长约 2500km，平均海拔 5500.00～6000.00m，宽 130～200km，西窄东宽，总面积达 50 多万 km²，在中国境内地跨青海、四川、新疆和西藏四省，是昆仑河和藏北水系的发源地，也是藏羚羊、野牦牛、野驴等高原特有野生动物的重要栖息地，高山牧场具有很高的经济价值，是动植物保护的热点地区之一。

阿尔泰山脉呈西北—东南走向，绵延超过 2000km。中国境内的阿尔泰山属中段南坡，山体长达 500km，海拔 1000.00～3000.00m，年均降水量在 500～700mm 之间，是额尔齐斯河与乌伦古河的发源地。森林线大体位于 1800.00～1900.00m 的高度，面积为 1.6 万 km²，其中有 1.0 万 km² 属特级保护区，植物种类达 2000 余种，其中有 17 种属濒危物种，212 种为该地所特有，而最引人注目的当属桤木，它只生长在东阿尔泰地区。

4. 荒漠生态保护

坚持保护优先和自然恢复为主，加强自然生态系统和环境保护，实施重大生态治理与修复工程，筑牢生态安全屏障，促进人与自然和谐共生。大力推进准噶尔盆地南缘防沙治沙工程，加快实施塔里木盆地周边防沙治沙工程、天山北坡谷地森林植被保护与恢复工程、天山和阿尔泰山天然林保护工程、伊犁河谷百万亩生态经济林建设和生态修复工程，构建阿尔泰山山地森林、天山山地森林和帕米尔—昆仑山—阿尔金山荒漠草原森林及环塔里木和准噶尔两大盆地边缘绿洲区生态屏障。

加快世界自然遗产地区和自然保护区建设，提升各类自然保护区管护能力，积极创建国家公园。实施濒危野生动植物抢救性保护工程，建设救护繁育中心和基因库。实施水源涵养区保护建设工程、荒漠和河谷草原修复工程、生物多样性保护工程。强化水土流失治理，落实水土保持相关制度，重点实施伊犁河流域、开都河流域、喀什噶尔河流域等水土保持综合治理和生态修复工程。加强水土保持监督管理，大力实施环境治理恢复工程。

加大湿地保护力度，重点实施伊犁河流域、开都河流域、喀什噶尔河流域、额尔齐斯河流域、塔里木河流域等湿地保护与恢复工程。实施艾比湖、艾丁湖、柴窝堡湖生态治理与恢复工程。加大对胡杨林、荒漠灌木林、河谷林等公益林保护力度，继续实施退地减水、退牧还草、退耕还林、退耕还草、退耕还湿等工程。

全面建立生态补偿机制，建设好阿勒泰地区、博乐市、特克斯县等国家主体功能区建设试点示范区，继续实施草原生态补偿机制，扩大补偿范围，提高财政转移支付力度。大力开展各级生态文明示范区创建工作，把伊犁州、阿勒泰地区建设成为国家生态文明示范区。

5. 西北草原荒漠化防治区

西北草原荒漠化防治区应以治理和恢复退化草地、防沙治沙为重点，继续实施退牧还草、退耕还林还草、"三北"防护林体系建设、京津风沙源治理、自然保护区建设、水土流失综合治理等工程，充分发挥自然生态系统的自我修复能力。合理分配河流上、中、下游水资源，严格控制地下水开采，维护河湖健康。积极发展高效节水农业，大力实施大中型灌区续建配套与节水改造，降低农业用水比重，增加生态用水量。

（1）在内蒙古高原南缘、宁夏中部等农牧交错区，鼓励种草养畜，加强牲畜棚圈建设，推行舍饲圈养，巩固沙化草地治理成效。继续推进京津风沙源治理和"三北"防护林体系建设，继续实施湿地保护与恢复工程，加强农田林网建设和水源地水源涵养工程建设，巩固和扩大退耕还林成果。加强水利基础设施建设，优化种养结构，推广保护性耕作。

（2）在内蒙古西部、塔里木河荒漠化防治区等荒漠化草原和荒漠区，以自然恢复为主，大力开展沙化土地封禁保护建设，因地制宜开展禁牧、休牧、划区轮牧和标准化舍饲养殖，适当推进人口转移，减轻草原生态压力。通过围封禁牧，飞播种草等综合措施，对严重荒漠化草场进行重点治理。积极发展林果沙产业和沙漠旅游业，实现沙漠增绿、农牧民增收、企业增效。

（3）在宁夏黄河西岸农灌区，以及河西走廊和塔里木河上游等沙漠绿洲区，继续实施"三北"防护林体系等工程，保护天然植被，恢复和建设"沙漠—绿洲过渡带"与"绿色走廊"。控制人工绿洲规模，提高人工绿洲生产力。改善灌溉基础设施，发展节水高效复合型绿洲生态农业，提高水资源利用效益。科学用水，降低农业灌溉所造成的土壤盐渍化。以水资源的合理开发和配置为核心，加强流域综合规划和水资源的统一管理调度，实行最严格的水资源管理制度。

6. 黄土高原水土保持区

黄土高原曾经是我国水土流失最严重的区域，经过 70 多年的治理，生态环境整体实现改善，黄土高原植被覆盖度呈增长趋势，特别是 1999 年实施退耕还林（草）工程后，植被覆盖度显著增加，已经实现"由黄变绿"的飞跃，年入黄泥沙从 16 亿 t 减少到不足 3 亿 t[22]。但黄土高原局部土壤侵蚀问题依然严峻，水沙不协调的问题依旧突出，植被生态系统的水土保持功能低下的问题依然存在。

丘陵沟壑区和土石山区生态保护以植被系统提质增效、进一步减少泥沙入黄、协调黄河水沙为主要目标，继续实施退耕还林还草、水土流失综合治理、天然林资源保护、"三北"防护林体系建设、自然保护区建设等工程。按照山水林田湖草沙系统治理的理念，以小流域为单元，支流为骨架，集中连片、规模治理。综合实施坡耕地治理工程，有序推进淤地坝建设和病险淤地坝除险加固工程，形成沟坡兼治的综合防护体系。

高塬沟壑区要根据地形地貌特征、水土流失规律、土地利用及工农业生产布局等情况，按照侵蚀类型分区，分析区域问题与需求，以"固沟保塬"为目的，结合当地乡村建设、生态及人居环境建设，建立立体防控和塬面径流调控两大综合治理体系，即建成塬面及塬坡、沟头、沟坡、沟道四个相对独立而又相互联系的防控区，使之形成自上而下、层层设防、节节拦蓄的立体防控体系。在治理措施上按照"塬面径流调控、沟头沟岸加固防护、沟坡植被恢复、沟道水沙集蓄"四道防线进行布局，坚持水土保持工程、植物、耕作三大措施相结合，疏导和拦截统筹规划，在不同区域各有侧重，对位配置，形成点、线、面结合，片、网、带配套的综合治理体系。河谷平原区以基本农田生态保护修复、增加农业生产力为主，兼顾土壤次生盐碱化和土壤污染防治。

17.2.3　现代农牧业发展与生态环境保护空间布局

1. 农业农村生态经济体系空间布局

西北地区属干旱半干旱的生态脆弱区，其脆弱性决定了社会、生态系统的弹力和承载力。在这种系统生物物理条件和承载力的硬性约束下，其发展范式一定要考虑干旱半干旱地区社会、生态系统中人类—水土资源的相互作用规律，以及对其他邻接系统和远程系统的影响。有研究指出，西北地区的农牧业范式应当根据社会—农业生态系统结构、过程、功能和服务的异质性，因地制宜发展旱地农业模式（如黄土高原地区）、绿洲农业模式（如北疆地区、塔里木河流域、河西走廊等）、山地草原畜牧业模式（如祁连山、阴山、贺兰山等区域）、荒漠草原畜牧业生产（长城以北地区）以及农牧结合型模式（图17-9）。西北地区棉花、大豆、油料生产占了全国的1/2以上，是苹果、葡萄等水果产量重点生产地，又集中了全国5大牧场，探索如何调控关键制约因素、因地制宜发展协调可持续的生态经济模式是本研究的主要任务之一。

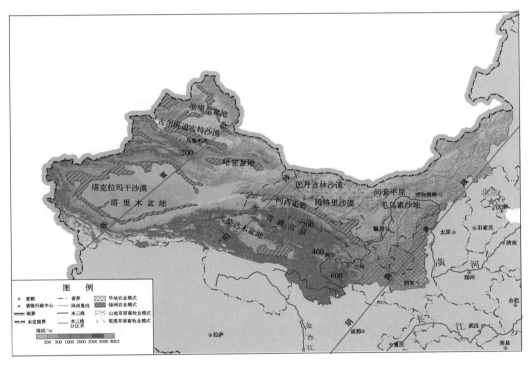

图 17-9　西北"水三线"地区农业生态经济空间布局图

西北"水三线"地区农业生态经济体系建设是坚持"绿水青山就是金山银山"以及"山水林田湖草沙是一个生命共同体"的理念，以农业产业生态化为前提，以提升农业生态系统服务及其价值为根本的生态产业化为目标，在综合分析生态经济系统基本特征、水土资源匹配性格局、农业生态经济系统综合承载力和能值可持续性评价基础之上，分区分类、因地制宜进行农业生态经济布局[23]。旱地农业的核心区域在黄土高原，其核心生态问题是水土流失和河流水少沙多的不平衡。水土流失导致农业生产力低下，降水不足同样也是制约黄土高原旱地农业的一个主要因素。因此，从水土资源匹配性的结果看，黄土高原适宜旱地农业的区域并不多；从能值评价的视角，土壤侵蚀依然是主要的环境问题，同时人类系统输入到农业系统的能值流以化石肥料等为主，是农业环境负载率高的主要因素；从生态足迹和虚拟水视角看，黄土高原旱地农业系统与人类系统的农产品直接供需关系并未直接对生态环境产生巨大压力，相反，一些区域外输入的产品需求以及化石能源消费引起的生态环境压力是生态足迹与承载力出现不匹配的主要因素[24]。

绿洲农业核心区是西北地区，即甘肃河西走廊、青海柴达木盆地以及新疆除伊犁盆地外的全部地区。这些地区最典型的特征就是当地降水稀少、水资源自身不足以支撑农业系统[25]。从水土资源匹配性分析看，这些地区的土地资源丰富，是国家后备土地资源的主要地区，如果能够成功解决当地水资源的问题，该地区能成为中国的一个主要粮仓，将在国家粮食安全方面担起非常重要的角色；同时从能值视角发现，本区的主要问题是靠化石能源型的资源输入支撑农业，但因灌排不当引起盐渍化，因而生态环境压力较大；风沙危害也是农业可持续发展的一个重要威胁，因此实现本区域的可持续发展应该针对上述问题进行适度调控。

2. 旱地农业（雨养农业）发展模式

（1）主要范围。年均降水量 250～600mm，包括半干旱区、半湿润偏旱区、半湿润区。其中，半干旱区降水量 250～400mm，包括晋陕黄土高原北部、河套地区、鄂尔多斯高原东部、陇西黄土丘陵沟壑区、祁连山地、环青海湖地带、湟水谷地上游、海南高原山地、肃南高原北部和新疆伊犁盆地等；半湿润偏旱区降水量 400～500mm，包括太行山、太岳山地、汾渭平原、延隰黄土丘陵、陇中黄土高原南部和海北、门源山谷滩地等区域；半湿润区年均降水量 500～600mm，包括渭北高原、秦岭北麓、陇东陇西黄土高原、陇南山地黄土区等小部分地区。400mm 以上降水的半湿润区（如黄土高原东部大部分地区），如果能充分接纳天然降水，使其就地入渗，基本可以满足一年一熟的作物需水量。

（2）发展路径。以发展集雨农业为主，利用人工集水面或天然集水面形成径流，将径流储存在一定的储水设施中以供必要时的有限灌溉，或者将径流引向一定的作物种植区，大幅度改善作物种植区的水分状况，充分发挥环境资源和水肥生态因子的协同增效作用，提高农业生产力。经过长期的实践探索和科学研究，成功走出了中国特色的旱地农业发展之路，提出了"纳、蓄、集、保、截、节"为基本手段，以提高水资源利用率为根本目标的旱地农业基本发展路径，推行坡改梯和集雨农业是当前代表性的调控模式[26-28]。功能上以涵养水源、保持土壤为主的生态调节功能和农牧林果产品供给功能为主（表 17 - 4）。

表 17 - 4　　　　　　　现代旱地农业结构及功能体系分区对比分析表

类型区	80%保证率年年均降水量/mm	主 要 结 构	主 要 功 能
半干旱区	250～400	农牧交错型牧业＋集雨型种植业＋保护性林业	调节功能：保持土壤，涵养水源，调节小气候 供给功能：畜牧产品和粮食，淡水资源
半湿润偏旱区	400～500	集雨型种植业为主＋舍饲养殖业＋经济型林业	调节功能：保持土壤，涵养水源，调节小气候 供给功能：畜牧产品和粮果产品，淡水资源
半湿润区	500～600	节水型种植业为主＋舍饲养殖业＋经济型林业	调节功能：保持土壤，涵养水源，调节小气候 供给功能：畜牧产品和粮果产品，淡水资源

3. 绿洲灌溉农业模式

（1）主要范围。年均降水量小于 250mm，包括干旱和半干旱偏旱区，其中干旱区（年均降水量小于200mm）包括内蒙古的西部、宁夏北部、甘肃黄土高原西部、河西走廊、青海柴达木盆地以及新疆除伊犁盆地外的全部盆地，面积284万km²，占国土面积的29%；半干旱偏旱区（年均降水量200～250mm），东起呼伦贝尔高原，向西南延伸，经鄂尔多斯高原、陇西黄土丘陵沟壑区、祁连山北麓，到柴达木盆地，属于内蒙古、甘肃和青海的一部分，总面积26万km²，占国土总面积的2.7%。典型的绿洲区包括北疆盆地区、南疆盆地区、河西走廊区、柴达木盆地区。

（2）发展路径。 干旱半干旱区绿洲农业模式由生物系统和水系统两大部分及三层结构组成。第一层建立一个以防护功能为主、供给功能为辅的林牧农复合生态系统，形成山地—绿洲—荒漠系统的空间合理布局；第二层优化绿洲农业种植—养殖—林业比例关系，形成合理的农林牧结构；第三层优化种植业内部的粮食—经济作物—其他作物比例关系，发挥各绿洲特点并充分利用其优势。其中：经济作物如瓜果蔬菜类种植在绿洲区具有普遍优势，种植业与加工业要结合起来，如葡萄＋葡萄酒、甜菜＋制糖和棉花＋棉纺等深加工，增加附加值和产投比；畜牧业要充分利用绿洲区丰富的草场资源，发展牧草养殖业，减少养殖业的无机能投入。因此，其他作物中绿肥和饲草种植面积应当保持一定比例，可以发展畜牧业、拉动种植业、促进加工业，拉长产业链，以满足绿洲农业内部生态良性循环的要求。功能上以防风固沙为主的防护林生态调节功能和粮棉产品供给功能为主（表17-5）。

表17-5 现代绿洲农业结构及功能体系分区对比分析表

类型区	80%保证率年均降水量/mm	主要结构	主要功能
干旱区	<200	防护型林业＋草地牧业＋节水灌溉农业（典型绿洲农业）	调节功能：防风固沙，涵养水源，调节小气候 供给功能：畜牧产品和粮棉产品，淡水资源
半干旱偏旱区	200～250	草地牧业为主＋牧用型林业＋边际种植业	调节功能：防风固沙，涵养水源，调节小气候 供给功能：畜牧产品

4. 山地草原畜牧业模式

（1）主要范围。 主要分布在半干旱区，降水量在200～450mm，包括新疆天山西部、天山北麓、阿尔泰山、塔尔巴哈台山、乌尔卡沙尔山及沙乌尔山等地，以及祁连山、肃南高原、贺兰山、六盘山、陇山等地区。

（2）发展路径。 该模式采取草地放牧＋秸秆舍饲养殖结合的方法，山上繁殖，山下育肥，将山上的牧区畜牧业与山下的农区种植业相结合，即山上牧区出栏的羔羊转移到山下绿洲农区进行短期育肥，充分利用农区丰富的植物秸秆和饲料用粮的优势。关键措施为：一是保护和提升山地草场功能，防治草场退化和荒漠化，提高草场产出能力和载畜能力；二是通过调整畜牧产品结构，充分利用种植业副产品，促进农牧循环，延长产业链条，促进生产、加工、销售各环节的融合，增加农户的收入，从根本上解决山区人民生产、生活对自然资源的过度依赖，减轻或消除对草原的破坏。功能上以山区森林和草地涵养水源、保持土壤等生态调节功能和农牧产品供给功能为主。

5. 荒漠草原农牧业模式

（1）主要范围。 主要分布在干旱区、半干旱偏旱区、半干旱区，年均降水量在130～

450mm，其中干旱区（降水量低于 200mm）包括河西走廊中段、内蒙古中部和新疆东北部、阿勒泰山南麓、准噶尔盆地北缘；半干旱偏旱区（降水量 200～250mm）主要含宁夏中北部；半干旱区（降水量 260～450mm）包括宁夏东部，内蒙古察哈尔右翼前旗等；大致沿胡焕庸线农牧交错区，年均降水量 300～450mm，是半湿润大陆性季风气候向半干旱大陆性气候的过渡地带，包括内蒙古南部、宁夏东北部、陕西北部、甘肃中部和南部、青海东部。农牧交错是将种植业和畜牧业两个相互独立的生产系统有机结合起来，在有限的耕地资源和资金投入前提下获得更大的收益。尤其在雨养地区，农牧交错系统饲养了 70%～95% 的反刍动物。

（2）发展路径。 荒漠草原区实施"草地＋秸秆农牧结合型"畜牧业模式。农林牧综合发展有利于资源多样化配置，农牧交错带光热、生物和土地资源丰富，有大面积的草场和宜林地，发展农牧结合型产业是有非常有效的模式。绿洲区实施"灌区农耕—秸秆饲料—舍饲养殖"可持续利用模式，以水浇地规模决定家畜的持有量。半干旱偏旱区实施"人工草地—天然牧草—放牧养殖"可持续发展模式，以天然草原承载力决定家畜的持有量。半干旱区实施"农林草—舍饲养殖与放牧结合—农牧"复合模式，以天然草原、林地、水浇地和耕地规模共同决定家畜量。合理利用 4 级以上天然草原和部分林地，林地利用上限为 40%；保护 5 级草原并进行适度利用，实现各类土地资源有序统筹利用，同时考虑气候变化的影响适时作出调整。

该模式功能以涵养水源、保持土壤为主的生态调节功能，保障农牧产品提供为主的供给功能（表 17－6）。

表 17－6　　　　现代荒漠草原农牧业结构及功能体系分区对比分析表

类型区	年均降水量 /mm	主　要　结　构	主　要　功　能
干旱区	<200	绿洲农耕—秸秆饲料—舍饲养殖	供给功能：畜牧产品
半干旱偏旱区	200～250	人工草地—天然牧草—放牧养殖	调节功能：涵养水源，防风固沙 供给功能：畜牧产品
半干旱区	260～450	农＋林＋草—舍饲与放牧结合—农牧复合系统	调节功能：涵养水源，保持土壤，防风固沙 供给功能：农、林、畜牧产品

17.3　生态经济体系功能及生态承载能力评价

17.3.1　生态系统服务及时空格局

1. 碳储存服务

碳储存服务是指在一定时期内生态系统中碳的净储存量。采用 InVEST 模型的 Carbon 模块运行计算，包括地上生物质碳、地下生物质碳、枯落物碳和土壤碳 4 个方面碳储量[29]。

西北"水三线"的阳关线东部碳储存量值整体高于西部地区，新疆和甘肃省碳储存量较低。阳关线东侧碳储存量值较高，奇策线西北部次之，阳关线西侧碳储存量值较低（图

17-10）。18年间生态系统碳储存均值变化不明显，黄河流域片区和柴达木盆地有所增加，奇策线附近基本保持不变。到2018年，西北"水三线"累计碳储存量约为100890万t（表17-7），森林生态系统是主要碳汇，而草地和农田生态系统的碳汇效应相对较弱。

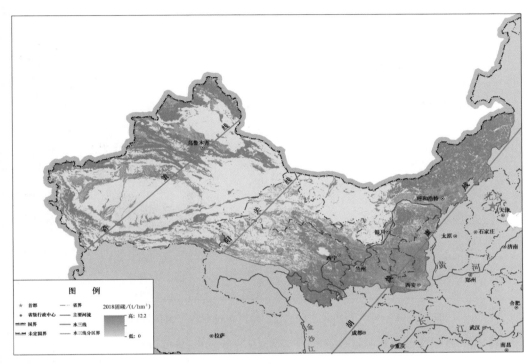

图 17-10 2018年西北"水三线"地区单位面积生态系统碳储存量变化图

表 17-7　　　　　　　西北"水三线"地区碳储存量变化统计分析表　　　　　　单位：万 t

年　　份	2000	2005	2010	2015	2018
阳关线至胡焕庸线	64220	64400	64550	64410	64430
奇策线两侧（新疆）	36380	36290	36510	36360	36460
西北"水三线"	100600	100690	101060	100770	100890

2. 土壤保持服务

土壤保持服务是指生态系统防止土壤侵蚀调控能力及对泥沙的保持能力。采用 InVEST 模型中的 SDR 模块运行计算，根据通用土壤流失方程（RUSLE）分别计算潜在土壤侵蚀量和现实土壤侵蚀量，两者的差值即表示为土壤保持量[30]。

西北"水三线"地区的南部土壤保持量值整体高于北部地区，陕西省土壤保持量较高，新疆地区土壤保持量较低（图 17-11）。胡焕庸线附近土壤保持量值较高，奇策线西北部较低，阳关线附近土壤保持量值极低。2000年西北"水三线"地区的土壤保持总量为371705万 t，单位面积土壤保持量10.4t/hm²，2018年土壤保持总量为499667万 t，单位面积土壤保持量12.8t/hm²，整体呈增加趋势（表 17-8）。其中，半干旱草原区、黄河流域片区和奇策线西南增加较明显。

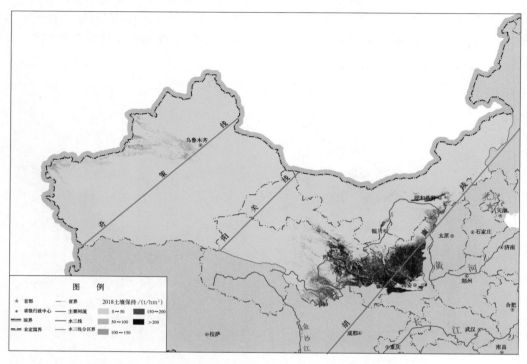

图 17 – 11　2018 年西北"水三线"地区单位面积土壤保持量变化图

表 17 – 8　　　　　　　西北"水三线"地区土壤保持总量变化统计分析表　　　　　　单位：万 t

年　　份	2000	2005	2010	2015	2018
阳关线至胡焕庸线	265567	361539	334084	338005	369364
奇策线两侧（新疆）	106138	119668	194083	118977	130303
西北"水三线"	371705	481207	528167	456982	499667

3. 水源涵养服务

水源涵养服务是指在一定时期内生态系统保持水分的过程和能力。采用 InVEST 模型的 Water Yield 模块运行计算，模型根据水循环原理，通过降水、植物蒸腾、地表蒸发、根系深度和土壤深度等计算产水量，再采用地形指数、土壤饱和导水率和流速系数对产水量进行修正，获得水源涵养量[31]。

西北"水三线"地区水源涵养量由东南向西北逐渐降低，沙漠地区几乎为零。陕西水源涵养量最高，山西和宁夏次之，新疆最低。胡焕庸线附近水源涵养量较高，奇策线西北部次之，阳关线附近较低（图 17 – 12）。2000 年水源涵养量约为 2699 亿 m³，单位面积平均水源涵养量为 74.5mm，2018 年水源涵养量约为 3865 亿 m³，单位面积平均水源涵养量为 106.3mm，整体呈增加趋势（表 17 – 9）。其中，半干旱草原区、黄河流域片区和奇策线西南地区增加较明显，但奇策线东部呈减小趋势。

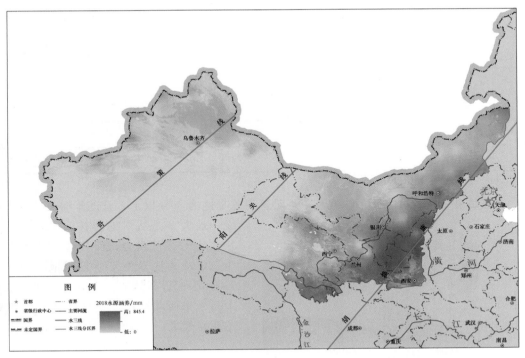

图 17-12　2018 年西北"水三线"地区单位面积生态系统水源涵养量变化图

表 17-9　　　　　　西北"水三线"地区的水源涵养量变化统计分析表　　　　　　单位：亿 m³

年　份	2000	2005	2010	2015	2018
阳关线至胡焕庸线	2183	2542	2940	3139	3140
奇策线两侧（新疆）	516	591	1015	583	725
西北"水三线"	2699	3133	3955	3722	3865

17.3.2　生态系统承载能力评估

1. 生态足迹与承载力

根据 Wackermagel 和 Rees[32] 的生态足迹计算方法，西北"水三线"地区生态足迹计算可分为农业用地、牧业用地、林地、建设用地和水域面积 5 类，其中

$$生态压力指数 = \frac{生态足迹}{承载力}$$

表 17-10 中，生态压力指数由 2000 年的 0.887 增加到 2018 年的 2.216，这表明西北"水三线"地区生态安全从 2000 年的安全状态转变为 2018 年的不安全状态，生态风险增加。

表 17 - 10　　　　　　　　西北"水三线"生态平衡计算分析表

年份	生态足迹 /10^8ghm^2	生态承载力 /10^8ghm^2	生态赤字 /10^8ghm^2	人均生态足迹 /ghm^2	人均生态承载力 /ghm^2	人均生态赤字 /ghm^2	生态压力 指数
2000	1.033	1.165	0.132	1.163	1.312	0.149	0.887
2005	1.584	1.193	−0.391	1.691	1.273	−0.418	1.328
2010	2.320	1.255	−1.065	2.368	1.281	−1.087	1.849
2015	2.958	1.308	−1.650	2.912	1.288	−1.625	2.262
2018	2.911	1.314	−1.597	2.797	1.262	−1.535	2.216

注　ghm^2 表示全球公顷。

生态足迹结构分析表明，耕地和草地足迹占总足迹的 80% 以上，且逐年增长。由于建设用地大多是从耕地转移而来，挤占了耕地的生态承载力，而其他土地类型的生态承载力明显低于建设用地（图 17 - 13），因此提高林地、草地和水域的承载力是未来西北地区生态经济体系建设的主要路径之一。

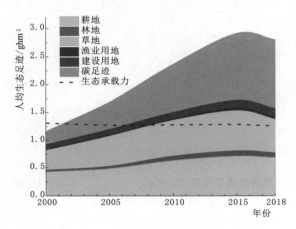

图 17 - 13　西北"水三线"地区人均生态足迹及 其组分变化图

2. 生态足迹分异格局

（1）奇策线两侧。 2000—2018 年奇策线两侧地区生态足迹总量增长了 172.4%，生态承载力总量增长了 36.8%，该地区生态压力净增长了 99.1%。人均生态足迹从 2000 年的 1.883ghm^2 增加到 2018 年的 4.041ghm^2，净增长 2.158ghm^2，增幅达 114.6%，同期的人均生态承载力仅增长了 0.142ghm^2。生态压力指数由 2000 年的 1.026 增加到 2018 年的 2.043（表 17 - 11）。

表 17 - 11　　　　　西北"水三线"奇策线两侧（新疆）生态平衡计算分析表

年份	生态足迹 /万 ghm^2	生态承载力 /万 ghm^2	生态赤字 /万 ghm^2	人均生态足迹 /ghm^2	人均生态承载力 /ghm^2	人均生态赤字 /ghm^2	生态压力 指数
2000	3317.286	3234.150	−83.136	1.883	1.836	−0.047	1.026
2005	4504.217	3508.557	−995.661	2.295	1.788	−0.507	1.284
2010	6766.272	3998.677	−2767.595	3.190	1.885	−1.305	1.692
2015	9346.292	4395.611	−4950.681	4.102	1.929	−2.173	2.126
2018	9037.587	4424.731	−4612.856	4.041	1.979	−2.063	2.043

注　ghm^2 表示全球公顷。

碳足迹是驱动奇策线两侧地区生态足迹增长的主要足迹组分。2018年碳足迹占其生态足迹的比重为36.9%；耕地和草地足迹分别占生态足迹的31.9%和22.3%（图17-14）。与2000年相比，碳足迹总量增长了481.5%，比重提高了约19.6%；而耕地和草地足迹分别增长了145.3%和58.2%，比重却分别下降了约3.5%和16.1%。

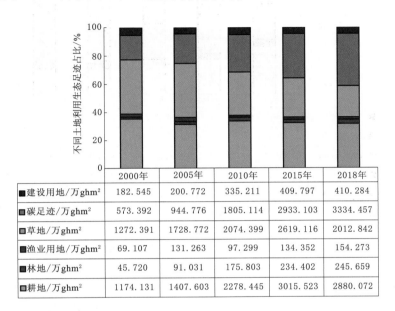

	2000年	2005年	2010年	2015年	2018年
■建设用地/万ghm²	182.545	200.772	335.211	409.797	410.284
■碳足迹/万ghm²	573.392	944.776	1805.114	2933.103	3334.457
■草地/万ghm²	1272.391	1728.772	2074.399	2619.116	2012.842
■渔业用地/万ghm²	69.107	131.263	97.299	134.352	154.273
■林地/万ghm²	45.720	91.031	175.803	234.402	245.659
■耕地/万ghm²	1174.131	1407.603	2278.445	3015.523	2880.072

图17-14　西北"水三线"奇策线两侧（新疆）生态足迹构成图

（2）阳关线至胡焕庸线。2000—2018年阳关线至胡焕庸线生态足迹总量增长了186.2%，生态承载力总量仅增长了3.5%，该地区生态压力净增长了176.5%。人均生态足迹从2000年的0.985ghm²增加到2018年的2.456ghm²，净增长1.472ghm²，增幅达149.5%，同期的人均生态承载力降低了0.116ghm²，降幅9.8%。生态压力指数由2000年的0.833增加到2018年的2.304（表17-12）。

表17-12　　　西北"水三线"阳关线至胡焕庸线生态平衡计算分析表

年份	生态足迹/万 ghm²	生态承载力/万 ghm²	生态赤字/万 ghm²	人均生态足迹/ghm²	人均生态承载力/ghm²	人均生态赤字/ghm²	生态压力指数
2000	7012.261	8415.762	1403.502	0.985	1.182	0.197	0.833
2005	11337.249	8419.332	−2917.916	1.531	1.137	−0.394	1.347
2010	16436.312	8550.254	−7886.058	2.141	1.114	−1.027	1.922
2015	20238.193	8685.671	−11552.521	2.568	1.102	−1.466	2.330
2018	20071.679	8712.046	−11359.633	2.456	1.066	−1.390	2.304

碳足迹是该地区生态足迹的最大组分，2018年碳足迹占生态足迹的比重为47.1%，较2000年提高了约25.7%；耕地、林地和草地三足迹合计占生态足迹45.7%，其中耕地

较 2000 年下降了 16.4%，草地下降了 6.3%（图 17-15）。

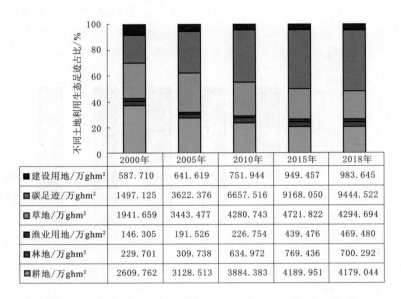

	2000年	2005年	2010年	2015年	2018年
■建设用地/万ghm²	587.710	641.619	751.944	949.457	983.645
■碳足迹/万ghm²	1497.125	3622.376	6657.516	9168.050	9444.522
■草地/万ghm²	1941.659	3443.477	4280.743	4721.822	4294.694
■渔业用地/万ghm²	146.305	191.526	226.754	439.476	469.480
■林地/万ghm²	229.701	309.738	634.972	769.436	700.292
■耕地/万ghm²	2609.762	3128.513	3884.383	4189.951	4179.044

图 17-15 西北"水三线"阳关线至胡焕庸线生态足迹构成图

（3）分区对比分析。西北"水三线"各区域生态足迹和生态承载力整体上均呈现增加趋势。其中奇策线两侧（包括奇策线西北、西南和东北、东南四部分）最大生态赤字 111.2%；阳关线至胡焕庸线（包括河西内陆河流域、柴达木盆地、半干旱草原区和黄河流域四部分）最大生态赤字为 132.3%。

2000 年在西北"水三线"地区生态足迹组分中碳足迹最高，耕地和草地各片区略有差异；奇策线两侧和阳关线至胡焕庸线地区尚处于生态盈余。到 2018 年生态足迹组分发生了重大转变，碳足迹最高，其次为耕地和草地；西北"水三线"地区均处在生态赤字状态，且阳关线至胡焕庸线生态风险等级最高（图 17-16）。

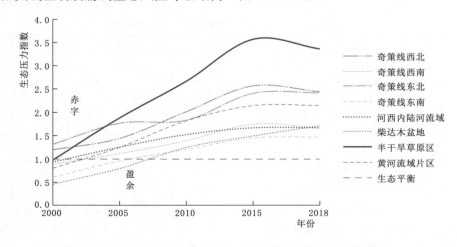

图 17-16 西北"水三线"分区生态赤字/盈余变化图

3. 生态足迹/承载力调控路径与技术措施

(1) 提高生态承载力的调控措施。在提高土地供给能力的同时，保障林地和草地生态承载力不再降低是奇策线两侧可持续发展必须应对的一个挑战。2000—2018 年，奇策线两侧耕地生态承载力提高了 52.6%，但林地生态承载力有所降低，西北和东北侧降幅较大，分别降低了 37.7% 和 27.5%；西南与东南的草地生态承载力也分别降低了 5.5% 和 1.5%。在今后的发展过程中，应围绕水资源优化配置与高效利用，加强农田管理，提高土地质量；推进林地、草地、荒漠等生态保护与修复，提升生态系统完整性与生物多样性保护水平，全面促进生态承载力提升。

(2) 减少生态足迹的调控措施。从消费视角，抑制生态足迹的不合理增长是西北"水三线"生态建设必须应对的一个挑战。尽管相比东中部地区，人均生态足迹不高，但是考虑到西北地区生态承载力整体偏低，加之生态脆弱，需要进一步优化消费结构，提高资源能源利用效率，降低生态足迹，减少生态赤字。

总体上，西北地区生态足迹增加，生态安全风险加大，未来降低生态足迹和生态风险的主要路径为：一是从需求侧，要改善消费结构，节能减排，减少消费压力；二是从供给侧，保护和改善生态系统功能，改良土壤，培肥地力，改善水资源利用效率，增加土地生产力，提高生态承载力，另外要在西北地区内部适度增加低耗水农产品生产，增加用水效率；三是改善农村产业结构，发展生态产业，结合乡村振兴发展生态旅游业，降低对土地的依赖度。

(3) 提高水资源利用效率的调控措施。西北地区水资源利用效率较低，水资源利用不充分，节水潜力较大。要注重产业结构调整，增强水资源科学管理和水资源优化配置，提升水资源利用效率。发展节水灌溉技术，不断提升农业用水效率。工业方面，推广节水技术和设备，推广低碳和清洁生产工艺。在日常生活中，要提高群众的节水意识，使有限的水资源得到充分利用，发挥更大的经济效益和社会效益。水资源管理方面，加强水资源统一管理与调度，努力实现水资源的"需求式"管理，优化水资源配置。在优先保证城乡生活用水的基础上，最大限度地满足工业用水需求，确保粮食生产用水安全，兼顾生态与环境用水，提高和改善水资源承载能力，实现水资源优化配置。

(4) 生态足迹/承载力调控技术。一是土地生产力提升技术，包括土壤改良技术、土壤污染修复、农业生物多样性保护技术、田间水土保持技术等农田修复技术，作物良种培育技术体系，覆盖栽培、免耕少耕、保墒栽培、精准施肥等作物耕作栽培技术体系和家畜繁育技术体系等；二是水资源开源节流及高效利用技术体系，包括水资源跨流域优化配置技术，用水节水技术，干旱半干旱区集雨补灌技术，面源污染防治技术体系等；三是清洁发展机制与节能减排技术体系，包括新型能源开发技术，清洁生产技术，能源结构优化技术，温室效应气体储存技术，生态系统固碳增汇技术等。

17.3.3　能源碳排放与碳汇能力评估

1. 西北六省（自治区）能源消费及碳排放

根据《中国统计年鉴 2018》和《中国统计年鉴 2019》，西北六省（自治区）各类能源消耗量在全国的占比如图 17－17 所示。2018 年西北六省（自治区）一次电力及其他能源消耗占比相较 2017 年有所提升，约占全国一次电力及其他能源总消耗量的 14.9%，约提升了 0.3%。除一次电力及其他能源外，其余类型能源的消耗占比均有小幅度减少。2018 年西北六省（自治区）原煤消耗量占全国原煤总消耗量的 21.2%，较 2017 年减少了 0.4%；原油消耗量占全国原油总消耗量的 8.8%，较 2017 年减少了 1.3%；天然气消耗约占全国天然气总消耗量的 13.2%，较 2017 年减少了 2.1%。

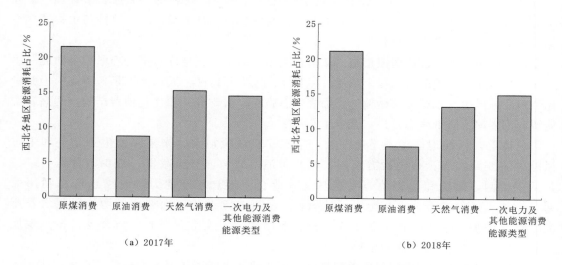

图 17－17　西北六省（自治区）各类能源消耗在全国占比图

我国 2018 年共计消耗一次能源 464000 万 t 标煤，其中原煤消耗量为 273760.0 万 t 标煤，原油消耗量为 87696.0 万 t 标煤，天然气消耗量为 36192.0 万 t 标煤。

根据每吨标煤约产生 2.8t 二氧化碳，折算 2018 年全国消耗各类能源产生的二氧化碳总量为 1113414.4 万 t，其中西北六省（自治区）产生的二氧化碳总量为 196020.1 万 t，占全国的 17.6%。西北地区原煤消耗所产生的二氧化碳为 164314.6 万 t，占西北地区消耗能源产生二氧化碳总量的 83.8%，原油与天然气消耗所产生的二氧化碳分别占西北六省（自治区）消耗能源产生二氧化碳总量的 9.3% 以及 6.8%（表 17－13）。

表 17－13　　　西北六省（自治区）各类能源消耗产生二氧化碳统计分析表

能源类型	原煤	原油	天然气	总计
能源占比/%	83.8	9.3	6.8	100.0
二氧化碳排放量/万 t	164314.6	18293.1	13412.4	196020.1

西北六省（自治区）2018 年能源消耗情况如图 17－18 所示。内蒙古各类能源消费二氧化碳排放 72316.9 万 t，占西北六省（自治区）能源消耗二氧化碳排放总量的 37.3%；新疆二氧化碳排放 43350.4 万 t，占西北六省（自治区）能源消耗二氧化碳排放总量的 22.4%；陕西、甘肃、宁夏 3 省（自治区）分别为 34669.7 万 t、16565.3 万 t 以及 20156.8 万 t，分别占西北六省（自治区）能源消耗二氧化碳排放总量的 17.9%、8.5% 以

及 10.4%；青海省二氧化碳排放 6881.0 万 t，仅占西北六省（自治区）能源消耗二氧化碳排放总量的 3.5%。

2. 西北六省（自治区）碳汇能力分析

基于植被净初级生产力（NPP）数据，计算得出西北六省（自治区）2018 年陆地生态系统碳汇能力（图 17-19）。可以看出新疆、甘肃、青海、宁夏、内蒙古、陕西年固碳分别为 4200.0 万 t、3550.0 万 t、4530.0 万 t、390.0 万 t、10070.0 万 t、4570.0 万 t，总固碳能力达到 27310.0 万 t。单位面积固碳量陕西最高，内蒙古次之，新疆最低。

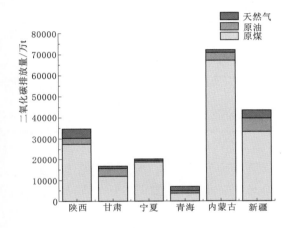

图 17-18　2018 年西北六省（自治区）各类能源消耗产生二氧化碳构成图

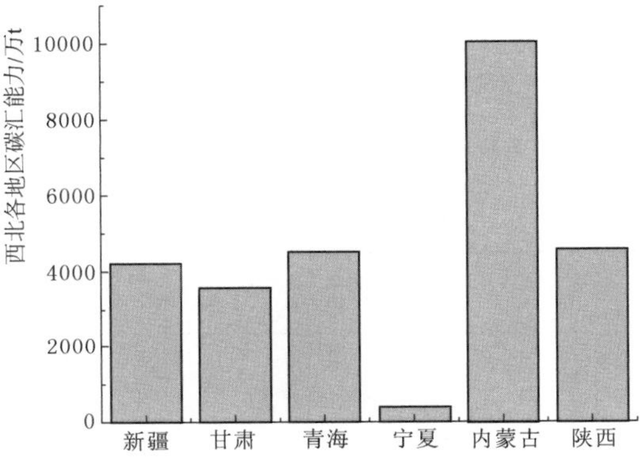

图 17-19　2018 年西北六省（自治区）陆地生态系统碳汇能力分布图

我国陆地生态系统年均吸收约 11.1 亿 t 碳，其中西北六省（自治区）约占总吸收量的 24.6%[33]。而西北六省（自治区）陆地生态系统固碳能力仅占二氧化碳排放量的 14.1%，在未来发展中，应在工业和能源领域提高能效、降低能耗，以减排为主；加强森林、草原、湿地等生态系统保护修复，增加二氧化碳吸收能力，实现碳达峰和碳中和。

3. 碳足迹调控路径

西北"水三线"地区 43.5% 的生态赤字来自碳足迹，2000—2018 年增长了 668.9%（图 17-16），抑制碳足迹，减少碳排放，增强碳汇能力，是尽快实现碳达峰碳中和可持续发展的必由之路。

在未来 5～10 年中，需要充分借鉴国际发达国家与发达地区的经验，全面落实国务院《2030 年前碳达峰行动方案》，在能源生产和消费、工业生产（重点是钢铁、能源重化工、建材等）、城乡建设、交通运输、产业园区建设和重要生态系统重大生态修复工程建设等领域落实能源绿色低碳转型行动、节能降碳增效行动、工业领域碳达峰行动、城乡建设碳达峰行动、交通运输绿色低碳行动、循环经济助力降碳行动、绿色低碳科技创新行动、碳汇能力巩固提升行动、绿色低碳全民行动、各地区梯次有序碳达峰行动等"碳达峰十大行动"，为西北"水三线"地区在 2060 年前实现碳中和奠定基础。

17.3.4　农业系统能值分析评价

1. 农产品生产力

（1）粮食生产。 2018 年西北"水三线"地区粮食供给量为 5102 万 t，相较 2000 年（2716 万 t）增加了 187.8％（表 17－14）。总体上西北"水三线"奇策线和胡焕庸线西侧粮食供给高于阳关线两侧地区；阳关线两侧也有所差异，阳关线西北侧和东南侧粮食供给明显低于西南侧和东北侧（图 17－20），这种基本格局在 2000 年和 2018 年之间并未显著改变。

表 17－14　　　　　　　　西北"水三线"地区粮食产量统计分析表　　　　　　单位：万 t

年　份	2000	2005	2010	2015	2018
阳关线至胡焕庸线	1955	2687	3206	3332	3434
奇策线两侧（新疆）	761	879	1511	1818	1668
西北"水三线"	2716	3566	4717	5150	5102

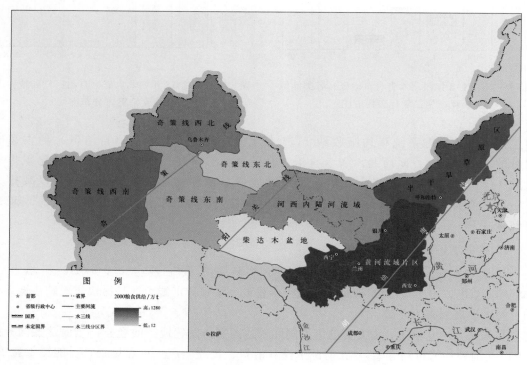

图 17－20　2018 年西北"水三线"地区粮食单产变化图

（2）水果生产。 2018 年西北"水三线"地区水果供给为 3823 万 t，较 2000 年（1149 万 t）增加了 3.3 倍（表 17－15）。其中奇策线和胡焕庸线西侧水果供给整体高于阳关线两侧，阳关线两侧以北整体好于以南（图 17－21）。

表 17 - 15		西北"水三线"水果产量统计分析表			单位：万 t
年　份	2000	2005	2010	2015	2018
阳关线至胡焕庸线	902	1227	2380	2824	2728
奇策线两侧（新疆）	247	429	873	1154	1095
西北"水三线"	1149	1656	3253	3978	3823

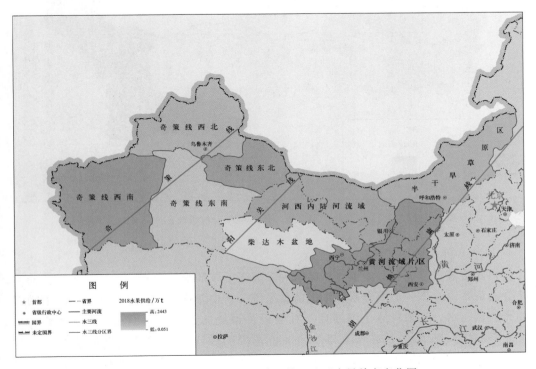

图 17 - 21　2018 年西北"水三线"地区水果单产变化图

（3）畜产品生产。 2018 年西北"水三线"地区的畜产品供给为 1739 万 t，较 2000年（602 万 t）增加了 2.9 倍（表 17 - 16）。其中奇策线和胡焕庸线西侧畜产品供给整体高于阳关线两侧，阳关线西南侧和东北侧整体好于东南侧和西北侧，其中西北侧最低（图 17 - 22）。

表 17 - 16		西北"水三线"地区畜牧产品统计分析表			单位：万 t
年　份	2000	2005	2010	2015	2018
阳关线至胡焕庸线	414	1090	1377	1291	1211
奇策线两侧（新疆）	188	311	421	564	528
西北"水三线"	602	1401	1798	1855	1739

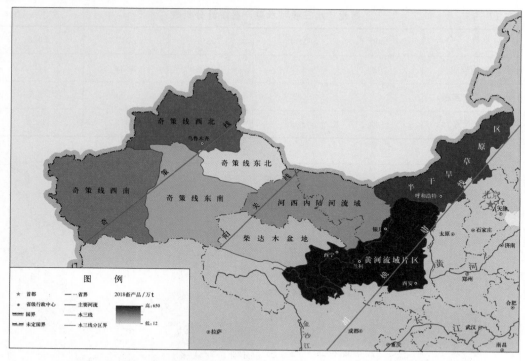

图 17 - 22　2018 年西北"水三线"地区单位面积草地畜产品分布变化图

2. 能值分析原理与方法

(1) 能值流计算流程。能值分析继承和发展了系统的能量分析方法，将农业生态系统和社会经济系统看作一个耦合系统，把能量系统分析中忽略的自然系统所谓的免费资源消费如光、热、水、气和自然土壤损耗与社会经济系统的资源能源消耗一并纳入系统分析中，能够系统反映农业生态系统和社会经济系统的投入产出效率和可持续性[34]。西北"水三线"农业系统能值分析主要包括：自然系统能值输入（如光、热、风、降水、表土损失等所谓的免费资源）和经济系统能值输入（如肥料、农药、薄膜、机械、电力、燃料等化石能源以及水、种子、人工、畜力等非化石资源）（表 17 - 17）。

表 17 - 17　　　　　　　　　　　　　能值资源类型分类表

资源类别	代表符号	包 含 项 目
可更新的环境资源	R	太阳能，风能，雨水化学能，雨水势能
不可更新的环境资源	N	表土层净损失
不可更新的工业辅助能	F	化肥，机械，电力，农膜，农药、农用柴油
可更新的有机能	T	劳力，种子，有机肥

农业系统能量和能值计算分析的基本原理是能量守恒定理，即农业系统的产出与各类资源输入之和是相等的[34]，图 17 - 23 中的输入端（系统边界左端和上端）和输出端（系统边界右端）的能值相等。

农业系统的能值分析体系中，自然系统的输入是自然禀赋的体现，可揭示自然禀赋对农业经济系统的约束。而经济系统能值分析可以揭示人类在农业生产中的经济投入所产生的产投效率、环境负荷以及可持续性，同时人类可调控的部分就是经济系统的投入结构和表土损失速率。对于西北"水三线"来说，水资源是农业生产的最大制约因素，因此进行水资源的空间合理配置和高效利用，使其更加充分地调动经济系统的其他资源、更加与自然系统的资源有效配合，是人类能值调控的主要方向。2018 年西北"水三线"地区农业系统能流流程、机理和耦合关系如图 17-23 所示。

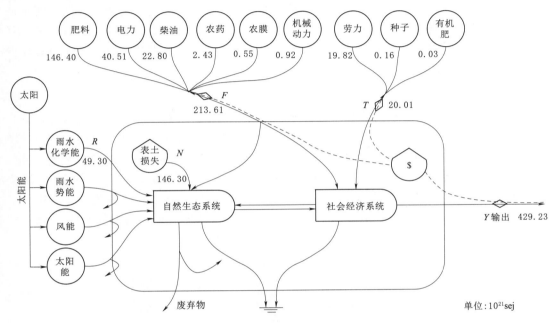

图 17-23　2018 年西北"水三线"地区农业生态经济系统能流耦合关系图
（sej 表示太阳能值焦耳）

（2）主要能值指标。表 17-18 所列出的能值指标主要用于表征和评价西北"水三线"地区农业系统的资源利用效率及可持续性。

表 17-18　　　　　　　　　　主要能值指标一览表

能值指标	计　算　方　法	含　义
能值投入率 EIR	$EIR = (F+T)/(R+N)$	经济发展程度
能值产出率 EYR	$EYR = Y/(F+T)$	生产效率
环境负载率 ELR	$ELR = (F+N)/(R+T)$	承受的环境压力
可持续发展指数 ESI	$ESI = EYR/ELR$	可持续发展潜力

EIR 是衡量经济发展和环境负载程度的指标，其大小反映了系统对环境资源的利用程度，如果 EIR 过高，意味着投入经济能值过高，会增加生产成本，使产品的竞争力降低；如果 EIR 过低，意味着环境资源能值可能未达到合理的利用效率。

EYR 是表征基本能量利用效率的指标，用来衡量系统生产对经济贡献的大小。EYR 越高，意味着经济能值的利用效率越高，生产同样的产品，需要投入的辅助能值越少，竞争力越强，效益越高。

ELR 是表征农业系统能值结构变化所带来的环境压力的指标，较大 ELR 表明经济系统的能值利用强度较高，环境系统承受着较大的压力。通常，$ELR < 2$ 表示环境压力低，$2 \leqslant ELR < 10$ 表示环境压力中等，$ELR \geqslant 10$ 表示较高的环境压力。如果农业系统 ELR 长期处于较高的状态，将会产生不可逆转的功能退化或丧失。

ESI 用于评价系统可持续状态，如果系统的能值产出率高而环境负载率较低，则它是可持续的，反之，则是不可持续的。$ESI < 1$，为资源消费性系统，不可持续；$1 \leqslant ESI < 10$，表明系统富有活力和发展潜力；如果 $ESI \geqslant 10$，是经济不发达的象征，表明对环境资源的开发利用程度低。

3. 系统能值流分析

(1) 自然系统能值流输入。 能值分析理论认为自然界的所有能源均源于太阳能，因此为了避免重复计算，本土可更新环境资源能值流 R 只计算最大的投入项。西北"水三线"是雨水化学能自然资源能值最大项，因此将雨水化学能作为可更新资源 R 的输入量。2000 年以来年西北"水三线"R 值总体上保持稳定，多年均值为 4.95×10^{22} sej，占能值总量的 12.8%，占比逐年减小（图 17-24）。长远来看，R 占比较高的系统在经济压力下更宜生存，而西北"水三线"地区 2000—2018 年因工业辅助能 F 和有机辅助能 T 增长较快，R 占比呈减小趋势，系统可持续性和竞争力有下降风险。

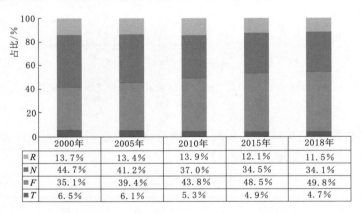

	2000年	2005年	2010年	2015年	2018年
R	13.7%	13.4%	13.9%	12.1%	11.5%
N	44.7%	41.2%	37.0%	34.5%	34.1%
F	35.1%	39.4%	43.8%	48.5%	49.8%
T	6.5%	6.1%	5.3%	4.9%	4.7%

图 17-24　西北"水三线"能值流要素占比图

对于农业系统而言，本土不可更新的环境资源能值 N 主要是指表土层损耗能值。2000—2018 年西北"水三线"地区表土损失 N 值基本保持不变，因辅助能值逐年增大，N 占比从 2000 年的 44.7% 减小到 2018 年的 34.1%（图 17-24）。由于西北"水三线"地区土壤侵蚀敏感性较高，尤其是黄河流域片区地处整个黄河流域中游水土流失高风险区，水少沙多、多沙粗沙区高强度侵蚀的总体格局并未实质性改变，需要加强这个地区的水土流失综合治理。

(2) 经济系统能值流输入。 农业系统辅助能输入包括无机能 F 和有机能 T 两部分。

无机辅助能 F 主要有化肥、农药、农膜、电力、机械动力和农用柴油，其中化肥占比最大，从 2000 年的 77.0％下降到 2018 年的 68.5％；电力次之，从 2000 年的 9.5％增加到 2018 年的 19.0％；机械动力和农膜最少，分别从 2000 年的 0.3％和 0.1％增加到 2018 年的 0.4％和 0.3％（图 17-25）。表明西北"水三线"地区农业系统主要依靠化肥和电力（取水灌溉）来维持，机械化程度偏低，大量使用化肥以及农膜使用量的增加会损害土壤的理化性能。

有机辅助能值 T 包括劳力、有机肥和种子，是系统自给能力的表征，投入越大，对外界的依赖性越小，系统自我维持能力越强。西北"水三线"地区有机辅助能占总能值的比重偏小，且从 2000 年的 6.5％减小到 2018 年的 4.7％（图 17-24），其中劳力占比最大，从 2000 年的 99.5％略微减少到 2018 年的 99％。从投入量和占比看，有机辅助能占比仍在下降，人工投入高，自我维持能力较弱，科学技术能值投入不多，仍处于传统农业阶段。

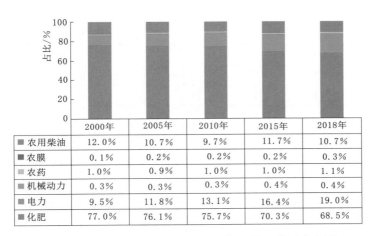

	2000年	2005年	2010年	2015年	2018年
■农用柴油	12.0%	10.7%	9.7%	11.7%	10.7%
■农膜	0.1%	0.2%	0.2%	0.2%	0.3%
■农药	1.0%	0.9%	1.0%	1.0%	1.1%
■机械动力	0.3%	0.3%	0.3%	0.4%	0.4%
■电力	9.5%	11.8%	13.1%	16.4%	19.0%
■化肥	77.0%	76.1%	75.7%	70.3%	68.5%

图 17-25 西北"水三线"辅助能值 F 投入分项占比图

(3) 大宗农产品产出能值流。2000 年以来西北"水三线"地区大宗农产品年均产出能值 3.70×10^{23} sej，2000—2015 年呈逐年增加的趋势，年均增长 1.73×10^{22} sej，到 2018 年略微下降，较 2015 年下降 12.1％（表 17-19），资源利用效率在逐步提高。

表 17-19　　　西北"水三线"大宗作物能值产出计算分析表　　　单位：sej

作物	年份					
	2000	2005	2010	2015	2018	均值
粮食	1.96×10^{22}	2.26×10^{22}	2.96×10^{22}	3.23×10^{22}	3.20×10^{22}	2.72×10^{22}
蔬菜	1.03×10^{21}	1.98×10^{21}	3.37×10^{21}	3.87×10^{21}	3.39×10^{21}	2.73×10^{21}
油料	3.61×10^{22}	3.84×10^{22}	4.90×10^{22}	5.51×10^{22}	5.46×10^{22}	4.66×10^{22}
肉类	1.12×10^{23}	1.63×10^{23}	1.83×10^{23}	2.14×10^{23}	1.87×10^{23}	1.72×10^{23}
奶类	1.07×10^{22}	4.40×10^{22}	6.22×10^{22}	6.60×10^{22}	5.61×10^{22}	4.78×10^{22}
禽蛋	9.05×10^{21}	1.06×10^{22}	1.19×10^{22}	1.32×10^{22}	1.33×10^{22}	1.16×10^{22}

续表

作物	年 份					
	2000	2005	2010	2015	2018	均值
水果	1.31×10^{21}	1.92×10^{21}	3.68×10^{21}	4.76×10^{21}	4.52×10^{21}	3.24×10^{21}
棉花	2.78×10^{22}	3.95×10^{22}	5.02×10^{22}	8.89×10^{22}	8.97×10^{22}	5.92×10^{22}
产出能值	2.18×10^{23}	3.22×10^{23}	3.92×10^{23}	4.78×10^{23}	4.40×10^{23}	3.70×10^{23}

注 sej 表示太阳能值焦耳。

4. 能值指标分析

2000—2018 年西北"水三线"地区农业系统能值指标见表 17-20。

表 17-20　　　　　　　　　　西北"水三线"能值指标计算分析表

年份	EIR	EYR	ELR	ESI
2000	0.71	1.60	3.96	0.40
2005	0.83	2.00	4.15	0.48
2010	0.97	2.02	4.21	0.48
2015	1.15	2.11	4.88	0.43
2018	1.19	1.80	5.19	0.35

(1) 能值投入率 *EIR*。 2000—2018 年西北"水三线"地区能值投入率呈现增加趋势，平均为 0.97，2018 年达到 1.19，低于全国平均（4.93）和湖南（6.91）、辽宁（4.10）、山东（5.61）等地水平，说明西北"水三线"地区农业系统的 *EIR* 处于较低水平，发展程度较低，农业自然资源没有得到高效利用。

(2) 能值产出率 *EYR*。 2000—2018 年西北"水三线"地区能值产出率总体上呈上升趋势，均值为 1.91，2018 年达到 1.80，低于全国平均（2.56）和重庆（3.67）、辽宁（2.89）、黑龙江垦区（12.78）等地水平，略高于湖南（1.55），属于资源输出型系统，资源过度利用风险偏高。

(3) 环境负载率 *ELR*。 2000—2018 年西北"水三线"地区环境承载力有增加趋势，平均值为 4.48，2018 年达到 5.19，高于全国平均（2.80）和重庆（1.81）、辽宁（4.33）等地水平，但远低于日本（14.49）、意大利（10.03）等发达国家水平。这表明生态系统承受较大的发展压力，未来需要合理配置和高效利用水资源，减少并高效利用工业辅助能值，发展与环境保护并重。

(4) 可持续发展指数 *ESI*。 西北"水三线"地区农业系统的净能值产出率较低，环境负载率较高，可持续性指数呈下降趋势，2018 年仅为 0.35，系统处于不可持续状态。

5. 区域分异特征

(1) 奇策线两侧。 在无机能的投入中，奇策线两侧地区化肥占比最大，电力次之，农膜和机械动力能值投入最少（图 17-26），表明系统中农作物生产主要依靠大量的化肥和电力来维持，应提高农用柴油和机械动力能值的占比。该地区的能值投资率略高，总体呈增加趋势。但同国内其他省和其他国家相比仍处于较低水平，说明经济系统投入水平偏低，自然资源没有得到高效利用。净能值产出率较低且变化不明显，环境负载率增幅较大，系统可持续性指数由 2000 年的 1.81 降至 2018 年的 0.57（表 17－21）。

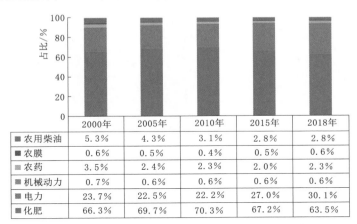

	2000年	2005年	2010年	2015年	2018年
■ 农用柴油	5.3%	4.3%	3.1%	2.8%	2.8%
■ 农膜	0.6%	0.5%	0.4%	0.5%	0.6%
▨ 农药	3.5%	2.4%	2.3%	2.0%	2.3%
■ 机械动力	0.7%	0.6%	0.6%	0.6%	0.6%
■ 电力	23.7%	22.5%	22.2%	27.0%	30.1%
■ 化肥	66.3%	69.7%	70.3%	67.2%	63.5%

图 17－26　奇策线两侧（新疆）无机能 F 投入分项占比图

表 17－21　　　　　2000—2018 年奇策线两侧（新疆）能值指标计算分析表

指　标	年　份				
	2000	2005	2010	2015	2018
EIR	1.03	1.31	1.75	2.55	2.91
EYR	3.44	3.06	2.84	2.87	2.54
ELR	1.90	2.17	2.66	3.66	4.49
ESI	1.81	1.41	1.07	0.78	0.57

（2）阳关线至胡焕庸线。该区在无机能的投入中，化肥占比最大，农用柴油和电力次之，农膜最少，仅为 0.1%（图 17－27），表明该区对系统外能量来源的依赖性较大，自我维持生产能力弱。同时，极端干旱在很大程度上限制了该区农业发展，环境负载率较奇策线两侧地区大且增加显著，系统可持续性指数呈下降趋势，2018 年仅有 0.31，可持续性偏低（表 17－22）。

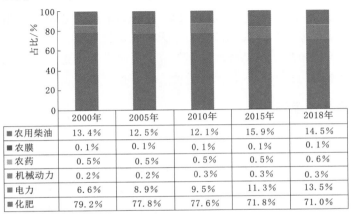

	2000年	2005年	2010年	2015年	2018年
■ 农用柴油	13.4%	12.5%	12.1%	15.9%	14.5%
■ 农膜	0.1%	0.1%	0.1%	0.1%	0.1%
▨ 农药	0.5%	0.5%	0.5%	0.5%	0.6%
■ 机械动力	0.2%	0.2%	0.3%	0.3%	0.3%
■ 电力	6.6%	8.9%	9.5%	11.3%	13.5%
■ 化肥	79.2%	77.8%	77.6%	71.8%	71.0%

图 17－27　阳关线至胡焕庸线无机能 F 投入分项占比图

表 17-22　　　　　　　　　　　2000—2018 年阳关线至胡焕庸线能值指标计算分析表

指　标	年　份				
	2000	2005	2010	2015	2018
EIR	0.81	0.93	1.01	1.12	1.14
EYR	1.22	1.72	1.73	1.76	1.45
ELR	3.95	4.23	4.20	4.72	4.76
ESI	0.31	0.41	0.41	0.37	0.31

6. 能值流调控路径与技术措施

(1) 能值调控方向。总体上，西北地区的能值结构不尽合理，表土损失和经济系统能值占比偏高，使得环境负载率过高，生态可持续性偏低。鉴于此，从能值视角对西北"水三线"地区的生态经济系统提出以下调控方向：

1）加强土壤保护。由于风蚀严重，西北地区农业受到严重威胁，因此未来发展绿洲农业，要重视风蚀的防控问题。另外要减少化肥、农药、农膜等无机能值的使用，增加有机肥，保护土壤理化性质，提高土地生产力。

2）优化配置水资源。鉴于西北地区自身水资源匮乏，必须考虑跨流域水资源配置，增加水资源量，提高利用效率，增加系统生产力，带动本土可更新资源利用效率的提高；增加能值投资率，降低环境负载率，从而增加生态可持续性。

3）优化能投结构。2018 年西北"水三线"能值投资率仅为 1.2，低于全国平均水平（4.9）和湖南（6.9）、辽宁（4.1）、山东（5.6）等地水平，说明西北"水三线"地区农业经营水平低，自然资源利用效率低，需要减少化肥等无机能投入，增加有机肥等投入，同时提高水资源和能值资源利用效率，提高投入产出效率，降低环境压力，提高可持续性。

(2) 能值调控技术。一是表土损失和风沙侵蚀防控技术体系，包括保水保土耕作技术、防沙阻沙技术等；二是降水资源高效利用技术、以水调肥技术等；三是调水改土技术体系、盐碱地改良、精准施肥技术、生物防治技术等，有助于减少无机能源投入；四是舍饲养殖与轮封轮牧结合的畜牧业发展技术。由于生态修复的封禁限制，当前的家畜养殖大多采用舍饲养殖方式，但这种方式不但增加了无机能源投入量，而且大量草地资源无法被充分利用，因此在保障草地生态系统功能不下降的同时，适度进行放牧饲养。研发草地生态系统服务与放牧承载力权衡技术，保障适度放牧有据可依。

17.3.5　潜在耕地资源评价

1. 耕地现状时空分布

耕地资源是农业生产的核心资源，也是粮食生产的战略资源，关系到国家粮食生产的安全性和社会经济的稳定。近年来人口增长带来的耕地资源需求与其本身的稀缺性、有限性之间的矛盾越来越大。位于西北"水三线"的陕西、宁夏、甘肃和新疆耕地后备资源相对充足，但由于区域水资源时空分布不均衡，加之降水和径流年内分配与农业需水不同步，耕地生产力总体偏低。

西北"水三线"地区在2000年、2005年、2010年、2015年及2018年的耕地面积分别为23.2万km²、23.7万km²、25.2万km²、25.9万km²及26.0万km²，2018年较2000年增加2.8万km²，增长了12.1%。耕地面积占整个研究区面积的7.5%，远低于同年14.9%的全国平均耕地面积比重。因此，西北地区仍具有很大的开发潜力。耕地的空间分布呈东西分异特征，耕地面积增多的地区主要沿环准噶尔盆地和环塔里木盆地分布，河西走廊西部和河套平原边缘地区也有少量分布。耕地面积减少地区主要在黄土高原、河套中西部和内蒙古前套地区（图17-28）。

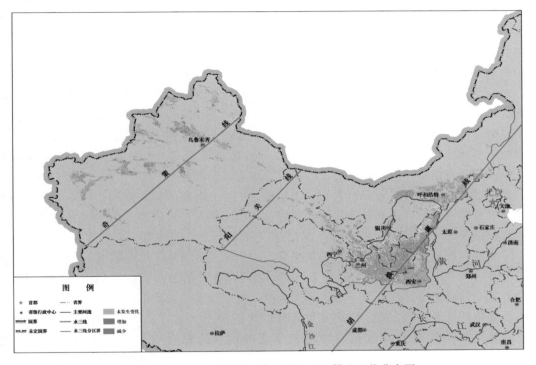

图17-28 2018年西北"水三线"地区耕地现状分布图

2. 潜在耕地时空分布

西北"水三线"地区属干旱半干旱区，降水少且分布不均，是典型的旱地农业和绿洲灌溉农业区，农业生产风险大、产量不稳定，雨养农业根本无法实现稳产高产，如果建设南水北调西线—西延工程，即可实现灌溉农业模式，即降水无法满足作物的自然生长需求情况下，依靠引水灌溉等人工干预才能实现的一种农业模式。在这种情况下，本研究的耕地适宜性潜力评价不考虑降水和土壤有机质2个指标的约束，评价南水北调西线—西延工程建设情景下的潜在耕地数量和开发潜力，并对其潜在的粮食生产能力进行评估。具体评价方法参考毕玮等[35]的成果。

潜在耕地适宜性评价结果表明（表17-23），在充足的水资源灌溉情景下，西北"水三线"地区潜在耕地资源中具备开发潜力的面积约1.466亿亩。

表 17 - 23　南水北调西线—西延工程情景下不同开发潜力适宜耕地面积统计分析表　　单位：万亩

分　区	耕 地 综 合 开 发 潜 力			
	潜力一级	潜力二级	潜力三级	合计
阳关线至胡焕庸线	847.6	3041.6	3704.3	7593.5
奇策线两侧（新疆）	1319.5	3740.4	2008.5	7068.4
合计	2167.1	6782.0	5712.8	14661.9

综合潜力为一级的土地面积为 0.217 亿亩，仅占西北"水三线"地区总面积的 0.3%，主要分布在新疆天山北麓、克拉玛依市南部及额敏盆地和塔里木河沿岸水热条件较好的绿洲和平原上。这些地区坡度较为平缓，没有明显的障碍因素。

综合潜力为二级的土地面积为 0.678 亿亩，其中在新疆农牧林区所占比重较大，主要沿准噶尔盆地和塔里木盆地呈环状分布，哈密地区也有少量分布；其他主要分布在甘肃的疏勒河流域及民勤地区、内蒙古东部、鄂尔多斯北部黄河冲积平原、阴山以北及大兴安岭以西的草原地区。这些地区以中、高阶平原和丘陵坡地为主，受地形影响较大，土质较好，但有效灌溉条件一般，存在一定的沙化、水土流失问题。

综合潜力为三级的土地面积为 0.571 亿亩，主要分布在内蒙古阴山山脉以北的草原地区、甘肃疏勒河流域外围和新疆北疆的北部，可作为补充耕地资源。综合潜力为二级、三级的面积占西北"水三线"总面积的 2.4%，有制约因素，开发有一定难度。

综合潜力四级的土地面积为 7.959 亿亩，占西北"水三线"总面积的 14.5%，以阳关线为界各占 1/2。这部分土地坡度在 10°～15° 之间，有效积温在 2500℃ 以下，地面起伏度较大，生态约束明显，虽具备一定的开发条件，但是开发适宜度低，生态风险大，属于短期内不具备开发条件的土地。详细分布情况如图 17 - 29 所示。

另外，何英彬等[36]研究所得中国荒漠化地区保障粮食安全情景下的土地耕作适宜性潜力面积为 28.6 万 km² （约合 4.04 亿亩），集中分布在内蒙古南部、西藏南部、新疆北部的局部地区；方月等[37]利用地貌数据作为评价分级的参考依据评价所得全疆土地耕作适宜性面积约为 24.9 万 km² （约合 3.74 亿亩）。何英彬等和方月等的评价所得面积均大于本研究，原因在于：他们均将坡度指标扩大到了 11° 以上的范围，实际上这些土地如果不进行梯田化改造是不适宜耕种的，而干旱地区梯田化会带来很多生态问题；另外何英彬等还将有效积温扩大到了小于 2500℃ 的地区，按照农耕地相关规程，农业生产需要适宜的水热组合，这些地区至少不是农业耕种最适宜的地区。

考虑到西北地区具有三级以上潜力的耕地大约有 1.466 亿亩，按照现有灌溉农业实际粮食单产估算潜在耕地的粮食生产潜力，西北"水三线"地区粮食生产潜力可达到 6089.6 万 t，可以通过跨流域调水进行改良，完全可建成西北粮仓。目前的二级潜力耕地土壤有机质均在 1%，只需要调水实现灌溉，在生产过程中控制好风蚀和水蚀，保护好土壤有机质，防治盐渍化，就能实现粮食增产。

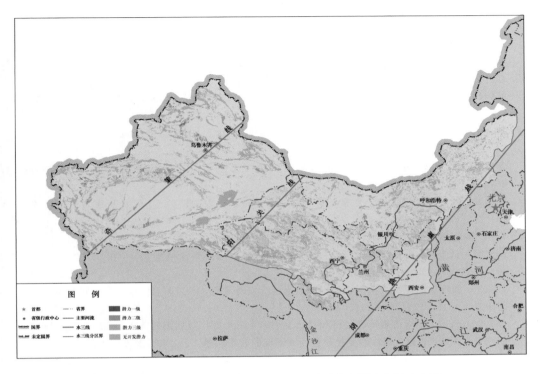

图 17-29　南水北调西线—西延调水情景下潜在耕地空间分布图

参 考 文 献

［1］　Hanway D G. Our common future—from one earth to oneworld ［J］. Journal of Soil and Water Conservation, 1990, 45 (5): 510.

［2］　陈向阳. 环境库兹涅茨曲线的理论与实证研究 ［J］. 中国经济问题, 2015, (3): 51-62.

［3］　Gallice G R, Larrea - Gallegos G, Vázquez - Rowe I. The threat of road expansion in the Peruvian Amazon ［J］. Oryx, 2019, 53 (2): 284-292.

［4］　Anderson C M, Asner G P, Lambin E F. Lack of association between deforestation and either sustainability commitments or fines in private concessions in the Peruvian Amazon ［J］. Forest Policy and Economics, 2019, 104: 1-8.

［5］　徐中民, 张志强, 程国栋. 当代生态经济的综合研究综述 ［J］. 地球科学进展, 2000, 15 (6): 688-694.

［6］　邓德芳, 段汉明. 古代新疆屯垦的时空分布特征与动力机制分析 ［J］. 西北农林科技大学学报（社会科学版）, 2009, 9 (1): 56-61.

［7］　严巍. 兰州近现代城市形态变迁研究 ［D］. 南京：东南大学, 2016.

［8］　高小强. 西汉时期河西走廊灌溉农业的开发及其对生态环境的影响 ［J］. 石河子大学学报（哲学社会科学版）, 2010, 24 (3): 90-92.

［9］　张艾云, 王玉林, 杨增. 新时期新疆南疆水利建设 ［J］. 新疆大学学报（哲学·人文社会科学）, 2021, 49 (2): 84-90.

［10］　刘玉皑, 郭胜利. 民国初年新疆坎儿井建设及其社会生态研究 ［J］. 干旱区资源与环境, 2013,

27 (2)：52 - 57.

[11]　武明明，姚勇. 盛世才执政时期新疆农田水利发展初探 [J]. 西域研究，2015 (1)：89 - 96.

[12]　新疆维吾尔自治区人民政府. 新疆维吾尔族国民经济和社会发展第十三个五年规划纲要 [Z]. 2016 - 05.

[13]　徐叶适. 霍尔果斯经济开发区发展浅析 [J]. 经贸实践，2017 (8)：40 - 41.

[14]　程振山. 坚持科学发展　立志后发赶超为实现和田"十二五"跨越发展和长治久安而努力奋斗 [N]. 和田日报 (汉)，2011 - 01 - 11 (001).

[15]　杨亚雄. 新时代中哈陆路边境口岸建设及其协同效应 [J]. 北方民族大学学报，2020 (3)：14 - 22.

[16]　李建新，常庆玲. 新疆各主要民族人口现状及变化特征 [J]. 西北民族研究，2015 (3)：21 - 36，47.

[17]　杨占武. 服务国家战略　宁夏参与新丝绸之路经济带建设的路径 [J]. 新商务周刊，2014 (16)：19 - 23，18.

[18]　程伟. 新疆霍尔果斯经济特区发展战略研究 [D]. 石河子：石河子大学，2014.

[19]　秦放鸣，武斯斯. 新疆人才吸引力和流失率实证研究 [J]. 新疆师范大学学报 (哲学社会科学版)，2013，34 (5)：2，91 - 99.

[20]　王朋岗. 族际居住隔离视角下边疆民族地区社会发展研究——以新疆南疆"三地州"为例 [J]. 中国研究，2015 (1)：196 - 213，271.

[21]　青海省人民政府. 青海省国民经济和社会发展第十三个五年规划纲要 [Z]. 2015 - 11.

[22]　胡春宏，张晓明. 论黄河水沙变化趋势预测研究的若干问题 [J]. 水利学报，2018，49 (9)：1028 - 1039.

[23]　黄占斌，山仑. 论我国旱地农业建设的技术路线与途径 [J]. 干旱地区农业研究，2000，18 (2)：1 - 6.

[24]　刘天金. 有机旱作农业推动旱区绿色发展 [J]. 农村工作通讯，2019，753 (13)：29 - 31.

[25]　王金哲，张光辉，王茜. 西北干旱区地下水生态功能评价指标体系构建与应用 [J]. 地质学报，2021，95 (5)：1573 - 1581.

[26]　山仑. 旱地农业技术发展趋向 [J]. 中国农业科学，2002 (7)：848 - 855.

[27]　李英能. 北方缺水地区半旱地农业有限补灌模式探讨 [J]. 中国工程科学，2012，14 (3)：41 - 45.

[28]　山仑. 科学应对农业干旱 [J]. 干旱地区农业研究，2011，29 (2)：1 - 5.

[29]　杨殊桐，时鹏，李占斌. 大理河流域退耕还林工程对生态系统服务功能的影响 [J]. 水土保持研究，2018，25 (6)：251 - 258.

[30]　李婷，刘康，胡胜. 基于 InVEST 模型的秦岭山地土壤流失及土壤保持生态效益评价 [J]. 长江流域资源与环境，2014，23 (8)：1242 - 1250.

[31]　侯红艳，戴尔阜，张明庆. InVEST 模型应用研究进展 [J]. 首都师范大学学报 (自然科学版)，2018，39 (4)：62 - 67.

[32]　Wackernagel M，Rees W. Our ecological footprint：reducing human impact on the earth [M]. Gabriola Island：New society publishers，1998.

[33]　方精云，于贵瑞，任小波，等. 中国陆地生态系统固碳效应——中国科学院战略性先导科技专项"应对气候变化的碳收支认证及相关问题"之生态系统固碳任务群研究进展 [J]. 中国科学院院刊，2015，30 (6)：848 - 857，875.

[34]　Odum H T. Environmental accounting：Emergy and environmental decision making [M]. John Wiley & Sons，1996.

[35]　毕玮，党小虎，马慧，等. "藏粮于地"视角下西北地区耕地适宜性及开发潜力评价 [J]. 农业工

程学报，2021，37（7）：235－243.

[36] 何英彬，唐华俊，杨鹏.不同政策情景下荒漠化地区土地耕作适宜性评价［J］.农业工程学报，2010，26（10）：319－325.

[37] 方月，程维明，周成虎.新疆土地耕作适宜性的多自然地理要素评价方法［J］.地球信息科学学报，2015，17（7）：846－854.

第18章 生态经济枢纽区建设与社会经济发展总体布局

18.1 经济枢纽区的内涵及功能定位

18.1.1 建设生态经济枢纽区倡议的提出及时代背景

1. 冀朝鼎 "基本经济区" 理论

我国著名学者冀朝鼎 1936 年完成了其蜚声中外的博士学位论文 "Key economic areas in Chinese history as revealed in the development of public works for water – control"，核心概念是 "key economic areas"，朱诗鳌等流行的译本是 "基本经济区"。其定义是："其农业生产条件与运输设施，对于提供贡纳谷物来说，比其他地区要优越得多，以致不管是哪个集团，只要控制了这一地区，就有了影响国家统一的力量" [❶]。2019 年，上海大学张呈忠撰文提出，"key economic areas" 至少有 "经济要区、经济键区、经济钥区、经济锁钥区、经济枢纽区域" 五种译法之多，这些译法都体现了 "key" 的真实含义 [1]，因此将 "key economic areas" 译为 "经济枢纽区" 比较恰当。冀朝鼎将我国 18 省按 5 个历史时期划分为了 4 个经济枢纽区，即秦汉时期的汾渭谷地和黄河下游地区、三国时期长江上游的四川盆地、隋唐以后的长江中下游地区、明清以后的西江—珠江流域，且认为各个枢纽区存在由黄河流域向长江流域转移、且长江流域后来居上逐渐在经济上占据统治地位的演进过程 [2]。

冀朝鼎认为 "中国历史上的每一个时期，有一些地区总是比其他地区受到更多的重视 [2]。这种受到特殊重视的地区，是在牺牲其他地区利益的条件下发展起来的，这种地区就是统治者想要建立和维护的所谓'基本经济区'"。利用基本经济区这一概念，"就有可能剖析在对附属经济区进行政治控制时成为支撑点的经济基地作用。因而也才有可能去研究中国经济史中的一个重要方面，并从政权与地区关系的观点出发对它加以探讨"。正是在此分析下，冀朝鼎讨论了国史上基本经济区的转移、兴修水利与基本经济区的关系等问题，试图来解释中国王朝的不断发展 [3]。

2. 陆大道 "经济枢纽区" 解读

2016 年以来，中国科学院院士陆大道多次提到新疆有可能在将来发展为国家的一级

---

❶ 冀朝鼎. 中国历史上的基本经济区 [M]. 朱诗鳌，译. 北京：商务印书馆，2014.

经济枢纽区。2018年11月29日，中央电视台CCTV-2财经频道《中国经济大讲堂》播出陆大道院士的"如何解读区域经济发展的'地理密码'"。他提出我国现在正在形成三大枢纽区：以北京为核心城市的京津冀枢纽区；以上海为核心城市的长三角枢纽区；以香港和广州两个城市为核心的珠三角枢纽区。还有一个有潜力的就是新疆，新疆未来可能成为我国的一个一级枢纽区❷。因为我国西部有庞大的国际市场，与中亚五国经济的互补性很强，如果我国经济能从西部进入中亚、俄罗斯和东欧的市场，且规模越来越大后，新疆必将形成一个集聚在以乌鲁木齐为中心的城市群枢纽区。

陆大道院士认为，"经济枢纽区"是分层次的，有国家层面的，也有地方层面的。国家层面的经济枢纽区，又称为"一级经济枢纽区"，是指一个区域的经济在全国占有一定地位和影响力，对全国或重要局部地区的经济发展具有重要的支撑作用。在新疆建立的经济枢纽区，应属于国家级的枢纽区[4]。

3. "一带一路"核心区建设

"一带一路"愿景和行动，将拓展我国的战略发展空间，保障我国能源资源的战略安全，促进我国区域经济协调发展坚持"引进来"和"走出去"并重，遵循共商共建共享原则，加强创新能力开放合作，形成陆海内外联动、东西双向互济的开放格局。新疆的发展目标是成为丝绸之路经济带的核心区，这是国家对我国区域经济格局调整做出的定位。这种定位意味着国家期望新疆能够对周边地区起到辐射和带动的作用，对全国经济发展起到重要的支撑作用[5]。支撑能力的大小，决定了丝绸之路经济带核心区建设的不同前景。新疆作为核心区，必须要有一定的社会经济规模，才能发挥出核心区的作用。2018年，新疆的人口和生产总值仅占全国的1.8%和1.3%，这个人口和经济规模显然太小，不足以支撑丝绸之路经济带核心区这一定位。要扩大新疆经济社会规模，必须要研究解决新疆的水资源短缺问题，打破干旱区弱水资源承载力、高生态胁迫压力、低经济发展能力的桎梏。

4. 建设经济枢纽区的时代背景

当前，我国经济发展呈现出城市群带动区域发展的新形式。2018年11月《关于建立更加有效的区域协调发展新机制的意见》提出：建立以中心城市引领城市群发展、城市群带动区域发展新模式❸。其中，重点提到了7个城市群：以北京、天津为中心引领京津冀城市群发展，带动环渤海地区协同发展；以上海为中心引领长三角城市群发展，带动长江经济带发展；以香港、澳门、广州、深圳为中心引领粤港澳大湾区建设，带动珠江—西江经济带创新绿色发展；以重庆、成都、武汉、郑州、西安等为中心，引领成渝、长江中游、中原、关中平原等城市群发展，带动相关板块融合发展。这7个城市群，就是当今全国7个经济枢纽区的形成基础，也为西北地区的生态经济枢纽区建设提供了思路。

---

❷ CCTV-2财经频道.《中国经济大讲堂》如何解读区域经济发展的"地理密码"? [EB/OL]. [2018-11-29]. http：//tv.cctv.com/2018/11/30/VIDEyM6vT5BBy1Qcl1ui8VAo181130.shtml.

❸ 中共中央 国务院关于建立更加有效的区域协调发展新机制的意见 [EB/OL]. [2018-11-18]. http://www.gov.cn/zhengce/2018-11/29/content_5344537.htm.

对于我国西北地区而言，以关中平原城市群、天山北坡城市群、呼包鄂榆城市群、兰西城市群、宁夏沿黄城市群为代表的国家级城市群已经体现出了其经济强区、绿洲生态屏障的功能。通过以上城市群的引领，带动西北地区其他中小城市节点发展，有利于形成带动力强的经济圈，进而构建我国西部新的经济枢纽区，从而实现对丝绸之路经济带核心区建设的深化，为实现中华民族伟大复兴开拓更加广阔的战略空间[6]。

构建以国内大循环为主体，国内国际双循环相互促进的新发展格局，是中国基于国内经济形势和国际发展态势做出的重要科学判断和重大战略抉择。在全国尤其是西北地区谋求新的经济枢纽区建设，是对丝绸之路经济带核心区建设的深化，有利于推进西部大开发形成新格局，有助于减轻我国东部、中部资源环境过重的负荷，有利于我国构建以国内大循环为主体、国内国际双循环相互促进的新发展格局。

18.1.2　生态经济枢纽区建设的空间定位

改善生态条件和提高环境质量是经济—社会—生态同步协调、高质量发展的前提。生态经济枢纽区建设应紧紧抓住水—生关系这个"牛鼻子"，以生态学原理为基础，经济学理论为指导，人类经济活动为中心，生态系统和经济系统相互作用所形成的生态经济系统为对象，研究生态经济系统发展的规律和机理。进而实现产业生态化、生态产业化，并使生态经济效益最大化，为构建良性循环和协调发展的区域生态经济体系提供科学依据。生态经济枢纽区建设有利于探索经济—社会—生态协调发展的新路径，形成欠发达地区人地关系和谐的新模式，构建国家西部大开发的新支点，树立我国坚持走可持续发展道路的新形象（图 18-1）。

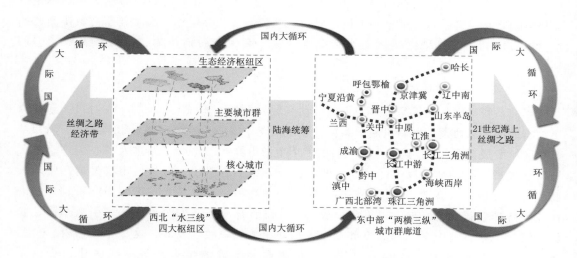

图 18-1　新发展格局下生态经济枢纽区建设的空间定位示意图

（1）大开放定位：助力打通"一带一路"及"深陆"通道，促进边疆开放型经济发展。在海运主导的开放型经济发展阶段，西部内陆地区对外经济活动面临多重制约，开放型经济的规模、竞争力、贡献率、营商环境、自主创新能力等仍有较大的提升潜力。为支撑新的发展定位、抓住新的发展机遇，西部地区应重视联动化、联通化、市场化相耦合的开放型经济发展策略，包括：加大西部开放与国内区域统筹发展战略的融合推进，积极引入东中部投资主体，共建跨区域产业园区，探索吸收进口、投资技术溢出的"飞地经济"模式❹；积极发展多式联运，加快铁路、公路与港口、园区连接线建设，探索陆海联运、空铁联运、中欧班列、中巴铁路等有机衔接的联运服务，构建国内国际物流大通道；建设适应高水平开放的行政管理体制，确保高水平开放型经济发展中有明确的区域联动方向、设施联通走向和市场化导向。为推动我国实现从"深海"到"深陆"开放式发展提供切实保障。

（2）大循环定位：疏通国内与国际经济大循环，推动边疆经济高质量发展。"加快形成以国内大循环为主体、国内国际双循环相互促进的新发展格局"是我国应对当前全球复杂经济形势的破题之道，也是百年未有之大变局下的必然选择。我国城市群多位于中东部地区，现有经济圈发展格局逐步固化且饱和，存量经济圈的环境承载力和资源配置的再失衡，已经成为了生态—经济协调发展的瓶颈，迫切需要拓展西部增量空间。依托国家南水北调西线—西延工程，要加大"调水改土"的力度❺，保障国家粮食安全，培育新增长极和动力源，形成优势互补态势，是构建双循环经济格局的重要支撑。大循环就是要通过在西部地区构建"一带一路"内外联通的战略大走廊，加大沿边地区开放，推动我国形成东西双向、海陆并进多层次多渠道的开放新格局。充分发挥我国超大规模市场优势和内需潜力，进一步打通西部地区经济运行的"血脉"，推动资源、技术、人才、资金等要素实现良性流动，并赋予西部各省份更多对外开放的新使命。

（3）大安全定位：维护国家安全，筑牢边疆安全屏障。国家安全是一个相对宽泛的概念，新中国成立以来，我国的发展长期面临着不断变化的内外部威胁，维护国家安全的主导思想也经历了从传统国家安全观，向非传统国家安全观转变的阶段。非传统国家安全观，除了重视国家的政治、军事、领土、主权等传统安全问题外，还非常重视国家的生态、环境、气候、能源等非传统安全问题。西北地区位于欧亚大陆腹地，担当着国家安全屏障与战略纵深的重要角色。水安全属于非传统安全的范畴，涉及资源、环境、生态、社会、政治、经济等诸多方面。西北跨界河流开发与保护、水资源过度开发利用造成的生态环境恶化、未来气候变化影响下的水安全问题等，已成为国土安全和可持续发展面临的新的重大挑战。2021年4月，美国副总统哈里斯访问芝加哥时发表讲话："在过去，好几代人是为了石油而战，而在不久的将来，他们将会为水资源而战"。哈里斯释放了这样一种信号：未来的十年或者更长的时间，各国将为水资源而大打出手，甚至不惜引发战争❻。

（4）大保护定位：保障国家生态安全，塑造生态安全战略高地。西北地区是我国生态屏障建设和"两屏三带"生态安全战略格局的重要组成部分，也是我国实施"一带一路"

---

❹　中共中央、国务院2018年颁布《关于建立更加有效的区域协调发展新机制的意见》，明确提出"拓展区际互动合作，积极对接京津冀协同发展、长江经济带发展、粤港澳大湾区建设等重大战略，推动东西部自由贸易试验区交流合作，加强协同开放。支持跨区域共建产业园区，鼓励探索'飞地经济'等模式。"

❺　中共中央、国务院2018年颁布《关于建立更加有效的区域协调发展新机制的意见》，明确提出"加快改革土地管理制度，加大'调水改土'的力度，保障国家粮食安全，使西部地区有更大的发展空间。"

❻　美国副总统哈里斯说"过去很多年我们为石油而战，今后将会为水资源而战"［EB/OL］.［2021-04-09］. www.sohu.com/a/459793264_121077473.

倡议和"走出去"战略的重要承接区，联系中亚、西亚、欧洲的重要依托地。丝绸之路经济带拥有丰富的光热、矿产、能源和土地资源，是我国能源的战略储备基地，也是连接欧洲经济圈的重要通道，具有重要的战略地位。但该区域也是我国生态环境最为严酷和脆弱的地区，区域生态环境的压力日趋加重，生态恶化的潜在威胁日益加重，并直接威胁国家生态安全和社会经济发展。同时，城镇化、工业化导致的生态损害风险增强，保护与发展矛盾突出，流域生态破坏、人居环境恶化、自然栖息地减少等问题仍在加剧。因此，如何既有效地可持续开发利用区域各类资源又不破坏其生态环境，已经成为当前丝绸之路经济带建设面临的重要问题。生态大保护就是要加大美丽边疆建设，保护建设好西北地区生态环境，通过实施"调水改土"，建设现代农业基地，大力发展绿色有机特色的种植业、林果业、畜牧业，为全球和全国提供更多的生态产品。

(5) 大融合定位：加强文化交流，促进民族交融发展。西北边疆少数民族集聚地，复杂的民族构成、极端宗教问题、暴恐分裂活动以及境外势力的插足干预，已成为了影响社会和谐的巨大障碍。处理好民族问题不仅关系到社会稳定与国家安全，也是新时代西部大开发战略顺利实施的保障。通过实施"调水改土"，改善生态环境，提升绿洲承载力，在引导人口聚集与流动的基础上逐步改善民族结构，进一步推动黄河文化、丝路文化、西域文化的传承与交融，促进民族—宗教—社会和谐发展。在世界地缘政治格局发生深刻变化的新形势下，区域发展不平衡、非传统安全威胁和大国地缘博弈深刻影响着边疆安全。同时，西北边疆地区周边国家众多，存在多个跨界民族，涉及文化多元。应依托"丝绸之路"经济带建设，构建交流对话平台，促进文化交流融生，寻求各民族共同的文化基因，增强各民族的文化认同和文化互信，为民族团结融合构建精神纽带。通过深入挖掘以"丝绸之路"为代表的中西文化交流历史，充分尊重文明的多样性和相互认同的文化基础，以文化交流推动经贸往来和政治互信，为我国文化走出去的现实问题寻求有效路径。

18.1.3　生态经济枢纽区建设的多维视角

西北"水三线"地区长期面临资源组合不匹配、区域发展不平衡的问题，而空间区位又决定了其具备促进区域协调、沟通国际国内、调整经济结构、树立生态屏障的战略作用。从多维视角分析发现，生态经济枢纽区的建设设想对于我国、"一带一路"沿线乃至全球的生态—经济协调发展均具有不可替代的关键作用（图 18-2）。

(1) 宏观战略布局视角。西北"水三线"是东西部平衡发展的核心焦点，是新时代西部大开发和"一带一路"建设的关键枢纽，是促进东西方合作的主要片区，是维护"内循环＋双循环"的重要环节。在该地区进行生态经济枢纽区布局，可系统培育区域发展新增长极，优化国土空间格局，缓解生态环境困境，在国家宏观战略布局下全面带动区域协调发展。建立有效的"联通—联动—市场耦合"区域协调发展机制，促进产业合理布局和转型升级，使西北"水三线"地区成为推动推进西部大开发形成新格局的战略通道。

(2) 资源蕴藏储备视角。水资源总体匮乏与水资源配置失调是西北"水三线"地区发展的核心阻碍，当地降水量低、蒸发量高，属于资源性缺水地区。为缓解资源困境，需选择具有较高生态系统服务、具备生态屏障作用的关键枢纽区进行重点建设，并将其作为跨越"水三线"地区实施水资源调配工程的重点对象。克服资源性缺水对西北边疆发展的制约，用水资源激活和释放西北巨大的资源优势、区位优势和空间发展潜能，提升西北地区在国内乃至全球一体化进程中的经济地理位置。

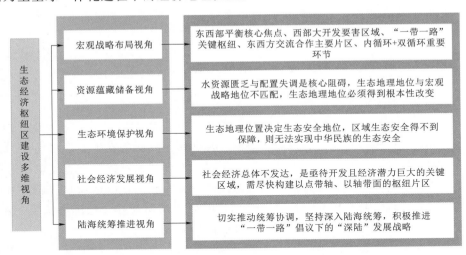

图 18-2 西北"水三线"生态经济枢纽区建设的多维视角框图

（3）生态环境保护视角。生态安全已成为国家安全的重要组成部分，生态兴则文明兴，生态衰则文明衰。西北"水三线"地区存在水资源过度开发利用、水土流失加剧、荒漠化风险上升、生态脆弱性提高等问题。生态特征决定了该区域在国家生态安全中的战略地位，其生态位置必须依靠生态经济枢纽区的建设实现根本性改变。依托西北"水三线"地区丰富多彩的生态本底，发挥历史文化遗产众多、风景资源独特等优势，优化国土空间开发格局，大力发展高效绿洲生态经济，促进自然生态系统质量整体改善和生态产品供给能力全面增强。

（4）社会经济发展视角。西北"水三线"地区社会经济总体不发达，诸多区域仍处于重工业化阶段，与东部地区发展差距大。但从社会经济的变化趋势来看，该地区 GDP、人口、进出口总额、国际旅游收入等均呈逐年增长态势。因此，其仍是我国亟待开发且经济潜力巨大的关键区域。通过构建生态经济枢纽片区，立足"一带一路"倡议，推动西北"水三线"成为东西方文化交流纽带的核心片区，积极促进东西方文化的空间交流，不断促进传统文化融合、新生文化生长，在文化互润的基础上实现交叉融合与共同发展、共同富裕。

（5）陆海统筹推进视角。基于陆海统筹发展的"一路一带"倡议，不仅是历史贸易通道的振兴，更是我国国际战略的重要布局。生态经济枢纽区建设可为打通"一带一路"的"深陆"通道提供重要抓手，全面推进"外引内联、东联西出、西来东去"的开放战略，向西拓展更广阔的发展腹地，有效带动国内和周边国家的交流合作和经济发展，以民族融合、边疆稳定为基础，提升边疆枢纽的地缘价值，使西北"水三线"地区成为我国实施全方位开放，特别是向西开放的前沿和亚欧交流合作的重要国际门户，构建陆海统筹的国家安全大格局。

由此可知，在百年未有之大变局下，西北"水三线"地区正处于全球生态安全与经济发展的关键地位，该区域的生态—经济协调关乎中华民族伟大复兴。生态经济枢纽区全面建设的时机、条件均已经成熟，应尽快缓解水资源困境，大力推动经济发展质量变革、效率变革、动力变革，落实美丽宜居、充满活力、和谐有序的生态经济枢纽区建设设想。

18.1.4　生态经济枢纽区内涵定义与功能定位

1. 内涵定义

（1）基本定义。"生态经济枢纽区"是指既对经济发展具有重要支撑作用，又对保障生态安全具有重大影响、具备生态屏障功能的关键区域。其必须在生态环境优化、人地关系和谐的基础上推动社会经济与资源环境协调发展。西北"水三线"生态经济枢纽区是以生态建设为基础，高度聚焦区域特征，以区域经济协调为导向，以地缘政治理论为指导的国家战略性发展区域。其应成为全国性、全球性的生态文明与社会经济协调统一示范区、人与自然和谐相处的先行区、多民族与多元文化的融生区。

（2）主要内涵。生态经济枢纽区的主要内涵包括生态功能区、经济枢纽区、文化融生区、深陆通道区四方面（图 18-3）。其中，生态功能区内涵为枢纽区发展提供了自然本底与生态环境保障，经济枢纽区内涵体现了以"点—轴—面"为层级特征带动经济增长的核心目标，文化融生区内涵是枢纽区承担多元文化交流传承、互润融生责任的体现，深陆通道区内涵表征了枢纽区助推内陆、沿边协同开放的战略意义。

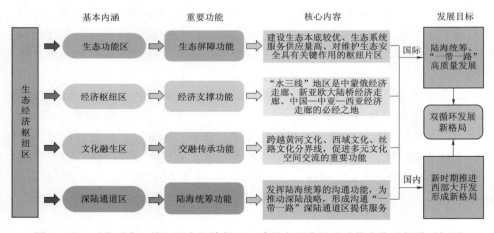

图 18-3　西北"水三线"生态经济枢纽区建设主要内涵及功能定位逻辑关系框图

2. 功能定位

准确而全面地解读生态经济枢纽区的功能定位，需要全面考虑地理位置、资源储备、生态环境、经济发展、文化传播、空间连通等多个要素。在生态经济概念框架指导下的枢纽区建设，需要以构建"社会—经济—自然"复合系统为目标，使生态经济枢纽区具有生产、生活、供给、接纳、控制和缓冲等能力。总体而言，我国西北"水三线"生态经济枢纽区具备生态屏障功能、经济支撑功能、文化融生功能和陆海统筹功能（图 18-3）。

（1）生态屏障功能定位。 生态经济枢纽区具有生态功能区的内涵，具备承担水源涵养、水土保持、防风固沙和生物多样性维护等重要生态功能，关系到全国或较大范围区域的生态安全，需要在国土空间开发中限制进行大规模高强度工业化城镇化开发，以保持并提高生态产品供给能力的区域。我国西北地区生态环境欠佳、资源相对缺乏，因此亟须选择并重点建设生态本底优势较大、生态系统服务供应量高、对维护区域生态安全具有关键作用的枢纽片区。当前，我国已在西北地区划定塔里木河荒漠化防治生态功能区、阿尔泰山地森林草原生态功能区、祁连山冰川与水源涵养生态功能区等多个国家级重点生态功能区，均可为西北"水三线"生态经济枢纽片区的选址提供参考依据。

（2）经济支撑功能定位。 生态经济枢纽区具有经济枢纽区的内涵，因此其第二个突出功能即为经济支撑功能。西北"水三线"地区的经济发展对中国整体经济的长远健康稳定发展意义重大，随着"一带一路"建设的深入推进，我国对外开放步入新的发展机遇期，西北"水三线"作为中蒙俄经济走廊、新亚欧大陆桥经济走廊、中国—中亚—西亚经济走廊的必经之地，是服务"一带一路"建设和中国新一轮西部大开发的重要部署，具有极为重要的经济地理区位。同时，西北"水三线"地区现已经形成了依托于关中平原城市群、宁夏沿黄城市群、呼包鄂榆城市群、兰西城市群、天山北坡城市群等的交通路网，已具备以点带轴、以轴带面的特殊交通区位优势，因此应立足于交通运输基础设施对运输成本、对地区间贸易量的决定性作用，优化西北"水三线"经济枢纽区的基础设施投资，改变各个枢纽片区之间的相对贸易流，使其成为我国经济开放发展的新高地。

（3）文化融生功能定位。 生态经济枢纽区具有文化融生区的内涵，对应着文化交融传承的功能定位。华夏文明在我国西北"水三线"地区具有极深的底蕴，西北"水三线"地区也与我国的数条关键文化地理分界线具有紧密的空间关联特征。其中，胡焕庸线对应于我国黄河文化分界线，阳关线对应于我国西域文化分界线，奇策线对应于我国丝路文化的融合分界线，西北"水三线"地区由此具备了促进多元文化交融发展、传承文明的重要特征。因此，西北"水三线"的生态经济枢纽区建设也应充分考虑对中华文明的传承与交融，并在枢纽区建设时努力跨越西北"水三线"对中国文化交流的诸多制约，基于胡焕庸线弘扬黄河文化，基于阳关线创新丝路文化，基于奇策线融合西域文化。突出生态经济枢纽区促进传统文化融合、新生文化生长的积极作用，基于生态经济枢纽区实现黄河文化、丝路文化与西域文化的空间交汇，推动中西方文化的交叉融合与传承发展。

（4）陆海统筹功能定位。 生态经济枢纽区具有深陆通道区的内涵，对应着陆海统筹的功能定位。我国《"十三五"国家科技创新规划》大力发展深海、深地、深空、深蓝四大领域的战略高技术[7]，但在"一带一路"倡议背景下的"深陆"战略得到的关注仍旧不足。西北"水三线"因其特殊的地理区位，具备成为沟通"一带一路"各个国家、壮大"一带一路"经济走廊、推动深陆通道建设的条件与潜质。习近平总书记就推进"一带一路"提出要切实推进统筹协调，坚持深入陆海统筹，进一步说明了选择典型枢纽地区、进行系统"深陆"研究的必要性。因此，生态经济枢纽区应在发挥经济活力与维持生态安全的基础上，重点发挥陆海统筹的沟通功能，为推动我国"深陆"战略、形成沟通"一带一路"的深陆通道区提供依据。

3. 理论支撑

生态经济枢纽区的建设目的在于优化协调发展与环境的关系，主要以八大理论为指导（图 18-4）。其中：①生态产业理论为枢纽区的产业发展提供了生态学思路，支持生态产业模式构建；②生态经济学理论是建设枢纽区的核心理论，其决定了枢纽区的功能定位；③循环经济理论与生态产业理论相互补充，通过优化产品生产过程来减少经济活动的环境影响；④区域经济发展理论为枢纽区建设提供规划途径，可指导枢纽区带动西北全面发展；⑤协调发展理论用于指导枢纽区建设任务的实现，即以生态—经济协调发展及二者的综合效益最大化为根本任务；⑥"点—轴"系统理论是指导枢纽区空间布局的关键，也是西北"水三线"地区发展格局构建的核心思想；⑦人地耦合系统理论对应枢纽区建设中不可回避的核心关系，即人地关系，可为生态—经济系统发展中的人地协调决策提供依据；⑧可持续发展理论用以指导枢纽区建设的最终目标实现，即在枢纽发展的带动下实现全域可持续发展。

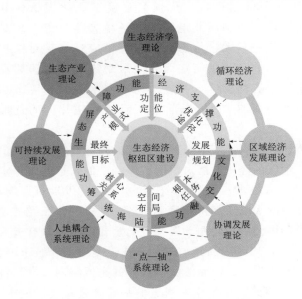

图 18-4　西北"水三线"生态经济枢纽区建设的理论支撑体系框图

不同的经济学理论为枢纽区实现功能定位发挥着不同程度的作用，图 18-4 中虚线箭头表征理论与功能的对应关系。其中，可持续发展、生态产业、生态经济学理论对生态屏障功能的实现意义重大；指导经济支撑功能的理论较多，包括生态经济学、循环经济、区域经济发展、协调发展、生态产业理论等；文化交融传承功能主要依靠协调发展理论支撑，"点—轴"系统、协调发展、人地耦合系统理论则与陆海统筹功能的实现密切相关。

18.2　生态经济枢纽区总体规划布局

18.2.1　极点带动、轴带支撑的空间总体布局

西北"水三线"生态经济枢纽区建设与社会经济发展的总体布局为：以"一带一路"倡议、"国内大循环为主体、国内国际双循环相互促进的新发展格局""推进西部大开发形成新格局"、区域协调发展等"四大"国家发展战略为引领，积极谋划西北"水三线"区域空间发展新格局。形成以城镇群为发展极，以重要的中心城市为节点，以促进区域协作的主要城镇联系通道为骨架，极点带动、轴带支撑、枢纽片区为层级的"九极多点，一轴一环两带，四大枢纽区"的空间总体布局（图 18-5）。

1. 九大增长极点带动

"极"指西北地区相对集中且发达的中心城市，与国家增长极的概念虽然有相似之处，但其人口规模和经济体量要逊色得多。依据西北地区城市发展特征，其内涵更为丰富，包括发育已经较为成熟的国家级城市群、初具引领作用需要继续发展的区域级城市群、对西北地区城市布局具有重要补充作用且亟待重点建设的中心城市等。西北"水三线"九大增长极点是在现有兰西城市群、关中平原城市群、宁夏沿黄城市群、呼包鄂榆城市群、天山北坡城市群五大国家级城市群的基础上，加快推进酒嘉玉城市群、喀什经济特区城市群、霍尔果斯经济特区及边境口岸组群、和田绿洲中心城市四大区域性城市群与中心城市建设，最终形成"5+4"的增长极点格局（表18-1）。

西北"水三线"国家重点发展的城市群总体集中于陇海—兰新国家发展轴以东，新疆南部和东部地区以及河西走廊的发展组团缺失，发展极带动作用较弱。因此，结合国家批准建立喀什、霍尔果斯经济特区和推进南疆与河西走廊加快发展的规划布局，急需建设和培育新的城市群和增长极点。

表 18-1 西北"水三线"地区重点发展城市群一览表

组团类型	国 家 级 城 市 群	区域级城市群及中心城市
组团名称	天山北坡城市群、兰西城市群、宁夏沿黄城市群、呼包鄂榆城市群、关中平原城市群	酒嘉玉城市群、喀什经济特区城市群、霍尔果斯经济特区及边境口岸组群、和田绿洲中心城市

(1) 酒嘉玉城市群。以酒泉、玉门、嘉峪关为核心城市，辐射带动敦煌、张掖等城市节点，是河西走廊城市分布最密集、经济实力最强的城市区域。其位于丝绸之路经济带中国段的地理中心位置和"塔腰"位置，是重要的物流中心，也具备良好的交通基础条件，可以实现对河西走廊地区的社会经济带动。

(2) 喀什经济特区城市群。由核心区和外围区构成，核心区包括喀什市、阿图什市、疏附县、疏勒县两市两县，辐射区包括岳普湖县、英吉沙县、伽师县、莎车县、泽普县、叶城县、麦盖提县、巴楚县、图木舒克市等。同时，红其拉甫口岸作为连接中国和巴基斯坦的主要陆上交通枢纽，成为了中国联通巴基斯坦的关键节点。依托以上口岸与通道的地理优势，可在喀什经济特区城市群构建集航空、铁路、公路、口岸于一体的国际性内陆型综合交通枢纽。

(3) 霍尔果斯经济特区及边境口岸组群。以新疆多个陆港一类口岸：都拉塔口岸、霍尔果斯口岸、阿拉山口口岸、巴克图口岸、吉木乃口岸、红山嘴口岸、塔克什肯口岸、乌拉斯台口岸以及霍尔果斯经济特区为依托，辐射带动伊宁市、霍城县、温泉县、双河市、精河县、塔城地区、吉木乃县、福海县、富蕴县、清河县等城市节点发展。该城市群依托新疆北部边境多处对外开放的重要窗口，可有效带动北疆地区经济增长与城镇体系建设完善，其将成为推动新疆对外开放、引领外向型经济发展、促进文化交流的关键枢纽。

(4) 和田绿洲中心城市。以和田市为核心发展节点，依托和田绿洲地区的自然资源优势与人口基础，辐射带动和田县、墨玉县、洛浦县、皮山县、昆玉市、民丰县、策勒县、于田县等城镇发展。该中心城市的建设将有助于强化疆南藏西地区发展重心，弥补环塔里木盆地发展极点缺乏的不足，同时将为我国构建新的地缘政治战略支撑点，助力于巩固维护南疆社会安定与民族团结。

2. 多级城市节点支撑

"点"系指各级城市节点。按照城市的规模、空间区位、发展现状、对周边地区的带动作用等维度进行评价，分为一级节点、二级节点、三级节点（表 18 - 2）。

表 18 - 2　　　　　　　　西北"水三线"重点发展节点规划统计表

节点等级	具 体 城 市
一级节点（6 个）	乌鲁木齐、西宁、兰州、银川、呼和浩特、西安
二级节点（35 个）	阿图什、喀什、和田、阿克苏、库尔勒、若羌、伊宁、霍尔果斯经济特区、博乐、阿拉山口口岸、塔城、克拉玛依、奎屯、石河子、昌吉、哈密、吐鲁番、敦煌、玉门、嘉峪关、酒泉、张掖、金昌、武威、白银、临夏、定西、天水、宝鸡、咸阳、吴忠、石嘴山、包头、鄂尔多斯、榆林
三级节点（54 个）	疏附、疏勒、伽师、图木舒克、柯坪、温宿、阿瓦提、阿拉尔、库车、轮台、铁门关、尉犁、皮山、昆玉、民丰、且末、铁干里克、格尔木、可克达拉、霍城、巩留、昭苏、特克斯、尼勒克、察布查尔、温泉、双河、精河、新源、乌苏、胡杨河、沙湾、玛纳斯、呼图壁、北屯、五家渠、吉木萨尔、奇台、托克逊、鄯善、木垒、巴里坤、伊吾、新星、海晏、共和、贵德、乐都、古浪、景泰、夏河、漳县、临河、乌海

注　各级节点是对周边区域发展发挥带动作用的地区，并非覆盖研究区的全部区县。其中，一级节点是已经发育成熟的省会城市，二级节点是处于发展轴带上的关键城市，三级节点是围绕一级、二级节点分布的城市。

（1）一级节点。一级节点包括西安、兰州、银川、呼和浩特、西宁、乌鲁木齐 6 个省会城市，其对周边地区的带动作用最强，是其所在地区的政治、经济、科教、文化、交通中心，对西北"水三线"全域的发展均具有重要的带动作用。

（2）二级节点。二级节点共 35 个，其对带动区域发展作用显著，从空间分布来看，二级节点在陇海—兰新国家发展轴上分布密集，且出现明显的空间团聚趋势。

（3）三级节点。三级节点共 54 个，其辐射带动半径相对更小，总体围绕一级、二级节点分布，且在西北"水三线"东部分布更为密集。

3. 一轴一环两带联动

以促进区域协作的主要城镇联系通道为骨架，在西北"水三线"规划形成"一轴一环两带"的城镇空间格局。该轴带支撑布局综合考虑了"点—轴"系统理论支撑下的我国国土开发与经济布局"T"形空间构架，也融入了新时期西部调水经济带与黄河经济带构成的面向陆路经济的又一"T"形发展构架。

（1）一轴。陇海—兰新国家发展轴属于"四横四纵"的八大国家发展轴之一，其由东南至西北方向贯穿全国，也成为了西北"水三线"的核心发展轴线。陇海—兰新发展轴是依托陇海—兰新铁路，以及已建成投入使用的徐兰、兰新高速铁路而形成的东西向经济发展轴，丝绸之路经济带与陇海—兰新发展轴相互促进、相互依赖，丝绸之路经济带建设也为陇海—兰新发展轴带来了新的机遇。在空间上，陇海—兰新国家发展轴在西北方向联通亚欧大陆桥，在东南方向重点连接连云港，中间贯穿霍尔果斯经济特区及边境口岸组群、天山北坡城市群、酒嘉玉城市群、兰西城市群、关中平原城市群等关键城市发展组团。

（2）一环。塔里木盆地城镇发展环是促进南疆地区多级城市节点空间联动的重要城镇发展骨架，该发展环主体部分位于塔里木盆地，在空间上呈现东西轴长、南北轴短的环状走向。北部带起始于喀什，向东连接阿图什、图木舒克、柯坪、温宿、双子城"阿克苏与阿拉尔"、库车、双子城"铁门关与库尔勒"、吐鲁番，并可向西经红旗拉普口岸联通中巴经济走廊；南部带始于喀什，向东连接疏附、疏勒、皮山、昆玉、和田、民丰、且末、若羌。同时，南北两带覆盖两大南疆水利工程——"新龟兹工程"与"新楼兰工程"，其成为解决塔里木河流域水问题、为塔里木盆地城镇发展环注入新经济活力的重点工程。

（3）两带。银川—包头—呼和浩特发展带：呈东北—西南走向，连通呼包鄂榆城市群与宁夏沿黄城市群，在西侧与兰州、西宁方向相连。若羌—格尔木—西宁城镇发展带：西宁—格尔木发展带以兰青铁路、青藏铁路为东西轴线，沿铁路线南北两翼为辐射带，以西宁市、格尔木市为东西节点，带动海东、西宁、海西，辐射青海湖南北的海南、海北及黄河流域的黄南；将该带发展向西延伸至若羌，与"新楼兰"工程衔接，形成若羌—格尔木—西宁城镇发展带。

4. 四大枢纽片区组合

在西北"水三线"布局建立"四大"生态经济枢纽区，即：天山北坡生态经济枢纽区、河西生态经济枢纽区、兰西生态经济枢纽区、环塔里木盆地绿洲生态经济枢纽区。"四大"枢纽区覆盖了西北"水三线"中部、西部的大部分区域，为带动我国西北地区实现总体发展、生态—经济协调、人地关系和谐具有关键作用。

（1）天山北坡生态经济枢纽区。该区位于天山北麓，依托天山北坡城市群发展而来，东至哈密的伊州区、西至伊犁哈萨克自治州昭苏县，是新疆社会经济发展的核心区域。其在空间上具有"通东达西、承北启南"的地缘优势，同时具有丰富的自然资源与政策性倾向优势。天山北坡生态经济枢纽区南接环塔里木盆地绿洲生态经济枢纽区，东接河西生态经济枢纽区，西接霍尔果斯经济特区及边境口岸组群，是陇海—兰新国家发展轴的最西端。

（2）河西生态经济枢纽区。该区位于河西走廊区域，具有区位优势明显、资源禀赋较好、经济基础较好、生态地位突出的优势，但也面临中心城市带动能力不强、发展短板和瓶颈制约较多、资源环境约束日趋加剧的现实约束。河西生态经济枢纽区西部与环塔里木盆地绿洲生态经济枢纽区、天山北坡生态经济枢纽区接壤，东南部与兰西生态枢纽区接壤，成为连通我国中部与西部，贯通西北"水三线"经济发展脉络的关键片区。

（3）兰西生态经济枢纽区。该区依托兰西城市群发展而来，在空间上以甘肃省省会兰州市、青海省省会西宁市为中心，主要包括甘肃省定西市和青海省海东市、海北藏族自治州等数个地州市。其在总体格局中处于陇海—兰新国家发展轴、环塔里木盆地城市发展轴、银川—包头—呼和浩特城市发展轴的交接地区，成为联通三条发展轴带的关键枢纽。

（4）环塔里木盆地绿洲生态经济枢纽区。该区位于新疆南部，包含塔里木盆地的大部分区域，依托塔里木盆地是封闭性山间盆地的环状分布地貌特征，该枢纽区也形成了以喀什经济特区、和田绿洲中心城市为核心极点的环状发展轴带。同时，为发展南疆经济、促进生态恢复，环塔里木盆地绿洲生态经济枢纽区在西侧、东北侧、东南侧分别由发展走廊与中巴经济走廊、天山北坡城市群、兰西城市群连接，对西北"水三线"总体布局的形成起到关键作用。

5. "点—轴—面"三层级联动模式

基于极点的带动作用、发展轴带的连通与支撑作用、枢纽区的示范作用，我国西北"水三线"地区以"极点—轴带—枢纽区"为层级特征形成了社会经济发展的总体布局。该总体布局中的各层级要素以"点—轴—面"的空间结构模式紧密组织，点是经济增长的桥头堡，轴是沟通城镇的聚合通道，面是区域综合发展的载体。该空间结构模式体现了城市增长极与区域线状廊道的有效融合，顺应了经济发展在空间上集聚成点并沿轴线渐进扩散的客观要求，反映了社会经济空间组织的客观规律。在宏观尺度下，西北"水三线"地区的"极点—轴带—枢纽区"总体布局以陇海—兰新国家发展轴为依托，设计布局多条符合西北地区社会经济特征与发展优势的发展轴带，形成覆盖西北"水三线"全域的经济网络；在此基础上详细谋划西北地区的生态经济枢纽区布局、城市群格局、城镇发展体系，由此与国家城镇网络空间发展布局顺利融合，对我国西北地区发展谋划不足的问题进行良好补充。

西北"水三线"地区社会经济发展的总体布局呈现出显著的层级关系，构成了清晰的城市发展布局组织形态。在该层级关系中，存在着"点—轴—面"的复杂作用关系，包括极点之间人口、物资、信息流动的交互作用，极点对轴带的串联作用，极点对枢纽区的辐射与聚集作用，轴带之间的互联互通作用，轴带对枢纽区的连接作用，枢纽区之间相互竞争与优势互补的作用等。"极点—轴带—枢纽区"的层级关系是可持续社会经济与城市组织形态的客观表征，是极点、轴带、枢纽区有序化的集成表达，也体现了西北"水三线"在未来社会经济发展目标下城镇体系布局与基础设施等要素的最佳组织形式。以地区经济腹地为核心，以区域交通通讯网络为脉络，在西北地区形成上下级城市密切联系、城市与乡村相互结合的系统布局，将区域内各部门、各发展节点、各枢纽区聚成一个整体。

西北"水三线"极点带动、轴带支撑的层级关系，是对国家城镇网络化布局在西北地区考虑尚不充分的弥补，也是对"一带一路"建设与国际国内双循环背景下西北地区扩大对外开放需求的积极响应。在"以点串轴、以轴带面"的逻辑关系下，西北"水三线"地区将大力发展引领周边经济增长的关键极点，拓展覆盖全域的纵向横向经济轴带，培育壮大重点生态经济枢纽区，形成逐级推进、环环相扣的空间发展网络形态，进而大力带动当地形成具有竞争力的经济增长集群，有效促进区域经济一体化、高效率发展。

18.2.2　城市群与城镇发展体系

城市群是西部大开发的战略重点区和率先发展区，是西北"水三线"地区未来经济发展格局中最具活力和潜力的核心地区，其不仅影响着我国西部大开发战略实施的大局，更肩负着缩小东西部经济社会发展差距、全面建设小康社会、维护民族团结和国防安全的历史重任。我国"十四五"规划提出重点建设 19 个城市群，其中在西北"水三线"范围内仅有天山北坡城市群、宁夏沿黄城市群、呼包鄂榆城市群、兰西城市群和关中平原城市群5 处。考虑到以上城市群在空间分布上主要集中于西北"水三线"地区东部（图 18 - 6），且人口密度、GDP、城镇化率与东部城市群仍存在一定差距（表 18 - 3），总体发育程度、经济发展水平和经济集聚效应仍需提升[8]。同时，河西走廊地区与南疆地区具有引领作用的城市节点较为欠缺，因此需重点考虑增设城市增长极点。厘清西北"水三线"地区九大增长极点的城镇发展体系，有助于完善西北地区总体城镇布局。

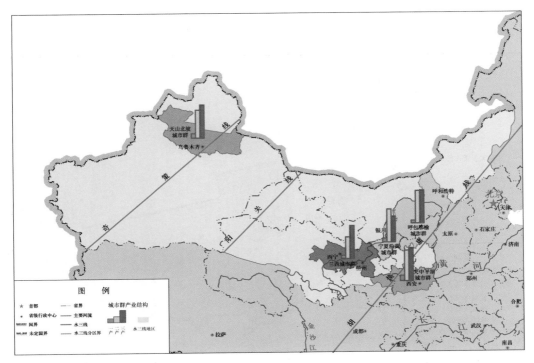

图 18-6 西北"水三线"地区重点城市群及产业结构分布图

表 18-3 西北"水三线"地区典型城市群人口、GDP 及城镇化率统计分析表

地 区	城市群总面积 /万 km²	人口规模 /万人	人口密度 /(人/km²)	GDP /亿元	城镇化率 /%
天山北坡城市群	14.4	829.2	57.6	6131.1	61.4
兰西城市群	9.8	1208.6	123.3	3973.9	48.0
宁夏沿黄城市群	4.1	563.8	137.5	3069.7	63.5
呼包鄂榆城市群	17.5	1154.6	66.0	11512.3	71.4
关中平原城市群	10.7	3888.1	363.4	15355.9	55.3

注 数据来源 2019 年《新疆统计年鉴》《甘肃发展年鉴》《青海统计年鉴》《宁夏统计年鉴》《陕西统计年鉴》和 2020 年《内蒙古统计年鉴》。

1. 天山北坡城市群

天山北坡城市群面积约 14.4 万 km²，是国家"十四五"期间推动建设的 19 个城市群之一，也是重点建设的两个边疆地区城市群和丝绸之路经济带核心区建设的唯一一城市群，是新疆人口最密集、产业最集中的地区，是中国向西开放的前沿地带。具体包括首府城市乌鲁木齐市、石油名城克拉玛依市、戈壁明珠石河子市、军垦新城五家渠市，此外还有昌吉州的昌吉市、阜康市、呼图壁县、玛纳斯县、奇台县和吉木萨尔县，伊犁州奎屯市，塔城地区的沙湾市、乌苏市等县市❼。在城镇体系规划建设方面（图 18-7），天山北坡城市

---

❼ 新疆维吾尔自治区国家发展与改革委员会. 天山北坡经济带发展规划［R］. 2011.

群已形成以乌鲁木齐市为核心、以区域性中心城市为支撑、以周边中小城市为主体，人口和产业聚集，都市化和城乡一体化程度高的都市圈、绿洲城镇组群的城镇体系[9]。

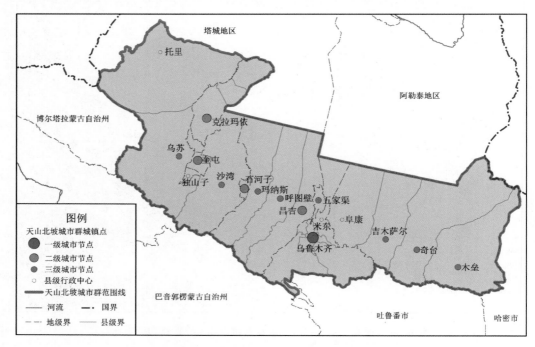

图 18-7　天山北坡城市群空间范围及城镇体系分布图

天山北坡城镇发展空间组织总体思路体现在三个方面[10]：①整合天山北坡区域的人口、产业和环境资源，引导区域内部城镇产业空间整合和资源合理利用，聚合区域高端职能，提升区域核心竞争力；②推进天山北坡区域经济一体化，构筑发达的区域基础设施体系和社会公共服务系统，促进区域不同地区、不同城镇的均衡发展，缩小发展差异；③增强区域外向度，加大对中亚的辐射影响作用，提升区域在国家发展战略的地位。未来天山北坡区域将形成一体化、网络型、开放式的区域空间结构和城镇功能布局体系。

2. 兰西城市群

兰西城市群国土面积 9.8 万 km²，是我国西部重要的跨省区城市群，自古以来就是国家安全的战略要地，在维护我国国土安全和生态安全大局中具有不可替代的独特作用。2018 年 3 月《兰州—西宁城市群发展规划》正式得到国务院批复，城市群范围包括兰州、西宁、海东及白银、定西、临夏回族自治州、海北藏族自治州、海南藏族自治州、黄南藏族自治州部分地区（图 18-8），跨 2 省 9 地级市（州）31 县（区）。其发展的战略定位为维护国家生态安全的战略支撑，优化国土开发格局的重要平台，促进我国向西开放的重要支点，支撑西北地区发展的重要增长极，沟通西北西南、连接欧亚大陆的重要枢纽❽。

《兰州—西宁城市群发展规划》提出，在城镇体系规划建设方面，到 2035 年兰西城市

---

❽　国家发展改革委，住房城乡建设部．兰州—西宁城市群发展规划［R］．2018.

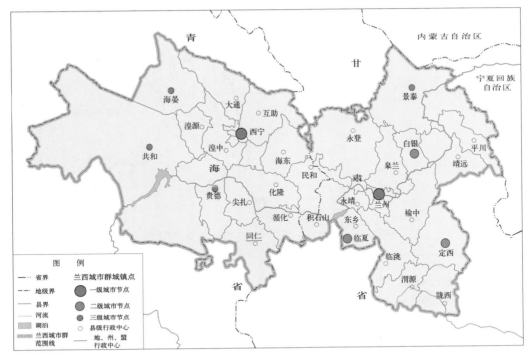

图 18-8 兰西城市群空间范围及城镇体系分布图

群强中心、多节点的城镇格局应该基本形成，兰州作为西北地区商贸物流、科技创新、综合服务中心和交通枢纽功能得到加强。西宁辐射服务西藏新疆、连接川滇的战略支点功能更加突出，具有一定影响力的现代化区域中心城市基本建成。以兰州、西宁为核心的放射状综合通道初步形成，具有座中四联的枢纽地位。同时，中小城市数量应该明显增加，城镇密度逐步提升，对周边地区的支撑和服务功能需不断加强[11]。

3. 宁夏沿黄城市群

宁夏沿黄城市群位于全国"两横三纵"城市化战略格局中的包昆通道纵轴的北部，面积 4.1 万 km²。主要包括宁夏沿黄河分布的银川、石嘴山、吴忠、中卫、平罗、青铜峡、灵武、贺兰、永宁、中宁等城市（图 18-9）。是国务院确定的 18 个国家级重点开发区之一，是新一轮西部大开发战略的重点区域，也是"呼包鄂榆""陕甘宁"和能源化工"金三角"的重要组成部分❾。宁夏沿黄城市群的发展优势可以概括地描述为"黄河金岸，塞上明珠"，是具有宁夏特色的精品城市群。"天下黄河，独富宁夏"，宁夏河套平原历来被喻为"塞上江南"，是我国重要的灌溉农业区。

在城镇体系规划建设方面，宁夏沿黄城市群是以黄河中上游宁夏引黄灌区为依托，以地缘相近、交通便利、经济关联度较高的首府银川市为中心，石嘴山、吴忠、中卫 3 个地级市为主干，青铜峡市、灵武市、中宁县、永宁县、贺兰县、惠农区、平罗县城和若干个建制镇以及宁东基地组成。直接辐射区包括宁夏的中南部地区，甘肃省的平川区、靖远

❾ 宁夏回族自治区住房与城乡建设厅. 沿黄经济区城市带发展规划 [R]. 2012.

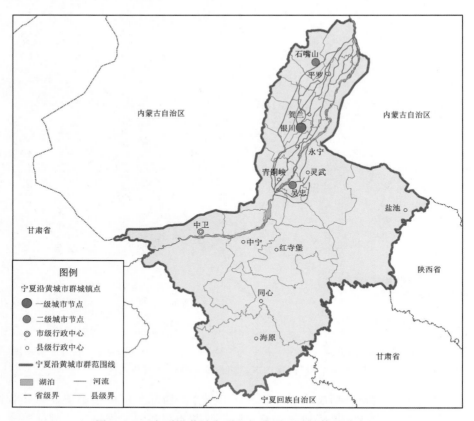

图 18-9　宁夏沿黄城市群空间范围及城镇体系分布图

县、环县，内蒙古自治区的乌海和阿拉善盟、鄂尔多斯市部分旗，陕西省的定边县和靖边县。未来需将宁夏沿黄城市群建成为全国重要的能源化工和新材料基地，我国面向阿拉伯国家和地区的经济文化交流中心，人与自然和谐发展的示范区[12]。

4. 关中平原城市群

依据 2018 年 2 月国家发展改革委和住房城乡建设部印发的《关中平原城市群发展规划》，关中平原城市群面积 10.7 万 km²，主要包括陕西省的西安、宝鸡、咸阳、铜川、渭南 5 个市、杨凌农业高新技术产业示范区及商洛市的 4 个区县，甘肃省的天水市、平凉市的 5 个区县和庆阳市区，以及山西省运城市、临汾市的 8 个区县❿（图 18-10）。其发展的战略定位为：向西开放的战略支点，引领西北地区发展的重要增长极；以军民融合为特色的国家创新高地，传承中华文化的世界级旅游目的地；内陆生态文明建设先行区，成为带动西部地区发展的区域性城市群[13]。

在城镇体系方面，关中平原城市群辖西安、咸阳、渭南、宝鸡、铜川等 5 个地级市及杨凌国家农业示范区，兴平、华阴、韩城 3 个县级市及 32 个县和 400 多个建制镇。从等级规模结构看，关中平原城市群产业结构属于典型的首位分布类型，以西安为中心的单核

---

❿　国家发展改革委，住房城乡建设部 . 关中平原城市群发展规划［R］. 2018.

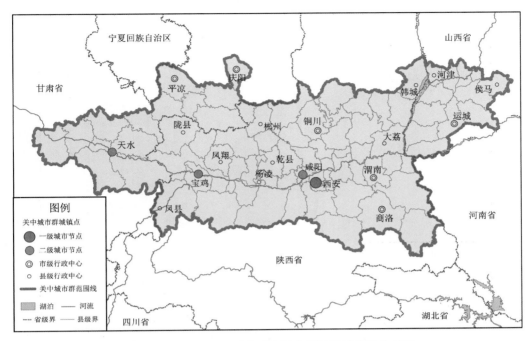

图 18 - 10 关中平原城市群空间范围及城镇体系分布图

发展格局长期存在。从空间网络结构看，关中平原城市群城市经济联系稳步增长，以西安—咸阳为极核的轴线发展特征明显。从职能结构看，关中平原城市群城市工业职能特征仍然突出，新兴产业职能强度明显增强。

5. 呼包鄂榆城市群

呼包鄂榆城市群是黄河流域具有增长潜力的节点城市群，是全国重要的能源与煤化工基地、稀土新材料产业基地和农畜产品加工基地，国家向北开放的战略高地和经济增长极，北方地区重要的冶金和装备制造业基地，西北"水三线"生态文明合作共建区，民族地区城乡融合发展先行区[14]。按照 2018 年 2 月国家发展改革改委印发的《呼包鄂榆城市群发展规划》，呼包鄂榆城市群国土面积 17.5 万 km²，包括内蒙古自治区呼和浩特市、包头市、鄂尔多斯市和陕西省榆林市 4 个城市（图 18 - 11）。

在城镇体系规划建设方面，《呼包鄂榆城市群发展规划》指出，至 2035 年应从以下途径重点优化城镇体系❶：第一，发挥呼和浩特中心城市作用，强化科技创新、金融服务、文化教育、开放合作等城市功能，发挥特色产业优势，建设国家级乳业生产加工基地和大数据产业基地；第二，壮大包头市、鄂尔多斯市、榆林市等重要节点城市，加大城市开发开放力度，加强城市间协作联动，实现集约、互补发展；第三，培育一批中小城市，逐步将托克托县、土默特左旗、武川县、土默特右旗、达尔罕茂明安联合旗、达拉特旗、准格尔旗、神木市、靖边县、绥德县等县政府驻地培育成为功能相对完善、产业和人口集聚水平较高的城市；第四，有序推进特色小镇建设，建设一批美丽特色小城镇。

---

❶ 国家发展改革委，住房城乡建设部. 呼包鄂榆城市群发展规划 [R]. 2018.

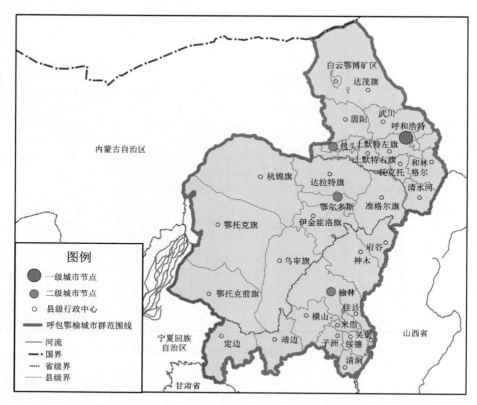

图 18-11　呼包鄂榆城市群空间范围及城镇体系分布图

6. 酒嘉玉城市群

酒嘉玉城市群包括酒泉、嘉峪关、玉门 3 个地、县级市，共 32 个建制镇，占全国建制镇总数的 0.2%，城市群土地面积 19.7 万 km²，占全国国土面积的 2.1%（图 18-12）。酒嘉玉城市群作为国家级的城市群是由方创琳在《中国城市群可持续发展理论与实践》一书中首先明确提出并加以描述和研究的，其位于丝绸之路经济带中国段的地理中心位置和"塔腰"位置，是重要的物流中心，也具备良好的交通基础条件。其定位为甘肃省内部区域性城市群，未来发展方向为丝绸之路经济带沿线的节点城市群乃至西北地区重要的区域性城市群[15]。

酒嘉玉城市群与其他城市群相比发育程度极低，加上中心城市规模小、区域人口少等原因，使其不足以成为像关中—天水城市群和天山北坡城市群这样规模大、服务半径广的国家级城市群。但随着丝绸之路经济带的建设和发展，以及酒嘉玉城市群内钢铁工业、石油化工业、旅游业、商贸服务业和现代农业等多产业格局的形成，促使其仍将成为国家航天基地建设的重要城市群，成为丝绸之路经济带中国段"塔腰"的桥墩，成为中国西部大开发战略重点区域的次级中心[12]。

---

❷　牛宗斌．丝绸之路经济带沿线城市群空间相互作用研究［D］．兰州：西北师范大学，2015．

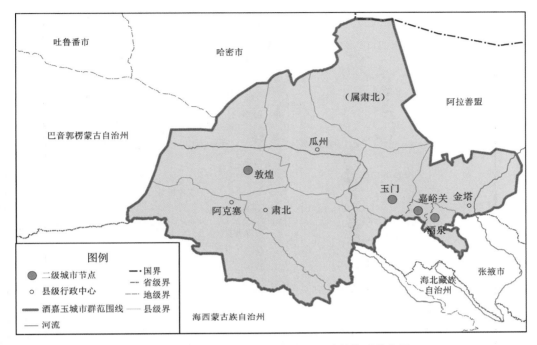

图 18-12 酒嘉玉城市群空间范围及城镇体系分布图

7. 喀什经济特区城市群

我国"十三五"规划中就已明确提出将喀什城市圈列入"19+2"的城市群（城市圈）发展构架，表明喀什城市圈的培育建设已经上升到国家战略层面[16]。参考《新疆维吾尔自治区喀什地区城镇体系规划（2011—2030）》《克孜勒苏柯尔克孜自治州城镇体系规划（2013—2030）》以及相关研究成果，喀什经济特区城市群由核心区和外围区构成，土地面积 4.6 万 km²，地处塔里木盆地西缘，天山南坡，昆仑山北麓，并与帕米尔高原接壤[17]。喀什经济特区城市群的培育和发展对推进南疆集中连片贫困区持续减贫，加快南疆的新型城镇化、工业化、信息化、农业现代化和生态化同步发展，促进新疆南北疆区域协调发展具有重要的作用❸。

在城镇体系方面，喀什经济特区城市群核心区由喀什市、阿图什市、疏附县、疏勒县两市两县组成；辐射区主要包括岳普湖县、英吉沙县、伽师县、莎车县、泽普县、叶城县、麦盖提县、巴楚县、图木舒克市等。喀什经济特区城市群需以喀什城区为核心，以喀什经济开发区、疏勒城区和疏附城区为三大增长极，构筑"一核三极、一廊三带"的"大喀什"空间发展框架，逐步推进地区一体化进程[17]（图 18-13）。

8. 霍尔果斯经济特区及边境口岸组群

在国家援疆计划与"一带一路"背景下，具有独特地缘优势的边境口岸城市迎来了发

---

❸ 雷军，李建刚，段祖亮，等. 喀什城市圈城镇化与生态环境交互胁迫效应研究综述 [J]. 干旱区地理，2018，41（6）：1358-1366.

图 18-13　喀什经济特区城市群空间范围及城镇体系分布图

展机遇期，成为了城市所在边境地区发展的战略依托、中外边民民心相通的重要桥梁和边境地区快速发展的驱动力。根据《新疆城镇体系规划（2012—2030 年）》《新疆维吾尔自治区国民经济和社会发展第十三个五年规划纲要》等文件以及相关研究成果[18-19]，该城市群以新疆多个陆港一类口岸都拉塔口岸、霍尔果斯口岸、阿拉山口口岸、巴克图口岸、吉木乃口岸、塔克什肯口岸、乌拉斯台口岸以及霍尔果斯经济特区为依托，辐射带动周边区域（图 18-14），总面积 22.8 万 km²。其中，霍尔果斯口岸处于"双西"走廊在中国境内的交通枢纽位置，对建设深陆通道的战略重要性不言而喻[20]；阿拉山口口岸重点发挥基于铁路、公路的陆运功能，具有国际联运的重要地位；巴克图口岸对面为哈萨克斯坦共和国东哈州，是中国西部通往中亚及欧洲的交通要道；吉木乃口岸为中哈两国双边常年开放口岸；塔克什肯口岸历史上就是中蒙贸易通道；都拉塔口岸对哈贸易优势十分明显；乌拉斯台口岸是乌昌地区对外开放重要的大通道。

在城镇体系方面，霍尔果斯经济特区及边境口岸组群核心区由霍尔果斯市、阿拉山口市、伊宁市、塔城市、吉木乃县、清河县组成，辐射区域包括霍城县、可克达拉市、伊宁县、博乐市、双河市、精河县、温泉县、托里县、裕民县、和布克赛尔县、福海县、富蕴

图 18-14　霍尔果斯经济特区及边境口岸组群空间分布图

县、哈巴河县、布尔津县、北屯市、阿勒泰市等。在城镇群职能方面，需运用好国家对喀什和霍尔果斯经济开发区建设的扶持政策，加快建设口岸城市，凸显经济带节点城市作用。伊宁—霍尔果斯—阿拉山口应重点发展出口导向工业和商贸、旅游业，建设成为国际合作与沿边开发开放示范区，成为我国西部地区重要的对外开放门户城市。推动建设霍尔果斯经济特区及边境口岸组群可有效带动北疆地区经济增长与城镇体系建设完善，促使其成为推动全疆对外开放、引领外向型经济发展的关键枢纽。

9. 和田绿洲中心城市

和田绿洲中心城市以和田市为核心发展节点，依托和田地区自然资源优势与人口基础，带动和田县、墨玉县、洛浦县、皮山县、于田县、策勒县、昆玉市等城镇发展（图 18-15），总面积 24.9 万 km²。该城市群的建设将有助于强化疆南藏西地区发展重心，弥补环塔里木盆地西南部发展极点缺乏的不足，同时构建新的地缘政治战略支撑点、巩固维护南疆社会安定与民族团结。《新疆城镇体系规划（2012—2030 年）》文件指出，在新疆"一主三副、多心多点"的中心城市布局中，和田即为 18 个绿洲中心城市之一；在新疆"一圈多群，三轴一带"的城镇空间总体格局中，要重点构筑和田—墨玉—洛浦等绿洲城镇组群，引导人口和产业向喀什—和田新兴城镇发展轴上聚集；在新疆综合交通枢纽中，和田是二级综合交通枢纽之一。

和田绿洲中心城市是建设新型城镇化、新型工业化和农牧业现代化的重要载体，能以

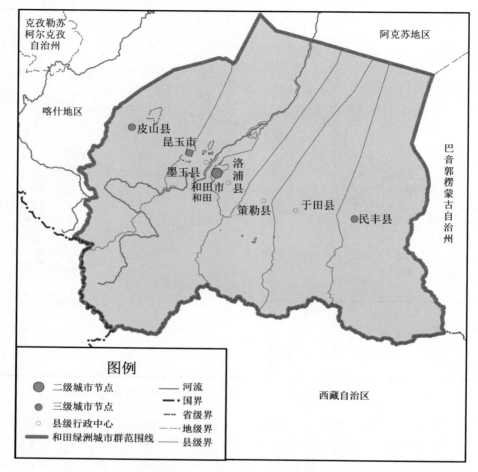

图 18-15 和田绿洲中心城市空间分布图

点带群，由点及线，加强绿洲之间的经济社会联系。《和田地区国民经济和社会发展第十四个五年规划和 2035 年远景目标纲要》中指出，以和田市为中心，辐射带动和田县经济新区、墨玉县城、洛浦县城"四县同城"融合发展，联动昆玉市一体发展，形成"一中心、四片区、多廊道、多节点"的绿洲城镇群空间结构[21]。和田绿洲中心城市作为南疆的重要中心，要培育发展好具有特色的城市产业体系，更好地提高人口和经济承载能力，带动南疆加快发展。在城市群职能方面，和田绿洲中心城市应以和田市为中心，重点发展农产品深加工、医药保健品、特色工艺品、丝路文化旅游等特色产业，建成南疆重要的特色产业基地和交通枢纽。

18.2.3 人口和民族结构布局特征

1. 人口分布特征

人口分布是人口发展的重要方面，是人口过程在空间上的表现形式。受区域资源禀赋、地区发展差异以及区域人口政策的影响，人口分布在不同时期呈现出不同的空间格局。在经济、交通、区位三大因素的相互作用下，我国区域经济发展的不平衡性和城镇化发展的地区差异性，导致了西北"水三线"地区的人口地域布局发生重大变化。西北"水三线"地区的人口属于胡焕庸线西侧的人口聚集稀疏区，这种不平衡的人口分布格局是经过不同的历史时期逐渐演化而来。根据中国统计年鉴，2009—2019 年，西北地区人口比重稍微增长（由 7.3% 增长至 7.4%），但人口东密西疏的格局并没有发生实质性的变化。统筹解决人口问题、实现区域人口协调发展是新时期西北"水三线"区域协调发展的重要内容。

从人口密度来看，九大增长极点之间的极差明显，关中平原城市群的人口密度高达 363.4 人/km²，而酒嘉玉城市群的人口密度仅为 6.2 人/km²。从人口城镇化的发展水平来看，九个增长极点与全国平均水平，以及九个增长极点内部之间的差异均十分显著。其中，仅天山北坡城市群和呼包鄂榆城市群的城镇化水平超过全国平均水平（60.6%），其余五个城市群均不同程度地落后于全国平均水平。呼包鄂榆城市群、天山北坡城市群、宁夏沿黄城市群和关中平原城市群的人口城镇化率较高，而喀什经济特区城市群的城镇化率仅为 23.4%。此外，天山北坡城市群、兰西城市群、宁夏沿黄城市群和喀什经济特区群的多民族、多文化特征与城市群的发展现状密不可分。

由于各大增长极点的人口分布现状具有较强的差异性，因此在认识西北"水三线"九个增长极点现阶段人口分布特征的基础上，综合考虑地区经济和城镇化发展水平的差异、民族地区的人口特征，以及自然条件和资源（特别是水资源）的限制等因素，从人口数量、人口分布、人口结构等方面，提出西北"水三线"人口布局的总体思路为：在稳定人口的基础上，加强引导人口、人才向区域增长极点和重要节点城市集聚，有序引导农村人口向城镇转移；大力调节民族聚居地区的汉民人口比例，促进民族融合稳定。同时，通过调水解决西北"水三线"地区九个增长极点建设的水资源短缺问题，提高地区的人口吸引和接纳能力，为实现人口合理布局提供支撑。2018 年西北"水三线"地区重点发展城市群人口状况见表 18-4。

表 18-4　　2018 年西北"水三线"地区重点发展城市群人口状况统计分析表

城 市 群	总人口/万人	面积/万 km²	人口密度/(人/km²)	城镇化率/%	汉族人口比率/%	少数民族族人口比率/%
天山北坡城市群	829.2	14.4	57.6	61.4	69.4	30.6
兰西城市群	1208.6	9.8	123.3	48.0	80.4	19.6
宁夏沿黄城市群	563.8	4.1	137.5	63.5	64.7	35.3
关中平原城市群	3888.1	10.7	363.4	55.3	98.4	1.6
呼包鄂榆城市群	1154.6	17.5	66.0	71.4	93.9	6.1
酒嘉玉城市群	122.4	19.7	6.2	57.0	96.4	3.6
喀什经济特区城市群	542.5	4.6	117.9	23.4	10.5	89.5
霍尔果斯经济特区及边境口岸组群	349.8	22.8	15.3	42.6	49.9	50.1
和田绿洲中心城市	253.2	24.9	10.2	21.7	3.3	96.7

注　数据来源于 2019 年《新疆统计年鉴》《甘肃发展年鉴》《青海统计年鉴》《宁夏统计年鉴》《陕西统计年鉴》和 2020 年《内蒙古统计年鉴》，汉族及少数民族人口比率来源于第五次人口普查数据。

　　2. 少数民族聚集区人口分布特征

　　（1）宁夏沿黄城市群。宁夏回族自治区是中国回族最大的聚居地，回族人口约占自治区总人口的 36.6%，人口城镇化率约为 58.9%。整体来看，宁夏沿黄城市群的各城市普遍存在对人口的吸引力和接纳力不足的问题。城镇数量较少，规模较小，对人口的集聚作用不强，难以形成规模效应和辐射带动作用。城市群内部的城镇化率差距明显，表 18-5 中，2018 年银川市的城镇化率高达 77.6%，而吴忠市的城镇化率仅为 50.2%，相差高达 27.4%。通过综合分析各县、市的城镇化水平和民族构成发现，民族构成对人口流动的影响较大，回族人口的生活方式、宗教习俗影响着他们的迁移。该城市群中，回族人口占比较大的吴忠市及其辖区内的县，城镇化率远低于平均水平。

表 18-5　　　　　　　　　　　**2018 年宁夏沿黄城市群人口状况统计分析表**

地　区	城镇人口比重 /%	汉　族		回　族		其他民族	
		人口/万人	比重/%	人口/万人	比重/%	人口/万人	比重/%
银川市	77.6	162.8	72.3	58.3	25.9	4.03	1.8
石嘴山市	75.3	61.3	76.2	18.2	22.6	0.92	1.2
吴忠市	50.2	65.4	46.2	75.7	53.5	0.44	0.3
中卫市	44.4	75.5	64.6	41.0	35.1	0.29	0.3
小计	63.5	365.0	64.7	193.2	34.3	5.69	1.0
宁夏回族自治区	58.9	430.8	62.6	251.5	36.6	5.80	0.8

注　数据来源于《宁夏统计年鉴 2019》。

　　因此，该城市群在发展的过程中，应注重提高核心城市银川市和石嘴山市对中小型城镇的辐射作用，提高中小型城镇对人口、人才的吸引力，合理引导人口，特别是回族乡村人口的流动。

　　（2）喀什经济特区城市群。该城市群城镇化水平最低，且与其他增长极点的发展水平差异很大。表 18-6 中，2018 年总人口为 542.5 万人，与 2015 年末相比，增加了 16.6 万人，城镇化率仅为 23.4%，严重落后于同年新疆全区水平（41.8%）和全国水平（59.6%），城镇化发展进度十分缓慢，甚至出现了倒退的现象，城镇人口增长缓慢，乡村人口增长显著。2018 年该城市群整体的城镇化率比 2015 年减少了 0.7%，城市群内的一、二级节点的城镇化率均出现明显减少，其中伽师县减少了 8.3%，疏勒县减少了 3.9%，喀什市减少了 2.6%。

表 18-6　　　**2015—2018 年喀什经济特区城市群总人口及城乡人口构成统计分析表**

地　　区	2015 年			2018 年		
	总人口 /万人	城镇人口 /万人	城镇化率 /%	总人口 /万人	城镇人口 /万人	城镇化率 /%
喀什市	62.8	31.0	49.4	65.1	30.5	46.8
疏附县	27.8	4.6	16.4	28.4	4.4	15.4
疏勒县	37.7	6.1	16.1	38.2	4.7	12.2

地　　区	2015 年			2018 年		
	总人口 /万人	城镇人口 /万人	城镇化率 /%	总人口 /万人	城镇人口 /万人	城镇化率 /%
英吉沙县	30.3	4.2	14.0	31.0	3.9	12.7
泽普县	22.4	5.4	24.3	22.4	5.6	25.0
莎车县	85.1	22.1	26.0	89.2	22.1	24.8
叶城县	52.0	11.2	21.6	55.2	10.1	18.3
麦盖提县	27.2	4.8	17.7	27.2	8.4	30.7
岳普湖县	17.8	3.5	19.5	18.0	2.9	16.1
伽师县	44.6	8.6	19.3	46.1	5.1	11.0
巴楚县	38.2	6.4	16.6	38.5	8.2	21.4
塔什库尔干塔吉克自治县	4.0	1.1	27.4	4.1	0.8	18.9
阿图什市	26.9	9.2	34.2	28.6	9.6	33.7
阿克陶县	22.2	0.9	4.1	23.4	1.4	5.8
阿合奇县	4.5	1.0	21.9	4.6	1.4	30.1
乌恰县	6.1	1.6	27.1	5.9	1.7	29.1
图木舒克市	16.3	4.8	29.2	16.6	6.2	37.2
合计	525.9	126.5	24.1	542.5	127.0	23.4

注　数据来源于 2016 年和 2019 年《新疆统计年鉴》。

从人口的民族构成来看（表 18-7），少数民族是该市群内的人口主体，2018 年末占比达到 93.2%；相比之下，汉族人口所占比重非常小，仅为 6.8%，且总人口数和占比均显著减小。2015—2018 年，汉族人口总数减少到 37.1 万人左右，比重下降了 2.5%。

表 18-7　　　2018 年喀什经济特区城市群民族人口结构及变化统计分析表

地区	汉　　族			少　数　民　族		
	人口 /万人	占比 /%	自 2015 年人口 变化量/%	人口 /万人	占比 /%	自 2015 年人口 变化量/%
喀什地区	27.9	6.0	−1.4	435.5	94.0	14.9
克州	3.9	6.3	−0.2	58.5	93.7	3.1
图木舒克市	5.3	31.7	−0.8	11.3	68.3	1.1
合计	37.1	6.8	−2.5	505.3	93.2	19.1

注　数据来源于 2016 年和 2019 年《新疆统计年鉴》。

从人口的地域分布特征发现，该增长极点少数民族不但占比高，其人口的分布也过于集中；而汉族人口分布较为分散，呈现广域性的特征[22]。国家"十三五"规划将喀什城市圈列入"19＋2"城市群，为喀什经济特区带来空前的发展机遇，但是偏远的地理位置，恶劣的自然环境，匮乏的水资源，加上周边新事态带来的不稳定因素，使该增长极点对外人口、人才资源的吸引力较弱。

利用新疆维吾尔自治区统计年鉴中喀什经济特区城市群历年人口数据，使用逻辑斯蒂增长模型对该城市群各民族未来的人口数进行预测得出，2035 年该城市群少数民族的人口总数预计达到 620 万人；汉族人口预计的增速缓慢，预测得到总人口数仅为39.6 万人，占比将由 6.8% 下降到 6.0%。为了维护国家边疆地区的长治久安，促进各民族和谐共处、文化互融，推动特区城市群的发展，必须加大人口，特别是高层次人才的引进，提高人才资源在重要节点城市的聚集，积极培育中型城市。同时扩大兵团的生产布局，在人口较密集、经济较发达、带动能力较强的区域中心团场设立建制镇。同时，必须加强基础设施建设，优化居住环境，解决水资源短缺的问题，增强城市群的人口、人才吸引力。

（3）和田绿洲中心城市。2015—2018 年，该城市群人口增量位居全疆前列。然而，其城市化率仅为 21.7%，在九大增长极点内城镇化水平最低。表 18-8 中，根据新疆维吾尔自治区统计年鉴，和田地区的总人口增长 20.6 万人，而城镇人口减少 7 万人，乡村人口增长高达 27.6 万人，城镇化的速度和水平严重落后于地区人口规模的增长。整个和田地区的人口城镇化水平下降了 4.9%，主要市县中除了皮山县和策勒县的城镇化率有小幅提升，其他市县的城镇化水平均呈现出不同程度的倒退，从人口就业情况来看，第一产业就业人口比重位列全疆第一，第二、第三产业的就业人口比重全疆最低，第二、第三产业的就业人口比重之和不足 20%，大量农业剩余劳动力没能转化成有效劳动力，严重制约了经济的发展。

表 18-8　　　　　和田绿洲中心城市城乡人口结构及变化情况统计分析表

地区	2015 年				2018 年			
	总人口/万人	城镇人口/万人	乡村人口/万人	城镇化率/%	总人口/万人	城镇人口/万人	乡村人口/万人	城镇化率/%
和田市	34.8	29.7	5.1	85.4	40.9	20.6	20.3	50.3
和田县	32.7	1.4	31.3	4.3	35.7	1.5	34.2	4.2
墨玉县	57.7	9.6	48.1	16.7	64.9	9.4	55.5	14.5
皮山县	29.6	3.8	25.8	12.9	32.2	5.3	26.9	16.5
洛浦县	28.8	3.6	25.2	12.4	29.7	3.6	26.1	12.2
策勒县	16.7	3.3	13.4	19.9	16.9	3.6	13.3	21.2
于田县	28.2	9.0	19.2	31.9	29.0	9.5	19.5	32.8
民丰县	3.9	1.4	2.5	35.9	3.9	1.4	2.5	35.9
合计	232.4	61.8	170.6	26.6	253.2	54.9	198.3	21.7

注　数据来源于 2016 年和 2019 年《新疆统计年鉴》。

从民族人口结构来看（表 18-9），目前的汉族和少数民族人口比例已严重失调，少数民族人口比例超过 96%，集中分布于乡村地区，且仍呈现上升趋势。

表 18-9 和田绿洲中心城市民族人口结构及变化情况统计分析表

主要市县	2015 年民族人口构成		2018 年民族人口构成	
	少数民族人口/万人	汉族人口/万人	少数民族人口/万人	汉族人口/万人
和田县	31.2	3.6	37.2	3.7
和田市	32.6	0.2	35.4	0.2
墨玉县	56.4	1.4	63.4	1.5
洛浦县	28.3	0.5	29.3	0.5
合计	148.5	5.7	165.3	5.9

注 数据来源于 2016 年和 2019 年《新疆统计年鉴》。

3. 人口合理布局调控途径

(1) 以水资源调配优化人口布局。为促进我国西北"水三线"的人口合理布局，适应西北地区长治久安的要求，应紧密结合跨越西北"水三线"进行区际调水的南水北调西线—西延工程设想，通过水资源为西北地区注入新的活力。在此基础上，基于调水改土理念，开发、利用西部地区广阔的土地资源，提升可利用土地面积，扩大区域发展空间，在西北"水三线"地区形成新的城市增长节点。一方面，可以通过增加更多就业机会，促进人口在各个城市之间流动；另一方面，也可为安置自然环境恶劣地区或生态功能重要区的生态移民提供充足的资源支撑，为西北地区形成更为优化的人口布局提供新的途径。

(2) 针对西北地区少数民族众多的人口特征，应该重点引导少数民族人口流动。由于各民族之间存在语言文化、风俗习惯和宗教信仰等方面的差异，当前的少数民族流动人口服务管理工作仍然存在着一些薄弱环节和问题。因此，需要进一步加强少数民族人口的就业服务工作，建立少数民族就业创业服务中心，为少数民族流动人口提供信息咨询、法律援助、技能培训等方面的免费服务；需要不断完善少数民族流动人口社会保障制度，在养老、医疗、工伤、失业、生育等方面逐步为少数民族流动人口提供与当地居民同等的社会保障服务；要不断完善少数民族社会权益保障体系，帮助少数民族流动人口解决住房租购、子女上学等方面存在的实际困难，引导少数民族流动人口积极参与流入地的社会事务[24]。

(3) 优化调节人口结构也将为少数民族聚居地区的民族交融平衡发展提供保障。当前，西北"水三线"部分地区的人口年龄结构不够优化，部分民族老龄化趋势严重，生育率也有走低趋势，人口发展将面临严峻挑战。以新疆维吾尔自治区为例，根据全国第六次人口普查数据可知，虽然当地少数民族人口年龄结构总体类型仍然属于增长型，但 2010 年以后年龄结构发生了较大变化，汉族、俄罗斯族、锡伯族、达斡尔族等新疆人口较少的民族 60 岁及以上人口比例已经超过了老龄化临界点 10% 的比例，已经步入老龄化社会。而维吾尔族、哈萨克族、回族等少数民族年龄结构类型则仍属于增长型，快速增长和快速衰减都将面临比较严重的人口结构性问题[25]。因此，为保持民族人口一定的数量和比例，在生育政策上要宽严有别，避免出现少数民族人口的负增长；同时需合理划分少数民族人口发展功能区，并确定好每个功能区人口发展方向和重点[26]。

(4) 依托"点—轴—面"三层级联动模式，引导城乡人口合理布局是优化西北地区人口空间分布的又一途径。虽然近十年间西北"水三线"城镇化进程不断加快，但就乡村人口转化为城镇人口的速度而言，空间不均衡的态势依旧明显。因此，应推行"点—轴"战略，逐步以城市为点、交通干线为轴，进一步加快城镇化建设，不断提升小城镇的人口聚集能力，因地制宜地规划重点城市和乡镇建设。要以中心城市和城镇组群为依托，积极推进小城镇建设，不断提高人口聚集功能，促进小城镇与区域中心城市共同发展。将达到一定人口规模、基础条件较好的乡建成人口集中、具有一定经济功能的小城镇。乡镇居民点是决定人口空间分布的关键，应当在充分考虑人居环境自然适宜性和水土资源限制性的前提下，综合考虑基础设施条件、交通条件、社会经济发展基础以及国家战略需要等因素[27]，科学编制西北"水三线"乡镇体系规划，因地制宜地开展边境地区的乡镇建设，逐步以乡镇为基础，科学引导欠发达地区乡镇人口合理布局。

（5）将人口以"大集中、小分散"模式流动。 随着西北"水三线"地区就近、就地城镇化步伐的加快，以及在东中部打工的一代农民工向西部地区的回流，建议西北"水三线"地区未来人口流向宜采取"大集中、小分散"发展思路，引导人口向资源环境承载力较好的城市群地区集聚，在城市群内部又要促进人口主要向中心城市以外的中小城市分散，避免中心特大城市过度超载，以及适度向沿边口岸城镇集聚[28]。当然，促进城市群发展也应符合地区特色，而不是盲目的和东部城市群进行攀比，西北"水三线"地区不适合大规模巨型的城市连绵区式的开发方式，宜实施集聚式、紧凑型的城镇化模式，促进城镇化的集约、集聚、集中发展。针对西北地区人口发展的物质积累基础相对滞后的问题，未来应重点关注社会经济发展相对滞后地区的基础设施建设问题，培育区域经济发展增长极，改善物质积累基础；有效实施资源环境补偿与财政转移支付，统筹区域协调发展，促进人口分布与区域社会经济发展相协调[29]。

18.3　生态经济枢纽区规划布局

18.3.1　河西生态经济枢纽区规划布局

1. 基本特征

河西生态经济枢纽区位于甘肃省黄河以西及内蒙古西部，地处黄土、青藏、内蒙古三大高原的交接过渡地带，其核心区是甘肃省经济社会发展中最具活力和潜力的地区。河西生态经济枢纽区人口规模分布不均，东南部多于西北部。其中酒泉、张掖、武威等地级市市辖区人口规模较大。河西生态经济枢纽区由 23 个行政区（阿拉善右旗、阿拉善左旗、额济纳旗、嘉峪关市、金川区、永昌县、瓜州县、肃北蒙古族自治县、敦煌市、阿克塞哈萨克族自治县、肃州区、金塔县、玉门市、古浪县、民勤县、凉州区、天祝藏族自治县、肃南裕固族自治县、民乐县、甘州区、临泽县、高台县、山丹县）构成。

河西生态经济枢纽区的路网密度总体分布格局呈现西北高东南低，嘉峪关市作为主要城市，其路网相对其他地区较为完善，路网密度相对最高[30]。河西生态经济枢纽区土地利用类型中草地占比较高，其中又以低覆盖度草地为主；其次是耕地和戈壁，耕地以旱地为主，建设用地、林地、水域等土地利用类型分布较少[31]。

2. 发展优势

(1) 自然地理特征的西向性与社会经济特征的东向性。河西生态经济枢纽区地质构造属塔里木地台向东延伸部分，在历次地质运动中是我国西南、西北与中原地区的交接带，处于黄土、青藏、内蒙古三大高原交汇处，在地貌、气候、植被、土壤等方面有很大过渡性。但因北接广袤的沙漠、戈壁，自然条件西向性较强。从社会经济特征看，农业生产方式与东部相似，属于东部农区向西部牧区延伸的一个狭长农业走廊。文化等方面表现出较强的东向性[32]。

(2) 独特的交通枢纽位置。南北两面障体夹峙、中间绿洲广布态势使河西生态经济枢纽区自古就是举世闻名的陆上交通咽喉。走廊南缘、北缘众多的隘口又使其成为南北交流的重要过道，如南缘的扁都口、当金山口使欧亚大陆桥得以将其影响范围延伸到大通河流域及青藏高原北部，河西生态经济枢纽区实际是一个贯通东西、带动南北两翼的交通要道。

(3) 自然资源条件较优越。资源优势突出主要表现在：①矿产资源丰富，特别是一些贵重有色金属，如镍、铂族金属和铜、钨等储量居全国前列，贮存地质条件良好，分布集中，具有较大的组合优势和现实经济意义；②土地资源丰富，特别是走廊内多数地区人类干预较小，农业生产环境无污染或污染较轻，这为本区建设国际流行的绿色农业，商品粮基地提供了优越条件；③辉煌的文化遗产、奇特的西北自然风光、多彩的民族风情与卓越的现代建设成就相结合，为发展旅游业提供了极其丰富的旅游资源❶。

3. 规划布局

构建河西生态经济枢纽区"一轴一核四极"的空间发展总体格局（图18-16）。

(1) 一轴。即由兰新铁路、312国道组成的西陇海兰新经济带河西段。这条轴线作为我国西部大开发的战略重点区域"两带一区"的重要组成部分，是西北地区和甘肃省经济发展的一级战略轴线。经由这条轴线，将一级中心城市酒泉—嘉峪关—玉门、二级中心城市武威、张掖、金昌、敦煌有机地连接在一起，形成"点—轴"开发的空间格局。

(2) 一核。即由酒泉、嘉峪关、玉门合并为酒嘉玉城市群，形成河西生态经济枢纽区的核心发展区，并将其打造为河西城市增长极和一级主中心，成为中国西部生态经济走廊的重要战略支撑点，上升为中国西部开发战略重点区域的二级中心城市[33]。酒泉、嘉峪关、玉门是河西生态经济枢纽区城市分布最密集、经济实力最强的城市区域。三大城市空间距离相对较小，经济与文化发展的互补性强。其中，嘉峪关是丝绸古道上的明珠城市和国家二类重点旅游城市；酒泉将建设成为以商贸、旅游为中心的区域性中心城市、航天城和核工业城，以及具有古城风貌的旅游服务基地；玉门作为中国第一个石油工业基地，随着新勘探油田的大突破，将继续以发展石油化工、旅游、商贸服务业为主，成为西陇海兰新经济带中段的新兴石油工业城市❷。

从区位优势和发展现状分析，酒泉、嘉峪关、玉门位居西陇海兰新线经济带地理中心和甘新青蒙四省交界地带交通枢纽位置，区位优势独特，物流中心地位重要，交通基础较

❶ 肖素君，李清杰，刘争胜，王慧杰. 西北诸河区域经济社会发展需水量预测 [J]. 人民黄河，2011，33（11）：77-80.

❷ 方创琳，张小雷. 西陇海兰新经济带节点城市的发展方向与产业分工 [J]. 地理研究，2003（4）：455-464.

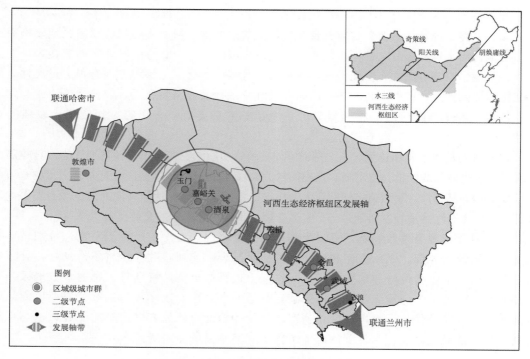

图 18 - 16　河西生态经济枢纽区规划布局示意图

好[34]。目前，嘉峪关的城市基础设施虽然好于酒泉，但功能单一，腹地狭窄，酒泉的综合服务功能较强，但城市基础设施较差，未来发展具有很强的互补性。若三城融合，实现经济社会发展一体化，则可在短期内成为河西生态经济枢纽区最大的中心城市，发挥其"一核"的带动辐射作用。同时，在整体上也可充分发挥其对甘肃、青海、新疆、内蒙古四省毗邻地区的交通运输枢纽作用、商贸物流中心作用和经济辐射带动作用❶。

（3）四极。即将敦煌升级为地级市，与张掖、武威、金昌共同成为河西生态经济枢纽区四大战略支撑点城市和明珠城市。张掖是国家级历史文化名城，是历朝诸代设州置府的治所，也是河西地区重要的商贸中心，未来把张掖建设成为国家节水型社会示范区和国家第二个农业高新技术产业开发区，建成河西地区的文化教育中心，使其成为西陇海兰新经济带上重要的战略支撑点城市和西部一流的中等城市，成为河西生态经济枢纽区中段主中心城市[35]。武威是国家历史文化名城和河西地区的区域性中心城市，丝绸之路商贸旅游城和西陇海兰新经济带的节点城市，应成为河西生态经济枢纽区东段主中心城市[34]。金昌将建成西陇海兰新经济带上重化工、建材和其他辅助工业配套的园林化现代工业城市。敦煌作为国际性著名旅游城市和兰新铁路城镇聚集轴上的一个重要节点，应突出发展生态旅游、沙漠旅游、文化旅游和民族风情旅游，真正将其建成具有国际知名度的国际生态旅游文化名城。

❶　方创琳，孙心亮. 基于水资源约束的西北干旱区城镇体系形成机制及空间组织——以河西走廊为例［J］. 中国沙漠，2006（5）：860－867.

542

18.3.2　兰西生态经济枢纽区规划布局

1. 基本特征

兰西生态经济枢纽区是我国西部重要的跨省区枢纽区，人口和城镇相对比较密集，水土资源条件相对较好，自古以来就是国家安全的战略要地，在维护我国国土安全和生态安全大局中具有不可替代的独特作用[17]。兰西生态经济枢纽区范围包括甘肃省兰州市，白银市白银区、平川区、靖远县、景泰县，定西市安定区、陇西县、渭源县、临洮县，临夏回族自治州临夏市、东乡族自治县、永靖县、积石山保安族东乡族撒拉族自治县，青海省西宁市，海东市，海北藏族自治州海晏县，海南藏族自治州共和县、贵德县、贵南县，黄南藏族自治州同仁县、尖扎县。

兰西生态经济枢纽区总面积为 9.8 万 km²。截至 2018 年，兰西生态经济枢纽区的常住人口为 1238.9 万人，地区生产总值为 4880.6 亿元。其中，部分范围涉及青海二市三州，常住人口占青海省人口的 81.0%，地区经济总量占青海省的 72.1%，面积占全省面积的 7.8%；部分范围涉及甘肃省三市一州，常住人口占甘肃省人口的 28.4%，经济总量占甘肃省的 34.1%，面积占甘肃省面积的 9.5%。

2. 发展优势

(1) 区位优势明显。地处新亚欧大陆桥国际经济合作走廊，是中国—中亚—西亚经济走廊的重要支撑[18]，以兰州、西宁为核心的放射状综合通道初步形成，座中四联的枢纽地位日益突出，稳藏固疆战略要地功能进一步凸显[36]。

(2) 资源禀赋较好。属于西北水土资源组合条件较好地区，黄河、湟水谷地建设用地条件较好；有色金属、非金属等矿产资源和水能、太阳能、风能等能源资源富集，是我国西气东输、西油东送的骨干通道，也是重要的新能源外送基地。

(3) 经济基础较好。石油化工、盐湖资源综合利用、装备制造等优势产业体系基本形成，新能源新材料和循环经济基地加快建设。人口分布较为密集，高于周边地区平均水平，兰州、西宁城区常住人口已超百万人。科技力量较强，物理、生物、资源环境研究具有优势[37]。

(4) 生态地位突出。处于第一阶梯地形向第二阶梯地形的过渡带，北仗祁连余脉，中拥河湟谷地，南享草原之益[19]，周边有国家生态屏障，既有承担生态保护的重大责任，也有潜在生态优势转化为现实经济优势的良好条件。

(5) 经济社会人文联系紧密。各城市山水相依、人缘相亲、民俗相近，交通联系紧密、人员往来密切、经贸合作不断深化，文化多源并出、多元兼容、遗存丰富[20]，各民族共同团结奋斗、共同繁荣发展，具备推进一体化的良好基础。

---

⑰ 曹军，王楠，刘飞，王克风．聚焦保护发展抢占生态文明建设高地，构建黄河流域三雄城市新时代新格局——黄河兰州段生态保护和高质量发展规划研究 [J]．黄河文明与可持续发展，2020 (2)：25-33.

⑱ 李瑞良，李燕．"一带一路"背景下兰西城市群产业协调发展研究 [J]．知识经济，2020 (19)：45-46.

⑲ 国家发展改革委，住房城乡建设部．兰州—西宁城市群发展规划 [R]．2018.

⑳ 魏奇峰．张伟文带队赴西宁共商兰西城市群建设事宜 [N]．兰州日报，2018-12-22.

3. 规划布局

以点带线、由线到面拓展区域发展新空间，加快兰州—白银、西宁—海东都市圈建设，重点打造兰西城镇发展带，带动周边节点城镇，构建"一带双圈多节点"空间格局（图 18 - 17）。

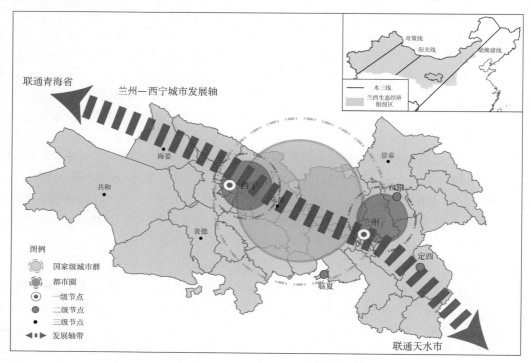

图 18 - 17 兰西生态经济枢纽区规划布局示意图

（1）"一带"指兰西城镇发展带。依托综合性交通通道，以兰州、西宁、海东、定西等为重点，统筹城镇建设、资源开发和交通线网布局，加强沿线城市产业分工协作，向东加强与关中平原和东中部地区的联系，向西连接丝绸之路经济带沿线国家和地区，打造生态经济枢纽区发展和开放合作的主骨架。

（2）"双圈"指兰州—白银都市圈和西宁—海东都市圈。兰州—白银都市圈以兰州、白银为主体，辐射周边城镇。提升兰州区域中心城市功能，提高兰州新区建设发展水平，加快建设兰白科技创新改革试验区，推进白银资源枯竭型城市转型发展，稳步提高城际互联水平，推动石油化工、有色冶金等传统优势产业转型升级，做大做强高端装备制造、新材料、生物医药等主导产业。西宁—海东都市圈以西宁、海东为主体，辐射周边城镇。加快壮大西宁综合实力，完善海东、多巴城市功能，强化县域经济发展，共同建设承接产业转移示范区，重点发展新能源、新材料、生物医药、装备制造、信息技术等产业，积极提高城际互联水平，稳步增加城市数量，加快形成联系紧密、分工有序的都市圈。

（3）"多节点"指定西、临夏、海北、海南、黄南等市区（州府）和实力较强的县城。推进沿黄快速通道建设，打通节点城市与中心城市、节点城市之间高效便捷的交通网络。依托地方特色资源，大力发展农畜产品精深加工、新能源、商贸物流、特色文化旅游等产业，因地制宜在黄河沿岸发展库区经济。强化海南对青藏高原腹地的综合服务功能，提升定西、临夏、海北、黄南对周边地区脱贫攻坚带动，进一步发挥节点城镇对国土开发的基础性支撑作用。支持有条件的县有序改市，尽快按城市标准规划建设管理，积极培育新兴城市。

18.3.3 天山北坡生态经济枢纽区规划布局

1. 基本特征

天山北坡生态经济枢纽区的空间范围包括伊犁哈萨克自治州、博尔塔拉蒙古自治州、克拉玛依市、石河子市、昌吉回族自治州、五家渠市、乌鲁木齐市、吐鲁番市、哈密市全域，以及塔城地区的乌苏市、沙湾市。总面积 64.36 万 km²，2018 年人口规模 963.45 万人，占西北"水三线"人口规模的 9.11%，2018 年的 GDP 总值为 9583.61 亿元，占西北"水三线"地区 GDP 总值的 15.78%。

根据《新疆主体功能区规划》，该区是我国面向中亚、西亚地区对外开放的陆路交通枢纽和重要门户，全国重要的能源基地，我国进口资源的国际大通道，西北地区重要的国际商贸中心、物流中心和对外合作加工基地，石油天然气化工、煤电、煤化工、机电工业及纺织工业基地。具有"通东达西、承北启南"的区位条件和丰富的资源优势，现代工业、交通信息、教育科技发达，农业集约化程度高，不仅是丝绸之路经济带建设的核心区，同时也成为国家西部区域经济规划重点发展的综合经济带[38]。

2. 发展优势

(1) "通东达西、承北启南"的地缘优势。天山北坡生态经济枢纽区是西陇海—兰新线的重要组成部分，第二亚欧大陆桥贯穿整个经济带，是通东达西、承北启南的西部国际大通道，是未来中国经济圈与中亚经济圈的结合部，是中华文化与中亚文化的交汇处，也是向西开放的前沿[39]。尤其是伴随着汽车、钢铁、机械、石化、房地产等主导行业的高速发展，对能源及原材料的需求量大幅度增长，实行进口多元化是能源安全体系建设的重要组成部分，而油气资源丰富的中亚五国及俄罗斯是中国今后能源合作的重要对象国[40]。天山北坡生态经济枢纽区是新疆社会经济发展的核心区域，其良好的国际、国内环境都为枢纽区的建设奠定了坚实的基础。

(2) 自然资源丰富。天山北坡水、土、光、热资源极其丰富，具有绿洲农业和农牧交错地带的特征，特别是热量资源丰富，年均气温为 8.0～9.5℃，年总日照达 2483.9～2805.4h。平原地区气温在 10℃以上的积温在 3550℃以上，适宜棉花、粮食和多种特色经济作物的生长，是新疆重要的粮棉产区、特色经济作物区以及重要畜产品产区。煤炭、石油、天然气储量大、品质好、开采成本低，黄金、铜、稀有金属和贵金属储量也十分丰富。能源矿种比较齐全，集中了新疆石油探明储量的 70% 和煤炭探明储量的 49%，为发展煤电产业及高耗能产业综合体提供了优越条件。新疆的"四大煤田""三大油田""九大风区"蕴藏着丰富的能源资源，储量大、品质优、开发条件好。

(3) 交通与通信网络发达。拥有全疆最为发达的航空、铁路、公路运输网络体系。区域内有通往全国及疆内航线 61 条，通往南北疆两条铁路大动脉，大黄山—乌鲁木齐—奎屯高速公路贯穿全境，在建的"精伊霍"铁路将进一步密切这一区域同全疆乃至中西亚的经济联系。以 216 国道、217 国道、218 国道、312 国道为主干，以省道及县乡道路为辅助的公路交通网络已经形成。以通信网络远程宽带和智能化为中心的基础网络建设成绩显著，是新疆"信息高速公路"的重点区域。塔克什肯、红山嘴、乌拉斯台、老爷庙、霍尔果斯、阿拉山口、巴克图等口岸能够促进西北地区对外开放程度，为西北再振兴注入新的动力。

（4）规模经济优势明显。 该枢纽区是全疆经济发展的核心区域，经济发展水平高，产业集中，工业门类齐全，具有明显的规模经济发展优势。新疆的大中型企业、中央在疆企业和兵团的企业大多数集中在该枢纽区内。区域内经济集中度强，生产规模大，不管是在节约生产成本、运输成本，还是交易成本方面都占有极大的优势，已成为在新疆经济全面发展中有着突出先导作用的核心地区[40]。自治区在实施西部大开发战略中，把天山北坡列入优先扶持，率先发展，国家和自治区在项目、资金、政策等方面给予倾斜，并制定了一系列的优惠政策以吸引资金与人才。2020 年 5 月 17 日，《关于新时代推进西部大开发形成新格局的指导意见》发布，天山北坡城市群迎来发展新机遇❹。

（5）合作开发空间巨大。 中国西北边境各邻国间的睦邻互信与友好合作关系问题越来越重要。新疆地处祖国西北，与中亚、西亚多个国家接壤，是我国西北开放的重要通道，发展经济贸易合作的地理优势明显，为我国与中亚、西亚的合作提供了便利条件。从国家资源、产业结构、国家贸易等各方面看，我国与中亚、西亚国家有很强的互补性。为我国与这些国家的经济贸易往来提供了广阔的空间。作为我国西部大开发的重点，大力发展与中亚、西亚国家的经济贸易关系，是新疆实现经济飞跃的重要途径。同时，枢纽区地域辽阔，矿产资源丰富，可供开发的资源潜力巨大，通过大开发，可为东部乃至全国的资金、技术和人才开拓新的发展空间，使我国更好的参与国际分工和开拓国际市场，带动周边省区的经济繁荣，促进经济和社会的更好发展。

3. 规划布局

天山北坡生态经济枢纽区应构建"一轴一圈十极"的总体格局（图 18－18）。

（1）一轴。 即兰新线城镇发展轴。首先需要做实一带，该城镇化发展轴依托陇海—兰新国家级交通大动脉形成，以连霍高速、兰新高铁—乌伊高铁等东西向交通为依托，是贯穿枢纽区东西的丝绸之路经济带的战略主通道，可引导人口产业向发展轴上集聚，实现西联中亚、东接内地、辐射北疆、拉动南疆的目标。

（2）一圈。 即乌鲁木齐都市圈。该都市圈以乌鲁木齐为核心，辐射带动昌吉、米泉、呼图壁、玛纳斯、五家渠等城市节点发展，应推动建设乌鲁木齐国家级丝路新区，成为践行新发展理念的先行区，将乌鲁木齐都市圈打造为中国面向中亚、西亚、南亚的国际性商贸、文化和联络中心。

（3）十极。 重点发展伊宁、博乐、克拉玛依、奎屯、石河子、昌吉、吐鲁番、哈密、霍尔果斯经济特区等城市节点及阿拉山口口岸，来带动周边地区发展。其中，伊宁市是伊犁自治州的地级行政区首府，位于祖国新疆西北边陲，地处伊犁河谷盆地中央。2016 年 12 月，伊宁市被列为第一批国家新型城镇化综合试点地区。2019 年 12 月，伊宁市常住户

---

❹　中共中央 国务院关于新时代推进西部大开发形成新格局的指导意见［EB/OL］. ［2020－05－17］. http：//www. gov. cn/zhengce/2020－05/17/content_5512456. htm.

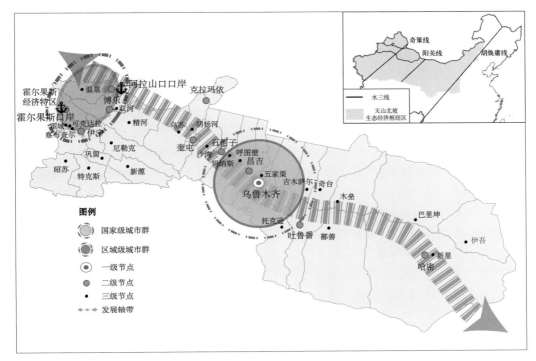

图 18-18　天山北坡生态经济枢纽区规划布局示意图

籍人口 582744 人，GDP 总值为 272.9 亿元，较上年增长 6.6%。博乐市与哈萨克斯坦接壤，是我国西部重要沿边开放城市和第二座亚欧大陆桥的西桥头堡。克拉玛依地处准噶尔盆地西部，欧亚大陆的中心区域——泛中亚地区的中心区，是国家重要的石油石化基地和新疆重点建设的新型工业化城市及世界石油石化产业的聚集区。奎屯市地处天山北麓中段，准噶尔盆地西南部，东与塔城地区沙湾市接壤，西与塔城地区乌苏市毗邻，北与胡杨河市、克拉玛依市克拉玛依区相接，南与克拉玛依市独山子区相连。石河子地处天山北麓中段，准噶尔盆地南部。昌吉市位于天山北麓、准噶尔盆地南缘，地处亚欧大陆中心，是州府所在地。吐鲁番是乌鲁木齐的门户，是新丝绸之路和亚欧大陆桥的重要交通枢纽。哈密市地处新疆东部，是新疆通向中国内地的要道，自古就是丝绸之路的咽喉，有"西域襟喉，中华拱卫"和"新疆门户"之称。

霍尔果斯经济特区地处我国西部边陲，与哈萨克斯坦接壤，西承中亚五国，东接内陆省市，2010 年 5 月中央在新疆工作座谈会上决定设立霍尔果斯经济开发区。阿拉山口口岸是中国与哈萨克斯坦的边境口岸，在新疆博尔塔拉蒙古自治州阿拉山口市境内，该口岸是国家一类口岸，包括铁路口岸、公路口岸、原油管道运输，是第二座亚欧大陆桥中国段西部的桥头堡。

18.3.4　环塔里木盆地绿洲生态经济枢纽区规划布局

1. 基本特征

新疆是"一带一路"的关键地区，环塔里木盆地的重要地理区位决定了当地经济和社会事业的发展将更进一步，国家提出的"一带一路""双循环"的发展战略为环塔里木盆地地区新一轮的社会经济战略发展明确了方向。打造经济发展极，通过经济中心辐射带动其他县市发展，成为加快区域经济发展的有效模式。塔里木盆地是个既不靠海又不靠近发达国家、既相对封闭又具有开放的口岸[41]，是新疆继"天山北坡经济带"后第二个经济增长极。从政策安排、历史渊源、经济融合发展的战略角度来看，环塔里木盆地绿洲生态经济枢纽区已经初具雏形。

2018 年末，环塔里木盆地绿洲生态经济枢纽区共有 1317 万人，县域平均人口密度为 66.7 人/km²。枢纽区人口主要分布在北部和西部地区，其中涉及人口最多的三个县域分别是莎车县（89 万人）、喀什市（64 万人）、墨玉县（64 万人）。人口密度与人口规模分布相一致，其中人口密度最多的三个县域分别是喀什市（878 人/km²）、和田市（866 人/km²）和泽普县（224 人/km²）。环塔里木盆地绿洲生态经济枢纽区的县域城镇化率呈现东高西低的分布格局，平均城镇化率是 31.2%，其中城镇化率最高的县域分别是库尔勒市（79.2%）和阿克苏市（62.7%）。枢纽区 GDP 最高的三个县域分别是库尔勒市、阿克苏市、阿拉尔市，西南部地区县域生产总值较低，总体来说东北部经济发展状况好于西南部。在产业结构方面，枢纽区北部总体以第二产业占主导，而南部主要以第一、第三产业占主导。

2. 发展优势

（1）独特的地缘优势。环塔里木盆地绿洲生态经济枢纽区在历史上是沟通东西方闻名于世的"丝绸之路"的要冲，拥有吐尔尕特、红其拉甫、伊尔克什坦、喀什航空口岸等边境一类口岸，有卡拉苏口岸、喀什市中亚国际贸易市场口岸等二类口岸。塔里木盆地五地州中的喀什最大的优势是，具备了成为中国内地连接中亚、南亚、西亚地区的大通道、大口岸和建立"两个基地、一个中心"的潜力，即成为东联西出的战略储备和商品加工基地、西进东销的商品集散基地和商贸旅游购物中心[42]。

（2）少数民族聚居，绿洲人口稠密。环塔里木盆地绿洲生态经济枢纽区是以维吾尔族为主的典型少数民族地区，由维吾尔族、汉族、回族、柯尔克孜族、蒙古族、塔吉克族、乌孜别克族等民族组成，是全国最边远贫困的少数民族地区之一，同时还有蒙古族、柯尔克孜族两个少数民族自治州，人口实际增长率在 20‰以上。其中维吾尔族人口占新增人口 85%以上。人工绿洲人口密度 260 人/km²，与海南、江西省相当，是全国平均人口密度的一倍，其中和田河、叶尔羌河、喀什噶尔河流域密度更高[43]。

（3）得天独厚的农业条件。环塔里木盆地地区年日照时数 2700～3200h，平原区无霜期 188～207 天，日平均气温高于 10℃的年积温 3300～4400℃，昼夜温差大，人类引水灌溉农耕形成绿洲农业生态系统，具备建立优质、高产、高效农业的优越条件，随着水土资源开发利用规模的不断扩展，形成了规模庞大、独具特色的绿洲农业[43]。此外，环塔里木盆地的棉花产量全国第一，也是干果的主产地。

（4）国家政策扶持力度大。南疆的产业结构目前仍然以农业生产与农副产品加工为主，南疆三地州贫困人口 197 万人，占全疆 70%以上。扣除石油工业贡献外，南疆第二产业总产值仅为 496 亿元，人均 4533 元，仅为全疆平均水平的 1/5；第三产业总产值 819 亿元，人均 7486 元，为全疆平均水平的 43%。国家实施的"一带一路"倡议及"双循环"的理论为塔里木盆地地区的发展做了铺垫。2020 年 9 月，习近平总书记在第三次中央新疆工作座谈会上强调要大力推动南疆经济社会发展和民生改善，要发挥新疆区位优势，以推进丝绸之路经济带核心区建设为驱动，把新疆自身的区域性开放战略纳入国家向西开放的总体布局中。此外，国家也明确指出加大对新疆特别是环塔里木盆地绿洲生态经济枢纽区三地州的扶持和建设力度[44]。

3. 规划布局

环塔里木盆地绿洲生态经济枢纽区处于国家与中亚地区接壤的关键区位，是全疆沿边城镇带的重要组成部分，也是地区空间总体结构的重要支撑，该地区空间布局以自然地理环境、自然地理条件及其功能定位为基础，形成"一特一环多组群"的空间发展结构（图18-19）。

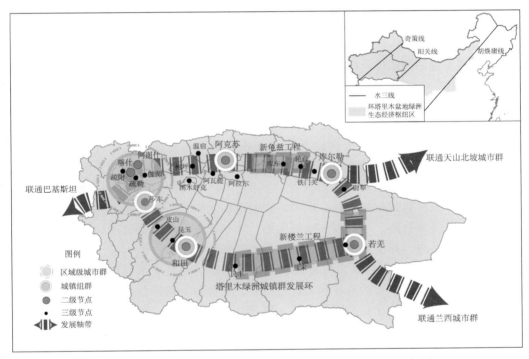

图18-19 环塔里木盆地绿洲生态经济枢纽区规划布局示意图

（1）"一特"是以喀什市及其周围地区为核心，促进地区协同发展。即需要积极发展喀什经济特区城市群，打造大喀什圈，加快城际快速通道建设，完善综合交通枢纽，培育新兴产业，加快培育国际服务职能。具体而言，应重点发展商贸、旅游、文化产业和出口导向的特色加工业，把喀什经济特区打造成我国西部面向中西南亚的区域性国际性商贸物流中心、文化旅游集散中心和特色产品加工出口基地及我国西部重要的对外开放门户。

（2）"一环"是指喀什—库尔勒—若羌—和田新兴城镇发展环。遵循以点带群，由点及线的空间布局原则，通过发展轴带加强绿洲之间的经济社会联系。"一环"大致沿喀什—乌鲁木齐铁路和315国道发展线，以喀什为起点，北段环线向东经过阿图什、伽师、图木舒克、柯坪、温宿、阿克苏、阿拉尔、库车、铁门关、库尔勒、尉犁、铁干里克连接至若羌，南段环线自喀什向东经过疏附、疏勒、莎车、皮山、昆玉、和田、民丰、且末连

549

接至若羌。同时，该发展环经喀什向西联通中巴经济走廊，经库尔勒向东北联通天山北坡城市群，经若羌向东南联通兰西城市群。其串联、整合了环塔里木盆地绿洲生态经济枢纽区的各个主要城镇，有助于实现枢纽区的对外开放，构筑区域发展与扶贫开发的"骨架"。

喀什—库尔勒—若羌—和田新兴城镇发展环也串联了环塔里木盆地生态经济枢纽区的两大水利工程，即"新龟兹工程"与"新楼兰工程"[43]。

"新龟兹工程"位于天山南坡产业区中段，龟兹是古西域大国之一，以渭干河绿洲为中心，地辖轮台、库车、沙雅、新和、拜城、阿克苏等 6 县市。新疆四大煤炭基地之一的库拜煤田、西气东输工程的源头轮南油气田、塔里木油田的主要油气构造、优质棉生产基地等均分布在该区域内，对引领和带动整个南疆经济发展具有十分重要的作用[43]。"新龟兹工程"的主要内涵是：通过跨流域调水，新增 15 亿～20 亿 m³ 水资源，并在天山南麓修建一条输水通道，将渭干河、库车河、迪那河串联起来，形成一个东西贯通的区域水网；将干流上游两岸的地方和兵团第一师的 2～3 个团场迁至渭干河流域，将中下游两岸的地方和兵团第二师2～3 个团场迁至迪那河流域，最大限度地减少人类活动对干流自然生态的影响；在受水区构建一个统一的行政区域及中型城市，通过生态搬迁、城镇化建设、新型工业化发展，扩大绿洲承载能力、优化发展布局、改善生态环境、调整民族构成、促进交融发展。

"新楼兰工程"依托于国家南水北调西线—西延工程以若羌为中心，包含铁干里克、且末、民丰等昆仑山北坡的广大区域[44]。依托该区域的水资源挖掘，可组建一个富含玉石文化、特色生态旅游的中等规模的大城市；将喀什噶尔河、叶尔羌河、和田河等流域过于密集的人口，特别是山区贫困人口迁至"新楼兰"，可以扩大地方和兵团第二师在该区域的生产布局，促进民族交融发展；同时，构筑南疆水资源配置框架体系，连通环形高等级公路、环形高等级铁路、环形高压输电线路、环形绿洲及城市群的建设，可为南疆的稳定发展注入新的活力，提供强劲的原动力。

（3）"多组群"是指枢纽区内的重点发展城镇组群。环塔里木盆地绿洲生态经济枢纽区共包括 6 处城镇组群。包括由和静县、和硕县、轮台县、尉犁县、铁门关组成的库尔勒城镇组群，由温宿县、乌什县、阿瓦提县、阿合奇县、柯坪县、阿拉尔组成的阿克苏城镇组群，由麦盖提县、莎车县、泽普县、叶城县绿洲城镇组成的莎车城镇组群，由和田市、和田县、墨玉县、洛浦县、皮山县、昆玉市、策勒县、于田县、民丰县组成的和田城镇组群，以若羌县为核心的若羌城镇组群及未来规划的新楼兰地区。"多组群"在壮大中心城市，提升辐射带动力的基础上，重点加强绿洲内部城镇之间分工协作，促进城镇群发展，培育壮大经济增长极，全面提升区域综合竞争力。

库尔勒城镇组群应重点培育战略性新兴产业和现代服务业，建设成为和谐宜居的现代化中心城市、重要的交通枢纽、商贸物流中心和先进制造业基地，重点打造库尔勒与铁门关"双子城"。阿克苏城镇组群应重点发展纺织、农副产品加工、文化旅游和商贸物流业，建设成为环塔里木盆地绿洲生态经济枢纽区重要的中心城市、交通枢纽、商贸物流中心和纺织基地，加强与阿拉尔市的经济联系，打造阿克苏与阿拉尔"双子城"。莎车城镇组群应重点发展文化旅游、农产品深加工等特色产业，建设成为麦盖提—莎车—泽普—叶城绿洲城镇组群的中心城市。和田城镇组群应重点发展农产品深加工、医药保健品、特色工艺品、丝路文化旅游等特色产业，建设成为世界著名玉石之都，环塔里木盆地绿洲生态经济枢纽区重要的特色产业基地和交通枢纽。若羌城镇组群应重点发展现代物流和供应链产业，做好中巴经济走廊承载中心重要支点和南疆铁路公路航空枢纽的关键支点。"新楼兰"地区可发挥疏导喀什噶尔河、叶尔羌河、和田河等流域过于密集的人口或山区贫困人口的功能，并构筑南疆"环式"水资源配置框架体系，形成环塔里木盆地的生命水链。

参 考 文 献

［1］ 张呈忠."基本经济区"的"基本"问题辨［N］.中国社会科学报，2019-12-10（6）.

［2］ 冀朝鼎.中国历史上的基本经济区［M］.岳玉庆，译.北京：商务印书馆，2016.

［3］ 杨辉建."基本经济区"分析理路的学术史回顾［J］.中国社会经济史研究，2013（4）：93-102.

［4］ CCTV-2财经频道.《中国经济大讲堂》如何解读区域经济发展的"地理密码"？［EB/OL］.［2018-11-30］.http://tv.cctv.com/2018/11/30/VIDEyM6vT5BBy1Qcl1ui8VAo181130.shtml.

［5］ 许建英."丝绸之路经济带"视野下新疆定位与核心区建设［J］.新疆师范大学学报（哲学社会科学版），2015，36（1）：61-67.

［6］ 胡鞍钢，马伟.中国共产党的治疆方略［J］.新疆师范大学学报（哲学社会科学版），2016，37（1）：1-14.

［7］ 国务院.国务院关于印发"十三五"国家科技创新规划的通知［R］.2016.

［8］ 郭爱君，毛锦凰.丝绸之路经济带与西北城市群协同发展研究［J］.甘肃社会科学，2016（1）：74-79.

［9］ 新疆维吾尔自治区国家发展与改革委员会.天山北坡经济带发展规划［R］.2011.

［10］ 方创琳.天山北坡城市群可持续发展战略思路与空间布局［J］.干旱区地理，2019，42（1）：1-11.

［11］ 国家发展改革委，住房城乡建设部.兰州—西宁城市群发展规划［R］.2018.

［12］ 宁夏回族自治区住房与城乡建设厅.沿黄经济区城市带发展规划［R］.2012.

［13］ 国家发展改革委，住房城乡建设部.关中平原城市群发展规划［R］.2018.

［14］ 国家发展改革委，住房城乡建设部.呼包鄂榆城市群发展规划［R］.2018.

［15］ 方创琳，宋吉涛，蔺雪芹.中国城市群可持续发展理论与实践［M］.北京：科学出版社，2010.

［16］ 国务院.中华人民共和国国民经济和社会发展第十三个五年规划纲要［R］.2016.

［17］ 雷军，李建刚，段祖亮，等.喀什城市圈城镇化与生态环境交互胁迫效应研究综述［J］.干旱区地理，2018，41（6）：1358-1366.

［18］ 新疆维吾尔自治区人民政府.《新疆城镇体系规划（2012—2030年）》主要内容［N］.新疆日报（汉），2012-07-30（5）.

［19］ 新疆维吾尔自治区人民政府.新疆维吾尔自治区国民经济和社会发展第十三个五年规划纲要［R］.2016.

［20］ 徐叶适.霍尔果斯经济开发区发展浅析［J］.经贸实践，2017（8）：40-41.

［21］ 和田市人民政府.和田地区国民经济和社会发展第十四个五年规划和2035年远景目标纲要［R］.2021.

［22］ 李建新，常庆玲.新疆各主要民族人口现状及变化特征［J］.西北民族研究，2015（3）：21-36，47.

［23］ 王朋岗.族际居住隔离视角下边疆民族地区社会发展研究——以新疆南疆"三地州"为例［J］.中国研究，2015（1）：196-213，271.

［24］ 何立华，成艾华.少数民族人口流动的特征、变化及影响——基于最近两次全国人口普查资料的分析［J］.民族研究，2016（6）：23-38，124.

［25］ 吴良平，刘向权，尚阳.新疆人口结构的民族差异及其问题研究——基于六普数据的分析［J］.西

北人口，2015，36（1）：105 - 110.

[26] 马正亮. 我国少数民族人口发展状况分析 [J]. 贵州大学学报（社会科学版），2013，31（2）：80 - 89.

[27] 游珍，封志明，雷涯邻，等. 中国边境地区人口分布的地域特征与国别差异 [J]. 人口研究，2015，39（5）：87 - 99.

[28] 陈明星，李扬，龚颖华，等. 胡焕庸线两侧的人口分布与城镇化格局趋势——尝试回答李克强总理之问 [J]. 地理学报，2016，71（2）：179 - 193.

[29] 封志明，杨艳昭，游珍，等. 基于分县尺度的中国人口分布适宜度研究 [J]. 地理学报，2014，69（6）：723 - 737.

[30] 齐苗苗. 基于 GIS 的综合交通可达性评价——以甘肃省为例 [J]. 智能建筑与智慧城市，2019（6）：87 - 91.

[31] 吴丽丽. 河西走廊绿洲生态网络优化布局研究 [D]. 兰州：甘肃农业大学，2016.

[32] 张继宏. 河西走廊区位优势及其区域开发战略格局研究 [J]. 经济地理，1994（4）：35 - 38.

[33] 方创琳，张小雷. 西陇海兰新经济带节点城市的发展方向与产业分工 [J]. 地理研究，2003（4）：455 - 464.

[34] 方创琳，孙心亮. 基于水资源约束的西北干旱区城镇体系形成机制及空间组织——以河西走廊为例 [J]. 中国沙漠，2006（5）：860 - 867.

[35] 汪永臻. 甘肃丝绸之路经济带与兰州经济区产业联动发展研究 [J]. 生产力研究，2014（12）：62 - 67，165.

[36] 陈春艳. 城市交互活力评估方法研究及应用 [D]. 北京：北京交通大学，2019.

[37] 郑海松. 兰西城市群"五化"耦合协调水平及其影响因素分析 [D]. 兰州：西北师范大学，2018.

[38] 新疆维吾尔自治区人民政府. 新疆主体功能区规划 [R]. 2016.

[39] 张竟竟. 天山北坡经济带城乡区域系统关联发展研究 [D]. 西安：西北大学，2007.

[40] 孔维巍. 新疆天山北坡经济带新型城镇化模式研究 [D]. 乌鲁木齐：新疆师范大学，2012.

[41] 石晶，朱晓玲. 新疆环塔里木盆地经济圈的资源优势与发展对策 [J]. 农业现代化研究，2007（06）：657 - 659，663.

[42] 邹建中，张惠臻，罗丽君，等. 新疆环塔里木盆地经济圈与天山北坡经济带区域经济发展对比分析 [J]. 新疆农垦经济，2007（8）：11 - 15，27.

[43] 邓铭江. 南疆未来发展的思考——塔里木河流域水问题与水战略研究 [J]. 干旱区地理，2016，39（1）：1 - 11.

[44] 国务院. 关于进一步促进新疆经济社会发展的若干意见 [R]. 2007.

第19章 生态经济枢纽区建设及调控模式

19.1 生态经济枢纽区发展目标与功能定位

19.1.1 河西生态经济枢纽区发展目标与功能定位

1. 发展目标

从未来发展前景与开发潜力来看，河西生态经济枢纽区是事关国家和地区生态安全及经济安全的具有战略意义的生态经济枢纽区，是我国西部大开发战略重点区域"两带一区"的重要组成部分，覆盖了我国西部唯一的生态经济走廊。

(1) 打造河西生态"绿谷"。 目前，河西生态经济枢纽区经济社会正处在转型、提质的发展阶段，应该注重形成协同发展的整体合力。应紧抓国家生态建设的大战略，积极推进以祁连山水源涵养、湿地保护、西北草原荒漠化防治体系建设为主的生态目标的实现，实施疏勒河、黑河、石羊河流域综合治理项目，逐步形成河西内陆河生态"绿谷"经济区❶。

(2) 建设西北经济增长中心。 随着"一带一路"倡议的深入推进，河西生态经济枢纽区可凭借天然的地缘优势，顺应国家加快西北开发的战略愿景，打造丝绸之路经济带节点核心城市群。在核心经济圈的基础上逐步形成新的中心城市，辐射带动核心中小城市和小城镇发展。将枢纽区的人口优势与经济优势有机结合起来，逐步建设城乡互融、工农互补的核心城市，打造新的经济增长中心[1]。

(3) 显著提升对内对外文化交流。 河西生态经济枢纽区是古代中西方交流的重要通道，打造河西生态经济枢纽区文化制高点、培育经济发展增长极，对于甘肃开启社会主义现代化建设新征程具有重要意义❷。发展目标应定位为枢纽区开放平台作用进一步发挥，与周边区域的协同合作能力持续增强，开放型经济向更广领域、更深层次、更高水平迈进，文化影响力显著提升，基本建成面向中西亚、东南亚商贸物流枢纽、重要产业和人文交流基地。

(4) 建立健全区域互联互通机制。 阻碍生产要素自由流动的行政壁垒和体制机制障碍

---

❶ 何晓琼，钟祝. 城乡"命运共同体"视域下的河西走廊新型城镇化路径 [J]. 金陵科技学院学报（社会科学版），2018，32（1）：30-33.

❷ 赵前前. 打造河西走廊文化制高点 [N]. 甘肃日报，2020-04-14（8）.

基本消除，区域市场一体化步伐加快，交通基础设施互联互通、公共服务设施共建共享、生态环境联防联控联治、创新资源高效配置的机制不断完善，枢纽区成本共担和利益共享机制不断创新，一体化发展格局基本形成。在国家"一带一路"发展构想下，河西生态经济枢纽区作为内地连接新疆乃至欧亚的通道，是国家发展和民族复兴的重要一环❸。

2. 功能定位

(1) 开发利用与资源保护并举，探索生态文明建设路径，发挥生态屏障功能。对于生态环境极为脆弱的河西地区而言，生态文明建设有着全局性、根本性的重大意义。近年来，习近平总书记先后 4 次就祁连山生态环境保护问题作出重要批示[2]。从国家层面上看，河西生态经济枢纽区是我国西北重要的生态安全屏障建设区、"三北"防护林重点建设区、黄河上游及内陆河流域重要水源地涵养区、生物多样性保护优先区域❹、"十四五"规划中重要生态系统保护和修复重大工程的重点工程与重要生态带覆盖区。

河西地区的生态环境建设应坚决贯彻开发利用和资源保护并举的原则，确立"护两头，保中间"的战略思想❹。积极保护、恢复南部祁连山脉水源涵养林草植被和北部绿洲边缘荒漠固沙植被。严禁破坏现有植被，扩大封禁区域，同时封育结合，积极营造防护林草，建设绿洲外围封沙育草、绿洲边缘培育防护林带、绿洲内部营造护田林网相结合的防护体系。

(2) 大力发展民族特色经济，发挥基础设施连通效能，增强经济支撑功能。需跨越阳关线实施跨流域调水以促进河西走廊社会经济发展。通过藏水西出玉门关，跨越阳关入新疆，覆盖河西走廊全境及漠北高原，辐射走廊内的中心城市，并为向新疆哈密、吐鲁番输水提供条件，带动受水区沿线经济繁荣发展，推进走廊内生态经济综合开发的战略转变，即由"古丝绸之路走廊"转变为"新欧亚大陆桥走廊"❺。

在特色经济与产业发展方面，河西生态经济枢纽区的少数民族人口大多分布于祁连山北麓水源涵养地带，应大力发展民族特色经济，发展第三产业。同时，枢纽区应充分利用自身优势，发展新能源、新材料等高科技新型产业。例如，利用丰富的日照、风力资源，打造"陆上三峡"，发展光电、风电产业及设备制造业。进一步做好蓄能调峰及配套工作，使枢纽区成为我国新型能源产出及"西电东送"的重要基地。

在发挥基础设施连通效能方面，2014 年高铁进入河西走廊，从兰州经张掖、酒泉、嘉峪关，直抵天山脚下的乌鲁木齐。兰新高铁全线贯通，高度的时空压缩使得河西走廊作为新型"绿洲桥"的功能开始展现。新时代，应依托交通路网的连通功能，将河西生态经济枢纽区打造成面向中国西部以及面向中亚地区的重要教育培训基地、欧亚商品博览基地、丝绸之路文化艺术交流基地、丝绸之路旅游集散基地。

(3) 发掘走廊地带社会文化资源，助力边疆建设，实现文化交融传承功能。为了确保边疆地区的和谐稳定，我国越来越重视河西生态经济枢纽区对内地与新疆的战略连接作用。在国内，应参考多民族社会文化共存的成功范例，为完善边疆治理的方针政策、合法

❸ 李建新，秋丽雅．河西走廊的人口变迁与发展 [J]．西北民族研究，2020 (3)：65 - 77．

❹ 王建新，李并成，高荣，等．河西走廊：站在新的历史起点上 [N]．中国民族报，2018 - 09 - 28 (6)．

❺ 邓铭江．中国西北"水三线"空间格局与水资源配置方略 [J]．地理学报，2018，73 (7)：1189 - 1203．

合理地开展西部边疆地区的社会治理工作提供有益参考，增强边疆地区各民族的民族共同体意识。在国际上，则可以通过对枢纽区各民族和谐共生事例的展示和宣传，使国际社会更加深刻地理解建设人类命运共同体对于推动世界和平进程、促进人类文明发展的重要价值和意义。

大力发挥河西走廊的文化旅游资源优势，如以敦煌为核心建设河西走廊文化生态区，在对敦煌文化、长城文化、丝绸之路等文化进行多样性保护的基础上进行综合开发，形成集遗产保护、景观旅游、文化交流等为主的文化展示研究基地和文化园区[3]。在"一带一路"倡议背景下，作为陆上丝绸之路的重要区段，可在河西生态经济枢纽区以"丝绸之路——河西走廊国际文化旅游廊道"的形式进行跨区域、全方位的文化廊道打造，使之成为全球首选的跨境旅游目的地，促进其对丝绸之路沿线区域的文化交流传承。

（4）抓住"一带一路"重大机遇，发挥比较优势，突出陆海统筹功能。 作为中国向西开放的重要门户和天然廊道，当前河西生态经济枢纽区面临的最大机遇是"一带一路"建设带来的开发开放。同时，为响应《西部陆海新通道总体规划》号召，河西生态经济枢纽区应充分发挥好作为"通道""枢纽""基地"的优势，奋力走出一条内陆边远地区开放开发的新路子，推进西部陆海新通道建设，促进生态经济枢纽区陆海统筹功能的实现[4]。

在这一背景下，河西生态经济枢纽区应进一步充分发挥自身已有的产业优势和潜力，与"一带一路"沿线国家和地区开展更深层次、更宽领域、更富成效的合作，努力将河西打造成为面向中亚、西亚、中东欧等"一带一路"沿线国家和地区在能源矿产、基础设施、装备制造和现代农业等领域合作的重要基地，开辟河西企业大踏步"走出去"的新途径、新模式。

19.1.2　兰西生态经济枢纽区发展目标与功能定位

1. 发展目标

兰西生态经济枢纽区位于黄河上游地区，地处青藏高原生态屏障和我国北方防沙带之间，与"两屏三带"为主体的国家生态安全战略格局密切相关，对保护好"中华水塔"、阻止西部荒漠化地区向东蔓延具有独特的战略支撑作用。

（1）根本改善生态环境。 兰西生态经济枢纽区既要实现区域城市高质量发展，又要承担区域生态安全的重大责任❻。以主体功能区为基础的国土空间开发保护格局形成，生态空间不断扩大，黄河、湟水河、渭河等流域综合治理取得重大突破。绿色宜居城镇和森林城镇建设取得显著成效，土壤环境风险得到全面管控。兰西生态经济枢纽区内外生态建设联动格局基本形成，对青藏高原生态屏障和北方防沙带建设的支撑作用增强。

（2）显著提升人口集聚能力和经济发展活力。 供给侧结构性改革取得重要进展，经济发展和人口集聚的短板和瓶颈制约得到有效缓解，创新活力、创新实力进一步提升，市场主体活力增强，特色产业体系有效构建，人口吸纳能力进一步增强，人口总量和经济密度稳步提升。在丝绸之路经济带建设机遇的推动下，兰州市应该加强与丝路沿线城市的通力

---

❻ 雒占福，李兰，高旭，等. 基于生态城市理念的兰州—西宁城市群高质量发展与生态环境耦合协调研究 [J]. 水土保持研究，2021，28（2）：276-284.

合作，提升城市品牌。

（3）构建强中心、多节点的城镇格局。兰州作为西北地区的商贸物流、科技创新、综合服务中心，交通枢纽功能得到加强。西宁辐射服务西藏新疆、连接川滇的战略支点功能更加突出，具有一定影响力的现代化区域中心城市基本建成。中小城市数量明显增加，城镇密度逐步提升，对周边地区的支撑和服务功能不断加强。在优势科研院所与兰州新区、高新技术产业园区等高技术力量的支持下，提高城市竞争力、创新力、辐射力。

（4）完善基础设施建设，实现信息互联互通。通过立体交通运输体系的建设，尤其注重大能力运输通道建设，加快群内各等级城市要素的流通速度。充分发挥在丝绸之路经济带沟通西南西北的枢纽优势，构建经新疆向西北的新亚欧大陆桥通道，开辟直飞沿线各国的国际航班和货运航线。从东西方向连通我国东西部以及中亚地区，从南北方向连通我国西南西北以及南亚与东南亚。

2. 功能定位

（1）推进生态共建环境共治，实施重大生态保护与修复工程，发挥生态屏障功能。围绕支撑青藏高原生态屏障建设和北方防沙带建设，引导人口向生态经济枢纽区适度集聚，形成生态经济枢纽区集约高效开发、大区域整体有效保护的大格局。依托三江源、祁连山等生态安全屏障，强化城市群内群外生态联动，共同维护区域生态安全。加快构建以黄河上游生态保护带，湟水河、大通河、洮河和达坂山、拉脊山等生态廊道构成的生态安全格局。严格保护湟水河、大通河、洮河及渭河源等河湖水域、岸线水生态空间。

系统实施以环青海湖地区、青海东部干旱山区、共和盆地、环祁连山地区、沿黄河地区和环甘南高原地区为重点的"六大生态治理区"山水林田湖草生态保护和修复工程。优先保护青海湖流域和黄河流域上游水生态功能，重点实施青海湖入湖河流生态修复工程。集中治理湟水流域水环境污染，实施全流域综合治理工程。对风沙源、城市周边裸露土地开展生态绿化修复。实施农牧区环境拉网式全覆盖综合整治，加强农业面源污染防治，推进农业清洁生产，鼓励发展生态农业和有机农业。

（2）打造绿色循环型产业体系，发展壮大新兴支柱产业，增强经济支撑功能。积极延伸石油化工、有色冶金产业链，鼓励高端产品生产，提高产品附加值和市场竞争力，增强精品特钢研发生产能力，打造国内重要的有色金属产业集群。发展壮大以农产品加工、民族特色产品生产为重点的轻工产业，培育一批带动力强的龙头企业，建设高原绿色有机食品生产基地。加快转变农林牧业发展方式，走出一条农业与牧业循环、规模经营与品牌效益兼得的特色之路。大力发展富硒农业、旱作农业、设施农业、草地生态畜牧业、中草药种植业，提高农产品加工转化水平，推动建立现代农业产业体系。

立足原材料产业基础，加快新型功能、高端结构等新材料发展，培育锂电、水性材料等一批重点产业集群。围绕风、光等资源转化利用，打造新能源基地和全国重要的光伏光热设备制造基地。突出生物技术、核技术和特色资源禀赋优势，打造国家重要的生物医药产业基地。深化跨区域科技合作，推动张江兰白科技创新改革试验区技术转移中心、西宁中关村科技成果产业化基地、青海中关村高新技术产业基地建设。

发挥兰州、西宁等城市技术、人才、产业基础等优势，加快发展一批技术含量高、产品竞争力强的特色加工制造业和现代服务业。鼓励兰州市主城区企业向兰州新区、白银工业集中区转移，进一步推动西宁、海东产业错位分工、融合互动。加快建设兰白承接产业转移示范区，支持西宁、海东承接东中部适宜产业转移。发挥地缘优势和文化优势，将兰西生态经济枢纽区打造为面向中西亚的出口加工和贸易基地。

（3）深度融入"一带一路"建设，完善公共文化服务体系，实现文化交融传承功能。

1）需要促进文化合作交流。加快甘肃华夏文明传承创新区建设，打造青海丝绸之路历史文化旅游区，建设对外展示中华文化的窗口。扩大丝路花雨、丝路花儿等艺术节影响力，建立丝绸之路非物质文化遗产交流展示项目库，有序举办以共建"一带一路"倡议为主题、具有鲜明地域特色的国际文化艺术节、博览会和综合性论坛。

2）需要完善公共文化服务体系。在枢纽区建设全面覆盖、互联互通的公共文化设施网络体系。完善公共文化服务体系，深入实施文化惠民工程，丰富群众性文化活动，开展全民阅读活动。联合开展明长城、丝绸之路、唐蕃古道等跨界重大遗产保护工程，传承优秀民族民俗文化，加大非遗传承人扶持力度，健全保障支撑体系。

3）需要发掘文化价值，发展文化旅游，打造具有枢纽区特色的文化品牌，实现文化的宣传、交流。依托枢纽区丰富的历史、人文、民族、自然等资源，大力发展文化旅游、文化创意产业，加快热贡国家级文化生态保护区建设，规划建设一批民族文化生态保护区，提升"绚丽甘肃""大美青海"等品牌国际影响力。

（4）全面提升开放合作水平，共建对外开放大通道，突出陆海统筹功能。充分发挥沟通西南西北交通枢纽优势，推进陆桥通道的功能性调整和结构性补缺，打造兰州—西宁全国性综合开放门户。扩大向西开放，重点与中亚、中东及东欧国家开展能矿资源、高端装备制造、绿色食品加工及农业综合开发等领域的合作。努力拓展向南开放，积极融入我国与巴基斯坦、印度、孟加拉国、缅甸的互联互通，着力推进经贸合作。深化向东开放，重点促进与东亚国家及我国港澳台地区在农业、旅游、环保、文体、生物资源开发等相关领域的合作交流。

深化全面开放合作平台建设，提升开放平台层次和水平，打造多元开放平台。加快建设兰州新区综合保税区，支持青海符合条件的地区按程序申请设立综合保税区。依托兰州铁路国际班列物流平台，积极参与中国—新加坡战略性互联互通示范项目建设。积极发展跨境电子商务，培育贸易新业态新模式和海关特殊监管区域。

加强国内区域合作，加强对口支援合作，深化与周边地区交流合作。进一步完善对口支援、东西部扶贫协作机制，拓展合作领域，深化援受双方在基础设施、公共服务、产业园区、城市规划建设管理、创新驱动和产业转型升级等领域的合作，鼓励以"飞地经济"模式推动产业园建设。深化与关中平原、成渝等城市群合作，共同打造飞地园区，积极承接科技创新成果转移。深化与新疆、西藏地区在生态环境保护建设、能源资源开发转化方面的交流合作。

19. 1. 3   天山北坡生态经济枢纽区发展目标与功能定位

1. 发展目标

（1）制定生态环境保护共同行动纲领，创造人与自然和谐发展的生态环境。以科学发展观为指导思想，转变资源利用方式，减少对水、土地及能源的消耗强度，提高资源利用效率和经济生态效益。对于克拉玛依、阜康等资源型城市，要切实推广资源节约型生产方式，支持循环经济和可再生能源发展。加快实施沿天山北坡草原植被与森林保护工程，禁止高能耗、高污染、低技术产业在枢纽区内布局。重视生态功能保护，加强天然林保护和种植人工林带，提高治理水土流失和防御地质灾害的能力[5]。

（2）实现城市群内部资源互补和产业协同发展。 乌鲁木齐作为核心城市，应不断加强先进制造、文化旅游、商贸物流、科技与教育、金融信息服务等主导产业的发展并增强辐射带动功能。积极推进"石—乌—昌"一体化建设，打造以高新技术产业、战略性新兴产业、现代服务业和丝路旅游业为主导产业的经济中心。克拉玛依市应加强石油产品精细化和产品链延伸，着力打造区域性先进能源装备制造基地、创新型城市、交通节点城市和跨境旅游商贸集散中心。乌苏和奎屯应积极推进"乌—独—奎"一体化发展，建成西北能源化工基地、跨境农产品交易及加工基地、区域性经济文化中心[5]。

（3）围绕发展民俗风情游和历史文化游。 天山北坡生态经济枢纽区是西陇海—兰新线的重要组成部分，是通东达西、承北启南的西部国际大通道，是未来我国经济圈与中亚经济圈的结合部，是中华文化与中亚文化的交汇处，也是向西开放的前沿[6]。枢纽区历史文化内涵丰富，古代遗存较多。切实抓好林则徐纪念馆、汉家公主纪念馆、霍城县将军府、察布查尔县锡伯风情园、特克斯县八卦城等景点的规划建设，打造旅游文化品牌。力争建成经济繁荣、科教发达、环境优美、文化昌盛、社会文明、生活富裕的现代化国际风景旅游枢纽区。

（4）构建以乌鲁木齐为核心、以多极点发展为支撑的空间格局，突出陆海统筹功能。 充分发挥天山北坡生态经济枢纽区向西开放的地缘和区位优势，发挥天山北坡得天独厚的自然条件优势、资源优势、产业基础与新亚欧大陆桥的交通枢纽优势，实施面向中亚的扩大对外开放战略，建成我国向西开放的前沿阵地[7]。促进枢纽区内部中小城镇的发展，形成天北完备的城镇体系，进一步发挥城镇对区域发展的带动辐射作用。构建以乌鲁木齐为核心，多极点城市高度带动的空间发展格局[8]。

2.功能定位

天山北坡生态经济枢纽区地理位置良好，自然资源丰富，基础设施发达，城市化水平与经济发展水平高，尤其是在自治区党委、政府做出"突出重点，扶优扶强，率先发展最具有潜力和优势的天山北坡经济带"的重大战略决策以来，天山北坡生态经济枢纽区迅速发展，成为新疆最有吸引力、最有优势和潜力的地区。

（1）合理划分生态功能区，实施生态保护与修复，发挥生态屏障功能。 根据新疆功能区划结果，把天山北坡生态经济枢纽区划分成五个功能区：①生态保护区，包括新疆艾比湖湿地自然保护区、温泉县新疆北鲵自然保护区、博乐市新疆夏尔希里自然保护区、赛里木湖风景名胜区、阜康市天池自然景观保护区、乌苏—甘家湖梭梭林保护区、卡拉麦里有蹄类动物保护生态功能区、南山、怪石峪等风景名胜区、克拉玛依市玛依格勒森林公园；②生态协调区，包括石油、煤炭等工业生产基地区域；③生态建设区，包括城镇与绿洲农业区域；④生态缓冲区，包括生态保护区的外围区域、城镇和绿洲农业生态建设区与生态开敞区之间绿洲荒漠交错带；⑤生态开敞区，分布于盐碱区、戈壁荒漠区、沙漠地带以及低山丘陵区。

实施区域生态环境保护战略，减少环境污染，保护生态系统，实现区域的可持续发展。坚持预防为主、综合治理，控制污染物排放总量，降低污染排放强度，变被动末端治理为主动源头控制[9]；加强水土流失防治，搞好小流域综合治理，对生态环境严重退化区域进行生态修复，确保其生态功能的正常发挥；加快造林绿化，保护和建设好绿色生态屏障，继续实施"三北"重点防护林、退耕还林（草）、退牧还草、天然林和天然草场保护工程建设；加快建立生态补偿机制，全面落实森林生态效益补偿基金制度；对于生态环境脆弱、资源环境承载能力较弱的区域以及重要水源保护地、重要湿地和自然灾害频发等区域，以生态防护与修复为重点，加强生态环境整治。

（2）实施全方位对外开放战略，发挥对外开放经济走廊作用，增强经济支撑功能。全球化趋势已影响到世界经济发展的每一个角落，并且正在改变着传统的发展观念。新疆是我国拥有邻国最多、边境线最长的地方，这种地缘区位优势的深刻变化，提高了新疆在沿边、沿桥开放中的战略地位。现代"丝绸之路"——新亚欧大陆桥的开通，为新疆的"双向开放、东进西出"提供了契机，为我国打通了一条东西双向开放的通路，为新疆参与中亚正在形成的次区域集团化，走向经济的区域化、国际化创造了条件❼。

实施全方位对外开放战略，坚持"外引内联、东联西出、西来东去"的方针，充分发挥天山北坡生态经济枢纽区对外开放经济走廊功能，推动新疆双向开放、东进西出的对外开放步伐。拓宽优势资源转换战略的实施空间，加强天山北坡生态经济枢纽区与周边国家进行以资源互补为主的经济技术合作，积极开发区内短缺的能源和重要的矿产资源，建立多元、稳定、可靠的能源和重要矿产资源境外供应和加工基地，将天山北坡生态经济枢纽区建成确保国家能源和矿产资源安全的大通道。加大国外先进技术、关键设备和资源性产品进口，逐步增加进口产品特别是进口原油和其他矿产品在区内的加工数量。

（3）扶持非遗项目发展，建立传统文化人才队伍，实现文化交融传承功能。根据天山北坡生态经济枢纽区的地方资源收集整理民族文化艺术特色，并进行存档；采用合适的方法开展民间文化艺术的宣传展示活动，在保留该文化原汁原味的同时适应现代人的审美需求，更好地传承和发展区域传统文化[10]。政府可定期开办一些传统文化讲座，策划合理的传统文化课程，满足大众对多层次文化的需求。通过创办展馆和建立基地对优秀传统文化项目进行保护，比如乌鲁木齐县甘沟乡非物质文化遗产中心，是哈萨克民间手工艺木雕、骨雕、刺绣的主要传承基地，是当地有名的非物质文化遗产项目。

建立一批高素质的传统文化人才队伍，对非遗项目进行科学规划。优秀传统文化的传承和发展离不开人才，应做好优秀传统文化的调查工作，尊重民间首创精神，用科学的方法将民间的思路和做法纳入学术框架，将朴素的文化上升至文化自觉的高度，从而提高文化的价值。目前，大多数非物质文化遗产的传承人年龄偏大，文化水平偏低，对技艺的传承没有系统的安排，应特别关注这一方面的问题。同时要对非物质文化遗产项目进行有效的监管，制定合理的奖惩措施，调动传承人的传承积极性。

（4）发挥向西开放的地缘和区位优势，打造向西开放前沿，突出陆海统筹功能。随着新亚欧大陆桥作用的进一步发挥，口岸基础设施条件的改善，喀什至乌兹别克的安集延铁

路的国际通道工程的建设，天山北坡生态经济枢纽区的区位优势将得到进一步加强。加快建设铁路、公路、航空、管道等对外综合交通运输通道，逐步形成以通向哈萨克斯坦为主的中路，通向吉尔吉斯斯坦、巴基斯坦为重点的南路和通向俄罗斯、蒙古为主的北路三条物流大通道。

充分发挥天山北坡生态经济枢纽区向西开放的地缘和区位优势，建立多元、稳定、可靠的能源和重要矿产资源境内外供应和加工基地，将天山北坡生态经济枢纽区建成确保国家能源和矿产资源安全的大通道；大力发展优质特色农产品、轻纺、机电和建材出口，以外向型产业为支撑，将天山北坡生态经济枢纽区建设成面向中亚的进出口加工基地；加快交通运输通道建设，形成物流大通道，把天山北坡生态经济枢纽区建成面向中亚、南亚、西亚乃至欧洲国家的出口商品基地和区域性国际商贸中心。

19.1.4　环塔里木盆地绿洲生态经济枢纽区发展目标与功能定位

1. 发展目标

（1）构建"山地—绿洲—荒漠"生态保护体系，建设生态优美的绿色新疆。做好重要江河流域，特别是源头地区的生态环境保护工作，加强绿洲及其周边过渡地带的生态保护与环境治理，构筑绿洲生态屏障。依托"新龟兹工程"与"新楼兰工程"，解决塔里木河流域水资源问题，增强区域水资源及水环境承载能力。实现耕地总量动态平衡，保障粮食安全，坚持节约集约利用土地，促进各业各类用地由外延扩张向内涵挖潜、由粗放低效向高效利用的转变。根据水资源、大气环境容量等生态环境容量和生态环境保护要求，统筹工业与旅游业、农牧业发展，科学布局工业园区。

（2）以中心城市作为区域经济发展的"增长极"，制定科学、有效的整体战略。加强国际经贸合作，确立喀什在中亚南亚经济圈的重心地位。充分发挥集群口岸优势，加快大通道建设依托中心城市喀什市、阿图什市的辐射集聚作用，不断壮大城市的经济综合实力，打造世界级黄金旅游板块，快速提升旅游业形成知名的跨国旅游产品。建设"新龟兹工程"和"新楼兰工程"，基于干旱区内陆河流域水循环规律，构建"三元"水循环生态经济体系，构建环塔里木盆地生态经济圈。依托塔里木盆地油气资源的开发，提高油气资源在区内的加工数量和深度，最大限度地延伸石油天然气产业链，做大做强石油石化产业。

（3）通过建设博物馆、开发旅游产品、建立民宿村落、开展节庆旅游促进文化融生。环塔里木盆地绿洲生态经济枢纽区非遗资源数量繁多、种类丰富，具备审美、历史、体验、教育、经济等价值，应坚持"非遗保护第一"原则，平衡非遗保护与旅游开发的关系。建设博物馆对现存非遗进行开发，有利于枢纽区非遗保护与传承。同时，应开发类型丰富的民俗类非遗项目，在此基础上开发相应主题的节庆旅游，打造集休闲娱乐、民族体育、文化体验为一体的旅游活动。

（4）打造巴楚—图木舒克市城市经济群战略支点，突出陆海统筹功能。打造喀什—阿克苏中间的巴图（巴楚—图木舒克市）城市经济群，建设南疆次交通枢纽中心。在此基础上发展多种形式的大容量公共交通，建设多层次综合交通公共信息服务平台，建设统一的交通枢纽基础数据中心。推进环塔里木盆地绿洲生态经济枢纽区电子口岸建设，强化国际国内信息资源的整合能力，完善国际联运运输单据在不同国家间的信息对接，提高国际运输效率。

2. 功能定位

环塔里木盆地绿洲生态经济枢纽区是丝绸之路重要通道,同样,枢纽区内部的各个城市也是"一带一路"的重要节点,兵团四个城市是南疆战略支点。环塔里木盆地绿洲生态经济枢纽区的发展模式是在"一带一路"背景下、国家安全视角下和谐共生加速发展的区域经济可持续发展模式。

(1) 实施三区生态环境保护战略,推进城市生态环境建设,发挥生态屏障功能。实施"三区"(重要生态功能区、重点资源开发区、生态良好区)生态环境保护战略,有效保护绿洲生态环境,进一步加强生态保护的监管能力和法制建设,改善局部生态环境,为实现生态系统的良性循环打下良好的基础,促进国民经济和社会的可持续发展。以水为主导因素,按照三大生态系统实行宏观管治措施,同时划分出生态环境脆弱区、生态环境敏感保护区、城镇生态环境区等生态功能区,实施所在生态功能区的地方行政负责制。推进城市生态环境建设,改变城市生态环境恶化状况,改善城市生态环境质量。加强对城市污染物总量控制和工业污染源达标排放的监督管理,抓好重点城市大气污染的防治,积极推行城市生活垃圾无害化处理,提高城市污水集中处理能力,鼓励采用高新技术和进行清洁生产。

(2) 发展油气资源优势产业,发挥喀什辐射聚集作用,增强经济支撑功能。环塔里木盆地绿洲生态经济枢纽区需依循增长极理论,大力扶持优势城市的经济发展,从而辐射带动相邻地区的发展,实现共同繁荣。同时,需确立喀什在中亚南亚经济圈的重心地位,充分发挥集群口岸优势,加快大通道建设。依托中心城市喀什市、阿图什市的辐射集聚作用,不断壮大城市的经济综合实力,加强国际经贸合作,打造中亚南亚经济圈重心。依托塔里木盆地油气资源开发,建立环塔里木盆地经济圈石化产业带。以库尔勒经济技术开发区、轮台石化工业园区、库车石化工业园区、拜城煤焦化工业园区和温宿县工业园区为代表的工业园区为载体,以原油炼化为龙头,以天然气化工、轻烃和凝析油综合利用为重点,提高油气资源在区内的加工数量和深度,最大限度地延伸石油天然气产业链,做大做强石油石化产业。

(3) 培育文化强市,塑造城乡特色风貌,实现文化交融传承功能。大力发展一体多元、融合开放、具有环塔里木盆地绿洲生态经济枢纽区特色的现代文化,保护历史文化遗产,在城镇化进程中充分体现各地州、县市地方文化特色,健全城乡文化基础设施,壮大文化产业,培育一批文化强市,打造一批环塔里木盆地经济圈的文化名城,扩大对外文化交流,弘扬"勤劳互助、开放进取"的环塔里木盆地经济圈精神,建设魅力独特的文化环塔里木盆地经济圈。加快符合条件的城市申报国家级和自治区级历史文化名城,加快符合条件的乡镇(团场)、村(连队)申报国家历史文化名镇、名村。按照现代化和民族特色、地方特色相统一的要求,规划建设新农村和新城镇。城镇建设应符合地方气候条件,充分利用自然地理条件,挖掘地方文化内涵,结合现代功能要求进行创新,塑造特色城乡。

(4) 构建多层次路网通道,打通连接中亚南亚的直接通道,突出陆海统筹功能。加大基础设施投资建设,包括314国道、315国道的改造,格尔木—喀什的高速公路、阿拉尔—和田沙漠公路以及喀什—印度、喀什—巴基斯坦、喀什—吉尔吉斯斯坦公路等。其中，三条出境高速公路为环塔里木盆地经济圈实现"东联西出"创造了条件。加大喀什国际飞机场建设和库尔勒、和田、阿克苏机场的改建扩建工作，开通南疆—欧洲中亚、南亚，喀什—广州、郑州、上海等航线，构建南疆城市空间走廊。规划建设环塔里木盆地经济圈环塔里木铁路，如喀什—和田—格尔木、库尔勒—格尔木、库尔勒—吐鲁番、库尔勒—敦煌路段等。在国际上开通喀什—巴基斯坦的赫韦利扬、中国—乌兹别克斯坦—吉尔吉斯斯坦铁路线，建议开通喀什—西藏、喀什—郑州、喀什—北京、喀什—成都等铁路线。

19.2　构建互联互通的基础设施网络

基础设施作为社会经济活动的空间物质载体，是社会发展水平的重要体现，也是区域可持续发展的物质基础[11]。基础设施互联互通是西北"水三线"提高贸易便利化水平、建设高标准自由贸易网络的重要依托，对于推动区域经济和城镇发展具有重要意义[12]。西北"水三线"互联互通的基础设施网络是"四网合一"的综合网络，重点包括交通运输网络、能源外输网络、现代信息网络、西北水网四大部分。在"一带一路"倡议背景下，西北"水三线"要加快基础设施和国际大通道建设，着力统筹交通、能源、信息、水利等基础设施布局和互联互通。

19.2.1　畅通综合交通运输网络

（1）天山北坡城市群。对于天山北坡生态经济枢纽区而言，需进行多层次交通网络通道建设[13]，其中包括：①提高各个市县之间的道路建设和等级，适当发展城际铁路运输，衔接市内公共交通与对外交通，实现都市圈"2 小时交通圈"；②构建大通勤体系，在城市群核心圈层乌鲁木齐—昌吉—阜康建设"半小时通勤圈"，实现客运系统同城化，消除交通障碍；③加强乌市主要的对外客运站场建设，加速乌鲁木齐运输业向物流业的发展融合，完善乌鲁木齐建立现代物流体系所需的基础配套设施；④建立高速、快捷、顺畅、适度超前的交通运输系统，充分发挥各级道路的使用效率，加强公路建设的基础性地位的同时，强化铁路的骨干作用，完善通向邻近市、县、乡、镇的道路，重视城镇路网与机场、国道、省道、干线公路等重要交通设施的衔接。

（2）兰西城市群。建设综合交通运输网络包括以下内容：

1）畅通对外综合运输通道。充分发挥陇海—兰新通道作用，加快青藏铁路扩能改造，规划建设兰州—张掖铁路。充分利用兰渝铁路通道，推进西宁（兰州）—成都铁路、兰州—中卫高速铁路建设。积极开拓面向中西亚的国际航线，强化航空枢纽功能，带动周边支线机场发展，打造连通国内外重要城市的"空中丝绸之路"[14]。

2）完善城市群内综合运输网络。加强主要城市和重点城镇的交通联接，打通节点城市间公路联系。以兰州、西宁为核心，形成城市群客运铁路骨架。以高速铁路、高速公路、市域（郊）铁路为重点，建设兰州、西宁都市圈城际综合快速路网。

3）强化综合交通枢纽建设，提升交通运输服务水平。以兰州、西宁全国性综合交通枢纽建设为核心，加快兰州国际港务区、西宁曹家堡综合交通枢纽建设，强化与综合保税区、开发区、物流园区等重点区域有效对接。推进城际客运服务公交化运营，鼓励同城化服务，加强运输服务信息系统互联互通[14]。

（3）宁夏沿黄城市群。应整合运输资源优势，推动区域经济"点—线—面"整体协调发展，形成以银川为中心的主要城市间小时互通、城市带主要城市间小时互通的格局[15]。

1）以宁夏沿黄城市群为核心，构筑与周边地区和重要节点城市的城市群际轨道网络。全力扩大与周边地区城市群的客运联系，提升西北地区城市群间的旅客运输能力和服务水平，以既有铁路和新建铁路为基础，建立与周边节点城市的城际客运联系。

2）完善对外通道主骨架，加强与国家中长期铁路网规划的对接，畅通对外客运联系。

3）统筹轨道交通与干线公路、城市道路交通的协调发展，改善宁夏沿黄城市群的交通结构，构建适合沿黄城市群一体化发展的综合运输体系。

4）加大轨道交通对工业和旅游布局的辐射，加强沿黄城市带轨道对工业园区以及旅游开发区的辐射作用，为工业和旅游发展提供强有力的支持，尤其是加强银川市和吴忠市与宁东能源重化工基地的轨道联系。

5）强化城市带轨道交通枢纽建设，构建一体化的轨道交通枢纽。增强城市带综合交通枢纽和银川市轨道交通枢纽布局与城市带空间布局的协调，协调铁路与城际轨道交通、城际轨道交通与城市交通的衔接。

（4）关中平原城市群。建设综合交通网络包括以下内容：

1）构建立体开放通道。依托航线联通、铁路贯通、公路畅通的综合交通网络，强化向西向北开放合作，打造新亚欧大陆桥和中蒙俄经济走廊衔接互动的重要平台。依托空港、陆港、口岸、信息四大平台，完善国际内陆港和航空港功能，打造丝绸之路经济带规模最大、功能最全、效率最优的国际物流枢纽[16]。

2）加快大西安都市圈立体交通体系建设，形成多轴线、多组团、多中心格局，建成具有历史文化特色的国际化大都市。以高速铁路、普速铁路、国家高速公路为骨干，加快构建"四纵四横"的对外运输大通道。

3）强化一体衔接的综合交通枢纽功能。以西安咸阳国际机场、西安北客站和西安国际港务区为依托，加快将西安打造成为以服务丝绸之路经济带为重点，具有更大辐射范围和集聚能力的国际性综合交通枢纽。

4）提升综合运输服务能力和水平，拓展多式联运、铁路快运物流等组织模式。加快交通运输与旅游、文化、产业、物流、信息多领域融合发展，依托秦岭山区高速公路、沿黄公路等发展一批"交通＋旅游＋文化"示范工程[7]。

（5）呼包鄂榆城市群。建设综合交通网络包括以下内容：

1）提升呼包鄂榆城市群内部的联通水平，构建完善的综合运输通道骨架，优化干线铁路、城际铁路和专支线铁路网络。有序实施国家高速公路建设，推进国省干线公路升级改造，提升公路交通安全设施防护能力[17]。

2）畅通对外陆路交通通道，有序推进京包、包银、包西等铁路建设，改造提升包茂高速、荣乌高速、青银高速以及国省干道，畅通通往二连浩特、满都拉等边境口岸和秦皇岛、曹妃甸等沿海港口的公铁、铁海联运通道。

3）打造综合航空运输体系。培育呼和浩特的区域航空枢纽功能，增强对周边的辐射能力。提升包头、鄂尔多斯、榆林等其他机场发展水平,支持加密呼和浩特、鄂尔多斯与蒙俄两国主要城市的直达航班。推进城市群内核心和重要节点城市的机场建设,优化航线网络,提高航班密度,拓展短途运输等航空业务[8]。

4)加快综合交通枢纽建设。加强以机场、高铁站、公路客货站场为中心的综合交通枢纽建设,优化枢纽内部交通组织,优先发展城市公共交通。提升呼和浩特全国性综合交通枢纽城市的功能,推进包头、榆林建设全国性综合交通枢纽城市,推进鄂尔多斯建设区域性综合交通枢纽城市[17]。

(6)酒嘉玉城市群。建设综合交通网络包括以下内容:

1)积极打造综合交通运输体系,形成立体化、开放式的区域交通走廊,实现甘肃省对内对外公路畅通、铁路连通、航路广通三大突破,构建"丝绸之路经济带"上交通运输的黄金节点,加快国际港务区、保税物流中心、铁路物流园区建设,构建省内城际物流配送、西北区域物流集运、国际联运通道等物流平台,打造面向中西亚的工业制品加工出口基地和商贸物流集散中心[18]。

2)围绕打造便捷快速的陆路通道和空中走廊,完善通向资源产出地、旅游热点城市、市场集散区域的立体化交通运输网络,建成甘新青蒙"大十字"形交汇的铁路枢纽。近期利用现有的嘉峪关机场,积极发展通用航空;推进航空口岸开放,培育国际国内航线,巩固提升区域交通枢纽[18]。

3)加快推进城市群内各核心城市、节点城市的互联互通,推进嘉峪关—酒泉绕城高速公路,推动协同发展、合力打造区域内交通枢纽的标志性工程;完善全省乃至西北地区路网结构、提高运输服务水平,着力打造国家陆港型物流枢纽载体城市,促进区域经济社会高质量发展。

(7)喀什经济特区城市群。建设综合交通网络包括以下内容:

1)发挥喀什在我国向西开放的桥头堡战略地位优势,加快国家级综合运输大通道和区域复合型交通走廊建设。推进交通运输方式的结构调整,合理发挥铁路、公路、民航、管道等运输方式的比较优势和组合效率。

2)规划库尔勒、喀什为区域性综合交通枢纽,库车、阿克苏、和田、若羌等城市为地区性综合交通枢纽,逐步完善城乡交通网络和区域旅游网络[19]。

3)在公路建设方面,所有地州首府城市通高速公路,相邻绿洲之间、相邻中心城市之间、口岸与中心城市之间连通干线公路。形成以县级公路为主骨架,乡村公路为补充,快捷通达、覆盖面广、安全高效的农村公路网。

4)在铁路建设方面,加强枢纽区内外、枢纽区主要中心城市之间、战略性资源基地与绿洲城镇组群之间的铁路客货运联系,提高中心城市间铁路客货运输比例,形成连通主要口岸、中心城市、战略资源基地和周边区域的铁路骨架。

5)在民航建设方面,应促进环塔里木盆地航空运输发展,提高支线机场覆盖率[19]。将喀什机场建成面向中亚、西亚的枢纽机场和地区航空主枢纽,同时以枢纽机场为核心,构建南、北疆支线航空网络。

(8)霍尔果斯经济特区及边境口岸组群。应统筹发展公路、铁路、航空立体交通网络,注重口岸交通设施的优化升级,消除口岸"孤岛化"的现状[20]。

1）在公路交通方面，建设南部联检区新公路口岸及通道，建设伊宁—阿拉山一级综合交通枢纽，提升口岸与腹地的交通效率，增强口岸经济对腹地发展的辐射带动作用，避免口岸发展"孤岛化"。

2）在铁路交通方面，积极建设精伊霍铁路复线、乌鲁木齐—伊宁—霍尔果斯高速铁路等线路，重点布设南岗热电厂、兵团园区、保税区等铁路专用线；依托霍尔果斯火车站打造客货运输枢纽，提高铁路口岸运输能力，提高铁路通关效率；开通铁路口岸国际客运、开行国际集装箱专列，将克塔铁路延伸至巴克图口岸以促进该口岸的发展[20]。

3）在航空运输方面，加强与伊宁机场的合作，建设与伊宁机场联系的集疏运输通道；建设霍尔果斯通用机场，打造保税物流国际航空港。

4）在河运方面，吉木乃县可以积极响应哈方提出的建设额尔齐斯河水上航道的建议，促使航道建成和运行，实现中国、哈萨克斯坦、俄罗斯三国通航，开辟一条潜力巨大的黄金通道[20]。

（9）和田绿洲中心城市。新疆建设综合交通网络包括以下内容：

1）在公路交通方面，以自治区党委、人民政府把和田地区确定为全疆农村公路建设率先跨越发展示范地区为契机，按照"县县通高等级公路、重要经济节点通高等级公路、县乡全部实现通油路、行政村尽可能通油路、建制村全部实现'通达路'和'富民畅通'工程"的要求❽，加大对国道、省道、农村公路及国防、旅游、矿区公路的建设步伐，形成并完善"两横三纵"为骨架的公路网[21]。

2）在铁路交通方面，推进和田—民丰—若羌铁路东延工程，将阿克苏至和田铁路北连工程列入国家、自治区铁路建设规划；和田—狮泉河—日喀则铁路工程已列入《南疆三地州建设项目专项规划》，根据规划争取早日启动前期工作。

3）在航空运输方面，增加和田与疆内城市及内地城市的往返航线，提高机场服务能力，通过优化航空运输提升整个城市群与疆内和内地的通达度。

19.2.2 建设能源外送大通道

（1）西北电网平台建设。配合国家《电力发展"十三五"规划》统筹规划外送通道，增强资源配置能力的要求和"西电东送"，加快特高压电力外送通道和配套调峰电源工程建设，形成西北坚强电网平台[22]。配合西部电网规划，推动甘肃南部、青海、新疆东部的特高压交流网架连接，并与西北750kV地区供电主网架相连；推进新疆750kV电网向南延伸至和田地区，向北延伸至阿勒泰地区。加快实施陇东至东部地区特高压电力外送通道、河西第二条外送通道工程，推进甘肃电网与宁夏、陕西、青海、新疆电网联网运营，提高电网整体配送能力和安全稳定运行水平，建设西北中枢电网和电力电量交换枢纽[23]。蒙西电网结合外送和本地负荷发展，加强锡盟与蒙西之间的联络，形成完整、坚强的蒙西电网[24]。

（2）西北能源通道建设。大力推进具体电力外送通道和配套工程的实施，包括陕北神府至湖北，延安至西柏坡、雄安新区，内蒙古锡盟经天津至山东，蒙西至天津南的电力外

---

❽ 李松臣. 按照科学发展观要求　实现农村公路率先跨越发展 [N]. 和田日报（汉），2010-06-26（1）.

送通道建设；加强神府至河北南网通道扩建配套电厂建设；加快新疆和青海 750kV 联网通道建设；推进榆林至湖北武汉 800kV 直流工程，陇东至山东 800kV 特高压直流工程。同时，结合受端市场情况，积极推进新疆、呼盟、蒙西（包头、阿拉善、乌兰察布）、陇东、青海等地区电力外送通道论证。

根据国家《电力发展"十三五"规划》的要求，在有条件的地区建设一批天然气调峰电站，新增规模目标 500 万 kW 以上[9]。加强和田电网与新疆主电网的紧密联系，实现电网工程输电、变电和配电智能化。加快实施和田市—于田县 220kV、和田市—莎车县第二双回 220kV 输变电工程，适时建设于田—且末 220kV 输送工程，积极争取将 750kV 电网延伸至和田。形成以 220kV 为主网架、110kV 及各电压等级电网协调发展的供电网络。

积极有序推进清洁能源项目建设，加快重点水电站和新能源项目建设，建成国家水、光、风互补清洁能源基地、国家重要的能源接续地[25]。在西北"水三线"区域内通过风、光、水能互补开发技术，将现有的电力能源基地建设成风、光、水电力互补的清洁能源基地，推动中国走向清洁能源的新时代。推进"十四五规划"中河西走廊"风光水储一体化"清洁能源基地、新疆"风光水储一体化"清洁能源基地建设，实现清洁能源的优化利用、打捆外送，促进西北"水三线"经济发展的同时推进我国能源结构的优化。

（3）石油天然气基地和通道建设。配合国家《天然气发展"十三五"规划》，加快天然气管道网建设，加强水、光、风等清洁电源和储能设施互济互补[10]。完善西北战略通道西气东输三线（中卫—吉安）、四线（伊宁—吐鲁番—中卫）、五线（乌恰—连木沁—中卫）在宁夏、甘肃、陕西、新疆等地的建设和中亚的建设。同时，落实区域内煤制天然气项目的管网输送，推进新疆煤制气外输管道和蒙西煤制气配套管道一期工程[26]。

霍尔果斯是"西气东输"二线中亚天然气管道项目的通道，目前中亚与我国签署了每年提供 300 亿 m³ 天然气的协议，其中 2009 年中国至土库曼斯坦的天然气管道工程第一期已开始送气，2010 年双线全部投入运营，正式供应 300 亿 m³ 的天然气。这些协议及合作项目的不断加强和拓展，使地处特殊位置的霍尔果斯口岸提升到关键战略地位。2009 年中亚天然气从霍尔果斯成功入境，有力地拉动了霍尔果斯的进出口贸易。霍尔果斯已成为继满洲里、阿拉山口之后，我国第三个面向中亚及欧洲过货量超过千万吨的国际贸易大通道[27]。

19.2.3　提升信息现代化水平

党的十九大报告明确提出建设"网络强国、数字中国、智慧社会"。这三个概念的提出，对于深入推进新型智慧城市建设、实现"四化"同步发展等都具有重要现实意义，为社会信息化指明了方向。《"十三五"国家信息化规划》提出，各地区要把信息化工作提上重要日程，提高信息化发展的整体性、系统性和协调性[11]。天山北坡城市群、兰西城市群、呼包鄂榆城市群、关中平原城市群的发展规划中均已提及"智慧城市""智慧城市群"的建设，但提升西北"水三线"整体的信息现代化水平，不能仅停留在单个城市、单个城市

---

❾　国家发展改革委，国家能源局．电力发展"十三五"规划（2016—2020 年）[R]．2016.

❿　国家发展改革委，国家能源局．关于印发石油天然气发展"十三五"规划的通知 [R]．2017.

⓫　国务院．国务院关于印发"十三五"国家信息化规划的通知 [R]．2016.

群，而是要以九大"智慧城市群"的发展为支撑，协同推进信息共享网络系统的建设，在西北"水三线"地区搭建统一的政务云、物流云、环境监测云和电子商务云，实现"智慧水三线"建设[28]。

(1) 加强干线光纤网络覆盖，加快信息基础设施建设，推进九大极点高速互联。在九大增长极点内部，搭建更多的光纤宽带通道和出入口，推进核心和节点城市互联网升级，扩大城市的网络光纤覆盖，在农村推进宽带的延伸覆盖。推动基于IPv6的互联网商用部署，推进下一代广播电视网宽带骨干网建设，加快无线局域网在热点地区、重要公共区域和交通线路的热点覆盖。大力推进全光网建设，高标准建成覆盖全国的高速宽带、4G网络、5G网络、IPv6网络等网络基础设施[29]。

在九大增长极点的核心城市和重要节点城市之间，推进城际网络高速互联，完善高速网络布局，建设国际互联网数据专用通道，打造支撑丝绸之路经济带信息传输和信息服务通道。在西北"水三线"地区形成以公用网为主干，与专用网互联，地区网与空间网互为备用，电话、有线电话、数据通信三线合一，电信网、互联网和有线电视网三网融合步入千家万户，同时对外联系国内国际、对内联通主要城市的西北"水三线"大区域性信息网络。

结合九大增长极点的城市群发展规划具体来看，在天山北坡城市群内重点增加信息基础设施相对落后城镇的邮电业务设施建设和电话普及率，加快国际互联网用户普及率，重点实施综合宽带信息通信网络。在兰西城市群内，注重优化兰州、西宁互联网骨干网络架构。关中平原城市群加快建设西安成为国家级互联网骨干直联点、下一代互联网示范城市，同时积极推进中国—中亚跨境陆缆建设，为丝绸之路经济带建设提供综合信息服务。和田绿洲中心城市重点加快交换、传输的新技术运用，加强宽带通信网、数字电视网和下一代互联网建设，逐步实现三网融合；加快农村通信建设进度，建成覆盖全地的宽带城域网[14-17]。

(2) 加快互联互通电子政务平台和信息公共服务平台建设，推进大数据和云平台建设。西北"水三线"地区搭建一批互通共享的政务数据中心、电子政务和信息服务云平台。在西安、兰州、西宁、银川、乌鲁木齐、呼和浩特等核心城市建设区域性数据中心，完善人口、空间地理信息、自然资源、金融、信用、科技等基础数据库，并对各大城市群的数据中心、信息平台、数据库进行整合，建设统一共享的西北"水三线"数据中心、云平台和基础性数据库。推动电子政务和公共服务平台跨部门、跨省市、跨城市群横向对接，推进西北"水三线"各大城市群电子政务平台互联互通，电子政务信息资源共享。

(3) 推动现代物流信息网体系建设，推进电子商务蓬勃发展，建设"网上丝绸之路"。《"十三五"国家信息化规划》提出"网上丝绸之路"建设的优先行动。西北"水三线"地区应积极统筹发展区域内现代信息化物流体系和电子商务，一方面，提高区域内的物流信息化水平，近期支持运输配载、跟踪追溯、库存监控等专业化、特色化物流信息平台发展，推动物流信息平台互联互通。远期在信息平台基础上，建立统一的电子商务平台，通过电子定舱、货物跟踪、网上仓库、网上订票、网上采购等系统的建设，全方位发展物流电子商务。另一方面，大力推进电子商务云建设，鼓励大型商贸、信息服务企业建设特色商务云系统，完善西北"水三线"核心城市和节点城市电子商务产业链[14-17]。

在天山北坡城市群推进奎—独—乌区域电子商务云平台建设。提高霍尔果斯国际物流中心和伊宁市西北国际物流园的信息化水平，真正把伊犁建成国际现代信息化背景下，连接沿海、内地的各省（自治区），开拓中亚、欧洲等国家市场的前沿阵地。在关中平原城市群构建以西安为中心的开放型现代物流服务网络体系，实施"互联网＋"电子商务、高效物流。在兰西城市群积极推进兰州新区综合保税区、西宁综合保税区发展跨境电子商务，建设跨境电商综试区，培育贸易新业态新模式。在宁夏沿黄城市群进一步优化银川市的电子商务发展环境，推进银川电子商务公共服务平台建设。

（4）加强智慧城市群网络安全管理，提升信息安全保障水平。在信息时代，网络信息安全是国家安全战略的重大主题。由于西北"水三线"地域人文和外部安全环境的特殊性，在推进智慧西北"水三线"现代信息化建设的过程中，要立足信息安全的需要，加快构建以积极主动防护为主的网络信息安全体系，维护国家安全和西部地区的稳定。深入实施国家网络安全等级保护制度，加快建设互联网数据中心信息安全监控平台，完善网络和重要信息系统的安全风险评估评测机制，构建网络安全综合防御体系。健全城际、省际协同应急通信预案体系和预警机制，提升信息基础设施的可靠性和抗毁性。完善西安、兰州、西宁等国家重要数据灾备中心功能，建设联合异地灾备数据基地[14-17]。

（5）加快数字化发展，推进数字经济、数字社会、数字政府建设。我国"十四五"规划明确提出要"加快数字化发展"，加快数字化发展是构筑数字化时代国家竞争新优势的战略选择⑫。数字经济、数字社会、数字政府，是数字化发展的重要组成部分，在建设数字化中国的要求下，西北"水三线"地区要紧抓时代优势。第一，要做大做强数字经济，打造具有国际竞争力的数字产业集群。需推动制造业数字化、网络化、智能化，加快发展数字农业，普及农业智能化生产、网络化经营，依托互联网促进农产品出村进城。第二，要加强数字社会建设，提升公共服务、社会治理等数字化智能化水平。科学布局支撑数字化发展的基础网络体系，形成万物互联、人机交互、天地一体的网络空间⑬。第三，要加强数字政府建设，全面提升政府治理效能。提高政府行政效率，实现扁平化管理和精准高效协同，打造全面网络化、高度信息化、服务一体化的现代政府治理新形态。

19.2.4　构建保障有力的西北水网

（1）构建西北地区水安全保障体系。以水资源梯度配置为先导，跨越西北"水三线"，打造西北水网，是实施国家重大战略的根本要求，是突破西北"水三线"制约的必要手段，也是完整构建国家水网的重要组成部分。水资源与水安全是制约西北地区发展的核心问题，依托南水北调西线—西延工程和"国家大水网"建设，构建西北水网，可以提升西北边疆地区在全国乃至全球一体化进程中的经济地理位置，更是缓解西北地区水资源缺乏困境，提升区域水安全水平，助力水安全保障体系建设的必要途径。可以在水资源调配的基础上，建立以流域为单元的水资源生态系统管理模式，充分利用市场机制，完善水资源

---

⑫　人民网．加快数字化发展　建设数字中国［EB/OL］．［2021-10-15］．https：//baijiahao.baidu.com/s？id=17142671022765331248&wfr=spider&for=pc.

⑬　马兴瑞．加快数字化发展［J］．智慧中国，2021（Z1）：40-43.

管理模式。并以水资源承载力和水资源安全为基础，进行西北地区的生态环境建设，加强水生态环境管理，避免因水污染造成更加严重的水危机。

（2）基于南水北调西线—西延工程的西北水网总体布局。西北水网的总体空间布局紧密依托四大生态经济枢纽区形成，根据水系分布和相关规划，兰西生态经济枢纽区应以河湖水系综合治理、水系连通工程、控制性工程建设、智能化升级为重点，构建"一轴四峡五源"的水资源配置格局。河西走廊生态经济枢纽区应以祁连山北麓诸河控制性工程为骨干，以建设引大入秦配套延伸工程、引哈济党等调水工程为补充，以输配水渠道和天然河湖为主要通道，构建"一横三纵"的水资源配置格局。天山北坡生态经济枢纽区应充分发挥北疆供水一期工程效益，加快建设北疆供水二期工程和艾比湖生态工程，打通精—博—奎—玛输水通道，构建"两源一干多支"的水资源配置格局。环塔里木盆地生态经济枢纽区应充分发挥乌鲁瓦提、下坂地、大石峡、阿尔塔什、大石门、卡拉贝利、玉龙喀什河枢纽等已建和在建重点水利工程的防洪、灌溉、发电和供水调控能力，推进"新龟兹工程"建设与"新楼兰工程"建设，构建"九源一干一环"的水资源配置格局。

19.3　西北生态经济发展新模式探析

19.3.1　调水改土与城乡统筹发展模式

1. 国内城乡统筹模式案例

我国各省区的城乡统筹发展呈现不同的特征与模式。四川成都市作为首个城乡统筹发展试点区，经历了实践带动和理论发展过程[30]，通过数年的城乡统筹，成都市实现了经济社会协调发展的良好局面，为西部地区以及全国提供一个全方位、深层次推进的全景式改革样本。自 2003 年起，成都市开始城乡一体化实践，提出了"三个集中"与"六个一体化"发展模式，其中"三个集中"是指工业向集中发展区集中、农民向城镇和新型社区集中、土地向适度规模经营集中，"六个一体化"是指城乡规划一体化、城乡产业发展一体化、城乡市场体制一体化、城乡基础设施一体化、城乡公共服务一体化、城乡管理体制一体化❶；2007 年成为国家统筹城乡综合配套改革实验区，开始探索城乡统筹制度创新；2008 年用统筹城乡的思路和办法推进灾后重建，产权制度改革正式启动；2009 年提出了建设世界现代田园城市的长远目标。海南省三亚在审视自身发展条件的基础上，放弃了"先发展城市再带动乡村"的一般发展思路，提出"城乡共进，以旅促农"的城乡发展策略。产业链被看作城乡统筹发展的主要动力，一方面利用区域联合中心的区位优势以及优越丰富的生态旅游资源，以专业化旅游产业链带动城乡产业布局；另一方面将"三亚的城"与"三亚的乡"作为两个平等的经济体，以各自的本底条件直接参与到区域经济联系和产业开发之中。

---

❶　许鑫，汪阳. 从共生到融合：大都市边缘区空间价值重塑之路——以成都为例 [J]. 广西民族大学学报（哲学社会科学版），2018，40（1）：141-148.

2. 西北地区调水改土与城乡统筹新模式

我国虽然是人口和国土大国，但不是一个水利和国土的强国。我国水资源南北分布极不平衡，北部和西北部有大面积未利用但可改造后利用的土地。然而，从调水改土和扩大发展空间视角来看，我国的开发程度较低，属于水利弱国。同时，我国西北地区生态脆弱的根本原因是水资源缺乏与水资源的空间分布不均衡，只有调水增加供给才能形成水资源与土地资源及光热资源的平衡组合。

当前我国西北"水三线"生态经济协同发展存在以下障碍：①西北"水三线"水土资源空间显著不匹配，区域国土面积占全国总面积近36%，但水资源仅占全国水资源总量的5.7%；②未来完成工业化所需的水资源量和日益增长的城市化和生活用水需求，与水资源供给能力之间会发生严重的不平衡；③我国与美国、印度、加拿大、欧洲等国家和地区相比，是可利用土地和水资源方面的弱国，劳均耕地水平比日本、韩国等国家还要低1/3~1/2[15]；④水资源人均占有水平低和分布不均，人均耕地和建设用地水平太低，降低了西北"水三线"能源、交通等体系的利用率，抑制了人口迁移及劳动力流动，进而也阻碍了西北地区城乡统筹的步伐；⑤我国发展最大的不平衡是城乡发展不平衡，正面临着处理城乡关系的新的历史关口。

因此，在西北"水三线"地区实施调水改土，扩大发展空间，增加可利用土地财富，是推进城市化、转移农业劳动力、促进城乡人口合理流动和迁移、扩大创业就业、提高居民收入、形成以土地为基础的高效农业、新型制造业和城市发展的关键性战略。调水改土，开发利用西北荒漠化土地，已成为扩展我国生存空间的必然选择，这对于缩小东西部差距、促进城乡统筹发展、提升西北"水三线"生态-经济协同发展水平具有重要意义。

以调水改土为契机协调城乡人口、资源、经济布局，进而推动城乡统筹，助力西北"水三线"生态经济协同发展，其内在机制具体体现在两个方面：一方面，可以通过在相对欠发达地区形成新兴增长极，依托人口流动完成对城乡人口结构的优化，调整非农业与农业劳动生产比率，即通过调水改土增加国民经济新发展空间，迁移和吸收农村人口、水库移民、生态异地搬迁、复员军人等劳动力，加快市民化的城市化，增加就业机会，并吸引和转移城市过剩的资金和产业，使得非农业与农业劳动生产比率有所降低；另一方面，可以通过水资源跨流域调配扩大可耕种土地面积，提升劳均耕地所有量，即通过调节水资源分配，开发和深度利用西北"水三线"广阔的未利用和低利用国土，增加可利用土地，扩大农业生产和相关产业空间，实现农业规模、结构和质量的转型。

调水改土与城乡统筹相结合形成生态经济发展的新模式，其核心在于通过建设跨流域调水工程，优化水资源空间配置，改革现有的经营管理方式，为"三生"空间优化布局与城乡统筹提供保障，在西北"水三线"依托生态经济枢纽区构建城乡统筹的"第三模块"，疏通城乡之间存在的要素模块淤积以及循环梗阻，逐步形成资金和产业聚集，进而形成人口、土地、劳动力、资金、产业在我国西北地区的新生节点和新生组合。在生态环境优化方面，调节水资源的地区分配以支援西北地区，形成新的资源储备高地，扩大了可利用生

---

⑮ 周天勇. 调水改土与国民经济持续发展［J］. 经济研究参考，2019（4）：5－12.

态用地与耕地面积，农产品供给保障水平得到提升，进而改善人口经济向少数生境优势区聚集的极化效应，提高西北"水三线"水土资源匹配程度，提升区域生态承载力水平。

19.3.2　占补平衡与飞地经济发展模式

1. 国内外典型案例与模式

我国的耕地占补平衡政策经历了数次改革，根据政策实施成效可分为以下阶段[31]。

（1）数量平衡政策期（1997—2003 年），我国补充耕地数量大于非农建设占用耕地数量，符合耕地占补平衡政策在"耕地数量"上的"占补平衡"要求，虽然各省耕地占补平衡政策执行情况良好，但该阶段我国耕地总量却持续下降。

（2）数量—质量平衡政策期（2004—2010 年），我国补充耕地数量大于非农建设占用耕地数量，耕地总量减少幅度放缓，逐渐逼近 18 亿亩红线。与此同时，我国粮食产量连续 7 年增产，耕地质量有所提升。

（3）数量—质量—生态平衡政策期（2011—　），耕地占补平衡政策进入相对成熟发展的阶段，我国耕地数量变化相对平稳，耕地实现连续增产，粮食作物播种面积也有明显增加。

经济全球化背景下，一些发达国家在发展中国家建立的工业区可视为"国外飞地"。墨西哥的 IT 产业反映了外国直接投资（FDI）与可持续发展的关系，是由 FDI 直接形成的飞地经济的典型模式[32]。在相当长的一段时间内，墨西哥的出口加工业表现出明显的"飞地"经济特征，加工企业主要从事美国公司转移而来的简单工序生产，与东道国其他产业的关联度很低。墨西哥通过签订北美自由贸易协定和自由化政策吸引 FDI，大量 FDI 投入被认为是"清洁绿色"的 IT 产业。目前，国内已经形成了产业转移飞地经济模式、区域合作飞地经济模式、移民工业飞地经济模式、特色产业飞地经济模式和区位调整飞地经济模式等[33]。产业转移模式是目前我国飞地经济的主要模式，其中佛山与江门、苏南与苏北的合作有代表性。佛山将江门作为工业"飞地"，把产业项目和资金有计划地转移到江门，通过税收共享逐步实现经济一体化合作。苏南、苏北的产业梯次明显，苏南地区可以通过飞地经济模式集中优势发展现代服务业和高新技术产业，苏北地区承接苏南产业转移，形成产业互补。

2. 占补平衡与飞地经济视角下的西北生态经济发展新模式

我国西北"水三线"地区后备资源众多，但水资源成为了生态环境与社会经济发展的最明显约束，粮食不安全的重要原因是水资源短缺和地区分布不均。根据全国不稳定耕地调查评价成果，西北干旱半干旱地区不稳定耕地面积占地区耕地总面积的比例达到 4.1%，西北干旱区总体生态脆弱，现有耕地质量仍普遍较低，简单保障数量上的耕地占补平衡不适合未来发展需要，提升西北"水三线"地区耕地质量、修复永久基本农田是实施耕地占补平衡的前提。西北"水三线"地区在水资源保障情景下的潜在耕地总量约为 1.466 亿亩，在新时期西部大开发的视角下，要以水资源跨区域调配为抓手，改革土地管理制度，建设现代农业基地，增强要素禀赋，大力发展绿色有机特色质优的种植业、林果业、畜牧业，保障国家粮食安全。同时，由于水资源与生态环境限制，我国西北"水三线"地区目前仍以煤炭、石油、天然气、太阳能等资源为主体，作为我国中东部地区产业转移的"飞入地"，亟须依托水资源调配寻求新的飞地经济开发模式，创造更多省际、区域间的经济合作方式。

当前，我国的南水北调主要是供应城市而非农业，因此提升国家粮食安全水平需要战略转移，部署新的增产基地。西北地区拥有丰富的农业后备资源和得天独厚的光热资源，具备成为新的国家粮食生产基地的潜力。在保障粮食安全的视角下，合理的水资源空间配置方案是改善水土资源组合结构、创造西北地区新经济增长点的核心措施。通过实施南水北调西线—西延工程，改造我国土地利用方式，可打造西北地区自然资源新高地，扩大西北地区农业发展空间。通过资源空间聚集影响区域人口聚集，提高农业劳动生产率，有效保障区域粮食安全。将农田变成能人工管理的水田，粮食与经济作物生产能力可显著提高。在飞地经济开发模式的指导下，将西北地区的太阳能发电、风力发电等清洁能源输送到南水北调沿线，将城市污水、工业废水净化后输送到沙漠地区，可以开发沙漠地区的生产功能，进而为西北"水三线"参与到飞地经济开发模式中提供支撑。西北"水三线"未来应重点参考产业转移飞地经济模式与特色产业飞地经济模式，发挥自身在国土空间、清洁能源储备等方面的优势，以煤炭、石油、天然气、太阳能等资源为代表加强与中东部地区的产业发展合作，从而推动实现区域经济互利共赢。

占补平衡与飞地经济有机融合的生态经济发展新模式的核心在于依托南水北调西线—西延工程，总体提升土地生产能力，加强西北地区优势产业发展，为建立跨区域的耕地占补平衡机制提供土地支撑，为推广东部、中部、西部地区之间的飞地经济示范模式提供产业保障。其关键是将占补平衡与飞地经济的运转机制联系起来，不局限于地域、体制、机制限制，通过跨区域管理模式实现资源互补、利益共享。通过水资源跨区域的空间配置，在受水区打造我国西北地区自然资源开发利用新高地，扩大耕地面积和农业发展空间，为占补平衡提供充足资源。通过资源的空间聚集影响区域人口聚集，促进农业规模化经营，提高农业劳动生产率，有效保障区域粮食安全。调水产生的新兴社会经济发展空间伴随着新的劳动力需求，由此可缓解人口就业问题，有利于农村劳动力、土地、资金、技术等要素的合理匹配；在资源与人口聚集的基础上，西北地区资源潜力得到有效挖掘，生态经济发展更为协调，以生态经济枢纽区为核心的区域新增长点逐步强大；全域生态承载力与经济实力加强，为承担异地接续产业与替代产业提供了更大可能，可有效促进基于西北地区耕地后备资源与能源的飞地经济开发模式。由此，西北地区生态经济协同水平提升，生态经济枢纽区之间形成更为高效的有机连接。

19.3.3　碳中和与生态补偿互动模式

1. 国内外典型案例与模式

国外碳中和实践经验可以分为组织碳中和、活动碳中和、产品服务碳中和三类案例[34]。

(1) 组织碳中和。组织碳中和指以各种政府机关、企业等为主体的碳中和活动，典型案例包括加拿大雪梨市政府、汇丰银行、英国贸易文化中国台湾办事处等。

(2) 活动碳中和。活动碳中和是指单次举办的大型活动的碳中和，如 2006 年的都灵冬奥运会、2008 年的北京奥运会、2010 年的南非世界杯足球赛等。

（3）产品服务碳中和。产品服务碳中和是指产品生产的生命周期碳中和，典型案例有新西兰 Antipodes 公司的瓶装水、UPS 公司的货运服务和 Radio Taxies 出租车服务等。

我国碳中和实践相较国外起步稍晚，要实现 2030 年的碳达峰和 2060 年的碳中和目标，将是艰巨而迅速的。经过多年发展，目前我国在可再生能源、新能源汽车等领域处于世界领先地位，拥有强大的装备制造能力及国内超大规模的市场优势、掌握核心技术和关键产业链的优势。

巴西的生态转移支付是国外生态补偿机制实施的典型案例之一，又称为生态财政转移支付，即将转移支付加入生态指标，并且严格控制生态指标与其他指标的权重，上级政府按照该比例向下级政府分配财政收入，其主要财政收入来源是增值税。巴西生态财政转移支付是具有普遍适用性的生态补偿模式，具有非常重要的借鉴意义。20 世纪 90 年代，我国在重要生态功能区生态补偿、流域水资源生态补偿、矿产资源开发区生态补偿、大气环境保护区生态补偿、农业生产区生态补偿方面进行了大量的实践，其中生态功能区以及流域水资源生态补偿工作起步较早，成效明显。在自然保护区生态补偿案例中，2001 年中央财政设立了"森林生态效益补助资金"，选择 24 个国家级自然保护区作为试点。

2. 碳中和视角下的生态补偿机制

土地、水和能源是一个国家赖以生存和发展的三大最基本资源，西北"水三线"地区既是生态环境脆弱区，也是我国土地资源的重要储备区，又是矿产资源的主要储藏区，清洁能源开发的核心潜力区，碳中和目标与生态补偿机制为西北"水三线"优化生态环境、促进生态经济协同发展提供了机遇与挑战。当前，我国新能源对传统能源已逐步形成替代，太阳能、风能和氢能等成本逐步下降，生产规模不断增加，分布式发电用电稳步扩张，新能源应用范围和区域不断扩大❶。同时，我国煤、核、水电能力较大，光伏和风能发电发展较快，输电网络基本形成，并且超高压技术和设施世界领先。但与世界主要碳排放国家的历史进程相比，我国实现碳中和的目标仍然面临巨大的压力与挑战。尤其对于西北"水三线"地区，因其资源禀赋结构形成了以化石燃料为主的能源消费结构，工业生产仍高度依赖能源、资源的投入数量，传统的工业发展模式使当地工业发展表现出高碳特征。同时，西北"水三线"所辖各省多为生态补偿大省，其生态保护和恢复使东部乃至全国大部分地区获益良多，但由于生态建设对产业发展的若干限制，在一定程度上限制了西北地区的经济发展。当前，西北地区生态补偿工作仍存在生态补偿核算方法模糊、生态补偿标准不合理及标准建设滞后等问题[35]。因此，亟须抓住国家"双碳"目标与健全生态保护补偿机制的重大机遇，发挥西北地区土地资源与能源优势，探索基于碳中和与生态补偿的西北生态经济协同发展新模式。

碳中和与生态补偿根本目标均是保护生态环境，提升区域生态安全水平，解决水资源、土地资源、环境资源的污染与破坏问题。在碳中和视角下，调水工程支撑下的西北地区生态环境将有总体改善，植被覆盖率的总体提升可以改善陆地生态系统碳汇能力，西北"水三线"可从固碳端为碳中和提供有效支撑。在生态补偿视角下，西北生态脆弱区是我国重要的生态屏障，恢复和保护西北地区生态环境，能够惠及中东部地区。碳中和与生态补偿相结合的生态经济发展的新模式，其核心在于依托水资源配置工程对生态环境的改善作用，将碳中和与生态补偿机制有机结合，总体提升西北"水三线"地区的生态承载力，恢复荒漠生态系统，优化绿洲生态环境，进而为国家"双碳"目标下的有效减碳提供广阔空间，为推动生态补偿机制健全完善提供优质土地。

建立碳生态补偿机制是西北"水三线"地区生态经济发展新模式中的重要内容，其不仅是新时期生态补偿的新兴研究领域，也是生态补偿机制与碳中和目标的有机融合。为更好地推动西北"水三线"地区建立碳补偿和清洁发展机制，需重点关注：①加快构建以中央政府为主导的横向碳补偿制度，在低碳省份、碳交易市场等低碳试点机制展开的契机下，加快制定碳补偿制度以完善低碳社会建设体系[36]；②准确核算各省碳排放是实施碳补偿制度的基本前提，因此需要完善碳排放计量监测体系和统计制度，建立以省、市为单位的碳收支账户；③制定多样化补偿方式，形成对口补偿机制。单一的输血式补偿容易形成补偿依赖性，技术援助、项目支持、异地开发以及智力补偿等造血式补偿途径能够更好地实现两地经济和环境双赢。因此，可尝试采用"经济补偿＋"的补偿模式，根据各省发展特点将补偿主客体对接形成对口补偿机制，推动两地开展低碳产业和技术协作。

19.3.4　水利经济与现代经济耦合调控模式

1. 国内外水利经济发展典型案例与模式

20 世纪，国外的水利经济发展基本步入了一个快速发展期，例如，美国以防洪为主要内容的密西西比河治理开发、以治理流域内水土流失为主的亚马逊河流域开发、田纳西河流域的综合开发，苏联伏尔加河流域的开发，日本琵琶湖水资源开发与治理，北美伊利湖的开发等。20 世纪以来，美国大力加强水利建设，不仅扭转了水资源分布不合理的状况，而且有力推动了西部诸州的经济崛起❶。除了修建水坝等设施，美国还实施了 10 多项调水工程，以满足西部缺水地区社会经济发展的需求，中央河谷工程与加州北水南调工程成为美国大型公共工程建设的典范。兴修水利使美国西部水资源短缺问题得到缓解，使很多干旱、半干旱土地变成了良田，农业获得飞速发展。

70 多年来，我国历届政府进行了大规模的治水工作，水利经济在抗灾防洪、优化水资源配置、生态环保等方面都发挥着巨大作用。从 20 世纪 50 年代开始，国家对长江、黄河、淮河、海河等七大江河分别进行了持续不断的治理，取得了巨大的成效。90 年代以后，水利产业化进程不断加快，我国水利经济出现了蓬勃发展的势头，水电建设加快，水利渔业、旅游业稳步发展，水利综合经营迈上新台阶，水利经济结构得到改善，水利发展与区域经济良性互动，水利经济得到了全方位发展。进入 21 世纪，我国的水利经济发展继续保持良好势头，发展步伐加快，进一步增强了农业、工业及城镇供水保障能力。截至 2018 年，我国已建成江河堤防 31.2 万 km，流量 5m³/s 及以上的水闸 104403 座，各类水库 98822 座，耕地灌溉面积超 10 亿亩，农村水电站 46515 座，累计水土流失综合治理面积达 131.5 万 km²❷。

---

❶　河南省水利厅赴美国培训团. 美国大型水利工程建设与管理的启示［J］. 河南水利与南水北调，2007（4）：5－6.

❷　2018 年我国较主要水利工程建成情况分析　江河堤防长度与农村水电站装机容量不断增长［EB/OL］.［2019－12－16］. http：//free. chinabaogao. com/nengyuan/201912/12164E00H019. html.

2. 水利经济与现代经济耦合调控模式

水利经济作为我国经济的重要组成部分，是国家发展、人民生活保障的命脉所在，其发展可以带动经济的增长，给经济增加活力，让水资源产生更多的经济价值，为人民造福。随着社会发展与科技进步，人们的生活发生翻天覆地的变化，水利经济的作用和重要性却始终没有改变，其基础性地位也没有改变。

(1) 我国水利经济发展沿革。水利经济是以水资源作为载体，从事水资源集约利用、开发、保护的社会经济活动组合。水利经济是我国最基本、最传统的经济发展模式的学术思想，来源于历史发展、现实状况和未来战略布局。

从历史发展来看，水利工程在人类文明历史进程中一直发挥着至关重要的作用。从远古时期的逐水而居，到以水利灌溉起决定因素的农业文明发展，到以水电应用为标志之一的工业文明，再到今天以人与自然和谐相处为核心理念的生态文明，人类都在探索建造各种水利工程来科学调度水资源以适应自身发展的需求。冀朝鼎先生认为发展水利事业是国家的一种职能，治国者必先治水，通过建设水利工程控制基本经济区即可征服乃至统一全中国。我国历史上的"基本经济区"都是以重点水利工程的建设为支撑，如黄河的引黄灌区、秦朝的郑国渠、川蜀的都江堰、隋唐的大运河等。冀先生提出的"基本经济区"理论被世界所认同，西方经济学界普遍认为：历史上中国的经济就是王朝集权统治下的水利经济。

从现实状况来看，我国70多年来一直致力于水患治理和重大水利工程建设，例如黄淮海流域治理、长江流域开发和三峡工程建设、南水北调工程规划建设等，其目的皆为兴利除害、发展经济、保护生态，支撑我国社会经济发展。南水北调工程是迄今为止世界上最大的调水工程，东线、中线、西线三条线路分别从长江下、中、上游向北方调水，与长江、黄河、淮河和海河连接，构成"四横三纵"国家水网主骨架。国家十分重视西北地区水利发展，除开展水库除险加固、大型灌区节水改造、盐碱地改良、农村安全饮水工程、牧区水利工程建设外，还建成了一大批重大水利枢纽工程和跨流域调水工程，有力支撑了当地经济社会的可持续发展，也现实性的印证了"水利经济"是中国最传统、最基本的经济模式。

从未来发展战略布局来看，引领我国经济发展的是走以水利经济与现代经济相融合的道路。我国现代发展模式是以"五位一体"新发展理念为科学指导，借鉴现代生态经济学、循环经济学、点—轴系统理论、可持续发展理论、城市群增长极理论等在世界发达国家的成功应用，形成了我国特色的国家发展战略。即以"一带一路"倡议为引领，以京津冀协同发展、长三角一体化、粤港澳大湾区、长江经济带、黄河流域生态保护和高质量发展的重大国家战略为支撑，陆海统筹，区域协调，贯穿国家空间发展意志。这些重要的国家发展战略都是以河流的生态环境保护与水资源时空的合理配置作为支撑条件。"国家水网"建设就是拓展国家发展空间、面向未来的"大水利经济"。"国家水网"工程以及各流域、地方实施的跨流域调水和重点水利工程，都是发展水利经济的重要手段。通过加强水资源跨流域、跨区域科学配置，全面增强我国水资源统筹调控能力、供水保障能力、战略储备能力，为人口和产业聚集以及资源开发提供水资源保障，并进一步拓展国土发展空间。

水利经济的发展，一方面是为水资源利用所形成的产业提供水资源保障，并产生其生态水利经济效益；另一方面通过跨流域调水，改善区域的水资源环境条件，为人口和产业聚集以及资源开发提供水资源保障，并进一步拓展国土发展空间。因此，有理由认为，我国的经济发展模式走的也是以水利经济与现代经济相融合的道路，应当"跳出水利看水利"，加深认识水利在我国经济社会发展和中华民族历史繁衍中的极端重要性。

（2）中国现代经济发展模式。 在党的十八届五中全会上，习近平总书记系统阐述了创新、协调、绿色、开放、共享五大新发展理念，这既是中国经济发展的需要，也是我国社会共识的体现。党的十九大报告首次提出，我国现代经济主要特征表现为转变发展方式、优化经济结构、转换增长动力、完善产业体系。现代经济发展模式是以促进"一带一路"高质量建设、形成陆海统筹与"双循环"新格局、建立更加有效的区域协调发展新机制、推进西部大开发取得新进展、实施乡村振兴和城乡统筹发展等国家发展战略为引领，以生态经济学理论、生态产业理论、循环经济理论、"点—轴"系统理论、协调发展理论、可持续发展理论、区域经济发展理论、人地耦合系统理论等为支撑，贯穿国家空间发展及区域协调发展全过程。

现代经济发展离不开水利建设的支撑和保障，京津冀协同发展主要依托南水北调东、中线工程，粤港澳大湾区建设则主要依托珠江流域治理和全域的水资源优化配置，长三角一体化发展、长江经济带发展、黄河生态环境保护和高质量发展都与国家"江河战略"密不可分，新时期推进西部大开发取得新格局则主要依托南水北调西线—西延工程。因此，从未来发展的角度分析，构建国家空间发展格局、发展现代经济离不开"国家大水网"的支撑。

随着我国社会经济的发展，地下水超采区治理、河湖生态环境、水污染治理等情况得到有效改善，经济发展对水资源的需求会持续加大。做好不同区域的生活、生产和生态用水配置，尤其对于水资源短缺的西北地区而言，依托"西北水网"建设实现水资源空间合理配置，推进西部大开发形成新格局，发展水利经济，高质量建设西北生态经济枢纽区，进而发展生态可持续农业农村生态经济模式，促进西北地区生态经济结构合理布局，最终系统构建西北地区水利经济与现代经济融合调控模式，是建设西北"水三线"地区生态经济体系的重要任务。

（3）构建水利经济与现代经济融合调控的生态经济发展新模式。 应充分认识水利经济发展现状与存在的不足，坚持"以用好当地水为主，以跨流域调水为补充"的原则，结合西北"水三线"地区河湖水系分布特征，科学构建国家"西北水网"及区域水网，依托水资源配置工程对生态环境承载压力的缓解作用，紧抓"水资源—能源—粮食"关联纽带，调节三者之间的协同水平，发掘西北"水三线"特色生态产业，不断完善绿色农业产业布局，形成水利经济与生态经济协调发展新模式。

水利经济与现代经济融合调控的生态经济发展的新模式，其核心在于加强水利基础设施建设，建立水利经济良性运转机制，为生态环境保护及区域协调发展提供水资源保障。

生态经济枢纽区建设和其他经济区建设一样，同样需要城镇化、工业化和现代产业的支撑。对于西北"水三线"地区，应充分发挥当地资源和特色优势，特别通过水—土—光热资源的优化组合，大力发展生态农业、生态畜牧业、生态林果业、生态旅游业等生态经济优势产业。西北"水三线"地区具有三级以上潜力的耕地大约有 1.46 亿亩，按照现有灌溉农业的实际粮食单产估算潜在耕地的粮食生产潜力，该地区粮食生产潜力可达到 6089.6 万 t，通过跨境调水进行改良，完全可建成西北粮仓。

19.4　生态经济枢纽区与国家战略布局的互动模式与实现途径

19.4.1　互动动力与形态

西北"水三线"生态经济枢纽区与国家战略布局的互动是指各个枢纽区中关键极点、发展轴带与国家战略布局中的城市群、重要轴带、战略发展区域、国际国内双循环之间及内部的各要素，依托空间区位特征与社会经济水平，通过相互配合、有效运转，共同实现我国经济水平提升与区域协调发展。生态经济枢纽区与国家战略布局协调发展不仅强调经济发展的数量，更强调经济发展质量和效益的提高，同时在经济增长时尽可能减少对生态环境的破坏，实现枢纽区与国家战略布局生态与经济结构协调、层次协调、过程协调，从而推动全域生态与经济共赢。

生态经济枢纽区与国家战略布局的互动动力不仅体现在推动西部大开发新格局形成、实现区域协调发展、促进国内经济大循环与国内、国际经济双循环的现实需求之中，也体现在经济系统与生态系统相互促进的良性互动过程之中，此外，"一带一路"建设与"双循环"经济格局也从高水平开放型经济发展的视角为两者的互动注入了新的动力。而国家统筹发展与规划的现实需求成为推动生态经济枢纽区与国家现有经济发展战略布局互动的最大动力。作为"丝绸之路经济带"的关键枢纽，西北"水三线"生态经济枢纽区是统筹国内国际两个大局、深化与沿线国家经贸、人文、科技等多领域合作交流的关键片区，生态经济枢纽区建设也是实现西部大开发新格局形成的必由之路，并在促进国内、国际经济循环的过程中具备向西开放的战略核心地位，同时，在生态—经济协同发展的视角下，良好的生态环境将为生态经济枢纽区的建设与经济发展提供物质基础，两者之间相互促进、相互依存、相互制约的复杂关系也是推动生态经济枢纽区与现有战略布局良好融合的重要动力。对于西北"水三线"地区，实现高水平的区域开放型经济发展是建设好生态经济枢纽区的关键，也是实现枢纽区与国家战略布局互动的重要途径。由此，各生态经济枢纽区应以"一带一路"倡议为契机，推进与沿线国家的全面合作，加快向西开放，将枢纽区建设为西北地区乃至"一带一路"沿线的开放前沿。

生态经济枢纽区与国家战略布局的互动形态是生态经济枢纽区与国家战略布局中"点—轴—面"要素空间联动、互动耦合的体现。当前，我国城镇发展战略布局已经形成多极网络空间发展格局以及"以轴串群"的新型城镇化发展布局，但总体来看国家东半壁仍是城市极点、经济轴带的集中区域，我国西部地区的城市增长极严重缺乏，尚未形成有效覆盖全域的发展轴带与网络；近年来，我国进一步在区域发展上形成了以京津冀协同发展、长江经济带发展、粤港澳大湾区建设、长三角一体化发展、黄河流域生态保护和高质量发展五大国家战略为引领的区域协调发展新格局，而我国西北地区的全面发展仍缺乏战略支撑。西北"水三线"生态经济枢纽区的建设主要从空间布局层面弥补了我国西部增长极缺乏的不足，完善了国家战略发展的总体格局，通过建设生态经济枢纽区，在空间上与黄河流域生态保护和高质量发展空间联动，与长江流域经济带建设南北互动，在推动国家城镇体系完善的基础上，也为打通西部地区的国际合作道路、形成跨国经贸网络带来了多重机遇。从宏观布局来看，西北"水三线"生态经济枢纽区不仅与国家战略布局形成空间互动，还可依托其在"一带一路"建设中核心地区的战略地位，沟通"一带一路"各个国家，壮大"一带一路"经济走廊，协助打通"深陆"通道，拓展"一带一路"向纵深发展。

需要特别注意的是，为缓解西北地区水资源短缺压力，科学实施南水北调西线—西延工程与西部调水工程已迫在眉睫，通过大型跨流域调水工程可为西北"水三线"带来实际的生态效益、经济效益。无论从应对未来全球性"水、粮食、能源"挑战还是从促进我国东西部均衡发展、拓展我国发展空间、保障全国生态安全、抵御极端干旱等自然灾害的角度来看，积极推进西部调水都是事关中华民族福祉的重大举措。2020 年，中国工程院院士王浩提出了新时代的西部调水思路，该调水方案从雅鲁藏布江开始，依次经过易贡藏布、帕隆藏布、怒江、澜沧江、金沙江、雅江、大渡河、岷江、白龙江、渭河、黄河等主要水系，过黄河以后沿河西走廊、塔里木盆地南缘一直延伸至喀什⑱。该调水线路将打破制约西部发展的水资源瓶颈，极大释放了胡焕庸线以西的国土资源的潜力，在西北"水三线"地区形成新的未来经济发展引擎。随着大规模绿洲的兴起、耕地的开发、工业的发展、内陆航运大通道的建设，在现代科技和节水观念的引领下，矿产、钢铁、能源、电力、煤化工、建材、旅游等现有产业基础的作用将充分发挥，促进农业现代化和工业快速发展，由此将创造全新的经济增长点。武威、金昌、张掖、酒泉、嘉峪关、玉门、敦煌、哈密、吐鲁番、和田、喀什等沿线城市人口将大规模增加，崛起若干新的中心城市[37]，进而优化西北"水三线"地区城镇体系，推动区域跨越式发展。

在西部调水及其经济带的双重作用下，兰州、西安等传统区域经济重镇将迎来更好的发展机遇，兰州也将跻身新的国家中心城市，也将为西北"水三线"生态经济枢纽区与国家战略布局的空间互动提供新的思路。具体而言，在高速铁路、大数据等为代表的物流现代化和全球信息化时代，结合我国"一带一路"、区域均衡发展、高质量发展等政策支持，依托上述各大中心城市，调水沿线的西北"水三线"将逐步成为我国未来经济发展的一条主要轴线。其向东可以联结国内、联系亚太，向西可以连通中亚、西亚以至欧洲和非洲，成为"世界上最长、最有发展潜力的经济文化大走廊"，极大地提高西北地区经济地位和对外开放水平，促进欧亚大陆东西联动。随着国家对长江经济带和黄河经济带的进一步规划、中欧班列等陆路经济的发展。届时，我国的经济发展格局将发生明显改善。即在我国原有的"沿海一圈、沿江一线"国土开发与经济布局"T"形空间构架基础上，未来沿西部调水经济带和沿黄河经济带可共同构成我国面向陆路经济的又一个"T"形经济发展构架。该构架与我国原有"T"形格局互为补充，共同构成我国新时期"双 T"形发展格局，该格局将有力促进东西部、南北方均衡发展。西北"水三线"需要紧抓"双 T"形发展构架的良好机遇，依托西部调水工程，利用未来沿西部调水经济带与沿黄河经济带实现各个

---

⑱ 王浩 . 依靠人民 服务人民 关于我国西部调水的思考［EB/OL］. ［2020 - 3 - 16］. http：//www. ce. cn/cysc/stwm/gd/202003/16/t20200316 _ 34498832. shtml.

生态经济枢纽区之间的紧密连通，利用"双 T"形构架实现西北地区各级城市节点与东部城市发展布局的空间联动。

19.4.2　互动阶段与途径

生态经济枢纽区与国家战略布局互动阶段的确定可以与国家国民经济和社会发展五年规划、国家新型城镇化规划、各级城市群发展总体规划等相结合，体现生态经济枢纽区建设与国家战略布局逐步融合、空间联动的渐进过程。两者的互动阶段可以五年为界，主要分为以下阶段：

(1) 第一个五年应为生态经济枢纽区建设的体制机制形成阶段。该阶段需以规范性文件明确枢纽区的内涵概念、空间范围、建设方向、建设目标等，将西北"水三线"生态经济枢纽区建设提升到国家制度与战略制定层面，以明确的政策性文件引领生态经济枢纽区成为西北地区乃至全国的开放前沿。

(2) 第二个五年应为各个生态经济枢纽区之间的协调合作阶段。该阶段旨在以生态经济枢纽区为龙头，增强西北地区各省之间的经济互动，形成区域间经济联动、统筹发展、开放协调的崭新格局，带动我国西北地区社会经济总体提升、城镇体系进一步完善、基础设施网络互联互通、人口布局更加合理、社会环境更加稳定，使西北地区实现内部的协调发展与共赢合作。

(3) 第三个五年应为生态经济枢纽区与国家现有城市群空间体系、新型城镇发展格局、多极网络空间布局之间的良性互动阶段。该阶段的目标是推动西北地区与国家战略布局的有效融合，将生态经济枢纽区提升至国家战略建设的突出地位，融入国家城镇建设与经济布局的宏观体系。以生态经济枢纽区为引领，推进西北地区的"去边缘化"过程，将西北地区由"内陆腹地"转变为"开放前沿"，使生态经济枢纽区在国家战略布局中具备不可替代的关键地位。

生态经济枢纽区与国家战略布局互动途径的探索是缩小西北地区与国家中东部发展差距的核心，其中包括：

1) 需要以生态经济枢纽区为引领，加快西北地区政府观念和职能转变，建立科学的政府决策体制，从政府制度层面转变西北地区的经济增长方式。

2) 需要加强西部、中部、东部地区的区域合作与区域规划，优化产业布局，促进东部发达地区与西北地区的经济技术合作。

3) 需要在实现生态经济协同发展的同时，合理布局生态经济枢纽区人口规模，提升人口素质，特别关注生态经济枢纽区的民族结构变化，解决由民族、宗教问题导致的冲突，维护西部地区的边疆稳定与民族团结，从而实现国家安全的重要目标。

4) 需要以环境与经济发展良性互动的新理念、可持续发展战略来推进西部地区与国家经济和生态环境的良性互动，体现生态经济枢纽区对经济发展与生态环境协调共赢的促进作用。

5) 需要依靠政府的监督和调控来促进生态经济枢纽区与国家战略布局的空间融合，借助完善的市场机制、通过技术创新来导引生态经济枢纽区与国家战略布局的经济往来，助推西北"水三线"生态经济枢纽区融入国内经济大循环、国内国际经济双循环。

6）需要紧抓"一带一路"建设机遇，扩大外需市场空间，消解区内产能过剩，建立多元化的资源储备通道，实现西北地区经济地理空间的全面拓展，围绕生态经济枢纽区建设跨省界、跨国界的复合型、多元化区域合作模式，提升西北地区在国内战略布局乃至全球一体化进程中的经济地理位置。

7）需要在国际国内经济双循环视角下，在西北生态经济枢纽区重点推动对外开放与区域统筹发展联动，进行市场主体与开放管理体制的协调优化，建设多层次、高质量的开放型经济通道，着力推动西北地区的高水平开放型经济发展。

19.4.3　互动模式与机制

西北"水三线"生态经济枢纽区与国家战略布局的互动模式可以体现在自然资源的互动、经济发展的互动、国土空间的互动三个方面。

（1）在自然资源的互动方面。水资源是制约西北地区发展的核心资源，西北地区面临水资源短缺、资源组合不匹配、土地荒漠化加剧、生态环境脆弱、区域生态与经济发展不相协调等现实问题，需要在与国家战略布局互动时紧密依托南水北调西线工程实现水资源的跨区域调配[38]，为西北生态经济枢纽区的建设提供水资源保障。此外，在全球城市化快速发展、人口加速增长的背景下，由于自然本底与资源禀赋差异，我国在空间上形成了功能相异的碳源与碳汇区域。对于西北生态经济枢纽区，广阔的国土空间与相对稀疏的人口覆盖使其成为了消纳东部地区碳排放的潜在场所，在生态经济枢纽区与国家战略布局的互动模式中，需要增加西北地区的碳汇功能，为缓解中东部地区生态环境压力提供支撑。

（2）在经济发展的互动方面。西北生态经济枢纽区主要通过国家城镇网络、经济发展轴带、基础设施网络、"双 T"形发展格局与中东部地区直接形成经济发展的互联互通，即以典型生态经济枢纽区为带动，形成西北地区高质量协调发展的新格局，为促进国内经济大循环、国内国际经济双循环提供重要抓手。此外，飞地经济也为生态经济枢纽区与国家战略布局的互动提供了有效思路。飞地经济是指打破区划限制，以最新国务院批准的各类开发区为主要载体，在平等协商、自愿合作的基础上，以生产要素的互补和高效利用为直接目的，在特定区域合作建设开发各种产业园区，通过规划、建设、管理和利益分配等合作和协调机制，实现互利共赢的区域经济发展模式[⑲]。在该种模式的指导下，西北地区可以发挥自身资源优势，以煤炭、石油、天然气、太阳能等资源为代表加强与中东部地区的产业发展合作，从而推动实现东中西部的经济合作与互利共赢[39]。

（3）在国土空间的互动方面。国家耕地占补平衡政策为西北生态经济枢纽区与国家战略布局的空间互动模式提供了思路。西北地区国土空间广阔，占全国国土总面积近 36%，而我国当前耕地面临南方耕地持续减少、东北耕地已无开发潜力、优质宜耕地正在减少等现实困境[40]。相反，西北地区作为我国粮食生产的战略后备区和畜牧业生产主产区，拥有丰富的农业后备资源，是我国传统农业的重要起源地之一，具有实施耕地占补平衡的巨大潜力。因此，在依托南水北调西线工程解决西北地区水资源缺乏的基础上，可以有效开发西北地区的农业后备资源，以"调水改土"思想为指导在西北地区实现"水资源配置调

---

⑲　杨燕玲．"飞地经济"助力区域蓬勃发展［N］．青海日报，2020 - 11 - 16.

控→可利用土地面积扩大→土地利用率提升→自然资源高地形成→农业规模化经营→粮食增产与粮食安全"的良性循环,打造西北地区自然资源新高地,扩大西北地区农业发展空间,实现生态经济枢纽区与国家战略布局的国土空间良性互动。

西北"水三线"生态经济枢纽区与国家战略布局的互动机制主要体现在经济发展与生态保护的权衡以及开放型经济体系的建设之中。在经济发展与生态保护的权衡方面,生态经济枢纽区的建设定位在充分考量西北地区自然环境与资源本底相对缺乏的基础上,发展当地特色经济与支柱产业,因此实现枢纽区与国家战略布局的互动不能忽略生态—经济协同的机制问题。具体而言,首先需形成以生态型产业替代生态破坏型产业的产业置换机制,该机制将指导生态经济枢纽区形成具有地方特色的生态经济经营模式,在国家战略布局中体现出生态经济的特色定位;其次需形成吸引资本流入生态经济枢纽区建设的投资机制,该机制将指导生态经济枢纽区建立多元的生态建设投资机制,引导国家中东部资源投入西部地区;最后需形成多利益主体参与建设的多元经营机制,该机制在充分考虑多方利益主体的基础上,为推动西北生态经济枢纽区与国家战略布局形成良性互动提供坚实的制度基础。

在高水平开放型经济体系的建设方面,"一带一路"高质量发展与国际国内经济"双循环"格局均为西北地区的开放型经济建设提供了重要机遇,而开放型经济的发展是推动新时代西部大开发格局形成、缩小东西部发展差距、推动西北生态经济枢纽区融入国家战略布局的关键途径。实现高水平开放型经济体系,应遵循联动化机制、联通化机制、市场耦合化机制[41]。其中:联动化机制强调对外开放与区域统筹发展的联动推进,需要避免西北地区内部的无序竞争以及低水平重复建设,促进多层次开放平台基于自身优势实现有效联动;联通化机制强调多层次、高质量开放型经济大通道的建设,即基于西北生态经济枢纽区与轴带连通的发展布局,进行互联互通的基础设施建设,沟通东西部地区与国际国内,基于开放型经济通道实现生态经济枢纽区与国家战略布局的互动;市场耦合化机制强调市场主体与开放管理体制之间的协调优化,西北地区应依托生态经济枢纽区建设,借助创新业态与商业模式应用,带动资源整合能力、自主创新能力、外源技术吸收能力大幅提升,加速弥补市场发育环境的短板,突出西北地区对外经济优势,顺利融入国内经济发展的大循环与国内国际经济双循环之中。

19.4.4　形成多区域、多视角联动发展的新局面

1. 多区域、多视角协同发展新思路

(1) 联动发展的尺度效应及关键环节。建设调水改土与城乡统筹、占补平衡与飞地经济、碳中和与生态补偿、水利经济与现代经济等多维融合模式,对促进西北"水三线"地区生态—经济协同发展及生态经济枢纽区良性互动发展具有关键作用。作用机制既有共性的一面,也各有侧重。其共性主要体现在目标与前提两方面:①在多维视角下,其目标均是通过形成生态经济发展模式,促进西北"水三线"地区生态环境明显改善、资源配置更加合理、社会经济进一步聚集;②实现该目标的前提均是跨越西北"水三线",加快建设南水北调西线—西延工程、构建"西部水网"、集约节约用好当地水资源,通过水资源空间调配切实解决西北地区水资源短缺的现实问题,进而保护和修复生态环境、提高资源环

境承载能力。其各自侧重点主要表现在以下方面:

1) 基于调水改土与城乡统筹视角的生态经济发展模式,侧重点为以优化水土资源配置为抓手,从宏观尺度协调"水资源—土地—生态—人口—经济"等多要素复合关系。依托生态经济枢纽区建设,在西北"水三线"地区构建城乡统筹的"第三模块",缓解现状城乡模块存在的要素淤积以及循环梗阻。该发展模式不仅可以在西北地区创造出新的生态经济发展极,也对中部、东部地区的人口、劳动力、资金、产业聚合模式具有优化互动作用。

2) 基于占补平衡与飞地经济视角的生态经济发展模式,侧重点为以流动的水资源串联不同区域、不同体制、不同机制,从动态尺度建立资源互补、利益共享的发展模式,该模式相对于调水改土与城乡统筹的全要素视角,更倾向于粮食安全与产业发展维度。

3) 基于碳中和与生态补偿视角的生态经济发展模式,侧重点为紧密围绕生态安全这一核心问题,立足于通过保障水资源供给,提升西北"水三线"在参与国家"双碳"行动、实现国家生态文明目标中的重要地位,从根本上改善西北地区生态环境。

4) 基于水利经济与现代经济融合的生态经济发展模式,侧重点为在加强水利基础设施建设的基础上,深入挖掘土地生产潜力,以形成西北地区水利经济良性运转机制为重点,以建设西北地区农业生态经济体系、形成现代农业生态经济模式为途径,为西北地区水利经济产业发展注入新的活力,并以此反哺水利经济发展。

由此可知,不同视角下的生态经济发展模式对推动西北"水三线"地区全面建设均具有关键战略作用,对实现区域生态—经济协同发展缺一不可。

(2) 联动发展的阶段划分。根据生态经济发展模式及其内在关系,构建多区域、多视角联动发展的逻辑关系 (图 19-1),运转链条可分为以下阶段:

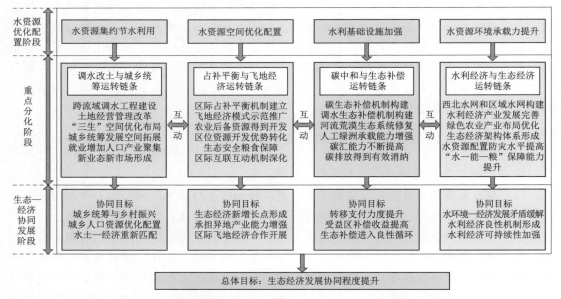

图 19-1　西北"水三线"多区域、多视角联动发展逻辑关系图

1) 水资源优化配置阶段。该阶段是西北生态经济发展四种新模式的运行起点，即实施跨越"水三线"的南水北调西线—西延工程，通过该工程实现合理的水资源配置调控，为西北地区注入新的水资源动力，使水资源缺乏状态得以缓解，区域资源环境承载能力得到显著提升，进而为社会经济发展、人口流动聚集、产业结构优化提供可能。

2) 重点分化阶段。该阶段依托水资源注入西北"水三线"后对城乡发展、粮食安全、产业聚集、生态建设、水利基础设施建设的不同影响作用，形成路径不同的作用链条。其中包括：①在调水改土与城乡统筹视角下，形成"跨流域调水工程建设→土地经营管理改革→'三生'空间优化布局→城乡统筹发展空间拓展→就业增加人口产业聚集→新业态新市场形成"良性运转链条；②在占补平衡与飞地经济视角下，形成"区际占补平衡机制建立→飞地经济模式示范推广→农业后备资源得到开发→区位资源开发优势转化→生态安全粮食安全保障→区际互联互动机制深化"良性运转链条；③在碳中和与生态补偿视角下，形成"碳生态补偿机制构建→调水生态补偿机制构建→河流荒漠生态系统修复→人工绿洲承载能力增强→碳汇能力不断提高→碳排放得到有效消纳"良性运转链条；④在水利经济与生态经济融合视角下，形成"西北水网和区域水网构建→水利经济产业发展完善→绿色农业产业布局优化→生态经济架构体系形成→水资源配置与灾害防控水平提高→'水—能—粮'保障能力提升"良性运转链条。同时，在重点分化阶段，以上四类运转链条以水资源为纽带，可在区域之间、要素之间再次形成良性互动。

3) 生态—经济协同发展阶段。基于不同作用链条，各阶段均向生态承载力提高、生态环境优化、产业经济聚集、生态经济高地形成的共同目标迈进。其中：①在调水改土与城乡统筹运转链条下，实现城乡统筹与乡村振兴、城乡人口资源优化配置、水土—经济重新匹配等协同发展目标；②在占补平衡与飞地经济运转链条下，实现生态经济新增长点形成、承担异地产业能力增强、区际飞地经济合作开展等协同发展目标；③在碳中和与生态补偿运转链条下，实现转移支付力度提升、受益地区补偿收益提高、生态补偿进入良性循环等协同发展目标；④在水利经济与生态经济运转链条下，实现水环境—经济发展矛盾缓解、水利经济良性运转机制形成、水利经济可持续性加强等协同发展目标。这四类运转链条的终点均指向区域生态经济协同程度提升的总体目标。

2. 生态经济枢纽区联动发展新机制

促进西北"水三线"地区水源优化配置，推动区域生态—经济协同发展的核心，就是构建包括兰西、河西、天山北坡和环塔里木盆地在内的生态经济枢纽区。在多视角融合的生态经济发展模式之下，各个生态经济枢纽区应立足水利基础设施建设、生态环境保护目标、自然资源本底、人口民族结构、城镇化建设进程、社会经济水平、产业聚集现状等，找准自身定位，发展生态经济协同的特色模式，寻求生态经济的全域发展。

(1) 兰西生态经济枢纽区在国家总体发展格局中处于陇海—兰新国家发展轴、环塔里木盆地城市发展轴、银川—包头—呼和浩特城市发展轴的交接地区，成为连通三条发展轴带的关键枢纽。枢纽区内部人口和城镇相对比较密集，水土资源条件相对较好，生态地位突出，有色金属、非金属等矿产资源和水能、太阳能、风能等能源资源富集，是我国西气东输、西油东送的骨干通道，也是重要的新能源外送基地。立足该枢纽区的发展特征，应重点遵循碳中和与生态补偿机制视角下的生态经济发展模式，该模式可以充分发挥兰西生态经济枢纽区清洁能源富集的优势，通过林业碳汇发展、生态保护固碳、提升生态系统碳汇增量等途径，将兰西生态经济枢纽区建设为我国西北"水三线"的重要碳汇区域，为实现碳中和目标提供有效支撑。

（2）河西生态经济枢纽区具有区位优势明显、资源禀赋较好、经济基础较好、生态地位突出的优势，但也面临中心城市带动能力不强、发展短板和瓶颈制约较多、资源环境约束日趋加剧的现实约束。河西生态经济枢纽区与其他三大生态经济枢纽区空间接壤，处在一个独特的交通枢纽位置，是连通我国中部与西部、贯通西北"水三线"经济发展脉络的关键片区。立足该枢纽区的发展特征，应重点遵循调水改土与城乡统筹发展视角下的生态经济发展模式，该模式能够从全方位、多要素视角提升枢纽区内部的资源、人口、经济、产业协调程度，能够总体提升枢纽区生态经济发展水平，从而进一步维护并强化河西生态经济枢纽区对其他各个枢纽片区空间串联的枢纽作用。

（3）天山北坡生态经济枢纽区是新疆社会经济发展的核心区域，在空间上具有"通东达西、承北启南"的地缘优势，同时具有丰富的自然资源与政策性倾向优势。水、土、光、热资源极其丰富，是重要的粮棉产区、特色经济作物产区以及重要畜产品产区，煤炭、石油、天然气储量大、品质好、开采成本低，稀有金属和贵金属储量也十分丰富。同时，该枢纽区具有向外开放的地缘优势，塔克什肯、红山嘴、乌拉斯台、老爷庙、霍尔果斯、阿拉山口、巴克图等口岸能够促进西北"水三线"及枢纽区的对外开放程度。立足该枢纽区的发展特征，重点遵循调水改土与城乡统筹发展、占补平衡与飞地经济、水利经济与现代经济多重视角下的生态经济发展模式。调水改土与城乡统筹发展模式将充分发挥枢纽区向外开放的地缘优势，在枢纽区内部形成新产业与新市场，构成人口、土地、资金、产业多优势并存的发展节点。占补平衡与飞地经济发展模式将充分挖掘枢纽区的资源储备优势，利用占补平衡提升其土地生产效率，并利用多种能源优势助力飞地经济发展与区际合作。水利经济与现代经济融合调控模式将充分利用枢纽区水资源储备良好、农牧业较为发达的优势，在形成特色现代农业生态经济模式的基础上，形成区域水利经济良性运转机制。

（4）环塔里木盆地绿洲生态经济枢纽区西侧、东北侧、东南侧分别与发展走廊和天山北坡城市群、兰西城市群空间连接，具有独特的空间区位与地缘优势。枢纽区内拥有吐尔尕特、红其拉甫、伊尔克什坦、喀什航空口岸等边境一类口岸，以及卡拉苏、喀什市中亚国际贸易市场等二类口岸。同时，塔里木盆地绿洲生态经济枢纽区具有得天独厚的农业条件，随着水土资源开发利用规模的不断扩展，形成了规模庞大、独具特色的绿洲农业，区内棉花产量全国第一，也是干果的主产地。立足该枢纽区的发展特征，应重点遵循调水改土与城乡统筹发展、占补平衡与飞地经济、水利经济与现代经济多重视角下的生态经济发展模式。针对枢纽区总体建设布局中"喀什—库尔勒—若羌—和田"新兴城镇发展环上城市节点综合实力仍需加强的现状，通过调水改土促进城乡统筹发展，提升枢纽区各级城市节点的辐射作用，强化枢纽区内部的发展"骨架"。针对枢纽区特色的绿洲农业，可以依托占补平衡促进农业规模化经营，进一步挖掘枢纽区的农业后备资源。同时通过发展水利经济，进一步发挥枢纽区的农业优势，建设具有区域特色的农业生态经济模式，完善水利经济产业结构。

参 考 文 献

［1］ 何晓琼，钟祝. 城乡"命运共同体"视域下的河西走廊新型城镇化路径［J］. 金陵科技学院学报（社会科学版），2018，32（1）：30-33.

［2］ 莫纪宏. 论习近平新时代中国特色社会主义生态法治思想的特征［J］. 新疆师范大学学报（哲学社会科学版），2018，39（2）：22-28.

［3］ 蒲利利. 文化生态视角下的敦煌旅游业可持续发展研究［D］. 兰州：西北师范大学，2015.

［4］ 国家发展改革委. 国家发展改革委关于印发《西部陆海新通道总体规划》的通知［Z］. 2019-08-15.

［5］ 宋耀辉. 中国天山北坡城市群发展研究［J］. 区域经济评论，2017（4）：82-88.

［6］ 马远. 新疆特色城镇化路径研究［D］. 石河子：石河子大学，2011.

［7］ 黄平晁. 实施面向中亚扩大对外开放战略的几点思考［J］. 新疆金融，2007（12）：27-29.

［8］ 国家发展改革委 外交部 商务部. 推动共建丝绸之路经济带和21世纪海上丝绸之路的愿景与行动［N］. 人民日报，2015-03-29（4）.

［9］ 冯皓. 集聚与减排［D］. 上海：复旦大学，2012.

［10］ 汤亚玲. 浅谈文化馆对保护传承优秀传统文化和发掘地方文化资源的作用［J］. 参花（下），2019（7）：154-155.

［11］ 鞠晴江. 基础设施与区域经济发展［D］. 成都：四川大学，2006.

［12］ 阎耀军. 中国大城市社会发展综合评价指标体系的建构［J］. 天津行政学院学报，2003（1）：71-76.

［13］ 新疆维吾尔自治区国家发展与改革委员会.《天山北坡经济带发展规划》［R］. 2011.

［14］ 国家发展改革委，住房城乡建设部. 兰州—西宁城市群发展规划［R］. 2018.

［15］ 宁夏回族自治区住房与乡建设厅. 沿黄经济区城市带发展规划［R］. 2012.

［16］ 国家发展改革委，住房城乡建设部. 关中平原城市群发展规划［R］. 2018.

［17］ 国家发展改革委，住房城乡建设部. 呼包鄂榆城市群发展规划［R］. 2018.

［18］ 嘉峪关市人民政府. 嘉峪关市城市总体规划（2016—2030年）［R］. 2017.

［19］ 新疆维吾尔自治区人民政府. 新疆印发《丝绸之路经济带核心区交通枢纽中心建设规划（2016—2030年）》［R］. 2017.

［20］ 杨亚雄. 新时代中哈陆路边境口岸建设及其协同效应［J］. 北方民族大学学报，2020（3）：14-22.

［21］ 杨丽弘. 和田地区公路路网规模测算［J］. 交通建设与管理，2020（1）：86-87.

［22］ 国家发展改革委，国家能源局. 电力发展"十三五"规划（2016—2020年）［R］. 2016.

［23］ 甘肃省人民政府. 甘肃省人民政府办公厅关于印发《甘肃省"十三五"能源发展规划》的通知［Z］. 2017-09-12.

［24］ 内蒙古自治区人民政府. 内蒙古自治区能源发展"十三五"规划［R］. 2017.

［25］ 国家能源局. 国家能源局关于印发2016年能源工作指导意见的通知［R］. 2016.

［26］ 新疆维吾尔自治区人民政府. 新疆维吾尔自治区国民经济和社会发展第十四个五年规划和2035年远景目标纲要［R］. 2021.

［27］ 徐叶适. 霍尔果斯经济开发区发展浅析［J］. 经贸实践，2017（8）：40-41.

［28］ 国务院. 国务院关于印发"十三五"国家信息化规划的通知［Z］. 2016-12-27.

［29］ 中共中央办公厅 国务院办公厅印发《推进互联网协议第六版（IPv6）规模部署行动计划》［N］. 新华社，2017-11-26.

［30］ 闫琳. 城乡统筹发展的案例比较及内涵反思［J］//中国城市规划学会、南京市政府. 转型与重构——2011中国城市规划年会论文集［C］. 2011.

［31］　孙蕊，孙萍，吴金希，等. 中国耕地占补平衡政策的成效与局限 ［J］. 中国人口·资源与环境，
　　　　2014，24（3）：41 - 46.

［32］　吴素春. 飞地经济研究综述与展望 ［J］. 山东工商学院学报，2013，27（3）：33 - 38.

［33］　付桂军，齐义军. "飞地经济" 研究综述 ［J］. 经济纵横，2013（12）：124 - 116.

［34］　邓明君，罗文兵，尹立娟. 国外碳中和理论研究与实践发展述评 ［J］. 资源科学，2013，35（5）：
　　　　1084 - 1094.

［35］　邓一君. 西北生态脆弱区生态补偿标准的经济学实证研究 ［D］. 兰州：兰州理工大学，2014.

［36］　Rees W E，Wackernagel M. Ecological footprints and appropriated carrying capacity：measuring the
　　　　natural capital requirements of the human economy ［M］. Washington：Island Press，1994.

［37］　王浩. 依靠人民 服务人民 关于我国西部调水的思考 ［EB/OL］. ［2020 - 03 - 16］. https：//baijia-
　　　　hao. baidu. com/s？id＝16601429046649666371＆wfr＝spider＆for＝pc.

［38］　毕玮，党小虎，马慧，等. "藏粮于地" 视角下西北地区耕地适宜性及开发潜力评价 ［J］. 农业工
　　　　程学报，2021，37（07）：235 - 243.

［39］　李鲁奇，马学广，鹿宇. 飞地经济的空间生产与治理结构——基于国家空间重构视角 ［J］. 地理科
　　　　学进展，2019，38（3）：346 - 356.

［40］　余振国，胡小平. 我国粮食安全与耕地的数量和质量关系研究 ［J］. 地理与地理信息科学，
　　　　2003（03）：45 - 49.

［41］　孙早，谢慧莹，刘航. 国内国际双循环新格局下的西部高水平开放型经济发展 ［J］. 西安交通大学
　　　　学报（社会科学版），2021，41（1）：1 - 7.

附录

西北"水三线"
考察日志

附录1　南水北调西线调水线路考察

为了全面系统了解掌握南水北调西线工程的第一手资料，2020年9月根据中国工程院重点咨询项目的要求，项目组与中国水利学会、黄河水利勘测规划设计研究院有限公司联合组织了西线工程调水线路实地考察调研。

2020年9月7—14日，项目组、中国水利学会和黄河设计院联合组织了南水北调西线一期工程调水线路的考察调研。参加现场考察的人员有王光谦院士、王超院士、胡春宏院士、邓铭江院士、黄委会姚文广副主任、中国水利学会刘咏峰副秘书长等一行20余人。张建云、钮新强、崔鹏院士参加了7月14日的技术咨询会。

9月8日，从兰州出发，沿洮河、白龙江调研，踏勘洮河中寨镇出口（低线方案的调水线路末端）和白龙江旺藏倒虹吸（低线方案最大的倒虹吸），夜宿海拔2380.00m的甘肃省迭部县。

9月9日，穿越若尔盖草原，途经黄河第一湾的唐克镇，考察贾曲河地形（高线方案的调水线路末端），夜宿海拔3290.00m的四川省阿坝县。

9月10日，考察高线方案的玛柯河霍纳坝址和杜柯河珠安达坝址，参观走访班玛水文站、壤塘水文站和壤塘基地，夜宿海拔3285.00m的四川省壤塘县。

9月11日，考察高线方案的泥曲仁达坝址，参观走访泥曲泥柯水文站、达曲东谷水文站，并听取达曲阿安坝址的介绍，夜宿海拔3380.00m的四川省甘孜县。

9月12日，途经高线方案的雅砻江干流热巴坝址峡谷出口、炉霍大地震纪念碑、雅砻江支流鲜水河达曲、泥曲汇合口，重点考察低线方案的重要水源地——双江口水电站，夜宿海拔2600.00m的四川省马尔康市。

9月13日，途经岷江大峡谷、汶川地震震中映秀镇，到达都江堰市。

9月14日，在都江堰召开"南水北调西线工程技术咨询会"，对南水北调西线工程的高线方案、高低结合方案和低线方案三种布局进行专家咨询，调研组院士专家全部参加，此外还邀请了张建云院士、钮新强院士、崔鹏院士来到会场参加，王浩院士在线上参加。与会专家一致认为南水北调西线工程意义重大，建议选择低线方案，加快推进工程前期工作，力争早日开工建设。

针对我国西北地区水资源严重缺乏，东西部发展严重失衡的现状，我提出了西北"水三线"建设的空间格局与水资源配置方略，包括跨越胡焕庸线，促进东西部均衡发展；跨越阳关线，促进河西走廊社会经济发展；跨越奇策线，建设长治久安的西北边疆。

附录 2　南水北调西线—西延工程受水区输水线路考察

　　根据西部调水工程初步研究的规划，南水北调西线—西延工程的主要受水区包括黄河流域、河西走廊和新疆地区（吐哈盆地、南疆塔里木盆地）。受水区输水线路全线自流输水，主体工程包括河西输水干线、北线吐哈盆地—博斯腾湖输水线路、南线塔里木输水线路三部分。其中：河西输水干线线路，全长 1013km；北线吐哈盆地—博斯腾湖输水线路，全长 1253km；南线塔里木输水线路，全长 1530km。

　　黄河流域供水线路：调水至洮河上游西江镇后，沿洮河流入刘家峡水库。该段线路主要是利用现有河道，经刘家峡水库调蓄后向黄河流域供水，近期调水总规模 170 亿 m³。

　　河西走廊供水线路：分为黄河—河西走廊段和河西走廊段两部分，总长 1016.3km。黄河—河西走廊段线路从黄河干流刘家峡水库引水，经湟水流域共和县花庄镇新庄村至古浪河下游武威市西界；河西走廊段线路从武威市西界村沿祁连山北麓，经金昌市南部至张掖市查干敖包，穿龙首山至张掖市西屯村，经张掖市南部、酒泉市南部、嘉峪关市西北至嘉峪关市断山口村，穿过断山口河向西至玉门市疏勒河段，经玉门市西南至瓜州县踏实河。

　　新疆地区供水线路：分为新疆供水南线和新疆供水北线两部分，线路总长 2800.1km。新疆供水南线从瓜州县踏实河至敦煌市党河水库，经库姆塔格沙漠至若羌县若羌河，沿阿尔金山北麓、塔里木盆地南缘分别经且末县车尔臣河、民丰县尼雅河至和田市玉龙喀什河；新疆供水北线拟从瓜州县踏实河至瓜州县北部，沿疏勒河右岸山脉，经罗布泊西北至吐哈盆地南缘，沿库鲁克塔格山脉北麓至库米什镇，穿过库鲁克塔格山至博斯腾湖。

　　2021 年 6 月，项目组沿西线—西延工程受水区开展实地调研活动，考察了刘家峡水库、青土湖、红崖山水库、莺落峡水文站、黑河草滩庄水闸枢纽、昌马水库、双塔水库等多个地方，针对当地水资源配置现状、重大工程建设情况及近远期水资源等情况进行了交流，以期提供更为深入、切实的智库思维及对策建议。

积石山：黄河上一个闪光的坐标

考察内容：刘家峡水库。该库位于中国甘肃省永靖县境内，是黄河上游龙羊峡至刘家峡河段梯级开发的第七个梯级电站，1958年动工兴建，1968年下闸蓄水，1975年竣工。坝址控制流域面积181766km²。库区由黄河干流、右岸支流洮河及大夏河3部分组成。水库总库容57亿m³，总装机容量122.5万kW，为大（1）型Ⅰ等工程，主要任务是发电、防洪、灌溉、防凌、养殖等。水库正常蓄水位1735.00m，相应库容39.9亿m³；汛期防洪限制水位1727.00m，相应库容29.8亿m³，防洪库容10.2亿m³（2018年实测），为不完全年调节水库。水利枢纽由主坝、副坝、岸边溢洪道、泄洪洞、排沙洞、左岸坝内泄水道及坝后混合式厂房组成。大坝为混凝土重力坝，坝长840m，最大坝高146.6m。该工程为我国自行设计施工的首座百万千瓦级水电站。

与库区一山之隔的祁连山北坡便是战略意义重大、历史文化厚重又干旱焦渴的河西走廊。河西走廊，长约1000km，宽数十千米至近200km不等，是我国内地通往西域的要道，丝绸之路的咽喉，从西汉政府设置四郡至今，河西走廊经历了河西之战到唐代安史之乱间的八九百年繁华，也饱受气候变化、水资源短缺、生态严重恶化带来的煎熬。

（一）大禹"导河积石"与西域"河出积石"

刘家峡，一个中国最具乡土气息的地名，恐怕很少会有人想到，却和一个古意盎然的地名——积石山，联系在一起。

这是一个在古代中国史，尤其水利史上如雷贯耳的名字。

从《尚书》《山海经》到《史记》《汉书》《水经注》等经典史籍，俯拾皆是。

因为这个地名与一件彪炳千秋的事件有关——

"（大禹）导河积石，至龙门，入于沧海。"这是《尚书·禹贡》的记载，记录的是在远古时代，华夏民族的先祖大禹，在治理黄河水患中，总结前人经验教训，变堵为疏，导河入海，大河安澜的历史。一个古老的民族，自此得以告别流离失所的历史，在黄河边安居栖身，建设家园，繁衍生息，薪火相传。

而凿开积石山，疏通上游壅塞高峡，让青藏高原的飞泻激流，化为中原大地的大河浩荡，便是这项千秋伟业的发轫之作。

"禹功疏凿过殷勤，宇内山川自此分"，元代诗人杨仲弘的评价可谓中肯。

积石山，是黄河的开端，却并非源头。那么黄河的源头呢？

"河出于阗南山，北流，与葱岭河会，东注蒲昌海，潜行地下，南出积石，为中国河。"

这是《史记》描述的黄河源头水系图：于阗，今新疆和田，其南山即昆仑山；葱岭，今帕米尔高原，葱岭河即叶尔羌河；蒲昌海，即罗布泊。黄河发源于昆仑山，北流与叶尔羌河汇合，向东注入罗布泊，潜入地下成为地下河，此后从东南方的积石山流出，称为中国河。

"览万川之洪壮兮，莫尚美于黄河；潜昆仑之峻极兮，出积石之嵯峨。"在古代，"河江淮济"谓之"四渎"，"河"为黄河专属称谓，别的河流则称之为"水"或"川"，对黄河之尊崇可见一斑。

西起昆仑，东连沧海，积石山成为黄河上无可比拟的闪光地标。

神奇的是，这种认识自先秦以降至晚清两千年，成为中华民族集体认知与文化记忆。

（二）治黄开轫之作，历史的巧合？

从兰州溯流而上，黄河一路穿行于浅山深谷中。出七十公里，翻过一个隘口，眼前豁然开朗，阡陌城郭，田园青翠，市井繁华。

有人曾把上游黄河比作一根竹签，河谷川地是它串起的一串糖葫芦。

永靖川地，便是汁液饱满的一颗。

近刘家峡，一个华美的过街牌坊迎面而立：黄河三峡。询问得知，三峡是指刘家峡，以及下游的盐锅峡、八盘峡，均在永靖县境内。

历史总是充满了奇妙的巧合，而新中国的山河重塑从积石山起，怕不是历史的巧合，我更愿理解为一种不谋而合。

刘家峡水库，是全国人大一届二次会议审议通过的第一个五年计划重点工程，也是我国第一个超百万千瓦级发电站。

这是中国自主设计、自主施工、自主建造的大型水电工程，创造了多个历史第一。自1958 年 9 月开工建设，1974 年 3 月第一台机组发电，至今已向甘青陕电网提供了 200 亿kW 以上的清洁能源。此外，还承担着重要的防洪、灌溉等功能。

刘家峡库区就位于积石山，黄河挟着青藏高原的势能飞泻而下，穿过千岩壁立的深邃峡谷，在这里转了一个 90°急弯，造就了一个天然理想的截流库区。继刘家峡之后，黄河上一座座水利工程相继竣工，像一条条锁链，驯服了黄河这条桀骜不羁的巨龙，使黄河水患彻底根除，也让距刘家峡大坝下游仅一公里、取名永靖的这方水土实至名归。

子曰：中庸之为德也，民鲜久矣。过犹不及。

孔子说：中庸作为一种最高的道德，人们缺少它已经为时很久了。中庸是一种折中调和与均衡，过度而不适度将会适得其反。

目前，世界上公认的河流水资源开发利用警戒线是40%，而黄河水资源开发利用率已高达80%。全流域水资源过度开发严重超载，已成为黄河面临的突出问题。生态恶化、水质劣化、湿地萎缩。由漫漶无羁、泛滥成灾，到干瘪枯索、贫血衰竭，黄河又到了一个生死抉择的关头。

失血的黄河，焦渴的河西，一条中枢血脉，一支边疆臂膀，都在呼唤着润泽肌体的清流。

（三）历史的注视：黄河流向何方？

历史又到了一个重大的节点，积石山的雄关深峡注定将承载着时代的重负，演绎并延续古老民族薪火相传的崭新传奇。

作为国家战略工程、生命工程的南水北调西线工程，已箭在弦上。

这项工程将从青藏高原的长江上游调水至黄河上游，将长江上游的丰沛水源调入位于积石山的刘家峡以上河段，这既将缔造一段同源江河❶互助共济的佳话，也将在我国水利史上再次上演"导河积石，以至沧海"的旷古传奇。

这里的高峡平湖，将向失血的黄河以及干旱的河西走廊输送滚滚清流，润泽焦渴的土地、晴朗的天空、青翠的田园、袅袅的炊烟。

在刘家峡库区积石关，禹王石、禹王庙、大禹斩蛟崖的古迹遗存，面对滔滔黄河，静默而庄严。仿佛于无声的注视中，向当代人发出直击灵魂的拷问：黄河，在你们的时代将流向何方？你们留给后代的又将是怎样的黄河？

于无声处，宛若惊雷。震彻于水利人心底，也拷问着一代人的智慧、远略与雄心。

2021 年 6 月 18 日

---

❶ 同源江河：长江、黄河和澜沧江共同发源于被称为亚洲水塔的"三江源"。

河西，河西

考察内容：乌鞘岭。乌鞘岭藏语称哈香聂阿，意为和尚岭，位于天祝县境中部，西北边疆史的肇始之地。乌鞘岭南临马牙雪山，西接古浪山峡，东西长约 17km，南北宽约 10km。由于乌鞘岭所处的地理位置和海拔，使它成为我国自然环境中的一座界山。它是我国地形第一级与第二级阶梯的边界，也是划分我国季风区和非季风区、内流区域和外流区域的分界线所经的地段；处于我国三大自然区的交汇点上，在地形上，位于黄土高原、青藏高原、内蒙古高原三大高原的交汇处。在气候区划上，高原亚干旱区、中温带亚干旱区、中温带干旱区三大气候区在乌鞘岭相交。历史上西汉张骞出使西域，唐玄奘西天取经，都曾经过乌鞘岭。这里不仅有天苍苍野茫茫的草原风光，还有优良的畜牧业生产基地。

（一）乌鞘岭：长廊锁钥

初秋的乌鞘岭，风高云低，薄衣难耐六月寒。

南眺对面的马牙雪山，山岭苍翠，雪峰晶莹。两山夹峙间的金强河及抓喜秀龙大草原，一川碧水，两岸秀色，满目锦绣。

而北麓的安远盆地，则遥看草色近却无，透着一抹云天苍茫，与边关萧瑟。

河西走廊，因地处黄河以西而得名，乌鞘岭就是起点。

在群山纵横、崇峰摩天的大西北，这座长 17km、宽 10km、主峰仅 3500m 的"小字辈"，着实是一个不引人注目的存在。

但乌鞘岭却是中国地理、气候乃至历史界都不可忽视的、赫赫有名的界山。

乌鞘岭地处国土第一阶梯与第二阶梯的交界带，是青藏、黄土、蒙古三大高原的交汇区，站在乌鞘岭，可谓"一襟临风三高原"。

由于周围雪山环伺，高山严寒气带笼罩，乌鞘岭尽管海拔并不很高，但终年大风严寒，古代志书上对其有"盛夏飞雪，寒气砭骨"的描述。

乌鞘岭，是季风区与非季风区的分界线，其南麓是太平洋暖湿的东南季风最远抵达的终点，所谓"东风不度乌鞘岭"。

由此，也形成了干旱区与半干旱区的分界，内流区和外流区的分野。

乌鞘岭并不高峻，但山势险拔，气候严寒多变，当走廊门户咽喉，地势险要，进退攻守之要津。迤逦其上的汉、明两代长城，是万里长城的制高点，为海拔最高的长城。

两侧山脚，各有一座汉代古城遗存，古城已被两千多年的风雨侵蚀为残垣断壁。让我惊叹的是两座古城的命名，意蕴深远，表达精湛。

南侧的古城叫"安门"，北侧叫"安远"，令人不得不佩服命名者的功力。

两个名字的精准定位，将雄心与远略镌刻在了长廊门户之上、历史之上——出安门，谋安远。

于是，安远城下，有了张骞穿破历史暗夜的脚步，有了霍去病叩响河西的马蹄，有了征人出塞的鼓角，有了边塞诗雄浑的绝唱，有了河西四郡与西域，有了长练一样连通东西方的丝路。

安门大开的城门，川流不息的驼队相向而行，丝绸、瓷器与天马、玉石、香料相向而行，玄奘与鸠摩罗什❶相向而行，甘英❷与马可波罗❸相向而行。从安门而来的石榴、葡萄的甜蜜以及胡椒、胡麻的芬香，先是浮动于汉廷长安的上林苑，继而骀荡在了古老的东方国土，华夏大地。

（二）河西走廊"三国杀"

从乌鞘岭出发的河西走廊，绵延千里，而它所连接的丝绸之路，这条连接东西方文化的通道，对人类文明的影响更为深邃而辽远。

河西走廊，祁连山下，这条狭长的千里走廊，南临高峻高寒的青藏高原，北为黄沙万里的阿拉善戈壁高原，只有祁连山哺育的山前绿洲草原、成为古代先民驻牧的好牧场，游牧的好通道。

公元前三世纪，河西走廊绿洲上，游牧着月氏、乌孙两个部落，月氏势力强大，乌孙弱小。后来，游牧于蒙古高原中部的匈奴逐渐崛起，将触角伸向了河西走廊，引起月氏的警惕与抵触，于是联合蒙古高原东部的东胡民族，夹击遏制匈奴。匈奴头曼单于被迫把其子冒顿送至月氏为人质，冒顿后来寻机盗取月氏善马逃回匈奴。

此后，月氏破乌孙国，杀乌孙王，乌孙部众逃至匈奴，匈奴单于收养了乌孙王出生不久的儿子猎骄靡。

冒顿即位为单于后，举兵进攻月氏，月氏战败开始逐渐西迁，退出河西走廊，进入西

---

❶ 鸠摩罗什，东晋人，出生于龟兹，为西域高僧，汉传佛教著名佛经翻译家。

❷ 甘英，东汉人，汉和帝永元九年（公元 97 年），奉西域都护班超之命出使大秦，中途遇阻而返，为中国到达波斯湾第一人。

❸ 马可波罗，意大利人，出生于威尼斯，世界著名旅行家和商人。代表作《马可波罗游记》在欧洲广为流传，记述在中国的所见所闻。

域的伊犁河谷，打败了原居于当地的塞种人，迫使"塞王远遁"，月氏人占据了这块中亚最丰美的草原。

但好景不长，乌孙人追踪而来，他们以决死的斗志摧毁了月氏人，偿了被月氏灭族的血债。月氏人残部向中亚南亚溃逃，几乎也是沿着塞种人迁徙的路线，再次驱逐塞种人，占领他们的地盘，而塞种人则重新寻找立足之地。由此引起中亚南亚西亚多米诺骨牌式的民族大迁徙。

而匈奴则独占了河西走廊，继而西域。

（三）"四郡"与"两关"

游牧文明与农耕文明的碰撞与融合，构成了古代中国史的主旋律。

秦汉时期，中国的疆域大致可分为两个区域，以长城为界的南方农耕区与北方游牧区。而控制蒙古高原的匈奴与控制青藏高原的西羌，从两大高原居高临下威胁中原，而且联手封锁了中原王朝与亚欧大陆的联系，将中原王朝死死地封闭在东亚的海洋与游牧文化圈内。

汉武帝对匈奴的反击，一定意义上是反游牧文化封锁的突围之战。

经过狂飙突进的河南、漠南几次战役后，匈奴单于王庭远徙漠北，在大漠以南对西汉王朝威胁最大的就是河西匈奴军。于是汉武帝将下一个打击目标指向了河西走廊地区。

公元前 121 年，汉武帝派霍去病率军出陇西，越过焉支山西进，入匈奴境千余里，大获全胜，俘虏浑邪王的儿子及相国、都尉等，缴获休屠王的祭天金人。同年夏天，霍去病第二次西征，越居延泽，彻底扫荡了匈奴的残余势力，打通了河西走廊。

在控制河西走廊后，汉武帝做的第一件事，便是把河西开发作为高位主导的国家战略，将游牧区的河西建设成为高质量的农耕区。

于是，一系列战略次第推出——

"列两关，置四郡。"元鼎六年（公元前 111 年），"乃分武威、酒泉地置张掖、敦煌郡，徙民以实之"。设置武威、张掖、酒泉、敦煌四郡，实施郡县制管理。

大规模"移民实边"。太初三年（公元前 102 年），"赦囚徒，发恶少年及边骑，岁余而出敦煌者六万人""益发戍甲卒十八万酒泉、张掖北，置居延、休屠屯兵以卫酒泉"，《汉书·食货志》记载："元鼎二年（公元前 115 年），初置张掖、酒泉郡，斥塞卒六十万戍田之"。

大力兴修水利。推广耦犁、代田法等先进农具和技术，使河西走廊一跃成为继河套平原之后，又一发达的农业区。

河西农耕区的兴起，改变了汉代农耕与游牧版图及力量对比，切断了蒙古游牧区与青藏游牧区的联系，实现了"断匈奴右臂、隔绝胡、羌"的战略目标，突破了游牧民族对中原王朝的封锁。

祁连山下，沃野千里，稻菽如浪，将古老的中原农耕区和西域塔里木绿洲农耕区无缝对接，形成了一条横贯亚欧大陆的农耕文明带。

伟大的丝绸之路，即将破茧成蝶，呼之欲出。

2021 年 6 月 19 日

"祁连三水" 之石羊河：武威

　　石羊河流域位于甘肃省的西北部，是河西走廊内流水系的第三大河，古名谷水。发源于祁连山脉东段冷龙岭北侧大雪山，全长 250km，水系自东而西，主要支流有大景河、古浪河、黄羊河、金塔河、西营河、东大河及西大河、杂木河。河系以雨水补给为主，兼有冰雪融水成分，流域年径流量 18.1 亿 m³。上游祁连山区降水丰富，有 64.8km² 的冰川和残留林木，是水源补给地；中游流经走廊平地，形成武威和永昌等绿洲，灌溉农业发达；下游是民勤。全流域建成 100 万 m³ 以上水库 15 座，其中以大景峡、黄羊河、南营、西马湖、红崖山及金川峡等水库较大。

　　考察内容：

　　（1）红崖山水库。位于石羊河出山口山前谷地腾格里与巴丹吉林两大沙漠交汇地带，控制流域面积 1.34 万 km²，距民勤县城南 30.0km，为平原水库，始建于 1958 年，1964 年一期工程完工。水库总库容 9930 万 m³，为中型Ⅲ等工程，主要任务是灌溉，兼顾生态林草灌溉、生态恢复补水、防洪、旅游、水产养殖。大坝为黏土心墙＋斜墙土石坝，坝长 8.06km，最大坝高 15.1m，设计灌溉面积 90 万亩，是亚洲最大的沙漠水库。

　　目前水库已运行近 60 年，因风沙及河水泥沙入库，造成库区严重淤积，严重制约了红崖山灌区农业发展和青土湖生态修复。为此对红崖山水库进行加高扩建，将总库容扩建至 1.48 亿 m³，为大（2）型Ⅱ等工程，对后坝坡培厚并加高 0.3～1.2m，最大坝高 17.1m。

　　（2）青土湖生态修复与治理。青土湖史称潴野泽，西汉时期水域面积 4000km²，隋唐时期演变为东海和西海两块水域，面积达 1300km²，明清时称为青土湖，水域面积 400km²。解放初期，青土湖水域面积仍有 70km²。1924 年以来，青土湖再无较大洪水汇入，至 1959 年完全干涸。青土湖区域水干风起，流沙肆虐，形成了长达 13km 的风沙线，成为民勤绿洲北部最大的风沙口，我国第三大沙漠巴丹吉林和第四大沙漠腾格里在这里呈合围之势。20 世纪 80 年代开始，民勤县结合当地实际，合理规划，采取压沙造林、滩地造林、移民搬迁、退耕还林、封禁保护等措施，综合治理青土湖。石羊河流域重点治理以

来，加大了青土湖区域生态恢复和治理力度，通过生态补水，使青土湖区域沙化得到有效治理，目前水面面积达 26.6km²，形成旱区湿地 106km²，有效阻隔了巴丹吉林和腾格里两大沙漠的合围。

（一）走廊血脉："祁连三水"

祁连山下，一路向西，河西走廊绵延千里。

河西走廊，因位于黄河以西，南北由祁连山、合黎山两山夹峙，故名河西走廊，长约1000km，宽数十千米至近 200km，呈西北东南走向的长条堆积平原。

翻过乌鞘岭，就进入了气候干旱区，也是河流内流区，告别了"江河皆东流入海"的刻板常识。

地处干旱区的河西走廊，自东向西年均降水量由 200mm 递减到 50mm，而蒸发量可达 2000mm 以上。

幸有祁连。山生川，川育绿洲，是干旱区颠扑不破的生态链。

祁连山脉是由多条西北—东南走向的平行山脉和宽谷组成的庞大山系。整个山系东西长 800km，是我国西部一条重要的生态屏障。

地处西北干旱区的祁连山，北边是北山戈壁和巴丹吉林沙漠，南边有柴达木干旱盆地，西边是库姆塔格沙漠，东边有黄土高原，祁连山像是一座伸进西部干旱区的"湿岛"。

祁连山区丰沛的降水、丰厚的积雪与冰川融水，孕育了著名的"祁连三水"及 50 多条大小河流。

石羊河、黑河、疏勒河三大内流河水系，都发源于祁连山，每年向走廊输出 70 亿 m³ 的宝贵水源，浇灌着山下片片青翠绿洲，抗衡着进逼的沙漠，维系着走廊生态脆弱的平衡。

（二）凉州：西向开放的重镇

进入河西走廊，第一个重镇便是武威，坐落在"祁连三水"的石羊河上。武威绿洲，也是河西走廊最大的绿洲。

武威古称凉州，享有"天下要冲，国家藩卫"和"五凉京华，河西都会"的美称。

凉州，在汉唐时期，是我国西北地区仅次于长安的最大城市。如果以当代类比，其战略地位与今天的深圳相似：一线城市，开放前沿。因为当时国家开放的重心是——向西。

凉州自古以来就是"人烟扑地桑柘稠"的富饶之地，"车马相交错，歌吹日纵横"的西北商埠重镇。

它是古代中原与西域经济、文化交流的枢纽，"丝绸之路"西段的要隘，中外商人云集的都会，并一度成为中国北方的佛教中心。

凉州不仅是丝绸之路的重要通道，而且其政治、经济、军事、文化地位及地理位置，一定程度上决定了丝绸之路的"通"与"绝"，映射着丝路文明的繁华与衰败。

"凉州铁骑，纵横天下。"险要的地理位置以及雄兵、要塞，让凉州成为守护长安的坚固屏障，也为古丝绸之路的畅通提供了安全保障。

西汉占据河西走廊之后，逐步开始在河西四郡屯田。凉州是西汉时期最早实行屯田制的地区之一。西汉为经营这一地区，先后组织了几次大规模的移民活动，从西汉开始的屯田，是凉州历史上第一次具有划时代意义的大开发。

凉州成为经略西域的桥头堡和对外交流的前沿。

（三）青土湖：明灭闪烁的梦幻

历史上的"祁连三水"穿越山前绿洲，尾闾潴留成湖，形成了史籍上大西北烟波浩渺、水草丰茂的大湖：黑河尾闾居延海，疏勒河尾闾罗布泊和石羊河尾闾青土湖。

位于石羊河下游民勤县的青土湖，因汉代武威属匈奴休屠王属地，汉时史籍称休屠泽，史载面积 $4000km^2$。唐代起称白亭海，水面面积 $1300km^2$。明清始称青土湖，新中国成立后，尚有湖面面积 $70km^2$。

20 世纪 50 年代，在位于民勤的石羊河下游修建了亚洲最大的沙漠水库——红崖山水库，作为民勤县的唯一水源。但随着石羊河上游一座座水利工程，如西营水库、南营水库、黄羊河水库、杂木河水库等在石羊河上游建成，导致石羊河到达民勤的水量逐年减少，上游分给下游的水由 30％降至 7％以下，由 5.6 亿 m^3 降到 0.8 亿 m^3 以下，直至断流库干。红崖山水库的水源日趋枯竭，2004 年曾一度干涸。

民勤原名镇番县，民国十七年（1928 年），以"俗朴风醇，人民勤劳"易名民勤。

民勤县地处河西走廊东北部、石羊河流域最下游，东、西、北三面被腾格里和巴丹吉林两大沙漠包围，境内风沙线超过 400km，年降水量只有 125mm，荒漠化与沙化面积超九成，是我国四大沙尘暴策源地之一。

失去了地表水供给的民勤县，被迫挖掘水井以应急，结果造成地下水的水位急剧下降，土壤盐化。2004 年夏天石羊河断流，红崖山水库彻底干涸，库底朝天。由于失去上游水的补给、中和、冲刷和稀释，从最下游的湖区开始，盐碱化逐年扩大，影响整个民勤，乃至整个石羊河流域。

随着湖水源头——石羊河中上游用水量的不断增加，青土湖湖水注入量不断减少，逐渐干涸。

水干风起，流沙肆虐。自此，青土湖形成了长达 13km 的风沙线，成为民勤绿洲北部最大的风沙口。

那时的民勤绿洲，已有 94.51％的土壤出现荒漠化，风沙灾害频发不断，年均风沙天数多达 139 天，最大风力超 11 级，沙尘暴年达 37 天，每年近 30 万亩耕地受灾。

东、北、西三面被腾格里和巴丹吉林两大沙漠合围的民勤县，被沙漠步步紧逼，形同孤舟，面临随时沉没的命运。

更加严峻的是，在生态极端脆弱的河西走廊，生态链条的断裂，将引起连锁的崩溃效应，民勤不保，武威危急，危及河西，狭窄的走廊将被拦腰截断，其灾难性的后果不堪设想。

形势之严峻，以至于让国家领导人都大声疾呼："确保民勤不成为第二个罗布泊"。

生死存亡之际，民勤只有背水一战。全民参与打响了生存保卫战。

以壮士断腕的决心关井压田、压减耕地，深度节水，极限节水，以水定城、以水定地、以水定产，退耕还林，封沙育林，压沙造林，积极构筑生态防护屏障，全力打造生态建设示范区。

民勤的荒漠治理，得到了社会各界的热情支持，全国各地掀起了声势浩大的助力民勤、捐助建设生态公益林活动。

数据显示，民勤县现人工造林保存面积达到 229.86 万亩以上，森林覆盖率由 20 世纪 50 年代的 3％提高到现在的 18.21％，荒漠化和沙化面积逐年减少，整体处于遏制、逆转趋势。

与此同时，以极限节水、筑牢生态安全屏障为目标的石羊河流域重点治理工程，也于 2020 年 2 月全面完成，蔡旗断面过水量和民勤盆地地下水开采量两大约束性指标提前 8 年实现，重点治理生态目标提前 6 年实现。

初夏时节，石羊河的尾闾青土湖湿地，芦苇青青，碧波荡漾，水鸭、白鹭翔集其间，一派生机盎然的景象。

资料显示，通过治理，石羊河流域沙漠和荒漠化面积比重由"十一五"末的 94.5％下降为 90.34％。

成效固然可喜。但伫立于青土湖畔，我的心情却无法欢快，在全流域 90％以上干旱焦渴土地的背景下，通过极限节水的巨大牺牲，换来的这簇葱翠与明艳，总觉得似真似假、如梦如幻。

归程，一路苍茫……

2021 年 6 月 19 日

"祁连三水"之黑河：张掖

　　黑河是我国第二大内陆河，发源于祁连山中段，流经青海、甘肃、内蒙古三省（自治区），流域面积 14.3 万 km²，其中青海省 1.0 万 km²、甘肃省 6.2 万 km²、内蒙古 7.1 万 km²。流域内有大小支流 35 条，随着社会经济用水的不断增加，部分支流逐渐与干流失去地表水力联系，形成东、中、西三个独立的子水系。干流全长 918km，出山口莺落峡以上为上游，河道长 303km，面积 1.0 万 km²，是流域的产流区；莺落峡至正义峡段为中游，河道长 204km，面积 2.6 万 km²；正义峡以下为下游，河道长 411km。下游河道自狼心山断面以下分为东河和西河，分别通向其尾闾湖泊——东、西居延海，其中：西居延海 20 世纪 50 年代水面面积约 267km²，1961 年干枯；东居延海 1958 年水面面积 35.5km²，1992 年干枯。2002 年以来，黑河水已 7 次调水进入东居延海，1 次调水进入西居延海，创造了干旱地区人工调水奇迹，使东居延海重现了波涛滚滚的景观。

　　考察内容：

　　（1）莺落峡水文站，是黑河干流出山口径流控制站，位于黑河中游张掖市境内的黑河渠首以下 300m 处，为国家重要水文站。始建于 1943 年，控制集水面积 10009km²，占全流域总面积的 7.8%，至河源河长 303km。水文站由河道断面和龙电渠两个测验断面组成，测验项目包括水位、流量、泥沙、水温、降水、蒸发、土壤墒情及辅助项目等。自 2000 年实施黑河流域综合治理以来，水资源实行统一管理和调度，莺落峡水文站作为水量监测标志性断面，承担着黑河来水量的监测任务。目前，实现自动化监测的项目只有降水量观测，其他观测项目均为人工观测。流量测验均采用流速面积法测流，资料整编采用临时曲线推流。测站多年年均径流量为 15.8 亿 m³，径流年内分配不均，每年 6—9 月的径流量占年径流量的 67.8%。

　　（2）黑河草滩庄水闸枢纽除险加固工程。位于张掖市西南 22km，黑河莺落峡出山口下游 10km 处，是修建在黑河干流上的第一座拦河水闸，更是黑河中游水资源配置和向下游调水的关键控制性枢纽。工程于 1984 年开工建设，1987 年建成投入运行，最大引水流

量 85m³/s，控制灌溉面积 116 万亩。2000 年，工程被鉴定为三类病险水闸，2012 年开始除险加固建设，2013 年主体工程完工。除险加固项目实施后，极大地提高了工程的安全运行性能和防洪、灌溉及调度能力。

（3）张掖国家级湿地公园。位于甘肃省张掖市北、黑河东侧，总面积 3.48km²，其中保育区 6.02km²、恢复重建区 3.8km²、合理利用区 3.66km²，湿地率 78.06%，是以黑河流域潜水地带草甸、内陆盐沼湿地植被和多样的湿地生态系统为主要保护对象的荒漠绿洲生态系统湿地公园。湿地植物有 45 科 124 属 195 种，禾本科有 21 属，菊科有 12 属，豆科和黎科分别有 11 属和 9 属，优势植物有 9 科 9 属 22 种；常见动物隶属于 3 纲 24 目 42 科 75 属，包括鱼类、两栖类、鸟类和兽类共 4 大动物类型，共 100 多种，其中国家一级保护动物 5 种、国家二级保护动物 23 种、甘肃省重点保护野生动物 7 种。

（4）临泽县水系连通及农村水系综合整治工程。为水利部批复的 2021—2022 年水系连通及农村水系综合治理试点工程。项目区涉及分布于甘州区三闸镇、乌江镇、明永镇、靖安乡 4 个乡镇、18 个村庄，河沟治理长度 73.9km。项目建成后，将改善生态水环境，助力乡村振兴。

（一）"张国臂掖"的开放热情

地处走廊中段"蜂腰"的张掖，无疑是河西颜值最高的城市。

河西最丰沛的河流，湖沼连天的湿地，迤逦的田园，"半城芦苇半城塔"的风致，更有"天空留给大地的唇印"——姹紫嫣红的丹霞与彩丘。

张掖古称甘州，其西邻的酒泉古称肃州，甘肃省名就来自这两地的合称。这从一个侧面反映了两个城市的历史地位，也说明一个事实：甘肃的重心曾经在河西走廊。

张掖，是一个热情洋溢的名字，为西域的丝路而生。那是在大汉王朝派霍去病扫荡河西匈奴，展示了赫赫武功与煌煌军威后，汉武帝将凉州改名武威。打通了河西，"断匈奴右臂"后，大汉伸出自己的臂膊，"张国臂掖，以通西域"，热切之情溢于言表。

焉支山，又称胭脂山，坐落在河西走廊峰腰地带，东西长约34km，南北宽约20km。焉支山中水草丰美，自古为天然优良牧场。

焉支山地势险要，异峰突起，为古今军事要地。自古就有"甘凉咽喉"之称。汉武帝时，骠骑将军霍去病将万骑，出陇西，过焉支山击匈奴，斩首八千余级，俘虏多名王室成员并缴获祭天金人。

焉支山南麓的大马营大草原，是河西走廊最大最优质的草场，这里的山丹军马场于公元前121年由西汉骠骑将军霍去病始创，距今2100多年，也是当今世界历史最悠久的马场。山丹军马场面积2195km²，在原苏联顿河军马场解体后，山丹军马场占据了世界第一的位置。

（二）隋炀帝与河西"万国博览会"

我国历代封建帝王中，隋炀帝杨广无疑是一个毁誉参半的人。

毁之者将他和商纣、夏桀相提并论。因为他暴虐成性、好大喜功、骄奢淫逸，造成民不聊生，饿殍遍野，最终使隋"二世而亡"。

也有人说他功业比肩秦皇汉武，因为他统一了全国并拓疆五万里，建立了"过于秦汉"的辽阔帝国；创立了影响中国后世千载的科举制度；颁布了"无隔夷夏"的开放政策，促进了民族融合和华夏文明与外界的交流；东征西讨，令四夷臣服；开凿了世界上第一条大运河。

千秋功过，自待后世评说。

但河西土地记下了这样的历史——隋炀帝是中国历史上唯一一位为拓展丝绸之路，经营西域而亲征西北边疆，并与西域各国会盟的皇帝。

公元 608 年（大业四年），隋炀帝派军灭了吐谷浑，开拓疆域数千里，在青海及塔里木盆地设置西海、河源、鄯善、且末四郡，实施郡县制管理。

公元 609 年（大业五年），隋炀帝到达张掖，登临焉支山，参禅天地，大赦天下。西域 27 国君主与使臣纷纷前来觐见，表示臣服。隋炀帝宴请这 27 国使臣，奏九部国乐（来自印度、波斯、西域、朝鲜等各地音乐），演出"鱼龙漫延"舞蹈。各国商人也都云集张掖"互市"进行贸易。为昭显中华之盛世、物产之丰裕，隋炀帝杨广随之在张掖举办了声势浩大的万国博览会。

隋炀帝亲征河西，会盟西域诸国，重新打通因常年战乱中断五百年的丝绸之路，举办世界上最早的万国博览会，是古代帝王第一人，旷世创举。

（三）不闻甘州稻花香

张掖素有"塞上江南"和"金张掖"的美誉，所谓"河西膏腴之地"，因为这里有河西走廊最丰沛的水源——河西走廊第一大河，黑河。

黑河，古称弱水，发源于祁连山北麓中段，流域南以祁连山为界，东与石羊河、西与疏勒河相邻，尾闾位于内蒙古自治区额济纳旗境内的居延海。

居延海是黑河的尾闾湖。汉时称居延泽，唐时称居延海，发源于祁连山深处的黑河，流经青海、甘肃、内蒙古三省（自治区）800 余 km 后，汇入巴丹吉林沙漠西北缘两片戈壁洼地，形成东、西两大湖泊，总称居延海。

历史上的居延海水量充足，湖畔是美丽的草原，有着肥沃的土地，丰美的水草，是我国最早的农垦区之一。这里的农垦历史开始于汉代。

居延海还是穿越巴丹吉林沙漠和大戈壁通往漠北的重要通道，是兵家必争必守之地。《史记·匈奴列传》中记载："（汉）使强弩都尉路博德筑城居延泽上。"

20 世纪 50 年代，随着上游来水逐年减少，居延海湖面日益缩小，1961 年西居延海干涸，到 1992 年东居延海干涸，由此引发的居延海绿洲萎缩、生态环境急剧恶化，裸露的湖底被白茫茫的碱漠和荒沙覆盖，已成为飞扬沙尘的发源地。

20 世纪 90 年代，北京每年春天的沙尘暴越来越严重，专家、媒体组成的联合考察队溯风而上，一路向西追查风沙之源，一追追到内蒙古自治区最西端的额济纳旗。

在这里，人们发现历史上著名的居延海已经干涸了。

湖底一片砂砾，广袤的居延绿洲已全部沙化，大片胡杨林在枯死，满目"大风起兮尘飞扬"的昏黄景象。终于真相大白：风起额济纳，沙落北京城。

消息震动中南海。

为拯救居延海保护额济纳绿洲，2000 年春天，国务院做出了黑河分水的重要决策。

同年8—9月期间，黑河分水方案开始首次实施。按照水利部的要求，分水期间黑河河道"全线闭口、集中下泄"，向东居延海调水，当年水面超过20km²。自此，黑河每年向居延海注水5亿m³，使这一干涸的"死海"获得新生。

而地处黑河上游的张掖，却遭受了猝不及防的重击，经历了前所未有的剧痛，付出了惨烈的代价。

在国务院2000年为黑河上中下游地区分配水资源的方案中明确规定，张掖每年必须少引黑河水5.8亿m³，而这，相当于张掖60万亩耕地的用水量。

据统计，张掖在分水方案实施的最初几年里，由于供水骤减，每年造成几十万亩耕地因缺水减产，损失数以亿计。

重压之下，张掖人不得不去探索走节水型社会之路。

在国家支持下，2002年3月，张掖市被水利部确定为全国第一个建设节水型社会的试点地区。

压缩了水稻等高耗水作物面积，扩大了玉米制种、番茄、林草等低耗水农作物面积，并积极推广地膜覆盖等节水耐旱作物面积，最大限度地减少了用水量。

2013年，张掖市及甘州区、临泽县、高台县被认定为国家级杂交玉米种子生产基地，成功注册"张掖玉米种子"地理标志证明商标，成为国内唯一的农作物种子地理标志证明商标。

张掖种子基地常年面积约100万亩，年产玉米种子4.5亿kg，占全国大田玉米年用种量的50%以上。

张掖因种子而崛起，成为我国乃至全球瞩目的制种重地。

初夏时节，行走在张掖大地，百万亩玉米"青纱帐"郁郁苍苍，无际无涯的"玉米森林"绿浪连天，让人对张掖在水资源困境下的产业突围感到欣慰。

"不见祁连山头雪，错把甘州做江南"。

但那个以盛产西北优质稻米驰名、"稻花香里说丰年，听取蛙声一片"张掖的逝去，总让人失落与惆怅，萦绕心头，挥之不去。

2021年6月20日

"祁连三水"之疏勒河：玉门

疏勒河是甘肃省河西走廊内流水系的第二大河，古名籍端水，全长 540km，发源于祁连山脉西段托来南山与疏勒南山之间，西北流经肃北县的高山草地，贯穿大雪山到托来南山间峡谷，过昌马盆地。出昌马峡以前为上游，水丰流急，出昌马峡至走廊平地为中游，至安西双塔堡水库以下为下游。疏勒河在史前曾注入新疆罗布泊，由于气候变化和人类活动的影响，今尾闾已退缩到安西西湖一带。

疏勒河灌区位于河西走廊西端的疏勒河中游地区，共修建有 3 座水库，分别是昌马水库、双塔水库和赤金峡水库，其中昌马水库和双塔水库位于疏勒河干流上，赤金峡水库位于相邻流域的石油河干流上。

对疏勒河的考察包括昌马水库、昌马西干渠和双塔水库。

考察内容：

（1）昌马水库。是疏勒河干流上游的龙头水库，1997 年开工建设，2001 年下闸蓄水，2002 年首台机组发电。断面多年平均径流量 10.32 亿 m^3，总库容 1.94 亿 m^3，总装机容量 1.425 万 kW，为大（2）型 II 等工程。主要任务是灌溉、工业供水、发电。由拦河大坝、排砂泄洪洞、溢洪道、发电输水洞、电站厂房等五大建筑物组成，大坝为壤土心墙砂砾石坝，坝长 366m，最大坝高 54.8m。建成后与下游双塔水库、赤金峡水库进行联合调度，提高 65.4 万亩农田的保灌程度，并新增灌溉面积 81.9 万亩，使疏勒河开发区总灌溉面积达到 147.3 万亩。

（2）昌马西干渠。于 1999 年 11 月建成，总长 49.443km，配套建筑物 47 座，灌溉面积 34.37 万亩，年引水量 4.2 亿 m^3，其中灌溉引水量 1.8 亿 m^3，向下游双塔水库下泄 2.4 亿 m^3。横断面为弧底梯形，边坡采用现浇混凝土衬砌，渠道设计流量 $41\sim3.5m^3/s$。

（3）双塔水库。位于疏勒河干流中游的瓜州县布隆吉乡境内，1958 年动工兴建，1960 年 3 月竣工投入运行。坝址以上流域面积 3.4 万 km^2，总库容 2.4 亿 m^3，为大（2）型 II 等工程，主要任务是灌溉、水产养殖、抗旱防洪、植被绿化、减少戈壁风沙侵害、旅游等。由主坝、副坝、1 号及 2 号围堤、输水洞、正常溢洪道、非常溢洪道、保坝工程、输水渠、泄洪渠等组成。建成运行以来，先后进行了 3 次加固处理。主坝为碾压式黏土心墙砂砾石坝，坝顶长 1042m，最大坝高 26.8m。

（一）乡关何处？

玉门，是一个在中国历史时空中如雷贯耳的地名，但真到了河西走廊的人，又会对其地产生飘忽不定，一头雾水之感。

因为这里有四个"玉门"；关，有汉唐两个关址；市，有新老两个市区。

千里走廊，终点在玉门关，但玉门关并不在玉门市境内。

> 黄河远上白云间，
>
> 一片孤城万仞山。
>
> 羌笛何须怨杨柳，
>
> 春风不度玉门关。

唐朝王之涣的一曲《凉州词》，写尽了西部边塞的雄浑壮阔、荒凉寂寞之景象。也使得"玉门关"成为了悠远历史深处走来的、闪烁边地异彩的一枚文化符号，引得朝朝代代的文人墨客们心向往之。

玉门关，遂成为了历史文化、边塞文化、汉唐文化的朝圣之地。

玉门关，因从西域输入中原美玉而得名。西汉时，汉武帝为抗御匈奴，联络西域各国，隔绝羌、胡，开辟东、西交通，在河西"列四郡，据两关"，修筑障塞烽燧。元鼎六年（公元前 111 年），由令居（今甘肃省永登县）筑塞至酒泉，元封四年（公元前 107年），由酒泉筑塞至玉门关。王莽末年，西域断绝，玉门关关闭，汉塞随之废弃。

汉代玉门关址位于敦煌市西北的小方盘城，远距玉门市 360km。

但此关隘，是否就是唐代边塞诗中熠熠生辉的玉门关呢？答案是否定的。

《大慈恩寺三藏法师传》记载，玄奘法师西行求经，于贞观三年（629 年）秋天抵达瓜州，在当地询问西行路程，被告知：玉门关在瓜州以北的葫芦河（今疏勒河）上。

这里地处交通枢纽，东通酒泉，西抵敦煌，南接瓜州。最主要的原因是，唐代伊吾大道的开通，使新的关址直接与西北方的伊州（哈密）相连，进而直通西域天山以北的"丝路新北道"，且傍山带河，形势险要。

于今，唐代玉门关址于 1958 年修建双塔水库时被淹，冬季枯水时，遗存仍可露出水面。

唐代边塞诗中吟诵的玉门关，由疏勒河上，沉入了河下。

（二）城郭，蜕变新生

疏勒河是中国地理版图上著名的"倒淌河"——自东向西流，在史前年代，其尾闾归宿是西域名湖——罗布泊。

这是一条对古代丝绸之路的贯通，贡献无与伦比的河流。

一路向西的疏勒河，连接了河西与西域，牵引着丝路越过了最险恶的路段，并哺育了两座盛名远播的名城与名关——疏勒河上的玉门市、玉门关，及其支流党河上的敦煌市与阳关。

玉门令人感觉扑朔迷离的原因，不仅是玉门关有汉唐两个关址，玉门市也有新老两个市区，且相距百里之遥。

20 世纪 30 年代，我国被认为是贫油国，石油产品被称为"洋油"，全部依赖进口。

1937 年，抗日战争爆发，日寇封锁了我国东南沿海，石油供应濒临中断，严重影响了抗日战局。

危急关头，大西北传来好消息：玉门发现了石油。

海内外一批批爱国志士与石油专业人才，冲破各种阻挠与艰险奔赴大西北。在民族大业面前，国共两党精诚合作，周恩来亲自安排力量，将陕北的石油生产设备送抵玉门。

经历了难以想象的艰难险阻，一批批中华儿女筚路蓝缕、栉风沐雨，1939 年，我国第一座油田——老君庙油田投产，开创了中国现代石油工业的先河。这些珍贵的战略物资，靠人背、驴驮、马车、汽车接力，火速运出河西走廊，翻越秦巴山，由涪江、嘉陵江送往重庆，送往抗战前线。

20 世纪 40 年代，累计生产原油 52 万 t，占当时全国原油产量的 95％，玉门生产的油品，为抗日战争做出了特殊贡献。

1957 年 12 月，新中国宣布第一个石油工业基地在玉门建成，当年原油产量达 75.54 万 t，占全国石油总产量的 87％。

但危机也在逼近，自 1959 年创出年产 140 万 t 原油纪录后，玉门油田产量见顶，此后逐年衰减，最后年产量减到 40t，石油资源枯竭。

2009 年 3 月，玉门市被国务院列入第二批资源枯竭城市名单。

玉门市所在的老君庙镇海拔高、区位不理想，又缺乏替代资源，在玉门油田搬迁到酒泉基地后，玉门市政府于 2003 年也从位于石油河上的老君庙搬迁至地处疏勒河上的玉门镇。这里位于疏勒河冲积扇绿洲，水土资源优越，农耕历史悠久。

老玉门，遂成一座空城。

（三）老玉门的沉思

踯躅玉门空旷的街头，寥落，萧索，四野苍茫。

人去城空，不由人不想到"崇楼华庭碾成泥"的、流沙下的楼兰、米兰、尼雅。

玉门，第一个河西废弃的城市，但谁敢说是最后一个？

玉门是因石油资源枯竭，但河西更大危机，笼罩着每一个城市，原因概莫能外：缺水。

尽管 21 世纪以来，河西三大流域都进行了力度空前的生态治理，并成效显著。但是，甘肃省水利厅提供的一个数据却让我目瞪口呆，身心震颤：河西走廊水资源利用率已超过 100％！地下水超采率 132％！

这意味着，河西每一滴水都在被利用。

"满则溢，溢则倾，倾则亏覆"，是倾注了中国智慧的箴言，河西人难道忘了？

不，河西人懂得，但情非得已。

在河西走廊，我们听到的最高频词汇是：极限节水。

在经济社会发展远落后于全国的河西地区，高效节水这一指标无疑领先全国。

激光平地、管灌、滴灌、温室大棚，灌溉斗渠口安装的测控一体闸门，计量精度已从"厘米级"递进到"毫米级"，节水用于生态用水。

但这依然改变不了河西国土 90％以上荒漠化的现状，也改变不了河西干旱的核心：存量不足，严重缺水。

河西海绵里的水已几近挤干，挖潜空间有限。

而在存量严重不足的现有水资源环境下，生态用水无疑挤占经济社会发展所需水资源，让河西发展的空间更为局促。

仅从人口而论，玉门人口高峰期 30 多万人，如今的玉门常住人口仅 16 万人。近期公布的第七次全国人口普查数据显示，河西各地均呈现出人口减少的趋势。

历史上"人口扑地桑柘稠"的河西，人口减少的趋势不容忽视，不可不察。

回首历史，河西走廊既是一条通道，也像一条长河，沟通着"中国海"与"世界洋"。当"中国海"水波浩荡、势能外溢时，长廊河道潮平岸阔、水清沙白；当水位低落时，河道水落沙出、萎缩萧瑟。汉唐，宋明，可作史鉴。

河西，无疑是国运的晴雨表……

2021 年 6 月 21 日

吐哈盆地：甜蜜与苍茫

　　吐哈盆地是吐鲁番坳陷（即吐鲁番盆地）和哈密坳陷（即哈密盆地）的统称，位于新疆的东部，呈东西向展布，南北分别与塔里木盆地、准噶尔盆地隔山相望。位于吐哈盆地的哈密市，是新疆通向中国内地的要道，自古就是丝绸之路的咽喉，有"西域襟喉，中华拱卫"和"新疆门户"之称。吐哈盆地环境特征为干旱缺水的荒漠区，植被稀疏，物种多样性不高，覆盖度低于5％，周边自然系统的稳定状况较弱。吐哈盆地水资源开发利用程度已超过其承载能力，地下水严重超采。

　　考察内容：

　　（1）石城子水库位于哈密市石城子河中上游段河谷内，距离哈密市38km，于1975年开工建设，1978年下闸蓄水，1981年竣工。2009年除险加固，2010年完工。坝址以上控制流域面积822km²。水库总库容1945.5万m³，装机容量3.2MW，为中型Ⅲ等工程。主要任务是灌溉、防洪、发电。由大坝、导流洞和放水洞等主要建筑物组成，大坝为浆砌石拱坝，坝顶（弧线）长72.63m，最大坝高78m，是新疆地区最高的浆砌石拱坝。

　　（2）哈密河生态恢复工程。是哈密的一项系统生态治理工程，2021年全线竣工，新增绿地2157亩，是恢复前绿地面积的3.6倍，绿化率由18％提高到78％。工程的实施是哈密市落实"两山"理念，坚持"生态优先、绿色发展"道路的具体实践，是哈密市的一号重点工程。

　　（3）左公柳。晚清重臣左宗棠西进收复新疆时来到西北大漠，深感气候干燥、生态恶劣，遂命令军队，在大道沿途、宜林地带和近城道旁遍栽杨树、柳树和沙枣树，名曰道柳。凡他所到之处，都要动员军民植树造林。后来人们便将左宗棠和部属所植柳树，称为"左公柳"。目前，在哈密市区东西河谷还有存留，已成古人保护环境的历史见证。

（一）甜蜜而干涩的盆地

稍有地理常识的人都知道，横亘新疆大地的天山，双肩挑着的两个盆地，即北面的准噶尔盆地和南面的塔里木盆地，但往往人们易于忽视的是，天山怀抱的一个盆地——吐哈盆地。

吐哈盆地是天山山系中的一个断陷盆地，位于东天山，毗邻河西走廊，向来有"西域襟喉，新疆门户"之称。也就是新疆人所称的"东疆"。

在地质年代，这里曾是一片古海。山脉隆起，陆地断裂下陷，自然的变迁，岁月的沧桑，造就了独特、瑰丽多彩的地貌：雪山、戈壁、沙漠、绿洲、雅丹、石林……既是一个大西北鬼斧神工的自然博物馆，又是一幅斑斓多彩的西域风情图。

高峻巍峨的天山雪峰环围下，是我国最低的陆地，盆地中有五千多平方公里的海拔在海平面以下，最低处的艾丁湖海拔为−154.00m，被称为亚洲大陆的"肚脐"。

这里，阳光如瀑，光热丰富，全年日照达 3300h，超出我国东部同纬度地区 1000h 以上。每年最高气温在 38℃ 以上的天数达两个月以上，极端最高气温 50.2℃，这是我国陆地首次测得超过 50℃ 的气温数值记录。

吐哈盆地气候干燥，年降水量不足 20mm，蒸发量却达 3000mm 以上。

干燥酷热、光照长而强、温差大，这些成就优质瓜果的条件，都以极值的状态集合于这里，于是，每到夏秋季节，盆地里便驰荡着浓烈的瓜果甜蜜，沁人心脾。也成就了两个带着甜蜜气息的城市，以瓜果驰誉天下——吐鲁番的葡萄、哈密的瓜。

古湖盆的地质环境与优越的成矿条件，让吐哈盆地成为资源富集的"聚宝盆"，矿产资源丰富、种类多、品位高、储量大，矿种及储量均在新疆举足轻重，部分矿产居全国前列。

由于盆地气压低，吸引气流流入，内外高低悬殊，形成强大的气压梯度，风能资源丰富，有"风库"之称，开发前景广阔。

（二）西域天际的剪影与雕像

出河西走廊西端的玉门关，便是古之"西域"，而"西域"门户的正是吐哈盆地。

西汉时期，盆地东部西部有两个绿洲城邦国家——蒲类与姑师。

西域当时为匈奴势力所控制，"西域三十六国"均依附于匈奴，为其属国。

建元三年（公元前 138 年），汉武帝派张骞出使西域，意欲联合西域各国，以断匈奴的"右臂"。

霍去病打通河西走廊，"置四郡、设两关"，将河西纳入版图后，元封三年（公元前 108 年），汉遣将军赵破奴率骑数万从敦煌出发，出阳关进击西域。

这是中原王朝出击西域的第一役，兵锋所指就是罗布泊南北的楼兰与姑师。汉军先克楼兰，继而挥师北上，大破姑师。姑师改称车师，都城交河（今吐鲁番），臣属于西汉王朝。

由于地处西域战略要冲，汉匈双方对车师进行了长期的反复争夺，陷入了得失进退的拉锯战，这就是史称的"五争车师"。

直至神爵二年（公元前 60 年），西汉统一西域设立都护府，"五争车师"的主将汉侍郎郑吉担任首任都护。从此，西域归入中原王朝版图。汉朝在车师前国设置戊己校尉，驻交河城，掌管西域屯田事务。

盆地东部的伊吾卢（今哈密）属蒲类国，也为匈奴控制。本始三年（公元前 71 年），汉宣帝任命老将赵充国为"蒲类将军"，率三万大军与乌孙盟军东西夹击匈奴。由于意外原因乌孙军队先期到达，等候数日不见汉军便退兵返回。

赵充国率军到达后，并没因乌孙撤军而放弃进攻，而是挥师直捣匈奴右谷蠡王庭，俘虏大批敌军与牲畜，攻占了蒲类与车师，彻底打通了西域门户与通道。

在东天山下的这块土地上，多少先贤志士留下了闪光的足迹，也将永存于中华民族闪光的史册上。

班超，这位功业彪炳光耀西域大地的传奇人物，他的西域传奇生涯就是从这里开始的。

西汉末年，王莽篡政建立新朝，由于鲁莽施政，人心尽失，匈奴卷土重来，重新控制西域。

东汉永平十六年（73 年），汉军四路大军西征，收复西域。

身为文书小吏的班超投笔从戎，在攻打伊吾卢与蒲类的战役中，他勇谋超人，战功卓著，深得主帅窦固器重，派他带一个 36 人的使团出使鄯善。

谁也没想到的是，却由此开启了他凭一己之力，以勇毅谋略收复西域五十余国（东汉时期西域三十六国已分裂为五十多国），为大汉独撑西域 30 年的壮丽传奇。

（三）大地如笺　民口为碑

吐哈盆地是全国降水最少的地区，水资源主要来自天山的冰雪融水，由于平原区降雨稀少且蒸发量大，河川径流散失强烈。于是，坎儿井这种独特的地下水利工程便应运而生。

坎儿井的主要工作原理是人们利用山体的自然坡度，将春夏季节渗入地下的大量雨水、冰川及积雪融水引出地表进行灌溉，以满足沙漠地区的生产生活用水需求。

一代代各族先民，以"愚公"精神与"智公"智慧，薪火相传，挖掘不止，以难以想象的艰难与毅力，开掘了盆地密如蛛网的"地下长城"。

历史上，最盛时吐哈盆地坎儿井总数达 1100 多条，全长约 5000km，因此与万里长城、京杭大运河并称为中国古代三大水利工程。

在吐哈盆地，人们把坎儿井称为"林公井"，林公者，林则徐也。

坎儿井是吐哈盆地一种古老的灌溉工程，林则徐不是坎儿井的发明者，但他对推广坎儿井却是功不可没。

清道光二十五年（1845年）正月十九日，林则徐首次到吐鲁番，他写道："见沿途多土坑，询其名曰卡井……水从土中穿穴而行，诚不可思议之事。"《新疆图志》载："林文忠公谪戍伊犁，在吐鲁番提倡坎儿井。其地为火洲，亘古无雨泽，文忠命于高原掘井而为沟，导井以灌田，遂变赤地为沃壤。"1845—1877年，在林则徐的推动下，吐鲁番、鄯善、托克逊新挖坎儿井300多道。

伊拉里克，就是今天托克逊县的伊拉湖乡，地处盆地西缘，"地平土阔"。1845年春，年逾花甲的林则徐，冒风沙，顶烈日到伊拉里克督办垦务，兴修水利，不到半年，就垦地111千亩。如今，这里依然是盆地最富饶的农业区。

近年有文化学者在西北古驿道旁古树上，发现一则风雨斑驳的告示："昆仑之墟，积雪皑皑。杯洒阳关，马嘶人泣。谁引春风，千里一碧，勿剪勿伐，左侯所植。"据考为晚清时期所留。

毋庸置疑，这棵古树便是"左公柳"。

鸦片战争后，西北边疆危急。陕甘总督左宗棠受命率军平定西北、收复新疆。

光绪六年四月十八日（1880年5月26日），69岁高龄的左宗棠不畏疾病与炎热，亲自统领大军"抬棺出征"，将统帅大营从肃州移至哈密，最终从沙俄手中收回伊犁，光复了新疆。

几年平定西北的征战中，左宗棠修建了一条东起潼关，穿越河西走廊，直至哈密，再分别延至南疆、北疆的道路，全长超过2000km，人称"左公大道"。在"左公大道"的两侧，都栽种了柳树。于是，昔日荒无人烟的河西走廊、西域大地，形成了道柳连绵数千里绿如帷幄的塞外奇观。

人们为了感激左宗棠，将他栽种的柳树尊称为"左公柳"。

在今天的哈密，道旁河畔，"左公柳"依然郁郁葱葱、浓荫匝地。

这正应了一句古训：大地如笺，民口为碑。

站在阳光如瀑、干旱酷热的吐哈盆地，南眺库鲁克塔格山，一山之隔的南麓，便是云烟苍茫的塔里木盆地和干涸的罗布泊。

两千多年前，张骞站在烟波浩渺的盐泽（罗布泊）岸边，看到"冬夏不盈减"的湖水，认定黄河发源于昆仑山，从罗布泊潜流三百里，从积石山流出，形成了中华民族的母亲河——黄河。

这个认知，传承两千年。

昆仑—罗布泊—黄河，一条深藏于中华民族心底的血脉长河，既是地理的，也是历史的、情感的、文化的，水流千里，绵延不绝。

河出昆仑，潜流积石，自然是浪漫的神话，美好的臆想，但我震撼感动于，一个民族千年的坚韧守护与守望。

2021年6月22日

塔里木：沙漠与河流的逐鹿

塔里木河流域是环塔里木盆地的阿克苏河、喀什噶尔河、叶尔羌河、和田河、开—孔河、迪那河、渭干河与库车河、克里雅河和车尔臣河等九大水系 144 条河流的总称，也是环塔里木盆地诸多向心水系的总称，与塔里木河干流合称"九源一干"。流域面积 102.7 万 km²，多年平均径流量 322.8 亿 m³，主要以天山、昆仑山和阿尔金山、喀喇昆仑山和帕米尔高原的降水和冰川融雪为主。行政区域涵盖整个新疆南部的五个地州和生产建设兵团 4 个师近 102 个县和兵团农场。塔里木河干流自肖夹克至台特马湖全长 1321km，历史上，阿克苏河、喀什噶尔河、和田河、开—孔河、迪那河、渭干河、克里雅河和车尔臣河等流域内九大水系均有水量汇入干流。

考察内容：

（1）大石峡水库。工程位于新疆塔里木河流域阿克苏地区，是国务院确定的 172 项节水供水重大水利工程之一，也是第一批国家层面联系的社会资本参与重大水利工程建设运营的 12 个试点项目之一，2017 年 12 月开工建设，目前正在建设当中。水库总库容 11.74 亿 m³，总装机容量 75 万 kW，为大（1）型Ⅰ等工程。主要任务是在保证向塔里木河干流生态供水总量目标的前提下，承担灌溉、防洪、发电等综合功能，并为进一步改善向塔里木河干流生态供水过程创造条件。工程主要由拦河坝、中孔泄洪排沙洞、放空排沙洞、溢洪道、发电引水洞、电站厂房等组成。大坝为混凝土面板砂砾石坝，最大坝高 247m，目前为世界上最高的混凝土面板砂砾石坝。

（2）塔里木河河源。塔里木河上游源流分为叶尔羌河、阿克苏河及和田河三支，这三条河于阿瓦提县的肖夹克附近汇合后称塔里木河。

（3）大西海子水库。位于新疆巴音郭楞蒙古自治州尉犁县境内，是塔里木河最末端的一座水库，水库原设计总库容 1.68 亿 m³，为大（2）型Ⅱ等工程，由一库和二库组成，主要任务为农业灌溉、防洪、生态供水、养殖等。2004 年水库功能调整为仅用于向塔里木河下游生态供水，至 2012 年年底完成了"退出农业灌溉工程"的改造。截至 2019 年，

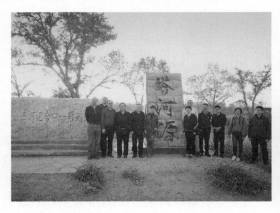

大西海子水库泄洪闸向下游断流河道完成生态输水 20 次，累计输水量达 81.6 亿 m³。水库对于确保塔里木河下游末端生态供水调度、改善塔里木河下游生态环境、遏止下游沙漠化具有极其重要的战略价值。

（一）塔里木河，西域文明的血脉

天山，这条地球上最大的纬向山系，东西绵延 5000km，也将新疆大地横断为南北疆。天山南望，便是辽阔苍茫、横无际涯的塔里木盆地。

塔里木盆地，世界第一大内陆盆地，位于新疆南部，是被天山、帕米尔高原、昆仑山脉合围的大型山间封闭型盆地。

古老的塔里木盆地，恢宏辽阔的巨大空间里，沙漠与河流两大主角，相依相持，相爱相杀，绵延古今，成为永恒的主题。

塔里木，沙漠河流两大自然伟力角逐的战场。

塔克拉玛干沙漠，面积 33.7 万 km²，占中国沙漠总面积的 43%，是中国最大沙漠，也是世界第二大流动沙漠。

四面环山的巨大盆地里，140 余条河流呈向心水系，从苍茫天山崇岭之上，从巍巍昆仑之巅，奔流而下，汇流成中国内陆第一长河——塔里木河。

曾几何时，它如一条飘逸的银练，从浩瀚广袤的大漠北缘逶迤流过，蜿蜒五千里，流向历史深处，注入万顷烟波的罗布泊，孕育了繁华如云的楼兰国度。

历史上，塔里木河源流众多，水系复杂，阿克苏河、喀什噶尔河、和田河、开—孔河、迪那河、渭干河、克里雅河和车尔臣河等九大水系均有水汇入干流。

从历史源头流来的塔里木河，正处于水光潋滟的丰沛华年，挟"九子"奔腾而下，呼啸而来，长河浩荡，宛若蛟龙，云水苍茫，气吞万里。所到之处，山河布绿，满目葱茏。

纵横塔里木大地的河网，孕育了灿若繁星的点点绿洲。而在史前的曙光里，一支支艳丽的绿洲城邦之花：楼兰、龟兹、于阗、疏勒、尼雅、婼羌、小宛、且末……次第绽放，吐露着西域文明独特的芬芳。

随着霍去病的铁骑金戈犁开了河西走廊的土地，河西由游牧垦殖为农耕区，中原—河西—塔里木三大农耕区无缝对接，伟大的丝绸之路便水到渠成、呼之欲出了。

（二）水之困：独木难支，危若累卵

塔里木盆地远离海洋，又崇山环峙，水汽难以进入，因此气候干旱，降水稀少，蒸发强烈，多年平均年降雨量仅为 27mm，而年蒸发量则高达 2800mm。

因此，塔里木河盆地的水资源，都来自四周高山降水及冰川融水的源流，出山进入平原区后，面临的便是强烈的蒸发与渗漏，径流折损严重。

更重要的原因是，20 世纪 50 年代以来，由于水资源长期过度开发利用，流域平原地区诸多河道流量减少甚至断流，引发地下水水位下降。水环境恶化，加上盲目开垦、乱砍滥伐，超载过牧等因素，致使生态环境不断退化，天然绿洲衰退、土地严重沙漠化和盐碱化。

水资源紧缺的状况下，全流域陷入了上游扩库、中游打坝、下游断流的恶性循环。

一条条支流相继枯萎、断流，与塔里木河失去了水系联系，塔河母亲痛失爱子，只能以日渐苍老羸弱的躯体，独力苦撑危局。

缺血的母亲河无力将血液输送下游，断流 30 年，沙漠伸出的两只巨手抹去了河床，荡平了"绿色走廊"，塔克拉玛干与库木塔格两大沙漠，在狞笑中即将会师。

在沙漠与河流的角逐博弈中，河断水枯，沙进人退，水资源危急，生态环境危急，塔里木河流域人类社会及一千多万民众的家园岌岌可危。

前事不远，楼兰为鉴。

生态环境危急重压之下，塔里木河综合治理和最严格水资源管理"红线"先后推出，到 2030 年总用水量不得超过 285 亿 m^3！而 2018 年的总用水量已达到 319.3 亿 m^3，超出限额 34.3 亿 m^3。

诚然，挤出水资源用于生态用水是生态救赎，拯救环境的当务之急，又是可持续发展的必由之路，是唯一正确的选择。但严峻的现实是，整个南疆都面临"退耕减水"的巨大压力，面临社会经济发展，水资源需求旺盛，却又无"源"可开的困局。

困局之外，更大隐忧如达摩克利斯之剑高悬于塔里木河之上，一定意义上，用命悬一线、危如累卵表述都并非危言耸听。

历史上的塔里木河有九大支流水系，而目前与干流地表水联系密切的只有阿克苏河、叶尔羌河、和田河和开—孔河。水量贡献最大的当数阿克苏河，该河在上游汇入塔里木河的水量占干流总水量的 73％。

而阿克苏河的三条主要支流库玛拉克河、托什干河、玉山古西河均发源于吉尔吉斯斯坦，流入我国境内的水量占阿克苏河总径流量的 64%。

塔里木河的源头及近半水量来自境外，整个南疆的社会稳定、经济发展、生态环境保护的命脉，都维系于中吉跨界河流的水安全，命悬一线。

20 世纪 80 年代，苏联曾计划从阿克苏河上游调水 27 亿 m^3，以解锡尔河、伊塞克湖和楚河流域用水之急。后来由于苏联的解体，该计划中途搁置。

从我们实地考察的情况来看，曾经的苏联已经启动了建设高坝大库，开发萨雷扎兹河流域矿产资源和实施跨流域调水的行动计划。

看到这些尚未居住就废弃的楼房，抚摸这些尚未安装就锈蚀的设备，我不禁倒吸一口冷气！

万分庆幸，塔里木河躲过了一场浩劫，南疆逃过了一次灭顶之灾。但在瞬息万变、波诡云谲的国际环境和地缘政治变化中，我们能将国土与家园的安危维系于幸运之上吗？

（三）地球"大耳朵"的惊天之问

罗布泊，是塔里木盆地的最低洼地，历史上曾是塔里木盆地的尾闾湖。

在众水浩荡的年代，不仅盆地内的塔里木河、孔雀河、车尔臣河汇集于此，河西走廊的疏勒河也曾大河西流，归宿罗布泊。

大湖罗布泊与名城楼兰，作为西域文明的两个符号，名动丝路。

1931 年中国学者陈宗器、德国地质学家霍涅尔对罗布泊水域进行了实地考察，并完成了整个湖区的测量工作，实测罗布泊水域面积为 2375km。1962 年湖水减少到 660km^2。20 世纪 70 年代塔里木河长度急剧萎缩至不足 1000km，下游 300 多 km 河道干涸，导致罗布泊最终干涸。

1972 年 7 月 23 日，美国地球资源卫星 Landsat 1 发射升空，它逐一扫描地球表面，两年时间便覆盖了 75% 的陆地面积，这是人类历史上第一次以如此宏观而"高清"的视角观察人类所居住的星球，许多鲜为人知的神秘角落也被一一展现。

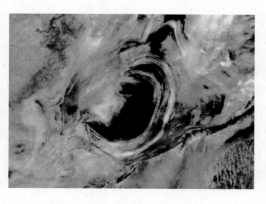

我国西部的一只"大耳朵"尤其引人瞩目：它长约 60km，宽 30km，明暗相间的半环状线条，一圈一圈地向中心收拢，形如"地球之耳"。人们既不知其所为何物，亦不知其由谁造就，只知其所在之地名为罗布泊。

此后，据传访华的尼克松将卫星图片带到了中国。

今日的罗布泊，横亘大地，触目惊心。既像一只风干的耳朵，又像一个惊心的巨大问号，苍凉而沉重。

它，既是自然之问也是历史之问，等待一个民族的选择与回答！

2021 年 6 月 23 日

匍伏中亚山河

（一）同框里的苍茫情思

行走在中亚大地，作为一个同处中亚的新疆人，时时处处会有一种强烈的同框感。山河湖田、大漠绿洲、风物人文，都似曾相识，熟悉而切近。眼前是地理的切近，心底另有一种历史的亲近，深重而五味杂陈，那就是作为一个中国人的家国记忆与沉思。

在锡尔河畔的费尔干纳谷地，会不自觉地联想起中亚大陆另一块钟灵毓秀的造化之地——伊犁河谷。这两块干旱中亚大地的"湿岛"，同样的河川秀美、同样的膏腴之地，恍惚间甚至会有身在何处、今夕何夕之感。

这两块中亚干旱大陆的"异数"，地理上遥相呼应，山水相连，历史的甬道也曲径相通，佳话相牵。

西汉年间，一代雄主汉武帝打通了"丝绸之路"，东西方文明交相辉映，照亮了西域历史与文化的无涯暗夜。

爱宝马的汉武帝从卜卦得知"神马当从西北来"，于是派人赴西域遍寻宝马，先从乌孙国（今伊犁河谷）求得乌孙马，龙心大悦，作《天马歌》庆贺：

> 太一贡兮天马下
>
> 沾赤汗兮沫流赭
>
> 骋容与兮蹠万里
>
> 今安匹兮龙为友

公元前 103 年，贰师将军李广利征大宛国（今费尔干纳谷地），凯旋带汗血宝马献于汉武帝，得陇望蜀复得蜀，汉武帝大喜过望，见异思迁，将乌孙马改名西极马，将天马之名转赐予大宛马，并再赋一曲《天马歌》：

> 天马徕兮从西极
>
> 经万里兮归有德
>
> 承灵威兮降外国
>
> 涉流沙兮四夷服

雄才大略、文治武功的汉武帝，一生流传下来的仅有的九首诗中就有三首是咏唱天马的，有趣之余也令人感喟。

在吉尔吉斯斯坦，有一个被称为"小河西走廊"的地方，这就是楚河河谷。

距吉尔吉斯斯坦首都比什凯克东 60km 处，有一个叫托克马克的小城。在这里，一座城、一个人，标示了华夏文明在中亚大地的历史与地理坐标。城，为碎叶城；人，称李白。

楚河古称"碎叶水"，碎叶城雄踞亚洲十字路口。在唐代，它与龟兹、疏勒、于阗并称为"安西四镇"，是中国历代王朝在西部设防最远的一座边陲城市。

楚河名称的来源，据称是因镇守的士兵多来自中原楚地。城市格局仿长安城而建，被称为"西陲长安"。687年，鼎盛时期统辖西域近300万km²的安西都护府治所，自龟兹迁至碎叶城，一跃成为中亚政治军事中心。数十年后，李白出生于碎叶城。

李白祖籍陇西成纪，本为世家宗亲，祖上因罪谪迁西域，在碎叶城生活至5岁，随家迁居四川江油青莲镇，22岁"仗剑去国、辞亲远游"，开启山水诗酒放旷人生。

往事越千年。在"一带一路"中亚合作中，吉尔吉斯斯坦托克马克市，正就联手四川共建"李白城"进行洽谈。这正应了"没有永远的朋友，只有永远的利益"的国际规则，利益是现实的、易变的，不变的是文化的坚韧纽带。

李白已成为"丝绸之路"上一个重要的文化符号。

（二）"中亚水塔"下的忧思

聚集着地球上最高峻壮阔的山系，天山、昆仑山、喀喇昆仑山、兴都库什山、帕米尔高原，组成了亚洲中心"赭红色的心脏"。发源于崇山峻岭的河流，将高度转变为势能，劈开亘古的荒凉，成为哺育中亚土地和人类文明的血脉。

中亚地处内陆，降水量少蒸发量大，每年人均拥有的水资源量为2800m³，远低于7342m³的世界平均水平，也未达到3000m³的缺水上限。

更重要的是，本地区水资源分布极不平衡，严重"贫富不均"。地处帕米尔高原的吉尔吉斯斯坦和塔吉克斯坦，人均拥有水资源量均在1万m³/年以上，而邻国乌兹别克斯坦仅为700m³/年，盛产石油、天然气和汗血宝马的土库曼斯坦，更是只有217m³/年，属极度贫水国家。

阿姆河、锡尔河是中亚两条主要水源，属中亚五国共享的国际河流，但上游的吉尔吉斯斯坦和塔吉克斯坦拥有近70%的水量，而两国使用量不足20%。这种拥有和使用的空间错位，不可避免地由自然地理问题转化为政治经济问题，甚至军事问题，其中最为典型的是塔吉克斯坦与乌兹别克斯坦的矛盾与冲突。

塔吉克斯坦号称"中亚水塔"，拥有中亚一半以上的水资源，但缺乏石油、天然气和煤炭资源，冬季常常陷入严重电力短缺，不得不实施全国限电，首都杜尚别每天只能供电三四个小时，偏远地区整个冬天无电。

无奈之下，该国不得不再次启动几度中断的罗贡水电站的开发建设。罗贡水电站位于阿姆河支流瓦赫什河上游，设计坝高335m，建成后将是世界第一高坝，水库总容量133亿m³，年发电量130亿kW·h。工程总造价40亿~60亿美元。一旦罗贡水电站投入运行，不仅可以实现国家能源独立，而且还能向境外出口电力赚取收益。

但对于这项水利工程，地处下游的乌兹别克斯坦坚决反对。乌兹别克斯坦是中亚的用水大户，灌溉农业在国民经济中占比极大，其用水量占中亚用水量的一半以上。大型水电站蓄水量大、截流时间长、水量控制能力强，必然会使下游供水减少，而缺水对乌兹别克斯坦的农业生产造成严重冲击，并产生难以预料的生态危机。

为此，自2010年起，为阻止罗贡水电站建设，乌兹别克斯坦利用塔吉克斯坦在交通和能源上对自己的依赖，对其实施交通封锁，扣押修建水电站所需的材料和物资，并断供天然气和电力，甚至出动军队进行军事威胁。两国因水资源而产生的分歧不断加剧，并扩大到政治、经济、军事领域，矛盾不断加剧乃至激化。

乌兹别克斯坦同时还对罗贡水电站选址提出质疑，认为坝址位于震级达到里氏 9～10 级的山区，一旦地震溃堤，将对下游地区造成无法想象的地质灾难。乌兹别克斯坦为此向国际社会提出，必须由相关独立机构对该项目进行经济技术鉴定，以证明大坝的安全性。

2014 年世界银行公布了罗贡水电站项目的经济技术报告，认为罗贡地区适合修建符合国际安全标准的大坝，罗贡水电站项目可以满足塔吉克斯坦的电力需求，并是最经济的途径。对此，乌兹别克斯坦不予承认，并表示任何情况下都予以反对。

令人欣慰的是，乌兹别克斯坦领导层新旧交替后，新领导层的开放合作态度为两国关系改善、也为罗贡水电站带来了转机，罗贡水电站如今已开工建设。中亚水资源利用，必须走一体化协商、合作共赢的道路。但愿这是个良好的开始。

考察塔吉克斯坦努列克大坝

考察哈萨克斯坦境内额尔齐斯河

（三）越界的惩罚："咸海灾难"

大自然是慈悲的，但逾越它的边界与底线，会换来它严厉的惩罚。

世界上古代最长的运河，是我国的京杭大运河，作为我国古代伟大的水利工程，已入选世界人类文化遗产。但要说起现代最长的运河，它的"世界之最"曝光率却很低，甚至地图上都没有标示。

这条存在感极低的现代最长运河就是卡拉库姆运河，全长 1400km，位于土库曼斯坦。卡拉库姆运河起自阿姆河中游左岸博萨加镇，向西穿越卡拉库姆沙漠南部，最终流入里海。1954 年始建，分 4 期建设，历时 30 年。

卡拉库姆运河的开凿，是苏联时期斯大林"自然改造计划"的组成部分。运河使沿途 1500 万亩耕地受益，新垦耕地 750 万亩，改良草场 2 亿多亩。当时曾被誉为"人间奇迹"：河水所到之处，荒漠变良田，田园如画，花果飘香；一座座新城拔地而起，楼群鳞次栉比；碧波之上，白帆点点。人们也为自己魔法般变出的人间乐园欢呼雀跃，激动沉醉。

但好景不长。在恒定水资源的状况下，一片绿洲的兴起意味着另一片绿洲的衰落，运河农业区的兴盛，是以牺牲传统农业区为代价的。同时，作为咸海主要淡水来源的阿姆河被夺走大部分水量后,来水量大大减少,从而酿成了被称为"世界上最严重的生态灾难"——咸海生态危机。

咸海曾经是世界第四大湖,最盛时面积达到 6.6 万 km²。当年湖水清澈、湖岸青青、渔村绕岸、渔火点点,仅以渔业为生的就有 6 万人。

如今咸海湖面萎缩到只有原来的 1/10,面临干涸。湖水含盐量超过 100g/L。湖底和三角洲盐碱裸露,每年几十场"白风暴"和"盐风暴",上亿吨盐沙和有毒混合物被西风吹扬到中亚草原和农田,造成大面积的土地盐碱化。湖区的高度盐碱化,造成百业凋零,癌症和肺病肆虐,新生儿死亡率奇高。

(四)雪山:护佑与叮嘱

河流是人类文明的摇篮。在中亚这块干旱大陆,浩荡长河的第一滴源流,几乎都来自于冰川融水,空谷足音,石破天惊。

与人们长久的刻板印象不同,中亚并不是严重缺水地区,淡水储藏量在 1 万 t 以上。天山山脉有冰川 8017 条,面积 7275.3 多 km²,喀喇昆仑山被称为"世界山岳冰川之王",全球中低纬度 8 条 50km 的山岳冰川,6 条在喀喇昆仑山。塔吉克斯坦境内的费琴科冰川长 77km,是除两极之外最长的冰川。

行走在中亚磅礴山水间,天地之浩瀚、山河之博大、自然之伟力,顿觉人类之渺小、认知之粗陋、智慧之肤浅、力量之微弱。如果人类目光短浅,贪婪无度、急功近利、狂妄自大,篡改大自然的密码,必遭惩罚,前车可鉴。

常常在晨昏的熹微天光里,我凝目仰望雪峰。他矗立在无尽时光的身影,像一个历经沧桑、慈悲庄严的智者,看尽白云舒卷,也看破云诡波谲;看遍碧空如洗,也看透苍黄风烟。白雪是他的峨冠博带,冰川像他的长髯飘拂。他目光深沉、苍凉、威严,又如慈父般悲悯而温暖。

刹那间,我似乎听懂了他的叹息与叮嘱,于无声处,宛如惊雷:冰川缓释,细水长流;但存一川水,留于子孙饮。

匍伏中亚雪峰下,我汗如雨下,泪如泉涌……

2021 年 9 月

边疆空间格局之水利塑造（后记）

（一）历史演进视角与当代战略观察

这本书终于付梓出版了！

但愿我把"推进西部大开发形成新格局，拓展国土发展空间"这个异常复杂的问题，已用最简单的西北"水三线"表述清楚了。

我期望，通过对西北"水三线"空间格局的划分、分异特征的表述、发展模式的筹谋等深入系统的分析研究，能够获得更多人对跨越西北"水三线"的理解和支持。毕竟，"西部干旱缺水，生态环境脆弱"已是老生常谈，已无法激发更多人对西北边疆水问题的关注和认知的热情。

原《南水北调总体规划》的西线调水工程中，只是将长江上游金沙江、雅砻江、大渡河的水调入黄河上游，仅仅是为了解决黄河的问题，并没有考虑长远将引水水源继续西延至青藏高原的雅鲁藏布江、怒江、澜沧江，也没有考虑将供水范围西延覆盖到河西走廊、漠北高原、吐哈盆地、塔里木盆地等更为广大的区域。很显然，这与"调大水，做大局，谋长远"托举"民族复兴梦"的远大理想是无法匹配的。坦率地讲，这样的规划布局存在视野上的局限，殊为遗憾。

在多次的报告或讲座之后，醍醐灌顶、思想升维者居多，但也经常有人问我，花费如此代价调水到西北干什么？其实不要我赘述，国家战略已做出了最好的回答：构建"中华大水网"。我能做的，就是在更多场合、更高层级广为宣传西北"水三线"，慢慢地改变他们的一些看法。

西北"水三线"的存在，已严重阻碍了区域经济的协调发展、国土空间的均衡发展和丝绸之路的纵深发展，这是我们必须正视的严峻问题。进入新时代，当我们这一代人有条件、有能力、有必要改变西北"水三线"空间格局时，而不去思考、不去努力，作为一个学者、一个水利工程师，将是一种对历史的辜负、对未来的失责。季羡林先生曾说过：如果人生有意义与价值的话，其意义与价值就在于对人类发展的承上启下，承前启后的责任感。

最近，我阅读了北京大学陆小璇的博士论文，她将"西域—新疆"置于麦金德称作"枢纽地带"或世界岛的"心脏地带"，并与松田寿男提出的"三个亚洲"（即湿润亚洲、亚湿润亚洲、干燥亚洲三个风土带）有机结合，画了一张很有创意的图（图1）❶。"西域—新疆"作为古代丝绸之路的枢纽，是我国边疆地区中历史最为悠久、边疆建设过程最为复杂的地区之一。独特的地理位置及环境特征，使"西域—新疆"不但拥有重要的地缘

---

❶　陆小璇."西域—新疆"的边疆认知与水利景观［D］．北京：北京大学，2016.

战略意义，其资源利用方式亦扮演着维系边疆安全的重要角色。

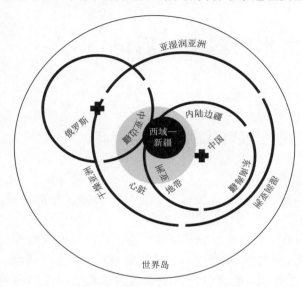

图1　处在世界地缘政治中枢、政治及自然
分界线上的西域—新疆

一方面，"西域—新疆"处在欧亚大陆的中心，自古受到不同文化群体、不同政治集团的共同影响。从汉代张骞提出凿空西域"以断匈奴右臂"❷，到清代左宗棠之"重新疆者所以保蒙古卫京师"❸，再到民国朱希祖先生所言"吾国新疆，为西域最要区域……故在昔英俄二国，已各视此为禁脔"❹，我国西北边疆至今都是世界各国地缘政治学家关注的焦点，具有维系国家安全的重要意义。

另一方面，"西域—新疆"处在"干燥亚洲"的"差不多完全隔断了外部海洋湿气的少雨地带，绵延着辽阔的沙漠和广袤的草原"❺，对水的控制与利用自古便是我国西北边疆经营中的重要组成部分。"西域—新疆"的水利建设不但具有极强的地域性，亦与边疆建设过程密切相关。在当今水利技术进一步发展与新时代推进西部大开发形成新格局的背景下，通过实施南水北调西线—西延调水工程，跨越"水三线"建造"湿润亚洲"通往"干燥亚洲"的输水通道，已成为未来"边疆经营"中的重要一环。

欧文·拉铁摩尔曾把古代中国称为"边疆国家"，并提出边疆是中国社会发展的强大动力之一❻。事实上，边疆对我国社会发展的推动力延续至今。今日的"一带一路"不仅是历史贸易线路的振兴，更是现今我国国际战略转向的重要布局。因此，关于西北"水三线"的研究兼具历史演进视角与当代战略观察，具有重要的现实意义。

（二）水利对中亚边疆历史的塑造力量

一条大河往往象征着一个文明古国，我国历来就有"大河文明"与"非大河文明"之分。这一认知，使得学者们在开展水与文明之间关系的讨论时，更多注重以"大河文明"为发展主线的历朝"治水社会"沿革的研究。因此，也造成了对非大河时期或非大河地区

❷　汉书. 卷六六·西域传（下）.

❸　左宗棠. 左文襄公全集·奏稿，卷五十.

❹　朱希祖. 中国经营西域史·序［M］. 上海：商务出版社，1936，1.

❺　Sauer，CO. Historical Geography and the Western Frontier［J］//Leighly J.，life. Berkeley and los Angeles［M］. University of California Press，1963.

❻　欧文·拉铁摩尔. 中国的亚洲内陆边疆［M］. 唐晓峰，译. 南京：江苏人民出版社，2010.

的忽视，即使它们在某一文明的发展过程中起到了重要作用。

近代以来，处在非大河地区的"西域—新疆""水"及治水方式对其历史的塑造力量和社会"进化"的主导过程，是任何力量所无法比拟的。美国文化地理学家卡尔·索尔指出，边疆实际上已经成为一系列次级文化的温床，来自不同源头、拥有不同结构的文化在那里开始了各自的演变❺。这一观点与特纳的边疆理论相呼应。特纳认为，在"边疆的大熔炉"（crucible of thefrontier）中，美国社会在每一个新的边疆聚落都得以重生和改造❼。因此，边疆是一个文化解构并建构的区域。一方面，某些传统习惯必须被摒弃或修正，以适应在边疆地区生存的需要；另一方面，新的生活生产方式在边疆环境中孕育而生，使新的文化得以发展。如果从这一角度来看待边疆的话，边疆地区的独特环境推动了"新"文化的发展，"新"文化的建构又促进了以往文化在其边疆环境下的融合发展，只有调整既有的生产方式和生活模式，才能够更好地适应不同的自然和人文环境。

由于迥异的地理及水文特征，我国西北边疆分散而布的绿洲水利发展模式，与核心区"大河文明"为主线的水利发展模式，呈现出两条不同的历史路径❽。

一是作用不同，核心区的不断延伸与人工水道的扩展，有助于发挥其商贸流通和行政动脉的作用。在汉文化从黄河流域逐渐向长江流域及更远的地区扩张的过程中，纵横相连的水道使统治集团能够不断将新的地区纳入其控制范围。而在西北边疆，对地区进行控制的方式由连续的扩张转变为非连续的渗透。

二是模式不同，分散的绿洲之间是沙漠或干旱草地，因而难以挖掘大规模的水道；距离与沟通的不便，使得适用于核心区发展的连续扩张模式无法在此被复制。即使是在水利技术已取得长足进步的今天，分散的水源仍然是西北边疆发展的主要制约因素。

三是目标不同，核心区的水利建设多出于经济目的。比如，运河开凿的最初目的是出于运输，使财富沿着运河从各地向基本经济区汇集，运河一旦开凿成功，亦可广泛地应用于灌溉。与之相比，西北边疆地区的治水实则与"守边"有着密切的联系。历代王朝在西北边疆的屯田水利主要出于军事防卫目的而建造，并由军事力量来维护。直至今日，西北边疆的水利开发依然是重要的固边兴疆战略。

然而绿洲水利和核心区水利发展这两种模式最大的共同点就是水与权力之间的相互关系，不仅体现在作为中国"经济—政治—文化核心区"的丰水的长江—黄河流域，也存在于干旱缺水的西北边疆地区。每一次水利开发方式的变化，都会带来对边疆认知的改变。中俄两方在传统水利与现代水利的发展过程中，完成了对中亚边疆的共同塑造，往复控制型边疆与传统时代的西域水利开发格局，置线定居型边疆的形成与传统水利建设的扩大，开发建设型边疆的形成与现代水利建设的扩大，完整地记录了这一发展历程。

——"丝绸之路"与屯田水利的发展。中原王朝除了设置军政机构外，还在商路沿途的绿洲设驿站、驻军队、办屯垦，是往复控制型边疆形成的重要力量。绿洲"负水担粮，迎送汉使"，不但要给来往旅客提供食物，而且还要补充粮草、饮水、人员、骆驼和马匹，

---

❼ Tuner，F. J. The Frontier in American History［M］. New York：H. Holt and Company，1920.

❽ Wittfogel K. A. Oriental Despotism：A Comparative Study of Total Power［M］. New Haven and London：Yale University Press，1967.

以确保旅客能穿越宽广的沙漠戈壁以抵达前面一站的绿洲。因此，沿线分散而布的绿洲城邦保障了商路畅通，反过来商路发展也推动了绿洲城邦与屯田水利的发展。

——"南北兼顾"的西域水利建设。由林则徐和左宗棠主持、推动的新疆屯垦水利建设，是清末西北边疆开发的代表。1874 年，清朝在面临西北边疆危机和东南沿海危机双重困局的情况下，左宗棠力主海防与塞防并重，率清军收复新疆。面对来自强邻俄罗斯的威胁，西征军通过采取"边战边屯"的策略，以天山北麓为重心的定居型边疆格局初步形成。1884 年新疆建省后，屯垦水利从"重北轻南"转向"南北兼顾"，在天山南北快速发展。

——民国时期"新边疆"屯垦水利的发展。这一时期屯垦水利的发展主要体现在四个方面，即水利机构与奖惩制度的建立、坎儿井的大规模修复与建造、"军屯民租"屯垦模式的开展，以及边疆现代化转变之下新的水利建设需求，拉开了开发建设型边疆建设的序幕。当时，在苏联专家的帮助下，成立了"屯垦委员会"并制订了三期的三年水利建设计划，使得作为"前线"的边疆转变为兼具运输与生产功能，并能够吸收和安置来自核心区的移民的"大后方"。

——俄罗斯地缘战略东移与早期水利建设。对欧洲而言，俄罗斯并非完全欧洲化的国家，他将自身视作将"西方文明之光"撒向亚洲的不二人选，并籍此向其所征服的中亚证实其先进性，向边界东部的中国证明其实力，进而巩固其在中亚的利益。沙皇尼古拉斯一世之孙—尼古拉·康斯坦丁诺维奇，这位开发中亚边疆的先行者，与林则徐具有相同经历，1881 年被发配至中亚边疆以后，自己出资并承担建设了一系列的运河和水坝的项目，为俄罗斯帝国建立定居型边疆立下了不朽之功[9]。

——中亚植棉热潮进一步扩大水利建设需求。19 世纪末期沙俄从美国引进陆地棉种植技术，并制订了宏大的水利发展计划，纺织业也因此成为俄罗斯近代工业崛起的核心力量。为实现其迅速扩张的目的，还聘请美国"西部边疆"水利建设的核心人物亚瑟·戴维斯，担任苏联中亚水务管理局的首席顾问工程师。戴维斯任美国垦务局局长期间（1914—1923 年）推进超过一百座水库建设，而由其最先提出的美国胡佛大坝与苏联瓦赫什河盆地灌溉项目都于 1931 年初开始建设，同时也由此拉开了阿姆河、锡尔河所在的咸海流域以及楚河流域水土大开发的大幕。这一时期，铁路与水利共同成为实现俄罗斯"新边疆"建设的基础。

——"资源化边疆"建设加速了"传统水利"向"工程水利"的转变。"二战"结束后，在全球边疆开发浪潮的大背景下，俄罗斯更多地借鉴了美国西部调水和西部干旱地区水利灌溉技术，在阿姆河、锡尔河、伊犁河、额尔齐斯河及其主要支流上规划建成了一大批大型灌区和大型水利工程，并开展了跨流域调水工程的研究，如西西伯利亚的"北水南调"工程。"水"的管理与经济建设密切相关，如建设大型的灌溉系统，开辟航道，建造水电大坝，推进矿产资源开发和工业建设等，为建设"资源化边疆"提供了必需的保障。

综上所述，自 19 世纪开始，来自西方的科学技术和意识形态，在中俄中亚边疆迅速渗透。在全球边疆开发浪潮的大背景下，一方面俄罗斯的工程师受到国外工程的启发；另一方

---

❾ 参见：唐启宇《历代屯垦研究》和黄奋生《边疆屯垦手册》。

面外国工程师也积极参与到中亚边疆的建设之中。我国西北边疆既受到中原特有传统水利发展的影响，同时也容纳了西方现代水利技术，是一个经历双向性渗透影响的发展过程。

事实证明，我国西北边疆不仅是主权意义上"中国"边疆的重要组成部分，亦是受中俄两方共同影响的"中亚"边疆的一部分，更是受全球所影响的"世界"边疆地区的一部分。而水利对中亚边疆历史的塑造及其对政治边界、文化边界、自然边界的影响是十分巨大的。

（三）打造西北边疆空间发展新格局

斯文·赫定在《西域探险考察大系：丝绸之路》一书中写道："旅途中，我一直都在想象，仿佛已看到一条崭新的公路穿越草原和沙漠，一路上有无数的桥梁架在河川小溪和水渠沟壑上……公路的路线会忠实地沿着古代丝路上商队和车轮留下的足迹和车辙向前延伸，到了喀什噶尔，也绝不意味着它已到了尽头。我憧憬着技术进步将给这片土地带来的灿烂前景……昔日的壮景一幅幅沉入西方的地平线，而新的灿烂辉煌的景象每天随着初升的朝阳，一幕幕展现在东方的天际。这就是符合历史发展规律的古道的未来。"❿

斯文·赫定所描述的这样一副场景，今天似乎已经变成了现实。

事实上，俄罗斯或苏联所畅想的中亚边疆的愿景，要比斯文·赫定的憧憬宏大得多。

近一段时期，国际舆论甚至中亚五国都在纷纷指责，苏联时期过度开发利用阿姆河和锡尔河的水资源，导致了今天的咸海危机。我认为提出这种指责的人，并不完全了解当时的状况。

咸海处于今天这种状态并不令人意外，而是预料中的事，甚至可以说是计划中的事。苏联和当地政府早在规划农业灌溉和水利设施时，就已考虑到了咸海的缩小。因此，很早就研究提出了通过跨流域调水、化解咸海危机的三个大胆的调水设想⓫：

——北水南调，从西西伯利亚调水入咸海。100 年前这一设想就已出现，20 世纪 50 年代开始，苏联曾组织了 150 余个研究机构和设计部门进行研究设计。引水工程全长 2300km，一期工程在额尔齐斯河和托博尔河交汇处筑坝提水，引水总量 250 亿 m^3；二期在鄂毕河口修建水利枢纽，引水 600 亿 m^3。不少人把希望寄托在这项规模宏伟的工程上，认为这才是"改善当今咸海悲惨命运的主要条件"。

——西水东调，从里海引水入咸海。近年来里海水位升高了 2.50m，甚至外溢为患，在哈萨克斯坦境内的海岸线有些地方已向外扩展了 70km，因此，许多学者提出开凿一条 450km 的运河，把里海多余的水引入咸海。这是耗资最少的方案，支持者很多，但科学界认为，里海水位上升与气候变化有关系，必须科学预测未来 100～150 年间里海的水位变化趋势，然后才能做出科学的决策。

---

❿ 斯文·赫定. 西域探险考察大系：丝绸之路［M］. 乌鲁木齐：新疆人民出版社，1996.
⓫ 邓铭江，龙爱华. 咸海流域水文水资源演变与咸海生态危机出路分析［J］. 冰川冻土，2011，33（6）：1363 - 1375.

——南水北调，从印度河、恒河调水入咸海。一种考虑是印度河水资源丰富，80%的径流产自巴基斯坦，其源头距离阿姆河源头较近，直线最短距离为600km，为开凿运河提供了良好条件；另一种考虑是在印度河与恒河之间开挖运河，连通这两条水量丰沛的河流，然后通过多级扬水，修建2500km的运河，经伊朗、阿富汗、土库曼斯坦开挖运河至阿姆河。

中亚五国独立后，哈萨克斯坦的科学家们也清楚地认识到，这些调水方案，不但耗资巨大、工程艰险，而且都涉及跨界河流与其他国家的制约，实现的可能性是极其渺茫的。为此，近两年，他们又提出了以下新的战略设想：

——把跨界河流谈判作为水资源安全保障的重大战略。哈萨克斯坦的大河都是跨界河流，44%的地表径流资源是从相邻国家流入。因此，跨界河流的水资源利用与保护是哈萨克斯坦经济发展生死攸关的重大问题，同其他国家在水资源利用方面矛盾最严重、历史最长的首先是锡尔河、楚河、塔拉斯河，其次是乌拉尔河、伊犁河、额尔齐斯河、伊希姆河和托博尔河。

——跨哈萨克斯坦运河计划。在哈萨克斯坦人看来，与其求助俄罗斯人从西伯利亚调水，不如直接调用额尔齐斯河的水，因此哈萨克斯坦地理研究院于2012年年初提出了一个受到举国关注的调水计划。该计划以舒里宾斯克水库为龙头，加高大坝，抬高水头，沿哈萨克斯坦中部高地的边缘，先向西北，后折向南，修建自流的跨哈萨克斯坦运河，串通额尔齐斯河、伊希姆河、托博尔河、萨雷苏河、楚河、塔拉斯河、伊犁—巴尔喀什河和锡尔河等8大水系，建立全国统一的水资源保障系统。运河全长3100km，年调水量70亿m³，工程总投资200亿～250亿美元。

——建设五河连通工程。在卡拉干达二期调水工程规划的基础上，着手实施额尔齐斯河、伊锡姆河、努拉河、萨雷苏河、锡尔河连通工程，除保障卡拉干达市、铁米尔套市和运河沿线供水外，还准备大规模调水至哈萨克斯坦中部缺水地区萨雷苏河流域、北部伊希姆河流域，并向首都阿斯塔纳供水。

孟子曰："生于忧患，死于安乐"。以上无论是调水设想，还是规划设计方案，都充分反映了俄罗斯这个民族、哈萨克斯坦这个国家深谋远虑、居安思危的战略思想。我们应当向他们学习！

1864年清政府与沙俄签订的一纸"约记"，就将伊犁河、额尔齐斯河、额敏河拦腰斩断，将巴尔喀什湖、斋桑湖、阿拉湖生生掠走。这段屈辱苦难的历史，已过去150多年了，沧桑和悲凉、无奈和辛酸之情无法溢于言表，更难以释怀。

建设南水北调西线—西延工程是我一生的梦想。以水资源梯度配置为先导，跨越胡焕庸线拓展国土发展空间，跨越阳关线振兴河西生态经济走廊，跨越奇策线增强西北边疆水资源及环境承载能力，在"一带一路"倡议引领下，将西部大开发放在欧亚乃至全球视野中考量，探索治疆、稳疆、润疆、兴疆、建疆的新视域、新模式、新路径，提升西北地区在全国乃至全球一体化进程中的经济地理位置，完整构建"黄河流域—内陆河流域—中亚地区—欧洲大陆"互联互通、协同发展的"深陆"大通道，建立"中国—中亚—西亚"复合型、多元化跨区合作的新模式，打造西北边疆空间发展新格局。

这就是我对未来"中国"边疆以及"中亚"边疆的美好憧憬！

诗人艾青说："诗是人类向未来寄发的信息，诗给人类以面对理想的勇气"。在此，特赋上 2014 年赴哈萨克斯坦，考察中哈跨界河流时所作的一首诗，以表此时结愁千绪之心境，并为此书画上一个句号。

远去的河流

为了追寻远去的河，

我来了！

我是天山的云，

我是塔尔巴哈台的风❶，

我是阿尔泰的鹰。

伊河之水漂流入夕阳，

额敏河畔马蹄声碎烽烟起，

额河之水远去赴寒极❸。

为了追寻迷失的湖，

我来了！

我是张骞的信使，

我是李白的长歌，

我是岑参走马行川。

巴尔喀什碧水连天景依旧❹，

阿拉湖五彩斑斓炫天下❺，

斋桑水起出高峡❻。

---

❶ 塔尔巴哈台山脉位于中国新疆西部和哈萨克斯坦东部边境上，是额敏河的发源地。

❸ 额尔齐斯河发源于我国境内的阿尔泰山南坡，自东南流入哈萨克斯坦境内斋桑湖，再向北在俄罗斯境内汇入鄂毕河，最终注入北冰洋。自源头至鄂毕河入河口，河流总长 4248km。

❹ 巴尔喀什湖位于哈萨克斯坦境内，系伊犁河尾闾湖泊。巴尔喀什湖流域主要包括伊犁河、卡拉塔尔河、阿克苏河、列普瑟河、阿亚古兹河等五条主要河流，流域面积 41.3 万 km²。

❺ 阿拉群湖分别由萨瑟科尔湖、科什卡尔湖、阿拉湖及扎兰阿什湖构成，阿拉湖系额敏河的尾闾湖泊。随着河水入湖、地下入流、湖水循环沉淀，四个湖泊不同季节呈现出不同的颜色，从灰白、淡蓝到深蓝、湛蓝，变幻莫测，奇妙无比。

❻ 斋桑一词为蒙古语，意为古代蒙古族的官衔。斋桑泊位于东哈萨州境内阿尔泰山和塔尔巴哈台山之间的凹地，面积为 1800km²。1959 年布赫塔尔马水库建成后，"库湖一体"形成面积为 5500km²、体积 500 亿 m³ 的巨型水库。

为了追寻成吉思汗的足迹，

我来了！

我是班超的士卒，

我是林则徐的梦，

我是左宗棠的传承。

七河邑中七河山 七河山中七河门❶，

阿亚古兹通"三河"❶，

丝路福祉中国梦。

2022 年 7 月

---

❶ 七河地区，指流向巴尔喀什湖的七条河流支，包括巴尔喀什湖以南、中亚河中以东，以伊塞克湖及楚河为中心的周边地区，大致包含了今哈萨克斯坦阿拉木图州、江布尔州和吉尔吉斯斯坦以及新疆伊犁一带。汉代张骞出使西域时，称此地为七河邑。当地将其辖区的准噶尔阿拉套山称之为"七河山"，将阿拉山口称之为"七河门"。历史上，七河地区前后历经了七次由东向西的民族大迁徙，包括古月氏、古乌孙、北匈奴、葛逻禄、回鹘、契丹。

❶ 阿亚古兹河由北向南汇入巴尔喀什湖，阿亚古兹古道是沙俄利用额尔齐斯河航道，南下通往中亚各国的关键门户。通过顺河而下，即可轻而易举地进入巴尔喀什湖—阿拉胡流域，进而将其势力范围衍伸扩张到西天山和帕米尔高原，以及阿姆河、锡尔河所在的咸海流域。